KB095141

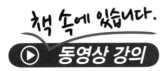

책 속에 있습니다.
▶ 동영상 강의

산업안전
산업기사 필기
과년도 출제문제

이광수 편저

일 진 사

이 책은 산업안전산업기사 자격증 필기 시험에 대비하는 수험생들이 효과적으로 공부할 수 있도록 과년도 출제문제를 과목별, 단원별로 세분화하였다.

1. 과년도 출제문제를 과목별로 분류

14년 동안 출제되었던 문제들을 철저히 분석하여 과목별로 분류하고 정리했으며 과목마다 기본 개념과 문제를 익힐 수 있도록 하였다.

2. 핵심 문제와 유사 문제

각 과목의 단원별로 핵심 문제(1, 2, …로 표시)와 유사 문제(1-1, 2-1, …로 표시)를 함께 배치하였다. 이를 통해 수험자는 유형별 문제를 반복적으로 연습할 수 있다.

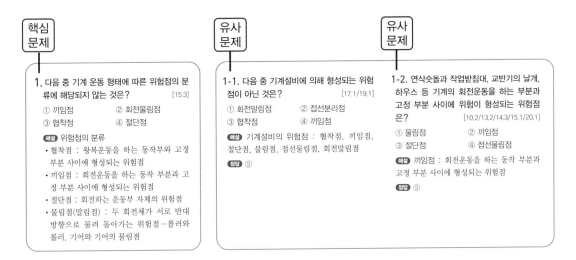

3. 모든 문제에 대한 무료 동영상 강의

QR 코드를 넣어 각 단원과 부록의 모든 문제에 대한 풀이와 해설을 동영상 강의로 제공하였다. 책 속의 QR 코드를 통해 편리하게 동영상 강의로 연결된다.

4. 과년도(2018~2020) 출제문제와 CBT 모의고사

부록에는 과년도 출제문제와 CBT 모의고사 5회분을 수록하여 스스로 점검하고 출제경향을 파악할 수 있도록 하였다.

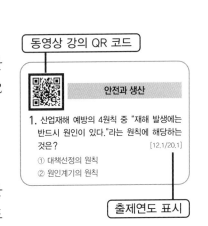

산업안전산업기사 출제기준(필기)

직무 분야	안전관리	중직무 분야	안전관리	자격 종목	산업안전산업기사	적용 기간	2021. 1. 1. ~ 2023. 12. 31.

○ 직무 내용 : 제조 및 서비스업 등 각 산업현장에 소속되어 산업재해 예방계획의 수립에 관한 사항을 수행하며 작업환경의 점검 및 개선에 관한 사항, 유해 및 위험방지에 관한 사항, 사고사례 분석 및 개선에 관한 사항, 근로자의 안전교육 및 훈련 등을 수행하는 직무이다.

필기검정방법	객관식	문제 수	100	시험시간	2시간 30분

필기과목명	문제 수	주요항목	세부항목	세세항목
산업 안전 관리론	20	1. 안전보건관리 개요	1. 안전과 생산	1. 안전과 위험의 개념 2. 안전보건관리 제이론 3. 생산성과 경제적 안전도 4. 제조물 책임과 안전
			2. 안전보건관리 체제 및 운용	1. 안전보건관리조직 2. 산업안전보건위원회 등의 법적체제 3. 운용방법 4. 안전보건 경영 시스템 5. 안전보건관리규정 6. 안전보건관리계획 7. 안전보건개선계획
		2. 재해 및 안전 점검	1. 재해 조사	1. 재해 조사의 목적 2. 재해 조사 시 유의사항 3. 재해 발생 시 조치사항 4. 재해의 원인 분석 및 조사 기법
			2. 산재 분류 및 통계 분석	1. 재해 관련 통계의 정의 2. 재해 관련 통계의 종류 및 계산 3. 재해손실비의 종류 및 계산 4. 재해사례 분석 절차
			3. 안전점검·검사· 인증 및 진단	1. 안전점검의 정의 및 목적 2. 안전점검의 종류 3. 안전점검표의 작성 4. 안전검사 및 안전인증 5. 안전진단
		3. 무재해 운동 및 보호구	1. 무재해 운동 등 안전 활동기법	1. 무재해의 정의 2. 무재해 운동의 목적 3. 무재해 운동 이론 4. 무재해 소집단 활동 5. 위험예지훈련 및 진행방법

필기과목명	문제 수	주요항목	세부항목	세세항목
			2. 보호구 및 안전보건 표지	1. 보호구의 개요 2. 보호구의 종류별 특성 3. 보호구의 성능기준 및 시험방법 4. 안전보건표지의 종류 · 용도 및 적용 5. 안전보건표지의 색채 및 색도기준
		4. 산업안전심리	1. 인간의 특성과 안전 과의 관계	1. 안전사고 요인 2. 산업안전심리의 요소 3. 착상심리 4. 착오 5. 착시 6. 착각 현상
		5. 인간의 행동 과학	1. 조직과 인간행동	1. 인간관계 2. 사회행동의 기초 3. 인간관계 메커니즘 4. 집단행동 5. 인간의 일반적인 행동 특성
			2. 재해 빈발성 및 행 동과학	1. 사고경향 2. 성격의 유형 3. 재해 빈발성 4. 동기부여 5. 주의와 부주의
			3. 집단관리와 리더십	1. 리더십의 유형 2. 리더십과 헤드십 3. 사기와 집단역학
		6. 안전보건교육 의 개념	1. 교육심리학	1. 교육심리학의 정의 2. 교육심리학의 연구방법 3. 성장과 발달 4. 학습 이론 5. 학습 조건 6. 적응기제
		7. 교육의 내용 및 방법	1. 교육내용	1. 근로자 정기안전보건교육 내용 2. 관리감독자 정기안전보건교육 내용 3. 신규채용 시와 작업내용 변경 시 안전보건 교육 내용 4. 특별교육대상 작업별 교육내용
			2. 교육방법	1. 교육훈련기법 2. 안전보건교육방법 (TWI, O.J.T, OFF.J.T 등) 3. 학습 목적의 3요소 4. 교육법의 4단계 5. 교육훈련의 평가방법

필기과목명	문제 수	주요항목	세부항목	세세항목
인간공학 및 시스템 안전공학	20	1. 안전과 인간 공학	1. 인간공학의 정의	1. 정의 및 목적 2. 배경 및 필요성 3. 작업관리와 인간공학 4. 사업장에서의 인간공학 적용 분야
			2. 인간-기계체계	1. 인간-기계 시스템의 정의 및 유형 2. 시스템의 특성
			3. 체계 설계와 인간 요소	1. 목표 및 성능 명세의 결정 2. 기본 설계 3. 계면 설계 4. 촉진물 설계 5. 시험 및 평가 6. 감성공학
		2. 정보 입력 표시	1. 시각적 표시장치	1. 시각과정 2. 시식별에 영향을 주는 조건 3. 정량적 표시장치 4. 정성적 표시장치 5. 상태표시기 6. 신호 및 경보등 7. 묘사적 표시장치 8. 문자-숫자 표시장치 9. 시각적 암호 10. 부호 및 기호
			2. 청각적 표시장치	1. 청각과정 2. 청각적 표시장치 3. 음성통신 4. 합성음성
			3. 촉각 및 후각적 표시장치	1. 피부감각 2. 조종장치의 촉각적 암호화 3. 동적인 촉각적 표시장치 4. 후각적 표시장치
			4. 인간요소와 휴먼 에러	1. 인간 실수의 분류 2. 형태적 특성 3. 인간 실수 확률에 대한 추정 기법 4. 인간 실수 예방 기법
		3. 인간계측 및 작업 공간	1. 인체계측 및 인간의 체계제어	1. 인체계측 2. 인체계측자료의 응용원칙 3. 신체반응의 측정 4. 표시장치 및 제어장치 5. 제어장치의 기능과 유형 6. 제어장치의 식별 7. 통제 표시비 8. 특수 제어장치 9. 양립성 10. 수공구

필기과목명	문제 수	주요항목	세부항목	세세항목
			2. 신체 활동의 생리학적 측정법	1. 신체반응의 측정 2. 신체역학 3. 신체 활동의 에너지 소비 4. 동작의 속도와 정확성
			3. 작업 공간 및 작업 자세	1. 부품배치의 원칙 2. 활동 분석 3. 부품의 위치 및 배치 4. 개별 작업 공간 설계지침 5. 계단 6. 의자설계 원칙
			4. 인간의 특성과 안전	1. 인간성능 2. 성능 신뢰도 3. 인간의 정보처리 4. 산업재해와 산업인간공학 5. 근골격계 질환
		4. 작업환경 관리	1. 작업 조건과 환경 조건	1. 조명기계 및 조명수준 2. 반사율과 휘광 3. 조도와 광도 4. 소음과 청력 손실 5. 소음 노출한계 6. 열교환 과정과 열압박 7. 고열과 한랭 8. 기압과 고도 9. 운동과 방향감각 10. 진동과 가속도
			2. 작업환경과 인간공학	1. 작업별 조도 및 소음기준 2. 소음의 처리 3. 열교환과 열압박 4. 실효온도와 Oxford 지수 5. 이상 환경 노출에 따른 사고와 부상
		5. 시스템 안전	1. 시스템 안전 및 안전성 평가	1. 시스템 안전의 개요 2. 안전성 평가 개요
		6. 결함수 분석법	1. 결함수 분석	1. 정의 및 특징 2. 논리기호 및 사상기호 3. FTA의 순서 및 작성방법 4. cut set & path set
			2. 정성적, 정량적 분석	1. 확률사상의 계산 2. minimal cut set & path set
		7. 각종 설비의 유지관리	1. 설비관리의 개요	1. 중요 설비의 분류 2. 설비의 점검 및 보수의 이력관리 3. 보수 자재 관리 4. 주유 및 윤활관리

필기과목명	문제 수	주요항목	세부항목	세세항목
			2. 설비의 운전 및 유지관리	1. 교체 주기 2. 청소 및 청결 3. MTBF 4. MTTF
			3. 보전성 공학	1. 예방보전 2. 사후보전 3. 보전예방 4. 개량보전 5. 보전 효과 평가
기계 위험방지 기술	20	1. 기계안전의 개념	1. 기계의 위험 및 안전 조건	1. 기계의 위험요인 2. 기계의 일반적인 안전사항 3. 통행과 통로 4. 기계의 안전 조건 5. 기계설비의 본질적 안전
			2. 기계의 방호	1. 안전장치의 설치 2. 작업점의 방호 3. 작업점 가드
			3. 구조적 안전	1. 재료에 있어서의 결함 2. 설계에 있어서의 결함 3. 가공에 있어서의 결함 4. 안전율
			4. 기능적 안전	1. 소극적 대책 2. 적극적 대책
		2. 공작기계의 안전	1. 절삭가공기계의 종류 및 방호장치	1. 선반의 안전장치 및 작업 시 유의사항 2. 밀링작업 시 안전수칙 3. 플레이너와 셰이퍼의 방호장치 및 안전수칙 4. 드릴링 머신 5. 연삭기
			2. 소성가공기계의 종류 및 방호장치	1. 소성가공기계의 종류 2. 소성가공기계의 방호장치 3. 수공구
		3. 프레스 및 전단기의 안전	1. 프레스 재해방지의 근본적인 대책	1. 프레스의 종류 2. 프레스의 작업점에 대한 방호방법 3. 방호장치 설치기준 4. 방호장치의 설치방법
			2. 금형의 안전화	1. 위험방지방법 2. 파손에 따른 위험방지방법 3. 탈착 및 운반에 따른 위험방지방법
		4. 기타 산업용 기계·기구	1. 롤러기	1. 가드 설치 2. 방호장치 설치방법 및 성능 조건
			2. 원심기	1. 원심기의 사용방법 2. 방호장치 3. 안전검사 내용

필기과목명	문제 수	주요항목	세부항목	세세항목
			3. 아세틸렌 용접장치 및 가스집합 용접장치	1. 용접장치의 구조 2. 방호장치의 종류 및 설치방법 3. 가스 용접작업의 안전
			4. 보일러 및 압력용기	1. 보일러의 구조와 종류 2. 보일러의 사고형태 및 원인 3. 보일러의 취급 시 이상 현상 4. 보일러 안전장치의 종류 5. 압력용기의 정의 6. 압력용기의 방호장치
			5. 산업용 로봇	1. 산업용 로봇의 종류 2. 산업용 로봇의 안전관리
			6. 목재가공용 기계	1. 구조와 종류 2. 방호장치
			7. 고속회전체	1. 구조와 종류 2. 방호장치
			8. 사출성형기	1. 구조와 종류 2. 방호장치
		5. 운반기계 및 양중기	1. 지게차	1. 취급 시 안전 대책 2. 안정도 3. 헤드가드
			2. 컨베이어	1. 종류 및 용도 2. 안전조치사항 3. 안전작업수칙 4. 방호장치의 종류
			3. 크레인 등 양중기 (건설용은 제외)	1. 양중기의 정의 2. 방호장치의 종류
			4. 구내운반기계	1. 구조와 종류 2. 방호장치
전기 및 화학설비 위험방지 기술	20	1. 전기안전일반	1. 전기의 위험성	1. 감전재해 2. 감전의 위험요소 3. 통전전류의 세기 및 그에 따른 영향
			2. 전기설비 및 기기	1. 배전반 및 분전반 2. 개폐기 3. 과전류 차단기 4. 보호계전기 5. 누전차단기
			3. 전기작업안전	1. 감전사고에 대한 원인 및 사고 대책 2. 감전사고 시의 응급조치
		2. 감전재해 및 방지 대책	1. 감전재해 예방 및 조치	1. 안전전압 2. 허용접촉전압 및 보폭전압 3. 인체의 저항

필기과목명	문제 수	주요항목	세부항목	세세항목
			2. 감전재해의 요인	1. 1차적 감전요소 2. 2차적 감전요소 3. 감전사고의 형태 4. 전압의 구분
			3. 누전차단기 감전 예방	1. 누전차단기의 종류 2. 누전차단기의 점검 3. 누전차단기 선정 시 주의사항 4. 누전차단기의 적용범위 5. 누전차단기의 설치 환경 조건
			4. 아크 용접장치	1. 용접장치의 구조 및 특성 2. 감전방지기
			5. 절연용 안전장구	1. 절연용 안전보호구 2. 절연용 안전방호구
		3. 전기화재 및 예방 대책	1. 전기화재의 원인	1. 단락 2. 누전 3. 과전류 4. 스파크 5. 접촉부 과열 6. 절연열화에 의한 발열 7. 지락 8. 낙뢰 9. 정전기 스파크
			2. 접지공사	1. 접지공사의 종류 2. 접지의 목적 3. 접지공사 방법
			3. 피뢰설비	1. 뇌해의 종류 2. 피뢰기의 설치장소 3. 피뢰기의 종류 4. 피뢰침의 종류 5. 피뢰침의 보호각도 6. 피뢰침의 보호레벨 7. 피뢰침의 접지공사
			4. 화재경보기	1. 화재경보기의 구성 2. 화재경보기의 설치 및 장소 3. 작동원리 4. 회로 결선방법 5. 시험방법
			5. 화재 대책	1. 예방 대책 2. 국소 대책 3. 소화 대책 4. 피난 대책 5. 발화원의 관리

필기과목명	문제 수	주요항목	세부항목	세세항목
		4. 정전기의 재해방지 대책	1. 정전기의 발생 및 영향	1. 정전기 발생원리 2. 정전기의 발생 현상 3. 방전의 형태 및 영향 4. 정전기의 장해
			2. 정전기 재해의 방지 대책	1. 접지 2. 유속의 제한 3. 보호구의 착용 4. 대전방지제 5. 가습 6. 제전기 7. 본딩
		5. 전기설비의 방폭	1. 방폭구조의 종류	1. 내압 방폭구조 2. 압력 방폭구조 3. 유입 방폭구조 4. 안전증 방폭구조 5. 특수 방폭구조 6. 본질안전 방폭구조 7. 분진 방폭의 종류
			2. 전기설비의 방폭 및 대책	1. 폭발등급 2. 발화도 3. 위험장소 선정 4. 방폭화 이론
			3. 방폭설비의 공사 및 보수	1. 방폭구조 선정 및 유의사항
		6. 위험물 및 유해화학물질 안전	1. 위험물, 유해화학물질의 종류	1. 위험물의 기초화학 2. 위험물의 정의 3. 위험물의 종류 4. 노출기준 5. 유해물질의 유해요인
			2. 위험물, 유해화학물질의 취급 및 안전수칙	1. 위험물의 성질 및 위험성 2. 위험물의 저장 및 취급방법 3. 인화성 가스 취급 시 주의사항 4. 유해화학물질 취급 시 주의사항
		7. 공정안전	1. 공정안전 일반	1. 공정안전의 개요 2. 중대 산업사고 3. 공정안전 리더십
			2. 공정안전 보고서 작성 심사 · 확인	1. 공정안전자료 2. 위험성 평가 3. 안전운전계획 4. 비상조치계획
		8. 폭발방지 및 안전 대책	1. 폭발의 원리 및 특성	1. 연소파와 폭굉파 2. 폭발의 분류 3. 가스폭발의 원리 4. 폭발등급

필기과목명	문제 수	주요항목	세부항목	세세항목
			2. 폭발방지 대책	1. 폭발방지 대책 2. 폭발하한계 및 상한계의 계산
		9. 화학설비 안전	1. 화학설비의 종류 및 안전기준	1. 반응기 2. 정류탑 3. 열교환기
			2. 건조설비의 종류 및 재해형태	1. 건조설비의 종류 2. 건조설비 취급 시 주의사항
			3. 공정안전기술 기초	1. 제어장치 2. 안전장치의 종류 3. 송풍기 4. 압축기 5. 배관 및 피팅류 6. 계측장치
		10. 화재예방 및 소화	1. 연소	1. 연소의 정의 2. 연소의 3요소 3. 인화점 4. 발화점 5. 연소의 분류 6. 연소범위 7. 위험도 8. 완전 연소 조성농도 9. 화재의 종류 및 예방 대책
			2. 소화	1. 소화의 정의 2. 소화의 종류 3. 소화기의 종류
건설 안전기술	20	1. 건설공사 안전개요	1. 공정계획 및 안전성 심사	1. 안전관리계획 2. 건설재해 예방 대책 3. 건설공사의 안전관리
			2. 지반의 안정성	1. 지반의 조사 2. 토질시험방법 3. 토공계획 4. 지반의 이상 현상 및 안전 대책
			3. 건설업 산업안전보건관리비	1. 건설업 산업안전보건관리비의 계상 및 사용 2. 건설업 산업안전보건관리비의 사용기준 3. 건설업 산업안전보건관리비의 항목별 사용 내역 및 기준
			4. 사전안전성 검토 (유해위험방지 계획서)	1. 위험성 평가 2. 유해위험방지 계획서를 제출해야 될 건설 공사 3. 유해위험방지 계획서의 확인사항 4. 제출 시 첨부서류
		2. 건설공구 및 장비	1. 건설공구	1. 석재가공 공구 2. 철근가공 공구 등

필기과목명	문제 수	주요항목	세부항목	세세항목
			2. 건설장비	1. 굴삭장비 2. 운반장비 3. 다짐장비 등
			3. 안전수칙	1. 안전수칙
		3. 건설재해 및 대책	1. 떨어짐(추락)재해 및 대책	1. 분석 및 발생 원인 2. 방호 및 방지설비 3. 개인보호구
			2. 무너짐(붕괴)재해 및 대책	1. 토석 및 토사붕괴 위험성 2. 토석 및 토사붕괴 시 조치사항 3. 붕괴의 예측과 점검 4. 비탈면 보호공법 5. 흙막이 공법 6. 콘크리트 구조물 붕괴 안전 대책 7. 터널 굴착
			3. 떨어짐(낙하), 날아 옴(비래)재해 대책	1. 발생 원인 2. 예방 대책
		4. 건설 가시설물 설치기준	1. 비계	1. 비계의 종류 및 기준 2. 비계작업 시 안전조치사항
			2. 작업통로 및 발판	1. 작업통로의 종류 및 설치기준 2. 작업통로 설치 시 준수사항 3. 작업발판 설치기준 및 준수사항
			3. 거푸집 및 동바리	1. 거푸집의 필요조건 2. 거푸집 재료의 선정방법 3. 거푸집 동바리 조립 시 안전조치사항 4. 거푸집 존치기간
			4. 흙막이	1. 흙막이 설치기준 2. 계측기의 종류 및 사용 목적
		5. 건설 구조물 공사 안전	1. 콘크리트 구조물 공사 안전	1. 콘크리트 타설작업의 안전
			2. 철골공사 안전	1. 철골공사 작업의 안전
			3. PC(precast concrete)공사 안전	1. PC 운반 · 조립 · 설치의 안전
		6. 운반, 하역 작업	1. 운반작업	1. 운반작업의 안전수칙 2. 취급 운반의 원칙 3. 인력운반 4. 중량물 취급 운반 5. 요통방지 대책
			2. 하역공사	1. 하역작업의 안전수칙 2. 기계화해야 될 인력작업 3. 화물취급작업 안전수칙 4. 항만하역작업 시 안전수칙

차 례

과목별 과년도 출제문제

차 례

5과목   **건설안전기술**

부 록

1. 과년도 출제문제와 해설

2. CBT 모의고사와 해설

과목별 과년도 출제문제

1과목 산업안전관리론

1 안전보건관리 개요

안전과 생산

1. 산업재해 예방의 4원칙 중 "재해 발생에는 반드시 원인이 있다."라는 원칙에 해당하는 것은? [12.1/20.1]

① 대책선정의 원칙
② 원인계기의 원칙
③ 손실우연의 원칙
④ 예방가능의 원칙

해설 하인리히의 재해 예방의 4원칙

· 손실우연의 원칙 : 사고의 결과 손실 유무 또는 대소는 사고 당시 조건에 따라 우연적으로 발생한다.
· 원인계기의 원칙 : 재해 발생은 반드시 원인이 있다.
· 예방가능의 원칙 : 재해는 원칙적으로 원인만 제거하면 예방이 가능하다.
· 대책선정의 원칙 : 재해 예방을 위한 가능한 안전 대책은 반드시 존재한다.

1-1. 다음 중 재해 예방의 4원칙에 해당하지 않는 것은? [10.2/11.2/11.3/16.2/17.2/18.3/20.2]

① 예방가능의 원칙　② 대책선정의 원칙
③ 손실우연의 원칙　④ 원인추정의 원칙

해설 재해 예방의 4원칙 : 예방가능의 원칙, 손실우연의 원칙, 원인계기의 원칙, 대책선정의 원칙

정답 ④

1-2. 다음 중 재해 예방의 4원칙에 해당하지 않는 것은? [11.1/15.2/19.1]

① 예방가능의 원칙
② 손실우연의 원칙
③ 원인계기의 원칙
④ 선취해결의 원칙

해설 ①, ②, ③은 재해 예방의 4원칙, ④는 무재해 운동의 기본 이념의 원칙

정답 ④

1-3. 재해 예방의 4원칙 중 대책선정의 원칙에서 관리적 대책에 해당되지 않는 것은?

① 안전교육 및 훈련　　　　　　[10.3/14.2]
② 동기부여와 사기 향상
③ 각종 규정 및 수칙의 준수
④ 경영자 및 관리자의 솔선수범

해설 ②, ③, ④는 재해 예방 대책선정의 원칙에서 관리적 대책,
①은 교육·훈련에 관한 대책

정답 ①

1-4. 재해 예방 4원칙 중 대책선정의 원칙의 충족 조건이 아닌 것은? [16.3]

① 문제해결 능력 고취
② 적합한 기준 설정
③ 경영자 및 관리자의 솔선수범
④ 부단한 동기부여와 사기 향상

해설 재해 예방 4원칙은 재해가 발생하기 전의 예방 대책이다.

Tip) ①은 안전사고 발생 후 필요한 능력

정답 ①

2. 하인리히의 사고방지 5단계 중 제1단계 안전조직의 내용이 아닌 것은? [10.3/17.2]

① 경영자의 안전 목표 설정
② 안전관리자의 선임
③ 안전 활동의 방침 및 계획수립
④ 안전회의 및 토의

해설 하인리히의 사고 예방 대책의 기본 원리 5단계

㉠ 1단계 : 안전관리조직
  • 경영층의 안전 목표 설정
  • 조직(안전관리자 선임 등)
  • 안전계획수립 및 활동
㉡ 2단계 : 사실의 발견(현상파악)
  • 사고와 안전 활동 기록 검토
  • 작업 분석
  • 안전점검 및 검사
  • 사고 조사
  • 각종 안전회의 및 토의
  • 애로 및 건의사항
㉢ 3단계 : 원인 분석 · 평가
  • 사고 조사 결과의 분석
  • 불안전 상태와 행동 분석
  • 작업공정과 형태 분석
  • 교육 및 훈련 분석
  • 안전기준 및 수칙 분석
㉣ 4단계 : 시정책의 선정
  • 기술의 개선
  • 인사 조정(작업배치의 조정)
  • 교육 및 훈련 개선
  • 안전규정 및 수칙 등의 개선
  • 이행, 감독, 제재 강화

㉤ 5단계 : 시정책의 적용
  • 안전 목표 설정
  • 3E(기술, 교육, 관리)의 적용

2-1. 다음 중 사고 예방 대책의 기본 원리를 단계적으로 나열한 것은? [12.2]

① 조직 → 사실의 발견 → 평가 분석 → 시정책의 적용 → 시정책의 선정
② 조직 → 사실의 발견 → 평가 분석 → 시정책의 선정 → 시정책의 적용
③ 사실의 발견 → 조직 → 평가 분석 → 시정책의 적용 → 시정책의 선정
④ 사실의 발견 → 조직 → 평가 분석 → 시정책의 선정 → 시정책의 적용

해설 하인리히 사고 예방 대책 기본 원리 5단계

1단계	2단계	3단계	4단계	5단계
안전 관리 조직	사실의 발견	원인 분석 · 평가	시정책의 선정	시정책의 적용

정답 ②

2-2. 사고 예방 대책의 기본 원리 5단계 중 제4단계의 내용으로 틀린 것은? [10.1/18.1]

① 인사 조정
② 작업 분석
③ 기술의 개선
④ 교육 및 훈련의 개선

해설 제4단계(대책 선정) : 기술적 개선, 인사(배치) 조정, 교육 및 훈련 개선, 작업표준 · 제도 개선

정답 ②

2-3. 다음 중 사고 예방 대책의 기본 원리 5단계에 있어 3단계에 해당하는 것은? [13.3]

① 분석
② 안전조직
③ 사실의 발견
④ 시정방법의 선정

해설 3단계 : 원인 분석 · 평가

정답 ①

2-4. 사고 예방 대책의 기본 원리 5단계 중 사실의 발견 단계에 해당하는 것은? [18.3]

① 작업환경 측정
② 안정성 진단, 평가
③ 점검, 검사 및 조사 실시
④ 안전관리계획 수립

해설 제2단계(사실의 발견) : 사고 및 안전 활동 기록의 검토, 안전점검 및 검사, 작업 분석, 사고 조사, 각종 안전회의 및 토의 · 관찰, 애로 및 건의사항

정답 ③

2-5. 다음 중 사고 예방 대책 제5단계의 "시정책의 적용"에서 3E와 관계가 없는 것은?

① 교육(Education) [15.2]
② 재정(Economics)
③ 기술(Engineering)
④ 관리(Enforcement)

해설 3E-3S

• 3E : 교육적 측면(Education), 기술적 측면(Engineering), 관리적 측면(Enforcement)
• 3S : 단순화(Simplification), 표준화(Standardization), 전문화(Specification)

정답 ②

2-6. 사고방지 대책 수립 시 Harvey가 제창한 3E의 내용과 가장 거리가 먼 것은? [09.1]

① 안전교육 및 훈련   ② 시설 장비의 개선
③ 안전감독의 철저   ④ 위험개소의 발견

해설 3E : 교육적 측면(Education), 기술적 측면(Engineering), 관리적 측면(Enforcement)

정답 ④

3. 하인리히 재해 발생 5단계 중 3단계에 해당하는 것은? [11.2/14.3/20.1]

① 불안전한 행동 또는 불안전한 상태
② 사회적 환경 및 유전적 요소
③ 관리의 부재
④ 사고

해설 하인리히의 산업재해 도미노 이론(사고 발생의 연쇄성)

1단계	2단계	3단계	4단계	5단계
사회적 환경 및 유전적 요소 (선천적 결함)	개인의 결함 (간접 원인)	불안전한 행동 · 상태 – 인적, 물적 원인 제거 가능 (직접 원인)	사고	재해 (상해)

3-1. 하인리히의 사고 발생의 연쇄성 5단계 중 2단계에 해당되는 것은? [17.3]

① 유전과 환경
② 개인적인 결함
③ 불안전한 행동
④ 사고

해설 2단계 : 개인의 결함(간접 원인)

정답 ②

3-2. 하인리히(Heinrich)가 제시한 사고연쇄 반응 이론의 각 단계가 다음과 같을 때 올바른 순서대로 나열한 것은? [11.3/14.2]

⊙ 사고
ⓒ 사회적 환경 및 유전적 요소
ⓒ 재해
ⓔ 개인적 결함
ⓜ 불안전한 행동 및 상태

① ⓒ → ⓔ → ⓜ → ⊙ → ⓒ
② ⓔ → ⓒ → ⓜ → ⊙ → ⓒ
③ ⓔ → ⓒ → ⓜ → ⓒ → ⊙
④ ⓒ → ⓜ → ⓔ → ⓒ → ⊙

해설 하인리히의 산업재해 도미노 이론(사고 발생의 연쇄성)

1단계	2단계	3단계	4단계	5단계
사회적 환경 및 유전적 요소	개인적 결함	불안전한 행동 및 상태	사고	재해

정답 ①

3-3. 하인리히(Heinrich)의 이론에 의한 재해 발생의 주요 원인에 있어 다음 중 불안전한 행동에 의한 요인이 아닌 것은? [16.2]

① 권한 없이 행한 조작
② 전문 지식의 결여 및 기술, 숙련도 부족
③ 보호구 미착용 및 위험한 장비에서 작업
④ 결함 있는 장비 및 공구의 사용

해설 ②는 간접 원인,
①, ③, ④는 직접 원인(3단계 : 불안전한 행동)

정답 ②

3-4. 하인리히의 재해 발생 원인 도미노 이론에서 사고의 직접 원인으로 옳은 것은?[19.2]

① 통제의 부족
② 관리구조의 부적절
③ 불안전한 행동과 상태
④ 유전과 환경적 영향

해설 • 2단계 : 개인의 결함(간접 원인)
• 3단계 : 불안전한 행동 및 불안전한 상태 – 인적, 물적 원인 제거 가능(직접 원인)

정답 ③

4. 다음 중 아담스(Edward Adams)의 관리구조 이론에 대한 사고 발생 메커니즘(mechanism)을 가장 올바르게 설명한 것은? [15.3]

① 사람의 불안전한 행동에서만 발생한다.
② 불안전한 상태에 의해서만 발생한다.
③ 불안전한 행동과 불안전한 상태가 복합되어 발생한다.
④ 불안전한 상태와 불안전한 행동은 상호 독립적으로 작용한다.

해설 애드워드 아담스의 사고연쇄반응 이론

1단계	2단계	3단계	4단계	5단계
관리 조직	작전적 에러 (관리자 에러)	전술적 에러 (불안전한 행동 · 상태)	사고 (물적 사고)	상해 (손실)

Tip) 사고연쇄반응 이론에서는 불안전한 행동과 불안전한 상태를 전술적 에러로 묶어서 정의한다.

4-1. 다음 중 재해 발생에 관한 아담스(Edward Adams)의 이론으로 옳은 것은? [10.2]

① 통제 부족 → 기본적 원인 → 직접적 원인 → 사고 → 상해
② 관리구조 → 작전적 에러 → 전술적 에러 → 사고 → 상해 · 손해
③ 사회적 환경 및 유전적 요소 → 개인적 결함 → 불안전한 행동 및 상태 → 사고 → 상해
④ 개인 · 환경적 요인 → 불안전 행동 및 상태 → 에너지 및 위험물의 예기치 못한 폭주 → 사고 → 구호

해설 아담스의 사고연쇄반응 이론

1단계	2단계	3단계	4단계	5단계
관리 조직	작전적 에러	전술적 에러	사고	상해

정답 ②

5. 재해의 기본 원인 4M에 해당하지 않는 것은? [11.2/13.1/17.1]

① Man
② Machine
③ Media
④ Measurement

해설 4M : 인간(Man), 기계(Machine), 작업매체(Media), 관리(Management)

5-1. 안전관리의 4M 가운데 Media에 관한 내용으로 가장 올바른 것은? [15.1]

① 인간과 기계를 연결하는 매개체
② 인간과 관리를 연결하는 매개체
③ 기계와 관리를 연결하는 매개체
④ 인간과 작업환경을 연결하는 매개체

해설 작업매체(Media)는 인간과 기계를 연결하는 매개체로 작업정보의 부족·부적절, 협조 미흡, 작업환경 불량 등이다.

정답 ①

6. 하인리히의 재해구성비율에 따라 경상사고가 87건이 발생하였다면 무상해 사고는 몇 건이 발생하였겠는가? [09.3/15.3/19.1]

① 300건
② 600건
③ 900건
④ 1200건

해설 하인리히의 법칙

하인리히의 법칙	1 : 29 : 300
$X \times 3$	3 : 87 : 900

6-1. 하인리히(Heinrich)의 재해 발생 구성비율에서 중상해가 5건 발생하였다면 무상해 사고는 몇 건 발생하겠는가? [09.1]

① 900건
② 1200건
③ 1500건
④ 1800건

해설 하인리히의 법칙

하인리히의 법칙	1 : 29 : 300
$X \times 5$	5 : 145 : 1500

정답 ③

7. 근로자의 작업 수행 중 나타나는 불안전한 행동의 종류로 볼 수 없는 것은? [13.3]

① 인간 과오로 인한 불안전한 행동
② 태도 불량으로 인한 불안전한 행동
③ 시스템 과오로 인한 불안전한 행동
④ 지식 부족으로 인한 불안전한 행동

해설 ①, ②, ④는 불안전한 행동(인적 요인), ③은 불안전한 상태(물적 요인)

8. 다음 중 안전관리의 중요성과 가장 거리가 먼 것은? [16.2]

① 인간존중이라는 인도적인 신념의 실현
② 경영 경제상의 제품의 품질 향상과 생산성 향상
③ 재해로부터 인적·물적 손실 예방
④ 작업환경 개선을 통한 투자비용 증대

해설 안전관리의 목적 : 인명의 존중, 사회복지의 증진, 생산성의 향상, 경제성의 향상, 인적·물적 손실 예방

9. fail-safe의 정의를 가장 올바르게 나타낸 것은? [15.3]

① 인적 불안전 행위의 통제방법을 말한다.
② 인력으로 예방할 수 없는 불가항력의 사고이다.

정답 5. ④ 6. ③ 7. ③ 8. ④ 9. ④

③ 인간-기계 시스템의 최적정 설계방안이다.

④ 인간의 실수 또는 기계·설비의 결함으로 인하여 사고가 발생하지 않도록 설계 시부터 안전하게 하는 것이다.

해설 페일 세이프(fail-safe) : 기계의 고장이 있어도 안전사고가 발생되지 않도록 2중, 3중 통제를 가하는 장치

10. 다음 중 산업안전보건법상 용어의 정의가 잘못 설명된 것은? [13.1]

① "사업주"란 근로자를 사용하여 사업을 하는 자를 말한다.

② "근로자 대표"란 근로자의 과반수로 조직된 노동조합이 없는 경우에는 사업주가 지정하는 자를 말한다.

③ "산업재해"란 근로자가 업무에 관계되는 건설물·설비·원재료·가스·증기 등에 의하거나 작업 또는 그 밖의 업무로 인하여 사망 또는 부상하거나 질병에 걸리는 것을 말한다.

④ "안전·보건진단"이란 산업재해를 예방하기 위하여 잠재적 위험성을 발견하고 그 개선 대책을 수립할 목적으로 고용노동부장관이 지정하는 자가 하는 조사·평가를 말한다.

해설 ② "근로자 대표"란 근로자의 과반수로 조직된 노동조합이 없는 경우에는 근로자의 과반수를 대표하는 자를 말한다.

11. 산업안전보건법상 중대 재해에 해당하지 않는 것은? [16.1]

① 추락으로 인하여 1명이 사망한 재해

② 건물의 붕괴로 인하여 15명의 부상자가 동시에 발생한 재해

③ 화재로 인하여 4개월의 요양이 필요한 부상자가 동시에 3명 발생한 재해

④ 근로환경으로 인하여 직업성 질병자가 동시에 5명 발생한 재해

해설 중대 재해

• 사망자가 1명 이상 발생한 재해

• 3개월 이상의 요양이 필요한 부상자가 동시에 2명 이상 발생한 재해

• 부상자 또는 직업성 질병자가 동시에 10명 이상 발생한 재해

안전보건관리 체제 및 운용

12. 일반적으로 사업장에서 안전관리조직을 구성할 때 고려할 사항과 가장 거리가 먼 것은? [11.2/20.1]

① 조직 구성원의 책임과 권한을 명확하게 한다.

② 회사의 특성과 규모에 부합되게 조직되어야 한다.

③ 생산조직과는 동떨어진 독특한 조직이 되도록 하여 효율성을 높인다.

④ 조직의 기능이 충분히 발휘될 수 있는 제도적 체계가 갖추어져야 한다.

해설 ③ 생산조직과 밀착된 조직이 되도록 하여 효율성을 높인다.

13. 다음 중 일반적인 안전관리조직의 기본 유형으로 볼 수 없는 것은? [14.2]

① line system   ② staff system

③ safety system   ④ line-staff system

해설 • 라인형(line) 조직(직계형 조직)

㉠ 소규모 사업장(100명 이하 사업장)에 적용한다.

㉡ 라인형 장점은 명령 및 지시가 신속·정확하다.

㉢ 라인형 단점은 안전정보가 불충분하며, 라인에 과도한 책임이 부여될 수 있다.

㉣ 생산과 안전을 동시에 지시하는 형태이다.

- 스태프형(staff) 또는 참모형 조직
  ㉠ 중규모 사업장(100~1000명 정도의 사업장)에 적용한다.
  ㉡ 스태프형 장점은 안전정보 수집이 용이하고 빠르다.
  ㉢ 스태프형 단점은 안전과 생산을 별개로 취급한다.
- 라인 – 스태프형(line – staff) 조직(혼합형 조직)
  ㉠ 대규모 사업장(1000명 이상 사업장)에 적용한다.
  ㉡ 장점
    ㉮ 안전전문가에 의해 입안된 것을 경영자가 명령하므로 명령이 신속·정확하다.
    ㉯ 안전정보 수집이 용이하고 빠르다.
  ㉢ 단점
    ㉮ 명령계통과 조언·권고적 참여의 혼돈이 우려된다.
    ㉯ 스태프의 월권행위가 우려되고 지나치게 스태프에게 의존할 수 있다.

13-1. 안전관리에 관한 계획에서 실시에 이르기까지 모든 권한이 포괄적이며 하향적으로 행사되며, 전문안전담당 부서가 없는 안전관리조직은? [16.1]

① 직계식 조직 　　② 참모식 조직
③ 직계–참모식 조직　④ 안전보건조직

해설 라인형(line) 조직(직계형 조직)
- 소규모 사업장(100명 이하 사업장)에 적용한다.
- 라인형 장점은 명령 및 지시가 신속·정확하다.
- 라인형 단점은 안전정보가 불충분하며, 라인에 과도한 책임이 부여될 수 있다.
- 생산과 안전을 동시에 지시하는 형태이다.

정답 ①

13-2. 안전보건관리조직의 형태 중 라인형 조직의 특성이 아닌 것은? [17.3]

① 소규모 사업장(100명 이하)에 적합하다.
② 라인에 과중한 책임을 지우기 쉽다.
③ 안전관리 전담요원을 별도로 지정한다.
④ 모든 명령은 생산계통을 따라 이루어진다.

해설 ③은 참모식(staff) 조직이며, line형은 전담안전요원이 없이 운영하는 조직이다.

정답 ③

13-3. 안전관리조직의 형태 중 라인 스탭형에 대한 설명으로 틀린 것은? [20.3]

① 대규모 사업장(1000명 이상)에 효율적이다.
② 안전과 생산업무가 분리될 우려가 없기 때문에 균형을 유지할 수 있다.
③ 모든 안전관리 업무를 생산라인을 통하여 직선적으로 이루어지도록 편성된 조직이다.
④ 안전업무를 전문적으로 담당하는 스텝 및 생산라인의 각 계층에도 겸임 또는 전임의 안전담당자를 둔다.

해설 ③은 라인형 조직에 대한 설명이다.

정답 ③

13-4. 안전관리조직의 형태 중 라인·스탭형에 대한 설명으로 틀린 것은? [17.2]

① 안전스탭은 안전에 관한 기획·입안·조사·검토 및 연구를 행한다.
② 안전업무를 전문적으로 담당하는 스텝 및 생산라인의 각 계층에도 겸임 또는 전임의 안전담당자를 둔다.
③ 모든 안전관리 업무를 생산라인을 통하여 직선적으로 이루어지도록 편성된 조직이다.
④ 대규모 사업장(1000명 이상)에 효율적이다.

해설 ③은 라인형 조직에 대한 설명이다.

정답 ③

13-5. 다음 중 라인-스태프(line-staff) 조직의 단점으로 볼 수 없는 것은? [09.2]

① 권한의 분쟁이나 조정으로 인해 시간과 노력이 소모될 수 있다.

② 명령계통과 조언·권고적 참여가 혼동되기 쉽다.

③ 스텝의 월권행위가 발생하는 경우가 있다.

④ 라인이 스텝에 의존 또는 활용하지 않는 경우가 있다.

해설 라인-스태프형 단점

• 명령계통과 조언·권고적 참여의 혼돈이 우려된다.

• 스태프의 월권행위가 우려되고 지나치게 스태프에게 의존할 수 있다.

정답 ①

13-6. 안전관리조직의 형태 중 참모식(staff) 조직에 대한 설명으로 틀린 것은? [19.3]

① 이 조직은 분업의 원칙을 고도로 이용한 것이며, 책임 및 권한이 직능적으로 분담되어 있다.

② 생산 및 안전에 관한 명령이 각각 별개의 계통에서 나오는 결함이 있어, 응급처치 및 통제수속이 복잡하다.

③ 참모(staff)의 특성상 업무관장은 계획안의 작성, 조사, 점검 결과에 따른 조언, 보고에 머무는 것이다.

④ 참모(staff)는 각 생산라인의 안전업무를 직접 관장하고 통제한다.

해설 ④는 라인형 조직에 대한 설명이다.

정답 ④

13-7. 안전관리조직 중 대규모 사업장에서 가장 이상적인 조직 형태는? [10.1/10.3/15.1]

① 직계형 조직

② 직능 전문화 조직

③ 라인-스태프(line-staff)형 조직

④ 테스크 포스(task-force) 조직

해설 라인-스태프(line-staff)형(혼합형) : 1000명 이상의 대규모 사업장에 적용한다.

정답 ③

13-8. 100~1000명의 근로자가 근무하는 중규모 사업장에 적용되며, 안전업무를 관장하는 전문 부분을 두는 안전조직은? [09.1]

① line형 조직

② staff형 조직

③ 회전형 조직

④ line-staff형 조직

해설 스태프형(staff) 또는 참모형 조직

• 중규모 사업장(100~1000명 정도의 사업장)에 적용한다.

• 스태프형 장점은 안전정보 수집이 용이하고 빠르다.

• 스태프형 단점은 안전과 생산을 별개로 취급한다.

정답 ②

14. 다음 중 산업안전보건법령상 관리감독자의 업무의 내용이 아닌 것은? [18.1/18.2]

① 해당 작업에 관련되는 기계·기구 또는 설비의 안전·보건점검 및 이상 유무의 확인

② 해당 사업장 산업보건의 지도·조언에 대한 협조

③ 위험성 평가를 위한 업무에 기인하는 유해·위험요인의 파악 및 그 결과에 따라 개선 조치의 시행

④ 작성된 물질안전보건자료의 게시 또는 비치에 관한 보좌 및 조언·지도

해설 관리감독자의 업무

• 작업의 작업장 정리·정돈 및 통로 확보에 대한 확인·감독

• 기계·기구 또는 설비의 안전·보건점검 및 이상 유무의 확인

- 작업에서 발생한 산업재해에 관한 보고 및 이에 대한 응급조치
- 사업장의 산업보건의, 안전관리자 및 보건관리자의 지도·조언에 대한 협조
- 근로자의 작업복·보호구 및 방호장치의 점검과 그 착용·사용에 관한 교육·지도
- 위험성 평가를 위한 업무에 기인하는 유해·위험요인의 파악 및 그 결과에 따른 개선 조치의 시행
- 그 밖에 해당 작업의 안전·보건에 관한 사항으로서 고용노동부령으로 정하는 사항

15. 다음 중 산업안전보건법상 안전관리자의 업무에 해당되지 않는 것은? (단, 기타 안전에 관한 사항으로서 고용노동부장관이 정하는 사항은 제외한다.) [14.3]

① 안전·보건에 관한 노사협의체에서 심의·의결한 직무
② 작업장 내에서 사용되는 전체 환기장치 및 국소배기장치 등에 관한 설비의 점검
③ 의무안전인증대상 기계·기구 등과 자율안전확인대상 기계·기구 등의 구입 시 적격품의 선정
④ 해당 사업장의 안전보건관리규정 및 취업규칙에서 정한 직무

해설 안전관리자의 업무
- 위험성 평가에 관한 보좌 및 지도·조언
- 업무수행 내용의 기록·유지
- 사업장의 순회점검·지도 및 조치의 건의
- 사업장의 안전교육계획 수립 및 안전교육 실시에 관한 보좌 및 지도·조언
- 산업재해 발생의 원인 조사·분석 및 재발 방지를 위한 기술적 보좌 및 지도·조언
- 산업재해에 관한 통계의 관리·유지·분석을 위한 보좌 및 지도·조언
- 법에서 정한 안전에 관한 사항의 이행에 관한 보좌 및 지도·조언

- 산업안전보건위원회 또는 노사협의체에서 심의·의결한 업무와 사업장의 안전보건관리규정 및 취업규칙에서 정한 업무
- 안전인증대상 기계·기구 등과 자율안전확인대상 기계·기구 등 구입 시 적격품의 선정에 관한 보좌 및 지도·조언
- 그 밖에 안전에 관한 사항으로서 고용노동부장관이 정하는 사항

15-1. 산업안전보건법상 안전관리자의 업무에 해당하는 것은? [12.2]

① 해당 작업과 관련된 기계·기구 또는 설비의 안전·보건점검 및 이상 유무의 확인
② 소속된 근로자의 작업복·보호구 및 방호장치의 점검과 그 착용·사용에 관한 교육·지도
③ 사업장 순회점검·지도 및 조치의 건의
④ 해당 작업의 작업장 정리·정돈 및 통로 확보에 대한 확인·감독

해설 ③은 안전관리자의 업무,
①, ②, ④는 관리감독자의 업무

정답 ③

16. 다음 중 안전보건관리 책임자에 대한 설명과 거리가 먼 것은? [12.1]

① 해당 사업장에서 사업을 실질적으로 총괄 관리하는 자이다.
② 해당 사업장에서 안전교육계획을 수립 및 실시한다.
③ 선임 사유가 발생한 때에는 지체 없이 선임하고 지정하여야 한다.
④ 안전관리자와 보건관리자를 지휘·감독하는 책임을 가진다.

해설 ②는 안전관리자의 업무,
①, ③, ④는 안전보건관리 책임자에 대한 설명

17. 산업안전보건법령에 따른 최소 상시근로자 50명 이상 규모에 산업안전보건위원회를 설치 운영하여야 할 사업의 종류가 아닌 것은? [18.3]

① 토사석 광업
② 1차 금속제조업
③ 자동차 및 트레일러 제조업
④ 정보 서비스업

해설 상시근로자 50명 이상 규모에 산업안전보건위원회 설치 운영 사업장
- 토사석 광업
- 목재 및 나무제품 제조업
- 1차 금속제조업
- 화학물질 및 화학제품 제조업
- 금속가공제품 제조업
- 자동차 및 트레일러 제조업
- 비금속 광물제품 제조업
- 기타 기계 및 장비 제조업
- 기타 운송장비 제조업

Tip) 정보 서비스업 : 상시근로자가 300명 이상인 경우 설치 운영한다.

17-1. 산업안전보건법령상 안전보건 총괄책임자 지정대상 사업으로 상시근로자 50명 이상 사업의 종류에 해당하는 것은? [13.2]

① 서적, 잡지 및 기타 인쇄물 출판업
② 음악 및 기타 오디오물 출판업
③ 금속 및 비금속 원료 재생업
④ 선박 및 보트 건조업

해설 안전보건 총괄책임자 지정대상 사업으로 상시근로자 50명 이상의 사업장은 선박 및 보트 건조업, 1차 금속제조업 및 토사석 광업 등이다.

정답 ④

17-2. 산업안전보건법상 안전보건관리규정

을 작성하여야 할 사업 중에 정보 서비스업의 상시근로자 수는 몇 명 이상인가? [16.2]

① 50 ② 100 ③ 300 ④ 500

해설 상시근로자 300명 이상에서 안전보건관리규정을 작성하여야 하는 사업장
- 농업
- 어업
- 소프트웨어 개발 및 공급업
- 컴퓨터 프로그래밍, 시스템 통합 및 관리업
- 정보 서비스업
- 금융 및 보험업
- 임대업(부동산 제외)
- 전문, 과학 및 기술 서비스업
- 사업지원 서비스업
- 사회복지 서비스업

정답 ③

18. 산업안전보건법상 고용노동부장관이 산업재해 예방을 위하여 종합적인 개선 조치를 할 필요가 있다고 인정할 때에 안전보건개선계획의 수립·시행을 명할 수 있는 대상 사업장이 아닌 것은? [13.1/17.1]

① 산업재해율이 같은 업종 평균 산업재해율의 2배 이상인 사업장
② 직업병에 걸린 사람이 연간 2명 이상(상시근로자 1천 명 이상 사업장의 경우 3명 이상) 발생한 사업장
③ 작업환경 불량, 화재·폭발 또는 누출사고 등으로 사회적 물의를 일으킨 사업장
④ 경미한 재해가 다발로 발생한 사업장

해설 안전보건개선계획의 수립·시행을 명할 수 있는 사업장
- 산업재해율이 같은 업종 평균 산업재해율의 2배 이상인 사업장
- 직업성 질병자가 연간 2명 이상 발생한 사업장

• 작업환경 불량, 화재 · 폭발 또는 누출사고 등으로 사회적 물의를 일으킨 사업장
• 사업주가 안전 · 보건 조치 의무를 이행하지 아니하여 발생한 중대 재해 사업장
• 산업안전보건법 제106조에 따른 유해인자 노출기준을 초과한 사업장

19. 다음 중 산업안전보건법령상 안전관리자를 증원하거나, 개입을 해야 하는 경우가 아닌 것은? [09.2]

① 해당 사업장의 연간 재해율이 동종 업종 평균 재해율의 3배인 경우
② 작업환경 불량, 화재 · 폭발 또는 누출사고 등으로 사회적 물의를 일으킨 경우
③ 중대 재해가 연간 2건 발생한 경우
④ 안전관리자가 질병의 이유로 6개월 동안 직무를 수행할 수 없게 된 경우

해설 안전관리자 등의 증원, 개입
• 교체 임명 명령 사업장
• 중대 재해가 연간 2건 이상 발생한 경우
• 해당 사업장의 연간 재해율이 같은 업종의 평균 재해율의 2배 이상인 경우
• 관리자가 질병이나 그 밖의 사유로 3개월 이상 직무를 수행할 수 없게 된 경우
• 화학적 인자로 인한 직업성 질병자가 연간 3명 이상 발생한 경우

20. 다음 중 산업안전보건법령상 안전보건개선 계획서에 반드시 포함되어야 할 사항과 가장 거리가 먼 것은? [15.2]

① 안전 · 보건교육
② 안전 · 보건관리체제
③ 근로자 채용 및 배치에 관한 사항
④ 산업재해 예방 및 작업환경의 개선을 위하여 필요한 사항

해설 안전보건개선 계획서에 반드시 포함되어야 할 사항
• 시설
• 안전 · 보건관리체제
• 안전 · 보건교육
• 산업재해 예방 및 작업환경의 개선을 위하여 필요한 사항

21. 다음 ( ) 안에 알맞은 것은? [16.1]

사업주는 사망자가 발생하거나 ( )일 이상의 휴업이 필요한 부상을 입거나 질병에 걸린 사람이 발생한 경우 해당 산업재해가 발생한 날부터 1개월 이내에 산업재해 조사표를 작성하여 관할지방 고용노동관서장 또는 지청장에게 제출하여야 한다.

① 3   ② 4   ③ 5   ④ 7

해설 산업재해 발생 보고 : 사업주는 사망자가 발생하거나 3일 이상의 휴업이 필요한 부상을 입거나 질병에 걸린 사람이 발생한 경우 해당 산업재해가 발생한 날부터 1개월 이내에 산업재해 조사표를 작성하여 관할지방 고용노동관서장 또는 지청장에게 제출하여야 한다.

22. 자율검사 프로그램을 인정받으려는 자가 한국산업안전보건공단에 제출해야 하는 서류가 아닌 것은? [16.2]

① 안전검사대상 유해 · 위험기계 등의 보유 현황
② 유해 · 위험기계 등의 검사주기 및 검사기준
③ 안전검사대상 유해 · 위험기계의 사용 실적
④ 향후 2년간 검사대상 유해 · 위험기계 등의 검사수행계획

해설 자율검사 프로그램을 인정받으려면 제출해야 할 서류
• 안전검사대상 유해 · 위험기계 등의 보유 현황

- 유해 · 위험기계 등의 검사주기 및 검사기준
- 검사원 보유 현황과 검사를 할 수 있는 장비 및 장비관리법
- 향후 2년간 검사대상 유해 · 위험기계 등의 검사수행계획
- 과거 2년간 자율검사 프로그램 수행 실적 (재신청의 경우만 해당한다.)

23. 다음 (　　) 안에 들어갈 내용으로 알맞은 것은?　　　　　　　　　　　　　　[16.3]

> 사업주는 안전보건관리규정을 작성 또는 변경할 때에는 (㉠)의 심의 · 의결을 거쳐야 한다. 다만, (㉠)가 설치되어 있지 아니한 사업장에 있어서는 (㉡)의 동의를 받아야 한다.

① ㉠ : 안전보건관리규정 위원회, ㉡ : 노사 대표
② ㉠ : 안전보건관리규정 위원회, ㉡ : 근로자 대표
③ ㉠ : 산업안전보건위원회, ㉡ : 노사 대표
④ ㉠ : 산업안전보건위원회, ㉡ : 근로자 대표

해설 사업주는 안전보건관리규정을 작성 또는 변경할 때에는 산업안전보건위원회의 심의 · 의결을 거쳐야 한다. 다만, 산업안전보건위원회가 설치되어 있지 아니한 사업장에 있어서는 근로자 대표의 동의를 받아야 한다.

24. 산업안전보건법령에 따른 산업안전보건위원회의 회의 결과를 주지시키는 방법으로 가장 적절하지 않은 것은?　　　　　[15.3]
① 사보에 게재한다.
② 회의에 참석하여 파악하도록 한다.
③ 사업장 내의 게시판에 부착한다.
④ 정례 조회 시 집합교육을 통하여 전달한다.

해설 회의 결과 주지 방법
- 사내 방송, 사보에 게재한다.
- 사업장 내의 게시판에 부착한다.
- 정례 조회 시 집합교육을 통하여 전달한다.

25. 산업안전보건법에 따라 고용노동부장관이 산업재해 예방 활동에 대한 참여와 지원을 촉진하기 위하여 근로자, 근로자 단체, 사업주 단체 및 산업재해 예방 관련 전문 단체에 소속된 자 중에서 위촉할 수 있는 사람을 무엇이라 하는가?　　　　　　　　　　　[11.3]
① 산업재해 조사관
② 관리감독자
③ 명예 산업안전감독관
④ 근로감독관

해설 산업재해 예방 활동에 대한 참여와 지원을 촉진하기 위하여 근로자, 근로자 단체, 사업주 단체 및 산업재해 예방 관련 전문 단체에 소속된 자 중에서 명예 산업안전감독관으로 위촉할 수 있다.

26. 다음 중 산업안전보건법령에서 정한 안전보건관리규정의 세부 내용으로 가장 적절하지 않은 것은?　　　　　　　　　　[14.1]
① 산업안전보건위원회의 설치 · 운영에 관한 사항
② 사업주 및 근로자의 재해 예방 책임 및 의무 등에 관한 사항
③ 근로자 건강진단, 작업환경 측정의 실시 및 조치 절차 등에 관한 사항
④ 산업재해 및 중대 산업사고의 발생 시 손실비용 산정 및 보상에 관한 사항

해설 ④ 산업재해 및 중대 산업사고 발생, 급박한 산업재해 발생의 위험이 있는 경우는 작업 중지에 관한 사항

27. 다음 중 산업안전보건법상 안전보건관리 규정에 반드시 포함되어야 할 내용이 아닌 것은? [10.2/11.1]

① 안전·보건교육에 관한 사항
② 생산성과 품질 향상에 관한 사항
③ 작업장 안전관리에 관한 사항
④ 안전·보건관리조직과 그 직무에 관한 사항

해설 안전보건관리규정에 반드시 포함되어야 할 사항
• 안전·보건교육에 관한 사항
• 작업장 안전관리에 관한 사항
• 안전·보건관리조직과 그 직무에 관한 사항
• 사고 조사 및 대책 수립에 관한 사항

28. 산업안전보건법상 직업병 유소견자가 발생하거나 다수 발생할 우려가 있는 경우에 실시하는 건강진단은? [19.1]

① 특별건강진단
② 일반건강진단
③ 임시건강진단
④ 채용 시 건강진단

해설 임시건강진단 : 같은 부서에서 근무하는 근로자 또는 같은 유해인자에 노출되는 근로자에게 유사한 질병의 자각, 타각증상이 발생했을 때 직업병 유소견자가 발생하거나 많은 사람에게 발생할 우려가 있는 경우 실시하는 건강진단

---

2 재해 및 안전점검

재해 조사

1. 다음 중 재해 조사 시의 유의사항으로 가장 적절하지 않은 것은? [14.1/14.2]

① 사실을 수집한다.
② 사람, 기계설비, 양면의 재해요인을 모두 도출한다.
③ 객관적인 입장에서 공정하게 조사하며, 조사는 2인 이상이 한다.
④ 목격자의 증언과 추측의 말을 모두 반영하여 분석하고, 결과를 도출한다.

해설 ④ 목격자의 증언과 추측은 사실과 구별하여 참고자료로 기록하고, 사고 직후에 즉시 기록하는 것이 좋다.

2. 산업재해의 발생 유형으로 볼 수 없는 것은? [20.1]

① 지그재그형
② 집중형
③ 연쇄형
④ 복합형

해설 산업재해 발생의 형태(mechanism)

• 집중형 :

• 단순연쇄형 : ○→○→○→○→⊗
• 복합연쇄형 :

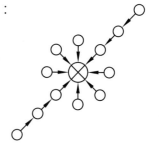

• 복합형 :

---

3. 재해 원인을 통상적으로 직접 원인과 간접 원인으로 나눌 때 직접 원인에 해당되는 것은? [09.1/11.2/16.1/19.3/20.2]

① 기술적 원인　　　② 물적 원인
③ 교육적 원인　　　④ 관리적 원인

해설 • 직접 원인 : 인적 원인(불안전한 행동), 물적 원인(불안전한 상태)
• 간접 원인 : 기술적, 교육적, 관리적, 신체적, 정신적 원인 등

4. 재해의 간접 원인 중 관리적 원인에 해당하는 것은? [10.1]

① 작업지시 부적절　　② 안전수칙의 오해
③ 경험훈련의 미숙　　④ 안전지식의 부족

해설 산업재해의 간접 원인

기술적 원인	• 건물 기계장치 설계 불량 • 생산방법 부적당 • 구조 · 재료의 부적합 • 장비의 점검 · 보존 불량
교육적 원인	• 안전수칙 오해 • 안전지식, 경험, 훈련 부족 • 작업방법 교육의 불충분 • 위험작업 교육의 불충분
작업관리상 원인	• 조직 · 제도 결함 • 부적절한 작업지시 • 부적절한 인원배치 • 안전수칙 미제정

4-1. 산업재해 발생의 직접 원인에 해당하지 않는 것은? [15.1]

① 안전수칙의 오해　　② 물(物)자체의 결함
③ 위험장소의 접근　　④ 불안전한 속도 조작

해설 ①은 간접 원인(교육적 원인)
정답 ①

5. 다음 중 재해사례 연구에 관한 설명으로 틀린 것은? [11.1/19.1]

① 재해사례 연구는 주관적이며 정확성이 있어야 한다.
② 문제점과 재해요인의 분석은 과학적이고, 신뢰성이 있어야 한다.
③ 재해사례를 과제로 하여 그 사고와 배경을 체계적으로 파악한다.
④ 재해요인을 규명하여 분석하고 그에 대한 대책을 세운다.

해설 ① 재해사례 연구는 객관적이며 정확성이 있어야 한다.

6. 다음과 같은 재해사례의 분석으로 옳은 것은? [14.3]

어느 작업장에서 메인 스위치를 끄지 않고 퓨즈를 교체하는 작업 중 단락사고로 인하여 스파크가 발생하여 작업자가 화상을 입었다.

① 화상 : 상해의 형태
② 스파크의 발생 : 재해
③ 메인 스위치를 끄지 않음 : 간접 원인
④ 스위치를 끄지 않고 퓨즈 교체 : 불안전한 상태

해설 재해사례의 분석
• 화상 : 상해의 형태
• 퓨즈 단락에 의한 화재 : 재해
• 메인 스위치를 끄지 않음 : 직접 원인
• 스위치를 끄지 않고 퓨즈 교체 : 불안전한 행동

7. 안전교육방법 중 사례연구법의 장점이 아닌 것은? [17.3]

① 흥미가 있고, 학습동기를 유발할 수 있다.
② 현실적인 문제의 학습이 가능하다.

③ 관찰력과 분석력을 높일 수 있다.

④ 원칙과 규정의 체계적 습득이 용이하다.

해설 ④ 원칙과 규칙의 체계적인 습득이 어렵다.

8. 재해 발생 시 조치사항 중 대책 수립의 목적은? [18.1]

① 재해 발생 관련자 문책 및 처벌

② 재해손실비 산정

③ 재해 발생 원인 분석

④ 동종 및 유사재해 방지

해설 재해 발생 시에는 동종 및 유사재해 방지를 위하여 안전 대책을 수립하여야 한다.

9. 작업지시 기법에 있어 작업 포인트에 대한 지시 및 확인사항이 아닌 것은? [12.2]

① weather ② when

③ where ④ what

해설 재해 발생 시 조치 순서 중 재해 조사 단계

㉠ 누가(who)

㉡ 발생일시(언제 : when)

㉢ 발생장소(어디서 : where)

㉣ 재해 관련 작업유형(왜 : why)

㉤ 재해 발생 당시 상황(어떻게 : how)

㉥ 무엇을(무엇 : what)

10. 산업안전보건법령상 산업재해 조사표에 기록되어야 할 내용으로 옳지 않은 것은?

① 사업장 정보 [19.2]

② 재해 정보

③ 재해 발생개요 및 원인

④ 안전교육계획

해설 산업재해 발생 시 기록 · 보존하여야 할 내용

• 사업장의 개요 및 근로자의 인적사항

• 재해 발생의 일시 및 장소

• 재해 발생의 원인 및 과정

• 재해 재발방지계획

11. 산업안전보건법상 사업주는 산업재해로 사망자가 발생한 경우 산업재해가 발생한 날부터 얼마 이내에 산업재해 조사표를 작성하여 관할지방 고용노동청장에게 제출하여야 하는가? [12.1]

① 1일 ② 7일

③ 15일 ④ 1개월

해설 사업주는 산업재해로 사망자가 발생한 경우 산업재해가 발생한 날부터 1개월 이내에 산업재해 조사표를 작성하여 관할지방 고용노동청장에게 제출하여야 한다.

12. 재해의 근원이 되는 기계, 장치나 기타의 물(物) 또는 환경을 뜻하는 것은? [19.3]

① 상해 ② 가해물

③ 기인물 ④ 사고의 형태

해설 기인물과 가해물

• 기인물 : 재해 발생의 주원인으로 근원이 되는 기계, 장치, 기구, 환경, 전기 등

• 가해물 : 직접 인간에게 접촉하여 피해를 주는 기계, 장치, 기구, 환경, 지면 등

12-1. 직접 사람에게 접촉되어 위해를 가한 물체를 무엇이라고 하는가? [18.3]

① 낙하물 ② 비래물

③ 기인물 ④ 가해물

해설 기인물과 가해물

• 기인물 : 재해 발생의 주원인으로 근원이 되는 기계, 장치, 기구, 환경, 전기 등

• 가해물 : 직접 인간에게 접촉하여 피해를 주는 기계, 장치, 기구, 환경, 지면 등

정답 ④

정답 8. ④ 9. ① 10. ④ 11. ④ 12. ③

12-2. 근로자가 작업대 위에서 전기공사작업 중 감전에 의하여 지면으로 떨어져 다리에 골절상해를 입은 경우의 기인물과 가해물로 옳은 것은? [18.2]

① 기인물-작업대, 가해물-지면
② 기인물-전기, 가해물-지면
③ 기인물-지면, 가해물-전기
④ 기인물-작업대, 가해물-전기

[해설] 기인물과 가해물
• 기인물 : 재해 발생의 주원인으로 근원이 되는 기계, 장치, 기구, 환경, 전기 등
• 가해물 : 직접 인간에게 접촉하여 피해를 주는 기계, 장치, 기구, 환경, 지면 등

[정답] ②

13. 재해 발생의 주요 원인 중 불안전한 상태에 해당하지 않는 것은? [11.1/17.2]

① 기계설비 및 장비의 결함
② 부적절한 조명 및 환기
③ 작업장소의 정리·정돈 불량
④ 보호구 미착용

[해설] ④는 인적 원인(불안전한 행동), ①, ②, ③은 물적 원인(불안전한 상태)

13-1. 재해 발생의 주요 원인 중 불안전한 상태로 볼 수 있는 것은? [10.3]

① 불안전한 설계
② 불안전한 자세
③ 권한 없이 행한 조작
④ 위험한 장소에서의 작업

[해설] ①은 물적 원인(불안전한 상태), ②, ③, ④는 인적 원인(불안전한 행동)

[정답] ①

14. 다음 중 재해 발생 시 가장 먼저 해야 할 일은? [10.2]

① 현장 보존
② 상급 부서의 보고
③ 재해자의 구조 및 응급조치
④ 2차 재해의 방지

[해설] 재해 발생 시 긴급처리 순서

1단계	2단계	3단계	4단계	5단계	6단계
사고 기계설비 전원 차단 및 정지	재해자 구출	재해자의 구조 및 응급 조치	관계자에게 통보	2차 재해의 방지	현장 보존

15. 산업재해에 있어 인명이나 물적 등 일체의 피해가 없는 사고를 무엇이라고 하는가?

① near accident [18.2/11.1]
② good accident
③ true accident
④ original accident

[해설] 아차사고(near accident) : 인적·물적 손실이 없는 사고를 무상해 사고라고 한다.

16. 다음 중 상해의 종류별 분류에 해당하지 않는 것은? [09.3]

① 골절   ② 중독
③ 동상   ④ 산소결핍

[해설] 상해와 재해
• 상해(외적 상해) 종류 : 골절, 동상, 부종, 자상, 타박상, 절단, 중독, 질식, 찰과상, 창상, 화상 등
• 재해(사고) 발생 형태 : 낙하·비래, 넘어짐, 끼임, 부딪힘, 감전, 유해광선 노출, 이상온도 노출·접촉, 산소결핍, 소음노출, 폭발, 화재 등

16-1. 다음 중 재해 조사에 있어 재해의 발생 형태에 해당하지 않는 것은? [11.3]

① 중독 · 질식　　　② 낙하 · 비례
③ 전도 · 전복　　　④ 이상온도에의 노출

해설 ①은 상해의 종류,
②, ③, ④는 재해의 발생 형태

정답 ①

17. 다음 중 상해 종류에 대한 설명으로 옳은 것은?　　　[13.2]

① 찰과상 : 창, 칼 등에 베인 상해
② 창상 : 스치거나 문질러서 피부가 벗겨진 상해
③ 자상 : 칼날 등 날카로운 물건에 찔린 상해
④ 좌상 : 국부의 혈액순환의 이상으로 몸이 퉁퉁 부어오르는 상해

해설 ① 찰과상 : 스치거나 문질러서 피부가 벗겨진 상해
② 창상(베인) : 창, 칼 등에 베인 상해
③ 자상(찔림) : 칼날이나 뾰족한 물체 등 날카로운 물건에 찔린 상해
④ 좌상 : 타박, 충돌, 추락 등으로 피부 표면보다는 피하조직 또는 근육부를 다친 상해

17-1. 다음 중 타박, 충돌, 추락 등으로 피부 표면보다는 피하조직 등 근육부를 다친 상해를 무엇이라 하는가?　　　[15.2]

① 골절　　　　② 자상
③ 부종　　　　④ 좌상

해설 좌상 : 타박, 충돌, 추락 등으로 피부 표면보다는 피하조직 또는 근육부를 다친 상해

정답 ④

17-2. 다음 중 칼날이나 뾰족한 물체 등 날카로운 물건에 찔린 상해를 무엇이라 하는가?　　　[14.3]

① 자상　　　　② 창상
③ 절상　　　　④ 찰과상

해설 자상(찔림) : 칼날이나 뾰족한 물체 등 날카로운 물건에 찔린 상해

정답 ①

18. 잠재적인 손실이나 손상을 가져올 수 있는 상태나 조건을 무엇이라 하는가?　　　[12.1]

① 위험　　② 사고　　③ 상해　　④ 재해

해설 위험 : 잠재적인 손실이나 손상을 가져올 수 있는 상태나 조건

19. 재해 발생 형태별 분류 중 물건이 주체가 되어 사람이 상해를 입는 경우에 해당되는 것은?　　　[19.1]

① 추락　　　　　② 전도
③ 충돌　　　　　④ 낙하 · 비래

해설 재해 발생 형태 분류
• 추락(떨어짐) : 사람이 건축물, 비계, 기계, 사다리, 계단, 경사면 등의 높은 곳에서 떨어지는 것
• 전도(넘어짐) : 사람이 평면상 또는 경사면에서 구르거나 넘어지는 경우
• 낙하(비래) : 물건이 날아오거나 떨어진 물체에 사람이 맞은 경우
• 붕괴(도괴) : 건물이나 적재물, 비계 등이 무너지는 경우
• 충돌 : 사람이 정지물에 부딪힌 경우

19-1. 다음 중 사람이 인력(중력)에 의하여 건축물, 구조물, 가설물, 수목, 사다리 등의 높은 장소에서 떨어지는 재해의 발생 형태를 무엇이라 하는가?　　　[13.3]

① 추락　　② 비래　　③ 낙하　　④ 전도

해설 추락(떨어짐) : 사람이 건축물, 비계, 기계, 사다리, 계단, 경사면 등의 높은 곳에서 떨어지는 것

정답 ①

산재 분류 및 통계 분석 Ⅰ

20. 다음 중 산업재해 통계에 관한 설명으로 적절하지 않은 것은? [11.3/19.2]

① 산업재해 통계는 구체적으로 표시되어야 한다.

② 산업재해 통계는 안전 활동을 추진하기 위한 기초자료이다.

③ 산업재해 통계만을 기반으로 해당 사업장의 안전수준을 추측한다.

④ 산업재해 통계의 목적은 기업에서 발생한 산업재해에 대하여 효과적인 대책을 강구하기 위함이다.

해설 ③ 산업재해 통계만을 기반으로 해당 사업장의 안전 조건이나 상태의 수준을 추측하지 않는다.

21. 다음 중 연간 총 근로시간 합계 100만 시간당 재해 발생 건수를 나타내는 재해율은?

① 연천인율 [13.2]

② 도수율

③ 강도율

④ 종합재해지수

해설 • 도수(빈도)율 : 연 100만 근로시간당 몇 건의 재해가 발생했는가를 나타낸다.

• 도수(빈도)율 $= \dfrac{\text{연간 재해 발생 건수}}{\text{연간 총 근로시간 수}} \times 10^6$

21-1. 상시근로자 수가 75명인 사업장에서 1일 8시간씩 연간 320일을 작업하는 동안에 4건의 재해가 발생하였다면 이 사업장의 도수율은 약 얼마인가? [13.1/20.1]

① 17.68 　　② 19.67

③ 20.83 　　④ 22.83

해설 도수(빈도)율

$= \dfrac{\text{연간 재해 발생 건수}}{\text{연간 총 근로시간 수}} \times 10^6$

$= \dfrac{4}{75 \times 8 \times 320} \times 10^6 = 20.833$

정답 ③

21-2. 연평균 근로자 수가 1000명인 사업장에서 연간 6건의 재해가 발생한 경우, 이때의 도수율은? (단, 1일 근로시간 수는 4시간, 연평균 근로일수는 150일이다.) [17.1]

① 1 　　② 10 　　③ 100 　　④ 1000

해설 도수(빈도)율

$= \dfrac{\text{연간 재해 발생 건수}}{\text{연간 총 근로시간 수}} \times 10^6$

$= \dfrac{6}{1000 \times 4 \times 150} \times 10^6 = 10$

정답 ②

22. 연간 총 근로시간 중에 발생하는 근로손실일수를 1000시간 당 발생하는 근로손실일수로 나타내는 식은? [16.1]

① 강도율 　　　　② 도수율

③ 연천인율 　　　④ 종합재해지수

해설 강도율 $= \dfrac{\text{근로손실일수}}{\text{총 근로시간 수}} \times 1000$

22-1. 연간 근로자 수가 300명인 A공장에서 지난 1년간 1명의 재해자(신체장해등급 1급)가 발생하였다면 이 공장의 강도율은? (단, 근로자 1인당 1일 8시간씩 연간 300일을 근무하였다.) [17.3/20.2]

① 4.27 　　② 6.42 　　③ 10.05 　　④ 10.42

해설 신체장애등급별 근로손실일수(1, 2, 3급)는 7500일이다.

$$\therefore \text{강도율} = \frac{\text{근로손실일수}}{\text{총 근로시간 수}} \times 1000$$

$$= \frac{7500}{300 \times 8 \times 300} \times 1000 = 10.416$$

정답 ④

22-2. 400명의 근로자가 종사하는 공장에서 휴업일수 127일, 중대 재해 1건이 발생한 경우 강도율은? (단, 1일 8시간으로 연 300일 근무 조건으로 한다.) [18.1]

① 10 ② 0.1 ③ 1.0 ④ 0.01

해설 $\text{강도율} = \dfrac{\text{근로손실일수}}{\text{총 근로시간 수}} \times 1000$

$$= \frac{127 \times \dfrac{300}{365}}{400 \times 8 \times 300} \times 1000 = 0.1$$

정답 ②

22-3. 연간 근로자 수가 500명인 A공장에서 지난 1년간 발생한 5건의 재해로 인하여 신체장해등급이 1급 1명, 14급 5명이 발생하였다. 이 공장의 강도율은 약 얼마인가? (단, 근로자 1인당 1일 8시간씩 연간 300일을 근무하였다.) [10.1]

① 4.17 ② 6.46 ③ 10 ④ 12

해설 $\text{강도율} = \dfrac{\text{근로손실일수}}{\text{총 근로시간 수}} \times 1000$

$$= \frac{7500 + (50 \times 5)}{500 \times 8 \times 300} \times 1000 = 6.458$$

정답 ②

22-4. 강도율이 5.5라 함은 연 근로시간 몇 시간 중 재해로 인한 근로손실이 110일 발생하였음을 의미하는가? [09.1]

① 10000 ② 20000
③ 50000 ④ 100000

해설 ㉠ $\text{강도율} = \dfrac{\text{근로손실일수}}{\text{총 근로시간 수}} \times 1000$

㉡ 총 근로시간 수 $= \dfrac{\text{근로손실일수}}{\text{강도율}} \times 1000$

$$= \frac{110}{5.5} \times 1000 = 20000 \text{시간}$$

정답 ②

22-5. 평균 근로자 수가 50명인 A공장에서 지난 한 해 동안 3명의 재해자가 발생하였다. 이 공장의 강도율이 1.50이었다면 총 근로손실일수는 몇 일인가? (단, 근로자는 1일 8시간씩 연간 300일을 근무하였다.) [09.2]

① 180 ② 190 ③ 208 ④ 219

해설 ㉠ $\text{강도율} = \dfrac{\text{근로손실일수}}{\text{총 근로시간 수}} \times 1000$

㉡ 총 근로손실일수 $= \dfrac{\text{강도율} \times \text{총 근로시간 수}}{1000}$

$$= \frac{1.5 \times (50 \times 8 \times 300)}{1000} = 180 \text{일}$$

정답 ①

22-6. 연간 상시근로자가 100명인 화학공장에서 1년 동안 8명이 부상당하는 재해가 발생하여 휴업일수 219일의 손실이 발생하였다면 총 근로손실일수와 강도율은 얼마인가? (단, 근로자는 1일 8시간씩 연간 300일을 근무하였다.) [10.2]

① 총 근로손실일수 : 160일, 강도율 : 0.91
② 총 근로손실일수 : 170일, 강도율 : 0.81
③ 총 근로손실일수 : 180일, 강도율 : 0.75
④ 총 근로손실일수 : 219일, 강도율 : 0.91

해설 ㉠ 총 근로손실일수

$$= \frac{\text{휴업일수} \times \text{연간 근무일수}}{365} = \frac{219 \times 300}{365}$$

$$= 180 \text{일}$$

ⓛ 강도율 $= \dfrac{\text{근로손실일수}}{\text{총 근로시간 수}} \times 1000$

$= \dfrac{180}{100 \times 8 \times 300} \times 1000 = 0.75$

정답 ③

23. 사업장의 도수율이 10.83이고, 강도율이 7.92일 경우의 종합재해지수(FSI)는? [18.3]

① 4.63　　　　　② 6.42
③ 9.26　　　　　④ 12.84

해설 종합재해지수(FSI) $= \sqrt{\text{도수율} \times \text{강도율}}$
$= \sqrt{10.83 \times 7.92} = 9.261$

23-1. 어떤 사업장의 종합재해지수가 16.95이고, 도수율이 20.83이라면 강도율은 약 얼마인가? [14.1]

① 20.45　② 15.92　③ 13.79　④ 10.54

해설 ㉠ 종합재해지수(FSI) $= \sqrt{\text{도수율} \times \text{강도율}}$
ⓛ 강도율 $= \dfrac{(\text{종합재해지수})^2}{\text{도수율}} = \dfrac{(16.95)^2}{20.83}$
$= 13.792$

정답 ③

24. 재해율 중 재직근로자 1000명당 1년간 발생하는 재해자 수를 나타내는 것은? [18.2]

① 연천인율　　　　② 도수율
③ 강도율　　　　　④ 종합재해지수

해설 • 연천인율은 1년간 재직근로자 1000명을 기준으로 한 재해자 수를 나타낸다.

• 연천인율 $= \dfrac{\text{재해자 수}}{\text{연평균 근로자 수}} \times 1000$
$= \text{도수율} \times 2.4$

24-1. 어느 공장의 연평균 근로자가 180명이고, 1년간 사상자가 6명이 발생했다면, 연천

인율은 약 얼마인가? (단, 근로자는 하루 8시간씩 연간 300일을 근무한다.)

① 12.79　　　　[09.1/12.2/14.2/19.3]
② 13.89
③ 33.33
④ 43.69

해설 연천인율 $= \dfrac{\text{재해자 수}}{\text{연평균 근로자 수}} \times 1000$

$= \dfrac{6}{180} \times 1000 = 33.333$

정답 ③

25. 어느 공장의 재해율을 조사한 결과 도수율이 20이고, 강도율이 1.2로 나타났다. 이 공장에서 근무하는 근로자가 입사부터 정년퇴직할 때까지 예상되는 재해 건수(㉠)와 이로 인한 근로손실일수(ⓛ)는? [17.2]

① ㉠=20, ⓛ=1.2　　② ㉠=2, ⓛ=120
③ ㉠=20, ⓛ=20　　④ ㉠=120, ⓛ=2

해설 환산도수율과 환산강도율
• 평생근로 시 예상 재해 건수(환산도수율 : ㉠)=도수율×0.1=20×0.1=2건
• 평생근로 시 예상 근로손실일수(환산강도율 : ⓛ)=강도율×100=1.2×100=120일

25-1. 도수율이 12.57이고, 강도율이 17.45인 사업장에서 1명의 근로자가 평생 근무한다면 며칠의 근로손실이 발생하겠는가? (단, 1인 근로자의 평생근로시간은 10^5시간이다.) [13.3/16.2]

① 1257일　　　　② 126일
③ 1745일　　　　④ 175일

해설 평생 근로손실일수(환산강도율)
$= \text{강도율} \times 100 = 17.45 \times 100 = 1745$일

정답 ③

25-2. 도수율이 13.0, 강도율 1.20인 사업장이 있다. 이 사업장의 환산도수율은 얼마인가? (단, 이 사업장 근로자의 평생근로시간은 10만 시간으로 가정한다.)　[15.2]

① 1.3　　② 10.8　　③ 12.0　　④ 92.3

해설 환산도수율＝도수율÷10
＝13.0÷10＝1.3건

정답 ①

26. 상시근로자가 100명인 사업장에서 3개월 동안 재해 발생 건수가 5건, 불안전한 행동의 발견 조치 건수가 10건, 안전 홍보 건수가 5건, 불안전한 상태의 지적이 20건이고, 안전회의가 3건 있었다. 이 사업장의 안전 활동률은 약 얼마인가? (단, 근로자는 1일 8시간씩 월 25일을 근무하였다.)　[09.3]

① 0.63　　　　② 0.72
③ 633.33　　　④ 716.67

해설 안전 활동률
$$=\frac{\text{안전 활동내용 건수}}{\text{평균 근로자 수}\times\text{근로시간 수}}\times10^6$$
$$=\frac{10+5+20+3}{100\times8\times25\times3}\times10^6=633.333$$

27. 산업안전보건법령상 상시근로자 수의 산출내역에 따라, 연간 국내공사 실적액이 50억 원이고 건설업 평균 임금이 250만 원이며, 노무비율은 0.06인 사업장의 상시근로자 수는?　[19.2]

① 10인　② 30인　③ 33인　④ 75인

해설 상시근로자 수
$$=\frac{\text{연간 국내공사 실적액}\times\text{노무비율}}{\text{건설업 평균 임금}\times12}$$
$$=\frac{5,000,000,000\times0.06}{2,500,000\times12}=10\text{인}$$

28. 다음과 같은 [조건]의 작업에 있어 1시간의 총 작업시간 내에 포함시켜야 하는 휴식시간은 약 얼마인가?　[09.2]

┌─ 조건 ─────────────────┐
・작업할 때의 평균 에너지 소비량 :
4.7kcal/min
・작업에 대한 평균 에너지 소비량 :
4kcal/min
・1시간 휴식시간 중 에너지 소비량 :
2kcal/min
└────────────────────────┘

① 7.23분　　　　② 10.11분
③ 13.13분　　　　④ 15.56분

해설 휴식시간(R)
$$=\frac{60(\text{작업에너지}-\text{평균에너지})}{\text{작업에너지}-\text{소비에너지(휴식시간)}}$$
$$=\frac{60(4.7-4)}{4.7-2}=15.555\text{분}$$

산재 분류 및 통계 분석 Ⅱ

29. 재해손실비의 평가방식 중 하인리히 계산방식으로 옳은 것은?　[17.2/17.3]

① 총 재해비용＝보험비용＋비보험비용
② 총 재해비용＝직접손실비용＋간접손실비용
③ 총 재해비용＝공동비용＋개별비용
④ 총 재해비용＝노동손실비용＋설비손실비용

해설 하인리히의 재해비용 산정법
・총 재해비용＝직접비＋간접비
・직접비 : 요양, 휴업, 장해, 간병, 유족급여 등
・간접비 : 인적 손실, 물적 손실, 생산 손실, 특수 손실, 기타 손실 등
・직접비 : 간접비＝1 : 4이다.

29-1. 다음 재해손실비용 중 직접 손실비에 해당하는 것은? [19.3]

① 진료비
② 입원 중의 잡비
③ 당일 손실시간손비
④ 구원, 연락으로 인한 부동 임금

해설 직접비와 간접비

직접비(법적으로 지급되는 산재보상비)		간접비 (직접비를 제외한 비용)
구분	적용	
치료비	치료비 전액	
휴업 급여	1일 평균임금의 70%에 상당하는 금액	
장해 급여	장해등급에 따라 장해보상연금 또는 장해보상금 지급	
간병 급여	요양급여 수급자가 치유 후 간병을 받는 자에게 지급	인적 손실
유족 급여	근로자가 업무상 사유로 사망한 경우 유족에게 지급	물적 손실 생산 손실
상병 보상 연금	• 요양 개시 후 2년 경과된 날 이후에 지급 • 부상 또는 질병이 치유되지 아니한 상태 • 부상 또는 질병에 의한 폐질의 등급기준에 따라 지급	임금 손실 시간 손실 기타 손실 등
장의비	평균임금의 120일분에 상당하는 금액	
기타 비용	상해특별급여, 유족특별급여	

정답 ①

29-2. 하인리히의 재해손실비용 평가방식에서 총 재해손실비용을 직접비와 간접비로 구분하였을 때 그 비율로 옳은 것은? (단, 순서는 직접비 : 간접비이다.) [13.2]

① 1 : 4
② 4 : 1
③ 3 : 2
④ 2 : 3

해설 • 하인리히의 직접비와 간접비는 1 : 4 이다.
• 직접비(법적으로 지급되는 산재보상비) : 요양급여, 휴업급여, 장해급여, 간병급여, 유족급여, 상병보상연금, 장의비 등
• 간접비(직접비를 제외한 모든 비용) : 인적 손실, 물적 손실, 생산 손실, 임금 손실, 시간 손실 등

정답 ①

29-3. 산업재해손실액 산정 시 직접비가 2000만 원일 때 하인리히 방식을 적용하면 총 손실액은? [16.3]

① 2000만 원
② 8000만 원
③ 1억 원
④ 1억 2000만 원

해설 총 손실액=직접비+간접비(1 : 4)
=직접비+(직접비×4)
=2000만 원+(2000만 원×4)=1억 원

정답 ③

29-4. 지난 한 해 동안 산업재해로 인하여 직접손실비용이 3조 1600억 원이 발생한 경우의 총 재해 코스트는? (단, 하인리히의 재해손실비 평가방식을 적용한다.) [10.3/18.2]

① 6조 3200억 원
② 9조 4800억 원
③ 12조 6400억 원
④ 15조 8000억 원

해설 총 손실액=직접비+간접비
=직접비+(직접비×4)
=3조 1600억 원+(3조 1600억 원×4)
=15조 8000억 원

정답 ④

29-5. 재해손실 코스트 방식 중 하인리히의

방식에 있어 1 : 4의 원칙 중 1에 해당하지 않는 것은? [16.1]

① 재해 예방을 위한 교육비

② 치료비

③ 재해자에게 지급된 급료

④ 재해보상 보험금

해설 ①은 간접비, ②, ③, ④는 직접비

정답 ①

29-6. 산업재해보상보험법에 따른 산업재해로 인한 보상비가 아닌 것은? [14.2/16.2/18.3]

① 교통비   ② 장의비

③ 휴업급여   ④ 유족급여

해설 ①은 간접비, ②, ③, ④는 직접비

정답 ①

30. 국제노동 통계회의에서 결의된 재해 통계의 국제적 통일안을 설명한 것으로 틀린 것은? [15.3]

① 국제적 통일안의 결의로서 모든 국가가 이 방법을 적용하고 있다.

② 강도율은 근로손실일수(1000배)를 총 인원의 연 근로시간 수로 나누어 산정한다.

③ 도수율은 재해의 발생 건수(100만 배)를 총 인원의 연 근로시간 수로 나누어 산정한다.

④ 국가별, 시기별, 산업별 비교를 위해 산업재해 통계를 도수율이나 강도율의 비율로 나타낸다.

해설 ① 국제적 통일안은 ILO(국제노동기구) 회원국을 대상으로 이 방법을 적용하고 있다.

31. 국제노동기구(ILO)에서 구분한 "일시 전 노동 불능"에 관한 설명으로 옳은 것은? [16.3]

① 부상의 결과로 근로기능을 완전히 잃은 부상

② 부상의 결과로 신체의 일부가 근로기능을 완전히 상실한 부상

③ 의사의 소견에 따라 일정 기간 동안 노동에 종사할 수 없는 상해

④ 의사의 소견에 따라 일시적으로 근로시간 중 치료를 받는 정도의 상해

해설 일시 전 노동 불능 : 의사의 소견에 따라 일정 기간 동안 노동에 종사할 수 없는 상해

31-1. 국제노동기구(ILO)의 분류에 부상 결과 신체장해등급 제4급~제14급에 해당하는 상해로 옳은 것은? [09.2]

① 영구 전 노동 불능상해

② 일시 전 노동 불능상해

③ 영구 일부 노동 불능상해

④ 일시 일부 노동 불능상해

해설 영구 일부 노동 불능상해 : 재해사고 결과로 신체의 일부가 영구적으로 노동기능을 상실한 부상으로 신체장해등급 제4급에서 제14급에 해당한다.

정답 ③

32. 재해의 원인 분석법 중 사고의 유형, 기인물 등 분류 항목을 큰 순서대로 도표화하여 문제나 목표의 이해가 편리한 것은 어느 것인가? [10.1/12.1/17.3/20.1]

① 관리도(control chart)

② 파레토도(pareto diagram)

③ 클로즈 분석(close analysis)

④ 특성요인도(cause-reason diagram)

해설 재해 분석 분류

• 관리도 : 재해 발생 건수 등을 시간에 따라 대략적인 파악에 사용한다.

• 파레토도 : 사고의 유형, 기인물 등 분류 항목을 큰 값에서 작은 값의 순서대로 도표화한다.

- 특성요인도 : 특성의 원인을 연계하여 상호 관계를 어골상으로 세분하여 분석한다.
- 클로즈(크로스) 분석도 : 두 가지 항목 이상의 요인이 상호 관계를 유지할 때 문제점을 분석한다.

32-1. 재해의 원인과 결과를 연계하여 상호 관계를 파악하기 위해 도표화하는 분석방법은? [09.1/09.2/13.3/17.1/20.2]

① 관리도　　　　② 파레토도
③ 특성요인도　　④ 크로스 분류도

해설 특성요인도 : 특성의 원인을 연계하여 상호 관계를 어골상으로 세분하여 분석한다.

정답 ③

33. 다음 중 재해를 분석하는 방법에 있어 재해 건수가 비교적 적은 사업장의 적용에 적합하고, 특수 재해나 중대 재해의 분석에 사용하는 방법은? [13.1]

① 개별 분석　　　② 통계 분석
③ 사전 분석　　　④ 크로스(cross) 분석

해설 개별 분석 : 재해 건수가 비교적 적은 사업장의 적용에 적합하고, 특수 재해나 중대 재해의 분석에 사용하는 방법

34. 다음 중 기업의 산업재해에 대한 과거와 현재의 안전 성적을 비교, 평가한 점수로 안전관리의 수행도를 평가하는데 유용한 것은? [15.2]

① Safe-T-Score　② 평균강도율
③ 종합재해지수　④ 안전 활동률

해설 세이프 티 스코어(Safe-T-Score) 판정 기준

-2.00 이하	-2.00~+2.00	+2.00 이상
과거보다 좋아졌다.	차이가 없다.	과거보다 나빠졌다.

34-1. Safe-T-Score에 대한 설명으로 틀린 것은? [18.1]

① 안전관리의 수행도를 평가하는데 유용하다.
② 기업의 산업재해에 대한 과거와 현재의 안전 성적을 비교, 평가한 점수로 단위가 없다.
③ Safe-T-Score가 +2.0 이상인 경우는 안전관리가 과거보다 좋아졌음을 나타낸다.
④ Safe-T-Score가 -2.0~+2.0 사이인 경우는 안전관리가 과거에 비해 심각한 차이가 없음을 나타낸다.

해설 세이프 티 스코어(Safe-T-Score) 판정 기준

-2.00 이하	-2.00~+2.00	+2.00 이상
과거보다 좋아졌다.	차이가 없다.	과거보다 나빠졌다.

정답 ③

35. 사업장의 안전준수 정도를 알아보기 위한 안전 평가는 사전 평가와 사후 평가로 구분되어 지는데 다음 중 사전 평가에 해당하는 것은? [15.1]

① 재해율　　　　② 안전샘플링
③ 연천인율　　　④ Safe-T-Score

해설 안전성 평가
- 사전 평가법 : 안전샘플링
- 사후 평가법 : 재해율, 연천인율, 도수율, 강도율, Safe-T-Score 등

36. 재해는 크게 4가지 방법으로 분류하고 있는데 다음 중 분류방법에 해당되지 않는 것은? [12.2]

① 통계적 분류
② 상해 종류에 의한 분류
③ 관리적 분류
④ 재해 형태별 분류

해설 재해 분류 : 통계적 분류, 상해 종류에 의한 분류, 재해 형태별 분류, 상해 정도별 분류

안전점검 · 검사 · 인증 및 진단

37. 점검시기에 의한 안전점검의 분류에 해당하지 않는 것은? [18.2]

① 성능점검   ② 정기점검
③ 임시점검   ④ 특별점검

해설 안전점검의 종류
- 일상점검(수시점검) : 매일 작업 전 · 후, 작업 중 수시로 실시하는 점검
- 정기점검 : 일정한 기간마다 정기적으로 정해진 기간에 실시하는 점검, 책임자가 실시
- 특별점검 : 태풍, 지진 등의 천재지변이 발생한 경우나 기계 · 기구의 신설 및 변경 시 고장 · 수리 등 특별히 실시하는 점검, 책임자가 실시
- 임시점검 : 이상 발견 시 또는 재해 발생 시 임시로 실시하는 점검

37-1. 기계 · 기구 또는 설비의 신설, 변경 또는 고장 수리 등 부정기적인 점검을 말하며, 기술적 책임자가 시행하는 점검은? [20.1/20.2]

① 정기점검   ② 수시점검
③ 특별점검   ④ 임시점검

해설 특별점검 : 태풍, 지진 등의 천재지변이 발생한 경우나 기계 · 기구의 신설 및 변경 시 고장 · 수리 등 특별히 실시하는 점검, 책임자가 실시

정답 ③

37-2. 작업장에서 매일 작업자가 작업 전, 중, 후에 시설과 작업동작 등에 대하여 실시하는 안전점검의 종류를 무엇이라 하는가? [14.2]

① 정기점검   ② 일상점검
③ 임시점검   ④ 특별점검

해설 일상점검(수시점검) : 매일 작업 전 · 후, 작업 중 수시로 실시하는 점검

정답 ②

37-3. 누전차단장치 등과 같은 안전장치를 정해진 순서에 따라 작동시키고 동작상황의 양부를 확인하는 점검은? [15.3/19.1]

① 외관점검   ② 작동점검
③ 기술점검   ④ 종합점검

해설 작동점검 : 누전차단장치 등과 같은 안전장치를 정해진 순서에 의해 작동시켜 동작상황의 양부를 확인하는 점검

정답 ②

37-4. 기기의 적정한 배치, 변형, 균열, 손상, 부식 등의 유무를 육안, 촉수 등으로 조사 후 그 설비별로 정해진 점검기준에 따라 양부를 확인하는 점검은? [19.3]

① 외관점검   ② 작동점검
③ 기능점검   ④ 종합점검

해설 외관점검 : 기기의 적정한 배치, 변형, 균열, 손상, 부식 등의 유무를 육안, 촉수 등으로 조사 후 그 설비별로 정해진 점검기준에 따라 양부를 확인하는 점검

정답 ①

38. 다음 중 안전점검의 목적에 관한 설명으로 적절하지 않은 것은? [10.2]

① 기기 및 설비의 결함이나 불안전한 상태의 제거로 사전에 안전성을 확보하기 위함이다.

② 기기 및 설비의 안전상태 유지 및 본래의
성능을 유지하기 위함이다.
③ 재해방지를 위하여 그 재해요인의 대책과
실시를 계획적으로 하기 위함이다.
④ 현장에서 불필요한 시설을 중단시켜 전체의
가동률을 높이기 위함이다.

해설 안전점검의 목적 : 결함이나 불안전 요
인을 제거하여 기계설비의 성능 유지, 생산관
리를 향상시킨다.
Tip) 현장에서 결함이나 불안전 요인을 제거
하지만, 불필요한 시설을 중단시키는 것은
아니다.

38-1. 다음 중 안전점검의 목적과 가장 거리가 먼 것은? [14.3]

① 기기 및 설비의 결함 제거로 사전안전성 확보
② 인적 측면에서의 안전한 행동 유지
③ 기기 및 설비의 본래 성능 유지
④ 생산제품의 품질관리

해설 ④ 생산제품의 합리적인 생산관리
정답 ④

38-2. 다음 중 안전점검의 직접적 목적과 관계가 먼 것은? [12.2]

① 결함이나 불안전 조건의 제거
② 합리적인 생산관리
③ 기계설비의 본래 성능 유지
④ 인간생활의 복지 향상

해설 ④는 안전점검의 간접적 목적,
①, ②, ③은 안전점검의 직접적 목적
정답 ④

39. 다음 중 안전점검 체크리스트 작성 시 유의해야 할 사항과 관계가 가장 적은 것은 어느 것인가? [10.3/13.1]

① 사업장에 적합한 독자적인 내용으로 작성
한다.
② 점검항목은 전문적이면서 간략하게 작성
한다.
③ 관계의 의견을 통하여 정기적으로 검토 · 보
안 작성한다.
④ 위험성이 높고, 긴급을 요하는 순으로 작성
한다.

해설 ② 점검항목은 이해하기 쉽도록 표기하
고 구체적으로 작성한다.

40. 다음 중 안전점검대상과 가장 거리가 먼 것은? [13.3]

① 인원배치 ② 방호장치
③ 작업환경 ④ 작업방법

해설 안전점검대상 : 방호장치, 작업환경, 작
업방법, 정리 정돈 등

41. 제조업자는 제조물의 결함으로 인하여 생명 · 신체 또는 재산에 손해를 입은 자에게 그 손해를 배상하여야 하는데 이를 무엇이라 하는가? (단, 당해 제조물에 대해서만 발생한 손해는 제외한다.) [19.1]

① 입증 책임 ② 담보 책임
③ 연대 책임 ④ 제조물 책임

해설 제조물 책임 : 제조물의 결함으로 인하
여 생명 · 신체 또는 재산에 손해를 입은 자에
게 제조업자 또는 판매업자가 그 손해에 대하
여 배상 책임을 지도록 하는 것을 말한다.

42. 다음 중 작업표준의 구비조건으로 옳지 않은 것은? [19.2]

① 작업의 실정에 적합할 것
② 생산성과 품질의 특성에 적합할 것
③ 표현은 추상적으로 나타낼 것
④ 다른 규정 등에 위배되지 않을 것

해설 ③ 표현은 실제적이고 구체적으로 나타낼 것

43. 산업안전보건법령상 안전검사대상 유해 · 위험기계의 종류에 포함되지 않는 것은?

① 전단기   [09.3/15.1/19.2]
② 리프트
③ 곤돌라
④ 교류 아크 용접기

해설 안전검사대상 유해 · 위험기계의 종류

㉠ 프레스   ㉡ 산업용 로봇
㉢ 전단기   ㉣ 압력용기
㉤ 리프트   ㉥ 고소작업대
㉦ 곤돌라   ㉧ 컨베이어
㉨ 원심기(산업용만 해당)
㉩ 롤러기(밀폐형 구조 제외)
㉪ 크레인(2t 미만 제외)
㉫ 국소배기장치(이동식 제외)
㉬ 사출성형기(형체결력 294kN 미만 제외)

43-1. 산업안전보건법령상 안전검사대상 기계가 아닌 것은?

[13.2/17.3]
① 선반   ② 리프트
③ 압력용기   ④ 곤돌라

해설 ②, ③, ④는 안전검사대상 기계이다.

정답 ①

43-2. 산업안전보건법령상 안전검사대상 유해 · 위험기계 등이 아닌 것은?

[17.2]
① 곤돌라
② 이동식 국소배기장치
③ 산업용 원심기
④ 건조설비 및 그 부속설비

해설 안전검사대상 기계에서 국소배기장치 중 이동식은 제외한다.

정답 ②

44. 산업안전보건법령상 안전인증대상 기계 · 기구 등이 아닌 것은?

[17.1]
① 프레스   ② 전단기
③ 롤러기   ④ 산업용 원심기

해설 안전인증대상 기계 · 기구의 종류

㉠ 프레스   ㉡ 크레인
㉢ 압력용기   ㉣ 사출성형기
㉤ 곤돌라   ㉥ 전단기 및 절곡기
㉦ 리프트   ㉧ 롤러기
㉨ 고소작업대

Tip) 원심기(산업용만 해당)는 안전검사대상 유해 · 위험기계이다.

44-1. 주요 구조 부분을 변경하는 경우 안전인증을 받아야 하는 기계 · 기구가 아닌 것은?

[16.3]
① 원심기   ② 사출성형기
③ 압력용기   ④ 고소작업대

해설 ① 원심기(산업용만 해당)는 안전검사대상 유해 · 위험기계이다.

정답 ①

45. 다음 중 산업안전보건법상 자율안전확인대상 기계 · 기구 및 설비에 해당하지 않는 것은?

[11.2]
① 혼합기   ② 컨베이어
③ 롤러기   ④ 인쇄기

해설 ③은 안전인증대상 기계 · 기구,
①, ②, ④는 자율안전확인대상 기계 · 기구

45-1. 산업안전보건법상 자율안전확인대상 기계 · 기구의 방호장치에 속하는 것은 어느 것인가?

[11.3/15.2]
① 압력용기 압력방출용 파열판
② 보일러 압력방출용 안전밸브

③ 방폭구조(防爆構造) 전기기계·기구 및 부품
④ 교류 아크 용접기용 자동전격방지기

해설 ④는 자율안전확인대상 기계·기구의 방호장치,
①, ②, ③은 안전인증대상 방호장치

정답 ④

46. 산업안전보건법상 프레스 작업 시 작업시작 전 점검사항에 해당하지 않는 것은?[16.1]

① 클러치 및 브레이크의 기능
② 매니퓰레이터(manipulator) 작동의 이상 유무
③ 프레스의 금형 및 고정볼트 상태
④ 1행정 1정지기구·급정지장치 및 비상정지 장치의 기능

해설 ②는 로봇의 작업시작 전 점검사항,
①, ③, ④는 프레스 작업 시 작업시작 전 점검사항

47. 산업안전보건법령상 건설현장에서 사용하는 크레인, 리프트 및 곤돌라의 안전검사의 주기로 옳은 것은? (단, 이동식 크레인, 이삿짐운반용 리프트는 제외한다.) [14.1/18.1]

① 최초로 설치한 날부터 6개월마다
② 최초로 설치한 날부터 1년마다
③ 최초로 설치한 날부터 2년마다
④ 최초로 설치한 날부터 3년마다

해설 안전검사의 주기
• 크레인, 리프트 및 곤돌라는 사업장에 설치한 날부터 3년 이내에 최초 안전검사를 실시하되, 그 이후부터는 2년마다(건설현장에서 사용하는 것은 최초로 설치한 날부터 6개월마다) 실시한다.
• 이동식 크레인과 이삿짐운반용 리프트는 등록한 날부터 3년 이내에 최초 안전검사를 실시하되, 그 이후부터는 2년마다 실시한다.

• 프레스, 전단기, 압력용기 등은 사업장에 설치한 날부터 3년 이내에 최초 안전검사를 실시하되, 그 이후부터는 2년마다(공정안전 보고서를 제출하여 확인을 받은 압력용기는 4년마다) 실시한다.

47-1. 안전검사대상 유해·위험기계 중 크레인의 경우 사업장에 설치가 끝난 날부터 몇 년 이내에 최초 안전검사를 실시하여야 하는가? [11.1]

① 6개월 ② 1년 ③ 2년 ④ 3년

해설 크레인의 경우 사업장에 설치가 끝난 날부터 3년 이내에 최초 안전검사를 실시하여야 한다.

정답 ④

47-2. 산업안전보건법령에 따른 안전검사대상 유해·위험기계 등의 검사주기 기준 중 다음 (   ) 안에 알맞은 것은? [18.3]

> 크레인(이동식 크레인은 제외), 리프트(이삿짐운반용 리프트는 제외) 및 곤돌라는 사업장에 설치가 끝난 날부터 3년 이내에 최초 안전검사를 실시하되, 그 이후부터 (㉠)년마다(건설현장에서 사용하는 것은 최초로 설치한 날부터 (㉡)개월마다)

① ㉠ : 1, ㉡ : 4 ② ㉠ : 1, ㉡ : 6
③ ㉠ : 2, ㉡ : 4 ④ ㉠ : 2, ㉡ : 6

해설 크레인(이동식 크레인은 제외), 리프트(이삿짐운반용 리프트는 제외) 및 곤돌라는 사업장에 설치가 끝난 날부터 3년 이내에 최초 안전검사를 실시하되, 그 이후부터 2년마다(건설현장에서 사용하는 것은 최초로 설치한 날부터 6개월마다) 실시한다.

정답 ④

3 무재해 운동 및 보호구

무재해 운동 등 안전활동기법

1. 다음 중 무재해 운동의 기본 이념 3원칙에 포함되지 않는 것은? [19.2]

① 무의 원칙　　　② 선취의 원칙

③ 참가의 원칙　　④ 라인화의 원칙

해설 무재해 운동의 기본 이념 3원칙

• 무의 원칙 : 모든 위험요인을 파악하여 해결함으로써 근원적인 산업재해를 없앤다는 0의 원칙

• 참가의 원칙 : 작업자 전원이 참여하여 각자의 위치에서 적극적으로 문제해결 등을 실천하는 원칙

• 선취해결의 원칙 : 직장의 위험요인을 사전에 발견, 파악, 해결하여 재해를 예방하는 무재해를 실현하기 위한 원칙

1-1. 무재해 운동의 기본 이념의 3대 원칙이 아닌 것은? [09.3/10.1/13.2/15.1/17.3/19.3]

① 무의 원칙　　　② 참가의 원칙

③ 선취의 원칙　　④ 자주활동의 원칙

해설 무재해 운동의 기본 이념 3원칙 : 무의 원칙, 참가의 원칙, 선취해결의 원칙

정답 ④

1-2. 무재해 운동 이념의 3원칙에 해당되는 것은? [15.3]

① 포상의 원칙　　② 참가의 원칙

③ 예방의 원칙　　④ 팀 활동의 원칙

해설 무재해 운동의 기본 이념 3원칙 : 무의 원칙, 참가의 원칙, 선취해결의 원칙

정답 ②

1-3. 무재해 운동의 이념 가운데 직장의 위험요인을 행동하기 전에 예지하여 발견, 파악, 해결하는 것을 의미하는 것은? [20.2]

① 무의 원칙　　　② 선취의 원칙

③ 참가의 원칙　　④ 인간존중의 원칙

해설 선취해결의 원칙 : 직장의 위험요인을 사전에 발견, 파악, 해결하여 재해를 예방하는 무재해를 실현하기 위한 원칙

정답 ②

1-4. 무재해 운동의 3대 원칙에 대한 설명이 아닌 것은? [16.3]

① 사람이 죽거나 다쳐서 일을 못하게 되는 일 및 모든 잠재요소를 제거한다.

② 잠재위험요인을 발굴·제거로 안전확보 및 사고를 예방한다.

③ 작업환경을 개선하고 이상을 발견하면 정비 및 수리를 통해 사고를 예방한다.

④ 무재해를 지향하고 안전과 건강을 선취하기 위해 전원 참가한다.

해설 ③ 무재해 운동의 기본 이념은 사업장의 위험요인을 사전에 발견, 파악, 해결하여 재해를 예방하는 무재해를 실현하기 위한 것이다.

정답 ③

2. 다음 중 무재해 운동의 추진을 위한 3요소에 해당하지 않는 것은? [09.1/12.2/17.1]

① 모든 위험잠재요인의 해결

② 최고경영자의 경영자세

③ 관리감독자(line)의 적극적 추진

④ 직장 소집단의 자주 활동 활성화

해설 무재해 운동의 3요소

- 최고경영자의 안전 경영자세 : 무재해, 무질병에 대한 경영자세
- 소집단 자주 안전 활동의 활성화 : 직장의 팀 구성원의 협동 노력으로 자주적인 안전 활동 추진
- 관리감독자에 의한 안전보건의 추진 : 관리감독자가 생산 활동 속에서 안전보건 실천을 추진

2-1. 다음 중 무재해 운동의 3요소에 해당되지 않는 것은? [13.3]

① 이념   ② 기법   ③ 실천   ④ 경쟁

해설 무재해 운동의 3요소 : 이념, 기법, 실천

정답 ④

3. 무재해 운동 추진기법 중 다음에서 설명하는 것은? [13.1/17.3]

> 작업을 오조작 없이 안전하게 하기 위하여 작업공정의 요소에서 자신의 행동을 하고 대상을 가리킨 후 큰 소리로 확인하는 것

① 지적 · 확인   ② T.B.M
③ 터치 앤드 콜   ④ 삼각 위험예지훈련

해설 지적 · 확인에 대한 설명이다.

4. 무재해 운동의 추진기법 중 "지적 · 확인"이 불안전 행동방지에 효과가 있는 이유와 가장 거리가 먼 것은? [15.2]

① 긴장된 의식의 이완
② 대상에 대한 집중력의 향상
③ 자신과 대상의 결합도 증대
④ 인지(cognition) 확률의 향상

해설 ① 무재해 운동의 추진기법 중 지적 · 확인을 통해 긴장된 의식이 강화된다.

5. 무재해 운동의 추진에 있어 무재해 운동을 개시한 날로부터 며칠 이내에 무재해 운동 개시 신청서를 관련 기관에 제출하여야 하는가? [14.1]

① 4일   ② 7일
③ 14일   ④ 30일

해설 무재해 운동을 개시한 날로부터 14일 이내에 무재해 운동 개시 신청서를 제출하여야 한다.

6. 사업장 무재해 운동 추진 및 운영에 있어 무재해 목표설정의 기준이 되는 무재해 시간은 무재해 운동을 개시하거나 재개시한 날부터 실근무자 수와 실근로시간을 곱하여 산정하는데 다음 중 실근로시간의 산정이 곤란한 사무직 근로자 등의 경우에는 1일 몇 시간 근무한 것으로 보는가? [13.1]

① 6시간   ② 8시간
③ 9시간   ④ 10시간

해설 • 무재해 시간은 사무직 근로자 등의 경우에는 1일 8시간 근무한 것으로 계산한다.
- 무재해 시간=실제 근무자 수×실제 근로시간 수

7. 다음 중 무재해 운동에서 실시하는 위험예지훈련에 관한 설명으로 틀린 것은? [14.2]

① 근로자 자신이 모르는 작업에 대한 것도 파악하기 위하여 참가집단의 대상범위를 가능한 넓혀 많은 인원이 참가하도록 한다.
② 직장의 팀워크로 안전을 전원이 빨리 올바르게 선취하는 훈련이다.
③ 아무리 좋은 기법이라도 시간이 많이 소요되는 것은 현장에서 큰 효과가 없다.
④ 정해진 내용의 교육보다는 전원의 대화방식으로 진행한다.

해설 위험예지훈련

- 재해를 방지하기 위해 현장에서 그때그때의 상황에 맞게 실시하는 활동으로 단시간 미팅 즉시 적응훈련이라 한다.
- 직장의 팀워크로 안전을 전원이 빨리 올바르게 선취하는 훈련이다.
- 정해진 내용의 교육보다는 전원의 대화방식으로 진행한다.
- 결론은 가급적 서두르지 않는다.

8. 위험예지훈련 기초 4라운드법의 진행에서 전원이 토의를 통하여 위험요인을 발견하는 단계로 가장 적절한 것은? [09.2/11.1/11.2/11.3/12.1/15.1/16.2/16.3/17.1/18.1/20.1/20.2]

① 제1라운드 : 현상파악
② 제2라운드 : 본질추구
③ 제3라운드 : 대책수립
④ 제4라운드 : 목표설정

해설 위험예지훈련 문제해결의 4라운드

- 현상파악(1R) : 어떤 위험이 잠재하고 있는가? → 토론을 통해 잠재한 위험요인을 발견한다.
- 본질추구(2R) : 이것이 위험 포인트이다. → 위험요인 중 중요한 위험 문제점을 파악하고 표시한다.
- 대책수립(3R) : 당신이라면 어떻게 할 것인가? → 위험요소를 어떻게 해결할지 구체적인 대책을 세운다.
- 행동 목표설정(4R) : 우리들은 이렇게 한다. → 중점적인 대책을 실천하기 위한 행동 목표를 설정한다.

8-1. 무재해 운동의 추진기법 중 위험예지훈련의 4라운드에서 제3단계 진행방법에 해당하는 것은? [10.1/10.2/13.3]

① 목표설정   ② 현상파악

③ 본질추구   ④ 대책수립

해설 위험예지훈련 문제해결의 4라운드

1R	2R	3R	4R
현상파악	본질추구	대책수립	행동 목표설정

정답 ④

8-2. 다음 중 위험예지훈련 4라운드의 순서가 올바르게 나열된 것은? [19.2]

① 현상파악 → 본질추구 → 대책수립 → 목표설정
② 현상파악 → 대책수립 → 본질추구 → 목표설정
③ 현상파악 → 본질추구 → 목표설정 → 대책수립
④ 현상파악 → 목표설정 → 본질추구 → 대책수립

해설 위험예지훈련 문제해결의 4라운드

1R	2R	3R	4R
현상파악	본질추구	대책수립	행동 목표설정

정답 ①

9. 위험예지훈련의 방법으로 적절하지 않은 것은? [18.3]

① 반복 훈련한다.
② 사전에 준비한다.
③ 자신의 작업으로 실시한다.
④ 단위 인원수를 많게 한다.

해설 위험예지훈련 방법

- 반복 훈련한다.
- 사전에 준비한다.
- 자신의 작업으로 실시한다.
- 인원수를 10명 이하로 한다.

10. 위험예지훈련 중 TBM(tool box meeting) 에 관한 설명으로 옳지 않은 것은 어느 것인 가? [15.3/16.1/19.1]

① 작업장소에서 원형의 형태를 만들어 실시 한다.

② 통상 작업시작 전, 후 10분 정도 시간으로 미팅한다.

③ 토의는 10인 이상에서 20인 단위의 중규모 가 모여서 한다.

④ 근로자 모두가 말하고 스스로 생각하고 "이 렇게 하자"라고 합의한 내용이 되어야 한다.

해설 TBM(tool box meeting) 위험예지훈련

- 현장에서 그때 그 장소의 상황에서 즉응하 여 실시하는 위험예지활동으로 즉시즉응법 이라고도 한다.
- 10명 이하의 소수가 적합하며, 시간은 10 분 이내로 한다.
- 현장 상황에 맞게 즉응하여 실시하는 행동 으로 단시간 적응훈련이라 한다.
- 결론은 가급적 서두르지 않는다.

11. 다음 중 무재해 운동의 실천 기법에 브레 인스토밍(brain storming)의 4원칙에 해당하 지 않는 것은? [10.3/14.3]

① 수정발언 ② 비판금지

③ 본질추구 ④ 대량발언

해설 • 브레인스토밍의 4원칙 : 비판금지, 자유분방, 대량발언, 수정발언

- 위험예지훈련 4라운드 기법 : 현상파악, 본 질추구, 대책수립, 행동 목표설정

보호구 및 안전보건표지 Ⅰ

12. 보호구 안전인증 고시에 따른 안전화의 정 의 중 ( ) 안에 알맞은 것은? [13.3/18.2/20.1]

> 경작업용 안전화란 (㉠)mm의 낙하 높이 에서 시험했을 때 충격과 (㉡ ±0.1)kN의 압축하중에서 시험했을 때 압박에 대하여 보호해 줄 수 있는 선심을 부착하여, 착용 자를 보호하기 위한 안전화를 말한다.

① ㉠ : 500, ㉡ : 10.0 ② ㉠ : 250, ㉡ : 10.0

③ ㉠ : 500, ㉡ : 4.4 ④ ㉠ : 250, ㉡ : 4.4

해설 안전화의 높이(mm)−하중(kN)

중작업용	보통작업용	경작업용
$1000-15$ ± 0.1	$500-10$ ± 0.1	$250-4.4$ ± 0.1

13. 보호구 안전인증 고시에 따른 방독마스크 중 할로겐용 정화통 외부 측면의 표시색으로 옳은 것은? [09.3/18.3]

① 갈색 ② 회색 ③ 녹색 ④ 노란색

해설 방독마스크의 종류 및 시험가스

종류	시험가스	표시색
유기 화합물용	사이클로헥산(C_6H_{12}), 이소부탄(C_4H_{10}), 디메틸에테르 (CH_3OCH_3)	갈색
할로겐용	염소가스 또는 증기(Cl_2)	회색
황화 수소용	황화수소가스(H_2S)	
시안화 수소용	시안화수소가스(HCN)	
아황산용	아황산가스(SO_2)	노란색
암모 니아용	암모니아가스(NH_3)	녹색

13-1. 방독마스크의 정화통 색상으로 틀린 것은?
[09.1/19.1]

① 유기화합물용 – 갈색

② 할로겐용 – 회색

③ 황화수소용 – 회색

④ 암모니아용 – 노란색

해설 ④ 암모니아용 – 녹색

정답 ④

14. 방독마스크의 흡수관의 종류와 사용 조건이 옳게 연결된 것은?
[16.1]

① 보통가스용 – 산화금속

② 유기가스용 – 활성탄

③ 일산화탄소용 – 알칼리제

④ 암모니아용 – 산화금속

해설 방독마스크의 흡수관의 종류와 사용 조건

종류	표시색	사용 조건
보통가스용(A)	흑색 · 회색	활성탄, 소다라임
유기가스용(C)	흑색	활성탄
일산화탄소용(E)	빨간색	호프카라이트, 방습제
암모니아용(H)	녹색	큐프라마이트

15. 다음 [그림]에 나타난 보호구의 명칭으로 옳은 것은?
[14.2]

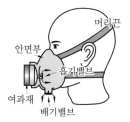

① 격리식 반면형 방독마스크

② 직결식 반면형 방진마스크

③ 격리식 전면형 방독마스크

④ 안면부 여과식 방진마스크

해설 방진마스크의 종류

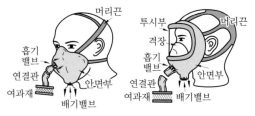

격리식 반면형   격리식 전면형

안면부 여과식   직결식 전면형

16. 다음 중 보호구 의무안전인증기준에 있어 방독마스크에 관한 용어의 설명으로 틀린 것은?
[13.2]

① "파과"란 대응하는 가스에 대하여 정화통 내부의 흡수제가 포화상태가 되어 흡착능력을 상실한 상태를 말한다.

② "파괴곡선"이란 파괴시간과 유해물질의 종류에 대한 관계를 나타낸 곡선을 말한다.

③ "겸용 방독마스크"란 방독마스크(복합용 포함)의 성능에 방진마스크의 성능이 포함된 방독마스크를 말한다.

④ "전면형 방독마스크"란 유해물질 등으로부터 안면부 전체(입, 코, 눈)를 덮을 수 있는 구조의 방독마스크를 말한다.

해설 ② "파괴곡선"이란 파괴시간과 유해물질에 대한 농도의 관계를 나타낸 곡선을 말한다.

17. 보호구 자율안전확인 고시상 사용 구분에 따른 보안경의 종류가 아닌 것은?
[10.3/17.2]

① 차광보안경   ② 유리보안경

③ 플라스틱 보안경   ④ 도수렌즈 보안경

해설 • 자율안전확인 : 유리보안경, 플라스틱 보안경, 도수렌즈 보안경
• 안전인증 : 차광보안경(자외선용, 적외선용, 복합용, 용접용)

17-1. 다음 중 자율안전확인대상 보안경의 사용 구분에 따른 종류에 해당하지 않는 것은? [09.2]

① 유리보안경　　② 자외선용 보안경
③ 플라스틱 보안경　④ 도수렌즈 보안경

해설 • 자율안전확인 : 유리보안경, 플라스틱 보안경, 도수렌즈 보안경
• 안전인증 : 차광보안경(자외선용, 적외선용, 복합용, 용접용)

정답 ②

17-2. 안전인증대상 보호구 중 차광보안경의 사용 구분에 따른 종류가 아닌 것은? [13.1]

① 보정용　　　② 용접용
③ 복합용　　　④ 적외선용

해설 안전인증 : 차광보안경(자외선용, 적외선용, 복합용, 용접용)

정답 ①

18. 산업안전보건법령상 의무안전인증대상 보호구에 해당하지 않는 것은? [15.1]

① 보호복　　　② 안전장갑
③ 방독마스크　④ 보안면

해설 안전인증대상 보호구의 종류 : 안전화, 안전장갑, 방진마스크, 방독마스크, 송기마스크, 보호복, 안전대, 차광보안경, 용접용 보안면, 방음용 귀마개 또는 귀덮개

19. 다음 중 탱크 내부에서의 세정업무 및 도장업무와 같이 산소결핍이 우려되는 장소에

서 반드시 사용하여야 하는 보호구로 옳은 것은? [10.1/11.3]

① 위생마스크　　② 송기마스크
③ 방진마스크　　④ 방독마스크

해설 송기마스크 : 산소결핍이 우려되는 장소에서 반드시 사용하여야 하는 보호구

20. 다음 중 산업안전보건법령상 안전인증대상 보호구의 안전인증제품에 안전인증 표시 외에 표시하여야 할 사항과 가장 거리가 먼 것은? [15.2]

① 안전인증번호
② 형식 또는 모델명
③ 제조번호 및 제조연월
④ 물리적, 화학적 성능기준

해설 안전인증제품의 안전인증 표시 외 표시사항 : 형식 또는 모델명, 규격 또는 등급, 제조자명, 제조번호 및 제조연월, 안전인증번호

21. 안전모에 관한 내용으로 옳은 것은? [19.3]

① 안전모의 종류는 안전모의 형태로 구분한다.
② 안전모의 종류는 안전모의 색상으로 구분한다.
③ A형 안전모 : 물체의 낙하, 비래에 의한 위험을 방지, 경감시키는 것으로 내전압성이다.
④ AE형 안전모 : 물체의 낙하, 비래에 의한 위험을 방지 또는 경감하고 머리 부위의 감전에 의한 위험을 방지하기 위한 것으로 내전압성이다.

해설 안전모의 종류 및 용도
• AB형 : 물체의 낙하, 비래, 추락에 의한 위험을 방지 또는 경감시키기 위한 것으로 비내전압성이다.
• AE형 : 물체의 낙하, 비래에 의한 위험을 방지 또는 경감하고, 머리 부위의 감전에 의한 위험을 방지하기 위한 것으로 7000 V 이하의 전압에 견디는 내전압성이다.

• ABE형 : 물체의 낙하, 비래, 추락에 의한 위험을 방지 또는 경감하고, 머리 부위의 감전에 의한 위험을 방지하기 위한 것으로 7000V 이하의 전압에 견디는 내전압성이다.

21-1. 안전모의 종류 중 머리 부위의 감전에 대한 위험을 방지할 수 있는 것은? [16.2]

① A형   ② B형   ③ AC형   ④ AE형

해설 AE형 : 물체의 낙하, 비래에 의한 위험을 방지 또는 경감하고, 머리 부위의 감전에 의한 위험을 방지하기 위한 것으로 7000 V 이하의 전압에 견디는 내전압성이다.

정답 ④

21-2. 산업안전보건법령상 안전모의 종류(기호) 중 사용 구분에서 "물체의 낙하 또는 비래 및 추락에 의한 위험을 방지 또는 경감하고, 머리 부위 감전에 의한 위험을 방지하기 위한 것"으로 옳은 것은? [19.2]

① A   ② AB   ③ AE   ④ ABE

해설 ABE형 : 물체의 낙하, 비래, 추락에 의한 위험을 방지 또는 경감하고, 머리 부위의 감전에 의한 위험을 방지하기 위한 것으로 7000 V 이하의 전압에 견디는 내전압성이다.

정답 ④

22. 추락 및 감전위험방지용 안전모의 일반구조가 아닌 것은? [18.1]

① 착장체   ② 충격흡수재
③ 선심   ④ 모체

해설 • 구성 요소는 모체, 착장체(머리받침끈, 머리고정대, 머리받침고리), 턱끈으로 구성된다.
• 선심은 안전화의 충격과 압축하중으로부터 발을 보호하기 위한 부품이다.

22-1. 보호구 관련 규정에 따른 안전모의 착장체 구성 요소에 해당되지 않는 것은?

① 머리턱끈 [09.3/15.3]
② 머리받침끈
③ 머리고정대
④ 머리받침고리

해설 구성 요소는 모체, 착장체(머리받침끈, 머리고정대, 머리받침고리), 턱끈으로 구성된다.

정답 ①

22-2. 보호구의 안전인증기준에 있어 다음 설명에 해당하는 부품의 명칭으로 옳은 것은? [14.3]

> 머리받침끈, 머리고정대 및 머리받침고리로 구성되어 추락 및 감전위험방지용 안전모로 머리 부위에 고정시켜 주며, 안전모에 충격이 가해졌을 때 착용자의 머리 부위에 전해지는 충격을 완화시켜 주는 기능을 갖는 부품

① 챙   ② 착장체
③ 모체   ④ 충격흡수재

해설 착장체에 대한 설명이다.

정답 ②

23. 산업안전보건법령상 안전모의 시험성능기준 항목이 아닌 것은? [20.2]

① 난연성   ② 인장성
③ 내관통성   ④ 충격흡수성

해설 안전모의 시험성능기준은 내관통성, 충격흡수성, 내전압성, 내수성, 난연성, 턱끈풀림과 부과성능기준은 측면 변형 방호, 금속용용물 분사 방호 등이 있다.

23-1. 다음 중 안전모의 시험성능기준 항목이 아닌 것은? [18.2]

① 내관통성　　　　② 충격흡수성

③ 내구성　　　　　④ 난연성

해설 안전모의 시험성능기준 항목 : 내관통성, 내전압성, 난연성, 충격흡수성, 내수성, 턱끈풀림

정답 ③

23-2. 의무안전인증대상 보호구 중 안전모의 시험성능기준의 항목이 아닌 것은? [11.1]

① 충격흡수성　　　　② 발수성

③ 내전압성　　　　　④ 턱끈풀림

해설 안전모의 시험성능기준 항목 : 내관통성, 내전압성, 난연성, 충격흡수성, 내수성, 턱끈풀림

정답 ②

24. 추락 및 감전위험방지용 안전모의 난연성 시험성능기준 중 모체가 불꽃을 내며 최소 몇 초 이상 연소되지 않아야 하는가? [17.3]

① 3　　　② 5　　　③ 7　　　④ 10

해설 안전모의 난연성 시험은 모체가 불꽃을 내며 5초 이상 연소되지 않아야 한다.

25. 보호구 안전인증 고시에 따른 안전모의 일반 구조 중 턱끈의 최소 폭 기준은? [17.1]

① 5mm 이상　　　　② 7mm 이상

③ 10mm 이상　　　④ 12mm 이상

해설 안전모 턱끈의 최소 폭은 10mm 이상이다.

26. 안전모의 일반구조에 있어 안전모를 머리 모형에 장착하였을 때 모체 내면의 최고점과

머리 모형 최고점과의 수직거리의 기준으로 옳은 것은? [12.2]

① 20mm 이상 40mm 이하

② 20mm 이상 50mm 미만

③ 25mm 이상 40mm 이하

④ 25mm 이상 50mm 미만

해설 안전모의 모체 내면의 최고점과 머리 모형 최고점과의 수직거리는 25mm 이상 50mm 미만이어야 한다.

27. 내전압용 절연장갑의 성능기준상 최대 사용전압에 따른 절연장갑의 구분 중 00등급의 색상으로 옳은 것은? [10.2/18.2]

① 노란색　　　　② 흰색

③ 녹색　　　　　④ 갈색

해설 절연장갑의 등급 및 최대 사용전압

등급	등급별 색상	최대 사용전압		비고
		교류(V)	직류(V)	
00	갈색	500	750	
0	빨간색	1000	1500	직류값 : 교류값 =1 : 1.5
1	흰색	7500	11250	
2	노란색	17000	25500	
3	녹색	26500	39750	
4	등색	36000	54000	

보호구 및 안전보건표지 II

28. 다음 중 산업안전보건법령상 안전·보건 표지에 있어 경고표지의 종류에 해당하지 않는 것은? [13.2]

① 방사성물질 경고　　② 급성독성물질 경고

③ 차량통행 경고　　　④ 레이저광선 경고

해설 경고표지의 종류

인화물질	산화성	폭발성	급성독성	부식성
방사성	고압전기	매달린	낙하물	고온
저온	몸 균형	레이저	위험장소	발암성 등

Tip) 차량은 경고가 아닌 차량통행금지 표지이다.

28-1. 산업안전보건법상 안전·보건표지 중 경고표지의 종류에 해당하지 않는 것은? [10.2]

① 고압전기 경고 ② 레이저광선 경고
③ 추락 경고 ④ 몸 균형상실 경고

해설 경고표지의 종류

고압전기	몸 균형	레이저	낙하물	위험장소

정답 ③

28-2. 산업안전보건법령상 안전보건표지의 종류와 형태 중 다음 그림과 같은 경고표지는? (단, 바탕은 무색, 기본 모형은 빨간색, 그림은 검은색이다.) [09.2/11.1/19.2/20.1]

① 부식성물질 경고
② 폭발성물질 경고
③ 산화성물질 경고
④ 인화성물질 경고

정답 ④

28-3. 산업안전보건법상 안전·보건표지 중 경고표지에 해당하는 것은? [11.3]

① 금연 ② 화기 경고
③ 차량통행 경고 ④ 몸 균형상실 경고

해설 ④는 경고표지,
①, ②, ③은 금지표지

정답 ④

28-4. 산업안전보건법령상 안전보건표시의 종류 중 인화성물질에 관한 표지에 해당하는 것은? [20.2]

① 금지표시 ② 경고표시
③ 지시표시 ④ 안내표시

해설 인화성물질에 대한 경고로서 경고표시이다.

정답 ②

29. 산업안전보건법령상 안전·보건표지 중 안내표지의 종류에 해당하지 않는 것은? [13.1]

① 들것
② 세안장치
③ 비상용기구
④ 허가대상물질 작업장

해설 안내표지의 종류

녹십자 표지	응급구호 표지	들것	세안장치
비상용기구	비상구	좌측비상구	우측비상구

29-1. 산업안전보건법상 안전·보건표지의 종류 중 안내표지에 해당하는 것은? [10.3]

① 금연
② 몸 균형상실 경고
③ 안전모 착용
④ 녹십자표지

해설 ① 금연 – 금지표지,
② 몸 균형상실 경고 – 경고표지,
③ 안전모 착용 – 지시표지

정답 ④

30. 산업안전보건법령상 안전·보건표지의 종류에 있어 "안전모 착용"은 어떤 표지에 해당하는가? [12.2/14.1/19.3]

① 경고표지
② 지시표지
③ 안내표지
④ 관계자 외 출입금지

해설 안전모 착용은 보호구 착용에 관한 내용으로 지시표시이다.

31. 산업안전보건법령상 안전·보건표지의 용도 및 사용장소에 대한 표지의 분류가 가장 올바른 것은? [14.2]

① 폭발성 물질이 있는 장소 : 안내표지
② 비상구가 좌측에 있음을 알려야 하는 장소 : 지시표지
③ 보안경을 착용해야만 작업 또는 출입을 할 수 있는 장소 : 안내표지
④ 정리·정돈 상태의 물체나 움직여서는 안 될 물체를 보존하기 위하여 필요한 장소 : 금지표지

해설 ① 폭발성 물질이 있는 장소 : 경고표지
② 비상구가 좌측에 있음을 알려야 하는 장소 : 안내표지
③ 보안경을 착용해야만 작업 또는 출입을 할 수 있는 장소 : 지시표지

32. 산업안전보건법령상 안전·보건표지 중 지시표지사항의 기본 모형은? [18.1]

① 사각형　　　　② 원형
③ 삼각형　　　　④ 마름모형

해설 안전·보건표지의 기본 모형

금지표지	경고표지	지시표지	안내표지
원형에 사선	삼각형 및 마름모형	원형	정사각형 또는 직사각형

32-1. 안전·보건표지의 기본 모형 중 다음 그림의 기본 모형의 표시사항으로 옳은 것은? [09.1/17.2]

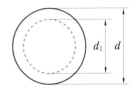

① 지시　　　　② 안내
③ 경고　　　　④ 금지

해설 안전·보건표지의 기본 모형

금지표지	경고표지	지시표지	안내표지
원형에 사선	삼각형 및 마름모형	원형	정사각형 또는 직사각형

정답 ①

33. 공장 내에 안전·보건표지를 부착하는 주된 이유는? [16.2/16.3]

① 안전의식 고취
② 인간행동의 변화 통제
③ 공장 내의 환경정비 목적
④ 능률적인 작업을 유도

해설 공장 내에 안전·보건표지를 부착하는 주된 이유는 작업자로 하여금 예상되는 재해를 사전에 방지하는 것이다.

34. 산업안전보건법상 안전 · 보건표지 중 폭발성물질 경고의 색채에 관한 설명으로 옳은 것은? [10.1]

① 바탕은 파란색, 관련 그림은 흰색

② 바탕은 무색, 기본 모형은 빨간색

③ 바탕은 흰색, 기본 모형 및 관련 부호는 녹색

④ 바탕은 노란색, 기본 모형, 관련 부호 및 그림은 검은색

[해설] 안전 · 보건표지의 형식

• 금지표지 : 바탕은 흰색, 기본 모형은 빨간색, 관련 부호 및 그림은 검은색

• 경고표지 : 바탕은 노란색, 기본 모형, 관련 부호 및 그림은 검은색 다만, 화학물질 취급장소에서의 유해 · 위험 경고의 경우 바탕은 무색, 기본 모형은 빨간색

• 지시표지 : 바탕은 파란색, 관련 부호 및 그림은 흰색

• 안내표지 : 바탕은 녹색, 기본 모형, 관련 부호 및 그림은 흰색 또는 바탕은 흰색, 기본 모형, 관련 부호 및 그림은 녹색

34-1. 산업안전보건법상 바탕은 흰색, 기본 모형은 빨간색, 관련 부호 및 그림은 검은색을 사용하는 안전 · 보건표지는? [16.1]

① 안전복 착용   ② 출입금지

③ 고온 경고   ④ 비상구

[해설] 안전 · 보건표지의 형식

구분	금지표지	경고표지		지시표지	안내표지	출입금지
바탕	흰색	무색	노란색	파란색	흰색 (녹색)	흰색
기본 모형	빨간색	빨간색	검은색	—	녹색 (흰색)	흑색 글자
부호 및 그림	검은색	검은색	검은색	흰색	녹색 (흰색)	적색 글자

[정답] ②

34-2. 산업안전보건법령상 안전 · 보건표지 중 "산화성물질 경고"의 색채에 관한 설명으로 옳은 것은? [15.3]

① 바탕은 파란색, 관련 그림은 흰색

② 바탕은 무색, 기본 모형은 빨간색

③ 바탕은 흰색, 기본 모형 및 관련 부호는 녹색

④ 바탕은 노란색, 기본 모형, 관련 부호 및 그림은 검은색

[해설] 경고표지 : 바탕은 노란색, 기본 모형, 관련 부호 및 그림은 검은색 다만, 화학물질 취급장소에서의 유해 · 위험 경고의 경우 바탕은 무색, 기본 모형은 빨간색

[정답] ②

34-3. 산업안전보건법상 안전 · 보건표지에서 기본 모형의 색상이 빨강이 아닌 것은?

① 산화성물질 경고   [12.1/19.1]

② 화기금지

③ 탑승금지

④ 고온 경고

[해설] • 금지표지 : 바탕은 흰색, 기본 모형은 빨간색, 관련 부호 및 그림은 검은색

• 경고표지 : 바탕은 노란색, 기본 모형, 관련 부호 및 그림은 검은색 다만, 화학물질 취급장소에서의 유해 · 위험 경고의 경우 바탕은 무색, 기본 모형은 빨간색

경고표지		금지표지	
산화성물질	고온	탑승금지	화기금지

[정답] ④

34-4. 산업안전보건법령에 따라 작업장 내에 사용하는 안전 · 보건표지의 종류에 관한 설명으로 옳은 것은? [14.3]

① "위험장소"는 경고표지로서 바탕은 노란색, 기본 모형은 검은색, 그림은 흰색으로 한다.

② "출입금지"는 금지표지로서 바탕은 흰색, 기본 모형은 빨간색, 그림은 검은색으로 한다.

③ "녹십자표지"는 안내표지로서 바탕은 흰색, 기본 모형과 관련 부호는 녹색, 그림은 검은색으로 한다.

④ "안전모착용"은 경고표지로서 바탕은 파란색, 관련 그림은 검은색으로 한다.

해설 ① "위험장소"는 경고표지로서 바탕은 노란색, 기본 모형, 관련 부호와 그림은 검은색으로 한다.

③ "녹십자표지"는 안내표지로서 바탕은 흰색, 기본 모형, 관련 부호와 그림은 녹색 또는 바탕은 녹색, 관련 부호와 그림은 흰색으로 한다.

④ "안전모착용"은 지시표지로서 바탕은 파란색, 관련 부호와 그림은 흰색으로 한다.

정답 ②

35. 안전·보건표지의 색채 및 색도기준 중 다음 (　　) 안에 알맞은 것은? [17.3]

색채	색도기준	용도
(　　)	5Y 8.5/12	경고
(　　)	2.5PB 4/10	지시

① 빨간색, 흰색　　② 검은색, 노란색
③ 흰색, 녹색　　④ 노란색, 파란색

해설 안전·보건표지의 색채 및 색도기준

색채	색도기준	용도	색의 용도
빨간색	7.5R 4/14	금지	정지신호, 소화설비 및 그 장소, 유해 행위 금지
		경고	화학물질 취급장소에서의 유해·위험 경고
노란색	5Y 8.5/12	경고	화학물질 취급장소에서의 유해·위험 경고 이외의 위험 경고, 주의표지
파란색	2.5PB 4/10	지시	특정 행위의 지시 및 사실의 고지
녹색	2.5G 4/10	안내	비상구 및 피난소, 사람 또는 차량의 통행표지
흰색	N9.5	-	파란색 또는 녹색의 보조색
검은색	N0.5	-	문자 및 빨간색 또는 노란색의 보조색

35-1. 산업안전보건법령상 안전·보건표지의 색채, 색도기준 및 용도 중 다음 (　　) 안에 알맞은 것은? [18.2]

색채	색도기준	용도	사용례
(　　)	5Y 8.5/12	경고	화학물질 취급장소에서의 유해·위험 경고 이외의 위험 경고, 주의표지 또는 기계방호물

① 파란색　　② 노란색
③ 빨간색　　④ 검은색

해설 노란색(5Y 8.5/12)-경고 : 화학물질 취급장소에서의 유해·위험 경고 이외의 위험 경고, 주의표지

정답 ②

35-2. 산업안전보건법령에 따른 안전·보건표지에 사용하는 색채기준 중 비상구 및 피난소, 사람 또는 차량의 통행표지의 안내 용도로 사용하는 색채는? [09.1/09.3/11.2/18.3]

① 빨간색　　② 녹색
③ 노란색　　④ 파란색

해설 녹색(2.5G 4/10)-안내 : 비상구 및 피난소, 사람 또는 차량의 통행표지

정답 ②

35-3. 산업안전보건법령상 안전·보건표지의 색채별 색도기준이 올바르게 연결된 것은? (단, 순서는 색상 명도/채도이며, 색도기준은 KS에 따른 색의 3속성에 의한 표시방법에 따른다.) [15.1]

① 빨간색 – 5R 4/13
② 노란색 – 2.5Y 8/12
③ 파란색 – 7.5PB 2.5/7.5
④ 녹색 – 2.5G 4/10

해설 ① 빨간색 – 7.5R 4/14,
② 노란색 – 5Y 8.5/12,
③ 파란색 – 2.5PB 4/10

정답 ④

35-4. 산업안전보건법에 따라 안전·보건표지에 사용된 색채의 색도기준이 "7.5R 4/14"일 때 이 색채의 명도 값으로 옳은 것은? [13.3]

① 7.5   ② 4   ③ 14   ④ 4/14

해설 7.5R 4/14 : 7.5R(색상), 4(명도), 14(채도)

정답 ②

35-5. 산업안전보건법에 따라 안전·보건표지에 사용된 색채의 색도기준이 "2.5Y 8/12"일 때 이 색채의 명도 값으로 옳은 것은? [09.3]

① 2.5   ② 8   ③ 12   ④ 8/12

해설 2.5Y 8/12 : 2.5Y(색상), 8(명도), 12(채도)

정답 ②

36. 산업안전보건법령상 안전·보건표지에 관한 설명으로 틀린 것은? [17.1]

① 안전·보건표지 속의 그림 또는 부호의 크기는 안전·보건표지의 크기와 비례하여야 하며, 안전·보건표지 전체 규격의 30% 이상이 되어야 한다.
② 안전·보건표지 색채의 물감은 변질되지 아니하는 것에 색채 고정원료를 배합하여 사용하여야 한다.
③ 안전·보건표지는 그 표시내용을 근로자가 빠르고 쉽게 알아볼 수 있는 크기로 제작하여야 한다.
④ 안전·보건표지에는 야광물질을 사용하여서는 아니 된다.

해설 ④ 야간에 필요한 안전·보건표지에는 야광물질을 사용하는 등 쉽게 알아볼 수 있도록 하여야 한다.

---

4 산업안전심리

인간의 특성과 안전과의 관계

1. 심리검사의 특징 중 "검사의 관리를 위한 조건과 절차의 일관성과 통일성"을 의미하는 것은? [20.1]

① 규준   ② 표준화
③ 객관성   ④ 신뢰성

해설 직무적성검사의 특징
• 표준화 : 검사 절차의 표준화, 관리를 위한 조건과 절차의 일관성과 통일성

- 객관성 : 심리검사의 주관성과 편견을 배제
- 규준성 : 검사 결과를 비교 해석하기 위해 비교 분석하는 틀
- 신뢰성 : 반복 검사하며 일관성 있는 검사 응답
- 타당성 : 타당한 것을 실제로 측정하는 것
- 실용성 : 용이하고 편리한 이용방법

1-1. 다음 중 직무적성검사에 있어 갖추어야 할 요건으로 볼 수 없는 것은? [13.1]

① 규준 　　　　② 타당성
③ 표준화 　　　④ 융통성

해설 직무적성검사의 특징 : 표준화, 객관성, 규준성, 신뢰성, 타당성, 실용성

정답 ④

1-2. 인간의 특성에 관한 측정검사에 대한 과학적 타당성을 갖기 위하여 반드시 구비해야 할 조건에 해당되지 않는 것은? [15.2]

① 주관성 　　　② 신뢰도
③ 타당도 　　　④ 표준화

해설 직무적성검사의 특징 : 표준화, 객관성, 규준성, 신뢰성, 타당성, 실용성

정답 ①

2. 다음 중 인지과정 착오의 요인이 아닌 것은? [09.3/10.3/11.3/13.3/16.2/18.2/20.2]

① 정서불안정
② 감각차단 현상
③ 작업자의 기능 미숙
④ 생리·심리적 능력의 한계

해설 사람의 착오요인
- 인지과정 착오
  ㉠ 정서불안정, 감각차단 현상
  ㉡ 생리·심리적 능력의 한계
  ㉢ 정보 수용능력의 한계

- 판단과정 착오
  ㉠ 합리화, 능력 부족, 정보 부족
  ㉡ 자신 과잉(과신)
- 조작과정 착오 : 판단한 내용과 실제 동작하는 과정에서의 착오
- 기타 불안, 공포, 과로 등

3. 다음과 같은 착시(錯視) 현상에 해당하는 것은? [10.2]

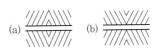

(a)는 양단이 벌어져 보이고, (b)는 중앙이 벌어져 보인다.

① Muller−Lyer의 착시
② Helmholtz의 착시
③ Hering의 착시
④ poggendorf의 착시

해설 착시 현상

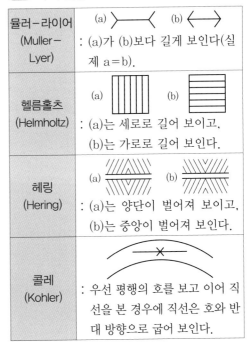

뮬러−라이어 (Muller− Lyer)	(a) >—< (b) <—> : (a)가 (b)보다 길게 보인다(실제 a=b).
헬름홀츠 (Helmholtz)	(a) (b) : (a)는 세로로 길어 보이고, (b)는 가로로 길어 보인다.
헤링 (Hering)	(a) (b) : (a)는 양단이 벌어져 보이고, (b)는 중앙이 벌어져 보인다.
콜레 (Kohler)	: 우선 평행의 호를 보고 이어 직선을 본 경우에 직선은 호와 반대 방향으로 굽어 보인다.

졸러 (Zöller)	: 수직선인 세로의 선이 굽어 보인다.

3-1. "그림에서 선 ab와 선 cd는 그 길이가 동일한 것이지만, 시각적으로는 선 ab가 선 cd보다 길어 보인다."에서 설명하는 착시 현상과 관계가 깊은 것은?　[16.3]

① 헬몰쯔의 착시
② 쾰러의 착시
③ 뮬러－라이어의 착시
④ 포겐도르프의 착시

해설 Muller－Lyer의 착시 : '선 ab'가 '선 cd'보다 길게 보인다(실제 ab＝cd).

정답 ③

3-2. 다음 착시 현상에 해당하는 것은? [16.1]

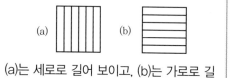

(a)는 세로로 길어 보이고, (b)는 가로로 길어 보인다.

① 뮬러－라이어(Muller－Lyer)의 착시
② 헬름홀츠(Helmholtz)의 착시
③ 헤링(Hering)의 착시
④ 포겐도르프(Poggendorf)의 착시

해설 Helmholtz의 착시 : (a)는 세로로 길어 보이고, (b)는 가로로 길어 보인다.

정답 ②

3-3. 다음 그림의 착시 현상을 무엇이라 하는가?　[11.2]

수직선인 세로의 선이 굽어 보인다.

① Herling의 착시
② Köhler의 착시
③ Poggendorf의 착시
④ Zöller의 착시

해설 Zöller의 착시 : 수직선인 세로의 선이 굽어 보인다.

정답 ④

3-4. 착시 현상 중 다음 그림과 같이 우선 평행의 호를 보고 이어 직선을 본 경우에 직선은 호와의 반대 방향으로 보이는 현상은?　[09.1/17.3]

① 동화착오　　　② 분할착오
③ 윤곽착오　　　④ 방향착오

해설 Kohler의 착시 : 우선 평행의 호를 보고 이어 직선을 본 경우에 직선은 호와 반대 방향으로 굽어 보인다.

정답 ③

4. 인간의 착각 현상 중 버스나 전동차의 움직임으로 인하여 자신이 승차하고 있는 정지된 차량이 움직이는 것 같은 느낌을 받는 현상은?　[13.2/17.2]

① 자동운동　　　② 유도운동
③ 가현운동　　　④ 플리커 현상

정답 **4.** ②

[해설] 착각 현상

- 가현운동 : 영화의 영상처럼 마치 대상물이 운동하는 것처럼 인식되는 현상을 말한다.
- 유도운동 : 움직이지 않는 것이 움직이는 것처럼 느껴지는 현상을 말한다.
- 자동운동 : 암실에서 정지된 소광점을 응시하면 광점이 움직이는 것처럼 보이는 현상을 말한다.

5. 군화의 법칙(群花의 法則)을 그림으로 나타낸 것으로 다음 중 폐합의 요인에 해당하는 것은? [12.2]

①

②

③

④

[해설] 군화의 법칙(群花의 法則)

- 동류 :
- 근접 :
- 연속 :
- 폐합 :

6. 적성검사의 유형 중 체력검사에 포함되지 않는 것은? [15.1]

① 감각기능검사
② 근력검사
③ 신경기능검사
④ 크루즈 지수(Kruse's Index)

[해설] ④는 체격 판정 지수,
①, ②, ③은 적성검사 주요 요소

7. 다음 중 적성검사를 할 때 포함되어야 할 주요 요소로 적절하지 않은 것은? [11.1]

① IQ 검사
② 형태식별능력
③ 운동속도 및 손작업능력
④ 플리커(flicker) 검사

[해설] 플리커 검사(융합 주파수)는 피곤해지면 눈이 둔화되는 성질을 이용한 피로의 정도 측정법이다.

8. 객관적인 위험을 자기 나름대로 판정해서 의지결정을 하고 행동에 옮기는 인간의 심리 특성은? [11.1/19.1]

① 세이프 테이킹(safe taking)
② 액션 테이킹(action taking)
③ 리스크 테이킹(risk taking)
④ 휴먼 테이킹(human taking)

[해설] 리스크 테이킹 : 자기 주관적으로 판단하여 행동으로 옮기는 현상이다.

8-1. 다음 중 리스크 테이킹(risk taking)의 빈도가 가장 높은 사람은? [15.2]

① 안전지식이 부족한 사람
② 안전기능이 미숙한 사람
③ 안전태도가 불량한 사람
④ 신체적 결함이 있는 사람

[해설] 안전태도가 불량한 사람은 리스크 테이킹(억측판단)이 발생하기 쉽다.

[정답] ③

9. 억측판단의 배경이 아닌 것은? [17.1]

① 생략행위　　　② 초조한 심정
③ 희망적 관측　　④ 과거의 성공한 경험

[해설] 억측판단이 발생하는 배경
- 초조한 심정 : 일을 빨리 끝내고 싶은 초조

한 심정
- 희망적인 관측 : '그때도 그랬으니까 괜찮겠지' 하는 관측
- 과거의 성공한 경험 : 과거에 그 행위로 성공하는 경험의 선입관
- 불확실한 정보나 지식 : 위험에 대한 정보의 불확실 및 지식의 부족

10. 다음 중 스트레스(stress)에 관한 설명으로 가장 적절한 것은? [19.1]

① 스트레스는 나쁜 일에서만 발생한다.
② 스트레스는 부정적인 측면만 가지고 있다.
③ 스트레스는 직무몰입과 생산성 감소의 직접적인 원인이 된다.
④ 스트레스 상황에 직면하는 기회가 많을수록 스트레스 발생 가능성은 낮아진다.

해설 스트레스는 직무몰입과 생산성 감소의 직접적인 원인이 되며, 스트레스 요인 중 직무 특성 요인은 작업속도, 근무시간, 업무의 반복성 등이다.

10-1. 스트레스의 요인 중 직무 특성에 대한 설명으로 가장 옳은 것은? [15.3]

① 과업의 과소는 스트레스를 경감시킨다.
② 과업의 과중은 스트레스를 경감시킨다.
③ 시간의 압박은 스트레스와 관계없다.
④ 직무로 인한 스트레스는 동기부여의 저하, 정신적 긴장 그리고 자신감 상실과 같은 부정적 반응을 초래한다.

해설 • 스트레스 요인 중 직무 특성 요인은 작업속도, 근무시간, 업무의 반복성 등이다.
• 직무로 인한 스트레스는 동기부여의 저하, 정신적 긴장 그리고 자신감 상실과 같은 부정적 반응 초래 등이다.

정답 ④

10-2. 산업 스트레스의 요인 중 직무 특성과 관련된 요인으로 볼 수 없는 것은? [09.1/18.3]

① 조직구조   ② 작업속도
③ 근무시간   ④ 업무의 반복성

해설 스트레스 요인 중 직무 특성 요인은 작업속도, 근무시간, 업무의 반복성 등이다.

정답 ①

11. 다음과 같은 스트레스에 대한 반응은 무엇에 해당하는가? [17.1]

> 여동생이나 남동생을 얻게 되면서 손가락을 빠는 것과 같이 어린 시절의 버릇을 나타낸다.

① 투사   ② 억압   ③ 승화   ④ 퇴행

해설 퇴행 : 좌절을 심하게 당했을 때 현재보다 유치한 과거 수준으로 후퇴하는 것

12. 스트레스 주요 원인 중 마음속에서 일어나는 내적 자극요인으로 볼 수 없는 것은? [13.1]

① 자존심의 손상   ② 업무상 죄책감
③ 현실에서의 부적응   ④ 대인 관계상의 갈등

해설 ④는 외적 요인, ①, ②, ③은 내적 요인

13. 안전심리의 5대 요소 중 능동적인 감각에 의한 자극에서 일어난 사고의 결과로서, 다음 중 사람의 마음을 움직이는 원동력이 되는 것은? [19.3]

① 기질(temper)   ② 동기(motive)
③ 감정(emotion)   ④ 습관(custom)

해설 안전심리의 5대 요소
• 동기 : 사람의 마음을 움직이는 원동력
• 기질 : 사람의 성격 등 개인적인 특성
• 감정 : 희로애락, 감성 등 사람의 의식을 말함

- 습성 : 사람의 행동에 영향을 미칠 수 있도록 하는 것
- 습관 : 자신도 모르게 나오는 행동, 현상 등

13-1. 다음 중 산업심리의 5대 요소에 해당하지 않는 것은? [12.1/14.1/18.1/18.3/19.2]
① 적성 ② 감정 ③ 기질 ④ 동기

해설 산업안전심리의 5요소 : 동기, 기질, 감정, 습관, 습성

정답 ①

14. 다음 중 안전교육의 목적과 가장 거리가 먼 것은? [12.1]
① 설비의 안전화 ② 제도의 정착화
③ 환경의 안전화 ④ 행동의 안전화

해설 안전보건교육의 목적
- 행동의 안전화   • 환경의 안전화
- 설비의 안전화   • 인간 정신의 안전화

15. 비통제의 집단행동 중 폭동과 같은 것을 말하며, 군중보다 합의성이 없고, 감정에 의해서만 행동하는 특성은? [17.2]
① 패닉(panic)
② 모브(mob)
③ 모방(imitation)
④ 심리적 전염(mental epidemic)

해설 • 통제가 없는 집단행동(성원의 감정) : 군중(crowd), 모브(mob), 패닉(panic), 심리적 전염 등
- 모브 : 비통제의 집단행동 중 폭동과 같은 것을 말하며, 군중보다 합의성이 없고, 감정에 의해서만 행동

16. 다음 중 인간의 사회적 행동의 기본 형태가 아닌 것은? [11.2/11.3/17.3]

① 대립 ② 도피 ③ 모방 ④ 협력

해설 사회행동의 기본 형태

협력 (cooperation)	대립 (opposition)	도피 (escape)	융합 (accomodation)
조력, 분업	공격, 경쟁	고립, 정신병, 자살	강제, 타협, 통합

17. 개인 카운슬링(counseling) 방법으로 가장 거리가 먼 것은? [17.1]
① 직접적 충고 ② 설득적 방법
③ 설명적 방법 ④ 반복적 충고

해설 개인적인 카운슬링 방법 : 직접적 충고, 설득적 방법, 설명적 방법

18. 다음의 사고 발생 기초원인 중 심리적 요인에 해당하는 것은? [12.2]
① 작업 중 졸려서 주의력이 떨어졌다.
② 조명이 어두워 정신집중이 안 되었다.
③ 작업 공간이 협소하여 압박감을 느꼈다.
④ 적성에 안 맞는 작업이어서 재미가 없었다.

해설 ④는 심리적 요인,
①, ②, ③은 인간공학적 요인

19. 직장에서의 부적응 유형 중 자기주장이 강하고 빈약한 대인관계를 가지고 있는 성격의 소유자로 사소한 일에 있어서도 타인이 자신을 제외했다고 여겨 악의를 나타내는 인격을 무엇이라 하는가? [11.1]
① 망상인격 ② 분열인격
③ 무력인격 ④ 강박인격

해설 망상인격 : 자기주장이 강하고, 빈약한 대인관계, 사소한 일에 있어서도 타인이 자신을 제외했다고 여겨 악의적 행동을 하는 인격

5 인간의 행동과학

조직과 인간행동

1. 인간관계의 메커니즘 중 다른 사람의 행동 양식이나 태도를 투입시키거나, 다른 사람 가운데서 자기와 비슷한 것을 발견하는 것을 무엇이라고 하는가? [10.3/14.1/18.2/20.2]

① 투사(projection)
② 모방(imitation)
③ 암시(suggestion)
④ 동일화(identification)

해설 인간관계의 메커니즘

- 투사 : 본인의 문제를 다른 사람 탓으로 돌리는 것
- 모방 : 다른 사람의 행동, 판단 등을 표본으로 하여 그것과 같거나 가까운 행동, 판단 등을 취하려는 것
- 암시 : 다른 사람의 판단이나 행동을 논리적, 사실적 근거 없이 맹목적으로 받아들이는 행동
- 동일화 : 다른 사람의 행동 양식이나 태도를 투입시키거나 다른 사람 가운데서 본인과 비슷한 점을 발견하는 것

1-1. 집단에 있어서의 인간관계를 하나의 단면(斷面)에서 포착하였을 때 이러한 단면적(斷面的)인 인간관계가 생기는 기제(mechanism)와 가장 거리가 먼 것은 어느 것인가? [10.2/16.3]

① 모방
② 암시
③ 습관
④ 커뮤니케이션

해설 인간관계의 메커니즘 : 모방, 암시, 커뮤니케이션, 투사, 동일화

정답 ③

2. 인간의 행동은 사람의 개성과 환경에 영향을 받는데 다음 중 환경적 요인이 아닌 것은? [14.3]

① 책임
② 작업 조건
③ 감독
④ 직무의 안정

해설 · 환경 요인 : 감독, 직무의 안정, 급여, 직위, 작업 조건 등
· 개성 요인 : 책임, 자아실현, 승진 및 성장

3. 의식 수준 5단계 중 의식 수준의 저하로 인한 피로와 단조로움의 생리적 상태가 일어나는 단계는? [09.2/13.1]

① phase I
② phase II
③ phase III
④ phase IV

해설 인간 의식 레벨의 단계

단계	의식의 모드	생리적 상태	신뢰성
0단계	무의식	수면 중, 뇌발작, 주의작용, 실신	zero
1단계	의식 흐림	피로, 단조로운 일, 수면(졸음), 몽롱	0.9 이하
2단계	이완 상태	안정 기거, 휴식, 정상 작업	0.99~ 1 이하
3단계	상쾌한 상태	적극적 활동, 활동 상태, 최고 상태	0.999 이상
4단계	과긴장 상태	일점으로 응집, 긴급 방위 반응	0.9 이하

3-1. 의식 수준 5단계 중 의식 수준이 가장 적극적인 상태이며 신뢰성이 가장 높은 상태로 주의집중이 가장 활성화되는 단계는? [11.2]

① phase 0
② phase I
③ phase II
④ phase III

해설 3단계(상쾌한 상태) : 적극적 활동, 활동 상태, 최고 상태이며, 신뢰성이 0.999 이상인 상태

정답 ④

3-2. 주의의 수준에서 중간 수준에 포함되지 않는 것은? [19.2]

① 다른 곳에 주의를 기울이고 있을 때
② 가시시야 내 부분
③ 수면 중
④ 일상과 같은 조건일 경우

해설 인간 의식 레벨의 단계에서 수면 중의 생리적 상태는 0단계 무의식이다.

정답 ③

3-3. 다음 중 인간 의식의 레벨(level)에 관한 설명으로 틀린 것은? [12.2]

① 24시간의 생리적 리듬의 계곡에서 tension level은 낮에는 높고 밤에는 낮다.
② 24시간의 생리적 리듬의 계곡에서 tension level은 낮에는 낮고 밤에는 높다.
③ 피로 시의 tension level은 저하 정도가 크지 않다.
④ 졸았을 때는 의식상실의 시기로 tension level은 0이다.

해설 ② 24시간의 생리적 리듬의 계곡에서 tension level은 낮에는 높고 밤에는 낮다.

정답 ②

4. 다음 중 부주의 현상을 그림으로 표시한 것으로 의식의 우회를 나타낸 것은? [14.1]

① 의식의 흐름 :

② 의식의 흐름 :

③ 의식의 흐름 :

④ 의식의 흐름 :

해설 부주의 현상

의식 수준 저하	의식의 혼란	의식의 단절	의식의 우회

4-1. 의식의 상태에서 작업 중 걱정, 고민, 욕구불만 등에 의하여 정신을 빼앗기는 것을 무엇이라 하는가? [10.1/15.3]

① 의식의 과잉
② 의식의 파동
③ 의식의 우회
④ 의식 수준의 저하

해설 의식의 우회 : 의식의 흐름이 옆으로 빗나가 발생한 것으로 피로, 단조로운 일, 수면, 졸음, 몽롱, 작업 중 걱정, 고민, 욕구불만 등이 원인이다.

정답 ③

5. 레빈(Lewin)의 법칙 중 환경 조건(E)이 의미하는 것은? [13.3/16.1/19.3]

① 지능   ② 소질
③ 적성   ④ 인간관계

해설 인간의 행동은 B=f(P · E)의 상호 함수 관계에 있다.
- f : 함수관계(function)
- P : 개체(person) – 연령, 경험, 심신상태, 성격, 지능, 소질 등
- E : 심리적 환경(environment) – 인간관계, 작업환경 등

정답 4. ④ 5. ④

5-1. 인간의 행동 특성에 관한 레빈(Lewin)의 법칙에서 각 인자에 대한 내용으로 틀린 것은? [09.2/09.3/14.3/17.1]

$$B=f(P \cdot E)$$

① B : 행동
② f : 함수관계
③ P : 개체
④ E : 기술

해설 E : 심리적 환경(environment) − 인간관계, 작업환경 등

정답 ④

5-2. 레빈(Lewin)은 인간행동과 인간의 조건 및 환경 조건의 관계를 다음과 같이 표시하였다. 이때 "f"의 의미는? [10.1/12.1/19.2]

$$B=f(P \cdot E)$$

① 행동 ② 조명 ③ 지능 ④ 함수

해설 f : 함수관계(function)

정답 ④

재해 빈발성 및 행동과학

6. 재해 누발자의 유형 중 작업이 어렵고, 기계설비에 결함이 있기 때문에 재해를 일으키는 유형은? [19.3]

① 상황성 누발자
② 습관성 누발자
③ 소질성 누발자
④ 미숙성 누발자

해설 재해 누발자

상황성 누발자	• 작업에 어려움이 많은 자 • 기계설비의 결함 • 심신에 근심이 있는 자 • 환경상 주의력의 집중이 혼란되기 때문에 발생되는 자
습관성 누발자	• 트라우마, 슬럼프
미숙성 누발자	• 기능 미숙련자 • 환경에 적응하지 못한 자
소질성 누발자	• 주의력 산만, 흥분성, 비협조성 • 도덕성 결여, 소심한 성격, 감각운동 부적합 등

6-1. 상황성 누발자의 재해 유발 원인과 거리가 먼 것은? [12.1/17.3/20.2]

① 작업의 어려움
② 기계설비의 결함
③ 심신의 근심
④ 주의력의 산만

해설 ④는 소질성 누발자

정답 ④

7. 다음 중 인간의 욕구를 5단계로 구분한 이론을 발표한 사람은? [09.1/13.2]

① 허즈버그(Herzberg)
② 하인리히(Heinrich)
③ 매슬로우(Maslow)
④ 맥그리거(Mcgregor)

해설 매슬로우(Masolw)가 제창한 인간의 욕구를 5단계로 나누고 위계 이론을 발표했다.

7-1. 매슬로우(Maslow)의 욕구 5단계 이론에 해당되지 않는 것은? [16.3/18.1]

① 생리적 욕구
② 안전의 욕구
③ 사회적 욕구
④ 심리적 욕구

해설 Maslow가 제창한 인간의 욕구 5단계
• 1단계(생리적 욕구) : 기아, 갈등, 호흡, 배설, 성욕 등 인간의 기본적인 욕구
• 2단계(안전 욕구) : 안전을 구하려는 자기보존의 욕구

정답 6. ① 7. ③

- 3단계(사회적 욕구) : 애정과 소속에 대한 욕구
- 4단계(존경의 욕구) : 인정받으려는 명예, 성취, 승인의 욕구
- 5단계(자아실현의 욕구) : 잠재적 능력을 실현하고자 하는 욕구(성취 욕구)

정답 ④

7-2. 다음 중 매슬로우(Masolw)가 제창한 인간의 욕구 5단계 이론을 단계별로 옳게 나열한 것은? [09.3/10.2/14.2/15.2/19.3/20.1]

① 생리적 욕구 → 안전 욕구 → 사회적 욕구 → 존경의 욕구 → 자아실현의 욕구
② 안전 욕구 → 생리적 욕구 → 사회적 욕구 → 존경의 욕구 → 자아실현의 욕구
③ 사회적 욕구 → 생리적 욕구 → 안전 욕구 → 존경의 욕구 → 자아실현의 욕구
④ 사회적 욕구 → 안전 욕구 → 생리적 욕구 → 존경의 욕구 → 자아실현의 욕구

해설 매슬로우(Maslow)가 제창한 인간의 욕구 5단계

1단계	2단계	3단계	4단계	5단계
생리적 욕구	안전 욕구	사회적 욕구	존경의 욕구	자아실현의 욕구

정답 ①

7-3. 매슬로우(A.H.Maslow) 욕구 단계 이론의 각 단계별 내용으로 틀린 것은?[16.1/18.3]

① 1단계 : 자아실현의 욕구
② 2단계 : 안전에 대한 욕구
③ 3단계 : 사회적(애정적) 욕구
④ 4단계 : 존경과 긍지에 대한 욕구

해설 1단계(생리적 욕구) : 기아, 갈등, 호흡, 배설, 성욕 등 인간의 기본적인 욕구

정답 ①

7-4. 매슬로우(Maslow)의 욕구 단계 이론 중 제2단계의 욕구에 해당하는 것은? [19.2]

① 사회적 욕구
② 안전에 대한 욕구
③ 자아실현의 욕구
④ 존경과 긍지에 대한 욕구

해설 2단계(안전 욕구) : 안전을 구하려는 자기보존의 욕구

정답 ②

7-5. 매슬로우(Maslow)의 욕구 단계 이론 중 인간에게 영향을 줄 수 있는 불안, 공포, 재해 등 각종 위험으로부터 해방되고자 하는 욕구에 해당되는 것은? [13.1/14.1/18.2]

① 사회적 욕구   ② 존경의 욕구
③ 안전의 욕구   ④ 자아실현의 욕구

해설 안전 욕구(2단계) : 안전을 구하려는 자기보존의 욕구

정답 ③

8. 허즈버그(Herzberg)의 동기·위생 이론에 대한 설명으로 옳은 것은? [17.1]

① 위생요인은 직무내용에 관련된 요인이다.
② 동기요인은 직무에 만족을 느끼는 주요인이다.
③ 위생요인은 매슬로우 욕구 단계 중 존경, 자아실현의 욕구와 유사하다.
④ 동기요인은 매슬로우 욕구 단계 중 생리적 욕구와 유사하다.

해설 허즈버그의 2요인 이론(위생요인과 동기요인)

- 위생요인(직무환경의 유지 욕구) : 정책 및 관리, 대인관계, 임금 및 지위, 작업 조건, 안전, 직무의 환경

• 동기요인(직무내용의 만족 욕구) : 성취감, 책임감, 안정감, 도전감, 발전과 성장, 직무의 내용

8-1. 다음 중 허즈버그(Herzberg)의 동기 및 위생요인에 대한 설명으로 옳은 것은? [09.3]

① 위생요인으로 직무의 내용이 해당된다.
② 위생요인으로 직무의 환경이 해당된다.
③ 동기요인으로 대인관계가 해당된다.
④ 동기요인으로 작업 조건이 해당된다.

해설 ①은 동기요인, ③, ④는 위생요인

정답 ②

8-2. 허즈버그의 동기·위생 이론 중 위생요인에 해당하지 않는 것은? [12.1/15.3/17.3]

① 보수　　　　　② 책임감
③ 작업 조건　　　④ 감독

해설 동기요인 : 성취감, 책임감, 안정감, 도전감, 발전과 성장, 직무의 내용

정답 ②

8-3. 다음 중 허즈버그의 2요인 이론에 있어 직무 만족에 의한 생산능력의 증대를 가져올 수 있는 동기부여 요인은? [14.3]

① 작업 조건
② 정책 및 관리
③ 대인관계
④ 성취에 대한 인정

해설 허즈버그의 2요인 이론
• 위생요인(직무환경의 유지 욕구) : 정책 및 관리, 대인관계, 임금 및 지위, 작업 조건, 안전, 직무의 환경
• 동기요인(직무내용의 만족 욕구) : 성취감, 책임감, 안정감, 도전감, 발전과 성장, 직무의 내용

정답 ④

9. 알더퍼의 ERG(Existence Relation Growth) 이론에서 생리적 욕구, 물리적 측면의 안전 욕구 등 저차원적 욕구에 해당하는 것은? [20.2]

① 관계 욕구　　　② 성장 욕구
③ 존재 욕구　　　④ 사회적 욕구

해설 알더퍼(Alderfer)의 ERG 이론
• 존재 욕구(existence) : 생리적 욕구, 물리적 측면의 안전 욕구, 저차원적 욕구
• 관계 욕구(relatedness) : 인간관계(대인관계) 측면의 안전 욕구
• 성장 욕구(growth) : 자아실현의 욕구

9-1. ERG(Existence Relation Growth) 이론을 주장한 사람은? [16.2]

① 매슬로우(Maslow)
② 맥그리거(Mcgregor)
③ 테일러(Taylor)
④ 알더퍼(Alderfer)

해설 알더퍼(Alderfer)의 ERG 이론 : 존재 욕구(E), 관계 욕구(R), 성장 욕구(G)

정답 ④

9-2. Alderfer의 ERG 이론 중 생존(Existence) 욕구에 해당되는 Maslow의 욕구 단계는?

① 자아실현의 욕구 [15.1]
② 존경의 욕구
③ 사회적 욕구
④ 생리적 욕구

해설 Maslow의 이론과 Alderfer 이론 비교

이론	Maslow의 이론과 Alderfer 이론 비교		
Maslow	생리적 욕구	안전 욕구	자아실현의 욕구
Alderfer (ERG)	존재(생존) 욕구(E)	관계 욕구 (R)	성장 욕구 (G)

정답 ④

9-3. 다음 중 알더퍼(Alderfer)의 ERG 이론에 해당하지 않는 것은? [10.3]

① 생존 욕구
② 관계 욕구
③ 안전 욕구
④ 성장 욕구

해설 알더퍼(Alderfer)의 ERG 이론 : 존재 욕구(E), 관계 욕구(R), 성장 욕구(G)

정답 ③

10. 맥그리거(Mcgregor)의 X 이론에 따른 관리 처방이 아닌 것은? [13.3/17.2]

① 목표에 의한 관리
② 권위주의적 리더십 확립
③ 경제적 보상체제의 강화
④ 면밀한 감독과 엄격한 통제

해설 맥그리거(Mcgregor)의 X 이론과 Y 이론

X 이론의 특징 (독재적 리더십)	Y 이론의 특징 (민주적 리더십)
저개발국형	선진국형
인간 불신감	상호 신뢰감
성악설	성선설
물질 욕구, 저차원 욕구	정신 욕구, 고차원 욕구
명령 통제에 의한 관리	자기 통제에 의한 관리
경제적 보상체제의 강화	분권화와 권한의 위임
권위주의적 리더십의 확보	민주적 리더십의 확립
면밀한 감독과 엄격한 통제	목표에 의한 관리
상부책임의 강화	직무 확장
인간은 원래 게으르고 태만하여 남의 지배를 받기를 즐긴다.	인간은 부지런하고 근면 적극적이며 자주적이다.

10-1. 맥그리거(Mcgregor)의 X 이론과 Y 이론 중 Y 이론에 해당되는 것은? [10.1/12.2]

① 인간은 서로 믿을 수 없다.
② 인간은 태어나서부터 악하다.
③ 인간은 정신적 욕구를 우선시한다.
④ 인간은 통제에 의한 관리를 받고자 한다.

해설 ③은 Y 이론(민주적 리더십),
①, ②, ④는 X 이론(독재적 리더십)

정답 ③

10-2. 다음 중 관료주의에 대한 설명으로 틀린 것은? [12.2/15.3]

① 의사결정에는 작업자의 참여가 필수적이다.
② 인간을 조직 내의 한 구성원으로만 취급한다.
③ 개인의 성장이나 자아실현의 기회가 주어지기 어렵다.
④ 사회적 여건이나 기술의 변화에 신속하게 대응하기 어렵다.

해설 ① 관료주의에서는 의사결정에 작업자가 참여할 수 없다.

정답 ①

11. 다음 중 안전을 위한 동기부여로 틀린 것은? [19.1]

① 기능을 숙달시킨다.
② 경쟁과 협동을 유도한다.
③ 상벌제도를 합리적으로 시행한다.
④ 안전 목표를 명확히 설정하여 주지시킨다.

해설 안전교육훈련의 동기부여 방법
• 안전의 근본인 개념을 인식시켜야 한다.
• 안전 목표를 명확히 설정한다.
• 경쟁과 협동을 유발시킨다.
• 동기유발의 최적수준을 유지한다.
• 안전 활동의 결과를 평가·검토하고, 상과 벌을 준다.

11-1. 동기부여(motivation)에 있어 동기가 가지는 성질을 설명한 것으로 적절하지 않은 것은? [11.1]

① 행동을 촉발시키는 개인의 힘을 뜻하는 활성화

② 일정한 강도와 방향을 지닌 행동을 유지시키는 지속성

③ 개인에게 부여된 목표달성의 정도를 평가하는 합리성

④ 노력의 투입을 선택적으로 한 방향으로 지향하도록 하는 통로화

해설 ③ 개인이 안전 목표를 명확히 설정한다.

정답 ③

12. 다음 중 데이비스(K. Davis)의 동기부여 이론에서 관련 등식으로 옳은 것은? [11.3]

① 상황×태도＝동기유발

② 지식×기능＝인간의 성과

③ 능력×동기유발＝물질적 성과

④ 지식×동기유발＝경영의 성과

해설 데이비스(Davis)의 동기부여 이론
- 경영의 성과＝사람의 성과×물질의 성과
- 능력＝지식×기능
- 동기유발＝상황×태도
- 인간의 성과＝능력×동기유발

13. 다음 중 주의(attention)에 관한 설명으로 옳은 것은? [11.3]

① 주의는 장시간에 걸쳐 집중이 가능하다.

② 주의가 집중이 되면 주의의 영역은 넓어진다.

③ 주의는 동시에 2개 이상의 방향에 집중이 가능하다.

④ 주의의 방향과 시선의 방향이 일치할수록 주의의 정도가 높다.

해설 주의의 특성
- 고도의 주의는 장시간에 걸쳐 집중이 어렵다.
- 주의가 집중이 되면 주의의 영역은 좁아진다.
- 주의는 동시에 2개 이상의 방향에 집중이 어렵다.
- 주의의 방향과 시선의 방향이 일치할수록 주의의 정도가 높다.

13-1. 주의의 특성으로 볼 수 없는 것은?

① 변동성   ② 선택성   [20.1]

③ 방향성   ④ 통합성

해설 주의의 특성
- 변동(단속)성 : 주의는 리듬이 있어 언제나 일정한 수순을 지키지는 못한다.
- 선택성 : 한 번에 여러 종류의 자극을 자각하거나 수용하지 못하며 소수 특정한 것을 선택하는 기능이다.
- 방향성 : 공간에 사선의 초점이 맞았을 때 인지가 쉬우나, 사선에서 벗어난 부분은 무시되기 쉽다.
- 주의력 중복집중 : 동시에 복수의 방향을 잡지 못한다.

정답 ④

13-2. 다음 중 주의(attention)의 특징이 아닌 것은? [12.1]

① 선택성   ② 양립성

③ 방향성   ④ 변동성

해설 주의의 특성 : 선택성, 방향성, 변동성, 주의력 중복집중

Tip) 양립성 : 제어장치와 표시장치의 연관성이 인간의 예상과 어느 정도 일치하는 것을 의미한다.

정답 ②

13-3. 한 지점에 주의를 집중하면 다른 곳의 주의가 약해지는 것은 주의의 특징 중 무엇에 해당하는가? [10.2]

① 선택성　　　　② 방향성
③ 단속성　　　　④ 변동성

해설 방향성 : 공간에 사선의 초점이 맞았을 때 인지가 쉬우나, 사선에서 벗어난 부분은 무시되기 쉽다.

정답 ②

13-4. 주의(attention)의 특징 중 여러 종류의 자극을 자각할 때, 소수의 특정한 것에 한하여 주의가 집중되는 것은? [15.3/18.1/19.1]
① 선택성　　　　② 방향성
③ 변동성　　　　④ 검출성

해설 선택성 : 한 번에 여러 종류의 자극을 자각하거나 수용하지 못하며 소수 특정한 것을 선택하는 기능이다.

정답 ①

14. 다음 중 사고의 위험이 불안전한 행위 외에 불안전한 상태에서도 적용된다는 것과 가장 관계가 있는 것은? [14.2]
① 이념성　　　　② 개인차
③ 부주의　　　　④ 지능성

해설 부주의 원인과 대책
• 내적 원인 – 대책 : 소질적 문제 – 적성배치, 의식의 우회 – 상담(카운슬링), 경험과 미경험자 – 안전교육 · 훈련
• 외적 원인 – 대책 : 작업환경 조건 불량 – 환경 개선, 작업 순서의 부적정 – 작업 순서 정비(인간공학적 접근)

14-1. 다음 중 부주의에 대한 설명으로 틀린 것은? [16.3]
① 부주의는 거의 모든 사고의 직접 원인이 된다.
② 부주의라는 말은 불안전한 행위뿐만 아니라 불안전한 상태에도 통용된다.

③ 부주의라는 말은 결과를 표현한다.
④ 부주의는 무의식적 행위나 의식의 주변에서 행해지는 행위에 나타난다.

해설 ① 부주의는 거의 모든 사고의 간접 원인이 된다.

정답 ①

14-2. 부주의 현상 중 의식의 우회에 대한 예방 대책으로 옳은 것은? [18.2]
① 안전교육　　　　② 표준 작업제도 도입
③ 상담　　　　　　④ 적성배치

해설 부주의 원인과 대책
• 내적 원인 – 대책 : 소질적 문제 – 적성배치, 의식의 우회 – 상담(카운슬링), 경험과 미경험자 – 안전교육 · 훈련
• 외적 원인 – 대책 : 작업환경 조건 불량 – 환경 개선, 작업 순서의 부적정 – 작업 순서 정비(인간공학적 접근)

정답 ③

14-3. 부주의의 발생 원인과 그 대책이 옳게 연결된 것은? [10.3/17.2]
① 의식의 우회 – 상담
② 소질적 조건 – 교육
③ 작업환경 조건 불량 – 작업 순서 정비
④ 작업 순서의 부적당 – 작업자 재배치

해설 부주의 원인과 대책
• 내적 원인 – 대책 : 소질적 문제 – 적성배치, 의식의 우회 – 상담(카운슬링), 경험과 미경험자 – 안전교육 · 훈련
• 외적 원인 – 대책 : 작업환경 조건 불량 – 환경 개선, 작업 순서의 부적정 – 작업 순서 정비(인간공학적 접근)

정답 ①

15. 다음 중 피로(fatigue)에 관한 설명으로 가장 적절하지 않은 것은? [14.3]

① 피로는 신체의 변화, 스스로 느끼는 권태감 및 작업 능률의 저하 등을 총칭하는 말이다.

② 급성피로란 보통의 휴식으로는 회복이 불가능한 피로를 말한다.

③ 정신피로는 정신적 긴장에 의해 일어나는 중추신경계의 피로로 사고 활동, 정서 등의 변화가 나타난다.

④ 만성피로란 오랜 기간에 걸쳐 축적되면 일어나는 피로를 말한다.

해설 ② 급성피로란 보통의 휴식에 의해서 회복되는 피로로서 정상피로, 건강피로라고 한다.

15-1. 피로에 의한 정신적 증상과 가장 관련이 깊은 것은? [18.3]

① 주의력이 감소 또는 경감된다.

② 작업의 효과나 작업량이 감퇴 및 저하된다.

③ 작업에 대한 몸의 자세가 흐트러지고 지치게 된다.

④ 작업에 대하여 무감각 무표정 경련 등이 일어난다.

해설 피로의 정신적 증상은 주의력이 감소 또는 경감되며, 졸음, 두통, 싫증, 짜증 등이 일어난다.

정답 ①

15-2. 다음 중 피로의 직접적인 원인과 가장 거리가 먼 것은? [13.2]

① 작업환경   ② 작업속도

③ 작업태도   ④ 작업적성

해설 ④는 피로의 간접적인 원인, ①, ②, ③은 피로의 직접적인 원인

정답 ④

15-3. 피로를 측정하는 방법 중 동작 분석, 연속반응시간 등을 통하여 피로를 측정하는 방법은? [16.2]

① 생리학적 측정

② 생화학적 측정

③ 심리학적 측정

④ 생역학적 측정

해설 피로를 측정하는 방법

• 심리적인 방법 : 연속반응시간, 변별 역치, 정신작업, 피부저항, 동작 분석 등

• 생리학적인 방법 : 근력, 근 활동, 호흡순환기능, 대뇌피질 활동, 인지 역치 등

• 생화학적인 방법 : 혈색소 농도, 뇨단백, 혈액의 수분 등

정답 ③

15-4. 피로의 예방과 회복 대책에 대한 설명이 아닌 것은? [16.1]

① 작업부하를 크게 할 것

② 정적 동작을 피할 것

③ 작업속도를 적절하게 할 것

④ 근로시간과 휴식을 적정하게 할 것

해설 피로의 예방과 회복 대책

• 휴식과 수면을 충분히 취한다.

• 정적 동작을 피해야 한다.

• 작업속도를 적절하게 해야 한다.

• 근로시간과 휴식을 적정하게 해야 한다.

• 목욕, 마사지 등과 가벼운 체조를 한다.

• 산책 및 음악 감상, 오락 등에 의해 기분을 전환한다.

정답 ①

15-5. 질병에 의한 피로의 방지 대책으로 가장 적합한 것은? [15.1]

① 기계의 사용을 배제한다.

② 작업의 가치를 부여한다.

③ 보건상 유해한 작업환경을 개선한다.

④ 작업장에서의 부적절한 관계를 배제한다.

해설 질병에 의한 피로의 근본적인 방지 대책으로 보건상 유해한 작업환경을 개선한다.

정답 ③

16. 테크니컬 스킬즈(technical skills)에 관한 설명으로 옳은 것은? [13.2/20.1]

① 모럴(morale)을 앙양시키는 능력

② 인간을 사물에게 적응시키는 능력

③ 사물을 인간에게 유리하게 처리하는 능력

④ 인간과 인간의 의사소통을 원활히 처리하는 능력

해설 테크니컬 스킬즈(technical skills) : 사물을 인간의 목적에 유리하게 처리하는 능력

집단관리와 리더십

17. 리더십(leadership)의 특성에 대한 설명으로 옳은 것은? [20.2]

① 지휘 형태는 민주적이다.

② 권한 부여는 위에서 위임된다.

③ 구성원과의 관계는 지배적 구조이다.

④ 권한 근거는 법적 또는 공식적으로 부여된다.

해설 리더십과 헤드십의 비교

분류	리더십 (leadership)	헤드십 (headship)
권한 행사	선출직	임명직
권한 부여	밑으로부터 동의	위에서 위임
권한 귀속	목표에 기여한 공로 인정	공식 규정에 의함
상·하의 관계	개인적인 영향	지배적인 영향

부하와의 사회적 관계	관계(간격) 좁음	관계(간격) 넓음
지휘 형태	민주주의적	권위주의적
책임 귀속	상사와 부하	상사
권한 근거	개인적, 비공식적	법적, 공식적

17-1. 리더십의 특성으로 볼 수 없는 것은?

① 민주주의적 지휘 형태 [15.2/18.3]

② 부하와의 넓은 사회적 간격

③ 밑으로부터의 동의에 의한 권한 부여

④ 개인적 영향에 의한 부하와의 관계 유지

해설 ②는 헤드십의 특성,

①, ③, ④는 리더십의 특성

정답 ②

17-2. 헤드십(headship)에 관한 설명으로 틀린 것은? [14.1/18.1]

① 구성원과 사회적 간격이 좁다.

② 지휘의 형태는 권위주의적이다.

③ 권한의 부여는 조직으로부터 위임받는다.

④ 권한 귀속은 공식화된 규정에 의한다.

해설 ①은 리더십의 특성,

②, ③, ④는 헤드십의 특성

정답 ①

18. 조직이 리더에게 부여하는 권한으로 볼 수 없는 것은? [11.2/17.1/17.2/20.1]

① 보상적 권한 　　② 강압적 권한

③ 합법적 권한 　　④ 위임된 권한

해설 • 조직이 리더에게 부여하는 권한 : 보상적 권한, 강압적 권한, 합법적 권한

• 리더 본인이 본인에게 부여하는 권한 : 위임된 권한, 전문성의 권한

• 위임된 권한 : 지도자의 계획과 목표를 부하직원이 얼마나 잘 따르는지와 관련된 권한이다.

18-1. 리더십에 있어서 권한의 역할 중 조직이 지도자에게 부여한 권한이 아닌 것은 어느 것인가? [11.3/12.1/16.3]

① 보상적 권한
② 강압적 권한
③ 합법적 권한
④ 전문성의 권한

해설 리더 본인이 본인에게 부여하는 권한 : 위임된 권한, 전문성의 권한

정답 ④

18-2. French와 Raven이 제시한, 리더가 가지고 있는 세력의 유형이 아닌 것은 어느 것인가? [11.1/14.2/19.2]

① 전문세력(expert power)
② 보상세력(reward power)
③ 위임세력(entrust power)
④ 합법세력(legitimate power)

해설 프렌치(French)와 레이븐(Raven)의 리더세력의 유형 : 보상세력, 합법세력, 전문세력, 강제세력, 참조세력 등

정답 ③

18-3. 성공적인 리더가 갖추어야 할 특성으로 가장 거리가 먼 것은? [16.1]

① 강한 출세 욕구
② 강력한 조직 능력
③ 미래지향적 사고 능력
④ 상사에 대한 부정적인 태도

해설 ④ 상사에 대한 긍정적인 태도

정답 ④

19. 부하의 행동에 영향을 주는 리더십 중 조언, 설명, 보상 조건 등의 제시를 통한 적극적인 방법은? [18.1]

① 강요
② 모범
③ 제언
④ 설득

해설 설득 : 조언, 설명, 보상 조건 등의 제시로 부하의 행동에 영향을 주는 리더십

20. 다음 중 리더십 유형과 의사결정의 관계를 올바르게 연결한 것은? [10.3]

① 개방적 리더－리더 중심
② 개성적 리더－종업원 중심
③ 민주적 리더－전체 집단 중심
④ 독재적 리더－전체 집단 중심

해설 리더십의 3가지 유형

• 전제(권위)형 : 리더가 모든 정책을 단독적으로 결정하고 부하직원들을 지시 명령하는 리더십으로 군림하는 독재형 리더십이다.
• 민주형 : 집단토론으로 의사결정을 하는 형태이다.
• 자유방임형 : 리더십의 역할은 명목상 자리만 유지하는 형태이다.

20-1. 다음 [그림]에 나타낸 리더와 부하와의 관계에서 이에 해당되는 리더의 유형은? [13.3]

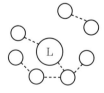

① 민주형
② 자유방임형
③ 권위형
④ 권력형

해설 리더십의 3가지 유형 : 권위형, 민주형, 자유방임형

정답 ②

20-2. 의사결정 과정에 따른 리더십의 유형 중에서 민주형에 속하는 것은? [10.1]

① 집단 구성원에게 자유를 준다.
② 지도자가 모든 정책을 결정한다.
③ 집단토론이나 집단결정을 통해서 정책을 결정한다.
④ 명목적인 리더의 자리를 지키고 부하직원들의 의견에 따른다.

해설 민주형 : 집단토론으로 의사결정을 하는 형태이다.

정답 ③

20-3. 의사결정 과정에 따른 리더십의 행동 유형 중 전제형에 속하는 것은? [17.3]

① 집단 구성원에게 자유를 준다.
② 지도자가 모든 정책을 결정한다.
③ 집단토론이나 집단결정을 통해서 정책을 결정한다.
④ 명목적인 리더의 자리를 지키고 부하직원들의 의견에 따른다.

해설 전제(권위)형 : 리더가 모든 정책을 단독적으로 결정하고 부하직원들을 지시 명령하는 리더십으로 군림하는 독재형 리더십이다.

정답 ②

20-4. 리더십의 3가지 유형 중 지도자가 모든 정책을 단독으로 결정하기 때문에 부하직원들은 오로지 따르기만 하면 된다는 유형을 무엇이라 하는가? [14.3]

① 민주형 ② 자유방임형
③ 권위형 ④ 강제형

해설 전제(권위)형 : 리더가 모든 정책을 단독적으로 결정하고 부하직원들을 지시 명령하는 리더십으로 군림하는 독재형 리더십이다.

정답 ③

20-5. 다음 중 리더의 행동 유형 측면에서 부하들과 상담하여 부하의 의견을 고려하는 형태의 리더십은? [09.1]

① 참여적 리더십
② 지원적 리더십
③ 지시적 리더십
④ 성취 지향적 리더십

해설 참여적 리더십 : 부하와의 원만한 관계를 유지하며, 부하들의 의견을 반영하여 의사결정을 한다.

정답 ①

21. 다음 중 리더십의 유효성(有效性)을 증대시키는 1차적 요소와 관계가 가장 먼 것은 어느 것인가? [13.1]

① 리더 자신 ② 조직의 규모
③ 상황적 변수 ④ 추종자 집단

해설 리더십의 유효성 요소
리더십$(L) = l \times f_t \times s$
여기서, f : 함수(function)
  l : 리더 자신(leader)
  f_t : 추종자 집단(follower)
  s : 상황적 변수(situation)

22. 모랄 서베이(morale survey)의 효용이 아닌 것은? [18.2/19.1]

① 조직 또는 구성원의 성과를 비교·분석한다.
② 종업원의 정화(catharsis) 작용을 촉진시킨다.
③ 경영관리를 개선하는 데에 대한 자료를 얻는다.
④ 근로자의 심리 또는 욕구를 파악하여 불만을 해소하고, 노동 의욕을 높인다.

해설 ① 모랄 서베이의 효용은 조직 또는 구성원의 성과를 비교·분석하지 않는다.

22-1. 모랄 서베이(morale survey)의 주요 방법 중 태도조사법에 해당하는 것은 어느 것인가? [13.2/16.2]

① 사례연구법　　② 관찰법

③ 실험연구법　　④ 문답법

해설 태도조사법의 종류 : 질문지(문답)법, 면접법, 집단토의법, 투사법

정답 ④

23. 기업조직의 원리 중 지시 일원화의 원리에 대한 설명으로 가장 적절한 것은? [15.1/19.3]

① 지시에 따라 최선을 다해서 주어진 임무나 기능을 수행하는 것

② 책임을 완수하는 데 필요한 수단을 상사로부터 위임받은 것

③ 언제나 직속상사에게서만 지시를 받고 특정 부하직원들에게만 지시하는 것

④ 가능한 조직의 각 구성원이 한 가지 특수 직무만을 담당하도록 하는 것

해설 지시 일원화 원리 : 1인의 직속상사에게 지시받고 특정한 부하에게만 지시하는 것

24. 다음 중 Super D.E의 역할 이론에 포함되지 않는 것은? [11.1]

① 역할 갈등

② 역할 기대

③ 역할 조성

④ 역할 유지

해설 Super D.E의 역할 이론 : 갈등, 기대, 조성, 연기

6　안전보건교육의 개념

교육심리학

1. 인간의 적응기제(適機應制)에 포함되지 않는 것은? [19.1]

① 갈등(conflict)

② 억압(repression)

③ 공격(aggression)

④ 합리화(rationalization)

해설 적응기제(adjustment mechanism) 3가지

• 도피기제(escape mechanism) : 갈등을 회피, 도망감

구분	특징
억압	무의식으로 억압
퇴행	유아 시절로 돌아감

| 백일몽 | 꿈나라(공상)의 나래를 펼침 |
| 고립 | 외부와의 접촉을 단절(거부) |

• 방어기제(defense mechanism) : 갈등의 합리화와 적극성

구분	특징
보상	스트레스를 다른 곳에서 강점으로 발휘함
합리화	변명, 실패를 합리화, 자기미화
승화	열등감과 욕구불만이 사회적·문화적 가치로 나타남
동일시	힘과 능력 있는 사람을 통해 대리만족 함
투사	열등감을 다른 것에서 발견해 열등감에서 벗어나려 함

- 공격기제(aggressive mechanism) : 직 · 간접적 공격기제
  ㉠ 직접적 공격기제 : 폭행, 싸움 등
  ㉡ 간접적 공격기제 : 욕설, 비난 등

1-1. 적응기제(adjustment mechanism)의 유형에서 "동일화(identification)"의 사례에 해당하는 것은? [09.2/19.2]

① 운동시합에서 진 선수가 컨디션이 좋지 않았다고 한다.
② 결혼에 실패한 사람이 고아들에게 정열을 쏟고 있다.
③ 아버지의 성공을 자신의 성공인 것처럼 자랑하며 거만한 태도를 보인다.
④ 동생이 태어난 후 초등학교에 입학한 큰 아이가 손가락을 빨기 시작했다.

해설 동일화(동일시) : 힘과 능력 있는 사람을 통해 대리만족 함

정답 ③

1-2. 적응기제(adjustment mechanism) 중 방어적 기제(defence mechanism)에 해당하는 것은?[10.3/11.1/13.1/14.2/15.3/16.2/19.3]

① 고립(isolation)
② 퇴행(regression)
③ 억압(suppression)
④ 합리화(rationalization)

해설 ④는 방어적 기제, ①, ②, ③은 도피기제
Tip) 합리화 : 사회적으로 그럴 듯한 변명이나 이유를 대는 것으로 실패를 합리화하며, 자기미화한다.

정답 ④

1-3. 적응기제(adjustment mechanism)의 도피적 행동인 고립에 해당하는 것은? [17.1]

① 운동시합에서 진 선수가 컨디션이 좋지 않았다고 말한다.
② 키가 작은 사람이 키 큰 친구들과 같이 사진을 찍으려 하지 않는다.
③ 자녀가 없는 여교사가 아동 교육에 전념하게 되었다.
④ 동생이 태어나자 형이 된 아이가 말을 더듬는다.

해설 도피기제의 고립 : 외부와의 접촉을 단절(거부)

정답 ②

2. 학습을 자극에 의한 반응으로 보는 이론에 해당하는 것은? [18.1]

① 손다이크(Thorndike)의 시행착오설
② 퀼러(Kohler)의 통찰설
③ 톨만(Tolman)의 기호형태설
④ 레빈(Lewin)의 장이론

해설 교육심리학의 학습 이론
- 파블로프(Pavlov) : 조건반사설의 원리는 시간의 원리, 강도의 원리, 일관성의 원리, 계속성의 원리로 일정한 자극을 반복하여 자극만 주어지면 조건적으로 반응하게 된다.
- 레빈(Lewin) : 장설은 선천적으로 인간은 특정 목표를 추구하려는 내적긴장에 의해 행동을 발생시킨다는 것이다.
- 톨만(Tolman) : 기호형태설은 학습자의 머리 속에 인지적 지도 같은 인지구조를 바탕으로 학습하려는 것이다.
- 손다이크(Thorndike) : 시행착오설에 의한 학습의 원칙은 연습의 원칙, 효과의 원칙, 준비성의 원칙으로 맹목적 연습과 시행을 반복하는 가운데 자극과 반응이 결합하여 행동하는 것이다.

2-1. 다음 중 학습 이론에 있어 S-R 이론으로 볼 수 없는 것은? [10.3]

① Pavlov의 조건반사설
② Tolman의 기호형태설
③ Thorndike의 시행착오설
④ Skinner의 도구적 조건화설

해설 학습 이론

S-R 이론	형태설
• 파블로프(Pavlov)의 조건반사설 • 손다이크(Thorndike)의 시행착오설 • 스키너(Skinner)의 도구적 조건화설	• 톨만(Tolman)의 기호형태설 • 쾰러(Kohler)의 통찰설 • 레빈(Lewin)의 장설

정답 ②

2-2. 다음 중 학습을 자극(stimulus)에 의한 반응(response)으로 보는 이론에 해당하는 것은? [11.2]

① 손다이크(Thorndike)의 시행착오설
② 쾰러(Kohler)의 통찰설
③ 톨만(Tolman)의 기호형태설
④ 레빈(Lewin)의 장설 이론(field theory)

해설 손다이크(Thorndike) : 시행착오설에 의한 학습의 원칙은 연습의 원칙, 효과의 원칙, 준비성의 원칙으로 맹목적 연습과 시행을 반복하는 가운데 자극과 반응이 결합하여 행동하는 것이다.

정답 ①

2-3. 시행착오설에 의한 학습법칙이 아닌 것은? [14.1/18.1]

① 효과의 법칙　　② 준비성의 법칙
③ 연습의 법칙　　④ 일관성의 법칙

해설 손다이크(Thorndike)의 시행착오설

• 연습(반복)의 법칙 : 목표가 있는 작업을 반복하는 과정 및 효과를 포함한 전 과정이다.
• 효과의 법칙 : 목표에 도달했을 때 보상을 주면 반응과 결합이 강해져 조건화가 이루어진다.
• 준비성의 법칙 : 학습을 하기 전의 상태에 따라 그 학습이 만족 · 불만족스러운가에 관한 것이다.

정답 ④

2-4. 파블로프(Pavlov)의 조건반사설에 의한 학습 이론의 원리에 해당되지 않는 것은?

① 일관성의 원리 [09.3/15.2/17.3/18.2]
② 시간의 원리
③ 강도의 원리
④ 준비성의 원리

해설 파블로프 조건반사설의 원리는 시간의 원리, 강도의 원리, 일관성의 원리, 계속성의 원리이다.

정답 ④

3. 무재해 운동 추진기법 중 지적 확인에 대한 설명으로 옳은 것은? [14.1/17.2]

① 비평을 금지하고, 자유로운 토론을 통하여 독창적인 아이디어를 끌어낼 수 있다.
② 참여자 전원의 스킨십을 통하여 연대감, 일체감을 조성할 수 있고 느낌을 교류한다.
③ 작업 전 5분간의 미팅을 통하여 시나리오상의 역할을 연기하여 체험하는 것을 목적으로 한다.
④ 오관의 감각기관을 총동원하여 작업의 정확성과 안전을 확인한다.

해설 무재해 운동 추진기법 중 지적 확인

• 작업의 안전 정확성을 확인하기 위해 눈, 팔, 손, 입, 귀 등 오관의 감각기관을 이용

하여 작업시작 전에 뇌를 자극시켜 안전을 확보하기 위한 기법이다.

- 작업공정의 요소에서 자신의 행동을 "홍길동 좋아!"하고 대상을 지적하여 큰 소리로 확인하는 것을 말한다.

3-1. 지적 확인이란 사람의 눈이나 귀 등 오감의 감각기관을 총동원해서 작업의 정확성과 안전을 확인하는 것이다. 지적 확인과 정확도가 올바르게 짝지어진 것은? [19.3]

① 지적 확인한 경우-0.3%
② 확인만 하는 경우-1.25%
③ 지적만 하는 경우-1.0%
④ 아무것도 하지 않은 경우-1.8%

해설 지적 확인의 정확도(잘못된 판단의 발생률)
- 지적 확인한 경우-0.8%

- 확인만 하는 경우-1.25%
- 지적만 하는 경우-1.5%
- 아무것도 하지 않은 경우-2.85%

정답 ②

4. 교육훈련의 효과는 5관을 최대한 활용하여야 하는데 다음 중 효과가 가장 큰 것은 어느 것인가? [13.3/16.1]

① 청각　　　　　② 시각
③ 촉각　　　　　④ 후각

해설 오감의 교육 효과치

시각 효과	청각 효과	촉각 효과	미각 효과	후각 효과
60%	20%	15%	3%	2%

---

7 교육의 내용 및 방법

교육내용

1. 산업안전보건법상 사업 내 안전·보건교육 중 근로자 정기안전·보건교육의 내용과 거리가 먼 것은? (단, 산업안전보건법 및 일반관리에 관한 사항은 제외한다.) [09.2]

① 산업안전 및 사고 예방에 관한 사항
② 산업보건 및 직업병 예방에 관한 사항
③ 유해·위험 작업환경 관리에 관한 사항
④ 작업공정의 유해·위험과 재해 예방 대책에 관한 사항

해설 근로자의 정기안전·보건교육 내용
- 산업안전 및 사고 예방에 관한 사항
- 산업보건 및 직업병 예방에 관한 사항

- 유해·위험 작업환경 관리에 관한 사항
- 건강증진 및 질병예방에 관한 사항
- 보건법 및 일반관리에 관한 사항
- 직무 스트레스 예방 및 관리에 관한 사항
- 산업재해 보상보험제도에 관한 사항

Tip) ④는 관리감독자 정기안전·보건교육 내용

1-1. 산업안전보건법령상 사업장 내 안전·보건교육 중 근로자의 정기안전·보건교육 내용에 해당하지 않는 것은? [17.3]

① 산업재해 보상보험제도에 관한 사항
② 산업안전 및 사고 예방에 관한 사항
③ 산업보건 및 직업병 예방에 관한 사항

④ 기계 · 기구의 위험성과 작업의 순서 및 동선에 관한 사항

해설 ④는 채용 시의 교육 및 작업내용 변경 시의 교육내용

정답 ④

2. 다음 중 산업안전보건법상 사업 내 안전보건 · 교육에 있어 관리감독자 정기안전 · 보건교육의 내용이 아닌 것은? (단, 기타 산업안전보건법 및 일반관리에 관한 사항은 제외한다.) [11.3]

① 물질안전보건자료에 관한 사항
② 산업보건 및 직업병 예방에 관한 사항
③ 표준 안전작업방법 및 지도요령에 관한 사항
④ 작업공정의 유해 · 위험과 재해 예방 대책에 관한 사항

해설 관리감독자 정기안전 · 보건교육의 내용
• 산업보건 및 직업병 예방에 관한 사항
• 표준 안전작업방법 및 지도요령에 관한 사항
• 작업공정의 유해 · 위험과 재해 예방 대책에 관한 사항
• 관리감독자의 역할과 임무에 관한 사항
• 유해 · 위험 작업환경 관리에 관한 사항
• 보건법 및 일반관리에 관한 사항
• 직무 스트레스 예방 및 관리에 관한 사항
• 산재보상보험에 관한 사항
• 안전보건교육 능력 배양에 관한 사항
• 현장 근로자와의 의사소통 능력 향상
• 의사소통 능력 향상, 강의 능력 향상

Tip) ①은 채용 시의 교육 및 작업내용 변경 시의 교육내용

2-1. 산업안전보건법상 사업 내 안전 · 보건교육에 있어 관리감독자 정기안전 · 보건교육에 해당하는 것은? (단, 산업안전보건법 및 일반관리에 관한 사항은 제외한다.) [13.1]

① 정리 정돈 및 청소에 관한 사항
② 작업개시 전 점검에 관한 사항
③ 작업공정의 유해 · 위험과 재해 예방 대책에 관한 사항
④ 기계 · 기구의 위험성과 작업의 순서 및 동선에 관한 사항

해설 ③은 관리감독자 정기안전 · 보건교육 내용,
①, ②, ④는 채용 시의 교육 및 작업내용 변경 시의 교육내용

정답 ③

3. 산업안전보건법령상 근로자 안전 · 보건교육 중 채용 시의 교육 및 작업내용 변경 시의 교육사항으로 옳은 것은? [11.1/18.2/20.1]

① 물질안전보건자료에 관한 사항
② 건강증진 및 질병예방에 관한 사항
③ 유해 · 위험 작업환경 관리에 관한 사항
④ 표준 안전작업방법 및 지도요령에 관한 사항

해설 채용 시의 교육 및 작업내용 변경 시의 교육내용
• 기계 · 기구의 위험성과 작업의 순서 및 동선에 관한 사항
• 작업개시 전 점검에 관한 사항
• 정리 정돈 및 청소에 관한 사항
• 사고 발생 시 긴급조치에 관한 사항
• 산업보건 및 직업병 예방에 관한 사항
• 직무 스트레스 예방 및 관리에 관한 사항
• 물질안전보건자료에 관한 사항

Tip) ①은 채용 시의 교육 및 작업내용 변경 시의 교육내용,
②는 근로자의 정기안전보건교육 내용,
③, ④는 관리감독자 정기안전보건교육 내용

3-1. 산업안전보건법령상 사업 내 안전 · 보건교육에 있어 "채용 시의 교육 및 작업내

용 변경 시의 교육내용"에 해당하지 않는 것은? (단, 산업안전보건법 및 일반관리에 관한 사항은 제외한다.) [14.2]

① 물질안전보건자료에 관한 사항

② 사고 발생 시 긴급조치에 관한 사항

③ 작업개시 전 점검에 관한 사항

④ 표준 안전작업방법 및 지도요령에 관한 사항

해설 ④는 관리감독자의 정기안전보건교육 내용, ①, ②, ③은 채용 시의 교육 및 작업내용 변경 시의 교육내용

정답 ④

4. 산업안전보건법령상 특별안전·보건교육대상의 작업에 해당하지 않는 것은? [13.3]

① 방사선 업무에 관계되는 작업

② 전압이 50V인 정전 및 활선작업

③ 굴착면의 높이가 3m 되는 암석의 굴착작업

④ 게이지 압력을 2kgf/cm² 이상으로 사용하는 압력용기 설치 및 취급 작업

해설 ② 전압이 75V 이상인 정전 및 활선작업

4-1. 산업안전보건법상 특별안전·보건교육 대상 작업이 아닌 것은? [10.1/11.2/17.1/19.3]

① 건설용 리프트·곤돌라를 이용한 작업

② 전압이 50볼트(V)인 정전 및 활선작업

③ 화학설비 중 반응기, 교반기, 추출기의 사용 및 세척작업

④ 액화 석유가스, 수소가스 등 인화성 가스 또는 폭발성 물질 중 가스의 발생장치 취급 작업

해설 ② 전압이 75V 이상인 정전 및 활선작업

정답 ②

4-2. 산업안전보건법령상 특별교육대상 작업별 교육 작업기준으로 틀린 것은? [20.1]

① 전압기 75V 이상인 정전 및 활선작업

② 굴착면의 높이가 2m 이상이 되는 암석의 굴착작업

③ 동력에 의하여 작동되는 프레스 기계를 3대 이상 보유한 사업장에서 해당 기계로 하는 작업

④ 1톤 미만의 크레인 또는 호이스트를 5대 이상 보유한 사업장에서 해당 기계로 하는 작업

해설 ③ 동력에 의하여 작동되는 프레스 기계를 5대 이상 보유한 사업장에서 해당 기계로 하는 작업

정답 ③

4-3. 다음 중 산업안전보건법령상 특별안전·보건교육의 대상 작업에 해당하지 않는 것은? [15.2/19.1]

① 석면 해체·제거 작업

② 밀폐된 장소에서 하는 용접작업

③ 화학설비 취급품의 검수·확인 작업

④ 2m 이상의 콘크리트 인공 구조물의 해체 작업

해설 ③ 화학설비 취급품의 검수·확인 작업 등의 작업은 특별안전·보건교육대상 작업에 해당하지 않는다.

정답 ③

4-4. 산업안전보건법령상 특별안전·보건교육대상 작업별 교육내용 중 밀폐공간에서의 작업 시 교육내용에 포함되지 않는 것은? (단, 그 밖에 안전·보건관리에 필요한 사항은 제외한다.) [14.1/18.2/19.2]

① 산소농도 측정 및 작업환경에 관한 사항

② 유해물질이 인체에 미치는 영향

③ 보호구 착용 및 사용방법에 관한 사항

④ 사고 시의 응급처치 및 비상시 구출에 관한 사항

해설 밀폐된 장소에서 작업의 특별안전 · 보건 교육사항

- 작업 순서, 안전작업방법 및 수칙에 관한 사항
- 산소농도 측정 및 환기설비에 관한 사항
- 질식 시 응급처치에 관한 사항
- 작업환경 점검에 관한 사항
- 전격방지 및 보호구 착용에 관한 사항

정답 ②

4-5. 산업안전보건법상 유해 또는 위험한 작업에 근로자를 사용할 때 실시하는 특별교육 중 안전에 관한 교육을 실시하는 업무를 가진 사람은? [10.2]

① 명예 산업안전감독관
② 사업주
③ 보건관리자
④ 관리감독자

해설 특별교육은 관리감독자가 실시하여야 한다.

정답 ④

5. 산업안전보건법상 사업 내 안전 · 보건교육의 교육과정에 해당하지 않는 것은?

① 검사원 정기점검교육 [15.1/16.2]
② 특별안전 · 보건교육
③ 근로자 정기안전 · 보건교육
④ 작업내용 변경 시의 교육

해설 사업 내 안전 · 보건교육의 교육과정 : 정기교육, 채용 시 교육, 작업내용 변경 시 교육, 특별교육, 건설 기초안전교육

6. 산업안전보건법령상 근로자 안전보건교육 대상과 교육시간으로 옳은 것은? [20.3]

① 정기교육인 경우 : 사무직 종사 근로자−매분기 3시간 이상

② 정기교육인 경우 : 관리감독자 지위에 있는 사람−연간 10시간 이상
③ 채용 시 교육인 경우 : 일용근로자−4시간 이상
④ 작업내용 변경 시 교육인 경우 : 일용근로자를 제외한 근로자−1시간 이상

해설 안전보건교육 과정별 교육시간

- 정기교육

사무직 종사 근로자		매분기 3시간 이상
사무직 종사자 외의 근로자	판매업무에 직접 종사하는 근로자	매분기 3시간 이상
	판매업무에 직접 종사자 외 근로자	매분기 6시간 이상
관리감독자 지위에 있는 사람		연간 16시간 이상

- 채용 시의 교육

일용근로자	1시간 이상
일용근로자를 제외한 근로자	8시간 이상

- 작업내용 변경 시의 교육

일용근로자	1시간 이상
일용근로자를 제외한 근로자	2시간 이상

- 특별교육1

[별표 5] 제1호 '라' 항목 각호(제40호는 제외한다)의 어느 하나에 해당하는 작업에 종사하는 일용근로자	2시간 이상
[별표 5] 제1호 '라' 항목 제40호의 타워크레인 신호작업에 종사하는 일용근로자	8시간 이상

- 특별교육2

[별표 5] 제1호 '라' 항목 각호의 어느 하나에 해당하는 작업에 종사하는 일용근로자를 제외한 근로자	㉠ 16시간 이상(최초 작업에 종사하기 전 4시간 이상 실시하고, 12시간은 3개월 이내에서 분할하여 실시 가능 ㉡ 단기간 작업 또는 간헐적 작업인 경우에는 2시간 이상

• 건설업 기초안전보건교육

건설 일용근로자	4시간 이상

6-1. 산업안전보건법령상 일용근로자의 안전 · 보건교육 과정별 교육시간 기준으로 틀린 것은? [17.1]

① 채용 시의 교육 : 1시간 이상
② 작업내용 변경 시의 교육 : 2시간 이상
③ 건설업 기초안전 · 보건교육(건설 일용근로자) : 4시간
④ 특별교육 : 2시간 이상(흙막이 지보공의 보강 또는 동바리를 설치하거나 해체하는 작업에 종사하는 일용근로자)

해설 ② 작업내용 변경 시의 교육 : 1시간 이상
정답 ②

6-2. 산업안전보건법령상 근로자 안전 · 보건교육의 기준으로 틀린 것은? [13.3/17.2]

① 사무직 종사 근로자의 정기교육 : 매분기 3시간 이상
② 일용근로자의 작업내용 변경 시의 교육 : 1시간 이상
③ 관리감독자의 지위에 있는 사람의 정기교육 : 연간 16시간 이상
④ 건설 일용근로자의 건설업 기초안전 · 보건교육 : 2시간 이상

해설 ④ 건설 일용근로자의 건설업 기초안전 · 보건교육 : 4시간 이상
정답 ④

6-3. 산업안전보건법령상 근로자 안전 · 보건교육 기준 중 다음 (   ) 안에 알맞은 것은? [18.1]

교육과정	교육대상	교육시간
채용 시의 교육	일용근로자	(㉠)시간 이상
	일용근로자를 제외한 근로자	(㉡)시간 이상

① ㉠ : 1, ㉡ : 8
② ㉠ : 2, ㉡ : 8
③ ㉠ : 1, ㉡ : 2
④ ㉠ : 3, ㉡ : 6

해설 채용 시의 교육

일용근로자	1시간 이상
일용근로자를 제외한 근로자	8시간 이상

정답 ①

7. 안전교육계획 수립 시 고려하여야 할 사항과 관계가 가장 먼 것은? [12.2/20.2]

① 필요한 정보를 수집한다.
② 현장의 의견을 충분히 반영한다.
③ 법 규정에 의한 교육에 한정한다.
④ 안전교육 시행 체계와의 관련을 고려한다.

해설 ③ 법 규정에 의한 필수 교육 외에도 필요한 교육계획을 수립한다.

8. 일반적으로 교육이란 "인간행동의 계획적 변화"로 정의할 수 있다. 여기서 인간의 행동이 의미하는 것은? [18.3]

① 신념과 태도
② 외현적 행동만 포함
③ 내현적 행동만 포함
④ 내현적, 외현적 행동 모두 포함

해설 인간은 교육을 통하여 인간의 행동(내현적 행동＋외현적 행동)을 계획적으로 변화시킨다.

9. 다음 중 사업장 내 안전·보건교육을 통하여 근로자가 함양 및 체득될 수 있는 사항과 가장 거리가 먼 것은? [13.3]

① 잠재위험 발견 능력
② 비상사태 대응 능력
③ 재해손실비용 분석 능력
④ 직면한 문제의 사고 발생 가능성 예지 능력

해설 안전·보건교육을 통하여 근로자가 함양 및 체득될 수 있는 사항은 잠재위험 발견 능력, 비상사태 대응 능력, 직면한 문제의 사고 발생 가능성 예지 능력 등이다.

10. 기억의 과정 중 과거의 학습경험을 통해서 학습된 행동이 현재와 미래에 지속되는 것을 무엇이라 하는가? [13.1/20.1]

① 기명(memorizing)
② 파지(retention)
③ 재생(recall)
④ 재인(recognition)

해설 기억의 과정
• 1단계(기명) : 사물의 인상을 마음에 간직하는 것
• 2단계(파지) : 과거의 학습경험이 저장되어 현재와 미래의 행동이나 내용이 지속되는 것
• 3단계(재생) : 보존된 인상이 다시 의식으로 떠오르는 것
• 4단계(재인) : 과거에 경험했던 것과 같은 비슷한 상태에 부딪혔을 때 떠오르는 것

10-1. 기억과정에 있어 "파지(retention)"에 대한 설명으로 가장 적절한 것은? [15.3]

① 사물의 인상을 마음속에 간직하는 것
② 사물의 보존된 인상이 다시 의식으로 떠오르는 것
③ 과거의 경험이 어떤 형태로 미래의 행동에 영향을 주는 작용
④ 과거의 학습경험을 통하여 학습된 행동이 지속되는 것

해설 파지 : 과거의 학습경험이 저장되어 현재와 미래의 행동이나 내용이 지속되는 것

정답 ④

10-2. 과거에 경험하였던 것과 비슷한 상태에 부딪혔을 때 떠오르는 것을 무엇이라 하는가? [15.1]

① 재생   ② 기명   ③ 파지   ④ 재인

해설 재인 : 과거에 경험했던 것과 같은 비슷한 상태에 부딪혔을 때 떠오르는 것

정답 ④

11. 다음 중 기억과 망각에 관한 내용으로 틀린 것은? [09.2/14.2]

① 학습된 내용은 학습 직후의 망각률이 가장 낮다.
② 의미 없는 내용은 의미 있는 내용보다 빨리 망각한다.
③ 사고력을 요하는 내용이 단순한 지식보다 기억, 파지의 효과가 높다.
④ 연습은 학습한 직후에 시키는 것이 효과가 있다.

해설 망각 : 과거에 경험한 내용이나 인상이 약해지거나 소멸되는 현상

교육방법 Ⅰ

12. 강의계획에서 주제를 학습시킬 범위와 내용의 정도를 무엇이라 하는가? [12.2/14.1]

① 학습 목적
② 학습 목표
③ 학습 정도
④ 학습 성과

해설 학습 목적의 3요소
• 목표 : 학습의 목적, 지표

- 주제 : 목표 달성을 위한 주제
- 학습 정도 : 주제를 학습시킬 범위와 내용의 정도

12-1. 강의계획에 있어 학습 목적의 3요소가 아닌 것은?　　　　　　　[10.1/14.3/17.2]

① 목표　　　　　② 주제
③ 학습 내용　　　④ 학습 정도

해설 학습 목적의 3요소 : 목표, 주제, 학습 정도

정답 ③

13. 교육의 3요소 중 교육의 주체에 해당하는 것은? [10.1/10.2/11.2/12.2/17.3/18.3/19.3/20.1]

① 강사　　　　　② 교재
③ 수강자　　　　④ 교육방법

해설 안전교육의 3요소

교육요소	교육의 주체	교육의 객체	교육의 매개체
형식적 요소	교수자 (강사)	교육생(수강자)	교재(교육자료)

14. 안전교육의 3단계에서 생활지도, 작업동작지도 등을 통한 안전의 습관화를 위한 교육은?　　　[09.1/11.3/12.1/13.2/14.1/19.1]

① 지식교육　　　② 기능교육
③ 태도교육　　　④ 인성교육

해설 안전교육의 3단계
- 제1단계(지식교육) : 교육 등을 통하여 지식을 전달하는 단계
- 제2단계(기능교육) : 교육 대상자가 그것을 스스로 행함으로써 시범, 견학, 실습, 현장실습 교육을 통한 경험을 체득하는 단계
- 제3단계(태도교육) : 작업동작지도 등을 통해 안전행동을 습관화하는 단계

14-1. 안전교육 과정 중 피교육자가 스스로 행함으로써만 얻어지는 교육은? [09.3/16.3]

① 안전지식의 교육　② 안전기능의 교육
③ 안전태도의 교육　④ 안전의식의 교육

해설 제2단계(기능교육) : 교육 대상자가 그것을 스스로 행함으로써 시범, 견학, 실습, 현장실습 교육을 통한 경험을 체득하는 단계

정답 ②

14-2. 안전한 작업방법을 알고는 있으나 시행하지 않는 것에 대한 교육으로 옳은 것은?　　　　　　　　　　　[09.2]

① 안전지식 교육　② 작업환경 교육
③ 안전태도 교육　④ 안전기능 교육

해설 제3단계(태도교육) : 작업동작지도 등을 통해 안전행동을 습관화하는 단계

정답 ③

14-3. 특성에 따른 안전교육의 3단계에 포함되지 않는 것은? [15.2/19.2]

① 태도교육　　　② 지식교육
③ 직무교육　　　④ 기능교육

해설 안전교육의 3단계 : 제1단계(지식교육), 제2단계(기능교육), 제3단계(태도교육)

정답 ③

14-4. 안전교육 3단계 중 2단계인 기능교육의 효과를 높이기 위해 가장 바람직한 교육방법은?　　　　　　　　　　[12.1]

① 토의식　　　　② 강의식
③ 문답식　　　　④ 시범식

해설 제2단계(기능교육) : 교육 대상자가 그것을 스스로 행함으로써 시범, 견학, 실습, 현장실습 교육을 통한 경험을 체득하는 단계

정답 ④

14-5. 다음 중 기능교육의 3원칙에 해당하지 않는 것은? [11.1]

① 준비
② 안전의식 고취
③ 위험작업의 규제
④ 안전작업 표준화

해설 기능교육의 3원칙 : 준비, 규제, 표준화

정답 ②

14-6. 다음 중 안전 태도교육의 원칙으로 적절하지 않은 것은? [14.2/19.2]

① 청취 위주의 대화를 한다.
② 이해하고 납득한다.
③ 항상 모범을 보인다.
④ 지적과 처벌 위주로 한다.

해설 안전 태도교육의 원칙
• 태도교육 : 생활지도, 작업동작지도, 적성배치 등을 통한 안전행동의 습관화
• 태도교육을 통한 안전 태도 형성 요령
  ㉠ 청취한다.
  ㉡ 권장한다.
  ㉢ 이해 · 납득시킨다.
  ㉣ 모범을 보인다.
  ㉤ 평가(상, 벌)한다.

정답 ④

14-7. 안전 태도교육의 기본 과정을 가장 올바르게 나열한 것은? [15.1]

① 청취한다. → 이해하고 납득한다. → 시범을 보인다. → 평가한다.
② 이해하고 납득한다. → 들어본다. → 시범을 보인다. → 평가한다.
③ 청취한다. → 시범을 보인다. → 이해하고 납득한다. → 평가한다.
④ 대량발언 → 이해하고 납득한다. → 들어본다. → 평가한다.

해설 안전 태도교육의 기본 과정

1단계	2단계	3단계	4단계
청취한다.	이해 · 납득시킨다.	시범을 보인다.	평가한다(상 · 벌을 준다).

정답 ①

15. 안전교육 훈련기법에 있어 태도 개발 측면에서 가장 적합한 기본 교육 훈련방식은?

① 실습 방식
② 제시 방식 [17.1]
③ 참가 방식
④ 시뮬레이션 방식

해설 안전교육 훈련기법
• 안전교육의 태도교육 방식은 참가교육 방식이다.
• 안전교육의 기능교육 방식은 실습교육 방식이다.
• 안전교육의 지식교육 방식은 제시교육 방식이다.

15-1. 안전교육 훈련기법에 있어 지식 형성 측면에서 가장 적합한 기본 교육 훈련방식은? [10.2]

① 실습 방식
② 제시 방식
③ 참가 방식
④ 시뮬레이션 방식

해설 안전교육의 지식교육 방식은 제시교육 방식이다.

정답 ②

16. 강의의 성과는 강의계획의 준비 정도에 따라 일반적으로 결정되는데 다음 중 강의계획의 4단계를 올바르게 나열한 것은? [13.3]

㉠ 교수방법의 선정
㉡ 학습 자료의 수집 및 체계화
㉢ 학습 목적과 학습 성과의 선정
㉣ 강의안 작성

① ⓒ → ⓛ → ⓖ → ⓔ
② ⓛ → ⓒ → ⓖ → ⓔ
③ ⓛ → ⓖ → ⓒ → ⓔ
④ ⓛ → ⓒ → ⓔ → ⓖ

해설 강의계획 4단계

제1단계	제2단계	제3단계	제4단계
학습 목적과 학습 성과의 선정	학습 자료의 수집 및 체계화	강의 방법의 설정	강의안 작성

17. 다음 중 안전교육방법에 있어 강의법에 관한 설명으로 틀린 것은? [11.3]

① 시간에 대한 조정이 용이하다.
② 전체적인 교육내용을 제시하는데 유리하다.
③ 종류에는 포럼, 심포지엄, 버즈세션 등이 있다.
④ 다수의 인원에게 동시에 많은 지식과 정보의 전달이 가능하다.

해설 ③ 토의식 교육의 종류에는 포럼, 심포지엄, 버즈세션 등이 있다.
①, ②, ④는 강의식 교육의 특징

18. 다음 중 적성배치 시 작업자의 특성과 가장 관계가 적은 것은? [14.2]

① 연령 　　　　② 작업 조건
③ 태도 　　　　④ 업무 경력

해설 • 작업자의 특성 : 연령, 성별, 업무 경력, 태도, 기능(자격) 등
• 작업의 특성 : 작업 조건, 환경 조건, 작업 종류 등

19. 안전지식 교육 실시 4단계에서 지식을 실제의 상황에 맞추어 문제를 해결해 보고 그 수법을 이해시키는 단계로 옳은 것은? [19.2]

① 도입 　　　　② 제시
③ 적용 　　　　④ 확인

해설 안전교육방법의 4단계

제1단계	제2단계	제3단계	제4단계
도입 (학습할 준비)	제시 (작업 설명)	적용 (작업 진행)	확인 (결과)

19-1. 다음 중 안전교육의 4단계를 올바르게 나열한 것은? [09.2/10.1/14.2/14.3]

① 도입 → 확인 → 제시 → 적용
② 도입 → 제시 → 적용 → 확인
③ 확인 → 제시 → 도입 → 적용
④ 제시 → 확인 → 도입 → 적용

해설 안전교육방법의 4단계

제1단계	제2단계	제3단계	제4단계
도입 (학습할 준비)	제시 (작업 설명)	적용 (작업 진행)	확인 (결과)

정답 ②

19-2. 토의식 교육지도에 있어서 가장 시간이 많이 소요되는 단계는? [15.1/16.2]

① 도입 　　　　② 제시
③ 적용 　　　　④ 확인

해설 단계별 교육시간

제1단계	제2단계	제3단계	제4단계
도입(학습할 준비)	제시(작업 설명)	적용(작업 진행)	확인 (결과)
강의식 5분	강의식 40분	강의식 10분	강의식 5분
토의식 5분	토의식 10분	토의식 40분	토의식 5분

정답 ③

20. 인간의 안전교육 형태에서 행위의 난이도가 점차적으로 높아지는 순서를 올바르게 표현한 것은? [13.2/16.3]

① 지식 → 태도변형 → 개인행위 → 집단행위
② 태도변형 → 지식 → 집단행위 → 개인행위
③ 개인행위 → 태도변형 → 집단행위 → 지식
④ 개인행위 → 집단행위 → 지식 → 태도변형

해설 안전교육의 4단계 순서

1단계	2단계	3단계	4단계
지식	태도변형	개인행위	집단행위

21. 안전·보건교육 및 훈련은 인간행동 변화를 안전하게 유지하는 것이 목적이다. 이러한 행동 변화의 전개 과정 순서가 알맞은 것은? [15.1]

① 자극 → 욕구 → 판단 → 행동
② 욕구 → 자극 → 판단 → 행동
③ 판단 → 자극 → 욕구 → 행동
④ 행동 → 욕구 → 자극 → 판단

해설 행동 변화의 전개 과정 순서는 자극 → 욕구 → 판단 → 행동 순서이다.

22. 기업 내 정형교육 중 대상으로 하는 계층이 한정되어 있지 않고, 한 번 훈련을 받은 관리자는 그 부하인 감독자에 대해 지도원이 될 수 있는 교육방법은? [18.1]

① TWI(Training Within Industry)
② MTP(Management Training Program)
③ CCS(Civil Communication Section)
④ ATT(American Telephone & Telegram Co)

해설 • TWI는 작업방법, 작업지도, 인간관계, 작업안전훈련이다.
　ⓐ 작업방법훈련(Job Method Training, JMT) : 작업방법 개선
　ⓑ 작업지도훈련(Job Instruction Training,

JIT) : 작업지시
　ⓒ 인간관계훈련(Job Relations Training, JRT) : 부하직원 리드
　ⓓ 작업안전훈련(Job Safety Training, JST) : 안전한 작업
• MTP : 관리자 및 중간 관리층을 대상으로 하는 관리자 훈련이다.
• CCS : 강의법에 토의법이 가미된 것으로 정책의 수립, 조직, 통제 및 운영으로 되어 있다.
• ATT : 직급 상하를 떠나 부하직원이 상사에 강사가 될 수 있다.

22-1. 기업 내 교육방법 중 작업의 개선방법 및 사람을 다루는 방법, 작업을 가르치는 방법 등을 주된 교육내용으로 하는 것은 무엇인가? [11.2/16.1/16.3/18.3]

① CCS(Civil Communication Section)
② MTP(Management Training Program)
③ TWI(Training Within Industry)
④ ATT(American Telephone & Telegram Co)

해설 TWI 교육과정 4가지 : 작업방법훈련, 작업지도훈련, 인간관계훈련, 작업안전훈련
정답 ③

22-2. 안전교육방법 중 TWI(Training Within Industry)의 교육과정이 아닌 것은 어느 것인가? [10.3/14.2/17.2/17.3/18.2/19.3]

① 작업지도훈련　　② 인간관계훈련
③ 정책수립훈련　　④ 작업방법훈련

해설 TWI 교육과정 4가지 : 작업방법훈련, 작업지도훈련, 인간관계훈련, 작업안전훈련
정답 ③

22-3. 안전교육 중 ATP(Administration Training Program)라고도 하며, 당초에는

일부 회사의 최고 관리자에 대해서만 행하여졌던 것이 널리 보급된 것은? [09.1]

① TWI   ② MTP   ③ CCS   ④ ATT

해설 CCS : 강의법에 토의법이 가미된 것으로 정책의 수립, 조직, 통제 및 운영으로 되어 있다(ATP라고도 한다).

정답 ③

23. 다음 중 안전·보건교육계획 수립에 반드시 포함하여야 할 사항이 아닌 것은? [14.3]

① 교육지도안
② 교육의 목표 및 목적
③ 교육장소 및 방법
④ 교육의 종류 및 대상

해설 안전·보건교육계획에 포함해야 할 사항
• 교육 목표 설정
• 교육장소 및 교육방법
• 교육의 종류 및 대상
• 교육의 과목 및 교육내용
• 강사, 조교 편성
• 소요 예산 산정

Tip) 교육지도안은 교육의 준비사항이다.

24. 다음 중 교육훈련의 학습을 극대화시키고, 개인의 능력 개발을 극대화시켜 주는 평가방법이 아닌 것은? [10.1/14.1]

① 관찰법   ② 배제법
③ 자료 분석법   ④ 상호평가법

해설 교육훈련 평가 기법 : 관찰법, 자료 분석법, 상호평가법, 질문지법, 면접법, 투사법 등

25. 다음 중 학습의 연속에 있어 앞(前)의 학습이 뒤(後)의 학습을 방해하는 조건과 가장 관계가 적은 경우는? [14.3]

① 앞의 학습이 불완전한 경우

② 앞과 뒤의 학습 내용이 다른 경우
③ 앞과 뒤의 학습 내용이 서로 반대인 경우
④ 앞의 학습 내용을 재생하기 직전에 실시하는 경우

해설 ② 앞과 뒤의 학습 내용이 다른 경우는 앞과 뒤의 연관성이 없어 학습에 방해되지 않는다.

26. 다음 중 STOP 기법의 설명으로 옳은 것은? [13.2]

① 교육훈련의 평가방법으로 활용된다.
② 일용직 근로자의 안전교육 추진방법이다.
③ 경영층의 대표적인 위험예지훈련 방법이다.
④ 관리감독자의 안전 관찰훈련으로 현장에서 주로 실시한다.

해설 STOP(Safety Training Observation Program) 기법 : 행동 중심 안전관리기법으로 관리감독자의 안전 관찰훈련으로 현장에서 주로 실시한다.

27. 안전교육의 방법 중 프로그램 학습법 (programmed self-instruction method)에 관한 설명으로 틀린 것은? [13.2]

① 개발비가 적게 들어 쉽게 적용할 수 있다.
② 수업의 모든 단계에서 적용이 가능하다.
③ 한 번 개발된 프로그램 자료는 개조하기 어렵다.
④ 수강자들이 학습이 가능한 시간대의 폭이 넓다.

해설 프로그램 학습법
• 기본 개념 학습이나 논리적인 학습에 유리하다.
• 지능, 학습속도 등 개인차를 고려할 수 있다.
• 학습마다 피드백을 할 수 있다.
• 학습자의 학습 진행 과정을 알 수 있다.
• 수업의 모든 단계에 적용이 가능하다.

• 수강자들이 학습이 가능한 시간대의 폭이 넓다.
• 개발된 프로그램은 변경(개조)이 불가능하며, 교육내용이 고정되어 있다.

교육방법 Ⅱ

28. O.J.T(On the Job Training) 교육의 장점과 가장 거리가 먼 것은? [15.1/16.2/20.1/20.2]

① 훈련에만 전념할 수 있다.
② 직장의 실정에 맞게 실제적 훈련이 가능하다.
③ 개개인의 업무능력에 적합하고 자세한 교육이 가능하다.
④ 교육을 통하여 상사와 부하 간의 의사소통과 신뢰감이 깊게 된다.

해설 O.J.T 교육의 특징
• 개개인의 업무능력에 적합하고 자세한 교육이 가능하다.
• 작업장에 맞는 구체적인 훈련이 가능하다.
• 훈련에 필요한 업무의 연속성이 끊어지지 않아야 한다.
• 교육을 통하여 상사와 부하 간의 의사소통과 신뢰감이 깊게 된다.
• 훈련의 효과가 바로 업무에 나타나며 훈련의 효과에 따라 개선이 쉽다.
Tip) ①은 OFF.J.T 교육의 특징

29. 다음 중 OFF.J.T 교육의 설명으로 틀린 것은? [09.2/18.3]

① 다수의 근로자에게 조직적 훈련이 가능하다.
② 훈련에만 전념하게 된다.
③ 효과가 곧 업무에 나타나며 훈련의 좋고 나쁨에 따라 개선이 쉽다.
④ 교육훈련 목표에 대해 집단적 노력이 흐트러질 수 있다.

해설 OFF.J.T 교육의 특징
• 다수의 근로자들에게 조직적 훈련이 가능하다.
• 훈련에만 전념하게 된다.
• 특별 설비기구 이용이 가능하다.
• 근로자가 많은 지식이나 경험을 교류할 수 있다.
• 교육훈련 목표에 대하여 집단적 노력이 흐트러질 수 있다.
Tip) ③은 O.J.T 교육의 특징

30. 기능(기술)교육의 진행방법 중 하버드학파의 5단계 교수법의 순서로 옳은 것은 어느 것인가? [10.3/18.2/20.2]

① 준비 → 연합 → 교시 → 응용 → 총괄
② 준비 → 교시 → 연합 → 총괄 → 응용
③ 준비 → 총괄 → 연합 → 응용 → 교시
④ 준비 → 응용 → 총괄 → 교시 → 연합

해설 하버드학파의 5단계 교수법

제1단계	제2단계	제3단계	제4단계	제5단계
준비 시킨다.	교시 시킨다.	연합 한다.	총괄 한다.	응용 시킨다.

30-1. 하버드학파의 5단계 교수법에 해당되지 않는 것은? [10.2/11.3/16.1/19.1]

① 교시(presentation)
② 연합(association)
③ 추론(reasoning)
④ 총괄(generalization)

해설 하버드학파의 5단계 교수법

제1단계	제2단계	제3단계	제4단계	제5단계
준비 시킨다.	교시 시킨다.	연합 한다.	총괄 한다.	응용 시킨다.

정답 ③

31. 버드(Bird)는 사고가 5개의 연쇄반응에 의하여 발생되는 것으로 보았다. 다음 중 재해 발생의 첫 단계에 해당하는 것은? [14.1]

① 개인적 결함
② 사회적 환경
③ 전문적 관리의 부족
④ 불안전한 행동 및 불안전한 상태

해설 버드(Bird)의 최신 연쇄성 이론

1단계	2단계	3단계	4단계	5단계
제어 부족 : 관리	기본 원인 : 기원	직접 원인 : 징후	사고 : 접촉	상해 : 손해

32. 버드(Bird)의 재해 발생 비율에서 물적 손해만의 사고가 120건 발생하면 상해도 손해도 없는 사고는 몇 건 정도 발생하겠는가?

① 600건 [13.2]
② 1200건
③ 1800건
④ 2400건

해설 2564건의 사고를 분석하면 중상 4건, 경상 40건, 무상해 사고(물적 손실 발생) 120건, 무상해, 무손실 사고 2400건이다.

버드 이론(법칙)	1 : 10 : 30 : 600
$X \times 4$	4 : 40 : 120 : 2400

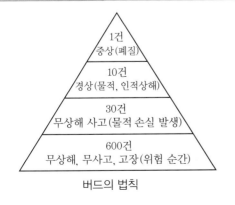

버드의 법칙

33. 학습 성취에 직접적인 영향을 미치는 요인과 가장 거리가 먼 것은? [20.2]

① 적성 ② 준비도
③ 개인차 ④ 동기유발

해설 ①은 학습 성취에 간접적으로 영향을 미치는 요인

34. 토의(회의) 방식 중 참가자가 다수인 경우에 전원을 토의에 참가시키기 위하여 소집단으로 구분하고, 각각 자유토의를 행하여 의견을 종합하는 방식은? [09.1/19.3]

① 포럼(forum)
② 심포지엄(symposium)
③ 버즈세션(buzz session)
④ 패널 디스커션(panel discussion)

해설 • 심포지엄 : 몇 사람의 전문가에 의하여 과제에 관한 견해를 발표하고 참가자로 하여금 의견이나 질문을 하게 하여 토의하는 방법이다.
• 버즈세션(6−6 회의) : 6명의 소집단별로 자유토의를 행하여 의견을 조합하는 방법이다.
• 케이스 메소드(사례연구법) : 먼저 사례를 제시하고 문제의 사실들과 그 상호 관계에 대하여 검토하고 대책을 토의한다.
• 패널 디스커션 : 패널멤버가 피교육자 앞에서 토의하고, 이어 피교육자 전원이 참여하여 토의하는 방법이다.
• 포럼 : 새로운 자료나 교재를 제시하고 문제점을 피교육자로 하여금 제기하게 하여 토의하는 방법이다.
• 롤 플레잉(역할 연기) : 참가자에게 역할을 주어 실제 연기를 시킴으로써 본인의 역할을 인식하게 하는 방법이다.

34-1. 다음 중 교육과제에 정통한 전문가

4~5명이 피교육자 앞에서 자유로이 토의를 실시한 다음에 피교육자 전원이 참가하여 사회자의 사회에 따라 토의하는 방식을 무엇이라 하는가? [11.1/17.2]

① 포럼(forum)
② 패널 디스커션(panel discussion)
③ 심포지엄(symposium)
④ 버즈세션 (buzz session)

해설 패널 디스커션 : 패널멤버가 피교육자 앞에서 토의하고, 이어 피교육자 전원이 참여하여 토의하는 방법이다.

정답 ②

34-2. 어떤 상황의 판단능력과 사실의 분석 및 문제의 해결능력을 키우기 위하여 먼저 사례를 조사하고, 문제적 사실들과 그의 상호관계에 대하여 검토하고, 대책을 토의하도록 하는 교육기법은 무엇인가? [15.2]

① 심포지엄(symposium)
② 롤 플레잉(role playing)
③ 케이스 메소드(case method)
④ 패널 디스커션(panel discussion)

해설 케이스 메소드(사례연구법) : 먼저 사례를 제시하고 문제의 사실들과 그 상호 관계에 대하여 검토하고 대책을 토의한다.

정답 ③

34-3. 토의식 교육방법 중 몇 사람의 전문가에 의하여 과제에 관한 견해가 발표된 뒤 참가자로 하여금 의견이나 질문을 하게 하여 토의하는 방식을 무엇이라 하는가? [11.2]

① 패널 디스커션(pane discussion)
② 심포지엄(symposium)
③ 포럼(forum)
④ 버즈세션(buzz session)

해설 심포지엄 : 몇 사람의 전문가에 의하여 과제에 관한 견해를 발표하고 참가자로 하여금 의견이나 질문을 하게 하여 토의하는 방법이다.

정답 ②

34-4. 다음 중 창조성·문제해결 능력의 개발을 위한 교육기법으로 가장 적절하지 않은 것은? [09.3/15.3]

① 역할 연기법
② In-Basket법
③ 사례연구법
④ 브레인스토밍법

해설 롤 플레잉(역할 연기) : 참가자에게 역할을 주어 실제 연기를 시킴으로써 본인의 역할을 인식하게 하는 방법이다.

정답 ①

35. 학생이 마음속에 생각하고 있는 것을 외부에 구체적으로 실현하고 형상화하기 위하여 자기 스스로가 계획을 세워 수행하는 학습활동으로 이루어지는 학습지도의 형태는 무엇인가? [18.1]

① 케이스 메소드(case method)
② 패널 디스커션(panel discussion)
③ 구안법(project method)
④ 문제법(problem method)

해설 구안법(project method) : 학습자가 스스로 실제에 있어서 일의 계획과 수행능력을 기르는 교육방법

36. 다음 중 학습지도의 원리에 해당하지 않는 것은? [13.1/13.2]

① 자기활동의 원리   ② 사회화의 원리
③ 직관의 원리   ④ 분리의 원리

(해설) 학습지도의 원리

- 자발성의 원리
- 개별화의 원리
- 목적의 원리
- 사회화의 원리
- 통합의 원리
- 직관의 원리
- 생활화의 원리
- 자연화의 원리

37. 교육 대상자 수가 많고, 교육 대상자의 학습능력의 차이가 큰 경우 집단 안전교육방법으로서 가장 효과적인 방법은? [16.1]

① 문답식 교육 ② 토의식 교육
③ 시청각 교육 ④ 상담식 교육

(해설) 시청각 교육은 많은 교육 대상자의 집단 안전교육에 적합하다.

37-1. 교육의 효과를 높이기 위하여 시청각 교재를 최대한으로 활용하는 시청각적 방법의 필요성이 아닌 것은? [17.1]

① 교재의 구조화를 기할 수 있다.
② 대량 수업체제가 확립될 수 있다.
③ 교수의 평준화를 기할 수 있다.
④ 개인차를 최대한으로 고려할 수 있다.

(해설) ④ 강사의 개인차에서 오는 교수법의 평준화를 기할 수 있다.

(정답) ④

38. 학습 정도(level of learning)의 4단계 요소가 아닌 것은? [13.3/17.2]

① 지각 ② 적용
③ 인지 ④ 정리

(해설) 학습 정도 4단계

제1단계	제2단계	제3단계	제4단계
인지(to acquaint)	지각(to know)	이해(to understand)	적용(to apply)

39. 교육훈련 평가의 4단계를 올바르게 나열한 것은? [13.1/16.3]

① 학습 → 반응 → 행동 → 결과
② 학습 → 행동 → 반응 → 결과
③ 행동 → 반응 → 학습 → 결과
④ 반응 → 학습 → 행동 → 결과

(해설) 교육훈련 평가의 4단계

제1단계	제2단계	제3단계	제4단계
반응	학습	행동	결과

40. 학습의 전개 단계에서 주제를 논리적으로 체계화하는 방법이 아닌 것은? [16.3]

① 간단한 것에서 복잡한 것으로
② 부분적인 것에서 전체적인 것으로
③ 미리 알려져 있는 것에서 미지의 것으로
④ 많이 사용하는 것에서 적게 사용하는 것으로

(해설) ② 학습은 전체적인 것에서 부분적인 것으로 실시하여야 한다.

41. 앞에 실시한 학습의 효과는 뒤에 실시하는 새로운 학습에 직접 또는 간접으로 영향을 주는데, 이러한 현상을 무엇이라 하는가? [11.3]

① 통찰(insight) ② 전이(transfer)
③ 반사(reflex) ④ 반응(reaction)

(해설) 전이(transfer) : 어떤 내용을 학습한 결과가 다른 학습이나 반응에 영향을 주는 현상이다.

41-1. 앞에 실시한 학습의 효과는 뒤에 실시하는 새로운 학습에 직접 또는 간접으로 영향을 주는데 이러한 현상을 전이(轉移, transfer)라 한다. 다음 중 전이의 조건이 아닌 것은? [15.2]

① 학습 자료의 유사성 요인
② 학습 평가자의 지식 요인
③ 선행학습 정도의 요인
④ 학습자의 태도 요인

해설 학습 전이의 조건 : 학습 정도, 유사성, 시간적 간격, 학습자의 태도, 학습자의 지능

정답 ②

42. 다음 중 인간의 행동 변화에 있어 가장 변화시키기 어려운 것은? [15.2]

① 지식의 변화
② 집단의 행동 변화
③ 개인의 태도 변화
④ 개인의 행동 변화

해설 집단교육의 4단계 순서(인간행동 변화 순서)

제1단계	제2단계	제3단계	제4단계
지식의 변화	개인의 태도 변화	개인의 행동 변화	집단의 행동 변화

43. 안전·보건교육 강사로서 교육 진행의 자세로 가장 적절하지 않은 것은? [15.3]

① 중요한 것은 반복해서 교육할 것
② 상대방의 입장이 되어서 교육할 것
③ 쉬운 것에서 어려운 것으로 교육할 것
④ 가능한 한 전문용어를 사용하여 교육할 것

해설 강사로서 교육 진행의 자세
• 동기부여
• 피교육자 입장에서 교육
• 쉬운 것에서 어려운 것으로 교육
• 오감의 활용
• 한 번에 하나씩 교육
• 인상의 강화
• 기능적인 이해
• 중요한 내용은 반복해서 가르칠 것

2과목 인간공학 및 시스템 안전공학

1 안전과 인간공학

인간공학의 정의

1. 다음 중 인간공학에 관련된 설명으로 틀린 것은? [14.2/17.1]

① 편리성, 쾌적성, 효율성을 높일 수 있다.

② 사고를 방지하고 안전성과 능률성을 높일 수 있다.

③ 인간의 특성과 한계점을 고려하여 제품을 설계한다.

④ 생산성을 높이기 위해 인간을 작업 특성에 맞추는 것이다.

해설 인간공학의 목표

• 에러 감소 : 안전성 향상과 사고방지

• 생산성 증대 : 기계 조작의 능률성과 생산성의 향상

• 안전성 향상 : 작업환경의 쾌적성

1-1. 인간공학의 주된 연구 목적과 가장 거리가 먼 것은? [13.2/15.2]

① 제품품질 향상

② 작업의 안정성 향상

③ 작업환경의 쾌적성 향상

④ 기계 조작의 능률성 향상

해설 인간공학의 연구 목적 : 쾌적성 향상, 안정성 향상, 생산 능률의 향상

정답 ①

1-2. 다음 중 인간공학의 연구 목적과 가장 거리가 먼 것은? [11.2]

① 일과 일상생활에서 사용하는 도구, 기구 등의 설계에 있어서 인간을 우선적으로 고려한다.

② 인간의 능력, 한계, 특성 등을 고려하면서 전체 인간-기계 시스템의 효율을 증가시킨다.

③ 시스템의 생산성 극대화를 위하여 인간의 특성을 연구하고, 이를 제한, 통제한다.

④ 시스템이나 절차를 설계할 때 인간의 특성에 관한 정보를 체계적으로 응용한다.

해설 ③ 시스템의 생산성 극대화를 위하여 인간의 특성을 연구하고, 이를 조화되도록 설계하기 위한 수단과 방법이다.

정답 ③

2. 다음 중 인간공학의 연구 조사에 사용되는 기준 척도의 일반적 요건으로 볼 수 없는 것은? [11.3]

① 적절성 ② 무오염성

③ 민감도 ④ 사용성

해설 인간공학 연구 조사에 사용되는 구비조건

• 무오염성(순수성) : 측정하고자 하는 변수 이외의 다른 변수에 영향을 받아서는 안 된다.

• 적절성(타당성) : 기준이 의도한 목적에 적합해야 한다.

• 신뢰성(반복성) : 반복시험 시 재연성이 있어야 한다. 척도의 신뢰성은 반복성을 의미한다.
• 민감도 : 피실험자 사이에서 볼 수 있는 예상 차이점에 비례하는 단위로 측정해야 한다.

2-1. 시스템의 평가 척도 중 시스템의 목표를 잘 반영하는가를 나타내는 척도를 무엇이라 하는가? [10.2]

① 신뢰성 　　② 타당성
③ 측정의 민감도 　　④ 무오염성

해설 적절성(타당성) : 기준이 의도한 목적에 적합해야 한다.

정답 ②

2-2. 일반적으로 연구 조사에 사용되는 기준 중 기준 척도의 신뢰성이 의미하는 것은 무엇인가? [09.2/15.1]

① 보편성 　　② 적절성
③ 반복성 　　④ 객관성

해설 신뢰성(반복성) : 반복시험 시 재연성이 있어야 한다. 척도의 신뢰성은 반복성을 의미한다.

정답 ③

3. 산업안전 분야에서의 인간공학을 위한 제반 언급사항으로 관계가 먼 것은? [18.1]

① 안전관리자와의 의사소통 원활화
② 인간 과오방지를 위한 구체적 대책
③ 인간행동 특성 자료의 정량화 및 축적
④ 인간-기계체계의 설계 개선을 위한 기금의 축적

해설 ④ 설계 개선을 위한 기금의 축적은 관련법의 개정에 관한 사항이다.

4. 안전가치 분석의 특징으로 틀린 것은 어느 것인가? [11.1/17.2]

① 기능 위주로 분석한다.
② 왜 비용이 드는가를 분석한다.
③ 특정 위험의 분석을 위주로 한다.
④ 그룹 활동은 전원의 중지를 모은다.

해설 안전가치 분석의 특징
• 기능 위주로 분석한다.
• 왜 비용이 드는가를 분석한다.
• 그룹 활동은 전원의 중지를 모은다.

5. 현장에서 인간공학의 적용 분야로 가장 거리가 먼 것은? [17.3]

① 설비관리
② 제품설계
③ 재해 · 질병예방
④ 장비 · 공구 · 설비의 설계

해설 사업장에서의 인간공학 적용 분야
• 작업환경 개선
• 장비 · 공구 · 설비의 설계
• 인간-기계 인터페이스 디자인
• 작업 공간의 설계 · 제품설계
• 재해 및 질병예방

5-1. 다음 중 사업장에서 인간공학 적용 분야와 가장 거리가 먼 것은? [12.2]

① 작업환경 개선 　　② 장비 및 공구의 설계
③ 재해 및 질병예방 　　④ 신뢰성 설계

해설 사업장에서의 인간공학 적용 분야
• 작업환경 개선
• 장비 · 공구 · 설비의 설계
• 인간-기계 인터페이스 디자인
• 작업 공간의 설계 · 제품설계
• 재해 및 질병예방

정답 ④

6. 다음 중 인간공학(ergonomics)의 기원에 대한 설명으로 가장 적합한 것은? [14.3]

① 차패니스(Chapanis, A)에 의해서 처음 사용되었다.

② 민간 기업에서 시작하여 군이나 군수회사로 전파되었다.

③ "ergon(작업)＋nomos(법칙)＋ics(학문)"의 조합된 단어이다.

④ 관련 학회는 미국에서 처음 설립되었다.

해설 인간공학(ergonomics)의 기원은 19세기 중반 폴란드 교육자이자 과학자였던 Wojciech Jatrzebowski에 의해 최초로 사용되었으며, "ergon(작업)＋nomos(법칙)＋ics(학문)"의 조합된 단어이다.

7. 다음 중 작업방법의 개선원칙(ECRS)에 해당되지 않는 것은? [14.2]

① 교육(Education)

② 결합(Combine)

③ 재배치(Rearrange)

④ 단순화(Simplify)

해설 작업개선원칙(ECRS)

• 제거(Eliminate) : 생략과 배제의 원칙

• 결합(Combine) : 결합과 분리의 원칙

• 재조정(Rearrange) : 재편성과 재배열의 원칙

• 단순화(Simplify) : 단순화의 원칙

8. 다음 중 얼음과 드라이아이스 등을 취급하는 작업에 대한 대책으로 적절하지 않은 것은? [14.2]

① 더운 물과 더운 음식을 섭취한다.

② 가능한 한 식염을 많이 섭취한다.

③ 혈액순환을 위해 틈틈이 운동을 한다.

④ 오랫동안 한 장소에 고정하여 작업하지 않는다.

해설 ② 더운 환경에서 작업 시 식염을 섭취한다.

9. 다음 중 운용상의 시스템 안전에서 검토 및 분석해야 할 사항으로 틀린 것은? [12.1]

① 훈련

② 사고 조사에의 참여

③ ECR(Error Cause Removal) 제안 제도

④ 고객에 의한 최종 성능검사

해설 ③ ECR(Error Cause Removal) 제안 제도는 작업자 자신이 직업상 오류 원인을 연구하여 제반오류의 개선을 하도록 한다.

인간-기계체계

10. 시스템의 수명곡선에 고장의 발생 형태가 일정하게 나타나는 기간은? [09.1/14.3/19.3]

① 초기고장 기간

② 우발고장 기간

③ 마모고장 기간

④ 피로고장 기간

해설 • 기계설비의 고장 유형 : 초기고장(감소형 고장), 우발고장(일정형 고장), 마모고장(증가형 고장)

• 욕조곡선(bathtub curve) : 고장률이 높은 값에서 점차 감소하여 일정한 값을 유지한 후 다시 점차로 높아지는, 즉 제품의 수명을 나타내는 곡선

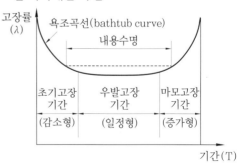

욕조곡선(bathtub curve)

10-1. 다음 중 기계 고장률의 기본 모형이 아닌 것은? [18.2]

① 초기고장
② 우발고장
③ 영구고장
④ 마모고장

해설 기계설비의 고장 유형 : 초기고장(감소형 고장), 우발고장(일정형 고장), 마모고장(증가형 고장)

정답 ③

10-2. 기계설비의 수명곡선에서 고장의 유형에 관한 설명으로 틀린 것은? [15.1]

① 초기고장은 불량 제조나 생산과정에서 품질관리의 미비로부터 생기는 고장을 말한다.
② 우발고장은 사용 중 예측할 수 없을 때에 발생하는 고장을 말한다.
③ 마모고장은 장치의 일부가 수명을 다해서 생기는 고장을 말한다.
④ 반복고장은 반복 또는 주기적으로 생기는 고장을 말한다.

해설 기계설비의 고장 유형 : 초기고장(감소형 고장), 우발고장(일정형 고장), 마모고장(증가형 고장)

정답 ④

10-3. 고장의 발생 상황 중 부적합품 제조, 생산과정에서의 품질관리 미비, 설계 미숙 등으로 일어나는 고장은? [13.2/17.3]

① 초기고장
② 마모고장
③ 우발고장
④ 품질관리고장

해설 초기고장(감소형)
• 생산과정에서의 설계·구조상 결함, 불량 제조·생산과정 등의 품질관리 미비로 발생하는 고장 형태이다.
• 검사, 시운전 작업 등으로 사전에 방지할 수 있는 고장이다.

정답 ①

10-4. 다음 중 시스템의 수명곡선(욕조곡선)에서 안전진단 및 적당한 보수에 의해 방지할 수 있는 고장의 형태는? [11.3]

① 초기고장
② 우발고장
③ 마모고장
④ 설계고장

해설 마모고장(증가형)
• 기계적 요소나 부품의 마모, 부품의 노화 현상 등에 의해 고장률이 일정 시간 후 증가하는 고장 형태이다.
• 고장 발생 전에 안전진단 하여, 교환 및 적당한 보수를 하면 방지할 수 있는 고장이다.

정답 ③

10-5. 기계 고장률의 기본 모형 중 우발고장에 관한 사항으로 옳은 것은? [15.2]

① 고장률이 시간에 따라 일정한 형태를 이룬다.
② 고장률이 시간이 갈수록 감소하는 형태이다.
③ 시스템의 일부가 수명을 다하여 발생하는 고장이다.
④ 마모나 노화에 의하여 어느 시점에 집중적으로 고장이 발생한다.

해설 ①은 우발고장(일정형 고장)의 특성,
②는 초기고장(감소형 고장)의 특성,
③, ④는 마모고장(증가형 고장)의 특성

정답 ①

10-6. 다음 중 시스템의 수명곡선(욕조곡선)에서 우발고장 기간에 발생하는 고장의 원인으로 볼 수 없는 것은? [14.2]

① 사용자의 과오 때문에
② 안전계수가 낮기 때문에
③ 부적절한 설치나 시동 때문에

④ 최선의 검사방법으로도 탐지되지 않는 결함 때문에

해설 ③은 초기고장의 원인,
①, ②, ④는 우발고장의 원인

정답 ③

체계 설계와 인간요소

11. 전통적인 인간-기계(man-machine)체계의 대표적 유형과 거리가 먼 것은? [19.1]

① 수동체계   ② 기계화 체계
③ 자동체계   ④ 인공지능 체계

해설 전통적인 인간-기계체계 : 수동체계, 기계화 체계, 자동화 체계 등

12. 산업현장에서 사용하는 생산설비의 경우 안전장치가 부착되어 있으나 생산성을 위해 제거하고 사용하는 경우가 있다. 이러한 경우를 대비하여 설계 시 안전장치를 제거하면 작동이 안 되는 구조를 채택하고 있다. 이러한 구조는 무엇인가? [16.3/18.1]

① fail safe
② fool proof
③ lock out
④ tamper proof

해설 탬퍼 프루프(tamper proof) : 안전장치를 제거하면 제품이 작동되지 않도록 하는 설계

13. 공정 분석에 있어 활용하는 공정도(process chart)의 도시 기호 중 가공 또는 작업을 나타내는 기호는? [09.3/13.3]

① ○   ② ⇨
③ ▢   ④ ☐

해설 공정도에 사용되는 기호

가공	운반	정체	수량 검사	저장
○	⇨	▢	☐	▽

14. 다음 중 체계(system)의 특성으로 볼 수 없는 것은? [09.1]

① 집합성   ② 관련성
③ 목적추구성   ④ 환경독립성

해설 체계(system)의 특성
• 요소에 의해 구성되는 집합성
• 시스템 간의 관계를 유지하는 관련성
• 목적을 위해 추구하는 목적추구성
• 정해진 조건에서의 환경적응성

15. 기계와 인간의 상대적 수행도를 나타내는 다음 [그림]에서 시스템의 재설계가 요구되는 영역은? [09.1]

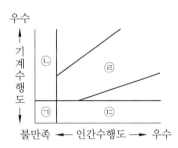

① ㉠   ② ㉡   ③ ㉢   ④ ㉣

해설 ㉠ 영역은 인간 수행도와 기계 수행도가 매우 불만족인 상태이므로 재설계가 요구된다.

16. 체계 분석 및 설계에 있어서 인간공학적 노력의 효능을 산정하는 척도의 기준에 포함되지 않는 것은? [10.3/14.3/17.2/18.1/18.2]

① 성능의 향상

② 훈련비용의 절감

③ 인력 이용률의 저하

④ 생산 및 보전의 경제성 향상

해설 체계 분석 및 설계에 있어서의 인간공학의 기여도

- 성능의 향상
- 훈련비용의 절감
- 인력 이용률의 향상
- 생산 및 보전의 경제성 향상
- 재해 및 질병예방
- 사용자의 수용도 향상

17. 다음 중 인간-기계체계에 의해 수행되는 기본 기능의 유형이 아닌 것은?　[09.3/11.1]

① 감지 　　　　　② 정보 보관

③ 궤환 　　　　　④ 행동

해설 ①, ②, ④는 정보 보관과 연관되는 기본 기능의 유형이다.

18. 다음 중 인간-기계체계에서 인간 실수가 발생하는 원인으로 적절하지 않은 것은 어느 것인가?　[11.3]

① 학습착오 　　　　② 처리착오

③ 출력착오 　　　　④ 입력착오

해설 인간 실수가 발생하는 원인 : 입력착오, 출력착오, 정보처리착오

18-1. 다음 중 인간 실수의 주원인에 해당하는 것은?　[18.3]

① 기술수준

② 경험수준

③ 훈련수준

④ 인간 고유의 변화성

해설 인간 실수의 주원인은 인간 고유의 변화성이다.

정답 ④

2　정보 입력 표시

시각적 표시장치

1. 표시 값의 변화 방향이나 변화 속도를 나타내어 전반적인 추이의 변화를 관측할 필요가 있는 경우에 가장 적합한 표시장치 유형은?

① 계수형(digital)　　　　[16.2/16.3/20.2]

② 묘사형(descriptive)

③ 동목형(moving scale)

④ 동침형(moving pointer)

해설 정량적 표시장치

- 동침형 : 표시 값의 변화 방향이나 속도를 나타낼 때 눈금이 고정되고 지침이 움직이는 지침 이동형이다.
- 동목형 : 나타내고자 하는 값의 범위가 클 때, 지침이 고정되고 눈금이 움직이는 지침 고정형이다.
- 계수형 : 수치를 정확하게 충분히 읽어야 할 경우에 쓰이며, 원형 표시장치보다 판독 오차가 적고 판독시간도 짧다(전력계, 택시 요금계).

1-1. 다음 중 지침이 고정되어 있고 눈금이 움직이는 형태의 정량적 표시장치는?　[12.2]

① 정목동침형 표시장치

② 정침동목형 표시장치

③ 계수형 표시장치
④ 정렬형 표시장치

해설 정침동목형 : 나타내고자 하는 값의 범위가 클 때, 지침이 고정되고 눈금이 움직이는 지침 고정형이다.

정답 ②

1-2. 관측하고자 하는 측정값을 가장 정확하게 읽을 수 있는 표시장치는? [10.1/10.3/16.1]

① 계수형   ② 동침형
③ 동목형   ④ 묘사형

해설 계수형 : 수치를 정확하게 충분히 읽어야 할 경우에 쓰이며, 원형 표시장치보다 판독오차가 적고 판독시간도 짧다(전력계, 택시요금계).

정답 ①

1-3. 계수형 표시장치를 사용하는 것이 부적합한 것은? [17.3]

① 수치를 정확히 읽어야 하는 경우
② 짧은 판독시간을 필요로 할 경우
③ 판독오차가 적은 것을 필요로 할 경우
④ 표시장치에 나타나는 값들이 계속 변하는 경우

해설 계수형 : 수치를 정확하게 충분히 읽어야 할 경우에 쓰이며, 원형 표시장치보다 판독오차가 적고 판독시간도 짧다(전력계, 택시요금계).

정답 ④

1-4. 다음 중 아날로그(analog) 표시장치의 선택 시 고려해야 할 사항으로 가장 적절한 것은? [11.1]

① 일반적으로 고정눈금에서 지침이 움직이는 것이 좋다.

② 온도계나 고도계에 사용되는 눈금이나 지침은 수평표시가 바람직하다.
③ 눈금의 증가는 시계반대 방향이 적합하다.
④ 이동요소의 수동조절이 필요요 할 때에는 지침보다 눈금을 조절할 수 있어야 한다.

해설 ① 일반적으로 눈금이 고정되고 지침이 움직이는 동침형을 선호한다.

정답 ①

1-5. 다음 중 정성적(아날로그) 표시장치를 사용하기에 가장 적절하지 않은 것은? [12.1]

① 전력계와 같이 신속 정확한 값을 알고자 할 때
② 비행기 고도의 변화율을 알고자 할 때
③ 자동차 시속을 일정한 수준으로 유지하고자 할 때
④ 색이나 형상을 암호화하여 설계할 때

해설 ①은 정량적 표시장치, ②, ③, ④는 정성적 표시장치

정답 ①

1-6. 다음 중 시각적 표시장치에 있어 성격이 다른 것은? [15.2]

① 디지털 온도계
② 자동차 속도계기판
③ 교통신호등의 좌회전 신호
④ 은행의 대기인원 표시등

해설 ③은 정성적 표시장치, ①, ②, ④는 정량적 표시장치

정답 ③

2. 다음 중 정량적 표시장치의 눈금 수열로 가장 인식하기 쉬운 것은? [13.1]

① 1, 2, 3 …   ② 2, 4, 5 …
③ 3, 6, 9 …   ④ 4, 8, 12 …

해설 정량적 표시장치의 눈금 표시는 1씩 증가하는 1, 2, 3, … 수열로 인식하기에 쉬운 수열이다.

3. 시각적 표시장치를 사용하는 것이 청각적 표시장치를 사용하는 것보다 좋은 경우는?

① 메시지가 후에 참고되지 않을 때   [18.1]

② 메시지가 공간적인 위치를 다룰 때

③ 메시지가 시간적인 사건을 다룰 때

④ 사람의 일이 연속적인 움직임을 요구할 때

해설 ②는 시각적 표시장치의 특성,

①, ③, ④는 청각적 표시장치의 특성

3-1. 정보입력에 사용되는 표시장치 중 청각장치보다 시각장치를 사용하는 것이 더 유리한 경우는?   [09.2/18.3]

① 정보의 내용이 긴 경우

② 수신자가 직무상 자주 이동하는 경우

③ 정보의 내용이 즉각적인 행동을 요구하는 경우

④ 정보를 나중에 다시 확인하지 않아도 되는 경우

해설 ①은 시각적 표시장치의 특성,

②, ③, ④는 청각적 표시장치의 특성

정답 ①

3-2. 다음 중 정보의 전달방법으로 시각적 표시장치보다 청각적 표시방법을 이용하는 것이 적절한 경우는?   [13.1]

① 정보의 내용이 복잡하고 긴 경우

② 정보가 시간적인 사상을 다룰 때

③ 즉각적인 행동을 요구하지 않는 경우

④ 정보가 공간적인 위치를 다루는 경우

해설 ②는 청각적 표시장치의 특성,

①, ③, ④는 시각적 표시장치의 특성

정답 ②

3-3. 정보 전달용 표시장치에서 청각적 표현이 좋은 경우가 아닌 것은?   [12.1]

① 메시지가 단순하다.

② 메시지가 복잡하다.

③ 메시지가 그때의 사건을 다룬다.

④ 시각장치가 지나치게 많다.

해설 ②는 시각적 표시장치의 특성,

①, ③, ④는 청각적 표시장치의 특성

정답 ②

4. 자동차나 항공기의 앞 유리 혹은 차양판 등에 정보를 중첩·투사하는 표시장치는 무엇인가?   [15.1/19.1]

① CRT   ② LCD   ③ HUD   ④ LED

해설 HUD : 자동차나 항공기의 전방을 주시한 상태에서 원하는 계기 정보를 볼 수 있도록 전방 시선 높이 방향의 유리 또는 차양판에 정보를 중첩·투사하는 표시장치로서 정성적, 묘사적 표시장치이다.

5. 글자의 설계 요소 중 검은 바탕에 쓰여진 흰 글자가 번져 보이는 현상과 가장 관련 있는 것은?   [11.2/20.1]

① 획폭비   ② 글자체

③ 종이 크기   ④ 글자 두께

해설 획폭비·종횡비·광삼 현상

• 획폭비 : 문자나 숫자의 높이에 대한 획 굵기의 비로서 나타내며, 최적 독해성을 주는 획폭비는 흰 숫자의 경우에 1 : 13.3이고, 검은 숫자의 경우는 1 : 8 정도이다.

• 종횡비 : 문자나 숫자의 폭과 높이의 비가 1 : 1이 적당하며, 3 : 5까지는 독해성에 영향이 없고, 숫자의 경우는 3 : 5를 표준으로 한다.

• 광삼 현상 : 흰 보양이 주위의 검은 배경으

정답 3. ②   4. ③   5. ①

로 번져 보이는 현상으로 글자의 색에 따라 최적 획폭비가 다르기 때문이다.

6. 항공기 위치 표시장치의 설계원칙에 있어, 다음의 설명에 해당하는 것은? [18.1]

> 항공기의 경우 일반적으로 이동 부분의 영상은 고정된 눈금이나 좌표계에 나타내는 것이 바람직하다.

① 통합　　　　　　② 양립적 이동
③ 추종 표시　　　　④ 표시의 현실성
해설 양립적 이동에 관한 설명이다.

7. 인간의 시각 특성을 설명한 것으로 옳은 것은? [19.2]
① 적응은 수정체의 두께가 얇아져 근거리의 물체를 볼 수 있게 되는 것이다.
② 시야는 수정체의 두께 조절로 이루어진다.
③ 망막은 카메라의 렌즈에 해당된다.
④ 암조응에 걸리는 시간은 명조응보다 길다.
해설 암조응(암순응)
• 완전 암조응 소요시간 : 보통 30~40분 소요
• 완전 명조응 소요시간 : 보통 1~2분 소요

8. 다음 중 카메라의 필름에 해당하는 우리 눈의 부위는? [12.3]
① 망막　② 수정체　③ 동공　④ 각막
해설 눈 부위의 기능
• 망막 : 상이 맺히는 곳으로 카메라 필름에 해당한다.
• 동공 : 홍채 안쪽 중앙의 비어 있는 공간이다.
• 수정체 : 빛을 굴절시키며, 렌즈의 역할을 한다.

• 각막 : 안구 표면의 막으로 빛이 최초로 통과하는 부분으로 눈을 보호한다.

8-1. 인간의 눈에서 빛이 가장 먼저 접촉하는 부분은? [18.2]
① 각막　② 망막　③ 초자체　④ 수정체
해설 각막 : 안구 표면의 막으로 빛이 최초로 통과하는 부분으로 눈을 보호한다.
정답 ①

8-2. 다음 중 망막의 원추세포가 가장 낮은 민감성을 보이는 파장의 색은? [14.2]
① 적색　② 회색　③ 청색　④ 녹색
해설 원추세포는 밝은 빛에 민감하며, 적색, 청색, 녹색에 매우 민감하다
정답 ②

8-3. 시야는 색상에 따라 그 범위가 달라진다. 다음 중 시야의 범위가 가장 넓은 색상은? [10.2]
① 백색　② 청색　③ 적색　④ 녹색
해설 시야의 범위가 넓은 색상 순서 : 백색 > 녹색 > 적색 > 청색
정답 ①

9. 시력 손상에 가장 크게 영향을 미치는 전신 진동의 주파수는? [18.3]
① 5Hz 미만　　　② 5~10Hz
③ 10~25Hz　　　④ 25Hz 초과
해설 전신 진동이 10~25Hz일 때 눈의 망막 위의 상이 흔들리게 되며, 시력 손상에 가장 크게 영향을 미친다.

10. 다음 중 진동이 인간성능에 끼치는 일반적인 영향이 아닌 것은? [12.2]

① 진동은 진폭에 반비례하여 시력이 손상된다.

② 진동은 진폭에 비례하여 추적 능력이 손상된다.

③ 정확한 근육 조절을 요하는 작업은 진동에 의해 저하된다.

④ 주로 중앙 신경 처리에 관한 임무는 진동의 영향을 덜 받는다.

해설 ① 진동은 진폭에 비례하여 시력이 손상된다.

10-1. 다음 중 진동이 인간성능에 미치는 일반적인 영향과 거리가 먼 것은? [10.1]

① 진동은 진폭에 비례하여 시력을 손상하며 10~25Hz의 경우에 가장 심하다.

② 진동은 진폭에 비례하여 추적 능력을 손상하며 5Hz 이하의 낮은 진동수에서 가장 심하다.

③ 안정되고 정확한 근육 조절을 요하는 작업은 진동에 의해서 저하된다.

④ 반응시간, 감시, 형태 식별 등 주로 중앙 신경 처리에 달린 임무는 진동의 영향에 민감하다.

해설 ④ 반응시간, 감시, 형태 식별 등 주로 중앙 신경처리에 달린 임무는 진동의 영향에 둔감하다.

정답 ④

11. 40세 이후 노화에 의한 인체의 시지각능력 변화로 틀린 것은? [15.1]

① 근시력 저하

② 휘광에 대한 민감도 저하

③ 망막에 이르는 조명량 감소

④ 수정체 변색

해설 40세 이후 노화에 의한 인체의 시지각능력 변화로 근시력 저하, 망막에 이르는 조

명량 감소, 수정체 변색 등이 있다. 휘광에 대한 민감도는 저하시키지는 않는다.

12. 다음 중 시각에 관한 설명으로 옳은 것은? [13.3]

① vernier acuity – 눈이 식별할 수 있는 표적의 최소 모양

② minimum separable acuity – 배경과 구별하여 탐지할 수 있는 최소의 점

③ stereoscopic acuity – 거리가 있는 한 물체의 상이 두 눈의 망막에 맺힐 때 그 상의 차이를 구별하는 능력

④ minimum perceptible acuity – 하나의 수직선이 중간에서 끊겨 아래 부분이 옆으로 옮겨진 경우에 미세한 치우침을 구별하는 능력

해설 시력의 척도

• 배열시력(vernier acuity) : 하나의 수직선이 중간에서 끊겨 아래 부분이 옆으로 옮겨진 경우에 미세한 치우침을 구별하는 능력

• 입체시력(stereoscopic acuity) : 거리가 있는 한 물체에 대한 약간 다른 상이 두 눈의 망막에 맺힐 때 이것을 구별하는 능력

• 최소 분간시력(minimum separable acuity) : 일반적으로 사용되는 시력으로 눈이 식별할 수 있는 표적의 최소 공간

• 최소 지각시력(minimum perceptible acuity) : 배경으로부터 한 점을 구별하여 탐지할 수 있는 최소의 점

12-1. 다음 중 눈이 식별할 수 있는 과녁(target)의 최소 특징이나 과녁 부분들 간의 최소 공간을 의미하는 것은? [15.3]

① 최소 분간시력(minimum separable acuity)

② 최소 지각시력(minimum perceptible acuity)

③ 입체시력(stereoscopic acuity)

④ 동시력(dynamic visual acuity)

해설 최소 분간시력 : 일반적으로 사용되는 시력으로 눈이 식별할 수 있는 표적의 최소 공간

정답 ①

13. 작업장 내의 색채 조절이 적합하지 못한 경우에 나타나는 상황이 아닌 것은? [17.1]

① 안전표지가 너무 많아 눈에 거슬린다.
② 현란한 색 배합으로 물체 식별이 어렵다.
③ 무채색으로만 구성되어 중압감을 느낀다.
④ 다양한 색채를 사용하면 작업의 집중도가 높아진다.

해설 ④ 다양한 색채를 사용하면 시각의 혼란으로 재해 발생이 높아진다.

14. 단일 차원의 시각적 암호 중 구성암호, 영문자 암호, 숫자암호에 대하여 암호로서의 성능이 가장 좋은 것부터 배열한 것은 어느 것인가? [09.2/17.2]

① 숫자암호−영문자 암호−구성암호
② 구성암호−숫자암호−영문자 암호
③ 영문자 암호−숫자암호−구성암호
④ 영문자 암호−구성암호−숫자암호

해설 시각적 암호의 성능 순서 : 숫자암호 → 기하학적 형상 → 영문자 암호 → 구성암호 → 색

15. 시각적 부호 중 교통표지판, 안전보건표지 등과 같이 부호가 이미 고안되어 있으므로 이를 배워야 하는 부호는 무엇인가? [09.1]

① 추상적 부호   ② 묘사적 부호
③ 임의적 부호   ④ 상태적 부호

해설 시각적 부호 유형
• 묘사적 부호 : 사물의 행동을 단순하고 정확하게 묘사(위험표지판의 해골과 뼈, 도보 표지판의 걷는 사람)

• 추상적 부호 : 전언의 기본요소를 도식적으로 압축한 부호
• 임의적 부호 : 부호가 이미 고안되어 있으므로 이를 배워야 하는 부호(경고표지는 삼각형, 안내표지는 사각형, 지시표지는 원형 등)

16. 사물을 볼 수 있는 최소 각이 30초인 사람과 최소 각이 1분인 사람의 산술적 시력 차이는 얼마인가? [09.1]

① 0.5   ② 1.0   ③ 1.5   ④ 2.0

해설 시력차 $= \dfrac{1}{\text{시각 } 30\text{초}} - \dfrac{1}{\text{시각 } 1\text{분}}$

$= \dfrac{2}{\text{시각 } 1\text{분}} - \dfrac{1}{\text{시각 } 1\text{분}}$

$= \dfrac{1}{\text{시각 } 1\text{분}} = 1.0$

17. 사람 눈의 굴절률을 나타내는 디옵터 (dioptor)를 구하는 식으로 옳은 것은? [09.3]

① 1/cm 단위의 초점거리
② 1/inch 단위의 초점거리
③ 1/feet 단위의 초점거리
④ 1/m 단위의 초점거리

해설 디옵터$(D) = \dfrac{1}{[\text{m}] \text{ 단위의 초점거리}}$

청각적 표시장치

18. 가청 주파수 내에서 사람의 귀가 가장 민감하게 반응하는 주파수 대역은? [20.1]

① 20~20000Hz   ② 50~15000Hz
③ 100~10000Hz   ④ 500~3000Hz

해설 사람의 귀가 가장 민감하게 반응하는 주파수(중음역)는 500~3000Hz이다.

19. 인간의 가청 주파수 범위는? [17.1]

① 2~10000Hz

② 20~20000Hz

③ 200~30000Hz

④ 200~40000Hz

해설 인간의 가청 주파수 범위 : 20~20000Hz

20. 작업자가 소음 작업환경에 장기간 노출되어 소음성 난청이 발병하였다면 일반적으로 청력 손실이 가장 크게 나타나는 주파수는 얼마인가? [09.1/09.3/11.1/16.1]

① 1000Hz

② 2000Hz

③ 4000Hz

④ 6000Hz

해설 청력 손실은 4000Hz에서 가장 크게 나타난다.

21. 다음은 1/100(초) 동안 발생한 3개의 음파를 나타낸 것이다. 음의 세기가 가장 큰 것과 가장 높은 음은 무엇인가? [12.1/20.1]

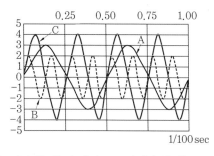

① 가장 큰 음의 세기 : A, 가장 높은 음 : B

② 가장 큰 음의 세기 : C, 가장 높은 음 : B

③ 가장 큰 음의 세기 : C, 가장 높은 음 : A

④ 가장 큰 음의 세기 : B, 가장 높은 음 : C

해설 음파(sound wave)

• 가장 큰 음의 세기 : 진폭이 가장 큰 것 → C

• 가장 높은 음 : 같은 시간 동안 진동수가 많은 것 → B

21-1. 청각적 표시장치에서 300m 이상의 장거리용 경보기에 사용하는 진동수로 가장 적절한 것은? [13.3/17.1]

① 800Hz 전후

② 2200Hz 전후

③ 3500Hz 전후

④ 4000Hz 전후

해설 고음은 멀리 가지 못하므로 300m 이상 멀리 보내는 신호는 1000Hz 이하의 진동수를 사용한다.

정답 ①

21-2. 청각적 표시장치 지침에 관한 설명으로 틀린 것은? [16.1]

① 신호는 최소한 0.5~1초 동안 지속한다.

② 신호는 배경소음과 다른 주파수를 이용한다.

③ 소음은 양쪽 귀에, 신호는 한쪽 귀에 들리게 한다.

④ 300m 이상 멀리 보내는 신호는 2000Hz 이상의 주파수를 사용한다.

해설 ④ 300m 이상 멀리 보내는 신호는 1000Hz 이하의 주파수를 사용한다.

정답 ④

22. 음의 세기인 데시벨(dB)을 측정할 때 기준 음압의 주파수는? [16.2]

① 10Hz

② 100Hz

③ 1000Hz

④ 10000Hz

해설 기준 음압 주파수 측정기준은 1000Hz이다.

23. 다음 중 청각적 표시에 대한 설명으로 틀린 것은? [15.3]

① JND(Just Noticeable Difference)는 인간이 신호의 50%를 검출할 수 있는 자극차원(강도 또는 진동수)의 최소 차이이다.

② 장애물이나 칸막이를 넘어가야 하는 신호는 1000Hz 이상의 진동수를 갖는 신호를 사용한다.

③ 다차원 코드 시스템을 사용할 경우, 일반적으로 차원의 수가 많고 수준의 수가 적은 것이 차원의 수가 적고 수준의 수가 많은 것보다 좋다.

④ 배경소음과 다른 진동수를 갖는 신호를 사용하는 것이 바람직하다.

해설 ② 장애물이나 칸막이를 넘어가야 하는 신호는 500Hz 이하의 진동수를 갖는 신호를 사용한다.

24. 정보를 전송하기 위해 청각적 표시장치를 이용하는 것이 바람직한 경우로 적합한 것은? [18.2/19.2]

① 전언이 복잡한 경우

② 전언이 이후에 재참조되는 경우

③ 전언이 공간적인 사건을 다루는 경우

④ 전언이 즉각적인 행동을 요구하는 경우

해설 ④는 청각적 표시장치의 특성, ①, ②, ③은 시각적 표시장치의 특성

24-1. 정보를 전송하기 위한 표시장치 중 시각장치보다 청각장치를 사용해야 더 좋은 경우는? [10.1/14.2]

① 메시지가 나중에 재참조되는 경우

② 직무상 수신자가 자주 움직이는 경우

③ 메시지가 공간적인 위치를 다루는 경우

④ 수신자가 청각계통이 과부하 상태인 경우

해설 ②는 청각적 표시장치의 특성, ①, ③, ④는 시각적 표시장치의 특성

정답 ②

24-2. 정보 전달용 표시장치에서 청각적 표현이 좋은 경우가 아닌 것은? [17.2]

① 메시지가 복잡하다.

② 시각장치가 지나치게 많다.

③ 즉각적인 행동이 요구된다.

④ 메시지가 그 때의 사건을 다룬다.

해설 ①은 시각적 표시장치의 특성, ②, ③, ④는 청각적 표시장치의 특성

정답 ①

25. 다음 중 절대적으로 식별 가능한 청각차원의 수준의 수가 가장 적은 것은? [12.2]

① 강도

② 진동수

③ 지속시간

④ 음의 방향

해설 청각차원의 수준의 수

• 강도(3~5)
• 진동수(4~7)
• 지속시간(2~3)
• 음의 방향(2)

26. 청각적 표시의 원리로 조작자에 대한 입력신호는 꼭 필요한 정보만을 제공한다는 원리는? [17.3]

① 양립성

② 분리성

③ 근사성

④ 검약성

해설 • 양립성 : 제어장치와 표시장치의 연관성이 인간의 예상과 어느 정도 일치하는 것을 의미한다.

• 분리성 : 두 가지 이상의 채널을 듣고 있다면 각 채널의 주파수가 분리되어 있어야 한다는 의미이다.

• 근사성 : 복잡한 정보를 나타내고자 할 때 2단계의 신호를 고려하는 것이다.

• 검약성 : 조작자에 대한 입력신호는 꼭 필요한 정보만을 제공하는 것이다.

27. 청각신호의 수신과 관련된 인간의 기능으로 볼 수 없는 것은? [16.2]

① 검출(detection)

---

② 순응(adaptation)

③ 위치 판별(directional judgement)

④ 절대적 식별(absolute judgement)

해설 청각신호의 3가지 기능 : 검출, 위치 판별, 절대적 식별

28. 청각신호의 위치를 식별할 때 사용하는 척도는? [15.1]

① AI(Articulation Index)

② JND(Just Noticeable Difference)

③ MAMA(Minimum Audible Movement Angle)

④ PNC(Preferred Noise Criteria)

해설 • 음성통신에 있어 소음환경지수

ㄱ AI(명료도 지수) : 잡음을 명료도 지수로 음성의 명료도를 측정하는 척도

ㄴ PNC(선호 소음판단 기준곡선) : 신호음을 측정하는 기준곡선, 앙케이트 조사, 실험 등을 통해 얻어진 값

ㄷ PSIL(음성간섭수준) : 우선 대화 방해 레벨의 개념으로 소음에 대한 상호 간 대화의 방해 정도를 측정하는 기준

• MAMA(최소 가청 각도) : 청각신호 위치를 식별하는 척도지수

• Weber의 법칙 : 변화감지역(JND)이 작은 음은 낮은 주파수와 큰 강도를 가진 음이다.

28-1. 다음 중 신호의 강도, 진동수에 의한 신호의 상대 식별 등 물리적 자극의 변화 여부를 감지할 수 있는 최소의 자극 범위를 의미하는 것은? [14.1]

① chunking

② stimulus range

③ SDT(Signal Detection Theory)

④ JND(Just Noticeable Difference)

해설 변화감지역(JND) : 신호의 강도, 진동수에 의한 신호의 상대 식별 등 물리적 자극의

변화 여부를 감지할 수 있는 최소의 자극 범위이다.

정답 ④

29. 신호검출이론의 응용 분야가 아닌 것은?

① 품질 검사   ② 의료진단   [17.3]

③ 교통 통제   ④ 시뮬레이션

해설 신호검출(SDT)이론의 응용 분야 : 품질 검사, 음파탐지, 의료진단, 증인 증언, 항공 교통 통제 등

30. 다음 중 암호체계 사용상의 일반적인 지침에서 "암호의 변별성"을 의미하는 것으로 가장 적절한 것은? [10.1]

① 암호화한 자극은 감지장치나 사람이 감지할 수 있어야 한다.

② 모든 암호의 표시는 다른 암호 표시와 구분될 수 있어야 한다.

③ 암호를 사용할 때에는 사용자가 그 뜻을 분명히 알 수 있어야 한다.

④ 두 가지 이상의 암호 차원을 조합해서 사용하면 정보 전달이 촉진된다.

해설 암호체계의 일반적 상황

• 검출성 : 정보를 암호화한 자극은 검출이 가능해야 한다.

• 판별성(변별성) : 모든 암호 표시는 다른 암호 표시와 구별될 수 있어야 한다.

• 표준화 : 암호를 표준화하여 다른 상황으로 변화해도 이용할 수 있어야 한다.

• 부호의 양립성 : 자극과 반응의 관계가 사람의 기대와 모순되지 않는 성질이다.

• 부호의 성질 : 암호를 사용할 때는 사용자가 그 뜻을 분명히 알 수 있어야 한다.

• 다차원 시각적 암호 : 색이나 숫자로 된 단일 암호보다 색과 숫자의 중복으로 된 조합 암호차원이 정보 전달이 촉진된다.

30-1. 암호체계 사용상의 일반적인 지침에 해당하지 않는 것은? [09.2/19.1]

① 암호의 검출성
② 부호의 양립성
③ 암호의 표준화
④ 암호의 단일 차원화

해설 암호체계 사용상 일반적 지침 : 검출성(감지장치로 검출), 변별성(인접자극의 상이도 영향), 표준화, 부호의 의미와 양립성, 다차원 시각적 암호 등

정답 ④

30-2. 통신에서 잡음 중의 일부를 제거하기 위해 필터(filter)를 사용하였다면, 어느 것의 성능을 향상시키는 것인가? [13.2/18.3]

① 신호의 양립성
② 신호의 산란성
③ 신호의 표준성
④ 신호의 검출성

해설 신호의 검출성 : 통신에서 신호에 잡음을 제거하는 여과기를 사용하여 검출성을 향상시켰다.

정답 ④

31. 다음 중 소음의 크기에 대한 설명으로 틀린 것은? [13.2]

① 저주파 음은 고주파 음만큼 크게 들리지 않는다.
② 사람의 귀는 모든 주파수의 음에 동일하게 반응한다.
③ 크기가 같아지려면 저주파 음은 고주파 음보다 강해야 한다.
④ 일반적으로 낮은 주파수(100Hz 이하)에 덜 민감하고, 높은 주파수에 더 민감하다.

해설 ② 사람의 귀는 주파수에 따라 반응의 차이가 있다.

32. 다음 중 소음(noise)에 대한 정의로 가장 적절한 것은? [12.3]

① 큰 소리(loud sound)
② 원치 않은 소리(unwanted sound)
③ 정신이나 신경을 자극하는 소리(mental and nervous sound)
④ 청각을 자극하는 소리(auditory sense annoying sound)

해설 소음 : 원치 않는 시끄러운 소리

33. 다음 중 연마 작업장의 가장 소극적인 소음 대책은? [19.1]

① 음향처리제를 사용할 것
② 방음보호 용구를 착용할 것
③ 덮개를 씌우거나 창문을 닫을 것
④ 소음원으로부터 적절하게 배치할 것

해설 소음방지 대책

• 소음원의 통제 : 기계설계 단계에서 소음에 대한 반영, 차량에 소음기 부착 등
• 소음의 격리 : 방, 장벽, 창문, 소음차단벽 등을 사용
• 차폐장치 및 흡음재 사용
• 음향처리제 사용
• 적절한 배치(layout)
• 배경음악
• 방음보호구 사용 : 귀마개, 귀덮개 등을 사용하는 것은 소극적인 대책

33-1. 작업장에서 발생하는 소음에 대한 대책으로 가장 먼저 고려하여야 할 적극적인 방법은? [19.3]

① 소음원의 통제
② 소음원의 격리
③ 귀마개 등 보호구의 착용
④ 덮개 등 방호장치의 설치

해설 소음방지 대책 순서 : 소음원의 통제＞소음원의 격리＞소음원 차단

정답 ①

33-2. 소음을 방지하기 위한 대책으로 틀린 것은? [18.1]

① 소음원 통제
② 차폐장치 사용
③ 소음원 격리
④ 연속 소음 노출

해설 소음방지 대책 : 소음원의 통제, 소음원의 격리, 소음원 차단

정답 ④

34. 급작스런 큰 소음으로 인하여 생기는 생리적 변화가 아닌 것은? [09.1]

① 근육 이완
② 혈압 상승
③ 동공 팽창
④ 심장박동수 증가

해설 ①은 육체적 작업에서 발생한다.

35. 다음 중 음의 강약을 나타내는 기본 단위는? [15.2/19.2]

① dB
② pont
③ hertz
④ diopter

해설 • 데시벨(dB) : 음의 강약(소음)의 기본 단위
• 허츠(hertz) : 진동수의 단위
• 디옵터(diopter) : 렌즈나 렌즈계통의 배율 단위
• 루멘(lumen) : 광선속의 국제 단위

35-1. 다음 중 음(즙)의 크기를 나타내는 단위로만 나열된 것은? [10.2/14.1]

① dB, nit
② phon, lb
③ dB, psi
④ phon, dB

해설 음(즙)의 크기 단위
• phon : 1000Hz 순음의 음압수준(dB)을 나타낸다.
• dB : 음의 강약(소음)의 기본 단위

정답 ④

35-2. 다음의 설명에서 ( ) 안의 내용을 맞게 나열한 것은? [19.1]

> 40phon은 (㉠)sone을 나타내며, 이는 (㉡)dB의 (㉢)Hz 순음의 크기를 나타낸다.

① ㉠ : 1, ㉡ : 40, ㉢ : 1000
② ㉠ : 1, ㉡ : 32, ㉢ : 1000
③ ㉠ : 2, ㉡ : 40, ㉢ : 2000
④ ㉠ : 2, ㉡ : 32, ㉢ : 2000

해설 • 1000Hz에서 1dB=1phon이다.
• 1sone : 40dB의 1000Hz 음압수준을 가진 순음의 크기(=40phon)를 1sone이라 한다.

정답 ①

35-3. 음압수준이 120dB인 경우 1000Hz에서의 phon 값과 sone 값으로 옳은 것은 어느 것인가? [11.1]

① 100phon, 64sone
② 100phon, 128sone
③ 120phon, 128sone
④ 120phon, 256sone

해설 ㉠ 1000Hz에서 1dB=1phon이므로 120dB=120phon
㉡ sone치 $= 2^{(phon치-40)/10} = 2^{(120-40)/10}$
$= 2^8 = 256 \, sone$

정답 ④

35-4. 60폰(phon)의 소리에 해당하는 손(sone)의 값은? [13.1/16.3]

① 1
② 2
③ 4
④ 8

해설 sone치 $= 2^{(phon치-40)/10} = 2^{(60-40)/10}$
$= 2^2 = 4 \, sone$

정답 ③

36. 다음 중 한 자극차원에서의 절대 식별 수에 있어 순음의 경우 평균 식별 수는 어느 정도 되는가? [13.2]

① 1　　　　　　② 5
③ 9　　　　　　④ 13

해설 한 자극차원에서의 절대 식별 수에 있어 순음은 5음 정도 밖에 확인하지 못한다.

37. 잡음 등이 개입되는 통신 악조건하에서 전달 확률이 높아지도록 전언을 구성할 때 다음 중 가장 적절하지 않은 것은? [14.3]

① 표준 문장의 구조를 사용한다.
② 문장보다 독립적인 음절을 사용한다.
③ 사용하는 어휘수를 가능한 적게 한다.
④ 수신자가 사용하는 단어와 문장구조에 친숙해지도록 한다.

해설 ② 독립적인 음절을 사용하는 것보다 문장 구조를 사용한다.

37-1. 다음 중 음성인식에서 이해도가 가장 좋은 것은? [15.1]

① 음소　　　　　② 음절
③ 단어　　　　　④ 문장

해설 음성인식에서 문장의 구조로 된 것이 독립 음절보다 전달 확률이 높다.

정답 ④

38. 다음 중 음성통신 시스템의 구성 요소가 아닌 것은? [12.3]

① noise　　　　② blackboard
③ message　　　④ speaker

해설 • 음성통신 시스템의 구성 요소 : noise(소음), message(메시지), speaker(스피커)
• 시각 시스템 요소 : blackboard(흑판)

촉각 및 후각적 표시장치

39. 작업 기억(working memory)과 관련된 설명으로 옳지 않은 것은? [17.2/20.2]

① 오랜 기간 정보를 기억하는 것이다.
② 작업 기억 내의 정보는 시간이 흐름에 따라 쇠퇴할 수 있다.
③ 작업 기억의 정보는 일반적으로 시각, 음성, 의미 코드의 3가지로 코드화된다.
④ 리허설(rehearsal)은 정보를 작업 기억 내에 유지하는 유일한 방법이다.

해설 작업 기억(working memory)
• 작업 기억 내의 정보는 시간이 흐름에 따라 쇠퇴할 수도 있으며, 단기기억이라고도 한다.
• 작업 기억의 정보는 일반적으로 시각, 음성, 의미 코드의 3가지로 코드화된다.
• 리허설(rehearsal)은 정보를 작업 기억 내에 유지하는 유일한 방법이다.

39-1. 인간의 정보처리기능 중 그 용량이 7개 내외로 작아, 순간적 망각 등 인적 오류의 원인이 되는 것은? [19.2]

① 지각　　　　　② 작업 기억
③ 주의력　　　　④ 감각 보관

해설 작업 기억 : 인간의 정보 보관은 시간이 흐름에 따라 쇠퇴할 수 있다. 인간의 정보처리기능으로 제한된 정보를 기억하는 형태를 단기기억이라고 하며, 그 용량이 7개 내외로 작아, 순간적 망각 등 인적 오류의 원인이 된다.

정답 ②

39-2. 다음 중 작업 기억(working memory)에서 일어나는 정보 코드화에 속하지 않는 것은? [18.2]

① 의미 코드화 ② 음성 코드화
③ 시각 코드화 ④ 다차원 코드화

해설 작업 기억의 정보는 일반적으로 시각, 음성, 의미 코드의 3가지로 코드화된다.

정답 ④

40. 인적 오류로 인한 사고를 예방하기 위한 대책 중 성격이 다른 것은? [16.2]

① 작업의 모의훈련
② 정보의 피드백 개선
③ 설비의 위험요인 개선
④ 적합한 인체측정치 적용

해설 ①은 내적 원인의 대책,
②, ③, ④는 설비 및 환경적 측면의 대책

41. 반복적 노출에 따라 민감성이 가장 쉽게 떨어지는 표시장치는? [19.3]

① 시각 표시장치 ② 청각 표시장치
③ 촉각 표시장치 ④ 후각 표시장치

해설 후각적 표시장치
- 냄새를 이용하는 표시장치로서의 활용이 저조하며, 다른 표준장치에 보조수단으로 활용된다.
- 경보장치로서의 활용은 gas 회사의 gas 누출 탐지, 광산의 탈출 신호용 등이다.

41-1. 다음 중 후각적 표시장치에 대한 설명으로 틀린 것은? [16.3]

① 냄새의 확산을 통제하기 힘들다.
② 코가 막히면 민감도가 떨어진다.
③ 복잡한 정보를 전달하는데 유용하다.
④ 냄새에 대한 민감도의 개인차가 있다.

해설 ③은 시각적 표시장치의 특성이다.

정답 ③

42. 신체 반응의 척도 중 생리적 스트레인의 척도로 신체적 변화의 측정대상에 해당하지 않는 것은? [18.1]

① 혈압 ② 부정맥
③ 혈액 성분 ④ 심박수

해설 신체적 변화 측정대상 : 혈압, 부정맥, 심박수, 호흡 등

42-1. 정신적 작업부하 척도와 가장 거리가 먼 것은? [17.3]

① 부정맥 ② 혈액 성분
③ 점멸 융합 주파수 ④ 눈 깜빡임률

해설 정신적 작업부하 척도 : 심박수, 부정맥, 뇌전위(점멸 융합 주파수), 동공반응(눈 깜빡임률), 호흡수 등

정답 ②

42-2. 다음 중 정신적 작업부하에 대한 생리적 측정치에 해당하는 것은? [13.1]

① 에너지 대사량 ② 최대 산소소비능력
③ 근전도 ④ 부정맥 지수

해설 정신적 작업부하 척도 : 심박수, 부정맥, 뇌전위(점멸 융합 주파수), 동공반응(눈 깜빡임률), 호흡수 등

정답 ④

43. 활동의 내용마다 "우·양·가·불가"로 평가하고 이 평가내용을 합하여 다시 종합적으로 정규화하여 평가하는 안전성 평가 기법은? [12.3/20.2]

① 평점척도법 ② 쌍대비교법
③ 계층적 기법 ④ 일관성 검정법

해설 평점척도법의 종류
- 평점척도 : 우·양·가·불가, 1~5, 매우 만족~매우 불만족

- 표준평점척도 : 본인의 학교 성적은 어느 정도인가요?

상위 5%	상위 20%	중위 50%	하위 20%	하위 5%

- 숫자평점척도 : 본인의 의자에 앉는 자세는 바르다고 생각하십니까?

5	4	3	2	1

- 도식평점척도 : 본인의 식습관에 만족하십니까?

매우 만족	만족	보통	불만족	매우 불만족

44. 인간과 기계가 주고받는 정보교환에 있어서 N개 대안이 있을 경우 각 대안의 실현 확률을 p라고 할 때 정보량(H)을 구하는 식으로 옳은 것은? [09.3]

① $H = \log_p N$
② $H = \log N^p$
③ $H = \log_2 \dfrac{1}{p}$
④ $H = \log_2 \dfrac{1}{p^N}$

해설 정보량(H) $= \log_2 \dfrac{1}{p}$

여기서, p : 대안의 실현 확률

44-1. 동전 던지기에서 앞면이 나올 확률 $p(앞) = 0.6$이고, 뒷면이 나올 확률 $p(뒤) = 0.4$일 때, 앞면과 뒷면이 나올 사건의 정보량을 각각 맞게 나타낸 것은? [15.2/16.1/19.1]

① 앞면 : 0.10 bit, 뒷면 : 1.00 bit
② 앞면 : 0.74 bit, 뒷면 : 1.32 bit
③ 앞면 : 1.32 bit, 뒷면 : 0.74 bit
④ 앞면 : 2.00 bit, 뒷면 : 1.00 bit

해설 ㉠ 정보량 - 앞면(H) $= \log_2 \dfrac{1}{p} = \log_2 \dfrac{1}{0.6}$
$= 0.74 \, \text{bit}$

㉡ 정보량 - 뒷면(H) $= \log_2 \dfrac{1}{p} = \log_2 \dfrac{1}{0.4}$
$= 1.32 \, \text{bit}$

정답 ②

44-2. 1에서 15까지 수의 집합에서 무작위로 선택할 때, 어떤 숫자가 나올지 알려주는 경우의 정보량은 몇 bit인가? [17.2]

① 2.91 bit
② 3.91 bit
③ 4.51 bit
④ 4.91 bit

해설 정보량(H) $= \log_2 n = \log_2 15 = \dfrac{\log 15}{\log 2}$
$= 3.906 \, \text{bit}$

정답 ②

44-3. 녹색과 적색의 두 신호가 있는 신호등에서 1시간 동안 적색과 녹색이 각각 30분씩 켜진다면 이 신호등의 정보량은? [16.2]

① 0.5 bit
② 1 bit
③ 2 bit
④ 4 bit

해설 ㉠ 녹색등 $= \dfrac{\log \left(\dfrac{1}{0.5} \right)}{\log 2} = 1 \, \text{bit}$

㉡ 적색등 $= \dfrac{\log \left(\dfrac{1}{0.5} \right)}{\log 2} = 1 \, \text{bit}$

㉢ 신호등의 정보량(H) $= (0.5 \times 1) + (0.5 \times 1)$
$= 1 \, \text{bit}$

정답 ②

44-4. 빨간색, 노란색, 파란색, 화살표 등 모두 4종류의 신호등이 있다. 신호등은 한 번에 하나의 등만 켜지도록 되어 있다. 1시간 동안 측정한 결과 4가지 신호등이 모두 15분씩 켜져 있었다. 이 신호등의 총 정보량은 얼마인가? [13.1]

① 1 bit
② 2 bit
③ 3 bit
④ 4 bit

해설 ㉠ 확률 $= \dfrac{15분}{60분} = 0.25$이므로 확률은 각

각 0.25이다.

㉡ 정보량(H) $\dfrac{\log\left(\dfrac{1}{0.25}\right)}{\log 2} = 2$이므로 정보량은

각각 2bit이다.

㉢ 총 정보량$(H) = (빨간색 \times 0.25) + (노란색 \times 0.25) + (파란색 \times 0.25) + (화살표 \times 0.25)$
$= (2 \times 0.25) + (2 \times 0.25) + (2 \times 0.25) + (2 \times 0.25) = 2bit$

정답 ②

45. 정보처리기능 중 정보 보관에 해당되는 것과 관계가 먼 것은? [17.2]

① 감지
② 정보처리
③ 출력
④ 행동기능

해설 ①, ②, ④는 정보 보관과 연관되는 기본 기능의 유형이다.

46. 다음 [그림]에서 A는 자극의 불확실성, B는 반응의 불확실성을 나타낼 때 C 부분에 해당하는 것은? [10.2]

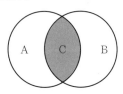

① 전달된 정보량
② 불안전한 행동량
③ 자극과 반응의 확실성
④ 자극과 반응의 검출성

해설 C는 A와 B의 공통적으로 전달된 정보량을 나타낸다.

47. 다음 중 코드의 설계 시 정보량을 가장 많이 전달 할 수 있는 조합은? [11.3]

① 다양한 색 사용
② 다양한 숫자 사용
③ 다양한 위치 사용
④ 다양한 크기와 밝기 동시 사용

해설 코드의 설계 시 정보량 전달에서 다양한 크기와 밝기의 동시 사용은 두 가지 이상의 암호를 조합해서 사용하면 정보 전달이 촉진된다.

48. 소음성 난청 유소견자로 판정하는 구분을 나타내는 것은? [18.2]

① A
② C
③ D_1
④ D_2

해설 건강진단 판정기준

A	C_1	C_2	D_1	D_2
건강한 근로자	일반질병 관찰 대상자	직업병 관찰 대상자	직업병 확진자	일반질병 확진자

49. 인간의 반응체계에서 이미 시작된 반응을 수정하지 못하는 저항시간(refractory period)은? [16.3]

① 0.1초
② 0.5초
③ 1초
④ 2초

해설 인간의 반응체계에서 이미 시작된 반응을 수정하지 못하는 저항시간(refractory period)은 0.5초이다.

50. "음의 높이, 무게 등 물리적 자극을 상대적으로 판단하는데 있어 특정 감각기관의 변화감지역은 표준자극에 비례한다."라는 법칙을 발견한 사람은? [16.3]

① 핏츠(Fitts)
② 드루리(Drury)
③ 웨버(Weber)
④ 호프만(Hofmann)

해설 웨버(Weber)의 법칙
• 인간이 감지할 수 있는 외부의 물리적 자극

변화의 최소 범위의 기준이 되는 표준자극에 비례한다.

- 웨버(Weber)의 법칙 : 특정 감각의 변화감지역(ΔI)은 사용되는 표준자극(I)에 비례한다.

- 웨버(Weber)의 비 = $\dfrac{변화감지역(\Delta I)}{표준자극(I)}$

50-1. 다음 설명에 해당하는 법칙을 발견한 사람은? [11.3]

> 음의 높이, 무게 등 물리적 자극을 상대적으로 판단하는데 있어 특정 감각기관의 변화감지역은 표준자극에 비례한다.

① 웨버(Weber) ② 호프만(Hofmann)
③ 체핀(Chaffin) ④ 핏츠(Fitts)

해설 • 웨버(Weber)의 법칙 : 특정 감각의 변화감지역(ΔI)은 사용되는 표준자극(I)에 비례한다.

- 웨버(Weber)의 비 = $\dfrac{변화감지역(\Delta I)}{표준자극(I)}$

정답 ①

51. 다음 중 자동차 가속 페달과 브레이크 페달 간의 간격, 브레이크 폭 등을 결정하는데 사용할 수 있는 가장 적합한 인간공학 이론은? [11.2]

① Miller의 법칙 ② Fitts의 법칙
③ Weber의 법칙 ④ Wickens의 모델

해설 Fitts의 법칙

- 목표까지 움직이는 거리와 목표의 크기에 요구되는 정밀도가 동작시간에 걸리는 영향을 예측한다.
- 목표물과의 거리가 멀고, 목표물의 크기가 작을수록 동작에 걸리는 시간은 길어진다.

인간요소와 휴먼 에러

52. 작업자가 100개의 부품을 육안검사하여 20개의 불량품을 발견하였다. 실제 불량품이 40개라면 인간 에러(human error) 확률은 약 얼마인가? [20.1]

① 0.2 ② 0.3 ③ 0.4 ④ 0.5

해설 인간 에러 확률(HEP)

$= \dfrac{인간의 과오 수}{전체 과오 발생기회 수}$

$= \dfrac{40-20}{100} = 0.2$

53. 다음 중 인간의 실수(human errors)를 감소시킬 수 있는 방법으로 가장 적절하지 않은 것은? [12.1]

① 직무 수행에 필요한 능력과 기량을 가진 사람을 선정함으로써 인간의 실수를 감소시킨다.
② 적절한 교육과 훈련을 통하여 인간의 실수를 감소시킨다.
③ 인간의 과오를 감소시킬 수 있도록 제품이나 시스템을 설계한다.
④ 실수를 발생한 사람에게 주의나 경고를 주어 재발생하지 않도록 한다.

해설 인간 에러(human error)

- 생략, 누설, 부작위 오류 : 작업공정 절차를 수행하지 않은 것에 기인한 에러
- 시간지연 오류 : 시간지연으로 발생하는 에러
- 순서 오류 : 작업공정의 순서착오로 발생한 에러
- 작위적 오류, 실행 오류 : 필요한 작업 절차의 불확실한 수행으로 발생한 에러
- 과잉행동 오류 : 불확실한 작업 절차의 수행으로 발생한 에러

53-1. 다음 설명하는 단어를 순서적으로 올바르게 나타낸 것은? [14.3]

> ㉠ : 필요한 직무 또는 절차를 수행하지 않은데 기인한 과오
> ㉡ : 필요한 직무 또는 절차를 수행하였으나 잘못 수행한 과오

① ㉠ : sequential error, ㉡ : extraneous error
② ㉠ : extraneous error, ㉡ : omission error
③ ㉠ : omission error, ㉡ : commission error
④ ㉠ : commission error, ㉡ : omission error

해설 • 생략, 누설, 부작위 오류(omission error) : 작업공정 절차를 수행하지 않은 것에 기인한 에러
• 작위적 오류, 실행 오류(commission error) : 필요한 작업 절차의 불확실한 수행으로 발생한 에러

정답 ③

53-2. 휴먼 에러(human error)의 분류 중 필요한 임무나 절차의 순서착오로 인하여 발생하는 오류는? [20.1]

① ommission error ② sequential error
③ commission error ④ extraneous error

해설 순서 오류(sequential error) : 작업공정의 순서착오로 발생한 에러

정답 ②

53-3. 필요한 작업 또는 절차의 잘못된 수행으로 발생하는 과오는? [15.3/19.3]

① 시간적 과오(time error)
② 생략적 과오(omission error)
③ 순서적 과오(sequential error)
④ 수행적 과오(commision error)

해설 작위적 오류, 실행 오류(commission error) : 필요한 작업 절차의 불확실한 수행으로 발생한 에러(선택, 순서, 시간, 정성적 착오)

정답 ④

53-4. 스웨인(Swain)의 인적 오류(혹은 휴먼 에러) 분류 방법에 의할 때, 자동차 운전 중 습관적으로 손을 창문 밖으로 내어 놓았다가 다쳤다면 다음 중 이때 운전자가 행한 에러의 종류로 옳은 것은? [12.2]

① 실수(slip)
② 작위 오류(commission errorr)
③ 불필요한 수행 오류(extraneous error)
④ 누락 오류(omission error)

해설 과잉행동 오류(extraneous error) : 불확실한 작업 절차의 수행으로 발생한 에러

정답 ③

53-5. 운전자가 직무 수행하지만 틀리게 수행함으로써 발생하는 작위(commission) 실수의 범주에 포함되지 않는 것은? [11.1]

① 생략착오 ② 시간착오
③ 순서착오 ④ 정성적 착오

해설 • 작위적 오류, 실행 오류 : 필요한 작업 절차의 불확실한 수행으로 발생한 에러(선택, 순서, 시간, 정성적 착오)
• 생략, 누설, 부작위 오류 : 작업공정 절차를 수행하지 않은 것에 기인한 에러

정답 ①

54. 인간의 오류를 독립적 행동과 원인에 의한 오류로 분류할 때 다음 중 원인에 의한 분류에 속하지 않는 것은? [11.2]

① primary error ② command error
③ sequence error ④ secondary error

해설 실수 원인의 수준적 분류
- 1차 실수(primary error) : 작업자 자신으로부터 발생한 에러
- 2차 실수(secondary error) : 작업 형태나 작업 조건 중 문제가 생겨 발생한 에러
- 커맨드 실수(command error) : 직무를 하려고 해도 필요한 정보, 물건, 에너지 등이 없어 발생하는 실수

54-1. 인간 오류의 분류 중 원인에 의한 분류의 하나로, 작업자 자신으로부터 발생하는 에러로 옳은 것은? [19.2]

① command error ② secondary error
③ primary error ④ third error

해설 1차 실수(primary error) : 작업자 자신으로부터 발생한 에러

정답 ③

54-2. 인간 오류의 분류에 있어 원인에 의한 분류 중 작업의 조건이나 작업의 형태 중에서 다른 문제가 생겨 그 때문에 필요한 사항을 실행할 수 없는 오류(error)는? [13.3/14.2]

① secondary error ② primary error
③ command error ④ commission error

해설 2차 실수(secondary error) : 작업 형태나 작업 조건 중 문제가 생겨 발생한 에러

정답 ①

54-3. 인간 오류의 분류에 있어 원인에 의한 분류 중 작업자가 기능을 움직이려 해도 필요한 물건, 정보, 에너지 등의 공급이 없는 것처럼 작업자가 움직이려 해도 움직일 수 없어서 발생하는 오류는? [14.1]

① primary error ② secondary error
③ command error ④ omission error

해설 커맨드 실수(command error) : 직무를 하려고 해도 필요한 정보, 물건, 에너지 등이 없어 발생하는 실수

정답 ③

55. 휴먼 에러의 배후 요소 중 작업방법, 작업순서, 작업정보, 작업환경과 가장 관련이 깊은 것은? [18.2]

① Man ② Machine
③ Media ④ Management

해설 인간 에러의 배후 요인 4요소(4M)

Man (인간)	Machine (기계)	Media (매체)	Management (관리)
인간 관계	인간공학적 설계	작업방법, 작업환경, 작업순서	안전기준의 정비, 법규준수

56. 인간 에러(human error)를 예방하기 위한 기법과 가장 거리가 먼 것은? [12.3]

① 직업상황의 개선
② 위급사건 기법의 적용
③ 작업자의 변경
④ 시스템의 영향 감소

해설 인간 에러 예방 기법 : 직업상황(환경)의 개선, 작업자의 변경, 시스템(체계)의 영향 감소

57. 품질검사 작업자가 한 로트에서 검사 오류를 범할 확률이 0.1이고, 이 작업자가 하루에 5개의 로트를 검사한다면, 5개 로트에서 에러를 범하지 않을 확률은? [14.2]

① 90% ② 75%
③ 59% ④ 40%

해설 확률$(R) = (1-P)^n = (1-0.1)^5$
$$= 0.59 = 59\%$$
여기서, P : 인간 실수 확률, n : 로트의 수

58. 사용자의 잘못된 조작 또는 실수로 인해 기계의 고장이 발생하지 않도록 설계하는 방법은? [20.2]

① EMEA ② HAZOP

③ fail safe ④ fool proof

해설 풀 프루프(fool proof)

- 사용자가 실수를 하거나 오조작을 하여도 안전장치가 설치되어 재해로 연결되지 않고, 전체의 고장이 발생되지 아니하도록 하는 설계이다.
- 초보자가 작동을 시켜도 안전하다.

59. 안전 설계방법 중 페일 세이프 설계(fail-safe design)에 대한 설명으로 가장 적절한 것은? [15.1]

① 오류가 전혀 발생하지 않도록 설계

② 오류가 발생하기 어렵게 설계

③ 오류의 위험을 표시하는 설계

④ 오류가 발생하였더라도 피해를 최소화 하는 설계

해설 페일 세이프(fail safe) 설계 : 기계설비의 일부가 고장 났을 때, 기능의 저하가 되더라도 전체로서는 운전이 가능한 구조로 2중 또는 3중 통제 대책이다.

59-1. 페일 세이프(fail-safe)의 원리에 해당되지 않는 것은? [16.1/16.2]

① 교대구조

② 다경로 하중구조

③ 배타설계 구조

④ 하중경감구조

해설 구조적 fail-safe의 종류 : 다경로 하중구조, 분할구조, 교대구조, 하중경감구조

정답 ③

60. 인지 및 인식의 오류를 예방하기 위해 목표와 관련하여 작동을 계획해야 하는데 특수하고 친숙하지 않은 상황에서 발생하며, 부적절한 분석이나 의사결정을 잘못하여 발생하는 오류는? [13.2]

① 기능에 기초한 행동(skill-based behavior)

② 규칙에 기초한 행동(rule-based behavior)

③ 지식에 기초한 행동(knowledge-based behavior)

④ 사고에 기초한 행동(accident-based behavior)

해설 지식에 기초한 행동(knowledge-based behavior) : 특수하고 친숙하지 않은 상황에서 발생하며, 부적절한 분석이나 의사결정을 잘못하여 발생하는 오류

61. 의사결정에 있어 결정자가 각 대안에 대해 어떤 결과가 발생할 것인가를 알고 있으나, 주어진 상태에 대한 확률을 모를 경우에 행하는 의사결정을 무엇이라 하는가? [13.1]

① 대립상태 하에서 의사결정

② 위험함 상황하에서 의사결정

③ 확실한 상황하에서 의사결정

④ 불확실 상황하에서 의사결정

해설 문제에 대한 확률을 모를 경우에 행하는 의사결정을 불확실 상황하에서 의사결정이라 한다.

62. 인간의 신뢰성 요인 중 경험연수, 지식수준, 기술수준에 의존하는 요인은? [14.3]

① 주의력 ② 긴장수준

③ 의식 수준 ④ 감각수준

해설 • 인간의 신뢰성 요인은 주의력, 긴장수준, 의식 수준이다.

- 의식 수준 : 경험연수, 지식수준, 기술수준

3 인간계측 및 작업 공간

인체계측 및 인간의 체계제어

1. 통제 표시비(C/D비)를 설계할 때의 고려할 사항으로 가장 거리가 먼 것은? [15.3/20.1]

① 공차　　　　　② 운동성
③ 조작시간　　　④ 계기의 크기

해설 통제비 설계 시 고려해야 할 사항

- 계기의 크기 : 계기의 조절시간이 짧게 소요되는 계기의 사이즈를 선택한다. 사이즈가 작으면 상대적으로 오차가 많이 발생한다.
- 공차 : 계기에 인정할 수 있는 공차가 주행시간의 단축과 관계를 고려하여 짧은 주행시간 내에 공차범위 내에서 계기를 마련한다.
- 목측거리 : 작업자의 눈과 계기판의 거리는 주행과 조절에 관계되고 있다.
- 조작시간 : 조작시간의 지연은 통제 표시비가 크게 작용한다.
- 방향성 : 조작 방향과 표시 지표의 운동 방향이 일치하지 않으면 작업자의 동작에 혼란을 주어 작업시간이 길어지면서 오차가 커진다.

1-1. 통제 표시비를 설계할 때 고려해야 할 5가지 요소에 해당하지 않는 것은? [09.2/18.3]

① 공차　　　　　② 조작시간
③ 일치성　　　　④ 목측거리

해설 통제비 설계 시 고려사항 : 계기의 크기, 공차, 방향성, 조작시간, 목측거리

정답 ③

1-2. 통제 표시비(control/display ratio)를 설계할 때 고려하는 요소에 관한 설명으로 틀린 것은? [14.2/19.1]

① 통제 표시비가 낮다는 것은 민감한 장치라는 것을 의미한다.
② 목시거리(目示距離)가 길면 길수록 조절의 정확도는 떨어진다.
③ 짧은 주행 시간 내에 공차의 인정범위를 초과하지 않는 계기를 마련한다.
④ 계기의 조절시간이 짧게 소요되도록 계기의 크기(size)는 항상 작게 설계한다.

해설 ④ 계기의 조절시간이 짧게 소요되도록 계기의 사이즈를 선택한다. 사이즈가 작으면 상대적으로 오차가 많이 발생한다.

정답 ④

1-3. 다음 중 통제비에 관한 설명으로 틀린 것은? [11.1]

① C/D비라고도 한다.
② 최적 통제비는 이동시간과 조정시간의 교차점이다.
③ 매슬로우(Maslow)가 정의하였다.
④ 통제기기와 시각표시 관계를 나타내는 비율이다.

해설 ③ 매슬로우(Maslow)는 욕구 위계 이론을 정의했다.

정답 ③

2. 그림의 선형 표시장치를 움직이기 위해 길이가 L인 레버(lever)를 $\alpha°$ 움직일 때 조종－반응(C/R)비율을 계산하는 식은? [12.3/16.3]

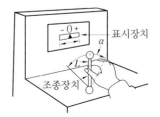

① $\dfrac{(\alpha/360)\times 2\pi L}{\text{표시장치 이동거리}}$

② $\dfrac{\text{표시장치 이동거리}}{(\alpha/360)\times 2\pi L}$

③ $\dfrac{(\alpha/360)\times 4\pi L}{\text{표시장치 이동거리}}$

④ $\dfrac{\text{표시장치 이동거리}}{(\alpha/360)\times 4\pi L}$

해설 $\text{C/R비}=\dfrac{\text{조종장치 이동거리}}{\text{표시장치 이동거리}}$

$=\dfrac{(\alpha/360)\times 2\pi L}{\text{표시장치 이동거리}}$

여기서, L : 조종장치의 반경(레버 길이)
　　　　α : 조종장치가 움직인 각도

2-1. 조종－반응비율(C/R비)에 관한 설명으로 틀린 것은? [16.1]

① 조종장치와 표시장치의 물리적 크기와 성질에 따라 달라진다.
② 표시장치의 이동거리를 조종장치의 이동거리로 나눈 값이다.
③ 조종－반응비율이 낮다는 것은 민감도가 높다는 의미이다.
④ 최적의 조종－반응비율은 조종장치의 조종시간과 표시장치의 이동시간이 교차하는 값이다.

해설 $\text{C/R비}=\dfrac{\text{조종장치 이동거리}}{\text{표시장치 이동거리}}$

정답 ②

2-2. 레버를 10° 움직이면 표시장치는 1cm 이동하는 조종장치가 있다. 레버의 길이가 20cm라고 하면 이 조종장치의 통제 표시비(C/D비)는 약 얼마인가? [10.2/14.3/18.2/19.2]

① 1.27　　　　② 2.38
③ 3.49　　　　④ 4.51

해설 $\text{C/D비}=\dfrac{(\alpha/360)\times 2\pi L}{\text{표시장치 이동거리}}$

$=\dfrac{(10/360)\times 2\pi\times 20}{1}=3.49$

정답 ③

2-3. 조종장치를 3cm 움직였을 때 표시장치의 지침이 5cm 움직였다면, C/R비는 얼마인가? [10.1/10.3/13.2/13.3/15.1/18.1/19.3]

① 0.25　　　　② 0.6
③ 1.6　　　　④ 1.7

해설 $\text{C/R비}=\dfrac{\text{조종장치 이동거리}}{\text{표시장치 이동거리}}=\dfrac{3}{5}=0.6$

정답 ②

3. 다음 중 조종－반응비율(C/R비)에 따른 이동시간과 조종시간의 관계로 옳은 것은 어느 것인가? [13.1]

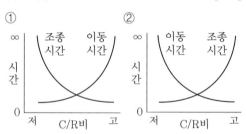

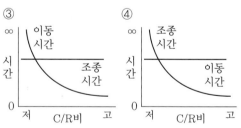

해설 • 조종시간은 통제 표시비가 증가함에 따라 감소하다가 안정된다.
• 이동시간은 통제 표시비가 감소함에 따라 감소하다가 안정된다.

정답 3. ①

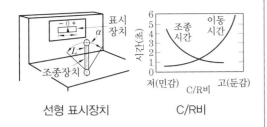

선형 표시장치   C/R비

3-1. 다음 그림은 C/R비와 시간과의 관계를 나타낸 그림이다. ㉠~㉣에 들어갈 내용이 맞는 것은? [17.1]

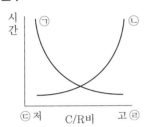

① ㉠ : 이동시간, ㉡ : 조종시간, ㉢ : 민감, ㉣ : 둔감

② ㉠ : 이동시간, ㉡ : 조종시간, ㉢ : 둔감, ㉣ : 민감

③ ㉠ : 조종시간, ㉡ : 이동시간, ㉢ : 민감, ㉣ : 둔감

④ ㉠ : 조종시간, ㉡ : 이동시간, ㉢ : 둔감, ㉣ : 민감

해설 선형 표시장치와 C/R비

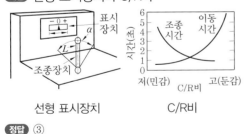

선형 표시장치   C/R비

정답 ③

4. 연속제어 조종장치에서 정확도보다 속도가 중요하다면 조종–반응(C/R)의 비율은 어떻게 하여야 하는가? [11.2]

① C/R, 비율을 1로 조절하여야 한다.

② C/R, 비율을 1보다 낮게 조절하여야 한다.

③ C/R, 비율을 1보다 높게 조절하여야 한다.

④ C/R, 비율을 조절할 필요가 없다.

해설 C/R비가 클수록 미세한 조종은 쉬우나 수행시간이 길어진다. 따라서 정확도보다 속도가 중요할 때 C/R, 비율을 1보다 낮게 조절하여야 한다.

5. 다음 중 일반적인 지침의 설계 요령과 가장 거리가 먼 것은? [12.1]

① 뾰족한 지침의 선각은 약 30° 정도를 사용한다.

② 지침의 끝은 눈금과 맞닿되 겹치지 않게 한다.

③ 원형 눈금의 경우 지침의 색은 선단에서 눈의 중심까지 칠한다.

④ 시차를 없애기 위해 지침을 눈금 면에 밀착시킨다.

해설 ① 뾰족한 지침의 선각은 약 20° 정도를 사용한다.

6. 다음 형상 암호화 조종장치 중 이산 멈춤 위치용 조종장치는? [10.3/14.1/19.1/20.2]

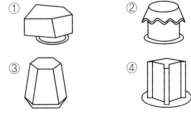

해설 제어장치의 형태 코드법

• 복수 회전(다회전용) : 연속 조절에 사용하는 놉으로 1회전 이상 빙글 돌릴 수 있으며, 놉의 위치가 제어조작의 정보로 중요하지 않다. → ②와 ③

• 분별 회전(단회전용) : 연속 조절에 사용하는 놉으로 빙글 돌릴 필요가 없고, 1회전

미만이며 놉의 위치가 제어조작의 정보로 중요하다. → ④

- 멈춤쇠 위치 조정(이산 멈춤 위치용) : 놉의 위치 제어조작의 정보가 분산 설정 제어장치로 사용된다. → ①

7. 조종장치의 촉각적 암호화를 위하여 고려하는 특성으로 볼 수 없는 것은? [20.2]

① 형상 ② 무게
③ 크기 ④ 표면 촉감

해설 조종장치의 촉각적 암호화 특성 : 형상, 크기, 표면 촉감

8. 조종장치를 통한 인간의 통제 아래 기계가 동력원을 제공하는 시스템의 형태로 옳은 것은? [19.2]

① 기계화 시스템 ② 수동 시스템
③ 자동화 시스템 ④ 컴퓨터 시스템

해설 기계화 시스템은 반자동 시스템 체계로 운전자의 조정에 의해 기계의 제어 기능을 담당한다.

9. 일반적인 조종장치의 경우, 어떤 것을 켤 때 기대되는 운동 방향이 아닌 것은? [17.3]

① 레버를 앞으로 민다.
② 버튼을 우측으로 민다.
③ 스위치를 위로 올린다.
④ 다이얼을 반시계 방향으로 돌린다.

해설 ④ 일반적으로 다이얼은 시계 방향으로 돌린다.

10. 크기가 다른 복수의 조종장치를 촉감으로 구별할 수 있도록 설계할 때 구별이 가능한 최소의 직경 차이와 최소의 두께 차이로 가장 적합한 것은? [09.3/15.2]

① 직경 차이 : 0.95cm, 두께 차이 : 0.95cm
② 직경 차이 : 1.3cm, 두께 차이 : 0.95cm
③ 직경 차이 : 0.95cm, 두께 차이 : 1.3cm
④ 직경 차이 : 1.3cm, 두께 차이 : 1.3cm

해설 크기를 이용한 조종장치에서 촉감에 의하여 크기 차이를 정확히 구별할 수 있는 최소의 직경은 1.3cm, 최소의 두께는 0.95cm가 적합하다.

11. 출력과 반대 방향으로 그 속도에 비례해서 작용하는 힘 때문에 생기는 항력으로 원활한 제어를 도우며, 특히 규정된 변위 속도를 유지하는 효과를 가진 조종장치의 저항력은? [16.2/17.3]

① 관성
② 탄성저항
③ 점성저항
④ 정지 및 미끄럼 마찰

해설 점성저항

- 출력과 반대 방향으로, 속도에 비례해서 작용하는 힘 때문에 생기는 저항력이다.
- 원활한 제어를 도우며, 규정된 변위 속도 유지 효과를 가진다(부드러운 제어 동작이다).
- 우발적인 조종장치의 동작을 감소시키는 효과가 있다.

12. 다음 통제용 조종장치의 형태 중 그 성격이 다른 것은? [14.1]

① 노브(knob)
② 푸시버튼(push button)
③ 토글 스위치(toggle switch)
④ 로터리 선택 스위치(rotary select switch)

해설 통제용 조종장치

- 양을 조절하는 통제 : 노브, 크랭크, 핸들, 레버, 페달 등
- 개폐에 의한 통제 : 푸시버튼, 토글 스위치, 로터리 선택 스위치 등

정답 7. ② 8. ① 9. ④ 10. ② 11. ③ 12. ①

12-1. 다음 중 불연속 통제장치에 해당되는 것은? [11.3]

① 핸들   ② 크랭크
③ 페달   ④ 로터리 스위치

해설 통제용 조종장치
- 양(연속 조절)의 통제장치 : 노브, 크랭크, 핸들, 레버, 페달 등
- 개폐(불연속 조절)의 통제장치 : 푸시버튼, 토글 스위치, 로터리 선택 스위치 등

정답 ④

12-2. 다음 중 조종장치의 종류에 있어 연속적인 조절에 가장 적합한 형태는? [12.2]

① 토글 스위치(toggle switch)
② 푸시버튼(push button)
③ 로터리 스위치(rotary switch)
④ 레버(lever)

해설 통제용 조종장치
- 양(연속 조절)의 통제장치 : 노브, 크랭크, 핸들, 레버, 페달 등
- 개폐(불연속 조절)의 통제장치 : 푸시버튼, 토글 스위치, 로터리 선택 스위치 등

정답 ④

13. 인간이 기대하는 바와 자극 또는 반응들이 일치하는 관계를 무엇이라 하는가? [18.2]

① 관련성   ② 반응성
③ 양립성   ④ 자극성

해설 양립성은 제어장치와 표시장치의 연관성이 인간의 예상과 어느 정도 일치하는 것을 의미한다.

14. 다음 중 양립성(compatibility)의 종류가 아닌 것은? [15.3]

① 개념 양립성   ② 감성 양립성
③ 운동 양립성   ④ 공간 양립성

해설 양립성의 종류
- 운동 양립성(moment) : 핸들을 오른쪽으로 움직이면 장치의 방향도 오른쪽으로 이동
- 공간 양립성(spatial) : 오른쪽은 오른손 조절장치, 왼쪽은 왼손 조절장치
- 개념 양립성(conceptual) : 정지(OFF)는 적색, 운전(ON)은 녹색
- 양식 양립성(modality) : 소리로 제시된 정보는 소리로 반응하게 하는 것, 시각적으로 제시된 정보는 손으로 반응하게 하는 것

14-1. 다수의 표시장치(디스플레이)를 수평으로 배열할 경우 해당 제어장치를 각각의 표시장치 아래에 배치하면 좋아지는 양립성의 종류는? [14.3/19.3/20.2]

① 공간 양립성   ② 운동 양립성
③ 개념 양립성   ④ 양식 양립성

해설 공간 양립성 : 제어장치를 각각의 표시장치 아래에 배치하면 좋아지는 공간적인 배치의 양립성
㉠ 오른쪽 : 오른손 조절장치
㉡ 왼쪽 : 왼손 조절장치

정답 ①

14-2. 청각적 자극제시와 이에 대한 음성응답 과업에서 갖는 양립성에 해당하는 것은 어느 것인가? [18.3]

① 개념의 양립성   ② 운동 양립성
③ 공간적 양립성   ④ 양식 양립성

해설 양식 양립성 : 소리로 제시된 정보는 소리로 반응하게 하는 것, 시각적으로 제시된 정보는 손으로 반응하게 하는 것

정답 ④

14-3. 다음 내용에 해당하는 양립성의 종류는? [09.1/12.3]

> 자동차를 운전하는 과정에서 우측으로 회전하기 위하여 핸들을 우측으로 돌린다.

① 개념의 양립성   ② 운동의 양립성
③ 공간의 양립성   ④ 감성의 양립성

해설 운동 양립성 : 핸들을 오른쪽으로 움직이면 장치의 방향도 오른쪽으로 이동

정답 ②

15. 인체측정치를 이용한 설계에 관한 설명으로 옳은 것은? [16.1/18.1/19.3]

① 평균치를 기준으로 한 설계를 제일 먼저 고려한다.
② 의자의 깊이와 너비는 모두 작은 사람을 기준으로 설계한다.
③ 자세와 동작에 따라 고려해야 할 인체측정치수가 달라진다.
④ 큰 사람을 기준으로 한 설계는 인체측정치의 5%tile을 사용한다.

해설 인체계측자료의 응용원칙
• 최대치수 설계원칙 : 최대치수를 기준으로 한 설계로 출입문, 통로, 의자 사이의 간격 등의 공간 여유를 결정한다.
• 최소치수 설계원칙 : 최소치수를 기준으로 한 설계로 선반의 높이, 조종장치까지의 거리, 버스나 전철의 손잡이 등을 결정한다.
• 조절식 설계원칙 : 크고 작은 많은 사람에 맞도록 설계한다.
• 평균치 설계원칙 : 최대 · 최소치수, 조절식으로 하기에 곤란한 경우 평균치로 설계한다.

15-1. 다음 중 인체치수 측정자료의 활용을 위한 적용 원리로 볼 수 없는 것은? [13.3]

① 평균치의 활용
② 조절범위의 설정
③ 임의의 선택 자료의 활용
④ 최대치수와 최소치수의 설정

해설 인체계측의 설계원칙
• 최대치수와 최소치수를 기준으로 한 설계
• 조절식 설계(조절범위는 통상 5~95%)
• 평균치를 기준으로 한 설계

정답 ③

15-2. 통로나 그네의 줄 등을 설계하는데 있어 가장 적합한 인체측정자료의 응용원칙은? [09.1]

① 평균치 설계
② 최대 집단치 설계
③ 최소 집단치 설계
④ 가변적(조절식) 설계

해설 최대 집단치 설계(최대 집단치를 기준으로 한 설계기준) : 출입문, 탈출구, 통로, 위험구역 울타리 등에 적용한다.

정답 ②

15-3. 다음 중 인체측정자료의 응용원칙에서 자동차의 좌석이나 사무실 의자 등의 설계에 가장 적합한 원칙은? [11.2]

① 조절식 설계원칙
② 평균값을 이용한 설계원칙
③ 최소 집단치를 이용한 설계원칙
④ 최대 집단치를 이용한 설계원칙

해설 조절식 설계 : 크고 작은 많은 사람에 맞도록 만든다. 조절범위는 통상 5~95%이다.

정답 ①

15-4. 인간계측자료를 응용하여 제품을 설계하고자 할 때 다음 중 제품과 적용기준으로 가장 적절하지 않은 것은? [11.1/11.3/13.2]

① 출입문 – 최대 집단치 설계기준
② 안내 데스크 – 평균치 설계기준
③ 선반 높이 – 최대 집단치 설계기준
④ 공구 – 평균치 설계기준

해설 ③ 선반 높이 – 최소 집단치를 기준으로 한 설계기준

정답 ③

15-5. 다음 중 조작자와 제어버튼 사이의 거리, 조작에 필요한 힘 등을 정할 때 가장 일반적으로 적용되는 인체측정자료 응용원칙은? [12.2]

① 평균치 설계원칙
② 최대치 설계원칙
③ 최소치 설계원칙
④ 조절식 설계원칙

해설 최소치수 설계원칙 : 최소치수를 기준으로 한 설계로 선반의 높이, 조종장치까지의 거리, 버스나 전철의 손잡이 등을 결정한다.

정답 ③

15-6. 다음의 인체측정자료의 응용원리를 설계에 적용하는 순서로 가장 적절한 것은 어느 것인가? [15.1/16.3]

> ㉠ 극단치 설계
> ㉡ 평균치 설계
> ㉢ 조절식 설계

① ㉠ → ㉡ → ㉢   ② ㉢ → ㉡ → ㉠
③ ㉡ → ㉠ → ㉢   ④ ㉢ → ㉠ → ㉡

해설 인체측정자료의 응용원리 설계 적용 순서 : 조절식 설계 → 극단치 설계 → 평균치 설계

정답 ④

16. 인체계측자료에서 주로 사용하는 변수가 아닌 것은? [17.1]

① 평균   ② 5 백분위수
③ 최빈값   ④ 95 백분위수

해설 인체계측자료에서 사용하는 변수 : 평균, 5 백분위수, 95 백분위수 등

17. 인체측정치 중 기능적 인체치수에 해당되는 것은? [17.2]

① 표준 자세
② 특정작업에 국한
③ 움직이지 않는 피측정자
④ 각 지체는 독립적으로 움직임

해설 기능적 인체치수는 특정작업에 국한하여 움직임에 따른 상태에서 계측한다.

18. 다음 중 인체측정에 관한 설명으로 틀린 것은? [09.3/13.1]

① 기능적 인체치수는 움직이는 몸의 자세로부터 측정하는 것이다.
② 일반적으로 인체의 치수측정은 구조적 치수, 기능적 치수로 대변할 수 있다.
③ 구조적 인체치수는 표준 자세에서 움직이지 않는 상태를 측정하는 것이다.
④ 마틴식 인체계측기를 활용하며 간소복 차림의 상태에서 측정하는 것을 원칙으로 한다.

해설 • 마틴식 인체계측기를 활용하며 정지된 신체측정을 원칙으로 한다.
• 마틴식 인체계측기를 활용하며 옷을 입지 않은 상태에서 측정하는 것을 원칙으로 한다.
• 구조적 인체치수(정적 인체계측) : 신체를 고정(정지)시킨 자세에서 계측하는 방법

18-1. 다음 중 인체계측에 관한 설명으로 틀린 것은? [14.2]

① 의자, 피복과 같이 신체모양과 치수와 관련성이 높은 설비의 설계에 중요하게 반영된다.
② 일반적으로 몸의 측정 치수는 구조적 치수(structural dimension)와 기능적 치수(functional dimension)로 나눌 수 있다.
③ 인체계측치의 활용 시에는 문화적 차이를 고려하여야 한다.
④ 인체계측치를 활용한 설계는 인간의 안락에는 영향을 미치지만 성능 수행과는 관련성이 없다.

해설 ④ 인체계측치를 활용한 설계는 인간의 안락과 인간의 성능 수행 모두에 영향을 미친다.

정답 ④

19. 일반적인 수공구의 설계원칙으로 볼 수 없는 것은?　　　[10.1/14.1/16.2/19.1/20.1]
① 손목을 곧게 유지한다.
② 반복적인 손가락 동작을 피한다.
③ 사용이 용이한 검지만 주로 사용한다.
④ 손잡이는 접촉면적을 가능하면 크게 한다.

해설 수공구 설계원칙
• 손목을 곧게 유지하여야 한다.
• 조직의 압축응력을 피한다.
• 반복적인 모든 손가락 움직임을 피한다.
• 안전 작동을 고려하여 무게균형이 유지되도록 설계한다.
• 손잡이는 손바닥의 접촉면적이 크게 설계한다.

신체 활동의 생리학적 측정법

20. 건강한 남성이 8시간 동안 특정 작업을 실시하고, 분당 산소 소비량이 1.1L/분으로 나

타났다면 8시간 총 작업시간에 포함될 휴식시간은 약 몇 분인가? (단, Murrell의 방법을 적용하며, 휴식 중 에너지 소비율은 1.5kcal/min이다.)　　[10.1/16.2/20.1]
① 30분　　　　　　② 54분
③ 60분　　　　　　④ 75분

해설 휴식시간 계산
㉠ 작업 시 평균 에너지 소비량(E)
　$= 5\,\text{kcal/L} \times 1.1\,\text{L/min} = 5.5\,\text{kcal/min}$
여기서, 평균 남성의 표준 에너지 소비량 5 kcal/L
㉡ 휴식시간(R) $= \dfrac{\text{작업시간}(E-5)}{E-1.5}$

$$= \dfrac{480 \times (5.5-5)}{5.5-1.5} = 60분$$

여기서, E : 작업 시 평균 에너지 소비량(kcal/분)
　　　1.5 : 휴식시간에 대한 평균 에너지 소비량(kcal/분)
　　　5 : 기초대사를 포함한 보통 작업의 평균 에너지(kcal/분)
　　　480 : 총 작업시간(분)

20-1. 어떤 작업의 평균 에너지 소비량이 5kcal/min일 때 1시간 작업 시 휴식시간은 약 몇 분이 필요한가? (단, 기초대사를 포함한 작업에 대한 평균 에너지 소비량의 상한은 4kcal/min, 휴식시간에 대한 평균 에너지 소비량은 1.5kcal/min이다.)　　[10.3]
① 15　　② 18　　③ 21　　④ 24

해설 휴식시간(R) $= \dfrac{60(E-4)}{E-1.5} = \dfrac{60(5-4)}{5-1.5}$
$$= 17.14 ≒ 18분$$

정답 ②

20-2. 주물공장 A 작업자의 작업 지속시간과 휴식시간을 열압박지수(HSI)를 활용하여 계산하니 각각 45분, 15분이었다. A 작업자의

1일 작업량(TW)은 얼마인가? (단, 휴식시간은 포함하지 않으며, 1일 근무시간은 8시간이다.) [11.3/20.2]

① 4.5시간
② 5시간
③ 5.5시간
④ 6시간

해설 1일 작업량

$$= \frac{\text{작업 지속시간}(W)}{\text{작업 지속시간}(W) + \text{휴식시간}(R)} \times 8$$

$$= \frac{45}{45+15} \times 8 = 6시간$$

정답 ④

21. 열압박지수(HSI : Heat Stress Index)에서 고려하고 있지 않은 항목은? [12.3]

① 공기 속도
② 습도
③ 압력
④ 온도

해설 열압박지수에서의 고려사항 : 공기 속도(기류), 습도, 온도 등

22. 심장박동주기 동안 심근의 전기적 신호를 피부에 부착한 전극들로부터 측정하는 것으로 심장이 수축과 확장을 할 때 일어나는 전기적 변동을 기록한 것은? [12.2]

① 뇌전도계
② 심전도계
③ 근전도계
④ 안전도계

해설 신체 활동 측정
• 동적 근력작업 : 에너지 소비량, 산소 섭취량, 탄소 배출량, 심박수, 근전도(EMG) 등을 측정한다.
• 정적 근력작업 : 에너지 대사량과 심박수의 상관관계 또는 시간적 경과로 근전도(EMG) 등을 측정한다.
• 신경적 작업 : 심박수(맥박수), 호흡에 의한 산소 소비량으로 측정한다.
• 심적 작업 : 플리커 값 등을 측정한다.

• 뇌전도(EEG) : 뇌 활동에 따른 전위 변화이다.
• 심전도(ECG, EKG) : 심장근의 활동척도이다.
• 근전도(EMG) : 국부적 근육 활동이다.

22-1. 다음 중 육체적 활동에 대한 생리학적 측정방법과 가장 거리가 먼 것은? [09.3/20.2]

① EMG
② EEG
③ 심박수
④ 에너지 소비량

해설 • 동적 근력작업 : 에너지 소비량, 산소 섭취량, 탄소 배출량, 심박수, 근전도(EMG) 등을 측정한다.
• 뇌전도(EEG) : 뇌 활동에 따른 전위 변화이다.

정답 ②

22-2. 심장 근육의 활동 정도를 측정하는 전기 생리 신호로 신체적 작업부하 평가 등에 사용할 수 있는 것은? [11.1]

① ECG
② EEG
③ EOG
④ EMG

해설 심전도(ECG, EKG) : 심장근의 활동척도이다.

정답 ①

22-3. 다음 중 생리적 스트레스를 전기적으로 측정하는 방법으로 옳지 않은 것은? [19.2]

① 뇌전도(EEG)
② 근전도(EMG)
③ 전기피부반응(GSR)
④ 안구 반응(EOG)

해설 생리적 스트레스의 전기적 측정방법 : 뇌전도(EEG), 심전도(ECG, EKG), 근전도(EMG), 피부전기반응(GSR)

정답 ④

22-4. 일반적으로 스트레스로 인한 신체반응의 척도 가운데 정신적 작업의 스트레인 척도와 가장 거리가 먼 것은?　[14.2]

① 뇌전도　　　　　② 부정맥 지수
③ 근전도　　　　　④ 심박수의 변화

해설 ③은 국부적 근육 활동의 전위차 기록

정답 ③

22-5. 성인이 하루에 섭취하는 음식물의 열량 중 일부는 생명을 유지하기 위한 신체기능에 소비되고, 나머지는 일을 한다거나 여가를 즐기는데 사용될 수 있다. 이 중 생명을 유지하기 위한 최소한의 대사량을 무엇이라 하는가?　[14.1]

① BMR　　　　　② RMR
③ GSR　　　　　④ EMG

해설 • 기초 대사량(BMR) : 생명유지에 필요한 단위 시간당 에너지의 양이다.
• 에너지 대사율(RMR) : 작업강도로서 산소 호흡량으로 측정한다.
• 피부전기반응(GSR) : 작업부하의 정신적 부담이 피로와 함께 증대하는 양상을 손바닥 안쪽의 전기저항 변화로 측정한다.
• 근전도(EMG) : 국부적 근육 활동이다.

정답 ①

23. 인간-기계 시스템 평가에 사용되는 인간 기준 척도 중에서 유형이 다른 것은?　[15.1]

① 심박수　　　　　② 안락감
③ 산소 소비량　　　④ 뇌전위(EEG)

해설 인간 기준 척도
• 생리적 긴장 척도 : 혈압, 심박수, 부정맥, 박동량, 박동결손, 신체 온도, 호흡수, 뇌전도, 심전도, 근전도, 안전도
• 심리적 긴장 척도 : 권태, 안락감, 편의성, 선호도

24. 인간-기계 시스템에서 자동화 정도에 따라 분류할 때 감시제어(supervisory control) 시스템에서 인간의 주요 기능과 가장 거리가 먼 것은?　[13.3]

① 간섭(intervene)　② 계획(plan)
③ 교시(teach)　　　④ 추적(pursuit)

해설 감시제어 시스템에서 인간의 기능 : 간섭, 계획, 교시 등

25. 체내에서 유기물을 합성하거나 분해하는 데에는 반드시 에너지의 전환이 뒤따른다. 이것을 무엇이라 하는가?　[19.1]

① 에너지 변환　　　② 에너지 합성
③ 에너지 대사　　　④ 에너지 소비

해설 에너지 대사 : 생물체 체내에서 일어나는 에너지의 전환, 방출, 저장 등 필요한 에너지의 모든 과정을 말한다.

26. 에너지 대사율(relative metabolic rate)에 관한 설명으로 틀린 것은?　[16.1]

① 작업 대사량은 작업 시 소비 에너지와 안정 시 소비 에너지의 차로 나타낸다.
② RMR은 작업 대사량을 기초 대사량으로 나눈 값이다.
③ 산소 소비량을 측정할 때 더글러스 백(douglas bag)을 이용한다.
④ 기초 대사량은 의자에 앉아서 호흡하는 동안에 측정한 산소 소비량으로 구한다.

해설 • 에너지 대사율(RMR)
$$= \frac{\text{작업 시 소비 에너지} - \text{안정 시 소비 에너지}}{\text{기초 대사 시 소비 에너지}}$$
$$= \frac{\text{작업 대사량}}{\text{기초 대사량}}$$
• 기초 대사량(BMR) : 생명유지에 필요한 단위 시간당 에너지의 양이다.

27. 작업자의 작업 공간과 관련된 내용으로 옳지 않은 것은? [20.2]

① 서서 작업하는 작업 공간에서 발바닥을 높이면 뻗침 길이가 늘어난다.

② 서서 작업하는 작업 공간에서 신체의 균형에 제한을 받으면 뻗침 길이가 늘어난다.

③ 앉아서 작업하는 작업 공간은 동적 팔 뻗침에 의해 포락면(reach envelpoe)의 한계가 결정된다.

④ 앉아서 작업하는 작업 공간에서 기능적 팔 뻗침에 영향을 주는 제약이 적을수록 뻗침 길이가 늘어난다.

해설 ② 서서 작업하는 작업 공간에서 신체의 균형에 제한을 받으면 팔의 뻗침 길이가 줄어든다.

28. 다음 중 선 자세와 앉은 자세의 비교에서 틀린 것은? [14.3]

① 서 있는 자세보다 앉은 자세에서 혈액순환이 향상된다.

② 서 있는 자세보다 앉은 자세에서 균형감이 높다.

③ 서 있는 자세보다 앉은 자세에서 정확한 팔 움직임이 가능하다.

④ 앉은 자세보다 서 있는 자세에서 척추에 더 많은 해를 줄 수 있다.

해설 ① 앉아 있는 자세보다 서 있는 자세에서 혈액순환이 향상된다.

④ 서 있는 자세보다 앉아 있는 자세가 척추에 더 많은 해를 줄 수 있다.

(※ 정답 오류로 답이 ①, ④번 2개이다. 본서에서는 ①번을 정답으로 한다.)

29. 공간이나 제품의 설계 시 움직이는 몸의 자세를 고려하기 위해 사용되는 인체치수는? [10.2]

① 비례적 인체지수 ② 구조적 인체지수
③ 기능적 인체지수 ④ 해부적 인체지수

해설 구조적 인체치수와 기능적 인체치수

• 구조적 인체치수(정적 인체계측) : 신체를 고정(정지)시킨 자세에서 계측하는 방법

• 기능적 인체치수(동적 인체계측) : 신체적 기능 수행 시 체위의 움직임에 따라 계측하는 방법

30. 인체에서 뼈의 주요 기능으로 볼 수 없는 것은? [15.3/18.2]

① 대사 작용 ② 신체의 지지
③ 조혈 작용 ④ 장기의 보호

해설 • 뼈의 역할 : 신체 중요 부분 보호, 신체의 지지 및 형상 유지, 신체 활동 수행

• 뼈의 기능 : 골수에서 혈구세포를 만드는 조혈 기능, 칼슘, 인 등의 무기질 저장 및 공급 기능

작업 공간 및 작업 자세

31. 다음 중 공간 배치의 원칙에 해당되지 않는 것은? [20.1]

① 중요성의 원칙 ② 다양성의 원칙
③ 사용 빈도의 원칙 ④ 기능별 배치의 원칙

해설 부품(공간)배치의 원칙

• 중요성의 원칙(위치 결정) : 부품이 작동하는 성능이 체계의 목표 달성에 긴요한 정도에 따라 우선순위를 결정한다.

• 사용 빈도의 원칙(위치 결정) : 부품을 사용하는 빈도에 따라 우선순위를 결정한다.

• 사용 순서의 원칙(배치 결정) : 사용 순서에 따라 가까이 배치한다.

• 기능별 배치의 원칙(배치 결정) : 기능이 관련된 부품들을 모아서 배치한다.

31-1. 다음 중 작업장에서 구성 요소를 배치하는 인간공학적 원칙과 가장 거리가 먼 것은? [09.3/11.3/13.1/15.2/18.1/18.3/19.1]

① 중요도의 원칙　　② 선입선출의 원칙

③ 기능성의 원칙　　④ 사용 빈도의 원칙

해설 부품(공간)배치 4원칙 : 중요성의 원칙, 사용 빈도의 원칙, 사용 순서의 원칙, 기능별 배치의 원칙

정답 ②

31-2. 부품배치의 원칙 중 부품의 일반적인 위치를 결정하기 위한 기준으로 가장 적합한 것은? [13.2]

① 중요성의 원칙, 사용 빈도의 원칙

② 기능별 배치의 원칙, 사용 순서의 원칙

③ 중요성의 원칙, 사용 순서의 원칙

④ 사용 빈도의 원칙, 사용 순서의 원칙

해설 부품배치의 위치 결정 : 중요성의 원칙, 사용 빈도의 원칙

정답 ①

32. 안전성 향상을 위한 시설배치의 예로 적절하지 않은 것은? [17.3]

① 기계배치는 작업의 흐름을 따른다.

② 작업자가 통로 쪽으로 등을 향하여 일하도록 한다.

③ 기계설비 주위에 운전 공간, 보수 점검 공간을 확보한다.

④ 통로는 선을 그어 명확히 구별하도록 한다.

해설 ② 작업자가 통로 쪽으로 등을 향하여 일하면 통로에 통행하는 사람을 볼 수 없어 위험하다.

33. 서서 하는 작업의 작업대 높이에 대한 설명으로 옳지 않은 것은? [15.2/19.2]

① 정밀작업의 경우 팔꿈치 높이보다 약간 높게 한다.

② 경작업의 경우 팔꿈치 높이보다 약간 낮게 한다.

③ 중작업의 경우 경작업의 작업대 높이보다 약간 낮게 한다.

④ 작업대의 높이는 기준을 지켜야 하므로 높낮이가 조절되어서는 안 된다.

해설 입식 작업대 높이

• 정밀작업 : 팔꿈치 높이보다 5~10cm 높게 설계

• 일반작업(輕작업) : 팔꿈치 높이보다 5~10cm 낮게 설계

• 힘든작업(重작업) : 팔꿈치 높이보다 10~20cm 낮게 설계

33-1. 다음 중 작업대에 관한 설명으로 틀린 것은? [12.1]

① 경조립 작업은 팔꿈치 높이보다 5~10cm 정도 낮게 한다.

② 중조립 작업은 팔꿈치 높이보다 10~20cm 정도 낮게 한다.

③ 정밀작업은 팔꿈치 높이보다 5~10cm 정도 높게 한다.

④ 정밀한 작업이나 장기간 수행하여야 하는 작업은 입식 작업대가 바람직하다.

해설 ④ 정밀한 작업이나 장기간 수행하여야 하는 작업은 좌식 작업대가 바람직하다.

정답 ④

34. 위팔은 자연스럽게 수직으로 늘어뜨린 채, 아래팔만을 편하게 뻗어 작업할 수 있는 범위는? [19.2]

① 정상작업역　　② 최대작업역

③ 최소작업역　　④ 작업포락면

해설 • 손을 작업대 위에서 자연스럽게 작업

하는 상태를 정상작업역(34~45 cm)이라 한다.
• 손을 작업대 위에서 최대한 뻗어 작업하는 상태를 최대작업역(55~65 cm)이라 한다.

34-1. 좌식 평면 작업대에서의 최대 작업영역에 관한 설명으로 맞는 것은? [12.3/17.3]

① 각 손의 정상 작업영역 경계선이 작업자의 정면에서 교차되는 공통 영역
② 위팔과 손목을 중립자세로 유지한 채 손으로 원을 그릴 때, 부채꼴 원호의 내부 영역
③ 어깨로부터 팔을 펴서 어깨를 축으로 하여 수평면상에 원을 그릴 때, 부채꼴 원호의 내부 지역
④ 자연스러운 자세로 위팔을 몸통에 붙인 채 손으로 수평면상에 원을 그릴 때, 부채꼴 원호의 내부 지역

해설 손을 작업대 위에서 최대한 뻗어 작업하는 상태를 최대작업역(55~65 cm)이라 한다.
정답 ③

35. 다음 중 한 장소에 앉아서 수행하는 작업 활동에 있어서의 작업에 사용하는 공간을 무엇이라 하는가? [12.2]

① 작업 공간 포락면
② 정상 작업 포락면
③ 작업 공간 파악한계
④ 정상 작업 파악한계

해설 작업 공간 포락면 : 한 장소에 앉아서 수행하는 작업 활동에서 사람이 작업하는데 사용하는 공간이며, 작업의 성질에 따라 포락면의 경계가 달라진다.

36. 작업자가 앉아서 수작업을 하는 경우 기능을 편히 할 수 있는 공간의 외곽한계를 무엇이라 하는가? [10.3/11.1]

① 파악한계   ② 최대작업역
③ 정상작업역   ④ 접촉한계

해설 파악한계 : 앉은 작업자가 수작업을 편히 수행할 수 있는 공간의 외곽한계이다.

37. 정적인 자세를 유지할 때 손의 진전(tremor)이 가장 적게 일어나는 위치는? [11.3]

① 머리 위   ② 어깨 높이
③ 심장 높이   ④ 배꼽 높이

해설 진전(떨림)의 특징
• 손을 떨지 않으려고 힘을 주는 경우 진전이 더 심해진다.
• 손이 심장 높이에 있을 때 진전(떨림)이 감소한다.
• 수직 운동을 할 때 진전(떨림)이 일어나기 쉽다.

37-1. 정적자세 유지 시, 진전(tremor)을 감소시킬 수 있는 방법으로 틀린 것은? [19.3]

① 시각적인 참조가 있도록 한다.
② 손이 심장 높이에 있도록 유지한다.
③ 작업 대상물에 기계적 마찰이 있도록 한다.
④ 손을 떨지 않으려고 힘을 주어 노력한다.

해설 ④ 손을 떨지 않으려고 힘을 주는 경우 진전이 더 심해진다.
정답 ④

38. 다음 중 동작경제의 원칙에 해당하지 않는 것은? [15.1]

① 가능하다면 낙하식 운반방법을 사용한다.
② 양손을 동시에 반대 방향으로 움직인다.
③ 자연스러운 리듬이 생기지 않도록 동작을 배치한다.
④ 양손으로 동시에 작업을 시작하고 동시에 끝낸다.

해설 ③ 가능하다면 쉽고 자연스러운 리듬이 작업동작에 생기도록 작업공정을 배치한다.

39. 작업영역을 설계할 때 조정 가능성의 대상에 해당하지 않는 것은? [10.2]

① 작업대의 조정 가능성
② 작업공구의 조정 가능성
③ 작업 대상물의 조정 가능성
④ 작업대와 관련된 작업자 자세의 조정 가능성

해설 ③ 작업 대상물의 작업 반경을 고려하여 작업 위치의 조정 가능성

40. 인간공학적인 의자설계를 위한 일반적 원칙으로 적절하지 않은 것은? [18.2]

① 척추의 허리 부분은 요부 전만을 유지한다.
② 허리 강화를 위하여 쿠션을 설치하지 않는다.
③ 좌판의 앞 모서리 부분은 5cm 정도 낮아야 한다.
④ 좌판과 등받이 사이의 각도는 95~105°를 유지하도록 한다.

해설 의자설계 시 인간공학적 원칙
• 등받이는 요추의 전만 곡선을 유지한다.
• 등근육의 정적인 부하를 줄인다.
• 디스크가 받는 압력을 줄인다.
• 고정된 작업 자세를 피해야 한다.
• 사람의 신장에 따라 조절할 수 있도록 설계해야 한다.

40-1. 일반적으로 의자설계의 원칙에서 고려해야 할 사항과 거리가 먼 것은? [09.1/16.2]

① 체중 분포에 관한 사항
② 상반신의 안정에 관한 사항
③ 개인차의 반영에 관한 사항
④ 의자 좌판의 높이에 관한 사항

해설 의자의 설계원칙 : 체중 분포에 관한 사항, 상반신의 안정에 관한 사항, 의자 좌판의 높이, 깊이와 폭에 관한 사항

정답 ③

40-2. 다음 중 일반적인 의자의 설계원칙에서 고려해야 할 사항과 가장 거리가 먼 것은? [11.2]

① 체중 분포
② 좌판의 높이
③ 작업자의 복장
④ 좌판의 깊이와 폭

해설 의자의 설계원칙 : 체중 분포, 좌판의 높이, 좌판의 깊이와 폭, 몸통의 안정

정답 ③

41. 의자의 등받이 설계에 관한 설명으로 가장 적절하지 않은 것은? [17.2]

① 등받이 폭은 최소 30.5cm가 되게 한다.
② 등받이 높이는 최소 50cm가 되게 한다.
③ 의자의 좌판과 등받이 각도는 90~105°를 유지한다.
④ 요부 받침의 높이는 25~35cm로 하고 폭은 30.5cm로 한다.

해설 ④ 요부 받침의 높이는 15.2~22.9cm, 폭은 30.5cm, 등받이로부터 5cm 정도의 두께로 한다.

42. 의자 좌판의 높이 결정 시 사용할 수 있는 인체측정치는? [16.3]

① 앉은 키
② 앉은 무릎 높이
③ 앉은 팔꿈치 높이
④ 앉은 오금 높이

해설 의자 좌판의 높이 설계기준은 좌판 앞부분이 오금 높이보다 높지 않아야 하므로 좌면 높이 기준은 5% 오금 높이로 한다.

인간의 특성과 안전

43. 인간-기계 시스템에서 다음 중 기계와 비교한 인간의 장점으로 볼 수 없는 것은 어느 것인가? (단, 인공지능과 관련된 사항은 제외한다.) [14.1/16.2/20.1]

① 완전히 새로운 해결책을 찾아낸다.

② 여러 개의 프로그램 된 활동을 동시에 수행한다.

③ 다양한 경험을 토대로 하여 의사결정을 한다.

④ 상황에 따라 변화하는 복잡한 자극 형태를 식별한다.

해설 인간이 현존하는 기계를 능가하는 기능과 현존하는 기계가 인간을 능가하는 기능의 비교

구분	사람의 장점	기계의 장점
감지기능	• 다양한 자극의 형태를 식별 • 주위의 이상하거나 예기치 못한 사건 감지 • 시각, 청각, 촉각, 후각, 미각 등 매우 낮은 수준의 자극 감지	• 인간의 정상적인 감지범위 밖에 있는 자극을 감지 • 사람과 기계의 모니터가 가능 • 드물게 발생하는 사상 감지
정보처리저장	• 대량의 정보를 장시간 보관 • 관찰을 통해 일반적으로 귀납적으로 추리 • 다양한 경험을 토대로 상황에 따라 의사결정 • 원칙을 적용하고 관찰을 일반화	• 대량의 정보를 신속하게 보관 • 암호화된 정보를 신속하게 대량 보관 • 자극을 연역적으로 추리 • 명시된 절차에 따라 신속하고, 정량적인 정보처리
행동기능	• 과부하 상태에서 중요한 일에만 전념할 수 있음 • 주관적으로 추산하고 평가	• 과부하 시에도 효율적으로 작동 • 장시간 중량작업, 반복, 동시에 여러 작업 수행 가능

43-1. 다음 중 인간이 기계를 능가하는 기능이라 할 수 있는 것은? [10.2/11.3]

① 귀납적 추리

② 지속적인 단순 반복 작업

③ 다양한 활동의 복합적 수행

④ 암호화(coded)된 정보의 신속한 보관

해설 ①은 인간의 장점,
②, ③, ④는 기계의 장점

정답 ①

43-2. 다음 중 인간과 기계의 능력에 대한 실용성 한계에 관한 설명과 가장 거리가 먼 것은? [10.1]

① 일반적인 인간과 기계의 비교가 항상 적용된다.

② 상대적인 비교는 항상 변하기 마련이다.

③ 기능의 수행이 유일한 기준은 아니다.

④ 최선의 성능을 마련하는 것이 항상 중요한 것은 아니다.

해설 ① 일반적인 인간과 기계의 비교가 항상 적용되지 않는다.

정답 ①

44. 인간-기계 시스템에서의 신뢰도 유지 방안으로 가장 거리가 먼 것은? [19.1]

① lock system

② fail-safe system

③ fool-proof system

④ risk assessment system

해설 • 록 시스템(lock system) : 인간-기계의 불안전한 요소에 대하여 통제를 하는 시스템 설계

• 페일 세이프(fail-safe) : 기계의 고장이 있어도 안전사고가 발생하지 않도록 2중, 3중 통제를 가한 설계

• 풀 프루프(fool proof) : 인간의 실수가 있어도 안전사고가 발생하지 않도록 2중, 3중 통제를 가한 설계

• 위험성 평가(risk assessment system) : 사업장의 유해·위험요인을 파악하고 감소 대책을 수립하여 실행하는 과정

44-1. 인간-기계 시스템(Man-Machine system)에서 인간과 기계에 록 시스템(lock system)을 설치할 때 다음 설명 중 옳은 것은? [09.3]

① 기계와 인간의 사이에는 인트라록 시스템(Intra lock system)을 둔다.

② 인터록 시스템(Inter lock system)과 인트라록 시스템(Intra lock system) 사이에는 트랜스록 시스템(trans lock system)을 둔다.

③ 트랜스록 시스템(trans lock system)과 인터록 시스템(Inter lock system) 사이에는 인트라록 시스템(Intra lock system)을 둔다.

④ 트랜스록 시스템(trans lock system)과 인트라록 시스템(Intra lock system) 사이에는 인터록 시스템(Inter lock system)을 둔다.

해설 • 인간-기계 사이에는 인터록 시스템을 둔다.

• 인터록 시스템과 인트라록 시스템 사이에는 트랜스록 시스템을 둔다.

정답 ②

44-2. 다음 중 인간-기계 시스템의 신뢰도를 향상시킬 수 있는 방법으로 가장 적절하지 않은 것은? [16.3]

① 중복 설계　　　② 고가재료 사용
③ 부품 개선　　　④ 충분한 여유 용량

해설 시스템의 신뢰도 향상 방법 : 중복 설계, 여유 있는 설계, 페일 세이프 설계, 풀 프루프 설계, 부품 개선

정답 ②

45. 인간-기계 시스템의 구성 요소에서 다음 중 일반적으로 신뢰도가 가장 낮은 요소는? (단, 관련 요건은 동일하다는 가정이다.) [13.1]

① 수공구　　　② 작업자
③ 조종장치　　　④ 표시장치

해설 인간요소가 기계요소보다 신뢰도는 떨어진다.

②는 인간요소, ①, ③, ④는 기계요소

46. 인간-기계 시스템을 설계하기 위해 고려해야 할 사항과 거리가 먼 것은? [13.3/20.2]

① 시스템 설계 시 동작경제의 원칙이 만족되도록 고려한다.

② 인간과 기계가 모두 복수인 경우, 종합적인 효과보다 기계를 우선적으로 고려한다.

③ 대상이 되는 시스템이 위치할 환경 조건이 인간에 대한 한계치를 만족하는가의 여부를 조사한다.

④ 인간이 수행해야 할 조작이 연속적인가 불연속적인가를 알아보기 위해 특성 조사를 실시한다.

해설 ② 인간과 기계가 모두 복수인 경우, 종합적인 효과보다 인간을 우선적으로 고려한다.

47. 체계 설계과정의 주요 단계 중 가장 먼저 실시되어야 하는 것은? [11.1/13.2/19.2]

① 기본 설계
② 계면 설계

③ 체계의 정의

④ 목표 및 성능 명세 결정

해설 인간－기계 시스템 설계 순서

1단계	2단계	3단계	4단계	5단계	6단계
목표와 성능 명세 결정	시스템의 정의	기본 설계	인터 페이스 설계	보조물 설계	시험 및 평가

47-1. 인간－기계 시스템 설계과정의 주요 6단계를 올바른 순서로 나열한 것은? [16.1]

○ 기본 설계

○ 시스템 정의

○ 목표 및 성능 명세 결정

○ 인간－기계 인터페이스(human－machine interface) 설계

○ 매뉴얼 및 성능보조자료 작성

○ 시험 및 평가

① ○ → ○ → ○ → ○ → ○ → ○

② ○ → ○ → ○ → ○ → ○ → ○

③ ○ → ○ → ○ → ○ → ○ → ○

④ ○ → ○ → ○ → ○ → ○ → ○

해설 인간－기계 시스템 설계 순서

1단계	2단계	3단계	4단계	5단계	6단계
목표와 성능 명세 결정	시스템의 정의	기본 설계	인터 페이스 설계	보조물 설계	시험 및 평가

정답 ①

47-2. 체계 설계과정 중 기본 설계 단계의 주요 활동으로 볼 수 없는 것은? [18.3]

① 작업 설계

② 체계의 정의

③ 기능의 할당

④ 인간성능 요건 명세

해설 기본 설계(제3단계)

• 기능의 할당　　• 인간성능 요건 명세

• 직무 분석　　• 작업 설계

정답 ②

47-3. 인터페이스 설계 시 고려해야 하는 인간과 기계와의 조화성에 해당되지 않는 것은? [15.2/17.1/20.1]

① 지적 조화성

② 신체적 조화성

③ 감성적 조화성

④ 심미적 조화성

해설 감성공학과 인간의 인터페이스 3단계

인터페이스	특성
신체적	인간의 신체적 또는 형태적 특성의 적합성
인지적	인간의 인지 능력, 정신적 부담의 정도
감성적	인간의 감정 및 정서의 적합성 여부

정답 ④

47-4. 인간공학의 중요한 연구과제인 계면(interface) 설계에 있어서 다음 중 계면에 해당되지 않는 것은? [12.2/13.1/14.2]

① 작업 공간

② 표시장치

③ 조종장치

④ 조명시설

해설 계면 설계 : 인간과 기계가 접촉하는 계면에서의 설계로 감성적 차원의 조화성을 도입하는 공학이다. 작업 공간, 표시장치, 조종장치, 제어, 컴퓨터 대화 등이 포함된다.

정답 ④

48. 다음 중 체계의 기본 기능에 해당하지 않는 것은? [10.3]

① 감지

② 이동

③ 정보 보관

④ 정보처리 및 의사결정

해설 인간-기계 기본 기능 : 행동 기능, 정보의 수용(감지), 정보의 저장(보관), 정보의 입력, 정보처리 및 의사결정

48-1. 인간-기계 시스템에서의 기본적인 기능에 해당하지 않는 것은? [11.2/19.3]

① 행동 기능 ② 정보의 설계

③ 정보의 수용 ④ 정보의 저장

해설 인간-기계 기본 기능 : 행동 기능, 정보의 수용(감지), 정보의 저장(보관), 정보의 입력, 정보처리 및 의사결정

정답 ②

49. 인간-기계 시스템에 대한 평가에서 평가 척도나 기준(criteria)으로서 관심의 대상이 되는 변수는? [15.3/19.1]

① 독립변수 ② 종속변수

③ 확률변수 ④ 통제변수

해설 인간공학 연구에 사용되는 변수의 유형

• 독립변수 : 관찰하고자 하는 현상에 대한 독립변수

• 종속변수 : 독립변수의 평가 척도나 기준이 되는 척도

• 통제변수 : 종속변수에 영향을 미칠 수 있지만 독립변수에 포함되지 않는 변수

50. 인간-기계 시스템에 관련된 정의로 틀린 것은? [18.3]

① 시스템이란 전체 목표를 달성하기 위한 유기적인 결합체이다.

② 인간-기계 시스템이란 인간과 물리적 요소가 주어진 입력에 대해 원하는 출력을 내도록 결합되어 상호 작용하는 집합체이다.

③ 수동 시스템은 입력된 정보를 근거로 자신의 신체적 에너지를 사용하여 수공구나 보조기구에 힘을 가하여 작업을 제어하는 시스템이다.

④ 자동화 시스템은 기계에 의해 동력과 몇몇 다른 기능들이 제공되며, 인간이 원하는 반응을 얻기 위해 기계의 제어장치를 사용하여 제어기능을 수행하는 시스템이다.

해설 ④ 자동화 시스템에서 인간의 기능은 설계, 설치, 감시, 프로그램, 보전기계에 의해 동력과 몇몇 다른 기능들이 제공되며, 기계의 제어장치를 사용하지 않는다.

51. 다음 중 인간-기계 시스템의 설계원칙으로 틀린 것은? [12.3]

① 양립성이 적을수록 정보처리에 재코드화 과정은 적어진다.

② 사용 빈도, 사용 순서, 기능에 따라 배치가 이루어져야 한다.

③ 인간의 기계적 성능에 부합되도록 설계해야 한다.

④ 인체 특성에 적합해야 한다.

해설 ① 정보처리와 관련한 양립성은 인간의 기대와 모순되지 않는 자극들 간의 자극 반응 조합의 관계를 말한다.

52. 다음 중 작업 설계를 함에 있어서 작업 만족도를 얻기 위한 수단으로 볼 수 없는 것은? [10.1]

① 작업 순환 ② 작업 분석

③ 작업 윤택화 ④ 작업 확대

해설 • 작업 만족도를 얻기 위한 수단으로 작업 확대, 작업 윤택화, 작업 순환이 있다.

• 작업 분석(새로운 작업방법의 개발원칙) : 제거, 결합, 재배치, 재조정, 단순화

53. 다음 중 인간-기계체계에서 인간의 과오에 기인된 원인 확률을 분석하여 위험성의 예측과 개선을 위한 평가 기법은 어느 것인가? [09.1/09.3/10.2/16.3/17.1/17.2/19.3]

① PHA ② FMEA
③ THERP ④ MORT

해설 THERP(인간 실수율 예측 기법) : 인간의 과오를 정량적으로 평가하기 위해 Swain 등에 의해 개발된 기법으로 인간의 과오율 추정법 등 5개의 스텝으로 되어 있다.

54. 인간의 실수 및 과오의 요인과 직접적인 관계가 가장 먼 것은? [16.2]

① 관리의 부적당 ② 능력의 부족
③ 주의의 부족 ④ 환경 조건의 부적당

해설 ①은 간접적인 원인, ②, ③, ④는 인간의 실수 및 과오의 직접적인 요인

55. 인간공학의 연구방법에서 인간-기계 시스템을 평가하는 척도의 요건으로 적합하지 않은 것은? [19.3]

① 적절성, 타당성 ② 무오염성
③ 주관성 ④ 신뢰성

해설 인간-기계 시스템을 평가하는 척도의 요건 : 적절성, 타당성, 무오염성, 신뢰성, 표준화, 객관성 등

56. 일반적인 인간-기계 시스템의 형태 중 인간이 사용자나 동력원으로 기능하는 것은 어느 것인가? [09.2/17.2]

① 수동체계 ② 기계화 체계
③ 자동체계 ④ 반자동 체계

해설 수동 시스템 : 사용자가 스스로 기계 시스템의 동력원으로 작용하여 작업 수행

57. system 요소 간의 link 중 인간 커뮤니케이션 link에 해당되지 않는 것은? [14.1]

① 방향성 link
② 통신계 link
③ 시각 link
④ 컨트롤 link

해설 인간 커뮤니케이션 링크 : 방향성 링크, 통신계 링크, 시각 링크, 장치 링크

58. 러닝벨트 위를 일정한 속도로 걷는 사람의 배기가스를 5분간 수집한 표본을 가스성분 분석기로 조사한 결과, 산소 16%, 이산화탄소 4%로 나타났다. 배기가스 전량을 가스미터에 통과시킨 결과, 배기량이 90리터였다면 분당 산소 소비량과 에너지(에너지 소비량)는 약 얼마인가? [12.3/18.3]

① 0.95리터/분 - 4.75 kcal/분
② 0.96리터/분 - 4.80 kcal/분
③ 0.97리터/분 - 4.85 kcal/분
④ 0.98리터/분 - 4.90 kcal/분

해설 산소 소비량 작업에너지

㉠ 분당 배기량($V_{배기}$) = $\frac{배기량}{시간}$ = $\frac{90}{5}$ = 18 L/분

㉡ 분당 흡기량($V_{흡기}$)
= $\frac{V_{배기} \times (100 - O_2 - CO_2)}{79}$
= $\frac{18 \times (100 - 16 - 4)}{79}$ = 18.228 L/분

㉢ 분당 산소 소비량
= $(0.21 \times V_{흡기}) - (O_2 \times V_{배기})$
= $(0.21 \times 18.228) - (0.16 \times 18)$
= 0.9478 L/분

㉣ 작업에너지 = 분당 산소 소비량 × 5
= 0.95 × 5 = 4.75 kcal/분
여기서, 산소 1L의 에너지는 5 kcal이다.

59. 검사공정의 작업자가 제품의 완성도에 대한 검사를 하고 있다. 어느 날 10000개의 제품에 대한 검사를 실시하여 200개의 부적합품을 발견하였으나 이 로드에는 실제로 500개의 부적합품이 있었다. 이때 인간 과오 확률(human error provability)은 얼마인가?

① 0.02　　　　② 0.03　　[15.3/18.3]
③ 0.04　　　　④ 0.05

해설 인간의 과오 확률(HEP)

$$= \frac{인간의\ 과오\ 수}{전체\ 과오\ 발생기회\ 수}$$

$$= \frac{500-200}{10000} = 0.03$$

60. 산업안전보건법에서 규정하는 근골격계 부담작업의 범위에 해당하지 않는 것은 어느 것인가?　　[17.1]

① 단기간 작업 또는 간헐적인 작업
② 하루에 10회 이상 25kg 이상의 물체를 드는 작업
③ 하루에 총 2시간 이상 쪼그리고 앉거나 무릎을 굽힌 자세에서 이루어지는 작업
④ 하루에 4시간 이상 집중적으로 자료입력 등을 위해 키보드 또는 마우스를 조작하는 작업

해설 근골격계 부담작업
• 하루에 총 4시간 이상 집중적으로 자료입력 등을 위해 키보드 또는 마우스를 조작하는 작업
• 하루에 총 2시간 이상 목, 어깨, 팔꿈치, 손목 또는 손을 사용하여 같은 동작을 반복하는 작업
• 하루에 총 2시간 이상 머리 위에 손이 있거나, 팔꿈치가 어깨 위에 있거나, 팔꿈치를 몸통으로부터 들거나, 팔꿈치를 몸통 뒤쪽에 위치하도록 하는 상태에서 이루어지는 작업

• 지지되지 않은 상태이거나 임의로 자세를 바꿀 수 없는 조건에서 하루에 총 2시간 이상 목이나 허리를 구부리거나 트는 상태에서 이루어지는 작업
• 하루에 총 2시간 이상 쪼그리고 앉거나 무릎을 굽힌 자세에서 이루어지는 작업
• 하루에 총 2시간 이상 지지되지 않은 상태에서 1kg 이상의 물건을 한 손의 손가락으로 집어 옮기거나, 2kg 이상에 상응하는 힘을 가하여 한 손의 손가락으로 물건을 쥐는 작업
• 하루에 총 2시간 이상 지지되지 않은 상태에서 4.5kg 이상의 물건을 한 손으로 들거나 동일한 힘으로 쥐는 작업
• 하루에 10회 이상 25kg 이상의 물체를 드는 작업
• 하루에 25회 이상 10kg 이상의 물체를 무릎 아래에서 들거나, 어깨 위에서 들거나, 팔을 뻗은 상태에서 드는 작업
• 하루에 총 2시간 이상, 분당 2회 이상 4.5kg 이상의 물체를 드는 작업
• 하루에 총 2시간 이상, 시간당 10회 이상 손 또는 무릎을 사용하여 반복적으로 충격을 가하는 작업

60-1. 근골격계 질환의 인간공학적 주요 위험요인과 가장 거리가 먼 것은?　　[18.1]

① 과도한 힘　　　　② 부적절한 자세
③ 고온의 환경　　　④ 단순반복 작업

해설 근골격계 질환의 위험요인 : 부적절한 자세, 과도한 힘, 접촉 스트레스, 단순반복 작업, 진동 등
정답 ③

60-2. 근골격계 질환의 인간공학적 주요 위험요인과 가장 거리가 먼 것은?　　[10.3]

① 부적절한 자세

② 다습한 환경
③ 무리한 힘
④ 단시간 많은 횟수의 반복

해설 CTDs(누적손상장애)의 원인
• 부적절한 자세와 무리한 힘의 사용
• 반복도가 높은 작업과 비 휴식
• 장시간의 진동, 낮은 온도(저온) 등

정답 ②

60-3. 누적손상장애(CTDs)의 원인이 아닌 것은? [09.2/11.1/17.3]

① 과도한 힘의 사용
② 높은 장소에서의 작업
③ 장시간 진동공구의 사용
④ 부적절한 자세에서의 작업

해설 CTDs(누적손상장애)의 원인
• 부적절한 자세와 무리한 힘의 사용
• 반복도가 높은 작업과 비 휴식
• 장시간의 진동, 낮은 온도(저온) 등

정답 ②

60-4. NIOSH의 연구에 기초하여, 목과 어깨 부위의 근골격계 질환 발생과 인과관계가 가장 적은 위험요인은? [19.3]

① 진동
② 반복 작업
③ 과도한 힘
④ 작업 자세

해설 • 진동은 주로 팔과 다리에 영향이 크며, 온몸 전체에 영향을 준다.
• ②, ③, ④는 근골격계 질환 작업 특성의 요인이다.

정답 ①

60-5. 근골격계 질환을 예방하기 위한 관리적 대책으로 옳은 것은? [15.1]

① 작업 공간 배치
② 작업재료 변경
③ 작업 순환 배치
④ 작업공구 설계

해설 근골격계 질환을 예방하기 위한 관리적 대책은 작업 순환 배치이다.

정답 ③

61. 다음 중 단순반복 작업으로 인한 질환의 발생 부위가 다른 것은? [15.2]

① 요부염좌
② 수완진동증후군
③ 수근관증후군
④ 결절종

해설 ①은 허리를 반복적으로 굽히고 펴는 동작으로 인해 통증이 나타난다.
②, ③, ④는 수부에서 발생하는 질환이다.

---

4 작업환경 관리

작업 조건과 환경 조건

1. 조도가 250럭스인 책상 위에 짙은 색 종이 A와 B가 있다. 종이 A의 반사율은 20%이고, 종이 B의 반사율은 15%이다. 종이 A에는 반사율 80%의 색으로, 종이 B에는 반사율 60%의 색으로 같은 글자를 각각 썼을 때

의 설명으로 맞는 것은? (단, 두 글자의 크기, 색, 재질 등은 동일하다.) [15.3/18.3]

① 두 종이에 쓴 글자는 동일한 수준으로 보인다.
② 어느 종이에 쓰인 글자가 더 잘 보이는지 알 수 없다.
③ A종이에 쓰인 글자가 B종이에 쓰인 글자보다 눈에 더 잘 보인다.

④ B종이에 쓰인 글자가 A종이에 쓰인 글자보다 눈에 더 잘 보인다.

해설 대비(luminance contrast)

㉠ A종이의 대비 $= \dfrac{L_b - L_t}{L_b} \times 100$

$= \dfrac{20-80}{20} \times 100 = -300\%$

㉡ B종이의 대비 $= \dfrac{L_b - L_t}{L_b} \times 100$

$= \dfrac{15-60}{15} \times 100 = -300\%$

여기서, L_b : 배경의 광속발산도
L_t : 표적의 광속발산도

→ A와 B종이의 대비 값이 같으므로 두 종이에 쓴 글자는 동일한 수준으로 보인다.

1-1. 조도가 400럭스인 위치에 놓인 흰색 종이 위에 짙은 회색의 글자가 쓰여져 있다. 종이의 반사율이 80%이고, 글자의 반사율은 40%라 할 때 종이와 글자의 대비는 얼마인가? [14.1]

① −100%　　　② −50%
③ 50%　　　　④ 100%

해설 대비 $= \dfrac{L_b - L_t}{L_b} \times 100$

$= \dfrac{80-40}{80} \times 100 = 50\%$

정답 ③

1-2. 종이의 반사율이 50%이고, 종이상의 글자 반사율이 10%일 때 종이에 의한 글자의 대비는 얼마인가? [15.2]

① 10%　　　　② 40%
③ 60%　　　　④ 80%

해설 대비 $= \dfrac{L_b - L_t}{L_b} \times 100$

$= \dfrac{50-10}{50} \times 100 = 80\%$

정답 ④

2. IES의 권고에 따른 작업장 내부의 추천 반사율이 가장 높아야 하는 곳은? [17.3/19.2]

① 벽　　　　　② 바닥
③ 천장　　　　④ 가구

해설 옥내 최적 반사율

바닥	가구, 책상	벽	천장
20~40%	25~40%	40~60%	80~90%

2-1. 옥내 조명에서 최적 반사율의 크기가 작은 것부터 큰 순서대로 나열된 것은 어느 것인가? [10.3/12.2/12.3/16.1]

① 벽 < 천장 < 가구 < 바닥
② 바닥 < 가구 < 천장 < 벽
③ 가구 < 바닥 < 천장 < 벽
④ 바닥 < 가구 < 벽 < 천장

해설 옥내 최적 반사율

바닥	가구, 책상	벽	천장
20~40%	25~40%	40~60%	80~90%

정답 ④

2-2. 다음 중 작업장의 조명수준에 대한 설명으로 가장 적절한 것은? [12.2]

① 작업환경의 추천 광도비는 5 : 1 정도이다.
② 천장은 80~90% 정도의 반사율을 가지도록 한다.
③ 작업영역에 따라 휘도의 차이를 크게 한다.
④ 실내 표면에 반사율은 천장에서 바닥의 순으로 증가시킨다.

해설 ① 작업환경의 추천 광도비는 3(천장) : 1(바닥) 정도이다.
③ 작업영역에 따라 휘도의 차이를 작게 한다.

④ 실내 표면에 반사율은 바닥에서 천장의 순으로 증가시킨다.

정답 ②

3. 조도에 관한 설명으로 틀린 것은? [13.1]

① 조도는 거리에 비례하고, 광도에 반비례한다.
② 어떤 물체나 표면에 도달하는 광의 밀도를 말한다.
③ 1lux란 1촉광의 점광원으로부터 1m 떨어진 곡면에 비추는 광의 밀도를 말한다.
④ 1fc란 1촉광의 점광원으로부터 1foot 떨어진 곡면에 비추는 광의 밀도를 말한다.

해설 ① 조도는 거리 제곱에 반비례하고, 광도에 비례한다.

4. 점광원(point source)에서 표면에 비추는 조도(lux)의 크기를 나타내는 식으로 옳은 것은? (단, D는 광원으로부터의 거리를 말한다.) [20.1]

① $\dfrac{광도[fc]}{D^2[m^2]}$ ② $\dfrac{광도[lm]}{D[m]}$

③ $\dfrac{광도[cd]}{D^2[m^2]}$ ④ $\dfrac{광도[fL]}{D[m]}$

해설 조도(lux) $=\dfrac{광도[cd]}{D^2[m^2]}$

4-1. 1cd의 점광원에서 1m 떨어진 곳에서의 조도가 3lux이었다. 동일한 조건에서 5m 떨어진 곳에서의 조도는 약 몇 lux인가? [09.3/11.1/12.1/14.1/17.1]

① 0.12   ② 0.22
③ 0.36   ④ 0.56

해설 ㉠ 1m에서의 조도 $=\dfrac{광도}{(거리)^2}=\dfrac{광도}{1^2}=3$,

∴ 광도$=3cd$

㉡ 5m에서의 조도 $=\dfrac{광도}{(거리)^2}=\dfrac{3}{5^2}=0.12\,lux$

정답 ①

4-2. 프레스 공장에서 모든 방향으로 빛을 발하는 점광원에서 2m 떨어진 곳의 조도가 500lux였다면, 4m 떨어진 곳에서의 조도는 몇 lux인가? [10.2]

① 50   ② 100   ③ 125   ④ 250

해설 ㉠ 2m에서의 조도 $=\dfrac{광도}{(거리)^2}=\dfrac{광도}{2^2}$

$=500$, ∴ 광도$=2000\,cd$

㉡ 4m에서의 조도 $=\dfrac{광도}{(거리)^2}=\dfrac{2000}{4^2}=125\,lux$

정답 ③

4-3. 조도의 단위에 해당하는 것은? [14.2]

① fL   ② diopter
③ lumen/m²   ④ lumen

해설 • fc는 조도의 단위이며, 조도는 단위면적당 비춰지는 빛의 밝기를 말한다.
• 1촉광(cd)의 점광원으로부터 1m 떨어진 곡면에 비추는 광의 밀도를 1lumen/m²이라 한다.
• 1fc$=1$lumen/ft²$=10$ lumen/m²$=10$ lux

여기서, 10lumen/m²$=10$lux

정답 ③

5. 다음 중 주어진 작업에 대하여 필요한 소요조명(fc)을 구하는 식으로 옳은 것은? [13.3]

① 소요조명(fc)$=\dfrac{소요휘도(fL)}{반사율(\%)}$

② 소요조명(fc)$=\dfrac{반사율(\%)}{소요휘도(fL)}$

③ 소요조명(fc)=$\dfrac{소요휘도(fL)}{(거리)^2}$

④ 소요조명(fc)=$\dfrac{(거리)^2}{소요휘도(fL)}$

해설 소요조명(fc)=$\dfrac{광속발산도(fL)}{반사율(\%)}\times 100$

5-1. 60fL의 광도를 요하는 시각 표시장치의 반사율이 75%일 때, 소요조명은 몇 fc인가?

① 75   ② 80   [19.3]

③ 85   ④ 90

해설 소요조명(fc)=$\dfrac{광속발산도(fL)}{반사율(\%)}\times 100$

$=\dfrac{60}{75}\times 100 = 80\,fc$

정답 ②

5-2. 휘도(luminance)가 10cd/m²이고, 조도(illuminance)가 100 lux일 때 반사율(reflectance)(%)은?

[11.2/17.2]

① 0.1π   ② 10π

③ 100π   ④ 1000π

해설 반사율(%)=$\dfrac{광속발산도(fL)}{조명(fc)}\times 100$

$=\dfrac{(cd/m^2)\times\pi}{(lux)}\times 100 = \dfrac{10\pi}{100}\times 100 = 10\pi$

정답 ②

6. 단위 면적당 표면을 떠나는 빛의 양을 설명한 것으로 맞는 것은?

[18.2]

① 휘도   ② 조도   ③ 광도   ④ 반사율

해설 휘도 : 광원의 단위 면적당 밝기의 정도

6-1. 휘도(luminance)의 척도 단위(unit)가 아닌 것은?

[18.1]

① fc   ② fL   ③ mL   ④ cd/m²

해설 휘도의 척도 단위 : cd/m², fL, mL

정답 ①

7. 광도(luminance)는 단위 면적당 표면에서 반사되는 광량(光量)을 말한다. 다음 중 광도의 단위가 아닌 것은?

[10.1]

① Lambert(L)

② candle−Lambert(cdL)

③ foot−Lambert

④ nit(cd/m²)

해설 광도의 단위

• Lambert : 밝기의 단위(L)

• foot−Lambert : 휘도의 단위(fL)

• nit : 휘도의 단위(cd/m²)

Tip) ② candle : 양초

7-1. 다음 중 광도(luminous intensity)의 단위에 해당하는 것은?

[13.2]

① cd   ② fc

③ nit   ④ lux

해설 • 광도 : 광원에서 어느 특정 방향으로 나오는 빛의 세기

• 광도(cd)=조도(lux)×거리²

정답 ①

8. 광원으로부터의 직사휘광을 줄이기 위한 방법으로 적절하지 않은 것은? [16.3/17.3/19.1]

① 휘광원 주위를 어둡게 한다.

② 가리개, 갓, 차양 등을 사용한다.

③ 광원을 시선에서 멀리 위치시킨다.

④ 광원의 수는 늘리고 휘도는 줄인다.

해설 광원으로부터의 직사휘광 처리방법

• 가리개, 갓, 차양 등을 사용한다.

• 광원을 시선에서 멀리 위치시킨다.

• 광원의 휘도를 줄이고 광원의 수를 늘린다.

• 휘광원 주위를 밝게 하여 광노비를 줄인다.

8-1. 창문을 통해 들어오는 직사휘광을 처리하는 방법으로 가장 거리가 먼 것은? [16.2]

① 창문을 높이 단다.
② 간접조명 수준을 높인다.
③ 차양이나 발(blind)을 사용한다.
④ 옥외 창 위에 드리우개(overhang)를 설치한다.

해설 광원으로부터의 직사휘광 처리방법
• 가리개, 갓, 차양 등을 사용한다.
• 광원을 시선에서 멀리 위치시킨다.
• 광원의 휘도를 줄이고 광원의 수를 늘린다.
• 휘광원 주위를 밝게 하여 광도비를 줄인다.

정답 ②

9. 다음 중 VDT(visual display terminal) 작업을 위한 조명의 일반 원칙으로 적절하지 않은 것은? [16.3]

① 화면반사를 줄이기 위해 산란식 간접조명을 사용한다.
② 화면과 화면에서 먼 주위의 휘도비는 1 : 10으로 한다.
③ 작업영역을 조명기구들 사이보다는 조명기구 바로 아래에 둔다.
④ 조명의 수준이 높으면 자주 주위를 둘러봄으로써 수정체의 근육을 이완시키는 것이 좋다.

해설 ③ 조명기구 바로 아래에서 작업을 하면 눈이 부셔 작업에 지장을 준다.

9-1. 눈의 피로를 줄이기 위해 VDT 화면과 종이 문서 간의 밝기의 비는 최대 얼마를 넘지 않도록 하는가? [15.2]

① 1 : 20   ② 1 : 50
③ 1 : 10   ④ 1 : 30

해설 • 화면과 종이 문서 간의 밝기의 비 =1 : 10

• 화면과 시야 중앙 표면의 밝기의 비=1 : 3
• 시야 중앙과 그 변두리 사이의 밝기의 비 =1 : 10

정답 ③

10. 산업안전보건법령상 정밀작업 시 갖추어져야 할 작업면의 조도기준은? (단, 갱내 작업장과 감광재료를 취급하는 작업장은 제외한다.) [20.2]

① 75럭스 이상   ② 150럭스 이상
③ 300럭스 이상   ④ 750럭스 이상

해설 작업장의 조명(조도)기준
• 초정밀 작업 : 750 lux 이상
• 정밀작업 : 300 lux 이상
• 보통작업 : 150 lux 이상
• 그 밖의 일반작업 : 75 lux 이상

10-1. 산업안전보건법에 따라 상시작업에 종사하는 장소에서 보통작업을 하고자 할 때 작업면의 최소 조도(lux)로 맞는 것은? [17.2]

① 75   ② 150
③ 300   ④ 750

해설 작업장의 조명(조도)기준
• 초정밀 작업 : 750 lux 이상
• 정밀작업 : 300 lux 이상
• 보통작업 : 150 lux 이상
• 그 밖의 일반작업 : 75 lux 이상

정답 ②

11. 고열 환경에서 심한 육체노동 후에 탈수와 체내 염분농도 부족으로 근육의 수축이 격렬하게 일어나는 장해는? [10.2/15.1]

① 열경련(heat cramp)
② 열사병(heat stroke)
③ 열쇠약(heat prostration)
④ 열피로(heat exhaustion)

해설 열에 의한 손상
- 열발진(heat rash) : 고온 환경에서 지속적인 육체적 노동이나 운동을 함으로써 과도한 땀이나 자극으로 인해 피부에 생기는 붉은색의 작은 수포성 발진이 나타나는 현상이다.
- 열경련(heat cramp) : 고온 환경에서 지속적인 육체적 노동이나 운동을 함으로써 과도한 땀의 배출로 전해질이 고갈되어 발생하는 근육, 발작 등의 경련이 나타나는 현상이다.
- 열소모(heat exhaustion) : 고온에서 장시간 중 노동을 하거나, 심한 운동으로 땀을 다량 흘렸을 경우에 나타나는 현상으로 땀을 통해 손실한 염분을 충분히 보충하지 못했을 때 현기증, 구토 등이 나타나는 현상, 열피로라고도 한다.
- 열사병(heat stroke) : 고온, 다습한 환경에 노출될 때 뇌의 온도상승으로 인해 나타나는 현상으로 발한정지, 심할 경우 혼수상태에 빠져 때로는 생명을 앗아간다.
- 열쇠약(heat prostration) : 작업장의 고온 환경에서 육체적 노동으로 인해 체온 조절 중추의 기능 장애와 만성적인 체력 소모로 위장장애, 불면, 빈혈 등이 나타나는 현상이다.

12. 온도가 적정 온도에서 낮은 온도로 내려갈 때의 인체반응으로 옳지 않은 것은? [19.3]
① 발한을 시작
② 직장온도가 상승
③ 피부온도가 하강
④ 혈액은 많은 양이 몸의 중심부를 순환

해설 발한(發汗) : 피부의 땀샘에서 땀이 분비되는 현상

12-1. 고온 작업자의 고온 스트레스로 인해 발생하는 생리적 영향이 아닌 것은?
① 피부와 직장온도의 상승 [11.3/16.1]
② 발한(sweating)의 증가
③ 심박출량(cardiac output)의 증가
④ 근육에서의 젖산 감소로 인한 근육통과 근육피로 증가

해설 ④ 고온 스트레스로 인해 발생하는 근육에서의 젖산이 증가하여 근육통과 근육피로가 증가한다.
(※ 정답은 ④번으로 맞지만, ①번 지문에 오류가 있다. 고온 스트레스로 인해 직장온도가 미미하게 올라갈 수는 있으나 "직장온도의 상승"은 생리적 영향으로 보기 어렵다.)

정답 ④

13. 작업종료 후에도 체내에 쌓인 젖산을 제거하기 위하여 추가로 요구되는 산소량을 무엇이라 하는가? [13.2]
① ATP
② 에너지 대사율
③ 산소 빚
④ 산소 최대 섭취능

해설 산소 부채 : 활동이 끝난 후에도 남아 있는 젖산을 제거하기 위해 필요한 산소

14. 인체의 피부와 허파로부터 하루에 600 g의 수분이 증발될 때 열손실율은 약 얼마인가? (단, 37℃의 물 1 g을 증발시키는데 필요한 에너지는 2410 J/g이다.) [15.1]
① 약 15 watt
② 약 17 watt
③ 약 19 watt
④ 약 21 watt

해설 열손실율(R)

$$= \frac{증발에너지(Q)}{증발시간(T)} = \frac{600 \times 2410}{24 \times 60 \times 60}$$

$$= 16,736 \, J/sec \fallingdotseq 17 \, watt$$

15. 다음 중 신체와 환경 간의 열교환 과정을 가장 올바르게 나타낸 식은? (단, W는 일, M은 대사, S는 열축적, R은 복사, C는 대류, E는 증발, clo는 의복의 단열률이다.) [14.1]

① W=(M+S)±R±C-E

② S=(M-W)±R±C-E

③ W=clo×(M-S)±R±C-E

④ S=clo×(M-W)±R±C-E

해설 인체의 열교환 과정 : 열축적(S)=M(대사열)-E(증발)±R(복사)±C(대류)-W(한 일)

15-1. 한겨울에 햇볕을 쬐면 기온은 차지만 따스함을 느끼는 것은 다음 중 어떤 열교환 방법에 의한 것인가? [13.3]

① 대류   ② 복사

③ 전도   ④ 증발

해설 복사(radiation) : 광속으로 공간을 퍼져 나가는 열·에너지 등의 열 전달

정답 ②

16. 중량물을 반복적으로 드는 작업의 부하를 평가하기 위한 방법인 NIOSH 들기지수를 적용할 때 고려되지 않는 항목은? [16.1]

① 들기 빈도   ② 수평 이동거리

③ 손잡이 조건   ④ 허리 비틀림

해설 들기 작업 시 요통재해에 영향을 주는 요소 : 작업물의 무게, 수평거리, 수직거리, 비대칭 각도, 들기 빈도, 손잡이 등의 상태, 허리 비틀림 등

17. 인체의 동작 유형 중 굽혔던 팔꿈치를 펴는 동작을 나타내는 용어는? [15.2]

① 내전(adduction)   ② 회내(pronation)

③ 굴곡(flexion)   ④ 신전(extension)

해설 신체 부위 기본 운동

- 굴곡(flexion, 굽히기) : 부위(관절) 간의 각도가 감소하는 신체의 움직임
- 신전(extension, 펴기) : 관절 간의 각도가 증가하는 신체의 움직임
- 내전(adduction, 모으기) : 팔, 다리가 밖에서 몸 중심선으로 향하는 이동
- 외전(abduction, 벌리기) : 팔, 다리가 몸 중심선에서 밖으로 멀어지는 이동
- 내선(medial rotation) : 발 운동이 몸 중심선으로 향하는 회전
- 외선(lateral rotation) : 발 운동이 몸 중심선으로부터의 회전
- 하향(pronation) : 손바닥을 아래로
- 상향(supination) : 손바닥을 위로

17-1. 신체 동작의 유형 중 팔을 수평으로 편 위치에서 수직으로 몸에 붙이는 동작과 같이 사지를 체 간으로 가깝게 하는 동작을 무엇이라 하는가? [09.2/11.2]

① 외전(abduction)   ② 내전(adduction)

③ 신전(extension)   ④ 회전(rotation)

해설 내전(adduction, 모으기) : 팔, 다리가 밖에서 몸 중심선으로 향하는 이동

정답 ②

작업환경과 인간공학

18. 건습지수로서 습구온도와 건구온도의 가중 평균치를 나타내는 Oxford 지수의 공식으로 맞는 것은? [18.2]

① WD=0.65WB+0.35DB

② WD=0.75WB+0.25DB

③ WD=0.85WB+0.15DB

④ WD=0.95WB+0.05DB

해설 옥스퍼드 지수(WD)

$=0.85W$(습구온도)$+0.15D$(건구온도)

18-1. 건구온도 38℃, 습구온도 32℃일 때의 Oxford 지수는 몇 ℃인가?　　[13.2/20.1]

① 30.2　　② 32.9　　③ 35.3　　④ 37.1

해설 옥스퍼드 지수

• 습건(WD)지수라고도 하며, 습구·건구온도의 가중 평균치이다.

• WD$=0.85W$(습구온도)$+0.15D$(건구온도)

$=(0.85\times32)+(0.15\times38)=32.9$℃

정답 ②

18-2. 자연습구온도가 20℃이고, 흑구온도가 30℃일 때, 실내의 습구흑구 온도지수(WBGT : wet-bulb globe temperature)는 얼마인가?　　　[18.1]

① 20℃　　② 23℃　　③ 25℃　　④ 30℃

해설 습구흑구 온도지수(WBGT)

$=0.7\times T_w+0.3\times T_g$

$=(0.7\times20)+(0.3\times30)=23$℃

여기서, 실내의 경우이며,

T_w : 자연습구온도, T_g : 흑구온도이다.

정답 ②

19. 일반적으로 인체에 가해지는 온·습도 및 기류 등의 외적 변수를 종합적으로 평가하는 데에는 "불쾌지수"라는 지표가 이용된다. 불쾌지수의 계산식이 다음과 같은 경우, 건구온도와 습구온도의 단위로 옳은 것은? [19.2]

> 불쾌지수$=0.72\times$(건구온도$+$습구온도)
> $+40.6$

① 실효온도　　　　② 화씨온도
③ 절대온도　　　　④ 섭씨온도

해설 불쾌지수

• 불쾌지수(섭씨온도 단위)$=0.72\times$(건구온도$+$습구온도)$+40.6$

• 불쾌지수(화씨온도 단위)$=0.4\times$(건구온도$+$습구온도)$+15$

19-1. 다음 중 건구온도가 30℃, 습구온도가 27℃일 때 사람들이 느끼는 불쾌감의 정도를 설명한 것으로 가장 적절한 것은?　　[13.3]

① 대부분의 사람이 불쾌감을 느낀다.

② 거의 모든 사람이 불쾌감을 느끼지 못한다.

③ 일부분의 사람이 불쾌감을 느끼기 시작한다.

④ 일부분의 사람이 쾌적함을 느끼기 시작한다.

해설 불쾌지수(섭씨온도 단위)$=0.72\times$(건구온도$+$습구온도)$+40.6$

$=0.72\times(30+27)+40.6=81.64$℃

→ 불쾌지수가 80 이상일 때는 대부분의 사람이 불쾌감을 느낀다.

정답 ①

20. 환경 요소의 조합에 의해서 부과되는 스트레스나 노출로 인해서 개인에 유발되는 긴장(strain)을 나타내는 환경 요소 복합지수가 아닌 것은?　　　[20.3]

① 카타온도(kata temperature)

② Oxford 지수(wet-dry index)

③ 실효온도(effective temperature)

④ 열 스트레스 지수(heat stress index)

해설 • 카타 온도계 : 유리제 막대 모양의 알코올 온도계로, 체감의 정도를 기초로 더위와 추위를 측정한다.

• Oxford 지수 : 습건(WD)지수라고도 하며, 습구·건구온도의 가중 평균치이다.

• 실효온도 : 온도, 습도, 대류(공기의 흐름)가 인체에 미치는 열효과를 통합한 경험적 감각지수이다.

- 열 스트레스 지수 : 임의의 환경 조건에서 최대 증산량에 대한 신체를 열평형상태로 유지하기 위한 필요 증산량의 백분율이다.

20-1. 실효온도(ET)의 결정 요소가 아닌 것은? [16.2]

① 온도　　　　　② 습도
③ 대류　　　　　④ 복사

해설 실효온도 : 온도, 습도, 대류(공기의 흐름)가 인체에 미치는 열효과를 통합한 경험적 감각지수이다.

정답 ④

20-2. S에어컨 제조회사는 올해 경영 슬로건으로 "소비자가 가장 선호하는 바람을 제공할 때까지"를 선정하였다. 목표 달성을 위하여 에어컨 가동상태를 테스트하는 실험실을 설계하고자 한다. 다음 중 실험실의 실효온도에 영향을 주는 인자와 가장 관계가 먼 것은? [09.2/15.3/18.3]

① 온도　　　　　② 습도
③ 체온　　　　　④ 공기 유동

해설 실효온도 : 온도, 습도, 대류(공기의 흐름)가 인체에 미치는 열효과를 통합한 경험적 감각지수이다.

정답 ③

20-3. 상대습도가 100%, 온도 21℃일 때 실효온도(effective temperature)는 얼마인가?

① 10.5℃　　　　② 19℃　　　[11.1]
③ 21℃　　　　　④ 31.5℃

해설 실효온도 : 온도, 습도, 대류(공기의 흐름)가 인체에 미치는 열효과를 통합한 경험적 감각지수로 상대습도 100%일 때의 건구온도에서 느끼는 것과 동일한 온감이다.

정답 ③

21. 다음 중 시력 및 조명에 관한 설명으로 옳은 것은? [13.2]

① 표적 물체가 움직이거나 관측자가 움직이면 시력의 역치는 증가한다.
② 필터를 부착한 VDT 화면에 표시된 글자의 밝기는 줄어들지만 대비는 증가한다.
③ 대비는 표적 물체 표면에 도달하는 조도와 결과하는 광도와의 차이를 나타낸다.
④ 관측자의 시야 내에 있는 주시 영역과 그 주변 영역의 조도의 비를 조도비라고 한다.

해설 ① 표적 물체가 움직이거나 관측자가 움직이는 것의 감지를 역치라 하며, 시력과는 관계가 없다.
③ 대비는 표적 물체 표면의 광도와 배경의 광도 차이를 나타낸다.
④ 조도는 빛의 밀도이며, 조도비는 조명으로 인해 생기는 밝은 곳과 어두운 곳의 비를 말한다.

22. 다음 중 역치(threshold value)의 설명으로 가장 적절한 것은? [13.3]

① 표시장치의 설계와 역치는 아무런 관계가 없다.
② 에너지의 양이 증가할수록 차이 역치는 감소한다.
③ 역치는 감각에 필요한 최소량의 에너지를 말한다.
④ 표시장치를 설계할 때는 신호의 강도를 역치 이하로 설계하여야 한다.

해설 역치는 감각에 필요한 최소량의 에너지를 말하며, 역치가 작을수록 예민하다.

23. 시력과 대비 감도에 영향을 미치는 인자에 해당하지 않는 것은? [19.3]

① 노출시간　　　② 연령
③ 주파수　　　　④ 휘도 수준

해설 • 시력과 대비 감도에 영향을 미치는 인자 : 노출시간, 휘도, 광도, 조도, 광속발산도, 연령 등
• 주파수는 청력이나 감각 등에 영향이 더 크다.

24. 한 사무실에서 타자기의 소리 때문에 말소리가 묻히는 현상을 무엇이라 하는가? [17.2]

① dBA ② CAS ③ phone ④ masking

해설 차폐(masking) 현상 : 높은 음과 낮은 음이 공존할 때 낮은 음이 강한 음에 가로막혀 감도가 감소되는 현상

25. 산업안전보건법령에서 정한 물리적 인자의 분류 기준에 있어서 소음은 소음성 난청을 유발할 수 있는 몇 dB(A) 이상의 시끄러운 소리로 규정하고 있는가? [10.1/17.1]

① 70 ② 85 ③ 100 ④ 115

해설 소음작업 : 1일 8시간 작업을 기준으로 85dB 이상의 소음이 발생하는 작업

26. 2개 공정의 소음수준 측정 결과 1공정은 100 dB에서 2시간, 2공정은 90 dB에서 1시간 소요될 때 총 소음량(TND)과 소음 설계의 적합성을 올바르게 나열한 것은? (단, 우리나라는 90 dB에 8시간 노출될 때를 허용기준으로 하며, 5 dB 증가할 때 허용시간은 1/2로 감소되는 법칙을 적용한다.) [14.2]

① TND=0.83, 적합 ② TND=0.93, 적합
③ TND=1.03, 적합 ④ TND=1.13, 부적합

해설 하루 강렬한 소음작업 허용 노출시간

소음 (dB)	80	85	90	95	100	105	110
노출 시간	32 시간	16 시간	8 시간	4 시간	2 시간	1 시간	30분

$\bigcirc$ $TND = \dfrac{(실제\ 노출시간)_1}{(1일\ 노출기준)_1} + \cdots$
$\quad + \dfrac{(실제\ 노출시간)_n}{(1일\ 노출기준)_n}$
$\quad = \dfrac{2}{2} + \dfrac{1}{8} = 1.125$

$\bigcirc$ TND > 1이므로 부적합하다.

26-1. H 요업공장의 근로자 최씨는 작업일 3월 15일에 다음과 같은 소음에 노출되었다. 총 소음 노출량은 약 얼마인가? [17.3]

- 80 dB-A : 2시간 30분
- 90 dB-A : 4시간 30분
- 100 dB-A : 1시간

① 114.1 ② 124.1
③ 134.1 ④ 144.1

해설 소음노출지수 $= \dfrac{실제\ 노출시간}{최대\ 허용시간} \times 100$

$= \left(\dfrac{2.5}{32} + \dfrac{4.5}{8} + \dfrac{1}{2} \right) \times 100 = 114.06$

정답 ①

27. 다음 중 초음파의 기준이 되는 주파수로 옳은 것은? [14.3]

① 4000 Hz 이상 ② 6000 Hz 이상
③ 10000 Hz 이상 ④ 20000 Hz 이상

해설 초음파는 20000 Hz 이상의 주파수로 사람이 들을 수 없는 주파수이다.

28. 자동 생산라인의 오류 경보음을 3단계로 설계하였다. 1단계 경보음이 1000 Hz, 60 dB라 할 때 3단계 오류 경보음이 1단계 경보음보다 4배 더 크게 들리도록 하려면, 다음 중 경보음의 주파수와 음압수준으로 가장 적절한 것은? [15.3]

① 1000Hz, 80dB ② 1000Hz, 120dB
③ 2000Hz, 60dB ④ 2000Hz, 80dB

해설 소리의 음압수준
- 음압수준이 10dB 증가 시 소음은 2배 증가
- 음압수준이 20dB 증가 시 소음은 4배 증가
따라서 음압수준이 60dB + 20dB = 80dB 이다.

29. 다음 중 소음의 영향에 대한 일반적인 설명과 가장 거리가 먼 것은? [11.2]

① 간단하고 정규적인 과업의 퍼포먼스는 소음의 영향이 없으며 오히려 개선되는 경우도 있다.
② 시력, 대비판별, 암시, 순응, 눈동작 속도 등 감각능은 모두 소음의 영향이 적다.
③ 운동 퍼포먼스는 균형과 관계되지 않는 한 소음에 의해 나빠지지 않는다.
④ 쉬지 않고 계속 실행하는 과업에 있어 소음은 긍정적인 영향을 미친다.

해설 ④ 쉬지 않고 계속 실행하는 과업에 있어 소음은 청력 손실 등 안 좋은 영향을 미친다.

30. 사람의 감각기관 중 반응속도가 가장 느린 것은? [13.3/17.2]

① 청각 ② 시각 ③ 미각 ④ 촉각

해설 감각기관의 반응시간 : 청각(0.17초) > 촉각(0.18초) > 시각(0.20초) > 미각(0.29초) > 통각(0.7초)

31. 다음 중 반복적 노출에 따라 민감성이 가장 쉽게 떨어지는 표시장치는? [11.3]

① 시각 표시장치 ② 청각 표시장치
③ 촉각 표시장치 ④ 후각 표시장치

해설 절대적 식별 능력이 있는 감각기관은 후각으로 2000~3000가지 냄새를 구분할 수 있으며, 사람은 냄새에 빨리 익숙해져서 노출 후에는 냄새의 존재를 느끼지 못하게 된다.

32. 하나의 특정한 자극만이 발생할 수 있을 때 반응에 걸리는 시간을 "단순반응시간"이라 하는데, 흔히 실험에서와 같이 자극을 예상하고 있을 때 전형적으로 반응시간은 약 어느 정도인가? [10.2]

① 0.15~0.2초 ② 0.5~1초
③ 1.5~2초 ④ 2.5~3초

해설 단순반응시간(simple reaction time)
- 하나의 특정한 자극만이 발생할 수 있을 때 반응에 걸리는 시간
- 자극을 예상하고 있을 때 반응시간은 0.15~0.2초 정도 걸린다.
- 자극을 예상하지 못할 경우에 반응시간은 0.1초 정도 증가된다.

33. 다음 중 귀의 구조에서 고막에 가해지는 미세한 압력의 변화를 증폭하는 곳은? [15.2]

① 외이(outer ear) ② 중이(middle ear)
③ 내이(inner ear) ④ 달팽이관(cochlea)

해설 중이소골 : 고막의 진동을 내이의 난원창에 전달하는 과정에서 음파의 압력은 22배로 증폭되어 전달된다.

34. 다음 중 보험으로 위험조정을 하는 방법을 무엇이라 하는가? [12.2]

① 전가 ② 보류
③ 위험감축 ④ 위험회피

해설 위험(risk)처리 기술
- 위험회피(avoidance) : 위험작업 방법을 개선함으로써 위험 상황이 발생하지 않게 한다.
- 위험제거(감축 ; reduction) : 위험요소를 적극적으로 감축(경감)하여 예방한다.

• 위험보유(보류 ; retention) : 위험의 전부를 스스로 인수하는 것이다.
• 위험전가(transfer) : 보험, 보증, 공제, 기금제도 등으로 위험조정 등을 분산한다.

34-1. 위험조정을 위해 필요한 기술은 조직 형태에 따라 다양하며, 4가지로 분류하였을 때 이에 속하지 않는 것은? [10.2/15.3/19.1]

① 전가(transfer)　　② 보류(retention)
③ 계속(continuation)　④ 감축(reduction)

해설 위험처리 기술 : 위험회피, 위험감축, 위험보유, 위험전가

정답 ③

34-2. 위험처리 방법에 관한 설명으로 틀린 것은? [13.1/17.1]

① 위험처리 대책 수립 시 비용문제는 제외된다.
② 재정적으로 처리하는 방법에는 보류와 전가 방법이 있다.
③ 위험의 제어방법에는 회피, 손실제어, 위험분리, 책임 전가 등이 있다.
④ 위험처리 방법에는 위험을 제어하는 방법과 재정적으로 처리하는 방법이 있다.

해설 • 위험처리 기술 : 위험회피, 위험감축, 위험보유, 위험전가
• 위험처리 기술 중 재정적으로 처리하는 방법에는 보류와 전가방법이 있다.

정답 ①

5　시스템 안전

시스템 안전 및 안전성 평가

1. 시스템 수명주기 단계 중 이전 단계들에서 발생되었던 사고 또는 사건으로부터 축적된 자료에 대해 실증을 통한 문제를 규명하고 이를 최소화하기 위한 조치를 마련하는 단계는? [20.2]

① 구상 단계　　② 정의 단계
③ 생산 단계　　④ 운전 단계

해설　시스템 수명주기 단계

1단계	2단계	3단계	4단계	5단계	6단계
구상	정의	개발	생산	운전	폐기

• 운전 단계 : 이전 단계들에서 발생되었던 사고 또는 사건으로부터 축적된 자료에 대해 실증을 통한 문제를 규명하고 이를 최소화하기 위한 조치를 마련하는 단계

1-1. 다음 중 수명주기(life cycle) 6단계에서 "운전 단계"와 가장 거리가 먼 것은? [13.3]

① 사고 조사 참여
② 기술 변경의 개발
③ 고객에 의한 최종 성능검사
④ 최종 생산물의 수용 여부 결정

해설 운전 단계 : 이전 단계들에서 발생되었던 사고 또는 사건으로부터 축적된 자료에 대해 실증을 통한 문제를 규명하고 이를 최소화하기 위한 조치를 마련하는 단계

정답 ④

2. 모든 시스템 안전 프로그램 중 최초 단계의 분석으로 시스템 내의 위험요소가 어떤 상태에 있는지를 정성적으로 평가하는 방법은?
[10.3/11.3/13.3/14.3/15.2/16.2/17.1/19.2/20.1]

① CA　　② FHA　　③ PHA　　④ FMEA

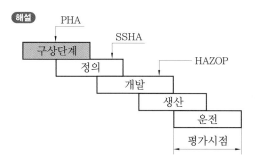

해설

시스템 수명주기에서의 위험분석 기법

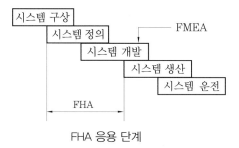

FHA 응용 단계

- 예비위험분석(PHA) : 모든 시스템 안전 프로그램 중 최초 단계의 분석으로 시스템 내의 위험요소가 얼마나 위험한 상태에 있는지를 정성적으로 평가하는 분석 기법이다.
- 결함위험분석(FHA) : 분업에 의하여 분담 설계한 서브 시스템 간의 인터페이스를 조정하여 전 시스템의 안전에 악영향이 없게 하는 분석 기법이다.
- 안전성 위험분석(SSHA) : 정의 단계나 시스템 개발의 초기 설계 단계에서 수행하며, 생산물의 적합성을 검토하는 단계이다.
- 위험 및 운전성 검토(HAZOP) : 각각의 장비에 대해 잠재된 위험이나 기능 저하 등 시설에 결과적으로 미칠 수 있는 영향을 평가하기 위하여 공정이나 설계도 등에 체계적인 검토를 행하는 것을 말한다.
- 운용위험분석(OHA) : 다양한 업무 활용 등에서 제품의 사용과 함께 작동 시스템의 기능이나 활동으로부터 발생되는 위험에 대한 분석 기법이다.
- 치명도 분석(CA) : 고장의 형태가 기기 전

체의 고장에 어느 정도 영향을 주는가를 정량적으로 평가하는 기법이다.
- 고장형태 및 영향분석(FMEA) : 시스템에 영향을 미치는 모든 요소의 고장을 형태별로 분석하여 그 영향을 최소로 하고자 검토하는 전형적인 정성적, 귀납적 분석방법이다.

2-1. 다음 중 시스템 안전 분석방법에 대한 설명으로 틀린 것은? [12.1]

① 해석의 수리적 방법에 따라 정성적, 정량적 방법이 있다.
② 해석의 논리적 방법에 따라 귀납적, 연역적 방법이 있다.
③ FTA는 연역적, 정량적 분석이 가능한 방법이다.
④ PHA는 운용사고 해석이라고 말할 수 있다.

해설 예비위험분석(PHA) : 모든 시스템 안전 프로그램 중 최초 단계의 분석으로 시스템 내의 위험요소가 얼마나 위험한 상태에 있는지를 정성적으로 평가하는 분석 기법이다.

정답 ④

2-2. 시스템의 수명주기를 구상, 정의, 개발, 생산, 운전의 5단계로 구분할 때 다음 중 시스템 안전성 위험분석(SSHA)은 어느 단계에서 수행되는 것이 가장 적합한가? [11.1/13.2]

① 구상(concept) 단계
② 운전(deployment) 단계
③ 생산(production) 단계
④ 정의(definition) 단계

해설 안전성 위험분석(SSHA) : 정의 단계나 시스템 개발의 초기 설계 단계에서 수행하며, 생산물의 적합성을 검토하는 단계이다.

정답 ④

2-3. 시스템 안전 해석방법 중 고장이 직접 시스템의 손실과 인명의 사상에 연결되는 높은 위험도를 가진 요소나 고장의 형태에 따른 분석법은? [09.2]

① CA
② ETA
③ PHA
④ FMEA

해설 치명도 분석(CA) : 고장의 형태가 기기 전체의 고장에 어느 정도 영향을 주는가를 정량적으로 평가하는 기법이다.

정답 ①

2-4. 화학공장(석유화학 사업장 등)에서 가동 문제를 파악하는데 널리 사용되며, 위험요소를 예측하고, 새로운 공정에 대한 가동 문제를 예측하는데 사용되는 위험성 평가방법은? [14.1/14.2/16.3/20.1]

① SHA
② EVP
③ CCFA
④ HAZOP

해설 위험 및 운전성 검토(HAZOP) : 각각의 장비에 대해 잠재된 위험이나 기능 저하 등 시설에 결과적으로 미칠 수 있는 영향을 평가하기 위하여 공정이나 설계도 등에 체계적인 검토를 행하는 것을 말한다.

정답 ④

2-5. 다음 중 위험과 운전성 연구(HAZOP)에 대한 설명으로 틀린 것은? [14.3]

① 전기설비의 위험성을 주로 평가하는 방법이다.
② 처음에는 과거의 경험이 부족한 새로운 기술을 적용한 공정설비에 대하여 실시할 목적으로 개발되었다.
③ 설비 전체보다 단위별 또는 부분별로 나누어 검토하고 위험요소가 예상되는 부분에 상세하게 실시한다.

④ 장치 자체는 설계 및 제작사양에 맞게 제작된 것으로 간주하는 것이 전제 조건이다.

해설 ① 화학설비, 공정 등의 위험성을 주로 평가하는 방법이다.

정답 ①

2-6. 다음은 위험분석 기법 중 어떠한 기법에 사용되는 양식인가? [13.2]

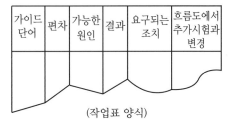

(작업표 양식)

① ETA
② THERP
③ FMEA
④ HAZOP

해설 HAZOP(위험 및 운전성 검토) 분석 기법에 사용된다.

정답 ④

2-7. 다음 표와 관련된 시스템 위험분석 기법으로 가장 적합한 것은? [15.1]

프로그램 :   시스템 :

#1 구성요소 명칭	#2 구성요소 위험방식	#3 시스템 작동 방식	#4 서브시스템에서 위험영향	#5 서브시스템, 대표적 시스템 위험영향	#6 환경적 요인	#7 위험영향을 받을 수 있는 2차 요인	#8 위험수준	#9 위험관리

① 예비위험분석(PHA)
② 결함위험분석(FHA)
③ 운용위험분석(OHA)
④ 사상수분석(ETA)

해설 결함위험분석(FHA) : 분업에 의하여 분담 설계한 서브 시스템 간의 인터페이스를 조정하여 전 시스템의 안전에 악영향이 없게 하는 분석 기법이다.

정답 ②

2-8. 고장형태 및 영향분석(FMEA : Failure Mode and Effect Analyis)에서 치명도 해석을 포함시킨 분석방법으로 옳은 것은? [19.2]

① CA　　　　　　　② ETA
③ FMETA　　　　　④ FMECA

해설 • FMEA : 고장형태 및 영향분석 기법으로 고장확률과 치명도 개선을 포함하여 시스템에 영향을 미치는 모든 요소의 고장을 형태별로 분석하여 그 영향을 최소로 하고자 검토하는 전형적인 정성적, 귀납적 분석방법이다.
• FMECA : FMEA와 형식은 같지만, 사고 발생 가능한 모든 인간 오류를 파악하고, 이를 정량화하는 방법으로 HCR, THERP, SLIM, CIT, TCRAM 등이다.

정답 ④

2-9. 시스템 안전 분석 기법 중 FMEA에 관한 설명으로 옳은 것은? [10.3]

① 화학설비에 적용하기 위해 개발되었고 전문가와 브레인스토밍 팀을 구성하여 분석한다.
② 휴먼 에러와 휴먼 에러에 의한 영향을 예견하기 위해 사용되면 HAZOP과 함께 사용할 수 있다.
③ 그래픽 모델을 사용하여 분석과정을 가시화시키는 분석방법이며 논리기호를 사용한다.
④ 시스템을 구성 요소로 나누어 고장의 가능성을 정하고 그 영향을 결정하여 분석하는 방법이다.

해설 FMEA : 고장형태 및 영향분석 기법으로 고장확률과 치명도 개선을 포함하여 시스템에 영향을 미치는 모든 요소의 고장을 형태별로 분석하여 그 영향을 최소로 하고자 검토하는 전형적인 정성적, 귀납적 분석방법이다.

정답 ④

2-10. 시스템 수명주기에서 FMEA가 적용되는 단계는? [15.1]

① 개발 단계　　　　② 구상 단계
③ 생산 단계　　　　④ 운전 단계

해설 시스템 수명주기에서 FMEA는 개발 단계에서 적용된다.

정답 ①

2-11. FMEA 기법의 장점에 해당하는 것은?

① 서식이 간단하다.　　　　　　[19.3]
② 논리적으로 완벽하다.
③ 해석의 초점이 인간에 맞추어져 있다.
④ 동시에 복수의 요소가 고장 나는 경우의 해석이 용이하다.

해설 FMEA의 장 · 단점
• 장점 : 서식이 간단하고 비교적 적은 노력으로 분석을 할 수 있다.
• 단점 : 논리성이 부족하고 특히 각 요소 간의 영향을 분석하기 어렵기 때문에 동시에 두 가지 이상의 요소가 고장 날 경우 분석이 곤란하며, 요소가 물체로 한정되어 인적 원인 분석도 곤란하다.

정답 ①

2-12. 다음 중 고장형태 및 영향분석의 표준적인 실시 절차에 해당되지 않는 것은? [11.3]

① 대상 시스템의 분석
② 고장형태와 영향의 해석
③ 톱사상과 기본사상의 결정
④ 치명도 분석과 개선책 검토

해설 FMEA 실시 3단계

제1단계	제2단계	제3단계
대상 시스템의 분석	고장형태와 그 영향의 해석	치명도 해석과 개선책의 검토

정답 ③

3. 예비위험분석(PHA)에서 위험의 정도를 분류하는 4가지 범주에 속하지 않는 것은? [13.1]

① catastrophic ② critical
③ control ④ marginal

해설 위험의 정도(PHA) 분류 4가지 범주
- 범주 Ⅰ. 파국적(catastrophic) : 시스템의 고장 등으로 사망, 시스템 매우 중대한 손상
- 범주 Ⅱ. 위기적(critical) : 시스템의 고장 등으로 심각한 상해, 시스템 중대한 손상
- 범주 Ⅲ. 한계적(marginal) : 시스템의 성능 저하가 경미한 상해, 시스템 성능 저하
- 범주 Ⅳ. 무시(negligible) : 경미한 상해, 시스템 성능 저하 없거나 미미함

3-1. 시스템의 성능 저하가 인원의 부상이나 시스템 전체에 중대한 손해를 입히지 않고 제어가 가능한 상태의 위험강도는? [20.1]

① 범주 Ⅰ : 파국적 ② 범주 Ⅱ : 위기적
③ 범주 Ⅲ : 한계적 ④ 범주 Ⅳ : 무시

해설 범주 Ⅲ. 한계적(marginal) : 시스템의 성능 저하가 경미한 상해, 시스템 성능 저하
정답 ③

3-2. MIL-STD-882E에서 분류한 심각도(severity) 카테고리 범주에 해당하지 않는 것은? [20.2]

① 재앙수준(catastrophic)
② 임계수준(critical)

③ 경계수준(precautionary)
④ 무시가능수준(negligible)

해설 MIL-STD-882E 심각도 카테고리
- 재앙(파국적)수준 : 사망, 영구적 완전장애, 회복 불가한 중대한 환경 영향
- 임계(위기적)수준 : 영구적 부분 장애, 3명 이상의 입원을 유발할 수 있는 직업병이나 상해, 회복 가능한 중대한 환경 영향
- 한계적(미미한)수준 : 하루 이상 결근을 유발하는 직업병이나 상해, 회복 가능한 중간 정도의 환경 영향, 제어 가능
- 무시가능수준 : 결근을 유발하지 않는 직업병이나 상해, 최소한의 환경 영향

정답 ③

3-3. FMEA의 위험성 분류 중 "카테고리 2"에 해당되는 것은? [16.1]

① 영향 없음
② 활동의 지연
③ 사명 수행의 실패
④ 생명 또는 가옥의 상실

해설 FMEA의 위험성 분류
- 카테고리 1 : 생명 또는 가옥의 상실
- 카테고리 2 : 사명 수행의 실패
- 카테고리 3 : 활동의 지연
- 카테고리 4 : 영향 없음

정답 ③

4. MIL-STD-882B에서 시스템 안전 필요사항을 충족시키고 확인된 위험을 해결하기 위한 우선권을 정하는 순서로 맞는 것은? [17.3]

> ㉠ 경보장치 설치
> ㉡ 안전장치 설치
> ㉢ 절차 및 교육훈련 개발
> ㉣ 최소 리스크를 위한 설계

① ㉣ → ㉡ → ㉠ → ㉢

② ㉣ → ㉠ → ㉡ → ㉢

③ ㉢ → ㉣ → ㉠ → ㉡

④ ㉢ → ㉣ → ㉡ → ㉠

해설 시스템의 안전성 확보책(MIL-STD-882B)

제1단계	제2단계	제3단계	제4단계
위험설비의 최소화 설계	안전장치 설계	경보장치 설계	절차 및 교육훈련 개발

5. 다음과 같은 위험관리의 단계를 순서대로 올바르게 나열한 것은?   [10.1/12.1/13.2]

> ㉠ 위험의 분석
> ㉡ 위험의 파악
> ㉢ 위험의 처리
> ㉣ 위험의 평가

① ㉠ → ㉡ → ㉣ → ㉢

② ㉡ → ㉢ → ㉠ → ㉣

③ ㉠ → ㉡ → ㉢ → ㉣

④ ㉡ → ㉠ → ㉣ → ㉢

해설 위험관리 4단계

제1단계	제2단계	제3단계	제4단계
위험파악	위험분석	위험평가	위험처리

6. 다음 중 안전성 평가에서 위험관리의 사명으로 가장 적절한 것은?   [11.2/12.2]

① 잠재위험의 인식

② 손해에 대한 자금 융통

③ 안전과 건강관리

④ 안전공학

해설 • 안전성 평가에서 위험관리의 사명 : 손해에 대한 자금 융통
• 안전관리 : 잠재위험의 인식, 안전과 건강관리, 안전공학, 재해의 방지 등

7. 사고의 발단이 되는 초기 사상이 발생할 경우 그 영향이 시스템에서 어떤 결과(정상 또는 고장)로 진전해 가는지를 나뭇가지가 갈라지는 형태로 분석하는 방법은?   [16.2]

① FTA

② PHA

③ FHA

④ ETA

해설 ETA(사건수 분석법) : 설계에서부터 사용까지의 사건들의 발생 경로를 파악하고 위험을 평가하기 위한 귀납적이고 정량적인 분석방법이다.

8. 다음 중 Chapanis의 위험수준에 의한 위험 발생률 분석에 대한 설명으로 맞는 것은 어느 것인가?   [10.2/14.1/18.2]

① 자주 발생하는(frequent) > 10^{-3}/day

② 가끔 발생하는(occasional) > 10^{-5}/day

③ 거의 발생하지 않는(remote) > 10^{-6}/day

④ 극히 발생하지 않는(impossible) > 10^{-8}/day

해설 Chapanis의 위험 발생률 분석
• 자주 발생하는(frequent) > 10^{-2}/day
• 가끔 발생하는(occasional) > 10^{-4}/day
• 거의 발생하지 않는(remote) > 10^{-5}/day
• 극히 발생하지 않는(impossible) > 10^{-8}/day

9. 제품의 설계 단계에서 고유 신뢰성을 증대시키기 위하여 일반적으로 많이 사용되는 방법이 아닌 것은?   [18.3]

① 병렬 및 대기 리던던시의 활용

② 부품과 조립품의 단순화 및 표준화

③ 제조 부문과 납품업자에 대한 부품규격의 명세 제시

④ 부품의 전기적, 기계적, 열적 및 기타 작동 조건의 경감

해설 • 제품의 설계 단계에서 신뢰성 증대방법 : 병렬 및 대기 리던던시의 활용, 부품과 조립품의 단순화 및 표준화, 부품의 전

정답   5. ④   6. ②   7. ④   8. ④   9. ③

기적, 기계적, 열적 및 기타 작동 조건의 경감 등

• 제품의 제조 단계에서 신뢰성 증대방법 : 기술 향상, 공장 자동화, 제품 품질 향상 등

9-1. 다음 중 일반적으로 가장 신뢰도가 높은 시스템의 구조는? [16.1]

① 직렬 연결구조
② 병렬 연결구조
③ 단일 부품구조
④ 직·병렬 혼합구조

해설 병렬 연결구조는 결함이 생긴 부품의 기능을 대체시킬 수 있도록 부품을 중복 부착시키는 시스템으로 신뢰도가 가장 높다.

정답 ②

10. 안전성의 관점에서 시스템을 분석 평가하는 접근방법과 거리가 먼 것은? [18.1]

① "이런 일은 금지한다."의 개인판단에 따른 주관적인 방법
② "어떻게 하면 무슨 일이 발생할 것인가?"의 연역적인 방법
③ "어떤 일은 하면 안 된다."라는 점검표를 사용하는 직관적인 방법
④ "어떤 일이 발생하였을 때 어떻게 처리하여야 안전한가?"의 귀납적인 방법

해설 ① "이런 일은 금지한다."에 대한 객관적인 방법 선택

11. 다음 중 시스템 안전성 평가 기법에 관한 설명으로 틀린 것은? [14.2]

① 가능성을 정량적으로 다룰 수 있다.
② 시각적 표현에 의해 정보전달이 용이하다.
③ 원인, 결과 및 모든 사상들의 관계가 명확해진다.
④ 연역적 추리를 통해 결함사상을 빠짐없이 도출하나, 귀납적 추리로는 불가능하다.

해설 ④ 연역적, 귀납적 추리를 통해 결함사상을 빠짐없이 도출한다.

12. 시스템 안전 프로그램 계획(SSPP)에서 "완성해야 할 시스템 안전업무"에 속하지 않는 것은? [18.1]

① 정성 해석
② 운용 해석
③ 경제성 분석
④ 프로그램 심사의 참가

해설 SSPP에서 완성해야 할 시스템 안전업무 : 정성 해석, 운용 해석, 프로그램 심사의 참가 등

13. 시스템 안전 프로그램 계획(SSPP)을 이행하는 과정 중 최종 분석 단계에서 위험의 결정인자가 아닌 것은? [11.1]

① 가능 효율성
② 위험 감축
③ 피해 가능성
④ 폭발빈도

해설 SSPP를 이행하는 최종 분석 단계에서 위험의 결정인자 : 가능 효율성, 피해 가능성, 폭발빈도, 비용 산정 등

13-1. 다음 중 시스템 안전의 최종 분석 단계에서 위험을 고려하는 결정인자가 아닌 것은? [14.2]

① 효율성
② 피해 가능성
③ 비용 산정
④ 시스템의 고장모드

해설 ①, ②, ③은 시스템 안전의 최종 분석 단계에서 위험을 고려하는 결정인자이다.

정답 ④

14. 시스템 안전을 위한 업무수행 요건이 아닌 것은? [10.2/18.1]

① 안전 활동의 계획 및 관리
② 다른 시스템 프로그램과 분리 및 배제

③ 시스템 안전에 필요한 사람의 동일성 식별

④ 시스템 안전에 대한 프로그램 해석 및 평가

해설 시스템 안전관리의 업무수행 요건

• 안전 활동의 계획, 조직 및 관리

• 다른 시스템 프로그램 영역과의 조정

• 시스템의 안전에 필요한 사항의 동일성의 식별

• 시스템 안전에 대한 목표를 유효하게 적시에 실현하기 위한 프로그램의 해석·검토 및 평가

15. 시스템의 정의에 포함되는 조건 중 틀린 것은? [18.2]

① 제약된 조건 없이 수행

② 요소의 집합에 의해 구성

③ 시스템 상호 간에 관계를 유지

④ 어떤 목적을 위하여 작용하는 집합체

해설 ① 일정하게 정해진 조건 아래에서 수행

15-1. 다음 중 시스템의 정의와 관련한 설명으로 틀린 것은? [15.3]

① 구성 요소들이 모인 집합체다.

② 구성 요소들이 정보를 주고받는다.

③ 구성 요소들은 공통의 목적을 갖고 있다.

④ 개회로(open loop) 시스템은 피드백(feedback) 정보를 필요로 한다.

해설 ④ 피드백(feedback) 정보를 필요로 하는 것은 폐회로(closed loop) 시스템이다.

정답 ④

16. 기능식 생산에서 유연 생산 시스템 설비의 가장 적합한 배치는? [14.3/17.1]

① 합류(Y)형 배치

② 유자(U)형 배치

③ 일자(一)형 배치

④ 복수라인(二)형 배치

해설 유연 생산 시스템(FMS)

• 정의 : 생산성을 감소시키지 않으면서 여러 종류의 제품을 가공 처리할 수 있는 유연성이 큰 자동화 생산라인을 말한다.

• 유연 생산 시스템 U자형 배치의 장점

  ㉠ 작업자의 이동이나 운반거리가 짧아 운반을 최소화한다.

  ㉡ U자형 라인은 작업장이 밀집되어 있어 공간이 적게 소요된다.

  ㉢ 모여서 작업하므로 작업자들의 의사소통을 증가시킨다.

17. 다음 중 직렬구조를 갖는 시스템의 특성을 설명한 것으로 틀린 것은? [10.1]

① 요소(要素) 중 어느 하나가 고장이면 시스템은 고장이다.

② 요소의 수가 적을수록 시스템의 신뢰도는 높아진다.

③ 요소의 수가 많을수록 시스템의 수명은 짧아진다.

④ 시스템의 수명은 요소 중에서 수명이 가장 긴 것으로 정해진다.

해설 ④ 직렬구조에서 시스템의 수명은 요소 중에서 수명이 가장 짧은 것으로 정해진다.

18. 화학설비에 대한 안전성 평가를 위해 준비해야 하는 관계 자료와 가장 거리가 먼 것은? [09.3]

① 운전 요령   ② 임금 현황

③ 공정 계통도   ④ 화학설비 배치도

해설   안전성 평가의 6단계

1단계	2단계	3단계	4단계	5단계	6단계
관계 자료 작성 준비	정성적 평가	정량적 평가	안전 대책 수립	재해 정보에 의한 재평가	FTA에 의한 재평가

• 작성 준비(제1단계) : 관계 자료의 정비·검토

ㄱ 입지 조건

ㄴ 운전 요령

ㄷ 요원 배치계획

ㄹ 화학설비 배치도

ㅁ 제조공정의 개요

ㅂ 공정기기의 계통도

ㅅ 배관이나 계장 등의 계통도

ㅇ 제조공정상 일어나는 화학반응

ㅈ 건조물(건물)의 평면도, 단면도, 입면도

ㅊ 기계실 및 전기실의 평면도, 단면도, 입면도

ㅋ 원재료, 중간체, 제품 등의 물리·화학적인 성질 및 인체에 미치는 영향

18-1. 설비의 위험을 예방하기 위한 안전성 평가 단계 중 가장 마지막에 해당하는 것은? [09.2/13.3/15.2/16.1/17.1/18.2/18.3]

① 재평가   ② 정성적 평가

③ 안전 대책   ④ 정량적 평가

해설 안전성 평가의 6단계

1단계	2단계	3단계	4단계	5단계	6단계
관계 자료 작성 준비	정성적 평가	정량적 평가	안전 대책 수립	재해 정보에 의한 재평가	FTA에 의한 재평가

정답 ①

18-2. 다음 중 안전성 평가 5가지 단계 중 준비된 기초자료를 항목별로 구분하여 관계 법규와 비교, 위반사항을 검토하고 세부적으로 여러 항목의 가부를 살피는 단계는? [12.3]

① 정보의 확보 및 검토

② 재해 자료를 통한 재평가

③ 정량적 평가

④ 정성적 평가

해설 정성적 평가 항목(제2단계) : 입지 조건, 공장 내의 배치, 소방설비, 공정기기, 수송, 저장, 원재료, 중간재, 제품, 공정, 건물 등

정답 ④

18-3. 화학설비의 안전성 평가과정에서 제3단계인 정량적 평가 항목에 해당되는 것은 어느 것인가? [09.1/15.3/19.1]

① 목록   ② 공정 계통도

③ 화학설비 용량   ④ 건조물의 도면

해설 정량적 평가 항목(제3단계) : 온도, 압력, 조작, 화학설비의 용량, 화학설비의 취급 물질 등

정답 ③

18-4. 화학설비에 대한 안전성 평가 5단계 중 제4단계인 안전 대책의 세부사항으로 적절하지 않은 것은? [09.3]

① 보전   ② 평가계획

③ 관리적 대책   ④ 설비 등에 관한 대책

해설 안전 대책 수립(제4단계)

• 설비 등에 관한 대책

• 원격 조작

• 폭발방지설비 설치

• 가스검지기 설치

• 비상용 전원장치 설치

• 정전기 방지 대책

• 관리적 대책 : 인원배치, 보전, 안전교육

정답 ②

19. 인간공학의 연구방법에서 인간-기계 시스템을 평가하는 척도로서 인간기준이 아닌 것은? [10.1/16.3]

① 사고 빈도   ② 인간성능 척도

③ 객관적 반응   ④ 생리학적 지표

해설 인간기준 4가지의 평가 척도 : 인간성능 척도, 생리학적 지표, 주관적 반응, 사고 빈도

20. 다음 중 사고나 위험, 오류 등의 정보를 근로자의 직접 면접, 조사 등을 사용하여 수집하고, 인간−기계 시스템 요소들의 관계 규명 및 중대 작업 필요조건 확인을 통한 시스템 개선을 수행하는 기법은? [13.1]

① 직무위급도 분석
② 인간 실수율 예측 기법
③ 위급사건기법
④ 인간 실수 자료 은행

해설 위급사건기법(면접법) : 사고나 위험, 오류 등의 정보를 근로자의 직접 면접, 조사 등을 사용하여 수집하고, 인간−기계 시스템 요소들의 관계 규명을 통해 시스템 개선을 수행하는 기법

21. 다음 중 위험을 통제하는데 있어 취해야 할 첫 단계 조사는? [14.1]

① 작업원을 선발하여 훈련한다.
② 덮개나 격리 등으로 위험을 방호한다.
③ 설계 및 공정계획 시에 위험을 제거하도록 한다.
④ 점검과 필요한 안전보호구를 사용하도록 한다.

해설 위험을 통제하는 시스템의 안전성 단계

1단계	2단계	3단계	4단계
설계 및 공정 계획의 위험제거	안전 장치	경보 장치	특수 수단 개발과 표식 등의 규격화

---

6 결함수 분석법

결함수 분석

1. FTA의 용도와 거리가 먼 것은? [17.2]

① 고장의 원인을 연역적으로 찾을 수 있다.
② 시스템의 전체적인 구조를 그림으로 나타낼 수 있다.
③ 시스템에서 고장이 발생할 수 있는 부분을 쉽게 찾을 수 있다.
④ 구체적은 초기사건에 대하여 상향식 (bottom−up) 접근방식으로 재해경로를 분석하는 정량적 기법이다.

해설 FTA의 특징
• top down 형식(연역적)이다.
• 정량적 해석 기법이다(컴퓨터 처리 가능).
• human error의 검출이 어렵다.

• 논리기호를 사용한 특정 사상에 대한 해석을 할 수 있다.
• 서식이 간단해서 비전문가도 짧은 훈련으로 사용이 가능하다.

2. FTA의 활용 및 기대 효과가 아닌 것은?

① 시스템의 결함 진단 [13.2/18.1]
② 사고 원인 규명화의 간편화
③ 사고 원인 분석의 정량화
④ 시스템의 결함 비용 분석

해설 FTA의 활용 및 기대 효과
• 사고 원인 규명의 간편화 · 노력, 시간의 절감
• 사고 원인 분석의 일반화 · 시스템의 결함 진단

정답 20. ③ 21. ③ 1. ④ 2. ④

• 사고 원인 분석의 정량화 · 안전점검 체크리스트 작성

2-1. 다음 중 FTA를 이용하여 사고 원인의 분석 등 시스템의 위험을 분석할 경우 기대효과와 관계없는 것은?   [13.1]

① 사고 원인 분석의 정량화 가능
② 사고 원인 규명의 귀납적 해석 가능
③ 안전점검을 위한 체크리스트 작성 가능
④ 복잡하고 대형화된 시스템의 신뢰성 분석 및 안전성 분석 가능

해설 ②는 FMEA의 특성이다.

정답 ②

3. 다음 중 FTA 분석을 위한 기본적인 가정에 해당하지 않는 것은?   [15.2]

① 중복사상은 없어야 한다.
② 기본사상들의 발생은 독립적이다.
③ 모든 기본사상은 정상사상과 관련되어 있다.
④ 기본사상의 조건부 발생확률은 이미 알고 있다.

해설 FTA 분석을 위한 기본적인 가정
• 기본사상들의 발생은 독립적이다.
• 모든 기본사상은 정상사상과 관련되어 있다.
• 기본사상의 조건부 발생확률은 이미 알고 있다.

4. 다음 중 결함수 분석법(FTA)에 관한 설명으로 틀린 것은?   [10.1/14.1]

① 최초 Watson이 군용으로 고안하였다.
② 미니멀 패스(minimal path sets)를 구하기 위해서는 미니멀 컷(minimal cut sets)의 상대성을 이용한다.
③ 정상사상의 발생확률을 구한 다음 FT를 작성한다.

④ AND 게이트의 확률 계산은 각 입력사상의 곱으로 한다.

해설 ③ FT도를 작성한 다음 정상사상의 발생확률을 구한다.

4-1. 다음 중 결함수 분석법에 관한 설명으로 틀린 것은?   [11.3/14.3]

① 잠재위험을 효율적으로 분석한다.
② 연역적 방법으로 원인을 규명한다.
③ 복잡하고 대형화된 시스템의 분석에 사용한다.
④ 정성적 평가보다 정량적 평가를 먼저 실시한다.

해설 ④ 정성적 평가를 실시한 다음 정량적 평가를 실시한다.

정답 ④

5. FTA에 사용되는 기호 중 다음 기호에 해당하는 것은? [11.3/13.1/13.2/13.3/14.1/14.2/14.3/ 17.3/18.3/20.1]

① 생략사상   ② 부정사상
③ 결함사상   ④ 기본사상

해설 FTA의 기호

기호	명칭	입력, 출력 현황
⊏⊐	결함사상	개별적인 결함사상(비정상적인 사건)
○	기본사상	더 이상 전개되지 않는 기본적인 사상
⬠	통상사상	통상적으로 발생이 예상되는 사상
◇	생략사상	해석기술의 부족으로 더 이상 전개할 수 없는 사상

	공사상	발생할 수 없는 사상
	심층 분석사상	추후 다른 결함나무에서 심층 분석되는 사상
	전이기호	다른 페이지 또는 다른 부 분에 연결시키기 위해 사 용되는 기호
A	부정 게이트	입력과 반대 현상의 출력 사상 발생

5-1. 한국산업표준상 결함나무 분석(FTA) 시 다음과 같이 사용되는 사상기호가 나타내는 사상은? [20.2]

① 공사상   ② 기본사상
③ 통상사상   ④ 심층분석사상

해설 공사상 : 발생할 수 없는 사상
정답 ①

5-2. 다음은 FT도의 논리기호 중 어떤 기호인가? [09.1/09.2/10.2/12.1]

① 결함사상   ② 최후사상
③ 기본사상   ④ 통상사상

해설 결함사상 : 개별적인 결함사상(비정상적인 사건)
정답 ①

5-3. FT도에서 사용되는 기호 중 "전이기호"를 나타내는 기호는? [15.3/18.2]

①   ②

③   ④

해설 전이기호 : 지면 부족 등으로 인하여 다른 페이지 또는 다른 부분에 연결시키기 위해 사용되는 기호

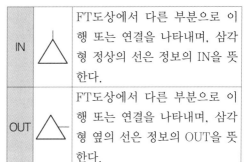

IN		FT도상에서 다른 부분으로 이행 또는 연결을 나타내며, 삼각형 정상의 선은 정보의 IN을 뜻한다.
OUT		FT도상에서 다른 부분으로 이행 또는 연결을 나타내며, 삼각형 옆의 선은 정보의 OUT을 뜻한다.

정답 ④

5-4. FT도에 사용되는 다음의 기호가 의미하는 내용으로 옳은 것은? [10.1]

① 생략사상으로서 간소화
② 생략사상으로서 인간의 실수
③ 생략사상으로서 조직자의 간과
④ 생략사상으로서 시스템의 고장

해설 생략사상

생략사상	생략사상 인간의 실수	생략사상 조직자의 간과	생략사상 간소화
◇	◇	◈	◇

정답 ①

2과목 인간공학 및 시스템 안전공학

5-5. FT도에서 사용되는 기호 중 입력 현상의 반대 현상이 출력되는 게이트는? [12.2]

① AND 게이트
② 부정 게이트
③ OR 게이트
④ 억제 게이트

해설 부정 게이트 : 입력과 반대 현상의 출력 사상 발생

정답 ②

6. FT에서 사용되는 사상기호에 대한 설명으로 맞는 것은? [11.1/16.3/19.3]

① 위험 지속 기호 : 정해진 횟수 이상 입력이 될 때 출력이 발생한다.
② 억제 게이트 : 조건부 사건이 일어나는 상황 하에서 입력이 발생할 때 출력이 발생한다.
③ 우선적 AND 게이트 : 사건이 발생할 때 정해진 순서대로 복수의 출력이 발생한다.
④ 배타적 OR 게이트 : 동시에 2개 이상의 입력이 존재하는 경우에 출력이 발생한다.

해설 FTA에 사용하는 논리기호 및 사상기호

기호	명칭	발생 현상
Ai, Aj, Ak 순으로 Ai Aj Ak	우선적 AND 게이트	입력사상 중에 어떤 현상이 다른 현상보다 먼저 일어날 경우에만 출력이 발생한다.
2개의 출력 Ai Aj Ak	조합 AND 게이트	3개 이상의 입력 현상 중에 2개가 일어나면 출력이 발생한다.
동시발생이 없음	배타적 OR 게이트	OR 게이트지만, 2개 이상의 입력이 동시에 존재할 때에 출력사상이 발생하지 않는다.

	위험 지속 AND 게이트	입력 현상이 생겨서 어떤 일정한 기간이 지속될 때에 출력이 발생한다.
위험지속시간		
	억제 게이트	게이트의 출력사상은 한 개의 입력사상에 의해 발생하며, 조건을 만족하면 출력이 발생하고, 조건이 만족되지 않으면 출력이 발생하지 않는다.

6-1. FT도에 사용되는 다음 기호의 명칭으로 맞는 것은? [15.2/16.2/17.1]

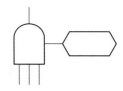

① 억제 게이트
② 부정 게이트
③ 배타적 OR 게이트
④ 우선적 AND 게이트

해설 AND 게이트

기호	명칭	발생 현상
Ai, Aj, Ak 순으로 Ai Aj Ak	우선적 AND 게이트	입력사상 중에 어떤 현상이 다른 현상보다 먼저 일어날 경우에만 출력이 발생한다.
2개의 출력 Ai Aj Ak	조합 AND 게이트	3개 이상의 입력 현상 중에 2개가 일어나면 출력이 발생한다.

정답 ④

정답 6. ②

6-2. FT도에 사용되는 다음 기호의 명칭으로 옳은 것은? [09.3]

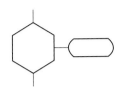

① 억제 게이트
② 부정 게이트
③ 배타적 OR 게이트
④ 우선적 AND 게이트

해설 억제 게이트 : 게이트의 출력사상은 한 개의 입력사상에 의해 발생하며, 조건을 만족하면 출력이 발생하고, 조건이 만족되지 않으면 출력이 발생하지 않는다.

정답 ①

6-3. FT도에 사용되는 기호 중 입력신호가 생긴 후, 일정 시간이 지속된 후에 출력이 생기는 것을 나타내는 것은? [10.3/15.1/19.1]

① OR 게이트
② 위험 지속 기호
③ 억제 게이트
④ 배타적 OR 게이트

해설 위험 지속 AND 게이트 : 입력 현상이 생겨서 어떤 일정한 기간이 지속될 때에 출력이 발생한다.

정답 ②

6-4. FT도에 사용되는 논리기호 중 AND 게이트에 해당하는 것은? [16.1/19.2]

①   ②

③   ④

해설 AND 게이트(논리기호) : 모든 입력사상이 공존할 때만이 출력사상이 발생한다.

정답 ③

6-5. FT 작성 시 논리 게이트에 속하지 않는 것은 무엇인가? [17.2]

① OR 게이트   ② 억제 게이트
③ AND 게이트   ④ 동등 게이트

해설 ①, ②, ③은 FT 작성 시 논리 게이트

정답 ④

7. FTA(Fault Tree Analysis)에 사용되는 논리 중에서 입력사상 중 어느 하나만이라도 발생하게 되면 출력사상이 발생하는 것은 어느 것인가? [11.2]

① AND GATE   ② OR GATE
③ 기본사상   ④ 동상사상

해설 GATE 진리표

OR GATE			AND GATE		
입력		출력	입력		출력
0	0	0	0	0	0
0	1	1	0	1	0
1	0	1	1	0	0
1	1	1	1	1	1

7-1. 다음의 연산표에 해당하는 논리연산은? [18.1]

입력		출력
X_1	X_2	
0	0	0
0	1	1
1	0	1
1	1	0

① XOR   ② AND
③ NOT   ④ OR

해설 논리 연산자

- XOR : 두 개의 입력이 서로 다를 때 출력
- AND : 두 개의 입력이 서로 1일 때 출력
- NOT : 입력 값과 출력 값이 서로 반대로 출력
- OR : 한 개 이상의 입력이 1일 때 출력

정답 ①

8. 결함수 분석법에서 일정 조합 안에 포함되는 기본사상들이 동시에 발생할 때 반드시 목표사상을 발생시키는 조합을 무엇이라 하는가? [09.2/09.3/19.2/20.1]

① cut set ② decision tree
③ path set ④ 불 대수

해설 컷셋과 패스셋

- 컷셋 : 정상사상을 발생시키는 기본사상의 집합으로 그 안에 포함되는 모든 기본사상이 발생할 때 정상사상을 발생시킬 수 있는 기본사상의 집합
- 패스셋 : 모든 기본사상이 발생하지 않을 때 처음으로 정상사상이 발생하지 않는 기본사상의 집합, 시스템의 고장을 발생시키지 않는 기본사상의 집합

8-1. 다음 중 FT도에서 컷셋(cut set)에 관한 설명으로 틀린 것은? [11.1]

① 시스템의 약점을 표현한 것이다.
② 정상사상(top event)을 발생시키는 조합이다.
③ 시스템이 고장나지 않도록 하는 사상의 조합이다.
④ 일반적으로 Fussell Algorithm을 이용한다.

해설 ③은 패스셋에 관한 설명이다.

정답 ③

8-2. 결함수 분석법에서 일정 조합 안에 포함

되어 있는 기본사상들이 모두 발생하지 않으면 틀림없이 정상사상(top event)이 발생되지 않는 조합을 무엇이라고 하는가?

① 컷셋(cut set) [13.3/16.1/18.2]
② 패스셋(path set)
③ 결함수셋(fault tree set)
④ 불 대수(boolean algebra)

해설 패스셋 : 모든 기본사상이 발생하지 않을 때 처음으로 정상사상이 발생하지 않는 기본사상의 집합

정답 ②

8-3. 다음 ㉠과 ㉡에 해당하는 내용은? [12.3]

> ㉠ : 그 속에 포함되어 있는 모든 기본사상이 일어났을 때에 정상사상을 일으키는 기본사상의 집합
>
> ㉡ : 그 속에 포함되는 기본사상이 일어나지 않았을 때에 처음으로 정상사상이 일어나지 않는 기본사상의 집합

① ㉠ : path set, ㉡ : cut set
② ㉠ : cut set, ㉡ : path set
③ ㉠ : AND, ㉡ : OR
④ ㉠ : OR, ㉡ : AND

해설 ㉠ : 컷셋에 관한 설명,
㉡ : 패스셋에 관한 설명

정답 ②

9. 결함수 분석의 컷셋(cut set)과 패스셋(path set)에 관한 설명으로 틀린 것은? [16.2]

① 최소 컷셋은 시스템의 위험성을 나타낸다.
② 최소 패스셋은 시스템의 신뢰도를 나타낸다.
③ 최소 패스셋은 정상사상을 일으키는 최소한의 사상 집합을 의미한다.
④ 최소 컷셋은 반복사상이 없는 경우 일반적

으로 퍼셀(Fussell) 알고리즘을 이용하여 구한다.

해설 최소 컷셋과 최소 패스셋
- 최소 컷셋(minimal cut set) : 정상사상을 일으키기 위한 최소한의 컷을 말한다. 컷셋 중에 타 컷셋을 포함하고 있는 것을 배제하고 남은 컷셋들을 의미한다. 즉, 모든 기본사상 발생 시 정상사상을 발생시키는 기본사상의 최소 집합으로 시스템의 위험성을 말한다.
- 최소 패스셋(minimal path set) : 모든 고장이나 실수가 발생하지 않으면 재해는 발생하지 않는다는 것으로, 즉 기본사상이 일어나지 않으면 정상사상이 발생하지 않는 기본사상의 집합으로 시스템의 신뢰성을 말한다.

9-1. 컷셋과 최소 패스셋을 정의한 것으로 맞는 것은? [18.1]

① 컷셋은 시스템 고장을 유발시키는 필요 최소한의 고장들의 집합이며, 최소 패스셋은 시스템의 신뢰성을 표시한다.
② 컷셋은 시스템 고장을 유발시키는 필요 최소한의 고장들의 집합이며, 최소 패스셋은 시스템의 불신뢰도를 표시한다.
③ 컷셋은 그 속에 포함되어 있는 모든 기본사상이 일어났을 때 톱사상을 일으키는 기본사상의 집합이며, 최소 패스셋은 시스템의 신뢰성을 표시한다.
④ 컷셋은 그 속에 포함되어 있는 모든 기본사상이 일어났을 때 톱사상을 일으키는 기본사상의 집합이며, 최소 패스셋은 시스템의 성공을 유발하는 기본사상의 집합이다.

해설 컷셋과 최소 패스셋
- 컷셋 : 정상사상을 발생시키는 기본사상의 집합으로 그 안에 포함되는 모든 기본사상

이 발생할 때 정상사상을 발생시킬 수 있는 기본사상의 집합
- 최소 패스셋 : 모든 고장이나 실수가 발생하지 않으면 재해는 발생하지 않는다는 것으로, 즉 기본사상이 일어나지 않으면 정상사상이 발생하지 않는 기본사상의 집합으로 시스템의 신뢰성을 말한다.

정답 ③

9-2. FTA에서 어떤 고장이나 실수를 일으키지 않으면 정상사상(top event)은 일어나지 않는다고 하는 것으로 시스템의 신뢰성을 표시하는 것은? [10.2/14.3/18.2]

① cut set
② minimal cut set
③ free event
④ minimal path set

해설 최소 패스셋 : 모든 고장이나 실수가 발생하지 않으면 재해는 발생하지 않는다는 것으로, 즉 기본사상이 일어나지 않으면 정상사상이 발생하지 않는 기본사상의 집합으로 시스템의 신뢰성을 말한다.

정답 ④

10. Fussell의 알고리즘으로 최소 컷셋을 구하는 방법에 대한 설명으로 틀린 것은 어느 것인가? [13.1/19.3]

① OR 게이트는 항상 컷셋의 수를 증가시킨다.
② AND 게이트는 항상 컷셋의 크기를 증가시킨다.
③ 중복 및 반복되는 사건이 많은 경우에 적용하기 적합하고 매우 간편하다.
④ 톱(top)사상을 일으키기 위해 필요한 최소한의 컷셋이 최소 컷셋이다.

해설 Fussell 알고리즘의 특징
- OR 게이트는 항상 컷셋의 수를 증가시킨다.
- AND 게이트는 항상 컷셋의 크기를 증가시킨다.

• 톱(top)사상을 일으키기 위해 필요한 최소한의 컷셋이 최소 컷셋이다.

11. FT도에 의한 컷셋(cut set)이 [보기]와 같이 구해졌을 때 최소 컷셋(minimal cut set)으로 맞는 것은? [13.2/17.2]

┌─ 보기 ─────────────────────────┐
│   │
│ (X_1, X_3) (X_1, X_2, X_3) (X_1, X_3, X_4) │
│   │
└─────────────────────────────────┘

① (X_1, X_3) ② (X_1, X_2, X_3)
③ (X_1, X_3, X_4) ④ (X_1, X_2, X_3, X_4)

해설 3개의 컷셋 중 최소한의 컷이 최소 컷셋 $= \{X_1, X_3\}$이다.

11-1. 결함수 분석(FTA) 결과 [보기]와 같은 패스셋을 구하였다. X_4가 중복사상인 경우, 최소 패스셋(minimal path sets)으로 맞는 것은? [18.3]

┌─ 보기 ─────────────────────────┐
│   │
│ $\{X_2, X_3, X_4\}$ $\{X_1, X_3, X_4\}$ $\{X_3, X_4\}$ │
│   │
└─────────────────────────────────┘

① $\{X_3, X_4\}$
② $\{X_1, X_3, X_4\}$
③ $\{X_2, X_3, X_4\}$
④ $\{X_2, X_3, X_4\}$와 $\{X_3, X_4\}$

해설 3개의 패스셋 중 최소한의 컷이 최소 패스셋 $= \{X_3, X_4\}$이다.
정답 ①

12. 일반적인 FTA 기법의 순서로 맞는 것은 어느 것인가? [19.3]

┌────────────────────────────────┐
│ ㉠ FT의 작성   ㉡ 시스템의 정의 │
│ ㉢ 정량적 평가   ㉣ 정성적 평가   │
└────────────────────────────────┘

① ㉠ → ㉡ → ㉢ → ㉣

② ㉠ → ㉡ → ㉣ → ㉢
③ ㉡ → ㉠ → ㉢ → ㉣
④ ㉡ → ㉠ → ㉣ → ㉢

해설 일반적인 FTA 기법의 순서

1단계	2단계	3단계	4단계
시스템의 정의	FT의 작성	정성적 평가	정량적 평가

13. FTA에 의한 재해사례 연구의 순서를 올바르게 나열한 것은? [12.2/17.1/20.2]

┌────────────────────────────────┐
│ ㉠ 목표사상 선정   │
│ ㉡ FT도 작성   │
│ ㉢ 사상마다 재해 원인 규명   │
│ ㉣ 개선계획 작성   │
└────────────────────────────────┘

① ㉠ → ㉡ → ㉢ → ㉣
② ㉠ → ㉢ → ㉡ → ㉣
③ ㉡ → ㉢ → ㉠ → ㉣
④ ㉡ → ㉠ → ㉢ → ㉣

해설 FTA에 의한 재해사례 연구의 순서

1단계	2단계	3단계	4단계
목표(톱) 사상의 선정	사상마다 재해 원인 규명	FT도 작성	개선계획 작성

14. 반복되는 사건이 많이 있는 경우, FTA의 최소 컷셋과 관련이 없는 것은?

① Fussell Algorithm [17.1/17.3/20.1/20.3]
② Boolean Algorithm
③ Monte Carlo Algorithm
④ Limnios & Ziani Algorithm

해설 • FTA의 최소 컷셋을 구하는 알고리즘의 종류는 Boolean Algorithm, Fussell Algorithm, Limnios & Ziani Algorithm이다.

- Monte Carlo Algorithm은 구하고자 하는 수치의 확률적 분포를 반복 실험으로 구하는 방법, 시뮬레이션에 의한 테크닉의 일종이다.

정성적, 정량적 분석

15. 톱사상 T를 일으키는 컷셋에 해당하는 것은?

[15.1/18.3]

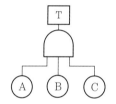

① {A} ② {A, B}
③ {A, B, C} ④ {B, C}

해설 톱사상 T를 일으키기 위해서는 AND 게이트를 통과해야 하므로 A, B, C 모두 발생되어야 한다.

15-1. [그림]의 FT도에서 Fussell의 알고리즘에 의해 구한 컷셋으로 옳은 것은?

[10.3/11.2]

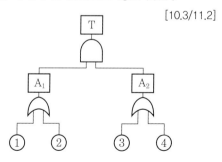

① (1, 2), (1, 3), (2, 3), (2, 4)
② (1, 3), (1, 4), (2, 3), (2, 4)
③ (1, 2), (1, 3), (1, 4), (2, 4)
④ (1, 3), (1, 4), (2, 3), (3, 4)

해설 컷셋(T)$=A_1 \cdot A_2 = (①+②) \cdot (③+④)$
$=(①, ③), (①, ④), (②, ③), (②, ④)$
정답 ②

15-2. 다음 [그림]과 같은 FT도의 컷셋(cut sets)에 속하는 것은?

[10.2/15.3/16.1]

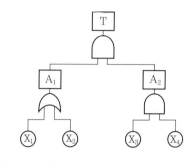

① {X₁, X₂, X₃} ② {X₁, X₂, X₄}
③ {X₁, X₃, X₄} ④ {X₁, X₂}, {X₃, X₄}

해설 $T = A_1 \cdot A_2 = \binom{X_1}{X_2}(X_3 X_4)$
$= \{X_1, X_3, X_4\}$ 또는 $\{X_2, X_3, X_4\}$
정답 ③

16. 다음과 같이 1~4의 기본사상을 가진 FT도에서 minimal cut set으로 옳은 것은?

[14.2]

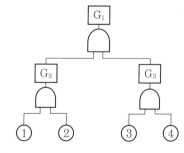

① {①, ②, ③, ④} ② {①, ③, ④}
③ {①, ②} ④ {③, ④}

해설 $G_1 = G_2 \cdot G_3 = (① \cdot ②) \cdot (③ \cdot ④)$
$= (①, ②, ③, ④)$

16-1. 다음과 같은 FT도에서 minimal cut set으로 옳은 것은? [13.3]

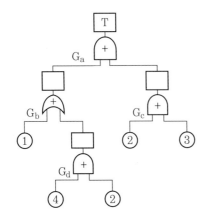

① (2, 3)
② (1, 2, 3)
③ (1, 2, 3), (2, 3, 4)
④ (1, 2, 3), (1, 3, 4)

해설 $G_a = G_b \cdot G_c = (① + ④ \cdot ②) \cdot (② \cdot ③)$
$= (① \cdot ② \cdot ③) + (② \cdot ③ \cdot ④)$

정답 ③

16-2. 다음 FTA 그림에서 a, b, c의 부품 고장률이 각각 0.01일 때, 최소 컷셋(minimal cut sets)과 신뢰도로 옳은 것은? [12.2/19.1]

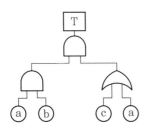

① {a, b}, $R(t) = 99.99\%$
② {a, b, c}, $R(t) = 98.99\%$
③ {a, c}, $R(t) = 96.99\%$
   {a, b}
④ {a, c}, $R(t) = 97.99\%$
   {a, b, c}

해설 ㉠ 컷셋 = (a, b, c), (a, b)이며, 최소 컷셋은 (a, b)이다.

㉡ 고장률 $F(t) = a \times b = 0.01 \times 0.01 = 0.0001$

㉢ 신뢰도 $R(t) = 1 - 0.0001 = 0.9999$이므로 99.99%이다.

정답 ①

16-3. 다음의 FT도에서 몇 개의 미니멀 패스셋(minimal path sets)이 존재하는가? [19.2]

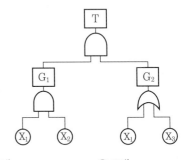

① 1개
② 2개
③ 3개
④ 4개

해설 $T = G_1 \cdot G_2 = (X_1 X_2)\binom{X_1}{X_3}$

$= (X_1, X_2)$ 또는 (X_1, X_2, X_3)
∴ 최소 패스셋 : (X_1), (X_2)

정답 ②

16-4. 다음 그림의 FT도에서 최소 패스셋(minimal path set)은? [16.3]

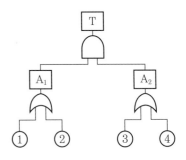

① {1, 3}, {1, 4}
② {1, 2}, {3, 4}
③ {1, 2, 3}, {1, 2, 4}
④ {1, 3, 4}, {2, 3, 4}

해설 최소 패스셋은 {1, 2} 또는 {3, 4}이다.

정답 ②

17. FT도상에서 정상사상 T의 발생확률은? (단, 기본사상 1, 2의 발생확률은 각각 1×10⁻²과 2×10⁻²이다.) [10.3/15.1/15.2]

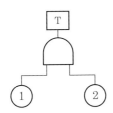

① 2×10^{-2}
② 2×10^{-4}
③ 2.98×10^{-2}
④ 2.98×10^{-4}

해설 발생확률$(T) = ① \times ②$
$$= (1 \times 10^{-2})(2 \times 10^{-2})$$
$$= 2 \times 10^{-4}$$

정답 ②

17-1. FT도에서 정상사상 A의 발생확률은? (단, 사상 B₁의 발생확률은 0.3이고, B₂의 발생확률은 0.2이다.) [09.1/11.3/16.2]

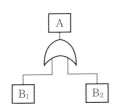

① 0.06
② 0.44
③ 0.56
④ 0.94

해설 발생확률$(A) = 1 - (1-B_1)(1-B_2)$
$$= 1 - (1-0.3)(1-0.2)$$
$$= 0.44$$

정답 ②

17-2. 기본사상 1과 2가 OR gate로 연결되어 있는 FT도에서 정상사상(top event)의 발생확률은 얼마인가? (단, 기본사상 1과 2의 발생확률은 각각 1×10⁻³/h, 1.5×10⁻²/h이다.) [11.1]

① 0.008
② 0.015985
③ 0.07555
④ 0.15085

해설 발생확률$= 1 - (1-①)(1-②)$
$$= 1 - \{1 - (1 \times 10^{-3}/h)\}\{1 - (1.5 \times 10^{-2}/h)\}$$
$$= 0.015985$$

정답 ②

17-3. 다음 FT도에서 각 사상이 발생할 확률이 B₁은 0.1, B₂는 0.2, B₃은 0.3일 때 사상 A가 발생할 확률은 약 얼마인가? [15.3]

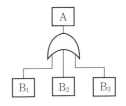

① 0.006
② 0.496
③ 0.604
④ 0.804

해설 발생확률(A)
$$= 1 - \{(1-B_1) \times (1-B_2) \times (1-B_3)\}$$
$$= 1 - \{(1-0.1) \times (1-0.2) \times (1-0.3)\}$$
$$= 0.496$$

정답 ②

17-4. 3개의 서로 다른 부품이 OR gate에 연결된 FTA 모델이 있다. 각 부품의 고장확률은 0.2이고, "시스템이 작동 안 됨"을 정상사상(top event)으로 했을 때 정상사상이 발생할 확률은 얼마인가? [10.1]

① 0.008
② 0.488
③ 0.512
④ 0.992

해설 발생확률(T)
$$= 1 - \{(1-A) \times (1-B) \times (1-C)\}$$
$$= 1 - \{(1-0.2) \times (1-0.2) \times (1-0.2)\}$$
$$= 0.488$$

정답 ②

17-5. 다음 FT도에서 정상사상의 발생확률은 얼마인가? (단 X_1은 0.1, X_2는 0.2, X_3은 0.1, X_4는 0.20이다.) [11.2]

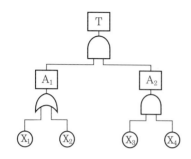

① 0.0004 ② 0.0026
③ 0.0056 ④ 0.0784

해설 발생확률(T) $= A_1 \times A_2$
$= \{1-(1-X_1) \times (1-X_2)\} \times (X_3 \times X_4)$
$= \{1-(1-0.1) \times (1-0.2)\} \times (0.1 \times 0.2)$
$= 0.0056$

정답 ③

18. 다음 그림과 같은 시스템의 신뢰도로 옳은 것은? (단, 그림의 숫자는 각 부품의 신뢰도이다.) [09.2/09.3/12.2/12.3/16.2/18.2/19.2]

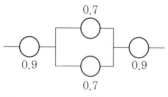

① 0.6261 ② 0.7371
③ 0.8481 ④ 0.9591

해설 신뢰도 $= 0.9 \times \{1-(1-0.7) \times (1-0.7)\}$
$\times 0.9 = 0.7371$

18-1. 세발자전거에서 각 바퀴의 신뢰도가 0.9일 때 이 자전거의 신뢰도는 얼마인가?

① 0.729 ② 0.810 [14.1]
③ 0.891 ④ 0.999

해설 자전거의 신뢰도(R)
$= 0.9 \times 0.9 \times 0.9 = 0.729$

정답 ①

18-2. 신뢰도가 0.4인 부품 5개가 병렬결합 모델로 구성된 제품이 있을 때 이 제품의 신뢰도는? [20.2]

① 0.90 ② 0.91 ③ 0.92 ④ 0.93

해설 신뢰도(R_s) $= 1-(1-0.4)^5 = 0.92224$

정답 ③

18-3. 신뢰도가 동일한 부품 4개로 구성된 시스템 전체의 신뢰도가 가장 높은 것은?

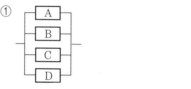

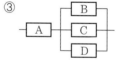

해설 병렬연결 구조는 결함이 생긴 부품의 기능을 대체시킬 수 있도록 부품을 중복 부착시키는 시스템으로 신뢰도가 가장 높다.

정답 ①

18-4. FT에서 두 입력사상 A와 B가 AND 게이트로 결합되어 있을 때 출력사상의 고장발생확률은? (단, A의 고장률은 0.6, B의 고장률은 0.2이다.) [16.3]

① 0.12 ② 0.40 ③ 0.68 ④ 0.80

해설 고장률 $= A \times B = 0.6 \times 0.2 = 0.12$

정답 ①

18-5. 어떤 기기의 고장률이 시간당 0.002로 일정하다고 한다. 이 기기를 100시간 사용했을 때 고장이 발생할 확률은 얼마인가?

① 0.1813   [09.2/11.3/17.2/17.3/19.3]

② 0.2214

③ 0.6253

④ 0.8187

해설 ㉠ $R(t) = e^{-\lambda t} = e^{-0.002 \times 100}$
$$= e^{-0.2} = 0.8187$$

㉡ 고장률 $= 1 - R(t) = 1 - 0.8187 = 0.1813$

정답 ①

18-6. 조작자 한 사람의 신뢰도가 0.98일 때 요원을 중복하여 2인 1조가 되어 작업을 진행하는 공정이 있다. 작업기간 중 항상 요원 지원을 한다면 이 조의 인간 신뢰도는? [20.3]

① 0.93   ② 0.94

③ 0.96   ④ 0.99

해설 인간 신뢰도 $= 1 - (1 - 0.98)^2 \fallingdotseq 0.99$

정답 ④

18-7. 작업원 2인이 중복하여 작업하는 공정에서 작업자의 신뢰도는 0.85로 동일하며, 작업 중 50%는 작업자 1인이 수행하고 나머지 50%는 중복 작업한다면 이 공정의 인간 신뢰도는 약 얼마인가? [12.2]

① 0.6694   ② 0.7225

③ 0.9138   ④ 0.9888

해설 인간 신뢰도 $= \dfrac{\text{작업} + \text{중복작업}}{2}$

$$= \dfrac{0.85 + \{1 - (1 - 0.85)^2\}}{2}$$

$$= \dfrac{0.85 + 0.9775}{2} = 0.9138$$

정답 ③

18-8. 어뢰를 신속하게 탐지하는 경보 시스템은 영구적이며, 경계나 부주의로 광점을 탐지하지 못하는 조작자 실수율은 0.001t/시간이고, 균질(homogeneous)하다. 또한, 조작자는 15분마다 스위치를 작동해야 하는데 인간 실수 확률(HEP)이 0.01인 경우에 2시간에서 3시간 사이에 인간-기계 시스템의 신뢰도는 약 얼마인가? [12.3]

① 94.96%   ② 95.96%

③ 96.96%   ④ 97.96%

해설 신뢰도$(R) = (1 - 0.001)^1 \times (1 - P)^n$
$$= 0.999 \times (1 - 0.01)^4$$
$$= 0.9596 = 95.96\%$$

정답 ②

19. 불 대수의 관계식으로 맞는 것은?

① $A(A \cdot B) = B$ [09.2/12.1/14.2/17.3]

② $A + B = A \cdot B$

③ $A + A \cdot B = A \cdot B$

④ $A + B \cdot C = (A + B)(A + C)$

해설 불(Bool) 대수의 정리

- 항등법칙 : $A + 0 = A$, $A + 1 = 1$, $A \cdot 1 = A$, $A \cdot 0 = 0$
- 멱등법칙 : $A + A = A$, $A \cdot A = A$, $A + A' = 1$, $A \cdot A' = 0$
- 교환법칙 : $A + B = B + A$, $A \cdot B = B \cdot A$
- 보수법칙 : $A + \overline{A} = 1$, $A \cdot \overline{A} = 0$
- 흡수법칙 : $A(A \cdot B) = (A \cdot A)B = A \cdot B$, $A \cdot (A + B) = A \rightarrow A + A \cdot B = A \cup (A \cap B) = (A \cup A) \cap (A \cup B) = A \cap (A \cup B) = A$, $A \cdot (A + B) = A(1) = A$ $(A + B = 1)$, $\overline{A \cdot B} = \overline{A} + \overline{B}$
- 분배법칙 : $A + (B \cdot C) = (A + B) \cdot (A + C)$, $A \cdot (B + C) = (A \cdot B) + (A \cdot C)$
- 결합법칙 : $A(BC) = (AB)C$, $A + (B + C) = (A + B) + C$

7 각종 설비의 유지관리

설비관리의 개요

1. 다음 중 설비보전관리에서 설비이력카드, MTBF 분석표, 고장 원인 대책표와 관련이 깊은 관리는? [20.1]

① 보전기록관리　　② 보전자재관리
③ 보전작업관리　　④ 예방보전관리

해설 보전기록관리 : MTBF 분석표, 설비이력카드, 고장 원인 대책표 등을 유지·보전하기 위해 기록 및 관리하는 서류

1-1. 신뢰성과 보전성을 효과적으로 개선하기 위해 작성하는 보전기록 자료로서 가장 거리가 먼 것은? [19.1/19.2]

① 자재관리표
② MTBF 분석표
③ 설비이력카드
④ 고장 원인 대책표

해설 보전기록 자료 : MTBF 분석표, 설비이력카드, 고장 원인 대책표 등

정답 ①

2. 다음 중 보전용 자재에 관한 설명으로 가장 적절하지 않은 것은? [14.1]

① 소비속도가 느려 순환사용이 불가능하므로 폐기시켜야 한다.
② 휴지손실이 적은 자재는 원자재나 부품의 형태로 재고를 유지한다.
③ 열화 상태를 경향 검사로 예측이 가능한 품목은 적시 발주법을 적용한다.
④ 보전의 기술수준, 관리수준이 재고량을 좌우한다.

해설 ① 보전용 자재는 소비속도가 늦은 것이 많으며, 사용 빈도가 낮다.

3. 다음 중 공장설비의 고장 원인 분석방법으로 적당하지 않은 것은? [10.1/13.3]

① 고장 원인 분석은 언제, 누가, 어떻게 행하는가를 그때의 상황에 따라 결정한다.
② P-Q 분석도에 의한 고장 대책으로 빈도가 높은 고장에 대하여 근본적인 대책을 수립한다.
③ 동일 기종이 다수 설치되었을 때는 공통된 고장 개소, 원인 등을 규명하여 개선하고 자료를 작성한다.
④ 발생한 고장에 대하여 그 개소, 원인, 수리상의 문제점, 생산에 미치는 영향 등을 조사하고 재발방지 계획을 수립한다.

해설 ② P-Q 분석도는 제품과 생산량의 분석을 행하는 공정 분석의 기법이다.

4. 윤활관리 시스템에서 준수해야 하는 4가지 원칙이 아닌 것은? [18.2]

① 적정량 준수
② 다양한 윤활제의 혼합
③ 올바른 윤활법의 선택
④ 윤활기간의 올바른 준수

해설 윤활관리 시스템 준수사항 4가지
• 적정량 준수
• 기계에 적합한 윤활제를 선정
• 올바른 윤활법의 선택
• 윤활기간의 올바른 준수

정답 1. ①　2. ①　3. ②　4. ②

설비의 운전 및 유지관리

5. 다음 중 설비의 가용도를 나타내는 공식으로 옳은 것은? [10.2]

① 가용도 = $\dfrac{\text{작동가능시간}}{\text{작동가능시간} + \text{작동불능시간}}$

② 가용도 = $\dfrac{\text{작동가능시간}}{\text{작동불능시간} + \text{작동가능시간}}$

③ 가용도 = $\dfrac{\text{작동가능시간}}{\text{작동불능시간}}$

④ 가용도 = $\dfrac{\text{작동불능시간}}{\text{작동가능시간}}$

해설 • 가용도 = $\dfrac{\text{MTBF}}{\text{MTBF} + \text{MTTR}}$

• MTTR(평균수리시간) : 평균고장시간(작동불능시간)으로 평균 수리에 소요되는 시간

• MTBF(평균고장간격) : 무고장시간의 평균(작동가능시간)으로 체계의 고장 발생 순간부터 수리하여 정상 가동하다가 다시 고장 발생 시까지 평균 시간

5-1. 사후보전에 필요한 평균수리시간을 나타내는 것은? [09.1/10.3/15.1/16.1/18.3]

① MDT ② MTTF
③ MTBF ④ MTTR

해설 ① MDT(평균정지시간)

② MTTF(고장까지의 평균 시간) : 수리가 불가능한 기기 중 처음 고장 날 때까지 걸리는 시간

③ MTBF(평균고장간격) : 수리가 가능한 기기 중 고장에서 다음 고장까지 걸리는 평균 시간

④ MTTR(평균수리시간) : 평균고장시간(작동불능시간)으로 평균 수리에 소요되는 시간

정답 ④

6. 어떤 공장에서 10000시간 동안 15000개의 부품을 생산하였을 때 설비 고장으로 인하여 15개의 불량품이 발생하였다면 평균고장간격(MTBF)은 얼마인가? [15.2]

① 1×10^6시간 ② 2×10^6시간
③ 1×10^7시간 ④ 2×10^7시간

해설 MTBF(평균고장간격) = $\dfrac{1}{\lambda}$

$= \dfrac{\text{총 가동시간}}{\text{고장 건수}} = \dfrac{15000 \times 10000}{15}$

$= 1 \times 10^7$시간

7. 지게차 인장벨트의 수명은 평균이 100000시간, 표준편차가 500시간인 정규분포를 따른다. 이 인장벨트의 수명이 101000시간 이상일 확률은 약 얼마인가? (단, $P(Z \leq 1) = 0.8413$, $P(Z \leq 2) = 0.9772$, $P(Z \leq 3) = 0.9987$이다.) [14.3/17.1]

① 1.60% ② 2.28% ③ 3.28% ④ 4.28%

해설 정규분포 $P\left(Z \geq \dfrac{X - \mu}{\sigma}\right)$

여기서, X : 확률변수, μ : 평균, σ : 표준편차

$\therefore P\left(Z \geq \dfrac{101000 - 100000}{500}\right)$

$= P(Z \geq 2) = 1 - P(Z \leq 2) = 1 - 0.9772$

$= 0.0228 \times 100 = 2.28\%$

8. 평균수명이 10000시간인 지수분포를 따르는 요소 10개가 직렬계로 구성되어 있는 경우 계의 기대수명은? [09.1]

① 1000시간 ② 5000시간
③ 10000시간 ④ 100000시간

해설 직렬계의 수명 = $\dfrac{\text{평균수명}}{\text{요소 수}}$

$= \dfrac{10000}{10} = 1000$시간

8-1. 평균고장시간(MTTF)이 6×10^5시간의 요소 2개가 직렬계를 이루었을 때의 계(system)의 수명은? [09.2]

① 2×10^5시간

② 3×10^5시간

③ 9×10^5시간

④ 18×10^5시간

해설 직렬계의 수명 $= \dfrac{평균수명}{요소 \ 수}$

$$= \frac{6 \times 10^5}{2} = 3 \times 10^5 시간$$

정답 ②

8-2. 각각 10000시간의 수명을 가진 A, B 두 요소가 병렬로 이루고 있을 때 이 시스템의 수명은 얼마인가? (단, 요소 A, B의 수명은 지수분포를 따른다.) [13.1]

① 5000시간

② 1000시간

③ 15000시간

④ 20000시간

해설 병렬계의 수명 $=$ 평균수명 $+ \dfrac{평균수명}{요소 \ 수}$

$$= 10000 + \frac{10000}{2} = 15000시간$$

정답 ③

보전성 공학

9. 다음 중 교체 주기와 가장 밀접한 관련성이 있는 보전방식은? [11.1/15.3/16.3]

① 보전예방　　② 생산보전

③ 품질보전　　④ 예방보전

해설 보전의 분류 및 특징

- 보전예방 : 설비의 설계 및 제작 단계에서 보전 활동이 불필요한 체제를 목표로 하는 설비보전방법
- 예방보전 : 설비의 계획 단계부터 고장예방을 위해 계획적으로 하는 보전 활동
  - ㉠ 정기보전 : 적정 주기를 정하고 주기에 따라 수리, 교환 등을 행하는 활동
  - ㉡ 예지보전 : 설비의 열화 상태를 알아보기 위한 점검이나 점검에 따른 수리를 행하는 활동
- 생산보전 : 비용은 최소화하고 성능은 최대로 하는 것이 목적이며, 유지활동에는 일상보전, 예방보전, 사후보전 등이 있고, 개선활동에는 개량보전이 있다.
- 사후보전 : 기계설비의 고장이나 결함 등을 보수하여 회복시키는 보전 활동
- 개량보전 : 기계설비의 고장이나 결함 등의 개선을 실시하는 보전 활동

9-1. 다음 설명에 해당하는 설비보전방식은 무엇인가? [09.3]

> 설비를 항상 정상, 양호한 상태로 유지하기 위한 정기적인 검사와 초기의 단계에서 성능의 저하나 고장을 제거하거나 조정 또는 수복하기 위한 설비의 보수 활동을 의미한다.

① 예방보전(preventive maintenance)

② 보전예방(maintenance prevention)

③ 개량보전(corrective maintenance)

④ 사후보전(break-down maintenance)

해설 예방보전에 대한 설명이다.

정답 ①

9-2. 다음에서 설명하는 것은? [12.1]

미국의 GE사가 처음으로 사용한 보전으로, 설계에서 폐기에 이르기까지 기계설비의 전 과정에서 소요되는 설비의 열화 손실과 보전비용을 최소화하여 생산성을 향상시키는 보전방법

① 생산보전   ② 계량보전
③ 사후보전   ④ 예방보전

해설 생산보전에 대한 설명이다.

정답 ①

9-3. 설비보전방식의 유형 중 궁극적으로는 설비의 설계, 제작 단계에서 보전 활동이 불필요한 체계를 목표로 하는 것은?   [16.2]

① 개량보전(corrective maintenance)
② 예방보전(preventive maintenance)
③ 사후보전(break-down maintenance)
④ 보전예방(maintenance prevention)

해설 보전예방 : 설비의 설계 및 제작 단계에서 보전 활동이 불필요한 체제를 목표로 하는 설비보전방법

정답 ④

10. 다음 중 예방보전을 수행함으로써 기대되는 이점이 아닌 것은?   [12.3]

① 정지시간 감소로 유휴 손실 감소
② 신뢰도 향상으로 인한 제조원가의 감소
③ 납기 엄수에 따른 신용 및 판매기회 증대
④ 돌발고장 및 보전비의 감소

해설 예방보전 : 설비의 계획 단계부터 고장 예방을 위해 계획적으로 하는 보전 활동
• 정기보전 : 적정 주기를 정하고 주기에 따라 수리, 교환 등을 행하는 활동
• 예지보전 : 설비의 열화 상태를 알아보기

위한 점검이나 점검에 따른 수리를 행하는 활동

11. 보전 효과 측정을 위해 사용하는 설비 고장 강도율의 식으로 맞는 것은?   [12.2/17.2]

① 부하시간 ÷ 설비 가동시간
② 총 수리시간 ÷ 설비 가동시간
③ 설비 고장 건수 ÷ 설비 가동시간
④ 설비 고장 정지시간 ÷ 설비 가동시간

해설 설비 고장 강도율

$$= \frac{\text{설비 고장 정지시간}}{\text{설비 가동시간}} \times 100$$

11-1. 10시간 설비 가동 시 설비 고장으로 1시간 정지하였다면 설비 고장 강도율은 얼마인가?   [18.1]

① 0.1%   ② 9%
③ 10%   ④ 11%

해설 설비 고장 강도율

$$= \frac{\text{설비 고장 정지시간}}{\text{설비 가동시간}} \times 100$$

$$= \frac{1}{10} \times 100 = 10\%$$

정답 ③

3과목 기계 위험방지 기술

1 기계안전의 개념

기계의 위험 및 안전 조건

1. 다음 중 기계 운동 형태에 따른 위험점의 분류에 해당되지 않는 것은? [15.3]

① 끼임점
② 회전물림점
③ 협착점
④ 절단점

해설 위험점의 분류

- 협착점 : 왕복운동을 하는 동작부와 고정 부분 사이에 형성되는 위험점
- 끼임점 : 회전운동을 하는 동작 부분과 고정 부분 사이에 형성되는 위험점
- 절단점 : 회전하는 운동부 자체의 위험점
- 물림점(말림점) : 두 회전체가 서로 반대 방향으로 물려 돌아가는 위험점 – 롤러와 롤러, 기어와 기어의 물림점
- 접선물림점 : 회전하는 부분이 접선 방향으로 물려들어 갈 위험이 있는 점, 벨트와 풀리의 물림점
- 회전말림점 : 회전하는 축, 커플링, 회전하는 공구의 말림점

1-1. 다음 중 기계설비에 의해 형성되는 위험점이 아닌 것은? [17.1/19.1]

① 회전말림점
② 접선분리점
③ 협착점
④ 끼임점

해설 기계설비의 위험점 : 협착점, 끼임점, 절단점, 물림점, 접선물림점, 회전말림점

정답 ②

1-2. 연삭숫돌과 작업받침대, 교반기의 날개, 하우스 등 기계의 회전운동을 하는 부분과 고정 부분 사이에 위험이 형성되는 위험점은? [10.2/13.2/14.3/15.1/20.1]

① 물림점
② 끼임점
③ 절단점
④ 접선물림점

해설 끼임점 : 회전운동을 하는 동작 부분과 고정 부분 사이에 형성되는 위험점

정답 ②

1-3. 체인과 스프로킷, 랙과 피니언, 풀리와 V벨트 등에 형성되는 위험점은? [12.2/16.2]

① 끼임점
② 회전말림점
③ 접선물림점
④ 협착점

해설 접선물림점 : 회전하는 부분이 접선 방향으로 물려들어 갈 위험이 있는 점, 벨트와 풀리의 물림점

정답 ③

1-4. 2개의 회전체가 회전운동을 할 때에 물림점이 발생할 수 있는 조건은? [15.1/19.3]

① 두 개의 회전체 모두 시계 방향으로 회전
② 두 개의 회전체 모두 시계 반대 방향으로 회전
③ 하나는 시계 방향으로 회전하고 다른 하나는 정지
④ 하나는 시계 방향으로 회전하고 다른 하나는 시계 반대 방향으로 회선

해설 물림점 : 두 회전체가 서로 반대 방향으로 물려 돌아가는 위험점 – 롤러와 롤러, 기어와 기어의 물림점

정답 ④

1-5. 프레스 작업 시 왕복운동을 하는 부분과 고정 부분 사이에서 형성되는 위험점은 무엇인가? [11.2/12.3/17.3/19.2/19.3]

① 물림점 ② 협착점
③ 절단점 ④ 회전말림점

해설 협착점 : 왕복운동을 하는 동작부와 고정 부분 사이에 형성되는 위험점

정답 ②

1-6. 다음 중 왕복운동을 하는 운동부와 고정부 사이에서 형성되는 위험점인 협착점(squeeze point)이 형성되는 기계로 가장 거리가 먼 것은? [09.2/13.1]

① 프레스 ② 연삭기
③ 조형기 ④ 성형기

해설 ②는 끼임점 형성,
①, ③, ④는 협착점 형성

정답 ②

1-7. 기계설비 기구의 위험점에서 고정 부분과 회전 부분이 만드는 위험점이 아니고 밀링커터, 둥근 톱날 등과 같이 회전하는 운동부 자체의 위험이나 운동하는 기계 부분 자체의 위험에서 초래되는 위험점은?

① 물림점(nip–point) [09.3/11.2]
② 절단점(cutting–point)
③ 끼임점(shear–point)
④ 협착점(squeeze–point)

해설 절단점 : 회전하는 운동부 자체의 위험점

정답 ②

2. 한계 하중 이하의 하중이라도 고온 조건에서 일정 하중을 지속적으로 가하며 시간의 경과에 따라 변형이 증가하고 결국은 파괴에 이르게 되는 현상을 무엇이라 하는가?

① 크리프(creep) [09.3/13.1]
② 피로 현상(fatigue limit)
③ 가공경화(stress hardening)
④ 응력집중(stress concentration)

해설 크리프 현상 : 고온에서 재료에 일정 하중을 지속적으로 가하면 시간의 경과에 따라 변형이 증가하고 결국은 파괴에 이르게 되는 현상

3. 구멍이 있거나 노치(notch) 등이 있는 재료에 외력이 작용할 때 가장 현저하게 나타나는 현상은? [12.1/18.2]

① 가공경화 ② 피로
③ 응력집중 ④ 크리프(creep)

해설 응력집중 : 구멍이나 노치 등이 있어 단면 형상이 급격히 변화되는 재료에 하중을 가했을 때 그 부분에 응력이 국부적으로 집중되는 현상

4. 반복하중을 받는 기계 구조물 설계 시 우선 고려해야 할 설계인자는? [11.1/15.1]

① 극한강도 ② 크리프 강도
③ 피로한도 ④ 항복점

해설 재료에 하중을 반복하여 가하여도 파괴되지 아니하고 견디는 응력, 즉 피로한도라 한다.

5. 기계를 구성하는 요소에서 피로 현상은 안전과 밀접한 관련이 있다. 다음 중 기계요소의 피로 파괴 현상과 가장 관련이 적은 것은 어느 것인가? [10.2/17.1]

정답 2. ① 3. ③ 4. ③ 5. ①

① 소음(noise)

② 노치(notch)

③ 부식(corrosion)

④ 치수 효과(size effect)

해설 피로 파괴 현상의 영향 요소 : 노치(notch), 부식(corrosion), 치수 효과(size effect), 표면상태 등

6. 기계설비의 일반적인 안전 조건에 해당되지 않는 것은? [16.3]

① 설비의 안전화

② 기능의 안전화

③ 구조의 안전화

④ 작업의 안전화

해설 기계설비의 안전 조건 : 외형, 기능, 구조, 작업, 유지보수, 작업보전의 안전화

• 기능의 안전화 : 기계 작동 시 기계의 오동작을 방지하기 위하여 오동작 방지 회로를 적용한다.

• 구조의 안전화

㉠ 기계재료의 선정 시 재료 자체에 결함이 없는지 철저히 확인한다.

㉡ 사용 중 재료의 강도가 열화될 것을 감안하여 설계 시 안전율을 고려한다.

㉢ 가공경화와 같은 가공 결함이 생길 우려가 있는 경우는 열처리 등으로 결함을 방지한다.

• 작업점의 안전화 : 작업자가 접촉할 우려가 있는 기계의 회전부에 덮개를 씌운다.

6-1. 다음 중 기계설비에서 이상 발생 시 기계를 급정지시키거나 안전장치가 작동되도록 하는 안전화를 무엇이라 하는가? [15.2]

① 기능상의 안전화

② 외관상의 안전화

③ 구조 부분의 안전화

④ 본질적 안전화

해설 기능의 안전화 : 기계 작동 시 기계의 오동작을 방지하기 위하여 오동작 방지 회로를 적용한다.

정답 ①

6-2. 기계설비의 안전 조건에서 구조적 안전화에 해당하지 않는 것은? [12.2/13.2/19.3]

① 가공 결함

② 재료 결함

③ 설계상의 결함

④ 방호장치의 작동 결함

해설 구조의 안전화 : 재료, 부품, 설계, 가공 결함, 안전율 등

정답 ④

6-3. 기계설비의 안전 조건 중 구조의 안전화에 대한 설명으로 가장 거리가 먼 것은 어느 것인가? [10.2/20.2]

① 기계재료의 선정 시 재료 자체에 결함이 없는지 철저히 확인한다.

② 사용 중 재료의 강도가 열화될 것을 감안하여 설계 시 안전율을 고려한다.

③ 기계 작동 시 기계의 오동작을 방지하기 위하여 오동작 방지 회로를 적용한다.

④ 가공경화와 같은 가공 결함이 생길 우려가 있는 경우는 열처리 등으로 결함을 방지한다.

해설 구조의 안전화

• 기계재료의 선정 시 재료 자체에 결함이 없는지 철저히 확인한다.

• 사용 중 재료의 강도가 열화될 것을 감안하여 설계 시 안전율을 고려한다.

• 가공경화와 같은 가공 결함이 생길 우려가 있는 경우는 열처리 등으로 결함을 방지한다.

정답 ③

정답 6. ①

6-4. 기계설비의 안전 조건 중 외관의 안전화에 해당되지 않는 것은? [17.2]

① 오동작 방지 회로 적용
② 안전색채 조절
③ 덮개의 설치
④ 구획된 장소에 격리

해설 기계설비의 안전 조건

• 외형의 안전화 : 작업자가 접촉할 우려가 있는 기계의 회전부에 덮개를 씌우고, 스위치 등을 명확히 구분할 수 있도록 안전색채를 사용하였다.
• 기능의 안전화 : 전압 및 압력강하 시 작동 정지, 자동제어, 자동송급, 배출 등
• 구조의 안전화 : 재료, 부품, 설계, 가공 결함, 안전율 등

정답 ①

6-5. 다음 중 기계설비 외형의 안전화 방법이 아닌 것은? [19.3]

① 덮개
② 안전색채 조절
③ 가드(guard)의 설치
④ 페일 세이프(fail-safe)

해설 ④는 본질적 안전화,
①, ②, ③은 외형의 안전화

정답 ④

6-6. 기계설비의 안전 조건 중 외관의 안전화에 해당되는 조치는? [12.3/14.1/15.1/16.3]

① 고장 발생을 최소화하기 위해 정기점검을 실시하였다.
② 강도의 열화를 생각하여 안전율을 최대로 고려하여 설계하였다.
③ 전압강하, 정전 시의 오동작을 방지하기 위하여 자동제어 장치를 설치하였다.

④ 작업자가 접촉할 우려가 있는 기계의 회전부를 덮개로 씌우고 안전색채를 사용하였다.

해설 ①은 작업의 안전화,
②는 구조의 안전화,
③은 기능의 안전화

정답 ④

6-7. 기계설비의 근원적인 안전화 확보를 위한 고려사항 중에서 작업의 안전화에 해당되는 것은? [11.3]

① 기계 외형 부분 및 돌출 부분 덮개 설치
② 주변의 유해가스나 분진에 대한 저항력을 갖추도록 기계 제작
③ 작업자가 오인이 안 되도록 기계류의 적절한 배치 및 표시
④ 필요한 기계적 특성을 얻기 위하여 적절한 열처리를 수행

해설 작업장 배치에 관한 원칙(작업의 안전화)

• 모든 공구나 재료는 정해진 위치에 배치한다.
• 공구, 재료 및 제어장치는 사용위치에 가까이 두도록 한다.
• 공구나 재료는 작업 동작이 원활하게 수행되도록 그 위치를 정해준다.
• 중력 이송원리를 이용한 부품을 제품 사용위치에 가까이 보낼 수 있도록 한다.

정답 ③

6-8. 기계설비의 안전화를 크게 외관의 안전화, 기능의 안전화, 구조적 안전화로 구분할 때, 기능의 안전화에 해당하는 것은 어느 것인가? [09.2/19.2]

① 안전율의 확보
② 위험부위 덮개 설치
③ 기계 외관에 안전색채 사용
④ 전압강하 시 기계의 자동정지

해설 기능의 안전화 : 전압 및 압력강하 시 작동 정지, 자동제어, 자동송급, 배출 등
Tip) ①은 구조적 안전화,
  ②, ③은 외관의 안전화
정답 ④

6-9. 다음 [보기]는 기계설비의 안전화 중 기능의 안전화와 구조의 안전화를 위해 고려해야 할 사항을 열거한 것이다. [보기] 중 기능의 안전화를 위해 고려해야 할 사항에 속하는 것은? [18.3]

> **보기**
> ㉠ 재료의 결함
> ㉡ 가공상의 잘못
> ㉢ 정전 시의 오동작
> ㉣ 설계의 잘못

① ㉠ ② ㉡ ③ ㉢ ④ ㉣

해설 ㉠, ㉡, ㉣은 구조의 안전화,
㉢은 기능의 안전화
정답 ③

7. 다음 중 외형의 안전화를 위한 대상기계·기구·장치별 색채의 연결이 잘못된 것은 어느 것인가? [15.3]
① 시동용 단추 스위치–녹색
② 고열을 내는 기계–노란색
③ 대형기계–밝은 연녹색
④ 급정지용 단추 스위치–빨간색
해설 ② 고열을 내는 기계 – 청록색

8. 기계설비의 본질 안전화에 대한 설명 중 맞는 것은? [11.1]
① 근로자의 동작상 과오가 실수 또는 기계설비에 이상이 생겨도 안전성이 확보된 것
② 점검과 주유방법이 용이한 것

③ 보전용 작업장이 확보된 것
④ 인간공학적 안전장치가 있는 것
해설 본질 안전화 : 설비 및 기계 일부가 고장이 난 경우 기능의 저하는 가져오나 전체 기능은 정지하지 않는다.

8-1. 기계설비의 본질적 안전화를 위한 방식 중 성격이 다른 것은? [16.3]
① 고정 가드
② 인터록 기구
③ 압력용기 안전밸브
④ 양수조작식 조작기구
해설 ③은 페일 세이프(fail-safe) 개념,
①, ②, ④는 풀 프루프(fool proof) 개념
정답 ③

8-2. 풀 프루프(fool proof)에 해당되지 않는 것은? [16.1]
① 각종 기구의 인터록 기구
② 크레인의 권과방지장치
③ 카메라의 이중 촬영 방지기구
④ 항공기의 엔진
해설 ④는 fail-safe 설계이다.
정답 ④

9. 다음 중 기계설비 안전화의 기본 개념으로서 적절하지 않은 것은? [14.1]
① fail-safe의 기능을 갖추도록 한다.
② fool proof의 기능을 갖추도록 한다.
③ 안전상 필요한 장치는 단일 구조로 한다.
④ 안전기능은 기계장치에 내장되도록 한다.
해설 기계설비 안전화의 기본 개념
• fail-safe와 fool proof의 기능을 갖추도록 한다.
• 안전기능은 기계장치에 내장되도록 한다.

10. 페일 세이프(fail-safe) 구조의 기능면에서 설비 및 기계장치의 일부가 고장이 난 경우 기능의 저하를 가져오더라도 전체 기능은 정지하지 않고 다음 정기점검 시까지 운전이 가능한 방법은? [14.2]

① fail-passive ② fail-soft
③ fail-active ④ fail-operational

해설 • 페일 패시브(fail-passive) : 부품이 고장 나면 기계는 정지하는 방향으로 전환된다.
• 페일 소프트(fail-soft) : 시스템의 고장이나 일부 기능이 저하되어도 주 기능을 유지시켜 작동하도록 만든 프로그램이다.
• 페일 액티브(fail-active) : 부품이 고장 나면 기계는 경보를 울리면서 잠시 동안은 운전이 가능하다.
• 페일 오퍼레이셔널(fail-operational) : 기계장치의 일부가 고장이 난 경우에도 기능은 정지하지 않고 다음 정기점검 시까지 운전이 가능하다.

10-1. 페일 세이프(fail-safe) 기능의 3단계 중 페일 액티브(fail-active)에 관한 내용으로 옳은 것은? [12.1]

① 부품 고장 시 기계는 경보를 울리나 짧은 시간 내 운전은 가능하다.
② 부품 고장 시 기계는 정지 방향으로 이동한다.
③ 부품 고장 시 추후 보수까지는 안전기능을 유지한다.
④ 부품 고장 시 병렬계통 방식이 작동되어 안전기능이 유지된다.

해설 fail-active : 부품이 고장 나면 기계는 경보를 울리면서 잠시 동안은 운전이 가능하다.

정답 ①

10-2. 기계나 그 부품에 고장이나 기능 불량이 생겨도 항상 안전하게 작동하는 안전화 대책은? [16.1/17.2]

① 진단
② 예방정비
③ 페일 세이프(fail-safe)
④ 풀 프루프(fool proof)

해설 페일 세이프(fail-safe) : 설비 및 기계장치 일부가 고장이 난 경우 그것이 바로 사고나 재해로 연결되지 않도록 2중, 3중으로 통제를 가하는 것을 말한다.

정답 ③

11. 안전한 상태를 확보할 수 있도록 기계의 작동 부분 상호 간을 기계적, 전기적인 방법으로 연결하여 기계가 정상 작동을 하기 위한 모든 조건이 충족되어야지만 작동하며, 그 중 하나라도 충족되지 않으면 자동적으로 정지시키는 방호장치 형식은? [17.1]

① 자동식 방호장치
② 가변식 방호장치
③ 고정식 방호장치
④ 인터록식 방호장치

해설 인터록식 방호장치 : 기계의 각 작동 부분 상호 간을 전기적, 기구적, 공유압 장치 등으로 연결해서 기계의 각 작동 부분이 정상적으로 작동하기 위한 조건이 만족되지 않을 경우 자동적으로 기계를 작동할 수 없도록 하는 방호장치

12. 산업안전보건법령에 따른 안전난간의 구조 및 설치요건에 대한 설명으로 옳은 것은 어느 것인가? [14.3/18.3]

① 상부 난간대, 중간 난간대, 발끝막이판 및 난간기둥으로 구성하여야 한다.

② 발끝막이판은 바닥면 등으로부터 5cm 이하의 높이를 유지하여야 한다.

③ 난간대는 지름 1.5cm 이상의 금속제 파이프를 사용하여야 한다.

④ 안전난간은 가장 취약한 지점에서 가장 취약한 방향으로 작용하는 70kg 이상의 하중에 견딜 수 있어야 한다.

해설 안전난간의 구성

• 상부 난간대는 90cm 이상 120cm 이하 지점에 설치하며, 120cm 이상의 지점에 설치할 경우 중간 난간대를 최소 60cm마다 2단 이상 균등하게 설치하여야 한다.

• 발끝막이판은 바닥면 등으로부터 10cm 이상의 높이를 유지하여야 한다.

• 난간대의 지름은 2.7cm 이상의 금속제 파이프나 그 이상의 강도를 가지는 재료이어야 한다.

• 임의의 방향으로 움직이는 100kg 이상의 하중에 견딜 수 있어야 한다.

12-1. 산업안전보건기준에 관한 규칙상 안전난간의 구조 및 설치요건 중 상부 난간대는 바닥면·발판 또는 경사로의 표면으로부터 몇 cm 이상 지점에 설치해야 하는가?

① 30 　　　　　② 60 　　　[14.1/16.2]
③ 90 　　　　　④ 120

해설 안전난간의 구조 및 설치요건 중 상부 난간대는 바닥면·발판 또는 경사로의 표면으로부터 90cm 이상 120cm 이하 지점에 설치해야 한다.

정답 ③

13. 통로의 설치기준 중 (　) 안에 공통적으로 들어갈 숫자로 옳은 것은? 　　[17.3]

사업주는 통로면으로부터 높이 (　)미터 이내에는 장애물이 없도록 해야 한다. 다만, 부득이하게 통로면으로부터 높이 (　)미터 이내에 장애물을 설치할 수밖에 없거나 통로면으로부터 높이 (　)미터 이내의 장애물을 제거하는 것이 곤란하다고 고용노동부장관이 인정하는 경우에는 근로자에게 발생할 수 있는 부상 등의 위험을 방지하기 위한 안전조치를 하여야 한다.

① 1 　　　② 2 　　　③ 1.5 　　　④ 2.5

해설 통로의 설치기준은 통로면으로부터 높이 2m 이내이다.

14. 다음 중 작업장에 대한 안전조치사항으로 틀린 것은? 　　[13.1]

① 상시통행을 하는 통로에는 75럭스 이상의 채광 또는 조명시설을 하여야 한다.

② 산업안전보건법으로 규정된 위험물질을 취급하는 작업장에 설치하여야 하는 비상구의 너비는 0.75m 이상, 높이 1.5m 이상이어야 한다.

③ 높이가 3m를 초과하는 계단에는 높이 3m 이내마다 너비 90cm 이상의 계단참을 설치하여야 한다.

④ 상시 50명 이상의 근로자가 작업하는 옥내작업장에는 비상시 근로자에게 신속하게 알리기 위한 경보용 설비를 설치하여야 한다.

해설 ③ 높이가 3m를 초과하는 계단에는 높이 3m 이내마다 너비 120cm 이상의 계단참을 설치하여야 한다.

14-1. 다음 중 작업장 내의 안전을 확보하기 위한 행위로 볼 수 없는 것은? 　　[09.2/14.2]

① 통로의 주요 부분에는 통로표시를 하였다.

② 통로에는 50럭스 정도의 조명시설을 하였다.

③ 비상구의 너비는 1.0 m로 하고, 높이는 2.0 m로 하였다.

④ 통로면으로부터 높이 2m 이내에는 장애물이 없도록 하였다.

해설 ② 통로에는 75럭스 이상의 조명시설을 하여야 한다.

정답 ②

15. 동력 전달 부분의 전방 50cm 위치에 설치한 일반 평형 보호망에서 가드용 재료의 최대 구멍 크기는 몇 mm인가? [15.3]

① 45　　② 56　　③ 68　　④ 81

해설 최대 구멍 크기(Y)

$$=6+\frac{X}{10}=6+\frac{500}{10}=56\,\text{mm}$$

여기서, X : 최대 안전거리(mm)

기계의 방호

16. 산업안전보건기준에 관한 규칙에 따라 회전축, 기어, 풀리, 플라이휠 등에 사용되는 기계요소인 키, 핀 등의 형태로 적합한 것은? [15.3]

① 돌출형　　　　② 개방형

③ 폐쇄형　　　　④ 묻힘형

해설 회전축, 기어, 풀리, 플라이휠 등에 사용되는 기계요소인 키, 핀 등의 형태는 묻힘형으로 하거나 해당 부위에 덮개를 설치하여야 한다.

16-1. 근로자에게 위험을 미칠 우려가 있는 원동기, 축이음, 풀리 등에 설치하여야 하는 것은? [12.2/19.2]

① 덮개　　　　　② 압력계

③ 통풍장치　　　④ 과압방지기

해설 기계의 원동기, 회전축, 기어, 풀리, 플라이휠, 벨트, 체인의 회전 부위 등 근로자가 위험에 처할 우려가 있는 부위에는 덮개, 울, 슬리브, 건널다리 등을 설치하여야 한다.

정답 ①

16-2. 기계의 원동기, 회전축 및 체인 등 근로자에게 위험을 미칠 우려가 있는 부위에 설치해야 하는 위험방지 장치가 아닌 것은 어느 것인가? [10.3/12.3]

① 덮개　　　　　② 건널다리

③ 클러치　　　　④ 슬리브

해설 기계의 원동기, 회전축, 기어, 풀리, 플라이휠, 벨트, 체인의 회전 부위 등 근로자가 위험에 처할 우려가 있는 부위에는 덮개, 울, 슬리브, 건널다리 등을 설치하여야 한다.

정답 ③

17. 목재가구용 둥근톱의 목재 반발예방장치가 아닌 것은? [11.2/16.2]

① 반발방지 발톱(finger)

② 분할날(spreader)

③ 덮개(cover)

④ 반발방지 롤(roll)

해설 ③은 목재가구용 기계의 방호장치, ①, ②, ④는 둥근톱기계 반발예방장치

18. 기계요소에 의해서 사람이 어떻게 상해를 입느냐에 대한 5가지 요소(사고 체인의 5요소)에 해당하지 않는 것은? [11.3]

① 함정(trap)　　　② 충격(impact)

③ 결함(flaw)　　　④ 접촉(contact)

정답 15. ②　　16. ④　　17. ③　　18. ③

해설 사고 체인의 5요소

1요소	2요소	3요소	4요소	5요소
함정	충격	접촉	말림	튀어 나옴

19. 작업점에 대한 가드의 기본 방향이 아닌 것은? [15.1]

① 조작할 때 위험점에 접근하지 않도록 한다.
② 작업자가 위험 구역에서 벗어나 움직이게 한다.
③ 손을 작업점에 접근시킬 필요성을 배제한다.
④ 방음, 방진 등을 목적으로 설치하지 않는다.

해설 작업점용 가드의 기본 방향
• 조작할 때 위험점에 접근하지 않도록 한다.
• 작업자가 위험 구역에서 벗어나면 기계가 움직이게 한다.
• 손을 작업점에 접근시킬 필요성을 배제한다.
• 작업자는 손을 작업점에 넣지 않도록 한다.

20. 기계설비의 회전운동으로 인한 위험을 유발하는 것이 아닌 것은? [12.1]

① 벨트   ② 풀리
③ 가드   ④ 플라이휠

해설 ③은 작업점의 방호방치,
①, ②, ④는 회전운동으로 인한 위험을 유발하는 기계요소

21. 기계설비에 있어서 방호의 기본 원리가 아닌 것은? [16.2]

① 위험 제거
② 덮어씌움
③ 위험도 분석
④ 위험에 적응

해설 기계설비 방호원리 : 위험 제거, 덮개, 차단, 위험에 적응

22. 기계설비의 방호장치 분류 중 위험원에 대한 방호장치는? [16.3]

① 감지형 방호장치
② 접근반응형 방호장치
③ 위치제한형 방호장치
④ 접근거부형 방호장치

해설 기계설비 방호장치의 구분
• 위험장소 : 격리형, 위치제한형, 접근거부형, 접근반응형 방호장치
• 위험원 : 포집형, 감지형 방호장치

23. 기계의 위험예방을 위한 설명으로 틀린 것은? [12.1]

① 동력 차단장치는 진동에 의해 갑자기 움직일 우려가 없을 것
② 작업도구는 제조당시의 목적 외로 사용하지 말 것
③ 축이 회전하는 기계를 취급 시에는 안전을 위해 면장갑을 착용할 것
④ 방호장치 결함을 발견 시에는 정비 후 사용할 것

해설 ③ 축이 회전하는 기계를 취급 시에는 면장갑 착용을 금지할 것

구조적 안전

24. 기계의 안전을 확보하기 위해서는 안전율을 고려하여야 하는데 다음 중 이에 관한 설명으로 틀린 것은? [14.3]

① 기초강도와 허용응력과의 비를 안전율이라 한다.
② 안전율 계산에 사용되는 여유율은 연성재료에 비하여 취성재료를 크게 잡는다.

정답 19. ④   20. ③   21. ③   22. ①   23. ③   24. ③

③ 안전율은 크면 클수록 안전하므로 안전율이 높은 기계는 우수한 기계라 할 수 있다.

④ 재료의 균질성, 응력계산의 정확성, 응력의 분포 등 각종 인자를 고려한 경험적 안전율도 사용된다.

해설 ③ 안전율은 재료의 기초강도와 허용응력과의 비를 말하며, 안전율은 재료에 알맞은 값이 좋다.

25. 기계장치의 안전 설계를 위해 적용하는 안전율 계산식은? [10.3/17.1/19.2]

① 안전하중 ÷ 설계하중
② 최대 사용하중 ÷ 극한강도
③ 극한강도 ÷ 최대 설계응력
④ 극한강도 ÷ 파단하중

해설 안전율 $= \dfrac{\text{기초강도}}{\text{허용응력}} = \dfrac{\text{파괴하중}}{\text{정격하중}}$

$= \dfrac{\text{파단하중}}{\text{안전하중}} = \dfrac{\text{극한강도}}{\text{최대 설계응력}}$

25-1. 기초강도를 사용 조건 및 하중의 종류에 따라 극한강도, 항복점, 크리프강도, 피로한도 등으로 적용할 때 다음 중 허용응력과 안전율(>1)의 관계를 올바르게 표현한 것은? [09.3/15.2]

① 허용응력＝기초강도×안전율
② 허용응력＝안전율/기초강도
③ 허용응력＝기초강도/안전율
④ 허용응력＝(안전율×기초강도)/2

해설 안전율$(S) = \dfrac{\text{기초강도}}{\text{허용응력}}$,

$\text{허용응력} = \dfrac{\text{기초강도}}{\text{안전율}}$

정답 ③

25-2. 극한강도가 100 MPa이고, 최대설계응력이 10 MPa이면 안전율은? [11.2]

① 1
② 5
③ 10
④ 100

해설 안전율$(S) = \dfrac{\text{극한강도}}{\text{최대 설계응력}} = \dfrac{100}{10} = 10$

정답 ③

25-3. 어떤 부재의 사용하중은 200 kgf이고, 이의 파괴하중은 400 kgf이다. 정격하중을 100 kgf로 가정하고 설계한다면 안전율은 얼마인가? [13.3]

① 0.25
② 0.5
③ 2
④ 4

해설 안전율$(S) = \dfrac{\text{파괴하중}}{\text{정격하중}} = \dfrac{400}{100} = 4$

정답 ④

25-4. 연강의 인장강도가 420 MPa이고, 허용응력이 140 MPa이라면, 인장율은 얼마인가? [14.2/16.1]

① 0.3
② 0.4
③ 3
④ 4

해설 안전율$(S) = \dfrac{\text{인장강도}}{\text{허용응력}} = \dfrac{420}{140} = 3$

정답 ③

25-5. 안전계수 5인 로프의 절단하중이 400 kg이라면 이 로프는 얼마 이하의 하중을 매달아야 하는가? [11.1]

① 50 kg
② 80 kg
③ 100 kg
④ 160 kg

해설 허용하중$= \dfrac{\text{절단하중}}{\text{안전율}} = \dfrac{400}{5} = 80 \text{ kg}$

정답 ②

정답 25. ③

26. 다음 중 정하중이 작용할 때 기계의 안전을 위해 일반적으로 안전율이 가장 크게 요구되는 재질은? [14.2]

① 벽돌　　　　② 주철
③ 구리　　　　④ 목재

해설 재료별 안전율

재료	연강	주철	구리	목재	벽돌
안전율	3	4	5	7	20

27. 다음 중 재료에 있어서의 결함에 해당하지 않는 것은? [13.3]

① 미세 균열　　　② 용접 불량
③ 불순물 내재　　④ 내부 구멍

해설 ②는 가공(작업) 결함이다.

28. 다음 중 기계를 정지상태에서 점검하여야 할 사항으로 틀린 것은? [14.2]

① 급유상태
② 이상음과 진동상태
③ 볼트·너트의 풀림상태
④ 전동기 개폐기의 이상 유무

해설 ②는 운전상태에서 점검할 사항,
①, ③, ④는 정지상태에서 점검할 사항

28-1. 다음 중 기계의 운전상태에서 점검할 사항으로 거리가 먼 것은? [10.1]

① 기어의 물림상태
② 급유 확인
③ 베어링의 온도상승
④ 소음, 진동 유무

해설 ②는 정지상태에서 점검할 사항,
①, ③, ④는 운전상태에서 점검할 사항

정답 ②

29. 공장설비의 배치계획에서 고려할 사항이 아닌 것은? [19.1]

① 작업의 흐름에 따라 기계 배치
② 기계설비의 주변 공간 최소화
③ 공장 내 안전통로 설정
④ 기계설비의 보수점검 용이성을 고려한 배치

해설 ② 기계설비의 주변에는 충분한 공간을 둔다.

기능적 안전

30. 기계설비의 이상 시에 기계를 급정지시키거나 안전장치가 작동되도록 하는 소극적인 대책과 전기회로를 개선하여 오동작을 방지하거나 별도의 완전한 회로에 의해 정상 기능을 찾을 수 있도록 하는 안전화를 무엇이라 하는가? [13.2]

① 구조적 안전화
② 보전의 안전화
③ 외관적 안전화
④ 기능적 안전화

해설 기능의 안전화 : 전기회로를 개선 또는 전부 교체하여 오동작을 방지, 정상기능을 찾을 수 있도록 한다.

31. 기계의 기능적인 면에서 안전을 확보하기 위하여 반자동 및 자동제어장치의 경우에는 적극적으로 안전화 대책을 강구하여야 한다. 이때 2차적 적극적 대책에 속하는 것은?

① 울을 설치한다. [13.3]
② 급정지장치를 누른다.
③ 회로를 개선하여 오동작을 방지한다.
④ 연동 장치된 방호장치가 작동되게 한다.

해설 기계의 기능적인 면에서 안전을 확보하기 위한 안전화의 2차적 대책은 회로를 개선하여 오동작을 방지하는 것이다.

32. 다음 중 기계설비 사용 시 일반적인 안전 수칙으로 잘못된 것은? [15.2]

① 기계·기구 또는 설비에 설치한 방호장치는 해체하거나 사용을 정지해서는 안 된다.

② 절삭편이 날아오는 작업에서는 보호구보다 덮개 설치가 우선적으로 이루어져야 한다.

③ 기계의 운전을 정지한 후 정비할 때에는 해당 기계의 기동장치에 잠금장치를 하고 그 열쇠는 공개된 장소에 보관하여야 한다.

④ 기계 또는 방호장치의 결함이 발견된 경우 반드시 정비한 후에 근로자가 사용하도록 하여야 한다.

해설 ③ 기계의 운전을 정지한 후 정비할 때에는 해당 기계의 기동장치에 잠금장치를 하고 그 열쇠를 별도로 관리하거나 표지판을 설치하는 등 필요한 방호조치를 하여야 한다.

---

2 공작기계의 안전

절삭가공기계의 종류 및 방호장치 Ⅰ

1. 선반작업의 안전사항으로 틀린 것은 어느 것인가? [11.3/16.2/20.1]

① 베드 위에 공구를 올려놓지 않아야 한다.

② 바이트를 교환할 때는 기계를 정지시키고 한다.

③ 바이트는 끝을 길게 장치한다.

④ 반드시 보안경을 착용한다.

해설 ③ 바이트는 끝을 짧게 장치한다.

1-1. 선반작업에 대한 안전수칙으로 틀린 것은 어느 것인가? [11.2/12.3/19.1]

① 척 핸들을 항상 척에 끼워 둔다.

② 베드 위에 공구를 올려놓지 않아야 한다.

③ 바이트를 교환할 때는 기계를 정지시키고 한다.

④ 일감의 길이가 외경과 비교하여 매우 길 때는 방진구를 사용한다.

해설 ① 척 핸들은 항상 척에서 분리하여야 한다.

정답 ①

1-2. 선반작업 시 주의사항으로 틀린 것은 어느 것인가? [10.2/13.3/18.2]

① 회전 중에 가공품을 직접 만지지 않는다.

② 공작물의 설치가 끝나면, 척에서 렌치류는 곧바로 제거한다.

③ 칩(chip)이 비산할 때는 보안경을 쓰고 방호판을 설치하여 사용한다.

④ 돌리개는 적정 크기의 것을 선택하고, 심압대 스핀들은 가능한 길게 나오도록 한다.

해설 ④ 돌리개는 적정 크기의 것을 선택하고, 심압대 스핀들은 가능한 짧게 나오도록 한다.

정답 ④

1-3. 다음 중 선반작업 시 준수하여야 하는 안전사항으로 틀린 것은? [14.2/14.3]

① 작업 중 장갑 착용을 금한다.
② 작업 시 공구는 항상 정리해둔다.
③ 운전 중에 백기어(back gear)를 사용한다.
④ 주유 및 청소를 할 때에는 반드시 기계를 정지시키고 한다.

해설 ③ 운전 중에 백기어 및 기어는 변속을 금한다.

정답 ③

2. 선반작업에서 가공물의 길이가 외경에 비하여 과도하게 길 때, 절삭저항에 의한 떨림을 방지하기 위한 장치는? [12.1/13.3/16.2/19.3]
① 센터
② 심봉
③ 방진구
④ 돌리개

해설 방진구는 공작물의 길이가 지름의 12~20배 이상일 때 사용한다.

3. 다음 중 선반의 크기를 표시하는 것으로 틀린 것은? [15.1/20.1]
① 주축에 물릴 수 있는 공작물의 최대 지름
② 주축과 심압축의 센터 사이의 최대 거리
③ 왕복대 위의 스윙
④ 베드 위의 스윙

해설 선반의 크기 표시방법
• 스윙 : 베드상의 스윙 및 왕복 대상의 스윙을 말하는 것으로, 물릴 수 있는 공작물의 최대 지름
• 양 센터 간 최대 거리 : 주축 쪽 센터와 심압대 쪽 센터 간의 거리

4. 다음 중 선반(lathe)의 방호장치에 해당하는 것은? [19.1/19.2]
① 슬라이드(slide)
② 심압대(tail stock)
③ 주축대(head stock)
④ 척 가드(chuck guard)

해설 척 가드(chuck guard) : 척이 떨어지는 사고 발생을 방지하기 위한 가드장치

4-1. 선반작업 시 사용되는 방호장치는?
① 풀 아웃(full out) [11.1/15.3]
② 게이트 가드(gate guard)
③ 스위프 가드(sweep guard)
④ 실드(shield)

해설 실드 : 선반에서 칩 및 절삭유의 비산방지를 위하여 설치하는 플라스틱 덮개

정답 ④

4-2. 다음 중 선반의 안전장치가 아닌 것은?
① 칩 브레이커 [09.2/09.3]
② 급브레이크
③ 칩 비산방지 투명판
④ 안전블록

해설 ④는 프레스 등의 금형을 부착·해체작업할 때에 위험을 방지하기 위해 사용한다.

정답 ④

4-3. 선반에서 절삭가공 중 발생하는 연속적인 칩을 자동적으로 끊어주는 역할을 하는 것은? [10.3/13.1/14.1/18.2]
① 칩 브레이커
② 방진구
③ 보안경
④ 커버

해설 칩 브레이커는 유동형 칩을 짧게 끊어주는 안전장치이다.

정답 ①

4-4. 선반 등으로부터 돌출하여 회전하고 있는 가공물이 근로자에게 위험을 미칠 우려가 있는 경우 설치할 방호장치로 가장 적합한 것은? [10.1/17.1/17.3]

① 덮개 또는 울 ② 슬리브
③ 건널다리 ④ 체인블록

해설 선반 등으로부터 돌출하여 회전하고 있는 가공물이 근로자에게 위험을 미칠 우려가 있는 경우 덮개 또는 울 등을 설치하여야 한다.

정답 ①

5. 선반에서 냉각재 등에 의한 생물학적 위험을 방지하기 위한 방법으로 틀린 것은 어느 것인가? [19.2]

① 냉각재가 기계에 잔류되지 않고 중력에 의해 수집탱크로 배유되도록 해야 한다.
② 냉각재 저장탱크에는 외부 이물질의 유입을 방지하기 위해 덮개를 설치해야 한다.
③ 특별한 경우를 제외하고는 정상 운전 시 전체 냉각재가 계통 내에서 순환되고 냉각재 탱크에 체류하지 않아야 한다.
④ 배출용 배관의 지름은 대형 이물질이 들어가지 않도록 작아야 하고, 지면과 수평이 되도록 제작해야 한다.

해설 ④ 배출용 배관의 지름은 이물질(슬러지)의 체류를 최소화할 수 있는 정도의 크기여야 하며, 지면과 적절한 기울기를 주어 제작해야 한다.

6. 일반적으로 기계절삭에 의하여 발생하는 칩이 가장 가늘고 예리한 것은? [13.1]

① 밀링 ② 셰이퍼
③ 드릴 ④ 플레이너

해설 밀링작업의 칩이 가장 가늘고 예리하다.

7. 밀링작업에 관한 설명으로 틀린 것은 어느 것인가? [15.1/16.3]

① 하향 절삭은 날의 마모가 적고, 가공면이 깨끗하다.
② 상향 절삭은 절삭열에 의한 치수 정밀도의

변화가 적다.
③ 커터의 회전 방향과 반대 방향으로 가공재를 이송하는 것을 상향 절삭이라고 한다.
④ 하향 절삭은 커터의 회전 방향과 같은 방향으로 일감을 이송하므로 백래시 제거장치가 필요 없다.

해설 ④ 하향 절삭은 커터의 회전 방향과 같은 방향으로 일감을 이송하므로 백래시 제거장치가 없으면 작업을 할 수 없다.

8. 밀링머신의 작업 시 안전수칙에 대한 설명으로 틀린 것은? [10.3/16.1/20.1/20.2]

① 커터의 교환 시는 테이블 위에 목재를 받쳐 놓는다.
② 강력 절삭 시에는 일감을 바이스에 깊게 물린다.
③ 작업 중 면장갑은 착용하지 않는다.
④ 커터는 가능한 컬럼(column)으로부터 멀리 설치한다.

해설 ④ 커터를 컬럼으로부터 멀리 설치하면 떨림이 발생하므로 컬럼에 가깝게 설치한다.

8-1. 공작기계인 밀링작업의 안전사항이 아닌 것은? [11.1/12.2/13.2/14.3/15.1/15.2/18.3]

① 사용 전에는 기계·기구를 점검하고 시운전을 한다.
② 칩을 제거할 때는 칩 브레이커로 제거한다.
③ 회전하는 커터에 손을 대지 않는다.
④ 커터의 제거·설치 시에는 반드시 스위치를 차단하고 한다.

해설 ② 칩 브레이커는 유동형 칩을 짧게 끊어주는 안전장치이다.

정답 ②

9. 다음 중 연삭작업에 관한 설명으로 옳은 것은? [09.2/14.3]

① 일반적으로 연삭숫돌은 정면, 측면 모두를 사용할 수 있다.

② 평형 플랜지의 직경은 설치하는 숫돌 직경의 20% 이상의 것으로 숫돌바퀴에 균일하게 밀착시킨다.

③ 연삭숫돌을 사용하는 작업의 경우 작업시작 전과 연삭숫돌을 교체 후에는 1분 이상 시험운전을 실시한다.

④ 탁상용 연삭기의 덮개에는 워크레스트 및 조정편을 구비하여야 하며, 워크레스트는 연삭숫돌과의 간격을 3mm 이하로 조정할 수 있는 구조이어야 한다.

[해설] ① 연삭숫돌은 원주면을 사용하여야 한다.

② 플랜지의 직경은 설치하는 숫돌 직경의 1/3 이상인 것을 사용하며, 숫돌바퀴에 균일하게 밀착시킨다.

③ 연삭숫돌을 사용하는 작업의 경우 작업시작 전 1분 이상, 연삭숫돌을 교체한 후에는 3분 이상 시험운전을 실시한다.

10. 연삭기를 이용한 작업의 안전 대책으로 가장 옳은 것은? [09.3/13.3/17.3/18.1/19.2]

① 연삭숫돌의 최고 원주속도 이상으로 사용하여야 한다.

② 운전 중 연삭숫돌의 균열 확인을 위해 수시로 충격을 가해 본다.

③ 정밀한 작업을 위해서는 연삭기의 덮개를 벗기고 숫돌의 정면에 서서 작업한다.

④ 작업시작 전에는 1분 이상 시운전을 하고 숫돌의 교체 시에는 3분 이상 시운전을 한다.

[해설] ① 연삭숫돌의 회전은 최고사용 원주속도를 초과하여 사용하지 않는다.

② 연삭숫돌에 충격을 가하지 않는다.

③ 연삭기의 덮개를 벗기거나 숫돌의 정면에서 작업하지 않는다.

10-1. 연삭기의 사용 시 안전조치로 거리가 먼 것은? [10.1]

① 연삭기 작업시작 전 1분 이상, 연삭숫돌을 교체한 후 3분 이상 시운전한다.

② 작업시작 전에 연삭숫돌의 결함 유무를 확인한다.

③ 연삭숫돌의 최고 사용속도를 초과하지 않는 범위에서 사용한다.

④ 작업의 능률을 위해서는 연삭기의 정면과 측면을 교대로 사용한다.

[해설] ④ 연삭숫돌은 원주면을 사용하여야 한다.

[정답] ④

10-2. 연삭기를 이용한 작업을 할 경우 연삭숫돌을 교체한 후에는 얼마 동안 시험운전을 하여야 하는가? [13.2/14.1/20.1/20.2]

① 1분 이상　　② 3분 이상
③ 10분 이상　　④ 15분 이상

[해설] 연삭기 안전기준

• 작업 전 1분 이상 시운전
• 연삭숫돌을 교체한 후 3분 이상 시운전
• 숫돌 파열이 가장 많이 발생할 때는 스위치를 넣는 순간

[정답] ②

11. 연삭기 숫돌의 파괴 원인으로 볼 수 없는 것은? [09.3/20.1]

① 숫돌의 회전속도가 너무 빠를 때
② 숫돌 자체에 균열이 있을 때
③ 숫돌의 정면을 사용할 때
④ 숫돌에 과대한 충격을 주게 되는 때

[해설] 연삭숫돌의 파괴 원인

• 숫돌의 회전속도가 너무 빠를 때
• 숫돌 자체에 균열이 있을 때

- 플랜지의 직경이 현저히 작을 때
- 숫돌의 측면을 사용할 때
- 숫돌에 과대한 충격을 줄 때
- 숫돌의 불균형, 베어링 마모에 의한 진동이 있을 때
- 반지름 방향의 온도 변화가 심할 때

11-1. 다음 중 연삭작업 중 숫돌의 파괴 원인과 가장 거리가 먼 것은? [15.2]

① 숫돌의 회전속도가 너무 느릴 때
② 숫돌의 회전중심이 잡히지 않았을 때
③ 숫돌에 과대한 충격을 가할 때
④ 플랜지의 직경이 현저히 작을 때

해설 ① 숫돌의 회전속도가 너무 빠를 때

정답 ①

12. 탁상용 연삭기에서 숫돌을 안전하게 설치하기 위한 방법으로 옳지 않은 것은? [18.1]

① 숫돌바퀴 구멍은 축 지름보다 0.1 mm 정도 작은 것을 선정하여 설치한다.
② 설치 전에는 육안 및 목재 해머로 숫돌의 홈, 균열을 점검한 후 설치한다.
③ 축의 턱에 내측 플랜지, 압지 또는 고무판, 숫돌 순으로 끼운 후 외측에 압지 또는 고무판, 플랜지, 너트 순으로 조인다.
④ 가공물 받침대는 숫돌의 중심에 맞추어 연삭기에 견고히 고정한다.

해설 ① 숫돌바퀴 구멍은 축 지름보다 0.1 mm 정도 큰 것을 선정하여 설치한다.

13. 다음 중 연삭기 덮개의 각도에 관한 설명으로 틀린 것은? [15.2]

① 평면 연삭기, 절단 연삭기 덮개의 최대 노출각도는 150도 이내이다.
② 스윙 연삭기, 스라브 연삭기 덮개의 최대 노출각도는 180도 이내이다.

③ 연삭숫돌의 상부를 사용하는 것을 목적으로 하는 탁상용 연삭기 덮개의 최대 노출각도는 60도 이내이다.
④ 일반 연삭작업 등에 사용하는 것을 목적으로 하는 탁상용 연삭기 덮개의 최대 노출각도는 180도 이내이다.

해설 • 탁상용 연삭기 개방부 각도
  ㉠ 상부를 사용하는 경우 : 60° 이내
  ㉡ 수평면 이하에서 연삭하는 경우 : 125° 이내
  ㉢ 수평면 이상에서 연삭하는 경우 : 80° 이내
  ㉣ 탁상용 연삭기(최대 원주속도가 50 m/s 이하) : 90° 이내
• 절단기, 평면 연삭기 : 150° 이내
• 원통, 휴대용, 센터리스 연삭기, 스윙 연삭기, 스라브 연삭기 : 180° 이내

13-1. 일반 연삭작업 등에 사용하는 것을 목적으로 하는 탁상용 연삭기의 덮개 각도에 있어 숫돌이 노출되는 전체 범위의 각도 기준으로 옳은 것은? [12.3/13.2]

① 65° 이상   ② 75° 이상
③ 125° 이내   ④ 150° 이내

해설 일반 연삭작업 등에 사용하는 것을 목적으로 하는 경우 : 125° 이내

정답 ③

13-2. 산업안전보건법령상 연삭숫돌의 상부를 사용하는 것을 목적으로 하는 탁상용 연삭기 덮개의 노출각도는? [16.1/17.3/20.2]

① 60° 이내   ② 65° 이내
③ 80° 이내   ④ 125° 이내

해설 상부를 사용하는 경우 : 60° 이내

정답 ①

13-3. 방호장치의 안전기준상 평면 연삭기 또는 절단 연삭기에서 덮개의 노출각도 기준으로 옳은 것은? [17.1]

① 80° 이내

② 125° 이내

③ 150° 이내

④ 180° 이내

해설 절단기, 평면 연삭기 : 150° 이내

정답 ③

13-4. 탁상용 연삭기의 방호장치를 다음 그림과 같이 설치할 때 각도 a와 간격 b로 가장 옳은 것은? [09.3/11.2]

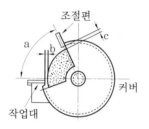

① a : 50° 이내, b : 3mm 이내

② a : 60° 이내, b : 3mm 이내

③ a : 90° 이내, b : 5mm 이내

④ a : 65° 이내, b : 5mm 이내

해설 탁상용 연삭기의 개방부 각도가 90°를 초과하지 않고, a(주축면 위로) : 50° 이내, b(작업대와 숫돌의 간격) : 1~3mm 이내, c(외경이 125mm 이상인 연삭기의 덮개와 숫돌의 간격) : 5mm 이하이다.
(※ 관련 규정 개정 내용으로 본서에서는 문제의 선지 내용을 수정하여 정답 처리하였다.)

정답 ①

절삭가공기계의 종류 및 방호장치 Ⅱ

14. 위험기계·기구 자율안전확인 고시에 의하면 탁상용 연삭기에서 연삭숫돌의 외주면과 가공물 받침대 사이 거리는 몇 mm를 초과하지 않아야 하는가? [09.1/09.2/10.2/17.1]

① 1   ② 2

③ 4   ④ 8

해설 탁상용 연삭기의 연삭숫돌의 외주면과 가공물 받침대 사이의 거리는 2mm를 초과하지 않을 것

15. 산업안전보건법령상 회전 중인 연삭숫돌 지름이 최소 얼마 이상인 경우로서 근로자에게 위험을 미칠 우려가 있는 경우 해당 부위에 덮개를 설치하여야 하는가? [12.1/18.3]

① 3cm 이상   ② 5cm 이상

③ 10cm 이상   ④ 20cm 이상

해설 산업안전보건법령상 회전 중인 연삭숫돌 지름이 5cm 이상인 경우 해당 부위에 덮개를 설치하여야 한다.

16. 연삭숫돌의 덮개 재료 선정 시 최고속도에 따라 허용되는 덮개 두께가 달라지는데 동일한 최고속도에서 가장 얇은 판을 쓸 수 있는 덮개의 재료로 가장 적절한 것은? [18.2]

① 회주철

② 압연강판

③ 가단주철

④ 탄소강 주강품

해설 덮개 재료의 두께 값 순서
회주철(4배)＞가단주철(2배)＞탄소강 주강품(1.6배)＞압연강판(1배)

17. 다음 중 연삭기 덮개에 관한 설명으로 틀린 것은? [14.2/15.3]

① "탁상용 연삭기"란 일가공물을 손에 들고 연삭숫돌에 접촉시켜 가공하는 연삭기를 말한다.

② "워크레스트(workrest)"란 탁상용 연삭기에 사용하는 것으로서 공작물을 연삭할 때 가공물의 지지점이 되도록 받쳐주는 것을 말한다.

③ 워크레스트는 연삭숫돌과의 간격을 5mm 이상 조정할 수 있는 구조이어야 한다.

④ 자율안전확인 연삭기 덮개에는 자율안전확인의 표시 외에 숫돌 사용 주 속도와 숫돌 회전 방향을 추가로 표시하여야 한다.

해설 ③ 워크레스트는 연삭숫돌과의 간격을 3mm 이내로 조정할 수 있는 구조이어야 한다.

Tip) 워크레스트 : 탁상용 연삭기에서 공작물을 연삭할 때 가공물의 지지점이 되도록 받쳐주는 것

18. 다음 중 연삭기의 종류가 아닌 것은? [17.2]

① 다두 연삭기
② 원통 연삭기
③ 센터리스 연삭기
④ 만능 연삭기

해설 연삭기 종류 : 평면 연삭기, 원통 연삭기, 만능 연삭기, 센터리스 연삭기, 휴대용 연삭기, 공구 연삭기 등

19. 일반적인 연삭기로 작업 중 발생할 수 있는 재해가 아닌 것은? [15.3]

① 연삭 분진이 눈에 튀어 들어가는 것
② 숫돌 파괴로 인한 파편의 비래
③ 가공 중 공작물의 반발
④ 글레이징(glazing) 현상에 의한 입자의 탈락

해설 글레이징 : 자생 작용이 잘 되지 않아 입자가 납작해지는 현상으로, 눈무딤이라고도 한다.

20. 탁상용 연삭기에서 일반적으로 플랜지의 지름은 숫돌 지름의 얼마 이상이 적정한가?

① 1/2 ② 1/3 [12.2/18.3]
③ 1/5 ④ 1/10

해설 플랜지 바깥지름 $= \dfrac{D}{3}$

여기서, D : 숫돌의 지름(mm)

20-1. 연삭기에서 숫돌의 바깥지름이 180mm 라면, 평형 플랜지의 바깥지름은 몇 mm 이상이어야 하는가? [14.2/16.3/17.1/17.2/19.3]

① 30 ② 36 ③ 45 ④ 60

해설 플랜지 바깥지름 $= \dfrac{1}{3}D = \dfrac{1}{3} \times 180$

$= 60\,mm$

정답 ④

21. 연삭기의 원주속도(m/s)를 구하는 식은? (단, D는 숫돌의 지름[mm], n은 회전수[rpm]이다.) [09.1/10.1/17.2/17.3/19.3]

① $V = \dfrac{\pi D n}{16}$ ② $V = \dfrac{\pi D n}{32}$

③ $V = \dfrac{\pi D n}{60}$ ④ $V = \dfrac{\pi D n}{1000}$

해설 원주속도$(V) = \dfrac{\pi D n}{1000}$[m/min]

$\rightarrow$ 원주속도$(V) = \dfrac{\pi D n}{1000} \times \dfrac{1}{60} \times 1000$

$= \dfrac{\pi D n}{60}$[m/s]

여기서, D : 숫돌의 지름(mm), n : 회전수(rpm)

21-1. 500rpm으로 회전하는 연삭기의 숫돌 지름이 200mm일 때 원주속도(m/min)는?

[10.2/11.1/11.2/11.3/12.1/15.3/17.1/18.1]

① 628　　　　　　② 62.8
③ 314　　　　　　④ 31.4

해설 원주속도$(V) = \dfrac{\pi Dn}{1000} = \dfrac{\pi \times 200 \times 500}{1000}$
$$= 314 \, \text{m/min}$$

정답 ③

22. 다음 중 연삭숫돌 구성의 3요소가 아닌 것은?

[12.3]

① 조직
② 입자
③ 기공
④ 결합제

해설 연삭숫돌의 3요소 : 입자, 결합제, 기공

23. 다음 중 드릴작업의 안전조치사항으로 틀린 것은?

[09.2/11.1/13.2/20.1]

① 칩은 와이어 브러시로 제거한다.
② 드릴작업에서는 보안경을 쓰거나 안전덮개를 설치한다.
③ 칩에 의한 자상을 방지하기 위해 면장갑을 착용한다.
④ 바이스 등을 사용하여 작업 중 공작물의 유동을 방지한다.

해설 ③ 드릴작업 시에는 면장갑 착용을 금지한다.

23-1. 드릴작업 시 올바른 작업안전수칙이 아닌 것은?

[11.3/19.2]

① 구멍을 뚫을 때 관통된 것을 확인하기 위해 손으로 만져서는 안 된다.

② 드릴을 끼운 후에 척 렌치(chuck wrench)를 부착한 상태에서 드릴작업을 한다.
③ 작업모를 착용하고 옷소매가 긴 작업복은 입지 않는다.
④ 보호안경을 쓰거나 안전덮개를 설치한다.

해설 ② 드릴을 끼운 후에 척 렌치(chuck wrench)를 제거하여여야 한다.

정답 ②

23-2. 다음 중 드릴작업 시 가장 안전한 행동에 해당하는 것은?

[12.1/13.3/14.3/18.1]

① 장갑을 끼고 옷소매가 긴 작업복을 입고 작업한다.
② 작업 중에 브러시로 칩을 털어낸다.
③ 가공할 구멍 지름이 클 경우 작은 구멍을 먼저 뚫고 그 위에 큰 구멍을 뚫는다.
④ 드릴을 먼저 회전시킨 상태에서 공작물을 고정한다.

해설 ① 드릴작업 시 장갑을 끼거나 옷소매가 긴 작업복을 입는 것을 금지한다.
② 작업을 중지하고 브러시로 칩을 털어낸다.
④ 회전을 완전히 멈춘 상태에서 공작물을 고정한다.

정답 ③

24. 드릴머신에서 얇은 철판이나 동판에 구멍을 뚫을 때 올바른 작업방법은?

[12.1]

① 테이블에 고정한다.
② 클램프로 고정한다.
③ 드릴 바이스에 고정한다.
④ 각목을 밑에 깔고 기구로 고정한다.

해설 얇은 철판은 각목을 밑에 깔고 기구로 고정한다.

25. 다음 중 드릴링 작업에 있어서 공작물을 고정하는 방법으로 가장 적절하지 않은 것은? [10.1/13.1/16.3/17.2/18.3]

① 작은 공작물은 바이스로 고정한다.
② 작고 길쭉한 공작물은 플라이어로 고정한다.
③ 대량생산과 정밀도를 요구할 때는 지그로 고정한다.
④ 공작물이 크고 복잡할 때는 볼트와 고정구로 고정한다.

해설 ② 작은 공작물 고정은 바이스 또는 지그(jig)를 이용하여 고정한다.

25-1. 다음 중 드릴링 작업에서 반복적 위치에서의 작업과 대량생산 및 정밀도를 요구할 때 사용하는 고정장치로 가장 적합한 것은?

① 바이스(vise) [15.2]
② 지그(jig)
③ 클램프(clamp)
④ 렌치(wrench)

해설 드릴링 작업에서 반복적인 작업과 대량생산 및 정밀도를 요구할 때 사용하는 고정장치는 지그이다.

정답 ②

26. 드릴로 구멍을 뚫는 작업 중 공작물이 드릴과 함께 회전할 우려가 가장 큰 경우는?

① 처음 구멍을 뚫을 때 [12.3/14.1]
② 중간쯤 뚫렸을 때
③ 거의 구멍이 뚫렸을 때
④ 구멍이 완전히 뚫렸을 때

해설 드릴로 구멍을 뚫는 작업 중 구멍이 거의 뚫렸을 때 공작물이 드릴과 함께 회전할 우려가 가장 크다.

27. 다음 중 셰이퍼(shaper)의 크기를 표시하는 것은? [14.2]

① 램의 행정
② 새들의 크기
③ 테이블의 면적
④ 바이트의 최대 크기

해설 셰이퍼의 크기 표시는 램이 움직일 수 있는 거리, 램의 최대 행정, 테이블의 크기이다.

28. 셰이퍼 작업 시의 안전 대책으로 틀린 것은? [13.2/14.3/16.3]

① 바이트는 가급적 짧게 물리도록 한다.
② 가공 중 다듬질 면을 손으로 만지지 않는다.
③ 시동하기 전에 행정 조정용 핸들을 끼워둔다.
④ 가공 중에는 바이트의 운동 방향에 서지 않도록 한다.

해설 ③ 시동하기 전에 행정 조정용 핸들을 빼 두어야 한다.

29. 다음 중 셰이퍼의 방호장치와 가장 거리가 먼 것은? [13.3]

① 방책 ② 칸막이
③ 칩받이 ④ 시건장치

해설 셰이퍼의 방호장치 : 방책, 칸막이, 칩받이, 가드

29-1. 플레이너와 셰이퍼의 방호장치가 아닌 것은? [14.1/16.2]

① 칩 브레이커 ② 칩받이
③ 칸막이 ④ 방책

해설 칩 브레이커는 유동형 칩을 짧게 끊어주는 선반의 안전장치이다.

정답 ①

30. 다음 중 플레이너에 대한 설명으로 옳은 것은? [14.3/15.1]

① 곡면을 절삭하는 기계이다.

② 가공재가 수평 왕복운동을 한다.

③ 이송운동은 절삭운동의 2왕복에 대하여 1회의 단속운동으로 이루어진다.

④ 절삭운동 중 귀환행정은 저속으로 이루어져 "저속 귀환행정"이라 한다.

해설 플레이너 : 공작물을 테이블 위에 고정시키고 공작물을 수평 왕복 이송시키면서 공작물의 평면, 홈, 경사면 등을 절삭가공 하는 공작기계이다. 절삭운동 중 귀환행정을 한다.

31. 안전장갑을 사용해야 할 작업이 아닌 것은? [11.2]

① 전기용접을 하는 작업

② 드릴을 사용하는 작업

③ 굳지 않은 콘크리트에 접촉하는 작업

④ 감전위험이 있는 작업

해설 ② 드릴작업 시 면장갑 착용을 금한다.

소성가공기계의 종류 및 방호장치

32. 소성가공의 종류가 아닌 것은? [16.1]

① 단조 ② 압연 ③ 인발 ④ 연삭

해설 ①, ②, ③은 소성가공(가공 시 칩(chip)이 나오지 않음),

④는 절삭가공(가공 시 칩(chip)이 발생)

33. 가공물 또는 공구를 회전시켜 나사나 기어 등을 소성가공 하는 방법은? [12.2]

① 압연 ② 압출 ③ 인발 ④ 전조

해설 ④는 공구를 회전시키는 소성가공,

①, ②, ③은 공구를 압축시키는 소성가공

34. 정(chisel)작업의 일반적인 안전수칙으로 틀린 것은? [10.3/12.3/19.1]

① 따내기 및 칩이 튀는 가공에서는 보안경을 착용하여야 한다.

② 절단작업 시 절단된 끝이 튀는 것을 조심하여야 한다.

③ 작업을 시작할 때는 가급적 정을 세게 타격하고 점차 힘을 줄여간다.

④ 담금질된 철강재료는 정 가공을 하지 않는 것이 좋다.

해설 ③ 처음에는 가볍게 두드리고 점차 힘을 세게 때린 후, 작업이 끝날 때는 가볍게 두드린다.

35. 수공구 작업 시 재해방지를 위한 일반적인 유의사항이 아닌 것은? [11.2/16.2]

① 사용 전 이상 유무를 점검한다.

② 작업자에게 필요한 보호구를 착용시킨다.

③ 적합한 수공구가 없을 경우 유사한 것을 선택하여 사용한다.

④ 사용 전 충분한 사용법을 숙지한다.

해설 ③ 반드시 규격에 적합한 수공구를 선택하여 사용한다.

36. 다음 중 프레스의 안전작업을 위하여 활용하는 수공구로 가장 거리가 먼 것은? [19.3]

① 브러시 ② 진공 컵

③ 마그넷 공구 ④ 플라이어(집게)

해설 ①은 선반작업 시 절삭 칩 제거용으로 사용,

②, ③, ④는 프레스 작업 시 수공구의 종류

정답 30. ② 31. ② 32. ④ 33. ④ 34. ③ 35. ③ 36. ①

3 프레스 및 전단기의 안전

프레스 재해방지의 근본적인 대책 Ⅰ

1. 프레스 양수조작식 안전거리(D) 계산식으로 적합한 것은? (단, T_L는 누름버튼에서 손을 떼는 순간부터 급정지기구가 작동 개시하기까지의 시간, T_S는 급정지기구 작동을 개시할 때부터 슬라이드가 정지할 때까지의 시간이다.) [15.1]

① $D = 1.6(T_L - T_S)$
② $D = 1.6(T_L + T_S)$
③ $D = 1.6(T_L \div T_S)$
④ $D = 1.6(T_L \times T_S)$

해설 안전거리$(D_m) = 1.6 T_m = 1.6 \times (T_L + T_S)$
여기서, D_m : 안전거리(m)
  T_L : 방호장치의 작동시간(s)
  T_S : 프레스의 최대 정지시간(s)
  1.6m/s : 손의 속도

1-1. 프레스기가 작동 후 작업점까지의 도달시간이 0.2초 걸렸다면, 양수기동식 방호장치의 설치거리는 최소 얼마인가? [15.2/20.1]

① 3.2cm
② 32cm
③ 6.4cm
④ 64cm

해설 양수기동식 안전거리$(D_m) = 1.6 T_m$
  $= 1.6 \times 0.2 = 0.32 m = 32 cm$
여기서, D_m : 안전거리(m)
  T_m : 프레스 작동 후 슬라이드가 하사점에 도달할 때까지의 소요시간(s)
  1.6m/s : 손의 속도

정답 ②

1-2. 급정지기구가 있는 1행정 프레스의 광

전자식 방호장치에서 광선에 신체의 일부가 감지된 후로부터 급정지기구의 작동 시까지의 시간이 40ms이고, 급정지기구의 작동 직후로부터 프레스기가 정지될 때까지의 시간이 20ms라면 안전거리는 몇 mm 이상이어야 하는가? [14.1/16.1/17.1/18.3]

① 60
② 76
③ 80
④ 96

해설 안전거리$(D_m) = 1.6 T_m$
  $= 1.6 \times (T_L + T_S) = 1.6 \times (0.04 + 0.02)$
  $= 0.096 m = 96 mm$
여기서, D_m : 안전거리(m)
  T_L : 방호장치의 작동시간(s)
  T_S : 프레스의 최대 정지시간(s)

정답 ④

1-3. 작업자의 신체 움직임을 감지하여 프레스의 작동을 급정지시키는 광전자식 안전장치를 부착한 프레스가 있다. 안전거리가 32cm라면 급정지에 소요되는 시간은 최대 몇 초 이내이어야 하는가? (단, 급정지에 소요되는 시간은 손이 광선을 차단한 순간부터 급정지기구가 작동하여 하강하는 슬라이드가 정지할 때까지를 의미한다.) [11.3/17.3/18.2]

① 0.1초
② 0.2초
③ 0.5초
④ 1초

해설 안전거리$(D_m) = 1.6 T_m$
  $\rightarrow 0.32 m = 1.6 \times T_m$
  $\therefore T_m = \dfrac{0.32}{1.6} = 0.2$초
여기서, D_m : 안전거리(m)
  T_m : 프레스 작동 후 슬라이드가 하사점에 도달할 때까지의 소요시간(s)

정답 ②

1-4. 완전회전식 클러치 기구가 있는 양수조작식 방호장치에서 확동 클러치의 봉합개소가 4개, 분당 행정수가 200SPM일 때, 방호장치의 최소 안전거리는 몇 mm 이상이어야 하는가? [11.1/17.2/18.1]

① 80　　　　　　② 120
③ 240　　　　　　④ 360

해설 안전거리$(D_m) = 1.6 \times T_m[\mathrm{s}]$

$$= 1.6 \times \left(\frac{1}{\text{클러치 개소수}} + \frac{1}{2} \right)$$

$$\times \frac{60}{\text{매분 행정수(SPM)}}$$

$$= 1.6 \times \left(\frac{1}{4} + \frac{1}{2} \right) \times \frac{60}{200} = 0.36\,\mathrm{m} = 360\,\mathrm{mm}$$

정답 ④

2. 산업안전보건법령상 프레스를 사용하여 작업을 할 때 작업시작 전 점검항목에 해당하지 않는 것은? [15.3/20.1/20.2]
① 전선 및 접속부 상태
② 클러치 및 브레이크의 기능
③ 프레스의 금형 및 고정볼트 상태
④ 1행정 1정지기구·급정지장치 및 비상정지장치의 기능

해설 프레스 작업시작 전 점검사항
• 클러치 및 브레이크의 기능
• 크랭크축·플라이휠·슬라이드·연결봉 및 연결나사의 풀림 여부
• 1행정 1정지기구·급정지장치 및 비상정지장치의 기능
• 슬라이드 또는 칼날에 의한 위험방지기구의 기능
• 프레스의 금형 및 고정볼트 상태
• 프레스 방호장치의 기능
• 전단기의 칼날 및 테이블의 상태

2-1. 산업안전보건기준에 관한 규칙에 따른 프레스 등을 사용하여 작업할 때 작업시작 전의 점검사항에 해당하지 않는 것은 어느 것인가? [09.2/19.2]
① 클러치 및 브레이크의 기능
② 1행정 1정지기구·급정지장치 및 비상정지장치의 기능
③ 프레스의 금형 및 고정볼트 상태
④ 이상음 및 진동상태

해설 ④는 기계설비의 점검사항으로 운전상태에서 점검한다.

정답 ④

3. 프레스 작업에서 점검해야 할 가장 중요한 것은? [10.2]
① 클러치　　　　　② 매니퓰레이터
③ 체크밸브　　　　④ 권과방지장치

해설 프레스 작업에서 점검해야 할 가장 중요한 것은 클러치 및 브레이크의 기능이다.

4. 프레스의 분류 중 동력 프레스에 해당하지 않는 것은? [20.2]
① 크랭크 프레스　　② 토글 프레스
③ 마찰 프레스　　　④ 아버 프레스

해설 프레스의 종류
• 인력 프레스 : 아버 프레스(arbor press)
• 동력 프레스 : 크랭크, 편심, 마찰, 너클, 토글, 스크류 프레스 등
• 액압 프레스 : 수압, 유압, 공압 프레스

5. 프레스 가공품의 이송방법으로 2차 가공용 송급배출장치가 아닌 것은? [12.2/19.2]
① 다이얼 피더(dial feeder)
② 롤 피더(roll feeder)

③ 푸셔 피더(pusher feeder)

④ 트랜스퍼 피더(transfer feeder)

해설 프레스 가공품 송급배출장치

- 1차 송급품 배출장치 : 롤 피더, 그리퍼 피더, 쇼벨 이젝터 등
- 2차 가공품 송급배출장치 : 다이얼 피더, 푸셔 피더, 트랜스퍼 피더, 슈트 등

6. 프레스 작업 중 작업자의 신체 일부가 위험한 작업점으로 들어가면 자동적으로 정지되는 기능이 있는데, 이러한 안전 대책을 무엇이라고 하는가? [19.1]

① 풀 프루프(fool proof)

② 페일 세이프(fail safe)

③ 인터록(inter look)

④ 리미트 스위치(limit switch)

해설 풀 프루프(fool proof) : 작업자가 실수를 하거나 오조작을 하여도 사고로 연결되지 않고, 전체의 고장이 발생되지 아니하도록 하는 설계

7. 다음 중 프레스의 방호장치에 해당되지 않는 것은? [09.1/10.3/20.2]

① 가드식 방호장치

② 수인식 방호장치

③ 롤 피드식 방호장치

④ 손쳐내기식 방호장치

해설 프레스의 방호장치

- 크랭크 프레스(1행정 1정지식) : 양수조작식, 게이트 가드식
- 행정길이(stroke)가 40mm 이상의 프레스 : 손쳐내기식, 수인식
- 마찰 프레스(슬라이드 작동 중 정지 가능한 구조) : 광전자식(감응식)
- 방호장치가 설치된 것으로 간주 : 자동송급장치가 있는 프레스기와 전단기

7-1. 프레스기의 방호장치의 종류가 아닌 것은?

① 가드식　　　　② 초음파식　　　[19.3]

③ 광전자식　　　④ 양수조작식

해설 프레스의 방호장치

- 크랭크 프레스(1행정 1정지식) : 양수조작식, 게이트 가드식
- 마찰 프레스(슬라이드 작동 중 정지 가능한 구조) : 광전자식(감응식)

정답 ②

8. 프레스기에 사용하는 양수조작식 방호장치의 일반구조에 관한 설명 중 틀린 것은 어느 것인가? [16.3/19.1]

① 1행정 1정지기구에 사용할 수 있어야 한다.

② 누름버튼을 양손으로 동시에 조작하지 않으면 작동시킬 수 없는 구조이어야 한다.

③ 양쪽 버튼의 작동시간 차이는 최대 0.5초 이내일 때 프레스가 동작되도록 해야 한다.

④ 방호장치는 사용 전원전압의 ±50%의 변동에 대하여 정상적으로 작동되어야 한다.

해설 ④ 방호장치는 사용 전원전압의 ±20%의 변동에 대하여 정상적으로 작동되어야 한다.

8-1. 프레스 및 절단기에서 양수조작식 방호장치의 일반구조에 대한 설명으로 옳지 않은 것은? [17.3]

① 누름버튼(레버 포함)은 돌출형 구조로 설치할 것

② 누름버튼의 상호 간 내측거리는 300mm 이상일 것

③ 누름버튼을 양손으로 동시에 조작하지 않으면 작동시킬 수 없는 구조일 것

④ 정상동작 표시등은 녹색, 위험 표시등은 붉은색으로 하며, 쉽게 근로자가 볼 수 있는 곳에 설치할 것

3과목 기계 위험방지 기술

해설 ① 누름버튼(레버 포함)은 매립형 구조로 설치할 것

정답 ①

8-2. 프레스의 양수조작식 방호장치에서 양쪽 버튼의 작동시간 차이는 최대 몇 초 이내일 때 프레스가 동작되도록 해야 하는가?

① 0.1　　　　② 0.5　　[12.3/16.2]
③ 1.0　　　　④ 1.5

해설 프레스의 양수조작식 방호장치에서 양쪽 버튼의 작동시간 차이는 최대 0.5초 이내이어야 한다.

정답 ②

8-3. 프레스의 양수조작식 방호장치에서 누름버튼의 상호 간 내측거리는 몇 mm 이상이어야 하는가?　　　　[11.1/11.3/13.2/15.3/
17.2/18.2/18.3/19.2/19.3]
① 200
② 300
③ 400
④ 500

해설 양수조작식 방호장치의 누름버튼 상호 간 내측거리는 300mm 이상이어야 한다.

정답 ②

8-4. 양수조작식 방호장치에서 2개의 누름버튼 간의 거리는 300mm 이상으로 정하고 있는데 이 거리의 기준은?　　[18.1]
① 2개의 누름버튼 간의 중심거리
② 2개의 누름버튼 간의 외측거리
③ 2개의 누름버튼 간의 내측거리
④ 2개의 누름버튼 간의 평균 이동거리

해설 양수조작식 방호장치의 누름버튼 상호 간 내측거리는 300mm 이상이어야 한다.

정답 ③

8-5. 다음 중 120 SPM 이상의 소형 확동식 클러치 프레스에 가장 적합한 방호장치는 무엇인가?　　　　[14.2]
① 양수조작식
② 수인식
③ 손쳐내기식
④ 초음파식

해설 양수조작식 : 120 SPM 이상의 소형 확동식 클러치 프레스에 적합한 방호장치이며, 마찰 클러치에도 사용된다.

정답 ①

**프레스 재해방지의
근본적인 대책 Ⅱ**

9. 프레스기에 사용되는 손쳐내기식 방호장치의 일반구조에 대한 설명으로 틀린 것은 어느 것인가?　　　　[16.3/17.3]
① 슬라이드 하행정거리의 1/4 위치에서 손을 완전히 밀어내야 한다.
② 방호판의 폭은 금형 폭의 1/2 이상이어야 하고, 행정길이가 300mm 이상의 프레스 기계에는 방호판 폭을 300mm로 해야 한다.
③ 부착볼트 등의 고정금속 부분은 예리하게 돌출되지 않아야 한다.
④ 손쳐내기 봉의 행정(stroke)길이를 금형의 높이에 따라 조정할 수 있고, 진동 폭은 금형 폭 이상이어야 한다.

해설 ① 슬라이드 하행정거리의 3/4 위치에서 손을 완전히 밀어내야 한다.

9-1. 프레스기에 사용되는 손쳐내기식 방호장치에 대한 설명으로 틀린 것은?　　[13.2]

① 분당 행정수가 120번 이상인 경우에 적합하다.

② 방호판의 폭은 금형 폭의 1/2 이상이어야 한다.

③ 행정길이가 300mm 이상의 프레스 기계에는 방호판 폭을 300mm로 해야 한다.

④ 손쳐내기 봉의 행정(stroke)길이를 금형의 높이에 따라 조정할 수 있고, 진동 폭은 금형 폭 이상이어야 한다.

해설 ① 분당 행정수가 120번 이하인 경우에 적합하다.

정답 ①

9-2. 다음은 프레스의 손쳐내기식 방호장치에서 방호판의 기준에 대한 설명이다. ( )에 들어갈 내용으로 맞는 것은? [19.3]

> 방호판의 폭은 금형 폭의 (㉠) 이상이어야 하고, 행정길이가 (㉡)mm 이상인 프레스 기계에서는 방호판의 폭을 (㉢)mm로 해야 한다.

① ㉠ : 1/2, ㉡ : 300, ㉢ : 200

② ㉠ : 1/2, ㉡ : 300, ㉢ : 300

③ ㉠ : 1/3, ㉡ : 300, ㉢ : 200

④ ㉠ : 1/3, ㉡ : 300, ㉢ : 300

해설 • 방호판의 폭은 금형 폭의 1/2 이상이어야 한다.

• 행정길이가 300mm 이상인 프레스 기계에서는 방호판의 폭을 300mm 이상으로 해야 한다.

정답 ②

9-3. 프레스기에 사용되는 방호장치의 종류 중 방호판을 가지고 있는 것은? [15.2]

① 수인식 방호장치

② 광전자식 방호장치

③ 손쳐내기식 방호장치

④ 양수조작식 방호장치

해설 • 손쳐내기식 방호장치는 방호판과 손쳐내기 봉을 가지고 있다.

• 손쳐내기식 방호장치의 방호판 폭은 금형 폭의 1/2 이상이어야 한다.

• 행정길이가 300mm 이상인 프레스 기계에서는 방호판의 폭을 300mm 이상으로 해야 한다.

정답 ③

9-4. 프레스 기계에서 슬라이드 행정길이가 몇 mm 이상일 때 손쳐내기식 방호장치를 사용할 수 있는가? [11.2]

① 10　　② 20　　③ 40　　④ 80

해설 행정길이(stroke)가 40mm 이상의 프레스 : 손쳐내기식, 수인식

정답 ③

10. 프레스 작업의 안전을 위한 방호장치 중 투광부와 수광부를 구비하는 방호장치는?

① 양수조작식　　② 가드식　　[18.1]

③ 광전자식　　④ 수인식

해설 광전자식 방호장치 : 투광부, 수광부, 컨트롤 부분으로 구성되어 있다. 신체의 일부가 광선을 차단하면 프레스가 급정지하는 방호장치이다.

11. 프레스의 감응식(광전자식) 방호장치의 설치기준으로 틀린 것은? [09.1]

① 투광기 및 수광기의 광축의 수는 2 이상으로 할 것

② 광축 상호 간의 간격은 150mm 이하로 할 것

③ 전 길이에 걸쳐 유효하게 작동할 것

④ 투광기에서 발생하는 빛 이외의 광선에 감응하지 않을 것

해설 ② 광축 상호 간의 간격은 30mm 이하로 할 것

11-1. 다음 (   ) 안에 들어갈 내용으로 옳은 것은? [10.2/12.2]

> 광전자식 프레스 방호장치에서 위험한계까지의 거리가 짧은 200mm 이하의 프레스에는 연속차광 폭이 작은 (   )의 방호장치를 선택한다.

① 30mm 초과   ② 30mm 이하
③ 50mm 초과   ④ 50mm 이하

해설 광전자식 프레스 방호장치에서 위험한계까지의 거리가 짧은 200mm 이하의 프레스에는 연속차광 폭이 작은 30mm 이하의 방호장치를 선택한다.

정답 ②

12. 다음 중 프레스에 사용되는 광전자식 방호장치의 일반구조에 관한 설명으로 틀린 것은? [14.2/18.1]

① 방호장치의 감지기능은 규정한 검출 영역 전체에 걸쳐 유효하여야 한다.
② 슬라이드 하강 중 정전 또는 방호장치의 이상 시에는 1회 동작 후 정지할 수 있는 구조이어야 한다.
③ 정상동작 표시램프는 녹색, 위험 표시램프는 붉은색으로 하며, 쉽게 근로자가 볼 수 있는 곳에 설치해야 한다.
④ 방호장치의 정상 작동 중에 감지가 이루어지거나 공급전원이 중단되는 경우 적어도 두 개 이상의 독립된 출력신호 개폐장치가 꺼진 상태로 돼야 한다.

해설 ② 슬라이드 하강 중 정전 또는 방호장치의 이상 시에는 즉시 정지할 수 있는 구조이어야 한다.

13. 다음 중 프레스기에 사용하는 광전자식 방호장치의 단점으로 틀린 것은? [13.2]

① 연속 운전작업에는 사용할 수 없다.
② 확동 클러치 방식에는 사용할 수 없다.
③ 설치가 어렵고, 기계적 고장에 의한 2차 낙하에는 효과가 없다
④ 작업 중 진동에 의해 투·수광기가 어긋나 작동이 되지 않을 수 있다.

해설 ① 연속 운전작업에 사용할 수 있다.

14. 프레스 방호장치 중 가드식 방호장치의 구조 및 선정 조건에 대한 설명으로 옳지 않은 것은? [18.3]

① 미동(inching)행정에서는 작업자 안전을 위해 가드를 개방할 수 없는 구조로 한다.
② 1행정, 1정지기구를 갖춘 프레스에 사용한다.
③ 가드 폭이 400mm 이하일 때는 가드 측면을 방호하는 가드를 부착하여 사용한다.
④ 가드 높이는 프레스에 부착되는 금형 높이 이상(최소 180mm)으로 한다.

해설 ① 미동(inching)행정에서는 작업자 안전을 위해 가드를 개방할 수 있는 구조가 작업성에 좋다.

15. 프레스 방호장치에 대한 설명으로 틀린 것은? [10.2]

① 게이트식 방호장치는 가드를 닫지 않으면, 슬라이드가 작동되지 않아야 한다.
② 손쳐내기식 방호장치는 행정길이가 40mm 이상, 행정수가 100SPM 이하의 프레스에 사용한다.

③ 수인식 방호장치는 행정길이가 50 mm 이상, 행정수가 100 SPM 이하의 프레스에 사용한다.

④ 감응식 방호장치는 슬라이드 작동 중 정지 가능하고, 슬라이드 작동 중에는 가드를 열 수 없는 구조이어야 한다.

해설 ④ 감응식 방호장치는 슬라이드 작동 중 정지 가능하고, 슬라이드 작동 중에는 가드를 열 수 있는 구조이어야 한다.

15-1. 프레스기에 설치하는 방호장치의 특징에 관한 설명으로 틀린 것은? [15.3]

① 양수조작식의 경우 기계적 고장에 의한 2차 낙하에는 효과가 없다.

② 광전자식의 경우 핀클러치 방식에는 사용할 수 없다.

③ 손쳐내기식은 측면 방호가 불가능하다.

④ 가드식은 금형 교환 빈도수가 많을 때 사용하기에 적합하다.

해설 ④ 가드식은 금형 교환 빈도수가 적을 때 사용하기에 적합하다.

정답 ④

16. 프레스 방호장치의 공통 일반구조에 대한 설명으로 틀린 것은? [16.1]

① 방호장치의 표면은 벗겨짐 현상이 없어야 하며, 날카로운 모서리 등이 없어야 한다.

② 위험기계·기구 등에 장착이 용이하고 견고하게 고정될 수 있어야 한다.

③ 외부 충격으로부터 방호장치의 성능이 유지될 수 있도록 보호덮개가 설치되어야 한다.

④ 각종 스위치, 표시램프는 돌출형으로 쉽게 근로자가 볼 수 있는 곳에 설치해야 한다.

해설 ④ 각종 스위치, 표시램프는 매립형으로 쉽게 근로자가 볼 수 있는 곳에 설치해야 한다.

17. 프레스에 적용되는 방호장치의 유형이 아닌 것은? [16.1]

① 접근거부형　　② 접근반응형
③ 위치제한형　　④ 포집형

해설 포집형 방호장치 : 목재가공기계의 반발 예방장치와 같이 위험장소에 설치하여 위험원이 비산하거나 튀는 것을 방지하는 등 작업자로부터 위험원을 차단하는 방호장치

18. 프레스의 방호장치 중 확동식 클러치가 적용된 프레스에 한해서만 적용 가능한 방호장치로만 나열된 것은? (단, 방호장치는 한 가지 종류만 사용한다고 가정한다.) [19.1]

① 광전자식, 수인식
② 양수조작식, 손쳐내기식
③ 광전자식, 양수조작식
④ 손쳐내기식, 수인식

해설 확동식 클러치가 적용된 프레스에만 적용 가능한 방호장치는 손쳐내기식, 수인식, 게이트 가드식 등이 있다.

19. 프레스의 제작 및 안전기준에 따라 프레스의 각 항목이 표시된 이름판을 부착해야 하는데 이 이름판에 나타내어야 하는 항목이 아닌 것은? [15.3/17.2]

① 압력능력 또는 전단능력
② 제조연월
③ 안전인증의 표시
④ 정격하중

해설 안전기준에 따라 프레스의 각 항목의 표시사항
• 압력능력(전단기는 전단능력)
• 사용 전기설비의 정격
• 제조자명　　• 제조번호 및 제조연월
• 안전인증의 표시　• 형식 또는 모델번호

20. 프레스의 본질적 안전화(no-hand in die 방식) 추진 대책이 아닌 것은? [15.1/17.2]

① 안전 금형을 설치
② 전용 프레스의 사용
③ 방호울이 부착된 프레스 사용
④ 감응식 방호장치 설치

해설 프레스의 작업점에 대한 방호방법

금형 내에 손이 들어가지 않는 구조 (no-hand in die type)	금형 안에 손이 들어가는 구조 (hand in die type)

• 안전울(방호울)이 부착된 프레스
• 안전 금형을 부착한 프레스
• 전용 프레스의 도입
• 자동 프레스의 도입
	• 작업방법에 상응하는 방호장치
	  ㉠ 가드식
	  ㉡ 수인식
	  ㉢ 손쳐내기식
	• 정지성능에 상응하는 방호장치
	  ㉠ 양수조작식
	  ㉡ 감응식(광전자식)

20-1. 프레스에 대한 안전장치 중 금형 안에 손이 들어가지 않는 구조(no-hand in die type)인 것은? [10.2/12.2]

① 자동송급식   ② 양수조작식
③ 손쳐내기식   ④ 감응식

해설 ①은 no-hand in die type,
②, ③, ④는 hand in die type

정답 ①

21. 위험기계에 조작자의 신체 부위가 의도적으로 위험점 밖에 있도록 하는 방호장치는 무엇인가? [12.2/19.1]

① 덮개형 방호장치
② 차단형 방호장치
③ 위치제한형 방호장치
④ 접근반응형 방호장치

해설 방호장치

• 포집형 방호장치 : 위험장소에 설치하여 위험원이 비산하거나 튀는 것을 방지하는 등 작업자로부터 위험원을 차단하는 방호장치

• 감지형 방호장치 : 이상온도, 이상기압, 과부하 등 기계의 부하가 안전한계치를 초과하는 경우에 이를 감지하고 자동으로 안전상태가 되도록 조정하거나 기계의 작동을 중지시키는 방호장치

• 위치제한형 방호장치 : 작업자의 신체 부위가 위험한계 밖에 있도록 기계의 조작장치를 위험한 작업점에서 안전거리 이상 떨어지게 하거나, 조작장치를 양손으로 동시 조작하게 함으로써 위험한계에 접근하는 것을 제한하는 방호장치

• 접근거부형 방호장치 : 작업자의 신체 부위가 위험한계 내로 접근하였을 때 기계적인 작용에 의하여 접근을 못하도록 저지하는 방호장치

• 접근반응형 방호장치 : 작업자의 신체 부위가 위험구역으로 들어오면 이를 감지하여 작동 중인 기계를 바로 정지하는 것으로 광전자식(감응식) 방호장치식

21-1. 기계설비의 방호를 위험장소에 대한 방호와 위험원에 대한 방호로 분류할 때, 다음 위험원에 대한 방호장치에 해당하는 것은? [12.2/14.3/20.1]

① 격리형 방호장치
② 포집형 방호장치
③ 접근거부형 방호장치
④ 위치제한형 방호장치

해설 포집형 방호장치 : 위험장소에 설치하여 위험원이 비산하거나 튀는 것을 방지하는 등 작업자로부터 위험원을 차단하는 방호장치

정답 ②

정답 20. ④   21. ③

21-2. 위험한 작업점과 작업자 사이의 위험을 차단시키는 격리형 방호장치가 아닌 것은? [11.3/18.2]

① 접촉반응형 방호장치
② 완전차단형 방호장치
③ 덮개형 방호장치
④ 안전 방책

해설 접근반응형 방호장치 : 작업자의 신체 부위가 위험구역으로 들어오면 이를 감지하여 작동 중인 기계를 바로 정지하는 것으로 광전자식(감응식) 방호장치이다.

정답 ①

22. 프레스 작업에서 가장 재해를 많이 입는 신체 부위는? [09.2]

① 손
② 발
③ 팔
④ 다리

해설 프레스 작업에서 가장 재해를 많이 입는 신체 부위는 손이다.

금형의 안전화

23. 다음 중 프레스 정지 시의 안전수칙이 아닌 것은? [12.1]

① 정전되면 즉시 스위치를 끈다.
② 안전블록을 바로 고여 준다.
③ 클러치를 연결시킨 상태에서 기계를 정지시키지 않는다.
④ 플라이휠의 회전을 멈추기 위해 손으로 누르지 않는다.

해설 ② 안전블록은 금형 부착·해체 및 조정 작업 시 사용한다.

24. 프레스 등의 금형을 부착·해체 또는 조정 작업 중 슬라이드가 갑자기 작동하여 근로자에게 발생할 수 있는 위험을 방지하기 위하여 설치하는 것은? [10.1/12.1/13.3/14.1/16.1/16.3/18.3/19.1/19.2/20.1]

① 방호울
② 안전블록
③ 시건장치
④ 게이트 가드

해설 안전블록 : 프레스 등의 금형을 부착·해체 또는 조정하는 작업을 할 때에 작업자의 신체가 위험한계 내에 있는 경우 슬라이드가 갑자기 작동함으로써 작업자에게 발생할 우려가 있는 위험을 방지하기 위하여 사용한다.

24-1. 프레스의 위험방지 조치로서 안전블록을 사용하는 경우가 아닌 것은? [15.1]

① 금형 부착 시
② 금형 파기 시
③ 금형 해체 시
④ 금형 조정 시

해설 프레스에 금형 부착 시, 금형 해체 시, 금형 조정작업을 할 때에는 위험방지 조치로서 안전블록을 사용하는 등 필요한 조치를 하여야 한다.

정답 ②

25. 금형의 안전화에 대한 설명 중 틀린 것은? [20.2]

① 금형의 틈새는 8mm 이상 충분하게 확보한다.
② 금형 사이에 신체 일부가 들어가지 않도록 한다.
③ 충격이 반복되어 부가되는 부분에는 완충장치를 설치한다.
④ 금형 설치용 홈은 설치된 프레스의 홈에 적합한 형상의 것으로 한다.

해설 ① 금형의 상·하 틈새는 손가락이 들어가지 않도록 8mm 이하로 한다.

26. 금형작업의 안전과 관련하여 금형 부품의 조립 시 주의사항으로 틀린 것은? [18.2]

① 맞춤 핀을 조립할 때에는 헐거운 끼워맞춤으로 한다.

② 파일럿 핀, 직경이 작은 펀치, 핀 게이지 등의 삽입 부품은 빠질 위험이 있으므로 플랜지를 설치하는 등 이탈방지 대책을 세워 둔다.

③ 쿠션 핀을 사용할 경우에는 상승 시 누름판의 이탈방지를 위하여 단붙임한 나사로 견고히 조여야 한다.

④ 가이드 포스트, 샹크는 확실하게 고정한다.

[해설] ① 맞춤 핀을 조립할 때에는 억지 끼워맞춤으로 한다.

26-1. 프레스 작업 시 금형의 파손을 방지하기 위한 조치내용 중 틀린 것은? [18.3]

① 금형 맞춤판은 억지 끼워맞춤으로 한다.

② 쿠션 핀을 사용할 경우에는 상승 시 누름판의 이탈방지를 위하여 단붙임한 나사로 견고히 조여야 한다.

③ 금형에 사용하는 스프링은 인장형을 사용한다.

④ 스프링 등의 파손에 의해 부품이 비산될 우려가 있는 부분에는 덮개를 설치한다.

[해설] ③ 금형에 사용하는 스프링은 압축형을 사용한다.

[정답] ③

27. 금형 운반에 대한 안전수칙에 관한 설명으로 옳지 않은 것은? [17.1]

① 상부금형과 하부금형이 닿을 위험이 있을 때는 고정 패드를 이용한 스트랩, 금속재질이나 우레탄 고무의 블록 등을 사용한다.

② 금형을 안전하게 취급하기 위해 아이볼트를 사용할 때는 숄더형으로 사용하는 것이 좋다.

③ 관통 아이볼트가 사용될 때는 조립이 쉽도록 구멍 틈새를 크게 한다.

④ 운반하기 위해 꼭 들어 올려야 할 때에는 필요한 높이 이상으로 들어 올려서는 안 된다.

[해설] ③ 관통 아이볼트가 사용될 때는 구멍의 틈새가 최소화 되도록 한다.

28. 다음 중 금형의 설계 및 제작 시 안전화 조치와 가장 거리가 먼 것은? [15.2]

① 펀치와 세장비가 맞지 않으면 길이를 짧게 조정한다.

② 강도 부족으로 파손되는 경우 충분한 강도를 갖는 재료로 교체한다.

③ 열처리 불량으로 인한 파손을 막기 위해 담금질(quenching)을 실시한다.

④ 캠 및 기타 충격이 반복해서 가해지는 부분에는 완충장치를 한다.

[해설] ③ 열처리 불량으로 인한 파손을 막기 위해 뜨임(tempering)을 실시한다.

4 기타 산업용 기계·기구

롤러기

1. 롤러기의 급정지장치 중 복부 조작식과 무릎 조작식의 조작부 위치기준은? (단, 밑면과 상대거리를 나타내며, 순서대로 복부 조작식 / 무릎 조작식이다.)   [10.2/18.1]

① 0.5~0.7m / 0.2~0.4m

② 0.8~1.1m / 0.4~0.6m

③ 0.8~1.1m / 0.6~0.8m

④ 1.1~1.4m / 0.8~1.0m

해설 롤러기 급정지장치의 종류

- 손 조작식 : 밑면으로부터 1.8m 이내 위치
- 복부 조작식 : 밑면으로부터 0.8~1.1m 이내 위치
- 무릎 조작식 : 밑면으로부터 0.4~0.6m 이내 위치

1-1. 산업안전보건법령상 롤러기의 무릎 조작식 급정지장치의 설치위치 기준은? (단, 위치는 급정지장치 조작부의 중심점을 기준으로 한다.)   [10.3/20.2]

① 밑면에서 0.7~0.8m 이내

② 밑면에서 0.6m 이내

③ 밑면에서 0.8~1.2m 이내

④ 밑면에서 1.5m 이내

해설 무릎 조작식 : 밑면으로부터 0.4~0.6m 이내 위치

정답 ②

1-2. 롤러기의 방호장치 중 복부 조작식 급정지장치의 설치위치 기준에 해당하는 것은? (단, 위치는 급정지장치의 조작부의 중심점을 기준으로 한다.)   [17.1]

① 밑면에서 1.8m 이상

② 밑면에서 0.8m 미만

③ 밑면에서 0.8m 이상 1.1m 이내

④ 밑면에서 0.4m 이상 0.8m 이내

해설 복부 조작식 : 밑면으로부터 0.8~1.1m 이내 위치

정답 ③

1-3. 롤러기의 급정지장치 설치방법 중 잘못된 것은?   [11.2]

① 손 조작식은 바닥면에서 2m 이내일 것

② 복부 조작식은 바닥면에서 0.8m 이상 1.1m 이내일 것

③ 무릎 조작식은 바닥면에서 0.4m 이상 0.6m 이내일 것

④ 급정지장치가 동작한 경우 롤러기의 기동장치를 재조작하지 않으면 가동되지 않는 구조일 것

해설 ① 손 조작식 : 밑면으로부터 1.8m 이내 위치

정답 ①

1-4. 롤러기에 사용되는 급정지장치의 종류가 아닌 것은?   [11.3/14.3/17.2/20.1]

① 손 조작식   ② 발 조작식

③ 무릎 조작식   ④ 복부 조작식

해설 롤러기 급정지장치의 종류 : 손 조작식, 복부 조작식, 무릎 조작식

정답 ②

2. 롤러기에서 앞면 롤러의 지름이 200mm, 회전속도가 30rpm인 롤러의 무부하 동작에서의 급정지거리로 옳은 것은?   [19.1]

3과목 기계 위험방지 기술

① 66mm 이내   ② 84mm 이내

③ 209mm 이내   ④ 248mm 이내

해설 앞면 롤러의 표면속도에 따른 급정지거리

㉠ 표면속도$(V) = \dfrac{\pi DN}{1000}$

$= \dfrac{\pi \times 200 \times 30}{1000} = 18.84 \, \text{m/min}$

여기서, V : 롤러 표면속도(m/min)

D : 롤러 원통의 직경(mm)

N : 1분간 롤러기가 회전되는 수(rpm)

30m/min 미만일 때	급정지거리 $= \pi \times D \times \dfrac{1}{3}$
30m/min 이상일 때	급정지거리 $= \pi \times D \times \dfrac{1}{2.5}$

㉡ 급정지거리 $= \pi \times D \times \dfrac{1}{3}$

$= \pi \times 200 \times \dfrac{1}{3} = 209 \, \text{mm}$

2-1. 롤러기의 급정지를 위한 방호장치를 설치하고자 한다. 앞면 롤러의 지름이 30cm이고, 회전수가 30rpm일 때 요구되는 급정지거리의 기준은?   [09.1/17.1/19.2]

① 급정지거리가 앞면 롤러의 원주의 1/3 이상일 것

② 급정지거리가 앞면 롤러의 원주의 1/3 이내일 것

③ 급정지거리가 앞면 롤러의 원주의 1/2.5 이상일 것

④ 급정지거리가 앞면 롤러의 원주의 1/2.5 이내일 것

해설 앞면 롤러의 표면속도에 따른 급정지거리

㉠ 표면속도$(V) = \dfrac{\pi DN}{1000}$

$= \dfrac{\pi \times 300 \times 30}{1000} = 28.26 \, \text{m/min}$

㉡ 표면속도$(V) = 30 \, \text{m/min}$ 미만일 때

   : 급정지거리 $= \pi \times D \times \dfrac{1}{3}$

정답 ②

2-2. 지름이 60cm이고, 20rpm으로 회전하는 롤러기의 무부하 동작에서 급정지거리 기준으로 옳은 것은?   [13.3/17.3]

① 앞면 롤러 원주의 1/1.5 이내 거리에서 급정지

② 앞면 롤러 원주의 1/2 이내 거리에서 급정지

③ 앞면 롤러 원주의 1/2.5 이내 거리에서 급정지

④ 앞면 롤러 원주의 1/3 이내 거리에서 급정지

해설 앞면 롤러의 표면속도에 따른 급정지거리

㉠ 표면속도$(V) = \dfrac{\pi DN}{1000}$

$= \dfrac{\pi \times 600 \times 20}{1000} = 37.68 \, \text{m/min}$

㉡ 표면속도$(V) = 30 \, \text{m/min}$ 이상일 때

   : 급정지거리 $= \pi \times D \times \dfrac{1}{2.5}$

정답 ③

3. 롤러기의 가드 설치 시에 개구부 간격을 계산하는 식은? (단, Y : 개구부 간격, X : 개구부에서 위험점까지 최단거리, X는 160mm 미만의 경우의 식을 구한다.)   [09.2/10.1]

① $Y = 6 + 0.15X$ ② $X = 6 + 0.15Y$

③ $Y = 6 + 10X$ ④ $X = 6 + Y/10$

해설 • 롤러 가드의 개구부 간격(Y)

   ㉠ $X < 160 \, \text{mm}$일 경우 $Y = 6 + 0.15X \, [\text{mm}]$

   ㉡ $X \geq 160 \, \text{mm}$일 경우 $Y = 30 \, \text{mm}$

• 절단기 가드 개구부의 간격(Y)

   $= 6 + \dfrac{X}{8} \, [\text{mm}]$

여기서, X : 가드와 위험점 간의 거리(mm)

정답 3. ①

3-1. 다음 중 위험구역에서 가드까지의 거리가 200mm인 롤러기에 가드를 설치하는데 허용 가능한 가드의 개구부 간격으로 옳은 것은? [11.3/13.3]

① 최대 20mm ② 최대 30mm
③ 최대 36mm ④ 최대 40mm

해설 개구부의 간격은 $X \geq 160$mm일 경우 $Y = 30$mm이다.

정답 ②

3-2. 개구부에서 회전하는 롤러의 위험점까지 최단거리가 60mm일 때 개구부 간격은 얼마인가? [09.3/11.2/12.3/16.3/20.1]

① 10mm ② 12mm
③ 13mm ④ 15mm

해설 롤러 가드의 개구부 간격(Y)
: $X < 160$mm일 경우,
개구부의 간격(Y) $= 6 + 0.15 \times X$
$= 6 + (0.15 \times 60) = 15$mm

정답 ④

3-3. 롤러작업에서 울(guard)의 적절한 위치까지의 거리가 40mm일 때 울의 개구부와의 설치 간격은 얼마 정도로 하여야 하는가? (단, 국제노동기구의 규정을 따른다.) [13.2]

① 12mm ② 15mm
③ 18mm ④ 20mm

해설 개구부의 간격(Y) $= 6 + 0.15 \times X$
$= 6 + (0.15 \times 40) = 12$mm

정답 ①

3-4. 롤러기에서 가드의 개구부와 위험점 간의 거리가 200mm이면 개구부 간격(mm)은 얼마이어야 하는가? (단, 위험점이 전동체이다.) [14.3]

① 30mm ② 26mm
③ 36mm ④ 20mm

해설 개구부의 간격(Y) $= 6 + 0.1 \times X$
$= 6 + (0.1 \times 200) = 26$mm

정답 ②

3-5. 롤러의 위험점 전방에 개구부 간격 16.5mm의 가드를 설치하고자 한다면, 개구부에서 위험점까지의 거리는 몇 mm 이상이어야 하는가? (단, 위험점이 전동체는 아니다.) [09.1/18.3]

① 70 ② 80
③ 90 ④ 100

해설 ㉠ 롤러 가드의 개구부 간격(Y)
: $X < 160$mm일 경우,
개구부의 간격(Y) $= 6 + 0.15 \times X = 16.5$

㉡ 전단지점 간의 거리(X) $= \dfrac{Y - 6}{0.15}$

$= \dfrac{16.5 - 6}{0.15} = 70$mm

정답 ①

3-6. 롤러의 맞물림점 전방에 개구간격 30mm의 가드를 설치하고자 한다. 개구면에서 위험점까지의 최단거리(mm)는 얼마인가? (단, I.L.O. 기준에 의해 계산한다.) [15.2]

① 80 ② 100
③ 120 ④ 160

해설 롤러 가드의 개구부 간격(Y)
: $X \geq 160$mm일 경우, $Y = 30$mm
$\therefore X = 160$mm

정답 ④

4. 롤러기에서 조작부에 로프를 사용하는 급정지장치를 사용할 경우 로프의 파단강도 기준은? [10.1]

① 740N 이상 ② 1470N 이상
③ 2940N 이상 ④ 3860N 이상

해설 와이어로프 지름 4mm 이상, 합성섬유로프 지름 6mm 이상이며, 파단(전단)강도는 2940N 이상이어야 한다.

5. 종이, 천, 금속박 등을 통과시키는 로울러기로서 근로자에게 위험을 미칠 우려가 있는 부위에 설치해야 할 방호장치에 해당하는 것은? [09.3]

① 방호판 ② 안내 로울러
③ 과부하방지장치 ④ 반발예방장치

해설 안내 로울러 : 종이, 천, 금속박 등을 통과시키는 로울러기로서 근로자에게 위험을 미칠 우려가 있는 부위에 설치하는 방호장치

원심기

6. 다음 중 원심기에 적용하는 방호장치는 무엇인가? [14.1/17.3]

① 덮개 ② 권과방지장치
③ 리미트 스위치 ④ 과부하방지장치

해설 ①은 원심기 방호장치,
②, ④는 양중기 방호장치

7. 원심기의 안전 대책에 관한 사항에 해당되지 않는 것은? [11.3/17.1]

① 최고사용 회전수를 초과하여 사용해서는 아니 된다.
② 내용물이 튀어나오는 것을 방지하도록 덮개를 설치하여야 한다.

③ 폭발을 방지하도록 압력방출장치를 2개 이상 설치하여야 한다.
④ 청소, 검사, 수리 등의 작업 시에는 기계의 운전을 정지하여야 한다.

해설 ③은 보일러의 방호장치에 대한 내용이다.

7-1. 원심기의 안전에 관한 설명으로 적절하지 않은 것은? [기사 12.3/16.1]

① 원심기에는 덮개를 설치하여야 한다.
② 원심기의 최고사용 회전수를 초과하여 사용하여서는 아니 된다.
③ 원심기에 과압으로 인한 폭발을 방지하기 위하여 압력방출장치를 설치하여야 한다.
④ 원심기로부터 내용물을 꺼내거나 원심기의 정비, 청소, 검사, 수리작업을 하는 때에는 운전을 정지시켜야 한다.

해설 ③은 보일러 및 압력용기의 방호장치에 대한 내용이다.

정답 ③

아세틸렌 용접장치 및 가스집합 용접장치

8. 산소-아세틸렌 가스 용접에서 산소용기의 취급 시 주의사항으로 틀린 것은? [20.2]

① 산소용기의 운반 시 밸브를 닫고 캡을 씌워서 이동할 것
② 기름이 묻은 손이나 장갑을 끼고 취급하지 말 것
③ 원활한 산소 공급을 위하여 산소용기는 눕혀서 사용할 것
④ 통풍이 잘 되고 직사광선이 없는 곳에 보관할 것

해설 ③ 산소용기와 아세틸렌 가스 등의 용기는 세워서 사용한다.

9. 다음 중 산소−아세틸렌 가스 용접 시 역화의 원인과 가장 거리가 먼 것은 어느 것인가? [10.3/13.3/19.1/19.3]

① 토치의 과열 ② 토치 팁의 이물질
③ 산소 공급의 부족 ④ 압력조정기의 고장

해설 아세틸렌 용접장치의 역화 원인
• 압력조정기가 고장으로 불량일 때
• 팁의 끝이 과열되었을 때
• 산소의 공급이 과다할 때
• 토치의 성능이 좋지 않을 때
• 팁에 이물질이 묻어 막혔을 때

9-1. 다음 중 아세틸렌 용접장치에서 역화의 발생 원인과 가장 관계가 먼 것은? [12.3]

① 압력조정기가 고장으로 작동이 불량할 때
② 수봉식 안전기가 지면에 대해 수직으로 설치될 때
③ 토치의 성능이 좋지 않을 때
④ 팁이 과열되었을 때

해설 ②는 안전기 설치기준이다.

정답 ②

10. 용접장치에 사용하는 역화방지기의 일반 구조에 관한 설명으로 틀린 것은? [11.1]

① 역화방지기의 구조는 소염소자, 역화방지장치로 구성되어야 하며, 특히 토치 입구에 사용하는 것은 방출장치도 구성되어야 한다.
② 역화방지기는 그 다듬질 면이 매끈하고 사용상 지장이 있는 부식, 홈, 균열 등이 없어야 한다.
③ 가스의 흐름 방향은 지워지지 않도록 돌출 또는 각인하여 표시해야 한다.

④ 소염소자는 금망, 소결금속, 스틸울(steel wool), 다공성 금속물 또는 이와 동등 이상의 소염성능을 갖는 것이어야 한다.

해설 ① 역화방지기의 구조는 소염소자, 역화방지장치 및 방출장치 등으로 구성되어야 한다. 다만, 토치 입구에 사용하는 것은 방출장치를 생략할 수 있다.

11. 산업안전보건법상 아세틸렌 용접장치 또는 가스집합 용접장치를 사용하여 행하는 금속의 용접·용단 또는 가열 작업자에게 특별안전·보건교육을 시키고자 할 때의 교육내용이 아닌 것은? [12.1/16.1]

① 용접 흄·분진 및 유해광선 등의 유해성에 관한 사항
② 작업방법·작업 순서 및 응급처지에 관한 사항
③ 안전밸브의 취급 및 주의에 관한 사항
④ 안전기 및 보호구 취급에 관한 사항

해설 아세틸렌 용접장치 또는 가스집합 용접장치를 사용하는 금속의 용접·용단 또는 가열작업을 할 때 특별안전·보건교육 내용
• 용접 흄, 분진 및 유해광선 등의 유해성에 관한 사항
• 가스용접기, 압력조정기, 호스 및 취관두 등의 기기점검에 관한 사항
• 작업방법·순서 및 응급처치에 관한 사항
• 안전기 및 보호구 취급에 관한 사항
• 그 밖의 안전·보건관리에 필요한 사항

12. 산업안전보건법령에 따른 아세틸렌 용접장치에 관한 설명으로 옳은 것은? [15.2]

① 아세틸렌 용접장치의 안전기는 취관마다 설치하여야 한다.
② 아세틸렌 용접장치의 아세틸렌 전용 발생기실은 건물의 지하에 위치하여야 한다.

③ 아세틸렌 전용의 발생기실은 화기를 사용하는 설비로부터 1.5m를 초과하는 장소에 설치하여야 한다.

④ 아세틸렌 용접장치를 사용하여 금속의 용접·용단하는 경우에는 게이지 압력이 250kPa을 초과하는 압력의 아세틸렌을 발생시켜 사용해서는 아니 된다.

해설 안전기 설치기준
• 사업주는 아세틸렌 용접장치의 취관마다 2개 이상의 안전기를 설치하여야 한다.
• 사업주는 가스용기가 발생기와 분리되어 있는 아세틸렌 용접장치에 대하여 발생기와 가스용기 사이에 안전기를 설치하여야 한다.

12-1. 아세틸렌 용접장치의 안전기준과 관련하여 다음 (   )에 들어갈 용어로 옳은 것은? [09.2/17.2]

> 사업주는 가스용기가 발생기와 분리되어 있는 아세틸렌 용접장치에 대하여는 발생기와 가스용기 사이에 (   )을(를) 설치하여야 한다.

① 격납실　　　　　② 안전기
③ 안전밸브　　　　④ 소화설비

해설 아세틸렌 용접장치에 대하여는 발생기와 가스용기 사이에 안전기를 설치하여야 한다.

정답 ②

12-2. 아세틸렌 용접장치에 대하여 취관마다 설치하여야 하는 것은? (단, 주관 및 취관에 근접한 분기관마다 이것을 부착한 때는 부착하지 않아도 된다.) [10.2/11.2/11.3/12.2/12.3]

① 압력조정기
② 안전기

③ 토치크리너
④ 자동전격방지기

해설 역류, 역화를 방지하기 위하여 아세틸렌 용접장치의 취관마다 2개 이상의 안전기를 설치한다.

정답 ②

12-3. 산업안전보건기준에 따르면 가스집합 용접장치의 배관 시에 있어서 하나의 취관에 대하여 설치해야 할 안전기는 최소 몇 개 이상인가? [10.3]

① 1개　　② 2개　　③ 3개　　④ 5개

해설 가스집합 용접장치의 배관 시 하나의 취관에 대하여 안전기는 최소 2개 이상 설치해야 한다.

정답 ②

13. 아세틸렌 용접장치에서 사용되는 수봉식 혹은 건식 안전기를 취급할 때의 주의사항으로 틀린 것은? [10.1/12.1]

① 건식 안전기는 아무나 분해 또는 수리하지 않는다.
② 수봉식 안전기는 지면에 평행하게 설치하여 사용한다.
③ 수봉식 안전기는 항상 지정된 수위를 유지하도록 주의한다.
④ 수봉식 안전기의 수봉부의 물이 얼었을 때는 더운 물로 녹인다.

해설 ② 수봉식 안전기는 지면에 수직하게 설치하여 사용한다.

14. 산업안전보건법령상 가스집합장치로부터 얼마 이내의 장소에서는 흡연, 화기의 사용 또는 불꽃을 발생할 우려가 있는 행위를 금지하여야 하는가? [10.1/14.1]

① 5m   ② 7m

③ 10m   ④ 25m

해설 발생기실의 구조

- 가스집합장치(아세틸렌 발생기)로부터 5m 이내, 발생기실로부터 3m 이내에는 흡연 및 화기사용을 금지할 것
- 벽은 불연성의 재료로 하고 철근콘크리트 또는 그 밖에 이와 동등 이상의 강도를 가진 구조로 할 것
- 바닥면적의 1/16 이상의 단면적을 가진 배기통을 옥상으로 돌출시키고, 그 개구부를 창이나 출입구로부터 1.5m 이상 떨어지도록 할 것
- 출입구의 문은 불연성 재료로 하고, 두께 1.5mm 이상의 철판 그 밖에 이와 동등 이상의 강도를 가진 구조로 할 것
- 발생기실을 옥외에 설치한 경우에는 그 개구부를 다른 건축물로부터 1.5m 이상 떨어지도록 할 것
- 지붕과 천장에는 얇은 철판이나 가벼운 불연성 재료를 사용할 것
- 벽과 발생기 사이에는 발생기의 조정 또는 카바이드 공급 등의 작업을 방해하지 아니하도록 간격을 확보할 것

14-1. 산업안전보건법령에 따라 아세틸렌 발생기실에 설치해야 할 배기통은 얼마 이상의 단면적을 가져야 하는가? [14.2/19.1]

① 바닥면적의 1/16   ② 바닥면적의 1/20

③ 바닥면적의 1/24   ④ 바닥면적의 1/30

해설 바닥면적의 1/16 이상의 단면적을 가진 배기통을 옥상으로 돌출시킨다.

정답 ①

14-2. 아세틸렌 용접장치에서 아세틸렌 발생기실 설치위치 기준으로 옳은 것은? [18.1]

① 건물 지하층에 설치하고 화기 사용설비로부터 3미터 초과 장소에 설치

② 건물 지하층에 설치하고 화기 사용설비로부터 1.5미터 초과 장소에 설치

③ 건물 최상층에 설치하고 화기 사용설비로부터 3미터 초과 장소에 설치

④ 건물 최상층에 설치하고 화기 사용설비로부터 1.5미터 초과 장소에 설치

해설 발생기실은 건물의 최상층에 위치하여야 하며, 화기를 사용하는 설비로부터 3m를 초과하는 장소에 설치하여야 한다.

정답 ③

14-3. 아세틸렌 용접장치의 발생기실을 옥외에 설치하는 경우에는 그 개구부는 다른 건축물로부터 몇 m 이상 떨어져야 하는가?

① 1   ② 1.5   [16.1]

③ 2.5   ④ 3

해설 아세틸렌 용접장치의 발생기실을 옥외에 설치한 경우에는 그 개구부를 다른 건축물로부터 1.5m 이상 떨어지도록 할 것

정답 ②

15. 가스집합 용접장치에서 가스장치실에 대한 안전조치로 틀린 것은? [09.2/16.2]

① 가스가 누출될 때에는 해당 가스가 정체되지 않도록 한다.

② 지붕 및 천장은 콘크리트 등의 재료로 폭발을 대비하여 견고히 한다.

③ 벽에는 불연성 재료를 사용한다.

④ 가스장치실에는 관계 근로자가 아닌 사람의 출입을 금지시킨다.

해설 ② 지붕과 천장에는 얇은 철판이나 가벼운 불연성 재료를 사용한다.

16. 아세틸렌 용접장치를 사용하여 금속의 용접·용단 또는 가열작업을 하는 경우 게이지 압력으로 얼마를 초과하는 압력의 아세틸렌을 발생시켜 사용해서는 아니 되는가? [14.2]

① 85kPa ② 107kPa
③ 127kPa ④ 150kPa

해설 아세틸렌 용접장치 게이지 압력은 최대 127kPa 이하이어야 한다.

16-1. 아세틸렌 용접장치를 사용하여 금속의 용접, 용단 또는 가열작업 시 아세틸렌의 게이지 압력은 얼마를 초과하여 사용해서는 안 되는가? [09.2/11.1]

① 1.3kg/cm^2 ② 1.5kg/cm^2
③ 2.0kg/cm^2 ④ 2.3kg/cm^2

해설 압력 단위 : 1kPa=0.010197kgf/cm^2
→ 127kPa=127×0.010197kgf/cm^2
=1.3kg/cm^2

정답 ①

17. 피복 아크 용접작업 시 생기는 결함에 대한 설명 중 틀린 것은? [11.1/19.1]

① 스패터(spatter) : 용융된 금속의 작은 입자가 튀어나와 모재에 묻어있는 것
② 언더컷(under cut) : 전류가 과대하고 용접속도가 너무 빠르며, 아크를 짧게 유지하기 어려운 경우 모재 및 용접부의 일부가 녹아서 발생하는 홈 또는 오목하게 생긴 부분
③ 크레이터(crater) : 용착금속 속에 남아 있는 가스로 인하여 생긴 구멍
④ 오버랩(overlap) : 용접봉의 운행이 불량하거나 용접봉의 용융 온도가 모재보다 낮을 때 과잉 용착금속이 남아있는 부분

해설 ③ 크레이터(crater) : 아크가 끝날 때 비드의 끝부분이 오목하게 들어간 부분

18. 아세틸렌 용접 시 화재가 발생하였을 때 제일 먼저 해야 할 일은? [15.1]

① 메인 밸브를 잠근다.
② 용기를 실외로 끌어낸다.
③ 관리자에게 보고한다.
④ 젖은 천으로 용기를 덮는다.

해설 아세틸렌 용접 시 화재가 발생하였을 때 제일 먼저 메인 밸브를 잠근다.

19. 가스 용접작업을 위한 압력조정기 및 토치의 취급방법으로 틀린 것은? [15.1]

① 압력조정기를 설치하기 전에 용기의 안전밸브를 가볍게 2~3회 개폐하여 내부 구멍의 먼지를 불어낸다.
② 압력조정기 체결 전에 조정핸들을 풀고, 신속히 용기의 밸브를 연다.
③ 우선 조정기의 밸브를 열고 토치의 콕 및 조정밸브를 열어서 호스 및 토치 중의 공기를 제거한 후에 사용한다.
④ 장시간 사용하지 않을 때는 용기밸브를 잠그고 조정핸들을 풀어둔다.

해설 ② 압력조정기 체결 전에 용기밸브를 닫고, 조정핸들을 푼다.

20. 가스 용접작업 시 충전가스용기 색깔 중에서 틀린 것은? [15.1/11.3]

① 프로판 가스 용기 : 회색
② 아르곤 가스 용기 : 회색
③ 산소가스 용기 : 녹색
④ 아세틸렌 가스 용기 : 백색

해설 충전가스용기(bombe)의 색상

가스명	도색	가스명	도색
산소	녹색	암모니아	백색
수소	주황색	아세틸렌	황색
탄산가스	파란색	프로판	회색
염소	갈색	아르곤	회색

21. 산소–아세틸렌 가스 용접장치에 사용되는 호스 색깔 중 [산소 호스 : 아세틸렌 호스] 색이 바르게 짝지어진 것은? [11.2]

① 적색 : 흑색　　② 적색 : 녹색
③ 흑색 : 적색　　④ 녹색 : 흑색

해설 산소용 호스는 녹색 또는 흑색, 아세틸렌용 호스는 적색을 사용한다.

22. 가스 용접용 용기를 보관하는 저장소의 온도는 몇 ℃ 이하로 유지해야 하는가? [13.1]

① 0℃　　　　② 20℃
③ 40℃　　　　④ 60℃

해설 가스 용접용 용기를 보관하는 저장소의 온도는 40℃ 이하로 유지한다.

23. 아세틸렌은 특정 물질과 결합 시 폭발을 쉽게 일으킬 수 있는데 다음 중 이에 해당하지 않는 물질은? [10.1/15.2]

① 은　　　　　② 철
③ 수은　　　　④ 구리

해설 아세틸렌은 은, 수은, 구리와 결합 시 폭발을 쉽게 일으킬 수 있다.

24. 가스 용접용 산소용기에 각인된 "TP50"에서 "TP"의 의미로 옳은 것은? [15.3]

① 내압시험압력　　② 인장응력
③ 최고충전압력　　④ 검사용적

해설 TP50 : TP는 내압시험압력, 50은 내압시험압력이 50MPa이다.

25. 가스 용접작업의 안전수칙에 대한 설명 중 잘못된 것은? [11.1]

① 용접하기 전에 소화기, 소화수의 위치를 확인할 것

② 작업 시에는 보호안경을 착용할 것

③ 산소용기와 화기와의 이격거리는 5m 이상으로 할 것

④ 작업 후에는 아세틸렌 밸브를 먼저 닫고 산소밸브를 닫을 것

해설 ④ 작업 후에는 항상 산소밸브를 먼저 닫고 아세틸렌 밸브를 닫을 것

26. 용접 팁의 청소는 무엇으로 해야 좋은가? [11.2]

① 전선케이블
② 줄이나 팁 클리너
③ 동선이나 철선
④ 동선이나 놋쇠선

해설 팁의 구멍이 그을음이나 슬래그 등으로 막혔을 경우 팁 클리너를 사용해 청소를 해야 한다.

보일러 및 압력용기

27. 다음 중 근로자에게 위험을 미칠 우려가 있을 때 덮개 또는 울을 설치해야 하는 위치와 가장 거리가 먼 것은? [18.1]

① 연삭기 또는 평삭기의 테이블, 형삭기 램 등의 행정 끝

② 선반으로부터 돌출하여 회전하고 있는 가공물 부근

③ 과열에 따른 과열이 예상되는 보일러의 버너 연소실

④ 띠톱기계의 위험한 톱날(절단 부분 제외) 부위

해설 ③ 버너 연소실에는 온도를 감지하여 연료 공급을 조절할 수 있는 안전밸브를 설치하여 과열을 예방하여야 한다.

28. 보일러의 연도(굴뚝)에서 버려지는 여열을 이용하여 보일러에 공급되는 급수를 예열하는 부속장치는? [20.1]

① 과열기
② 절탄기
③ 공기예열기
④ 연소장치

해설 절탄기 : 연도(굴뚝)에서 버려지는 여열을 이용하여 보일러에 공급되는 급수를 예열하는 부속장치

29. 보일러수 속에 불순물 농도가 높아지면서 수면에 거품이 형성되어 수위가 불안정하게 되는 현상은? [13.2/13.3/16.3/18.1/18.2/20.2]

① 포밍　　　　② 서징
③ 수격 현상　　④ 공동 현상

해설 보일러 이상 현상의 종류
• 프라이밍 : 보일러의 과부하로 보일러수가 끓어서 물방울이 비산하고 증기가 물방울로 충만하여 수위를 판단하지 못하는 현상이다.
• 포밍 : 보일러수 속에 불순물 농도가 높아지면서 수면에 거품층을 형성하여 수위가 불안정하게 되는 현상이다.
• 캐리오버 : 보일러에서 관 쪽으로 보내는 증기에 대량의 물방울이 함유되어 증기의 순도를 저하시킴으로써 관 내 응축수가 생겨 워터해머의 원인이 된다.
• 수격 현상 : 배관을 강하게 치는 현상, 수격 현상(워터해머)은 캐리오버에 기인한다.
• 공동 현상 : 유동하는 물속의 어느 부분의 정압이 물의 증기압보다 낮을 경우 부분적으로 증기를 발생시켜 배관을 부식시킨다.
• 맥동 현상(서징) : 펌프의 입·출구에 부착되어 있는 진공계와 압력계가 흔들리고 진동과 소음이 일어나며, 유출량이 변하는 현상이다.

29-1. 다음 중 보일러의 증기관 내에서 수격작용(water hammering) 현상이 발생하는 가장 큰 원인은? [09.2/15.3]

① 프라이밍(priming)
② 워터링(watering)
③ 캐리오버(carry over)
④ 서징(surging)

해설 캐리오버 : 보일러에서 관 쪽으로 보내는 증기에 대량의 물방울이 함유되어 증기의 순도를 저하시킴으로써 관 내 응축수가 생겨 워터해머의 원인이 된다.

정답 ③

30. 보일러의 역화(back fire) 발생 원인이 아닌 것은? [12.1]

① 압입통풍이 너무 강할 경우
② 댐퍼를 너무 조여 흡입통풍이 부족할 경우
③ 연료밸브를 급히 열었을 경우
④ 연료에 수분이 함유된 경우

해설 • 보일러의 역화 : 화염이 버너 입구 쪽으로 분출하는 현상으로 점화 시에 주로 발생한다.
• 보일러 역화 발생 원인
　㉠ 압입통풍이 너무 강할 경우
　㉡ 댐퍼를 너무 조여 흡입통풍이 부족할 경우
　㉢ 연료밸브를 급히 열었을 경우
　㉣ 공기보다 연료를 먼저 공급했을 경우

31. 산업안전보건법령에 따라 보일러의 과열을 방지하기 위하여 최고사용압력과 상용압력 사이에서 보일러의 버너 연소를 차단할 수 있도록 부착하여 사용하여야 하는 장치는? [09.1/11.1/14.3]

① 경보음 장치　　② 압력제한 스위치
③ 압력방출장치　　④ 고저수위 조절장치

해설 보일러의 과열을 방지하기 위하여 최고 사용압력과 상용압력 사이에서 보일러의 버너 연소를 차단할 수 있도록 압력제한 스위치를 부착하여 사용하여야 한다.

31-1. 다음 ( ) 안에 들어갈 말로 옳은 것은?　　　　　　　　　　　　　[10.3]

> 사업주는 보일러의 과열을 방지하기 위하여 최고사용압력과 상용압력 사이에서 보일러의 버너 연소를 차단할 수 있도록 ( )를 부착하여 사용하여야 한다.

① 고저수위 조절장치　② 압력방출장치
③ 압력제한 스위치　　④ 비상정지장치

해설 보일러의 과열을 방지하기 위하여 최고 사용압력과 상용압력 사이에서 보일러의 버너 연소를 차단할 수 있도록 압력제한 스위치를 부착하여 사용하여야 한다.

정답 ③

32. 압력용기에서 과압으로 인한 폭발을 방지하기 위해 설치하는 압력방출장치는? [12.3]

① 체크밸브　　　　　② 스톱밸브
③ 안전밸브　　　　　④ 비상밸브

해설 압력용기의 안전밸브 설치
- 안지름이 150mm를 초과하는 압력용기에 대해서는 규정에 맞는 안전밸브를 설치해야 한다.
- 급성 독성물질이 지속적으로 외부에 유출될 수 있는 화학설비 및 그 부속설비에는 파열판과 안전밸브를 직렬로 설치하고, 그 사이에는 압력지시계 또는 자동경보장치를 설치하여야 한다.
- 안전밸브는 보호하려는 설비의 최고사용압력 이하에서 작동되도록 하여야 한다.

- 안전밸브의 배출용량은 그 작동 원인에 따라 각각의 소요 분출량을 계산하여 가장 큰 수치를 해당 안전밸브의 배출용량으로 하여야 한다.

32-1. 산업안전보건법령에 따라 압력용기에 설치하는 안전밸브의 설치 및 작동에 관한 설명으로 틀린 것은? [14.1/19.1]

① 다단형 압축기에는 각 단별로 안전밸브 등을 설치하여야 한다.
② 안전밸브는 이를 통하여 보호하려는 설비의 최저사용압력 이하에서 작동되도록 설정하여야 한다.
③ 화학공정 유체와 안전밸브의 디스크 또는 시크가 직접 접촉될 수 있도록 설치된 경우에는 매년 1회 이상 국가교정기관에서 교정을 받은 압력계를 이용하여 검사한 후 납으로 봉인하여 사용한다.
④ 공정안전 보고서 이행상태 평가 결과가 우수한 사업장의 안전밸브의 경우 검사주기는 4년마다 1회 이상이다.

해설 ② 안전밸브는 이를 통하여 보호하려는 설비의 최고사용압력 이하에서 작동되도록 설정하여야 한다.

정답 ②

33. 다음 중 압력용기에 설치하여야 할 안전장치인 것은?　　　　　　　　　[09.2]

① 압력방출장치
② 완충장치
③ 고저수위 조절장치
④ 비상정지장치

해설 압력용기의 상승한 압력이 압력용기의 최고사용압력을 초과할 우려가 있는 경우 압력방출장치를 설치한다.

34. 산업안전보건법령상 위험기계ㆍ기구별 방호조치로 가장 적절하지 않은 것은 어느 것인가? [12.2/20.2]

① 산업용 로봇-안전매트
② 보일러-급정지장치
③ 목재가공용 둥근톱기계-반발예방장치
④ 산업용 로봇-광전자식 방호장치

해설 보일러 폭발위험의 방호조치 : 압력방출장치, 압력제한 스위치, 고저수위 조절장치, 화염검출기 등

34-1. 위험기계ㆍ기구와 이에 해당하는 방호장치의 연결이 틀린 것은? [16.3/19.3]

① 연삭기-급정지장치
② 프레스-광전자식 방호장치
③ 아세틸렌 용접장치-안전기
④ 압력용기-압력방출용 안전밸브

해설 ① 연삭기 – 덮개
Tip) 롤러기 – 급정지장치
정답 ①

34-2. 다음 중 보일러의 방호장치로 적절하지 않은 것은? [19.3]

① 압력방출장치
② 과부하방지장치
③ 압력제한 스위치
④ 고저수위 조절장치

해설 ②는 양중기 방호장치
정답 ②

34-3. 다음 중 보일러의 폭발사고 예방을 위한 장치에 해당하지 않는 것은? [15.2]

① 압력발생기 　　② 압력제한 스위치
③ 압력방출장치 　④ 고저수위 조절장치

해설 보일러 폭발위험방지 장치 : 압력방출장

치, 압력제한 스위치, 고저수위 조절장치, 화염검출기 등

정답 ①

34-4. 다음 중 보일러의 폭발사고 예방을 위한 장치로 가장 거리가 먼 것은? [18.3]

① 압력제한 스위치 　　② 압력방출장치
③ 고저수위 고정장치 　④ 화염검출기

해설 고저수위 조절장치 : 보일러 수위의 이상 현상으로 인해 위험 수위로 변하면 작업자가 쉽게 감지할 수 있도록 경보등, 경보음을 발하고 자동적으로 급수 또는 단수되어 수위를 조절한다.

정답 ③

35. 다음은 보일러 방호장치 설치방법을 설명한 것이다. 옳지 않은 것은? [09.3]

① 압력방출장치는 검사가 용이한 위치에 밸브축이 수평이 되게 설치한다.
② 압력방출장치는 가능한 보일러 동체에 직접 설치한다.
③ 압력제한 스위치는 보일러의 압력계가 설치된 배관상에 설치한다.
④ 압력방출장치는 최고사용압력 이하에서 작동하는 방호장치를 설치해야 한다.

해설 ① 압력방출장치는 용기 본체에 부설되는 관에 압력방출장치의 밸브축이 수직이 되게 설치하여야 한다.

35-1. 보일러의 안전한 가동을 위하여 압력방출장치를 2개 설치한 경우에 작동방법으로 옳은 것은? [09.3/13.1/15.1/16.2/18.3/19.2]

① 최고사용압력 이하에서 2개가 동시 작동
② 최고사용압력 이하에서 1개가 작동되고 다른 것은 최고사용압력 1.05배 이하에서 작동

③ 최고사용압력 이하에서 1개가 작동되고 다른 것은 최고사용압력 1.1배 이하에서 작동

④ 최고사용압력의 1.1배 이하에서 2개가 동시 작동

해설 압력방출장치를 2개 설치하는 경우 1개는 최고사용압력 이하에서 작동되도록 하고, 또 다른 하나는 최고사용압력의 1.05배 이하에서 작동되도록 부착한다.

정답 ②

36. 원통 보일러의 종류가 아닌 것은?　[17.3]

① 입형 보일러　　　② 노통 보일러
③ 연관 보일러　　　④ 관류 보일러

해설 보일러의 종류
- 원통 보일러 : 입형 보일러, 노통 보일러, 연관 보일러, 노통 연관 보일러
- 수관 보일러 : 관류 보일러, 강제순환식 수관 보일러, 자연순환식 수관 보일러
- 기타 특수 보일러와 난방용 보일러가 있다.

37. 불순물이 포함된 물을 보일러수로 사용하여 보일러의 관벽과 드럼 내면에 발생한 관석(scale)으로 인한 영향이 아닌 것은? [16.1]

① 과열
② 불완전 연소
③ 보일러의 효율 저하
④ 보일러수의 순환 저하

해설 ②는 산소(공기)의 부족으로 발생하는 현상.
①, ③, ④는 보일러 관석으로 인한 영향

38. 보일러에서 과열이 발생하는 직접적인 원인과 가장 거리가 먼 것은?　[16.3]

① 수관의 청소 불량
② 관수 부족 시 보일러의 가동
③ 안전밸브의 기능이 부정확할 때

④ 수면계의 고장으로 드럼 내의 물의 감소

해설 ③ 안전밸브는 보일러 과열상태의 압력을 방출하는 방호장치

39. 다음 중 보일러의 부식 원인과 가장 거리가 먼 것은?　[10.1/14.1]

① 증기 발생이 과다할 때
② 급수처리를 하지 않은 물을 사용할 때
③ 급수에 해로운 불순물이 혼입되었을 때
④ 불순물을 사용하여 수관이 부식되었을 때

해설 보일러 부식의 원인
- 급수처리를 하지 않은 물을 사용할 때
- 급수에 해로운 불순물이 혼입되었을 때
- 불순물을 사용하여 수관이 부식되었을 때

40. 산업안전보건법령에 따라 다음 중 덮개 혹은 울을 설치하여야 하는 경우나 부위에 속하지 않는 것은?　[17.2]

① 목재가공용 띠톱기계를 제외한 띠톱기계에서 절단에 필요한 톱날 부위 외의 위험한 톱날 부위

② 선반으로부터 돌출하여 회전하고 있는 가공물이 근로자에게 위험을 미칠 우려가 있는 경우

③ 보일러에서 과열에 의한 압력상승으로 인해 사용자에게 위험을 미칠 우려가 있는 경우

④ 연삭기 또는 평삭기의 테이블, 형삭기 램 등의 행정 끝이 근로자에게 위험을 미칠 우려가 있는 경우

해설 ③ 보일러에는 덮개 혹은 울을 설치하지 않는다.

41. 공기압축기의 작업시작 전 점검사항이 아닌 것은?　[16.1]

① 윤활유의 상태
② 언로드 밸브의 기능

③ 비상정지장치의 기능

④ 압력방출장치의 기능

해설 공기압축기의 작업시작 전 점검사항
- 윤활유의 상태
- 공기저장 압력용기의 외관상태
- 드레인 밸브의 조작 및 배수
- 압력방출장치의 기능
- 언로드 밸브의 기능
- 회전부의 덮개 또는 울

산업용 로봇

42. 산업용 로봇 작업 시 안전조치 방법으로 틀린 것은? [17.2/20.1]

① 작업 중의 매니퓰레이터의 속도의 지침에 따라 작업한다.

② 로봇의 조작방법 및 순서의 지침에 따라 작업한다.

③ 작업을 하고 있는 동안 해당 작업 근로자 이외에도 로봇의 가동 스위치를 조작할 수 있도록 한다.

④ 2명 이상의 근로자에게 작업을 시킬 때는 신호방법의 지침을 정하고 그 지침에 따라 작업한다.

해설 ③ 로봇의 가동 스위치 등에 '작업 중'이라는 표시를 하는 등 작업에 종사하고 있는 작업자가 아닌 사람이 그 스위치를 조작할 수 없도록 필요한 조치를 할 것

43. 산업안전보건법령상 로봇의 작동범위에서 그 로봇에 관하여 교시 등의 작업을 할 때 작업시작 전 점검사항에 해당하지 않는 것은? [09.3/14.3]

① 제동장치 및 비상정지장치의 기능

② 외부 전선의 피복 또는 외장의 손상 유무

③ 매니퓰레이터(manipulator) 작동의 이상 유무

④ 주행로의 상측 및 트롤리(trolley)가 횡행하는 레일의 상태

해설 로봇의 작업시작 전 점검사항
- 외부 전선의 피복 또는 외장의 손상 유무
- 매니퓰레이터 작동의 이상 유무
- 제동장치 및 비상정지장치의 기능

43-1. 산업용 로봇의 작동범위에서 그 로봇에 관하여 교시 등의 작업을 하는 경우 작업시간 전 점검사항에 해당하지 않는 것은? (단, 로봇의 동력원을 차단하고 행하는 것을 제외한다.) [16.3/19.2]

① 회전부의 덮개 또는 울 부착 여부

② 제동장치 및 비상정지장치의 기능

③ 외부 전선의 피복 또는 외장의 손상 유무

④ 매니퓰레이터(manipulator) 작동의 이상 유무

해설 ① 덮개 또는 울은 선반 등의 안전장치

정답 ①

43-2. 산업안전보건법상 산업용 로봇의 교시 작업 시작 전 점검하여야 할 부위가 아닌 것은? [12.2]

① 제동장치   ② 매니퓰레이터

③ 지그   ④ 전선의 피복상태

해설 ③은 기계가공에서 가공위치를 쉽고 정확하게 정하기 위한 보조용 기구

정답 ③

44. 산업용 로봇의 교시 등의 작업 수행 시 불의의 작동 또는 잘못된 조작에 따른 위험을 방지하기 위한 조치사항으로 거리가 먼 것은? [11.2]

① 작업 중 로봇의 작동상태를 수시로 확인하기 위하여 주변에 방책 등을 설치해서는 안 된다.
② 이상을 발견한 때의 조치에 대한 지침을 정하고, 그에 따라 작업을 하도록 한다.
③ 작업 중에는 담당자 이외의 자가 로봇의 가동 스위치를 조작할 수 없도록 필요한 조치를 한다.
④ 로봇의 조작방법 및 순서에 관한 지침을 정하고, 그에 따라 작업을 하도록 한다.

해설 ① 산업용 로봇은 운전 및 고장 시 항상 방책을 설치하여야 한다.

45. 산업용 로봇의 동작형태별 분류에 해당하지 않는 것은? [12.1/15.3/19.3]
① 관절 로봇　② 극좌표 로봇
③ 수치제어 로봇　④ 원통좌표 로봇

해설 산업용 로봇의 동작형태별 분류 : 직각좌표 로봇, 원통좌표 로봇, 극좌표 로봇, 다관절 로봇

46. 기계의 동작상태가 설정한 순서 조건에 따라 진행되어 한 가지 상태의 종료가 끝난 다음 상태를 생성하는 제어 시스템을 가진 로봇은? [10.1/10.3/15.2]
① 플레이백 로봇　② 학습제어 로봇
③ 시퀀스 로봇　④ 수치제어 로봇

해설 시퀀스 로봇 : 미리 정해진 순서와 조건 및 위치에 따라 동작하는 로봇

47. 산업용 로봇에 지워지지 않는 방법으로 반드시 표시해야 하는 항목이 있는데 다음 중 이에 속하지 않는 것은? [10.2/14.2/17.1/18.3]
① 제조자의 이름과 주소, 모델번호 및 제조일 련번호, 제조연월

② 매니퓰레이터 회전 반경
③ 중량
④ 이동 및 설치를 위한 인양 지점

해설 산업용 로봇 표시사항
• 제조자의 이름과 주소, 모델번호 및 제조일 련번호, 제조연월
• 중량, 부하 능력
• 이동 및 설치를 위한 인양 지점
• 전기, 유압, 공압 시스템에 대한 공급 사양

48. 산업용 로봇의 방호장치로 옳은 것은 어느 것인가? [13.2/16.2]
① 압력방출장치
② 안전매트
③ 과부하방지장치
④ 자동전격 방지장치

해설 ①은 보일러의 방호장치,
③은 양중기의 방호장치,
④는 교류 아크 용접기에 장착하는 감전방지용 안전장치

49. 다음 중 산업용 로봇에 사용되는 안전매트에 관한 설명으로 틀린 것은? [15.3]
① 일반적으로 단선경보장치가 부착되어 있어야 한다.
② 일반적으로 감응시간을 조절하는 장치는 부착되어 있지 않아야 한다.
③ 자율안전확인의 표시 외에 작동하중, 감응시간 등을 추가로 표시하여야 한다.
④ 안전매트의 종류는 연결사용 가능 여부에 따라 1선 감지기와 복선 감지기로 구분할 수 있다.

해설 ④ 안전매트의 종류는 연결사용 가능 여부에 따라 단일 감지기와 복합 감지기로 구분할 수 있다.

49-1. 산업용 로봇에 사용되는 안전매트에 요구되는 일반구조 및 표시에 관한 설명으로 옳지 않은 것은? [18.2]

① 단선경보장치가 부착되어 있어야 한다.

② 감응시간을 조절하는 장치는 부착되어 있지 않아야 한다.

③ 자율안전확인의 표시 외에 작동하중, 감응시간, 복귀신호의 자동 또는 수동 여부, 대소인공용 여부를 추가로 표시해야 한다.

④ 감응도 조절장치가 있는 경우 봉인되어 있지 않아야 한다.

해설 ④ 감응도 조절장치가 있는 경우 봉인되어 있어야 한다.

정답 ④

목재가공용 기계

50. 대패기계용 덮개의 시험방법에서 날 접촉예방장치인 덮개와 송급 테이블면과의 간격 기준은 몇 mm 이하여야 하는가? [17.2/20.1]

① 3   ② 5   ③ 8   ④ 12

해설 덮개와 송급 테이블면과의 간격은 8mm 이하이어야 한다.

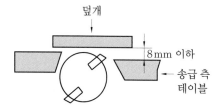

덮개

8mm 이하

송급 측 테이블

테이블과의 틈새

51. 산업안전보건법령에 따라 목재가공용 기계에 설치하여야 하는 방호장치에 대한 내용으로 틀린 것은? [14.3/19.3]

① 목재가공용 둥근톱기계에는 분할날 등 반발예방장치를 설치하여야 한다.

② 목재가공용 둥근톱기계에는 톱날 접촉예방장치를 설치하여야 한다.

③ 모떼기 기계에는 가공 중 목재의 회전을 방지하는 회전방지장치를 설치하여야 한다.

④ 작업 대상물이 수동으로 공급되는 동력식 수동대패기계에 날 접촉예방장치를 설치하여야 한다.

해설 ③ 모떼기 기계에는 가공 중 목재의 회전을 방지하는 날 접촉예방장치를 설치하여야 한다.

51-1. 산업안전보건법령에 따라 다음 중 목재가공용으로 사용되는 모떼기 기계의 방호장치는? (단, 자동 이송장치를 부착한 것은 제외한다.) [14.2]

① 분할날

② 날 접촉예방장치

③ 급정지장치

④ 이탈방지장치

해설 모떼기 기계에는 가공 중 목재의 회전을 방지하는 날 접촉예방장치를 설치하여야 한다.

정답 ②

51-2. 목재가공용 기계의 방호장치가 아닌 것은? [09.3/15.1]

① 덮개

② 반발예방장치

③ 톱날 접촉예방장치

④ 과부하방지장치

해설 ①, ②, ③은 목재가공용 기계의 방호장치, ④는 양중기의 방호장치

정답 ④

51-3. 목재가공용 기계별 방호장치가 틀린 것은? [12.1]

① 목재가공용 둥근톱기계 – 반발예방장치
② 동력식 수동대패기계 – 날 접촉예방장치
③ 목재가공용 띠톱기계 – 날 접촉예방장치
④ 모떼기 기계 – 반발예방장치

해설 ④ 모떼기 기계 – 날 접촉예방장치

정답 ④

52. 다음 중 근로자에게 위험을 미칠 우려가 있는 공작기계에 덮개, 울 등을 설치해야 하는 경우와 가장 거리가 먼 것은? [11.1]

① 연삭기 또는 평삭기의 테이블, 형삭기 램 등의 행정 끝
② 선반으로부터 돌출하여 회전하고 있는 가공물 부근
③ 톱날 접촉예방장치가 설치된 원형톱(목재가공용 둥근톱기계 제외) 기계의 위험 부위
④ 띠톱기계의 위험한 톱날(절단 부분 제외) 부위

해설 ③ 목재가공용 둥근톱기계에는 톱날 접촉예방장치를 설치하여야 한다.

53. 다음 중 톱의 후면날 가까이에 설치되어 목재의 켜진 틈 사이에 끼어서 쐐기작용을 하여 목재가 압박을 가하지 않도록 하는 장치를 무엇이라 하는가? [14.1]

① 분할날
② 반발방지장치
③ 날 접촉예방장치
④ 가동식 접촉예방장치

해설 분할날 : 목재의 켜진 틈 사이에 끼어서 쐐기작용을 한다.

54. 목재가공용 둥근톱의 두께가 3mm일 때,

분할날의 두께는 몇 mm 이상이어야 하는가? [10.1/12.2/18.1]

① 3.3mm 이상
② 3.6mm 이상
③ 4.5mm 이상
④ 4.8mm 이상

해설 분할날(spreader)의 두께

$1.1t_1 \leq t_2 < b$

$\therefore 1.1 \times 3 \leq t_2, \quad 3.3 \leq t_2$

여기서, t_1 : 톱 두께
t_2 : 분할날 두께
b : 톱날 진폭

54-1. 목재가공용 둥근톱에서 둥근톱의 두께가 4mm일 때, 분할날의 두께는 몇 mm 이상이어야 하는가? [18.2]

① 4.0
② 4.2
③ 4.4
④ 4.8

해설 분할날(spreader)의 두께

$1.1t_1 \leq t_2 < b$

$\therefore 1.1 \times 4 \leq t_2, \quad 4.4 \leq t_2$

여기서, t_1 : 톱 두께
t_2 : 분할날 두께
b : 톱날 진폭

정답 ③

55. 다음 중 목재가공용 둥근톱기계에서 분할날의 설치에 관한 사항으로 옳지 않은 것은? [13.2]

① 분할날 조임볼트는 이완방지 조치가 되어 있어야 한다.
② 분할날과 톱날 원주면과 거리는 12mm 이내로 조정, 유지할 수 있어야 한다.
③ 둥근톱의 두께가 1.20mm이라면 분할날의 두께는 1.32mm 이상이어야 한다.
④ 분할날은 표준 테이블면(승강반에 있어서도 테이블을 최하로 내릴 때의 면)상의 톱 뒷날의 1/3 이상을 덮도록 하여야 한다.

해설 ④ 분할날은 표준 테이블면(승강반에 있어서도 테이블을 최하로 내릴 때의 면)상의 톱 뒷날의 2/3 이상을 덮도록 하여야 한다.

55-1. 다음은 목재가공용 둥근톱에서 분할날에 관한 설명이다. (   ) 안의 내용을 올바르게 나타낸 것은? [09.1/13.3]

> • 분할날의 두께는 둥근톱 두께의 (㉠) 이상일 것
> • 견고히 고정할 수 있으며, 분할날과 톱날 원주면과의 거리는 (㉡) 이내로 조정, 유지할 수 있어야 한다.

① ㉠ : 1.5배, ㉡ : 10mm
② ㉠ : 1.1배, ㉡ : 12mm
③ ㉠ : 1.1배, ㉡ : 15mm
④ ㉠ : 2배, ㉡ : 20mm

해설 분할날 설치 조건
• 분할날의 두께는 톱날 두께의 1.1배 이상일 것
• 견고히 고정할 수 있으며, 분할날과 톱날 원주면과의 거리는 12mm 이내로 조정, 유지할 수 있어야 한다.

정답 ②

55-2. 다음 중 목재가공용 둥근톱에 설치해야 하는 분할날의 두께에 관한 설명으로 옳은 것은? [13.1/17.1]

① 톱날 두께의 1.1배 이상이고, 톱날의 치진폭보다 커야 한다.
② 톱날 두께의 1.1배 이상이고, 톱날의 치진폭보다 작아야 한다.
③ 톱날 두께의 1.1배 이내이고, 톱날의 치진폭보다 커야 한다.

④ 톱날 두께의 1.1배 이내이고, 톱날의 치진폭보다 작아야 한다.

해설 분할날의 두께는 톱날 두께의 1.1배 이상이고, 톱날의 치진폭 미만이어야 한다.
$(1.1t_1 \leq t_2 < b)$

정답 ②

고속회전체

56. 다음 중 산업안전보건법령에 따라 비파괴 검사를 실시해야 하는 고속회전체의 기준은? [10.2/12.3/17.1/18.1]

① 회전축 중량 1톤 초과, 원주속도 120m/s 이상
② 회전축 중량 1톤 초과, 원주속도 100m/s 이상
③ 회전축 중량 0.7톤 초과, 원주속도 120m/s 이상
④ 회전축 중량 0.7톤 초과, 원주속도 100m/s 이상

해설 회전축의 중량이 1톤을 초과하고, 원주속도가 초당 120m 이상인 것의 회전시험을 하는 경우에는 회전축의 재질, 형상 등에 상응하는 종류의 비파괴 검사를 하여 결함 유무를 확인하여야 한다.

56-1. 산업안전보건법령상 고속회전체의 회전시험을 하는 경우 미리 회전축의 재질 및 형상 등에 상응하는 종류의 비파괴 검사를 해서 결함 유무를 확인해야 한다. 이때 검사 대상이 되는 고속회전체의 기준은? [기사 09.2/11.1/13.2/14.1/21.1]

① 회전축의 중량이 0.5톤을 초과하고, 원주속도가 100m/s 이내인 것

② 회전축의 중량이 0.5톤을 초과하고, 원주속도가 120m/s 이상인 것

③ 회전축의 중량이 1톤을 초과하고, 원주속도가 100m/s 이내인 것

④ 회전축의 중량이 1톤을 초과하고, 원주속도가 120m/s 이상인 것

해설 회전축의 중량이 1톤을 초과하고, 원주속도가 초당 120m 이상인 것의 회전시험을 하는 경우에는 회전축의 재질, 형상 등에 상응하는 종류의 비파괴 검사를 하여 결함 유무를 확인하여야 한다.

정답 ④

---

57. 25m/s 초과 120m/s 미만의 속도로 회전하는 고속회전체에 적합한 방호설비는 무엇인가?　　　　　　　　　　[11.2]

① 덮개

② 분할날

③ 급정지장치

④ 광전자식 방호장치

해설 ①은 원심기 방호장치,
②는 목재가공용 둥근톱기계의 반발예방장치,
③은 롤러기의 방호장치,
④는 프레스의 방호장치

사출성형기

58. 다음 중 프레스를 제외한 사출성형기(射出成形機), 주형조형기(鑄型造形機) 및 형단조기 등에 관한 안전조치사항으로 틀린 것은?　　　　　　　　[기사 15.2]

① 근로자의 신체 일부가 말려들어 갈 우려가 있는 경우에는 양수조작식 방호장치를 설치하여 사용한다.

---

② 게이트 가드식 방호장치를 설치할 경우에는 인터록(연동) 장치를 사용하여 문을 닫지 않으면 동작되지 않는 구조로 한다.

③ 연 1회 이상 자체검사를 실시하고, 이상 발견 시에는 그것에 상응하는 조치를 이행하여야 한다.

④ 기계의 히터 등의 가열 부위, 감전 우려가 있는 부위에는 방호덮개를 설치하여 사용한다.

해설 사출성형기의 방호장치

• 사업주는 사출성형기·주형조형기 및 형단조기 등에 근로자의 신체 일부가 말려들어 갈 우려가 있는 경우 게이트 가드 또는 양수조작식 등에 의한 방호장치, 그 밖에 필요한 방호조치를 하여야 한다.

• 게이트 가드는 닫지 아니하면 기계가 작동되지 아니하는 연동구조이어야 한다.

• 기계의 히터 등의 가열 부위 또는 감전 우려가 있는 부위에는 방호덮개를 설치하는 등 필요한 안전조치를 하여야 한다.

58-1. 산업안전보건법령상 프레스를 제외한 사출성형기·주형조형기 및 형단조기 등에 관한 안전조치사항으로 틀린 것은 어느 것인가?　　　　　　　[기사 19.1/21.3]

① 근로자의 신체 일부가 말려들어 갈 우려가 있는 경우에는 양수조작식 방호장치를 설치하여 사용한다.

② 게이트 가드식 방호장치를 설치할 경우에는 연동구조를 적용하여 문을 닫지 않아도 동작할 수 있도록 한다.

③ 사출성형기의 전면에 작업용 발판을 설치할 경우 근로자가 쉽게 미끄러지지 않는 구조이어야 한다.

④ 기계의 히터 등의 가열 부위, 감전 우려가 있는 부위에는 방호덮개를 설치하여 사용한다.

해설 ② 게이트 가드식 방호장치를 설치할 경우에는 연동구조를 적용하여 문을 닫지 않으면 작동되지 않도록 한다.

정답 ②

59. 사출성형기에서 동력작동 시 금형 고정장치의 안전사항에 대한 설명으로 옳지 않은 것은? [기사 18.3]

① 금형 또는 부품의 낙하를 방지하기 위해 기계적 억제장치를 추가하거나 자체 고정장치(self retain clamping unit) 등을 설치해야 한다.

② 자석식 금형 고정장치는 상·하(좌·우) 금형의 정확한 위치가 자동적으로 모니터(monitor)되어야 한다.

③ 상·하(좌·우)의 두 금형 중 어느 하나가 위치를 이탈하는 경우 플레이트를 작동시켜야 한다.

④ 전자석 금형 고정장치를 사용하는 경우에는 전자기파에 의한 영향을 받지 않도록 전자파 내성 대책을 고려해야 한다.

해설 ③ 상·하(좌·우)의 두 금형 중 어느 하나가 위치를 이탈하는 경우 플레이트를 더 이상 움직이지 않도록 하여야 한다.

5 운반기계 및 양중기

지게차

1. 가드(guard)의 종류가 아닌 것은? [16.2/20.2]

① 고정식
② 조정식
③ 자동식
④ 반자동식

해설 가드의 종류에는 고정식, 조정식, 자동식, 연동식 가드가 있다.

2. 산업안전보건법령상 지게차 방호장치에 해당하는 것은? [20.2]

① 포크
② 헤드가드
③ 호이스트
④ 힌지드 버킷

해설 지게차 방호장치

• 헤드가드 : 지게차에 4톤 이상의 등분포정 하중에 견딜 수 있는 헤드가드를 설치한다.
• 백레스트 : 지게차 포크 뒤쪽으로 화물이 떨어지는 것을 방지하기 위해 백레스트를 설치한다.

• 전조등, 후미등 : 5700 cd의 전조등, 2000 cd의 후미등을 설치한다.
• 안전벨트

2-1. 지게차의 안전장치에 해당하지 않는 것은? [09.1/10.3/18.1]

① 후사경
② 헤드가드
③ 백레스트
④ 권과방지장치

해설 ④는 양중기 방호장치

정답 ④

3. 지게차 헤드가드의 안전기준에 관한 설명으로 틀린 것은? [18.2/19.2]

① 상부틀의 각 개구의 폭 또는 길이가 20 cm 이상일 것

② 강도는 지게차의 최대하중의 2배 값(4톤을 넘는 값에 대해서는 4톤으로 한다)의 등분포 정하중에 견딜 수 있을 것

③ 운전자가 서서 조작하는 방식의 지게차의 경우에는 운전석의 바닥면에서 헤드가드의 상부틀 하면까지의 높이가 2m 이상일 것

④ 운전자가 앉아서 조작하는 방식의 지게차의 경우에는 운전자의 좌석 윗면에서 헤드가드의 상부틀 아랫면까지의 높이가 1m 이상일 것

해설 지게차 헤드가드의 설치기준
• 강도는 지게차의 최대하중 2배의 값(그 값이 4t을 넘는 것에 대하여서는 4t으로 한다)의 등분포정하중에 견딜 수 있어야 한다.
• 상부틀의 각 개구의 폭 또는 길이가 16cm 미만이어야 한다.
• 서서 조작 : 운전석의 바닥면에서 헤드가드의 상부틀 하면까지의 높이는 2m 이상이어야 한다.
• 앉아서 조작 : 운전자의 좌석 윗면에서 헤드가드의 상부틀 아랫면까지의 높이는 1m 이상이어야 한다.

3-1. 산업안전보건기준에 관한 규칙상 지게차의 헤드가드 설치기준에 대한 설명으로 틀린 것은? [10.3/15.2]

① 강도는 지게차의 최대하중의 2배 값(4톤을 넘는 값에 대해서는 4톤으로 한다)의 등분포정하중에 견딜 수 있을 것

② 상부틀의 각 개구의 폭 또는 길이가 16cm 미만일 것

③ 운전자가 앉아서 조작하는 방식의 지게차의 상부틀 아랫면까지의 높이가 1m 이상일 것

④ 운전자가 서서 조작하는 방식의 지게차의 경우에는 운전석의 바닥면에서 헤드가드의 상부틀 하면까지의 높이가 1m 이상일 것

해설 ④ 운전자가 서서 조작하는 방식의 지게차의 경우에는 운전석의 바닥면에서 헤드가드의 상부틀 하면까지의 높이가 1.88m(약

2m) 이상일 것

정답 ④

3-2. 운전자가 서서 조작하는 방식의 지게차의 경우 운전석의 바닥면에서 헤드가드의 상부틀의 하면까지의 높이가 몇 m 이상이 되어야 하는가? [16.1]

① 0.3 ② 0.5 ③ 1.0 ④ 2.0

해설 운전자가 서서 조작하는 방식의 지게차의 경우에는 운전석의 바닥면에서 헤드가드의 상부틀 하면까지의 높이가 1.88m(약 2m) 이상일 것

정답 ④

3-3. 다음은 지게차의 헤드가드에 관한 기준이다. ( ) 안에 들어갈 내용으로 옳은 것은? [09.1/13.3/18.3]

> 지게차 사용 시 화물 낙하위험의 방호조치사항으로 헤드가드를 낮추어야 한다. 그 강도는 지게차 최대하중의 ( ) 값의 등분포정하중(等分布靜荷重)에 견딜 수 있어야 한다. 단, 그 값이 4톤을 넘는 것에 대하여서는 4톤으로 한다.

① 2배 ② 3배 ③ 4배 ④ 5배

해설 강도는 지게차의 최대하중 2배의 값(그 값이 4t을 넘는 것에 대하여서는 4t으로 한다)의 등분포정하중에 견딜 수 있어야 한다.

정답 ①

3-4. 지게차의 헤드가드 상부틀에 있어서 각 개구부의 폭 또는 길이의 크기는? [17.1]

① 8cm 미만 ② 10cm 미만
③ 16cm 미만 ④ 20cm 미만

해설 상부틀의 각 개구의 폭 또는 길이가 16cm 미만이어야 한다.

정답 ③

4. 산업안전보건법령상 기계·기구의 방호조치에 대한 사업주·근로자 준수사항으로 가장 적절하지 않은 것은? [20.2]

① 방호조치의 기능 상실에 대한 신고가 있을 시 사업주는 수리, 보수 및 작업 중지 등 적절한 조치를 할 것

② 방호조치 해체 사유가 소멸된 경우 근로자는 즉시 원상회복 시킬 것

③ 방호조치의 기능 상실을 발견 시 사업주에게 신고할 것

④ 방호조치 해체 시 해당 근로자가 판단하여 해체할 것

해설 방호조치에 대한 사업주·근로자 준수사항

• 방호조치를 해체하려는 경우 : 사업주의 허가를 받아 해체할 것

• 방호조치 해체 사유가 소멸될 경우 : 방호조치를 지체 없이 원상으로 회복시킬 것

• 방호조치의 기능이 상실된 것을 발견한 경우 : 지체 없이 사업주에게 신고할 것

5. 그림과 같은 지게차가 안정적으로 작업할 수 있는 상태의 조건으로 적합한 것은?

[10.2/16.1/17.3/19.3]

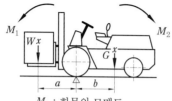

M_1 : 화물의 모멘트
M_2 : 차의 모멘트

① $M_1 < M_2$ ② $M_1 > M_2$
③ $M_1 \geq M_2$ ④ $M_1 > 2M_2$

해설 지게차의 안전성
화물의 모멘트 $M_1 = W \times a$,
지게차의 모멘트 $M_2 = G \times b$,
$\therefore M_1 < M_2$
여기서, W : 화물 중심에서의 화물의 중량
  G : 지게차의 중량
  a : 앞바퀴에서 화물 중심까지의 최단거리
  b : 앞바퀴에서 지게차 중심까지의 최단거리

6. 지게차의 안정도 기준으로 틀린 것은? [17.1]

① 기준 무부하상태에서 주행 시의 전후 안정도는 8% 이내이다.

② 하역작업 시의 좌우 안정도는 최대하중상태에서 포크를 가장 높이 올리고 마스트를 가장 뒤로 기울인 상태에서 6% 이내이다.

③ 하역작업 시의 전후 안정도는 최대하중상태에서 포크를 가장 높이 올린 경우 4% 이내이며, 5톤 이상은 3.5% 이내이다.

④ 기준 무부하상태에서 주행 시의 좌우 안정도는 $(15 + 1.1V)$% 이내이고, V는 구내최고속도(km/h)를 의미한다.

해설 ① 기준 무부하상태에서 주행 시의 전후 안정도는 18% 이내이다.

Tip) • 주행 시의 좌우 안정도는 $(15 + 1.1V)$% 이내이다. (V : 구내최고속도[km/h])

• 하역작업 시의 전후 안정도는 4% 이내(5t 이상의 것은 3.5%)이다.

• 하역작업 시의 좌우 안정도는 6% 이내이다.

6-1. 지게차 안정도에서 주행 시의 전후 안정도 기준은 몇 % 이내이어야 하는가? (단, 기준은 무부하상태이다.) [09.1]

① 3.5%   ② 4%
③ 6%   ④ 18%

해설 기준 무부하상태에서 주행 시의 전후 안정도는 18% 이내이다.

정답 ④

6-2. 지게차가 무부하상태로 구내최고속도 25km/h로 주행 시 좌우 안정도는 몇 % 이내인가? [13.1/16.2]

① 16.5% ② 25.0%

③ 37.5% ④ 42.5%

해설 기준 무부하상태에서 주행 시의 좌우 안정도는 $(15+1.1V)$%이다.

∴ $15+1.1V=15+(1.1\times25)=42.5\%$

여기서, V : 구내최고속도(km/h)

정답 ④

6-3. 기준 무부하상태에서 구내최고속도가 20km/h인 지게차의 주행 시 좌우 안정도 기준은 몇 % 이내인가? [09.3/12.2/13.2/16.3]

① 4% ② 20%

③ 37% ④ 40%

해설 주행 시의 좌우 안정도

$=15+1.1V=15+(1.1\times20)=37\%$

정답 ③

7. 지게차의 작업과정에서 작업 대상물의 팔레트 폭이 b라고 할 때 적절한 포크 간격은? (단, 포크의 중심과 팔레트의 중심은 일치한다고 가정한다.) [17.3]

① $\frac{1}{4}b\sim\frac{1}{2}b$ ② $\frac{1}{4}b\sim\frac{3}{4}b$

③ $\frac{1}{2}b\sim\frac{3}{4}b$ ④ $\frac{3}{4}b\sim\frac{7}{8}b$

해설 지게차 포크 간격은 적재상태 팔레트 폭의 $\frac{1}{2}b\sim\frac{3}{4}b$ 이하를 유지하여야 한다.

컨베이어

8. 컨베이어의 종류가 아닌 것은? [16.1/20.2]

① 체인 컨베이어

② 스크루 컨베이어

③ 슬라이딩 컨베이어

④ 유체 컨베이어

해설 컨베이어의 종류

• 유체 컨베이어

• 벨트 또는 체인 컨베이어

• 나사(screw) 컨베이어

• 버킷(bucket) 컨베이어

• 롤러(roller) 컨베이어

• 트롤리(trolley) 컨베이어

• 진동(shaking) 컨베이어

9. 다음 중 컨베이어(conveyor)의 주요 구성품이 아닌 것은? [12.1]

① 롤러(roller) ② 벨트(belt)

③ 지브(jib) ④ 체인(chain)

해설 ③은 크레인의 부속장치

10. 컨베이어(conveyer)의 역전방지장치 형식이 아닌 것은? [13.1/19.2]

① 램식 ② 라쳇식

③ 롤러식 ④ 전기 브레이크식

해설 컨베이어의 역전방지장치

• 기계식 : 롤러식, 라쳇식, 밴드식 등

• 전기식 : 전기 브레이크, 스러스트 브레이크 등

10-1. 컨베이어 역전방지장치의 형식 중 전기식 장치에 해당하는 것은? [11.3/19.1]

① 라쳇 브레이크 ② 밴드 브레이크

③ 롤러 브레이크 ④ 스러스트 브레이크

해설 전기식 : 전기 브레이크, 스러스트 브레이크 등

정답 ④

11. 다음 중 컨베이어의 안전장치가 아닌 것은? [11.2/15.2/20.1]

① 이탈 및 역주행 방지장치

② 비상정지장치

③ 덮개 또는 울

④ 비상난간

해설 컨베이어의 방호장치

• 이탈 및 역주행 방지장치 : 이탈 및 역주행을 방지하는 장치

• 비상정지장치 : 급정지 안전장치

• 덮개 또는 울 : 덮개 또는 울을 설치하여 낙하방지를 위한 조치

11-1. 다음 중 컨베이어(conveyor)의 방호장치로 볼 수 없는 것은? [17.2]

① 반발예방장치   ② 이탈방지장치

③ 비상정지장치   ④ 덮개 또는 울

해설 ①은 둥근톱기계의 반발예방장치

정답 ①

11-2. 다음 중 컨베이어(conveyor)에 반드시 부착해야 되는 방호장치로 가장 적당한 것은? [14.2]

① 해지장치   ② 권과방지장치

③ 과부하방지장치   ④ 비상정지장치

해설 ①, ②, ③은 양중기 방호장치

정답 ④

11-3. 산업안전보건법령상 근로자가 위험해질 우려가 있는 경우 컨베이어에 부착, 조치하여야 할 방호장치가 아닌 것은? [14.3]

① 안전매트

② 비상정지장치

③ 덮개 또는 울

④ 이탈 및 역주행 방지장치

해설 ①은 산업용 로봇의 방호장치

정답 ①

12. 다음 중 컨베이어에 대한 안전조치사항으로 틀린 것은? [13.2]

① 컨베이어에서 화물의 낙하로 인하여 근로자에게 위험을 미칠 우려가 있을 때에는 덮개 또는 울을 설치하여야 한다.

② 정전이나 전압강하 등에 의한 화물 또는 운반구의 이탈 및 역주행을 방지할 수 있어야 한다.

③ 컨베이어에는 벨트 부위에 근로자가 접근할 때의 위험을 방지하기 위하여 권과방지장치 및 과부하방지장치를 설치하여야 한다.

④ 컨베이어에 근로자의 신체 일부가 말려들 위험이 있을 때는 운전을 즉시 정지시킬 수 있어야 한다.

해설 ③ 권과방지장치 및 과부하방지장치는 양중기 방호장치이다.

13. 다음 중 벨트 컨베이어의 특징에 해당되지 않는 것은? [14.1]

① 무인화 작업이 가능하다.

② 연속적으로 물건을 운반할 수 있다.

③ 운반과 동시에 하역작업이 가능하다.

④ 경사각이 클수록 물건을 쉽게 운반할 수 있다.

해설 화물의 종류에 따라 다소 차이가 있으나 컨베이어의 경사각은 최대 20° 이내이다.

14. 컨베이어 작업시작 전 점검해야 할 사항으로 거리가 먼 것은? [18.1]

① 원동기 및 풀리기능의 이상 유무
② 이탈 등의 방지장치기능의 이상 유무
③ 비상정지장치의 이상 유무
④ 자동전격 방지장치의 이상 유무

해설 ④ 자동전격 방지장치는 교류 아크 용접기에 장착하는 감전방지용 안전장치

14-1. 산업안전보건법령에 따라 컨베이어의 작업시작 전 점검사항 중 틀린 것은? [18.3]

① 원동기 및 풀리기능의 이상 유무
② 이탈 등의 방지장치기능의 이상 유무
③ 과부하방지장치 기능의 이상 유무
④ 원동기, 회전축, 기어 및 풀리 등의 덮개 또는 울 등의 이상 유무

해설 ③ 과부하방지장치는 양중기 방호장치

정답 ③

14-2. 다음 중 산업안전보건법상 컨베이어 작업시작 전 점검사항이 아닌 것은? [12.1]

① 원동기 및 풀리기능의 이상 유무
② 이탈 등의 방지장치기능의 이상 유무
③ 비상정지장치의 이상 유무
④ 건널다리의 이상 유무

해설 ①, ②, ③은 작업시작 전 점검사항

정답 ④

15. 컨베이어 작업 시 준수해야 할 사항이 아닌 것은? [12.3/16.3]

① 운전 중인 컨베이어 등의 위로 근로자를 넘어가도록 하는 경우에는 위험을 방지하기 위하여 건널다리를 설치하는 등 필요한 조치를 하여야 한다.

② 근로자를 운반할 수 있는 구조가 아닌 운전 중인 컨베이어에 근로자를 탑승시켜서는 안 된다.
③ 작업 중 급정지를 방지하기 위하여 비상정지장치는 해체해야 한다.
④ 트롤리 컨베이어에 트롤리와 체인·행거가 쉽게 벗겨지지 않도록 확실하게 연결시켜야 한다.

해설 ③ 작업 중 급정지를 방지하기 위하여 비상정지장치를 해체해서는 안 된다.

16. 제철공장에서는 주괴(ingot)를 운반하는 데 주로 컨베이어를 사용하고 있다. 이 컨베이어에 대한 방호조치의 설명으로 옳지 않은 것은? [09.3/18.2]

① 근로자의 신체의 일부가 말려드는 등 근로자에게 위험을 미칠 우려가 있을 때 및 비상시에는 즉시 컨베이어의 운전을 정지시킬 수 있는 장치를 설치하여야 한다.
② 화물의 낙하로 인하여 근로자에게 위험을 미칠 우려가 있는 때에는 컨베이어에 덮개 또는 울을 설치하는 등 낙하방지를 위한 조치를 하여야 한다.
③ 수평상태로만 사용하는 컨베이어의 경우 정전, 전압강하 등에 의한 화물 또는 운반구의 이탈 및 역주행을 방지하는 장치를 갖추어야 한다.
④ 운전 중인 컨베이어 위로 근로자를 넘어가도록 하는 때에는 근로자의 위험을 방지하기 위하여 건널다리를 설치하는 등 필요한 조치를 하여야 한다.

해설 ③ 컨베이어의 경우 정전, 전압강하 등에 의한 화물 또는 운반구의 이탈 및 역주행을 방지하는 장치를 갖추어야 한다. 다만, 무동력, 수평상태로만 사용하는 컨베이어는 그러하지 아니하다.

정답 **14.** ④ **15.** ③ **16.** ③

17. 원래 길이가 150mm인 슬링체인을 점검한 결과 길이에 변형이 발생하였다. 다음 중 폐기대상에 해당되는 측정값(길이)으로 옳은 것은? [14.1]

① 151.5mm 초과   ② 153.5mm 초과
③ 155.5mm 초과   ④ 157.5mm 초과

해설 슬링체인 측정 길이$(L) = L_1 + (L_1 \times 0.05)$
$= 150 + (150 \times 0.05) = 157.5$mm

크레인 등 양중기 (건설용은 제외) Ⅰ

18. 동력을 사용하여 중량물을 매달아 상하 및 좌우(수평 또는 선회를 말한다)로 운반하는 것을 목적으로 하는 기계는? [12.1]

① 크레인   ② 리프트
③ 곤돌라   ④ 승강기

해설 크레인은 무거운 물건을 들어 올려 아래위나 수평으로 이동시키는 기계를 말한다.

19. 크레인 작업 시 조치사항 중 틀린 것은 어느 것인가? [20.1]

① 인양할 하물은 바닥에서 끌어당기거나, 밀어내는 작업을 하지 아니할 것
② 유류드럼이나 가스통 등의 위험물 용기는 보관함에 담아 안전하게 매달아 운반할 것
③ 고정된 물체는 직접 분리, 제거하는 작업을 할 것
④ 근로자의 출입을 통제하여 하물이 작업자의 머리 위로 통과하지 않게 할 것

해설 ③ 고정된 물체를 직접 분리, 제거하는 작업을 아니 할 것

20. 다음 중 산업안전보건법령상 이동식 크레

인을 사용하여 작업할 때의 작업시작 전 점검사항으로 틀린 것은? [14.1]

① 브레이크 · 클러치 및 조정장치의 기능
② 권과방지장치나 그 밖의 경보장치의 기능
③ 와이어로프가 통하고 있는 곳 및 작업장소의 지반상태
④ 원동기 · 회전축 · 기어 및 풀리 등의 덮개 또는 울 등의 이상 유무

해설 ④는 컨베이어 작업시작 전 점검사항

21. 양중기에 사용 가능한 와이어로프에 해당하는 것은? [19.1]

① 와이어로프의 한 꼬임에서 끊어진 소선의 수가 10% 초과한 것
② 심하게 변형 또는 부식된 것
③ 지름의 감소가 공칭지름의 7% 이내인 것
④ 이음매가 있는 것

해설 와이어로프의 사용금지기준
• 이음매가 있는 것
• 꼬인 것, 심하게 변형 또는 부식된 것
• 열과 전기충격에 의해 손상된 것
• 와이어로프의 한 꼬임에서 끊어진 소선의 수가 10% 이상인 것
• 지름의 감소가 공칭지름의 7%를 초과하는 것

21-1. 양중기에 사용하기에 부적격한 와이어로프에 해당되지 않는 것은? [11.1]

① 꼬인 것
② 이음매가 있는 것
③ 와이어로프 한 가닥에서 소선수가 7% 정도 절단된 것
④ 심하게 변형 또는 부식된 것

해설 ③ 와이어로프의 한 꼬임에서 끊어진 소선의 수가 10% 이상인 것

정답 ③

21-2. 다음 중 양중기에서 사용하는 와이어 로프에 관한 설명으로 틀린 것은? [13.1]

① 달기체인의 길이 증가는 제조 당시의 7%까지 허용된다.

② 와이어로프의 지름 감소가 공칭지름의 7% 초과 시 사용할 수 없다.

③ 훅, 샤클 등의 철구로서 변형된 것은 크레인의 고리걸이 용구로 사용하여서는 아니 된다.

④ 양중기에서 사용되는 와이어로프는 화물 하중을 직접 지지하는 경우 안전계수를 5 이상으로 해야 한다.

해설 ① 달기체인의 길이가 달기체인이 제조된 때의 길이의 5%를 초과한 것은 사용할 수 없다.

정답 ①

---

22. 산업안전보건법령상 양중기에 사용하지 않아야 하는 달기체인의 기준으로 틀린 것은? [10.1/11.3/17.2/20.1]

① 심하게 변형된 것

② 균열이 있는 것

③ 달기체인의 길이가 달기체인이 제조된 때의 길이 3%를 초과한 것

④ 링의 단면지름이 달기체인이 제조된 때의 해당 링의 지름의 10%를 초과하여 감소한 것

해설 달기체인의 사용금지기준

• 균열이 있거나 심하게 변형된 것

• 달기체인의 길이가 달기체인이 제조된 때의 길이의 5%를 초과한 것

• 링의 단면지름이 달기체인이 제조된 때의 해당 링의 지름의 10%를 초과하여 감소한 것

22-1. 산업안전보건법령에 따라 달기체인을 달비계에 사용해서는 안 되는 경우가 아닌 것은? [13.3/15.3/19.3]

① 균열이 있거나 심하게 변형된 것

② 달기체인의 한 꼬임에서 끊어진 소선의 수가 10% 이상인 것

③ 달기체인의 길이가 달기체인이 제조된 때의 길이의 5%를 초과한 것

④ 링의 단면지름이 달기체인이 제조된 때의 해당 링의 지름의 10% 초과하여 감소한 것

해설 달기체인의 사용금지기준

• 균열이 있거나 심하게 변형된 것

• 달기체인의 길이가 달기체인이 제조된 때의 길이의 5%를 초과한 것

• 링의 단면지름이 달기체인이 제조된 때의 해당 링의 지름의 10%를 초과하여 감소한 것

정답 ②

22-2. 달기체인(chain)의 신장율 체크사항 중 사용금지기준으로 올바른 것은? [10.3]

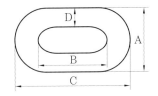

① A의 폭에 대하여 3% 변화

② B의 길이에 대하여 5% 변화

③ C의 길이에 대하여 1% 변화

④ D의 지름에 대하여 7% 변화

해설 달기체인 B의 길이에 대한 증가가 제조 시보다 5%를 초과한 것

정답 ②

---

23. 산업안전보건법령에서 규정하는 양중기에 속하지 않는 것은? [10.2/18.2]

① 호이스트   ② 이동식 크레인

③ 곤돌라   ④ 체인블록

해설 양중기의 종류 : 크레인, 이동식 크레인, 리프트, 곤돌라, 승강기, 호이스트

23-1. 산업안전보건법에서 정한 양중기의 종류에 해당하지 않는 것은? [13.3]

① 리프트 　　　② 호이스트
③ 곤돌라 　　　④ 컨베이어

해설 양중기의 종류 : 크레인, 이동식 크레인, 리프트, 곤돌라, 승강기, 호이스트

정답 ④

23-2. 산업안전보건법상 양중기가 아닌 것은? [16.1]

① 곤돌라
② 이동식 크레인
③ 최대하중이 0.2톤인 승강기
④ 적재하중이 0.1톤인 이삿짐운반용 리프트

해설 승강기(적재용량이 300kg 미만인 것은 제외한다.)

정답 ③

24. 이동식 크레인과 관련된 용어의 설명 중 옳지 않은 것은? [18.3]

① "정격하중"이라 함은 이동식 크레인의 지브나 붐의 경사각 및 길이에 따라 부하할 수 있는 최대하중에서 인양기구(훅, 그래브 등)의 무게를 뺀 하중을 말한다.
② "정격 총 하중"이라 함은 최대하중(붐 길이 및 작업 반경에 따라 결정)과 부가하중(훅과 그 이외의 인양도구들의 무게)을 합한 하중을 말한다.
③ "작업 반경"이라 함은 이동식 크레인의 선회 중심선으로부터 훅의 중심선까지의 수평거리를 말하며, 최대 작업 반경은 이동식 크레인으로 작업이 가능한 최대치를 말한다.
④ "파단하중"이라 함은 줄 걸이 용구 1개를 가지고 안전율을 고려하여 수직으로 매달 수 있는 최대 무게를 말한다.

해설 ④ 파단하중은 재료가 파괴되거나 잘록해져서 둘 이상으로 파단되는 것

25. 크레인에서 훅 걸이용 와이어로프 등이 훅으로부터 벗겨지는 것을 방지하기 위해 사용하는 방호장치는? [13.2/18.3]

① 덮개 　　　② 권과방지장치
③ 비상정지장치 　　　④ 해지장치

해설 해지장치 : 양중기의 와이어로프가 훅에서 이탈하는 것을 방지하는 장치

26. 산업안전보건법령상 크레인의 직동식 권과방지장치는 훅·버킷 등 달기구의 윗면이 드럼, 상부 도르래 등 권상장치의 아랫면과 접촉할 우려가 있을 때 그 간격이 얼마 이상이어야 하는가? [12.2/17.1]

① 0.01m 이상
② 0.02m 이상
③ 0.03m 이상
④ 0.05m 이상

해설 권과방지장치는 훅·버킷 등 달기구의 윗면이 드럼, 상부 도르래, 트롤리 프레임 등 권상장치의 아랫면과 접촉할 우려가 있을 때 그 간격이 0.25m 이상이 되도록 조정하여야 한다. 단, 직동식의 권과방지장치는 0.05m 이상으로 한다.

27. 산업안전보건법령상 크레인의 방호장치에 해당하지 않는 것은? [09.1/10.2/11.2/12.3/14.3/17.2/17.3]

① 권과방지장치
② 낙하방지장치
③ 비상정지장치
④ 과부하방지장치

해설 크레인 방호장치 : 과부하방지장치, 권과방지장치, 비상정지장치, 제동장치

28. 다음 중 승강기를 구성하고 있는 장치가 아닌 것은? [12.3]

① 선회장치　　　② 권상장치
③ 가이드레일　　④ 완충기

해설 ①은 크레인의 구성 장치

29. 산업안전보건법령에 따라 타워크레인의 운전작업을 중지해야 되는 순간풍속의 기준은? [09.2/18.1]

① 초당 10m를 초과하는 경우
② 초당 15m를 초과하는 경우
③ 초당 30m를 초과하는 경우
④ 초당 35m를 초과하는 경우

해설 타워크레인 풍속에 따른 안전기준

• 순간풍속이 초당 10m 초과 : 타워크레인의 수리·점검·해체작업 중지
• 순간풍속이 초당 15m 초과 : 타워크레인의 운전작업 중지
• 순간풍속이 초당 30m 초과 : 타워크레인의 이탈방지 조치
• 순간풍속이 초당 35m 초과 : 승강기가 붕괴되는 것을 방지 조치

29-1. 산업안전보건법에 따라 순간풍속이 몇 m/s를 초과하는 바람이 불거나 중진(中震) 이상 진도의 지진이 있은 후에 옥외에 설치되어 있는 양중기를 사용하여 작업을 하는 경우에는 미리 기계 각 부위에 이상이 있는지를 점검하여야 하는가? [13.1]

① 25　　② 30　　③ 35　　④ 40

해설 순간풍속이 초당 30m 초과 : 타워크레인의 이탈방지 조치

정답 ②

29-2. "㉠"과 "㉡"에 들어갈 내용으로 옳은 것은? [19.2]

순간풍속이 (㉠)를 초과하는 경우에는 타워크레인의 설치, 수리, 점검 또는 해체작업을 중지하여야 하며, 순간풍속이 (㉡)를 초과하는 경우에는 타워크레인의 운전작업을 중지하여야 한다.

① ㉠ : 10m/s, ㉡ : 15m/s
② ㉠ : 10m/s, ㉡ : 25m/s
③ ㉠ : 20m/s, ㉡ : 35m/s
④ ㉠ : 20m/s, ㉡ : 45m/s

해설 순간풍속이 초당 10m를 초과하는 경우 타워크레인의 설치·수리·점검 또는 해체작업을 중지하여야 하며, 순간풍속이 초당 15m를 초과하는 경우에는 타워크레인의 운전작업을 중지하여야 한다.

정답 ①

30. 크레인의 작업 시 그 작업에 종사하는 관계 근로자로 하여금 조치하여야 할 사항으로 적절하지 않은 것은? [15.1]

① 고정된 물체를 직접 분리·제거하는 작업을 하지 아니할 것
② 신호하는 사람이 없는 경우 인양할 하물(何物)이 보이지 아니하는 때에는 어떠한 동작도 하지 아니할 것
③ 미리 근로자의 출입을 통제하여 인양 중인 하물이 작업자의 머리 위로 통과하지 않도록 할 것
④ 인양할 하물은 바닥에 끌어당기거나 밀어내는 작업으로 유도할 것

해설 ④ 인양할 하물은 바닥에서 끌어당기거나 밀어내는 작업을 하지 않도록 할 것

31. 같은 주행로에 병렬로 설치되어 있는 주행 크레인에서 크레인끼리 충돌이나, 근로자에 접촉하는 것을 방지하는 방호장치는? [11.3]

① 안전매트 　　② 급정지장치
③ 방호 울 　　④ 스토퍼

해설 스토퍼 : 주행 크레인에서 크레인끼리 충돌이나, 근로자에 접촉하는 것을 방지하는 방호장치

크레인 등 양중기 (건설용은 제외) Ⅱ

32. 크레인 작업 시 300kg의 질량을 10m/s²의 가속도로 감아올릴 때 로프에 걸리는 총 하중은 약 몇 N인가? (단, 중력가속도는 9.81m/s²로 한다.) 　　[19.2]

① 2943 　　② 3000
③ 5943 　　④ 8886

해설 총 하중(W) = 정하중 + 동하중

$= (질량 \times 중력가속도) + \left(\dfrac{정하중}{중력가속도} \times 가속도 \right)$

$= (300 \times 9.81) + \left(\dfrac{2943}{9.81} \times 10 \right) = 5943 \text{N}$

32-1. 크레인 작업 시 2t 크기의 화물을 걸어 25m/s² 가속도로 감아올릴 때 로프에 걸리는 총 하중은 약 몇 kN인가? 　　[13.1]

① 16.9 　　② 50.0
③ 69.6 　　④ 94.8

해설 총 하중(W) = 정하중 + 동하중
　= (질량 × 중력가속도) + (질량 × 가속도)
　= (2 × 9.8) + (2 × 25)
　= 19.6 + 50 = 69.6 kN

정답 ③

32-2. 크레인 작업 시 로프에 1톤의 중량을 걸어 20m/s²의 가속도로 감아올릴 때, 로프에 걸리는 총 하중(kgf)은 약 얼마인가? (단, 중력가속도는 10m/s²이다.) 　　[14.2/17.3/20.2]

① 1000 　　② 2000
③ 3000 　　④ 3500

해설 총 하중(W) = 정하중(W_1) + 동하중(W_2)

$= W_1 + \dfrac{W_1}{g} \times a = 1000 + \dfrac{1000}{10} \times 20$

$= 3000 \text{kgf}$

정답 ③

33. 산업안전보건법령상 양중기에서 절단하중이 100톤인 와이어로프를 사용하여 화물을 직접적으로 지지하는 경우, 화물의 최대 허용하중(톤)은? 　　[20.2]

① 20 　　② 30
③ 40 　　④ 50

해설 화물을 직접적으로 지지하는 경우 와이어로프의 안전계수는 5 이상이다.

$\therefore$ 최대 허용하중 $= \dfrac{절단하중}{안전계수} = \dfrac{100}{5} = 20$톤

33-1. 안전계수 5인 로프의 절단하중이 4000N이라면 이 로프는 몇 N 이하의 하중을 매달아야 하는가? 　　[18.2/19.1]

① 500 　　② 800
③ 1000 　　④ 1600

해설 최대 사용하중 $= \dfrac{절단하중}{안전계수}$

$= \dfrac{4000}{5} = 800 \text{N}$

정답 ②

34. 와이어로프에서 소선 하나의 파단강도는 P, 와이어로프 가닥수는 N, 안전계수는 S일 때, 이 와이어로프의 최대 안전하중 Q를 구하는 계산식은? [11.3]

① $Q = NPS$

② $Q = \dfrac{NP}{S}$

③ $Q = \dfrac{NS}{P}$

④ $Q = \dfrac{SP}{N}$

해설 와이어로프의 안전율$(S) = \dfrac{N \times P}{Q}$

여기서, N : 로프 가닥수

　　　 P : 로프의 파단강도(kg)

　　　 Q : 허용응력(kg)

34-1. 다음과 같은 작업 조건일 경우 와이어로프의 안전율은? [09.2/11.1/19.1]

작업 조건 : 작업대에서 사용된 와이어로프 1줄의 파단하중이 10톤, 인양하중이 4톤, 로프의 줄 수가 2줄

① 2

② 3

③ 4

④ 5

해설 와이어로프의 안전율(S)

$= \dfrac{N \times P}{Q} = \dfrac{2 \times 10000}{4000} = 5$

정답 ④

35. 다음 그림과 같이 2줄의 와이어로프로 중량물을 달아 올릴 때, 로프에 가장 힘이 적게 걸리는 각도(θ)는? [19.3]

① 30°

② 60°

③ 90°

④ 120°

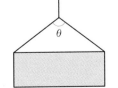

해설 와이어로프로 중량물을 달아 올릴 때 로프에 가장 힘이 적게 걸리는 각도, $\theta = 30°$이다.

36. 4.2ton의 화물을 다음 그림과 같이 60°의 각을 갖는 와이어로프로 매달아 올릴 때 와이어로프 A에 걸리는 장력 W_1은 약 얼마인가? [14.3/15.2]

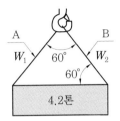

① 2.10 ton

② 2.42 ton

③ 4.20 ton

④ 4.82 ton

해설 장력 $T_a = \dfrac{W}{2} \div \cos \dfrac{\theta}{2}$

$= \dfrac{4.2}{2} \div \cos \dfrac{60}{2} = 2.42 \, \text{ton}$

여기서, W : 물체의 무게, θ : 로프의 각도

37. 다음 그림과 같이 2줄 걸이 인양작업에서 와이어로프 1줄의 파단하중이 10000N, 인양화물의 무게가 2000N이라면 이 작업에서 확보된 안전율은? [16.2]

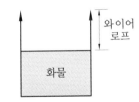

① 2

② 5

③ 10

④ 20

해설 안전율 $= \dfrac{\text{항복강도}}{\text{최대 사용하중}}$

$= \dfrac{2 \times 10000}{2000} = 10$

38. 근로자가 탑승하는 운반구를 지지하는 달기체인의 안전계수는 몇 이상이어야 하는가? [16.2]

① 3 ② 4 ③ 5 ④ 10

해설 안전계수
- 달기체인의 안전계수 : 5 이상
- 달기강대와 달비계의 하부 및 상부지점의 안전계수(목재의 경우) : 5 이상
- 달기 와이어로프의 안전계수 : 10 이상
Tip) 근로자가 탑승하는 운반구를 지지하는 경우 안전계수는 10 이상이다.

38-1. 화물의 하중을 직접 지지하는 달기 와이어로프의 안전계수 기준은? [12.1/16.2]

① 3 이상 ② 4 이상
③ 5 이상 ④ 10 이상

해설 화물의 하중을 직접 지지하는 달기 와이어로프 또는 달기체인의 안전계수 : 5 이상
정답 ③

39. 와이어로프 구성기호 "6×19"의 표기에서 "6"의 의미에 해당하는 것은? [10.2/14.1]

① 소선 수 ② 소선의 직경(mm)
③ 스트랜드 수 ④ 로프의 인장강도

해설 와이어로프 구성기호 스트랜드 수(6)× 소선 수(19)

40. 드럼의 직경이 D, 로프의 직경이 d인 원치에서 D/d가 클수록 로프의 수명은 어떻게 되는가? [10.3/12.2]

① 짧아진다. ② 길어진다.
③ 변화가 없다. ④ 사용할 수 없다.

해설 D/d가 클수록 로프의 수명은 길어진다.

41. 다음 중 곤돌라의 방호장치에 관한 설명으로 틀린 것은? [15.3]

① 비상정지장치 작동 시 동력은 차단되고, 누름버튼의 복귀를 통해 비상정지 조작 직전의 작동이 자동으로 복귀될 것
② 권과방지장치는 권과를 방지하기 위하여 자동적으로 동력을 차단하고 작동을 제동하는 기능을 가질 것
③ 기어 · 축 · 커플링 등의 회전 부분에는 덮개나 울이 설치되어 있을 것
④ 과부하방지장치는 적재하중을 초과하여 적재 시 주 와이어로프에 걸리는 과부하를 감지하여 경보와 함께 승강되지 않는 구조일 것

해설 ① 비상정지장치는 작동된 이후 수동으로 복귀시킬 때까지 복귀되지 않는 구조일 것

41-1. 다음 중 곤돌라의 방호장치에 해당되지 않는 것은? [11.1]

① 제동장치 ② 과부하방지장치
③ 권과방지장치 ④ 조속기

해설 ④는 승강기의 방호장치
정답 ④

42. 산업안전보건법령상 리프트의 종류로 틀린 것은? [20.2]

① 건설작업용 리프트
② 자동차정비용 리프트
③ 이삿짐운반용 리프트
④ 간이 리프트

해설 리프트의 종류 3가지
- 건설작업용 리프트 : 가이드 레일을 따라 상하로 움직이는 운반구를 매달아 화물을 운반한다.
- 자동차정비용 리프트 : 자동차 등을 일정한 높이로 올리거나 내리는 리프트이다.

정답 38. ④ 39. ③ 40. ② 41. ① 42. ④

• 이삿짐운반용 리프트 : 사다리형 봉에 따라 움직이는 운반구를 매달아 화물을 운반한다.

42-1. 산업안전보건법령에 따른 다음 설명에 해당하는 기계설비는? [14.2]

> 동력을 사용하여 가이드 레일을 따라 상하로 움직이는 운반구를 매달아 화물을 운반할 수 있는 설비 또는 이와 유사한 구조 및 성능을 가진 것으로 건설현장이 아닌 장소에서 사용하는 것

① 크레인
② 일반작업용 리프트
③ 곤돌라
④ 이삿짐운반용 리프트

해설 일반작업용 리프트에 관한 설명이다.

정답 ②

43. 사업주는 크레인의 하중시험을 실시한 경우 그 결과를 몇 년간 보존해야 하는가?

① 6개월　　② 1년 [10.3]
③ 2년　　④ 3년

해설 크레인, 리프트 및 곤돌라는 사업장에 설치한 날부터 3년 이내에 최초 안전검사를 실시하되, 그 이후부터 2년마다(건설현장에서 사용하는 것은 최초로 설치한 날부터 6개월마다)실시하며, 결과서를 3년간 보존하여야 한다.

44. 리프트(life)의 방호장치로 가장 적당한 것은? [09.2]

① 역화방지장치　　② 권과방지장치
③ 반발방지장치　　④ 압력방출장치

해설 리프트의 권과방지장치는 권과를 방지하기 위하여 자동적으로 동력을 차단하고 작동을 제동하는 기능을 가져야 한다.

구내운반기계

45. 작업장 내 운반을 주목적으로 하는 구내운반차가 준수해야 할 사항으로 옳지 않은 것은? [11.2/17.2/20.1]

① 주행을 제동하거나 정지상태를 유지하기 위하여 유효한 제동장치를 갖출 것
② 경음기를 갖출 것
③ 핸들의 중심에서 차체 바깥 측까지의 거리가 65cm 이내일 것
④ 운전자석이 차 실내에 있는 것은 좌우에 한 개씩 방향지시기를 갖출 것

해설 구내운반차의 준수사항
• 주행을 제동하거나 정지상태를 유지하기 위하여 유효한 제동장치를 갖출 것
• 경음기를 갖출 것
• 핸들의 중심에서 차체 바깥 측까지의 거리가 65cm 이상일 것
• 운전석이 차 실내에 있는 경우 좌우에 한 개씩 방향지시기를 갖출 것

45-1. 작업장 내 운반이 주목적인 구내운반차의 핸들 중심에서 차체 바깥 측까지의 안전거리로 옳은 것은? [기사 15.1]

① 45cm 이상　　② 55cm 이상
③ 65cm 이상　　④ 75cm 이상

해설 핸들의 중심에서 차체 바깥 측까지의 거리가 65cm 이상일 것

정답 ③

4과목 전기 및 화학설비 위험방지 기술

산업안전산업기사

1 전기안전일반

전기의 위험성

1. 다음 중 전자, 통신기기 등의 전자파장해(EMI)를 방지하기 위한 조치로 가장 거리가 먼 것은? [14.1]

① 절연을 보강한다.
② 접지를 실시한다.
③ 필터를 설치한다.
④ 차폐체를 설치한다.

해설 전자파장해(EMI)를 일으키는 노이즈를 방지하기 위한 실제 기술로는 필터링, 배선, 차폐, 접지 등이 있다.

2. 어떤 도체에 20초 동안에 100C의 전하량이 이동하면 이때 흐르는 전류(A)는? [12.2/20.1]

① 200
② 50
③ 10
④ 5

해설 전류$(I) = \dfrac{Q}{T} = \dfrac{100\,\mathrm{C}}{20\,\mathrm{s}} = 5\,\mathrm{A}$

2-1. 1초 동안에 1C의 전하량이 이동할 때 흐르는 전류는 몇 A인가? [10.1]

① 0.017
② 0.1
③ 1
④ 10

해설 전류$(I) = \dfrac{Q}{T} = \dfrac{1\,\mathrm{C}}{1\,\mathrm{s}} = 1\,\mathrm{A}$

정답 ③

3. 모터에 걸리는 대지전압이 50V이고 인체저항이 5000Ω일 경우 인체에 흐르는 전류는 몇 mA인가? [12.3]

① 10mA
② 20mA
③ 30mA
④ 40mA

해설 전류$(I) = \dfrac{E}{R} = \dfrac{50\,\mathrm{V}}{5000\,\Omega}$
$= 0.01\,\mathrm{A} = 10\,\mathrm{mA}$

4. 인체가 전격을 당했을 경우 통전시간이 1초라면 심실세동을 일으키는 전류값(mA)은? (단, 심실세동전류값은 Dalziel의 관계식을 이용한다.) [10.2/13.3/19.1]

① 100
② 165
③ 180
④ 215

해설 심실세동(치사) 전류$(I) = \dfrac{165}{\sqrt{T}} = \dfrac{165}{\sqrt{1}}$
$= 165\,\mathrm{mA}$
여기서, T : 통전시간(s)

4-1. Dalziel의 심실세동전류와 통전시간과의 관계식에 의하면 인체 전격 시의 통전시간이 4초이었다고 했을 때 심실세동전류의 크기는 약 몇 mA인가? [09.2/14.1]

① 42
② 83
③ 165
④ 185

해설 심실세동(치사) 전류$(I) = \dfrac{165}{\sqrt{T}} = \dfrac{165}{\sqrt{4}}$
$= 82.5\,\mathrm{mA}$
여기서, T : 통전시간(s)

정답 ②

정답 1. ① 2. ④ 3. ① 4. ②

5. 인체저항을 5000 Ω으로 가정하면 심실세동을 일으키는 전류에서의 전기에너지는 몇 J인가? (단, 심실세동전류는 $\frac{165}{\sqrt{T}}$ [mA]이며, 통전시간 T는 1초이고 전원은 교류 정현파이다.) [18.2]

① 33 　② 130 　③ 136 　④ 142

해설 전기에너지$(Q) = I^2RT$[J]

$$= \left(\frac{165}{\sqrt{T}} \times 10^{-3}\right)^2 \times R \times T$$

$$= \left(\frac{165}{\sqrt{1}} \times 10^{-3}\right)^2 \times 5000 \times 1 = 136\text{J}$$

여기서, I : 심실세동전류(A), R : 인체저항(Ω),
　　　 T : 통전시간(s)

5-1. 인체가 전격을 받았을 때 가장 위험한 경우는 심실세동이 발생하는 경우이다. 정현파 교류에 있어 인체의 전기저항이 500 Ω일 경우 다음 중 심실세동을 일으키는 전기에너지의 한계로 가장 적합한 것은? [12.3/15.2]

① 2.5~8.0J 　　② 6.5~17.0J
③ 15.0~27.0J 　④ 25.0~35.5J

해설 전기에너지$(Q) = I^2RT$[J]

$$= \left(\frac{165}{\sqrt{T}} \times 10^{-3}\right)^2 \times R \times T$$

$$= \left(\frac{165}{\sqrt{1}} \times 10^{-3}\right)^2 \times 500 \times 1 = 13.6\text{J}$$

정답 ②

6. 10 Ω 저항에 10 A의 전류를 1분간 흘렸을 때의 발열량은 몇 cal인가? [17.3]

① 1800 　　② 3600
③ 7200 　　④ 14400

해설 발열량$(Q) = I^2RT = 10^2 \times 10 \times 60$
　　　 $= 60000\text{J} \times 0.24 = 14400\text{cal}$

여기서, Q : 전기발생열(에너지)[J], I : 전류(A),
　　　 R : 전기저항(Ω), T : 통전시간(s)
　　　 $1\text{J} = 0.2388\text{cal} ≒ 0.24\text{cal}$

6-1. 저항 20 Ω인 전열기에 5 A의 전류가 1시간 동안 흘렀다면 약 몇 kcal의 열량이 발생하겠는가? [11.1]

① 100 　　　② 432
③ 861 　　　④ 14400

해설 발열량$(Q) = 0.24 I^2 RT$
　　　 $= 0.24 \times 5^2 \times 20 \times 60 \times 60$
　　　 $= 432000\text{cal} = 432\text{kcal}$

정답 ②

6-2. 저항이 0.2 Ω인 도체에 10 A의 전류가 1분간 흘렀을 경우 발생하는 열량은 몇 cal인가? [11.3/16.2]

① 64 　　　② 144
③ 288 　　　④ 386

해설 발열량$(Q) = 0.24 I^2 RT$
　　　 $= 0.24 \times 10^2 \times 0.2 \times 60 = 288\text{cal}$

정답 ③

7. 대전된 물체가 방전을 일으킬 때에 에너지 E(J)를 구하는 식으로 옳은 것은? (단, 도체의 정전용량을 C(F), 대전전위를 V(V), 대전전하량을 Q(C)라 한다.) [16.2/20.2]

① $E = 2\sqrt{CQ}$ 　　② $E = \frac{1}{2}CV$

③ $E = \frac{Q^2}{2C}$ 　　④ $E = \sqrt{\frac{2V}{C}}$

해설 방전에너지$(E) = \frac{CV^2}{2} = \frac{QV}{2} = \frac{Q^2}{2C}$[J]

여기서, C : 도체의 정전용량(F)

V : 대전전위(V)

Q : 대전전하량(C)

Tip) $Q=CV$

7-1. 전기 스파크의 최소 발화에너지를 구하는 공식은? [17.2]

① $W=\dfrac{1}{2}CV^2$ ② $W=\dfrac{1}{2}CV$

③ $W=2CV^2$ ④ $W=2C^2V$

해설 정전기 에너지(W)

$$=\dfrac{CV^2}{2}=\dfrac{QV}{2}=\dfrac{Q^2}{2C}[\text{J}]$$

여기서, C : 도체의 정전용량(F)

V : 대전전위(V)

Q : 대전전하량(C)

Tip) $Q=CV$

정답 ①

7-2. 콘덴서의 단자전압이 1kV, 정전용량이 740pF일 경우 방전에너지는 약 몇 mJ인가? [09.2/13.3/17.1]

① 370 ② 37 ③ 3.7 ④ 0.37

해설 방전에너지(E)$=\dfrac{CV^2}{2}$

$$=\dfrac{1}{2}\times(740\times10^{-12})\times1000^2=0.37\,\text{mJ}$$

정답 ④

7-3. 절연된 컨베이어 벨트 시스템에서 발생하는 정전기의 전압이 10kV이고, 이때 정전용량이 5pF일 때 이 시스템에서 1회의 정전기 방전으로 생성될 수 있는 에너지는 얼마인가? [11.2/15.1]

① 0.2mJ ② 0.25mJ

③ 0.5mJ ④ 0.25J

해설 방전에너지(E)$=\dfrac{CV^2}{2}$

$$=\dfrac{1}{2}\times(5\times10^{-12})\times10000^2=0.25\,\text{mJ}$$

정답 ②

7-4. 도체의 정전용량 $C=20\mu$F, 대전전위 (방전 시 전압) $V=3$kV일 때 정전에너지(J)는? [19.3]

① 45 ② 90 ③ 180 ④ 360

해설 정전기 에너지(W)$=\dfrac{CV^2}{2}$

$$=\dfrac{1}{2}\times(20\times10^{-6})\times3000^2=90\,\text{J}$$

정답 ②

7-5. 폭발범위에 있는 가연성 가스 혼합물에 전압을 변화시키며 전기불꽃을 주었더니 1000V가 되는 순간 폭발이 일어났다. 이때 사용한 전기불꽃의 콘덴서 용량은 0.1μF을 사용하였다면 이 가스에 대한 최소 발화에너지는 몇 mJ인가? [10.3/16.2]

① 5 ② 10 ③ 50 ④ 100

해설 최소 발화에너지(W)$=\dfrac{CV^2}{2}$

$$=\dfrac{1}{2}\times(0.1\times10^{-6})\times1000^2=50\,\text{mJ}$$

정답 ③

7-6. 최소 착화에너지가 0.25mJ, 극간 정전용량이 10pF인 부탄가스 버너를 점화시키기 위해서 최소 얼마 이상의 전압을 인가하여야 하는가? [11.3/15.1/18.2]

① $0.52 \times 10^2 V$

② $0.74 \times 10^3 V$

③ $7.07 \times 10^3 V$

④ $5.03 \times 10^5 V$

해설 $W = \dfrac{CV^2}{2} = \dfrac{QV}{2} = \dfrac{Q^2}{2C}$ [J]

$$= 0.25 \times 10^{-3} = \dfrac{1}{2} \times (10 \times 10^{-12}) \times V^2$$

$$\therefore V = \sqrt{\dfrac{0.25 \times 10^{-3}}{\dfrac{1}{2} \times (10 \times 10^{-12})}} = 7.07 \times 10^3 V$$

여기서, C : 도체의 정전용량(F)

V : 대전전위(V)

Q : 대전전하량(C)

정답 ③

7-7. 착화에너지가 0.1mJ이고 가스를 사용하는 사업장 전기설비의 정전용량이 0.6nF일 때 방전 시 착화 가능한 최소 대전전위는 약 얼마인가? [12.1/15.3]

① 289V ② 385V

③ 577V ④ 1154V

해설 $W = \dfrac{CV^2}{2} = \dfrac{QV}{2} = \dfrac{Q^2}{2C}$ [J]

$$= 0.1 \times 10^{-3} = \dfrac{1}{2} \times (0.6 \times 10^{-9}) \times V^2$$

$$\therefore V = \sqrt{\dfrac{0.1 \times 10^{-3}}{\dfrac{1}{2} \times (0.6 \times 10^{-9})}} = 577 V$$

정답 ③

8. 저압전선로 중 절연 부분의 전선과 대지 간 및 전선의 심선 상호 간의 절연저항은 사용전압에 대한 누설전류가 최대 공급전류의 얼마를 넘지 않도록 규정하고 있는가? [20.2]

① $\dfrac{1}{1000}$ ② $\dfrac{1}{1500}$

③ $\dfrac{1}{2000}$ ④ $\dfrac{1}{2500}$

해설 전선의 심선 상호 간의 절연저항은 사용전압에 대한 누설전류가 최대 공급전류의 $\dfrac{1}{2000}$ A를 넘지 않도록 유지한다.

8-1. 다음 중 최대 공급전류가 200A인 단상 전로의 한 선에서 누전되는 최소 전류는 몇 A인가? [14.2]

① 0.1 ② 0.2

③ 0.5 ④ 1.0

해설 최소 전류 = 최대 공급전류 × $\dfrac{1}{2000}$

$$= 200 \times \dfrac{1}{2000} = 0.1 A$$

정답 ①

9. 변전소 등에 고장전류가 유입되었을 때 두 다리가 대지에 접촉하고 있다. 한 손을 도전성 구조물에 접촉했을 때, 심실세동전류를 I_k, 인체저항을 R_b, 지표상 저항률(고유저항)을 ρ_s라 하면 허용접촉전압(E)을 구하는 식으로 옳은 것은? [11.2]

① $E = (R_b + 3\rho_s) \times I_k$

② $E = \left(R_b + \dfrac{3\rho_s}{2}\right) \times I_k$

③ $E = (R_b + 6\rho_s) \times I_k$

④ $E = \left(R_b + \dfrac{6\rho_s}{2}\right) \times I_k$

해설 허용접촉전압(E) = $IR = \left(R_b + \dfrac{3}{2}\rho_s\right) \times I_k$

여기서, R_b : 인체저항(Ω)

ρ_s : 지표상층 저항률(Ω · m)

정답 8. ③ 9. ②

10. 두 개의 전하량이 같은 정전하가 진공 중에서 1m 떨어져 있을 때 작용하는 힘이 9×10^9 N이면 이들 중 각 점전하의 전기량은 몇 C(쿨롱)인가? (단, 단위계에 의해 정해지는 비례상수는 9×10^9이다.) [10.1]

① 0.01   ② 0.1
③ 1   ④ 1.9×10^9

해설 쿨롱의 법칙

$$\text{정전력}(F) = K \times \frac{q_1 \times q_2}{r^2}$$

$$\rightarrow q_1 \times q_2 = \frac{F \times r^2}{K} = \frac{9 \times 10^9 \times 1^2}{9 \times 10^9} = 1\,\text{C}$$

$\rightarrow q_1 = q_2$으로 q는 1이다.
여기서, K : 9×10^9 N, F : 9×10^9 N
q_1, q_2 : 두 전하의 크기(C), r : 거리(m)

11. 전압과 인체저항과의 관계를 잘못 설명한 것은? [14.2]

① 정(+)의 저항온도계수를 나타낸다.
② 내부조직의 저항은 전압에 관계없이 일정하다.
③ 1000 V 부근에서 피부의 전기저항은 거의 사라진다.
④ 남자보다 여자가 일반적으로 전기저항이 작다.

해설 ① 부(-)의 저항온도계수를 나타낸다.

12. 전기적 불꽃 또는 아크에 의한 화상의 우려가 높은 고압 이상의 충전전로 작업에 근로자를 종사시키는 경우에는 어떠한 성능을 가진 작업복을 착용시켜야 하는가? [20.2]

① 방충처리 또는 방수성능을 갖춘 작업복
② 방염처리 또는 난연성능을 갖춘 작업복
③ 방청처리 또는 난연성능을 갖춘 작업복
④ 방수처리 또는 방청성능을 갖춘 작업복

해설 화상을 막기 위해 방염처리 된 작업복 또는 난연성능을 갖춘 작업복을 착용한다.

13. 사용전압이 저압인 전로에서 정전이 어려운 경우 등 절연저항 측정이 곤란한 경우에 누설전류는 몇 mA 이하로 유지하여야 하는가? [11.2]

① 0.1   ② 1   ③ 10   ④ 50

해설 전기설비기술기준(13조) : 사용전압이 저압인 전로에서 정전이 어려운 경우 등 절연저항 측정이 곤란한 경우에 누설전류는 1 mA 이하로 유지하여야 한다.

14. 산업안전보건기준에 관한 규칙에 따라 꽂음 접속기를 설치 또는 사용하는 경우 준수하여야 할 사항으로 틀린 것은? [13.2/19.3]

① 서로 다른 전압의 꽂음 접속기는 서로 접속되지 아니한 구조의 것을 사용할 것
② 습윤한 장소에 사용되는 꽂음 접속기는 방수형 등 그 장소에 적합한 것을 사용할 것
③ 근로자가 해당 꽂음 접속기를 접속시킬 경우에는 땀 등으로 젖은 손으로 취급하지 않도록 할 것
④ 꽂음 접속기에 잠금장치가 있을 때에는 접속 후 개방하여 사용할 것

해설 ④ 꽂음 접속기에 잠금장치가 있을 때에는 접속 후 잠그고 사용할 것

15. 다음 중 인체에 흐르는 전류가 50 mA일 때 일반적으로 인체에 미치는 영향을 가장 적절하게 설명한 것은? [11.3]

① 거의 느끼지 못한다.
② 가벼운 경직 현상이 일어난다.
③ 혈압상승, 심장박동이 불규칙하여 실신하기도 한다.
④ 심한 근육 수축으로 현장에서 사망한다.

정답 10. ③   11. ①   12. ②   13. ②   14. ④   15. ③

해설 통전전류에 따른 성인 남자 인체의 영향 (60Hz)

- 최소감지전류 1mA : 전류의 흐름을 느낄 수 있는 최소전류
- 고통한계전류 7~8mA : 고통을 참을 수 있는 한계전류
- 이탈전류 8~15mA : 전원으로부터 스스로 떨어질 수 있는 최대전류
- 불수전류 20~50mA : 신경이 마비되고 신체를 움직일 수 없으며 말을 할 수 없는 상태
- 심실세동전류 50~100mA : 심장의 맥동에 영향을 주어 심장마비를 유발하는 상태

Tip) 감도전류값 : 교류와 직류의 감지전류차는 5배 정도이다.

15-1. 60Hz 정현파 교류에 의해 인체가 감전되었을 때 다른 손의 도움 없이 자력으로 감전에서 벗어날 수 있는 최대전류(가수전류 또는 마비한계전류)의 크기로 가장 적절한 것은? [11.2]

① 10~15mA
② 20~35mA
③ 30~35mA
④ 40~45mA

해설 가수전류(이탈전류) : 전원으로부터 스스로 떨어질 수 있는 최대전류로 8~15mA이다.

정답 ①

전기설비 및 기기

16. 가스 또는 분진폭발 위험장소에는 변전실·배전반실·제어실 등을 설치하여서는 아니 된다. 다만, 실내 기압이 항상 양압을 유지하도록 하고, 별도의 조치를 한 경우에는 그러하지 않는데 이때 요구되는 조치사항으로 틀린 것은? [11.1/16.2/20.1]

① 양압을 유지하기 위한 환기설비의 고장 등으로 양압이 유지되지 아니한 때 경보를 할 수 있는 조치를 한 경우
② 환기설비가 정지된 후 재가동하는 경우 변전실 등에 가스 등이 있는지를 확인할 수 있는 가스검지기 등의 장비를 비치한 경우
③ 환기설비에 의하여 변전실 등에 공급되는 공기는 가스폭발 위험장소 또는 분진폭발 위험장소가 아닌 곳으로부터 공급되도록 하는 조치를 한 경우
④ 실내 기압이 항상 양압 10Pa 이상이 되도록 장치를 한 경우

해설 ④ 실내 기압이 항상 양압 25Pa 이상이 되도록 장치를 한 경우

Tip) 모든 개구부를 개방한 상태에서 공기 방출속도가 0.3m/s 이상인 경우

17. 과전류 차단기로 시설하는 퓨즈 중 고압 전로에 사용하는 포장 퓨즈는 정격전류의 몇 배를 견딜 수 있어야 하는가? [09.1/19.3]

① 1.1배
② 1.3배
③ 1.6배
④ 2.0배

해설 포장 퓨즈는 정격전류의 1.3배에 견디고, 2배의 전류에 120분 안에 용단될 것

17-1. 과전류 차단기로 시설하는 퓨즈 중 고압전로에 사용하는 비포장 퓨즈에 대한 설명으로 옳은 것은? [18.2]

① 정격전류의 1.25배의 전류에 견디고 또한 2배의 전류로 2분 안에 용단되는 것이어야 한다.
② 정격전류의 1.25배의 전류에 견디고 또한 2배의 전류로 4분 안에 용단되는 것이어야 한다.

정답 16. ④   17. ②

③ 정격전류의 2배의 전류에 견디고 또한 2배의 전류로 2분 안에 용단되는 것이어야 한다.

④ 정격전류의 2배의 전류에 견디고 또한 2배의 전류로 4분 안에 용단되는 것이어야 한다.

해설 비포장 퓨즈는 정격전류의 1.25배의 전류에 견디고, 2배의 전류에는 2분 안에 용단되어야 한다.

정답 ①

18. 전로의 과전류로 인한 재해를 방지하기 위한 방법으로 과전류 차단장치를 설치할 때에 대한 설명으로 틀린 것은? [18.1]

① 과전류 차단장치로는 차단기·퓨즈 또는 보호계전기 등이 있다.

② 차단기·퓨즈는 계통에서 발생하는 최대 과전류에 대하여 충분하게 차단할 수 있는 성능을 가져야 한다.

③ 과전류 차단장치는 반드시 접지선에 병렬로 연결하여 과전류 발생 시 전로를 자동으로 차단하도록 설치하여야 한다.

④ 과전류 차단장치가 전기계통상에서 상호 협조·보완되어 과전류를 효과적으로 차단하도록 하여야 한다.

해설 ③ 과전류 차단장치는 반드시 접지선에 직렬로 연결하여 과전류 발생 시 전로를 자동으로 차단하도록 설치하여야 한다.

19. 다음 중 인입용 비닐 절연전선에 해당하는 약어로 옳은 것은? [17.3]

① RB ② IV
③ DV ④ OW

해설 전선의 종류
• RB : 고무 절연전선
• IV : 600V 비닐 절연전선
• DV : 인입용 비닐 절연전선
• OW : 옥외용 비닐 절연전선

전기작업안전

20. 특별고압의 충전전로에서 활선작업을 할 때 유지하여야 하는 접근한계거리는 충전전로의 어느 전압을 기준으로 하여 적용하는가? [09.1]

① 사용전압 ② 표준전압
③ 충전전압 ④ 유효전압

해설 특고압의 활선작업을 할 때 유지하여야 하는 접근한계거리는 충전전로의 사용전압을 기준으로 한다.

21. 근로자가 충전전로를 취급하거나 그 인근에서 작업하는 경우 조치하여야 하는 사항으로 틀린 것은? [12.1/16.3]

① 충전전로를 취급하는 근로자에게 그 작업에 적합한 절연용 보호구를 착용시킬 것

② 충전전로를 정전시키는 경우 차단장치나 단로기 등의 잠금장치 확인 없이 빠른 시간 내에 작업을 완료할 것

③ 충전전로에 근접한 장소에서 전기작업을 하는 경우에는 해당 전압에 적합한 절연용 방호구를 설치할 것

④ 고압 및 특별고압의 전로에서 전기작업을 하는 근로자에게 활선작업용 기구 및 장치를 사용하도록 할 것

해설 ② 충전전로를 정전시키는 경우 차단장치나 단로기 등에 잠금장치 및 꼬리표를 부착할 것

22. 산업안전보건법령에 따라 충전전로 인근에서 차량, 기계장치 등의 작업이 있는 경우에는 차량 등을 충전전로의 충전부로부터 얼마 이상 이격시켜 유지하여야 하는가? [13.3]

① 1m ② 2m ③ 3m ④ 5m

해설 충전전로 전기작업기준
- 유자격자가 아닌 작업자가 충전전로 인근의 높은 곳에서 작업할 때에 작업자의 몸을 충전전로에서 대지전압이 50 kV 이하인 경우에는 300 cm 이내로 이격시켜 유지하여야 한다.
- 대지전압이 50 kV를 넘는 경우에는 10 kV당 10 cm씩 더한 거리 이내로 접근할 수 없도록 한다.

23. 고압 또는 특고압의 기계기구·모선 등을 옥외에 시설하는 발전소·변전소·개폐소 또는 이에 준하는 곳에 구내에 취급자 이외의 자가 들어가지 못하도록 하기 위한 시설의 기준에 대한 설명으로 틀린 것은? [18.2]

① 울타리·탑 등의 높이는 1.5 m 이상으로 시설하여야 한다.
② 출입구에는 출입금지의 표시를 하여야 한다.
③ 출입구에는 자물쇠 장치 및 기타 적당한 장치를 하여야 한다.
④ 지표면과 울타리·담 등의 하단 사이의 간격은 15 cm 이하로 하여야 한다.

해설 ① 울타리·탑 등의 높이는 2 m 이상으로 시설하여야 한다.

24. 근로자가 활선작업용 기구를 사용하여 작업할 경우 근로자의 신체 등과 충전전로 사이의 사용전압별 접근한계거리가 틀린 것은? [12.1/16.2/19.1]

① 15 kV 초과 37 kV 이하 : 80 cm
② 37 kV 초과 88 kV 이하 : 110 cm
③ 121 kV 초과 145 kV 이하 : 150 cm
④ 242 kV 초과 362 kV 이하 : 380 cm

해설 충전전로의 전압과 접근한계거리

사용전압(kV)		접근한계거리(cm)
초과	이하	
–	0.3	접촉금지
0.3	0.75	30
0.75	2.0	45
2.0	15	60
15	37	90
37	88	110
88	121	130
121	145	150
145	169	170
169	242	230
242	362	380
362	550	550
550	800	790

24-1. 특(별)고압 활선작업에서 근로자의 신체와 충전전로 사이의 사용전압에 따른 접근한계거리를 잘못 나열한 것은? [10.1]

① 사용전압 : 0.75 kV, 접근한계거리 : 30 cm
② 사용전압 : 15 kV, 접근한계거리 : 60 cm
③ 사용전압 : 37 kV, 접근한계거리 : 90 cm
④ 사용전압 : 200 kV, 접근한계거리 : 140 cm

해설 ④ 169 kV 초과 242 kV 이하 → 230 cm

정답 ④

24-2. 충전전로의 선간전압이 121 kV 초과 145 kV 이하의 활선작업 시 충전전로에 대한 접근한계거리(cm)는? [14.2/19.2]

① 130   ② 150
③ 170   ④ 230

해설 선간전압 121 kV 초과 145 kV 이하의 접근한계거리는 150 cm이다.

정답 ②

24-3. 선간전압이 6.6kV인 충전전로 인근에서 유자격자가 작업하는 경우, 충전전로에 대한 최소 접근한계거리(cm)는? (단, 충전부에 절연 조치가 되어있지 않고, 작업자는 절연장갑을 착용하지 않았다.) [20.1]

① 20 ② 30
③ 50 ④ 60

해설 선간전압 2.0kV 초과 15kV 이하의 접근한계거리는 60cm이다.

정답 ④

25. 전기기계·기구의 조작 부분을 점검하거나 보수하는 경우에는 근로자가 안전하게 작업할 수 있도록 전기기계·기구로부터 최소 몇 cm 이상의 작업 공간 폭을 확보하여야 하는가? (단, 작업 공간을 확보하는 것이 곤란하여 절연용 보호구를 착용하도록 한 경우는 제외한다.) [18.2]

① 60cm ② 70cm
③ 80cm ④ 90cm

해설 전기기계·기구로부터 최소 70cm 이상의 작업 공간 폭을 확보하여야 한다.

---

2 감전재해 및 방지 대책

감전재해 예방 및 조치

1. 다음 중 허용접촉전압이 종별 기준과 서로 다른 것은? [17.2]

① 제1종 – 2.5V 이하
② 제2종 – 25V 이하
③ 제3종 – 75V 이하
④ 제4종 – 제한 없음

해설 종별 허용접촉전압
- 제1종(2.5V 이하) : 인체의 대부분이 수중에 있는 상태
- 제2종(25V 이하) : 인체가 많이 젖어 있는 상태, 금속제 전기기계장치나 구조물에 인체의 일부가 상시 접촉되어 있는 상태
- 제3종(50V 이하) : 제1종, 제2종 이외의 경우로서 통상적인 인체상태에 있어서 접촉전압이 가해지면 위험성이 높은 상태
- 제4종(제한 없음) : 제1종, 제2종 이외의

경우로서 통상적인 인체상태에 있어서 접촉전압이 가해져도 위험성이 낮은 상태

1-1. 인체의 대부분이 수중에 있는 상태에서의 허용접촉전압으로 옳은 것은? [16.3/20.3]

① 2.5V 이하 ② 25V 이하
③ 50V 이하 ④ 100V 이하

해설 제1종(2.5V 이하) : 인체의 대부분이 수중에 있는 상태

정답 ①

1-2. 인체가 현저히 젖어 있는 상태 또는 금속성의 전기기계장치나 구조물에 인체의 일부가 상시 접촉되어 있는 상태에서의 허용접촉전압으로 옳은 것은? [15.1/16.1/19.2/19.3]

① 2.4V 이하
② 25V 이하

③ 50 V 이하

④ 75 V 이하

해설 제2종(25 V 이하)

• 인체가 많이 젖어 있는 상태

• 금속제 전기기계장치나 금속 구조물에 인체의 일부가 상시 접촉되어 있는 상태

정답 ②

2. 전기기기의 절연의 종류와 최고 허용온도가 바르게 연결된 것은?　　　[14.1/15.2]

① A−90℃

② E−105℃

③ F−140℃

④ H−180℃

해설 전기기기의 절연의 종류와 허용온도

종류	Y	A	E	B	F	H	C
온도(℃)	90	105	120	130	155	180	180 이상

2-1. 전기기기 절연물의 종별 중 최고 허용온도가 가장 높은 절연계급은?　　　[09.3]

① Y종

② A종

③ F종

④ C종

해설 전기기기의 절연의 C종 허용온도는 180℃ 이상이다.

정답 ④

3. 인체의 피부저항은 피부에 땀이 나 있는 경우 건조 시 보다 약 어느 정도 저하되는가?　　　[기사 16.3]

① $\dfrac{1}{2} \sim \dfrac{1}{4}$

② $\dfrac{1}{6} \sim \dfrac{1}{10}$

③ $\dfrac{1}{12} \sim \dfrac{1}{20}$

④ $\dfrac{1}{25} \sim \dfrac{1}{35}$

해설 인체 전기저항

피부	내부 조직	발과 신발 사이	땀에 젖은 피부	물에 젖은 피부	습기가 많을 경우
2500 Ω	500 Ω	1500 Ω	피부 저항의 $\dfrac{1}{12} \sim \dfrac{1}{20}$	피부 저항의 $\dfrac{1}{25}$	피부 저항의 $\dfrac{1}{10}$

Tip) 1Ω : 1V의 전압이 가해졌을 때 1A의 전류가 흐르는 저항

4. 우리나라의 안전전압으로 볼 수 있는 것은 약 몇 V인가?　　　[기사 18.1/19.2/20.3]

① 30

② 50

③ 60

④ 70

해설 국가별 안전전압(V)

국가명	전압(V)	국가명	전압(V)
한국	30	일본	24~30
독일	24	네덜란드	50
영국	24	스위스	36

감전재해의 요인

5. 감전을 방지하기 위해 관계 근로자에게 반드시 주지시켜야하는 정전작업 사항으로 가장 거리가 먼 것은?　　　[20.2]

① 전원설비 효율에 관한 사항

② 단락접지 실시에 관한 사항

③ 전원 재투입 순서에 관한 사항

④ 작업책임자의 임명, 정전범위 및 절연용 보호구 작업 등 필요한 사항

해설 감전작업 시 안전수칙

• 작업 전 전원을 차단하고 단로기 등을 개방할 것

- 이상 유무 확인 후 전원을 투입할 것
- 작업장소의 잔류전하를 완전히 방전시킬 것
- 단락접지기구를 이용하여 접지할 것
- 작업책임자의 임명, 정전범위 및 절연용 보호구 작업 등 필요한 사항

6. 감전에 의한 전격위험을 결정하는 주된 인자와 거리가 먼 것은? [18.1]

① 통전저항   ② 통전전류의 크기
③ 통전경로   ④ 통전시간

해설 • 1차적 감전위험 요소는 통전전류의 크기, 통전시간, 전원의 종류, 통전경로, 주파수 및 파형이다.
• 2차적 감전위험 요소는 전압의 크기이다.

6-1. 다음 중 심실세동을 일으키는 요소와 가장 관계가 적은 것은? [10.3]

① 전류의 크기   ② 통전시간
③ 체중   ④ 신장(키)

해설 • 1차적 감전위험 요소는 통전전류의 크기, 통전시간, 전원의 종류, 통전경로, 주파수 및 파형이다.
• 2차적 감전위험 요소는 전압의 크기이다.

정답 ④

7. 전류밀도, 통전전류, 접촉면적과 피부저항과의 관계를 바르게 설명한 것은? [12.1/16.1]

① 전류밀도와 통전전류는 반비례 관계이다.
② 통전전류와 접촉면적에 관계없이 피부저항은 항상 일정하다.
③ 같은 크기의 통전전류가 흘러도 접촉면적이 커지면 전류밀도는 커진다.
④ 같은 크기의 통전전류가 흘러도 접촉면적이 커지면 피부저항은 작게 된다.

해설 • 전류밀도와 통전전류는 비례 관계이다.

• 같은 크기의 통전전류가 흘러도 접촉면적이 커지면 피부저항은 작게 된다.

8. 다음 중 정전작업 종료 시 조치사항에 해당하지 않는 것은? [10.2]

① 송전 재개
② 단락접지기구의 철거
③ 검전기에 의한 정전 확인
④ 개폐기의 시건장치 제거

해설 ③은 정전작업 시작 전 조치사항

9. 작업장 내 시설하는 저압전선에는 감전 등의 위험으로 나전선을 사용하지 않고 있지만, 특별한 이유에 의하여 사용할 수 있도록 규정된 곳이 있는데 이에 해당되지 않는 것은? [17.3]

① 버스 덕트 작업에 의한 시설작업
② 애자사용 작업에 의한 전기로용 전선
③ 유희용 전차 시설의 규정에 준하는 접촉전선을 시설하는 경우
④ 애자사용 작업에 의한 전선의 피폭 절연물이 부식되지 않는 장소에 시설하는 전선

해설 ④ 애자사용 작업에 의한 전선의 피폭절연물이 부식하는 장소에 시설하는 전선
Tip) ①, ②, ③ 외에 취급자 이외의 자가 출입할 수 없도록 설비한 장소에 시설하는 전선

10. 다음 중 습윤한 장소의 배선공사에 있어 유의하여야 할 사항으로 틀린 것은? [12.3]

① 애자사용 배선에 사용하는 애자는 400 V 미만인 경우 판 애자 이상의 크기를 사용한다.
② 이동전선을 사용하는 경우 단면적 0.75 mm² 이상의 코드 또는 캡타이어 케이블 공사를 한다.

③ 배관공사인 경우 습기나 물기가 침입하지 않도록 처치한다.

④ 전선의 접속개소는 가능한 작게 하고 전선 접속 부분에는 절연처리를 한다.

해설 ① 애자사용 배선에 사용하는 애자는 22kV 이상인 경우 판 애자 이상의 크기를 사용한다.

11. 다음 중 감전에 영향을 미치는 요인으로 통전경로별 위험도가 가장 높은 것은 어느 것인가? [09.3/11.1/13.1/15.2/16.2/18.1]

① 왼손-등 ② 오른손-등
③ 오른손-왼발 ④ 왼손-가슴

해설 통전경로별 위험도

통전경로(위험도)	통전경로(위험도)
오른손-등(0.3)	왼손-오른손(0.4)
왼손-등(0.7)	한 손 또는 양손-앉아 있는 자리(0.7)
양손-양발(1.0)	오른손-한 발 또는 양발(0.8)
오른손-가슴(1.3)	왼손-한 발 또는 양발(1.0)
왼손-가슴(1.5)	

12. 인체가 전격(감전)으로 인한 사고 시 통전전류에 의한 인체반응으로 틀린 것은 어느 것인가? [13.2/16.3]

① 교류가 직류보다 일반적으로 더 위험하다.
② 주파수가 높아지면 감지전류는 작아진다.
③ 심장을 관통하는 경로가 가장 사망률이 높다.
④ 가수전류는 불수전류보다 값이 대체적으로 작다.

해설 ② 주파수가 높아지면 감지전류는 커진다.

Tip) 주파수는 일정 크기의 전류나 전압 등이 단위 시간당 반복되는 주기를 말하며, 상용

주파수 60Hz는 1초 동안에 반복되는 주기가 60회이다.

13. 다음 중 감전사고의 사망경로에 해당되지 않는 것은? [15.1]

① 전류가 뇌의 호흡중추부로 흘러 발생한 호흡기능 마비
② 전류가 흉부에 흘러 발생한 흉부 근육수축으로 인한 질식
③ 전류가 심장부로 흘러 심실세동에 의한 혈액순환기능 장애
④ 전류가 인체에 흐를 때 인체의 저항으로 발생한 주울 열에 의한 화상

해설 ①, ②, ③은 전격 현상의 메커니즘(사망경로),
④ 주울 열에 의한 화상은 사망하지는 않는다.

14. 감전사고의 요인과 관계가 없는 것은?

① 전기기기의 절연파괴 [15.3]
② 콘덴서의 방전 미실시
③ 전기기기의 24시간 계속 운전
④ 정전작업 시 단락접지를 하지 않아 유도전압 발생

해설 ③은 감전사고 원인과 무관한 내용이다.

15. 콘덴서 및 전력케이블 등을 고압 또는 특별고압 전기회로에 접촉하여 사용할 때 전원을 끊은 뒤에도 감전될 위험성이 있는 주된 이유로 볼 수 있는 것은? [15.3]

① 잔류전하 ② 접지선 불량
③ 접속기구 손상 ④ 절연보호구 미사용

해설 콘덴서 및 전력케이블 등을 고압 또는 특별고압 전기회로에 접촉하여 사용할 때에는 전원을 끊은 뒤에도 감전될 위험성이 있으므로 정전작업 전에 잔류전하를 방전시켜야 한다.

16. 정전작업 시 주의할 사항으로 틀린 것은 어느 것인가? [16.3]

① 감독자를 배치시켜 스위치의 조작을 통제한다.

② 퓨즈가 있는 개폐기의 경우는 퓨즈를 제거한다.

③ 정전작업 전에 작업내용을 충분히 작업원에게 주지시킨다.

④ 단시간에 끝나는 작업일 경우 작업원의 판단에 의해 작업한다.

해설 ④ 정전작업 시 단시간에 끝나는 작업일 경우라도 작업원이 스스로 판단해서는 안된다.

16-1. 정전작업 중 작업시작 전에 필요한 조치와 가장 거리가 먼 것은? [11.3]

① 작업내용을 잘 주지시킨다.

② 단락접지구와 시건 표지를 철거한다.

③ 검전기 등에 의한 정전상태를 확인한다.

④ 개로개폐기에 잠금장치를 하고 잔류전하를 방전시킨다.

해설 ② 개로개폐기의 시건 또는 표시

정답 ②

17. 이동전선에 접속하여 임시로 사용하는 전등이나 가설의 배선 또는 이동전선에 접속하는 가공 매달기식 전등 등을 접촉함으로 인한 감전 및 전구의 파손에 의한 위험을 방지하기 위하여 보호망을 부착하도록 하고 있다. 이들을 설치 시 준수하여야 할 사항이 아닌 것은? [15.3]

① 보호망은 쉽게 파손되지 않을 것

② 재료는 용이하게 변형되지 아니하는 것으로 할 것

③ 전구의 밝기를 고려하여 유리로 된 것을 사용할 것

④ 전구의 노출된 금속 부분에 쉽게 접촉되지 아니하는 구조로 할 것

해설 이동전선에 접속하여 임시로 사용하는 전등이나 가설의 배선 또는 이동전선에 접속하는 가공 매달기식 전등 등을 접촉함으로 인한 감전 및 전구의 파손에 의한 위험을 방지하기 위하여 보호망을 부착·설치하는 경우에는 다음 사항을 준수하도록 한다.

• 전구의 노출된 금속 부분에 근로자가 쉽게 접촉되지 아니하는 구조로 할 것

• 재료는 쉽게 파손되거나 변형되지 아니하는 것으로 할 것

17-1. 이동전선에 접속하여 임시로 사용하는 전등이나 가설의 배선 또는 이동전선에 접속하는 가공 매달기식 전등 등을 접촉함으로 인한 감전 및 전구의 파손에 의한 위험을 방지하기 위하여 부착하여야 하는 것은? [14.3]

① 퓨즈　　② 누전차단기
③ 보호망　　④ 회로차단기

해설 이동전선에 접속하여 임시로 사용하는 전등이나 가설의 배선 또는 이동전선에 접속하는 가공 매달기식 전등 등을 접촉함으로 인한 감전 및 전구의 파손에 의한 위험을 방지하기 위하여 보호망을 부착·설치하는 경우에는 다음 사항을 준수하도록 한다.

• 전구의 노출된 금속 부분에 근로자가 쉽게 접촉되지 아니하는 구조로 할 것

• 재료는 쉽게 파손되거나 변형되지 아니하는 것으로 할 것

정답 ③

18. 작업장에서 근로자의 감전위험을 방지하기 위하여 필요한 조치를 하여야 한다. 다음 중 맞지 않는 것은? [14.2]

① 작업장 통행 등으로 인하여 접촉하거나 접촉할 우려가 있는 배선 또는 이동전선에 대하여는 절연피복이 손상되거나 노화된 경우에는 교체하여 사용하는 것이 바람직하다.

② 전선을 서로 접속하는 때에는 해당 전선의 절연성능 이상으로 절연될 수 있는 것으로 충분히 피복하거나 적합한 접속기구를 사용하여야 한다.

③ 물 등 도전성이 높은 액체가 있는 습윤한 장소에서 근로자의 통행 등으로 인하여 접촉할 우려가 있는 이동전선 및 이에 부속하는 접속기구는 그 도전성이 높은 액체에 대하여 충분한 절연 효과가 있는 것을 사용하여야 한다.

④ 차량 기타 물체의 통과 등으로 인하여 전선의 절연피복이 손상될 우려가 없더라도 통로 바닥에 전선 또는 이동전선을 설치하여 사용하여서는 아니 된다.

해설 ④ 절연피복이 손상될 우려가 있는 경우에 이동전선을 설치하여 사용하여서는 아니 된다.

19. 감전재해의 방지 대책에서 직접 접촉에 대한 방지 대책에 해당하는 것은? [10.1/15.2]

① 충전부에 방호망 또는 절연 덮개 설치
② 보호접지(기기외함의 접지)
③ 보호절연
④ 안전전압 이하의 전기기기 사용

해설 ①은 직접 접촉에 대한 감전방지방법, ②, ③, ④는 간접 접촉에 대한 감전방지방법

20. 사용전압이 154 kV인 변압기 설비를 지상에 설치할 때 감전사고 방지 대책으로 울타리의 높이와 울타리로부터 충전 부분까지의 거리 합계의 최솟값은? [15.2]

① 3m ② 5m ③ 6m ④ 8m

해설 특별고압 가공전선의 높이

사용전압의 구분	지표상의 높이 또는 울타리의 높이와 울타리로부터 충전 부분까지의 거리의 합계
35 kV 이하	5 m
35 kV 초과 160 kV 이하	6 m(철도 또는 궤도를 횡단하는 경우에는 6.5m, 산지 등에서 사람이 쉽게 들어갈 수 없는 장소에는 5m, 횡단보도교의 위에 시설하는 전선이 케이블인 때는 5m)
160 kV 초과	6 m에 160 kV를 초과하는 10 kV 또는 그 단수마다 12cm를 더한 값

21. 다음 중 전압을 구분하는데 있어 고압에 해당하는 것은? [11.1]

① 직류 450 V ② 직류 600 V
③ 교류 750 V ④ 교류 10000 V

해설 전압 분류

구분	저압(V)	고압(V)	특고압(V)
직류	750 이하 (1500 이하)	750 초과 (1500 초과) 7000 이하	7000 초과
교류	600 이하 (1000 이하)	600 초과 (1000 초과) 7000 이하	7000 초과

Tip) 표에서 괄호 안은 법규 개정 후의 값이다.

21-1. 다음 중 전압의 분류가 잘못된 것은?

① 600 V 이하의 교류 전압 - 저압 [18.3]
② 750 V 이하의 직류 전압 - 저압
③ 600 V 초과 7 kV 이하의 교류 전압 - 고압
④ 10 kV를 초과하는 직류 전압 - 초고압

해설 ④ 10 kV를 초과하는 직류 전압 - 특고압

Tip) 7kV를 초과하는 직류, 교류 전압은 특고압이다.

정답 ④

22. 건조한 곳에 시설하고 또한 내부를 건조한 상태로 사용하는 진열장 안의 사용전압이 400V 미만인 저압 옥내 배선 케이블의 최소 단면적은 얼마인가? [11.1]

① 0.5mm² ② 0.75mm²
③ 1.0mm² ④ 1.25mm²

해설 사용전압이 400V 미만인 저압 옥내 배선 케이블을 사용하는 경우 단면적 0.75mm² 이상의 코드 또는 캡타이어 케이블 공사를 한다.

23. 전기 사용장소의 사용전압이 440V인 저압전로의 전선 상호 간 및 전로와 대지 사이의 절연저항은 얼마 이상으로 하여야 하는가? [10.3/14.3/16.3/18.3]

① 0.1MΩ ② 0.2MΩ
③ 0.3MΩ ④ 0.4MΩ

해설 전로의 절연(저압전로의 절연저항)

전로의 사용전압		절연저항
400V 이하	대지전압이 150V 이하인 경우	0.1MΩ
	대지전압이 150V 초과 300V 이하의 경우	0.2MΩ
	대지전압이 300V 초과 400V 이하의 경우	0.3MΩ
	대지전압이 400V 초과	0.4MΩ

23-1. 저압전로의 사용전압이 220V인 경우 절연저항 값은 몇 MΩ 이상으로 하여야 하는가? [16.1]

① 0.1 ② 0.2 ③ 0.3 ④ 0.4

해설 대지전압이 150V 초과 300V 이하의 경우 : 0.2MΩ

정답 ②

23-2. 전로의 사용전압과 전로의 전선 상호 간 및 전로와 대지 간의 절연저항이 잘못 연결된 것은? [09.3]

① 사용전압이 110V인 경우 0.1MΩ 이상
② 사용전압이 220V인 경우 0.2MΩ 이상
③ 사용전압이 440V인 경우 0.3MΩ 이상
④ 사용전압이 550V인 경우 0.4MΩ 이상

해설 ③ 대지전압이 400V를 초과하는 경우에는 0.4MΩ 이상이다.

정답 ③

24. 절연물은 여러 가지 원인으로 전기저항이 저하되어 이른바 절연 불량을 일으켜 위험한 상태가 되는데 절연 불량의 주요 원인이 아닌 것은? [17.3]

① 정전에 의한 전기적 원인
② 온도상승에 의한 열적 요인
③ 진동, 충격 등에 의한 기계적 요인
④ 높은 이상전압 등에 의한 전기적 요인

해설 전기기기의 절연저항 값이 저하하는 요인 : 온도상승, 진동, 충격, 높은 이상전압, 산화 등

25. 섬락의 위험을 방지하기 위한 이격거리는 대지전압, 뇌서지, 계폐서지 외에 어느 것을 고려하여 결정하여야 하는가? [12.2]

① 정상전압 ② 다상전압
③ 단상전압 ④ 이상전압

해설 • 섬락의 위험을 방지하기 위한 이격거리는 대지전압, 뇌서지, 계폐서지, 이상전압을 고려하여 결정하여야 한다.

- 섬락 : 순간적으로 전기불꽃을 내며 전류가 흐르는 현상

누전차단기 감전예방

26. 누전차단기의 선정 및 설치에 대한 설명으로 틀린 것은? [09.1/16.2/20.1]

① 차단기를 설치한 전로에 과부하 보호장치를 설치하는 경우는 서로 협조가 잘 이루어지도록 한다.

② 정격 부동작전류와 정격 감도전류와의 차는 가능한 큰 차단기로 선정한다.

③ 감전방지 목적으로 시설하는 누전차단기는 고감도 고속형을 선정한다.

④ 전로의 대지 정전용량이 크면 차단기가 오동작하는 경우가 있으므로 각 분기회로마다 차단기를 설치한다.

해설 ② 정격 부동작전류가 정격 감도전류의 50% 이상이어야 하고 이들의 차가 가능한 적어야 한다.

26-1. 누전차단기의 설치 환경 조건에 관한 설명으로 틀린 것은? [11.1/14.2/17.1]

① 전원전압은 정격전압의 85~110% 범위로 한다.

② 설치장소가 직사광선을 받을 경우 차폐시설을 설치한다.

③ 정격 부동작전류가 정격 감도전류의 30% 이상이어야 하고 이들의 차가 가능한 큰 것이 좋다.

④ 정격 전부하전류가 30A인 이동형 전기기계·기구에 접속되어 있는 경우 일반적으로 정격 감도전류는 30mA 이하인 것을 사용한다.

해설 ③ 정격 부동작전류가 정격 감도전류의 50% 이상이어야 하고 이들의 차가 가능한 적어야 한다.

정답 ③

27. 산업안전보건법에 따라 사업주는 누전에 의한 감전의 위험을 방지하기 위하여 접지를 하여야 하는데 다음 중 접지하지 아니할 수 있는 부분은? [11.3]

① 관련 법에 따른 이중 절연구조로 보호되는 전기기계·기구

② 전기기계·기구의 금속제 외함, 금속제 외피 및 철대

③ 전기를 사용하지 아니하는 설비 중 전동식 양중기의 프레임과 궤도에 해당하는 금속체

④ 코드와 플러그를 접속하여 사용하는 고정형·이동형 또는 휴대형 전동기계·기구의 노출된 비충전 금속체

해설 누전에 의한 감전의 위험을 방지하기 위한 접지 제외 장소

- 이중 절연구조 또는 이와 동등 이상으로 보호되는 전동기계·기구
- 비접지방식의 전로에 접속하여 사용되는 전동기계·기구
- 절연대 위 등과 같이 감전위험이 없는 장소에서 사용하는 전기기계·기구의 금속체

27-1. 전기기계·기구의 누전에 의한 감전의 위험을 방지하기 위하여 코드 및 플러그를 접속하여 사용하는 전기기계·기구 중 노출된 비충전 금속체에 접지를 실시하여야 하는 것이 아닌 것은? [19.3]

① 사용전압이 대지전압 110V인 기구

② 냉장고·세탁기·컴퓨터 및 주변기기 등과 같은 고정형 전기기계·기구

③ 고정형·이동형 또는 휴대형 전동기계·기구

④ 휴대형 손전등

해설 ① 사용전압이 대지전압 150V 이상인 기구

정답 ①

27-2. 산업안전보건법에 따라 누전에 의한 감전위험을 방지하기 위하여 대지전압이 몇 V를 초과하는 이동형 또는 휴대형 전기기계ㆍ기구에는 감전방지용 누전차단기를 설치하여야 하는가? [10.2/11.3/15.3]

① 50V ② 75V ③ 110V ④ 150V

해설 누전차단기는 대지전압 150V 이상인 전기기계ㆍ기구에 설치한다.

정답 ④

27-3. 누전에 의한 감전위험을 방지하기 위하여 누전차단기를 설치하여야 하는데 다음 중 누전차단기를 설치하지 않아도 되는 것은? [09.2/17.1]

① 절연대 위에서 사용하는 이중 절연구조의 전동기기
② 임시배선의 전로가 설치되는 장소에서 사용하는 이동형 전기기구
③ 철판 위와 같이 도전성이 높은 장소에서 사용하는 이동형 전기기구
④ 물과 같이 도전성이 높은 액체에 의한 습윤 장소에서 사용하는 이동형 전기기구

해설 ①은 누전차단기 설치 제외 장소

정답 ①

27-4. 산업안전보건법상 누전에 의한 감전의 위험을 방지하기 위하여 접지를 하여야 하는 부분으로 고정 설치되거나 고정 배선에 접속된 전기기계ㆍ기구의 노출된 비충전 금속체 중 충전될 우려가 있는 접지 대상에 해당하지 않는 것은? [13.1]

① 사용전압이 대지전압 75볼트를 넘는 것
② 물기 또는 습기가 있는 장소에 설치되어 있는 것
③ 금속으로 되어 있는 기기접지용 전선의 피복ㆍ외장 또는 배선관
④ 지면이나 접지된 금속체로부터 수직거리 2.4m, 수평거리 1.5m 이내인 것

해설 ① 누전차단기는 대지전압 150V 이상인 전기기계ㆍ기구에 설치한다.

정답 ①

27-5. 전기설비 등에는 누전에 의한 감전의 위험을 방지하기 위하여 전기기계ㆍ기구에 접지를 실시하도록 하고 있다. 전기기계ㆍ기구의 접지에 대한 설명 중 틀린 것은? [20.1]

① 특별고압의 전기를 취급하는 변전소ㆍ개폐소 그 밖에 이와 유사한 장소에서는 지락(地絡)사고가 발생할 경우 접지극의 전위상승에 의한 감전위험을 감소시키기 위한 조치를 하여야 한다.
② 코드 및 플러그를 접속하여 사용하는 전압이 대지전압 110V를 넘는 전기기계ㆍ기구가 노출된 비충전 금속체에는 접지를 반드시 실시하여야 한다.
③ 접지설비에 대하여는 상시 적정상태 유지 여부를 점검하고 이상을 발견한 때에는 즉시 보수하거나 재설치하여야 한다.
④ 전기기계ㆍ기구의 금속제 외함ㆍ금속제 외피 및 철대에는 접지를 실시하여야 한다.

해설 ② 코드 및 플러그를 접속하여 사용하는 전압이 대지전압 150V를 넘는 전기기계ㆍ기구가 노출된 비충전 금속체에는 접지를 반드시 실시하여야 한다.

정답 ②

27-6. 누전에 의한 감전의 위험을 방지하기 위하여 반드시 접지를 하여야만 하는 부분에 해당되지 않는 것은? [18.2]

① 절연대 위 등과 같이 감전위험이 없는 장소에서 사용하는 전기기계·기구의 금속체

② 전기기계·기구의 금속제 외함, 금속제 외피 및 철대

③ 전기를 사용하지 아니하는 설비 중 전동식 양중기의 프레임과 궤도에 해당하는 금속체

④ 코드와 플러그를 접속하여 사용하는 휴대형 전동기계·기구의 노출된 비충전 금속체

(해설) ①은 접지 제외 장소

(정답) ①

28. 누전차단기의 설치에 관한 설명으로 적절하지 않은 것은? [10.1/15.2]

① 진동 또는 충격을 받지 않도록 한다.

② 전원전압의 변동에 유의하여야 한다.

③ 비나 이슬에 젖지 않은 장소에 설치한다.

④ 누전차단기의 설치는 고도와 관계가 없다.

(해설) ④ 누전차단기의 설치는 고도(표고) 1000m 이하의 장소에 설치해야 한다.

29. 인체의 저항이 500Ω이고, 440V 회로에 누전차단기(ELB)를 설치할 경우 다음 중 가장 적당한 누전차단기는? [10.3/13.1/18.1]

① 30mA 이하, 0.1초 이하에 작동

② 30mA 이하, 0.03초 이하에 작동

③ 15mA 이하, 0.1초 이하에 작동

④ 15mA 이하, 0.03초 이하에 작동

(해설) 누전차단기 설치기준은 정격감도전류가 30mA 이하이며, 작동시간은 0.03초 이내일 것

29-1. 전기기계·기구에 대하여 누전에 의한 감전위험을 방지하기 위하여 누전차단기를

전기기계·기구에 접속할 때 준수하여야 할 사항으로 옳은 것은? [18.2]

① 누전차단기는 정격감도전류가 60mA 이하이고 작동시간은 0.1초 이내일 것

② 누전차단기는 정격감도전류가 50mA 이하이고 작동시간은 0.08초 이내일 것

③ 누전차단기는 정격감도전류가 40mA 이하이고 작동시간은 0.06초 이내일 것

④ 누전차단기는 정격감도전류가 30mA 이하이고 작동시간은 0.03초 이내일 것

(해설) 누전차단기 설치기준은 정격감도전류가 30mA 이하이며, 작동시간은 0.03초 이내일 것

(정답) ④

29-2. 전기기계·기구의 누전에 의한 감전위험을 방지하기 위하여 해당 전로에는 정격에 적합하고 감도가 양호한 감전방지용 누전차단기를 설치하여야 한다. 이 누전차단기의 기준은 정격감도전류가 30mA 이하이고 작동시간은 몇 초 이내이어야 하는가? (단, 정격 부하전류가 50A 미만의 전기기계·기구에 접속되는 누전차단기이다.) [11.2/13.2/16.1]

① 0.03초   ② 0.1초

③ 0.3초   ④ 0.5초

(해설) 누전차단기 설치기준은 정격감도전류가 30mA 이하이며, 작동시간은 0.03초 이내일 것

(정답) ①

29-3. 전기기계·기구에 누전에 의한 감전위험을 방지하기 위하여 설치한 누전차단기에 의한 감전방지의 사항으로 틀린 것은 어느 것인가? [18.3]

① 정격감도전류가 30mA 이하이고 작동시간은 3초 이내일 것

② 분기회로 또는 전기기계·기구마다 누전차단기를 접속할 것

③ 파손이나 감전사고를 방지할 수 있는 장소에 접속할 것

④ 지락보호 전용 기능만 있는 누전차단기는 과전류를 차단하는 퓨즈나 차단기 등과 조합하여 접속할 것

해설 ① 누전차단기 설치기준은 정격감도전류가 30 mA 이하이며, 작동시간은 0.03초 이내일 것

정답 ①

29-4. 누전에 의한 감전위험을 방지하기 위하여 감전방지용 누전차단기의 접속에 관한 일반사항으로 틀린 것은? [12.1/17.2]

① 분기회로마다 누전차단기를 설치한다.

② 동작시간은 0.03초 이내이어야 한다.

③ 전기기계·기구에 설치되어 있는 누전차단기는 정격감도전류가 30 mA 이하이어야 한다.

④ 누전차단기는 배전반 또는 분전반 내에 접속하지 않고 별도로 설치한다.

해설 ④ 누전차단기는 배전반 또는 분전반에 설치하는 것을 원칙으로 한다.

정답 ④

---

30. 누전으로 인해 목재 등이 탄화되고 지속적으로 열이 발생, 이로 인하여 화재가 발생하는 것을 무엇이라 하는가? [09.2]

① 가네하라 현상 ② 톰슨 효과

③ flash 현상 ④ 제벡 효과

해설 가네하라 현상 : 누전으로 인해 계속해서 많은 열을 받으면 그 부분이 탄화되어 지속적으로 열이 발생, 이로 인하여 화재가 발생하는 현상

아크 용접장치

31. 다음 중 교류 아크 용접기에 의한 용접작업에 있어 용접이 중지된 때 감전방지를 위해 설치해야 하는 방호장치는? [12.2/17.1]

① 누전차단기

② 단로기

③ 리미트 스위치

④ 자동전격 방지장치

해설 자동전격 방지장치

• 자동전격 방지장치 무부하 전압은 1±0.3초 이내에 2차 무부하 전압을 25 V 이하로 내려준다.

• 용접 시에 용접기 2차 측의 출력전압을 무부하 전압으로 변경시킨다.

• SCR 등의 개폐용 반도체 소자를 이용한 무접점방식을 많이 사용한다.

31-1. 교류 아크 용접작업 시 감전을 예방하기 위하여 사용하는 자동전격방지기의 2차 전압은 몇 V 이하로 유지하여야 하는가?

① 25 ② 35 [13.3/16.2]

③ 50 ④ 40

해설 용접기의 아크 발생이 중단된 후 1±0.3초 이내에 2차 무부하 전압을 25 V 이하로 내려준다.

정답 ①

31-2. 다음 중 교류 아크 용접기에서 자동전격 방지장치의 기능으로 틀린 것은? [14.1]

① 감전위험방지

② 전력손실 감소

③ 정전기 위험방지

④ 무부하 시 안전전압 이하로 저하

해설 교류 아크 용접기의 자동전격 방지장치의 기능 : 감전위험방지, 전력손실 감소, 무부하 시 안전전압 이하로 저하 등

정답 ③

32. 다음 중 교류 아크 용접작업 시 작업자에게 발생할 수 있는 재해의 종류와 가장 거리가 먼 것은? [14.3]

① 낙하 · 충돌 재해
② 피부 노출 시 화상 재해
③ 폭발, 화재에 의한 재해
④ 안구(눈)의 조직손상 재해

해설 ①은 떨어짐(낙하), 충돌 재해

33. 아크 용접작업 시 감전재해 방지에 쓰이지 않는 것은? [19.2]

① 보호면
② 절연장갑
③ 절연 용접봉 홀더
④ 자동전격 방지장치

해설 보호면(보안면) : 안면이나 눈에 유해광선, 열, 불꽃, 화학약품 등의 비말 또는 물체가 흩날릴 위험이 있는 작업에 쓰인다.

절연용 안전장구

34. 내전압용 절연장갑의 등급에 따른 최대 사용전압이 올바르게 연결된 것은? [12.2/20.1]

① 00등급 : 직류 750 V
② 00등급 : 교류 650 V
③ 0등급 : 직류 1000 V
④ 0등급 : 교류 800 V

해설 절연장갑의 등급

등급	색상	최대 사용전압(V)		비고
		교류	직류	
00	갈색	500	750	직류는 교류의 1.5배
0	빨간색	1000	1500	
1	흰색	7500	11250	
2	노란색	17000	25500	
3	녹색	26500	39750	
4	등색	36000	54000	

35. 다음 중 절연용 고무장갑과 가죽장갑의 안전한 사용방법으로 가장 적합한 것은? [13.3]

① 활선작업에서는 가죽장갑만 사용한다.
② 활선작업에서는 고무장갑만 사용한다.
③ 먼저 가죽장갑을 끼고 그 위에 고무장갑을 낀다.
④ 먼저 고무장갑을 끼고 그 위에 가죽장갑을 낀다.

해설 • 절연장갑 : 7000 V 이하 작업용 – 고무장갑, 가죽장갑 등
• 고압 충전전선로 작업 시 고무장갑의 바깥쪽에 가죽장갑을 착용한다.

36. 활선작업 시 사용하는 안전장구가 아닌 것은? [19.1]

① 절연용 보호구
② 절연용 방호구
③ 활선작업용 기구
④ 절연저항 측정기구

해설 ①, ②, ③은 전기 활선작업용 안전장구, ④는 절연체의 저항 성능을 측정할 때 사용하는 측정기구

36-1. 다음 중 고압 활선작업에 필요한 보호구에 해당하지 않는 것은? [09.3/12.3/15.1]

① 절연대
② 절연장갑
③ 절연장화
④ AE형 안전모

해설 절연용 보호구 : 절연장갑, 전기용 안전모(AE), 절연용 고무소매, 절연화
Tip) 절연대는 방호구이다.

정답 ①

37. 절연용 기구의 작업시작 전 점검사항으로 옳지 않은 것은? [15.1]

① 고무소매의 육안점검
② 활선 접근 경보기의 동작시험
③ 고무장화에 대한 절연내력시험
④ 고무장갑에 대한 공기점검 실시

해설 ③은 활선작업 시작 전 점검사항

---

3 전기화재 및 예방 대책

전기화재의 원인

1. 다음 중 전선이 연소될 때의 단계별 순서로 가장 적절한 것은? [17.3]

① 착화 단계, 순시 용단 단계, 발화 단계, 인화 단계
② 인화 단계, 착화 단계, 발화 단계, 순시 용단 단계
③ 순시 용단 단계, 착화 단계, 인화 단계, 발화 단계
④ 발화 단계, 순시 용단 단계, 착화 단계, 인화 단계

해설 전선의 화재위험 정도와 전선류밀도(A/mm^2)
• 인화 단계(40~43) : 점화원에 대해 절연물이 인화하는 단계
• 착화 단계(43~60) : 절연물이 스스로 탄화되어 전선의 심선이 노출되는 단계
• 발화 단계(60~75, 75~120) : 절연물이 스스로 발화되어 용융되는 단계로 발화 후 용융, 절연물이 용융되면서 스스로 발화되어 용융과 동시에 발화되는 단계

• 순간 용단 단계(120 이상) : 전선피복을 뚫고 나와 심선인 동이 폭발하며 비산하는 단계

2. 전기화재의 원인을 직접 원인과 간접 원인으로 구분할 때, 직접 원인과 거리가 먼 것은? [19.1]

① 애자의 오손   ② 과전류
③ 누전   ④ 절연열화

해설 ①은 전기화재의 간접 원인

2-1. 다음 중 전기화재의 직접적인 원인이 아닌 것은? [14.1]

① 절연열화
② 애자의 기계적 강도 저하
③ 과전류에 의한 단락
④ 접촉 불량에 의한 과열

해설 ②는 전기화재의 간접 원인

정답 ②

2-2. 전기화재의 직접적인 발생 요인과 가장 거리가 먼 것은? [12.1/17.1]

① 피뢰기의 손상

② 누전, 열의 축적

③ 과전류 및 절연의 손상

④ 지락 및 접속 불량으로 인한 과열

해설 ②, ③, ④는 전기화재의 직접적인 발생 요인,

①은 전기화재의 직접 원인은 아니다.

정답 ①

3. 다음 중 전기화재의 원인에 관한 설명으로 가장 거리가 먼 것은? [10.3/13.3]

① 단락된 순간의 전류는 정격전류보다 크다.

② 전류에 의해 발생되는 열은 전류의 제곱에 비례하고, 저항에 비례한다.

③ 누전, 접촉 불량 등에 의한 전기화재는 배선용 차단기나 누전차단기로 예방이 가능하다.

④ 전기화재의 발화형태별 원인 중 가장 큰 비율을 차지하는 것은 전기배선의 단락이다.

해설 ③ 누전, 접촉 불량 등에 의한 전기화재는 나사 또는 볼트 등에 느슨한 곳이 없는지 확인하여 불량한 곳은 확실히 조여 예방한다.

4. 다음 중 전기화재의 주요 원인이 되는 전기의 발열 현상에서 가장 큰 열원에 해당하는 것은? [13.2]

① 줄(Joule)열

② 고주파 가열

③ 자기유도에 의한 열

④ 전기화학 반응열

해설 줄(Joule)의 법칙

전류발생열$(Q) = I^2 \times R \times T [J]$

여기서, I : 전류(A), R : 전기저항(Ω),

$\qquad T$: 통전시간(s)

5. 정상운전 중의 전기설비가 점화원으로 작용하지 않는 것은? [19.1]

① 변압기 권선

② 개폐기 접점

③ 직류전동기의 정류자

④ 권선형 전동기의 슬립링

해설 이상상태에서의 잠재적 점화원

• 전동기의 권선   • 전기적 광원

• 변압기의 권선   • 마그넷 코일

• 케이블   • 배선

접지공사

6. 전기설비에 접지를 하는 목적으로 틀린 것은? [기사 14.1/21.1]

① 누설전류에 의한 감전방지

② 낙뢰에 의한 피해방지

③ 지락사고 시 대지전위 상승 유도 및 절연강도 증가

④ 지락사고 시 보호계전기 신속 동작

해설 접지의 목적

• 누설전류에 의한 감전방지

• 낙뢰에 의한 피해방지

• 송배전선에서 지락사고의 발생 시 보호계전기를 신속하게 작동시킨다.

• 송배전선로의 지락사고 시 대지전위의 상승을 억제하고 절연강도를 저하시킨다.

7. 혼촉방지판이 부착된 변압기를 설치하고 혼촉방지판을 접지시켰다. 이러한 변압기를 사용하는 주요 이유는? [19.2]

① 2차 측의 전류를 감소시킬 수 있기 때문에

② 누전전류를 감소시킬 수 있기 때문에

③ 2차 측에 비접지방식을 채택하면 감전 시 위험을 감소시킬 수 있기 때문에

④ 전력의 손실을 감소시킬 수 있기 때문에

해설 ③ 2차 측에 비접지방식을 채택하면 누전 시 폐회로가 형성되지 않아 감전 시 위험을 감소시킬 수 있다.

8. 산업안전보건법상 전기기계·기구의 누전에 의한 감전위험을 방지하기 위하여 접지를 하여야 하는 사항으로 틀린 것은? [12.2/19.2]

① 전기기계·기구의 금속제 내부 충전부
② 전기기계·기구의 금속제 외함
③ 전기기계·기구의 금속제 외피
④ 전기기계·기구의 금속제 철대

해설 ① 전기기계·기구의 금속제 내부 충전부는 접지를 해서는 안 된다.

9. 사람이 접촉될 우려가 있는 장소에서 제1종 접지공사의 접지선을 시설할 때 접지극의 최소 매설깊이는? [19.3]

① 지하 30cm 이상
② 지하 50cm 이상
③ 지하 75cm 이상
④ 지하 90cm 이상

해설 접지공사의 접지선을 시설할 때 접지극의 최소 매설깊이는 지하 75cm 이상이다.

10. 저압 옥내 직류 전기설비를 전로 보호장치의 확실한 동작의 확보와 이상전압 및 대지전압의 억제를 위하여 접지를 하여야 하나 직류 2선식으로 시설할 때, 접지를 생략할 수 있는 경우로 옳은 것은? [18.1]

① 접지검출기를 설치하고, 특정 구역 내의 산업용 기계·기구에만 공급하는 경우
② 사용전압이 110V 이상인 경우
③ 최대전류 30mA 이하의 직류 화재경보회로
④ 교류계통으로부터 공급을 받는 정류기에서 인출되는 직류계통

해설 ② 사용전압이 60V 이상인 경우
(※ 문제 오류로 정답은 ①, ③, ④번이다. 본서에서는 ①번을 정답으로 한다.)

11. 전로에 시설하는 기계·기구의 철대 및 금속제 외함에는 규정에 따른 접지공사를 실시하여야 하나 시설하지 않아도 되는 경우가 있다. 예외 규정으로 틀린 것은? [16.2]

① 사용전압이 교류 대지전압 150V 이하인 기계·기구를 습한 곳에 시설하는 경우
② 철대 또는 외함 주위에 적당한 절연대를 설치하는 경우
③ 저압용 기계·기구를 건조한 마루나 절연성 물질 위에서 취급하도록 시설하는 경우
④ 2중 절연구조로 되어 있는 기계·기구를 시설하는 경우

해설 ① 사용전압이 직류 300V 또는 교류 대지전압 150V 이하인 기계·기구를 건조한 곳에 시설하는 경우

12. 접지에 관한 설명으로 틀린 것은 어느 것인가? [12.3/16.3]

① 접지저항이 크면 클수록 좋다.
② 접지공사의 접지선은 과전류 차단기를 시설하여서는 안 된다.
③ 접지극의 시설은 동판, 동봉 등이 부식될 우려가 없는 장소를 선정하여 지중에 매설 또는 타입한다.
④ 고압전로와 저압전로를 결합하는 변압기의 저압전로 사용전압이 300V 이하로 중성점 접지가 어려운 경우 저압 측 임의의 한 단자에 제2종 접지공사를 실시한다.

해설 ① 접지저항은 크면 클수록 누설전류가 대지로 흐르는 용량이 적어 누전 감전사고 위험이 커진다.

13. 전기설비의 접지저항을 감소시킬 수 있는 방법으로 가장 거리가 먼 것은? [14.2]

① 접지극을 깊이 묻는다.

② 접지극을 병렬로 접속한다.

③ 접지극의 길이를 길게 한다.

④ 접지극과 대지 간의 접촉을 좋게 하기 위해서 모래를 사용한다.

해설 ④ 접지극 주변의 토양을 개량하여 대지 저항률을 떨어뜨린다.

14. 다음 중 의료용 전자기기(medical electronic instrument)에서 인체의 마이크로 쇼크(micro shock) 방지를 목적으로 시설하는 접지로 가장 적절한 것은? [13.2]

① 기기접지 ② 계통접지

③ 등전위 접지 ④ 정전접지

해설 접지의 종류

• 계통접지 : 고압전로와 저압전로가 혼촉되었을 때의 감전이나 화재방지를 위하여 접지하는 방식

• 기기접지 : 누전되고 있는 기기에 접촉되었을 때의 감전을 방지하기 위하여 접지하는 방식

• 등전위 접지 : 병원에 있어서 의료기기 사용 시 안전을 위하여 인체의 마이크로 쇼크 방지를 목적으로 시설하는 접지

• 피뢰기 접지 : 제1종 접지로 낙뢰로부터 전기기기의 손상을 방지하기 위하여 접지하는 방식

• 기능용 접지 : 전자기기의 안정적 가동을 확보하기 위하여 접지하는 방식

• 지락검출용 접지 : 차단기의 동작을 확실하게 하기 위하여 접지하는 방식

15. 접지극 시설에서, 지중에 매설되어 있고 대지와의 전기저항 값이 몇 Ω 이하의 값을 유지하고 있는 금속제 수도관로는 접지극으로 사용이 가능한가?

① 3 ② 5 ③ 8 ④ 10

해설 접지극의 매설(KEC 142) : 대지와의 전기저항 값이 3Ω 이하의 값을 유지하여야 한다.

15-1. 저압수용가 인입구 접지에 있어서, 지중에 매설되어 있고 대지와의 전기저항 값이 몇 Ω 이하의 값을 유지하고 있는 금속제 수도관로는 접지극으로 사용할 수 있는가?

① 3 ② 5 ③ 10 ④ 12

해설 저압수용가 인입구 접지(KEC 142) : 대지와의 전기저항 값이 3Ω 이하의 값을 유지하여야 한다.

정답 ①

15-2. 일반적으로 특고압 전로에 시설하는 피뢰기의 접지저항 값은 몇 Ω 이하로 하여야 하는가?

① 10 ② 25 ③ 50 ④ 100

해설 피뢰기의 접지(KEC 341.14) : 고압 및 특고압의 전로에 시설하는 피뢰기의 접지저항 값은 10Ω 이하이어야 한다.

정답 ①

16. 접지도체의 선정에 있어서, 접지도체의 최소 단면적은 구리는 (㉠)mm² 이상, 철제는 (㉡)mm² 이상이면 된다. ( )에 알맞은 값은? (단, 큰 고장전류가 접지도체를 통하여 흐르지 않을 경우이다.)

① ㉠ : 6, ㉡ : 50 ② ㉠ : 26, ㉡ : 48

③ ㉠ : 10, ㉡ : 25 ④ ㉠ : 8, ㉡ : 32

해설 접지도체의 선정(KEC 142) : 단면적은 구리 $6\,mm^2$ 또는 철 $50\,mm^2$ 이상

16-1. 보호도체와 계통도체를 겸용하는 겸용 도체의 단면적은 구리 (㉠)mm² 또는 알루미늄 (㉡)mm² 이상이어야 한다. ( )에 올바른 값은?

① ㉠ : 6, ㉡ : 10   ② ㉠ : 10, ㉡ : 16
③ ㉠ : 14, ㉡ : 18   ④ ㉠ : 18, ㉡ : 24

해설 겸용도체(KEC 142) : 단면적은 구리 10mm² 또는 알루미늄 16mm² 이상

정답 ②

16-2. 대지와의 전기저항 값이 3Ω 이하의 값을 유지하고 있으면 된다. 저압 수용장소에서 계통접지가 TN-C-S 방식인 경우, 중성선 겸용 보호도체(PEN)는 그 도체의 단면적이 구리는 (㉠)mm² 이상, 알루미늄은 (㉡)mm² 이상이어야 하는가?

① ㉠ : 6, ㉡ : 10   ② ㉠ : 10, ㉡ : 16
③ ㉠ : 14, ㉡ : 18   ④ ㉠ : 18, ㉡ : 24

해설 중성선 겸용 보호도체(PEN)(KEC 142) : 그 도체의 단면적이 구리는 10mm² 이상, 알루미늄은 16mm² 이상

정답 ②

16-3. 주 접지단자에 접속하기 위한 등전위 본딩 도체의 단면적은 구리도체 (㉠)mm² 이상, 알루미늄 도체 (㉡)mm² 이상, 강철 도체 50mm² 이상이어야 한다. ( )에 올바른 값은?

① ㉠ : 6, ㉡ : 10   ② ㉠ : 6, ㉡ : 16
③ ㉠ : 14, ㉡ : 18   ④ ㉠ : 18, ㉡ : 24

해설 등전위 본딩 도체(KEC 143.3.1) : 그 도체의 단면적이 구리는 6mm² 이상, 알루미늄은 16mm² 이상, 강철은 50mm² 이상

정답 ②

16-4. 전로에 시설하는 기계 · 기구의 철대 및 금속제 외함에는 접지 시스템 규정에 의한 접지공사를 하여야 한다. 단, 사용전압이 직류 (㉠)V 또는 교류 대지전압이 (㉡)V 이하인 기계 · 기구를 건조한 곳에 시설하는 경우는 규정에 따르지 않을 수 있다. ( )에 올바른 값은?

① ㉠ : 200, ㉡ : 100   ② ㉠ : 300, ㉡ : 150
③ ㉠ : 350, ㉡ : 200   ④ ㉠ : 440, ㉡ : 220

해설 기계 · 기구의 철대 및 금속제 외함 접지 (KEC 142.7) : 사용전압이 직류 300V 또는 교류 대지전압이 150V 이하인 기계 · 기구를 건조한 곳에 시설하는 경우에는 접지 시스템 규정에 따르지 않을 수 있다.

정답 ②

17. 변압기의 중성점 접지저항 값을 결정하는 가장 큰 요인은?

① 변압기의 용량
② 고압 가공전선로의 전선 연장
③ 변압기 1차 측에 넣는 퓨즈 용량
④ 변압기 고압 또는 특고압 측 전로의 1선 지락전류의 암페어 수

해설 변압기 중성점 접지저항 값 결정(KEC 142.5) : 일반적으로 변압기의 고압 · 특고압 측 전로의 1선 지락전류로 150을 나눈 값과 같은 저항값 이하이다.

피뢰설비

18. 피뢰기가 반드시 가져야 할 성능 중 틀린 것은? [12.3/20.1]

① 방전 개시전압이 높을 것
② 뇌전류 방전능력이 클 것

③ 속류 차단을 확실하게 할 수 있을 것

④ 반복 동작이 가능할 것

해설 피뢰기가 반드시 가져야 할 성능

- 방전 개시전압과 제한전압이 낮을 것
- 상용주파 방전 개시전압이 높을 것
- 특성이 변화하지 않고, 구조가 견고할 것
- 속류의 차단이 확실하며, 뇌전류의 방전능력이 클 것
- 반복 동작이 가능할 것
- 점검 및 유지보수가 쉬울 것

19. 뇌해를 받을 우려가 있는 곳에는 피뢰기를 시설하여야 한다. 다음 중 시설하지 않아도 되는 곳은? [기사 15.2]

① 가공전선로와 지중전선로가 접속하는 곳

② 발전소, 변전소의 가공전선 인입구 및 입출구

③ 습뢰 빈도가 적은 지역으로서 방출 보호통을 장치하는 곳

④ 특고압 가공전선로로부터 공급을 받는 수용장소의 인입구

해설 피뢰기의 설치장소

- 발전소, 변전소 또는 이에 준하는 장소의 가공전선 인입구 및 인출구
- 가공전선로에 접속하는 배전용 변압기의 고압 측 및 특고압 측
- 고압 또는 특고압의 가공전선로로부터 공급을 받는 수용장소의 인입구
- 가공전선로와 지중전선로가 접속되는 곳
- 배선선로 차단기, 개폐기의 전원 측과 부하 측

20. 피뢰기의 제한전압이 800 kV이고, 충격절연강도가 1000 kV라면, 보호 여유도는? [18.3]

① 12%

② 25%

③ 39%

④ 43%

해설 보호 여유도

$$= \frac{충격절연강도 - 제한전압}{제한전압} \times 100$$

$$= \frac{1000 - 800}{800} \times 100 = 25\%$$

21. 다음과 같은 특성이 있으며 제한전압이 낮기 때문에 접지저항을 낮게 하기 어려운 배전선로에 적합한 피뢰기는? [16.1]

> 피뢰기의 특성요소가 파이버관으로 되어 있고 방전은 직렬 갭을 통하여 파이버관 내부의 상부와 하부 전극 간에서 행하여지며, 속류 차단은 파이버관 내부 벽면에서 아크열에 의한 파이버질의 분해로 발생하는 고압가스의 소호작용에 의한다.

① 변형 피뢰기

② 방출형 피뢰기

③ 갭레스형 피뢰기

④ 변저항형 피뢰기

해설 방출형 피뢰기에 관한 내용이다.

22. 피뢰설비 기본 용어에 있어 외부 뇌보호 시스템에 해당되지 않는 구성 요소는? [17.1]

① 수뢰부

② 인하도선

③ 접지 시스템

④ 등전위 본딩

해설 외부 뇌보호 시스템 구성 요소 : 수뢰부, 인하도선, 접지 시스템

화재경보기

23. 건물의 전기설비로부터 누설전류를 탐지하여 경보를 발하는 누전경보기의 구성으로 옳은 것은? [15.3]

① 축전기, 변류기, 경보장치

② 변류기, 수신기, 경보장치

4과목 전기 및 화학설비 위험방지 기술

③ 수신기, 발신기, 경보장치

④ 비상전원, 수신기, 경보장치

[해설] 전기누전 화재경보기의 구성 요소 : 누설전류를 검출하는 변류기, 누설전류를 증폭하는 수신기, 경보음을 발생하는 음향장치

24. 누전 화재경보기에 사용하는 변류기에 대한 설명으로 잘못된 것은?　[기사 12.1]

① 옥외 전로에는 옥외형을 설치

② 점검이 용이한 옥외 인입선의 부하 측에 설치

③ 건물의 구조상 부득이하여 인입구에 근접한 옥내에 설치

④ 수신부에 있는 스위치 1차 측에 설치

[해설] 누전 화재경보기에 사용하는 변류기

• 변류기를 옥외 전로에는 옥외형으로 설치한다.

• 점검이 용이한 옥외 인입선의 제1지점 부하 측 또는 제2종 접지선 측의 위치에 설치한다.

• 건물의 구조상 부득이하여 인입구에 근접한 옥내에 설치할 수 있다.

25. 누전경보기의 수신기는 옥내의 점검에 편리한 장소에 설치하여야 한다. 이 수신기의 설치장소로 옳지 않은 것은?　[14.3]

① 습도가 낮은 장소

② 온도의 변화가 거의 없는 장소

③ 화약류를 제조하거나 저장 또는 취급하는 장소

④ 부식성 증기와 가스는 발생되나 방식이 되어 있는 곳

[해설] 누전경보기의 수신기를 설치하지 않아야 하는 장소

• 습도가 높은 장소

• 온도의 변화가 급격한 장소

• 화약류를 제조하거나 저장 또는 취급하는 장소

• 가연성 증기, 가스, 먼지 등이나 부식성 증기, 가스 등이 다량으로 체류하는 장소 등

26. 전기누전 화재경보기의 설치장소 중 제1종 장소의 경우 연면적으로 옳은 것은?　[12.1]

① $200\,m^2$ 이상　　② $300\,m^2$ 이상

③ $500\,m^2$ 이상　　④ $1000\,m^2$ 이상

[해설] 전기 화재경보기의 설치장소

• 제1종 장소 : 연면적 $300\,m^2$ 이상

• 제2종 장소 : 연면적 $500\,m^2$ 이상

• 제3종 장소 : 연면적 $1000\,m^2$ 이상

27. 전기누전 화재경보기의 시험방법에 속하지 않는 것은?　[기사 16.2]

① 방수시험　　　② 전류특성시험

③ 접지저항시험　　④ 전압특성시험

[해설] 누전 화재경보기 시험

• 전류시험　　　• 온도특성시험

• 전압시험　　　• 절연내력시험

• 진동시험　　　• 절연저항시험

• 방수시험　　　• 과누전시험

• 반복시험　　　• 충격파 내전압시험

• 충격시험　　　• 단락전류 강도시험 등

28. 다음 중 화재경보설비에 해당되지 않는 것은?　[기사 11.2]

① 누전경보기 설비

② 제연설비

③ 비상방송설비

④ 비상벨 설비

[해설] 제연설비 : 화재 시 연기가 피난통로로 침입하는 것을 방지하고 거주자를 연기로부터 보호하여 안전하게 피난시킴과 동시에 소화 활동을 유리하게 할 수 있도록 돕는 설비

화재 대책

29. 옥내 배선에서 누전으로 인한 화재방지의 대책이 아닌 것은? [14.1/20.2]

① 배선 불량 시 재시공할 것

② 배선에 단로기를 설치할 것

③ 정기적으로 절연저항을 측정할 것

④ 정기적으로 배선 시공상태를 확인할 것

해설 ② 단로기는 부하전류를 제거한 후 회로를 격리하도록 하기 위한 장치

30. 다음 중 누설전류로 인해 화재가 발생될 수 있는 누전화재의 3요소에 해당하지 않는 것은? [18.3]

① 누전점 ② 인입점 ③ 접지점 ④ 출화점

해설 누전화재의 3요소 : 누전점, 발화(출화)점, 접지점

30-1. 다음 중 누전화재라는 것을 입증하기 위한 요건이 아닌 것은? [10.2/13.1]

① 누전점 ② 발화점 ③ 접지점 ④ 접속점

해설 누전화재의 3요소 : 누전점, 발화(출화)점, 접지점

정답 ④

31. 전기화재에서 출화의 경과에 대한 화재예방 대책에 해당하지 않는 것은? [15.1]

① 단락 및 혼촉을 방지한다.

② 누전사고의 요인을 제거한다.

③ 접촉 불량 방지와 안전점검을 철저히 한다.

④ 단일 인입구에 여러 개의 전기코드를 연결한다.

해설 ④ 단일 인입구에 한 개의 전기코드를 연결한다.

32. 변압기의 내부 고장을 예방하려면 어떤 보호계전방식을 선택하는가? [14.3]

① 차동계전방식

② 과전류계전방식

③ 과전압계전방식

④ 고전압계전방식

해설 ①, ④는 변압기의 내부 고장을 예방하기 위한 보호계전방식,

②는 전기기기 등의 과부하 단락 보호,

③은 접지고장을 검출한다.

(※ 문제 오류로 정답은 ①, ④번이다. 본서에서는 ①번을 정답으로 한다.)

33. 스파크 화재의 방지책이 아닌 것은 어느 것인가? [기사 15.2]

① 개폐기를 불연성 외함 내에 내장시키거나 통형 퓨즈를 사용할 것

② 접지 부분의 산화, 변형, 퓨즈의 나사풀림 등으로 인한 접촉저항이 증가되는 것을 방지할 것

③ 가연성 증기, 분진 등 위험한 물질이 있는 곳에는 방폭형 개폐기를 사용할 것

④ 유입개폐기는 절연유의 비중 정도, 배선에 주의하고 주위에는 내수벽을 설치할 것

해설 ④ 유입개폐기는 절연유의 열화, 유량 등에 주의하고, 주위에는 내화벽을 설치할 것

34. 다음 중 전기설비의 단락에 의한 전기화재를 방지하는 대책으로 가장 유효한 것은 어느 것인가? [기사 09.3]

① 전원 차단 ② 제2종 접지

③ 혼촉방지 ④ 경보기 설치

해설 단락(합선) : 두 전선이 서로 붙어버린 현상으로 단락은 퓨즈 누전차단기를 설치하여 전원을 차단한다.

4 정전기의 재해방지 대책

정전기의 발생 및 영향

1. 절연체에 발생한 정전기는 일정 장소에 축적되었다가 점차 소멸되는데 처음 값의 몇 %로 감소되는 시간을 그 물체의 "시정수" 또는 "완화시간"이라고 하는가? [20.1]

① 25.8　　　　　② 36.8
③ 45.8　　　　　④ 67.8

해설 시정수(완화시간 : time constant)
• 절연체에 발생한 정전기는 일정 장소에 축적되었다가 점차 감소되는데 처음 값의 36.8%로 감소되는 시간을 시정수 또는 완화시간이라 한다.
• 완화시간은 영전위(완전히 소멸될 때까지) 소요시간의 1/4~1/15 정도이다.

2. 정전기 발생량과 관련된 내용으로 옳지 않은 것은? [14.3/20.1]

① 분리속도가 빠를수록 정전기 발생량이 많아진다.
② 두 물질 간의 대전서열이 가까울수록 정전기 발생량이 많아진다.
③ 접촉면적이 넓을수록, 접촉압력이 증가할수록 정전기 발생량이 많아진다.
④ 물질의 표면이 수분이나 기름 등에 오염되어 있으면 정전기 발생량이 많아진다.

해설 정전기 발생량
• 분리속도가 빠를수록 정전기 발생량이 많아진다.
• 두 물질 간의 대전서열이 가까울수록 정전기 발생량이 적고, 멀수록 정전기의 발생량이 많아진다.

• 접촉면적이 넓을수록, 접촉압력이 증가할수록 정전기 발생량이 많아진다.
• 수분이나 기름 등에 오염된 표면은 정전기 발생량이 많다.

2-1. 정전기의 발생에 영향을 주는 요인과 가장 거리가 먼 것은? [10.2/19.1]

① 박리속도
② 물체의 표면상태
③ 접촉면적 및 압력
④ 외부 공기의 풍속

해설 정전기 발생의 주요 요인 : 물질의 분리(박리)속도, 물체의 표면상태, 접촉면적 및 압력, 물질의 이력 등

정답 ④

2-2. 정전기 발생에 영향을 주는 요인이 아닌 것은? [18.2]

① 물체의 특성
② 물체의 표면상태
③ 접촉면적 및 압력
④ 응집 속도

해설 정전기 발생의 주요 요인 : 물질의 분리(박리)속도, 물체의 표면상태, 접촉면적 및 압력, 물질의 이력 등

정답 ④

3. 정전기 발생의 원인에 해당되지 않는 것은?

① 마찰　　　　　② 냉장　　[19.2]
③ 박리　　　　　④ 충돌

해설 정전기 발생 원인 : 유동, 마찰, 박리, 파괴, 충돌, 분출, 교반 등

3-1. 다음 중 정전기의 발생 요인으로 적절하지 않은 것은? [09.3/17.3]

① 도전성 재료에 의한 발생

② 박리에 의한 발생

③ 유동에 의한 발생

④ 마찰에 의한 발생

해설 정전기 발생 원인 : 유동, 마찰, 박리, 파괴, 충돌, 분출, 교반 등

정답 ①

3-2. 정전기의 대전 현상이 아닌 것은 어느 것인가? [09.1/11.3/16.3]

① 교반 대전

② 충돌 대전

③ 박리 대전

④ 망상 대전

해설 정전기 발생 원인 : 유동, 마찰, 박리, 파괴, 충돌, 분출, 교반 등

정답 ④

4. 페인트를 스프레이로 뿌려 도장작업을 하는 작업 중 발생할 수 있는 정전기 대전으로만 이루어진 것은? [14.1/17.2/18.3]

① 유동 대전, 충돌 대전

② 유동 대전, 마찰 대전

③ 분출 대전, 충돌 대전

④ 분출 대전, 유동 대전

해설 • 분출 대전 : 분체류, 액체류, 기체류가 단면적이 작은 분출구를 통해 공기 중으로 분출될 때 분출하는 물질과 분출구의 마찰로 인해 정전기가 발생되는 현상

• 충돌 대전 : 분체류와 같은 입자 상호 간이나 입자와 고체와의 충돌에 의해 빠른 접촉 또는 분리가 행하여짐으로써 정전기가 발생되는 현상

5. 액체가 관 내를 이동할 때에 정전기가 발생하는 현상은? [15.2/19.3]

① 마찰 대전

② 박리 대전

③ 분출 대전

④ 유동 대전

해설 유동 대전 : 액체류가 파이프 등 내부에서 유동할 때 액체와 관 벽 사이에서 정전기가 발생되는 현상

5-1. 파이프 등에 유체가 흐를 때 발생하는 유동 대전에 가장 큰 영향을 미치는 요인은?

① 유체의 이동거리 ② 유체의 점도 [19.2]

③ 유체의 속도 ④ 유체의 양

해설 유동 대전 : 액체류가 파이프 등 내부에서 유동할 때 액체와 관 벽 사이에서 정전기가 발생되는 현상으로 유체의 속도가 가장 큰 영향을 미친다.

정답 ③

6. 정전기 방전의 종류 중 부도체의 표면을 따라서 star-check 마크를 가지는 나뭇가지 형태의 발광을 수반하는 것은? [09.2/09.3/16.1]

① 기중방전

② 불꽃방전

③ 연면방전

④ 고압방전

해설 연면방전 : 정전기가 대전되어 있는 부도체에 접지체가 접근한 경우 대전 물체와 접지체 사이에 발생하는 방전과 거의 동시에 부도체의 표면을 따라서 발생하는 나뭇가지 형태의 발광을 수반하는 방전

7. 전선 간에 가해지는 전압이 어떤 값 이상으로 되면 전선 주위의 전기장이 강하게 되어 전선 표면의 공기가 국부적으로 절연이 파괴되어 빛과 소리를 내는 것은? [11.1/17.1/18.2]

① 표피 작용

② 페란티 효과

③ 코로나 현상

④ 근접 현상

해설 코로나 방전 : 고체에 정전기가 축적되면 전위가 높아지게 되고 고체 표면의 전위 경도가 어떤 값 이상으로 되면서 낮은 소리와 연한 빛을 수반하는 방전이 된다. 방전 시 공기 중에 오존(O_3)을 발생시킨다.

7-1. 방전에너지가 크지 않은 코로나 방전이 발생할 경우 공기 중에 발생할 수 있는 것은? [11.2/14.3]

① O_2 ② O_3 ③ N_2 ④ N_3

해설 코로나 방전, 불꽃방전과 스파크 방전 시 공기 중에 오존(O_3)이 생성된다.

정답 ②

8. 일반적인 방전형태의 종류가 아닌 것은?

① 스트리머(streamer) 방전 [16.2]
② 적외선(infrared-ray) 방전
③ 코로나(corona) 방전
④ 연면(surface)방전

해설 방전형태의 종류 : 코로나 방전, 스파크 방전, 연면방전, 불꽃방전, 브러쉬(스트리머) 방전 등

9. 다음 중 글로우 코로나(glow corona)에 대한 설명으로 틀린 것은? [13.1]

① 전압이 2000V 정도에 도달하면 코로나가 발생하는 전극의 끝단에 자색의 광점이 나타난다.
② 회로에 예민한 전류계가 삽입되어 있으면, 수 μA 정도의 전류가 흐르는 것을 감지할 수 있다.
③ 전압을 상승시키면 전류도 점차로 증가하여 스파크 방전에 의해 전극 간이 교락된다.
④ glow corona는 습도에 의하여 큰 영향을 받는다.

해설 ④ glow corona는 습도에 의하여 영향을 받지 않는다.
Tip) 브러쉬(스트리머) 코로나는 습도에 의하여 영향을 받는다.

10. 다음 중 스파크 방전으로 인한 가연성 가스, 증기 등에 폭발을 일으킬 수 있는 조건이 아닌 것은? [12.1]

① 가연성 물질이 공기와 혼합비를 형성, 가연 범위 내에 있다.
② 방전에너지가 가연 물질의 최소 착화에너지 이상이다.
③ 방전에 충분한 전위차가 있다.
④ 대전 물체는 신뢰성과 안전성이 있다.

해설 ④ 대전 물체는 신뢰성과 안전성이 높을수록 폭발이 일어나지 않는다.

11. 정전기가 컴퓨터에 미치는 문제점으로 가장 거리가 먼 것은? [14.2]

① 디스크 드라이브가 데이터를 읽고 기록한다.
② 메모리 변경이 에러나 프로그램의 분실을 발생시킨다.
③ 프린터가 오작동을 하여 너무 많이 찍히거나, 글자가 겹쳐서 찍힌다.
④ 터미널에서 컴퓨터에 잘못된 데이터를 입력시키거나 데이터를 분실한다.

해설 ②, ③, ④는 정전기 발생으로 생기는 오류, ①은 정전기 발생 문제점이 아니다.

정전기 재해의 방지 대책

12. 정전기 제거방법으로 가장 거리가 먼 것은? [19.1]

① 설비 주위를 가습한다.

② 설비의 금속 부분을 접지한다.

③ 설비의 주변에 적외선을 조사한다.

④ 정전기 발생 방지 도장을 실시한다.

해설 정전기와 적외선은 연관성이 없다.

12-1. 다음 중 정전기의 제거방법으로 적절하지 않은 것은? [10.3/11.1]

① 가습   ② 자외선 조사

③ 금속 부분의 접지   ④ 제전기 활용

해설 정전기와 자외선은 연관성이 없다.

정답 ②

13. 절연성 액체를 운반하는 관에서 정전기로 인해 일어나는 화재 및 폭발을 예방하기 위한 방법으로 가장 거리가 먼 것은 어느 것인가? [16.1/19.3]

① 유속을 줄인다.

② 관을 접지시킨다.

③ 도전성이 큰 재료의 관을 사용한다.

④ 관의 안지름을 작게 한다.

해설 ④ 관의 안지름을 크게 한다.

14. 유류 저장탱크에서 배관을 통해 드럼으로 기름을 이송하고 있다. 이때 유동전류에 의한 정전 대전 및 정전기 방전에 의한 피해를 방지하기 위한 조치와 관련이 먼 것은 어느 것인가? [16.1]

① 유체가 흘러가는 배관을 접지시킨다.

② 배관 내 유류의 유속은 가능한 느리게 한다.

③ 유류 저장탱크와 배관, 드럼 간에 본딩(bonding)을 시킨다.

④ 유류를 취급하고 있으므로 화기 등을 가까이 하지 않도록 점화원 관리를 한다.

해설 유동전류에 의한 정전기 재해 방지 대책

• 정전기 발생 억제 조치 : 관 내 유속을 1m/s 이하로 느리게, 대전방지제로 도포한다.

• 발생 전하의 방전 : 가습, 접지를 한다.

• 방전 억제 : 곡률반경을 크게 한다.

14-1. 인화성 액체에 의한 정전기 재해를 방지하기 위해서는 관 내의 유속을 몇 m/s 이하로 유지하여야 하는가? [15.1]

① 1   ② 2

③ 3   ④ 4

해설 관 내의 유속을 1m/s 이하로 유지한다.

정답 ①

15. 정전기 재해의 방지 대책으로 가장 적절한 것은? [09.2/10.1/12.2/13.1/15.2/17.2/18.1/18.3]

① 절연도가 높은 플라스틱을 사용한다.

② 대전하기 쉬운 금속은 접지를 실시한다.

③ 작업장 내의 온도를 낮게 해서 방전을 촉진시킨다.

④ (+), (−) 전하의 이동을 방해하기 위하여 주위의 습도를 낮춘다.

해설 정전기 재해의 방지 대책

• 금속 등의 대전하기 쉬운 금속은 접지를 실시한다.

• (+), (−) 전하의 이동을 방해하기 위하여 주위의 습도를 높인다.

• 공기 중에 가습한다. 상대습도를 70% 이상으로 높인다.

• 배관 내 액체가 흐를 경우 유속을 제한한다 (유속 1m/s 이하).

• 제전기 및 대전방지제를 사용한다.

• 도전성 재료 또는 도전성 재료를 첨가한 재료를 사용한다.

• 공기를 이온화한다.

15-1. 다음 중 사업장의 정전기 발생에 대한 재해방지 대책으로 적합하지 못한 것은?

① 습도를 높인다. [14.1]
② 실내 온도를 높인다.
③ 도체 부분에 접지를 실시한다.
④ 적절한 도전성 재료를 사용한다.

해설 실내 온도와 정전기는 관계가 매우 적다.

정답 ②

15-2. 다음은 정전기로 인한 재해를 방지하기 위한 조치 중 전기를 통하지 않는 부도체 물질에 적합하지 않는 조치는? [14.2]

① 가습을 시킨다.
② 접지를 실시한다.
③ 도전성을 부여한다.
④ 자기방전식 제전기를 설치한다.

해설 ②는 도체의 정전기 방지 대책,
①, ③, ④는 부도체의 정전기 방지 대책

정답 ②

16. 다음 중 정전기로 인한 화재발생 원인에 대한 설명으로 틀린 것은? [12.2]

① 금속 물체를 접지했을 때
② 가연성 가스가 폭발범위 내에 있을 때
③ 방전하기 쉬운 전위차가 있을 때
④ 정전기의 방전에너지가 가연성 물질의 최소 착화에너지보다 클 때

해설 금속 물체의 접지는 정전기로 인한 화재 방지 대책이다.

17. 금속도체 상호 간 혹은 대지에 대하여 전기적으로 절연되어 있는 2개 이상의 금속도체를 전기적으로 접속하여 서로 같은 전위를 형성하여 정전기 사고를 예방하는 기법을 무엇이라 하는가? [12.1/15.3]

① 본딩 ② 1종 접지
③ 대전 분리 ④ 특별 접지

해설 본딩 : 금속도체 상호 간 혹은 대지에 대하여 전기적으로 절연되어 있는 2개 이상의 금속도체를 전기적으로 접속하여 서로 같은 전위를 형성하여 정전기 사고를 예방하는 기법이며, 본딩은 정전기가 축적되는 것을 방지하기 위함이다.

18. 이온 생성방법에 따른 정전기 제전기의 종류가 아닌 것은? [13.3/17.1/17.3]

① 고전압 인가식 ② 접지제어식
③ 자기방전식 ④ 방사선식

해설 제전기의 종류
- 전압인가식 : 7000 V 정도의 고압으로 코로나 방전을 일으켜 발생하는 이온으로 전하를 중화시키는 방법이다.
- 이온식 : 코로나 방전을 일으켜 발생하는 이온을 blower로 대전체 전하를 내뿜는 방법이다.
- 자기방전식 : 스테인리, 카본, 도전성 섬유 등에 코로나 방전을 일으켜서 제전한다.
- 방사선식 : 방사선 원소의 격리작용을 일으켜서 제전한다.

18-1. 정전기 제거를 위한 제전기의 종류 중 이온 생성방식에 따른 분류로 볼 수 없는 것은? [11.2]

① 자기방전식 제전기
② 방사선식 제전기
③ 고주파식 제전식
④ 전압인가 제전식

해설 제전기의 종류 : 전압인가식, 자기방전식, 방사선식, 이온식 등

정답 ③

19. 다음 중 정전기 재해의 방지 대책으로 사용하는 제전기의 종류와 특성을 잘못 나타낸 것은? [11.3]

번호	구분	전압인가식	자기방전식	방사선식
㉠	제전능력	크다	보통	작다
㉡	구조	복잡	간단	간단
㉢	취급	복잡	간단	복잡
㉣	적용범위	좁다	넓다	넓다

① ㉠ 　　　　② ㉡
③ ㉢ 　　　　④ ㉣

해설 제전기의 종류와 특성

구분	전압인가식	자기방전식	방사선식
제전능력	크다	보통	작다
구조	복잡	간단	간단
취급	복잡	간단	복잡
적용범위	넓다	좁다	좁다

20. 제전기의 설치장소로 가장 적절한 것은 어느 것인가? [10.2/20.3]

① 대전 물체의 뒷면에 접지 물체가 있는 경우
② 정전기의 발생원으로부터 5~20 cm 정도 떨어진 장소
③ 오물과 이물질이 자주 발생하고 묻기 쉬운 장소
④ 온도가 150℃, 상대습도가 80% 이상인 장소

해설 제전기의 설치장소
• 정전기의 발생원으로부터 5~20 cm 정도 떨어진 장소이어야 한다.
• 대전 물체 배면의 접지 물체 또는 다른 제전기가 설치되어 있는 장소는 피한다.
• 제전기에 오물과 이물질이 자주 발생하고 묻기 쉬운 장소는 피한다.
• 온도가 150℃ 이상, 상대습도가 80% 이상이 되는 장소는 피한다.

---

5 전기설비의 방폭

방폭구조의 종류

1. 방폭구조 전기기계·기구의 선정기준에 있어 가스폭발 위험장소의 제1종 장소에 사용할 수 없는 방폭구조는? [09.3/20.2]

① 내압 방폭구조
② 안전증 방폭구조
③ 본질안전 방폭구조
④ 비점화 방폭구조

해설 방폭구조의 선정기준

가스폭발 위험장소	0종	본질안전 방폭구조(ia)
	1종	• 내압 방폭구조(d) • 압력 방폭구조(p) • 충전 방폭구조(q) • 유입 방폭구조(o) • 안전증 방폭구조(e) • 본질안전 방폭구조(ia, ib) • 몰드 방폭구조(m)
	2종	• 0종 장소 및 1종 장소에 사용 가능한 방폭구조 • 비점화 방폭구조(n)

1-1. 다음 중 방폭구조의 종류에 해당하지 않는 것은? [14.2]

① 유출 방폭구조
② 안전증 방폭구조
③ 압력 방폭구조
④ 본질안전 방폭구조

해설 ②, ③, ④는 방폭구조의 종류이다.

정답 ①

1-2. 다음 중 방폭구조의 명칭과 표기기호가 잘못 연결된 것은? [16.3/19.2]

① 안전증 방폭구조 : e
② 유입(油入) 방폭구조 : o
③ 내압(耐壓) 방폭구조 : p
④ 본질안전 방폭구조 : ia 또는 ib

해설 ③ 내압 방폭구조 : d

정답 ③

1-3. 다음 중 방폭구조의 종류와 기호가 잘못 연결된 것은? [12.1/13.3/17.1]

① 유입 방폭구조 : o
② 압력 방폭구조 : p
③ 내압 방폭구조 : d
④ 본질안전 방폭구조 : e

해설 ④ 본질안전 방폭구조 : ia 또는 ib

정답 ④

1-4. 다음 중 방폭구조의 종류와 기호가 올바르게 연결된 것은? [17.2]

① 압력 방폭구조 : q
② 유입 방폭구조 : m
③ 비점화 방폭구조 : n
④ 본질안전 방폭구조 : e

해설 ① 압력 방폭구조 : p,

② 유입 방폭구조 : o,
④ 본질안전 방폭구조 : ia 또는 ib

정답 ③

2. 폭발성 가스나 전기기기 내부로 침입하지 못하도록 전기기기의 내부에 불활성 가스를 압입하는 방식의 방폭구조는? [20.2]

① 내압 방폭구조
② 압력 방폭구조
③ 본질안전 방폭구조
④ 유입 방폭구조

해설 전기설비의 방폭구조

• 내압 방폭구조 : 전폐구조로 용기 내부에서 폭발 시 그 압력에 견디고 외부로부터 폭발성 가스에 인화될 우려가 없도록 한 구조
• 유입 방폭구조 : 전기기기의 불꽃, 아크 또는 고온이 발생하는 부분을 기름 속에 넣어 폭발성 가스에 인화될 우려가 없도록 한 구조
• 안전증 방폭구조 : 폭발성 가스나 증기에 점화원이 될 전기불꽃, 아크 또는 고온에 의한 폭발의 위험을 방지할 수 있는 방폭구조
• 압력 방폭구조 : 용기 내부에 불연성 보호체를 압입하여 내부압력을 유지함으로써 폭발성 가스의 침입을 방지하는 구조
• 몰드 방폭구조 : 전기기기의 불꽃 또는 열로 인해 폭발성 가스 또는 증기에 점화되지 않도록 컴파운드를 충전해서 보호한 방폭구조
• 충전 방폭구조 : 폭발성 가스분위기를 점화시킬 수 있는 부품을 고정하여 설치하고, 그 주위를 충전재로 완전히 둘러쌈으로써 폭발성 가스에 점화되지 않도록 한 방폭구조
• 본질안전 방폭구조 : 정상 시 및 사고 시 (단선, 단락, 지락 등)에 발생하는 전기불꽃, 아크 또는 고온에 의하여 폭발성 가스에 점화되지 않는 것이 시험에 의해 확인된 방폭구조

2-1. 전폐형 방폭구조가 아닌 것은 어느 것인가? [10.2/11.2/19.2]

① 압력 방폭구조   ② 내압 방폭구조
③ 유입 방폭구조   ④ 안전증 방폭구조

해설 • 점화원의 방폭적 격리(전폐형 방폭구조) : 압력 방폭구조, 유입 방폭구조, 내압 방폭구조
• 안전증 방폭구조(전기설비의 안전도 증강) : 고온에 의한 폭발의 위험을 방지할 수 있는 방폭구조

정답 ④

2-2. 신선한 공기 또는 불연성 가스 등의 보호기체를 용기의 내부에 압입함으로써 내부의 압력을 유지하여 폭발성 가스가 침입하지 않도록 하는 방폭구조는? [15.2/19.3]

① 내압 방폭구조   ② 압력 방폭구조
③ 안전증 방폭구조   ④ 특수방진 방폭구조

해설 • 압력 방폭구조 : 용기 내부에 불연성 보호체를 압입하여 내부압력을 유지함으로써 폭발성 가스의 침입을 방지하는 구조
• 압력 방폭구조 종류 : 통풍식, 봉입식, 밀봉식

정답 ②

2-3. 다음 정의에 해당하는 방폭구조는 무엇인가? [10.1/19.1]

전기기기의 과도한 온도상승, 아크 또는 불꽃 발생의 위험을 방지하기 위하여 추가적인 안전조치를 통한 안전도를 증가시킨 방폭구조를 말한다.

① 내압 방폭구조   ② 유입 방폭구조
③ 안전증 방폭구조   ④ 본질안전 방폭구조

해설 안전증 방폭구조(e)에 대한 설명이다.

정답 ③

2-4. 방폭구조 중 전폐구조를 하고 있으며 외부의 폭발성 가스가 내부로 침입하여 내부에서 폭발하더라도 용기는 그 압력에 견디고, 내부의 폭발로 인하여 외부의 폭발성 가스에 착화될 우려가 없도록 만들어진 구조는 무엇인가? [18.3]

① 안전증 방폭구조   ② 본질안전 방폭구조
③ 유입 방폭구조   ④ 내압 방폭구조

해설 내압 방폭구조 : 전폐구조로 용기 내부에서 폭발 시 그 압력에 견디고 외부로부터 폭발성 가스에 인화될 우려가 없도록 한 구조

정답 ④

2-5. 전기기기의 불꽃 또는 열로 인해 폭발성 위험분위기에 점화되지 않도록 컴파운드를 충전해서 보호한 방폭구조는? [13.1/16.2]

① 몰드 방폭구조   ② 비점화 방폭구조
③ 안전증 방폭구조   ④ 본질안전 방폭구조

해설 몰드 방폭구조 : 전기기기의 불꽃 또는 열로 인해 폭발성 가스 또는 증기에 점화되지 않도록 컴파운드를 충전해서 보호한 방폭구조

정답 ①

3. 방폭구조의 종류 중 방진 방폭구조를 나타내는 표시로 옳은 것은? [11.3/18.2]

① DDP   ② tD
③ XDP   ④ DP

해설 • 방진 방폭구조(tD)
• 특수방진 방폭구조(SDP)
• 보통방진 방폭구조(DP)
• 분진특수 방폭구조(XDP)

4. 다음 중 가스·증기 방폭구조인 전기기기의 일반성능기준에 있어 인증된 방폭기기에 표시하여야 하는 사항과 가장 거리가 먼 것은? [13.1]

① 해당 방폭구조 기호
② 해당 방폭구조의 형상
③ 방폭기기를 나타내는 기호
④ 제조자 이름이나 등록 상표

해설 ② 해당 방폭구조의 형식

전기설비의 방폭 및 대책

5. 다음 중 발화도 G1의 발화점의 범위로 옳은 것은? [12.1]

① 450℃ 초과
② 300℃ 초과 450℃ 이하
③ 200℃ 초과 300℃ 이하
④ 135℃ 초과 200℃ 이하

해설 방폭 전기기기의 최고 표면온도등급 및 발화도 등급

온도 등급	최고 표면온도(℃)		발화도 등급	증기·가스의 발화도(℃)	
	초과	이하		초과	이하
T1	300	450	G1	450	–
T2	200	300	G2	300	450
T3	135	200	G3	200	300
T4	100	135	G4	135	200
T5	85	100	G5	100	135
T6	–	85	G6	85	100

6. 다음 중 폭발등급 1~2등급, 발화도 G1~G4 까지의 폭발성 가스가 존재하는 1종 위험장소에 사용될 수 있는 방폭 전기설비의 기호로 옳은 것은? [12.2]

① d2G4   ② m1G1
③ e2G4   ④ e1G1

해설 방폭구조의 표시 예 : d2G4
• d : 내압 방폭구조

• 2 : 폭발등급－2등급(200~300℃)
• G4 : 발화도 등급－135~200℃

7. 위험분위기가 존재하는 장소의 전기기기에 방폭성능을 갖추기 위한 일반적 방법으로 적절하지 않은 것은? [10.1/15.1]

① 점화원의 격리
② 전기기기의 안전도 증강
③ 점화능력의 본질적 억제
④ 점화원으로 되는 확률을 0으로 낮춤

해설 전기기기 방폭성능 : 점화원의 격리, 전기기기의 안전도 증강, 점화능력의 본질적 억제

8. 다음 중 화염일주한계와 폭발등급에 대한 설명으로 틀린 것은? [14.2]

① 수소와 메탄은 상호 다른 등급에 해당한다.
② 폭발등급은 화염일주한계에 따라 등급을 구분한다.
③ 폭발등급 1등급 가스는 폭발등급 3등급 가스보다 폭발점화 파급위험이 크다.
④ 폭발성 혼합가스에서 화염일주한계 값이 작은 가스일수록 외부로 폭발점화 파급위험이 커진다.

해설 ③ 폭발등급 1등급 가스는 폭발등급 3등급 가스보다 폭발점화 파급위험이 작다.

9. 산업안전보건법령상 방폭 전기설비의 위험장소 분류에 있어 보통 상태에서 위험분위기를 발생할 염려가 있는 장소로서 폭발성 가스가 보통 상태에서 집적되어 위험농도로 될 염려가 있는 장소를 몇 종 장소라 하는가?

① 0종 장소   [12.3/15.3]
② 1종 장소
③ 2종 장소
④ 3종 장소

정답 5. ①   6. ①   7. ④   8. ③   9. ②

해설 • 가스폭발 위험장소의 구분

ㄱ 0종 장소 : 설비 및 기기들이 운전(가동) 중에 폭발성 가스가 항상 존재하는 장소

ㄴ 1종 장소 : 설비 및 기기들이 운전, 유지보수, 고장 등인 상태에서 폭발성 가스가 가끔 누출되어 위험분위기가 있는 장소

ㄷ 2종 장소 : 작업자의 운전조작 실수로 폭발성 가스가 누출되어 가스가 폭발을 일으킬 우려가 있는 장소

• 분진폭발 위험장소의 구분

ㄱ 20종 장소 : 공기 중에 가연성 폭발성 분진운의 형태가 연속적으로 항상 존재하는 장소, 즉 폭발성 분진분위기가 항상 존재하는 장소

ㄴ 21종 장소 : 공기 중에 가연성 폭발성 분진운의 형태가 운전(가동) 중에 가끔 존재하는 장소, 즉 폭발성 분진분위기가 가끔 존재하는 장소

ㄷ 22종 장소 : 공기 중에 가연성 폭발성 분진운의 형태가 운전(가동) 중에 거의 없고, 있다 하더라도 단기간만 존재하는 장소

9-1. 가스폭발 위험장소 중 1종 장소에 해당하는 것은? [09.1]

① 인화성 액체의 증기 또는 가연성 가스에 의한 폭발위험이 지속적으로 또는 장기간 존재하는 장소

② 정상 작동상태에서 인화성 액체의 증기 또는 가연성 가스에 의한 폭발 위험분위기가 존재하기 쉬운 장소

③ 분진운 형태의 가연성 분진이 폭발농도를 형성할 정도로 충분한 양이 정상 작동 중에 연속적으로 또는 자주 존재하는 장소

④ 정상 작동상태에서 인화성 액체의 증기 또는 가연성 가스에 의한 폭발 위험분위기가

존재할 경우 그 빈도가 아주 적고 단기간만 존재할 수 있는 장소

해설 1종 장소 : 설비 및 기기들이 운전, 유지보수, 고장 등인 상태에서 폭발성 가스가 가끔 누출되어 위험분위기가 있는 장소

정답 ②

9-2. 폭발위험장소 중 1종 장소에 해당하는 것은? [18.3]

① 폭발성 가스분위기가 연속적, 장기간 또는 빈번하게 존재하는 장소

② 폭발성 가스분위기가 정상 작동 중 주기적 또는 빈번하게 생성되는 장소

③ 폭발성 가스분위기가 정상 작동 중 조성되지 않거나 조성된다고 하더라도 짧은 기간에만 존재할 수 있는 장소

④ 전기설비를 제조, 설치 및 사용함에 있어 특별한 주의를 요하는 정도의 폭발성 가스분위기가 조성될 우려가 없는 장소

해설 ①은 0종 장소, ③, ④는 2종 장소

정답 ②

9-3. 방폭 전기설비에서 1종 위험장소에 해당하는 것은? [18.2/19.3]

① 이상상태에서 위험분위기를 발생할 염려가 있는 장소

② 보통장소에서 위험분위기를 발생할 염려가 있는 장소

③ 위험분위기가 보통의 상태에서 계속해서 발생하는 장소

④ 위험분위기가 장기간 또는 거의 조성되지 않는 장소

해설 1종 장소 : 설비 및 기기들이 운전, 유지보수, 고장 등인 상태에서 폭발성 가스가 가끔 누출되어 위험분위기가 있는 장소

정답 ②

9-4. 다음 중 폭발위험장소를 분류할 때 가스폭발 위험장소의 종류에 해당하지 않는 것은? [10.2/16.1/18.1]

① 0종 장소　　　② 1종 장소
③ 2종 장소　　　④ 3종 장소

해설 가스폭발 위험장소 : 0종, 1종, 2종
정답 ④

9-5. 다음 중 분진폭발 위험장소의 구분에 해당하지 않는 것은? [13.2]

① 20종　　　② 21종
③ 22종　　　④ 23종

해설 분진폭발 위험장소 : 20종, 21종, 22종
정답 ④

9-6. 산업안전보건법령상 다음 내용에 해당하는 폭발위험장소는? [09.2/10.3/11.3/13.3]

> 20종 장소 외의 장소로서, 분진운 형태의 가연성 분진이 폭발농도를 형성할 정도의 충분한 양이 정상 작동 중에 존재할 수 있는 장소

① 0종 장소　　　② 1종 장소
③ 21종 장소　　　④ 22종 장소

해설 21종 장소에 관한 설명이다.
정답 ③

9-7. 다음 설명에 해당하는 위험장소의 종류로 옳은 것은? [17.3]

> 공기 중에서 가연성 분진운의 형태가 연속적, 또는 장기적 또는 단기적 자주 폭발성 분위기가 존재하는 장소

① 0종 장소　　　② 1종 장소
③ 20종 장소　　　④ 21종 장소

해설 20종 장소에 관한 설명이다.
정답 ③

10. 최대 안전틈새(MESG)의 특성을 적용한 방폭구조는? [20.1]

① 내압 방폭구조
② 유입 방폭구조
③ 안전증 방폭구조
④ 압력 방폭구조

해설 안전틈새(화염일주한계)
• 용기 내 가스를 점화시킬 때 틈새로 화염이 전파된다. 이 틈새를 조절하여 불꽃(화염)이 전달되지 않는 한계의 틈새를 말한다.
• 내압 방폭구조 A등급 틈새는 0.9mm 이상, B등급 틈새는 0.5mm 초과 0.9mm 미만, C등급 틈새는 0.5mm 이하이다.

10-1. 내압(耐壓) 방폭구조에서 방폭 전기기기의 폭발등급에 따른 최대 안전틈새의 범위(mm) 기준으로 옳은 것은? [12.2]

① ⅡA-0.65 이상
② ⅡA-0.5 초과 0.9 미만
③ ⅡC-0.25 미만
④ ⅡC-0.5 이하

해설 내압 방폭구조 A등급 틈새는 0.9mm 이상, B등급 틈새는 0.5mm 초과 0.9mm 미만, C등급 틈새는 0.5mm 이하이다.
정답 ④

11. 다음 중 내압 방폭구조인 전기기기의 성능시험에 관한 설명으로 틀린 것은? [14.1]

① 성능시험은 모든 내용물이 용기에 장착한 상태로 시험한다.

② 성능시험은 충격시험을 실시한 시료 중 하나를 사용해서 실시한다.

③ 부품의 일부가 용기에 포함되지 않은 상태에서 사용할 수 있도록 설계된 경우, 최적의 조건에서 시험을 실시해야 한다.

④ 제조자가 제시한 자세한 부품 배열방법이 있고, 빈 용기가 최악의 폭발압력을 발생시키는 조건인 경우에는 빈 용기 상태로 시험을 할 수 있다.

해설 ③ 부품의 일부가 용기에 포함되지 않은 상태에서 사용할 수 있도록 설계된 경우, 가장 가혹한(최악) 조건에서 시험을 실시해야 한다.

방폭설비의 공사 및 보수

12. 방폭용 공구류의 제작에 많이 쓰이는 재료는? [15.1]

① 철제 　　　　② 강철합금제
③ 카본제 　　　④ 베릴륨 동합금제

해설 베릴륨 동합금제는 마찰충격 등의 물리적인 요인에 의해 스파크가 잘 발생하지 않기 때문에 방폭용 공구의 제작에 많이 쓰인다.

13. 전기기계·기구의 조작 부분을 점검하거나 보수하는 경우에는 근로자가 안전하게 작업할 수 있도록 전기기계·기구로부터 몇 m 이상의 작업 공간을 확보하여야 하는지 그 기준으로 옳은 것은? [16.3]

① 0.5　　② 0.7　　③ 0.9　　④ 1.2

해설 전기기계·기구의 조작 부분을 점검하거나 보수하는 경우 근로자가 안전하게 작업할 수 있도록 전기기계·기구로부터 폭 70cm 이상의 작업 공간을 확보하여야 한다.

14. 방폭 전기설비의 설치 시 고려하여야 할 환경 조건으로 가장 거리가 먼 것은? [17.2]

① 열
② 진동
③ 산소량
④ 수분 및 습기

해설 방폭 전기설비의 표준환경 조건
• 주변온도 : −20~40℃
• 표고 : 1000m 이하
• 상대습도 : 45~85%
• 전기설비에 특별한 고려를 필요로 하는 정도의 공해, 부식성 가스, 진동 등이 존재하지 않는 장소

14-1. 다음 중 방폭 전기설비가 설치되는 표준환경 조건에 해당되지 않는 것은 어느 것인가? [12.3/15.3]

① 표고는 1000m 이하
② 상대습도는 30~95% 범위
③ 주변온도는 −20℃~+40℃ 범위
④ 전기설비에 특별한 고려를 필요로 하는 정도의 공해, 부식성 가스, 진동 등이 존재하지 않는 장소

해설 ② 상대습도 : 45~85%

정답 ②

15. 가연성 가스가 있는 곳에 저압 옥내 전기설비를 금속관 공사에 의해 시설하고자 한다. 관 상호 간 또는 관과 전기기계·기구는 몇 턱 이상 나사조임으로 접속하여야 하는가? [기사 14.3/20.3]

① 2턱 　　　　② 3턱
③ 4턱 　　　　④ 5턱

해설 관 상호 간 또는 관과 전기기계·기구의 접속 부분의 나사는 5턱 이상 완전히 나사가 체결되어야 한다.

16. 방폭 전기기기를 선정할 경우 고려할 사항으로 가장 거리가 먼 것은? [15.1]

① 접지공사의 종류
② 가스 등의 발화온도
③ 설치될 지역의 방폭지역 등급
④ 내압 방폭구조의 경우 최대 안전틈새

해설 방폭 전기기기의 선정 시 고려할 사항
- 가스 등의 발화온도
- 방폭 전기기기가 설치될 지역의 방폭지역 등급 구분
- 내압 방폭구조의 경우 최대 안전틈새
- 본질안전 방폭구조의 경우 최소 점화전류
- 압력 방폭구조, 유입 방폭구조, 안전증 방폭구조의 경우 최고 표면온도
- 방폭 전기기기가 설치될 장소의 주변온도, 표고, 상대습도, 먼지, 부식성 가스, 습기 등의 환경 조건 등

16-1. 방폭 전기기기의 선정 시 고려하여야 할 사항과 가장 거리가 먼 것은? [14.1]

① 압력 방폭구조의 경우 최고 표면온도
② 내압 방폭구조의 경우 최대 안전틈새
③ 안전증 방폭구조의 경우 최대 안전틈새
④ 본질안전 방폭구조의 경우 최소 점화전류

해설 방폭 전기기기의 선정 시 고려할 사항
- 내압 방폭구조 – 최대 안전틈새
- 압력, 유입, 안전증 방폭구조 – 최고 표면온도
- 본질안전 방폭구조 – 최소 점화전류
- 방폭 전기기기가 설치될 장소의 주변온도, 표고, 상대습도, 먼지, 부식성 가스, 습기 등의 환경 조건 등

정답 ③

16-2. 가연성 가스를 사용하는 시설의 경우 방폭구조의 전기기기를 사용하여야 하는데 다음 중 방폭구조의 전기기기 선정 시 고려 사항과 가장 거리가 먼 것은? [11.2]

① 발화도
② 위험장소의 종류
③ 폭발성 가스의 폭발등급
④ 부하용량

해설 방폭 전기기기의 선정 시 고려할 사항
- 폭발성 가스의 폭발등급
- 가스 등의 발화온도(발화도)
- 방폭 전기기기가 설치될 위험장소의 종류

정답 ④

6 위험물 및 유해화학물질 안전

위험물, 유해화학물질의 종류

1. 산업안전보건기준에 관한 규칙에서 정한 위험물질의 종류에서 인화성 액체에 해당하지 않는 것은? [18.3]

① 적린
② 에틸에테르
③ 산화프로필렌
④ 아세톤

해설
- 인화성 고체 : 황화인, 황, 적린, 금속분말, 마그네슘분말 등
- 인화성 액체 : 대기압하에서 인화점이 60℃ 이하인 액체, 에틸에테르, 산화프로필렌, 아세톤 등

- 인화성 가스 : 수소, 아세틸렌, 에틸렌, 메탄, 에탄, 프로판, 부탄 등

1-1. 산업안전보건법령상 위험물의 종류에서 인화성 가스에 해당하지 않는 것은? [18.2]

① 수소　　　　　② 질산에스테르
③ 아세틸렌　　　④ 메탄

해설 ②는 폭발성 물질 및 유기과산화물, ①, ③, ④는 인화성 가스

정답 ②

2. 산업안전보건기준에 관한 규칙에서 규정하고 있는 위험물질의 종류 중 "물반응성 물질 및 인화성 고체"에 해당되지 않는 것은 어느 것인가? [15.2]

① 리튬　　　　　② 칼슘탄화물
③ 아세틸렌　　　④ 셀룰로이드류

해설 물반응성 물질 및 인화성 고체

- 리튬　　　　　　　　• 칼륨 · 나트륨
- 황　　　　　　　　　• 황린
- 황화인 · 적린　　　　• 셀룰로이드류
- 마그네슘분말　　　　• 금속의 인화물
- 금속의 수소화물
- 알킬알루미늄 · 알킬리튬
- 알칼리금속(리튬 · 칼륨 및 나트륨은 제외)
- 칼슘탄화물 · 알루미늄 탄화물
- 금속분말(마그네슘분말은 제외)
- 유기 금속화합물(알킬알루미늄 및 알킬리튬은 제외)

2-1. 물반응성 물질에 해당하는 것은 어느 것인가? [17.1/17.2/20.1]

① 니트로 화합물　　② 칼륨
③ 염소산나트륨　　④ 부탄

해설 ① 니트로 화합물 : 폭발성 물질 및 유기과산화물

② 칼륨 : 물반응성 물질
③ 염소산나트륨 : 산화성 액체 및 산화성 고체
④ 부탄 : 인화성 가스

정답 ②

3. 다음 중 산업안전보건법상 폭발성 물질에 해당하지 않는 것은? [09.3]

① 하이드라진　　② 아조 화합물
③ 유기과산화물　④ 황린

해설 폭발성 물질 및 유기과산화물

- 질산에스테르류　　• 하이드라진 유도체
- 니트로 화합물　　　• 니트로소 화합물
- 아조 화합물　　　　• 디아조 화합물
- 유기과산화물(과초산, 과산화벤조일 등)

4. 가열 · 마찰 · 충격 또는 다른 화학물질과의 접촉 등으로 인하여 산소나 산화제의 공급이 없더라도 폭발 등 격렬한 반응을 일으킬 수 있는 물질은? [09.2/16.2]

① 알코올류　　　② 무기과산화물
③ 니트로 화합물　④ 과망간산칼륨

해설 니트로 화합물은 산소나 산화제의 공급이 없더라도 폭발 등 격렬한 반응을 일으킬 수 있는 물질이다.

5. 다음 물질이 물과 반응하였을 때 가스가 발생한다. 위험도 값이 가장 큰 가스를 발생하는 물질은? [10.2/18.1]

① 칼륨　　　　　② 수소화나트륨
③ 탄화칼슘　　　④ 트리에틸알루미늄

해설 물(H_2O)과 카바이드(CaC_2 : 탄화칼슘)가 반응하면 가연성 가스인 아세틸렌 가스가 발생한다.

$$CaC_2 + 2H_2O \rightarrow Ca(OH)_2 + C_2H_2$$

6. 물과의 반응 또는 열에 의해 분해되어 산소를 발생하는 것은? [19.3]

① 적린
② 과산화나트륨
③ 유황
④ 이황화탄소

해설 과산화나트륨은 물과 반응하여 산소를 발생시키는 물질이다.

$$2Na_2O_2 + 2H_2O \rightarrow 4NaOH + O_2 + 발열$$

7. 나트륨은 물과 반응할 때 위험성이 매우 크다. 다음 중 그 이유로 적합한 것은? [19.2]

① 물과 반응하여 지연성 가스 및 산소를 발생시키기 때문이다.
② 물과 반응하여 맹독성 가스를 발생시키기 때문이다.
③ 물과 발열반응을 일으키면서 가연성 가스를 발생시키기 때문이다.
④ 물과 반응하여 격렬한 흡열반응을 일으키기 때문이다.

해설 나트륨과 물의 반응
• 반응식 : $2Na + 2H_2O \rightarrow 2NaOH + H_2$
• 나트륨은 물과 접촉하면 발열반응을 일으키면서 가연성 가스 H_2를 발생시킨다.

8. 리튬(Li)에 관한 설명으로 틀린 것은? [16.3]

① 연소 시 산소와는 반응하지 않는 특성이 있다.
② 염산과 반응하여 수소를 발생한다.
③ 물과 반응하여 수소를 발생한다.
④ 화재발생 시 소화방법으로는 건조된 마른모래 등을 이용한다.

해설 ① 리튬(Li)은 금수성 물질로 산소와 반응하여 산화리튬을 생성한다.

9. 위험물안전관리법령상 제3류 위험물의 금수성 물질이 아닌 것은? [20.2]

① 과염소산염
② 금속나트륨
③ 탄화칼슘
④ 탄화알루미늄

해설 위험물의 분류
• 제1류(산화성 고체) : 염소산류, 무기과산화물, 브롬산염류, 삼산화크롬, 요드산염류, 과망간산염류 등
• 제2류(가연성 고체) : 황화인, 적린, 황, 금속류, 인화성 고체, Mg 등
• 제3류(자연 발화성 및 금수성 물질) : 탄화칼슘, 탄화알루미늄, 알칼리 금속(리튬, 나트륨, 칼륨), 황린, 금속의 인화물 등
• 제4류(인화성 액체) : 특수 인화물류, 동식물류, 알코올류, 제1석유류~제4석유류 등
• 제5류(자기반응성 물질) : 유기산화물류, 질산에스테르류(니트로 글리세린, 니트로셀룰로오스, 질산에틸), 셀룰로이드류 등
• 제6류(산화성 액체) : 과염소산, 과산화수소, 질산 등

9-1. 위험물안전관리법령상 제3류 위험물이 아닌 것은? [19.3]

① 황화린
② 금속나트륨
③ 황린
④ 금속칼륨

해설 제3류(자연 발화성 및 금수성 물질) : 탄화칼슘, 탄화알루미늄, 알칼리 금속(리튬, 나트륨, 칼륨), 황린, 금속의 인화물 등

정답 ①

9-2. 위험물안전관리법상 자기반응성 물질은 제 몇 류 위험물로 분류하는가? [16.3]

① 제1류 위험물
② 제3류 위험물
③ 제4류 위험물
④ 제5류 위험물

해설 제5류(자기반응성 물질) : 유기산화물류, 질산에스테르류(니트로 글리세린, 니트로셀룰로오스, 질산에틸), 셀룰로이드류 등

정답 ④

10. 다음 중 니트로 글리세린에 관한 설명으로 틀린 것은? [10.1]

① 물에 잘 녹으며, 액체상태로 운반한다.

② 점화하면 즉시 연소하고, 다량이면 폭발력이 강하다.

③ 상온에서 액체이지만 겨울철에는 동결한다.

④ 질산과 황산의 혼산 중에 글리세린을 반응시켜 만든다.

해설 ① 물에 잘 녹지 않고, 액체상태로 운반을 금한다.

Tip) 질화면(니트로 셀룰로오스) : 에틸알코올 또는 이소프로필 알코올에 적셔 습면상태로 저장

11. 다음 중 염소산칼륨에 관한 설명으로 옳은 것은? [15.2/20.2]

① 탄소, 유기물과 접촉 시에도 분해 폭발위험은 거의 없다.

② 열에 강한 성질이 있어서 500℃의 고온에서도 안정적이다.

③ 찬물이나 에탄올에도 매우 잘 녹는다.

④ 산화성 고체 물질이다.

해설 염소산칼륨($KClO_3$)

• 유기물, 탄소, 황 등과 혼합하여 가열 또는 충격을 주면 폭발한다.

• 가열하면 분해되어 과염소산칼륨과 염화칼륨이 되고, 계속 가열하면 산소를 방출하고 전부 염화칼륨이 된다.

• 중성 및 알칼리성 용액에서는 산화작용이 없으나, 산성용액에서는 강한 산화제가 된다.

• 산화성 고체 물질이다.

12. 산업안전보건법령상의 위험물질의 종류에 있어 산화성 액체 및 산화성 고체에 해당하지 않는 것은? [13.1]

① 요오드산 ② 브롬산 및 그 염류

③ 유기과산화물 ④ 염소산 및 그 염류

해설 • 산화성 액체 : 과염소산, 과산화수소, 질산

• 산화성 고체 : 아염소산, 과염소산, 무기과산화물, 삼산화크롬, 브롬산 및 그 염류, 요오드산 및 그 염류, 염소산 및 그 염류, 중크롬산 및 그 염류, 과망간산 및 그 염류

Tip) 유기과산화물은 폭발성 물질

13. 위험물안전관리법령상 제4류 위험물(인화성 액체)이 갖는 일반성질로 가장 거리가 먼 것은? [19.2]

① 증기는 대부분 공기보다 무겁다.

② 대부분 물보다 가볍고 물에 잘 녹는다.

③ 대부분 유기화합물이다.

④ 발생증기는 연소하기 쉽다.

해설 ② 대부분 물보다 가볍고 물과 섞이지 않는다.

14. 환풍기가 고장 난 장소에서 인화성 액체를 취급할 때, 부주의로 마개를 막지 않았다. 여기서 작업자가 담배를 피우기 위해 불을 켜는 순간 인화성 액체에서 불꽃이 일어나는 사고가 발생하였다. 이와 같은 사고의 발생 가능성이 가장 높은 물질은? (단, 작업현장의 온도는 20℃이다.) [14.2/19.3]

① 글리세린 ② 중유

③ 디에틸에테르 ④ 경유

해설 인화성 액체의 인화점(℃)

물질명	인화점	물질명	인화점
경유	40~85	아세톤	−18
등유	30~60	디에틸에테르	−40
중유	43~150	에틸에테르	−45
글리세린	160	가솔린	−43

15. 아세톤에 관한 설명으로 옳은 것은? [15.3]

① 인화점은 557.8℃이다.

② 무색의 휘발성 액체이며 유독하지 않다.

③ 20% 이하의 수용액에서는 인화위험이 없다.

④ 일광이나 공기에 노출되면 과산화물을 생성하여 폭발성으로 된다.

해설 아세톤

• 인화점은 −18℃이다.

• 휘발성 액체이며 상온에서 인화성 증기가 발생하며, 작은 점화원에도 쉽게 점화된다.

• 10% 이하의 수용액에서는 인화위험이 있다.

• 일광이나 공기에 노출되면 과산화물을 생성하여 폭발성으로 된다.

16. 다음 중 물질의 위험성과 그 시험방법이 올바르게 연결된 것은? [17.2]

① 인화점−태그 밀폐식

② 발화온도−산소지수법

③ 연소시험−가스 크로마토그래피법

④ 최소 발화에너지−클리브랜드 개방식

해설 태그 밀폐식 시험기는 인화점 93℃ 이하의 석유제품의 인화점 시험에 사용하는 측정 장치이다.

Tip) • 인화점의 측정법 : 태그 밀폐식, 세타 밀폐식, 클리브랜드 개방식

• 발화온도(발화점)의 측정법 : 예열법, 단열압축법, 펌프법, 도입법 등

17. 다음 중 산업안전보건기준에 관한 규칙에서 규정하는 급성 독성 물질의 기준으로 틀린 것은? [15.1/18.1/20.1]

① 쥐에 대한 경구투입실험에 의하여 실험동물의 50%를 사망시킬 수 있는 물질의 양이 kg당 300mg−(체중) 이하인 화학물질

② 쥐에 대한 경피흡수실험에 의하여 실험동물의 50%를 사망시킬 수 있는 물질의 양이 kg당 1000mg−(체중) 이하인 화학물질

③ 토끼에 대한 경피흡수실험에 의하여 실험동물의 50%를 사망시킬 수 있는 물질의 양이

kg당 1000mg−(체중) 이하인 화학물질

④ 쥐에 대한 4시간 동안의 흡입실험에 의하여 실험동물의 50%를 사망시킬 수 있는 가스의 농도가 3000ppm 이상인 화학물질

해설 ④ 쥐에 대한 4시간 동안의 흡입실험에 의하여 실험동물의 50%를 사망시킬 수 있는 물질의 농도, 즉 가스 LC_{50}(쥐, 4시간 흡입)이 2500ppm 이하인 화학물질

18. 다음 중 화학물질 및 물리적 인자의 노출기준에 따른 TWA 노출기준이 가장 낮은 물질은? [09.2/17.1]

① 불소   ② 아세톤

③ 니트로벤젠   ④ 사염화탄소

해설 독성가스의 허용 노출기준(TWA)

가스 명칭	불소 (F_2)	아세톤 (CH_3COCH_3)	니트로 벤젠 $(C_6H_6NO_2)$	사염화 탄소 (CCl_4)
허용농도 (ppm)	0.1	500	1	5

18-1. 다음 중 독성이 강한 순서로 옳게 나열된 것은? [17.3]

① 일산화탄소>염소>아세톤

② 일산화탄소>아세톤>염소

③ 염소>일산화탄소>아세톤

④ 염소>아세톤>일산화탄소

해설 독성가스의 허용 노출기준(TWA)

가스 명칭	염소 (Cl_2)	일산화탄소 (CO)	아세톤 (CH_3COCH_3)
허용농도 (ppm)	1	50	500

정답 ③

19. 산업안전보건기준에 관한 규칙에서 부식

성 염기류에 해당하는 것은? [19.2]

① 농도 30퍼센트인 과염소산
② 농도 30퍼센트인 아세틸렌
③ 농도 40퍼센트인 디아조 화합물
④ 농도 40퍼센트인 수산화나트륨

해설 • 부식성 산류

㉠ 농도가 20% 이상인 염산, 황산, 질산 그리고 이와 동등 이상의 부식성을 가지는 물질

㉡ 농도가 60% 이상인 인산, 아세트산, 불산 그리고 이와 동등 이상의 부식성을 가지는 물질

• 부식성 염기류 : 농도가 40% 이상인 수산화나트륨, 수산화칼륨, 그리고 이와 동등 이상의 부식성을 가지는 염기류

19-1. 산업안전보건기준에 관한 규칙에서 정한 위험물질 종류 중 부식성 물질에서 부식성 염기류에 해당하는 것은? [16.1]

① 농도 40% 이상인 염산
② 농도 40% 이상인 불산
③ 농도 40% 이상인 아세트산
④ 농도 40% 이상인 수산화칼륨

해설 부식성 염기류 : 농도가 40% 이상인 수산화나트륨, 수산화칼륨, 그리고 이와 동등 이상의 부식성을 가지는 염기류

정답 ④

19-2. 다음은 산업안전보건법령에 따른 위험물질의 종류 중 부식성 염기류에 관한 내용이다. ( ) 안에 알맞은 수치는? [17.3]

> 농도가 ( )퍼센트 이상인 수산화나트륨, 수산화칼륨, 그 밖에 이와 같은 정도 이상의 부식성을 가지는 염기류

① 20 ② 40
③ 60 ④ 80

해설 부식성 염기류 : 농도가 40% 이상인 수산화나트륨, 수산화칼륨, 그리고 이와 동등 이상의 부식성을 가지는 염기류

정답 ②

20. 공기 중에 3ppm의 디메틸아민(demethylaminem, TLV-TWA : 10 ppm)과 20ppm의 사이클로헥산올(cyclohexanol, TLV-TWA : 50ppm)이 있고, 10ppm의 산화프로필렌(propyleneoxide, TLV-TWA : 20ppm)이 존재한다면 혼합 TLV-TWA는 몇 ppm인가? [15.3/19.1]

① 12.5 ② 22.5
③ 27.5 ④ 32.5

해설 노출기준(TLV-TWA)

$$= \frac{농도_1 + 농도_2 + 농도_3}{f_1 + f_2 + f_3}$$

$$= \frac{3 + 20 + 10}{\dfrac{3}{10} + \dfrac{20}{50} + \dfrac{10}{20}} = 27.5\,ppm$$

여기서, f_1(디메틸아민) $= 3/10$
f_2(사이클로헥산올) $= 20/50$
f_3(산화프로필렌) $= 10/20$

21. 유해물질의 농도를 c, 노출시간을 t라 할 때 유해물지수(k)와의 관계인 Haber의 법칙을 바르게 나타낸 것은? [10.3/19.3]

① $k = c + t$
② $k = c/t$
③ $k = c \times t$
④ $k = c - t$

해설 유해지수(k) = 유해물질의 농도(c) × 노출시간(t)

22. 다음 중 가장 짧은 기간에도 노출되어서 안 되는 노출기준은? [11.2]

① TLV-S
② TLV-C
③ TLV-TWA
④ TLV-STEL

해설 노출기준 용어
- TLV-TWA : 시간가중평균치
- TLV-STEL : 단시간 노출 허용기준
- TLV-C(Ceiling) : 1일 잠시라도 노출되어서 안 되는 노출기준

22-1. 다음 중 유해물질에 대한 노출기준의 정의에서 근로자가 1일 작업시간 동안 잠시라도 노출되어서는 아니 되는 기준은? [09.1]

① STEL
② TWA
③ Ceiling
④ Lc 50

해설 TLV-C(Ceiling) : 1일 잠시라도 노출되어서 안 되는 노출기준

정답 ③

23. 다음 중 피부에 닿았을 때 탈지 현상을 일으키는 물질은? [11.2]

① 등유
② 아세톤
③ 글리세린
④ 니트로톨루엔

해설 탈지 현상 : 매니큐어를 지울 때 아세톤에 의해 손톱이 하얗게 변색되는 현상

위험물, 유해화학물질의 취급 및 안전수칙

24. 다음 중 폭발이나 화재방지를 위하여 물과의 접촉을 방지하여야 하는 물질에 해당하는 것은? [10.3/14.2/16.1/20.2]

① 칼륨
② 트리 니트로 톨루엔
③ 황린
④ 니트로 셀룰로오스

해설 발화성 물질의 저장법
- 리튬, 나트륨, 칼륨 : 물과 반응하므로 석유 속에 저장
- 황린, 이황화탄소 : 물속에 저장
- 적린·마그네슘·칼륨 : 냉암소 격리 저장
- 질산은($AgNO_3$) 용액 : 햇빛을 피해 저장
- 벤젠 : 산화성 물질과 격리 저장
- 니트로 셀룰로오스 : 알코올, 습한 상태 유지
- 알킬알루미늄 : 용기 밀봉
- 아세틸렌 : 디메틸프롬아미드, 아세톤에 용해시켜서 저장

24-1. 공기 중 산화성이 높아 반드시 석유, 경유 등의 보호액에 저장해야 하는 것은 무엇인가? [13.3]

① Ca   ② P_4
③ K   ④ S

해설 리튬(Li), 나트륨(Na), 칼륨(K) : 석유 속에 저장

정답 ③

24-2. 위험물 저장소에 빗물이 스며들자 불꽃이 일어나면서 보관 중이던 물질이 폭발하였다면 다음 중 저장소에 보관 중인 물건으로 추정되는 것은? [10.1]

① 과염소산나트륨

② 나트륨

③ 피크린산

④ 트리 니트로 톨루엔(TNT)

해설 나트륨(Na)은 물과 반응하여 수소를 발생하므로 석유 속에 저장하여야 한다.

정답 ②

24-3. 다음 중 물속에 저장이 가능한 물질은? [12.1/12.2/16.3]

① 칼륨

② 황린

③ 인화칼슘

④ 탄화알루미늄

해설 • 황린(P_4)은 물속에 저장

• 리튬(Li), 칼륨(K), 나트륨(Na), 마그네슘(Mg), 알루미늄분(Al), 수소화칼슘(CaH_2), 아연(Zn), 칼슘(Ca) 등은 물과 반응하여 수소 발생

• 탄화칼슘(CaC_2)은 물과 반응하여 아세틸렌 발생

• 인화칼슘(Ca_3P_2)은 물과 반응하여 포스핀 발생

정답 ②

24-4. 다음 중 물에 보관이 가능한 것은 무엇인가? [11.1]

① K
② P_4
③ NaH
④ Li

해설 • 황린(P_4) : 물속에 저장

• 리튬(Li), 나트륨(Na), 칼륨(K) : 석유 속에 저장

정답 ②

25. 다음 중 화학반응에 의해 발생하는 열이 아닌 것은? [14.3]

① 연소열

② 압축열

③ 반응열

④ 분해열

해설 화학반응에 의해 발생하는 열 : 연소열, 반응열, 분해열, 용해열 등

26. 다음 중 화학공정에서 반응을 시키기 위한 조작 조건에 해당되지 않는 것은? [09.3/13.1]

① 반응 높이

② 반응 농도

③ 반응 온도

④ 반응 압력

해설 반응을 시키기 위한 조작 조건 : 물질의 농도, 온도, 압력, 시간, 촉매, 표면적 등

27. 다음 각 물질의 저장방법에 관한 설명으로 옳은 것은? [14.3]

① 황린은 저장용기 중에 물을 넣어 보관한다.

② 과산화수소는 장기 보존 시 유리용기에 저장된다.

③ 피크린산은 철 또는 구리로 된 용기에 저장한다.

④ 마그네슘은 다습하고 통풍이 잘 되는 장소에 보관한다.

해설 물질의 저장방법

• 황린 : 자연 발화하므로 물속에 저장하여야 한다.

• 과산화수소 : 통풍이 잘 되도록 구멍이 뚫린 마개를 사용하여 보관한다.

• 피크린산 : 마찰, 충격, 가열의 우려가 없는 곳에 소량으로 분산하여 보관한다.

• 마그네슘 : 물 또는 산과 접촉할 우려가 없는 곳에 보관한다.

28. 사업장에서 유해·위험물질의 일반적인 보관방법으로 적합하지 않은 것은? [20.1]

① 질소와 격리하여 저장

② 서늘한 장소에 저장

③ 부식성이 없는 용기에 저장

④ 차광막이 있는 곳에 저장

해설 질소(N_2)는 공기의 약 80%를 차지하는 무색·무미·무취의 기체이므로 질소와 격리하여 저장할 필요는 없다.

29. 다음 중 아세틸렌의 취급·관리 시 주의사항으로 옳지 않은 것은? [12.2/16.2]

① 용기는 폭발할 수 있으므로 전도·낙하되지 않도록 한다.
② 폭발할 수 있으므로 필요 이상 고압으로 충전하지 않는다.
③ 용기는 밀폐된 장소에 보관하고, 누출 시에는 누출원에 직접 주수하도록 한다.
④ 폭발성 물질을 생성할 수 있으므로 구리나 일정 함량 이상의 구리합금과 접촉하지 않도록 한다.

해설 ③ 용기는 통풍이나 환기가 잘 되는 장소에 보관하여야 한다.

30. 다음 중 아세틸렌은 어느 물질에 용해시켜 보관하는가? [09.3]

① 아세톤   ② 벤젠
③ 기름   ④ 물

해설 아세틸렌은 폭발방지를 위해 아세톤에 용해시켜 저장한다.

31. 인화성 가스, 불활성 가스 및 산소를 사용하여 금속의 용접·용단 또는 가열작업을 하는 경우 가스 등의 누출 또는 방출로 인한 폭발·화재 또는 화상을 예방하기 위하여 준수해야 할 사항으로 옳지 않은 것은? [18.1]

① 가스 등의 호스와 취관(吹管)은 손상·마모 등에 의하여 가스 등이 누출할 우려가 없는 것을 사용할 것
② 비상상황을 제외하고는 가스 등의 공급구의 밸브나 콕을 절대 잠그지 말 것

③ 용단작업을 하는 경우에는 취관으로부터 산소의 과잉방출로 인한 화상을 예방하기 위하여 근로자가 조절밸브를 서서히 조작하도록 주지시킬 것
④ 가스 등의 취관 및 호스의 상호 접촉 부분은 호스밴드, 호스클립 등 조임기구를 사용하여 가스 등이 누출되지 않도록 할 것

해설 ② 비상상황을 제외하고 가스 등의 공급구의 밸브나 콕은 작업을 마치고 나면 잠가야 한다.

32. 다음은 산업안전보건기준에 관한 규칙에서 정한 부식방지와 관련한 내용이다. ( )에 해당하지 않는 것은? [19.2]

> 사업주는 화학설비 또는 그 배관(화학설비 또는 그 배관의 밸브나 콕은 제외한다) 중 위험물 또는 인화점이 섭씨 60도 이상인 물질이 접촉하는 부분에 대해서는 위험물질 등에 의하여 그 부분이 부식되어 폭발·화재 또는 누출되는 것을 방지하기 위하여 위험물질 등의 (   )·(   )·(   ) 등에 따라 부식이 잘 되지 않는 재료를 사용하거나 도장(塗裝) 등의 조치를 하여야 한다.

① 종류   ② 온도
③ 농도   ④ 색상

해설 사업주는 화학설비 또는 그 배관 중 위험물 또는 인화점이 섭씨 60도 이상인 물질이 접촉하는 부분에 대해서는 위험물질 등에 의하여 그 부분이 부식되어 폭발·화재 또는 누출되는 것을 방지하기 위하여 위험물질 등의 종류·온도·농도 등에 따라 부식이 잘 되지 않는 재료를 사용하거나 도장(塗裝) 등의 조치를 하여야 한다.

정답 29. ③   30. ①   31. ②   32. ④

33. 다음은 산업안전보건법령상 파열판 및 안전밸브의 직렬 설치에 관한 내용이다. ( )에 알맞은 용어는? [12.2/18.3/19.1]

> 사업주는 급성 독성 물질이 지속적으로 외부에 유출될 수 있는 화학설비 및 그 부속설비에 파열판과 안전밸브를 직렬로 설치하고 그 사이에는 압력지시계 또는 ( ) 을(를) 설치하여야 한다.

① 자동경보장치 　　② 차단장치
③ 플레어헤더 　　　④ 콕

해설 사업주는 급성 독성 물질이 지속적으로 외부에 유출될 수 있는 화학설비 및 그 부속설비에 파열판과 안전밸브를 직렬로 설치하고 그 사이에는 압력지시계 또는 자동경보장치를 설치하여야 한다.

34. 산업안전보건법령상 관리대상 유해물질의 운반 및 저장방법으로 적절하지 않은 것은 어느 것인가? [11.2/15.1/18.2]

① 저장장소에는 관계 근로자가 아닌 사람의 출입을 금지하는 표시를 한다.
② 저장장소에서 관리대상 유해물질의 증기가 실외로 배출되지 않도록 적절한 조치를 한다.
③ 관리대상 유해물질을 저장할 때 일정한 장소를 지정하여 저장하여야 한다.
④ 물질이 새거나 발산될 우려가 없는 뚜껑 또는 마개가 있는 튼튼한 용기를 사용한다.

해설 ② 저장장소에서 관리대상 유해물질의 증기를 실외로 배출시키는 설비를 설치하여야 한다.

35. 황린에 대한 설명으로 옳은 것은 어느 것인가? [12.3/16.1]

① 연소 시 인화수소 가스를 발생한다.

② 황린은 자연 발화하므로 물속에 보관한다.
③ 황린은 황과 인의 화합물이다.
④ 독성 및 부식성이 없다.

해설 황린은 자연 발화하므로 물속에 저장하여야 한다.

35-1. 황린의 저장 및 취급방법으로 옳은 것은? [18.3]

① 강산화제를 첨가하여 중화된 상태로 저장한다.
② 물속에 저장한다.
③ 자연 발화하므로 건조한 상태로 저장한다.
④ 강알칼리 용액 속에 저장한다.

해설 황린은 자연 발화하므로 물속에 저장하여야 한다.

정답 ②

36. 휘발유를 저장하던 이동 저장탱크에 등유나 경유를 이동 저장탱크의 밑 부분으로부터 주입할 때에 액 표면의 높이가 주입관의 선단의 높이를 넘을 때까지 주입속도는 몇 m/s 이하로 하여야 하는가? [13.3/17.2]

① 0.5 　　　　　② 1.0
③ 1.5 　　　　　④ 2.0

해설 휘발유를 저장하던 이동 저장탱크에 등유나 경유를 이동 저장탱크의 밑 부분으로부터 주입할 때에 액 표면의 높이가 주입관의 선단의 높이를 넘을 때까지 주입속도는 1 m/s 이하로 하여야 한다.

37. 다음 중 유해 · 위험물질이 유출되는 사고가 발생했을 때의 대처요령으로 가장 적절하지 않은 것은? [13.2/17.2]

① 중화 또는 희석을 시킨다.
② 유해 · 위험물질을 즉시 모두 소각시킨다.

---

③ 유출 부분을 억제 또는 폐쇄시킨다.

④ 유출된 지역의 인원을 대피시킨다.

해설 ② 유해·위험물질은 화재, 폭발 등의 위험이 있으므로 소각하지 않는다.

---

38. 유해·위험물질 취급 시 보호구로서 구비 조건이 아닌 것은? [16.2/19.1]

① 방호성능이 충분할 것

② 재료의 품질이 양호할 것

③ 작업에 방해가 되지 않을 것

④ 외관이 화려할 것

해설 ④ 외관은 양호할 것

---

39. 유해·위험물질 취급에 대한 작업별 안전한 작업이 아닌 것은? [15.3]

① 자연 발화의 방지 조치

② 인화성 물질의 주입 시 호스를 사용

③ 가솔린이 남아 있는 설비에 중유의 주입

④ 서로 다른 물질의 접촉에 의한 발화의 방지

해설 ③ 가솔린이 남아 있는 화학설비, 탱크로리 등을 깨끗하게 씻어낸 뒤 설비에 중유를 주입한다.

---

40. 다음 중 유해·위험물질 취급·운반 시 조치사항이 아닌 것은? [12.2]

① 저장수량 이상 위험물질을 차량으로 운반할 때 가로 0.1m, 세로 0.3m 이상 크기로 표지하여야 한다.

② 위험물질의 취급은 위험물질 취급 담당자가 한다.

③ 위험물질을 반출할 때에는 기후상태를 고려한다.

④ 성상에 따라 분류하여 적재, 포장한다.

해설 ① 한 변의 길이가 0.6m 이상, 다른 한 변의 길이가 0.3m 이상인 직사각형의 판으로 할 것

Tip) 흑색 바탕에 황색의 반사도료로 "위험물"이라고 표시할 것

---

41. 다음 중 위험물에 대한 일반적 개념으로 옳지 않은 것은? [10.1/14.1]

① 반응속도가 급격히 진행된다.

② 화학적 구조 및 결합력이 불안정하다.

③ 대부분 화학적 구조가 복잡한 고분자 물질이다.

④ 그 자체가 위험하다든가 또는 환경 조건에 따라 쉽게 위험성을 나타내는 물질을 말한다.

해설 ③ 고분자는 매우 높은 분자량(분자량이 1만 이상)을 가지는 분자체이다.

---

42. 다음 중 가스 누설검지기에 관한 설명으로 틀린 것은? [11.2]

① 검지 원리는 반도체식, 접촉연소식 등이 있다.

② 경보방식에서 가스 농도가 경보설정치에 달했을 직후에 경보를 발하는 방식을 반한시 경보형이라 한다.

③ 경보방식에서 가스 농도가 경보설정치에 달한 후 일정 시간 그 농도 이상의 상태를 지속했을 때에 경보를 발하는 방식을 경보지연형이라 한다.

④ 가스경보기는 방폭성과 견고성이 요구된다.

해설 ② 경보방식에서 가스 농도가 경보설정치에 달했을 직후에 경보를 발하는 방식을 즉시 경보형이라 한다.

---

43. 후드의 설치요령으로 옳지 않은 것은 어느 것인가? [14.3]

---

① 충분한 포집속도를 유지한다.

② 후드의 개구면적은 작게 한다.

③ 후드는 되도록 발생원에 접근시킨다.

④ 후드로부터 연결된 덕트는 곡선화시킨다.

해설 후드(hood) 설치기준

- 유해물질이 발생하는 곳마다 설치할 것
- 유해인자의 발생 형태 및 비중, 작업방법 등을 고려하여 해당 분진 등의 발산원을 제어할 수 있는 구조로 설치할 것
- 외부식 또는 리시버식 후드는 해당 분진에 설치할 것
- 후드의 개구면적은 발산원을 제어할 수 있는 구조로 설치할 것

44. 다음 중 일반적인 국소배기장치의 구성 요소로 볼 수 없는 것은? [10.3]

① 후드   ② 저장소

③ 덕트   ④ 송풍기

해설 국소배기장치의 구성 요소는 후드, 덕트, 송풍기이다.

45. 산화성 물질을 가연물과 혼합할 경우 혼합 위험성 물질이 되는데 다음 중 그 이유로 가장 적당한 것은? [13.1]

① 산화성 물질에 조해성이 생기기 때문이다.

② 산화성 물질이 가연성 물질과 혼합되어 있으면 주수소화가 어렵기 때문이다.

③ 산화성 물질이 가연성 물질과 혼합되어 있으면 산화·환원반응이 더욱 잘 일어나기 때문이다.

④ 산화성 물질과 가연물이 혼합되어 있으면 가열·마찰·충격 등의 점화에너지원에 의해 더욱 쉽게 분해하기 때문이다.

해설 산화성 물질이 가연성 물질과 혼합되어 있으면 산화·환원반응이 더욱 촉진된다.

46. 산화성 액체의 성질에 관한 설명으로 옳지 않은 것은? [14.3]

① 피부 및 의복을 부식하는 성질이 있다.

② 가연성 물질이 많으므로 화기에 극도로 주의한다.

③ 위험물 유출 시 건조사를 뿌리거나 중화제로 중화한다.

④ 물과 반응하면 발열반응을 일으키므로 물과의 접촉을 피한다.

해설 제6류 위험물(산화성 액체)의 성질

- 피부 및 의복을 부식하는 성질이 있다.
- 가연물과의 접근을 금지한다.
- 위험물 유출 시 건조사를 뿌리거나 중화제로 중화한다.
- 물과 반응하면 발열반응을 일으키므로 물과의 접촉을 피한다.
- 과산화칼륨, 황산, 질산 등은 산화성 물질로 물과 접촉하면 반응을 일으켜 열이 발생한다.
- 부식성 및 유독성이 강한 강산화제로서 산소를 많이 함유하고 있어 조연성 물질이다.

46-1. 산화성 액체 중 질산의 성질에 관한 설명으로 옳지 않은 것은? [18.2]

① 피부 및 의복을 부식하는 성질이 있다.

② 쉽게 연소하는 가연성 물질이므로 화기에 극도로 주의한다.

③ 위험물 유출 시 건조사를 뿌리거나 중화제로 중화한다.

④ 물과 반응하면 발열반응을 일으키므로 물과의 접촉을 피한다.

해설 질산 : 물과의 접촉을 피하고, 통풍이 잘 되는 곳에 보관한다.

정답 ②

7 공정안전

공정안전 일반

1. 산업안전보건법상 물질안전보건자료 작성 시 포함되어야 하는 항목이 아닌 것은? (단, 참고사항은 제외한다.) [10.3/20.1]

① 화학제품과 회사에 관한 정보
② 제조일자 및 유효기간
③ 운송에 필요한 정보
④ 환경에 미치는 영향

해설 물질안전보건자료의 작성항목

- 위험 · 유해성   · 취급 및 저장방법
- 응급조치요령   · 물리 · 화학적 특성
- 안정성 및 반응성   · 독성에 관한 정보
- 폐기 시 주의사항   · 환경에 미치는 영향
- 법적규제 현황   · 운송에 필요한 정보
- 화학제품과 회사에 관한 정보
- 구성성분의 명칭 및 함유량
- 폭발 · 화재 시 대처방법
- 누출사고 시 대처방법
- 노출방지 및 개인보호구
- 그 밖의 참고사항

1-1. 물질안전보건자료(MSDS)의 작성항목이 아닌 것은? [14.1]

① 물리 · 화학적 특성
② 유해물질의 제조법
③ 환경에 미치는 영향
④ 누출사고 시 대처방법

해설 ①, ③, ④는 물질안전보건자료(MSDS)의 작성항목, ②는 기업의 기밀사항으로 자료 작성항목이 아니다.

정답 ②

2. 산업안전보건기준에 관한 규칙에 따라 폭발성 물질을 저장 · 취급하는 화학설비 및 그 부속설비를 설치할 때, 단위공정시설 및 설비로부터 다른 단위공정시설 및 설비 사이의 안전거리는 설비 바깥면으로부터 몇 m 이상 두어야 하는가? (단, 원칙적인 경우에 한한다.) [18.2/19.2]

① 3   ② 5   ③ 10   ④ 20

해설 단위공정설비 사이의 안전거리

- 단위공정시설 및 설비로부터 다른 단위공정시설 및 설비 사이의 바깥면으로부터 10m 이상
- 플레어스택으로부터 단위공정시설 및 설비, 위험물질 저장탱크 또는 위험물질 하역설비의 사이는 플레어스택으로부터 반경 20m 이상
- 위험물질 저장탱크로부터 단위공정시설 및 설비, 보일러 또는 가열로의 사이는 저장탱크의 바깥면으로부터 20m 이상
- 사무실, 연구실, 실험실, 정비실 또는 식당으로부터 단위공정시설 및 설비, 위험물질 저장탱크, 위험물질 하역설비, 보일러 또는 가열로의 사이는 사무실 등의 바깥면으로부터 20m 이상

2-1. 산업안전보건법상의 위험물을 저장 · 취급하는 화학설비 및 그 부속설비를 설치하는 경우 폭발이나 화재에 따른 피해를 줄이기 위하여 단위공정시설 및 설비로부터 다른 단위공정시설 및 설비 사이의 안전거리는 얼마로 하여야 하는가? [11.3]

① 설비의 안쪽면으로부터 10미터 이상
② 설비의 바깥면으로부터 10미터 이상
③ 설비의 안쪽면으로부터 5미터 이상

④ 설비의 바깥면으로부터 5미터 이상

해설 단위공정시설 및 설비로부터 다른 단위공정시설 및 설비 사이의 바깥면으로부터 10m 이상

정답 ②

공정안전 보고서 작성 심사 · 확인

3. 산업안전보건법령상 공정안전 보고서에 포함되어야 하는 사항 중 공정안전자료의 세부 내용에 해당하는 것은? [11.3/13.1/14.1/15.3]

① 주민홍보계획
② 안전운전 지침서
③ 각종 건물 · 설비의 배치도
④ 위험과 운전 분석(HAZOP)

해설 공정안전자료 세부 내용
• 취급 · 저장하고 있거나 취급 · 저장하고자 하는 유해 · 위험물질의 종류 및 수량
• 유해 · 위험물질에 대한 물질안전보건자료
• 유해 · 위험설비의 목록 및 사양
• 유해 · 위험설비의 운전방법을 알 수 있는 공정도면
• 각종 건물 · 설비의 배치도
• 폭발위험장소 구분도 및 전기단선도
• 위험설비의 안전 설계 · 제작 및 설치 관련 지침서

3-1. 산업안전보건법령상 공정안전 보고서의 내용 중 공정안전자료에 포함되지 않는 것은? [12.1/18.3]

① 유해 · 위험설비의 목록 및 사양
② 폭발위험장소 구분도 및 전기단선도
③ 안전운전 지침서

④ 각종 건물 · 설비의 배치도

해설 ③은 안전운전계획이다.

정답 ③

3-2. 공정안전 보고서에 포함하여야 할 공정안전자료의 세부 내용이 아닌 것은? [09.3]

① 유해 · 위험설비의 목록 및 사양
② 방폭지역 구분도 및 전기단선도
③ 취급 · 저장하고 있거나 취급 · 저장하고자 하는 유해 · 위험물질의 종류 및 수량
④ 사고 발생 시 각 부서 · 관련 기관과의 비상 연락체계

해설 ④는 비상조치계획이다.

정답 ④

4. 산업안전보건법령에 따라 사업주는 공정안전 보고서의 심사 결과를 송부받는 경우 몇 년간 보존하여야 하는가? [12.3/14.2/15.1]

① 2년　② 3년　③ 5년　④ 10년

해설 공정안전 보고서의 심사 결과를 송부받는 경우 5년간 보존하여야 한다.

5. 다음 중 공정안전 보고서에 관한 설명으로 틀린 것은? [11.2/14.3]

① 사업주가 공정안전 보고서를 작성한 후에는 별도의 심의과정이 없다.
② 공정안전 보고서를 제출한 사업주는 정하는 바에 따라 고용노동부장관의 확인을 받아야 한다.
③ 고용노동부장관은 공정안전 보고서의 이행상태를 평가하고 그 결과에 따라 공정안전 보고서를 다시 제출하도록 명할 수 있다.
④ 고용노동부장관은 공정안전 보고서를 심사한 후 필요하다고 인정하는 경우에는 그 공정안전 보고서의 변경을 명할 수 있다.

해설 ① 사업주가 공정안전 보고서를 2부 작성하여 안전보건공단에 제출한 후 승인을 받아야 한다.

6. 산업안전보건법령상 공정안전 보고서에 포함되어야 하는 주요 4가지 사항에 해당하지 않는 것은 어느 것인가? (단, 고용노동부장관이 필요하다고 인정하여 고시하는 사항은 제외한다.) [13.2]

① 공정안전자료　　② 안전운전비용
③ 비상조치계획　　④ 공정위험성 평가서

해설 공정안전 보고서는 공정안전자료, 공정위험성 평가서, 안전운전계획, 비상조치계획 등이 포함되어야 한다.

7. 다음 중 공정안전 보고서의 심사 결과 구분에 해당하지 않는 것은? [13.3]

① 적정　　　　　② 부적정
③ 보류　　　　　④ 조건부 적정

해설 심사 결과 구분
- 적정 : 근로자의 안전과 보건상 필요한 조치가 확보되었다고 인정되는 경우
- 조건부 적정 : 근로자의 안전과 보건상 일부 개선이 필요하다고 인정되는 경우
- 부적정 : 심사기준에 위반되어 중대한 위험 발생의 우려가 있다고 인정되는 경우

8. 유해 · 위험설비의 설치 · 이전 시 공정안전 보고서의 제출 시기로 옳은 것은? [09.2/15.1]

① 공사완료 전까지
② 공사 후 시운전 익일까지
③ 설비 가동 후 30일 이내에
④ 공사의 착공일 30일 전까지

해설 유해 · 위험설비의 설치 · 이전 또는 주요 구조 부분의 변경 공사 시 착공일 30일 전까지 공정안전 보고서를 2부 작성하여 안전보건공단에 제출하여야 한다.

8　　**폭발방지 및 안전 대책**

폭발의 원리 및 특성

1. 다음 중 폭발범위에 영향을 주는 인자가 아닌 것은? [12.1]

① 성상　　　　　② 압력
③ 공기 조성　　　④ 온도

해설 폭발범위에 영향을 주는 인자 : 온도, 압력, 공기 조성 등

2. 다음 중 가연성 가스의 폭발범위에 관한 설명으로 틀린 것은? [12.2/18.2]

① 상한과 하한이 있다.
② 압력과 무관하다.
③ 공기와 혼합된 가연성 가스의 체적 농도로 표시된다.
④ 가연성 가스의 종류에 따라 다른 값을 갖는다.

해설 ② 가스압력이 높아질수록 폭발상한값이 증가한다.

3. 다음 중 LPG에 대한 설명으로 옳지 않은 것은? [13.3/17.3]

① 강한 독성가스로 분류된다.

---

② 질식의 우려가 있다.

③ 누설 시 인화, 폭발성이 있다.

④ 가스의 비중은 공기보다 크다.

해설 ① LPG 가스는 가연성 가스로 분류된다.

4. 어떤 물질 내에서 반응 전파속도가 음속보다 빠르게 진행되고 이로 인해 발생된 충격파가 반응을 일으키고 유지하는 발열반응을 무엇이라 하는가? [09.1/18.2/20.1]

① 점화(ignition) ② 폭연(deflagration)

③ 폭발(explosion) ④ 폭굉(detonation)

해설 • 점화 : 불을 붙이는 것

• 폭연 : 폭발의 일종으로 반응 전파속도가 음속 이하

• 폭굉 : 폭발 충격파가 미반응 매질 속으로 음속보다 큰 속도로 이동하는 폭발

• 폭발 : 혼합가스에 점화할 때 고온과 빠른 연소속도로 인해 체적이 급격히 팽창하여 기계적 파괴력을 미치는 현상

4-1. 다음 중 폭굉(detonation) 현상에 있어서 폭굉파의 진행 전면에 형성되는 것은 무엇인가? [13.1/19.2]

① 증발열 ② 충격파

③ 역화 ④ 화염의 대류

해설 폭굉파 : 연소 진행속도가 1000~3500 m/s 정도일 경우 이를 폭굉 현상이라 하며, 충격파 파장이 아주 짧은 단일 압축파로 직진하는 성질을 가지고 있다. 충격파라고도 한다.

정답 ②

4-2. 화염의 전파속도가 음속보다 빨라 파면 선단에 충격파가 형성되며 보통 그 속도가 1000~3500 m/s에 이르는 현상을 무엇이라 하는가? [17.2]

① 폭발 현상 ② 폭굉 현상

③ 파괴 현상 ④ 발화 현상

해설 폭굉파 : 연소 진행속도가 1000~3500 m/s 정도일 경우 이를 폭굉 현상이라 한다.

정답 ②

5. 폭발범위에 관한 설명으로 옳은 것은 어느 것인가? [09.2/16.2]

① 공기밀도에 대한 폭발성 가스 및 증기의 폭발 가능 밀도범위

② 가연성 액체의 액면 근방에 생기는 증기가 착화할 수 있는 온도범위

③ 폭발화염이 내부에서 외부로 전파될 수 있는 용기의 틈새 간격범위

④ 가연성 가스와 공기와의 혼합가스에 점화원을 주었을 때 폭발이 일어나는 혼합가스의 농도범위

해설 폭발범위 : 가연성 가스와 공기와의 혼합가스에 점화원을 주었을 때 폭발이 일어나는 혼합가스의 농도범위

6. 다음 중 폭굉유도거리에 대한 설명으로 틀린 것은? [13.3]

① 압력이 높을수록 짧다.

② 점화원의 에너지가 강할수록 짧다.

③ 정상 연소속도가 큰 혼합가스일수록 짧다.

④ 관 속에 방해물이 없거나 관의 지름이 클수록 짧다.

해설 ④ 관 속에 이물질이 많거나 관의 지름이 작을수록 짧다.

7. 산업안전보건법에 관한 규칙에서는 인화성 액체를 수시로 사용하는 밀폐된 공간에서 해당 가스 등으로 폭발 위험분위기가 조성되지 않도록 하기 위해서 해당 물질의 공기 중 농

도를 인화하한계값의 얼마를 넘지 않도록 규정하고 있는가? [12.1/15.2]

① 10% ② 15%
③ 20% ④ 25%

해설 인화성 액체, 인화성 가스 등을 사용하는 밀폐된 공간에서 폭발 위험분위기가 조성되지 않도록 해당 물질의 공기 중 농도는 인화하한계값의 25%가 넘지 않도록 충분히 환기를 시킬 것

8. 다음 중 분진폭발의 가능성이 가장 낮은 물질은? [15.3/18.1/20.1]

① 소맥분 ② 마그네슘분
③ 질석가루 ④ 석탄가루

해설 분진폭발 물질

분류	특징	대상물질
금속분진, 곡물가루, 탄닌	가연성 고체는 미분상태로 부유되어 있다가 점화에너지를 가하면 가스와 유사한 폭발형태가 된다.	• 금속 : Al, Mg, Fe, Mn, Si, Sn • 분말 : 티탄, 바나듐, 아연, Dow 합금 • 농산물 : 밀가루, 녹말, 솜, 쌀, 콩, 코코아, 커피

③은 불연성 물질로 폭발이 일어나지 않는다.

9. 알루미늄 금속분말에 대한 설명으로 틀린 것은? [19.1]

① 분진폭발의 위험성이 있다.
② 연소 시 열을 발생한다.
③ 분진폭발을 방지하기 위해 물속에 저장한다.
④ 염산과 반응하여 수소가스를 발생한다.

해설 알루미늄 금속분말 : 수분(물)과 반응하면 폭발하는 금수성 물질로 수분과 접촉하지 않도록 밀봉하여 보관하여야 한다.

10. 다음 중 분진폭발에 대한 설명으로 틀린 것은? [19.2]

① 일반적으로 입자의 크기가 클수록 위험이 더 크다.
② 산소의 농도는 분진폭발 위험에 영향을 주는 요인이다.
③ 주위 공기의 난류확산은 위험을 증가시킨다.
④ 가스폭발에 비하여 불완전 연소를 일으키기 쉽다.

해설 ① 분진의 표면적이 입자체적에 비교하여 클수록 폭발위험이 크고, 분진 입자의 크기는 작을수록 폭발위험이 크다.

11. 다음 중 분진폭발의 발생 위험성을 낮추는 방법으로 적절하지 않은 것은? [11.1/19.1]

① 주변의 점화원을 제거한다.
② 분진이 날리지 않도록 한다.
③ 분진과 그 주변의 온도를 낮춘다.
④ 분진 입자의 표면적을 크게 한다.

해설 ④ 분진의 표면적이 입자체적에 비교하여 클수록 폭발위험이 크다.

11-1. 분진폭발에 대한 안전 대책으로 적절하지 않은 것은? [11.2/19.3]

① 분진의 퇴적을 방지한다.
② 점화원을 제거한다.
③ 입자의 크기를 최소화한다.
④ 불활성 분위기를 조성한다.

해설 ③ 분진 입자의 크기는 작을수록 폭발위험이 크다.

정답 ③

12. 응상폭발에 해당되지 않는 것은? [17.3]

① 수증기 폭발 ② 전선폭발
③ 증기폭발 ④ 분진폭발

해설 폭발의 분류
- 응상폭발 : 수증기 폭발, 전선폭발, 고상 간의 전이에 의한 폭발
- 기상폭발 : 분해폭발, 분진폭발, 분무폭발, 혼합가스의 폭발, 가스의 분해폭발
- 액상폭발 : 증기폭발, 혼합위험성에 의한 폭발, 폭방성 화합물의 폭발

12-1. 폭발물 원인 물질의 물리적 상태에 따라 기상폭발과 응상폭발로 분류할 때 다음 중 응상폭발에 해당되는 것은? [10.1]

① 분무폭발　　　　② 가스폭발
③ 분진폭발　　　　④ 수증기 폭발

해설 ④는 응상폭발,
①, ②, ③은 기상폭발

정답 ④

12-2. 폭발을 분류할 때 원인 물질의 물리적 상태에 따라 기상폭발과 응상폭발로 구분하는데 다음 중 응상폭발을 하는 물질이 아닌 것은? [09.1]

① TNT　　　　　② 면화약
③ 아세틸렌　　　④ 다이너마이트

해설 ③은 기상폭발의 분해폭발,
①, ②, ④는 응상폭발

정답 ③

12-3. 폭발 원인 물질의 물리적 상태에 따라 구분할 때 기상폭발(gas explosion)에 해당되지 않는 것은? [16.3]

① 분진폭발　　　　② 응상폭발
③ 분무폭발　　　　④ 가스폭발

해설 기상폭발 : 분해폭발, 분진폭발, 분무폭발, 혼합가스의 폭발, 가스의 분해폭발

정답 ②

13. 다음 중 분해폭발을 일으키기 가장 어려운 물질은? [11.2]

① 아세틸렌　　　　② 에틸렌
③ 이산화질소　　　④ 암모니아

해설 분해폭발 물질 : 아세틸렌, 산화에틸렌, 에틸렌, 하이드라진, 이산화질소 등의 폭발

14. 다음 중 분해폭발하는 가스의 폭발방지를 위하여 첨가하는 불활성 가스로 가장 적합한 것은? [13.3/16.3]

① 산소　　　　　② 질소
③ 수소　　　　　④ 프로판

해설 질소(N_2)는 불활성화를 위해 사용되는 대표적인 불활성 가스이다.

15. 공정별로 폭발을 분류할 때 물리적 폭발이 아닌 것은? [14.3/18.3]

① 분해폭발
② 탱크의 감압폭발
③ 수증기 폭발
④ 고압용기의 폭발

해설 ①은 화학적 폭발(기상폭발),
②, ③, ④는 물리적 폭발

16. 다음 중 분진폭발의 영향인자에 대한 설명으로 틀린 것은? [12.1]

① 분진의 입경이 작을수록 폭발하기가 쉽다.
② 일반적으로 부유분진이 퇴적분진에 비해 발화 온도가 낮다.
③ 연소열이 큰 분진일수록 저농도에서 폭발하고 폭발 위력도 크다.
④ 분진의 비표면적이 클수록 폭발성이 높아진다.

해설 ② 일반적으로 부유분진이 퇴적분진에 비해 폭발성이 높아진다.

17. 다음 중 가연성 분진의 폭발 메커니즘으로 옳은 것은? [09.3/17.2]

① 퇴적분진 → 비산 → 분산 → 발화원 발생 → 폭발

② 발화원 발생 → 퇴적분진 → 비산 → 분산 → 폭발

③ 퇴적분진 → 발화원 발생 → 분산 → 비산 → 폭발

④ 발화원 발생 → 비산 → 분산 → 퇴적분진 → 폭발

해설 분진폭발의 과정

1단계	2단계	3단계	4단계	5단계	6단계
퇴적분진	비산	분산	발화원	1차 폭발	2차 폭발

18. 다음 중 폭발의 종류와 해당하는 물질의 연결이 잘못된 것은? [09.2]

① 산화폭발－LPG

② 중합폭발－산화에틸렌

③ 분해폭발－아세틸렌

④ 분진폭발－하이드라진

해설 ④ 분해폭발 – 하이드라진

19. 대기 중에 대량의 가연성 가스가 유출되거나 대량의 가연성 액체가 유출하여 그것으로부터 발생하는 증기가 공기와 혼합해서 가연성 혼합기체를 형성하고, 점화원에 의하여 발생하는 폭발을 무엇이라 하는가?

① UVCE [09.3/17.1]

② BLEVE

③ detonation

④ boil over

해설 증기운 폭발(UVCE)

• 증기운 : 저온 액화가스의 저장탱크나 고압의 가연성 액체용기가 파괴되어 다량의 가연성 증기가 폐쇄 공간이 아닌 대기 중으로 급격히 방출되어 공기 중에 분산·확산되어 있는 상태이다.

• 가연성 증기운에 착화원이 주어지면 폭발하여 fire ball을 형성하는데 이를 증기운 폭발이라고 한다.

• 증기운 크기가 증가하면 점화 확률이 높아진다.

20. 다음 중 폭발의 위험성이 가장 높은 것은? [15.3]

① 폭발상한농도

② 완전연소 조성농도

③ 폭발 상한선과 하한선의 중간점 농도

④ 폭굉 상한선과 하한선의 중간점 농도

해설 물질이 완전연소 조성농도가 되어 폭발할 경우 가장 위험성이 크다고 할 수 있다.

21. 가스용기 파열사고의 주요 원인으로 가장 거리가 먼 것은? [14.1]

① 용기 밸브의 이탈

② 용기의 내압력 부족

③ 용기 내압의 이상 상승

④ 용기 내 폭발성 혼합가스 발화

해설 ①은 가스의 누출 원인

22. 20℃인 1기압의 공기를 압축비 3으로 단열 압축하였을 때, 온도는 약 몇 ℃가 되겠는가? (단, 공기의 비열비는 1.4이다.) [17.1/19.3]

① 84　② 128　③ 182　④ 1091

해설 단열 변화

$$\frac{T_2}{T_1} = \left(\frac{V_1}{V_2}\right)^{r-1} = \left(\frac{P_2}{P_1}\right)^{\frac{r-1}{r}}$$

$$\therefore T_2 = (273+20) \times \left(\frac{3}{1}\right)^{\frac{1.4-1}{1.4}} = 401\,\mathrm{K} = 128℃$$

폭발방지 대책

23. 다음 가스 중 공기 중에서 폭발범위가 넓은 순서로 옳은 것은? [09.1/17.1/20.1]

① 아세틸렌 > 프로판 > 수소 > 일산화탄소
② 수소 > 아세틸렌 > 프로판 > 일산화탄소
③ 아세틸렌 > 수소 > 일산화탄소 > 프로판
④ 수소 > 프로판 > 일산화탄소 > 아세틸렌

해설 주요 가연성 가스의 연소범위(단위 : %)

가연성 가스	공기 중 연소범위		산소 중 연소범위	
	하한값	상한값	하한값	상한값
아세틸렌	2.5	81	2.5	–
수소	4	75	4.7	93.9
일산화탄소	12.5	74	15.5	94.0
프로판	2.1	9.5	2.3	55.0
암모니아	15	28.0	13.5	79.0

23-1. 다음 중 폭발하한농도(vol%)가 가장 높은 것은? [10.2/20.2]

① 일산화탄소　　　② 아세틸렌
③ 디에틸에테르　　④ 아세톤

해설 주요 인화성 가스의 폭발범위

인화성 가스	폭발하한농도 (vol%)	폭발상한농도 (vol%)
디에틸에테르	1.0	36.0
프로판	2.1	9.5
아세틸렌	2.5	81
아세톤	2.56	12.8
산화에틸렌	3	80
수소	4	75
메탄	5	15
일산화탄소	12.5	74

정답 ①

24. A가스의 폭발하한계가 4.1vol%, 폭발상한계가 62vol%일 때 이 가스의 위험도는 약 얼마인가? [20.1]

① 8.94　　　② 12.75
③ 14.12　　④ 16.12

해설 위험도(H)

$$= \frac{\text{폭발상한계}(U) - \text{폭발하한계}(L)}{\text{폭발하한계}(L)}$$

$$= \frac{62 - 4.1}{4.1} = 14.12$$

24-1. 폭발범위가 1.8~8.5vol%인 가스의 위험도를 구하면 얼마인가? [18.3]

① 0.8　　　② 3.7
③ 5.7　　　④ 6.7

해설 위험도(H)

$$= \frac{U - L}{L} = \frac{8.5 - 1.8}{1.8} = 3.72$$

정답 ②

24-2. 다음 가스 중 위험도가 가장 큰 것은 어느 것인가? [09.3/16.1]

① 수소　　　② 아세틸렌
③ 프로판　　④ 암모니아

해설 위험도(H) $= \dfrac{U - L}{L}$

① 수소 위험도(H) $= \dfrac{75.0 - 4.0}{4.0} = 17.75$

② 아세틸렌 위험도(H) $= \dfrac{81.0 - 2.5}{2.5} = 31.4$

③ 프로판 위험도(H) $= \dfrac{9.5 - 2.4}{2.4} = 2.96$

④ 암모니아 위험도(H) $= \dfrac{28.0 - 15.0}{15.0} = 0.87$

정답 ②

정답 **23.** ③　　**24.** ③

24-3. 다음 중 폭발위험이 가장 높은 물질은 어느 것인가? [15.2]

① 수소
② 벤젠
③ 산화에틸렌
④ 이소프로필렌 알코올

해설 위험도$(H) = \dfrac{U-L}{L}$

① 수소 위험도$(H) = \dfrac{75.0-4.0}{4.0} = 17.75$

② 벤젠 위험도$(H) = \dfrac{6.7-1.4}{1.4} = 3.78$

③ 산화에틸렌 위험도(H)

$= \dfrac{80.0-3.0}{3.0} = 25.67$

④ 이소프로필렌 알코올 위험도(H)

$= \dfrac{12-2.0}{2.0} = 5.0$

정답 ③

24-4. 다음 [표]는 공기 중 표준상태에서 가연성 물질의 연소한계를 나타낸 것이다. 위험도가 가장 높은 것은? [11.1]

물질	상한계(vol%)	하한계(vol%)
프로판	9.5	2.1
메탄	15.0	5.0
헥산	7.4	1.2
톨루엔	6.7	1.4

① 프로판
② 메탄
③ 헥산
④ 톨루엔

해설 위험도$(H) = \dfrac{U-L}{L}$

① 프로판 위험도$(H) = \dfrac{9.5-2.1}{2.1} = 3.52$

② 메탄 위험도$(H) = \dfrac{15.0-5.0}{5.0} = 2.0$

③ 헥산 위험도$(H) = \dfrac{7.4-1.2}{1.2} = 5.17$

④ 톨루엔 위험도$(H) = \dfrac{6.7-1.4}{1.4} = 3.78$

정답 ③

25. 어떤 혼합가스의 구성성분이 공기는 50vol%, 수소는 20vol%, 아세틸렌은 30vol%인 경우 이 혼합가스의 폭발하한계는? (단, 폭발하한값이 수소는 4vol%, 아세틸렌은 2.5vol%이다.) [12.3/17.3]

① 2.50% ② 2.94% ③ 4.76% ④ 5.88%

해설 혼합가스의 폭발하한계
르 샤틀리에 법칙

$$\dfrac{100}{L} = \dfrac{V_1}{L_1} + \dfrac{V_2}{L_2} + \cdots + \dfrac{V_n}{L_n}$$

$$\rightarrow L = \dfrac{100}{\dfrac{V_1}{L_1} + \dfrac{V_2}{L_2} + \cdots + \dfrac{V_n}{L_n}}$$

$$\therefore L = \dfrac{100}{\dfrac{V_1}{L_1} + \dfrac{V_2}{L_2}} = \dfrac{100}{\dfrac{20}{4} + \dfrac{30}{2.5}} = 5.88\,\text{vol}\%$$

여기서, L : 혼합가스의 하한계
L_1, L_2, $\cdots$ L_n : 단독가스의 하한계
V_1, V_2, $\cdots$ V_n : 단독가스의 공기 중 부피

25-1. 메탄 20vol%, 에탄 25vol%, 프로판 55vol%의 조성을 가진 혼합가스의 폭발하한계값(vol%)은 약 얼마인가? (단, 메탄, 에탄 및 프로판 가스의 폭발하한값은 각각 5vol%, 3vol%, 2vol%이다.) [10.3/13.1/20.2]

① 2.51 ② 3.12 ③ 4.26 ④ 5.22

해설 혼합가스의 폭발하한계

$$L = \dfrac{100}{\dfrac{V_1}{L_1} + \dfrac{V_2}{L_2} + \dfrac{V_3}{L_3}} = \dfrac{100}{\dfrac{20}{5} + \dfrac{25}{3} + \dfrac{55}{2}} = 2.51\,\text{vol}\%$$

정답 **25.** ④

여기서, L : 혼합가스의 하한계

L_1, L_2, L_3 : 단독가스의 하한계

V_1, V_2, V_3 : 단독가스의 공기 중 부피

정답 ①

25-2. 어떤 혼합가스의 성분 가스용량이 메탄은 75%, 에탄은 13%, 프로판은 8%, 부탄은 4%인 경우 이 혼합가스의 공기 중 폭발하한계(vol%)는 얼마인가? (단, 폭발하한 값이 메탄은 5.0%, 에탄은 3.0%, 프로판은 2.1%, 부탄은 1.8%이다.) [13.2]

① 3.94 　　　　② 4.28

③ 6.63 　　　　④ 12.24

해설 혼합가스의 폭발하한계

$$L=\frac{100}{\dfrac{V_1}{L_1}+\dfrac{V_2}{L_2}+\dfrac{V_3}{L_3}+\dfrac{V_4}{L_4}}$$

$$=\frac{100}{\dfrac{75}{5}+\dfrac{13}{3}+\dfrac{8}{2.1}+\dfrac{4}{1.8}}=3.94\,\mathrm{vol\%}$$

정답 ①

25-3. 에틸에테르(폭발하한값 1.9vol%)와 에틸알코올(폭발하한값 4.3vol%)이 4 : 1로 혼합된 증기의 폭발하한계(vol%)는 약 얼마인가? (단, 혼합증기는 에틸에테르가 80%, 에틸알코올이 20%로 구성되고, 르샤틀리에 법칙을 이용한다.) [12.2/18.1]

① 2.14vol% 　　② 3.14vol%

③ 4.14vol% 　　④ 5.14vol%

해설 혼합가스의 폭발하한계

$$L=\frac{100}{\dfrac{V_1}{L_1}+\dfrac{V_2}{L_2}}=\frac{100}{\dfrac{80}{1.9}+\dfrac{20}{4.3}}=2.14\,\mathrm{vol\%}$$

정답 ①

25-4. 혼합가스의 조성이 [표]와 같을 때 공기 중 폭발하한계는 약 몇 vol%인가? [10.1]

가스	조성 (vol%)	폭발하한계 (vol%)	폭발상한계 (vol%)
프로판	50	2.2	9.5
이황화탄소	30	1.2	44
일산화탄소	20	12.5	74

① 1.20 　　　　② 2.03

③ 3.67 　　　　④ 5.30

해설 혼합가스의 폭발하한계

$$L=\frac{100}{\dfrac{V_1}{L_1}+\dfrac{V_2}{L_2}+\dfrac{V_3}{L_3}}=\frac{100}{\dfrac{50}{2.2}+\dfrac{30}{1.2}+\dfrac{20}{12.5}}$$

$$=2.03\,\mathrm{vol\%}$$

정답 ②

26. 헥산은 5vol%, 메탄은 4vol%, 에틸렌은 1vol% 로 구성된 경우 이 혼합가스의 연소하한값(vol%)은 약 얼마인가? (단, 각 가스의 공기 중 연소하한값으로 헥산은 1.1vol%, 메탄은 5.0vol%, 에틸렌은 2.7vol%이다.)

① 0.58 　　　　② 1.75 　　[14.3]

③ 2.72 　　　　④ 3.72

해설 혼합가스의 연소하한값(LFL)

$$\frac{V}{L}=\frac{V_1}{L_1}+\frac{V_2}{L_2}+\frac{V_3}{L_3}+\cdots+\frac{V_n}{L_n}$$

$$\rightarrow L=\frac{V_1+V_2+V_3}{\dfrac{V_1}{L_1}+\dfrac{V_2}{L_2}+\dfrac{V_3}{L_3}}$$

$$=\frac{5+4+1}{\dfrac{5}{1.1}+\dfrac{4}{5.0}+\dfrac{1}{2.7}}=1.75\,\mathrm{vol\%}$$

여기서, L : 혼합가스 하한계

L_1, L_2, L_3 : 단독가스 하한계

V_1, V_2, V_3 : 단독가스의 공기 중 부피

정답 26. ②

26-1. 가연성 가스의 조성과 연소하한값이 [표]와 같을 때 혼합가스의 연소하한값은 약 몇 vol%인가? [09.1/15.2]

구분	조성(vol%)	연소하한값(vol%)
C_1 가스	2.0	1.1
C_2 가스	3.0	5.0
C_3 가스	2.0	15.0
공기	93.0	–

① 1.74   ② 2.16
③ 2.74   ④ 3.16

해설 혼합가스의 연소하한값(LFL)

$$L = \frac{V_1 + V_2 + V_3}{\dfrac{V_1}{L_1} + \dfrac{V_2}{L_2} + \dfrac{V_3}{L_3}}$$

$$= \frac{2+3+2}{\dfrac{2}{1.1} + \dfrac{3}{5.0} + \dfrac{2}{15.0}} = 2.74\,\text{vol}\%$$

정답 ③

27. 부탄의 연소하한값이 1.6vol%일 경우, 연소에 필요한 최소 산소농도는 약 몇 vol%인가? [09.2/17.3]

① 9.4   ② 10.4
③ 11.4   ④ 12.4

해설 ㉠ 부탄(C_4H_{10})의 연소반응식
: $2C_4H_{10} + 13O_2 \rightarrow 8CO_2 + 10H_2O$
㉡ 최소 산소농도(C_m)

$$= \frac{\text{산소 몰수}}{\text{부탄가스 몰수}} \times \text{부탄의 연소하한값}$$

$$= \frac{13}{2} \times 1.6 = 10.4\,\text{vol}\%$$

27-1. 메탄올의 연소반응이 다음과 같을 때 최소 산소농도(MOC)는 약 몇 vol%인가?

(단, 메탄올의 연소하한값(L)은 6.7vol%이다.) [19.2]

$$CH_3OH + 1.5O_2 \rightarrow CO_2 + 2H_2O$$

① 1.5   ② 6.7   ③ 10   ④ 15

해설 최소 산소농도(C_m)

$$= \frac{\text{산소 몰수}}{\text{메탄올 가스 몰수}} \times \text{메탄올의 연소하한값}$$

$$= \frac{1.5}{1} \times 6.7 = 10.05\,\text{vol}\%$$

정답 ③

28. 벤젠(C_6H_6)이 공기 중에서 연소될 때의 이론혼합비(화학양론 조성)는? [13.2/19.1]

① 0.72vol%   ② 1.222vol%
③ 2.722vol%   ④ 3.222vol%

해설 완전 연소 조성농도(C_{st})

$$C_{st} = \frac{100}{1 + 4.773\left(n + \dfrac{x - f - 2y}{4}\right)}$$

$$= \frac{1}{4.773n + 1.19x - 2.38y + 1} \times 100$$

$$= \frac{1}{(4.773 \times 6) + (1.19 \times 6) - (2.38 \times 0) + 1}$$

$$\times 100 \fallingdotseq 2.722\%$$

여기서, n : 탄소의 원자 수, x : 수소의 원자 수
y : 산소의 원자 수, f : 할로겐의 원자 수

28-1. 프로판(C_3H_8)의 완전 연소 조성농도는 약 몇 vol%인가? [11.2/17.1/19.3]

① 4.02   ② 4.19   ③ 5.05   ④ 5.19

해설 완전 연소 조성농도(C_{st})

$$C_{st} = \frac{100}{1 + 4.773\left(n + \dfrac{x - f - 2y}{4}\right)}$$

$$= \frac{1}{4.773n + 1.19x - 2.38y + 1} \times 100$$

$$= \frac{1}{(4.773 \times 3) + (1.19 \times 8) - (2.38 \times 0) + 1}$$
$$\times 100 ≒ 4.02\%$$

여기서, n : 탄소의 원자 수, x : 수소의 원자 수
y : 산소의 원자 수, f : 할로겐의 원자 수

정답 ①

28-2. 아세틸렌(C_2H_2)의 공기 중 완전 연소 조성농도(C_{st})는 약 얼마인가? [14.1/19.2]

① 6.7vol% ② 7.0vol%

③ 7.4vol% ④ 7.7vol%

해설 완전 연소 조성농도(C_{st})
아세틸렌(C_2H_2)에서 탄소(n)=2, 수소(m)=2, 할로겐(f)=0, 산소(λ)=0이므로

$$C_{st} = \frac{100}{1 + 4.773\left(n + \dfrac{m - f - 2\lambda}{4}\right)}$$

$$= \frac{100}{1 + 4.773\left(2 + \dfrac{2}{4}\right)} = 7.7\,\text{vol}\%$$

정답 ④

28-3. 다음 반응식에서 프로판 가스의 화학 양론 농도는 약 얼마인가? [13.1]

$$\underbrace{C_3H_8 + 5O_2 + 18.8N_2}_{\text{공기}} \to 3CO_2 + 4H_2O + 18.8N_2$$

① 8.04vol% ② 4.02vol%

③ 20.4vol% ④ 40.8vol%

해설 화학양론 농도
프로판(C_3H_8)에서 탄소(n)=3, 수소(m)=8, 할로겐(f)=0, 산소(λ)=0이므로

$$C_{st} = \frac{100}{1 + 4.773\left(n + \dfrac{m - f - 2\lambda}{4}\right)}$$

$$= \frac{100}{1 + 4.773\left(3 + \dfrac{8}{4}\right)} = 4.02\,\text{vol}\%$$

정답 ②

29. 25℃, 1기압에서 공기 중 벤젠(C_6H_6)의 허용농도가 10ppm일 때 이를 [mg/m³]의 단위로 환산하면 약 얼마인가? (단, C, H의 원자량은 각각 12, 1이다.) [09.1/13.3/16.3]

① 28.7 ② 31.9 ③ 34.8 ④ 45.9

해설 $10\,\text{ppm} = \dfrac{\text{벤젠 } 10\,\text{mol}}{\text{공기 } 10^6\,\text{mol}}$

$$= \frac{\text{벤젠 } 10\,\text{mol} \times \dfrac{78\,\text{g}}{1\,\text{mol}} \times \dfrac{1000\,\text{mg}}{1\,\text{g}}}{\text{공기 } 10^6\,\text{mol} \times \dfrac{22.4\,\text{L}}{1\,\text{mol}} \times \dfrac{(273+25)\text{K}}{273\text{K}} \times \dfrac{1\,\text{m}^3}{1000\,\text{L}}}$$

$$= 31.9\,\text{mg/m}^3$$

여기서, 벤젠(C_6H_6) 1mol의 분자량은 78g

29-1. SO_2 20ppm은 약 몇 [g/m³]인가? (단, SO_2의 분자량은 64이고, 온도는 21℃, 압력은 1기압으로 한다.) [14.2/17.2]

① 0.571 ② 0.531 ③ 0.0571 ④ 0.0531

해설 $20\,\text{ppm} = \dfrac{SO_2\ 20\,\text{mol}}{\text{공기 } 10^6\,\text{mol}}$

$$= \frac{SO_2\ 20\,\text{mol} \times \dfrac{64\,\text{g}}{1\,\text{mol}}}{\text{공기 } 10^6\,\text{mol} \times \dfrac{22.4\,\text{L}}{1\,\text{mol}} \times \dfrac{(273+21)\text{K}}{273\text{K}} \times \dfrac{1\,\text{m}^3}{1000\,\text{L}}}$$

$$= 0.0531\,\text{g/m}^3$$

정답 ④

정답 **29.** ②

30. 혼합가스 용기에 전체압력이 10기압, 0℃에서 몰비로 수소 30%, 산소 20%, 질소 50%가 채워져 있을 때, 수소가 차지하는 부피는 몇 L인가? (단, 표준상태는 0℃, 1기압이다.) [09.1]

① 0.448 ② 0.672 ③ 1.12 ④ 2.24

해설 $PV=nRT$

∴ 수소 부피(V)

$$= \frac{\text{몰수}(n) \times \text{기체상수}(R) \times \text{절대온도}(T)}{\text{대기압력}(P)}$$

$$= \frac{0.3 \times 0.082 \times 273}{10} = 0.672 \text{L}$$

30-1. 혼합가스 용기에 전체 압력이 10기압, 0℃에서 몰비로 수소 10%, 산소 20%, 질소 70%가 채워져 있을 때, 산소가 차지하는 부피는 몇 L인가? (단, 표준상태는 0℃, 1기압이다.) [11.1]

① 0.224 ② 0.448 ③ 0.672 ④ 1.568

해설 $PV=nRT$

∴ 산소 부피(V)

$$= \frac{\text{몰수}(n) \times \text{기체상수}(R) \times \text{절대온도}(T)}{\text{대기압력}(P)}$$

$$= \frac{0.2 \times 0.082 \times 273}{10} = 0.448 \text{L}$$

정답 ②

31. 메탄(CH_4) 100 mol이 산소 중에서 완전 연소하였다면 이때 소비된 산소량은 몇 mol인가? [13.3/17.2]

① 50 ② 100 ③ 150 ④ 200

해설 ㉠ 메탄(CH_4)의 완전 연소식

: $CH_4 + 2O_2 \rightarrow CO_2 + 2H_2O$

㉡ $1(CH_4) : 2(O_2) = 100 \text{mol} : X$

∴ $X = 200 \text{mol}$

31-1. 프로판(C_3H_8) 1몰이 완전 연소하기 위한 산소의 화학양론계수는 얼마인가?

① 2 ② 3 [09.3/16.3]
③ 4 ④ 5

해설 프로판(C_3H_8)의 완전 연소식

: $C_3H_8 + 5O_2 \rightarrow 3CO_2 + 4H_2O$

∴ 산소의 화학양론계수는 5이다.

정답 ④

32. 다음 중 연소반응에 해당하지 않는 것은 어느 것인가? [09.3]

① $C + O_2 \rightarrow CO_2$
② $2N_2 + O_2 \rightarrow 2N_2O$
③ $2H_2 + O_2 \rightarrow 2H_2O$
④ $C_4H_{10} + 6.5O_2 \rightarrow 4CO_2 + 5H_2O$

해설 ②는 흡열반응이다.

33. 다음 중 폭발한계에 영향을 주는 요소에 관한 설명으로 틀린 것은? [11.1]

① 일반적으로 폭발범위는 온도상승에 의해서 넓게 된다.
② 폭발하한값은 일반적으로 압력상승에 따라 증가한다.
③ 폭발상한값은 산소농도가 증가하면 현저히 증가한다.
④ 폭발범위는 위쪽으로 전파하는 화염에서 측정할 경우 가장 넓은 값이 나온다.

해설 폭발한계에 영향을 주는 요인

• 온도 : 온도가 상승하면 폭발하한은 감소하며, 폭발상한은 증가한다.
• 압력 : 가스압력이 높아질수록 폭발상한값이 현저히 증가한다(하한은 변화가 없음).
• 산소 : 산소의 농도가 증가하면 폭발상한값은 현저히 상승한다(하한은 변화가 없음).

정답 **30.** ② **31.** ④ **32.** ② **33.** ②

33-1. 다음 중 폭발하한계에 대한 설명으로 틀린 것은? [09.1]

① 일반적으로 폭발한계 범위는 온도상승에 의하여 넓어지게 된다.

② 공기 중 폭발하한계는 온도가 100℃ 증가함에 따라 약 8%씩 증가한다.

③ 일반적으로 압력이 상승되면 폭발상한계도 증가한다.

④ 산소 중에서의 폭발하한계는 공기 중에서와 같다.

해설 폭발한계에 영향을 주는 요인
• 온도 : 온도가 상승하면 폭발하한은 감소하며, 폭발상한은 증가한다.
• 압력 : 가스압력이 높아질수록 폭발상한값

이 현저히 증가한다(하한은 변화가 없음).
• 산소 : 산소의 농도가 증가하면 폭발상한값은 현저히 상승한다(하한은 변화가 없음).

정답 ②

34. 다음 중 화염의 역화를 방지하기 위한 안전장치는? [14.2]

① flame arrester ② flame stack
③ molecular seal ④ water seal

해설 화염방지기(flame arrester) : 인화성 가스 및 액체 저장탱크에 취급하는 화학설비에서 외부로 증기를 방출하는 경우에는 외부로부터 화염을 방지하기 위해 화염방지기를 설치해야 한다.

---

9 화학설비 안전

화학설비의 종류 및 안전기준

1. 반응기의 운전을 중지할 때 필요한 주의사항으로 가장 적절하지 않은 것은? [13.1/20.1]

① 급격한 유량 변화를 피한다.

② 가연성 물질이 새거나 흘러나올 때의 대책을 사전에 세운다.

③ 급격한 압력 변화 또는 온도 변화를 피한다.

④ 80~90℃의 염산으로 세정을 하면서 수소가스로 잔류가스를 제거한 후 잔류물을 처리한다.

해설 반응기의 운전을 중지할 때 필요한 주의사항
• 급격한 유량 변화를 피한다.
• 가연성 물질이 새거나 흘러나올 때의 대책을 사전에 세운다.

• 급격한 압력 변화 또는 온도 변화를 피한다.
• 개방을 하는 경우, 우선 최고 윗부분, 최고 아랫부분의 뚜껑을 열고 자연 통풍 냉각을 한다.

2. 여러 가지 성분의 액체 혼합물을 각 성분별로 분리하고자 할 때 비점의 차이를 이용하여 분리하는 화학설비를 무엇이라 하는가?

① 건조기 ② 반응기 [17.1]
③ 진공관 ④ 증류탑

해설 증류탑 : 액체 혼합물의 끓는점 차이를 이용하여 각 성분별로 분리하고자 할 때 사용하는 화학설비

3. 물리적 공정에 해당되는 것은? [18.2]

① 유화중합 ② 축합중합

③ 산화　　　　　④ 증류

해설 • 물리적 공정 : 증류, 추출, 건조, 혼합 등
• 화학적 공정 : 유화중합, 축합중합, 산화 등

---

4. 다음 중 증류탑의 원리로 거리가 먼 것은 어느 것인가?　　　　　[17.2/20.2]

① 끓는점(휘발성) 차이를 이용하여 목적 성분을 분리한다.
② 열 이동은 도모하지만 물질 이동은 관계하지 않는다.
③ 기-액 두 상의 접촉이 충분히 일어날 수 있는 접촉면적이 필요하다.
④ 여러 개의 단을 사용하는 다단탑이 사용될 수 있다.

해설 ② 증류탑의 원리는 혼합물의 끓는점 차이를 이용하여 각 성분별로 분리하고자 할 때 사용하는 화학설비로서 열 이동과 물질 이동이 함께 일어난다.

---

5. 다음 중 증류탑의 일상점검 항목으로 볼 수 없는 것은?　　　　　[10.3/14.2]

① 도장의 상태
② 트레이(tray)의 부식상태
③ 보온재, 보냉재의 파손 여부
④ 접속부, 맨홀부 및 용접부에서의 외부 누출 유무

해설 ②는 증류탑 개방 시 점검항목이다.

---

6. 낮은 압력에서 물질의 끓는점이 내려가는 현상을 이용하여 시행하는 분리법으로 온도를 높여서 가열할 경우 원료가 분해될 우려가 있는 물질을 증류할 때 사용하는 방법을 무엇이라 하는가?　　　　　[11.2/20.2]

① 진공증류　　　　② 추출증류
③ 공비증류　　　　④ 수증기 증류

해설 증류방법
• 진공(감압)증류 : 끓는점까지 가열할 경우 분해할 우려가 있는 물질의 종류를 감압하여 물질의 끓는점을 내려서 증류하는 방법이다.
• 추출증류 : 물질의 끓는점이 비슷한 혼합물에 사용하여 혼합물로부터 어떤 성분을 뽑아냄으로써 특정 성분을 분리한다.
• 공비증류 : 보통 증류로 순수한 성분을 분리시킬 수 없는 혼합물을 분리할 때 제3의 성분을 첨가하여 원용액의 끓는점보다 낮아지도록 하여 순수한 성분이 되게 하는 증류방법이다.
• 수증기 증류 : 물에 용해되지 않는 액체에 가열 수증기를 직접 불어넣어 가열하면 혼합물이 기화하므로 원래의 끓는점보다 낮은 온도에서 유출된다.

---

7. 다음 중 화학장치에서 반응기의 유해·위험요인(hazard)으로 화학반응이 있을 때 특히 유의해야 할 사항은?　　　　　[10.1/13.2/16.1]

① 낙하, 절단　　　　② 감전, 협착
③ 비래, 붕괴　　　　④ 반응폭주, 과압

해설 화학장치에서 반응기의 유해·위험요인은 반응폭주, 과압 등에 의한 발화, 화재, 폭발 등이 있다.

---

8. 반응기가 이상 과열인 경우 반응폭주를 방지하기 위하여 작동하는 장치로 가장 거리가 먼 것은?　　　　　[16.2]

① 고온경보장치
② 블로 다운 시스템
③ 긴급차단장치
④ 자동 shut down 장치

해설 반응기의 반응폭주 방지장치 : 고온경보장치, 긴급차단장치, 자동 shut down 장치

9. 반응기의 이상 압력 상승으로부터 반응기를 보호하기 위해 동일한 용량의 파열판과 안전밸브를 설치하고자 한다. 다음 중 반응폭주 현상이 일어났을 때 반응기 내부의 과압을 가장 잘 분출할 수 있는 방법은? [15.2]

① 파열판과 안전밸브를 병렬로 반응기 상부에 설치한다.
② 안전밸브, 파열판의 순서로 반응기 상부에 직렬로 설치한다.
③ 파열판, 안전밸브의 순서로 반응기 상부에 직렬로 설치한다.
④ 반응기 내부의 압력이 낮을 때는 직렬연결이 좋고, 압력이 높을 때는 병렬연결이 좋다.

해설 반응기 내부의 과압을 효과적으로 분출할 수 있는 파열판과 안전밸브를 반응기 상부에 병렬로 설치한다.

10. 화학설비의 안전장치로서 파열판을 설치해야 하는 경우와 가장 거리가 먼 것은? [10.1]

① 급격한 압력상승의 우려가 있는 경우
② 진공에 의해 파손될 우려가 있는 경우
③ 방출량이 많고 순간적으로 많은 방출이 필요한 경우
④ 물질의 물리적 상태변화에 대응하기 위한 경우

해설 파열판 설치의 필요성
• 반응폭주 등 급격한 압력상승의 우려가 있는 경우
• 운전 중 안전밸브의 이상으로 안전밸브가 작동하지 못할 경우
• 위험물질의 누출로 인하여 작업장이 오염될 경우
• 진공에 의해 파손될 우려가 있는 경우

• 순간적으로 많은 방출량이 필요한 경우
• 파열판은 형식, 재질을 충분히 검토하고 일정 기간을 정하여 교환하는 것이 필요하다.

11. 고압가스 용기에 사용되며 화재 등으로 용기의 온도가 상승하였을 때 금속의 일부분을 녹여 가스의 배출구를 만들어 압력을 분출시켜 용기의 폭발을 방지하는 안전장치는?

① 가용합금 안전밸브 [11.1/13.2/17.3]
② 방유제
③ 폭압방산공
④ 폭발억제장치

해설 가용합금 안전밸브 : 고압가스 용기에 사용되며 화재 등으로 용기의 온도가 상승하였을 때 금속의 일부분을 녹여 가스의 배출구를 만들어 압력을 분출시켜 용기의 폭발을 방지하는 안전장치

12. 다음 중 반응기를 구조형식에 의하여 분류할 때 이에 해당하지 않는 것은? [10.2/12.3]

① 탑형 ② 회분식
③ 교반조형 ④ 유동층형

해설 반응기의 분류
• 조작방식에 의한 분류
  ㉠ 회분식 반응기 : 원료를 반응기에 주입하고, 일정 시간 반응시켜 생성하는 방식
  ㉡ 반회분식 반응기 : 원료를 반응기에 넣어두고 반응이 진행됨에 따라 다른 성분을 첨가하는 방식
  ㉢ 연속식 반응기 : 원료를 반응기에 주입하는 동시에 반응 생성물을 연속적으로 배출시키면서 반응을 진행시키는 방식
• 구조방식에 의한 분류 : 관형 반응기, 탑형 반응기, 교반기형 반응기, 유동층형 반응기

4과목 전기 및 화학설비 위험방지 기술

12-1. 반응기를 조작방법에 따라 분류할 때 반응기의 한쪽에서는 원료를 계속적으로 유입하는 동시에 다른 쪽에서는 반응 생성물질을 유출시키는 형식의 반응기를 무엇이라 하는가? [14.1]

① 관형 반응기　　② 연속식 반응기
③ 회분식 반응기　　④ 교반조형 반응기

해설 연속식 반응기 : 원료를 반응기에 주입하는 동시에 반응 생성물을 연속적으로 배출시키면서 반응을 진행시키는 방식

정답 ②

13. 공정 중에서 발생하는 미연소 가스를 연소하여 안전하게 밖으로 배출시키기 위하여 사용하는 설비는 무엇인가? [16.2]

① 증류탑　　② 플레어스택
③ 흡수탑　　④ 인화방지망

해설 플레어스택 설비는 공정 중에서 발생하는 미연소 가스를 연소하여 안전하게 밖으로 배출시키기 위하여 사용하는 설비이다.

14. 산업안전보건기준에 관한 규칙상 섭씨 몇 ℃ 이상인 상태에서 운전되는 설비는 특수화학설비에 해당하는가? (단, 규칙에서 정한 위험물질의 기준량 이상을 제조하거나 취급하는 설비인 경우이다.) [09.1/18.1]

① 150℃　② 250℃　③ 350℃　④ 450℃

해설 온도가 섭씨 350℃ 이상이거나 게이지 압력이 980 kPa 이상인 상태에서 운전되는 설비를 특수화학설비라 한다.

15. 산업안전보건법령에서 규정한 위험물질을 기준량 이상으로 제조 또는 취급하는 특수화학설비에 설치하여야 할 계측장치가 아닌 것은? [10.2/17.3]

① 온도계　② 유량계　③ 압력계　④ 경보계

해설 특수화학설비에는 온도계, 유량계, 압력계 등의 계측장치를 설치하여야 한다.

16. 산업안전보건법령에서 정한 위험물을 기준량 이상으로 제조하거나 취급하는 설비 중 특수화학설비에 해당하지 않는 것은? [19.3]

① 발열반응이 일어나는 반응장치
② 증류·정류·증발·추출 등 분리를 하는 장치
③ 가열로 또는 가열기
④ 고로 등 점화기를 직접 사용하는 열교환기류

해설 ④는 화학설비,
①, ②, ③은 특수화학설비

17. 다음 중 열교환기의 가열 열원으로 사용되는 것은? [12.2/15.2]

① 다우섬　　② 염화칼슘
③ 프레온　　④ 암모니아

해설 ①은 고온의 열을 운반하는 액상 매체로서 가열원으로 사용,
②, ③, ④는 저온 열교환기의 냉매로 사용

18. 다음 중 산업안전보건법상 화학설비 또는 그 배관의 덮개·플랜지·밸브 및 콕의 접합부에 대하여 당해 접합부에서의 위험물질 등의 누출로 인한 폭발·화재 또는 위험물의 누출을 방지하기 위한 가장 적절한 조치는?

① 개스킷의 사용 [15.3]
② 코르크의 사용
③ 호스 밴드의 사용
④ 호스 스크립의 사용

해설 화학설비 또는 그 배관의 덮개·플랜지·밸브 및 콕의 접합부에 대하여 당해 접합부에서의 위험물질 등의 누출로 인한 폭발·화재 또는 위험물의 누출을 방지하기 위해 개스킷(gasket)을 사용한다.

건조설비의 종류 및 재해형태

19. 위험물을 건조하는 경우 내용적이 몇 m^3 이상인 건조설비일 때 위험물 건조설비 중 건조실을 설치하는 건축물의 구조를 독립된 단층으로 해야 하는가? (단, 건축물은 내화구조가 아니며, 건조실을 건축물의 최상층에 설치한 경우가 아니다.) [20.1]

① 0.1   ② 1
③ 10   ④ 100

해설 위험물 건조설비 중 건조실을 설치하는 건축물의 구조를 독립된 단층으로 하는 기준은 다음과 같다.

• 위험물 또는 위험물이 발생하는 물질을 가열·건조하는 경우 내용적이 $1m^3$ 이상일 때
• 위험물이 아닌 물질을 가열·건조하는 경우 다음에 해당하는 건조설비
  ㉠ 고체 또는 액체연료의 최대사용량이 시간당 10 kg 이상일 때
  ㉡ 기체연료의 최대사용량이 시간당 $1m^3$ 이상일 때
  ㉢ 전기사용 정격용량이 10 kW 이상일 때

20. 건조설비의 사용에 있어 500~800℃ 범위의 온도에 가열된 스테인리스강에서 주로 일어나며, 탄화크롬이 형성되었을 때 결정 경계면의 크롬 함유량이 감소하여 발생되는 부식형태는? [15.3/19.1]

① 전면부식   ② 층상부식
③ 입계부식   ④ 격간부식

해설 입계부식 : 건조설비의 사용에 있어 500~800℃ 범위의 온도에 가열된 스테인리스강에서 주로 발생하며, 탄화크롬이 형성되어 결정 경계면의 크롬 함유량이 감소하여 발생되는 부식형태

21. 건조설비의 사용상 주의사항으로 적절하지 않은 것은? [11.3/16.3]

① 건조설비 가까이 가연성 물질을 두지 말 것
② 고온으로 가열 건조한 물질은 즉시 격리 저장할 것
③ 위험물 건조설비를 사용할 때는 미리 내부를 청소하거나 환기시킨 후 사용할 것
④ 건조 시 발생하는 가스·증기 또는 분진에 의한 화재·폭발의 위험이 있는 물질은 안전한 장소로 배출할 것

해설 ② 고온으로 가열 건조한 물질은 발화의 위험이 없는 온도로 냉각한 후에 격납시킬 것

22. 건조설비 구조에 관한 설명으로 옳지 않은 것은? [15.1]

① 건조설비의 외면은 불연성 재료로 한다.
② 위험물 건조설비의 측벽이나 바닥은 견고한 구조로 한다.
③ 건조설비의 내부는 청소할 수 있는 구조로 되어서는 안 된다.
④ 건조설비의 내부 온도는 국부적으로 상승되는 구조로 되어서는 안 된다.

해설 ③ 건조설비의 내부는 청소하기 쉬운 구조이어야 한다.

23. 산업안전보건법령에서 정한 안전검사의 주기에 따르면 건조설비 및 그 부속설비는 사업장에 설치가 끝난 날부터 몇 년 이내에 최초 안전검사를 실시하여야 하는가? [17.1]

① 1   ② 2   ③ 3   ④ 4

해설 안전검사 주기 : 건조설비 및 그 부속설비는 사업장에 설치가 끝난 날부터 3년 이내에 최초 안전검사를 실시하되, 그 이후부터 2년마다(공정안전 보고서를 제출하여 확인을 받은 압력용기는 4년마다) 실시한다.

4과목 전기 및 화학설비 위험방지 기술

공정안전기술 기초

24. 액체계의 과도한 상승압력의 방출에 이용되고, 설정압력이 되었을 때 압력상승에 비례하여 서서히 개방되는 밸브는? [16.1]

① 릴리프 밸브   ② 체크밸브
③ 안전밸브   ④ 통기밸브

해설 • 릴리프 밸브 : 배관 내에서 유체의 압력상승에 비례하여 개방되는 밸브이다.
• 체크밸브 : 유체의 역류를 방지하는 밸브이다.
• 안전밸브 : 기기나 배관의 압력이 일정 압력을 초과한 경우에 신속한 제어가 용이하다.
• 통기밸브 : 인화성 액체를 저장·취급하는 탱크 내부의 압력을 제한된 범위 내에서 유지하도록 설계된 밸브이다.

24-1. 산업안전보건법령에 따라 인화성 액체를 저장·취급하는 대기압 탱크에 가압이나 진공 발생 시 압력을 일정하게 유지하기 위하여 설치하여야 하는 장치는? [13.3]

① 통기밸브   ② 체크밸브
③ 스팀 트랩   ④ 플레임 어레스터

해설 통기밸브 : 인화성 액체를 저장·취급하는 탱크 내부의 압력을 제한된 범위 내에서 유지하도록 설계된 밸브이다.

정답 ①

24-2. 배관설비 중 유체의 역류를 방지하기 위하여 설치하는 밸브는? [17.3]

① 글로브 밸브   ② 체크밸브
③ 게이트 밸브   ④ 시퀀스 밸브

해설 체크밸브 : 유체의 역류를 방지하는 밸브이다.

정답 ②

25. 산업안전보건법령상 안전밸브 전단, 후단에 자물쇠형 차단밸브를 설치할 수 없는 경우는? [16.2]

① 화학설비 및 그 부속설비에 안전밸브 등이 복수방식으로 설치되어 있는 경우
② 예비용 설비를 설치하고 각각의 설비에 안전밸브 등이 설치되어 있는 경우
③ 열팽창에 의하여 상승된 압력을 낮추기 위한 목적으로 안전밸브가 설치된 경우
④ 안전밸브 등의 배출용량의 2분의 1 이상에 해당하는 용량의 자동 압력 조절밸브와 안전밸브가 직렬로 연결된 경우

해설 ④ 안전밸브 등의 배출용량의 2분의 1 이상에 해당하는 용량의 자동 압력 조절밸브와 안전밸브가 병렬로 연결된 경우

26. 다음 중 개방형 스프링식 안전밸브의 장점이 아닌 것은? [12.2/15.2]

① 구조가 비교적 간단하다.
② 증기용에 어큐뮬레이션을 3% 이내로 할 수 있다.
③ 스프링, 밸브 봉 등이 외기의 영향을 받지 않는다.
④ 밸브시트와 밸브스템 사이에서 누설을 확인하기 쉽다.

해설 ③ 개방형 스프링식 안전밸브의 분출구는 외기로 향해 있어 스프링, 밸브 봉 등이 외기의 영향을 받기 쉽다(단점).

27. 다음 중 현장에 안전밸브를 설치할 경우의 주의사항으로 틀린 것은? [12.2]

① 검사하기 쉬운 위치에 밸브축을 수평으로 설치한다.
② 분출 시의 반발력을 충분히 고려하여 설치한다.

③ 용기에서 안전밸브 입구까지의 압력차가 안전밸브 설정 압력의 3%를 초과하지 않도록 한다.

④ 방출관이 긴 경우는 배압에 주의하여야 한다.

해설 ① 안전밸브의 밸브축을 수직으로 설치한다.

28. 최대 운전압력이 게이지 압력으로 200 kgf/cm²인 열교환기의 안전밸브 작동 압력(kgf/cm²)으로 가장 적절한 것은? [15.3]

① 210 ② 220
③ 230 ④ 240

해설 ㉠ 안전밸브 작동 압력＝상용압력×$1.05=200×1.05=210\,\mathrm{kgf/cm^2}$

㉡ 화학설비에 안전밸브 등이 2개 이상 설치된 경우에 1개는 최고사용압력 이하에서 작동하고, 다른 하나는 최고사용압력의 1.05배 이하에서 작동되도록 설치하여야 한다.

29. 산업안전보건법령상 용해 아세틸렌의 가스집합 용접장치의 배관 및 부속기구에는 구리나 구리 함유량이 몇 퍼센트 이상인 합금을 사용할 수 없는가? [19.1]

① 40 ② 50
③ 60 ④ 70

해설 용해 아세틸렌의 가스집합 용접장치의 배관 및 부속기구에는 구리나 구리 함유량이 70% 이상인 합금을 사용해서는 안 된다.

30. 사업주가 금속의 용접 용단 또는 가열에 사용되는 가스 등의 용기를 취급하는 경우에 준수하여야 하는 사항으로 틀린 것은? [18.3]

① 용기의 온도 섭씨 40℃ 이하로 유지할 것
② 전도의 위험이 없도록 할 것

③ 밸브의 개폐는 빠르게 할 것
④ 용해 아세틸렌의 용기는 세워 둘 것

해설 ③ 밸브의 개폐는 느리게 서서히 할 것

31. 배관용 부품에 있어 사용되는 용도가 다른 것은? [12.3/18.1]

① 엘보(elbow) ② 티이(T)
③ 크로스(cross) ④ 밸브(valve)

해설 관(pipe) 부속품

두 개 관을 연결하는 부속품	니플, 유니온, 플랜지, 소켓
관로 방향을 변경하는 부속품	엘보우, Y지관, T, 십자, 크로스
관로 크기를 변경하는 부속품	리듀서, 부싱
유로를 차단하는 부속품	플러그, 캡, 밸브
유량을 조절하는 부속품	밸브

31-1. 관로의 크기를 변경하고자 할 때 사용하는 관 부속품은? [09.2/18.3]

① 밸브(valve) ② 엘보우(elbow)
③ 부싱(bushing) ④ 플랜지(flange)

해설 관로 크기를 변경하는 부속품 : 리듀서, 부싱

정답 ③

32. 배관에 설치되는 밸브, 트랩, 기기 등의 앞에 설치하여 유체 속에 섞여 있는 이물질을 제거하여 기기 성능을 보호하기 위해 설치하는 것은? [10.2]

① reducer ② plug
③ bail valve ④ strainer

해설 스트레이너(strainer) : 여과기, 거르개

10 화재예방 및 소화

연소

1. 연소의 3요소에 해당되지 않는 것은 어느 것인가? [09.2/15.2/18.1/19.3]

① 가연물　　　　② 점화원

③ 연쇄반응　　　④ 산소 공급원

해설 연소의 3요소 : 가연물, 산소 공급원, 점화원

예) ㉠ 메탄-가연물

　　㉡ 공기-산소 공급원

　　㉢ 정전기 방전-점화원

2. 다음 중 점화원에 해당하지 않는 것은 어느 것인가? [16.3]

① 기화열　　　　② 충격·마찰

③ 복사열　　　　④ 고온물질 표면

해설 ·점화원 : 물질에 불을 붙이기 위해 공급되는 에너지원을 뜻한다.

·기화열 : 액체가 기체로 변하기 위해 필요한 열량이다.

2-1. 정상운전 중의 전기설비가 점화원으로 작용하지 않는 것은? [14.3]

① 변압기 권선

② 보호계전기 접점

③ 직류전동기의 정류자

④ 권선형 전동기의 슬립링

해설 ①은 잠재적 점화원,

②, ③, ④는 현재적 점화원

정답 ①

2-2. 전기설비의 점화원 중 잠재적 점화원에 속하지 않는 것은? [16.3]

① 전동기 권선　　② 마그넷 코일

③ 케이블　　　　④ 릴레이 전기접점

해설 ④는 현재적 점화원

정답 ④

3. 가연성인 기체, 액체 또는 고체 등이 공기 속에서 연소를 할 때의 연소 형식이 아닌 것은? [10.1/10.2/10.3]

① 증발연소　　　② 분해연소

③ 한계연소　　　④ 표면연소

해설 연소의 형태

·기체연소 : 공기 중에서 가연성 가스가 연소하는 형태, 확산연소, 혼합연소, 불꽃연소

·액체연소 : 액체 자체가 연소되는 것이 아니라 액체 표면에서 발생하는 증기가 연소하는 형태, 증발연소, 불꽃연소, 액적연소

·고체연소 : 물질 그 자체가 연소하는 형태, 표면연소, 분해연소, 증발연소, 자기연소

4. 어떤 인화성 액체가 점화원의 존재하에 지속적인 연소를 일으키는 최저온도를 무엇이라고 하는가? [11.3]

① 인화점　　　　② 발화점

③ 연소점　　　　④ 산화점

해설 연소에 관한 용어

·연소점 : 액체 위에 증기가 일단 점화된 후 연소를 계속할 수 있는 최저온도

·발화점(착화점) : 가연물에 점화원이 없이 스스로 발화가 시작되는 최저온도

·인화점 : 액체의 경우 액체 표면에서 발생한 증기농도가 공기 중에서 연소하한농도가 될 수 있는 가장 낮은 액체 온도

정답 1. ③　2. ①　3. ③　4. ③

4-1. 점화원 없이 발화를 일으키는 최저온도를 무엇이라 하는가? [13.2/18.1]

① 착화점 ② 연소점
③ 용융점 ④ 기화점

해설 발화점(착화점) : 가연물에 점화원이 없이 스스로 발화가 시작되는 최저온도

정답 ①

4-2. 다음 중 발화점에 대한 설명으로 옳은 것은? [09.3]

① 점화원에 의해 불이 붙을 수 있는 최저온도
② 점화원에 의해 불이 붙을 수 있는 최저 증기농도
③ 주위의 열로 인하여 스스로 불이 붙을 수 있는 최저 증기농도
④ 주위의 열로 인하여 스스로 불이 붙을 수 있는 최저온도

해설 발화점(착화점) : 가연물에 점화원이 없이 스스로 발화가 시작되는 최저온도

정답 ④

4-3. 액체의 표면에서 발생한 증기농도가 공기 중에서 연소하한농도가 될 수 있는 가장 낮은 액체 온도를 의미하는 것은? [09.2]

① 착화점 ② 발화점
③ 인화점 ④ 연소점

해설 인화점 : 액체의 경우 액체 표면에서 발생한 증기농도가 공기 중에서 연소하한농도가 될 수 있는 가장 낮은 액체 온도

정답 ③

5. 인화점에 대한 설명으로 옳은 것은? [17.3]

① 인화점이 높을수록 위험하다.
② 인화점이 낮을수록 위험하다.
③ 인화점과 위험성은 관계없다.

④ 인화점이 0℃ 이상인 경우만 위험하다.

해설 연소위험과 인화점·착화점과의 관계
• 인화점은 점화원에 의하여 인화될 수 있는 최저온도이다.
• 인화점이 낮을수록 연소위험이 크다.
• 착화점이 낮을수록 연소위험이 크다.
• 연소범위가 넓을수록 연소위험이 크다.
• 산소농도가 클수록 연소위험이 크다.

6. 다음 중 착화열에 대한 정의로 가장 적절한 것은? [15.1]

① 연료가 착화해서 발생하는 전 열량
② 연료 1kg이 착화해서 연소하여 나오는 총 발열량
③ 외부로부터 열을 받지 않아도 스스로 연소하여 발생하는 열량
④ 연료를 최초의 온도로부터 착화온도까지 가열하는데 드는 열량

해설 착화열은 연료를 최초의 온도로부터 착화온도까지 가열하는데 드는 열량이다.

7. 다음 중 최소 발화에너지에 관한 설명으로 틀린 것은? [12.1/13.2/18.3]

① 압력이 상승하면 작아진다.
② 온도가 상승하면 작아진다.
③ 산소농도가 높아지면 작아진다.
④ 유체의 유속이 높아지면 작아진다.

해설 최소 발화에너지(MIE)
• 온도와 압력이 높을수록 MIE는 감소한다.
• 불활성 물질의 증가는 MIE를 증가시킨다.
• 대기압상의 공기보다 산소와 혼합하면 폭발범위는 넓어지며, MIE는 낮아진다.

8. 다음 중 "공기 중의 발화온도"가 가장 높은 물질은? [11.3/14.1]

① CH_4 ② C_2H_2 ③ C_2H_6 ④ H_2S

해설 • 발화온도 : 가연성 혼합물이 주위로부터 충분한 에너지를 받아 스스로 착화할 수 있는 최저온도
• 공기 중의 발화온도가 높은 순서 : $CH_4 > C_2H_2 > H_2S > C_2H_6$

9. 다음 중 자연 발화에 대한 설명으로 가장 적절한 것은? [14.2]

① 습도를 높게 하면 자연 발화를 방지할 수 있다.
② 점화원을 잘 관리하면 자연 발화를 방지할 수 있다.
③ 윤활유를 닦은 걸레의 보관 용기로는 금속재보다는 플라스틱 제품이 더 좋다.
④ 자연 발화는 외부로 방출하는 열보다 내부에서 발생하는 열의 양이 많은 경우에 발생한다.

해설 자연 발화 : 가연물의 온도가 서서히 상승하면서 발화온도에 도달하여 점화원 없이 발화하는 현상

10. 윤활유를 닦은 기름걸레를 햇빛이 잘 드는 작업장의 구석에 모아 두었을 때 가장 발생 가능성이 높은 재해는? [14.1]

① 분진폭발
② 자연 발화에 의한 화재
③ 정전기 불꽃에 의한 화재
④ 기계의 마찰열에 의한 화재

해설 기름걸레를 햇빛이 잘 드는 장소에 두면 유증기가 발생하여 자연 발화에 의한 화재가 발생할 수 있다.

11. 화재발생 시 발생되는 연소 생성물 중 독성이 높은 것부터 낮은 순으로 올바르게 나열한 것은? [12.3]

① 염화수소 > 포스겐 > CO > CO_2

② CO > 포스겐 > 염화수소 > CO_2
③ CO_2 > CO > 포스겐 > 염화수소
④ 포스겐 > 염화수소 > CO > CO_2

해설 독성가스의 허용 노출기준(ppm)

가스 명칭	농도	가스 명칭	농도
이산화탄소(CO_2)	5000	황화수소(H_2S)	10
에탄올(C_2H_5OH)	1000	아황산가스(SO_2)	5
메탄올($CH3OH$)	200	염화수소(HCl)	5
일산화탄소(CO)	50	불화수소(HF)	3
산화에틸렌(C_2H_4O)	50	염소(Cl_2)	1
암모니아(NH_3)	25	인화수소(PH_3)	0.3
일산화질소(NO)	25	포스겐($COCl_2$)	0.1
브롬메틸(CH_3Br)	20	브롬(Br_2)	0.1
시안화수소(HCN)	10	불소(F_2)	0.1
메틸아민(CH_3NH_2)	10	오존(O3)	0.1

12. 다음 중 가연성 가스가 아닌 것으로만 나열된 것은? [18.3/19.1/19.2]

① 일산화탄소, 프로판
② 이산화탄소, 프로판
③ 일산화탄소, 산소
④ 산소, 이산화탄소

해설 가스의 구분
• 가연성 가스 : 아세틸렌, 프로판, 에틸렌, 메탄, 수소 등
• 불연성 가스 : 질소, 이산화탄소(탄산가스), 프레온12 등
• 조연성 가스 : 산소, 아산화질소, 압축공기, 염소 등
• 독성가스 : 일산화탄소, 염소, 아르곤, 산화에틸렌, 염화메틸, 암모니아, 시안화수소, 아황산가스, 포스겐 등

12-1. 다음 중 가연성 가스로만 구성된 것은? [15.1]

① 메탄, 에틸렌　　② 헬륨, 염소
③ 오존, 암모니아　④ 산소, 아황산가스

해설 가스의 구분
- 가연성 가스 : 아세틸렌, 프로판, 에틸렌, 메탄, 수소 등
- 불연성 가스 : 질소, 이산화탄소(탄산가스), 프레온12 등
- 조연성 가스 : 산소, 아산화질소, 압축공기, 염소 등
- 독성가스 : 일산화탄소, 염소, 아르곤, 산화에틸렌, 염화메틸, 암모니아, 시안화수소, 아황산가스, 포스겐 등

정답 ①

12-2. 다음 중 불연성 가스에 해당하는 것은? [20.2]

① 프로판　　　　② 탄산가스
③ 아세틸렌　　　④ 암모니아

해설 불연성 가스는 스스로 연소하지 못하며, 종류에는 탄산가스, 질소, 아르곤, 프레온 등이 있다.

정답 ②

13. 다음 중 중합폭발의 유해·위험요인(hazard)이 있는 것은? [12.3]

① 아세틸렌　　　② 시안화수소
③ 산화에틸렌　　④ 염소산칼륨

해설 시안화수소(HCN)는 반응성이 강한 약산성 물질, 독성가스로 중합에 의해서 폭발한다.

14. 다음 중 화재 및 폭발방지를 위하여 질소가스를 주입하는 불활성화 공정에서 적정 최소 산소농도(MOC)는? [12.1]

① 5%　　　　　② 10%
③ 21%　　　　　④ 25%

해설 질소(불활성)가스를 주입하는 불활성화 공정에서 적정 최소 산소농도는 10%이며, 분진은 8%이다.

15. 다음 중 산화에틸렌의 분해폭발 반응에서 생성되는 가스가 아닌 것은? (단, 연소는 일어나지 않는다.) [12.1]

① 메탄(CH_4)　　② 일산화탄소(CO)
③ 에틸렌(C_2H_4)　④ 이산화탄소(CO_2)

해설
- 산화에틸렌(C_2H_4O) : 녹는점은 $-112℃$, 끓는점은 $10.7℃$인 가연성 물질
- 분해폭발 반응에서 생성되는 가스 : 메탄, 일산화탄소, 에틸렌

16. 가스를 저장하는 가스용기의 색상이 틀린 것은? (단, 의료용 가스는 제외한다.) [17.1]

① 암모니아 - 백색　② 이산화탄소 - 황색
③ 산소 - 녹색　　　④ 수소 - 주황색

해설
- 충전가스용기(bombe)의 색상

가스명	도색	가스명	도색
수소	주황색	프로판	회색
산소	녹색	아르곤	회색
염소	갈색	질소	회색
탄산가스	청색	암모니아	백색
아세틸렌	황색	액화석유	회색
그 밖의 가스	회색	–	

- 의료용 용기

가스명	도색	가스명	도색
산소	백색	헬륨	갈색
질소	흑색	에틸렌	자색
탄산가스	회색	사이클로프로판	주황색
아산화질소	청색	그 밖의 가스	회색

17. 산소용기의 압력계가 100 kgf/cm²일 때 약 몇 psia인가? (단, 대기압은 표준 대기압이다.) [18.2]

① 1465 ② 1455

③ 1438 ④ 1423

해설 $1 \, kg/cm^2 = 14.223 \, psi$ 이므로 $100 \, kg/cm^2 = 1422.3 \, psi$

$\therefore \ 1422.3 \, psi + 14.7 = 1437 \, psia$

여기서, psia = psi + 14.7

18. 가정에서 요리를 할 때 사용하는 가스레인지에서 일어나는 가스의 연소형태에 해당되는 것은? [17.2]

① 자기연소 ② 분해연소

③ 표면연소 ④ 확산연소

해설 확산연소 : 가연성 가스가 공기 중의 지연성 가스와 접촉하여 접촉면에서 연소가 일어나는 현상

19. 다음 중 화재의 분류에서 전기화재에 해당하는 것은? [10.2/18.1]

① A급 화재 ② B급 화재

③ C급 화재 ④ D급 화재

해설 화재의 종류

종류	A급	B급	C급	D급
분류	일반화재	유류화재	전기화재	금속화재
표시색	백색	황색	청색	표시 없음 (무색)
소화방법	냉각소화	질식소화	질식소화	질식소화
적응 소화기	산·알칼리, 주수(물)	CO_2, 증발성 액체, 분말, 포말	CO_2, 증발성 액체	마른 모래
비고	목재, 섬유, 종이류 등	가연성 액체, 기체, 유성페인트	전기가 흐르는 상태의 전기화재	가연성 금속(Mg, Na, Ti, K 등)

19-1. 다음 중 화재의 급수와 종류 및 종류별 표시색상이 잘못 연결된 것은? [09.2]

① A급 – 일반화재 – 적색

② B급 – 유류화재 – 황색

③ C급 – 전기화재 – 청색

④ D급 – 금속화재 – 무색

해설 ① A급 – 일반화재 – 백색 : 냉각소화로 산·알칼리, 주수(물) 소화기 사용

정답 ①

19-2. 다음 중 화재의 종류가 옳게 연결된 것은? [16.3/18.2/20.2]

① A급 화재 – 유류화재

② B급 화재 – 유류화재

③ C급 화재 – 일반화재

④ D급 화재 – 일반화재

해설 B급(유류) 화재 : 포말, 분말, CO_2 소화기를 사용한다.

정답 ②

19-3. 다음 중 B급 화재에 해당되는 것은?

① 유류에 의한 화재 [15.2]

② 전기장치에 의한 화재

③ 일반 가연물에 의한 화재

④ 마그네슘 등에 의한 금속화재

해설 B급(유류) 화재 : 포말, 분말, CO_2 소화기를 사용한다.

정답 ①

20. 전기화재의 발생 원인이 아닌 것은? [15.3]

① 합선 ② 절연저항

③ 과전류 ④ 누전 또는 지락

해설 전기화재의 발생 원인 : 단락(합선), 누전, 과전류, 스파크, 접촉부 과열, 지락, 낙뢰, 정전기 스파크, 절연열화에 의한 발열 등

소화

21. 이산화탄소 소화기에 관한 설명으로 옳지 않은 것은? [20.2]

① 전기화재에 사용할 수 있다.
② 주된 소화작용은 질식작용이다.
③ 소화약제 자체 압력으로 방출이 가능하다.
④ 전기전도성이 높아 사용 시 감전에 유의해야 한다.

해설 ④ 전기절연성이 높아 전기화재에 사용한다.

21-1. 다음 중 이산화탄소 소화기의 사용이 가능한 것은? [10.3]

① 전기설비가 존재하는 한랭한 지역에서의 화재
② 사람이 존재하는 밀폐된 지역에서의 화재
③ LiH, NaH와 같은 금속 수소화물에 의한 화재
④ 제5류 위험물(자기반응성 물질)에 의한 화재

해설 ① 전기설비 화재에서는 이산화탄소 소화기의 사용이 가능하며, ②, ③, ④는 이산화탄소 소화기의 사용을 금한다.

정답 ①

21-2. 이산화탄소 소화기의 사용에 관한 설명으로 옳지 않은 것은? [15.2]

① B급 화재 및 C급 화재의 적용에 적절하다.
② 이산화탄소의 주된 소화작용은 질식작용이므로 산소의 농도가 15% 이하가 되도록 약제를 살포한다.
③ 액화 탄산가스가 공기 중에서 이산화탄소로 기화하면 체적이 급격하게 팽창하므로 질식에 주의한다.
④ 이산화탄소는 반도체 설비와 반응을 일으키

므로 통신기기나 컴퓨터설비에 사용을 해서는 아니 된다.

해설 ④ 이산화탄소 소화기는 부식성이 거의 없고, 불연성 및 절연성이 매우 높아 전기화재(전기설비, 통신기기, 컴퓨터설비 등)에 주로 사용된다.

정답 ④

22. 다음 중 소화방법의 분류에 해당하지 않는 것은? [14.3]

① 포소화   ② 질식소화
③ 희석소화   ④ 냉각소화

해설 소화방법의 분류 : 질식소화, 억제소화, 냉각소화, 제거소화 등

22-1. 소화방법에 대한 주된 소화원리로 틀린 것은? [16.1]

① 물을 살포한다. : 냉각소화
② 모래를 뿌린다. : 질식소화
③ 초를 불어서 끈다. : 억제소화
④ 담요를 덮는다. : 질식소화

해설 ③은 제거소화이다.

정답 ③

22-2. 다음 중 주요 소화작용이 다른 소화약제는? [12.2]

① 사염화탄소   ② 할론
③ 이산화탄소   ④ 중탄산나트륨

해설 ①, ②는 억제소화, ③은 질식소화, ④는 질식과 억제소화

정답 ③

22-3. 다음 중 액체의 증발잠열을 이용하여 소화시키는 것으로 물을 이용하는 방법은 주로 어떤 소화방법에 해당되는가? [10.2/15.3]

① 냉각소화법   ② 연소억제법

③ 제거소화법   ④ 질식소화법

해설 냉각소화 : 액체 또는 고체 소화제를 뿌려 가연물을 냉각시켜 인화점 및 발화점 이하로 낮추는 소화방법으로 대표적인 소화제로 물을 사용한다.

정답 ①

22-4. 다음 설명에 해당하는 소화의 종류는? [11.1]

> 가연성 가스와 지연성 가스가 섞여 있는 혼합기체의 농도를 조절하여 혼합기체의 농도를 연소범위 밖으로 벗어나게 하여 연소를 중지시키는 방법

① 냉각소화   ② 질식소화

③ 제거소화   ④ 억제소화

해설 질식소화에 관한 설명이다.

정답 ②

23. 다음 중 전기화재 시 부적합한 소화기는 무엇인가? [14.1]

① 분말 소화기   ② CO_2 소화기

③ 할론 소화기   ④ 산알칼리 소화기

해설 ④는 일반, 유류화재 소화기이다.

23-1. 다음 중 전기설비 화재의 소화에 가장 적합한 것은? [09.1]

① 건조사   ② 포 소화기

③ CO_2 소화기   ④ 봉상강화액 소화기

해설 전기설비 화재의 소화 : 이산화탄소 소화기, 할로겐화합물 소화기, 분말 소화기, 무상강화액 소화기 등

정답 ③

23-2. 전기설비의 화재에 사용되는 소화기의 소화제로 가장 적절한 것은? [14.3]

① 물거품

② 탄산가스

③ 염화칼슘

④ 산 및 알칼리

해설 전기화재(C급 화재)에 사용하는 소화기 : 이산화탄소 소화기, 할로겐화합물 소화기, 분말 소화기, 무상강화액 소화기 등

정답 ②

24. 다음 중 자기반응성 물질에 관한 설명으로 틀린 것은? [13.2]

① 가열·마찰·충격에 의해 폭발하기 쉽다.

② 연소속도가 대단히 빨라서 폭발적으로 반응한다.

③ 소화에는 이산화탄소, 할로겐화합물 소화약제를 사용한다.

④ 가연성 물질이면서 그 자체 산소를 함유하므로 자기연소를 일으킨다.

해설 ③ 소화에는 물에 의한 냉각소화를 사용한다. 제거소화도 효과적이다.

25. 전기설비로 인한 화재폭발의 위험분위기를 생성하지 않도록 하기 위해 필요한 대책으로 가장 거리가 먼 것은? [14.1]

① 폭발성 가스의 사용 방지

② 폭발성 분진의 생성 방지

③ 폭발성 가스의 체류 방지

④ 폭발성 가스 누설 및 방출 방지

해설 화재폭발 생성방지 대책 : 폭발성 분진의 생성 방지, 폭발성 가스의 체류 방지, 폭발성 가스 누설 및 방출 방지 등

26. 다음 중 소화(消火)방법에 있어 제거소화에 해당되지 않는 것은? [14.2]

① 연료탱크를 냉각하여 가연성 기체의 발생 속도를 작게 한다.

② 금속화재의 경우 불활성 물질로 가연물을 덮어 미연소 부분과 분리한다.

③ 가연성 기체의 분출 화재 시 주 밸브를 잠그고 연료 공급을 중단시킨다.

④ 가연성 가스나 산소의 농도를 조절하여 혼합기체의 농도를 연소범위 밖으로 벗어나게 한다.

해설 ④는 질식소화로 전기, 유류화재 소화방법이다.

27. 다음 중 분말소화제의 조성과 관계가 없는 것은? [12.3]

① 중탄산나트륨

② T.M.B

③ 탄산마그네슘

④ 인산칼슘

해설 분말소화약제의 종류

구분	구분색	소화제 품명
제1종(B, C급)	백색	탄산수소나트륨 $(NaHCO_3)$
제2종(B, C급)	담청색	탄산수소칼륨 $(KHCO_3)$
제3종(A, B, C급)	담홍색	제1인산암모늄 $(NH_4H_2PO_4)$
제4종(B, C급)	회(쥐)색	탄산수소칼륨과 요소의 반응물

27-1. 다음 중 분말소화약제에 대한 설명으로 틀린 것은? [13.2]

① 소화약제의 종별로는 제1종~제4종까지 있다.

② 적응 화재에 따라 크게 BC 분말과 ABC 분말로 나누어진다.

③ 제3종 분말의 주성분은 제1인산암모늄으로 B급과 C급 화재에만 사용이 가능하다.

④ 제4종 분말소화약제는 제2종 분말을 개량한 것으로 분말소화약제 중 소화력이 가장 우수하다.

해설 ③ 제3종 분말소화약제는 제1인산암모늄 $(NH_4H_2PO_4)$으로 A, B, C급 화재에 적용된다.

정답 ③

28. 위험물안전관리법령상 칼륨에 의한 화재에 적응성이 있는 것은? [13.3/19.1]

① 건조사(마른 모래)

② 포 소화기

③ 이산화탄소 소화기

④ 할로겐화합물 소화기

해설 칼륨은 금속화재를 발생시키며, 건조사, 팽창질석, 팽창진주암 등으로 소화한다.

29. 화재발생 시 알코올포(내알코올포) 소화약제의 소화 효과가 큰 대상물은? [17.1]

① 특수 인화물

② 물과 친화력이 있는 수용성 용매

③ 인화점이 영하 이하의 인화성 물질

④ 발생하는 증기가 공기보다 무거운 인화성 액체

해설 알코올포 소화약제의 소화 효과는 물과 친화력이 있는 수용성 액체의 화재를 소화할 때 효과적이다.

29-1. 다음 중 인화성 액체를 소화할 때 내알코올포를 사용해야 하는 물질은? [12.3]

① 특수 인화물

② 소포성의 수용성 액체

③ 인화점이 영하 이하의 인화성 물질

④ 발생하는 증기가 공기보다 무거운 인화성 액체

해설 소포성의 수용성 액체의 화재 시에는 내알코올포를 사용한다.

정답 ②

30. 다음 중 인화성 액체의 취급 시 주의사항으로 가장 적절하지 않은 것은? [13.1]

① 소포성의 인화성 액체의 화재 시에는 내알코올포를 사용한다.

② 소화작업 시에는 공기호흡기 등 적합한 보호구를 착용하여야 한다.

③ 일반적으로 비중이 물보다 무거워서 물 아래로 가라앉으므로, 주수소화를 이용하면 효과적이다.

④ 화기, 충격, 마찰 등의 열원을 피하고, 밀폐 용기를 사용하며, 사용상 불가능한 경우 환기장치를 이용한다.

해설 ③ 인화성 액체는 공기보다 무겁고, 물보다는 가벼워서 물 아래로 가라앉지 않으므로, 주수소화를 금지한다.

31. 다음 중 제5류 위험물에 적응성이 있는 소화기는? [11.1]

① 포 소화기

② 분말 소화기

③ 이산화탄소 소화기

④ 할로겐화합물 소화기

해설 제5류(자기반응성 물질)에 사용하는 소화기 : 무상수 소화기, 무상강화액 소화기, 포 소화기, 봉상강화액 소화기, 물통 또는 수조, 건조사, 팽창질석 또는 팽창진주암

32. 소화기의 몸통에 "A급 화재 10 단위"라고 기재되어 있는 소화기에 관한 설명으로 적절한 것은? [15.1]

① 이 소화기의 소화능력시험 시 소화기 조작자는 반드시 방화복을 착용하고 실시하여야 한다.

② 이 소화기의 A급 화재 소화능력 단위가 10 단위이면, B급 화재에 대해서도 같은 10 단위가 적용된다.

③ 어떤 A급 화재 소방 대상물의 능력 단위가 21일 경우 이 소방 대상물에 위의 소화기를 비치할 경우 2대면 충분하다.

④ 이 소화기의 소화능력 단위는 소화능력시험에 배치되어 완전 소화한 모형의 수에 해당하는 능력 단위의 합계가 10 단위라는 뜻이다.

해설 A급 화재 10 단위
소화기의 소화능력 단위는 소화능력시험에 배치되어 완전 소화한 모형의 수에 해당하는 능력 단위의 합계가 10 단위라는 뜻이다.

33. 다음 중 물 분무 소화설비의 주된 소화 효과에 해당하는 것으로만 나열한 것은? [16.2]

① 냉각 효과, 질식 효과

② 희석 효과, 제거 효과

③ 제거 효과, 억제 효과

④ 억제 효과, 희석 효과

해설 물 분무 소화 효과 : 냉각, 질식, 희석, 유화 효과이다.

33-1. 할로겐화합물 소화약제의 소화작용과 같이 연소의 연속적인 연쇄반응을 차단, 억제 또는 방해하여 연소 현상이 일어나지 않도록 하는 소화작용은? [16.3]

① 부촉매 소화작용

② 냉각 소화작용

③ 질식 소화작용

④ 제거 소화작용

해설 할로겐화물 소화기는 가연물이 산소와 반응하는 것을 억제하는 부촉매 소화작용으로 연소를 억제한다.

정답 ①

33-2. 다음 중 할로겐화합물 소화약제의 주된 효과는? [10.1]

① 냉각 효과   ② 억제 효과
③ 질식 효과   ④ 제거 효과

해설 할로겐화물 소화약제의 주된 효과는 가연물이 산소와 반응하는 것을 억제한다.

정답 ②

33-3. 다음 중 F, Cl, Br 등 산화력이 큰 할로겐 원소의 반응을 이용하여 소화(消火)시키는 방식을 무엇이라 하는가? [13.1]

① 희석식 소화
② 냉각에 의한 소화
③ 연료 제거에 의한 소화
④ 연소 억제에 의한 소화

해설 억제소화 : 할로겐 원소의 반응을 이용한 연소 억제에 의한 소화

정답 ④

34. 다음 중 화재발생 시 주수소화 방법을 적용할 수 있는 물질은? [12.1]

① 과산화칼륨   ② 황산
③ 질산   ④ 과산화수소

해설 • 과산화수소는 화재발생 시 주수소화 방법을 적용할 수 있다.
• 과산화칼륨, 황산, 질산 등은 물과 접촉하면 반응하므로 주수소화를 금한다.

35. 다음의 주의사항에 해당하는 물질은?
[09.1/11.1]

특히 산화제와 접촉 및 혼합을 엄금하며, 화재 시 주수소화를 피하고 건조한 모래 등으로 질식소화를 한다.

① 마그네슘
② 과염소산나트륨
③ 황인
④ 과산화수소

해설 마그네슘(제2류 위험물)은 물과 산에 접촉하면 자연 발화되므로 건조사, 팽창질식, 팽창진주암으로 소화한다.

36. 다음 중 화재방지 대책에 대한 내용으로 틀린 것은? [12.3]

① 예방 대책 – 점화원 관리
② 국한 대책 – 안전장치 설치
③ 소화 대책 – 건물설비의 불연화
④ 피난 대책 – 인명이나 재산 손실보호

해설 ③ 소화 대책 – 초기 소화 활동

37. 다음 중 소화에 관한 설명으로 옳은 것은? [11.2]

① 물은 가장 일반적인 소화제로서 모든 형태의 불을 소화하기에 가장 좋은 소화제이다.
② 탄화수소 가스 혹은 유류화재 등 B급 화재는 물에 의한 진화가 용이하다.
③ B급 화재의 소화에 있어 첫 단계는 가능하다면 불을 일으키는 연료의 공급을 차단하는 것이다.
④ 소화제로서의 물은 제5류 위험물에 대한 소화 적응성이 떨어지므로 사용할 수 없다.

해설 ③ B급 화재의 소화에 있어 첫 단계는 송유관 등 유류가 공급되는 경로를 차단하여 소화하는 것이다.

정답 34. ④   35. ①   36. ③   37. ③

38. 다음 중 소화의 원리에 해당되지 않는 것은? [11.3]

① 연소의 연쇄반응을 차단시킨다.

② 한계산소지수를 높이도록 한다.

③ 가연성 물질을 인화점 또는 발화점 이하로 낮춘다.

④ 혼합기체의 농도를 연소범위 밖으로 벗어나게 한다.

해설 한계산소지수 : 고분자 시료가 발화되어서 3분간 꺼지지 않고 타는데 필요한 산소(공기), 화재 시 높이면 화재가 확산한다.

39. 다음 중 물을 소화제로 사용하는 주된 이유로 가장 적합한 것은? [10.1]

① 기화되기 쉬우므로

② 증발잠열이 크므로

③ 환원성이므로

④ 부촉매 효과가 있으므로

해설 냉각소화는 증발열이 크고 가격이 저렴한 물을 많이 사용한다.

40. 다음 중 할로겐화합물 소화약제에 관한 설명으로 틀린 것은? [10.2]

① 주된 소화 효과는 억제소화이다.

② 유류나 전기화재에 적합하다.

③ 변질 우려가 있어 장기간 저장이 어렵다.

④ 구성원소로는 C, F, Cl, Br_2 등이 있다.

해설 ③ 소화약제의 변질 우려가 없고 장기간 저장이 가능하다.

41. 다음 중 독성가스의 발생으로 화재에 사용할 수 없는 할로겐화합물 소화약제는? [10.3]

① 할론 1211 소화약제

② 할론 1301 소화약제

③ 할론 2402 소화약제

④ 할론 1040 소화약제

해설 할론 $1040(CCl_4)$ – 독성이 강함

5과목 건설안전기술

1 건설공사 안전개요

공정계획 및 안전성 심사

1. 타워크레인을 벽체에 지지하는 경우 서면심사 서류 등이 없거나 명확하지 아니할 때 설치를 위해서는 특정 기술자의 확인을 필요로 하는데, 그 기술자에 해당하지 않는 것은?

① 건설안전기술사   [12.1/14.2]
② 기계안전기술사
③ 건축시공기술사
④ 건설안전 분야 산업안전지도사

해설 타워크레인의 설치를 위해서 확인을 할 수 있는 자격 소지자로 건축구조기술사, 건설기계기술사, 기계안전기술사, 건설안전기술사 또는 건설안전 분야 산업안전지도사의 확인을 받아 설치하여야 한다.

2. 건설공사 유해·위험방지 계획서를 제출하는 경우 자격을 갖춘 자의 의견을 들은 후 제출하여야 하는데 이 자격에 해당하지 않는 자는?   [14.2/16.3]

① 건설안전기사로서 건설안전 관련 실무경력이 4년인 자
② 건설안전기술사
③ 토목시공기술사
④ 건설안전 분야 산업안전지도사

해설 유해·위험방지 계획서 검토자의 자격 요건
• 건설안전 분야 산업안전지도사

• 건설안전기술사 또는 토목·건축 분야 기술사
• 건설안전기사로서 건설안전 관련 실무경력이 5년 이상인 자(산업기사는 7년 이상)

3. 산업안전보건법령에 따라 안전관리자와 보건관리자의 직무를 분류할 때 안전관리자의 직무에 해당되지 않는 것은?   [18.3]

① 산업재해에 관한 통계의 유지·관리·분석을 위한 보좌 및 조언·지도
② 산업재해 발생의 원인 조사·분석 및 재발방지를 위한 기술적 보좌 및 조언·지도
③ 해당 사업장 안전교육계획의 수립 및 안전교육 실시에 관한 보좌 및 조언·지도
④ 국소배기장치 등에 관한 설비의 점검과 작업방법의 공학적 개선에 관한 보좌 및 조언·지도

해설 안전관리자의 업무
• 산업안전보건위원회 또는 노사협의체에서 심의·의결한 업무와 사업장의 안전보건관리규정 및 취업규칙에서 정한 업무
• 위험성 평가에 관한 보좌 및 지도·조언
• 안전인증대상 기계·기구 등과 자율안전확인대상 기계·기구 등 구입 시 적격품의 선정에 관한 보좌 및 지도·조언
• 사업장의 안전교육계획 수립 및 안전교육 실시에 관한 보좌 및 지도·조언
• 사업장의 순회점검·지도 및 조치의 건의

• 산업재해 발생의 원인 조사 · 분석 및 재발 방지를 위한 기술적 보좌 및 지도 · 조언

• 산업재해에 관한 통계의 관리 · 유지 · 분석을 위한 보좌 및 지도 · 조언

• 법에 정한 안전에 관한 사항의 이행에 관한 보좌 및 지도 · 조언

• 업무수행 내용의 기록 · 유지

• 그 밖에 안전에 관한 사항으로서 고용노동부장관이 정하는 사항

Tip) ④ 국소배기장치는 안전검사대상 기계

4. 다음 중 건설공사 관리의 주요 기능이라 볼 수 없는 것은? [16.1]

① 안전관리 ② 공정관리
③ 품질관리 ④ 재고관리

해설 건설공사 관리의 주요 기능 : 안전관리, 원가관리, 품질관리, 공정관리

지반의 안정성

5. 암질 변화구간 및 이상 암질 출현 시 판별방법과 가장 거리가 먼 것은? [14.3/18.1/20.2]

① R.Q.D ② R.M.R
③ 지표침하량 ④ 탄성파 속도

해설 암질 판별방법 : R.Q.D(%), R.M.R(%), 탄성파 속도(m/sec), 진동치 속도(cm/sec= kine), 일축압축강도(kg/cm^2)

5-1. 굴착공사 중 암질 변화구간 및 이상 암질 출현 시에는 암질판별시험을 수행하는데 이 시험의 기준과 거리가 먼 것은? [17.1]

① 함수비 ② R.Q.D
③ 탄성파 속도 ④ 일축압축강도

해설 • 함수비가 높은 토사는 강도 저하로 인해 붕괴할 우려가 있다.

→ 함수비=물의 용적/흙 입자의 용적

• 암질 판별방법 : R.Q.D(%), R.M.R(%), 탄성파 속도(m/sec), 진동치 속도(cm/sec= kine), 일축압축강도(kg/cm^2)

정답 ①

5-2. 시추코어 중 100mm 이상 되는 코어 편길이의 합을 시추길이로 나누어 백분율로 표시한 값으로 암질의 상태를 나타내는데 사용되는 것은? [10.3]

① 탄성파 속도
② R.Q.D(Rock Quality Designation)
③ R.M.R(Rock Mass Rating)
④ 일축압축강도

해설 암질지수(R.Q.D)

$$=\frac{100mm \text{ 이상 되는 코어 편길이의 합}}{\text{시추길이}} \times 100\%$$

정답 ②

6. 발파작업에 종사하는 근로자가 준수하여야 할 사항으로 옳지 않은 것은? [18.2]

① 장전구(裝塡具)는 마찰 · 충격 · 정전기 등에 의한 폭발의 위험이 없는 안전한 것을 사용할 것
② 발파공의 충진재료는 점토 · 모래 등 발화성 또는 인화성의 위험이 없는 재료를 사용할 것
③ 얼어붙은 다이나마이트는 화기에 접근시키거나 그 밖의 고열물에 직접 접촉시켜 단시간 안에 융해시킬 수 있도록 할 것
④ 전기뇌관에 의한 발파의 경우 점화하기 전에 화약류를 장전한 장소로부터 30m 이상 떨어진 안전한 장소에서 전선에 대하여 저항측정 및 도통시험을 할 것

해설 ③ 얼어붙은 다이나마이트는 화기에 접근시키거나 그 밖의 고열물에 직접 접촉시키는 등 위험한 방법으로 융해되지 않도록 한다.

7. 채석작업을 하는 때 채석작업 계획에 포함되어야 하는 사항에 해당되지 않는 것은?
① 굴착면의 높이와 기울기　　　　[16.3]
② 기둥침하의 유무 및 상태 확인
③ 암석의 분할방법
④ 표토 또는 용수의 처리방법

해설 채석작업 시 작업계획서 내용
• 발파방법
• 암석의 분할방법
• 암석의 가공장소
• 노천굴착과 갱내굴착의 구별 및 채석방법
• 굴착면의 높이와 기울기
• 굴착면 소단(小段)의 위치와 넓이
• 갱내에서의 낙반 및 붕괴방지방법
• 사용하는 굴착기계·분할기계·적재기계 또는 운반기계의 종류 및 성능
• 토석 또는 암석의 적재 및 운반방법과 운반경로
• 표토 또는 용수(勇水)의 처리방법

8. 채석작업을 하는 경우 지반의 붕괴 또는 토석의 낙하로 인하여 근로자에게 발생할 우려가 있는 위험을 방지하기 위하여 취하여야 할 조치와 가장 거리가 먼 것은?　[11.3/15.2]
① 작업시작 전 작업장소 및 그 주변 지반의 부석과 균열의 유무와 상태 점검
② 함수·용수 및 동결상태의 변화 점검
③ 진동치 속도 점검
④ 발파 후 발파장소 점검

해설 ③은 암질 판별기준,
①, ②, ④는 채석작업 시 위험방지 조치

9. 흙막이 가시설 공사 중 발생할 수 있는 히빙(heaving) 현상에 관한 설명으로 틀린 것은?　[14.2]
① 흙막이 벽체 내·외의 토사의 중량차에 의해 발생한다.
② 연약한 점토지반에서 굴착면의 융기로 발생한다.
③ 연약한 사질토지반에서 주로 발생한다.
④ 흙막이벽의 근입장 깊이가 부족할 경우 발생한다.

해설 • 보일링(boiling) 현상 : 사질지반의 흙막이 지면에서 수두차로 인한 삼투압이 발생하여 흙막이벽 근입 부분을 침식하는 동시에 모래가 액상화되어 솟아오르는 현상
• 히빙(heaving) 현상 : 연약 점토지반에서 굴착작업 시 흙막이벽체 내·외의 토사의 중량차에 의해 흙막이 밖에 있는 흙이 안으로 밀려 들어와 솟아오르는 현상
• 동상(frost heave) 현상 : 겨울철에 대기온도가 0℃ 이하로 하강함에 따라 흙 속의 수분이 얼어 동결상태가 된 흙이 지표면에 부풀어 오르는 현상
• 연화 현상 : 동결된 지반이 기온상승으로 녹기 시작하여 녹은 물이 흙 속에 과잉의 수분으로 존재하여 지반이 연약화되면서 강도가 떨어지는 현상
• 파이핑(piping) 현상 : 보일링 현상으로 인하여 지반 내에서 물이 흘러 통로가 생기면서 흙이 세굴되는 현상

9-1. 히빙(heaving) 현상이 가장 쉽게 발생하는 토질지반은?　[09.3/20.2]
① 연약한 점토지반
② 연약한 사질토지반
③ 견고한 점토지반
④ 견고한 사질토지반

해설 히빙(heaving) 현상 : 연약 점토지반에서 굴착작업 시 흙막이벽체 내·외의 토사의 중량차에 의해 흙막이 밖에 있는 흙이 안으로 밀려 들어와 솟아오르는 현상

정답 ①

9-2. 연약지반을 굴착할 때, 흙막이벽 뒤쪽 흙의 중량이 바닥의 지지력보다 커지면, 굴착저면에서 흙이 부풀어 오르는 현상은 무엇인가? [12.1/12.2/19.2]

① 슬라이딩(sliding)
② 보일링(boiling)
③ 파이핑(piping)
④ 히빙(heaving)

해설 히빙(heaving) 현상 : 연약 점토지반에서 굴착작업 시 흙막이벽체 내·외의 토사의 중량차에 의해 흙막이 밖에 있는 흙이 안으로 밀려 들어와 솟아오르는 현상

정답 ④

9-3. 강변 옆에서 아파트 공사를 하기 위해 흙막이를 설치하고 지하공사 중에 바닥에서 물이 솟아오르면서 모래 등이 부풀어 올라 흙막이가 무너졌다. 어떤 현상에 의해 사고가 발생하였는가? [12.3]

① 보일링(boiling) 파괴
② 히빙(heaving) 파괴
③ 파이핑(piping) 파괴
④ 지하수 침하 파괴

해설 보일링(boiling) 현상 : 사질지반의 흙막이 지면에서 수두차로 인한 삼투압이 발생하여 흙막이벽 근입 부분을 침식하는 동시에 모래가 액상화되어 솟아오르는 현상

정답 ①

10. 지반에서 발생하는 히빙 현상의 직접적인 대책과 가장 거리가 먼 것은? [13.3/16.3]

① 굴착 주변의 상재하중을 제거한다.
② 토류벽의 배면토압을 경감시킨다.
③ 굴착저면에 토사 등 인공중력을 가중시킨다.
④ 수밀성 있는 흙막이 공법을 채택한다.

해설 히빙 방지 대책
• 어스앵커를 설치한다.
• 흙막이벽의 근입심도를 확보한다.
• 양질의 재료로 지반개량을 실시한다.
• 굴착 주변의 상재하중을 제거한다.
• 토류벽의 배면토압을 경감시킨다.
• 굴착저면에 토사 등 인공중력을 가중시킨다.

11. 사질토지반에서 보일링(boiling) 현상에 의한 위험성이 예상될 경우의 대책으로 옳지 않은 것은? [18.1]

① 흙막이 말뚝의 밑둥넣기를 깊게 한다.
② 굴착저면보다 깊은 지반을 불투수로 개량한다.
③ 굴착 밑 투수층에 만든 피트(pit)를 제거한다.
④ 흙막이벽 주위에서 배수시설을 통해 수두차를 적게 한다.

해설 ③ 굴착 밑 투수층에 피트(pit) 등을 설치한다.

11-1. 사질지반에 흙막이를 하고 터파기를 실시하면 지반 수위와 터파기 저면과의 수위차에 의해 보일링 현상이 발생할 수 있다. 이때 이 현상을 방지하는 방법이 아닌 것은 어느 것인가? [13.1]

① 흙막이 벽의 저면 타입깊이를 크게 한다.
② 차수성이 높은 흙막이벽을 사용한다.
③ 웰 포인트로 지하수면을 낮춘다.
④ 주동토압을 크게 한다.

해설 ④ 주동토압을 삭게 한다.

Tip) 주동토압 : 흙이 가로 방향으로 팽창하여 옹벽에 미치는 흙의 가로 방향의 압력

정답 ④

12. 지반 조사의 방법 중 지반을 강관으로 천공하고 토사를 채취 후 여러 가지 시험을 시행하여 지반의 토질 분포, 흙의 층상과 구성 등을 알 수 있는 것은? [19.1]

① 보링
② 표준관입시험
③ 베인테스트
④ 평판재하시험

해설 보링은 지반을 강관으로 천공하고 토사를 채취 후 지반의 토질 분포, 흙의 층상과 구성 등을 조사하는 방법이다.

12-1. 지반의 조사방법 중 지질의 상태를 가장 정확히 파악할 수 있는 보링방법은? [17.2]

① 충격식 보링(percussion boring)
② 수세식 보링(wash boring)
③ 회전식 보링(rotary boring)
④ 오거 보링(auger boring)

해설 회전식 보링(rotary boring) : 지질의 상태를 가장 정확하게 파악할 수 있는 보링방법

정답 ③

12-2. 지반 조사방법 중 충격날(bit)을 회전시켜 천공하므로 토층이 흐트러질 우려가 적어 불교란 시료, 암석 채취 등에 많이 사용되는 것은? [11.2]

① 워시 보링
② 로터리 보링
③ 퍼쿠션 보링
④ 탄성파 탐사

해설 회전식 보링(rotary boring) : 지질의 상태를 가장 정확하게 파악할 수 있는 보링방법

정답 ②

12-3. 지반 조사방법 중 작업현장에서 인력으로 간단하게 실시할 수 있는 것으로 얕은

깊이(사질토의 경우 약 3~4m)의 토사채취를 활용하는 방법은? [10.1]

① 오거 보링
② 수세식 보링
③ 회전식 보링
④ 충격식 보링

해설 오거 보링 : 오거는 지반 조사를 하는 방법으로 심도는 10m까지 가능하지만, 사질토의 경우 모래가 섞여 붕괴되므로 3~4m 정도까지 가능하다.

정답 ①

13. 낙하추나 화약의 폭발 등으로 인공 진동을 일으켜 지반의 종류, 지층 및 강성도 등을 알아내는데 활용되는 지반 조사방법은 무엇인가? [11.1/15.3]

① 탄성파 탐사
② 전기저항 탐사
③ 방사능 탐사
④ 유량검층 탐사

해설 탄성파 탐사 : 낙하추나 화약의 폭발 등으로 인공 진동을 일으켜 지반의 종류, 지층 및 강성도 등을 알아내는 지반 조사방법

14. 도심지에서 주변에 주요 시설물이 있을 때 침하와 변위를 적게 할 수 있는 가장 적당한 흙막이 공법은? [18.1]

① 동결공법
② 샌드드레인 공법
③ 지하연속벽 공법
④ 뉴매틱케이슨 공법

해설 지하연속벽 공법 : 도심지에 시설물이 있을 때 침하와 변위를 적게 할 수 있는 흙막이 공법

15. 다음 중 흙의 다짐 효과에 대한 설명으로 옳은 것은? [10.3/11.1]

① 흙의 투수성이 증가된다.
② 동상 현상이 감소된다.
③ 전단강도가 감소된다.
④ 흙의 밀도가 낮아진다.

해설 ① 흙의 투수성이 감소한다.
② 동상 현상, 팽창 · 수축작용이 감소한다.
③ 전단강도가 증가한다.
④ 흙의 밀도가 높아진다.

16. 흙의 동상 현상을 지배하는 인자가 아닌 것은? [14.3]

① 흙의 마찰력
② 동결지속시간
③ 모관 상승고의 크기
④ 흙의 투수성

해설 흙의 동상 현상을 지배하는 인자 : 동결지속시간, 흙의 투수성, 모관 상승고의 크기, 지하수위

17. 흙의 동상방지 대책으로 틀린 것은 어느 것인가? [09.3/11.2/14.2/15.1]

① 동결되지 않는 흙으로 치환하는 방법
② 흙 속에 단열재료를 매입하는 방법
③ 지표의 흙을 화학약품으로 처리하는 방법
④ 세립토층을 설치하여 모관수의 상승을 촉진시키는 방법

해설 ④ 모관수의 상승을 차단하기 위하여 조립토층을 설치한다.

18. 모래질지반에서 포화된 가는 모래에 충격을 가하면 모래가 약간 수축하여 정(+)의 공극수압이 발생하며, 이로 인하여 유효응력이 감소하여 전단강도가 떨어져 순간침하가 발생하는 현상은? [09.1/11.1/13.2]

① 동상 현상
② 연화 현상
③ 리칭 현상
④ 액상화 현상

해설 액상화 현상은 모래층 지반에서 발생하여 유효응력이 감소하고 전단강도가 떨어지는 현상이다.

건설업 산업안전보건관리비

19. 산업안전보건관리비에 관한 설명으로 옳지 않은 것은? [19.2]

① 발주자는 수급인이 안전관리비를 다른 목적으로 사용한 금액에 대해서는 계약금액에서 감액 조정할 수 있다.
② 발주자는 수급인이 안전관리비를 사용하지 아니한 금액에 대하여는 반환을 요구할 수 있다.
③ 자기공사자는 원가 계산에 의한 예정가격 작성 시 안전관리비를 계상한다.
④ 발주자는 설계변경 등으로 대상액의 변동이 있는 경우 공사 완료 후 정산하여야 한다.

해설 ④ 발주자 또는 자기공사자는 설계변경 등으로 대상액의 변동이 있는 경우에 지체 없이 안전관리비를 조정 · 계상하여야 한다.

20. 안전관리비의 사용 항목에 해당하지 않는 것은? [11.2/20.2]

① 안전시설비
② 개인보호구 구입비
③ 접대비
④ 사업장의 안전 · 보건진단비

해설 안전관리비의 사용 항목
• 안전시설비
• 본사 사용비
• 개인보호구 및 안전장구 구입비
• 사업장의 안전 · 보건진단비
• 안전보건교육비 및 행사비
• 근로자의 건강관리비
• 건설재해 예방 기술지도비
• 안전관리자 등의 인건비 및 각종 업무수당

20-1. 건설업 산업안전보건관리비의 사용 항목으로 가장 거리가 먼 것은? [15.2]

① 안전시설비
② 사업장의 안전진단비
③ 근로자의 건강관리비
④ 본사 일반관리비

해설 본사 사용비는 안전관리비 사용 항목이지만, 본사 일반관리비는 해당되지 않는다.

정답 ④

20-2. 건설업 산업안전보건관리비의 사용 항목이 아닌 것은? [13.2]

① 안전관리계획서 작성비용
② 안전관리자의 인건비
③ 안전시설비
④ 안전진단비

해설 안전관리계획서 작성은 안전관리 총괄 계획서에 해당한다.

정답 ①

20-3. 건설업 산업안전보건관리비로 사용할 수 없는 것은? [12.3]

① 개인보호구 및 안전장구 구입비용
② 추락방지용 안전시설 등 안전시설 비용
③ 경비원, 교통정리원, 자재정리원의 인건비
④ 전담 안전관리자의 인건비 및 업무수당

해설 ③은 산업안전보건관리비 사용 제외 항목,
①, ②, ④는 산업안전보건관리비 사용 항목

정답 ③

20-4. 건설업 산업안전보건관리비 항목으로 사용 가능한 내역은? [18.3]

① 경비원, 청소원 및 폐자재 처리원 인건비
② 외부인 출입금지, 공사장 경계표시를 위한 가설울타리 설치 및 해체비용

③ 원활한 공사 수행을 위하여 사업장 주변 교통정리를 하는 신호자의 인건비
④ 해열제, 소화제 등 구급약품 및 구급용구 등의 구입비용

해설 ④는 산업안전보건관리비 사용 항목,
①, ②, ③은 산업안전보건관리비 사용 제외 항목

정답 ④

21. 산업안전보건관리비 중 안전시설비의 항목에서 사용할 수 있는 항목에 해당하는 것은? [17.2/20.1]

① 외부인 출입금지, 공사장 경계표시를 위한 가설울타리
② 작업발판
③ 절토부 및 성토부 등의 토사 유실방지를 위한 설비
④ 사다리 전도방지장치

해설 ④는 안전시설비의 항목에서 사용할 수 있는 항목,
①, ②, ③은 안전시설비의 항목에서 사용할 수 없는 항목

21-1. 산업안전보건관리비 중 안전시설비 등의 항목에서 사용 가능한 내역은? [19.1]

① 외부인 출입금지, 공사장 경계표시를 위한 가설울타리
② 비계 · 통로 · 계단에 추가 설치하는 추락방지용 안전난간
③ 절토부 및 성토부 등의 토사 유실방지를 위한 설비
④ 공사 목적물의 품질 확보 또는 건설장비 자체의 운행 감시, 공사 진척상황 확인, 방범 등의 목적을 가진 CCTV 등 감시용 장비

해설 ②는 안전시설비의 항목에서 사용할 수 있는 항목,

①, ③, ④는 안전시설비의 항목에서 사용할 수 없는 항목

정답 ②

21-2. 건설업 산업안전보건관리비의 안전시설비로 사용 가능하지 않은 항목은? [17.1]

① 비계 · 통로 · 계단에 추가 설치하는 추락방지용 안전난간
② 공사 수행에 필요한 안전통로
③ 틀비계에 별도로 설치하는 안전난간 · 사다리
④ 통로의 낙하물 방호선반

해설 ②는 안전시설비의 항목에서 사용할 수 없는 항목, ①, ③, ④는 안전시설비의 항목에서 사용할 수 있는 항목

정답 ②

22. 산업안전보건관리비 중 안전관리자 등의 인건비 및 각종 업무수당 등의 항목에서 사용할 수 없는 내역은? [09.2/12.2/13.3]

① 교통 통제를 위한 교통정리 신호수의 인건비
② 공사장 내에서 양중기 · 건설기계 등의 움직임으로 인한 위험으로부터 주변 작업자를 보호하기 위한 유도자의 인건비
③ 건설용 리프트의 운전자 인건비
④ 고소작업대 작업 시 낙하물 위험예방을 위한 하부 통제 등 공사현장의 특성에 따라 근로자 보호만을 목적으로 배치된 유도자의 인건비

해설 ①은 인건비 및 각종 업무수당 등의 항목에서 사용할 수 없는 항목, ②, ③, ④는 인건비 및 각종 업무수당 등의 항목에서 사용할 수 있는 항목

23. 다음은 공사 진척에 따른 안전관리비의 사용기준이다. ( )에 들어갈 내용으로 옳은 것은? [19.3]

공정률	50% 이상 70% 미만	70% 이상 90% 미만	90% 이상
사용기준	( )	70% 이상	90% 이상

① 30% 이상
② 40% 이상
③ 50% 이상
④ 60% 이상

해설 공사 진척에 따른 안전관리비의 사용기준은 공정률이 50% 이상 70% 미만인 경우 안전관리비를 50% 이상 사용하여야 한다.

24. 공사 종류 및 규모별 안전관리비 계상기준표에서 공사 종류의 명칭에 해당되지 않는 것은? [16.1/20.1]

① 철도 · 궤도 신설공사
② 일반건설공사(병)
③ 중건설공사
④ 특수 및 기타 건설공사

해설 건설공사 종류 및 규모별 안전관리비 계상기준표

건설공사 구분	대상액 5억 원 미만 [%]	대상액 5억 원 이상 50억 원 미만		대상액 50억 원 이상 [%]	보건관리자 선임대상 건설공사 기준[%]
		비율(X)[%]	기초액(C)[원]		
일반건설공사(갑)	2.93	1.86	5,349,000	1.97	2.15
일반건설공사(을)	3.09	1.99	5,499,000	2.10	2.29
중건설공사	3.43	2.35	5,400,000	2.44	2.66
철도 · 궤도 신설공사	2.45	1.57	4,411,000	1.66	1.81
특수 및 그밖에 공사	1.85	1.20	3,250,000	1.27	1.38

24-1. 재료비가 30억 원, 직접노무비가 50억 원인 건설공사의 예정 가격상 안전관리비

로 옳은 것은? (단, 일반건설공사(갑)에 해당
되며 계상기준은 1.97%임) [18.1]

① 56,400,000원 ② 94,000,000원

③ 150,400,000원 ④ 157,600,000원

해설 안전관리비＝(재료비＋직접노무비)×
계상기준표의 비율＝(30억 원＋50억 원)×
0.0197＝157,600,000원

정답 ④

24-2. 산업안전보건관리비 계상을 위한 대상
액이 56억 원인 교량공사의 산업안전보건관
리비는 얼마인가? (단, 일반건설공사(갑)에
해당) [18.2]

① 104,160천 원 ② 110,320천 원

③ 144,800천 원 ④ 150,400천 원

해설 산업안전보건관리비＝대상액×계상기준
표의 비율＝56억 원×0.0197＝110,320천 원

정답 ②

24-3. 다음 중 건설업 산업안전보건관리비
계상 및 사용기준에서의 안전관리비 대상액
을 의미하는 것은? [09.3]

① 총 공사금액

② 직접재료비와 간접노무의 합

③ 간접인건비와 직접노무의 합

④ 직·간접재료비와 직접노무비의 합

해설 안전관리비＝대상액(직·간접재료비＋
직접노무비)×계상기준표의 비율

정답 ④

25. 건설업 산업안전보건관리비 계상 및 사용
기준을 적용하는 공사금액 기준으로 옳은 것
은? (단, 「산업재해보상보험법」 제6조에 따
라 「산업재해보상보험법」의 적용을 받는 공
사) [17.2]

① 총 공사금액 2천만 원 이상인 공사

② 총 공사금액 4천만 원 이상인 공사

③ 총 공사금액 6천만 원 이상인 공사

④ 총 공사금액 1억 원 이상인 공사

해설 산업안전보건관리비 사용기준은 총 공
사금액 2천만 원 이상인 공사에 적용한다.

25-1. 다음은 건설업 산업안전보건관리비 계
상 및 사용기준의 적용에 관한 사항이다. 빈
칸에 들어갈 내용으로 옳은 것은? [17.3]

> 이 고시는 산업재해보상보험법 제6조에
> 따라 산업재해보상보험법의 적용을 받는
> 공사 중 총 공사금액 (   ) 이상인 공사
> 에 적용한다.

① 2천만 원 ② 4천만 원

③ 8천만 원 ④ 1억 원

해설 산업재해보상보험법의 적용을 받는 공
사 중 총 공사금액 2천만 원 이상인 공사에
적용한다.

정답 ①

26. 공사금액이 500억 원인 건설업 공사에서
선임해야 할 최소 안전관리자 수는? [16.3]

① 1명 ② 2명

③ 3명 ④ 4명

해설 건설업 안전관리자 수 기준

120~ 800억 원	800~ 1500억 원	1500~ 2200억 원	2200~ 3천 억원
1명	2명	3명	4명

27. 다음의 건설공사 현장 중에서 재해 예방
기술지도를 받아야 하는 대상 공사에 해당하
지 않는 것은? [12.3]

① 공사금액 5억 원인 건축공사

② 공사금액 140억 원인 토목공사

③ 공사금액 5천만 원인 전기공사

④ 공사금액 2억 원인 정보통신공사

해설 전기공사업법에 의한 전기공사 및 정보통신공사업법에 의한 정보통신공사는 공사금액이 1억 원 이상인 건설공사 현장의 경우 재해예방 기술지도를 받아야 한다.

사전안전성 검토 (유해위험방지 계획서)

28. 옥내 작업장에는 비상시에 근로자에게 신속하게 알리기 위한 경보용 설비 또는 기구를 설치하여야 한다. 그 설치대상 기준으로 옳은 것은? [19.3]

① 연면적이 $400m^2$ 이상이거나 상시 40명 이상의 근로자가 작업하는 옥내 작업장

② 연면적이 $400m^2$ 이상이거나 상시 50명 이상의 근로자가 작업하는 옥내 작업장

③ 연면적이 $500m^2$ 이상이거나 상시 40명 이상의 근로자가 작업하는 옥내 작업장

④ 연면적이 $500m^2$ 이상이거나 상시 50명 이상의 근로자가 작업하는 옥내 작업장

해설 사업주는 연면적이 $400m^2$ 이상이거나 상시 50인 이상의 근로자가 작업하는 옥내 작업장에는 비상시에 근로자에게 신속하게 알리기 위한 경보용 설비 또는 기구를 설치하여야 한다.

29. 다음 공사 규모를 가진 사업장 중 유해위험방지 계획서를 제출해야 할 대상 사업장은? [17.3]

① 최대 지간길이가 40m인 교량 건설공사

② 연면적 $4000m^2$인 종합병원 공사

③ 연면적 $3000m^2$인 종교시설 공사

④ 연면적 $6000m^2$인 지하도상가 공사

해설 유해·위험방지 계획서 제출대상 건설공사 기준

• 시설 등의 건설·개조 또는 해체 공사

㉠ 지상 높이가 31m 이상인 건축물 또는 인공 구조물

㉡ 연면적 $30000m^2$ 이상인 건축물

㉢ 연면적 $5000m^2$ 이상인 시설

㉮ 문화 및 집회시설(전시장, 동물원, 식물원은 제외)

㉯ 운수시설(고속철도 역사, 집배송 시설은 제외)

㉰ 종교시설, 의료시설 중 종합병원

㉱ 숙박시설 중 관광숙박시설

㉲ 판매시설, 지하도상가, 냉동·냉장창고시설

• 연면적 $5000m^2$ 이상인 냉동·냉장창고시설의 설비공사 및 단열공사

• 최대 지간길이가 50m 이상인 교량 건설 등의 공사

• 다목적 댐, 발전용 댐 및 저수용량 2천만 톤 이상의 용수 전용 댐, 지방상수도 전용 댐 건설 등의 공사

• 깊이 10m 이상인 굴착공사

• 터널 건설 등의 공사

29-1. 다음 중 유해·위험방지 계획서 제출대상 공사에 해당하는 것은? [18.2]

① 지상 높이가 25m인 건축물 건설공사

② 최대 지간길이가 45m인 교량 건설공사

③ 깊이가 8m인 굴착공사

④ 제방 높이가 50m인 다목적 댐 건설공사

해설 ① 지상 높이가 31m 이상인 건축물 건설공사

② 최대 지간길이가 50m 이상인 교량 건설 등의 공사

③ 깊이 10m 이상인 굴착공사

정답 ④

29-2. 유해위험방지 계획서를 제출해야 하는 공사의 기준으로 옳지 않은 것은? [13.1/19.1]

① 최대 지간길이 30m 이상인 교량 건설 등의 공사
② 깊이 10m 이상인 굴착공사
③ 터널 건설 등의 공사
④ 다목적 댐, 발전용 댐 및 저수용량 2천만 톤 이상의 용수 전용 댐, 지방상수도 전용 댐 건설 등의 공사

해설 ① 최대 지간길이가 50m 이상인 교량 건설 등의 공사

정답 ①

29-3. 굴착공사의 경우 유해 · 위험방지 계획서 제출대상의 기준으로 옳은 것은? [19.3]

① 깊이 5m 이상인 굴착공사
② 깊이 8m 이상인 굴착공사
③ 깊이 10m 이상인 굴착공사
④ 깊이 15m 이상인 굴착공사

해설 유해 · 위험방지 계획서 제출대상의 기준은 깊이 10m 이상인 굴착공사이다.

정답 ③

29-4. 다음 중 건설업에서 사업주의 유해 · 위험방지 계획서 제출대상 사업장이 아닌 것은? [09.1/11.3/17.1/18.3]

① 지상 높이가 31m 이상인 건축물의 건설, 개조 또는 해체 공사
② 연면적 5000m² 이상 관광숙박시설의 해체 공사
③ 저수용량 5000톤 이하의 지방상수도 전용 댐 건설 등의 공사

④ 깊이 10m 이상인 굴착공사

해설 ③ 저수용량 2000만 톤 이상의 지방상수도 전용 댐 건설 등의 공사

정답 ③

30. 연면적 6000m²인 호텔공사의 유해위험방지 계획서 확인검사 주기는? [12.3]

① 1개월 ② 3개월
③ 5개월 ④ 6개월

해설 연면적 6000m²인 호텔공사의 유해위험방지 계획서 확인주기는 6개월 이내이다.

31. 건설공사 유해 · 위험방지 계획서 제출 시 공통적으로 제출하여야 할 첨부서류가 아닌 것은? [11.1/20.2]

① 공사개요서
② 전체 공정표
③ 산업안전보건관리비 사용계획서
④ 가설도로 계획서

해설 유해 · 위험방지 계획서 제출 시 첨부서류
• 공사개요서
• 전체 공정표
• 안전관리조직표
• 산업안전보건관리비 사용계획
• 재해 발생 위험 시 연락 및 대피방법
• 건설물, 사용기계설비 등의 배치를 나타내는 도면
• 공사현장의 주변 현황 및 주변과의 관계를 나타내는 도면(매설물 현황을 포함)

31-1. 유해 · 위험방지 계획서 제출 시 첨부서류의 항목이 아닌 것은? [18.1]

① 보호장비 폐기계획
② 공사개요서
③ 산업안전보건관리비 사용계획
④ 전체 공정표

해설 유해 · 위험방지 계획서 제출 시 첨부서류
- 공사개요서
- 전체 공정표
- 안전관리조직표
- 산업안전보건관리비 사용계획
- 재해 발생 위험 시 연락 및 대피방법
- 건설물, 사용기계설비 등의 배치를 나타내는 도면
- 공사현장의 주변 현황 및 주변과의 관계를 나타내는 도면(매설물 현황을 포함)

정답 ①

31-2. 다음 중 유해 · 위험방지 계획서 제출 시 첨부해야 하는 서류와 가장 거리가 먼 것은? [13.3]

① 건축물 각 층 평면도
② 기계 · 설비의 배치도면
③ 원재료 및 제품의 취급, 제조 등의 작업방법의 개요
④ 비상조치계획서

해설 유해 · 위험방지 계획서 제출 시 첨부서류
- 건축물 각 층의 평면도
- 기계 · 설비의 개요를 나타내는 서류
- 기계 · 설비의 배치도면
- 원재료 및 제품의 취급, 제조 등의 작업방법의 개요
- 작업환경 조성계획(작업공정별 유해 · 위험방지계획과 분리하여 별도 작성)
- 그 밖에 고용노동부장관이 정하는 도면 및 서류

정답 ④

2 건설공구 및 장비

건설공구

1. 건설현장에서 사용하는 공구 중 토공용이 아닌 것은? [20.1]

① 착암기
② 포장 파괴기
③ 연마기
④ 점토 굴착기

해설 연마기는 숫돌을 사용하며, 연삭 또는 절단용 공구이다.

2. 구조물 해체작업용 기계기구와 직접적으로 관계가 없는 것은? ['09.3/12.1]

① 대형 브레이커
② 압쇄기
③ 핸드 브레이커
④ 착암기

해설 착암기는 구멍을 뚫는 기계이다.

3. 일반적인 안전수칙에 따른 수공구와 관련된 행동으로 옳지 않은 것은? [13.3/16.3]

① 작업에 맞는 공구의 선택과 올바른 취급을 하여야 한다.
② 결함이 없는 완전한 공구를 사용하여야 한다.
③ 작업 중인 공구는 작업이 편리한 반경 내의 작업대나 기계 위에 올려놓고 사용하여야 한다.
④ 공구는 사용 후 안전한 장소에 보관하여야 한다.

해설 ③ 작업 중인 공구를 작업대나 기계 위에 올려놓고 사용하면 안 된다.

4. 해체 공사 시 안전사항 준수내용으로 옳지 않은 것은? [10.2]

정답 1. ③   2. ④   3. ③   4. ①

① 사용기계기구 등을 인양하거나 내릴 때에는 와이어로프로 묶어서 작업한다.

② 적정한 위치에 대피소를 설치하여야 한다.

③ 전도작업을 수행할 때에는 작업자 이외의 다른 작업자를 대피시킨 후 전도시키도록 한다.

④ 강풍, 폭우, 폭설 등 악천후 시에는 작업을 중지한다.

해설 ① 사용기계기구 등을 인양하거나 내릴 때에는 그물망, 포대 등을 사용하도록 하여야 한다.

5. 다음 중 스크레이퍼의 용도로 가장 거리가 먼 것은? [09.1]

① 적재   ② 운반

③ 하역   ④ 양중

해설 스크레이퍼 : 굴착, 싣기, 운반, 흙깔기 등의 작업을 하나의 기계로서 연속적으로 행할 수 있다.

6. 다음 중 굴착기의 전부장치와 거리가 먼 것은? [10.3/13.1/16.2]

① 붐(boom)

② 암(arm)

③ 버킷(bucket)

④ 블레이드(blade)

해설 ④는 불도저의 부속장치(삽날)

7. 다음 중 압쇄기에 의한 건물의 파쇄작업 순서로 옳은 것은? [09.1]

① 슬래브-기둥-보-벽체

② 기둥-슬래브-보-벽체

③ 기둥-보-벽체-슬래브

④ 슬래브-보-벽체-기둥

해설 압쇄기에 의한 건물의 파쇄작업은 슬래브-보-벽체-기둥 등의 순서로 한다.

8. 항타기 및 항발기를 조립하는 경우 점검하여야 할 사항이 아닌 것은? [20.3]

① 과부하장치 및 제동장치의 이상 유무

② 권상장치의 브레이크 및 쐐기장치 기능의 이상 유무

③ 본체 연결부의 풀림 또는 손상의 유무

④ 권상기의 설치상태의 이상 유무

해설 항타기 및 항발기를 조립하는 경우 점검 사항

• 본체 연결부의 풀림 또는 손상의 유무

• 권상용 와이어로프 · 드럼 및 도르래의 부착상태의 이상 유무

• 권상장치의 브레이크 및 쐐기장치 기능의 이상 유무

• 권상기의 설치상태의 이상 유무

• 버팀의 방법 및 고정상태의 이상 유무

9. 항타기를 사용하는 경우에 도괴방지를 위해 준수하여야 하는 사항으로 옳지 않은 것은 어느 것인가? [09.3]

① 연약지반에 설치할 때는 각부의 침하를 방지하기 위하여 깔판 · 깔목 등을 사용할 것

② 버팀줄만으로 상단 부분을 안정시키는 때에는 버팀줄을 2개로 하고 같은 간격으로 배치할 것

③ 각부 또는 가대가 미끄러질 우려가 있는 때에는 말뚝 또는 쐐기를 사용하여 각부 또는 가대를 고정시킬 것

④ 평형추를 사용하여 안정시키는 때에는 평형추의 이동을 방지하기 위하여 가대에 견고하게 부착시킬 것

해설 ② 버팀줄만으로 상단 부분을 안정시키는 때에는 버팀줄을 3개 이상으로 하고 같은 간격으로 배치할 것

10. 항타기 또는 항발기의 권상용 와이어로프의 안전계수 기준으로 옳은 것은? [11.2/18.3]

① 3 이상
② 5 이상
③ 8 이상
④ 10 이상

해설 항타기 또는 항발기의 권상용 와이어로프의 안전계수는 5 이상이다.

11. 항타기 · 항발기의 권상용 와이어로프로 사용 가능한 것은? [09.1/14.2]

① 이음매가 있는 것
② 와이어로프의 한 꼬임에서 끊어진 소선의 수가 5%인 것
③ 지름의 감소가 호칭지름의 8%인 것
④ 심하게 변형된 것

해설 사용이 불가한 와이어로프의 기준
- 심하게 변형된 것
- 이음매가 있는 것
- 와이어로프의 한 꼬임에서 끊어진 소선의 수가 10% 이상인 것
- 지름의 감소가 호칭지름의 7% 이상인 것

12. 항타기 또는 항발기의 권상장치 드럼 축과 권상장치로부터 첫 번째 도르래의 축 간의 거리는 권상장치 드럼 폭의 몇 배 이상으로 하여야 하는가? [18.3]

① 5배
② 8배
③ 10배
④ 15배

해설 항타기 또는 항발기의 권상장치의 드럼 축과 권상장치로부터 첫 번째 도르래의 축 간의 거리는 권상장치 드럼 폭의 15배 이상으로 하여야 한다.

건설장비

13. 블레이드의 길이가 길고 낮으며 블레이드의 좌우를 전후 25~30° 각도로 회전시킬 수 있어 흙을 측면으로 보낼 수 있는 도저는 무엇인가? [11.3/20.2]

① 레이크도저
② 스트레이트도저
③ 앵글도저
④ 틸트도저

해설 • 스트레이트도저 : 블레이드가 수평이며, 진행 방향에 직각으로 블레이드를 부착한 것으로 중굴착 작업에 사용한다.
- 틸트도저 : 블레이드면의 좌우를 상하 25~30°까지 기울일 수 있는 불도저, 단단한 흙의 고랑파기 작업에 사용한다.
- 앵글도저 : 블레이드면의 좌우를 전후 25~30° 각도로 회전시킬 수 있으며, 사면굴착 · 정지 · 흙메우기 등 흙을 측면으로 보내는 작업에 사용한다.

13-1. 다음에서 설명하는 불도저의 명칭은 무엇인가? [13.1]

> 블레이드의 길이가 길고 낮으며 블레이드의 좌우를 전후로 25°~30° 각도로 회전시킬 수 있어 흙을 측면으로 보낼 수 있는 불도저

① 틸트도저
② 스트레이트도저
③ 앵글도저
④ 터나도저

해설 앵글도저에 관한 설명이다.

정답 ③

13-2. 블레이드를 레버로 조정할 수 있으며, 좌우를 상하 25~30°까지 기울일 수 있는 불도저는? [11.1]

① 틸트도저
② 스트레이트도저

③ 앵글도저　　　　④ 터나도저

해설 틸트도저 : 블레이드면의 좌우를 상하 25~30°까지 기울일 수 있는 불도저. 단단한 흙의 고랑파기 작업에 사용한다.

정답 ①

14. 다음 건설기계의 명칭과 각 용도가 옳게 연결된 것은? [15.1]

① 드래그라인−암반굴착

② 드래그쇼벨−흙 운반작업

③ 클램셀−정지작업

④ 파워쇼벨−지반면보다 높은 곳의 흙 파기

해설 • 파워쇼벨 : 지면보다 높은 곳의 땅파기에 적합하다.

• 드래그라인 : 지면보다 낮은 수중굴착 및 연약지반 굴착에 적당하고, 굴착 반지름이 크다.

• 클램셀 : 수중굴착 및 구조물의 기초바닥 등과 같은 협소하고 상당히 깊은 범위의 굴착이 가능하며, 호퍼작업에 적합하다.

• 드래그쇼벨(백호, back hoe) : 지면보다 낮은 땅을 파는데 적합하고, 수중굴착도 가능하다.

14-1. 흙파기 공사용 기계에 관한 설명 중 틀린 것은? [15.2]

① 불도저는 일반적으로 거리 60m 이하의 배토작업에 사용된다.

② 클램셀은 좁은 곳의 수직파기를 할 때 사용한다.

③ 파워쇼벨은 기계가 위치한 면보다 낮은 곳을 파낼 때 유용하다.

④ 백호는 토질의 구멍파기나 도랑파기에 이용된다.

해설 ③ 파워쇼벨은 기계가 위치한 면보다 높은 곳의 땅파기에 적합하다.

정답 ③

14-2. 기계가 서 있는 지면보다 높은 곳을 파는 작업에 가장 적합한 굴착기계는 무엇인가? [14.2/16.1]

① 파워쇼벨　　　　② 드레그라인

③ 백호우　　　　　④ 클램셀

해설 파워쇼벨 : 지면보다 높은 곳의 땅파기에 적합하다.

정답 ①

14-3. 지반보다 6m 정도 깊은 경질지반의 기초 터파기에 적합한 굴착기계는? [11.3]

① drag line　　　② tractor shovel

③ back hoe　　　④ power shovel

해설 드래그쇼벨(백호, back hoe) : 지면보다 낮은 땅을 파는데 적합하고, 수중굴착도 가능하다.

정답 ③

14-4. 다음 쇼벨계 굴착장비 중 좁고 깊은 굴착에 가장 적합한 장비는? [15.3/16.2/17.2]

① 드래그라인(dragline)

② 파워쇼벨(power shovel)

③ 백호(back hoe)

④ 클램셀(clam shell)

해설 클램셀 : 수중굴착 및 구조물의 기초바닥 등과 같은 협소하고 상당히 깊은 범위의 굴착이 가능하며, 호퍼작업에 적합하다.

정답 ④

14-5. 다음 중 쇼벨계 굴착기계에 속하지 않는 것은? [18.1]

① 파워쇼벨(power shovel)

② 클램셀(clamshell)

③ 스크레이퍼(scraper)

④ 드래그라인(dragline)

정답 **14.** ④

해설 ③은 트렉터 기계

정답 ③

14-6. 토공사용 건설장비 중 굴착기계가 아닌 것은? [14.3]

① 파워쇼벨　　　　② 드래그쇼벨
③ 로더　　　　　　④ 드래그라인

해설 ③은 굴삭된 토사·골재 등을 적재 및 운반하는 기계

정답 ③

14-7. 건설기계에 관한 설명 중 옳은 것은 어느 것인가? [14.1]

① 백호는 장비가 위치한 지면보다 높은 곳의 땅을 파는데 적합하다.
② 바이브레이션 롤러는 노반 및 소일시멘트 등의 다지기에 사용된다.
③ 파워쇼벨은 지면에 구멍을 뚫어 낙하 해머 또는 디젤 해머에 의해 강관말뚝, 널말뚝 등을 박는데 이용된다.
④ 가이데릭은 지면을 일정한 두께로 깎는데 이용된다.

해설 ① 백호는 지면보다 낮은 땅을 파는데 적합하다.
③ 파워쇼벨은 지면보다 높은 곳의 땅파기에 적합하다.
④ 가이데릭은 360° 회전 고정 선회식의 기중기로 붐의 기복·회전에 의해서 짐을 이동시키는 장치이다.

정답 ②

14-8. 굴착용 기계의 용도에 관한 기술 중 옳지 않은 것은? [11.1]

① 파워쇼벨은 지반면보다 높은 곳의 흙 파기에 적합하다.

② 드래그쇼벨은 깊은 지하 굴착공사에 많이 이용된다.
③ 클램셸은 좁은 곳의 수직파기에 적합하다.
④ 드래그라인은 지반면보다 낮은 경질의 흙 파기에 적합하다.

해설 드래그라인 : 지면보다 낮은 수중굴착 및 연약지반 굴착에 적당하고, 굴착 반지름이 크다.

정답 ④

15. 대형 브레이커에 대한 설명 중 옳지 않은 것은? [11.2]

① 수직 및 수평의 테두리 끊기 작업에도 사용할 수 있다.
② 공기식보다 유압식이 많이 사용된다.
③ 셔블(shovel)에 부착하여 사용하며 일반적으로 상향 작업에 적합하다.
④ 고층 건물에서는 건물 위에 기계를 놓아서 작업할 수 있다.

해설 ③ 셔블(shovel)에 부착하여 사용하며 유압을 이용하여 콘크리트의 파괴, 빌딩해체, 도로파괴 등에 사용한다.

15-1. 쇼벨계 굴착기에 부착하며, 유압을 이용하여 콘크리트의 파괴, 빌딩해체, 도로파괴 등에 쓰이는 것은? [13.2]

① 파일 드라이버　　② 디젤 해머
③ 브레이커　　　　④ 오우거

해설 브레이커 : 유압을 이용하여 콘크리트의 파괴, 빌딩해체, 도로파괴 등에 사용한다.

정답 ③

16. 해체용 기계·기구의 취급에 대한 설명으로 틀린 것은? [12.1]

① 해머는 적절한 직경과 종류의 와이어로프로 매달아 사용해야 한다.

② 압쇄기는 셔블(shovel)에 부착·설치하여 사용한다.

③ 차체에 무리를 초래하는 중량의 압쇄기 부착을 금지한다.

④ 해머 사용 시 충분한 견인력을 갖춘 도저에 부착하여 사용한다.

해설 ④ 해머 사용 시 이동식 크레인에 부착하여 사용한다.

16-1. 다음 중 구조물의 해체작업을 위한 기계·기구가 아닌 것은? [18.2]

① 쇄석기　　　　② 데릭
③ 압쇄기　　　　④ 철제 해머

해설 ②는 철골 세우기용 대표적 기계

정답 ②

16-2. 철근콘크리트 해체용 장비가 아닌 것은? [12.3]

① 철 해머　　　　② 압쇄기
③ 램머　　　　　④ 핸드 브레이커

해설 ③은 충격식 다짐기계

정답 ③

17. 해체공법에 대한 설명 중 핸드 브레이커 공법의 특징을 옳게 설명한 것은? [09.2]

① 좁은 장소의 작업에 유리하고 타공법과 병행하여 사용할 수 있다.

② 분진 발생이 거의 없어 기타 보호구가 불필요하다.

③ 파괴력이 크고 공기 단축 및 노동력 절감에 유리하다.

④ 소음, 진동은 없으나 기둥과 기초물 해체 시에는 사용이 불가능하다.

해설 핸드 브레이커 : 해체용 장비로서 작은 부재의 파쇄에 유리하고 소음, 진동 및 분진이 발생하며, 특히 작업원의 작업시간을 제한하여야 하는 장비이다.

18. 핸드 브레이커 취급 시 안전에 관한 유의사항으로 옳지 않은 것은? [19.1]

① 기본적으로 현장 정리가 잘 되어 있어야 한다.

② 작업 자세는 항상 하향 45° 방향으로 유지하여야 한다.

③ 작업 전 기계에 대한 점검을 철저히 한다.

④ 호스의 교차 및 꼬임 여부를 점검하여야 한다.

해설 ② 끝의 부러짐을 방지하기 위해 작업 자세는 하향 수직 방향으로 유지한다.

19. 드럼에 다수의 돌기를 붙여 놓은 기계로 점토층의 내부를 다지는데 적합한 것은 무엇인가? [18.2]

① 탠덤 롤러　　　　② 타이어 롤러
③ 진동 롤러　　　　④ 탬핑 롤러

해설 • 탬핑 롤러
　㉠ 롤러 표면에 돌기를 붙여 접지면적을 작게 하여, 땅 깊숙이 다짐이 가능하다.
　㉡ 고함수비의 점성토지반에 효과적이며, 다짐작업에 적합한 롤러이다.
• 전압식 다짐기계 : 머캐덤 롤러, 탠덤 롤러, 타이어 롤러, 탬핑 롤러

19-1. 앞쪽에 한 개의 조향륜 롤러와 뒤축에 두 개의 롤러가 배치된 것으로 (2축 3륜), 하층 노반다지기, 아스팔트 포장에 주로 쓰이는 장비의 이름은? [18.3]

① 머캐덤 롤러　　　　② 탬핑 롤러
③ 페이 로더　　　　　④ 래머

해설 머캐덤 롤러 : 2축 3륜으로 구성되어 노반 다지기, 아스팔트 포장 초기 전압에 사용된다.

정답 ①

19-2. 앞뒤 두 개의 차륜이 있으며(2축 2륜) 각각의 차축이 평행으로 배치된 것으로 찰흙, 점성토 등의 두꺼운 흙을 다짐하는 데 적당하나 단단한 각재를 다지는 데는 부적당한 기계는? [09.2/10.1/17.1/17.3]

① 머캐덤 롤러   ② 탠덤 롤러
③ 래머   ④ 진동 롤러

해설 탠덤 롤러 : 앞뒤 2개의 차륜으로 구성되어 있으며, 아스팔트 포장의 마무리, 점성토 다짐에 사용한다.

정답 ②

20. 다음 중 차량계 건설기계에 속하지 않는 것은? [17.2]

① 배처플랜트   ② 모터그레이더
③ 크롤러 드릴   ④ 탠덤 롤러

해설 ①은 콘크리트 제조설비

21. 차량계 건설기계의 작업계획서 작성 시 그 내용에 포함되어야 할 사항이 아닌 것은 어느 것인가? [09.3/15.2/17.2]

① 사용하는 차량계 건설기계의 종류 및 성능
② 차량계 건설기계의 운행경로
③ 차량계 건설기계에 의한 작업방법
④ 브레이크 및 클러치 등의 기능 점검

해설 ④는 차량계 건설기계의 작업시작 전 점검사항

21-1. 차량계 건설기계를 사용하여 작업하고자 할 때 작업계획서에 포함되어야 할 사항으로 틀린 것은? [14.3]

① 차량계 건설기계의 제동장치 이상 유무
② 차량계 건설기계의 운행경로
③ 차량계 건설기계의 종류 및 성능
④ 차량계 건설기계에 의한 작업방법

해설 ①은 차량계 건설기계의 작업시작 전 점검사항

정답 ①

22. 차량계 건설기계의 운전자가 운전위치를 이탈하는 경우 준수해야 할 사항으로 옳지 않은 것은? [11.2/16.2]

① 버킷은 지상에서 1m 정도의 위치에 둔다.
② 브레이크를 걸어 둔다.
③ 디퍼는 지면에 내려 둔다.
④ 원동기를 정지시킨다.

해설 ① 버킷은 지면 또는 가장 낮은 위치에 두어야 한다.

23. 굴착이 곤란한 경우 발파가 어려운 암석의 파쇄굴착 또는 암석제거에 적합한 장비는 무엇인가? [09.3/11.2/13.3/17.1/19.1]

① 리퍼   ② 스크레이퍼
③ 롤러   ④ 드래그라인

해설 리퍼 : 아스팔트 포장도로 지반의 파쇄 또는 연한 암석지반에 가장 적당한 장비이다.

24. 철골공사에서 부재의 건립용 기계로 거리가 먼 것은? [12.3/16.3]

① 타워크레인   ② 가이데릭
③ 삼각데릭   ④ 항타기

해설 항타기는 토목공사용 차량계 건설기계로서 지반에 낙하 해머에 의해 강관말뚝·콘크리트말뚝·널말뚝 등을 박는 항타작업에 사용된다.

정답 20. ①   21. ④   22. ①   23. ①   24. ④

24-1. 공사현장에서 철골을 세우기 위한 건설기계에 해당하지 않는 것은? [10.3]

① 타워크레인   ② 진 폴
③ 가이데릭   ④ 항발기

해설 ④는 토목공사용 차량계 건설기계

정답 ④

24-2. 다음 중 철골건립용 기계에 해당하지 않는 것은? [11.1]

① 트렌치   ② 타워크레인
③ 가이데릭   ④ 진 폴

해설 트렌치 : 건물의 배선 · 배관 · 벨트 컨베이어 따위를 바닥을 파서 설치한 구조물

정답 ①

25. 다음 건설기계 중 360° 회전작업이 불가능 한 것은? [12.3/17.3]

① 타워크레인   ② 크롤러크레인
③ 가이데릭   ④ 삼각데릭

해설 삼각데릭
- 가이데릭과 비슷하나 주 기둥을 지탱하는 지선 대신에 2본의 다리에 의해 고정한다.
- 작업 회전반경은 약 270° 정도로 비교적 높이가 낮은 면적의 건물에 유효하다.

안전수칙

26. 건설현장의 중장비 작업 시 일반적인 안전수칙으로 옳지 않은 것은? [12.2]

① 승차석 외의 위치에 근로자를 탑승시키지 아니한다.
② 중기 및 장비는 항상 사용 전에 점검한다.

③ 중장비는 사용법을 확실히 모를 때는 관리감독자가 현장에서 시운전을 해본다.
④ 경우에 따라 취급자가 없을 경우에는 사용이 불가능하다.

해설 ③ 중장비는 운전 전문가가 운전해야 한다.

27. 거푸집 해체 시 작업자가 이행해야 할 안전수칙으로 옳지 않은 것은? [17.2]

① 거푸집 해체는 순서에 입각하여 실시한다.
② 상하에서 동시작업을 할 때는 상하의 작업자가 긴밀하게 연락을 취해야 한다.
③ 거푸집 해체가 용이하지 않을 때에는 큰 힘을 줄 수 있는 지렛대를 사용해야 한다.
④ 해체된 거푸집, 각목 등을 올리거나 내릴 때는 달줄, 달포대 등을 사용한다.

해설 ③ 거푸집 해체가 용이하지 않더라도 큰 힘을 줄 수 있는 지렛대는 사용하면 안 된다.

27-1. 거푸집 해체작업 시 일반적인 안전수칙과 거리가 먼 것은? [17.3]

① 거푸집 동바리를 해체할 때는 작업책임자를 선임한다.
② 해체된 거푸집 재료를 올리거나 내릴 때는 달줄이나 달포대를 사용해야 한다.
③ 보 또는 슬리브 거푸집을 해체할 때는 동시에 해체하여야 한다.
④ 거푸집의 해체가 곤란한 경우 구조체에 무리한 충격이나 지렛대 사용은 금해야 한다.

해설 ③ 보 또는 슬리브 거푸집을 해체할 때는 동시에 해체하면 안 된다.

정답 ③

28. 해체작업을 하는 때에 해체계획서 작성 시 포함할 사항으로 옳지 않은 것은? [10.2]

① 사업장 내 연락방법

② 해체물의 처분계획

③ 해체의 방법 및 해체 순서 도면

④ 발파방법

해설 해체계획에 포함되어야 할 사항

- 해체물의 처분계획
- 해체의 방법 및 해체 순서 도면
- 해체작업용 기계 · 기구 등의 작업계획서
- 해체작업용 화약류 등의 사용계획서
- 사업장 내 연락방법
- 그 밖에 가설설비 · 방호설비 · 환기설비 · 방화설비 등 안전에 관련된 사항

28-1. 해체작업을 수행하기 전에 해체계획에 포함되어야 하는 사항이 아닌 것은? [09.3]

① 부재 손상 · 변형 · 부식 등에 관한 조사계획서

② 해체작업용 기계 · 기구 등의 작업계획서

③ 해체의 방법 및 해체 순서 도면

④ 해체작업용 화약류 등의 사용계획서

해설 ①은 흙막이 지보공 정기점검, 터널지보공 수시점검사항

정답 ①

---

3 건설재해 및 대책

떨어짐(추락)재해 및 대책 Ⅰ

1. 추락에 의한 위험방지를 위해 해당 장소에서 조치해야 할 사항과 거리가 먼 것은 어느 것인가? [12.1/12.3/14.1/18.3 18.3]

① 추락방호망 설치   ② 안전난간 설치

③ 덮개 설치   ④ 투하설비 설치

해설 ④는 낙하, 비래위험방지 대책

1-1. 다음 중 추락재해 방지설비의 종류가 아닌 것은? [15.2]

① 추락방호망   ② 안전난간

③ 개구부 덮개   ④ 수직보호망

해설 ④는 낙하재해 방지설비

정답 ④

1-2. 다음 중 추락재해의 방지를 위해 설치하는 시설이라고 볼 수 없는 것은? [09.3]

① 안전방망   ② 안전난간

③ 개구부 덮개   ④ 안전매트

해설 ④는 산업용 로봇의 운전 시 근로자 위험을 방지하기 위한 방책

정답 ④

1-3. 작업발판 및 통로의 끝이나 개구부로서 근로자가 추락할 위험이 있는 장소에 대한 방호조치와 거리가 먼 것은? [15.3]

① 안전난간 설치

② 울타리 설치

③ 투하설비 설치

④ 수직형 추락방망 설치

해설 ③은 낙하, 비래재해 예방 설비

정답 ③

1-4. 작업발판 및 통로의 끝이나 개구부로서 근로자가 추락할 위험이 있는 장소에 설치하는 것과 거리가 먼 것은? [14.1]

① 교차가새   ② 안전난간

③ 울타리   ④ 수직형 추락방망

해설 ① 강관비계 조립 시 교차가새로 보강한다.

정답 ①

1-5. 작업발판 및 통로의 끝이나 개구부로서 근로자가 추락할 위험이 있는 장소에서의 방호조치로 옳지 않은 것은? [20.2]

① 안전난간 설치
② 와이어로프 설치
③ 울타리 설치
④ 수직형 추락방망 설치

해설 개구부에 대한 추락방지 대책으로 안전난간, 울타리, 수직형 추락방망, 덮개 등의 방호조치를 충분한 강도를 가진 구조로 설치한다.

정답 ②

2. 근로자가 추락하거나 넘어질 위험이 있는 장소에서 추락방호망의 설치기준으로 옳지 않은 것은? [13.3/19.2]

① 망의 처짐은 짧은 변 길이의 10% 이상이 되도록 할 것
② 추락방호망은 수평으로 설치할 것
③ 건축물 등의 바깥쪽으로 설치하는 경우 추락방호망의 내민 길이는 벽면으로부터 3m 이상 되도록 할 것
④ 추락방호망의 설치위치는 가능하면 작업면으로부터 가까운 지점에 설치하여야 하며, 작업면으로부터 망의 설치지점까지의 수직거리는 10m를 초과하지 아니할 것

해설 ① 추락방호망은 수평으로 설치하고, 망의 처짐은 짧은 변 길이의 12% 이상이 되도록 할 것

2-1. 추락에 의한 위험을 방지하기 위한 안전방망의 설치기준으로 옳지 않은 것은? [13.1]

① 안전방망의 설치위치는 가능하면 작업면으로부터 가까운 지점에 설치할 것
② 건축물 등의 바깥쪽으로 설치하는 경우 망의 내민 길이는 벽면으로부터 2m 이상이 되도록 할 것
③ 안전방망은 수평으로 설치하고, 망의 처짐은 짧은 변 길이의 12% 이상이 되도록 할 것
④ 작업면으로부터 망의 설치지점까지의 수직거리는 10m를 초과하지 아니할 것

해설 ② 건축물 등의 바깥쪽으로 설치하는 경우 망의 내민 길이는 벽면으로부터 3m 이상이 되도록 할 것

정답 ②

2-2. 다음은 산업안전보건법령에 따른 근로자의 추락위험방지를 위한 추락방호망의 설치기준이다. ( ) 안에 들어갈 내용으로 옳은 것은? [18.2]

추락방호망은 수평으로 설치하고, 망의 처짐은 짧은 변 길이의 ( ) 이상이 되도록 할 것

① 10% ② 12% ③ 15% ④ 18%

해설 망의 처짐은 짧은 변 길이의 12% 이상이 되도록 할 것

정답 ②

2-3. 안전방망을 건축물의 바깥쪽으로 설치하는 경우 벽면으로부터 망의 내민 길이는 최소 얼마 이상이어야 하는가? [17.1]

① 2m ② 3m ③ 5m ④ 10m

해설 안전방망의 경우 벽면으로부터 망의 내민길이는 3m 이상(낙하물방지망은 2m)이다.

정답 ②

3. 추락에 의한 위험방지와 관련된 다음 내용 중 (   )에 알맞은 것은?　　　　[09.3]

> 사업주는 높이 또는 깊이가 (   )미터를 초과하는 장소에서 작업을 하는 때에는 당해 작업에 종사하는 근로자가 안전하게 승강하기 위한 건설용 리프트 등의 설비를 설치하여야 한다.

① 0.1　　② 1.5　　③ 2.0　　④ 2.5

해설 높이 또는 깊이 2m 이상의 추락할 위험이 있는 장소에서 하는 작업은 추락재해 방지 설비가 필요하다.

3-1. 다음 (   ) 안에 적합한 것은?　　[10.3]

> • 높이가 (㉠)m 이상인 장소에서 작업을 함에 있어서 추락에 의하여 근로자에게 위험을 미칠 우려가 있는 때에는 비계를 조립하는 등의 방법에 의하여 작업발판을 설치하여야 한다.
> • 작업발판을 설치하기 곤란한 때에는 (㉡)을 치거나 근로자에게 안전대를 착용하도록 하는 등 추락에 의한 근로자의 위험을 방지하기 위하여 필요한 조치를 하여야 한다.

① ㉠ : 2, ㉡ : 낙하물방지망
② ㉠ : 2, ㉡ : 추락방호망
③ ㉠ : 3, ㉡ : 추락방지망
④ ㉠ : 3, ㉡ : 방호선반

해설 높이가 2m 이상인 장소에서 작업 시 작업발판을 설치해야 하며, 작업발판을 설치하기 곤란한 때에는 추락방호망을 치거나 근로자에게 안전대를 착용하도록 한다.

정답 ②

4. 추락방지망의 달기로프를 지지점에 부착할 때 지지점의 간격이 1.5m인 경우 지지점의 강도는 최소 얼마 이상으로 하여야 하는가?　　　　[14.2/16.3/17.2/19.1]

① 200kg　　② 300kg
③ 400kg　　④ 500kg

해설 지지점의 강도(F)
$$= 200 \times B = 200 \times 1.5 = 300 \text{kg}$$
여기서, F : 외력(kg), B : 지지점 간격(m)

5. 추락방지망의 방망 지지점은 최소 얼마 이상의 외력에 견딜 수 있는 강도를 보유하여야 하는가?　　　　[11.3/14.3/17.1]

① 500kg　　② 600kg
③ 700kg　　④ 800kg

해설 추락방지망의 방망 지지점은 600kg 이상의 외력에 견딜 수 있는 강도를 보유하여야 한다.

6. 추락방지용 방망 그물코의 모양 및 크기의 기준으로 옳은 것은?　　　　[19.1/19.2]

① 원형 또는 사각으로서 그 크기는 5cm 이하이어야 한다.
② 원형 또는 사각으로서 그 크기는 10cm 이하이어야 한다.
③ 사각 또는 마름모로서 그 크기는 5cm 이하이어야 한다.
④ 사각 또는 마름모로서 그 크기는 10cm 이하이어야 한다.

해설 추락방지용 방망은 사각 또는 마름모이며, 크기는 10cm 이하이어야 한다.

6-1. 추락방지용 안전망의 그물코 크기의 기준으로 옳은 것은?　　　　[09.2]

① 5cm 이하　　② 10cm 이하
③ 15cm 이하　　④ 20cm 이하

정답 **3.** ③　**4.** ②　**5.** ②　**6.** ④

해설 추락방지용 방망은 사각 또는 마름모이며, 크기는 10cm 이하이어야 한다.

정답 ②

7. 추락방지용 방망에 표시해야 할 사항이 아닌 것은? [09.2]

① 신품의 방망의 강도
② 망상의 직경
③ 제조자명
④ 그물코

해설 방망의 표시사항은 제조자명, 제조연월, 재봉치수, 그물코, 신품의 방망강도 등이다.

8. 추락재해 방지용 방망의 신품에 대한 인장강도는 얼마인가? (단, 그물코의 크기가 10cm이며, 매듭 없는 방망) [11.2/13.3/18.2]

① 220kg ② 240kg ③ 260kg ④ 280kg

해설 방망사의 신품과 폐기 시 인장강도

그물코의 크기(cm)	매듭 없는 방망		매듭 방망	
	신품	폐기 시	신품	폐기 시
10	240kg	150kg	200kg	135kg
5	–	–	110kg	60kg

8-1. 다음과 같은 조건에서 방망사의 신품에 대한 최소 인장강도로 옳은 것은? (단, 그물코의 크기는 10cm, 매듭 방망) [17.3]

① 240kg ② 200kg ③ 150kg ④ 110kg

해설 그물코의 크기가 10cm인 매듭 방망사 신품의 인장강도는 200kg이다.

정답 ②

9. 방망의 정기시험은 사용 개시 후 몇 년 이내에 실시하는가? [09.2/17.3]

① 1년 이내 ② 2년 이내
③ 3년 이내 ④ 4년 이내

해설 방망의 정기시험은 사용 개시 후 1년 이내로 하고, 그 후 6개월마다 정기적으로 실시한다.

10. 추락재해를 방지하기 위하여 10cm 그물코인 방망을 설치할 때 방망과 바닥면 사이의 최소 높이로 옳은 것은? (단, 설치된 방망의 단변 방향 길이 $L=2$m, 장변 방향 방망의 지지간격 $A=3$m이다.) [16.1]

① 2.0m ② 2.4m ③ 3.0m ④ 3.4m

해설 10cm 그물코의 경우

㉠ $L<A$, 바닥면 사이 높이(H)

$$=\frac{0.85}{4}\times(L+3A)$$

㉡ $L>A$, 바닥면 사이 높이(H)
$$=0.85\times L$$

$$\therefore H=\frac{0.85}{4}\times(L+3A)$$

$$=\frac{0.85}{4}\times\{2+(3\times3)\}=2.4\,\text{m}$$

11. 다음 중 안전대의 각 부품(용어)에 관한 설명으로 틀린 것은? [14.1]

① "안전그네"란 신체지지의 목적으로 전신에 착용하는 띠 모양의 것으로서 상체 등 신체 일부분만 지지하는 것은 제외한다.
② "버클"이란 벨트 또는 안전그네와 신축조절기를 연결하기 위한 사각형의 금속 고리를 말한다.
③ "U자 걸이"란 안전대의 죔줄을 구조물 등에 U자 모양으로 돌린 뒤 훅 또는 카라비너를 D 링에, 신축조절기를 각 링 등에 연결하는 걸이방법을 말한다.
④ "1개 걸이"란 죔줄의 한쪽 끝을 D링에 고정시키고 훅 또는 카라비너를 구조물 또는 구명줄에 고정시키는 걸이방법을 말한다.

해설 버클 : 벨트를 죄어 고정하는 장치가 되어 있는 장식물

12. 다음 중 안전대의 죔줄(로프)의 구비조건이 아닌 것은? [12.1]

① 내마모성이 낮을 것
② 내열성이 높을 것
③ 완충성이 높을 것
④ 습기나 약품류에 잘 손상되지 않을 것

해설 ① 내마모성이 클 것

13. 벨트식, 안전그네식 안전대의 사용 구분에 따른 분류에 해당되지 않는 것은? [16.3]

① U자 걸이용
② D링 걸이용
③ 안전블록
④ 추락방지대

해설 안전대의 종류
• 벨트식 : 1개 걸이 전용, U자 걸이 전용
• 안전그네식 : 추락방지대, 안전블록

떨어짐(추락)재해 및 대책 Ⅱ

14. 건설현장에서 계단을 설치하는 경우 계단의 높이가 최소 몇 미터 이상일 때 계단의 개방된 측면에 안전난간을 설치하여야 하는가? [20.1]

① 0.8m   ② 1.0m
③ 1.2m   ④ 1.5m

해설 계단을 설치하는 경우 계단의 높이가 1m 이상일 때 계단의 개방된 측면에 안전난간을 설치하여야 한다.

15. 계단의 개방된 측면에 근로자의 추락위험을 방지하기 위하여 안전난간을 설치하고자 할 때 그 설치기준으로 옳지 않은 것은 어느 것인가? [09.2/09.3/11.2/19.3]

① 안전난간은 상부 난간대, 중간 난간대, 발끝막이판 및 난간기둥으로 구성할 것
② 발끝막이판은 바닥면 등으로부터 10cm 이상의 높이를 유지할 것
③ 난간기둥은 상부 난간대와 중간 난간대를 견고하게 떠받칠 수 있도록 적정한 간격을 유지할 것
④ 난간대는 지름 3.8cm 이상의 금속제 파이프나 그 이상의 강도가 있는 재료일 것

해설 ④ 난간대의 지름은 2.7cm 이상의 금속제 파이프나 그 이상의 강도를 가지는 재료일 것

15-1. 안전난간의 설치기준으로 옳지 않은 것은? [11.3/18.2]

① 상부 난간대는 바닥면·발판 또는 경사로의 표면으로부터 90cm 이상 지점에 설치할 것
② 발끝막이판은 바닥면 등으로부터 20cm 이상의 높이를 유지할 것
③ 상부 난간대와 중간 난간대는 난간 길이 전체에 걸쳐 바닥면 등과 평행을 유지할 것
④ 난간대는 지름 2.7cm 이상의 금속제 파이프나 그 이상의 강도가 있는 재료일 것

해설 ② 발끝막이판은 바닥면 등으로부터 10cm 이상의 높이를 유지할 것

정답 ②

15-2. 안전난간의 구조 및 설치기준으로 옳지 않은 것은? [12.1/13.2/16.1]

① 안전난간은 상부 난간대, 중간 난간대, 발끝막이판, 난간기둥으로 구성할 것

② 상부 난간대와 중간 난간대는 난간 길이 전체에 걸쳐 바닥면 등과 평행을 유지할 것

③ 발끝막이판은 바닥면 등으로부터 10 cm 이상의 높이를 유지할 것

④ 안전난간은 구조적으로 가장 취약한 지점에서 가장 취약한 방향으로 작용하는 80 kg 이상의 하중에 견딜 수 있는 튼튼한 구조일 것

해설 ④ 안전난간은 구조적으로 가장 취약한 지점에서 가장 취약한 방향으로 작용하는 100 kg 이상의 하중에 견딜 수 있는 튼튼한 구조일 것

정답 ④

15-3. 안전난간의 구조 및 설치요건과 관련하여 발끝막이판은 바닥면으로부터 얼마 이상의 높이를 유지하여야 하는가? [15.1/18.3]

① 10 cm 이상
② 15 cm 이상
③ 20 cm 이상
④ 30 cm 이상

해설 발끝막이판은 바닥면 등으로부터 10 cm 이상의 높이를 유지할 것

정답 ①

15-4. 근로자의 추락 등의 위험을 방지하기 위하여 안전난간을 설치하는 경우 안전난간은 구조적으로 가장 취약한 지점에서 가장 취약한 방향으로 작용하는 얼마 이상의 하중에 견딜 수 있는 튼튼한 구조이어야 하는가? [13.3/14.3/18.1]

① 50 kg
② 100 kg
③ 150 kg
④ 200 kg

해설 안전난간 하중은 임의의 방향으로 움직이는 100 kg 이상의 하중에 견딜 수 있을 것

정답 ②

16. 높이 2m 이상인 작업발판의 끝이나 개구부 등에서 추락을 방지하기 위한 설비로 가장 거리가 먼 것은? [11.1]

① 안전난간
② 덮개
③ 방호선반
④ 울타리

해설 방호선반은 설치 높이 10 m 이내마다 설치하고, 내민 길이는 벽면으로부터 2 m 이상으로 할 것

17. 철골작업 시 추락재해를 방지하기 위한 설비가 아닌 것은? [09.1/15.2]

① 안전대 및 구명줄
② 트렌치박스
③ 안전난간
④ 추락방지용 방망

해설 추락재해 방지설비 : 안전대 및 구명줄, 안전난간, 추락방지용 방호망, 작업발판 등

18. 산업안전보건관리비 중 추락방지용 안전설비의 항목에서 사용할 수 있는 내역이 아닌 것은? [09.2]

① 안전난간
② 작업발판
③ 개구부 덮개
④ 안전대 걸이설비

해설 추락방지용 안전시설비 : 발끝막이판, 안전난간, 추락방지용 방호망, 안전대 걸이용 로프, 개구부 덮개 등

Tip) 외부비계, 작업발판, 가설계단 등은 안전시설비 항목에서 제외한다.

19. 건설공사에서 발코니 단부, 엘리베이터 입구, 재료 반입구 등과 같이 벽면 혹은 바닥에 추락의 위험이 우려되는 장소를 가리키는 용어는? [12.2]

① 비계
② 개구부
③ 가설 구조물
④ 연결통로

해설 개구부 : 발코니 단부, 엘리베이터 입구, 재료 반입구 등과 같은 장소

정답 16. ③ 17. ② 18. ② 19. ②

20. 추락의 정의로 옳은 것은? [11.2]

① 고소에 위치한 자재, 도구 등이 하부로 떨어지는 것

② 계단 경사로 등에서 굴러 떨어지는 것

③ 고소 근로자가 위치에너지의 상실로 인해 하부로 떨어지는 것

④ 고소에 위치한 가설물의 일부가 붕괴하는 것

해설 추락사고 : 사람이 건물이나 계단, 사다리 등 높은 곳에서 떨어지는 사고

21. 추락 시 로프의 지지점에서 최하단까지의 거리(h)를 구하는 식으로 옳은 것은? [14.3]

① h = 로프의 길이 + 신장

② h = 로프의 길이 + 신장/2

③ h = 로프의 길이 + 로프의 늘어난 길이 + 신장

④ h = 로프의 길이 + 로프의 늘어난 길이 + 신장/2

해설 최하단 거리(h) = 로프의 길이 + 로프의 신장 길이 + 작업자의 키 $\times \dfrac{1}{2}$

21-1. 다음과 같은 조건에서 추락 시 로프의 지지점에서 최하단까지의 거리를 구하면 얼마인가? [20.2]

> • 로프 길이 150 cm
> • 로프 신율 30 %
> • 근로자 신장 170 cm

① 2.8 m ② 3.0 m ③ 3.2 m ④ 3.4 m

해설 최하단 거리(h) = 로프의 길이 + 로프의 신장 길이 + 작업자의 키 $\times \dfrac{1}{2}$

$$= 150 + (150 \times 0.3) + \left(170 \times \dfrac{1}{2}\right)$$

$$= 280 \, cm = 2.8 \, m$$

정답 ①

22. 물체가 떨어지거나 날아올 위험 또는 근로자가 추락할 위험이 있는 작업 시 착용하여야 할 보호구는? [20.1]

① 보안경 ② 안전모

③ 방열복 ④ 방한복

해설 작업 조건에 맞는 보호구

• 안전모 : 물체가 낙하 · 비산 위험 또는 작업자가 추락할 위험이 있는 작업

• 안전화 : 물체의 낙하 · 충격, 물체에의 끼임, 감전 또는 정전기의 대전에 의한 위험이 있는 작업

• 보안면 : 용접 시 불꽃, 바이트 연삭과 같이 물체가 흩날릴 위험이 있는 작업

• 방열복 : 용해 등 고열에 의한 화상의 위험이 있는 작업

• 방한복 : 섭씨 영하 18도 이하인 냉동 창고 등에서 하는 작업

• 안전대 : 높이 또는 깊이 2 m 이상의 추락할 위험이 있는 장소에서의 작업

22-1. 작업 조건에 알맞은 보호구의 연결이 옳지 않은 것은? [13.2]

① 안전대 : 높이 또는 깊이 2 m 이상의 추락할 위험이 있는 장소에서의 작업

② 보안면 : 물체가 흩날릴 위험이 있는 작업

③ 안전화 : 물체의 낙하 · 충격, 물체에의 끼임, 감전 또는 정전기의 대전(帶電)에 의한 위험이 있는 작업

④ 방열복 : 고열에 의한 화상 등의 위험이 있는 작업

해설 보안면 : 안면이나 눈에 유해광선, 열, 불꽃, 화학약품 등의 비말 또는 물체가 흩날릴 위험이 있는 작업

(※ 문제 오류로 정답이 없다. 본서에서는 ②번을 정답으로 한다.)

정답 ②

정답 20. ③ 21. ④ 22. ②

22-2. 물체의 낙하·충격, 물체에의 끼임, 감전 또는 정전기의 대전에 의한 위험이 있는 작업 시 공통으로 근로자가 착용하여야 하는 보호구로 적합한 것은? [13.1]

① 방열복 　　② 안전대
③ 안전화 　　④ 보안경

해설 안전화 : 물체의 낙하·충격, 물체에의 끼임, 감전 또는 정전기의 대전에 의한 위험이 있는 작업

정답 ③

23. 단면적이 800mm²인 와이어로프에 의지하여 체중 800N인 작업자가 공중작업을 하고 있다면 이때 로프에 걸리는 인장응력은 얼마인가? [14.3]

① 1MPa 　　② 2MPa
③ 3MPa 　　④ 4MPa

해설 인장응력 = $\dfrac{\text{와이어로프에 의지하는 하중}}{\text{단면적}}$

$= \dfrac{800}{800} = 1\,\text{MPa}$

24. 화물용 승강기를 설계하면서 와이어로프의 안전하중은 10ton이라면 로프의 가닥수를 얼마로 하여야 하는가? (단, 와이어로프 한 가닥의 파단강도는 4ton이며, 화물용 승강기의 와이어로프의 안전율은 6으로 한다.)

① 10가닥 　　② 15가닥 [16.1]
③ 20가닥 　　④ 30가닥

해설 안전율 = $\dfrac{\text{파단하중}}{\text{안전하중}} = \dfrac{4x}{10} = 6$

$\therefore x = \dfrac{6 \times 10}{4} = 15\text{가닥}$

25. 고소작업대가 갖추어야 할 설치 조건으로 옳지 않은 것은? [17.1]

① 작업대를 와이어로프 또는 체인으로 올리거나 내릴 경우에는 와이어로프 또는 체인이 끊어져 작업대가 떨어지지 아니하는 구조이어야 하며, 와이어로프 또는 체인의 안전율은 3 이상일 것
② 작업대를 유압에 의해 올리거나 내릴 경우에는 작업대를 일정한 위치에 유지할 수 있는 장치를 갖추고 압력의 이상저하를 방지할 수 있는 구조일 것
③ 작업대에 정격하중(안전율 5 이상)을 표시할 것
④ 작업대에 끼임·충돌 등 재해를 예방하기 위한 가드 또는 과상승방지장치를 설치할 것

해설 ① 작업대를 와이어로프 또는 체인으로 올리거나 내릴 경우에는 와이어로프 또는 체인이 끊어져 작업대가 떨어지지 아니하는 구조이어야 하며, 와이어로프 또는 체인의 안전율은 5 이상일 것

25-1. 건축물의 층고가 높아지면서, 현장에서 고소작업대의 사용이 증가하고 있다. 고소작업대의 사용 및 설치기준으로 옳은 것은? [10.3/14.3]

① 작업대를 와이어로프 또는 체인으로 올리거나 내릴 경우에는 와이어로프 또는 체인의 안전율은 10 이상일 것
② 작업대를 올린 상태에서 항상 작업자를 태우고 이동할 것
③ 바닥과 고소작업대는 가능하면 수직을 유지하도록 할 것
④ 갑작스러운 이동을 방지하기 위하여 아웃트리거(outrigger) 또는 브레이크 등을 확실히 사용할 것

해설 ① 작업대를 와이어로프 또는 체인으로 올리거나 내릴 경우에는 와이어로프 또는 체인의 안전율은 5 이상일 것

② 작업대를 올린 상태에서 작업자를 태우고 이동하지 말 것

③ 바닥과 고소작업대는 가능하면 수평을 유지하도록 할 것

정답 ④

25-2. 고소작업대 구조에서 작업대를 상승 또는 하강시킬 때 사용하는 체인의 안전율은 최소 얼마 이상인가? [15.3]

① 2　　　② 5　　　③ 10　　　④ 12

해설 고소작업대의 와이어로프 또는 체인의 안전율은 5 이상일 것

정답 ②

26. 고소작업대를 사용하는 경우 준수해야 할 사항으로 옳지 않은 것은? [19.3]

① 안전한 작업을 위하여 적정수준의 조도를 유지할 것

② 전로(電路)에 근접하여 작업을 하는 경우에는 작업감시자를 배치하는 등 감전사고를 방지하기 위하여 필요한 조치를 할 것

③ 작업대의 붐대를 상승시킨 상태에서 탑승자는 작업대를 벗어나지 말 것

④ 전환 스위치는 다른 물체를 이용하여 고정할 것

해설 ④ 전환 스위치는 다른 물체를 이용하여 고정하지 말 것

26-1. 산업안전보건기준에 관한 규칙에서 규정하는 현장에서 고소작업대 사용 시 준수사항이 아닌 것은? [11.1/16.2]

① 작업자가 안전모·안전대 등의 보호구를 착용하도록 할 것

② 관계자가 아닌 사람이 작업구역 내에 들어오는 것을 방지하기 위하여 필요한 조치를 할 것

③ 작업을 지휘하는 자를 선임하여 그 자의 지휘하에 작업을 실시할 것

④ 안전한 작업을 위하여 적정수준의 조도를 유지할 것

해설 ③ 전로에 근접하여 작업을 하는 경우에는 작업감시자를 배치하는 등 감전사고를 방지하기 위하여 필요한 조치를 할 것

정답 ③

무너짐(붕괴)재해 및 대책 Ⅰ

27. 다음 중 흙의 투수계수에 영향을 미치는 요소가 아닌 것은? [11.3]

① 입자의 모양과 크기

② 유체의 점성계수

③ 공극비

④ 압축지수

해설 흙의 투수계수에 영향을 주는 인자

• 입자의 모양과 크기

• 유체의 점성계수

• 토립자의 공극비

• 흙의 입자 구도와 포화도

• 물의 단위중량

• 유체의 밀도

27-1. 지반의 투수계수에 영향을 주는 인자에 해당하지 않는 것은? [16.2]

① 토립자의 단위중량

② 유체의 점성계수

③ 토립자의 공극비

④ 유체의 밀도

해설 흙의 투수계수 인자

• 포화도 : 포화도가 클수록 투수계수는 크다.

　→ 포화도＝물의 용적/(공기＋물의 체적)

- 공극비 : 공극비가 클수록 투수계수는 크다.
  → 간(공)극비=(공기＋물의 체적)/흙의 용적
- 함수비가 높은 토사는 강도 저하로 인해 붕괴할 우려가 있다.
  → 함수비=물의 용적/흙 입자의 용적
- 유체의 밀도 : 유체의 밀도가 클수록 투수계수는 크다.
- 유체의 점성계수 : 유체의 점성계수가 클수록 투수계수는 작다.

Tip) ① 물의 단위중량

정답 ①

27-2. 지반의 침하에 따른 구조물의 안전성에 중대한 영향을 미치는 흙의 간극비의 정의로 옳은 것은? [15.2]

① 공기의 부피/흙 입자의 부피
② 공기와 물의 부피/흙 입자의 부피
③ 공기와 물의 부피/흙 입자에 포함된 물의 부피
④ 공기의 부피/흙 입자에 포함된 물의 부피

해설 공극비 : 공극비가 클수록 투수계수는 크다.
→ 간(공)극비=(공기＋물의 체적)/흙의 용적

정답 ②

27-3. 흙의 함수비 측정시험을 하였다. 먼저 용기의 무게를 잰 결과 10g이었다. 시료를 용기에 넣은 후에 총 무게는 40g, 그대로 건조시킨 후 무게는 30g이었다. 이 흙의 함수비는? [16.3]

① 25% ② 30% ③ 50% ④ 75%

해설 함수비＝$\dfrac{\text{물의 용적}}{\text{흙 입자의 용적}}\times 100$

$=\dfrac{40-10}{30-10}\times 100=50\%$

※ 원문: $=\dfrac{40-10}{30-10}\times 100=50\%$

정답 ③

27-4. 포화도 80%, 함수비 28%, 흙 입자의 비중 2.7일 때 공극비를 구하면? [11.3/20.1]

① 0.940 ② 0.945
③ 0.950 ④ 0.955

해설 공(간)극비＝$\dfrac{\text{간극의 용적}}{\text{흙 입자의 용적}}$

$=\dfrac{\text{함수비}}{\text{포화도}}\times \text{흙 입자의 비중}$

$=\dfrac{0.28\times 2.7}{0.8}=0.945$

Tip)
- 포화도＝$\dfrac{\text{물의 용적}}{\text{간극의 용적}}$
- 함수비＝$\dfrac{\text{물의 용적}}{\text{흙 입자의 용적}}$

정답 ②

27-5. 함수비 20%, 공극비 0.8, 비중이 2.6인 흙의 포화도는 얼마인가? [09.2]

① 55% ② 65% ③ 75% ④ 85%

해설 포화도＝$\dfrac{\text{물의 용적}}{\text{간극(공기＋물)의 용적}}$

$=\dfrac{\text{함수비}}{\text{공극비}}\times \text{흙 입자의 비중}$

$=\dfrac{0.2\times 2.6}{0.8}=0.65\times 100=65\%$

정답 ②

---

28. 흙의 상태는 함수량에 따라 액체, 소성, 반고체, 고체 등으로 변화하는데 이러한 흙의 성질을 무엇이라 하는가? [10.1/10.2]

① 흙의 팽창 ② 흙의 연경도
③ 흙의 다짐 ④ 흙의 밀도

해설 연경도 : 흙의 함수량에 따라 액체, 소성, 반고체, 고체의 상태로 변화하는 흙의 성질

정답 **28.** ②

28-1. 흙의 연경도(consistency)에서 반고체상태와 소성상태의 한계를 무엇이라 하는가? [18.1]

① 액성한계　　　② 소성한계

③ 수축한계　　　④ 반수축한계

해설 소성한계 : 흙의 연경도에서 반고체상태와 소성상태의 한계

정답 ②

29. 흙의 액성한계 $W_L = 48\%$, 소성한계 $W_P = 26\%$일 때 소성지수(I_p)는 얼마인가? [16.2]

① 18%　　　② 22%

③ 26%　　　④ 32%

해설 소성지수(I_p) = $W_L - W_P$
= 48 - 26 = 22%

30. 흙을 크게 분류하면 사질토와 점성토로 나눌 수 있는데 그 차이점으로 옳지 않은 것은 어느 것인가? [12.2/15.3]

① 흙의 내부 마찰각은 사질토가 점성토보다 크다.

② 지지력은 사질토가 점성토보다 크다.

③ 점착력은 사질토가 점성토보다 작다.

④ 장기 침하량은 사질토가 점성토보다 크다.

해설 ④ 장기 침하량은 점성토가 사질토보다 크다.

31. 흙의 입도분포와 관련한 삼각좌표에 나타나는 흙의 분류에 해당되지 않는 것은? [14.3]

① 모래　　　② 점토

③ 자갈　　　④ 실트

해설 • 입자의 크기에 의한 분류 : 콜로이드 < 점토 < 실트 < 모래 < 자갈

• 흙의 입도분포의 삼각좌표에 나타나는 흙의 분류에서 자갈은 제외된다.

32. 지내력 시험을 통하여 다음과 같은 하중－침하량 곡선을 얻었을 때 장기하중에 대한 허용 지내력도로 옳은 것은? (단, 장기하중에 대한 허용 지내력도=단기하중에 대한 허용 지내력도×1/2) [17.3]

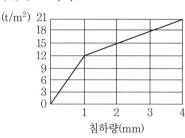
침하량(mm)

① 6　　　② 7　　　③ 12　　　④ 14

해설 허용지지력 = $\dfrac{항복강도}{2} = \dfrac{12}{2} = 6\,t/m^2$

33. 다음은 풍화암에서 토사붕괴를 예방하기 위한 기울기를 나타낸 것이다. x의 값은?

① 0.8　　　　　　　　　[16.2/20.1]

② 1.0

③ 0.5

④ 0.3

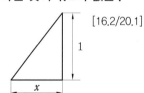

해설 굴착면의 기울기 기준(2021.11.19 개정)

구분	지반 종류	기울기	사면 형태 (풍화암)
보통흙	습지	1 : 1 ~1 : 1.5	
	건지	1 : 0.5 ~1 : 1	
암반	풍화암	1 : 1.0	
	연암	1 : 1.0	
	경암	1 : 0.5	

(※ 관련 규정 2021 개정 내용으로 본서에서는 이와 관련된 문제의 선지 내용을 수정하여 정답 처리 하였다.)

33-1. 산업안전보건기준에 관한 규칙에 따른

토사굴착 시 굴착면의 기울기 기준으로 옳지 않은 것은? [10.3/11.2/13.3/14.1/18.1/19.2]

① 보통흙인 습지 – 1 : 1~1 : 1.5
② 풍화암 – 1 : 1.0
③ 연암 – 1 : 1.0
④ 보통흙인 건지 – 1 : 1.2~1 : 5

해설 ④ 보통흙(건지) – 1 : 0.5~1 : 1

정답 ④

33-2. 산업안전보건기준에 관한 규칙에 따른 굴착면의 기울기 기준으로 틀린 것은 어느 것인가? [09.2/10.2/13.1/14.2/15.2]

① 보통흙 습지 – 1 : 1~1 : 1.5
② 풍화암 – 1 : 0.5
③ 보통흙 건지 – 1 : 0.5~1 : 1
④ 경암 – 1 : 0.5

해설 ② 암반(풍화암) – 1 : 1.0

정답 ②

34. 암반 굴착공사에서 굴착 높이가 5m, 굴착 기초면의 폭이 5m인 경우 양 단면 굴착을 할 때 상부 단면의 폭은? (단, 굴착 기울기는 1 : 0.5로 한다.) [11.3]

① 5m ② 10m ③ 15m ④ 20m

해설 1 : 0.5 = 5 : x

→ 1 × x = 0.5 × 5 = 2.5 m

∴ 상단면의 폭 = 2.5 m + 5 m + 2.5 m = 10 m

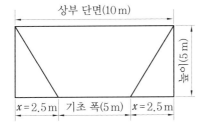

34-1. 굴착공사에서 굴착 깊이 5m, 굴착저

면의 폭이 5m인 경우 양 단면 굴착을 할 때 굴착부 상단면의 폭은? (단, 굴착면의 기울기는 1 : 1로 한다.) [14.1/15.3]

① 10m ② 15m ③ 20m ④ 25m

해설 상단면의 폭 = 5 m + 5 m + 5 m = 15 m

정답 ②

35. 지반의 사면 파괴 유형 중 유한사면의 종류가 아닌 것은? [11.1/20.1]

① 사면내 파괴 ② 사면 선단 파괴
③ 사면 저부 파괴 ④ 직립 사면 파괴

해설 사면 파괴 유형
• 사면내 파괴 : 하부 지반이 단단한 경우 얕은 지표층의 붕괴
• 사면 선단 파괴 : 경사가 급하고 비점착성 토질에서 발생
• 사면 저부 파괴 : 경사가 완만하고 점착성인 경우, 사면의 하부에 견고한 지층이 있을 경우 발생

35-1. 유한사면에서 사면 기울기가 비교적 완만한 점성토에서 주로 발생되는 사면 파괴의 형태는? [12.3/19.1]

① 저부 파괴 ② 사면 선단 파괴
③ 사면내 파괴 ④ 국부 전단 파괴

해설 사면 저부 파괴 : 경사가 완만하고 점착성인 경우, 사면의 하부에 견고한 지층이 있을 경우 발생

정답 ①

36. 점성토지반의 개량공법으로 적합하지 않은 것은? [13.2]

① 바이브로 플로테이션 공법
② 프리로딩 공법
③ 치환공법
④ 페이퍼드레인 공법

해설 ①은 사질토지반의 개량공법

37. 지반 개량공법 중 고결 안정공법에 해당하지 않는 것은? [12.1]

① 생석회 말뚝공법 ② 동결공법
③ 동다짐공법 ④ 소결공법

해설 고결 안정공법 : 생석회 말뚝공법, 동결공법, 소결공법 등

38. 연약한 지반 위에 성토를 하거나 직접기초를 건설하고자 할 때 지중 점토층의 압밀을 촉진시키기 위한 탈수공법의 종류가 아닌 것은? [10.2]

① 샌드드레인 공법 ② 웰 포인트 공법
③ 약액 주입 공법 ④ 페이퍼드레인 공법

해설 탈수공법의 종류
• 웰 포인트 공법 – 사질지반
• 샌드드레인 공법 – 점토질지반
• 페이퍼드레인 공법 – 점토질지반
• 생석회 말뚝공법 – 점토질지반

무너짐(붕괴)재해 및 대책 Ⅱ

39. 건설공사에서 굴착 경사면을 점검하던 중 발생한 토사붕괴의 원인으로 가장 거리가 먼 것은? [10.3]

① 보통흙 습지의 굴착면 기울기를 1 : 0.8로 하였다.
② 굴착부 상단부에 철근을 일부 적재하였다.
③ 굴착면에 유입수가 발생하였다.
④ 동절기의 흙이 결빙되어 있었다.

해설 굴착면 붕괴의 원인
• 외적 요인
  ㉠ 사면, 법면의 경사 및 기울기의 증가
  ㉡ 절토 및 성토 높이의 증가
  ㉢ 공사에 의한 진동 및 반복하중의 증가
  ㉣ 지표수 및 지하수의 침투에 의한 토사 중량의 증가
  ㉤ 굴착부 상단부에 구조물 등의 중량 증가
  ㉥ 토사 및 암석의 혼합층 두께
• 내적 요인
  ㉠ 절토사면의 토질·암질
  ㉡ 성토사면의 토질구성과 분포
  ㉢ 토석의 강도 저하

39-1. 굴착면 붕괴의 원인과 가장 거리가 먼 것은? [16.3/19.2]

① 사면 경사의 증가
② 성토 높이의 감소
③ 공사에 의한 진동하중의 증가
④ 굴착 높이의 증가

해설 ② 절토 및 성토 높이의 증가가 굴착면 붕괴의 원인이 된다.

정답 ②

39-2. 토석이 붕괴되는 원인을 외적 요인과 내적 요인으로 나눌 때 외적 요인으로 볼 수 없는 것은? [12.2/19.3]

① 사면, 법면의 경사 및 기울기의 증가
② 지진 발생, 차량 또는 구조물의 중량
③ 공사에 의한 진동 및 반복하중의 증가
④ 절토사면의 토질, 암질

정답 36. ① 37. ③ 38. ③ 39. ④

해설 ④는 내적 요인, ①, ②, ③은 외적 요인

정답 ④

39-3. 다음 중 토사붕괴의 내적 요인이 아닌 것은 어느 것인가? [15.2/18.1]

① 사면, 법면의 경사 증가
② 절토사면의 토질구성 이상
③ 성토사면의 토질구성 이상
④ 토석의 강도 저하

해설 ①은 외적 요인, ②, ③, ④는 내적 요인

정답 ①

39-4. 토사붕괴 재해의 발생 원인으로 보기 어려운 것은? [14.1]

① 부석의 점검을 소홀히 했다.
② 지질 조사를 충분히 하지 않았다.
③ 굴착면 상하에서 동시작업을 했다.
④ 안식각으로 굴착했다.

해설 안식각(자연경사각) : 비탈면과 원지면이 이루는 흙의 사면각를 말하며, 사면에서 토사가 미끄러져 내리지 않는 각도이다.

정답 ④

40. 토사붕괴 시의 조치사항으로 거리가 먼 것은? [15.3]

① 대피통로 및 공간의 확보
② 동시작업의 금지
③ 2차 재해의 방지
④ 굴착공법의 선정

해설 토사붕괴 시 조치사항 : 대피통로 및 공간의 확보, 동시작업의 금지, 2차 재해의 방지 등

41. 절토공사 중 발생하는 비탈면 붕괴의 원인과 거리가 먼 것은? [18.3]

① 함수비 고정으로 인한 균일한 흙의 단위중량
② 건조로 인하여 점성토의 점착력 상실
③ 점성토의 수축이나 팽창으로 균열 발생
④ 공사 진행으로 비탈면의 높이와 기울기 증가

해설 ①은 붕괴위험이 감소된다.

42. 비탈면 붕괴를 방지하기 위한 방법으로 옳지 않은 것은? [18.3]

① 비탈면 상부는 토사 제거
② 지하 배수공 시공
③ 비탈면 하부의 성토
④ 비탈면 내부 수압의 증가 유도

해설 ④는 비탈면 붕괴의 원인이 된다.

43. 비탈면 붕괴방지를 위한 붕괴방지 공법과 가장 거리가 먼 것은? [19.3]

① 배토공법   ② 압성토 공법
③ 공작물의 설치   ④ 언더피닝 공법

해설 언더피닝(underpinning) 공법 : 기존 구조물에 근접된 장소에서 시공할 경우 기존 구조물보다 깊은 구조물의 기초를 시공하고자 할 때 기존 구조물을 보호하기 위한 기초 보강공법이다.

43-1. 비탈면 붕괴방지를 위한 붕괴방지 공법과 가장 거리가 먼 것은? [13.2]

① 배토공법   ② 압성토 공법
③ 공작물의 설치   ④ 웰 포인트 공법

해설 웰 포인트(well point) 공법 : 모래질지반의 지하수위를 일시적으로 저하시켜야 할 때 사용하는 공법으로 모래 탈수공법이라고 한다.

정답 ④

43-2. 토사붕괴를 방지하기 위한 대책으로 붕괴방지 공법에 해당되지 않는 것은? [16.2]

① 배토공법
② 압성토 공법
③ 집수정공법
④ 공작물의 설치

해설 집수통공법(배수공법) : 깊은 층의 지하수를 배제하기 위한 시공으로 땅밀림, 산사태 억제를 위한 공법이다.

정답 ③

44. 암반사면의 파괴형태가 아닌 것은? [15.1]

① 평면파괴
② 압축파괴
③ 쐐기파괴
④ 전도파괴

해설 암반사면의 파괴형태 : 평면파괴, 쐐기파괴, 전도파괴, 원형파괴 등

45. 일반적으로 사면이 가장 위험한 경우는 어느 때인가? [11.1/14.1]

① 사면이 완전 건조상태일 때
② 사면의 수위가 서서히 상승할 때
③ 사면이 완전 포화상태일 때
④ 사면의 수위가 급격히 하강할 때

해설 사면의 수위가 급격히 하강할 때 붕괴위험이 가장 높다.

46. 다음 중 모래지반의 내부 마찰각을 구할 수 있는 시험방법은? [10.1]

① 웰 포인트
② 표준관입시험
③ 지내력시험
④ 베인테스트

해설 표준관입시험

- N치(N-value)는 지반을 30 cm 굴진하는데 필요한 타격횟수를 의미한다.
- 63.5 kg 무게의 추를 76 cm 높이에서 자유낙하하여 타격하는 시험이다.
- 사질지반에 적용하며, 점토지반에서는 편차가 커서 신뢰성이 떨어진다.

46-1. 표준관입시험(SPT)에서의 N값은 샘플러를 63.5 kg 해머로 흐트러지지 않은 지반에 몇 cm 관입하는데 필요한 타격횟수인가? [10.2]

① 15 cm
② 30 cm
③ 60 cm
④ 75 cm

해설 지반을 30 cm 굴진하는데 필요한 타격횟수를 의미한다.

정답 ②

47. 굴착공사 표준 안전작업지침에 따른 인력 굴착작업 시 굴착면이 높아 계단식 굴착을 할 때 소단의 폭은 수평거리로부터 얼마 정도 하여야 하는가? [17.3]

① 1 m
② 1.5 m
③ 2 m
④ 2.5 m

해설 인력 굴착작업 시 굴착면이 높아 계단식 굴착을 할 때 소단의 폭은 수평거리로부터 2 m이다.

48. 터널 등의 건설작업을 하는 경우에 낙반 등에 의하여 근로자가 위험해질 우려가 있는 경우, 그 위험을 방지하기 위하여 취해야 할 조치와 거리가 먼 것은? [16.2/19.3]

① 터널지보공 설치
② 록볼트 설치
③ 부석의 제거
④ 산소의 측정

해설 사업주는 터널 등의 건설작업을 하는 경우에 낙반 등에 의하여 근로자가 위험해질 우려가 있는 경우 터널지보공 및 록볼트의 설치, 부석의 제거 등 위험을 방지하는 조치를 하여야 한다.

49. 산업안전보건법령에서는 터널 건설작업을 하는 경우에 해당 터널 내부의 화기나 아크를 사용하는 장소에는 필히 무엇을 설치하도록 규정하고 있는가? [15.3/18.3]

정답 44. ② 45. ④ 46. ② 47. ③ 48. ④ 49. ①

① 소화설비 ② 대피설비
③ 충전설비 ④ 차단설비

해설 터널 내부의 화기나 아크를 사용하는 장소에는 소화설비를 설치하도록 규정하고 있다.

50. 터널지보공을 설치한 경우에 수시로 점검하여야 할 사항에 해당하지 않는 것은? [17.1]

① 기둥침하의 유무 및 상태
② 부재의 긴압 정도
③ 매설물 등의 유무 또는 상태
④ 부재의 접속부 및 교차부의 상태

해설 터널지보공 수시점검사항
- 부재의 손상·변형·부식·변위·탈락의 유무 및 상태
- 부재의 긴압의 정도
- 부재의 접속부 및 교차부의 상태
- 기둥침하의 유무 및 상태

50-1. 붕괴 등의 방지를 위하여 터널지보공을 설치한 후에 수시로 점검하여야 할 사항으로 가장 거리가 먼 것은? [10.2]

① 부재의 손상, 변형, 부식, 변위, 탈락의 유무
② 통신설비의 상태
③ 부재의 접속부 및 교차부의 상태
④ 기둥의 침하 유무 및 상태

해설 ② 통신설비는 잠함 또는 우물통의 내부에서 굴착작업을 할 때 외부와의 연락을 위해 설치한다.

정답 ②

51. 터널지보공을 조립하는 경우에는 미리 그 구조를 검토한 후 조립도를 작성하고, 그 조립도에 따라 조립하도록 하여야 하는데 조립도에 명시해야 할 사항과 가장 거리가 먼 것은? [11.3]

① 재료의 강도 ② 단면 규격
③ 이음방법 ④ 설치 간격

해설 터널지보공 조립도에 명시사항 : 재료의 재질, 단면 규격, 설치 간격, 이음방법

52. 터널 계측관리 및 이상 발견 시 조치에 관한 설명으로 옳지 않은 것은? [17.3]

① 숏크리트가 벗겨지면 두께를 감소시키고 뿜어 붙이기를 금한다.
② 터널의 계측관리는 일상계측과 대표계측으로 나뉜다.
③ 록볼트의 축력이 증가하여 지압판이 휘게 되면 추가볼트를 시공한다.
④ 지중변위가 크게 되고 이완 영역이 이상하게 넓어지면 추가볼트를 시공한다.

해설 ① 숏크리트가 벗겨지며 반드시 뿜어 붙이기를 실시하여 설계상의 두께를 유지해야 한다.

53. 다음 터널 공법 중 전단면 기계굴착에 의한 공법에 속하는 것은? [10.3/20.1]

① ASSM(American Steel Supported Method)
② NATM(New Austrian Tunneling Method)
③ TBM(Tunnel Boring Machine)
④ 개착식 공법

해설 TBM(Tunnel Boring Machine) 공법은 터널 공법 중 전단면 기계굴착에 의한 공법이다.

54. 다음 중 터널식 굴착방법과 거리가 먼 것은? [09.1]

① TBM 공법 ② NATM 공법
③ 쉴드 공법 ④ 어스앵커 공법

해설 ④는 흙막이 공법(버팀대식 공법)

정답 50. ③ 51. ① 52. ① 53. ③ 54. ④

떨어짐(낙하), 날아옴(비래)재해 대책

55. 건설공사 중 작업으로 인하여 물체가 떨어지거나 날아올 위험이 있을 때 조치할 사항으로 옳지 않은 것은? [10.1/12.2/15.3]

① 안전난간 설치
② 보호구의 착용
③ 출입금지구역의 설정
④ 낙하물방지망의 설치

해설 ①은 추락(떨어짐)방호 안전시설

56. 건물 외부에 낙하물방지망을 설치할 경우 벽면으로부터 돌출되는 거리의 기준은 얼마인가? [11.1/20.2]

① 1m 이상　　　② 1.5m 이상
③ 1.8m 이상　　④ 2m 이상

해설 낙하물방지망 또는 방호선반 설치기준

• 설치 높이 10m 이내마다 설치하고, 내민 길이는 벽면으로부터 2m 이상으로 할 것
• 수평면과의 각도는 20° 이상 30° 이하를 유지할 것

56-1. 공사현장에서 낙하물방지망 또는 방호선반을 설치할 때 설치 높이 및 벽면으로부터 내민 길이 기준으로 옳은 것은 어느 것인가? [10.3/15.2/18.3/19.2]

① 설치 높이 : 10m 이내마다, 내민 길이 : 2m 이상
② 설치 높이 : 15m 이내마다, 내민 길이 : 3m 이상
③ 설치 높이 : 10m 이내마다, 내민 길이 : 3m 이상
④ 설치 높이 : 15m 이내마다, 내민 길이 : 2m 이상

해설 설치 높이 10m 이내마다 설치하고, 내민 길이는 벽면으로부터 2m 이상으로 할 것
정답 ①

56-2. 다음은 작업으로 인하여 물체가 떨어지거나 날아올 위험이 있는 경우에 조치하여야 하는 사항이다. ( )에 알맞은 내용으로 옳은 것은? [13.3/16.1]

> 낙하물방지망 또는 방호선반을 설치하는 경우 높이 10m 이내마다 설치하고, 내민 길이는 벽면으로부터 ( ) 이상으로 할 것

① 2m　　② 2.5m　　③ 3m　　④ 3.5m

해설 설치 높이 10m 이내마다 설치하고, 내민 길이는 벽면으로부터 2m 이상으로 할 것
정답 ①

56-3. 작업장의 바닥, 도로 및 통로 등에서 낙하물이 근로자에게 위험을 미칠 우려가 있는 경우의 필요한 조치의 준수사항으로 옳지 않은 것은? [12.1/13.2/17.3]

① 수직보호망 또는 방호선반의 설치
② 출입금지구역의 설정
③ 낙하물방지망의 수평면과의 각도는 20도 이상 30도 이하 유지
④ 낙하물방지망을 높이 15m 이내마다 설치

해설 ④ 낙하물방지망은 높이 10m 이내마다 설치
정답 ④

56-4. 낙하물방지망 설치기준으로 옳지 않은 것은? [16.3]

① 높이 10m 이내마다 설치한다.
② 내민 길이는 벽면으로부터 3m 이상으로 한다.

③ 수평면과의 각도는 20° 이상 30° 이하를 유지한다.

④ 방호선반의 설치기준과 동일하다.

해설 ② 내민 길이는 벽면으로부터 2m 이상으로 한다.

정답 ②

56-5. 작업으로 인하여 물체가 떨어지거나 날아올 위험이 있는 경우 설치하는 낙하물 방지망의 수평면과의 각도 기준으로 옳은 것은? [17.1]

① 10° 이상 20° 이하를 유지

② 20° 이상 30° 이하를 유지

③ 30° 이상 40° 이하를 유지

④ 40° 이상 45° 이하를 유지

해설 낙하물방지망의 수평면과의 각도는 20° 이상 30° 이하를 유지하여야 한다.

정답 ②

57. 낙하 · 비래재해 방지설비에 대한 설명으로 틀린 것은? [15.1]

① 투하설비는 높이 10m 이상 되는 장소에서만 사용한다.

② 투하설비의 이음부는 충분히 겹쳐 설치한다.

③ 투하 입구 부근에는 적정한 낙하방지설비를 설치한다.

④ 물체를 투하 시에는 감시인을 배치한다.

해설 ① 높이가 3m 이상인 장소로부터 물체를 투하하는 경우 투하설비를 설치하거나 감시인을 배치하여야 한다.

57-1. 다음은 산업안전보건법령에 따른 작업장에서의 투하설비 등에 관한 사항이다. 빈칸에 들어갈 내용으로 옳은 것은? [11.3/18.1]

사업주는 높이가 (   ) 이상인 장소로부터 물체를 투하하는 경우 적당한 투하설비를 설치하거나 감시인을 배치하는 등 위험을 방지하기 위하여 필요한 조치를 하여야 한다.

① 2m   ② 3m

③ 5m   ④ 10m

해설 사업주는 높이가 3m 이상인 장소로부터 물체를 투하하는 경우 적당한 투하설비를 설치하거나 감시인을 배치하는 등 위험을 방지하기 위하여 필요한 조치를 하여야 한다.

정답 ②

57-2. 물체를 투하할 때 투하설비를 설치하거나 감시인을 배치하는 등의 위험방지를 위한 조치를 하여야 하는 기준 높이는? [16.3]

① 3m 이상   ② 5m 이상

③ 7m 이상   ④ 10m 이상

해설 높이가 3m 이상인 장소로부터 물체를 투하하는 경우 적당한 투하설비를 설치하거나 감시인을 배치하여야 한다.

정답 ①

58. 다음 중 기계적 위험에서 위험의 종류와 사고의 형태를 올바르게 연결한 것은? [12.2]

① 접촉점 위험 – 충돌

② 물리적 위험 – 협착

③ 작업방법적 위험 – 전도

④ 구조적 위험 – 이상온도 노출

해설 ① 접촉점 위험 – 틈에 끼임, 말림

② 물리적 위험 – 비래, 낙하물체에 맞음

④ 구조적 위험 – 파열, 파괴, 절단

4 건설 가시설물 설치기준

비계 Ⅰ

1. 이동식 비계 작업 시 주의사항으로 옳지 않은 것은? [20.1]

① 비계의 최상부에서 작업을 하는 경우에는 안전난간을 설치한다.

② 이동 시 작업지휘자가 이동식 비계에 탑승하여 이동하며 안전 여부를 확인하여야 한다.

③ 비계를 이동시키고자 할 때는 바닥의 구멍이나 머리 위의 장애물을 사전에 점검한다.

④ 작업발판은 항상 수평을 유지하고 작업발판 위에서 안전난간을 딛고 작업을 하거나 받침대 또는 사다리를 사용하여 작업하지 않도록 한다.

해설 이동식 비계 작업 시 주의사항

• 감독자의 지휘하에 작업한다.
• 비계 이동 시 사람이 탄 채로 이동하면 안된다.
• 안전모를 착용하고 구명로프 등을 소지한다.
• 공구나 재료의 오르내리기에는 포대, 로프 등을 사용한다.
• 최상부에서 작업을 하는 경우에는 안전난간을 설치한다.
• 작업발판 위에서 안전난간을 딛고 작업을 하거나 받침대 또는 사다리를 사용하여 작업하지 않는다.

1-1. 이동식 비계 작업 시 주의사항으로 옳지 않은 것은? [11.3]

① 작업감독자의 지휘하에 작업을 행해야 한다.

② 근로자가 탑승하여 이동하여야 한다.

③ 비계를 이동시키고자 할 때는 바닥의 구멍이나 머리 위의 장애물을 사전에 점검한다.

④ 비계를 이동할 때에는 충분한 인원을 배치하여야 한다.

해설 ② 비계 이동 시 사람이 탄 채로 이동하면 안 된다.

정답 ②

1-2. 이동식 비계를 조립하여 작업을 하는 경우의 준수사항으로 옳지 않은 것은? [17.1]

① 이동식 비계의 바퀴에는 뜻밖의 갑작스러운 이동 또는 전도를 방지하기 위하여 브레이크·쐐기 등으로 바퀴를 고정시킨 다음 비계의 일부를 견고한 시설물에 고정하거나 아웃트리거(outrigger)를 설치하는 등 필요한 조치를 할 것

② 작업발판은 항상 수평을 유지하고 작업발판 위에서 안전난간을 딛고 작업을 하지 않도록 하며, 대신 받침대 또는 사다리를 사용하여 작업할 것

③ 비계의 최상부에서 작업을 하는 경우에는 안전난간을 설치할 것

④ 작업발판의 최대 적재하중은 250kg을 초과하지 않도록 할 것

해설 ② 작업발판은 항상 수평을 유지하고 작업발판 위에서 안전난간을 딛고 작업을 하거나 받침대 또는 사다리를 사용하여 작업하지 않도록 할 것

정답 ②

1-3. 이동식 비계를 조립하여 작업을 하는 경우에 준수해야 할 사항과 거리가 먼 것은 어느 것인가? [13.1]

① 비계의 최상부에서 작업을 할 때에는 안전난간을 설치할 것

② 작업발판의 최대 적재하중은 250kg을 초과하지 않도록 할 것

③ 승강용 사다리는 견고하게 설치할 것

④ 지주부재와 수평면과의 기울기를 75° 이하로 하고, 지주부재와 지주부재 사이를 고정시키는 보조부재를 설치할 것

해설 ④는 말비계 조립 시 준수사항

정답 ④

1-4. 이동식 비계의 조립에 대한 유의사항으로 옳지 않은 것은? [12.3]

① 제동장치를 설치

② 승강용 사다리를 견고하게 부착

③ 비계의 최대 높이는 밑변 최대 폭의 4배 이하

④ 최상층 및 5층 이내마다 수평재를 설치

해설 ③ 비계의 최대 높이는 밑변 최소 폭의 4배 이하

정답 ③

2. 와이어로프나 철선 등을 이용하여 상부지점에서 작업용 발판을 매다는 형식의 비계로서 건물 외장 도장이나 청소 등의 작업에서 사용되는 비계는? [09.3/13.1/14.2]

① 브라켓 비계   ② 달비계

③ 이동식 비계   ④ 말비계

해설 달비계 : 와이어로프나 철선 등을 이용하여 상부지점에서 작업용 발판을 매다는 형식의 비계로서 건물 외장 도장이나 청소 등의 작업에서 사용되는 비계

3. 달비계 또는 높이 5m 이상의 비계를 조립·해체하거나 변경하는 작업 시 준수사항으로 틀린 것은? [15.1]

① 근로자가 관리감독자의 지휘에 따라 작업하도록 할 것

② 비, 눈, 그 밖의 기상상태의 불안정으로 날씨가 몹시 나쁜 경우에는 그 작업을 중지시킬 것

③ 비계재료의 연결·해체작업을 하는 경우에는 폭 20cm 이상의 발판을 설치할 것

④ 강관비계 또는 통나무비계를 조립하는 경우 외줄로 구성하는 것을 원칙으로 할 것

해설 ④ 사업주는 강관비계 또는 통나무비계를 조립하는 경우 쌍줄로 하여야 한다. 다만, 별도의 작업발판을 설치할 수 있는 시설을 갖춘 경우에는 외줄로 할 수 있다.

3-1. 다음은 비계조립에 관한 사항이다. ( ) 안에 적합한 것은? [09.1]

사업주는 강관비계 또는 통나무비계를 조립하는 때에는 쌍줄로 하여야 하되, 외줄로 하는 때에는 별도의 ( )을(를) 설치할 수 있는 시설을 갖추어야 한다.

① 안전난간   ② 작업발판

③ 안전벨트   ④ 표지판

해설 강관비계 또는 통나무비계를 조립하는 때에는 쌍줄로 하여야 하되, 외줄로 하는 때에는 별도의 작업발판을 설치할 수 있는 시설을 갖추어야 한다.

정답 ②

4. 다음은 비계를 조립하여 사용하는 경우 작업발판 설치에 관한 기준이다. ( )에 들어갈 내용으로 옳은 것은? [20.2]

사업주는 비계(달비계, 달대비계 및 말비계는 제외한다)의 높이가 ( ) 이상인 작업장소에 다음 각 호의 기준에 맞는 작업발판을 설치하여야 한다.

1. 발판재료는 작업할 때의 하중을 견딜 수 있도록 견고한 것으로 할 것
2. 작업발판의 폭은 40cm 이상으로 하고, 발판재료 간의 틈은 3cm 이하로 할 것

① 1m   ② 2m   ③ 3m   ④ 4m

해설 사업주는 비계의 높이가 2m 이상인 작업장소에 각 기준에 맞는 작업발판을 설치하여야 한다.

4-1. 근로자의 작업배치 추락위험이 있을 때 비계 조립 등에 의하여 작업발판을 설치해야 하는 높이 기준은?   [09.1]

① 1m 이상   ② 2m 이상

③ 3m   ④ 4m 이상

해설 작업발판을 설치해야 하는 높이 기준은 2m 이상이다.

정답 ②

5. 다음 중 통로발판의 설치기준으로 옳지 않은 것은?   [10.2]

① 작업발판의 최대 폭은 1.2m 이내이어야 한다.
② 발판 1개에 대한 지지물은 2개 이상이어야 한다.
③ 발판을 겹쳐 이음하는 경우 장선 위에서 이음을 하고 겹침길이는 20cm 이상으로 하여야 한다.
④ 작업발판 위에는 돌출된 못, 옹이, 철선 등이 없어야 한다.

해설 ① 작업발판의 최대 폭은 1.6m 이내이어야 한다.

6. 비계의 높이가 2m 이상인 작업장소에 설치되는 작업발판의 구조에 관한 기준으로 옳지 않은 것은?   [19.3]

① 작업발판의 폭은 40cm 이상으로 할 것
② 발판재료 간의 틈은 5cm 이하로 할 것
③ 작업발판 재료는 뒤집히거나 떨어지지 않도록 둘 이상의 지지물에 연결하거나 고정시킬 것
④ 작업발판을 작업에 따라 이동시킬 경우에는 위험방지에 필요한 조치를 할 것

해설 ② 발판재료 간의 틈은 3cm 이하로 할 것

6-1. 사업주는 비계의 높이가 2m 이상인 작업장소에는 작업발판을 설치하여야 하는데 그 설치기준으로 옳지 않은 것은?   [11.3]

① 발판재료는 작업할 때의 하중을 견딜 수 있도록 견고한 것으로 할 것
② 작업발판의 폭은 40cm 이상으로 하고, 발판재료 간의 틈은 3cm 이하로 할 것
③ 작업발판 재료는 뒤집히거나 떨어지지 않도록 하나 이상의 지지물에 연결하거나 고정시킬 것
④ 추락의 위험이 있는 장소에는 안전난간을 설치할 것

해설 ③ 작업발판 재료는 뒤집히거나 떨어지지 않도록 둘 이상의 지지물에 연결하거나 고정시킬 것

정답 ③

7. 비계발판용 목재의 강도상의 결점에 대한 조사기준으로 옳지 않은 것은?   [10.3]

① 발판의 폭과 동일한 길이 내에 있는 결점치수의 총합이 발판 폭의 1/4을 초과하지 않을 것
② 결점 개개의 크기가 발판의 중앙부에 있는 경우 발판 폭의 1/5을 초과하지 않을 것
③ 발판의 갈라짐은 발판 폭의 1/3을 초과하지 않을 것

④ 발판의 갈라짐은 철선, 띠철로 감아서 보존할 것

해설 ③ 발판의 갈라짐은 발판 폭의 1/2을 초과하지 않을 것

7-1. 다음은 비계발판용 목재재료의 강도상의 결점에 대한 조사기준이다. ( ) 안에 들어갈 내용으로 옳은 것은? [18.1]

> 발판의 폭과 동일한 길이 내에 있는 결점 치수의 총합이 발판 폭의 ( )을 초과하지 않을 것

① 1/2
② 1/3
③ 1/4
④ 1/6

해설 발판의 폭과 동일한 길이 내에 있는 결점치수의 총합이 발판 폭의 1/4을 초과하지 않을 것

정답 ③

8. 달비계의 발판 위에 설치하는 발끝막이판의 높이는 몇 cm 이상 설치하여야 하는가?

① 10cm 이상 [12.3]
② 8cm 이상
③ 6cm 이상
④ 5cm 이상

해설 달비계의 발끝막이판의 높이는 10 cm 이상이어야 한다.

9. 비계발판의 크기를 결정하는 기준은? [14.1]
① 비계의 제조회사
② 재료의 부식 및 손상 정도
③ 지점의 간격 및 작업 시 하중
④ 비계의 높이

해설 비계발판의 크기를 결정하는 기준은 지점의 간격과 작업 시 하중이다.

10. 철골조립 공사 중에 볼트작업을 하기 위해 주 체인 철골에 매달아서 작업발판으로 이용하는 비계는? [16.1]
① 달비계
② 말비계
③ 달대비계
④ 선반비계

해설 달대비계 : 철골에 매달아서 작업발판을 만드는 형태의 임시 비계이다.

10-1. 달대비계는 주로 어느 곳에 설치하는가? [11.2]
① 콘크리트 기초
② 철골기둥 및 보
③ 조적벽면
④ 굴착사면

해설 달대비계 : 철골에 매달아서 작업발판을 만드는 형태의 임시 비계이다.

정답 ②

비계 II

11. 강관을 사용하여 비계를 구성하는 경우의 준수사항으로 옳지 않은 것은? [20.2]
① 비계기둥의 간격은 띠장 방향에서는 1.85m 이하로 할 것
② 비계기둥의 간격은 장선(長線) 방향에서는 1.0m 이하로 할 것
③ 띠장 간격은 2.0m 이하로 할 것
④ 비계기둥 간의 적재하중은 400kg을 초과하지 않도록 할 것

해설 비계기둥 간격 : 띠장 방향에서 1.85m 이하, 장선 방향에서 1.5m 이하

11-1. 강관을 사용하여 비계를 구성하는 경우 준수해야 할 기준으로 옳지 않은 것은 어느 것인가? [19.3]

① 비계기둥의 간격은 띠장 방향에서는 1.5m 이상 1.8m 이하, 장선(長線) 방향에서는 1.5m 이하로 할 것

② 띠장 간격은 1.5m 이하로 설치하되, 첫 번째 띠장은 지상으로부터 2.5m 이하의 위치에 설치할 것

③ 비계기둥의 제일 윗부분으로부터 31m 되는 지점 밑 부분의 비계기둥은 2개의 강관으로 묶어 세울 것

④ 비계기둥 간의 적재하중은 400kg을 초과하지 않도록 할 것

[해설] ② 강관비계의 띠장 간격은 2m 이하의 위치에 설치할 것

(※ 관련 규정 개정 전 문제로 본서에서는 기존 정답인 ②번이 정답이다. 자세한 내용은 해설참조)

[정답] ②

11-2. 다음 (　　) 안에 알맞은 숫자를 옳게 나타낸 것은? [17.3]

> 강관비계의 경우 띠장 간격은 (　　)m 이하로 설치한다.

① 1　　　　　　② 1.5
③ 2　　　　　　④ 2.5

[해설] 강관비계의 띠장 간격은 2m 이하의 위치에 설치할 것

(※ 관련 규정 개정 전 문제로 본서에서는 문제를 수정하여 ③번을 정답으로 한다. 자세한 내용은 해설참조)

[정답] ③

11-3. 강관비계의 구조에서 비계기둥 간의

최대 허용 적재하중으로 옳은 것은 어느 것인가? [10.2/10.3/15.1/16.2]

① 500kg　　　　② 400kg
③ 300kg　　　　④ 200kg

[해설] 비계기둥 간의 적재하중은 400kg을 초과하지 않도록 할 것

[정답] ②

12. 신축공사 현장에서 강관으로 외부비계를 설치할 때 비계기둥의 최고 높이가 45m라면 관련 법령에 따라 비계기둥을 2개의 강관으로 보강하여야 하는 높이는 지상으로부터 얼마까지인가? [20.2]

① 14m　　　　　② 20m
③ 25m　　　　　④ 31m

[해설] 비계기둥의 가장 윗부분으로부터 31m 되는 지점 밑 부분의 비계기둥은 2개의 강관으로 묶어세운다.

∴ 45m − 31m = 14m

13. 강관틀비계의 높이가 20m를 초과하는 경우 주틀 간의 간격을 최대 얼마 이하로 사용해야 하는가? [19.1]

① 1.0m　　　　② 1.5m
③ 1.8m　　　　④ 2.0m

[해설] 강관틀비계의 높이가 20m를 초과하는 경우 주틀 간의 간격은 1.8m 이하로 하여야 한다.

14. 강관비계 중 단관비계의 조립 간격(벽체와의 연결 간격)으로 옳은 것은? [14.1]

① 수직 방향 : 6m, 수평 방향 : 8m
② 수직 방향 : 5m, 수평 방향 : 5m
③ 수직 방향 : 4m, 수평 방향 : 6m
④ 수직 방향 : 8m, 수평 방향 : 6m

[정답] 12. ①　 13. ③　 14. ②

해설 비계 조립 간격(m)

비계의 종류		수직 방향	수평 방향
강관	단관비계	5	5
	틀비계 (높이 5 m 미만은 제외)	6	8
	통나무비계	5.5	7.5

14-1. 강관틀비계를 조립하여 사용하는 경우 벽이음의 수직 방향 조립 간격은? [13.1/16.3]

① 2m 이내마다   ② 5m 이내마다
③ 6m 이내마다   ④ 8m 이내마다

해설 강관틀비계를 조립하여 사용하는 경우 벽이음의 조립 간격으로 수직 방향은 6 m, 수평 방향은 8 m이다.

정답 ③

15. 말비계를 조립하여 사용하는 경우의 준수 사항으로 옳지 않은 것은? [19.1]

① 지주부재의 하단에는 미끄럼 방지장치를 할 것
② 지주부재와 수평면과의 기울기는 85° 이하로 할 것
③ 말비계의 높이가 2m를 초과할 경우에는 작업발판의 폭을 40 cm 이상으로 할 것
④ 지주부재와 지주부재 사이를 고정시키는 보조부재를 설치할 것

해설 ② 지주부재와 수평면과의 기울기는 75° 이하로 할 것

15-1. 말비계를 조립하여 사용하는 경우에 준수해야 하는 사항으로 옳지 않은 것은 어느 것인가? [11.2/19.2]

① 지주부재의 하단에는 미끄럼 방지장치를 한다.

② 근로자는 양측 끝부분에 올라서서 작업하도록 한다.
③ 지주부재와 수평면의 기울기를 75° 이하로 한다.
④ 말비계의 높이가 2m를 초과하는 경우에는 작업발판의 폭을 40cm 이상으로 한다.

해설 ② 근로자는 양측 끝부분에 올라서서 작업하지 않도록 한다.

정답 ②

15-2. 높이 2m를 초과하는 말비계를 조립하여 사용하는 경우 작업발판의 최소 폭 기준으로 옳은 것은? [13.3/15.1/16.2/17.3/18.3]

① 20cm   ② 30cm
③ 40cm   ④ 50cm

해설 높이 2 m를 초과하는 말비계를 조립하여 사용하는 경우 작업발판의 최소 폭은 40 cm 이상이다.

정답 ③

15-3. 다음은 산업안전보건법령에 따른 말비계를 조립하여 사용하는 경우에 관한 사항이다. ( ) 안에 알맞은 숫자는? [13.2/17.1]

> 말비계의 높이가 2m를 초과할 경우에는 작업발판의 폭을 ( )cm 이상으로 할 것

① 10   ② 20   ③ 30   ④ 40

해설 말비계의 높이가 2m를 초과하는 경우에는 작업발판의 폭을 40cm 이상으로 한다.

정답 ④

16. 시스템 비계를 사용하여 비계를 구성하는 경우에 준수하여야 할 사항으로 옳지 않은 것은? [19.2]

① 수직재와 수직재의 연결철물은 이탈되지 않도록 견고한 구조로 할 것
② 수직재·수평재·가새재를 견고하게 연결하는 구조가 되도록 할 것
③ 수직재와 받침철물의 연결부 겹침길이는 받침철물 전체 길이의 4분의 1 이상이 되도록 할 것
④ 수평재는 수직재와 직각으로 설치하여야 하며, 체결 후 흔들림이 없도록 견고하게 설치할 것

[해설] ③ 수직재와 받침철물의 연결부 겹침길이는 받침철물 전체 길이의 3분의 1 이상이 되도록 할 것

16-1. 시스템 비계를 사용하여 비계를 구성하는 경우에 준수하여야 할 기준으로 틀린 것은?　　　　　　　　　　[15.1]

① 수직재·수평재·가새재를 견고하게 연결하는 구조가 되도록 할 것
② 비계 말단의 수직재와 받침철물은 밀착되도록 설치하고, 수직재와 받침철물의 연결부의 겹침길이는 받침철물 전체 길이의 4분의 1 이상이 되도록 할 것
③ 수평재는 수직재와 직각으로 설치하여야 하며, 체결 후 흔들림이 없도록 견고하게 설치할 것
④ 수직재와 수직재의 연결철물은 이탈되지 않도록 견고한 구조로 할 것

[해설] ② 수직재와 받침철물의 연결부 겹침길이는 받침철물 전체 길이의 3분의 1 이상이 되도록 할 것

[정답] ②

17. 가설 구조물이 갖추어야 할 구비요건과 가장 거리가 먼 것은?　　　　　　　　[19.2]

① 영구성　　　　　② 경제성
③ 작업성　　　　　④ 안전성

[해설] 가설 구조물이 갖추어야 할 구비요건 : 안전성, 경제성, 작업성

18. 비계를 조립, 해체하거나 또는 변경한 후 그 비계에서 작업을 할 때 당해 작업시작 전에 점검하여야 하는 사항으로 옳지 않은 것은?　　　　　　　　　　[11.1]

① 최대 적재하중으로 재하시험을 한다.
② 발판재료의 손상 여부 및 부착 또는 걸림상태를 점검한다.
③ 연결재료 및 연결철물의 손상 또는 부식상태를 점검한다.
④ 당해 비계의 연결부 또는 접속부의 풀림상태를 확인한다.

[해설] 비계 작업을 시작하기 전에 점검해야 할 사항
• 손잡이의 탈락 여부
• 발판재료의 손상 여부 및 부착 또는 걸림상태
• 해당 비계의 연결부 또는 접속부의 풀림상태
• 연결재료 및 연결철물의 손상 또는 부식상태
• 로프의 부착상태 및 매단 장치의 흔들림 상태
• 기둥의 침하, 변형, 변위 또는 흔들림 상태

18-1. 기상상태의 악화로 비계에서의 작업을 중지시킨 후 그 비계에서 작업을 다시 시작하기 전에 점검해야 할 사항에 해당하지 않는 것은?　　　　　　　　[09.2/18.2]

① 기둥의 침하·변형·변위 또는 흔들림 상태
② 손잡이의 탈락 여부
③ 격벽의 설치 여부
④ 발판재료의 손상 여부 및 부착 또는 걸림상태

해설 ③ 격벽의 설치는 건조설비의 열원으로부터 직화를 사용할 때 불꽃에 의한 화재를 예방하기 위한 것이다.

정답 ③

19. 통나무비계를 건축물, 공작물 등의 건조 · 해체 및 조립 등의 작업에 사용하기 위한 지상 높이 기준은? [09.1/17.1]

① 2층 이하 또는 6m 이하
② 3층 이하 또는 9m 이하
③ 4층 이하 또는 12m 이하
④ 5층 이하 또는 15m 이하

해설 통나무비계 사용기준은 지상 4층 이하 또는 지상 12m 이하인 건축물, 공작물 등의 건조 · 해체 및 조립 등의 작업에 사용한다.

20. 비계 등을 조립하는 경우 강재와 강재의 접속부 또는 교차부를 연결시키기 위한 전용 철물은? [13.1]

① 크램프   ② 가새
③ 턴버클   ④ 샤클

해설 • 크램프는 강재와 강재의 접속부 또는 교차부를 연결시키기 위한 전용 철물이다.
• 턴버클은 두 점 사이에 연결된 나사막대, 와이어 등을 죄는데 사용하는 부품이다.
• 샤클은 연결용 쇠고랑이다.

21. 양끝이 힌지(hinge)인 기둥에 수직하중을 가하면 기둥이 수평 방향으로 휘게 되는 현상은? [09.3/12.2]

① 피로한계
② 파괴한계
③ 좌굴
④ 부재의 안전도

해설 좌굴 : 압력을 받는 기둥이나 판이 어떤 한계를 넘으면 휘어지는 현상

작업통로 및 발판

22. 가설통로를 설치하는 경우 준수해야 할 기준으로 옳지 않은 것은? [16.2/17.2/19.1]

① 경사는 45° 이하로 할 것
② 경사가 15°를 초과하는 경우에는 미끄러지지 아니하는 구조로 할 것
③ 추락할 위험이 있는 장소에는 안전난간을 설치할 것
④ 수직갱에 가설된 통로의 길이가 15m 이상인 경우에는 10m 이내마다 계단참을 설치할 것

해설 가설통로의 설치에 관한 기준
• 견고한 구조로 할 것
• 경사각은 30° 이하로 할 것
• 경사로 폭은 90cm 이상으로 할 것
• 경사각이 15°를 초과하는 경우에는 미끄러지지 아니하는 구조로 할 것
• 높이 8m 이상인 다리에는 7m 이내마다 계단참을 설치할 것
• 수직갱에 가설된 통로의 길이가 15m 이상인 경우에는 10m 이내마다 계단참을 설치할 것

22-1. 가설통로를 설치하는 경우 준수하여야 할 기준으로 옳지 않은 것은? [18.3/19.2]

① 견고한 구조로 할 것
② 경사는 30° 이하로 할 것
③ 경사가 30°를 초과하는 경우에는 미끄러지지 아니하는 구조로 할 것
④ 수직갱에 가설된 통로의 길이가 15m 이상인 경우에는 10m 이내마다 계단참을 설치할 것

해설 ③ 경사각이 15°를 초과하는 경우에는 미끄러지지 아니하는 구조로 할 것

정답 ③

22-2. 현장에서 가설통로의 설치 시 준수사항으로 옳지 않은 것은? [10.2/12.1/13.3/16.1]

① 건설공사에 사용하는 높이 8m 이상인 비계다리에는 10m 이내마다 계단참을 설치할 것

② 수직갱에 가설된 통로의 길이가 15m 이상인 때에는 10m 이내마다 계단참을 설치할 것

③ 경사가 15°를 초과하는 때에는 미끄러지지 아니하는 구조로 할 것

④ 경사는 30° 이하로 할 것

해설 ① 건설공사에 사용하는 높이 8m 이상인 다리에는 7m 이내마다 계단참을 설치할 것

정답 ①

22-3. 다음은 가설통로를 설치하는 경우의 준수사항이다. 빈칸에 들어갈 수치를 순서대로 옳게 나타낸 것은? [15.3]

> 수직갱에 가설된 통로의 길이가 (   )m 이상인 경우에는 (   )m 이내마다 계단참을 설치하여야 한다.

① 8, 7　　　　　② 7, 8
③ 10, 15　　　　④ 15, 10

해설 수직갱에 가설된 통로의 길이가 15m 이상인 경우에는 10m 이내마다 계단참을 설치하여야 한다.

정답 ④

22-4. 가설통로 설치 시 경사가 몇 도를 초과하면 미끄러지지 않는 구조로 설치하여야 하는가? [20.1]

① 15°　　② 20°　　③ 25°　　④ 30°

해설 경사각이 15°를 초과하는 경우에는 미끄러지지 아니하는 구조로 할 것

정답 ①

22-5. 공사용 가설도로의 일반적으로 허용되는 최고 경사도는 얼마인가? [10.3/12.1]

① 5%　　② 10%　　③ 20%　　④ 30%

해설 공사용 가설도로의 일반적으로 허용되는 최고 경사도는 10%이다.

정답 ②

23. 이동식 사다리를 설치하여 사용하는 경우의 준수기준으로 옳지 않은 것은 어느 것인가? [09.2/11.3/13.2/16.1]

① 길이가 6m를 초과해서는 안 된다.

② 다리의 벌림은 벽 높이의 1/4 정도가 적당하다.

③ 미끄럼방지 발판은 인조고무 등으로 마감한 실내용을 사용하여야 한다.

④ 벽면 상부로부터 최소한 90cm 이상의 연장길이가 있어야 한다.

해설 ④ 벽면 상부로부터 최소한 60cm 이상의 연장길이가 있어야 한다.

24. 사다리식 통로의 설치기준으로 틀린 것은 어느 것인가? [14.2]

① 폭은 30cm 이상으로 할 것

② 발판과 벽과의 사이는 15cm 이상의 간격을 유지할 것

③ 사다리의 상단은 걸쳐 놓은 지점으로부터 60cm 이상 올라가도록 할 것

④ 사다리식 통로의 길이가 10m 이상인 경우에는 7m 이내마다 계단참을 설치할 것

해설 사다리통로 계단참 설치기준

• 견고한 구조로 할 것

• 손상, 부식 등이 없는 재료를 사용할 것

• 발판 간격은 일정하게 설치할 것

• 벽과 발판 사이는 15cm 이상의 간격을 유지할 것

- 폭은 30cm 이상으로 할 것
- 사다리의 상단은 걸쳐 놓은 지점으로부터 60cm 이상 올라가도록 할 것
- 사다리식 통로길이가 10m 이상인 경우에는 5m 이내마다 계단참을 설치할 것
- 사다리식 통로 기울기는 75° 이하로 할 것, 고정식 사다리의 통로 기울기는 90° 이하이며, 그 높이가 7m 이상인 경우에는 바닥에서 2.5m가 되는 지점부터 등받이울을 설치할 것

24-1. 사다리식 통로 등을 설치하는 경우 준수해야 할 기준으로 옳지 않은 것은 어느 것인가? [10.2/18.2/19.1/19.2]

① 접이식 사다리 기둥은 사용 시 접혀지거나 펼쳐지지 않도록 철물 등을 사용하여 견고하게 조치할 것
② 발판과 벽과의 사이는 25cm 이상의 간격을 유지할 것
③ 폭은 30cm 이상으로 할 것
④ 사다리식 통로의 길이가 10m 이상인 경우에는 5m 이내마다 계단참을 설치할 것

해설 ② 발판과 벽과의 사이는 15cm 이상의 간격을 유지할 것

정답 ②

24-2. 사다리식 통로 등을 설치하는 경우 준수해야 할 기준으로 옳지 않은 것은 어느 것인가? [12.1/15.3]

① 견고한 구조로 할 것
② 폭은 20cm 이상의 간격을 유지할 것
③ 심한 손상·부식 등이 없는 재료를 사용할 것
④ 발판과 벽과의 사이는 15cm 이상을 유지할 것

해설 ② 폭은 30cm 이상으로 할 것

정답 ②

24-3. 추락재해를 방지하기 위한 안전 대책 내용 중 옳지 않은 것은? [09.2/12.3]

① 높이가 2m를 초과하는 장소에는 승강설비를 설치한다.
② 사다리식 통로의 폭은 30cm 이상으로 한다.
③ 사다리식 통로의 기울기는 85° 이상으로 한다.
④ 슬레이트 지붕에서 발이 빠지는 등 추락 위험이 있을 경우 폭 30cm 이상의 발판을 설치한다.

해설 ③ 사다리식 통로의 기울기는 75° 이하로 한다. 단, 고정식의 기울기는 90° 이하로 한다.

정답 ③

24-4. 고소작업에서 이동식 사다리를 사용할 때 걸치는 경사 각도는 수평에 대하여 몇 도 정도가 적당한가? [10.1]

① 45° ② 60° ③ 75° ④ 85°

해설 이동식 사다리 통로의 기울기는 75° 이하로 할 것

정답 ③

25. 사다리를 설치하여 사용함에 있어 사다리 지주 끝에 사용하는 미끄럼 방지재료로 적당하지 않은 것은? [16.1]

① 고무 ② 코르크
③ 가죽 ④ 비닐

해설 사다리 지주의 끝에 사용하는 미끄럼 방지재료는 고무, 코르크, 가죽, 강스파이크 등이다.

26. 부두 등의 하역 작업장에서 부두 또는 안벽의 선을 따라 설치하는 통로의 최소 폭 기준은? [13.3/20.1/20.2]

① 30cm 이상 　② 50cm 이상
③ 70cm 이상 　④ 90cm 이상

해설 부두 또는 안벽의 선을 따라 설치하는 통로 최소 폭은 90cm 이상으로 할 것

27. 가설 구조물의 특징이 아닌 것은? [20.1]
① 연결재가 적은 구조로 되기 쉽다.
② 부재 결합이 불완전할 수 있다.
③ 영구적인 구조 설계의 개념이 확실하게 적용된다.
④ 단면에 결함이 있기 쉽다.

해설 가설 구조물의 특징
• 연결재가 적은 구조로 되기 쉽다.
• 부재 결합이 간략하고, 결합이 불완전할 수 있다.
• 영구적인 구조 설계의 개념이 확고하지 않아 조립의 정밀도가 낮다.
• 부재는 과소 단면이거나 재료에 결함이 있기 쉽다.

27-1. 다음 중 가설 구조물의 특징으로 옳지 않은 것은? [16.3]
① 연결재가 적은 구조로 되기 쉽다.
② 부재의 결합이 매우 복잡하다.
③ 구조상의 결함이 있는 경우 중대 재해로 이어질 수 있다.
④ 사용부재가 과소 단면이거나 결함재료를 사용하기 쉽다.

해설 ② 부재 결합이 간략하고, 결합이 불완전할 수 있다.

정답 ②

28. 가설공사와 관련된 안전율에 대한 정의로 옳은 것은? [16.2]

① 재료의 파괴응력도와 허용응력도의 비율이다.
② 재료가 받을 수 있는 허용응력도이다.
③ 재료의 변형이 일어나는 한계응력도이다.
④ 재료가 받을 수 있는 허용하중을 나타내는 것이다.

해설 안전율 $= \dfrac{\text{파괴응력}}{\text{허용응력}} = \dfrac{\text{극한강도}}{\text{최대 설계응력}}$
$= \dfrac{\text{파괴하중}}{\text{정격하중}} = \dfrac{\text{파괴하중}}{\text{안전하중}} = \dfrac{\text{파괴하중}}{\text{허용하중}}$

29. 작업장 계단 및 계단참의 설치기준으로 옳지 않은 것은? [11.3]
① 계단 및 계단참을 설치할 때 안전율은 4 이상으로 할 것
② 계단을 설치하는 경우 그 폭을 1m 이상으로 할 것
③ 높이가 3m를 초과하는 계단에 높이 3m 이내마다 너비 1.5m 이상의 계단참을 설치할 것
④ 높이 1m 이상인 계단의 개방된 측면에는 안전난간을 설치할 것

해설 ③ 높이가 3m를 초과하는 계단에 높이 3m 이내마다 너비 1.2m 이상의 계단참을 설치할 것

29-1. 산업안전보건기준에 관한 규칙에 따라 계단 및 계단참을 설치하는 경우 매 m²당 최소 얼마 이상의 하중에 견딜 수 있는 강도를 가진 구조로 설치하여야 하는가? [14.1/15.3]
① 500kg 　② 600kg
③ 700kg 　④ 800kg

해설 계단 및 계단참의 강도는 $500\,\text{kg/m}^2$ 이상이어야 하며, 안전율은 4 이상이다.

정답 ①

30. 다음 중 통로의 설치기준으로 옳지 않은 것은? [12.3]

① 근로자가 안전하게 통행할 수 있도록 통로의 조명은 50lux 이상으로 할 것

② 통로면으로부터 높이 2m 이내에 장애물이 없도록 할 것

③ 추락의 위험이 있는 곳에는 안전난간을 설치할 것

④ 건설공사에 사용하는 높이 8m 이상인 비계다리는 7m 이내마다 계단참을 설치할 것

해설 ① 근로자가 안전하게 통행할 수 있도록 통로 조명의 조도는 75lux 이상으로 할 것

30-1. 건설현장에서 근로자가 안전하게 통행할 수 있도록 통로에 설치하는 조명의 조도 기준은? [09.3/10.1/10.2/13.2/14.1/17.3]

① 65lux 이상 ② 75lux 이상

③ 85lux 이상 ④ 95lux 이상

해설 근로자가 안전하게 통행할 수 있도록 통로 조명의 조도는 75lux 이상으로 할 것

정답 ②

31. 주행크레인 및 선회크레인과 건설물 사이에 통로를 설치하는 경우, 그 폭은 최소 얼마 이상으로 하여야 하는가? (단, 건설물의 기둥에 접촉하지 않는 부분인 경우) [14.2]

① 0.3m ② 0.4m

③ 0.5m ④ 0.6m

해설 • 건설물 등의 벽체와 통로와의 간격은 0.3m 이하로 하여야 한다. 단, 기둥에 접촉하는 부분에 대해서는 0.4m 이상으로 할 수 있다.

• 주행크레인 및 선회크레인과 건설물 사이에 통로를 설치하는 경우, 그 폭은 0.6m 이상으로 하여야 한다.

31-1. 크레인의 운전실을 통하는 통로의 끝과 건설물 등의 벽체와의 간격은 최대 얼마 이하로 하여야 하는가? [20.1]

① 0.3m ② 0.4m

③ 0.5m ④ 0.6m

해설 건설물 등의 벽체와 통로와의 간격은 0.3m 이하로 하여야 한다.

정답 ①

거푸집 및 동바리

32. 콘크리트용 거푸집의 재료에 해당되지 않는 것은? [20.1]

① 철재 ② 목재

③ 석면 ④ 경금속

해설 콘크리트용 거푸집 재료의 종류 : 철재, 목재 또는 합판, 경금속 등

33. 하수종말처리시설 신축공사 현장에서 층고 5.4m인 배수펌프장 상부 슬래브를 타설하는 과정에서 붕괴사고가 발생했다. 다음 중 붕괴의 원인으로 볼 수 없는 것은? [10.2]

① 동바리로 사용하는 파이프 서포트를 4본으로 이어 사용하였다.

② 수평 연결재를 높이 1.5m마다 견고하게 설치하였다.

③ 조립도를 작성하지 않고 목수의 경험에 의해 지보공을 설치하였다.

④ 콘크리트를 한 곳에 집중적으로 타설하였다.

해설 ① 동바리로 사용하는 파이프 서포트를 3본 이상 이어서 사용하지 않는다.

② 높이가 3.5m를 초과할 경우에는 높이 2m 이내마다 수평 연결재를 2개 방향으로 설치한다.

④ 콘크리트를 타설하는 경우에는 편심이 발생하지 않도록 골고루 분산하여 타설한다.

34. 콘크리트 타설용 거푸집에 작용하는 외력 중 연직 방향 하중이 아닌 것은 어느 것인가? [09.2/10.1/15.2/15.3/19.1]

① 고정하중 　　　　② 충격하중
③ 작업하중 　　　　④ 풍하중

해설 거푸집에 작용하는 연직 방향 하중 : 고정하중, 충격하중, 작업하중, 콘크리트 및 거푸집 자중 등

34-1. 거푸집에 작용하는 하중 중에서 연직 하중이 아닌 것은? [13.1]

① 거푸집의 자중
② 작업원의 작업하중
③ 가설설비의 충격하중
④ 콘크리트의 측압

해설 거푸집에 작용하는 연직 방향 하중 : 고정하중, 충격하중, 작업하중, 콘크리트 및 거푸집 자중 등

정답 ④

34-2. 거푸집 및 동바리 설계 시 적용하는 연직 방향 하중에 해당되지 않는 것은 어느 것인가? [13.2/14.3/15.1/16.2/18.2/19.3]

① 콘크리트의 측압
② 철근콘크리트의 자중
③ 작업하중
④ 충격하중

해설 ①은 횡 방향 하중

정답 ①

34-3. 거푸집 동바리에 작용하는 횡 하중이 아닌 것은? [18.3]

① 콘크리트 측압 　　② 풍하중
③ 자중 　　　　　　④ 지진하중

해설 ③은 연직 방향 하중

정답 ③

35. 철근콘크리트 공사 시 활용되는 거푸집의 필요조건이 아닌 것은? [13.2/19.2]

① 콘크리트의 하중에 대해 뒤틀림이 없는 강도를 갖출 것
② 콘크리트 내 수분 등에 대한 물 빠짐이 원활한 구조를 갖출 것
③ 최소한의 재료로 여러 번 사용할 수 있는 전용성을 가질 것
④ 거푸집은 조립·해체·운반이 용이하도록 할 것

해설 ② 콘크리트 내 수분이나 모르타르 등에 대한 누출을 방지할 수 있는 수밀성을 갖추어야 한다.

36. 층고가 높은 슬래브 거푸집 하부에 적용하는 무지주 공법이 아닌 것은? [18.1]

① 보우 빔(bow beam)
② 철근일체형 데크 플레이트(deck plate)
③ 페코 빔(pecco beam)
④ 솔져 시스템(soldier system)

해설 ④는 지하층 합벽 지지용 거푸집 동바리 시스템

37. 동바리로 사용하는 파이프 서포트에 관한 설치기준으로 옳지 않은 것은? [13.3/20.2]

① 파이프 서포트를 3개 이상 이어서 사용하지 않도록 할 것
② 파이프 서포트를 이어서 사용하는 경우에는 4개 이상의 볼트 또는 전용 철물을 사용하여 이을 것

③ 높이가 3.5 m를 초과하는 경우에는 높이 2 m 이내마다 수평 연결재를 2개 방향으로 만들고 수평 연결재의 변위를 방지할 것

④ 파이프 서포트 사이에 교차가새를 설치하여 수평력에 대하여 보강조치를 할 것

해설 ④ 파이프 서포트 사이에 수평 연결재를 설치하여 수평력에 대하여 보강조치를 할 것

37-1. 거푸집 동바리 등을 조립하는 때 동바리로 사용하는 파이프 서포트에 대하여는 다음 각 목에서 정하는 바에 의해 설치하여야 한다. ( ) 안에 적합한 것은? [09.1/17.3]

> 가. 파이프 서포트를 (㉠)본 이상 이어서 사용하지 아니하도록 할 것
> 나. 파이프 서포트를 이어서 사용할 때에는 (㉡)개 이상의 볼트 또는 전용 철물을 사용하여 이을 것

① ㉠ : 1, ㉡ : 2   ② ㉠ : 2, ㉡ : 3
③ ㉠ : 3, ㉡ : 4   ④ ㉠ : 4, ㉡ : 5

해설 가. 파이프 서포트를 3본 이상 이어서 사용하지 않도록 할 것

나. 파이프 서포트를 이어서 사용하는 경우에는 4개 이상의 볼트 또는 전용 철물을 사용하여 이을 것

정답 ③

38. 거푸집 공사에 관한 설명으로 옳지 않은 것은? [18.2]

① 거푸집 조립 시 거푸집이 이동하지 않도록 비계 또는 기타 공작물과 직접 연결한다.

② 거푸집 치수를 정확하게 하여 시멘트 모르타르가 새지 않도록 한다.

③ 거푸집 해체가 쉽게 가능하도록 박리제 사용 등의 조치를 한다.

④ 측압에 대한 안전성을 고려한다.

해설 ① 거푸집 조립 시 거푸집 비계 등이 가설물에 직접 연결되어 영향을 주면 안 된다.

39. 거푸집 동바리 조립도에 명시해야 할 사항과 거리가 가장 먼 것은? [10.1/19.3]

① 작업환경 조건   ② 부재의 재질
③ 단면 규격   ④ 설치 간격

해설 거푸집 동바리 조립도에 명시해야 할 사항 : 부재의 재질, 단면 규격, 설치 간격, 이음방법 등

39-1. 다음은 산업안전보건기준에 관한 규칙 중 조립도에 관한 사항이다. ( ) 안에 알맞은 것은? [10.3/16.3]

> 거푸집 동바리 등을 조립하는 때에는 그 구조를 검토한 후 조립도를 작성하여야 한다. 조립도에는 동바리·멍에 등 부재의 재질·단면 규격·( ) 및 이음방법 등을 명시하여야 한다.

① 부재 강도   ② 기울기
③ 안전 대책   ④ 설치 간격

해설 거푸집 동바리 조립도에는 동바리·멍에 등 부재의 재질·단면 규격·설치 간격 및 이음방법 등을 명시하여야 한다.

정답 ④

40. 거푸집의 일반적인 조립 순서를 옳게 나열한 것은? [12.2/14.1]

① 기둥 → 보받이 내력벽 → 큰보 → 작은보 → 바닥판 → 내벽 → 외벽

② 외벽 → 보받이 내력벽 → 큰보 → 작은보 → 바닥판 → 내력 → 기둥

③ 기둥 → 보받이 내력벽 → 작은보 → 큰보 → 바닥판 → 내벽 → 외벽

④ 기둥 → 보받이 내력벽 → 바닥판 → 큰보 → 작은보 → 내벽 → 외벽

해설 거푸집의 조립 순서

1단계	2단계	3단계	4단계	5단계	6단계	7단계
기둥	보받이 내력벽	큰보	작은보	바닥판	내벽	외벽

41. 다음 중 거푸집 동바리 설치기준으로 옳지 않은 것은? [11.1]

① 파이프 서포트는 3본 이상 이어서 사용하지 않는다.

② 동바리로 강관을 사용할 때는 높이 2m 이내마다 수평 연결재를 2개 방향으로 설치한다.

③ 조립강주를 지주로 사용할 때는 높이 5m 이내마다 수평 연결재를 2개 방향으로 설치한다.

④ 동바리로 사용하는 강관틀에 대해서는 강관틀과 강관틀 사이에 교차가새를 설치한다.

해설 ③ 조립강주를 지주로 사용할 때는 높이 4m 이내마다 수평 연결재를 2개 방향으로 설치한다.

41-1. 거푸집 동바리 등을 조립하는 경우의 준수사항으로 옳지 않은 것은? [17.3]

① 강재와 강재의 접속부 및 교차부는 볼트·크램프 등 전용 철물을 사용하여 단단히 연결할 것

② 동바리로 사용하는 강관(파이프 서포트는 제외)은 높이 2m 이내마다 수평 연결재를 2개 방향으로 만들고 수평 연결재의 변위를 방지할 것

③ 동바리의 이음은 맞댄이음으로 하고 장부이음의 적용은 절대 금할 것

④ 거푸집이 곡면인 경우에는 버팀대의 부착 등 그 거푸집의 부상을 방지하기 위한 조치를 할 것

해설 ③ 동바리의 이음은 맞댄이음과 장부이음을 한다.

정답 ③

41-2. 거푸집 동바리 등을 조립하는 경우의 준수사항으로 옳지 않은 것은? [18.2]

① 동바리로 사용하는 파이프 서포트는 최소 3개 이상 이어서 사용하도록 할 것

② 동바리의 상하 고정 및 미끄러짐 방지조치를 하고, 하중의 지지상태를 유지할 것

③ 동바리의 이음은 맞댄이음이나 장부이음으로 하고 같은 품질의 재료를 사용할 것

④ 강재와 강재의 접속부 및 교차부는 볼트·크램프 등 전용 철물을 사용하여 단단히 연결할 것

해설 ① 동바리로 사용하는 파이프 서포트는 3본 이상 이어서 사용하지 않도록 할 것

정답 ①

41-3. 거푸집 동바리 등을 조립하거나 해체하는 작업을 하는 경우에 준수해야 할 사항으로 옳지 않은 것은? [17.1/19.3]

① 해당 작업을 하는 구역에는 관계 근로자가 아닌 사람의 출입을 금지할 것

② 비, 눈, 그 밖의 기상상태의 불안정으로 날씨가 몹시 나쁜 경우에는 그 작업을 중지할 것

③ 재료, 기구 또는 공구 등을 올리거나 내리는 경우에는 근로자 간 서로 직접 전달하도록 하고, 달줄·달포대 등의 사용을 금할 것

④ 낙하·충격에 의한 돌발적 재해를 방지하기 위하여 버팀목을 설치하고 거푸집 동바리 등을 인양장비에 매단 후에 작업을 하도록 하는 등 필요한 조치를 할 것

해설 ③ 재료, 기구 또는 공구 등을 올리거나 내리는 경우에는 달줄·달포대를 사용할 것

정답 ③

41-4. 콘크리트 거푸집 해체작업 시의 안전 유의사항으로 옳지 않은 것은? [12.2]

① 해당 작업을 하는 구역에는 관계 근로자가 아닌 사람의 출입을 금지해야 한다.
② 비, 눈, 그 밖의 기상상태의 불안정으로 날씨가 몹시 나쁜 경우에는 그 작업을 중지해야 한다.
③ 안전모, 안전대, 산소마스크 등을 착용하여야 한다.
④ 재료, 기구 또는 공구 등을 올리거나 내리는 경우에는 근로자로 하여금 달줄 또는 달포대 등을 사용하도록 해야 한다.

해설 ③ 안전모, 안전대 등을 착용하여야 한다.

정답 ③

42. 2가지의 거푸집 중 먼저 해체해야 하는 것으로 옳은 것은? [12.2]

① 기온이 높을 때 타설한 거푸집과 낮을 때 타설한 거푸집-높을 때 타설한 거푸집
② 조강 시멘트를 사용하여 타설한 거푸집과 보통 시멘트를 사용하여 타설한 거푸집-보통 시멘트를 사용하여 타설한 거푸집
③ 보와 기둥-보
④ 스팬이 큰 빔과 작은 빔-큰 빔

해설 ② 조강 시멘트를 사용하여 타설한 거푸집과 보통 시멘트를 사용하여 타설한 거푸집-조강 시멘트를 사용하여 타설한 거푸집
③ 보와 기둥 - 기둥
④ 스팬이 큰 빔과 작은 빔 - 작은 빔

43. 철근콘크리트 공사에서 거푸집 동바리의 해체시기를 결정하는 요인으로 가장 거리가 먼 것은? [11.3/20.1]

① 시방서상의 거푸집 존치기간의 경과
② 콘크리트 강도시험 결과

③ 동절기일 경우 적산온도
④ 후속공정의 착수시기

해설 거푸집 동바리 해체시기 결정
• 시방서상의 거푸집 존치기간이 경과해야 한다.
• 동절기일 경우 적산온도 등을 고려하여 양생기간이 경과하면 해체한다.
• 콘크리트 강도시험 결과 벽, 보, 기둥 등의 측면이 $50\,\mathrm{kgf/cm^2}$ 이상이어야 한다.

44. 강재 거푸집과 비교한 합판 거푸집의 특성이 아닌 것은? [11.2/16.1]

① 외기 온도의 영향이 적다.
② 녹이 슬지 않음으로 보관하기가 쉽다.
③ 중량이 무겁다.
④ 보수가 간단하다.

해설 ③ 강재 거푸집과 비교한 합판 거푸집은 중량이 가볍다.

흙막이

45. 옹벽 축조를 위한 굴착작업에 관한 설명으로 옳지 않은 것은? [10.3/20.1]

① 수평 방향으로 연속적으로 시공한다.
② 하나의 구간을 굴착하면 방치하지 말고 기초 및 본체 구조물 축조를 마무리한다.
③ 절취 경사면에 전석, 낙석의 우려가 있고 혹은 장기간 방치할 경우에는 숏크리트, 록볼트, 캔버스 및 모르타르 등으로 방호한다.
④ 작업 위치 좌우에 만일의 경우에 대비한 대피통로를 확보하여 둔다.

해설 옹벽 축조시공 시 기준
• 수평 방향의 연속시공을 금하며, 블록으로 나누어 단위 시공 단면적을 최소화하여 분

단시공을 한다.
- 하나의 구간을 굴착하면 방치하지 말고 기초 및 본체 구조물 축조를 마무리한다.
- 절취 경사면에 전석, 낙석의 우려가 있고 혹은 장기간 방치할 경우에 숏크리트, 록볼트, 캔버스 및 모르타르 등으로 방호한다.
- 작업 위치의 좌우에 만일의 경우에 대비한 대피통로를 확보하여 둔다.

46. 옹벽이 외력에 대하여 안정하기 위한 검토 조건이 아닌 것은? [15.2]

① 전도
② 활동
③ 좌굴
④ 지반 지지력

해설 옹벽의 안정 검토 조건 : 활동, 전도, 지반 지지력 등

46-1. 옹벽 안정 조건의 검토사항이 아닌 것은? [14.3]

① 활동(sliding)에 대한 안전 검토
② 전도(overturing)에 대한 안전 검토
③ 보일링(boiling)에 대한 안전 검토
④ 지반 지지력(settlement)에 대한 안전 검토

해설 옹벽의 안정 검토 조건 : 활동, 전도, 지반 지지력 등

정답 ③

47. 옹벽의 활동에 대한 저항력은 옹벽에 작용하는 수평력보다 최소 몇 배 이상 되어야 안전한가? [10.1/11.2/13.2]

① 0.5
② 1.0
③ 1.5
④ 2.0

해설 옹벽의 활동에 대한 저항력(F)

$$= \frac{활동에 \ 대한 \ 저항력}{활동력} \geq 1.5$$

48. 흙막이 지보공을 설치하였을 때 정기적으로 점검하고 이상을 발견하면 즉시 보수하여야 하는 사항으로 거리가 먼 것은? [19.1]

① 부재의 손상, 변형, 부식, 변위 및 탈락의 유무와 상태
② 부재의 접속부, 부착부 및 교차부의 상태
③ 침하의 정도
④ 발판의 지지상태

해설 흙막이 지보공 정기점검사항
- 부재의 손상·변형·부식·변위 및 탈락의 유무와 상태
- 버팀대의 긴압의 정도
- 부재의 접속부·부착부 및 교차부의 상태
- 침하의 정도
- 흙막이 공사 계측관리

48-1. 흙막이 지보공을 설치하였을 때 붕괴 등의 위험방지를 위하여 정기적으로 점검하고, 이상 발견 시 즉시 보수하여야 하는 사항이 아닌 것은? [20.2]

① 침하의 정도
② 버팀대의 긴압의 정도
③ 지형·지질 및 지층상태
④ 부재의 손상·변형·변위 및 탈락의 유무와 상태

해설 흙막이 지보공 정기점검사항
- 부재의 손상·변형·부식·변위 및 탈락의 유무와 상태
- 버팀대의 긴압의 정도
- 부재의 접속부·부착부 및 교차부의 상태
- 침하의 정도
- 흙막이 공사 계측관리

정답 ③

49. 트렌치 굴착 시 흙막이 지보공을 설치하지

않는 경우 굴착깊이는 몇 m 이하로 해야 하는가? [13.2]

① 1.5m ② 2m
③ 3.5m ④ 4m

해설 굴착 시 흙막이 지보공을 설치하지 않는 경우 굴착깊이는 1.5m 이하로 해야 한다.

50. 흙막이 가시설의 버팀대(strut)의 변형을 측정하는 계측기에 해당하는 것은 어느 것인가? [14.3/19.1]

① water level meter ② strain gauge
③ piezometer ④ load cell

해설 계측장치의 설치 목적
- 지하수위계(water level meter) : 지반 내 지하수위의 변화 측정
- 변형률계(strain gauge) : 흙막이 버팀대의 변형 파악
- 간극수압계(piezo meter) : 지하의 간극수압 측정
- 하중계(load cell) : 축하중의 변화 상태 측정
- 건물경사계(tilt meter) : 인접 구조물의 기울기 측정
- 지표면 침하계(level and staff) : 지반에 대한 지표면의 침하량 측정
- 지중경사계(inclino meter) : 지중의 수평변위량 측정, 기울어진 정도 파악
- 지중침하계(extension meter) : 지중의 수직변위 측정
- 토압계(earth pressure meter) : 토압의 변화 파악
- 지중 수평변위계(inclino meter) : 지반의 수평 변위량과 위치, 방향 및 크기를 실측

50-1. 버팀대(strut)의 축하중 변화 상태를 측정하는 계측기는? [17.1/17.2]

① 경사계(inclino meter)
② 수위계(water level meter)
③ 침하계(extension)
④ 하중계(load cell)

해설 하중계(load cell) : 축하중의 변화 상태 측정

정답 ④

50-2. 개착식 굴착공사에서 버팀보 공법을 적용하여 굴착할 때 지반붕괴를 방지하기 위하여 사용하는 계측장치로 거리가 먼 것은?

① 지하수위계 ② 경사계 [18.2]
③ 변형률계 ④ 록볼트 응력계

해설 ④는 터널공사 계측장비

정답 ④

50-3. 개착식 굴착공사(open cut)에서 설치하는 계측기기와 거리가 먼 것은? [17.2]

① 수위계 ② 경사계
③ 응력계 ④ 내공변위계

해설 ④는 터널 계측기기

정답 ④

51. 건설공사 시 계측관리의 목적이 아닌 것은 어느 것인가? [14.2]

① 지역의 특수성보다는 토질의 일반적인 특성 파악을 목적으로 한다.
② 시공 중 위험에 대한 정보 제공을 목적으로 한다.
③ 설계 시 예측치와 시공 시 측정치의 비교를 목적으로 한다.
④ 향후 거동 파악 및 대책 수립을 목적으로 한다.

해설 ① 지역의 특수성과 토질의 일반적인 특성 파악을 목적으로 한다.

52. 다음 중 흙막이 공법에 해당하지 않는 것은? [12.3]

① soil cement wall

② cast in concrete pile

③ 지하 연속벽 공법

④ sand compaction pile

해설 흙막이 공법

• 지지방식

　㉠ 자립식 공법 : 줄기초 흙막이, 어미말뚝식 흙막이, 연결재 당겨매기식 흙막이

　㉡ 버팀대식 공법 : 수평 버팀대식, 경사 버팀대식, 어스앵커 공법

• 구조방식

　㉠ 널말뚝 공법 : 목재, 철재 널말뚝 공법

　㉡ 지하 연속벽 공법

　㉢ 구체 흙막이 공법

　㉣ H-Pile 공법

Tip) ④ 모래 다짐 말뚝(sand compaction pile)공법

53. 흙막이벽 개굴착(open cut) 공법에 해당하지 않는 것은? [10.1]

① 자립 흙막이벽 공법

② 수평 버팀공법

③ 어스앵커 공법

④ 비탈면 개굴착 공법

해설 흙막이벽 개굴착(open cut) 공법 : 자립 흙막이벽 공법, 수평 버팀공법, 어스앵커 공법, 경사 개굴착(open cut) 공법 등

5 　건설 구조물 공사 안전

콘크리트 구조물 공사 안전

1. 콘크리트를 타설할 때 거푸집에 작용하는 콘크리트 측압에 영향을 미치는 요인과 가장 거리가 먼 것은 어느 것인가? [09.1/09.2/09.3/ 11.2/12.3/13.3/14.1/14.2/16.2/17.2/18.3/20.2]

① 콘크리트 타설속도

② 콘크리트 타설높이

③ 콘크리트의 강도

④ 기온

해설 거푸집에 작용하는 콘크리트 측압에 영향을 미치는 요인

• 대기의 온도가 낮고, 습도가 높을수록 크다.

• 콘크리트 타설속도가 빠를수록 크다.

• 콘크리트의 비중이 클수록 측압은 커진다.

• 콘크리트 타설높이가 높을수록 크다.

• 철골이나 철근량이 적을수록 측압은 커진다.

• 슬럼프가 작을수록 작다.

1-1. 콘크리트 측압에 관한 설명 중 옳지 않은 것은? [15.2]

① 슬럼프가 클수록 측압은 커진다.

② 벽 두께가 두꺼울수록 측압은 커진다.

③ 부어 넣는 속도가 빠를수록 측압은 커진다.

④ 대기온도가 높을수록 측압은 커진다.

해설 ④ 대기온도가 낮을수록 측압은 커진다.

정답 ④

1-2. 다음 (　　) 안에 들어갈 말로 옳은 것은? [11.3/14.2]

콘크리트 측압은 콘크리트 타설속도, ( ), 단위 용적 중량, 온도, 철근 배근 상태 등에 따라 달라진다.

① 타설높이　　② 골재의 형상
③ 콘크리트 강도　④ 박리제

해설 콘크리트 측압은 콘크리트 타설속도, 타설높이, 단위 용적 중량, 온도, 철근 배근 상태 등에 따라 달라진다.

정답 ①

1-3. 벽체 콘크리트 타설 시 거푸집이 터져서 콘크리트가 쏟아진 사고가 발생하였다. 다음 중 이 사고의 주요 원인으로 추정할 수 있는 것은? [14.1]
① 콘크리트를 부어 넣는 속도가 빨랐다.
② 거푸집에 박리제를 다량 도포했다.
③ 대기온도가 매우 높았다.
④ 시멘트 사용량이 많았다.

해설 콘크리트 타설속도가 빠르고 온도가 낮으면 측압이 커져 거푸집이 터져서 콘크리트가 쏟아지는 사고의 원인이 된다.

정답 ①

2. 콘크리트 타설작업을 하는 경우에 준수해야 할 사항으로 옳지 않은 것은? [17.1/20.1]
① 콘크리트를 타설하는 경우에는 편심을 유발하여 한쪽 부분부터 밀실하게 타설되도록 유도할 것
② 당일의 작업을 시작하기 전에 해당 작업에 관한 거푸집 동바리 등의 변형·변위 및 지반의 침하 유무 등을 점검하고 이상이 있으면 보수할 것
③ 작업 중에는 거푸집 동바리 등의 변형·변위 및 침하 유무 등을 감시할 수 있는 감시자를 배치하여 이상이 있으면 작업을 중지하고 근로자를 대피시킬 것
④ 설계도서상의 콘크리트 양생기간을 준수하여 거푸집 동바리 등을 해체할 것

해설 ① 콘크리트를 타설하는 경우에는 전체적으로 하중이 분포되도록 타설하여야 한다.

2-1. 콘크리트 타설작업을 하는 경우의 준수사항으로 틀린 것은? [13.1/15.1]
① 콘크리트 타설작업 중 이상이 있으면 작업을 중지하고 근로자를 대피시킬 것
② 콘크리트를 타설하는 경우에는 편심을 유발하여 콘크리트를 거푸집 내에 밀실하게 채울 것
③ 설계도서상의 콘크리트 양생기간을 준수하여 거푸집 동바리 등을 해체할 것
④ 콘크리트 타설작업 시 거푸집 붕괴의 위험이 발생할 우려가 있으면 충분히 보강조치를 할 것

해설 ② 콘크리트를 타설하는 경우에는 편심이 발생하지 않도록 골고루 분산하여 타설한다.

정답 ②

2-2. 콘크리트 타설작업 시 준수사항으로 옳지 않은 것은? [10.1]
① 바닥 위에 흘린 콘크리트는 완전히 청소한다.
② 가능한 높은 곳으로부터 자연 낙하시켜 콘크리트를 타설한다.
③ 지나친 진동기 사용은 재료 분리를 일으킬 수 있으므로 금해야 한다.
④ 최상부의 슬래브는 이어붓기를 되도록 피하고 일시에 전체를 타설하도록 한다.

해설 ② 콘크리트 타설작업 시 안전한 작업을 위하여 배출구와 치기면까지의 높이는 최대한 낮게 한다.

정답 ②

2-3. 다음 중 콘크리트를 타설할 때 안전상 유의하여야 할 사항으로 옳지 않은 것은 어느 것인가? [09.3/13.2/15.3/19.2]

① 콘크리트를 치는 도중에는 거푸집, 지보공 등의 이상 유무를 확인한다.
② 진동기 사용 시 지나친 진동은 거푸집 도괴의 원인이 될 수 있으므로 적절히 사용해야 한다.
③ 최상부의 슬래브는 되도록 이어붓기를 하고 여러 번에 나누어 콘크리트를 타설한다.
④ 타워에 연결되어 있는 슈트의 접속이 확실한지 확인한다.

해설 ③ 최상부의 슬래브는 이어붓기를 피하고 한 번에 전체를 타설하여야 한다.

정답 ③

2-4. 콘크리트 타설 시 안전에 유의해야 할 사항으로 옳지 않은 것은? [11.1/12.1/16.2]

① 콘크리트 다짐 효과를 위하여 최대한 높은 곳에서 타설한다.
② 타설 순서는 계획에 의하여 실시한다.
③ 콘크리트를 치는 도중에는 거푸집, 동바리 등의 이상 유무를 확인하여야 한다.
④ 타설 시 비어 있는 공간이 발생되지 않도록 밀실하게 부어 넣는다.

해설 ① 콘크리트 타설작업 시 안전한 작업을 위하여 배출구와 치기면까지의 높이는 최대한 낮게 한다.

정답 ①

3. 콘크리트의 재료 분리 현상 없이 거푸집 내부에 쉽게 타설할 수 있는 정도를 나타내는 것은? [14.1]

① workability
② bleeding
③ consistency
④ finishability

해설 워커빌리티(workability) : 콘크리트를 혼합한 다음 운반해서 타설할 때까지 시공성의 좋고 나쁨을 나타내는 성질

4. 콘크리트 타설 후 물이나 미세한 불순물이 분리 상승하여 콘크리트 표면에 떠오르는 현상을 가리키는 용어와 이때 표면에 발생하는 미세한 물질을 가리키는 용어를 옳게 나열한 것은? [12.1]

① 블리딩 - 레이턴스
② 보링 - 샌드드레인
③ 히빙 - 슬라임
④ 블로우 홀 - 슬래그

해설 • 블리딩 : 콘크리트 타설 후 물이나 미세한 불순물이 분리 상승하여 콘크리트 표면에 떠오르는 현상
• 레이턴스 : 굳지 않은 콘크리트나 시멘트 혼합물에서 수분이 분리되어 표면으로 떠오르면서 내부의 미세한 물질이 함께 떠올라 콘크리트의 표면에 생기는 얇은 막

5. 콘크리트 양생작업에 관한 설명 중 옳지 않은 것은? [16.3]

① 콘크리트 타설 후 소요기간까지 경화에 필요한 조건을 유지시켜주는 작업이다.
② 양생 기간 중에 예상되는 진동, 충격, 하중 등의 유해한 작용으로부터 보호하여야 한다.
③ 습윤양생 시 일광을 최대한 도입하여 수화 작용을 촉진하도록 한다.
④ 습윤양생 시 거푸집 판이 건조될 우려가 있는 경우에는 살수하여야 한다.

해설 ③ 습윤양생은 콘크리트를 촉촉한 상태로 양생시키는 방법으로 습윤양생 시 일광을 최대한 피해야 한다.

6. 콘크리트의 양생방법이 아닌 것은? [16.1]

① 습윤양생   ② 건조양생

③ 증기양생   ④ 전기양생

해설 콘크리트의 양생방법 : 습윤양생, 증기양생, 전기양생, 피막양생 등

7. 하루의 평균 기온이 4℃ 이하로 될 것이 예상되는 기상 조건에서 낮에도 콘크리트가 동결의 우려가 있는 경우 사용되는 콘크리트는? [12.3/17.3]

① 고강도 콘크리트   ② 경량 콘크리트

③ 서중 콘크리트   ④ 한중 콘크리트

해설 한중 콘크리트 : 하루의 평균 기온이 4℃ 이하로 될 것이 예상되는 기상 조건에서 낮에도 콘크리트가 동결의 우려가 있는 경우 사용되는 콘크리트

8. 콘크리트의 종류 중 수중공사에 주로 이용되며 거푸집을 조립하고 골재를 미리 채운 후 특수한 모르타르를 그 사이에 주입하여 형성하는 콘크리트는? [09.3]

① 프리팩트 콘크리트

② 한중 콘크리트

③ 경량 콘크리트

④ 섬유보강 콘크리트

해설 프리팩트 콘크리트 : 골재를 미리 채운 후 특수한 모르타르를 그 사이에 주입하여 형성하는 콘크리트

9. 조강 포틀랜드 시멘트를 사용한 콘크리트의 압축강도를 시험하지 않을 경우 거푸집널의 해체시기로 옳은 것은? (단, 평균 기온이 20℃ 이상이면서 기둥의 경우) [15.3]

① 1일   ② 2일

③ 3일   ④ 4일

해설 콘크리트의 압축강도를 시험하지 않을 경우 거푸집널의 해체시기

구분	10℃이상 20℃ 미만	20℃ 이상
조강 포틀랜드 시멘트	3일	2일
고로슬래그 시멘트(특급), 보통 포틀랜드 시멘트, 플라이애시 시멘트(A종), 포틀랜드 포졸란 시멘트(A종)	4일	3일
고로슬래그 시멘트 1급, 플라이애시 시멘트(B종), 포틀랜드 포졸란 시멘트(B종)	6일	4일

10. 콘크리트의 유동성과 묽기를 시험하는 방법은? [10.2/12.2/14.3]

① 다짐시험   ② 슬럼프 시험

③ 압축강도 시험   ④ 평판시험

해설 슬럼프 시험 : 아직 굳지 않은 콘크리트의 반죽질기를 시험하는 방법으로 원뿔대 모양의 틀에 콘크리트를 채우고 다진 뒤에 틀을 떼어 냈을 때 내려앉는 정도를 재는 시험

10-1. 콘크리트 슬럼프 시험방법에 대한 설명 중 옳지 않은 것은? [13.3]

① 슬럼프 시험기구는 강제평판, 슬럼프 테스트 콘, 다짐막대, 측정기구로 이루어진다.

② 콘크리트 타설 시 작업의 용이성을 판단하는 방법이다.

③ 슬럼프 콘에 비빈 콘크리트를 같은 양의 3층으로 나누어 25회씩 다지면서 채운다.

④ 슬럼프는 슬럼프 콘을 들어 올려 강제평판으로부터 콘크리트가 무너져 내려앉은 높이까지의 거리를 mm로 표시한 것이다.

해설 슬럼프 시험 : 아직 굳지 않은 콘크리트의 반죽질기를 시험하는 방법으로 원뿔대 모양의 틀에 콘크리트를 채우고 다진 뒤에 틀을

떼어 냈을 때 내려앉는 정도를 재는 시험

정답 ④

11. 콘크리트 강도에 가장 큰 영향을 주는 것은? [12.3]

① 골재의 입도   ② 시멘트 량
③ 배합방법   ④ 물−시멘트 비

해설 콘크리트 강도에 영향을 주는 요소
- 물 − 시멘트비
- 콘크리트 양생온도와 습도
- 콘크리트 재령 및 골재의 배합
- 콘크리트 타설 및 다짐

12. 경화된 콘크리트의 각종 강도를 비교한 것 중 옳은 것은? [14.3]

① 전단강도>인장강도>압축강도
② 압축강도>인장강도>전단강도
③ 인장강도>압축강도>전단강도
④ 압축강도>전단강도>인장강도

해설 콘크리트의 강도

전단강도	휨강도	인장강도
압축강도의 0.25배	압축강도의 0.2배	압축강도의 0.1배

13. 철근콘크리트 슬래브에 발생하는 응력에 대한 설명으로 옳지 않은 것은? [14.3/19.2]

① 전단력은 일반적으로 단부보다 중앙부에서 크게 작용한다.
② 중앙부 하부에는 인장응력이 발생한다.
③ 단부 하부에는 압축응력이 발생한다.
④ 휨응력은 일반적으로 슬래브의 중앙부에서 크게 작용한다.

해설 ① 전단력은 일반적으로 중앙부보다 단부에서 크게 작용한다.

14. 다음은 지붕 위에서의 위험방지를 위한 내용이다. (   ) 안에 알맞은 수치는 얼마인가? [10.1/16.1/17.1/18.1]

> 슬레이트, 선라이트(sunlight) 등 강도가 약한 재료로 덮은 지붕 위에서 작업을 할 때 발이 빠지는 등 근로자가 위험해질 우려가 있는 경우 폭 (   ) 이상의 발판을 설치하거나 안전방망을 치는 등 위험을 방지하기 위하여 필요한 조치를 하여야 한다.

① 30cm   ② 40cm
③ 50cm   ④ 60cm

해설 슬레이트, 선라이트 등 강도가 약한 재료로 덮은 지붕 위에서 작업을 할 때에 발이 빠지는 등 근로자가 위험해질 우려가 있는 경우 폭 30cm 이상의 발판을 설치하거나 안전방망을 치는 등 위험을 방지하기 위하여 필요한 조치를 하여야 한다.

14-1. 슬레이트, 선라이트 등 강도가 약한 재료로 덮은 지붕 위에서 작업을 할 때 발이 빠지는 등 근로자의 위험을 방지하기 위하여 필요한 발판의 폭 기준은? [12.1/16.3/19.2]

① 10cm 이상   ② 20cm 이상
③ 25cm 이상   ④ 30cm 이상

해설 슬레이트, 선라이트 등 강도가 약한 재료로 덮은 지붕 위에서의 작업 중 위험방지를 위하여 필요한 발판의 폭은 30cm 이상이다.

정답 ④

15. 다음 중 시멘트 창고에서 시멘트 포대의 올려 쌓기의 가장 적절한 양은? [10.2]

① 20포대 이하   ② 17포대 이하
③ 15포대 이하   ④ 13포대 이하

해설 시멘트 보관은 바닥에서 30cm이상 띄

워 방습처리 하고, 쌓기 단수는 13포대 이하로 보관한다.

16. 잠함 또는 우물통의 내부에서 근로자가 굴착작업을 하는 경우의 준수사항으로 옳지 않는 것은? [18.1]

① 산소결핍 우려가 있는 경우에는 산소의 농도를 측정하는 사람을 지명하여 측정하도록 할 것
② 근로자가 안전하게 오르내리기 위한 설비를 설치할 것
③ 굴착깊이가 20m를 초과하는 경우에는 해당 작업장소와 외부와의 연락을 위한 통신설비 등을 설치할 것
④ 잠함 또는 우물통의 급격한 침하에 의한 위험을 방지하기 위하여 바닥으로부터 천장 또는 보까지의 높이는 2m 이내로 할 것

해설 ④ 잠함 또는 우물통의 급격한 침하에 의한 위험을 방지하기 위하여 바닥으로부터 천장 또는 보까지의 높이는 1.8m 이내로 할 것

16-1. 잠함, 우물통, 수직갱, 그 밖에 이와 유사한 건설물 또는 설비의 내부에서 굴착작업을 하는 경우에 준수해야 할 기준으로 옳지 않은 것은? [15.3]

① 산소결핍 우려가 있는 경우에는 산소농도를 측정하는 사람을 지명하여 측정하도록 할 것
② 근로자가 안전하게 오르내리기 위한 설비를 설치할 것
③ 굴착 깊이가 10m를 초과하는 경우에는 해당 작업장소와 외부와의 연락을 위한 통신설비 등을 설치할 것
④ 굴착 깊이가 20m를 초과하는 경우에는 송기를 위한 설비를 설치하여 필요한 양의 공기를 공급할 것

해설 ③ 굴착 깊이가 20m를 초과하는 경우에는 해당 작업장소와 외부와의 연락을 위한 통신설비 등을 설치할 것

정답 ③

17. 굴착작업 시 근로자의 위험을 방지하기 위하여 해당 작업, 작업장에 대한 사전 조사를 실시하여야 하는데 이 사전 조사 항목에 포함되지 않는 것은? [11.2/18.1]

① 지반의 지하수위 상태
② 형상·지질 및 지층의 상태
③ 굴착기의 이상 유무
④ 매설물 등의 유무 또는 상태

해설 굴착작업 시 사전 지반 조사 항목
• 형상·지질 및 지층의 상태
• 균열·함수·용수 및 동결의 유무 또는 상태
• 매설물 등의 유무 또는 상태
• 지반의 지하수위 상태

17-1. 굴착작업을 하는 경우 지반의 붕괴 또는 토석의 낙하에 의한 근로자의 위험을 방지하기 위하여 관리감독자로 하여금 작업시작 전에 점검하도록 해야 하는 사항과 가장 거리가 먼 것은? [17.1]

① 부석·균열의 유무
② 함수·용수
③ 동결상태의 변화
④ 시계의 상태

해설 굴착작업을 하는 경우 지반의 붕괴 또는 토석의 낙하에 의한 근로자의 위험을 방지하기 위하여 관리감독자로 하여금 작업시작 전에 작업장소 및 그 주변의 부석·균열의 유무, 함수·용수, 동결상태의 변화 등을 점검하도록 하여야 한다.

정답 ④

18. 굴착작업에 있어서 지반의 붕괴 또는 토석의 낙하에 의하여 근로자에게 위험을 미칠 우려가 있는 경우에 사전에 필요한 조치로 거리가 먼 것은? [15.1]

① 인화성 가스의 농도 측정
② 방호망의 설치
③ 흙막이 지보공의 설치
④ 근로자의 출입금지 조치

해설 지반의 붕괴 또는 토석의 낙하에 대한 방지 대책 : 방호망 설치, 흙막이 지보공 설치, 근로자의 출입금지 조치 등

19. 굴착작업을 실시하기 전에 조사하여야 할 사항 중 지하매설물에 해당하지 않는 것은 어느 것인가? [10.3]

① 가스관   ② 상하수도관
③ 암반   ④ 건축물의 기초

해설 굴착작업 실시 전에 조사하여야 할 지하매설물
• 가스관
• 상하수도관
• 건축물의 기초
• 전기 및 통신케이블

20. 다음 중 작업 부위별 위험요인과 주요 사고형태와의 연관관계로 옳지 않은 것은 어느 것인가? [11.1]

① 암반의 절취법면 – 낙하
② 흙막이 지보공 설치작업 – 붕괴
③ 암석의 발파 – 비산
④ 흙막이 지보공 토류판 설치작업 – 접촉

해설 ④ 흙막이 지보공 토류판 설치작업 – 붕괴

21. 다음 중 콘크리트의 비파괴 검사방법이 아닌 것은? [16.2]

① 반발경도법   ② 자기법
③ 음파법   ④ 침지법

해설 ④는 강재의 비파괴 검사법

철골공사 안전

22. 철골공사에서 용접작업을 실시함에 있어 전격예방을 위한 안전조치 중 옳지 않은 것은? [13.1/18.1/19.1]

① 전격방지를 위해 자동전격방지기를 설치한다.
② 우천, 강설 시에는 야외작업을 중단한다.
③ 개로전압이 낮은 교류 용접기는 사용하지 않는다.
④ 절연 홀더(holder)를 사용한다.

해설 ③ 개로전압이 낮은 안전한 교류 용접기를 사용한다.

23. 철골공사에서 나타나는 용접결함의 종류에 해당하지 않는 것은? [14.2/17.1]

① 가우징(gouging)   ② 오버랩(overlap)
③ 언더컷(under cut)   ④ 블로 홀(bolw hole)

해설 ①은 용접부의 홈파기

24. 철근 가공작업에서 가스절단을 할 때의 유의사항으로 틀린 것은? [14.2/14.3/19.3]

① 가스절단 작업 시 호스는 겹치거나 구부러지거나 밟히지 않도록 한다.
② 호스, 전선 등은 작업 효율을 위하여 다른 작업장을 거치는 곡선상의 배선이어야 한다.
③ 작업장에서 가연성 물질에 인접히여 용접작업 할 때에는 소화기를 비치하여야 한다.

④ 가스절단 작업 중에는 보호구를 착용하여야 한다.

해설 ② 호스, 전선 등은 다른 작업장을 거치지 않는 직선상의 배선이어야 한다.

25. 철골공사의 용접, 용단작업에 사용되는 가스의 용기는 최대 몇 ℃ 이하로 보존해야 하는가? [16.1]

① 25℃ ② 36℃
③ 40℃ ④ 48℃

해설 용접작업에 사용되는 가스의 용기는 최대 40℃ 이하로 보존해야 한다.

26. 철골구조에서 강풍에 대한 내력이 설계에 고려되었는지 검토를 실시하지 않아도 되는 건물은? [09.2/14.1/15.2/19.3]

① 높이 30m인 건물
② 연면적당 철골량이 45kg인 건물
③ 단면구조가 일정한 구조물
④ 이음부가 현장용접인 건물

해설 철골공사의 자립도(강풍 등 외압에 대한 자립도 검토대상)

• 높이 20m 이상의 구조물
• 구조물의 폭과 높이의 비율이 1 : 4 이상인 구조물
• 단면구조에 현저한 차이가 있는 구조물
• 연면적당 철골량이 $50kg/m^2$ 이하인 구조물
• 기둥이 타이플레이트형인 구조물
• 이음부가 현장용접인 구조물

27. 철골공사 중 트랩을 이용해 승강할 때 안전과 관련된 항목이 아닌 것은? [12.1/19.3]

① 수평구명줄 ② 수직구명줄
③ 죔줄 ④ 추락방지대

해설 ①은 근로자가 이동 시 잡고 이동할 수 있는 안전난간의 기능.
②, ③, ④는 트랩 승강로 방호장치

28. 철골공사에서 기둥의 건립작업 시 앵커볼트를 매립할 때 요구되는 정밀도에서 기둥 중심은 기준선 및 인접기둥의 중심으로부터 얼마 이상 벗어나지 않아야 하는가? [16.1]

① 3mm ② 5mm
③ 7mm ④ 10mm

해설 기둥 중심은 기준선 및 인접기둥의 중심에서 5mm 이상 벗어나지 않을 것

29. 철골기둥 건립작업 시 붕괴·도괴방지를 위하여 베이스 플레이트의 하단은 기준 높이 및 인접기둥의 높이에서 얼마 이상 벗어나지 않아야 하는가? [16.2]

① 2mm ② 3mm
③ 4mm ④ 5mm

해설 베이스 플레이트의 하단은 기준 높이 및 인접기둥의 높이에서 3mm 이상 벗어나지 않아야 한다.

30. 철골공사 시 안전을 위한 사전 검토계획 수립을 할 때 가장 거리가 먼 내용은? [14.3]

① 추락방지망의 설치
② 사용기계의 용량 및 사용대수
③ 기상 조건의 검토
④ 지하매설물 조사

해설 ④는 건설 굴착공사 시 검토사항

31. 프리캐스트 부재의 현장 야적에 대한 설명으로 틀린 것은? [12.2/14.3]

정답 25. ③ 26. ③ 27. ① 28. ② 29. ② 30. ④ 31. ②

① 오물로 인한 부재의 변질을 방지한다.

② 벽 부재는 변형을 방지하기 위해 수평으로 포개어 쌓아 놓는다.

③ 부재의 제조번호, 기호 등을 식별하기 쉽게 야적한다.

④ 받침대를 설치하여 휨, 균열 등이 생기지 않게 한다.

해설 ② 벽 부재는 수평으로 포개어 쌓아 놓으면 변형될 수 있어, 수직 받침대를 세워 수직으로 야적한다.

32. 철골 구조물의 건립 순서를 계획할 때 일반적인 주의사항으로 틀린 것은? [09.2/15.1]

① 현장건립 순서와 공장제작 순서를 일치시킨다.

② 건립기계의 작업반경과 진행 방향을 고려하여 조립 순서를 결정한다.

③ 건립 중 가볼트 체결기간을 가급적 길게 하여 안정을 기한다.

④ 연속기둥 설치 시 기둥을 2개 세우면 기둥 사이의 보도 동시에 설치하도록 한다.

해설 ③ 건립 중 가볼트 체결기간을 가급적 단축하도록 하여야 한다.

33. 크레인을 사용하여 작업을 하는 경우 준수해야 할 사항으로 옳지 않은 것은 어느 것인가? [14.2/17.1]

① 인양할 하물(荷物)을 바닥에서 끌어당기거나 밀어 정위치 작업을 할 것

② 유류 드럼이나 가스통 등 운반 도중에 떨어져 폭발하거나 누출될 가능성이 있는 위험물 용기는 보관함(또는 보관고)에 담아 안전하게 매달아 운반할 것

③ 미리 근로자의 출입을 통제하여 인양 중인 하물이 작업자의 머리 위로 통과하지 않도록 할 것

④ 인양할 하물이 보이지 아니하는 경우에는 어떠한 동작도 하지 아니할 것(신호하는 사람에 의하여 작업을 하는 경우는 제외한다.)

해설 ① 인양할 하물을 바닥에서 끌어당기거나 밀어내는 작업을 하지 아니할 것

34. 철골보 인양작업 시 준수사항으로 옳지 않은 것은? [10.3/13.1/13.3/16.3]

① 인양용 와이어로프의 체결지점은 수평부재의 1/4 지점을 기준으로 한다.

② 인양용 와이어로프의 매달기 각도는 양변 60°를 기준으로 한다.

③ 흔들리거나 선회하지 않도록 유도 로프로 유도한다.

④ 후크는 용접의 경우 용접 규격을 반드시 확인한다.

해설 크램프를 인양 부재로 체결 시 준수해야 할 사항

• 인양용 와이어로프의 체결지점은 수평부재의 1/3 지점을 기준으로 한다.

• 인양 와이어로프는 후크의 중심에 걸어야 한다.

• 크램프는 수평으로 체결하고 2곳 이상 설치한다.

• 인양 와이어로프의 매달기 각도는 양변 60°를 기준으로 한다.

• 크램프로 부재를 체결할 때는 크램프의 정격용량 이상 매달지 않아야 한다.

• 흔들리거나 선회하지 않도록 유도 로프로 유도한다.

• 후크는 용접의 경우 용접 규격을 반드시 확인한다.

35. 타워크레인의 운전작업을 중지하여야 하는 순간풍속 기준으로 옳은 것은? [19.1]

① 초당 10m 초과   ② 초당 12m 초과

③ 초당 15m 초과   ④ 초당 20m 초과

정답 **32.** ③   **33.** ①   **34.** ①   **35.** ③

해설 타워크레인 풍속에 따른 안전기준
- 순간풍속이 초당 10m 초과 : 타워크레인의 수리·점검·해체작업 중지
- 순간풍속이 초당 15m 초과 : 타워크레인의 운전작업 중지
- 순간풍속이 초당 30m 초과 : 타워크레인의 이탈방지 조치
- 순간풍속이 초당 35m 초과 : 승강기가 붕괴되는 것을 방지 조치

35-1. 강풍 시 타워크레인의 설치·수리·점검 또는 해체작업을 중지하여야 하는 순간풍속 기준으로 옳은 것은? [09.1/11.1/18.2]

① 순간풍속이 초당 10m를 초과하는 경우
② 순간풍속이 초당 15m를 초과하는 경우
③ 순간풍속이 초당 20m를 초과하는 경우
④ 순간풍속이 초당 30m를 초과하는 경우

해설 순간풍속이 초당 10m 초과 : 타워크레인의 수리·점검·해체작업 중지

정답 ①

35-2. 옥외에 설치되어 있는 주행크레인에 대하여 이탈방지장치를 작동시키는 등 이탈방지를 위한 조치를 하여야 하는 순간풍속 기준은? [16.1]

① 초당 10m 초과
② 초당 20m 초과
③ 초당 30m 초과
④ 초당 40m 초과

해설 순간풍속이 초당 30m 초과 : 타워크레인의 이탈방지 조치

정답 ③

35-3. 건설작업용 리프트에 대하여 바람에 의한 붕괴를 방지하는 조치를 한다고 할 때 그 기준이 되는 풍속은? [14.1/17.2]

① 순간풍속 30m/sec 초과
② 순간풍속 35m/sec 초과
③ 순간풍속 40m/sec 초과
④ 순간풍속 45m/sec 초과

해설 순간풍속이 초당 35m 초과 : 승강기가 붕괴되는 것을 방지 조치

정답 ②

36. 다음은 철골작업을 중지하여야 하는 악천후의 조건이다. ( ) 안에 알맞은 숫자를 순서대로 옳게 나열한 것은? [15.3]

> ㉠ 풍속이 초당 ( )미터 이상인 경우
> ㉡ 강우량이 시간당 ( )밀리미터 이상인 경우
> ㉢ 강설량이 시간당 ( )센티미터 이상인 경우

① 10, 10, 10 　　② 1, 1, 10
③ 1, 10, 1 　　④ 10, 1, 1

해설 철골작업 시 기후 변화에 의한 작업 중지 사항
- 풍속이 초당 10m 이상인 경우
- 1시간당 강우량이 1mm 이상인 경우
- 1시간당 강설량이 1cm 이상인 경우

36-1. 철골작업 시의 위험방지와 관련하여 철골작업을 중지하여야 하는 강설량의 기준은? [13.3/16.1/19.3]

① 시간당 1mm 이상인 경우
② 시간당 3mm 이상인 경우
③ 시간당 1cm 이상인 경우
④ 시간당 3cm 이상인 경우

해설 1시간당 강설량이 1cm 이상인 경우 철골작업을 중지하여야 한다.

정답 ③

정답 36. ④

36-2. 철골작업을 중지하여야 하는 제한기준에 해당되지 않는 것은? [19.1]

① 풍속이 초당 10m 이상인 경우
② 강우량이 시간당 1mm 이상인 경우
③ 강설량이 시간당 1cm 이상인 경우
④ 소음이 65dB 이상인 경우

해설 ①, ②, ③은 철골작업 시 기후 변화에 의한 작업 중지사항.
④는 철골작업 중지사항이 아니다.

정답 ④

36-3. 철골작업에서 작업을 중지해야 하는 규정에 해당되지 않는 경우는? [13.2/16.2]

① 풍속이 초당 10m 이상인 경우
② 강우량이 시간당 1mm 이상인 경우
③ 강설량이 시간당 1cm 이상인 경우
④ 겨울철 기온이 영상 4℃ 이상인 경우

해설 ①, ②, ③은 철골작업 시 기후 변화에 의한 작업 중지사항.
④는 철골작업 중지사항이 아니다.

정답 ④

PC(precast concrete)공사 안전

37. 건설현장에서의 PC(precast concrete) 조립 시 안전 대책으로 옳지 않은 것은 어느 것인가? [20.1]

① 달아 올린 부재의 아래에서 정확한 상황을 파악하고 전달하여 작업한다.
② 운전자는 부재를 달아 올린 채 운전대를 이탈해서는 안 된다.
③ 신호는 사전에 정해진 방법에 의해서만 실시한다.
④ 크레인 사용 시 PC판의 중량을 고려하여 아우트리거를 사용한다.

해설 ① 달아 올린 부재의 아래에 있으면 물체 낙하 시 위험하다.

38. 철근콘크리트 현장 타설공법과 비교한 PC(precast concrete)공법의 장점으로 볼 수 없는 것은? [20.2]

① 기후의 영향을 받지 않아 동절기 시공이 가능하고, 공기를 단축할 수 있다.
② 현장 작업이 감소되고, 생산성이 향상되어 인력 절감이 가능하다.
③ 공사비가 매우 저렴하다.
④ 공장 제작이므로 콘크리트 양생 시 최적 조건에 의한 양질의 제품생산이 가능하다.

해설 PC공법의 장점
• 인력 절감, 공기를 단축할 수 있다.
• 균등한 품질 확보가 가능하다.
• 규격화로 대량생산이 가능하다.
• 공사비 절감, 생산성이 향상된다.
• 날씨에 영향을 받지 않으므로 동절기 시공이 가능하다.
Tip) ③ PC공법은 공장에서 제작한 P.C 부재를 현장에서 조립하는 공사로 공사기간은 줄어드나, 공사비는 상대적으로 많이 든다.

39. PC(precast concrete) 조립 시 안전 대책으로 틀린 것은? [15.1]

① 신호수를 지정한다.
② 인양 PC 부재 아래에 근로자 출입을 금지한다.
③ 크레인에 PC 부재를 달아 올린 채 주행한다.
④ 운전자는 PC 부재를 달아 올린 채 운전대에서 이탈을 금지한다.

해설 ③ 크레인에 PC 부재를 달아 올린 채 주행히면 위험하다.

정답 37. ① 38. ③ 39. ③

6 운반, 하역작업

운반작업

1. 운반작업 중 요통을 일으키는 인자와 가장 거리가 먼 것은?   [20.1]

① 물건의 중량
② 작업 자세
③ 작업시간
④ 물건의 표면마감 종류

해설 요통재해를 일으키는 인자는 물건의 중량, 작업 자세, 작업시간이다.

2. 차량계 하역운반기계에 화물을 적재할 때의 준수사항과 거리가 먼 것은?   [15.2/19.2]

① 하중이 한쪽으로 치우지지 않도록 적재할 것
② 구내운반차 또는 화물자동차의 경우 화물의 붕괴 또는 낙하에 의한 위험을 방지하기 위하여 화물에 로프를 거는 등 필요한 조치를 할 것
③ 운전자의 시야를 가리지 않도록 화물을 적재할 것
④ 제동장치 및 조정장치 기능의 이상 유무를 점검할 것

해설 차량계 하역운반기계 화물 적재 시 준수 사항
• 하중이 한쪽으로 치우치지 않도록 적재할 것
• 구내운반차 또는 화물자동차의 경우 화물의 붕괴 또는 낙하에 의한 위험을 방지하기 위하여 화물에 로프를 거는 등 필요한 조치를 할 것
• 운전자의 시야를 가리지 않도록 화물을 적재할 것

2-1. 산업안전보건법령상 차량계 하역운반기계를 이용한 화물 적재 시의 준수해야 할 사항으로 틀린 것은?   [09.1/18.1]

① 최대 적재량의 10% 이상 초과하지 않도록 적재한다.
② 운전자의 시야를 가리지 않도록 적재한다.
③ 붕괴, 낙하방지를 위해 화물에 로프를 거는 등 필요 조치를 한다.
④ 편하중이 생기지 않도록 적재한다.

해설 ① 화물을 적재하는 경우 최대 적재량을 초과하지 않도록 적재한다.

정답 ①

3. 차량계 하역운반기계 등을 사용하는 작업을 할 때, 그 기계가 넘어지거나 굴러 떨어짐으로써 근로자에게 위험을 미칠 우려가 있는 경우에 이를 방지하기 위한 조치사항과 거리가 먼 것은?   [18.2]

① 유도자 배치
② 지반의 부동침하방지
③ 상단 부분의 안정을 위하여 버팀줄 설치
④ 갓길 붕괴방지

해설 건설기계의 전도방지 조치는 기계를 유도하는 사람을 배치, 지반의 부동침하방지, 도로 폭의 유지, 갓길 붕괴방지 조치를 하여야 한다.

4. 차량계 하역운반기계의 운전자가 운전위치를 이탈하는 경우의 조치사항으로 부적절한 것은?   [15.2/18.3]

① 포크 및 버킷을 가장 높은 위치에 두어 근로자 통행을 방해하지 않도록 하였다.
② 원동기를 정지시키고 브레이크를 걸었다.

③ 시동키를 운전대에서 분리시켰다.

④ 경사지에서 갑작스런 주행이 되지 않도록 바퀴에 블록 등을 놓았다.

해설 ① 버킷은 지면 또는 가장 낮은 위치에 두어야 한다.

5. 차량계 하역운반기계 등을 이송하기 위하여 자주 또는 견인에 의하여 화물자동차에 싣거나 내리는 작업을 할 때에 준수하여야 할 사항으로 옳지 않은 것은? [13.2/17.2]

① 발판을 사용하는 경우에는 충분한 길이·폭 및 강도를 가진 것을 사용할 것

② 지정 운전자의 성명·연락처 등을 보기 쉬운 곳에 표시하고 지정 운전자 외에는 운전하지 않도록 할 것

③ 가설대 등을 사용하는 경우에는 충분한 폭 및 강도와 적당한 경사를 확보할 것

④ 싣거나 내리는 작업을 할 때는 편의를 위해 경사지고 견고한 지대에서 할 것

해설 ④ 싣거나 내리는 작업을 할 때는 평탄하고 견고한 지대에서 할 것

6. 차량계 하역운반기계에서 화물을 싣거나 내리는 작업에서 작업지휘자가 준수해야 할 사항과 가장 거리가 먼 것은? [10.1/14.2]

① 작업 순서 및 그 순서마다의 작업방법을 정하고 작업을 지휘하는 일

② 기구 및 공구를 점검하고 불량품을 제거하는 일

③ 당해 작업을 행하는 장소에 관계 근로자 외의 자의 출입을 금지하는 일

④ 총 화물량을 산출하는 일

해설 화물을 싣거나 내리는 작업에서 작업지휘자 준수사항

• 작업 순서 및 그 순서마다의 작업방법을 정하고 작업을 지휘하는 일

• 기구 및 공구를 점검하고 불량품을 제거하는 일

• 해당 작업을 행하는 장소에 관계 근로자 외의 자의 출입을 금지하는 일

• 로프 풀기작업 또는 덮개 벗기기 작업은 적재함의 화물이 떨어질 위험이 없음을 확인한 후에 하도록 할 것

6-1. 차량계 하역운반기계에 단위 화물의 무게가 100kg 이상인 화물을 싣는 작업을 할 때 작업의 지휘자를 지정하여 준수하도록 하여야 하는 사항으로 옳지 않은 것은? [10.2]

① 작업 순서 및 그 순서마다의 작업방법을 정하고 작업을 지휘할 것

② 기구 및 공구를 점검하고 불량품을 제거할 것

③ 당해 작업을 행하는 장소에는 출입제한을 두지 않을 것

④ 로프를 풀거나 덮개를 벗기는 작업을 행하는 때에는 적재함의 화물이 낙하할 위험이 없음을 확인한 후에 당해 작업을 하도록 할 것

해설 ③ 해당 작업을 하는 장소에 관계 근로자가 아닌 사람이 출입하는 것을 금지할 것

정답 ③

7. 차량계 하역운반기계 등을 사용하여 작업을 하는 때에는 작업지휘자를 지정하여 작업계획에 따라 지휘하도록 하여야 하는데 고소작업대의 경우에는 이 사항이 적용되려면 작업이 몇 m 이상의 높이에서 이루어져야 하는가? [09.2]

① 5m   ② 10m

③ 15m   ④ 20m

해설 차량계 하역운반기계 등의 작업지휘자를 지정하여 작업하는 고소작업대의 경우에는 작업이 10m 이상이 경우에 한 한다.

8. 불특정 지역을 계속적으로 운반할 경우 사용해야 하는 운반기계는? [12.3]

① 컨베이어
② 크레인
③ 화물차
④ 기차

해설 차량은 불특정 지역을 운행하는 운반기계이다.

9. 지게차 헤드가드에 대한 설명 중 옳지 않은 것은? [12.2]

① 상부틀의 각 개구의 폭 또는 길이가 16cm 미만일 것
② 앉아서 조작하는 경우 운전자의 좌석의 윗면에서 헤드 가드 상부틀 아랫면까지의 높이는 1m 이상일 것
③ 서서 조작하는 경우 운전석의 바닥면에서 헤드가드의 상부틀 하면까지의 높이가 2m 이상일 것
④ 강도는 지게차의 최대하중의 1배 값의 등분포정하중에 견딜 수 있는 것일 것

해설 ④ 강도는 지게차의 최대하중의 2배 값의 등분포정하중에 견딜 수 있는 것일 것

10. 다음 중 취급 운반 시 준수해야 할 원칙으로 틀린 것은? [14.2/19.1]

① 연속운반으로 할 것
② 직선운반으로 할 것
③ 운반작업을 집중화시킬 것
④ 생산을 최소로 하도록 운반할 것

해설 취급·운반의 5원칙
• 직선운반을 할 것
• 연속운반을 할 것
• 운반작업을 집중화시킬 것
• 생산을 최고로 하는 운반을 생각할 것
• 시간과 경비 등 운반방법을 고려할 것

11. 중량물의 취급 작업 시 근로자의 위험을 방지하기 위하여 사전에 작성하여야 하는 작업계획서 내용에 해당되지 않는 것은 어느 것인가? [15.3/18.2/19.1]

① 추락위험을 예방할 수 있는 안전 대책
② 낙하위험을 예방할 수 있는 안전 대책
③ 전도위험을 예방할 수 있는 안전 대책
④ 침수위험을 예방할 수 있는 안전 대책

해설 중량물 취급 작업 시 작업계획서는 추락위험, 낙하위험, 전도위험, 협착위험, 붕괴 등에 대한 예방을 할 수 있는 안전 대책을 포함하여야 한다.

12. 중량물을 들어 올리는 자세에 대한 설명 중 가장 적절한 것은? [12.2]

① 다리를 곧게 펴고 허리를 굽혀 들어 올린다.
② 되도록 자세를 낮추고 허리를 곧게 편 상태에서 들어 올린다.
③ 무릎을 굽힌 자세에서 허리를 뒤로 젖히고 들어 올린다.
④ 다리를 벌린 상태에서 허리를 숙여서 서서히 들어 올린다.

해설 중량물을 운반할 때의 자세
• 허리는 늘 곧게 펴고 팔, 다리, 복부의 근력을 이용하도록 한다.
• 물건은 최대한 몸에서 몸 가까이에서 잡고 들어 올리도록 한다.
• 가늘고 긴 물건을 운반 시 앞쪽을 높게 하여 어깨에 메고 뒤쪽 끝을 끌면서 운반한다.

13. 다음 중 인력운반작업 시 안전수칙으로 적절하지 않은 것은? [09.1/09.3/13.1]

① 물건을 들어 올릴 때는 팔과 무릎을 사용하고 허리를 구부린다.
② 운반 대상물의 특성에 따라 필요한 보호구를 확인, 착용한다.

③ 화물에 가능한 한 접근하여 화물의 무게중심을 몸에 가까이 밀착시킨다.

④ 무거운 물건은 공동작업으로 하고 보조기구를 이용한다.

해설 ① 물건을 들어 올릴 때는 허리는 늘 곧게 펴고 팔, 다리, 복부의 근력을 이용하도록 한다.

14. 철근의 인력운반 방법에 관한 설명으로 옳지 않은 것은? [09.2/11.1/14.3/17.2]

① 긴 철근은 두 사람이 1조가 되어 같은 쪽의 어깨에 메고 운반한다.

② 양끝은 묶어서 운반한다.

③ 1회 운반 시 1인당 무게는 50kg 정도로 한다.

④ 공동작업 시 신호에 따라 작업한다.

해설 ③ 1회 운반 시 1인당 무게는 25kg 정도로 한다.

하역공사

15. 화물을 적재하는 경우에 준수하여야 하는 사항으로 옳지 않은 것은? [14.1/19.1]

① 침하 우려가 없는 튼튼한 기반 위에 적재할 것

② 건물의 칸막이나 벽 등이 화물의 압력에 견딜 만큼의 강도를 지니지 아니한 경우에는 칸막이나 벽에 기대어 적재하지 않도록 할 것

③ 불안정할 정도로 높이 쌓아 올리지 말 것

④ 편하중이 발생하도록 쌓아 적재 효율을 높일 것

해설 ④ 하중이 한쪽으로 치우치지 않도록 쌓을 것

15-1. 화물을 적재하는 경우 준수하여야 할 사항으로 옳지 않은 것은? [12.1/17.3/18.1]

① 침하 우려가 없는 튼튼한 기반 위에 적재할 것

② 화물의 압력 정도와 관계없이 건물의 벽이나 칸막이 등을 이용하여 화물을 기대에 적재할 것

③ 하중이 한쪽으로 치우치지 않도록 쌓을 것

④ 불안정할 정도로 높이 쌓아 올리지 말 것

해설 ② 건물의 칸막이나 벽 등이 화물의 압력에 견딜 만큼의 강도를 지니지 아니한 경우에는 칸막이나 벽에 기대어 적재하지 않도록 할 것

정답 ②

16. 작업에서의 위험요인과 재해형태가 가장 관련이 적은 것은? [17.2]

① 무리한 자재 적재 및 통로 미확보 → 전도

② 개구부 안전난간 미설치 → 추락

③ 벽돌 등 중량물 취급 작업 → 협착

④ 항만하역작업 → 질식

해설 항만하역작업 대부분의 재해형태 : 추락, 협착

1. 과년도 출제문제
2. CBT 모의고사

1. 과년도 출제문제와 해설

2018년도(1회차) 출제문제

산업안전산업기사

1과목 산업안전관리론

1. 산업안전보건법령상 근로자 안전 · 보건교육 기준 중 다음 ( ) 안에 알맞은 것은?

교육과정	교육대상	교육시간
채용 시의 교육	일용근로자	(㉠)시간 이상
	일용근로자를 제외한 근로자	(㉡)시간 이상

① ㉠ : 1, ㉡ : 8   ② ㉠ : 2, ㉡ : 8
③ ㉠ : 1, ㉡ : 2   ④ ㉠ : 3, ㉡ : 6

해설 채용 시의 교육

일용근로자	1시간 이상
일용근로자를 제외한 근로자	8시간 이상

2. 안전심리의 5대 요소에 해당하는 것은?

① 기질(temper)   ② 지능(intelligence)
③ 감각(sense)   ④ 환경(environment)

해설 안전심리의 5요소 : 동기, 기질, 감정, 습관, 습성

3. 학습을 자극에 의한 반응으로 보는 이론에 해당하는 것은?

① 손다이크(Thorndike)의 시행착오설
② 퀼러(Kohler)의 통찰설

③ 톨만(Tolman)의 기호형태설
④ 레빈(Lewin)의 장이론

해설 교육심리학의 학습 이론

• 파블로프(Pavlov) : 조건반사설의 원리는 시간의 원리, 강도의 원리, 일관성의 원리, 계속성의 원리로 일정한 자극을 반복하여 자극만 주어지면 조건적으로 반응하게 된다.

• 레빈(Lewin) : 장설은 선천적으로 인간은 특정 목표를 추구하려는 내적긴장에 의해 행동을 발생시킨다는 것이다.

• 톨만(Tolman) : 기호형태설은 학습자의 머리 속에 인지적 지도 같은 인지구조를 바탕으로 학습하려는 것이다.

• 손다이크(Thorndike) : 시행착오설에 의한 학습의 원칙은 연습의 원칙, 효과의 원칙, 준비성의 원칙으로 맹목적 연습과 시행을 반복하는 가운데 자극과 반응이 결합하여 행동하는 것이다.

4. 학생이 마음속에 생각하고 있는 것을 외부에 구체적으로 실현하고 형상화하기 위하여 자기 스스로가 계획을 세워 수행하는 학습활동으로 이루어지는 학습지도의 형태는 무엇인가?

① 케이스 메소드(case method)
② 패널 디스커션(panel discussion)

정답 1. ①   2. ①   3. ①   4. ③

③ 구안법(project method)

④ 문제법(problem method)

해설 구안법(project method) : 학습자가 스스로 실제에 있어서 일의 계획과 수행능력을 기르는 교육방법

5. 헤드십(headship)에 관한 설명으로 틀린 것은?

① 구성원과 사회적 간격이 좁다.

② 지휘의 형태는 권위주의적이다.

③ 권한의 부여는 조직으로부터 위임받는다.

④ 권한 귀속은 공식화된 규정에 의한다.

해설 ①은 리더십의 특성,

②, ③, ④는 헤드십의 특성

6. 추락 및 감전위험방지용 안전모의 일반구조가 아닌 것은?

① 착장체   ② 충격흡수재

③ 선심   ④ 모체

해설 • 구성요소는 모체, 착장체(머리받침끈, 머리고정대, 머리받침고리), 턱끈으로 구성된다.

• 선심은 안전화의 충격과 압축하중으로부터 발을 보호하기 위한 부품이다.

7. Safe-T-Score에 대한 설명으로 틀린 것은?

① 안전관리의 수행도를 평가하는데 유용하다.

② 기업의 산업재해에 대한 과거와 현재의 안전 성적을 비교, 평가한 점수로 단위가 없다.

③ Safe-T-Score가 +2.0 이상인 경우는 안전관리가 과거보다 좋아졌음을 나타낸다.

④ Safe-T-Score가 -2.0~+2.0 사이인 경우는 안전관리가 과거에 비해 심각한 차이가 없음을 나타낸다.

해설 세이프 티 스코어(Safe-T-Score) 판정기준

-2.00 이하	-2.00~+2.00	+2.00 이상
과거보다 좋아졌다.	차이가 없다.	과거보다 나빠졌다.

8. 매슬로우(Maslow)의 욕구 단계 이론의 요소가 아닌 것은?

① 생리적 욕구

② 안전에 대한 욕구

③ 사회적 욕구

④ 심리적 욕구

해설 매슬로우가 제창한 인간의 욕구 5단계

1단계	2단계	3단계	4단계	5단계
생리적 욕구	안전 욕구	사회적 욕구	존경의 욕구	자아실현의 욕구

9. 산업안전보건법령상 안전·보건표지 중 지시표지사항의 기본 모형은?

① 사각형   ② 원형

③ 삼각형   ④ 마름모형

해설 안전·보건표지의 기본 모형

금지표지	경고표지	지시표지	안내표지
원형에 사선	삼각형 및 마름모형	원형	정사각형 또는 직사각형

10. 재해 발생 시 조치사항 중 대책 수립의 목적은?

① 재해 발생 관련자 문책 및 처벌

② 재해손실비 산정

③ 재해 발생 원인 분석

④ 동종 및 유사재해 방지

해설 재해 발생 시에는 동종 및 유사재해 방지를 위하여 안전 대책을 수립하여야 한다.

11. 기업 내 정형교육 중 대상으로 하는 계층이 한정되어 있지 않고, 한 번 훈련을 받은 관리자는 그 부하인 감독자에 대해 지도원이 될 수 있는 교육방법은?

① TWI(Training Within Industry)
② MTP(Management Training Program)
③ CCS(Civil Communication Section)
④ ATT(American Telephone & Telegram Co)

해설 • TWI는 작업방법, 작업지도, 인간관계, 작업안전훈련이다.
　㉠ 작업방법훈련(Job Method Training, JMT) : 작업방법 개선
　㉡ 작업지도훈련(Job Instruction Training, JIT) : 작업지시
　㉢ 인간관계훈련(Job Relations Training, JRT) : 부하직원 리드
　㉣ 작업안전훈련(Job Safety Training, JST) : 안전한 작업
• MTP : 관리자 및 중간 관리층을 대상으로 하는 관리자 훈련이다.
• CCS : 강의법에 토의법이 가미된 것으로 정책의 수립, 조직, 통제 및 운영으로 되어 있다.
• ATT : 직급 상하를 떠나 부하직원이 상사에 강사가 될 수 있다.

12. 부하의 행동에 영향을 주는 리더십 중 조언, 설명, 보상 조건 등의 제시를 통한 적극적인 방법은?

① 강요　　　　② 모범
③ 제언　　　　④ 설득

해설 설득 : 조언, 설명, 보상 조건 등의 제시로 부하의 행동에 영향을 주는 리더십

13. 사고 예방 대책의 기본 원리 5단계 중 제4단계의 내용으로 틀린 것은?

① 인사 조정
② 작업 분석
③ 기술의 개선
④ 교육 및 훈련의 개선

해설 제4단계(대책 선정) : 기술적 개선, 인사(배치) 조정, 교육 및 훈련 개선, 작업표준·제도 개선

14. 주의(attention)의 특성 중 여러 종류의 자극을 받을 때 소수의 특정한 것에만 반응하는 것은?

① 선택성　　　② 방향성
③ 단속성　　　④ 변동성

해설 선택성 : 한 번에 여러 종류의 자극을 자각하거나 수용하지 못하며, 소수 특정한 것을 선택하는 기능이다.

15. 다음 중 재해 예방의 4원칙이 아닌 것은?

① 원인계기의 원칙　② 예방가능의 원칙
③ 사실보존의 원칙　④ 손실우연의 원칙

해설 재해 예방의 4원칙 : 원인계기의 원칙, 예방가능의 원칙, 손실우연의 원칙, 대책선정의 원칙

16. 다음 중 산업안전보건법령상 관리감독자의 업무의 내용이 아닌 것은?

① 해당 작업에 관련되는 기계·기구 또는 설비의 안전·보건점검 및 이상 유무의 확인
② 해당 사업장 산업보건의 지도·조언에 대한 협조
③ 위험성 평가를 위한 업무에 기인하는 유해·위험요인의 파악 및 그 결과에 따라 개선 조치의 시행
④ 작성된 물질안전보건자료의 게시 또는 비치에 관한 보좌 및 조언·지도

해설 관리감독자의 업무
- 작업의 작업장 정리·정돈 및 통로 확보에 대한 확인·감독
- 기계·기구 또는 설비의 안전·보건점검 및 이상 유무의 확인
- 작업에서 발생한 산업재해에 관한 보고 및 이에 대한 응급조치
- 사업장의 산업보건의, 안전관리자 및 보건관리자의 지도·조언에 대한 협조
- 근로자의 작업복·보호구 및 방호장치의 점검과 그 착용·사용에 관한 교육·지도
- 위험성 평가를 위한 업무에 기인하는 유해·위험요인의 파악 및 그 결과에 따른 개선 조치의 시행
- 그 밖에 해당 작업의 안전·보건에 관한 사항으로서 고용노동부령으로 정하는 사항

17. 400명의 근로자가 종사하는 공장에서 휴업일수 127일, 중대 재해 1건이 발생한 경우 강도율은? (단, 1일 8시간으로 연 300일 근무 조건으로 한다.)

① 10 ② 0.1
③ 1.0 ④ 0.01

해설 강도율 $= \dfrac{\text{근로손실일수}}{\text{총 근로시간 수}} \times 1000$

$= \dfrac{127 \times \dfrac{300}{365}}{400 \times 8 \times 300} \times 1000 = 0.1$

18. 시행착오설에 의한 학습법칙이 아닌 것은?

① 효과의 법칙 ② 준비성의 법칙
③ 연습의 법칙 ④ 일관성의 법칙

해설 손다이크(Thorndike)의 시행착오설
- 연습(반복)의 법칙 : 목표가 있는 작업을 반복하는 과정 및 효과를 포함한 전 과정이다.

- 효과의 법칙 : 목표에 도달했을 때 보상을 주면 반응과 결합이 강해져 조건화가 이루어진다.
- 준비성의 법칙 : 학습을 하기 전의 상태에 따라 그 학습이 만족·불만족스러운가에 관한 것이다.

19. 산업안전보건법령상 건설현장에서 사용하는 크레인, 리프트 및 곤돌라의 안전검사의 주기로 옳은 것은? (단, 이동식 크레인, 이삿짐운반용 리프트는 제외한다.)

① 최초로 설치한 날부터 6개월마다
② 최초로 설치한 날부터 1년마다
③ 최초로 설치한 날부터 2년마다
④ 최초로 설치한 날부터 3년마다

해설 안전검사의 주기
- 크레인, 리프트 및 곤돌라는 사업장에 설치한 날부터 3년 이내에 최초 안전검사를 실시하되, 그 이후부터는 2년마다(건설현장에서 사용하는 것은 최초로 설치한 날부터 6개월마다) 실시한다.
- 이동식 크레인과 이삿짐운반용 리프트는 등록한 날부터 3년 이내에 최초 안전검사를 실시하되, 그 이후부터는 2년마다 실시한다.
- 프레스, 전단기, 압력용기 등은 사업장에 설치한 날부터 3년 이내에 최초 안전검사를 실시하되, 그 이후부터는 2년마다(공정안전 보고서를 제출하여 확인을 받은 압력용기는 4년마다) 실시한다.

20. 위험예지훈련 4R 방식 중 각 라운드(round)별 내용 연결이 옳은 것은?

① 1R-목표설정 ② 2R-본질추구
③ 3R-현상파악 ④ 4R-대책수립

해설 위험예지훈련 문제해결의 4라운드

- 현상파악(1R) : 어떤 위험이 잠재하고 있는가? → 토론을 통해 잠재한 위험요인을 발견한다.
- 본질추구(2R) : 이것이 위험 포인트이다. → 위험요인 중 중요한 위험 문제점을 파악하고 표시한다.
- 대책수립(3R) : 당신이라면 어떻게 할 것인가? → 위험요소를 어떻게 해결할지 구체적인 대책을 세운다.
- 행동 목표설정(4R) : 우리들은 이렇게 한다. → 중점적인 대책을 실천하기 위한 행동 목표를 설정한다.

2과목 인간공학 및 시스템 안전공학

21. 시각적 표시장치를 사용하는 것이 청각적 표시장치를 사용하는 것보다 좋은 경우는?

① 메시지가 후에 참고되지 않을 때
② 메시지가 공간적인 위치를 다룰 때
③ 메시지가 시간적인 사건을 다룰 때
④ 사람의 일이 연속적인 움직임을 요구할 때

해설 ②는 시각적 표시장치의 특성, ①, ③, ④는 청각적 표시장치의 특성

22. 체계 분석 및 설계에 있어서 인간공학의 가치와 가장 거리가 먼 것은?

① 성능의 향상
② 인력 이용률의 감소
③ 사용자의 수용도 향상
④ 사고 및 오용으로부터의 손실 감소

해설 체계 분석 및 설계에 있어서의 인간공학의 기여도
- 성능의 향상
- 인력 이용률의 향상
- 사용자의 수용도 향상
- 훈련비용의 절감
- 재해 및 질병예방
- 생산 및 보전의 경제성 향상
- 사고 및 오용으로부터의 손실 감소

23. 휘도(luminance)의 척도 단위(unit)가 아닌 것은?

① fc
② fL
③ mL
④ cd/m²

해설 휘도 : 광원의 단위 면적당 밝기의 정도로 척도 단위에는 cd/m^2, fL, mL가 있다.

24. 신체 반응의 척도 중 생리적 스트레인의 척도로 신체적 변화의 측정대상에 해당하지 않는 것은?

① 혈압
② 부정맥
③ 혈액 성분
④ 심박수

해설 신체적 변화 측정대상 : 혈압, 부정맥, 심박수, 호흡 등

25. 안전성의 관점에서 시스템을 분석 평가하는 접근방법과 거리가 먼 것은?

① "이런 일은 금지한다."의 개인판단에 따른 주관적인 방법
② "어떻게 하면 무슨 일이 발생할 것인가?"의 연역적인 방법
③ "어떤 일은 하면 안 된다."라는 점검표를 사용하는 직관적인 방법
④ "어떤 일이 발생하였을 때 어떻게 처리하여야 안전한가?"의 귀납적인 방법

해설 ① "이런 일은 금지한다."에 대한 객관적인 방법 선택

정답 21. ② 　 22. ② 　 23. ① 　 24. ③ 　 25. ①

26. 다음의 연산표에 해당하는 논리연산은?

입력		출력
X_1	X_2	
0	0	0
0	1	1
1	0	1
1	1	0

① XOR　　　　② AND
③ NOT　　　　④ OR

해설 논리 연산자
- XOR : 두 개의 입력이 서로 다를 때 출력
- AND : 두 개의 입력이 서로 1일 때 출력
- NOT : 입력 값과 출력 값이 서로 반대로 출력
- OR : 한 개 이상의 입력이 1일 때 출력

27. 항공기 위치 표시장치의 설계원칙에 있어, 다음의 설명에 해당하는 것은?

> 항공기의 경우 일반적으로 이동 부분의 영상은 고정된 눈금이나 좌표계에 나타내는 것이 바람직하다.

① 통합　　　　② 양립적 이동
③ 추종 표시　　④ 표시의 현실성

해설 양립적 이동에 관한 설명이다.

28. 근골격계 질환의 인간공학적 주요 위험요인과 가장 거리가 먼 것은?

① 과도한 힘　　② 부적절한 자세
③ 고온의 환경　　④ 단순반복 작업

해설 근골격계 질환의 위험요인 : 부적절한 자세, 과도한 힘, 접촉 스트레스, 단순반복 작업, 진동 등

29. 산업현장에서 사용하는 생산설비의 경우 안전장치가 부착되어 있으나 생산성을 위해 제거하고 사용하는 경우가 있다. 이러한 경우를 대비하여 설계 시 안전장치를 제거하면 작동이 안 되는 구조를 채택하고 있다. 이러한 구조는 무엇인가?

① fail safe
② fool proof
③ lock out
④ tamper proof

해설 탬퍼 프루프(tamper proof) : 안전장치를 제거하면 제품이 작동되지 않도록 하는 설계

30. FTA의 활용 및 기대 효과가 아닌 것은?

① 시스템의 결함 진단
② 사고 원인 규명화의 간편화
③ 사고 원인 분석의 정량화
④ 시스템의 결함 비용 분석

해설 FTA의 활용 및 기대 효과
- 사고 원인 규명의 간편화 · 노력, 시간의 절감
- 사고 원인 분석의 일반화 · 시스템의 결함 진단
- 사고 원인 분석의 정량화 · 안전점검 체크리스트 작성

31. 다음 중 인간공학적 부품배치의 원칙에 해당하지 않는 것은?

① 신뢰성의 원칙
② 사용 순서의 원칙
③ 중요성의 원칙
④ 사용 빈도의 원칙

해설 부품(공간)배치의 원칙 : 중요성의 원칙, 사용 순서의 원칙, 사용 빈도의 원칙, 기능별 배치의 원칙

정답 26. ①　27. ②　28. ③　29. ④　30. ④　31. ①

32. 시스템 안전 프로그램 계획(SSPP)에서 "완성해야 할 시스템 안전업무"에 속하지 않는 것은?

① 정성 해석
② 운용 해석
③ 경제성 분석
④ 프로그램 심사의 참가

해설 SSPP에서 완성해야 할 시스템 안전업무 : 정성 해석, 운용 해석, 프로그램 심사의 참가 등

33. 선형 조정장치를 16cm 옮겼을 때, 선형 표시장치가 4cm 움직였다면, C/R비는 얼마인가?

① 0.2 ② 2.5 ③ 4.0 ④ 5.3

해설 $C/R비 = \dfrac{\text{조정장치 이동거리}}{\text{표시장치 이동거리}} = \dfrac{16}{4} = 4.0$

34. 자연습구온도가 20℃이고, 흑구온도가 30℃일 때, 실내의 습구흑구 온도지수 (WBGT : wet-bulb globe temperature)는 얼마인가?

① 20℃ ② 23℃ ③ 25℃ ④ 30℃

해설 습구흑구 온도지수(WBGT)
$$= 0.7 \times T_w + 0.3 \times T_g$$
$$= (0.7 \times 20) + (0.3 \times 30) = 23℃$$
여기서, 실내의 경우이며,
T_w : 자연습구온도, T_g : 흑구온도이다.

35. 다음 중 소음을 방지하기 위한 대책으로 틀린 것은?

① 소음원 통제 ② 차폐장치 사용
③ 소음원 격리 ④ 연속 소음 노출

해설 소음방지 대책
• 소음원의 통제 : 기계설계 단계에서 소음에 대한 반영, 차량에 소음기 부착 등

• 소음의 격리 : 방, 장벽, 창문, 소음차단벽 등을 사용
• 차폐장치 및 흡음재 사용
• 음향처리제 사용
• 적절한 배치(layout)
• 배경음악
• 방음보호구 사용 : 귀마개, 귀덮개 등을 사용하는 것은 소극적인 대책

36. 산업안전 분야에서의 인간공학을 위한 제반 언급사항으로 관계가 먼 것은?

① 안전관리자와의 의사소통 원활화
② 인간 과오방지를 위한 구체적 대책
③ 인간행동 특성 자료의 정량화 및 축적
④ 인간-기계체계의 설계 개선을 위한 기금의 축적

해설 ④ 설계 개선을 위한 기금의 축적은 관련법의 개정에 관한 사항이다.

37. 시스템 안전을 위한 업무수행 요건이 아닌 것은?

① 안전 활동의 계획 및 관리
② 다른 시스템 프로그램과 분리 및 배제
③ 시스템 안전에 필요한 사항의 동일성 식별
④ 시스템 안전에 대한 프로그램 해석 및 평가

해설 시스템 안전관리의 업무수행 요건
• 안전 활동의 계획, 조직 및 관리
• 다른 시스템 프로그램 영역과의 조정
• 시스템의 안전에 필요한 사항의 동일성의 식별
• 시스템 안전에 대한 목표를 유효하게 적시에 실현하기 위한 프로그램의 해석·검토 및 평가

38. 컷셋과 최소 패스셋을 정의한 것으로 맞는 것은?

① 컷셋은 시스템 고장을 유발시키는 필요 최소한의 고장들의 집합이며, 최소 패스셋은 시스템의 신뢰성을 표시한다.

② 컷셋은 시스템 고장을 유발시키는 필요 최소한의 고장들의 집합이며, 최소 패스셋은 시스템의 불신뢰도를 표시한다.

③ 컷셋은 그 속에 포함되어 있는 모든 기본사상이 일어났을 때 톱사상을 일으키는 기본사상의 집합이며, 최소 패스셋은 시스템의 신뢰성을 표시한다.

④ 컷셋은 그 속에 포함되어 있는 모든 기본사상이 일어났을 때 톱사상을 일으키는 기본사상의 집합이며, 최소 패스셋은 시스템의 성공을 유발하는 기본사상의 집합이다.

해설 • 컷셋 : 정상사상을 발생시키는 기본사상의 집합으로 그 안에 포함되는 모든 기본사상이 발생할 때 정상사상을 발생시킬 수 있는 기본사상의 집합이다.

• 최소 패스셋 : 모든 고장이나 실수가 발생하지 않으면 재해는 발생하지 않는다는 것으로, 즉 기본사상이 일어나지 않으면 정상사상이 발생하지 않는 기본사상의 집합으로 시스템의 신뢰성을 말한다.

39. 다음 중 인체측정치의 응용원칙과 거리가 먼 것은?

① 극단치를 고려한 설계
② 조절범위를 고려한 설계
③ 평균치를 기준으로 한 설계
④ 기능적 치수를 이용한 설계

해설 인체계측의 설계원칙

• 최대치수와 최소치수(극단치 설계)를 기준으로 한 설계 : 최대·최소치수를 기준으로 설계한다.

• 조절식 설계 : 크고 작은 많은 사람에 맞도록 설계하며, 조절범위는 통상 5~95%이다.

• 평균치를 기준으로 한 설계 : 최대·최소치수, 조절식으로 하기에 곤란한 경우 평균치로 설계한다.

40. 10시간 설비 가동 시 설비 고장으로 1시간 정지하였다면 설비 고장 강도율은 얼마인가?

① 0.1%　② 9%　③ 10%　④ 11%

해설 설비 고장 강도율

$$= \frac{\text{설비 고장 정지시간}}{\text{설비 가동시간}} \times 100$$

$$= \frac{1}{10} \times 100 = 10\%$$

3과목 **기계 위험방지 기술**

41. 500 rpm으로 회전하는 연삭기의 숫돌지름이 200 mm일 때 원주속도(m/min)는?

① 628　　　　② 62.8
③ 314　　　　④ 31.4

해설 원주속도$(V) = \dfrac{\pi D n}{1000} = \dfrac{\pi \times 200 \times 500}{1000}$

$$= 314 \, \text{m/min}$$

42. 기계의 운동 형태에 따른 위험점의 분류에서 고정 부분과 회전하는 동작 부분이 함께 만드는 위험점으로 교반기의 날개와 하우스 등에서 발생하는 위험점을 무엇이라 하는가?

① 끼임점　　　　② 절단점
③ 물림점　　　　④ 회전말림점

해설 끼임점 : 회전운동을 하는 동작 부분과 고정 부분 사이에 형성되는 위험점

43. 컨베이어 작업시작 전 점검해야 할 사항으로 거리가 먼 것은?

① 원동기 및 풀리기능의 이상 유무
② 이탈 등의 방지장치기능의 이상 유무
③ 비상정지장치의 이상 유무
④ 자동전격 방지장치의 이상 유무

해설 ④ 자동전격 방지장치는 교류 아크 용접기에 장착하는 감전방지용 안전장치

44. 아세틸렌 용접장치에서 아세틸렌 발생기실 설치위치 기준으로 옳은 것은?

① 건물 지하층에 설치하고 화기 사용설비로부터 3미터 초과 장소에 설치
② 건물 지하층에 설치하고 화기 사용설비로부터 1.5미터 초과 장소에 설치
③ 건물 최상층에 설치하고 화기 사용설비로부터 3미터 초과 장소에 설치
④ 건물 최상층에 설치하고 화기 사용설비로부터 1.5미터 초과 장소에 설치

해설 발생기실은 건물의 최상층에 위치하여야 하며, 화기를 사용하는 설비로부터 3m를 초과하는 장소에 설치하여야 한다.

45. 기계설비 방호에서 가드의 설치 조건으로 옳지 않은 것은?

① 충분한 강도를 유지할 것
② 구조가 단순하고 위험점 방호가 확실할 것
③ 개구부(틈새)의 간격은 임의로 조정이 가능할 것
④ 작업, 점검, 주유 시 장애가 없을 것

해설 ③ 개구부(틈새)의 간격은 임의로 조정할 수 없도록 할 것

46. 완전회전식 클러치 기구가 있는 양수조작식 방호장치에서 확동 클러치의 봉합개소가

4개, 분당 행정수가 200SPM일 때, 방호장치의 최소 안전거리는 몇 mm 이상이어야 하는가?

① 80 ② 120
③ 240 ④ 360

해설 안전거리 $(D_m) = 1.6 \times T_m [s]$

$$= 1.6 \times \left(\frac{1}{\text{클러치 개소수}} + \frac{1}{2} \right)$$

$$\times \frac{60}{\text{매분 행정수(SPM)}}$$

$$= 1.6 \times \left(\frac{1}{4} + \frac{1}{2} \right) \times \frac{60}{200} = 0.36 \,\text{m} = 360 \,\text{mm}$$

47. 목재가공용 둥근톱의 두께가 3mm일 때, 분할날의 두께는 몇 mm 이상이어야 하는가?

① 3.3mm 이상 ② 3.6mm 이상
③ 4.5mm 이상 ④ 4.8mm 이상

해설 분할날(spreader)의 두께
$1.1 t_1 \leq t_2 < b$
$\therefore 1.1 \times 3 \leq t_2, \ 3.3 \leq t_2$
여기서, t_1 : 톱 두께
$\quad\quad t_2$: 분할날 두께
$\quad\quad b$: 톱날 진폭

48. 산업안전보건법령에 따라 타워크레인의 운전작업을 중지해야 되는 순간풍속의 기준은?

① 초당 10m를 초과하는 경우
② 초당 15m를 초과하는 경우
③ 초당 30m를 초과하는 경우
④ 초당 35m를 초과하는 경우

해설 타워크레인 풍속에 따른 안전기준
• 순간풍속이 초당 10m 초과 : 타워크레인의 수리 · 점검 · 해체작업 중지

정답 43. ④ 44. ③ 45. ③ 46. ④ 47. ① 48. ②

- 순간풍속이 초당 15m 초과 : 타워크레인의 운전작업 중지
- 순간풍속이 초당 30m 초과 : 타워크레인의 이탈방지 조치
- 순간풍속이 초당 35m 초과 : 승강기가 붕괴되는 것을 방지 조치

49. 탁상용 연삭기에서 숫돌을 안전하게 설치하기 위한 방법으로 옳지 않은 것은?

① 숫돌바퀴 구멍은 축 지름보다 0.1mm 정도 작은 것을 선정하여 설치한다.

② 설치 전에는 육안 및 목재 해머로 숫돌의 홈, 균열을 점검한 후 설치한다.

③ 축의 턱에 내측 플랜지, 압지 또는 고무판, 숫돌 순으로 끼운 후 외측에 압지 또는 고무판, 플랜지, 너트 순으로 조인다.

④ 가공물 받침대는 숫돌의 중심에 맞추어 연삭기에 견고히 고정한다.

해설 ① 숫돌바퀴 구멍은 축 지름보다 0.1mm 정도 큰 것을 선정하여 설치한다.

50. 다음 중 근로자에게 위험을 미칠 우려가 있을 때 덮개 또는 울을 설치해야 하는 위치와 가장 거리가 먼 것은?

① 연삭기 또는 평삭기의 테이블, 형삭기 램 등의 행정 끝

② 선반으로부터 돌출하여 회전하고 있는 가공물 부근

③ 과열에 따른 과열이 예상되는 보일러의 버너 연소실

④ 띠톱기계의 위험한 톱날(절단 부분 제외) 부위

해설 ③ 버너 연소실에는 온도를 감지하여 연료 공급을 조절할 수 있는 안전밸브를 설치하여 과열을 예방하여야 한다.

51. 산업안전보건법령상 차량계 하역운반기계를 이용한 화물 적재 시의 준수해야 할 사항으로 틀린 것은?

① 최대 적재량의 10% 이상 초과하지 않도록 적재한다.

② 운전자의 시야를 가리지 않도록 적재한다.

③ 붕괴, 낙하방지를 위해 화물에 로프를 거는 등 필요 조치를 한다.

④ 편하중이 생기지 않도록 적재한다.

해설 ① 화물을 적재하는 경우 최대 적재량을 초과하지 않도록 적재한다.

52. 롤러기의 급정지장치 중 복부 조작식과 무릎 조작식의 조작부 위치기준은? (단, 밑면과 상대거리를 나타내며, 순서대로 복부 조작식 / 무릎 조작식이다.)

① 0.5~0.7m / 0.2~0.4m

② 0.8~1.1m / 0.4~0.6m

③ 0.8~1.1m / 0.6~0.8m

④ 1.1~1.4m / 0.8~1.0m

해설 롤러기 급정지장치의 종류

- 손 조작식 : 밑면으로부터 1.8m 이내 위치
- 복부 조작식 : 밑면으로부터 0.8~1.1m 이내 위치
- 무릎 조작식 : 밑면으로부터 0.4~0.6m 이내 위치

53. 양수조작식 방호장치에서 2개의 누름버튼 간의 거리는 300mm 이상으로 정하고 있는데 이 거리의 기준은?

① 2개의 누름버튼 간의 중심거리

② 2개의 누름버튼 간의 외측거리

③ 2개의 누름버튼 간의 내측거리

④ 2개의 누름버튼 간의 평균 이동거리

해설 양수조작식 방호장치의 누름버튼 상호 간 내측거리는 300mm 이상이어야 한다.

54. 다음 중 프레스에 사용되는 광전자식 방호장치의 일반구조에 관한 설명으로 틀린 것은?

① 방호장치의 감지기능은 규정한 검출 영역 전체에 걸쳐 유효하여야 한다.

② 슬라이드 하강 중 정전 또는 방호장치의 이상 시에는 1회 동작 후 정지할 수 있는 구조이어야 한다.

③ 정상동작 표시램프는 녹색, 위험 표시램프는 붉은색으로 하며, 쉽게 근로자가 볼 수 있는 곳에 설치해야 한다.

④ 방호장치의 정상작동 중에 감지가 이루어지거나 공급전원이 중단되는 경우 적어도 두 개 이상의 독립된 출력신호 개폐장치가 꺼진 상태로 돼야 한다.

해설 ② 슬라이드 하강 중 정전 또는 방호장치의 이상 시에는 즉시 정지할 수 있는 구조이어야 한다.

55. 보일러수에 불순물이 많이 포함되어 있을 경우, 보일러수의 비등과 함께 수면 부위에 거품을 형성하여 수위가 불안정하게 되는 현상은?

① 프라이밍(priming)
② 포밍(foaming)
③ 캐리오버(carry over)
④ 워터해머(water hammer)

해설 보일러 이상 현상의 종류

• 프라이밍 : 보일러의 과부하로 보일러수가 끓어서 물방울이 비산하고 증기가 물방울로 충만하여 수위를 판단하지 못하는 현상이다.

• 포밍 : 보일러수 속에 불순물 농도가 높아지면서 수면에 거품층을 형성하여 수위가 불안정하게 되는 현상이다.

• 캐리오버 : 보일러에서 관 쪽으로 보내는 증기에 다량의 물방울이 함유되어 증기의 순도를 저하시킴으로써 관 내 응축수가 생겨 워터해머의 원인이 된다.

• 수격 현상(워터해머) : 배관을 강하게 치는 현상, 워터해머는 캐리오버에 기인한다.

56. 다음 중 연삭기의 사용상 안전 대책으로 적절하지 않은 것은?

① 방호장치로 덮개를 설치한다.
② 숫돌 교체 후 1분 정도 시운전을 실시한다.
③ 숫돌의 최고사용 회전속도를 초과하여 사용하지 않는다.
④ 숫돌 측면을 사용하는 것을 목적으로 하는 연삭숫돌을 제외하고는 측면 연삭을 하지 않도록 한다.

해설 ② 숫돌 교체 후 3분 이상 시운전을 실시한다.

57. 다음 중 드릴작업 시 가장 안전한 행동에 해당하는 것은?

① 장갑을 끼고 옷소매가 긴 작업복을 입고 작업한다.
② 작업 중에 브러시로 칩을 털어낸다.
③ 가공할 구멍 지름이 클 경우 작은 구멍을 먼저 뚫고 그 위에 큰 구멍을 뚫는다.
④ 드릴을 먼저 회전시킨 상태에서 공작물을 고정한다.

해설 ① 드릴작업 시 장갑을 끼거나 옷소매가 긴 작업복을 입는 것을 금지한다.
② 작업을 중지하고 브러시로 칩을 털어낸다.
④ 회전을 완전히 멈춘 상태에서 공작물을 고정한다.

정답 54. ② 55. ② 56. ② 57. ③

58. 산업안전보건법령에 따라 비파괴 검사를 실시해야 하는 고속회전체의 기준은?

① 회전축 중량 1톤 초과, 원주속도 120 m/s 이상

② 회전축 중량 1톤 초과, 원주속도 100 m/s 이상

③ 회전축 중량 0.7톤 초과, 원주속도 120 m/s 이상

④ 회전축 중량 0.7톤 초과, 원주속도 100 m/s 이상

해설 회전축의 중량이 1톤을 초과하고, 원주속도가 초당 120 m 이상인 것의 회전시험을 하는 경우에는 회전축의 재질, 형상 등에 상응하는 종류의 비파괴 검사를 하여 결함 유무를 확인하여야 한다.

59. 다음 중 지게차의 안전장치에 해당하지 않는 것은?

① 후사경

② 헤드가드

③ 백레스트

④ 권과방지장치

해설 ④는 양중기 방호장치,
①, ②, ③은 지게차의 안전장치

60. 다음 중 접근반응형 방호장치에 해당되는 것은?

① 양수조작식 방호장치

② 손쳐내기식 방호장치

③ 덮개식 방호장치

④ 광전자식 방호장치

해설 광전자식 방호장치 : 투광부, 수광부, 컨트롤 부분으로 구성되어 있다. 신체의 일부가 광선을 차단하면 프레스가 급정지하는 방호장치이다.

4과목 **전기 및 화학설비 위험방지 기술**

61. 저압 옥내 직류 전기설비를 전로 보호장치의 확실한 동작의 확보와 이상전압 및 대지전압의 억제를 위하여 접지를 하여야 하나 직류 2선식으로 시설할 때, 접지를 생략할 수 있는 경우로 옳은 것은?

① 접지검출기를 설치하고, 특정 구역 내의 산업용 기계 · 기구에만 공급하는 경우

② 사용전압이 110 V 이상인 경우

③ 최대전류 30 mA 이하의 직류 화재경보회로

④ 교류계통으로부터 공급을 받는 정류기에서 인출되는 직류계통

해설 ② 사용전압이 60 V 이하인 경우
(※ 문제 오류로 정답은 ①, ③, ④번이다. 본서에서는 ①번을 정답으로 한다.)

62. 감전에 의한 전격위험을 결정하는 주된 인자와 거리가 먼 것은?

① 통전저항   ② 통전전류의 크기

③ 통전경로   ④ 통전시간

해설 • 1차적 감전위험 요소는 통전전류의 크기, 통전시간, 전원의 종류, 통전경로, 주파수 및 파형이다.

• 2차적 감전위험 요소는 전압의 크기이다.

63. 다음 중 폭발위험장소를 분류할 때 가스폭발 위험장소의 종류에 해당하지 않는 것은?

① 0종 장소   ② 1종 장소

③ 2종 장소   ④ 3종 장소

해설 가스폭발 위험장소 : 0종, 1종, 2종

64. 정전기 재해의 방지 대책으로 가장 적절한 것은?

① 절연도가 높은 플라스틱을 사용한다.

② 대전하기 쉬운 금속은 접지를 실시한다.

③ 작업장 내의 온도를 낮게 해서 방전을 촉진시킨다.

④ (+), (−) 전하의 이동을 방해하기 위하여 주위의 습도를 낮춘다.

해설 정전기 재해의 방지 대책

- 금속 등의 대전하기 쉬운 금속은 접지를 실시한다.
- (+), (−) 전하의 이동을 방해하기 위하여 주위의 습도를 높인다.
- 공기 중에 가습한다. 상대습도를 70% 이상으로 높인다.
- 배관 내 액체가 흐를 경우 유속을 제한한다 (유속 1m/s 이하).
- 제전기 및 대전방지제를 사용한다.
- 도전성 재료 또는 도전성 재료를 첨가한 재료를 사용한다.
- 공기를 이온화한다.

65. 전로의 과전류로 인한 재해를 방지하기 위한 방법으로 과전류 차단장치를 설치할 때에 대한 설명으로 틀린 것은?

① 과전류 차단장치로는 차단기·퓨즈 또는 보호계전기 등이 있다.

② 차단기·퓨즈는 계통에서 발생하는 최대 과전류에 대하여 충분하게 차단할 수 있는 성능을 가져야 한다.

③ 과전류 차단장치는 반드시 접지선에 병렬로 연결하여 과전류 발생 시 전로를 자동으로 차단하도록 설치하여야 한다.

④ 과전류 차단장치가 전기계통상에서 상호 협조·보완되어 과전류를 효과적으로 차단하도록 하여야 한다.

해설 ③ 과전류 차단장치는 반드시 접지선에 직렬로 연결하여 과전류 발생 시 전로를 자동으로 차단하도록 설치하여야 한다.

66. 인체의 저항이 500 Ω이고, 440V 회로에 누전차단기(ELB)를 설치할 경우 다음 중 가장 적당한 누전차단기는?

① 30mA 이하, 0.1초 이하에 작동

② 30mA 이하, 0.03초 이하에 작동

③ 15mA 이하, 0.1초 이하에 작동

④ 15mA 이하, 0.03초 이하에 작동

해설 누전차단기 설치기준은 정격감도전류가 30mA 이하이며, 작동시간은 0.03초 이내일 것

67. 다음 중 통전경로별 위험도가 가장 높은 경로는?

① 왼손−등   ② 오른손−가슴

③ 왼손−가슴   ④ 오른손−양발

해설 통전경로별 위험도

통전경로(위험도)	통전경로(위험도)
오른손−등(0.3)	왼손−오른손(0.4)
왼손−등(0.7)	한 손 또는 양손−앉아 있는 자리(0.7)
양손−양발(1.0)	오른손−한발 또는 양발(0.8)
오른손−가슴(1.3)	왼손−한 발 또는 양발(1.0)
왼손−가슴(1.5)	

68. 다음 중 정전기 발생 종류가 아닌 것은?

① 박리   ② 마찰

③ 분출   ④ 방전

해설 정전기 대전의 발생 현상

- 파괴 정전기 대전
- 유동 정전기 대전

• 분출 정전기 대전
• 마찰 정전기 대전
• 박리 정전기 대전
• 충돌 정전기 대전
• 교반 또는 침강에 의한 정전기 대전

69. 다음 중 방폭구조의 종류와 기호를 올바르게 나타낸 것은?

① 안전증 방폭구조 : e
② 몰드 방폭구조 : n
③ 충전 방폭구조 : p
④ 압력 방폭구조 : o

해설 ② 몰드 방폭구조 : m,
③ 충전 방폭구조 : q,
④ 압력 방폭구조 : p

70. 전기설비에서 일반적인 제2종 접지공사는 접지저항 값을 몇 Ω 이하로 하여야 하는가?

① 10   ② 100

③ $\dfrac{150}{1선\ 지락전류}$ ④ $\dfrac{400}{1선\ 지락전류}$

해설 제2종 접지공사 : 공칭단면적 $16\,mm^2$ 이상의 연동선, 접지저항 값은 $\dfrac{150}{1선\ 지락전류}$ [Ω] 이하로 한다.
(※ 관련 규정 개정 전 문제이며, 현재 제2종 접지공사는 폐지된 규정이다.)

71. 다음 중 분진폭발의 가능성이 가장 낮은 물질은?

① 소맥분   ② 마그네슘
③ 질석가루   ④ 석탄

해설 ③은 불연성 물질로 폭발이 일어나지 않는다.

72. 인화성 가스, 불활성 가스 및 산소를 사용하여 금속의 용접·용단 또는 가열작업을 하는 경우 가스 등의 누출 또는 방출로 인한 폭발·화재 또는 화상을 예방하기 위하여 준수해야 할 사항으로 옳지 않은 것은?

① 가스 등의 호스와 취관(吹管)은 손상·마모 등에 의하여 가스 등이 누출할 우려가 없는 것을 사용할 것
② 비상상황을 제외하고는 가스 등의 공급구의 밸브나 콕을 절대 잠그지 말 것
③ 용단작업을 하는 경우에는 취관으로부터 산소의 과잉방출로 인한 화상을 예방하기 위하여 근로자가 조절밸브를 서서히 조작하도록 주지시킬 것
④ 가스 등의 취관 및 호스의 상호 접촉 부분은 호스밴드, 호스클립 등 조임기구를 사용하여 가스 등이 누출되지 않도록 할 것

해설 ② 비상상황을 제외하고 가스 등의 공급구의 밸브나 콕은 작업을 마치고 나면 잠가야 한다.

73. 산업안전보건기준에 관한 규칙상 섭씨 몇 ℃ 이상인 상태에서 운전되는 설비는 특수화학설비에 해당하는가? (단, 규칙에서 정한 위험물질의 기준량 이상을 제조하거나 취급하는 설비인 경우이다.)

① 150℃   ② 250℃   ③ 350℃   ④ 450℃

해설 온도가 섭씨 350℃ 이상이거나 게이지 압력이 980 kPa 이상인 상태에서 운전되는 설비를 특수화학설비라 한다.

74. 점화원 없이 발화를 일으키는 최저온도를 무엇이라 하는가?

① 착화점   ② 연소점   ③ 용융점   ④ 기화점

해설 발화점(착화점) : 가연물에 점화원이 없이 스스로 발화가 시작되는 최저온도

정답 **69.** ①   **70.** ③   **71.** ③   **72.** ②   **73.** ③   **74.** ①

75. 배관용 부품에 있어 사용되는 용도가 다른 것은?

① 엘보(elbow) ② 티이(T)
③ 크로스(cross) ④ 밸브(valve)

해설 관(pipe) 부속품

두 개 관을 연결하는 부속품	니플, 유니온, 플랜지, 소켓
관로 방향을 변경하는 부속품	엘보우, Y지관, T, 십자, 크로스
관로 크기를 변경하는 부속품	리듀서, 부싱
유로를 차단하는 부속품	플러그, 캡, 밸브
유량을 조절하는 부속품	밸브

76. 에틸에테르(폭발하한값 1.9vol%)와 에틸알코올(폭발하한값 4.3vol%)이 4 : 1로 혼합된 증기의 폭발하한계(vol%)는 약 얼마인가? (단, 혼합증기는 에틸에테르가 80%, 에틸알코올이 20%로 구성되고, 르샤틀리에 법칙을 이용한다.)

① 2.14vol% ② 3.14vol%
③ 4.14vol% ④ 5.14vol%

해설 혼합가스의 폭발하한계

$$L = \frac{100}{\dfrac{V_1}{L_1} + \dfrac{V_2}{L_2}} = \frac{100}{\dfrac{80}{1.9} + \dfrac{20}{4.3}} = 2.14\,\text{vol\%}$$

77. 산업안전보건기준에 관한 규칙에서 규정하는 급성 독성 물질에 해당되지 않는 것은?

① 쥐에 대한 경구투입실험에 의하여 실험동물의 50%를 사망시킬 수 있는 물질의 양이 kg당 300mg-(체중) 이하인 화학물질
② 쥐에 대한 경피흡수실험에 의하여 실험동물의 50%를 사망시킬 수 있는 물질의 양이 kg당 1000mg-(체중) 이하인 화학물질
③ 토끼에 대한 경피흡수실험에 의하여 실험동물의 50%를 사망시킬 수 있는 물질의 양이 kg당 1000mg-(체중) 이하인 화학물질
④ 쥐에 대한 4시간 동안의 흡입실험에 의하여 실험동물의 50%를 사망시킬 수 있는 가스의 농도가 3000ppm 이상인 화학물질

해설 ④ 쥐에 대한 4시간 동안의 흡입실험에 의하여 실험동물의 50%를 사망시킬 수 있는 물질의 농도, 즉 가스 LC_{50}(쥐, 4시간 흡입)이 2500ppm 이하인 화학물질

78. 연소의 3요소 중 1가지에 해당하는 요소가 아닌 것은?

① 메탄 ② 공기
③ 정전기 방전 ④ 이산화탄소

해설 연소의 3요소 : 가연물, 산소 공급원, 점화원
예) ㉠ 메탄-가연물
    ㉡ 공기-산소 공급원
    ㉢ 정전기 방전-점화원

79. 다음 물질이 물과 반응하였을 때 가스가 발생한다. 위험도 값이 가장 큰 가스를 발생하는 물질은?

① 칼륨 ② 수소화나트륨
③ 탄화칼슘 ④ 트리에틸알루미늄

해설 물(H_2O)과 카바이드(CaC_2 : 탄화칼슘)가 반응하면 가연성 가스인 아세틸렌 가스가 발생한다.
$$CaC_2 + 2H_2O \rightarrow Ca(OH)_2 + C_2H_2$$

80. 다음 중 화재의 분류에서 전기화재에 해당하는 것은?

① A급 화재 ② B급 화재
③ C급 화재 ④ D급 화재

해설 화재의 종류

종류	분류	표시색	소화방법
A급	일반화재	백색	냉각소화
B급	유류화재	황색	질식소화
C급	전기화재	청색	질식소화
D급	금속화재	없음(무색)	질식소화

5과목 **건설안전기술**

81. 잠함 또는 우물통의 내부에서 근로자가 굴착작업을 하는 경우의 준수사항으로 옳지 않는 것은?

① 산소결핍 우려가 있는 경우에는 산소의 농도를 측정하는 사람을 지명하여 측정하도록 할 것

② 근로자가 안전하게 오르내리기 위한 설비를 설치할 것

③ 굴착깊이가 20m를 초과하는 경우에는 해당 작업장소와 외부와의 연락을 위한 통신설비 등을 설치할 것

④ 잠함 또는 우물통의 급격한 침하에 의한 위험을 방지하기 위하여 바닥으로부터 천장 또는 보까지의 높이는 2m 이내로 할 것

해설 ④ 잠함 또는 우물통의 급격한 침하에 의한 위험을 방지하기 위하여 바닥으로부터 천장 또는 보까지의 높이는 1.8m 이내로 할 것

82. 굴착작업 시 근로자의 위험을 방지하기 위하여 해당 작업, 작업장에 대한 사전 조사를 실시하여야 하는데 이 사전 조사 항목에 포함되지 않는 것은?

① 지반의 지하수위 상태

② 형상·지질 및 지층의 상태

③ 굴착기의 이상 유무

④ 매설물 등의 유무 또는 상태

해설 굴착작업 시 사전 지반 조사 항목

• 형상·지질 및 지층의 상태

• 균열·함수·용수 및 동결의 유무 또는 상태

• 매설물 등의 유무 또는 상태

• 지반의 지하수위 상태

83. 흙의 연경도(consistency)에서 반고체상태와 소성상태의 한계를 무엇이라 하는가?

① 액성한계

② 소성한계

③ 수축한계

④ 반수축한계

해설 소성한계 : 흙의 연경도에서 반고체상태와 소성상태의 한계

84. 화물을 적재하는 경우 준수하여야 할 사항으로 옳지 않은 것은?

① 침하 우려가 없는 튼튼한 기반 위에 적재할 것

② 화물의 압력 정도와 관계없이 건물의 벽이나 칸막이 등을 이용하여 화물을 기대에 적재할 것

③ 하중이 한쪽으로 치우치지 않도록 쌓을 것

④ 불안정할 정도로 높이 쌓아 올리지 말 것

해설 ② 건물의 칸막이나 벽 등이 화물의 압력에 견딜 만큼의 강도를 지니지 아니한 경우에는 칸막이나 벽에 기대어 적재하지 않도록 할 것

85. 발파공사 암질 변화구간 및 이상 암질 출현 시 적용하는 암질 판별방법과 거리가 먼 것은?

① RQD

② RMR 분류

③ 탄성파 속도

④ 하중계(load cell)

해설 암질 판별방법 : R.Q.D(%), R.M.R(%), 일축압축강도(kg/cm^2), 탄성파 속도(m/sec), 진동치 속도(cm/sec=kine)

Tip) 하중계(load cell) : 축하중의 변화 상태 측정

86. 철골작업을 중지하여야 하는 풍속과 강우량 기준으로 옳은 것은?

① 풍속 : 10m/sec 이상, 강우량 : 1mm/h 이상

② 풍속 : 5m/sec 이상, 강우량 : 1mm/h 이상

③ 풍속 : 10m/sec 이상, 강우량 : 2mm/h 이상

④ 풍속 : 5m/sec 이상, 강우량 : 2mm/h 이상

해설 철골작업 시 기후 변화에 의한 작업 중지사항

- 초당 풍속이 10m 이상인 경우
- 1시간당 강우량이 1mm 이상인 경우
- 1시간당 강설량이 1cm 이상인 경우

87. 근로자의 추락 등의 위험을 방지하기 위하여 안전난간을 설치하는 경우 안전난간은 구조적으로 가장 취약한 지점에서 가장 취약한 방향으로 작용하는 얼마 이상의 하중에 견딜 수 있는 튼튼한 구조이어야 하는가?

① 50kg   ② 100kg

③ 150kg   ④ 200kg

해설 안전난간 하중은 임의의 방향으로 움직이는 100kg 이상의 하중에 견딜 수 있을 것

88. 달비계(곤돌라의 달비계는 제외)의 최대 적재하중을 정하는 경우 달기 와이어로프 및 달기강선의 안전계수 기준으로 옳은 것은?

① 5 이상   ② 7 이상

③ 8 이상   ④ 10 이상

해설 • 달기체인의 안전계수 : 5 이상

- 달기강대와 달비계의 하부 및 상부지점의 안전계수(목재의 경우) : 5 이상
- 달기 와이어로프의 안전계수 : 10 이상

Tip) 근로자가 탑승하는 운반구를 지지하는 경우 안전계수는 10 이상이다.

89. 지반의 종류에 따른 굴착면의 기울기 기준으로 옳지 않은 것은?

① 보통흙의 습지-1 : 1~1 : 1.5

② 연암-1 : 0.7

③ 풍화암-1 : 0.8

④ 보통흙의 건지-1 : 0.5~1 : 1

해설 굴착면의 기울기 기준(2021.11.19 개정)

구분	지반	기울기	사면 형태
보통흙	습지	1:1~1:1.5	
	건지	1:0.5~1:1	
암반	풍화암	1:1.0	
	연암	1:1.0	
	경암	1:0.5	

(※ 관련 규정 개정 전 문제이며, 개정된 규정을 적용하면 정답은 ②, ③번으로 2개이다. 본서에서는 ②번을 정답으로 한다.)

90. 재료비가 30억 원, 직접노무비가 50억 원인 건설공사의 예정 가격상 안전관리비로 옳은 것은? (단, 일반건설공사(갑)에 해당되며 계상기준은 1.97%임)

① 56,400,000원

② 94,000,000원

③ 150,400,000원

④ 157,600,000원

해설 안전관리비＝(재료비＋직접노무비)×계상기준표의 비율＝(30억 원＋50억 원)×0.0197＝157,600,000원

91. 사질토지반에서 보일링(boiling) 현상에 의한 위험성이 예상될 경우의 대책으로 옳지 않은 것은?

① 흙막이 말뚝의 밑둥넣기를 깊게 한다.

② 굴착저면보다 깊은 지반을 불투수로 개량한다.

③ 굴착 밑 투수층에 만든 피트(pit)를 제거한다.

④ 흙막이벽 주위에서 배수시설을 통해 수두차를 적게 한다.

정답 86. ①   87. ②   88. ④   89. ②   90. ④   91. ③

해설 ③ 굴착 밑 투수층에 피트(pit) 등을 설치한다.

92. 유해·위험방지 계획서 제출 시 첨부서류의 항목이 아닌 것은?

① 보호장비 폐기계획
② 공사개요서
③ 산업안전보건관리비 사용계획
④ 전체 공정표

해설 유해·위험방지 계획서 제출 시 첨부서류
- 공사개요서
- 전체 공정표
- 안전관리조직표
- 산업안전보건관리비 사용계획
- 재해 발생 위험 시 연락 및 대피방법
- 건설물, 사용기계설비 등의 배치를 나타내는 도면
- 공사현장의 주변 현황 및 주변과의 관계를 나타내는 도면(매설물 현황을 포함)

93. 다음은 지붕 위에서의 위험방지를 위한 내용이다. ( ) 안에 알맞은 수치는 얼마인가?

슬레이트, 선라이트(sunlight) 등 강도가 약한 재료로 덮은 지붕 위에서 작업을 할 때 발이 빠지는 등 근로자가 위험해질 우려가 있는 경우 폭 ( ) 이상의 발판을 설치하거나 안전방망을 치는 등 위험을 방지하기 위하여 필요한 조치를 하여야 한다.

① 30cm   ② 40cm
③ 50cm   ④ 60cm

해설 슬레이트, 선라이트 등 강도가 약한 재료로 덮은 지붕 위에서 작업을 할 때에 발이 빠지는 등 근로자가 위험해질 우려가 있는 경우 폭 30cm 이상의 발판을 설치하거나 안전

방망을 치는 등 위험을 방지하기 위하여 필요한 조치를 하여야 한다.

94. 다음 중 쇼벨계 굴착기계에 속하지 않는 것은?

① 파워쇼벨(power shovel)
② 클램셸(clamshell)
③ 스크레이퍼(scraper)
④ 드래그라인(dragline)

해설 ③은 트렉터 기계

95. 다음 중 토사붕괴의 내적 요인이 아닌 것은?

① 사면, 법면의 경사 증가
② 절토사면의 토질구성 이상
③ 성토사면의 토질구성 이상
④ 토석의 강도 저하

해설 ①은 외적 요인,
②, ③, ④는 내적 요인

96. 다음은 비계발판용 목재재료의 강도상의 결점에 대한 조사기준이다. ( ) 안에 들어갈 내용으로 옳은 것은?

발판의 폭과 동일한 길이 내에 있는 결점 치수의 총합이 발판 폭의 ( )을 초과하지 않을 것

① 1/2   ② 1/3   ③ 1/4   ④ 1/6

해설 발판의 폭과 동일한 길이 내에 있는 결점치수의 총합이 발판 폭의 1/4을 초과하지 않을 것

97. 다음은 산업안전보건법령에 따른 작업장에서의 투하설비 등에 관한 사항이다. 빈칸에 들어갈 내용으로 옳은 것은?

사업주는 높이가 (   ) 이상인 장소로부터 물체를 투하하는 경우 적당한 투하설비를 설치하거나 감시인을 배치하는 등 위험을 방지하기 위하여 필요한 조치를 하여야 한다.

① 2m   ② 3m
③ 5m   ④ 10m

해설 사업주는 높이가 3m 이상인 장소로부터 물체를 투하하는 경우 적당한 투하설비를 설치하거나 감시인을 배치하는 등 위험을 방지하기 위하여 필요한 조치를 하여야 한다.

98. 철골 용접 작업자의 전격방지를 위한 주의 사항으로 옳지 않은 것은?

① 보호구와 복장을 구비하고, 기름기가 묻었거나 젖은 것은 착용하지 않을 것
② 작업 중지의 경우에는 스위치를 떼어 놓을 것
③ 개로전압이 높은 교류 용접기를 사용할 것
④ 좁은 장소에서의 작업에서는 신체를 노출시키지 않을 것

해설 ③ 개로전압이 낮은 안전한 교류 용접기를 사용한다.

99. 층고가 높은 슬래브 거푸집 하부에 적용하는 무지주 공법이 아닌 것은?

① 보우 빔(bow beam)
② 철근일체형 데크 플레이트(deck plate)
③ 페코 빔(pecco beam)
④ 솔져 시스템(soldier system)

해설 ④는 지하층 합벽 지지용 거푸집 동바리 시스템

100. 도심지에서 주변에 주요 시설물이 있을 때 침하와 변위를 적게 할 수 있는 가장 적당한 흙막이 공법은?

① 동결공법
② 샌드드레인 공법
③ 지하연속벽 공법
④ 뉴매틱케이슨 공법

해설 지하연속벽 공법 : 도심지에 시설물이 있을 때 침하와 변위를 적게 할 수 있는 흙막이 공법

2018년도(2회차) 출제문제

산업안전산업기사

1과목 **산업안전관리론**

1. 안전교육방법 중 TWI의 교육과정이 아닌 것은?

① 작업지도훈련　　② 인간관계훈련
③ 정책수립훈련　　④ 작업방법훈련

해설 TWI 교육과정 4가지 : 작업방법훈련, 작업지도훈련, 인간관계훈련, 작업안전훈련

2. 근로자가 작업대 위에서 전기공사작업 중 감전에 의하여 지면으로 떨어져 다리에 골절 상해를 입은 경우의 기인물과 가해물로 옳은 것은?

① 기인물−작업대, 가해물−지면
② 기인물−전기, 가해물−지면
③ 기인물−지면, 가해물−전기
④ 기인물−작업대, 가해물−전기

해설 기인물과 가해물
• 기인물 : 재해 발생의 주원인으로 근원이 되는 기계, 장치, 기구, 환경, 전기 등
• 가해물 : 직접 인간에게 접촉하여 피해를 주는 기계, 장치, 기구, 환경, 지면 등

3. 산업재해에 있어 인명이나 물적 등 일체의 피해가 없는 사고를 무엇이라고 하는가?

① near accident
② good accident
③ true accident
④ original accident

해설 아차사고(near accident) : 인적 · 물적 손실이 없는 사고를 무상해 사고라고 한다.

4. 내전압용 절연장갑의 성능기준상 최대 사용 전압에 따른 절연장갑의 구분 중 00등급의 색상으로 옳은 것은?

① 노란색　　　　② 흰색
③ 녹색　　　　　④ 갈색

해설 절연장갑의 등급 및 최대 사용전압

등급	등급별 색상	최대 사용전압		비고
		교류(V)	직류(V)	
00	갈색	500	750	직류값 : 교류값 =1 : 1.5
0	빨간색	1000	1500	
1	흰색	7500	11250	
2	노란색	17000	25500	
3	녹색	26500	39750	
4	등색	36000	54000	

5. 점검시기에 의한 안전점검의 분류에 해당하지 않는 것은?

① 성능점검　　　② 정기점검
③ 임시점검　　　④ 특별점검

해설 안전점검의 종류
• 일상점검(수시점검) : 매일 작업 전 · 후, 작업 중 수시로 실시하는 점검
• 정기점검 : 일정한 기간마다 정기적으로 정해진 기간에 실시하는 점검, 책임자가 실시
• 특별점검 : 태풍, 지진 등의 천재지변이 발생한 경우나 기계 · 기구의 신설 및 변경 시 고장 · 수리 등 특별히 실시하는 점검, 책임자가 실시
• 임시점검 : 이상 발견 시 또는 재해 발생 시 임시로 실시하는 점검

정답 1. ③　2. ②　3. ①　4. ④　5. ①

6. 재해율 중 재직근로자 1000명당 1년간 발생하는 재해자 수를 나타내는 것은?

① 연천인율   ② 도수율

③ 강도율   ④ 종합재해지수

> **해설** • 연천인율은 1년간 재직근로자 1000명을 기준으로 한 재해자 수를 나타낸다.
>
> • 연천인율 $= \dfrac{\text{재해자 수}}{\text{연평균 근로자 수}} \times 1000$
>
> $= \text{도수율} \times 2.4$

7. 파블로프(Pavlov)의 조건반사설에 의한 학습 이론의 원리에 해당되지 않는 것은?

① 일관성의 원리

② 시간의 원리

③ 강도의 원리

④ 준비성의 원리

> **해설** 파블로프 조건반사설의 원리는 시간의 원리, 강도의 원리, 일관성의 원리, 계속성의 원리이다.

8. 착오의 요인 중 인지과정의 착오에 해당하지 않는 것은?

① 정서불안정

② 감각차단 현상

③ 정보 부족

④ 생리 · 심리적 능력의 한계

> **해설** 인지과정 착오
> • 정서불안정, 감각차단 현상
> • 생리 · 심리적 능력의 한계
> • 정보 수용능력의 한계
> Tip) ③ 정보 부족－판단과정 착오

9. 산업안전보건법령상 안전관리자가 수행하여야 할 업무가 아닌 것은? (단, 그 밖에 안전에 관한 사항으로서 고용노동부장관이 정하는 사항은 제외한다.)

① 위험성 평가에 관한 보좌 및 조언 · 지도

② 물질안전보건자료의 게시 또는 비치에 관한 보좌 및 조언 · 지도

③ 사업장 순회점검 · 지도 및 조치의 건의

④ 산업재해에 관한 통계의 유지 · 관리 · 분석을 위한 보좌 및 조언 · 지도

> **해설** 안전관리자의 업무
> • 산업안전보건위원회 또는 노사협의체에서 심의 · 의결한 업무와 사업장의 안전보건관리규정 및 취업규칙에서 정한 업무
> • 위험성 평가에 관한 보좌 및 지도 · 조언
> • 안전인증대상 기계 · 기구 등과 자율안전확인대상 기계 · 기구 등의 구입 시 적격품의 선정에 관한 보좌 및 지도 · 조언
> • 사업장의 안전교육계획 수립 및 안전교육 실시에 관한 보좌 및 지도 · 조언
> • 사업장의 순회점검 · 지도 및 조치의 건의
> • 산업재해 발생의 원인 조사 · 분석 및 재발 방지를 위한 기술적 보좌 및 지도 · 조언
> • 산업재해에 관한 통계의 관리 · 유지 · 분석을 위한 보좌 및 지도 · 조언
> • 법에 정한 안전에 관한 사항의 이행에 관한 보좌 및 지도 · 조언
> • 업무수행 내용의 기록 · 유지
> • 그 밖에 안전에 관한 사항으로서 고용노동부장관이 정하는 사항

10. 모랄 서베이(morale survey)의 효용이 아닌 것은?

① 조직 또는 구성원의 성과를 비교 · 분석한다.

② 종업원의 정화(catharsis) 작용을 촉진시킨다.

③ 경영관리를 개선하는 데에 대한 자료를 얻는다.

④ 근로자의 심리 또는 욕구를 파악하여 불만을 해소하고, 노동 의욕을 높인다.

> **해설** ① 모랄 서베이의 효용은 조직 또는 구성원의 성과를 비교 · 분석하지 않는다.

정답   6. ①   7. ④   8. ③   9. ②   10. ①

11. 부주의 현상 중 의식의 우회에 대한 예방 대책으로 옳은 것은?

① 안전교육　　　② 표준 작업제도 도입
③ 상담　　　　　④ 적성배치

해설 부주의 원인과 대책
- 내적 원인 – 대책 : 소질적 문제 – 적성배치, 의식의 우회 – 상담(카운슬링), 경험과 미경험자 – 안전교육·훈련
- 외적 원인 – 대책 : 작업환경 조건 불량 – 환경 개선, 작업 순서의 부적정 – 작업 순서 정비(인간공학적 접근)

12. 산업안전보건법령상 안전·보건표지의 색채, 색도기준 및 용도 중 다음 (　　) 안에 알맞은 것은?

색채	색도기준	용도	사용례
(　　)	5Y 8.5/12	경고	화학물질 취급장소에서의 유해·위험 경고 이외의 위험 경고, 주의표지 또는 기계방호물

① 파란색　　　② 노란색
③ 빨간색　　　④ 검은색

해설 노란색(5Y 8.5/12) – 경고 : 화학물질 취급장소에서의 유해·위험 경고 이외의 위험 경고, 주의표지

13. 보호구 안전인증 고시에 따른 안전화의 정의 중 (　　) 안에 알맞은 것은?

> 경작업용 안전화란 (㉠)mm의 낙하 높이에서 시험했을 때 충격과 (㉡ ±0.1)kN의 압축하중에서 시험했을 때 압박에 대하여 보호해 줄 수 있는 선심을 부착하여, 착용자를 보호하기 위한 안전화를 말한다.

① ㉠ : 500, ㉡ : 10.0　② ㉠ : 250, ㉡ : 10.0

③ ㉠ : 500, ㉡ : 4.4　④ ㉠ : 250, ㉡ : 4.4

해설 안전화의 높이(mm) – 하중(kN)

중작업용	보통작업용	경작업용
1000 – 15 ±0.1	500 – 10 ±0.1	250 – 4.4 ±0.1

14. 산업안전보건법령상 특별안전·보건교육 대상 작업별 교육내용 중 밀폐공간에서의 작업별 교육내용이 아닌 것은? (단, 그 밖에 안전·보건관리에 필요한 사항은 제외한다.)

① 산소농도 측정 및 작업환경에 관한 사항
② 유해물질이 인체에 미치는 영향
③ 보호구 착용 및 사용방법에 관한 사항
④ 사고 시의 응급처리 및 비상시 구출에 관한 사항

해설 밀폐된 장소에서 작업의 특별안전·보건교육사항
- 작업 순서, 안전작업방법 및 수칙에 관한 사항
- 산소농도 측정 및 환기설비에 관한 사항
- 질식 시 응급처치에 관한 사항
- 작업환경 점검에 관한 사항
- 전격방지 및 보호구 착용에 관한 사항

15. 산업안전보건법령상 근로자 안전·보건교육 중 채용 시의 교육 및 작업내용 변경 시의 교육사항으로 옳은 것은?

① 물질안전보건자료에 관한 사항
② 건강증진 및 질병예방에 관한 사항
③ 유해·위험 작업환경 관리에 관한 사항
④ 표준 안전작업방법 및 지도요령에 관한 사항

해설 채용 시의 교육 및 작업내용 변경 시의 교육내용
- 기계·기구의 위험성과 작업의 순서 및 동선에 관한 사항

- 작업개시 전 점검에 관한 사항
- 사고 발생 시 긴급조치에 관한 사항
- 정리 정돈 및 청소에 관한 사항
- 산업보건 및 직업병 예방에 관한 사항
- 직무 스트레스 예방 및 관리에 관한 사항
- 물질안전보건자료에 관한 사항

Tip) ②는 근로자의 정기안전보건교육 내용,
③, ④는 관리감독자 정기안전보건교육
내용

16. 지난 한 해 동안 산업재해로 인하여 직접
손실비용이 3조 1600억 원이 발생한 경우의
총 재해 코스트는? (단, 하인리히의 재해손
실비 평가방식을 적용한다.)

① 6조 3200억 원 　② 9조 4800억 원
③ 12조 6400억 원 　④ 15조 8000억 원

해설 총 손실액＝직접비＋간접비
＝직접비＋(직접비×4)
＝3조 1600억 원＋(3조 1600억 원×4)
＝15조 8000억 원

17. 다음 중 안전모의 시험성능기준 항목이 아
닌 것은?

① 내관통성 　② 충격흡수성
③ 내구성 　④ 난연성

해설 안전모의 시험성능기준 항목 : 내관통
성, 내전압성, 난연성, 충격흡수성, 내수성,
턱끈풀림

18. 인간관계의 메커니즘 중 다른 사람으로부
터의 판단이나 행동을 무비판적으로 논리적,
사실적 근거 없이 받아들이는 것은?

① 모방(imitation)
② 투사(projection)
③ 동일화(identification)
④ 암시(suggestion)

해설 암시 : 다른 사람의 판단이나 행동을 논
리적, 사실적 근거 없이 맹목적으로 받아들이
는 행동

19. 안전교육훈련의 기법 중 하버드학파의 5
단계 교수법을 순서대로 나열한 것으로 옳은
것은?

① 총괄 → 연합 → 준비 → 교시 → 응용
② 준비 → 교시 → 연합 → 총괄 → 응용
③ 교시 → 준비 → 연합 → 응용 → 총괄
④ 응용 → 연합 → 교시 → 준비 → 총괄

해설 하버드학파의 5단계 교수법

1단계	2단계	3단계	4단계	5단계
준비 시킨다.	교시 시킨다.	연합 한다.	총괄 한다.	응용 시킨다.

20. 매슬로우(Maslow)의 욕구 단계 이론 중
제5단계 욕구로 옳은 것은?

① 안전에 대한 욕구
② 자아실현의 욕구
③ 사회적(애정적) 욕구
④ 존경과 긍지에 대한 욕구

해설 매슬로우가 제창한 인간의 욕구 5단계

1단계	2단계	3단계	4단계	5단계
생리적 욕구	안전 욕구	사회적 욕구	존경의 욕구	자아실현의 욕구

2과목 인간공학 및 시스템
안전공학

21. 소음성 난청 유소견자로 판정하는 구분을
나타내는 것은?

① A 　② C 　③ D_1 　④ D_2

해설 건강진단 판정기준

A	C_1	C_2	D_1	D_2
건강한 근로자	일반질병 관찰 대상자	직업병 관찰 대상자	직업병 확진자	일반질병 확진자

22. 휴먼 에러의 배후 요소 중 작업방법, 작업 순서, 작업정보, 작업환경과 가장 관련이 깊은 것은?

① Man
② Machine
③ Media
④ Management

해설 인간 에러의 배후 요인 4요소(4M)

Man (인간)	Machine (기계)	Media (매체)	Management (관리)
인간 관계	인간공학 적 설계	작업방법, 작업 환경, 작업순서	안전기준의 정 비, 법규준수

23. 시스템의 정의에 포함되는 조건 중 틀린 것은?

① 제약된 조건 없이 수행
② 요소의 집합에 의해 구성
③ 시스템 상호 간에 관계를 유지
④ 어떤 목적을 위하여 작용하는 집합체

해설 ① 일정하게 정해진 조건 아래에서 수행

24. 단위 면적당 표면을 떠나는 빛의 양을 설명한 것으로 맞는 것은?

① 휘도
② 조도
③ 광도
④ 반사율

해설 휘도 : 광원의 단위 면적당 밝기의 정도

25. 다음 그림과 같은 시스템에서 전체 시스템의 신뢰도는 얼마인가? (단, 네모 안의 숫자는 각 부품의 신뢰도이다.)

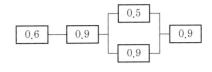

① 0.4104
② 0.4617
③ 0.6314
④ 0.6814

해설 $R_s = 0.6 \times 0.9 \times \{1-(1-0.5) \times (1-0.9)\} \times 0.9 = 0.4617$

26. 결함수 분석법에서 일정 조합 안에 포함되어 있는 기본사상들이 모두 발생하지 않으면 틀림없이 정상사상(top event)이 발생되지 않는 조합을 무엇이라고 하는가?

① 컷셋(cut set)
② 패스셋(path set)
③ 결함수셋(fault tree set)
④ 불 대수(boolean algebra)

해설 패스셋 : 모든 기본사상이 발생하지 않을 때 처음으로 정상사상이 발생하지 않는 기본사상의 집합

27. 반경 10cm의 조종구(ball control)를 30° 움직였을 때, 표시장치가 2cm 이동하였다면 통제 표시비(C/R비)는 약 얼마인가?

① 1.3
② 2.6
③ 5.2
④ 7.8

해설 $C/R비 = \dfrac{(\alpha/360) \times 2\pi L}{표시장치\ 이동거리}$

$\times \dfrac{(30/360) \times 2\pi \times 10}{2} ≒ 2.6$

여기서, L : 조종장치의 반경(레버 길이)

α : 조종장치가 움직인 각도

28. 건습지수로서 습구온도와 건구온도의 가중 평균치를 나타내는 Oxford 지수의 공식으로 맞는 것은?

① WD＝0.65WB＋0.35DB

② WD＝0.75WB＋0.25DB

③ WD＝0.85WB＋0.15DB

④ WD＝0.95WB＋0.05DB

해설 옥스퍼드 지수(WD)

＝0.85 WB(습구온도)＋0.15 DB(건구온도)

29. 인간이 기대하는 바와 자극 또는 반응들이 일치하는 관계를 무엇이라 하는가?

① 관련성　　　　② 반응성

③ 양립성　　　　④ 자극성

해설 양립성은 제어장치와 표시장치의 연관성이 인간의 예상과 어느 정도 일치하는 것을 의미한다.

30. FTA에서 어떤 고장이나 실수를 일으키지 않으면 정상사상(top evebt)은 일어나지 않는다고 하는 것으로 시스템의 신뢰성을 표시하는 것은?

① cut set　　　　② minimal cut set

③ free event　　　④ minimal path set

해설 최소 패스셋 : 모든 고장이나 실수가 발생하지 않으면 재해는 발생하지 않는다는 것으로, 즉 기본사상이 일어나지 않으면 정상사상이 발생하지 않는 기본사상의 집합으로 시스템의 신뢰성을 말한다.

31. Chapanis의 위험수준에 의한 위험 발생률 분석에 대한 설명으로 맞는 것은?

① 자주 발생하는(frequent)＞10^{-3}/day

② 가끔 발생하는(occasional)＞10^{-5}/day

③ 거의 발생하지 않는(remote)＞10^{-6}/day

④ 극히 발생하지 않는(impossible)＞10^{-8}/day

해설 Chapanis의 위험 발생률 분석

• 자주 발생하는(frequent)＞10^{-2}/day

• 가끔 발생하는(occasional)＞10^{-4}/day

• 거의 발생하지 않는(remote)＞10^{-5}/day

• 극히 발생하지 않는(impossible)＞10^{-8}/day

32. 체계 분석 및 설계에 있어서 인간공학적 노력의 효능을 산정하는 척도의 기준에 포함되지 않는 것은?

① 성능의 향상

② 훈련비용의 절감

③ 인력 이용률의 저하

④ 생산 및 보전의 경제성 향상

해설 체계 분석 및 설계에 있어서의 인간공학의 기여도

• 성능의 향상

• 훈련비용의 절감

• 인력 이용률의 향상

• 생산 및 보전의 경제성 향상

• 재해 및 질병예방

• 사용자의 수용도 향상

33. 정보를 전송하기 위해 청각적 표시장치를 사용해야 효과적인 경우는?

① 전언이 복잡할 경우

② 전언이 후에 재참조될 경우

③ 전언이 공간적인 위치를 다룰 경우

④ 전언이 즉각적인 행동을 요구할 경우

해설 ④는 청각적 표시장치의 특성,

①, ②, ③은 시각적 표시장치의 특성

34. 작업 기억(working memory)에서 일어나는 정보 코드화에 속하지 않는 것은?

① 의미 코드화　　　② 음성 코드화

③ 시각 코드화　　　④ 다차원 코드화

해설 작업 기억(working memory)

• 작업 기억 내의 정보는 시간이 흐름에 따라 쇠퇴할 수 있으며, 단기기억이라고도 한다.

• 작업 기억의 정보는 일반적으로 시각, 음성, 의미 코드의 3가지로 코드화된다.
• 리허설(rehearsal)은 정보를 작업 기억 내에 유지하는 유일한 방법이다.

35. 인체에서 뼈의 주요 기능으로 볼 수 없는 것은?

① 대사 작용　　　② 신체의 지지
③ 조혈 작용　　　④ 장기의 보호

해설 • 뼈의 역할 : 신체 중요 부분 보호, 신체의 지지 및 형상 유지, 신체 활동 수행
• 뼈의 기능 : 골수에서 혈구세포를 만드는 조혈 기능, 칼슘, 인 등의 무기질 저장 및 공급 기능

36. 인간의 눈에서 빛이 가장 먼저 접촉하는 부분은?

① 각막　② 망막　③ 초자체　④ 수정체

해설 각막 : 안구 표면의 막으로 빛이 최초로 통과하는 부분으로 눈을 보호한다.

37. 인간공학적인 의자설계를 위한 일반적 원칙으로 적절하지 않은 것은?

① 척추의 허리 부분은 요부 전만을 유지한다.
② 허리 강화를 위하여 쿠션을 설치하지 않는다.
③ 좌판의 앞 모서리 부분은 5cm 정도 낮아야 한다.
④ 좌판과 등받이 사이의 각도는 95~105°를 유지하도록 한다.

해설 의자설계 시 인간공학적 원칙
• 등받이는 요추의 전만 곡선을 유지한다.
• 등근육의 정적인 부하를 줄인다.
• 디스크가 받는 압력을 줄인다.
• 고정된 작업 자세를 피해야 한다.
• 사람의 신장에 따라 조절할 수 있도록 설계해야 한다.

38. 윤활관리 시스템에서 준수해야 하는 4가지 원칙이 아닌 것은?

① 적정량 준수
② 다양한 윤활제의 혼합
③ 올바른 윤활법의 선택
④ 윤활기간의 올바른 준수

해설 윤활관리 시스템 준수사항 4가지
• 적정량 준수
• 기계에 적합한 윤활제를 선정
• 올바른 윤활법의 선택
• 윤활기간의 올바른 준수

39. FT도에서 사용되는 기호 중 "전이기호"를 나타내는 기호는?

① 　②

③ 　④

해설 전이기호 : 지면 부족 등으로 인하여 다른 페이지 또는 다른 부분에 연결시키기 위해 사용되는 기호

| IN | △ | FT도상에서 다른 부분으로 이행 또는 연결을 나타내며, 삼각형 정상의 선은 정보의 IN을 뜻한다. |
| OUT | △ | FT도상에서 다른 부분으로 이행 또는 연결을 나타내며, 삼각형 옆의 선은 정보의 OUT을 뜻한다. |

40. 설비의 위험을 예방하기 위한 안전성 평가 단계 중 가장 마지막에 해당하는 것은?

① 재평가　　　② 정성적 평가
③ 안전 대책　　④ 정량적 평가

정답 35. ①　36. ①　37. ②　38. ②　39. ④　40. ①

해설 안전성 평가의 6단계

1단계	관계 자료의 작성 준비
2단계	정성적 평가
3단계	정량적 평가
4단계	안전 대책 수립
5단계	재해정보에 의한 재평가
6단계	FTA에 의한 재평가

3과목 **기계 위험방지 기술**

41. 산업안전보건법령에서 규정하는 양중기에 속하지 않는 것은?

① 호이스트　　② 이동식 크레인
③ 곤돌라　　　④ 체인블록

해설 양중기의 종류 : 크레인, 이동식 크레인, 리프트, 곤돌라, 승강기, 호이스트

42. 산업용 로봇에 사용되는 안전매트에 요구되는 일반구조 및 표시에 관한 설명으로 옳지 않은 것은?

① 단선경보장치가 부착되어 있어야 한다.
② 감응시간을 조절하는 장치는 부착되어 있지 않아야 한다.
③ 자율안전확인의 표시 외에 작동하중, 감응시간, 복귀신호의 자동 또는 수동 여부, 대소인공용 여부를 추가로 표시해야 한다.
④ 감응도 조절장치가 있는 경우 봉인되어 있지 않아야 한다.

해설 ④ 감응도 조절장치가 있는 경우 봉인되어 있어야 한다.

43. 금형작업의 안전과 관련하여 금형 부품의 조립 시 주의사항으로 틀린 것은?

① 맞춤 핀을 조립할 때에는 헐거운 끼워맞춤으로 한다.
② 파일럿 핀, 직경이 작은 펀치, 핀 게이지 등의 삽입 부품은 빠질 위험이 있으므로 플랜지를 설치하는 등 이탈방지 대책을 세워 둔다.
③ 쿠션 핀을 사용할 경우에는 상승 시 누름판의 이탈방지를 위하여 단붙임한 나사로 견고히 조여야 한다.
④ 가이드 포스트, 샹크는 확실하게 고정한다.

해설 ① 맞춤 핀을 조립할 때에는 억지 끼워맞춤으로 한다.

44. 선반작업 시 주의사항으로 틀린 것은?

① 회전 중에 가공품을 직접 만지지 않는다.
② 공작물의 설치가 끝나면, 척에서 렌치류는 곧바로 제거한다.
③ 칩(chip)이 비산할 때는 보안경을 쓰고 방호판을 설치하여 사용한다.
④ 돌리개는 적정 크기의 것을 선택하고, 심압대 스핀들은 가능한 길게 나오도록 한다.

해설 ④ 돌리개는 적정 크기의 것을 선택하고, 심압대 스핀들은 가능한 짧게 나오도록 한다.

45. 다음 중 기계 고장률의 기본 모형이 아닌 것은?

① 초기고장　　② 우발고장
③ 영구고장　　④ 마모고장

해설 기계설비의 고장 유형 : 초기고장(감소형 고장), 우발고장(일정형 고장), 마모고장(증가형 고장)

46. 연삭숫돌의 덮개 재료 선정 시 최고속도에 따라 허용되는 덮개 두께가 달라지는데 동일한 최고속도에서 가장 얇은 판을 쓸 수 있는

덮개의 재료로 가장 적절한 것은?

① 회주철　　　　② 압연강판
③ 가단주철　　　　④ 탄소강 주강품

해설 덮개 재료의 두께 값 순서
회주철(4배)＞가단주철(2배)＞탄소강 주강품
(1.6배)＞압연강판(1배)

47. 프레스의 양수조작식 방호장치에서 누름
버튼의 상호 간 내측거리는 몇 mm 이상이
어야 하는가?

① 200　　　　② 300
③ 400　　　　④ 500

해설 양수조작식 방호장치의 누름버튼 상호
간 내측거리는 300mm 이상이어야 한다.

48. 와이어로프의 절단하중이 11160N이고, 한
줄로 물건을 매달고자 할 때 안전계수를 6
으로 하면 몇 N 이하의 물건을 매달 수 있는
가?

① 1860　　　　② 3720
③ 5580　　　　④ 66960

해설 최대 허용하중$=\dfrac{절단하중}{안전계수}$

$=\dfrac{11160}{6}=1860\,\text{N}$

49. 지게차의 헤드가드가 갖추어야 할 조건에
대한 설명으로 틀린 것은?

① 강도는 지게차 최대하중의 2배 값(4톤을 넘
는 값에 대해서는 4톤으로 한다)의 등분포정
하중에 견딜 수 있을 것
② 상부틀의 각 개구의 폭 또는 길이가 26cm
미만일 것
③ 운전자가 앉아서 조작하는 방식의 지게차의
경우에는 운전자 좌석의 윗면에서 헤드가드

의 상부틀의 아랫면까지의 높이가 1m 이상
일 것
④ 운전자가 서서 조작하는 방식의 지게차는
운전석의 바닥면에서 헤드가드 상부틀의 하
면까지의 높이가 2m 이상일 것

해설 ② 상부틀의 각 개구의 폭 또는 길이가
16cm 미만일 것

50. 작업자의 신체 움직임을 감지하여 프레스
의 작동을 급정지시키는 광전자식 안전장치
를 부착한 프레스가 있다. 안전거리가 32cm
라면 급정지에 소요되는 시간은 최대 몇 초
이내이어야 하는가? (단, 급정지에 소요되는
시간은 손이 광선을 차단한 순간부터 급정지
기구가 작동하여 하강하는 슬라이드가 정지
할 때까지를 의미한다.)

① 0.1초　　　　② 0.2초
③ 0.5초　　　　④ 1초

해설 안전거리$(D_m)=1.6T_m$
$\rightarrow 0.32\,\text{m}=1.6\times T_m$

$\therefore T_m=\dfrac{0.32}{1.6}=0.2$초

여기서, D_m : 안전거리(m)
　　　　T_m : 프레스 작동 후 슬라이드가 하사점
　　　　에 도달할 때까지의 소요시간(s)

51. 위험한 작업점과 작업자 사이의 위험을 차
단시키는 격리형 방호장치가 아닌 것은?

① 접촉반응형 방호장치
② 완전차단형 방호장치
③ 덮개형 방호장치
④ 안전 방책

해설 접근반응형 방호장치 : 작업자의 신체
부위가 위험구역으로 들어오면 이를 감지하
여 작동 중인 기계를 바로 정지하는 것으로
광전자식(감응식) 방호장치이다.

정답 47. ② 48. ① 49. ② 50. ② 51. ①

52. 동력 프레스를 분류하는데 있어서 그 종류에 속하지 않는 것은?

① 크랭크 프레스　　② 토글 프레스
③ 마찰 프레스　　　④ 터릿 프레스

해설 프레스의 종류
• 기계 프레스 : 토글 프레스, 마찰 프레스, 크랭크 프레스 등
• 액압 프레스 : 유압, 수압, 공압 프레스
• 인력 프레스 : 아버 프레스(arbor press)는 인력으로 조작하는 인력 프레스인 소형 프레스

53. 선반에서 절삭가공 중 발생하는 연속적인 칩을 자동적으로 끊어주는 역할을 하는 것은?

① 칩 브레이커　　　② 방진구
③ 보안경　　　　　④ 커버

해설 칩 브레이커는 유동형 칩을 짧게 끊어주는 안전장치이다.

54. 구멍이 있거나 노치(notch) 등이 있는 재료에 외력이 작용할 때 가장 현저하게 나타나는 현상은?

① 가공경화　　　　② 피로
③ 응력집중　　　　④ 크리프(creep)

해설 응력집중 : 구멍이나 노치 등이 있어 단면 형상이 급격히 변화되는 재료에 하중을 가했을 때 그 부분에 응력이 국부적으로 집중되는 현상

55. 근로자의 추락 등에 의한 위험을 방지하기 위하여 안전난간을 설치하는 경우, 이에 관한 구조 및 설치요건으로 틀린 것은?

① 상부 난간대, 중간 난간대, 발끝막이판 및 난간기둥으로 구성할 것

② 발끝막이판은 바닥면 등으로부터 5cm 이상의 높이를 유지할 것
③ 난간대는 지름 2.7cm 이상의 금속제 파이프나 그 이상의 강도를 가진 재료일 것
④ 안전난간은 구조적으로 가장 취약한 지점에서 가장 취약한 방향으로 작용하는 100kg 이상의 하중에 견딜 수 있을 것

해설 ② 발끝막이판은 바닥면 등으로부터 10cm 이상의 높이를 유지할 것

56. 휴대용 연삭기 덮개의 노출각도 기준은?

① 60° 이내　　　　② 90° 이내
③ 150° 이내　　　④ 180° 이내

해설 휴대용 연삭기 덮개의 노출각도는 180° 이내이다.

57. 제철공장에서는 주괴(ingot)를 운반하는데 주로 컨베이어를 사용하고 있다. 이 컨베이어에 대한 방호조치의 설명으로 옳지 않은 것은?

① 근로자의 신체의 일부가 말려드는 등 근로자에게 위험을 미칠 우려가 있을 때 및 비상시에는 즉시 컨베이어의 운전을 정지시킬 수 있는 장치를 설치하여야 한다.
② 화물의 낙하로 인하여 근로자에게 위험을 미칠 우려가 있는 때에는 컨베이어에 덮개 또는 울을 설치하는 등 낙하방지를 위한 조치를 하여야 한다.
③ 수평상태로만 사용하는 컨베이어의 경우 정전, 전압강하 등에 의한 화물 또는 운반구의 이탈 및 역주행을 방지하는 장치를 갖추어야 한다.
④ 운전 중인 컨베이어 위로 근로자를 넘어가도록 하는 때에는 근로자의 위험을 방지하기

정답 52. ④　53. ①　54. ③　55. ②　56. ④　57. ③

위하여 건널다리를 설치하는 등 필요한 조치를 하여야 한다.

해설 ③ 컨베이어의 경우 정전, 전압강하 등에 의한 화물 또는 운반구의 이탈 및 역주행을 방지하는 장치를 갖추어야 한다. 다만, 무동력, 수평상태로만 사용하는 컨베이어는 그러하지 아니하다.

58. 목재가공용 둥근톱에서 둥근톱의 두께가 4mm일 때, 분할날의 두께는 몇 mm 이상이어야 하는가?

① 4.0　　　　　② 4.2
③ 4.4　　　　　④ 4.8

해설 분할날(spreader)의 두께
$1.1t_1 \leq t_2 < b$
$\therefore\ 1.1 \times 4 \leq t_2,\ \ 4.4 \leq t_2$
여기서, t_1 : 톱 두께
　　　 t_2 : 분할날 두께
　　　 b : 톱날 진폭

59. 롤러기에서 손 조작식 급정지장치의 조작부 설치위치로 옳은 것은? (단, 위치는 급정지장치의 조작부의 중심점을 기준으로 한다.)

① 밑면으로부터 0.4m 이상 0.6m 이내
② 밑면으로부터 0.8m 이상 1.1m 이내
③ 밑면으로부터 0.8m 이내
④ 밑면으로부터 1.8m 이내

해설 손 조작식은 밑면으로부터 1.8m 이내 위치

60. 보일러수에 유지류, 고형물 등의 부유물로 인한 거품이 발생하여 수위를 판단하지 못하는 현상은?

① 프라이밍(priming)
② 캐리오버(carry over)
③ 포밍(foaming)
④ 워터해머(water hammer)

해설 보일러 이상 현상의 종류
• 프라이밍 : 보일러의 과부하로 보일러수가 끓어서 물방울이 비산하고 증기가 물방울로 충만하여 수위를 판단하지 못하는 현상이다.
• 포밍 : 보일러수 속에 불순물 농도가 높아지면서 수면에 거품층을 형성하여 수위가 불안정하게 되는 현상이다.
• 캐리오버 : 보일러에서 관 쪽으로 보내는 증기에 다량의 물방울이 포함되면 증기의 순도를 저하시킴으로써 관 내 응축수가 생겨 워터해머의 원인이 된다.
• 수격 현상(water hammer) : 배관을 강하게 치는 현상, 워터해머는 캐리오버에 기인한다.

4과목 **전기 및 화학설비 위험방지 기술**

61. 폭발위험장소의 분류 중 1종 장소에 해당하는 것은?

① 폭발성 가스분위기가 연속적, 장기간 또는 빈번하게 존재하는 장소
② 폭발성 가스분위기가 정상 작동 중 조성되지 않거나 조성된다 하더라도 짧은 기간에만 존재할 수 있는 장소
③ 폭발성 가스분위기가 정상 작동 중 주기적 또는 빈번하게 생성되는 장소
④ 폭발성 가스분위기가 장기간 또는 거의 조성되지 않는 장소

해설 1종 장소 : 설비 및 기기들이 운전, 유지보수, 고장 등인 상태에서 폭발성 가스가 가끔 누출되어 위험분위기가 있는 장소

62. 인체저항을 5000 Ω으로 가정하면 심실세동을 일으키는 전류에서의 전기에너지는 몇 J인가? (단, 심실세동전류는 $\frac{165}{\sqrt{T}}$ [mA]이며, 통전시간 T는 1초이고 전원은 교류 정현파이다.)

① 33 　　② 130 　　③ 136 　　④ 142

해설 전기에너지$(Q) = I^2RT$

$$= \left(\frac{165}{\sqrt{T}} \times 10^{-3}\right)^2 \times R \times T$$

$$= \left(\frac{165}{\sqrt{1}} \times 10^{-3}\right)^2 \times 5000 \times 1 = 136J$$

여기서, I : 심실세동전류(A), R : 인체저항(Ω), T : 통전시간(s)

63. 전선 간에 가해지는 전압이 어떤 값 이상으로 되면 전선 주위의 전기장이 강하게 되어 전선 표면의 공기가 국부적으로 절연이 파괴되어 빛과 소리를 내는 것은?

① 표피 작용　　② 페란티 효과
③ 코로나 현상　　④ 근접 현상

해설 코로나 방전 : 고체에 정전기가 축적되면 전위가 높아지게 되고 고체 표면의 전위경도가 어떤 값 이상으로 되면서 낮은 소리와 연한 빛을 수반하는 방전이 된다. 방전 시 공기 중에 오존(O_3)을 발생시킨다.

64. 누전에 의한 감전의 위험을 방지하기 위하여 반드시 접지를 하여야만 하는 부분에 해당되지 않는 것은?

① 절연대 위 등과 같이 감전위험이 없는 장소에서 사용하는 전기기계·기구의 금속체
② 전기기계·기구의 금속제 외함, 금속제 외피 및 철대
③ 전기를 사용하지 아니하는 설비 중 전동식 양중기의 프레임과 궤도에 해당하는 금속체

④ 코드와 플러그를 접속하여 사용하는 휴대형 전동기계·기구의 노출된 비충전 금속체

해설 ①은 접지 제외 장소

65. 정전기 발생에 영향을 주는 요인이 아닌 것은?

① 물체의 특성
② 물체의 표면상태
③ 접촉면적 및 압력
④ 응집 속도

해설 정전기 발생의 주요 요인 : 물질의 분리(박리)속도, 물체의 표면상태, 접촉면적 및 압력, 물질의 이력 등

66. 전기기계·기구에 대하여 누전에 의한 감전위험을 방지하기 위하여 누전차단기를 전기기계·기구에 접속할 때 준수하여야 할 사항으로 옳은 것은?

① 누전차단기는 정격감도전류가 60mA 이하이고 작동시간은 0.1초 이내일 것
② 누전차단기는 정격감도전류가 50mA 이하이고 작동시간은 0.08초 이내일 것
③ 누전차단기는 정격감도전류가 40mA 이하이고 작동시간은 0.06초 이내일 것
④ 누전차단기는 정격감도전류가 30mA 이하이고 작동시간은 0.03초 이내일 것

해설 누전차단기 설치기준은 정격감도전류가 30mA 이하이며, 작동시간은 0.03초 이내일 것

67. 방폭구조의 종류 중 방진 방폭구조를 나타내는 표시로 옳은 것은?

① SDP　　　　② tD
③ XDP　　　　④ DP

해설 • 방진 방폭구조(tD)
• 특수방진 방폭구조(SDP)

- 보통방진 방폭구조(DP)
- 분진특수 방폭구조(XDP)

68. 고압 또는 특고압의 기계기구·모선 등을 옥외에 시설하는 발전소·변전소·개폐소 또는 이에 준하는 곳에 구내에 취급자 이외의 자가 들어가지 못하도록 하기 위한 시설의 기준에 대한 설명으로 틀린 것은?

① 울타리·탑 등의 높이는 1.5m 이상으로 시설하여야 한다.

② 출입구에는 출입금지의 표시를 하여야 한다.

③ 출입구에는 자물쇠 장치 및 기타 적당한 장치를 하여야 한다.

④ 지표면과 울타리·담 등의 하단 사이의 간격은 15cm 이하로 하여야 한다.

해설 ① 울타리·탑 등의 높이는 2m 이상으로 시설하여야 한다.

69. 전기기계·기구의 조작 부분을 점검하거나 보수하는 경우에는 근로자가 안전하게 작업할 수 있도록 전기기계·기구로부터 최소 몇 cm 이상의 작업 공간 폭을 확보하여야 하는가? (단, 작업 공간을 확보하는 것이 곤란하여 절연용 보호구를 착용하도록 한 경우는 제외한다.)

① 60cm ② 70cm
③ 80cm ④ 90cm

해설 전기기계·기구로부터 최소 70cm 이상의 작업 공간 폭을 확보하여야 한다.

70. 과전류 차단기로 시설하는 퓨즈 중 고압전로에 사용하는 비포장 퓨즈에 대한 설명으로 옳은 것은?

① 정격전류의 1.25배의 전류에 견디고 또한 2배의 전류로 2분 안에 용단되는 것이어야 한다.

② 정격전류의 1.25배의 전류에 견디고 또한 2배의 전류로 4분 안에 용단되는 것이어야 한다.

③ 정격전류의 2배의 전류에 견디고 또한 2배의 전류로 2분 안에 용단되는 것이어야 한다.

④ 정격전류의 2배의 전류에 견디고 또한 2배의 전류로 4분 안에 용단되는 것이어야 한다.

해설 비포장 퓨즈는 정격전류의 1.25배의 전류에 견디고, 2배의 전류에는 2분 안에 용단되어야 한다.

71. 다음 중 물리적 공정에 해당되는 것은?

① 유화중합 ② 축합중합
③ 산화 ④ 증류

해설
- 물리적 공정 : 증류, 추출, 건조, 혼합 등
- 화학적 공정 : 유화중합, 축합중합, 산화 등

72. 산화성 액체 중 질산의 성질에 관한 설명으로 옳지 않은 것은?

① 피부 및 의복을 부식하는 성질이 있다.

② 쉽게 연소하는 가연성 물질이므로 화기에 극도로 주의한다.

③ 위험물 유출 시 건조사를 뿌리거나 중화제로 중화한다.

④ 물과 반응하면 발열반응을 일으키므로 물과의 접촉을 피한다.

해설 질산 : 물과의 접촉을 피하고, 통풍이 잘 되는 곳에 보관한다.

73. 최소 착화에너지가 0.25mJ, 극간 정전용량이 10pF인 부탄가스 버너를 점화시키기 위해서 최소 얼마 이상의 전압을 인가하여야 하는가?

① 0.52×10^2 V ② 0.74×10^3 V
③ 7.07×10^3 V ④ 5.03×10^5 V

정답 68. ① 69. ② 70. ① 71. ④ 72. ② 73. ③

[해설] $E = \dfrac{CV^2}{2} = \dfrac{QV}{2} = \dfrac{Q^2}{2C}$ [J]

$$= 0.25 \times 10^{-3} = \frac{1}{2} \times (10 \times 10^{-12}) \times V^2$$

$$\therefore V = \sqrt{\frac{0.25 \times 10^{-3}}{\frac{1}{2} \times (10 \times 10^{-12})}} = 7.07 \times 10^3 \, V$$

여기서, C : 도체의 정전용량(F)

　　　　 V : 대전전위(V)

　　　　 Q : 대전전하량(C)

74. 다음 중 유류화재의 종류에 해당하는 것은?

① A급　　　　　② B급

③ C급　　　　　④ D급

[해설] B급(유류) 화재 : 포말, 분말, CO_2 소화기를 사용한다.

75. 다음 중 가연성 가스의 폭발범위에 관한 설명으로 틀린 것은?

① 상한과 하한이 있다.

② 압력과 무관하다.

③ 공기와 혼합된 가연성 가스의 체적 농도로 표시된다.

④ 가연성 가스의 종류에 따라 다른 값을 갖는다.

[해설] ② 가스압력이 높아질수록 폭발상한값이 증가한다.

76. 산업안전보건법령상 관리대상 유해물질의 운반 및 저장방법으로 적절하지 않은 것은 어느 것인가?

① 저장장소에는 관계 근로자가 아닌 사람의 출입을 금지하는 표시를 한다.

② 저장장소에서 관리대상 유해물질의 증기가 실외로 배출되지 않도록 적절한 조치를 한다.

③ 관리대상 유해물질을 저장할 때 일정한 장소를 지정하여 저장하여야 한다.

④ 물질이 새거나 발산될 우려가 없는 뚜껑 또는 마개가 있는 튼튼한 용기를 사용한다.

[해설] ② 저장장소에서 관리대상 유해물질의 증기를 실외로 배출시키는 설비를 설치하여야 한다.

77. 어떤 물질 내에서 반응 전파속도가 음속보다 빠르게 진행되고 이로 인해 발생된 충격파가 반응을 일으키고 유지하는 발열반응을 무엇이라 하는가?

① 점화(ignition)

② 폭연(deflagration)

③ 폭발(explosion)

④ 폭굉(detonation)

[해설] • 점화 : 불을 붙이는 것

• 폭연 : 폭발의 일종으로 반응 전파속도가 음속 이하

• 폭굉 : 폭발 충격파가 미반응 매질 속으로 음속보다 큰 속도로 이동하는 폭발

• 폭발 : 혼합가스에 점화할 때 고온과 빠른 연소속도로 인해 체적이 급격히 팽창하여 기계적 파괴력을 미치는 현상

78. 산업안전보건법령상의 위험물을 저장 · 취급하는 화학설비 및 그 부속설비를 설치하는 경우 폭발이나 화재에 따른 피해를 줄이기 위하여 단위공정시설 및 설비로부터 다른 단위공정시설 및 설비 사이의 안전거리는 얼마로 하여야 하는가?

① 설비의 안쪽면으로부터 10m 이상

② 설비의 바깥면으로부터 10m 이상

③ 설비의 안쪽면으로부터 5m 이상

④ 설비의 바깥면으로부터 5m 이상

해설 단위공정설비 사이의 안전거리

- 단위공정시설 및 설비로부터 다른 단위공정시설 및 설비 사이의 바깥면으로부터 10m 이상
- 플레어스택으로부터 단위공정시설 및 설비, 위험물질 저장탱크 또는 위험물질 하역설비의 사이는 플레어스택으로부터 반경 20m 이상
- 위험물질 저장탱크로부터 단위공정시설 및 설비, 보일러 또는 가열로의 사이는 저장탱크의 바깥면으로부터 20m 이상
- 사무실, 연구실, 실험실, 정비실 또는 식당으로부터 단위공정시설 및 설비, 위험물질 저장탱크, 위험물질 하역설비, 보일러 또는 가열로의 사이는 사무실 등의 바깥면으로부터 20m 이상

79. 산업안전보건법령상 위험물의 종류에서 인화성 가스에 해당하지 않는 것은?

① 수소
② 질산에스테르
③ 아세틸렌
④ 메탄

해설 ②는 폭발성 물질 및 유기과산화물, ①, ③, ④는 인화성 가스

80. 산소용기의 압력계가 $100\,kgf/cm^2$일 때 약 몇 psia인가? (단, 대기압은 표준 대기압이다.)

① 1465 　　 ② 1455
③ 1438 　　 ④ 1423

해설 $1\,kg/cm^2 = 14.223\,psi$이므로 $100\,kg/cm^2 = 1422.3\,psi$

∴ $1422.3\,psi + 14.7 = 1437\,psia$
여기서, $psia = psi + 14.7$

5과목 　　 **건설안전기술**

81. 다음 중 유해·위험방지 계획서 제출대상 공사에 해당하는 것은?

① 지상 높이가 25m인 건축물 건설공사
② 최대 지간길이가 45m인 교량 건설공사
③ 깊이가 8m인 굴착공사
④ 제방 높이가 50m인 다목적 댐 건설공사

해설 ① 지상 높이가 31m 이상인 건축물 건설공사
② 최대 지간길이가 50m 이상인 교량 건설 등의 공사
③ 깊이 10m 이상인 굴착공사

82. 차량계 하역운반기계 등을 사용하는 작업을 할 때, 그 기계가 넘어지거나 굴러 떨어짐으로써 근로자에게 위험을 미칠 우려가 있는 경우에 이를 방지하기 위한 조치사항과 거리가 먼 것은?

① 유도자 배치
② 지반의 부동침하방지
③ 상단 부분의 안정을 위하여 버팀줄 설치
④ 갓길 붕괴방지

해설 건설기계의 전도방지 조치는 기계를 유도하는 사람을 배치, 지반의 부동침하방지, 도로 폭의 유지, 갓길 붕괴방지 조치를 하여야 한다.

83. 콘크리트 구조물에 적용하는 해체작업 공법의 종류가 아닌 것은?

① 연삭 공법 　　 ② 발파 공법
③ 오픈 컷 공법 　　 ④ 유압 공법

해설 해체작업 공법의 종류 : 연삭 공법, 발파 공법, 유압 공법
Tip) ③ 오픈 컷 공법 – 터파기 공법

정답 79. ② 　 80. ③ 　 81. ④ 　 82. ③ 　 83. ③

84. 달비계에 사용이 불가한 와이어로프의 기준으로 옳지 않은 것은?

① 이음매가 없는 것

② 지름의 감소가 공칭지름의 7%를 초과하는 것

③ 심하게 변형되거나 부식된 것

④ 와이어로프의 한 꼬임에서 끊어진 소선(素線)의 수가 10% 이상인 것

해설 ① 이음매가 있는 것

85. 드럼에 다수의 돌기를 붙여 놓은 기계로 점토층의 내부를 다지는데 적합한 것은 무엇인가?

① 탠덤 롤러   ② 타이어 롤러

③ 진동 롤러   ④ 탬핑 롤러

해설 • 탬핑 롤러

ⓐ 롤러 표면에 돌기를 붙여 접지면적을 작게 하여, 땅 깊숙이 다짐이 가능하다.

ⓑ 고함수비의 점성토지반에 효과적이며, 다짐작업에 적합한 롤러이다.

• 전압식 다짐기계 : 머캐덤 롤러, 탠덤 롤러, 타이어 롤러, 탬핑 롤러

86. 다음은 산업안전보건기준에 관한 규칙 중 가설통로의 구조에 관한 사항이다. (   ) 안에 들어갈 내용으로 옳은 것은?

> 수직갱에 가설된 통로의 길이가 15 m 이상인 경우에는 10 m 이내마다 (   )을/를 설치할 것

① 손잡이   ② 계단참

③ 클램프   ④ 버팀대

해설 수직갱에 가설된 통로의 길이가 15 m 이상인 경우에는 10 m 이내마다 계단참을 설치할 것

87. 다음 중 구조물의 해체작업을 위한 기계ㆍ기구가 아닌 것은?

① 쇄석기   ② 데릭

③ 압쇄기   ④ 철제 해머

해설 ②는 철골 세우기용 대표적 기계

88. 근로자의 추락위험이 있는 장소에서 발생하는 추락재해의 원인으로 볼 수 없는 것은?

① 안전대를 부착하지 않았다.

② 덮개를 설치하지 않았다.

③ 투하설비를 설치하지 않았다.

④ 안전난간을 설치하지 않았다.

해설 투하설비, 낙하물방지망 또는 방호선반은 낙하 관련 설비이다.

89. 발파작업에 종사하는 근로자가 준수하여야 할 사항으로 옳지 않은 것은?

① 장전구(裝塡具)는 마찰ㆍ충격ㆍ정전기 등에 의한 폭발의 위험이 없는 안전한 것을 사용할 것

② 발파공의 충진재료는 점토ㆍ모래 등 발화성 또는 인화성의 위험이 없는 재료를 사용할 것

③ 얼어붙은 다이나마이트는 화기에 접근시키거나 그 밖의 고열물에 직접 접촉시켜 단시간 안에 융해시킬 수 있도록 할 것

④ 전기뇌관에 의한 발파의 경우 점화하기 전에 화약류를 장전한 장소로부터 30 m 이상 떨어진 안전한 장소에서 전선에 대하여 저항 측정 및 도통시험을 할 것

해설 ③ 얼어붙은 다이나마이트는 화기에 접근시키거나 그 밖의 고열물에 직접 접촉시키는 등 위험한 방법으로 융해되지 않도록 한다.

90. 다음은 산업안전보건법령에 따른 근로자의 추락위험방지를 위한 추락방호망의 설치

기준이다. ( ) 안에 들어갈 내용으로 옳은 것은?

> 추락방호망은 수평으로 설치하고, 망의 처짐은 짧은 변 길이의 ( ) 이상이 되도록 할 것

① 10% ② 12% ③ 15% ④ 18%

해설 망의 처짐은 짧은 변 길이의 12% 이상이 되도록 할 것

91. 산업안전보건법령에 따른 중량물을 취급하는 작업을 하는 경우의 작업계획서 내용에 포함되지 않는 사항은?

① 추락위험을 예방할 수 있는 안전 대책
② 낙하위험을 예방할 수 있는 안전 대책
③ 전도위험을 예방할 수 있는 안전 대책
④ 위험물 누출위험을 예방할 수 있는 안전 대책

해설 중량물 취급 작업 작업계획서는 추락위험, 낙하위험, 전도위험, 협착위험, 붕괴 등에 대한 예방을 할 수 있는 안전 대책을 포함하여야 한다.

92. 콘크리트 타설작업 시 거푸집에 작용하는 연직하중이 아닌 것은?

① 콘크리트의 측압
② 거푸집의 중량
③ 굳지 않은 콘크리트의 중량
④ 작업원의 작업하중

해설 ①은 횡 방향 하중,
②, ③, ④는 연직 방향 하중

93. 추락재해 방지용 방망의 신품에 대한 인장강도는 얼마인가? (단, 그물코의 크기가 10cm이며, 매듭 없는 방망)

① 220kg ② 240kg ③ 260kg ④ 280kg

해설 방망사의 신품과 폐기 시 인장강도

그물코의 크기(cm)	매듭 없는 방망		매듭 방망	
	신품	폐기 시	신품	폐기 시
10	240kg	150kg	200kg	135kg
5	–	–	110kg	60kg

94. 산업안전보건관리비 계상을 위한 대상액이 56억 원인 교량공사의 산업안전보건관리비는 얼마인가? (단, 일반건설공사(갑)에 해당)

① 104,160천 원   ② 110,320천 원
③ 144,800천 원   ④ 150,400천 원

해설 산업안전보건관리비＝대상액×계상기준표의 비율＝56억 원×0.0197＝110,320천 원

95. 기상상태의 악화로 비계에서의 작업을 중지시킨 후 그 비계에서 작업을 다시 시작하기 전에 점검해야 할 사항에 해당하지 않는 것은?

① 기둥의 침하·변형·변위 또는 흔들림 상태
② 손잡이의 탈락 여부
③ 격벽의 설치 여부
④ 발판재료의 손상 여부 및 부착 또는 걸림 상태

해설 격벽의 설치는 건조설비의 열원으로부터 직화를 사용할 때 불꽃에 의한 화재를 예방하기 위한 것이다.

96. 강풍 시 타워크레인의 설치·수리·점검 또는 해체작업을 중지하여야 하는 순간풍속 기준으로 옳은 것은?

① 순간풍속이 초당 10m를 초과하는 경우
② 순간풍속이 초당 15m를 초과하는 경우
③ 순간풍속이 초당 20m를 초과하는 경우
④ 순간풍속이 초당 30m를 초과하는 경우

정답 91. ④ 92. ① 93. ② 94. ② 95. ③ 96. ①

해설 순간풍속이 초당 10m 초과 : 타워크레인의 수리 · 점검 · 해체작업 중지

97. 사다리식 통로 등을 설치하는 경우 발판과 벽과의 사이는 최소 얼마 이상의 간격을 유지하여야 하는가?

① 5cm ② 10cm
③ 15cm ④ 20cm

해설 발판과 벽과의 사이는 15cm 이상의 간격을 유지할 것

98. 개착식 굴착공사에서 버팀보 공법을 적용하여 굴착할 때 지반붕괴를 방지하기 위하여 사용하는 계측장치로 거리가 먼 것은?

① 지하수위계 ② 경사계
③ 변형률계 ④ 록볼트 응력계

해설 ④는 터널공사 계측장비

99. 거푸집 동바리 등을 조립하는 경우의 준수 사항으로 옳지 않은 것은?

① 동바리로 사용하는 파이프 서포트는 최소 3개 이상 이어서 사용하도록 할 것
② 동바리의 상하 고정 및 미끄러짐 방지조치를 하고, 하중의 지지상태를 유지할 것
③ 동바리의 이음은 맞댄이음이나 장부이음으로 하고 같은 품질의 재료를 사용할 것
④ 강재와 강재의 접속부 및 교차부는 볼트 · 크램프 등 전용 철물을 사용하여 단단히 연결할 것

해설 ① 동바리로 사용하는 파이프 서포트는 3본 이상 이어서 사용하지 않도록 할 것

100. 거푸집 공사에 관한 설명으로 옳지 않은 것은?

① 거푸집 조립 시 거푸집이 이동하지 않도록 비계 또는 기타 공작물과 직접 연결한다.
② 거푸집 치수를 정확하게 하여 시멘트 모르타르가 새지 않도록 한다.
③ 거푸집 해체가 쉽게 가능하도록 박리제 사용 등의 조치를 한다.
④ 측압에 대한 안전성을 고려한다.

해설 ① 거푸집 조립 시 거푸집 비계 등이 가설물에 직접 연결되어 영향을 주면 안 된다.

2018년도(3회차) 출제문제

산업안전산업기사

1과목 산업안전관리론

1. 사고 예방 대책의 기본 원리 5단계 중 사실의 발견 단계에 해당하는 것은?

① 작업환경 측정
② 안정성 진단, 평가
③ 점검, 검사 및 조사 실시
④ 안전관리계획 수립

해설 제2단계(사실의 발견) : 사고 및 안전 활동 기록의 검토, 안전점검 및 검사, 작업 분석, 사고 조사, 각종 안전회의 및 토의·관찰, 애로 및 건의사항

2. 재해 예방의 4원칙에 해당하지 않는 것은?

① 손실연계의 원칙
② 대책선정의 원칙
③ 예방가능의 원칙
④ 원인계기의 원칙

해설 ① 손실우연의 원칙

3. 산업 스트레스의 요인 중 직무 특성과 관련된 요인으로 볼 수 없는 것은?

① 조직구조
② 작업속도
③ 근무시간
④ 업무의 반복성

해설 스트레스 요인 중 직무 특성 요인은 작업속도, 근무시간, 업무의 반복성 등이다.

4. 다음 중 산업심리의 5대 요소에 해당되지 않는 것은?

① 동기
② 지능
③ 감정
④ 습관

해설 산업안전심리의 5요소 : 동기, 기질, 감정, 습관, 습성

5. 사업장의 도수율이 10.83이고, 강도율이 7.92일 경우의 종합재해지수(FSI)는?

① 4.63
② 6.42
③ 9.26
④ 12.84

해설 종합재해지수(FSI) $= \sqrt{도수율 \times 강도율}$
$= \sqrt{10.83 \times 7.92} = 9.261$

6. 리더십의 특성으로 볼 수 없는 것은?

① 민주주의적 지휘 형태
② 부하와의 넓은 사회적 간격
③ 밑으로부터의 동의에 의한 권한 부여
④ 개인적 영향에 의한 부하와의 관계 유지

해설 ②는 헤드십의 특성,
①, ③, ④는 리더십의 특성

7. 매슬로우(A.H.Maslow) 욕구 단계 이론의 각 단계별 내용으로 틀린 것은?

① 1단계 : 자아실현의 욕구
② 2단계 : 안전에 대한 욕구
③ 3단계 : 사회적(애정적) 욕구
④ 4단계 : 존경과 긍지에 대한 욕구

해설 매슬로우(Maslow)가 제창한 인간의 욕구 5단계

1단계	2단계	3단계	4단계	5단계
생리적 욕구	안전 욕구	사회적 욕구	존경의 욕구	자아실현의 욕구

8. 산업안전보건법령에 따른 근로자 안전·보건교육 중 채용 시의 교육내용이 아닌 것은?

① 사고 발생 시 긴급조치에 관한 사항
② 유해·위험 작업환경 관리에 관한 사항
③ 산업보건 및 직업병 예방에 관한 사항
④ 기계·기구의 위험성과 작업의 순서 및 동선에 관한 사항

해설 ②는 관리감독자 정기안전·보건교육의 내용

9. 피로에 의한 정신적 증상과 가장 관련이 깊은 것은?

① 주의력이 감소 또는 경감된다.
② 작업의 효과나 작업량이 감퇴 및 저하된다.
③ 작업에 대한 몸의 자세가 흐트러지고 지치게 된다.
④ 작업에 대하여 무감각 무표정 경련 등이 일어난다.

해설 피로의 정신적 증상은 주의력이 감소 또는 경감되며, 졸음, 두통, 싫증, 짜증 등이 일어난다.

10. 산업안전보건법령에 따른 안전·보건표지에 사용하는 색채기준 중 비상구 및 피난소, 사람 또는 차량의 통행표지의 안내 용도로 사용하는 색채는?

① 빨간색   ② 녹색
③ 노란색   ④ 파란색

해설 녹색(2.5G 4/10)-안내 : 비상구 및 피난소, 사람 또는 차량의 통행표지

11. 일반적으로 교육이란 "인간행동의 계획적 변화"로 정의할 수 있다. 여기서 인간의 행동이 의미하는 것은?

① 신념과 태도

② 외현적 행동만 포함
③ 내현적 행동만 포함
④ 내현적, 외현적 행동 모두 포함

해설 인간은 교육을 통하여 인간의 행동(내현적 행동＋외현적 행동)을 계획적으로 변화시킨다.

12. 다음 중 OFF.J.T 교육의 설명으로 틀린 것은?

① 다수의 근로자에게 조직적 훈련이 가능하다.
② 훈련에만 전념하게 된다.
③ 효과가 곧 업무에 나타나며 훈련의 좋고 나쁨에 따라 개선이 쉽다.
④ 교육훈련 목표에 대해 집단적 노력이 흐트러질 수 있다.

해설 OFF.J.T 교육의 특징
• 다수의 근로자들에게 조직적 훈련이 가능하다.
• 훈련에만 전념하게 된다.
• 특별 설비기구 이용이 가능하다.
• 근로자가 많은 지식이나 경험을 교류할 수 있다.
• 교육훈련 목표에 대하여 집단적 노력이 흐트러질 수 있다.
Tip) ③은 O.J.T 교육의 특징

13. 산업안전보건법령에 따른 안전검사대상 유해·위험기계 등의 검사주기 기준 중 다음 (   ) 안에 알맞은 것은?

크레인(이동식 크레인은 제외), 리프트(이삿짐운반용 리프트는 제외) 및 곤돌라는 사업장에 설치가 끝난 날부터 3년 이내에 최초 안전검사를 실시하되, 그 이후부터 (㉠)년마다(건설현장에서 사용하는 것은 최초로 설치한 날부터 (㉡)개월마다)

① ㉠ : 1, ㉡ : 4
② ㉠ : 1, ㉡ : 6
③ ㉠ : 2, ㉡ : 4
④ ㉠ : 2, ㉡ : 6

해설 크레인(이동식 크레인은 제외), 리프트 (이삿짐운반용 리프트는 제외) 및 곤돌라는 사업장에 설치가 끝난 날부터 3년 이내에 최초 안전검사를 실시하되, 그 이후부터 2년마다(건설현장에서 사용하는 것은 최초로 설치한 날부터 6개월마다) 실시한다.

14. 보호구 안전인증 고시에 따른 방독마스크 중 할로겐용 정화통 외부 측면의 표시색으로 옳은 것은?

① 갈색
② 회색
③ 녹색
④ 노란색

해설 방독마스크의 종류 및 시험가스

종류	시험가스	표시색
유기 화합물용	사이클로헥산(C_6H_{12}), 이소부탄(C_4H_{10}), 디메틸에테르 (CH_3OCH_3)	갈색
할로겐용	염소가스 또는 증기(Cl_2)	회색
황화 수소용	황화수소가스(H_2S)	
시안화 수소용	시안화수소가스 (HCN)	
아황산용	아황산가스(SO_2)	노란색
암모니아용	암모니아가스(NH_3)	녹색

15. 직접 사람에게 접촉되어 위해를 가한 물체를 무엇이라고 하는가?

① 낙하물
② 비래물
③ 기인물
④ 가해물

해설 기인물과 가해물
• 기인물 : 재해 발생의 주원인으로 근원이 되는 기계, 장치, 기구, 환경, 전기 등
• 가해물 : 직접 인간에게 접촉하여 피해를 주는 기계, 장치, 기구, 환경, 지면 등

16. 산업재해보상보험법에 따른 산업재해로 인한 보상비가 아닌 것은?

① 교통비
② 장의비
③ 휴업급여
④ 유족급여

해설 ①은 간접비, ②, ③, ④는 직접비

17. 기업 내 교육방법 중 작업의 개선방법 및 사람을 다루는 방법, 작업을 가르치는 방법 등을 주된 교육내용으로 하는 것은 무엇인가?

① CCS(Civil Communication Section)
② MTP(Management Training Program)
③ TWI(Training Within Industry)
④ ATT(American Telephone & Telegram Co)

해설 TWI 교육과정 4가지 : 작업방법훈련, 작업지도훈련, 인간관계훈련, 작업안전훈련

18. 다음 중 교육의 3요소에 해당되지 않는 것은?

① 교육의 주체
② 교육의 기간
③ 교육의 매개체
④ 교육의 객체

해설 안전교육의 3요소

교육 요소	교육의 주체	교육의 객체	교육의 매개체
형식적 요소	교수자 (강사)	교육생 (수강자)	교재 (교육자료)

19. 산업안전보건법령에 따른 최소 상시근로자 50명 이상 규모에 산업안전보건위원회를 설치 운영하여야 할 사업의 종류가 아닌 것은?

① 토사석 광업

② 1차 금속제조업

③ 자동차 및 트레일러 제조업

④ 정보 서비스업

해설 상시근로자 50명 이상 규모에 산업안전보건위원회 설치 운영 사업장

• 토사석 광업

• 목재 및 나무제품 제조업

• 1차 금속제조업

• 화학물질 및 화학제품 제조업

• 금속가공제품 제조업

• 자동차 및 트레일러 제조업

• 비금속 광물제품 제조업

• 기타 기계 및 장비 제조업

• 기타 운송장비 제조업

Tip) 정보 서비스업 : 상시근로자가 300명 이상인 경우 설치 운영한다.

20. 위험예지훈련의 방법으로 적절하지 않은 것은?

① 반복 훈련한다.

② 사전에 준비한다.

③ 자신의 작업으로 실시한다.

④ 단위 인원수를 많게 한다.

해설 위험예지훈련 방법

• 반복 훈련한다.

• 사전에 준비한다.

• 자신의 작업으로 실시한다.

• 인원수를 10명 이하로 한다.

2과목 **인간공학 및 시스템 안전공학**

21. 체계 설계과정 중 기본 설계 단계의 주요 활동으로 볼 수 없는 것은?

① 작업 설계

② 체계의 정의

③ 기능의 할당

④ 인간성능 요건 명세

해설 기본 설계(제3단계)

• 작업 설계

• 직무 분석

• 기능의 할당

• 인간성능 요건 명세

22. 정보입력에 사용되는 표시장치 중 청각장치보다 시각장치를 사용하는 것이 더 유리한 경우는?

① 정보의 내용이 긴 경우

② 수신자가 직무상 자주 이동하는 경우

③ 정보의 내용이 즉각적인 행동을 요구하는 경우

④ 정보를 나중에 다시 확인하지 않아도 되는 경우

해설 ①은 시각적 표시장치의 특성,

②, ③, ④는 청각적 표시장치의 특성

23. FTA 도표에서 사용하는 논리기호 중 기본사상을 나타내는 기호는?

① □   ② ○

③ ⬠   ④ ◇

해설 기본사상 : 더 이상 전개되지 않는 기본적인 사상

24. 조도가 250럭스인 책상 위에 짙은 색 종이 A와 B가 있다. 종이 A의 반사율은 20%이고, 종이 B의 반사율은 15%이다. 종이 A에는 반사율 80%의 색으로, 종이 B에는 반사율 60%의 색으로 같은 글자를 각각 썼을 때의 설명으로 맞는 것은? (단, 두 글자의 크기, 색, 재질 등은 동일하다.)

① 두 종이에 쓴 글자는 동일한 수준으로 보인다.

② 어느 종이에 쓰인 글자가 더 잘 보이는지 알 수 없다.

③ A종이에 쓰인 글자가 B종이에 쓰인 글자보다 눈에 더 잘 보인다.

④ B종이에 쓰인 글자가 A종이에 쓰인 글자보다 눈에 더 잘 보인다.

해설 대비(luminance contrast)

㉠ A종이의 대비 $= \dfrac{L_b - L_t}{L_b} \times 100$

$= \dfrac{20 - 80}{20} \times 100 = -300\%$

㉡ B종이의 대비 $= \dfrac{L_b - L_t}{L_b} \times 100$

$= \dfrac{15 - 60}{15} \times 100 = -300\%$

여기서, L_b : 배경의 광속발산도

L_t : 표적의 광속발산도

→ A와 B종이의 대비 값이 같으므로 두 종이에 쓴 글자는 동일한 수준으로 보인다.

25. 검사공정의 작업자가 제품의 완성도에 대한 검사를 하고 있다. 어느 날 10000개의 제품에 대한 검사를 실시하여 200개의 부적합품을 발견하였으나 이 로드에는 실제로 500개의 부적합품이 있었다. 이때 인간 과오 확률(human error provability)은 얼마인가?

① 0.02   ② 0.03   ③ 0.04   ④ 0.05

해설 인간의 과오 확률(HEP)

$= \dfrac{\text{인간의 과오 수}}{\text{전체 과오 발생기회 수}}$

$= \dfrac{500 - 200}{10000} = 0.03$

26. 제품의 설계 단계에서 고유 신뢰성을 증대시키기 위하여 일반적으로 많이 사용되는 방법이 아닌 것은?

① 병렬 및 대기 리던던시의 활용

② 부품과 조립품의 단순화 및 표준화

③ 제조 부문과 납품업자에 대한 부품규격의 명세 제시

④ 부품의 전기적, 기계적, 열적 및 기타 작동 조건의 경감

해설 • 제품의 설계 단계에서 신뢰성 증대방법 : 병렬 및 대기 리던던시의 활용, 부품과 조립품의 단순화 및 표준화, 부품의 전기적, 기계적, 열적 및 기타 작동 조건의 경감 등

• 제품의 제조 단계에서 신뢰성 증대방법 : 기술 향상, 공장 자동화, 제품 품질 향상 등

27. 작업장의 실효온도에 영향을 주는 인자 중 가장 관계가 먼 것은?

① 온도   ② 체온

③ 습도   ④ 공기 유동

해설 실효온도 : 온·습도와 공기의 흐름이 인체에 미치는 열효과를 통합한 경험적 감각지수이다.

28. 인간-기계 시스템에 관련된 정의로 틀린 것은?

① 시스템이란 전체 목표를 달성하기 위한 유기적인 결합체이다.

정답 24. ①   25. ②   26. ③   27. ②   28. ④

② 인간-기계 시스템이란 인간과 물리적 요소가 주어진 입력에 대해 원하는 출력을 내도록 결합되어 상호 작용하는 집합체이다.

③ 수동 시스템은 입력된 정보를 근거로 자신의 신체적 에너지를 사용하여 수공구나 보조기구에 힘을 가하여 작업을 제어하는 시스템이다.

④ 자동화 시스템은 기계에 의해 동력과 몇몇 다른 기능들이 제공되며, 인간이 원하는 반응을 얻기 위해 기계의 제어장치를 사용하여 제어기능을 수행하는 시스템이다.

해설 ④ 자동화 시스템에서 인간의 기능은 설계, 설치, 감시, 프로그램, 보전기계에 의해 동력과 몇몇 다른 기능들이 제공되며, 기계의 제어장치를 사용하지 않는다.

29. 통제 표시비를 설계할 때 고려해야 할 5가지 요소에 해당하지 않는 것은?

① 공차
② 조작시간
③ 일치성
④ 목측거리

해설 통제비 설계 시 고려사항 : 계기의 크기, 공차, 방향성, 조작시간, 목측거리

30. 결함수 분석(FTA) 결과 [보기]와 같은 패스셋을 구하였다. X_4가 중복사상인 경우, 최소 패스셋(minimal path sets)으로 맞는 것은?

┌─ 보기 ─────────────────────────┐
│ $\{X_2, X_3, X_4\}$　　$\{X_1, X_3, X_4\}$　　$\{X_3, X_4\}$ │
└────────────────────────────┘

① $\{X_3, X_4\}$
② $\{X_1, X_3, X_4\}$
③ $\{X_2, X_3, X_4\}$
④ $\{X_2, X_3, X_4\}$와 $\{X_3, X_4\}$

해설 3개의 패스셋 중 최소한의 컷이 최소 패스셋 = $\{X_3, X_4\}$이다.

31. 다음 중 인간 실수의 주원인에 해당하는 것은?

① 기술수준
② 경험수준
③ 훈련수준
④ 인간 고유의 변화성

해설 인간 실수의 주원인은 인간 고유의 변화성이다.

32. 통신에서 잡음 중의 일부를 제거하기 위해 필터(filter)를 사용하였다면, 어느 것의 성능을 향상시키는 것인가?

① 신호의 양립성
② 신호의 산란성
③ 신호의 표준성
④ 신호의 검출성

해설 신호의 검출성 : 통신에서 신호에 잡음을 제거하는 여과기를 사용하여 검출성을 향상시켰다.

33. 청각적 자극제시와 이에 대한 음성응답 과업에서 갖는 양립성에 해당하는 것은 어느 것인가?

① 개념의 양립성
② 운동 양립성
③ 공간적 양립성
④ 양식 양립성

해설 양식 양립성 : 소리로 제시된 정보는 소리로 반응하게 하는 것, 시각적으로 제시된 정보는 손으로 반응하게 하는 것

34. 작업 공간에서 부품배치의 원칙에 따라 레이아웃을 개선하려 할 때 부품배치의 원칙에 해당하지 않는 것은?

① 편리성의 원칙
② 사용 빈도의 원칙
③ 사용 순서의 원칙
④ 기능별 배치의 원칙

해설 부품(공간)배치의 원칙 : 중요성의 원칙, 사용 순서의 원칙, 사용 빈도의 원칙, 기능별 배치의 원칙

35. 시스템에 영향을 미치는 모든 요소의 고장을 형태별로 분석하여 그 영향을 검토하는 분석 기법은?

① FTA   ② CHECK LIST
③ FMEA   ④ DECISION TREE

해설 FMEA : 고장형태 및 영향분석 기법으로 시스템에 영향을 미치는 모든 요소의 고장을 형태별로 분석하여 그 영향을 최소로 하고자 검토하는 전형적인 정성적, 귀납적 분석방법

36. 시력 손상에 가장 크게 영향을 미치는 전신 진동의 주파수는?

① 5Hz 미만   ② 5~10Hz
③ 10~25Hz   ④ 25Hz 초과

해설 전신 진동이 10~25Hz일 때 눈의 망막 위의 상이 흔들리게 되며, 시력 손상에 가장 크게 영향을 미친다.

37. 화학설비의 안전성을 평가하는 방법 5단계 중 제 3단계에 해당하는 것은?

① 안전 대책   ② 정량적 평가
③ 관계 자료   ④ 정성적 평가

해설 안전성 평가의 6단계

1단계	관계 자료 작성 준비
2단계	정성적 평가
3단계	정량적 평가
4단계	안전 대책 수립
5단계	재해 정보에 의한 재평가
6단계	FTA에 의한 재평가

38. 사후보전에 필요한 평균수리시간을 나타내는 것은?

① MDT   ② MTTF
③ MTBF   ④ MTTR

해설 ① MDT(평균정지시간)

② MTTF(고장까지의 평균 시간) : 수리가 불가능한 기기 중 처음 고장 날 때까지 걸리는 시간
③ MTBF(평균고장간격) : 수리가 가능한 기기 중 고장에서 다음 고장까지 걸리는 평균 시간
④ MTTR(평균수리시간) : 평균고장시간(작동 불능시간)으로 평균 수리에 소요되는 시간

39. 러닝벨트 위를 일정한 속도로 걷는 사람의 배기가스를 5분간 수집한 표본을 가스성분 분석기로 조사한 결과, 산소 16%, 이산화탄소 4%로 나타났다. 배기가스 전량을 가스미터에 통과시킨 결과, 배기량이 90리터였다면 분당 산소 소비량과 에너지(에너지 소비량)는 약 얼마인가?

① 0.95리터/분 – 4.75kcal/분
② 0.96리터/분 – 4.80kcal/분
③ 0.97리터/분 – 4.85kcal/분
④ 0.98리터/분 – 4.90kcal/분

해설 산소 소비량 작업에너지

㉠ 분당 배기량$(V_{배기}) = \dfrac{배기량}{시간} = \dfrac{90}{5} = 18$L/분

㉡ 분당 흡기량$(V_{흡기})$

$$= \dfrac{V_{배기} \times (100 - O_2 - CO_2)}{79}$$

$$= \dfrac{18 \times (100 - 16 - 4)}{79} = 18.228$$L/분

㉢ 분당 산소 소비량
$= (0.21 \times V_{흡기}) - (O_2 \times V_{배기})$
$= (0.21 \times 18.228) - (0.16 \times 18)$
$= 0.9478$L/분

㉣ 작업에너지 = 분당 산소 소비량 × 5
        $= 0.95 \times 5 = 4.75$kcal/분
여기서, 산소 1L의 에너지는 5kcal이다.

40. 톱사상 T를 일으키는 컷셋에 해당하는 것은?

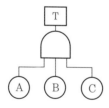

① {A}   ② {A, B}
③ {A, B, C}   ④ {B, C}

해설 톱사상 T를 일으키기 위해서는 AND 게이트를 통과해야 하므로 A, B, C 모두 발생되어야 한다.

3과목 **기계 위험방지 기술**

41. 다음 [보기]는 기계설비의 안전화 중 기능의 안전화와 구조의 안전화를 위해 고려해야 할 사항을 열거한 것이다. [보기] 중 기능의 안전화를 위해 고려해야 할 사항에 속하는 것은?

> **보기**
> ㉠ 재료의 결함
> ㉡ 가공상의 잘못
> ㉢ 정전 시의 오동작
> ㉣ 설계의 잘못

① ㉠   ② ㉡   ③ ㉢   ④ ㉣

해설 ㉠, ㉡, ㉣은 구조의 안전화,
㉢은 기능의 안전화

42. 탁상용 연삭기에서 일반적으로 플랜지의 지름은 숫돌 지름의 얼마 이상이 적정한가?

① $\dfrac{1}{2}$ ② $\dfrac{1}{3}$ ③ $\dfrac{1}{5}$ ④ $\dfrac{1}{10}$

해설 플랜지 바깥지름 = $\dfrac{D}{3}$

여기서, D : 숫돌의 지름(mm)

43. 공작기계인 밀링작업의 안전사항이 아닌 것은?

① 사용 전에는 기계·기구를 점검하고 시운전을 한다.
② 칩을 제거할 때는 칩 브레이커로 제거한다.
③ 회전하는 커터에 손을 대지 않는다.
④ 커터의 제거·설치 시에는 반드시 스위치를 차단하고 한다.

해설 ② 칩 브레이커는 유동형 칩을 짧게 끊어주는 안전장치이다.

44. 다음 중 욕조 형태를 갖는 일반적인 기계 고장 곡선에서의 기본적인 3가지 고장 유형에 해당하지 않는 것은?

① 피로고장   ② 우발고장
③ 초기고장   ④ 마모고장

해설 기계설비 고장 유형 : 초기고장(감소형 고장), 우발고장(일정형 고장), 마모고장(증가형 고장)

45. 산업안전보건법령에 따른 안전난간의 구조 및 설치요건에 대한 설명으로 옳은 것은 어느 것인가?

① 상부 난간대, 중간 난간대, 발끝막이판 및 난간기둥으로 구성하여야 한다.
② 발끝막이판은 바닥면 등으로부터 5cm 이하의 높이를 유지하여야 한다.
③ 난간대는 지름 1.5cm 이상의 금속제 파이프를 사용하여야 한다.
④ 안전난간은 가장 취약한 지점에서 가장 취약한 방향으로 작용하는 70kg 이상의 하중에 견딜 수 있어야 한다.

정답 40. ③   41. ③   42. ②   43. ②   44. ①   45. ①

해설 안전난간의 구성

- 상부 난간대는 90 cm 이상 120 cm 이하 지점에 설치하며, 120 cm 이상의 지점에 설치할 경우 중간 난간대를 최소 60 cm마다 2단 이상 균등하게 설치하여야 한다.
- 발끝막이판은 바닥면 등으로부터 10 cm 이상의 높이를 유지하여야 한다.
- 난간대의 지름은 2.7 cm 이상의 금속제 파이프나 그 이상의 강도를 가지는 재료이어야 한다.
- 임의의 방향으로 움직이는 100 kg 이상의 하중에 견딜 수 있어야 한다.

46. 보일러의 안전한 가동을 위하여 압력방출장치를 2개 설치한 경우에 작동방법으로 옳은 것은?

① 최고사용압력 이하에서 2개가 동시 작동
② 최고사용압력 이하에서 1개가 작동되고 다른 것은 최고사용압력 1.05배 이하에서 작동
③ 최고사용압력 이하에서 1개가 작동되고 다른 것은 최고사용압력 1.1배 이하에서 작동
④ 최고사용압력의 1.1배 이하에서 2개가 동시 작동

해설 압력방출장치를 2개 설치하는 경우 1개는 최고사용압력 이하에서 작동되도록 하고, 또 다른 하나는 최고사용압력의 1.05배 이하에서 작동되도록 부착한다.

47. 크레인에서 훅 걸이용 와이어로프 등이 훅으로부터 벗겨지는 것을 방지하기 위해 사용하는 방호장치는?

① 덮개 　　　　 ② 권과방지장치
③ 비상정지장치 　 ④ 해지장치

해설 해지장치 : 양중기의 와이어로프가 훅에서 이탈하는 것을 방지하는 장치

48. 프레스 및 전단기에서 양수조작식 방호장치 누름버튼의 상호 간 최소 내측거리로 옳은 것은?

① 100 mm 　　　 ② 150 mm
③ 250 mm 　　　 ④ 300 mm

해설 양수조작식 방호장치의 누름버튼 상호 간 내측거리는 300 mm 이상이어야 한다.

49. 다음 중 드릴링 작업에 있어서 공작물을 고정하는 방법으로 가장 적절하지 않은 것은?

① 작은 공작물은 바이스로 고정한다.
② 작고 길쭉한 공작물은 플라이어로 고정한다.
③ 대량생산과 정밀도를 요구할 때는 지그로 고정한다.
④ 공작물이 크고 복잡할 때는 볼트와 고정구로 고정한다.

해설 ② 작은 공작물 고정은 바이스 또는 지그(jig)를 이용하여 고정한다.

50. 이동식 크레인과 관련된 용어의 설명 중 옳지 않은 것은?

① "정격하중"이라 함은 이동식 크레인의 지브나 붐의 경사각 및 길이에 따라 부하할 수 있는 최대하중에서 인양기구(훅, 그래브 등)의 무게를 뺀 하중을 말한다.
② "정격 총 하중"이라 함은 최대하중(붐 길이 및 작업 반경에 따라 결정)과 부가하중(훅과 그 이외의 인양도구들의 무게)을 합한 하중을 말한다.
③ "작업 반경"이라 함은 이동식 크레인의 선회 중심선으로부터 훅의 중심선까지의 수평거리를 말하며, 최대 작업 반경은 이동식 크레인으로 작업이 가능한 최대치를 말한다.

정답 46. ② 　 47. ④ 　 48. ④ 　 49. ② 　 50. ④

④ "파단하중"이라 함은 줄 걸이 용구 1개를 가지고 안전율을 고려하여 수직으로 매달 수 있는 최대 무게를 말한다.

[해설] ④ 파단하중은 재료가 파괴되거나 잘록해져서 둘 이상으로 파단되는 것

51. 프레스 금형의 설치 및 조정 시 슬라이드 불시하강을 방지하기 위하여 설치해야 하는 것은?

① 인터록
② 클러치
③ 게이트 가드
④ 안전블록

[해설] 안전블록 : 프레스 등의 금형을 부착 · 해체 또는 조정하는 작업을 할 때에 작업자의 신체가 위험한계 내에 있는 경우 슬라이드가 갑자기 작동함으로써 작업자에게 발생할 우려가 있는 위험을 방지하기 위하여 사용한다.

52. 프레스 방호장치 중 가드식 방호장치의 구조 및 선정 조건에 대한 설명으로 옳지 않은 것은?

① 미동(inching)행정에서는 작업자 안전을 위해 가드를 개방할 수 없는 구조로 한다.
② 1행정, 1정지기구를 갖춘 프레스에 사용한다.
③ 가드 폭이 400 mm 이하일 때는 가드 측면을 방호하는 가드를 부착하여 사용한다.
④ 가드 높이는 프레스에 부착되는 금형 높이 이상(최소 180 mm)으로 한다.

[해설] ① 미동(inching)행정에서는 작업자 안전을 위해 가드를 개방할 수 있는 구조가 작업성에 좋다.

53. 다음은 지게차의 헤드가드에 관한 기준이다. ( ) 안에 들어갈 내용으로 옳은 것은?

> 지게차 사용 시 화물 낙하위험의 방호조치사항으로 헤드가드를 낮추어야 한다. 그 강도는 지게차 최대하중의 ( ) 값의 등분포정하중(等分布靜荷重)에 견딜 수 있어야 한다. 단, 그 값이 4톤을 넘는 것에 대하여서는 4톤으로 한다.

① 2배　　② 3배　　③ 4배　　④ 5배

[해설] 강도는 지게차의 최대하중 2배의 값(그 값이 4t을 넘는 것에 대하여서는 4t으로 한다)의 등분포정하중에 견딜 수 있어야 한다.

54. 다음 중 보일러의 폭발사고 예방을 위한 장치로 가장 거리가 먼 것은?

① 압력제한 스위치　② 압력방출장치
③ 고저수위 고정장치　④ 화염검출기

[해설] ③은 고저수위 조절장치,
①, ②, ④는 보일러의 폭발사고 예방 장치

55. 산업안전보건법령상 회전 중인 연삭숫돌 지름이 최소 얼마 이상인 경우로서 근로자에게 위험을 미칠 우려가 있는 경우 해당 부위에 덮개를 설치하여야 하는가?

① 3 cm 이상　　② 5 cm 이상
③ 10 cm 이상　　④ 20 cm 이상

[해설] 산업안전보건법령상 회전 중인 연삭숫돌 지름이 5 cm 이상인 경우 해당 부위에 덮개를 설치하여야 한다.

56. 프레스 작업 시 금형의 파손을 방지하기 위한 조치내용 중 틀린 것은?

① 금형 맞춤판은 억지 끼워맞춤으로 한다.
② 쿠션 핀을 사용할 경우에는 상승 시 누름판의 이탈방지를 위하여 단붙임한 나사로 견고히 조여야 한다.

③ 금형에 사용하는 스프링은 인장형을 사용한다.

④ 스프링 등의 파손에 의해 부품이 비산될 우려가 있는 부분에는 덮개를 설치한다.

(해설) ③ 금형에 사용하는 스프링은 압축형을 사용한다.

57. 산업용 로봇에 지워지지 않는 방법으로 반드시 표시해야 하는 항목이 있는데 다음 중 이에 속하지 않는 것은?

① 제조자의 이름과 주소, 모델번호 및 제조일련번호, 제조연월

② 매니퓰레이터 회전 반경

③ 중량

④ 이동 및 설치를 위한 인양 지점

(해설) 산업용 로봇 표시사항

• 제조자의 이름과 주소, 모델번호 및 제조일련번호, 제조연월

• 중량, 부하 능력

• 이동 및 설치를 위한 인양 지점

• 전기, 유압, 공압 시스템에 대한 공급 사양

58. 급정지기구가 있는 1행정 프레스의 광전자식 방호장치에서 광선에 신체의 일부가 감지된 후로부터 급정지기구의 작동 시까지의 시간이 40ms이고, 급정지기구의 작동 직후로부터 프레스기가 정지될 때까지의 시간이 20ms라면 안전거리는 몇 mm 이상이어야 하는가?

① 60 ② 76 ③ 80 ④ 96

(해설) 안전거리$(D_m) = 1.6 T_m$

$= 1.6 \times (T_L + T_S) = 1.6 \times (0.04 + 0.02)$

$= 0.096 \text{m} = 96 \text{mm}$

여기서, D_m : 안전거리(m)

T_L : 방호장치의 작동시간(s)

T_S : 프레스의 최대 정지시간(s)

59. 롤러의 위험점 전방에 개구부 간격 16.5mm의 가드를 설치하고자 한다면, 개구부에서 위험점까지의 거리는 몇 mm 이상이어야 하는가? (단, 위험점이 전동체는 아니다.)

① 70 ② 80 ③ 90 ④ 100

(해설) ㉠ 롤러 가드의 개구부 간격(Y)

: $X < 160 \text{mm}$일 경우,

개구부의 간격$(Y) = 6 + 0.15 \times X = 16.5$

㉡ 전단지점 간의 거리$(X) = \dfrac{Y - 6}{0.15}$

$= \dfrac{16.5 - 6}{0.15} = 70 \text{mm}$

60. 산업안전보건법령에 따라 컨베이어의 작업시작 전 점검사항 중 틀린 것은?

① 원동기 및 풀리기능의 이상 유무

② 이탈 등의 방지장치기능의 이상 유무

③ 과부하방지장치 기능의 이상 유무

④ 원동기, 회전축, 기어 및 풀리 등의 덮개 또는 울 등의 이상 유무

(해설) ③ 과부하방지장치는 양중기 방호장치

4과목 **전기 및 화학설비 위험방지 기술**

61. 작업장에서 꽂음 접속기를 설치 또는 사용하는 때에 작업자의 감전위험을 방지하기 위하여 필요한 준수사항으로 틀린 것은?

① 서로 다른 전압의 꽂음 접속기는 상호 접속되는 구조의 것을 사용할 것

② 습윤한 장소에 사용되는 꽂음 접속기는 방수형 등 그 해당 장소에 적합한 것을 사용할 것

③ 꽂음 접속기를 접속시킬 경우 땀 등으로 젖은 손으로 취급하지 않도록 할 것

④ 꽂음 접속기에 잠금장치가 있는 때에는 접속 후 잠그고 사용할 것

해설 ① 서로 다른 전압의 꽂음 접속기는 서로 접속되지 아니한 구조의 것을 사용할 것

62. 전기기계·기구에 누전에 의한 감전위험을 방지하기 위하여 설치한 누전차단기에 의한 감전방지의 사항으로 틀린 것은?

① 정격감도전류가 30 mA 이하이고 작동시간은 3초 이내일 것

② 분기회로 또는 전기기계·기구마다 누전차단기를 접속할 것

③ 파손이나 감전사고를 방지할 수 있는 장소에 접속할 것

④ 지락보호 전용 기능만 있는 누전차단기는 과전류를 차단하는 퓨즈나 차단기 등과 조합하여 접속할 것

해설 ① 누전차단기 설치기준은 정격감도전류가 30 mA 이하이며, 작동시간은 0.03초 이내일 것

63. 페인트를 스프레이로 뿌려 도장작업을 하는 작업 중 발생할 수 있는 정전기 대전으로만 이루어진 것은?

① 유동 대전, 충돌 대전

② 유동 대전, 마찰 대전

③ 분출 대전, 충돌 대전

④ 분출 대전, 유동 대전

해설 • 분출 대전 : 분체류, 액체류, 기체류가 단면적이 작은 분출구를 통해 공기 중으로 분출될 때 분출하는 물질과 분출구의 마찰로 인해 정전기가 발생되는 현상

• 충돌 대전 : 분체류와 같은 입자 상호 간이나 입자와 고체와의 충돌에 의해 빠른 접촉 또는 분리가 행하여짐으로써 정전기가 발생되는 현상

64. 정전기에 의한 재해방지 대책으로 틀린 것은?

① 대전방지제 등을 사용한다.

② 공기 중의 습기를 제거한다.

③ 금속 등의 도체를 접지시킨다.

④ 배관 내 액체가 흐를 경우 유속을 제한한다.

해설 ② 공기 중에 가습하여 상대습도를 70 % 이상으로 높인다.

65. 폭발위험장소 중 1종 장소에 해당하는 것은?

① 폭발성 가스분위기가 연속적, 장기간 또는 빈번하게 존재하는 장소

② 폭발성 가스분위기가 정상 작동 중 주기적 또는 빈번하게 생성되는 장소

③ 폭발성 가스분위기가 정상 작동 중 조성되지 않거나 조성된다 하더라도 짧은 기간에만 존재할 수 있는 장소

④ 전기설비를 제조, 설치 및 사용함에 있어 특별한 주의를 요하는 정도의 폭발성 가스분위기가 조성될 우려가 없는 장소

해설 1종 장소 : 설비 및 기기들이 운전, 유지보수, 고장 등인 상태에서 폭발성 가스가 가끔 누출되어 위험분위기가 있는 장소

66. 누설전류로 인해 화재가 발생될 수 있는 누전화재의 3요소에 해당하지 않는 것은?

① 누전점   ② 인입점

③ 접지점   ④ 출화점

해설 누전화재의 3요소 : 누전점, 발화(출화)점, 접지점

정답 62. ①   63. ③   64. ②   65. ②   66. ②

67. 전기 사용장소의 사용전압이 440V인 저압전로의 전선 상호 간 및 전로와 대지 사이의 절연저항은 얼마 이상으로 하여야 하는가?

① 0.1MΩ
② 0.2MΩ
③ 0.3MΩ
④ 0.4MΩ

해설 전로의 절연(저압전로의 절연저항)

전로의 사용전압		절연저항
400V 이하	대지전압이 150V 이하인 경우	0.1MΩ
	대지전압이 150V 초과 300V 이하의 경우	0.2MΩ
	대지전압이 300V 초과 400V 이하의 경우	0.3MΩ
대지전압이 400V 초과		0.4MΩ

68. 다음 중 전압의 분류가 잘못된 것은?

① 600V 이하의 교류 전압 – 저압
② 750V 이하의 직류 전압 – 저압
③ 600V 초과 7kV 이하의 교류 전압 – 고압
④ 10kV를 초과하는 직류 전압 – 초고압

해설 ④ 10kV를 초과하는 직류 전압 – 특고압
Tip) 7kV를 초과하는 직류, 교류 전압은 특고압이다.

69. 방폭구조 중 전폐구조를 하고 있으며 외부의 폭발성 가스가 내부로 침입하여 내부에서 폭발하더라도 용기는 그 압력에 견디고, 내부의 폭발로 인하여 외부의 폭발성 가스에 착화될 우려가 없도록 만들어진 구조는 무엇인가?

① 안전증 방폭구조
② 본질안전 방폭구조
③ 유입 방폭구조
④ 내압 방폭구조

해설 내압 방폭구조 : 전폐구조로 용기 내부에서 폭발 시 그 압력에 견디고 외부로부터 폭발성 가스에 인화될 우려가 없도록 한 구조

70. 피뢰기의 제한전압이 800kV이고, 충격절연강도가 1000kV라면, 보호 여유도는?

① 12%
② 25%
③ 39%
④ 43%

해설 보호 여유도

$$= \frac{충격절연강도 - 제한전압}{제한전압} \times 100$$

$$= \frac{1000 - 800}{800} \times 100 = 25\%$$

71. 최소 점화에너지(MIE)와 온도, 압력 관계를 옳게 설명한 것은?

① 압력, 온도에 모두 비례한다.
② 압력, 온도에 모두 반비례한다.
③ 압력에 비례하고, 온도에 반비례한다.
④ 압력에 반비례하고, 온도에 비례한다.

해설 압력, 온도가 높을수록 최소 점화에너지(MIE)는 낮아진다(반비례 관계).

72. 폭발범위가 1.8~8.5vol%인 가스의 위험도를 구하면 얼마인가?

① 0.8
② 3.7
③ 5.7
④ 6.7

해설 위험도(H)

$$= \frac{U-L}{L} = \frac{8.5 - 1.8}{1.8} = 3.72$$

73. 공정별로 폭발을 분류할 때 물리적 폭발이 아닌 것은?

① 분해폭발
② 탱크의 감압폭발
③ 수증기 폭발
④ 고압용기의 폭발

해설 ①은 화학적 폭발(기상폭발),
②, ③, ④는 물리적 폭발

74. 사업주가 금속의 용접 용단 또는 가열에 사용되는 가스 등의 용기를 취급하는 경우에 준수하여야 하는 사항으로 틀린 것은?

① 용기의 온도 섭씨 40℃ 이하로 유지할 것
② 전도의 위험이 없도록 할 것
③ 밸브의 개폐는 빠르게 할 것
④ 용해 아세틸렌의 용기는 세워 둘 것

해설 ③ 밸브의 개폐는 느리게 서서히 할 것

75. 관로의 크기를 변경하고자 할 때 사용하는 관 부속품은?

① 밸브(valve)
② 엘보우(elbow)
③ 부싱(bushing)
④ 플랜지(flange)

해설 관로 크기를 변경하는 부속품 : 리듀서, 부싱

76. 산업안전보건기준에 관한 규칙상 (   ) 안의 내용으로 알맞은 것은?

> 사업주는 급성 독성 물질이 지속적으로 외부에 유출될 수 있는 화학설비 및 그 부속설비에 파열판과 안전밸브를 직렬로 설치하고 그 사이에는 (   )를 설치하여야 한다.

① 온도지시계 또는 과열방지장치
② 압력지시계 또는 자동경보장치
③ 유량지시계 또는 유속지시계
④ 액위지시계 또는 과압방지장치

해설 사업주는 급성 독성 물질이 지속적으로 외부에 유출될 수 있는 화학설비 및 그 부속설비에 파열판과 안전밸브를 직렬로 설치하고 그 사이에는 압력지시계 또는 자동경보장치를 설치하여야 한다.

77. 다음 물질 중 가연성 가스가 아닌 것은?

① 수소   ② 메탄   ③ 프로판   ④ 염소

해설 • 가연성 가스 : 아세틸렌, 프로판, 에틸렌, 메탄, 수소 등
• 조연성 가스 : 산소, 아산화질소, 압축공기, 염소 등

78. 산업안전보건기준에 관한 규칙에서 정한 위험물질의 종류에서 인화성 액체에 해당하지 않는 것은?

① 적린
② 에틸에테르
③ 산화프로필렌
④ 아세톤

해설 • 인화성 고체 : 황화인, 황, 적린, 금속분말, 마그네슘분말 등
• 인화성 액체 : 대기압하에서 인화점이 60℃ 이하인 액체, 에틸에테르, 산화프로필렌, 아세톤 등
• 인화성 가스 : 수소, 아세틸렌, 에틸렌, 메탄, 에탄, 프로판, 부탄 등

79. 산업안전보건법령상 공정안전 보고서의 내용 중 공정안전자료에 포함되지 않는 것은?

① 유해 · 위험설비의 목록 및 사양
② 폭발위험장소 구분도 및 전기단선도
③ 안전운전 지침서
④ 각종 건물 · 설비의 배치도

해설 ③은 안전운전계획이다.

80. 황린의 저장 및 취급방법으로 옳은 것은?

① 강산화제를 첨가하여 중화된 상태로 저장한다.
② 물속에 저장한다.
③ 자연 발화하므로 건조한 상태로 저장한다.
④ 강알칼리 용액 속에 저장한다.

해설 황린은 자연 발화하므로 물속에 저장하여야 한다.

5과목 　**건설안전기술**

81. 콘크리트 타설 시 거푸집의 측압에 영향을 미치는 인자들에 관한 설명으로 옳지 않은 것은?

① 슬럼프가 클수록 측압이 크다.
② 거푸집의 강성이 클수록 측압은 크다.
③ 철근량이 많을수록 측압은 작다.
④ 타설속도가 느릴수록 측압은 크다.

해설 ④ 타설속도가 빠를수록 측압은 크다.

82. 굴착면의 기울기 기준으로 옳지 않은 것은?

① 풍화암−1 : 0.8 　　② 연암−1 : 0.5
③ 경암−1 : 0.2 　　④ 건지−1 : 0.5~1 : 1

해설 굴착면의 기울기 기준(2021.11.19 개정)

구분	지반 종류	기울기
보통흙	습지	1 : 1~1 : 1.5
	건지	1 : 0.5~1 : 1
암반	풍화암	1 : 1.0
	연암	1 : 1.0
	경암	1 : 0.5

Tip) 개정된 규정에 맞는 정답은 ①, ②, ③이다. 본서에서는 ③번을 정답으로 한다.

83. 차량계 하역운반기계의 운전자가 운전위치를 이탈하는 경우의 조치사항으로 부적절한 것은?

① 포크 및 버킷을 가장 높은 위치에 두어 근로자 통행을 방해하지 않도록 하였다.
② 원동기를 정지시키고 브레이크를 걸었다.
③ 시동키를 운전대에서 분리시켰다.
④ 경사지에서 갑작스런 주행이 되지 않도록 바퀴에 블록 등을 놓았다.

해설 ① 버킷은 지면 또는 가장 낮은 위치에 두어야 한다.

84. 작업으로 인하여 물체가 떨어지거나 날아올 위험이 있는 경우에 조치 및 준수하여야 할 사항으로 옳지 않은 것은?

① 낙하물방지망, 수직보호망 또는 방호선반 등을 설치한다.
② 낙하물방지망의 내민 길이는 벽면으로부터 2m 이상으로 한다.
③ 낙하물방지망의 수평면과의 각도는 20° 이상 30° 이하를 유지한다.
④ 낙하물방지망은 높이 15m 이내마다 설치한다.

해설 ④ 낙하물방지망은 설치 높이 10m 이내마다 설치한다.

85. 건설업 산업안전보건관리비 항목으로 사용 가능한 내역은?

① 경비원, 청소원 및 폐자재 처리원 인건비
② 외부인 출입금지, 공사장 경계표시를 위한 가설울타리 설치 및 해체비용
③ 원활한 공사 수행을 위하여 사업장 주변 교통정리를 하는 신호자의 인건비
④ 해열제, 소화제 등 구급약품 및 구급용구 등의 구입비용

해설 ④는 산업안전보건관리비 사용 항목,
①, ②, ③은 산업안전보건관리비 사용 제외 항목

86. 산업안전보건법령에 따라 안전관리자와 보건관리자의 직무를 분류할 때 안전관리자의 직무에 해당되지 않는 것은?

① 산업재해에 관한 통계의 유지 · 관리 · 분석을 위한 보좌 및 조언 · 지도
② 산업재해 발생의 원인 조사 · 분석 및 재발 방지를 위한 기술적 보좌 및 조언 · 지도
③ 해당 사업장 안전교육계획의 수립 및 안전교육 실시에 관한 보좌 및 조언 · 지도

④ 작업장 내에서 사용되는 전체 환기장치 및 국소배기장치 등에 관한 설비의 점검과 작업방법의 공학적 개선에 관한 보좌 및 조언·지도

해설 안전관리자의 업무
- 업무수행 내용의 기록·유지
- 위험성 평가에 관한 보좌 및 지도·조언
- 사업장의 순회점검·지도 및 조치의 건의
- 사업장의 안전교육계획 수립 및 안전교육 실시에 관한 보좌 및 지도·조언
- 산업재해 발생의 원인 조사·분석 및 재발방지를 위한 기술적 보좌 및 지도·조언
- 산업재해에 관한 통계의 관리·유지·분석을 위한 보좌 및 지도·조언
- 산업안전보건위원회 또는 노사협의체에서 심의·의결한 업무와 사업장의 안전보건관리규정 및 취업규칙에서 정한 업무
- 안전인증대상 기계·기구 등의 자율안전확인대상 기계·기구 등 구입 시 적격품의 선정에 관한 보좌 및 지도·조언
- 법에서 정한 안전에 관한 사항의 이행에 관한 보좌 및 지도·조언
- 그 밖에 안전에 관한 사항으로서 고용노동부장관이 정하는 사항

Tip) ④는 보건관리자의 직무내용

87. 추락에 의한 위험방지를 위해 해당 장소에서 조치해야 할 사항과 거리가 먼 것은?

① 추락방호망 설치 ② 안전난간 설치
③ 덮개 설치 ④ 투하설비 설치

해설 ④는 낙하, 비래위험방지 대책,
①, ②, ③은 추락방호 안전시설

88. 산업안전보건법령에서는 터널 건설작업을 하는 경우에 해당 터널 내부의 화기나 아크를 사용하는 장소에는 필히 무엇을 설치하도록 규정하고 있는가?

① 소화설비 ② 대피설비
③ 충전설비 ④ 차단설비

해설 터널 내부의 화기나 아크를 사용하는 장소에는 소화설비를 설치하도록 규정하고 있다.

89. 항타기 또는 항발기의 권상용 와이어로프의 안전계수 기준으로 옳은 것은?

① 3 이상 ② 5 이상
③ 8 이상 ④ 10 이상

해설 항타기 또는 항발기의 권상용 와이어로프의 안전계수 5 이상이다.

90. 높이 2m를 초과하는 말비계를 조립하여 사용하는 경우 작업발판의 최소 폭 기준으로 옳은 것은?

① 20cm ② 30cm
③ 40cm ④ 50cm

해설 높이 2m를 초과하는 말비계를 조립하여 사용하는 경우 작업발판의 최소 폭은 40cm 이상이다.

91. 산업안전보건법령에 따른 가설통로의 구조에 관한 설치기준으로 옳지 않은 것은?

① 경사로가 25도를 초과하는 경우에는 미끄러지지 아니하는 구조로 할 것
② 경사는 30도 이하로 할 것
③ 수직갱에 가설된 통로의 길이가 15m 이상인 경우에는 10m 이내마다 계단참을 설치할 것
④ 건설공사에 사용하는 높이 8m 이상인 비계다리에는 7m 이내마다 계단참을 설치할 것

해설 ① 경사각이 15°를 초과하는 경우에는 미끄러지지 아니하는 구조로 할 것

정답 87. ④ 88. ① 89. ② 90. ③ 91. ①

92. 비탈면 붕괴를 방지하기 위한 방법으로 옳지 않은 것은?

① 비탈면 상부는 토사 제거
② 지하 배수공 시공
③ 비탈면 하부의 성토
④ 비탈면 내부 수압의 증가 유도

해설 ④는 비탈면 붕괴의 원인이 된다.

93. 철골작업 시 위험방지를 위하여 철골작업을 중지하여야 하는 기준으로 옳은 것은?

① 강설량이 시간당 1mm 이상인 경우
② 강우량이 시간당 1mm 이상인 경우
③ 풍속이 초당 20m 이상인 경우
④ 풍속이 시간당 200m 이상인 경우

해설 철골작업 시 기후 변화에 의한 작업 중지 사항

• 초당 풍속이 10m 이상인 경우
• 1시간당 강우량이 1mm 이상인 경우
• 1시간당 강설량이 1cm 이상인 경우

94. 발파작업에 종사하는 근로자가 준수해야 할 사항으로 옳지 않은 것은?

① 얼어붙은 다이나마이트는 화기에 접근시키거나 그 밖의 고열물에 직접 접촉시키는 등 위험한 방법으로 융해되지 않도록 할 것
② 발파공의 충진재료는 점토·모래 등의 사용을 금할 것
③ 장전구(裝塡具)는 마찰·충격·정전기 등에 의한 폭발의 위험이 없는 안전한 것을 사용할 것
④ 전기뇌관에 의한 발파의 경우 점화하기 전에 화약류를 장전한 장소로부터 30m 이상 떨어진 안전한 장소에서 전선에 대하여 저항 측정 및 도통(道通)시험을 할 것

해설 ② 발파공의 충진재료는 점토·모래 등 발화성 또는 인화성의 위험이 없는 재료를 사용할 것

95. 유해·위험방지 계획서 작성대상 공사의 기준으로 옳지 않은 것은?

① 지상 높이 31m 이상인 건축물 공사
② 저수용량 1천만 톤 이상의 용수 전용 댐
③ 최대 지간길이 50m 이상인 교량 건설 등 공사
④ 깊이 10m 이상인 굴착공사

해설 ② 저수용량 2천만 톤 이상의 용수 전용 댐 건설 등의 공사

96. 앞쪽에 한 개의 조향륜 롤러와 뒤축에 두 개의 롤러가 배치된 것으로 (2축 3륜), 하층 노반다지기, 아스팔트 포장에 주로 쓰이는 장비의 이름은?

① 머캐덤 롤러
② 탬핑 롤러
③ 페이 로더
④ 래머

해설 머캐덤 롤러 : 2축 3륜으로 구성되어 노반 다지기, 아스팔트 포장 초기 전압에 사용된다.

97. 거푸집 동바리에 작용하는 횡 하중이 아닌 것은?

① 콘크리트 측압
② 풍하중
③ 자중
④ 지진하중

해설 ③은 연직 방향 하중

98. 절토공사 중 발생하는 비탈면 붕괴의 원인과 거리가 먼 것은?

① 함수비 고정으로 인한 균일한 흙의 단위중량
② 건조로 인하여 점성토의 점착력 상실
③ 점성토의 수축이나 팽창으로 균열 발생
④ 공사 진행으로 비탈면의 높이와 기울기 증가

해설 ①은 붕괴위험이 감소된다.

99. 달비계의 최대 적재하중을 정하는 경우 달기 와이어로프의 최대하중이 50kg일 때 안전계수에 의한 와이어로프의 절단하중은 얼마인가?

① 1000kg   ② 700kg
③ 500kg   ④ 300kg

해설 ㉠ 안전계수 $= \dfrac{절단하중}{최대하중}$
㉡ 달기 와이어로프의 안전계수 : 10 이상
㉢ 절단하중＝최대하중×안전계수
$\qquad = 50 \times 10 = 500\,kg$

100. 안전난간의 구조 및 설치요건과 관련하여 발끝막이판은 바닥면으로부터 얼마 이상의 높이를 유지하여야 하는가?

① 10cm 이상
② 15cm 이상
③ 20cm 이상
④ 30cm 이상

해설 발끝막이판은 바닥면 등으로부터 10cm 이상의 높이를 유지할 것

2019년도(1회차) 출제문제

1과목 **산업안전관리론**

1. 하인리히의 재해구성비율에 따라 경상사고가 87건이 발생하였다면 무상해 사고는 몇 건이 발생하였겠는가?

① 300건   ② 600건
③ 900건   ④ 1200건

해설 하인리히의 법칙

하인리히의 법칙	1 : 29 : 300
$X \times 3$	3 : 87 : 900

2. OJT(On the Job Training)의 특징이 아닌 것은?

① 훈련에 필요한 업무의 계속성이 끊어지지 않는다.
② 교육 효과가 업무에 신속히 반영된다.
③ 다수의 근로자들을 대상으로 동시에 조직적 훈련이 가능하다.
④ 개개인에게 적절한 지도훈련이 가능하다.

해설 ③은 OFF.J.T 교육의 특징

3. 다음 중 재해사례 연구에 관한 설명으로 틀린 것은?

① 재해사례 연구는 주관적이며 정확성이 있어야 한다.
② 문제점과 재해요인의 분석은 과학적이고, 신뢰성이 있어야 한다.
③ 재해사례를 과제로 하여 그 사고와 배경을 체계적으로 파악한다.
④ 재해요인을 규명하여 분석하고 그에 대한 대책을 세운다.

해설 ① 재해사례 연구는 객관적이며 정확성이 있어야 한다.

4. 산업안전보건법상 안전·보건표지에서 기본 모형의 색상이 빨강이 아닌 것은?

① 산화성물질 경고
② 화기금지
③ 탑승금지
④ 고온 경고

해설 • 금지표지 : 바탕은 흰색, 기본 모형은 빨간색, 관련 부호 및 그림은 검은색
• 경고표지 : 바탕은 노란색, 기본 모형, 관련 부호 및 그림은 검은색 다만, 화학물질 취급장소에서의 유해·위험 경고의 경우 바탕은 무색, 기본 모형은 빨간색

경고표지		금지표지	
산화성물질	고온	탑승금지	화기금지
⬦	△	🚫	🚫

5. 모랄 서베이(morale survey)의 효용이 아닌 것은?

① 조직 또는 구성원의 성과를 비교·분석한다.
② 종업원의 정화(catharsis) 작용을 촉진시킨다.
③ 경영관리를 개선하는 데에 대한 자료를 얻는다.
④ 근로자의 심리 또는 욕구를 파악하여 불만을 해소하고, 노동 의욕을 높인다.

해설 ① 모랄 서베이의 효용은 조직 또는 구성원의 성과를 비교·분석하지 않는다.

정답 1. ③   2. ③   3. ①   4. ④   5. ①

6. 주의(attention)의 특징 중 여러 종류의 자극을 자각할 때, 소수의 특정한 것에 한하여 주의가 집중되는 것은?

① 선택성   ② 방향성
③ 변동성   ④ 검출성

해설 선택성 : 한 번에 여러 종류의 자극을 자각하거나 수용하지 못하며 소수 특정한 것을 선택하는 기능이다.

7. 인간의 적응기제(適機應制)에 포함되지 않는 것은?

① 갈등(conflict)
② 억압(repression)
③ 공격(aggression)
④ 합리화(rationalization)

해설 적응기제(adjustment mechanism) 3가지
• 도피기제(escape mechanism) : 갈등을 회피, 도망감

구분	특징
억압	무의식으로 억압
퇴행	유아 시절로 돌아감
백일몽	꿈나라(공상)의 나래를 펼침
고립	외부와의 접촉을 단절(거부)

• 방어기제(defense mechanism) : 갈등의 합리화와 적극성

구분	특징
보상	스트레스를 다른 곳에서 강점으로 발휘함
합리화	변명, 실패를 합리화, 자기미화
승화	열등감과 욕구불만이 사회적·문화적 가치로 나타남
동일시	힘과 능력 있는 사람을 통해 대리만족 함
투사	열등감을 다른 것에서 발견해 열등감에서 벗어나려 함

• 공격기제(aggressive mechanism) : 직·간접적 공격기제
㉠ 직접적 공격기제 : 폭행, 싸움 등
㉡ 간접적 공격기제 : 욕설, 비난 등

8. 산업안전보건법상 직업병 유소견자가 발생하거나 다수 발생할 우려가 있는 경우에 실시하는 건강진단은?

① 특별건강진단
② 일반건강진단
③ 임시건강진단
④ 채용 시 건강진단

해설 임시건강진단 : 같은 부서에서 근무하는 근로자 또는 같은 유해인자에 노출되는 근로자에게 유사한 질병의 자각, 타각증상이 발생했을 때 직업병 유소견자가 발생하거나 많은 사람에게 발생할 우려가 있는 경우 실시하는 건강진단

9. 위험예지훈련 중 TBM(tool box meeting)에 관한 설명으로 틀린 것은?

① 작업장소에서 원형의 형태를 만들어 실시한다.
② 통상 작업시작 전·후 10분 정도 시간으로 미팅한다.
③ 토의는 다수인(30인)이 함께 수행한다.
④ 근로자 모두가 말하고 스스로 생각하고 "이렇게 하자"라고 합의한 내용이 되어야 한다.

해설 ③ 10명 이하의 소수가 적합하며, 시간은 10분 이내로 한다.

10. 제조업자는 제조물의 결함으로 인하여 생명·신체 또는 재산에 손해를 입은 자에게 그 손해를 배상하여야 하는데 이를 무엇이라 하는가? (단, 당해 제조물에 대해서만 발생한 손해는 제외한다.)

정답 6. ①   7. ①   8. ③   9. ③   10. ④

① 입증 책임 ② 담보 책임

③ 연대 책임 ④ 제조물 책임

해설 제조물 책임 : 제조물의 결함으로 인하여 생명·신체 또는 재산에 손해를 입은 자에게 제조업자 또는 판매업자가 그 손해에 대하여 배상 책임을 지도록 하는 것을 말한다.

11. 하버드학파의 5단계 교수법에 해당되지 않는 것은?

① 교시(presentation)

② 연합(association)

③ 추론(reasoning)

④ 총괄(generalization)

해설 하버드학파의 5단계 교수법

제1단계	제2단계	제3단계	제4단계	제5단계
준비 시킨다.	교시 시킨다.	연합 한다.	총괄 한다.	응용 시킨다.

12. 객관적인 위험을 자기 나름대로 판정해서 의지결정을 하고 행동에 옮기는 인간의 심리 특성은?

① 세이프 테이킹(safe taking)

② 액션 테이킹(action taking)

③ 리스크 테이킹(risk taking)

④ 휴먼 테이킹(human taking)

해설 리스크 테이킹 : 자기 주관적으로 판단하여 행동으로 옮기는 현상이다.

13. 다음 중 재해 예방의 4원칙에 해당하지 않는 것은?

① 예방가능의 원칙 ② 손실우연의 원칙

③ 원인계기의 원칙 ④ 선취해결의 원칙

해설 ①, ②, ③은 재해 예방의 4원칙, ④는 무재해 운동의 기본 이념의 원칙

14. 방독마스크의 정화통 색상으로 틀린 것은?

① 유기화합물용–갈색

② 할로겐용–회색

③ 황화수소용–회색

④ 암모니아용–노란색

해설 ④ 암모니아용–녹색

15. 다음 중 스트레스(stress)에 관한 설명으로 가장 적절한 것은?

① 스트레스는 나쁜 일에서만 발생한다.

② 스트레스는 부정적인 측면만 가지고 있다.

③ 스트레스는 직무몰입과 생산성 감소의 직접적인 원인이 된다.

④ 스트레스 상황에 직면하는 기회가 많을수록 스트레스 발생 가능성은 낮아진다.

해설 스트레스는 직무몰입과 생산성 감소의 직접적인 원인이 되며, 스트레스 요인 중 직무 특성 요인은 작업속도, 근무시간, 업무의 반복성 등이다.

16. 누전차단장치 등과 같은 안전장치를 정해진 순서에 따라 작동시키고 동작상황의 양부를 확인하는 점검은?

① 외관점검 ② 작동점검

③ 기술점검 ④ 종합점검

해설 작동점검 : 누전차단장치 등과 같은 안전장치를 정해진 순서에 의해 작동시켜 동작상황의 양부를 확인하는 점검

17. 재해 발생 형태별 분류 중 물건이 주체가 되어 사람이 상해를 입는 경우에 해당되는 것은?

① 추락 ② 전도

③ 충돌 ④ 낙하·비래

정답 11. ③ 12. ③ 13. ④ 14. ④ 15. ③ 16. ② 17. ④

해설 재해 발생 형태 분류
- 추락(떨어짐) : 사람이 건축물, 비계, 기계, 사다리, 계단, 경사면 등의 높은 곳에서 떨어지는 것
- 전도(넘어짐) : 사람이 평면상 또는 경사면에서 구르거나 넘어지는 경우
- 낙하(비래) : 물건이 날아오거나 떨어진 물체에 사람이 맞은 경우
- 붕괴(도괴) : 건물이나 적재물, 비계 등이 무너지는 경우
- 충돌 : 사람이 정지물에 부딪힌 경우

18. 다음 중 산업안전보건법령상 특별안전 · 보건교육의 대상 작업에 해당하지 않는 것은?

① 석면 해체 · 제거 작업
② 밀폐된 장소에서 하는 용접작업
③ 화학설비 취급품의 검수 · 확인 작업
④ 2m 이상의 콘크리트 인공 구조물의 해체 작업

해설 ③ 화학설비 취급품의 검수 · 확인 작업 등의 작업은 특별안전 · 보건교육대상 작업에 해당하지 않는다.

19. 다음 중 안전을 위한 동기부여로 틀린 것은?

① 기능을 숙달시킨다.
② 경쟁과 협동을 유도한다.
③ 상벌제도를 합리적으로 시행한다.
④ 안전 목표를 명확히 설정하여 주지시킨다.

해설 안전교육훈련의 동기부여 방법
- 안전의 근본인 개념을 인식시켜야 한다.
- 안전 목표를 명확히 설정한다.
- 경쟁과 협동을 유발시킨다.
- 동기유발의 최적수준을 유지한다.
- 안전 활동의 결과를 평가 · 검토하고, 상과 벌을 준다.

20. 안전교육의 3단계에서 생활지도, 작업동작지도 등을 통한 안전의 습관화를 위한 교육은?

① 지식교육
② 기능교육
③ 태도교육
④ 인성교육

해설 안전교육의 3단계
- 제1단계(지식교육) : 교육 등을 통하여 지식을 전달하는 단계
- 제2단계(기능교육) : 교육 대상자가 그것을 스스로 행함으로써 시범, 견학, 실습, 현장실습 교육을 통한 경험을 체득하는 단계
- 제3단계(태도교육) : 작업동작지도 등을 통해 안전행동을 습관화하는 단계

2과목 **인간공학 및 시스템 안전공학**

21. 인간–기계 시스템에 대한 평가에서 평가척도나 기준(criteria)으로서 관심의 대상이 되는 변수는?

① 독립변수
② 종속변수
③ 확률변수
④ 통제변수

해설 인간공학 연구에 사용되는 변수의 유형
- 독립변수 : 관찰하고자 하는 현상에 대한 독립변수
- 종속변수 : 독립변수의 평가 척도나 기준이 되는 척도
- 통제변수 : 종속변수에 영향을 미칠 수 있지만 독립변수에 포함되지 않는 변수

22. 화학설비의 안전성 평가과정에서 제3단계인 정량적 평가 항목에 해당되는 것은?

① 목록
② 공정 계통도
③ 화학설비 용량
④ 건조물의 도면

해설 정량적 평가 항목(제3단계) : 온도, 압력, 조작, 화학설비의 용량, 화학설비의 취급물질 등

23. 다음 FTA 그림에서 a, b, c의 부품 고장률이 각각 0.01일 때, 최소 컷셋(minimal cut sets)과 신뢰도로 옳은 것은?

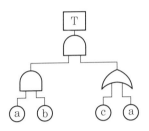

① {a, b}, $R(t)$=99.99%
② {a, b, c}, $R(t)$=98.99%
③ {a, c}, $R(t)$=96.99%
　{a, b}
④ {a, c}, $R(t)$=97.99%
　{a, b, c}

해설 ㉠ 컷셋=(a, b, c), (a, b)이며, 최소 컷셋은 (a, b)이다.
㉡ 고장률 $F(t)$=a×b=0.01×0.01=0.0001
㉢ 신뢰도 $R(t)$=1－0.0001=0.9999이므로 99.99%이다.

24. FT도에 사용되는 기호 중 입력신호가 생긴 후, 일정 시간이 지속된 후에 출력이 생기는 것을 나타내는 것은?

① OR 게이트
② 위험 지속 기호
③ 억제 게이트
④ 배타적 OR 게이트

해설 위험 지속 AND 게이트

기호	위험지속시간

발생현상	입력 현상이 생겨서 어떤 일정한 기간이 지속될 때에 출력이 발생한다.

25. 자동차나 항공기의 앞 유리 혹은 차양판 등에 정보를 중첩·투사하는 표시장치는 무엇인가?

① CRT
② LCD
③ HUD
④ LED

해설 HUD : 자동차나 항공기의 전방을 주시한 상태에서 원하는 계기 정보를 볼 수 있도록 전방 시선 높이 방향의 유리 또는 차양판에 정보를 중첩·투사하는 표시장치로서 정성적, 묘사적 표시장치이다.

26. 암호체계 사용상의 일반적인 지침에 해당하지 않는 것은?

① 암호의 검출성
② 부호의 양립성
③ 암호의 표준화
④ 암호의 단일 차원화

해설 암호체계 사용상 일반적 지침 : 검출성(감지장치로 검출), 변별성(인접자극의 상이도 영향), 표준화, 부호의 의미와 양립성, 다차원 시각적 암호 등

27. 일반적인 수공구의 설계원칙으로 볼 수 없는 것은?

① 손목을 곧게 유지한다.
② 반복적인 손가락 동작을 피한다.
③ 사용이 용이한 검지만 주로 사용한다.
④ 손잡이는 접촉면적을 가능하면 크게 한다.

해설 수공구 설계원칙
• 손목을 곧게 유지하여야 한다.
• 조직의 압축응력을 피한다.

- 반복적인 모든 손가락 움직임을 피한다.
- 안전작동을 고려하여 무게 균형이 유지되도록 설계한다.
- 손잡이는 손바닥의 접촉면적이 크게 설계한다.

28. 광원으로부터의 직사휘광을 줄이기 위한 방법으로 적절하지 않은 것은?

① 휘광원 주위를 어둡게 한다.
② 가리개, 갓, 차양 등을 사용한다.
③ 광원을 시선에서 멀리 위치시킨다.
④ 광원의 수는 늘리고 휘도는 줄인다.

해설 광원으로부터의 직사휘광 처리방법
- 가리개, 갓, 차양 등을 사용한다.
- 광원을 시선에서 멀리 위치시킨다.
- 광원의 휘도를 줄이고 광원의 수를 늘린다.
- 휘광원 주위를 밝게 하여 광도비를 줄인다.

29. 신뢰성과 보전성을 효과적으로 개선하기 위해 작성하는 보전기록 자료로서 가장 거리가 먼 것은?

① 자재관리표
② MTBF 분석표
③ 설비이력카드
④ 고장 원인 대책표

해설 보전기록 자료 : MTBF 분석표, 설비이력카드, 고장 원인 대책표 등

30. 통제 표시비(control/display ratio)를 설계할 때 고려하는 요소에 관한 설명으로 틀린 것은?

① 통제 표시비가 낮다는 것은 민감한 장치라는 것을 의미한다.
② 목시거리(目示距離)가 길면 길수록 조절의 정확도는 떨어진다.

③ 짧은 주행 시간 내에 공차의 인정범위를 초과하지 않는 계기를 마련한다.
④ 계기의 조절시간이 짧게 소요되도록 계기의 크기(size)는 항상 작게 설계한다.

해설 ④ 계기의 조절시간이 짧게 소요되도록 계기의 사이즈를 선택한다. 사이즈가 작으면 상대적으로 오차가 많이 발생한다.

31. 다음 중 연마 작업장의 가장 소극적인 소음 대책은?

① 음향처리제를 사용할 것
② 방음보호 용구를 착용할 것
③ 덮개를 씌우거나 창문을 닫을 것
④ 소음원으로부터 적절하게 배치할 것

해설 소음방지 대책
- 소음원의 통제 : 기계설계 단계에서 소음에 대한 반영, 차량에 소음기 부착 등
- 소음의 격리 : 방, 장벽, 창문, 소음차단벽 등을 사용
- 차폐장치 및 흡음재 사용
- 음향처리제 사용
- 적절한 배치(layout)
- 배경음악
- 방음보호구 사용 : 귀마개, 귀덮개 등을 사용하는 것은 소극적인 대책

32. 다음의 설명에서 (   ) 안의 내용을 맞게 나열한 것은?

> 40 phon은 (㉠)sone을 나타내며, 이는 (㉡)dB의 (㉢)Hz 순음의 크기를 나타낸다.

① ㉠ : 1, ㉡ : 40, ㉢ : 1000
② ㉠ : 1, ㉡ : 32, ㉢ : 1000
③ ㉠ : 2, ㉡ : 40, ㉢ : 2000
④ ㉠ : 2, ㉡ : 32, ㉢ : 2000

해설 • 1000Hz에서 $1dB = 1phon$이다.
• 1sone : 40dB의 1000Hz 음압수준을 가진 순음의 크기($=40phon$)를 1sone이라 한다.

33. 위험조정을 위해 필요한 기술은 조직 형태에 따라 다양하며, 4가지로 분류하였을 때 이에 속하지 않는 것은?

① 전가(transfer)
② 보류(retention)
③ 계속(continuation)
④ 감축(reduction)

해설 위험처리 기술 : 위험회피, 위험감축, 위험보류, 위험전가

34. 체내에서 유기물을 합성하거나 분해하는 데에는 반드시 에너지의 전환이 뒤따른다. 이것을 무엇이라 하는가?

① 에너지 변환
② 에너지 합성
③ 에너지 대사
④ 에너지 소비

해설 에너지 대사 : 생물체 체내에서 일어나는 에너지의 전환, 방출, 저장 등 필요한 에너지의 모든 과정을 말한다.

35. 전통적인 인간-기계(man-machine)체계의 대표적 유형과 거리가 먼 것은?

① 수동체계
② 기계화 체계
③ 자동체계
④ 인공지능 체계

해설 전통적인 인간-기계체계 : 수동체계, 기계화 체계, 자동화 체계 등

36. 다음 형상 암호화 조종장치 중 이산 멈춤 위치용 조종장치는?

①
②
③
④

해설 제어장치의 형태 코드법
• 복수 회전(다회전용) : 연속 조절에 사용하는 놉으로 1회전 이상 빙글 돌릴 수 있으며, 놉의 위치가 제어조작의 정보로 중요하지 않다. → ②와 ③
• 분별 회전(단회전용) : 연속 조절에 사용하는 놉으로 빙글 돌릴 필요가 없고, 1회전 미만이며 놉의 위치가 제어조작의 정보로 중요하다. → ④
• 멈춤쇠 위치 조정(이산 멈춤 위치용) : 놉의 위치 제어조작의 정보가 분산 설정 제어장치로 사용된다. → ①

37. 작업장에서 구성 요소를 배치하는 인간공학적 원칙과 가장 거리가 먼 것은?

① 중요도의 원칙
② 선입선출의 원칙
③ 기능성의 원칙
④ 사용 빈도의 원칙

해설 부품(공간)배치 4원칙 : 중요성의 원칙, 사용 순서의 원칙, 사용 빈도의 원칙, 기능별 배치의 원칙

38. 동전 던지기에서 앞면이 나올 확률 $p(앞)=0.6$이고, 뒷면이 나올 확률 $p(뒤)=0.4$일 때, 앞면과 뒷면이 나올 사건의 정보량을 각각 맞게 나타낸 것은?

① 앞면 : 0.10bit, 뒷면 : 1.00bit
② 앞면 : 0.74bit, 뒷면 : 1.32bit
③ 앞면 : 1.32bit, 뒷면 : 0.74bit
④ 앞면 : 2.00bit, 뒷면 : 1.00bit

정답 33. ③ 34. ③ 35. ④ 36. ① 37. ② 38. ②

해설 ㉠ 정보량 – 앞면(H) $= \log_2\dfrac{1}{p} = \log_2\dfrac{1}{0.6}$

$$= 0.74\,\text{bit}$$

㉡ 정보량 – 뒷면(H) $= \log_2\dfrac{1}{p} = \log_2\dfrac{1}{0.4}$

$$= 1.32\,\text{bit}$$

39. 어떤 결함수의 쌍대 결함수를 구하고, 컷셋을 찾아내어 결함(사고)을 예방할 수 있는 최소의 조합을 의미하는 것은?

① 최대 컷셋
② 최소 컷셋
③ 최대 패스셋
④ 최소 패스셋

해설 최소 패스셋 : 모든 고장이나 실수가 발생하지 않으면 재해는 발생하지 않는다는 것으로 시스템의 신뢰성을 말한다.

40. 인간–기계 시스템에서의 신뢰도 유지 방안으로 가장 거리가 먼 것은?

① lock system
② fail–safe system
③ fool–proof system
④ risk assessment system

해설 • 록 시스템(lock system) : 인간–기계의 불안전한 요소에 대하여 통제를 하는 시스템 설계

• 페일 세이프(fail–safe) : 기계의 고장이 있어도 안전사고가 발생하지 않도록 2중, 3중 통제를 가한 설계

• 풀 프루프(fool proof) : 인간의 실수가 있어도 안전사고가 발생하지 않도록 2중, 3중 통제를 가한 설계

• 위험성 평가(risk assessment system) : 사업장의 유해·위험요인을 파악하고 감소대책을 수립하여 실행하는 과정

3과목 **기계 위험방지 기술**

41. 금형 조정작업 시 슬라이드가 갑자기 작동하는 것으로부터 근로자를 보호하기 위하여 가장 필요한 안전장치는?

① 안전블록
② 클러치
③ 안전 1행정 스위치
④ 광전자식 방호장치

해설 안전블록 : 프레스 등의 금형을 부착·해체 또는 조정하는 작업을 할 때에 작업자의 신체가 위험한계 내에 있는 경우 슬라이드가 갑자기 작동함으로써 작업자에게 발생할 우려가 있는 위험을 방지하기 위하여 사용한다.

42. 프레스 작업 중 작업자의 신체 일부가 위험한 작업점으로 들어가면 자동적으로 정지되는 기능이 있는데, 이러한 안전 대책을 무엇이라고 하는가?

① 풀 프루프(fool proof)
② 페일 세이프(fail safe)
③ 인터록(inter look)
④ 리미트 스위치(limit switch)

해설 풀 프루프(fool proof) : 작업자가 실수를 하거나 오조작을 하여도 사고로 연결되지 않고, 전체의 고장이 발생되지 아니하도록 하는 설계

43. 다음 중 취급 운반 시 준수해야 할 원칙으로 틀린 것은?

① 연속운반으로 할 것
② 직선운반으로 할 것
③ 운반작업을 집중화시킬 것
④ 생산을 최소로 하도록 운반할 것

해설 취급·운반의 5원칙
• 직선운반을 할 것
• 연속운반을 할 것

- 운반작업을 집중화시킬 것
- 생산을 최고로 하는 운반을 생각할 것
- 시간과 경비 등 운반방법을 고려할 것

44. 프레스기에 사용하는 양수조작식 방호장치의 일반구조에 관한 설명 중 틀린 것은?

① 1행정 1정지기구에 사용할 수 있어야 한다.
② 누름버튼을 양손으로 동시에 조작하지 않으면 작동시킬 수 없는 구조이어야 한다.
③ 양쪽 버튼의 작동시간 차이는 최대 0.5초 이내일 때 프레스가 동작되도록 해야 한다.
④ 방호장치는 사용 전원전압의 ±50%의 변동에 대하여 정상적으로 작동되어야 한다.

(해설) ④ 방호장치는 사용 전원전압의 ±20%의 변동에 대하여 정상적으로 작동되어야 한다.

45. 피복 아크 용접작업 시 생기는 결함에 대한 설명 중 틀린 것은?

① 스패터(spatter) : 용융된 금속의 작은 입자가 튀어나와 모재에 묻어있는 것
② 언더컷(under cut) : 전류가 과대하고 용접속도가 너무 빠르며, 아크를 짧게 유지하기 어려운 경우 모재 및 용접부의 일부가 녹아서 발생하는 홈 또는 오목하게 생긴 부분
③ 크레이터(crater) : 용착금속 속에 남아 있는 가스로 인하여 생긴 구멍
④ 오버랩(overlap) : 용접봉의 운행이 불량하거나 용접봉의 용융 온도가 모재보다 낮을 때 과잉 용착금속이 남아있는 부분

(해설) ③ 크레이터(crater) : 아크가 끝날 때 비드의 끝부분이 오목하게 들어간 부분

46. 다음 중 선반(lathe)의 방호장치에 해당하는 것은?

① 슬라이드(slide)
② 심압대(tail stock)
③ 주축대(head stock)
④ 척 가드(chuck guard)

(해설) 척 가드(chuck guard) : 척이 떨어지는 사고 발생을 방지하기 위한 가드장치

47. 안전계수 5인 로프의 절단하중이 4000 N이라면 이 로프는 몇 N 이하의 하중을 매달아야 하는가?

① 500
② 800
③ 1000
④ 1600

(해설) 최대 사용하중 $=\dfrac{\text{절단하중}}{\text{안전계수}}$

$$=\frac{4000}{5}=800\,\text{N}$$

48. 산업안전보건법령에 따라 아세틸렌 발생기실에 설치해야 할 배기통은 얼마 이상의 단면적을 가져야 하는가?

① 바닥면적의 1/16
② 바닥면적의 1/20
③ 바닥면적의 1/24
④ 바닥면적의 1/30

(해설) 바닥면적의 1/16 이상의 단면적을 가진 배기통을 옥상으로 돌출시킨다.

49. 롤러기에서 앞면 롤러의 지름이 200 mm, 회전속도가 30 rpm인 롤러의 무부하 동작에서의 급정지거리로 옳은 것은?

① 66 mm 이내
② 84 mm 이내
③ 209 mm 이내
④ 248 mm 이내

(해설) 앞면 롤러의 표면속도에 따른 급정지거리

㉠ 표면속도 $(V)=\dfrac{\pi DN}{1000}$

$$=\frac{\pi\times200\times30}{1000}=18.84\,\text{m/min}$$

(정답) 44. ④ 45. ③ 46. ④ 47. ② 48. ① 49. ③

여기서, V : 롤러 표면속도(m/min)

D : 롤러 원통의 직경(mm)

N : 1분간 롤러기가 회전되는 수(rpm)

30m/min 미만일 때	급정지거리 $=\pi \times D \times \dfrac{1}{3}$
30m/min 이상일 때	급정지거리 $=\pi \times D \times \dfrac{1}{2.5}$

ⓒ 급정지거리 $=\pi \times D \times \dfrac{1}{3}$

$$=\pi \times 200 \times \dfrac{1}{3} = 209\,\text{mm}$$

50. 정(chisel)작업의 일반적인 안전수칙으로 틀린 것은?

① 따내기 및 칩이 튀는 가공에서는 보안경을 착용하여야 한다.

② 절단작업 시 절단된 끝이 튀는 것을 조심하여야 한다.

③ 작업을 시작할 때는 가급적 정을 세게 타격하고 점차 힘을 줄여간다.

④ 담금질된 철강재료는 정 가공을 하지 않는 것이 좋다.

해설 ③ 처음에는 가볍게 두드리고 점차 힘을 세게 때린 후, 작업이 끝날 때는 가볍게 두드린다.

51. 다음과 같은 작업 조건일 경우 와이어로프의 안전율은?

> 작업대에서 사용된 와이어로프 1줄의 파단하중이 100 kN, 인양하중이 40 kN, 로프의 줄 수가 2줄

① 2   ② 2.5   ③ 4   ④ 5

해설 와이어로프의 안전율(S)

$$= \dfrac{N \times P}{Q} = \dfrac{2 \times 100}{40} = 5$$

52. 컨베이어 역전방지장치의 형식 중 전기식 장치에 해당하는 것은?

① 라쳇 브레이크   ② 밴드 브레이크

③ 롤러 브레이크   ④ 스러스트 브레이크

해설 컨베이어의 역전방지장치

• 기계식 : 롤러식, 라쳇식, 밴드식 등

• 전기식 : 전기 브레이크, 스러스트 브레이크 등

53. 공장설비의 배치계획에서 고려할 사항이 아닌 것은?

① 작업의 흐름에 따라 기계 배치

② 기계설비의 주변 공간 최소화

③ 공장 내 안전통로 설정

④ 기계설비의 보수점검 용이성을 고려한 배치

해설 ② 기계설비의 주변에는 충분한 공간을 둔다.

54. 다음 중 기계설비에 의해 형성되는 위험점이 아닌 것은?

① 회전말림점   ② 접선분리점

③ 협착점   ④ 끼임점

해설 기계설비의 위험점 : 협착점, 끼임점, 절단점, 물림점, 접선물림점, 회전말림점

55. 가스 용접에서 역화의 원인으로 볼 수 없는 것은?

① 토치의 성능이 부실한 경우

② 취관이 작업 소재에 너무 가까이 있는 경우

③ 산소 공급량이 부족한 경우

④ 토치 팁에 이물질이 묻은 경우

해설 아세틸렌 용접장치의 역화 원인

• 압력조정기가 고장으로 불량일 때

• 팁의 끝이 과열되었을 때

• 산소의 공급이 과다할 때

- 토치의 성능이 좋지 않을 때
- 팁에 이물질이 묻어 막혔을 때

56. 위험기계에 조작자의 신체 부위가 의도적으로 위험점 밖에 있도록 하는 방호장치는?

① 덮개형 방호장치
② 차단형 방호장치
③ 위치제한형 방호장치
④ 접근반응형 방호장치

해설 위치제한형 방호장치 : 작업자의 신체 부위가 위험한계 밖에 있도록 기계의 조작장치를 위험한 작업점에서 안전거리 이상 떨어지게 하거나, 조작장치를 양손으로 동시 조작하게 함으로써 위험한계에 접근하는 것을 제한하는 방호장치

57. 선반작업에 대한 안전수칙으로 틀린 것은?

① 척 핸들을 항상 척에 끼워 둔다.
② 베드 위에 공구를 올려놓지 않아야 한다.
③ 바이트를 교환할 때는 기계를 정지시키고 한다.
④ 일감의 길이가 외경과 비교하여 매우 길 때는 방진구를 사용한다.

해설 ① 척 핸들은 항상 척에서 분리한다.

58. 양중기에 사용 가능한 와이어로프에 해당하는 것은?

① 와이어로프의 한 꼬임에서 끊어진 소선의 수가 10% 초과한 것
② 심하게 변형 또는 부식된 것
③ 지름의 감소가 공칭지름의 7% 이내인 것
④ 이음매가 있는 것

해설 와이어로프의 사용금지기준
- 이음매가 있는 것
- 꼬인 것, 심하게 변형 또는 부식된 것
- 열과 전기충격에 의해 손상된 것

- 와이어로프의 한 꼬임에서 끊어진 소선의 수가 10% 이상인 것
- 지름의 감소가 공칭지름의 7%를 초과하는 것

59. 프레스의 방호장치 중 확동식 클러치가 적용된 프레스에 한해서만 적용 가능한 방호장치로만 나열된 것은? (단, 방호장치는 한 가지 종류만 사용한다고 가정한다.)

① 광전자식, 수인식
② 양수조작식, 손쳐내기식
③ 광전자식, 양수조작식
④ 손쳐내기식, 수인식

해설 확동식 클러치가 적용된 프레스에만 적용 가능한 방호장치는 손쳐내기식, 수인식, 게이트 가드식 등이 있다.

60. 산업안전보건법령에 따라 압력용기에 설치하는 안전밸브의 설치 및 작동에 관한 설명으로 틀린 것은?

① 다단형 압축기에는 각 단별로 안전밸브 등을 설치하여야 한다.
② 안전밸브는 이를 통하여 보호하려는 설비의 최저사용압력 이하에서 작동되도록 설정하여야 한다.
③ 화학공정 유체와 안전밸브의 디스크 또는 시크가 직접 접촉될 수 있도록 설치된 경우에는 매년 1회 이상 국가교정기관에서 교정을 받은 압력계를 이용하여 검사한 후 납으로 봉인하여 사용한다.
④ 공정안전 보고서 이행상태 평가 결과가 우수한 사업장의 안전밸브의 경우 검사주기는 4년마다 1회 이상이다.

해설 ② 안전밸브는 이를 통하여 보호하려는 설비의 최고사용압력 이하에서 작동되도록 설정하여야 한다.

4과목 전기 및 화학설비 위험방지 기술

61. 다음 정의에 해당하는 방폭구조는 무엇인가?

> 전기기기의 과도한 온도상승, 아크 또는 불꽃 발생의 위험을 방지하기 위하여 추가적인 안전조치를 통한 안전도를 증가시킨 방폭구조를 말한다.

① 내압 방폭구조 　　② 유입 방폭구조
③ 안전증 방폭구조 　④ 본질안전 방폭구조

해설 안전증 방폭구조(e)에 대한 설명이다.

62. 근로자가 활선작업용 기구를 사용하여 작업할 경우 근로자의 신체 등과 충전전로 사이의 사용전압별 접근한계거리가 틀린 것은?

① 15kV 초과 37kV 이하 : 80cm
② 37kV 초과 88kV 이하 : 110cm
③ 121kV 초과 145kV 이하 : 150cm
④ 242kV 초과 362kV 이하 : 380cm

해설 ① 15kV 초과 37kV 이하 : 90cm

63. 정전기 제거방법으로 가장 거리가 먼 것은?

① 설비 주위를 가습한다.
② 설비의 금속 부분을 접지한다.
③ 설비의 주변에 적외선을 조사한다.
④ 정전기 발생 방지 도장을 실시한다.

해설 정전기와 적외선은 연관성이 없다.

64. 활선작업 시 사용하는 안전장구가 아닌 것은?

① 절연용 보호구
② 절연용 방호구
③ 활선작업용 기구
④ 절연저항 측정기구

해설 ①, ②, ③은 전기 활선작업용 안전장구, ④는 절연체의 저항 성능을 측정할 때 사용하는 측정기구

65. 정상운전 중의 전기설비가 점화원으로 작용하지 않는 것은?

① 변압기 권선
② 개폐기 접점
③ 직류전동기의 정류자
④ 권선형 전동기의 슬립링

해설 ①은 이상 발생 시 점화원으로 작용, ②, ③, ④는 정상운전 중 점화원으로 작용

66. 인체가 전격을 당했을 경우 통전시간이 1초라면 심실세동을 일으키는 전류값(mA)은? (단, 심실세동전류값은 Dalziel의 관계식을 이용한다.)

① 100 　　　　② 165
③ 180 　　　　④ 215

해설 심실세동(치사) 전류(I)

$$= \frac{165}{\sqrt{T}} = \frac{165}{\sqrt{1}} = 165 \, \text{mA}$$

여기서, T : 통전시간(s)

67. 건설현장에서 사용하는 임시배선의 안전대책으로 거리가 먼 것은?

① 모든 전기기기의 외합은 접지시켜야 한다.
② 임시배선은 다심케이블을 사용하지 않아도 된다.
③ 배선은 반드시 분전반 또는 배전반에서 인출해야 한다.

④ 지상 등에서 금속판으로 방호할 때는 그 금속관을 접지해야 한다.

해설 ② 임시배선은 다심케이블을 사용해야 한다.

68. 제1종 또는 제2종 접지공사에 사용하는 접지선에 사람이 접촉할 우려가 있는 경우 접지공사 방법으로 틀린 것은?

① 접지극은 지하 75 cm 이상의 깊이로 묻을 것
② 접지선을 시설한 지지물에는 피뢰침용 지선을 시설하지 않을 것
③ 접지선은 캡타이어케이블, 절연전선 또는 통신용 케이블 이외의 케이블을 사용할 것
④ 지하 60 cm부터 지표 위 1.5 m까지 부분의 접지선은 합성수지관 또는 몰드로 덮을 것

해설 ④ 지하 75 cm부터 지표 위 2 m까지 부분의 접지선은 합성수지관 또는 몰드로 덮을 것

69. 전기화재의 원인을 직접 원인과 간접 원인으로 구분할 때, 직접 원인과 거리가 먼 것은?

① 애자의 오손   ② 과전류
③ 누전   ④ 절연열화

해설 ①은 전기화재의 간접 원인

70. 정전기의 발생에 영향을 주는 요인과 가장 거리가 먼 것은?

① 박리속도
② 물체의 표면상태
③ 접촉면적 및 압력
④ 외부 공기의 풍속

해설 정전기 발생의 주요 요인 : 물질의 분리(박리)속도, 물체의 표면상태, 접촉면적 및 압력, 물질의 이력 등

71. 알루미늄 금속분말에 대한 설명으로 틀린 것은?

① 분진폭발의 위험성이 있다.
② 연소 시 열을 발생한다.
③ 분진폭발을 방지하기 위해 물속에 저장한다.
④ 염산과 반응하여 수소가스를 발생한다.

해설 알루미늄 금속분말 : 수분(물)과 반응하면 폭발하는 금수성 물질로 수분과 접촉하지 않도록 밀봉하여 보관하여야 한다.

72. 다음 중 가연성 가스가 아닌 것은?

① 이산화탄소   ② 수소
③ 메탄   ④ 아세틸렌

해설 • 가연성 가스 : 아세틸렌, 프로판, 에틸렌, 메탄, 수소 등
• 불연성 가스 : 질소, 이산화탄소(탄산가스), 프레온12 등

73. 벤젠(C_6H_6)이 공기 중에서 연소될 때의 이론혼합비(화학양론 조성)는?

① 0.72 vol%   ② 1.222 vol%
③ 2.722 vol%   ④ 3.222 vol%

해설 완전 연소 조성농도(C_{st})

$$C_{st} = \frac{100}{1 + 4.773\left(n + \dfrac{x - f - 2y}{4}\right)}$$

$$= \frac{1}{4.773n + 1.19x - 2.38y + 1} \times 100$$

$$= \frac{1}{(4.773 \times 6) + (1.19 \times 6) - (2.38 \times 0) + 1}$$

$$\times 100 \fallingdotseq 2.722\%$$

여기서, n : 탄소의 원자 수
  x : 수소의 원자 수
  y : 산소의 원자 수
  f : 할로겐의 원자 수

74. 다음은 산업안전보건법령상 파열판 및 안전밸브의 직렬 설치에 관한 내용이다. ( )에 알맞은 용어는?

> 사업주는 급성 독성 물질이 지속적으로 외부에 유출될 수 있는 화학설비 및 그 부속설비에 파열판과 안전밸브를 직렬로 설치하고 그 사이에는 압력지시계 또는 ( )을(를) 설치하여야 한다.

① 자동경보장치　　② 차단장치
③ 플레어헤더　　　④ 콕

해설 사업주는 급성 독성 물질이 지속적으로 외부에 유출될 수 있는 화학설비 및 그 부속설비에 파열판과 안전밸브를 직렬로 설치하고 그 사이에는 압력지시계 또는 자동경보장치를 설치하여야 한다.

75. 산업안전보건법령상 용해 아세틸렌의 가스집합 용접장치의 배관 및 부속기구에는 구리나 구리 함유량이 몇 퍼센트 이상인 합금을 사용할 수 없는가?

① 40　　　　　② 50
③ 60　　　　　④ 70

해설 용해 아세틸렌의 가스집합 용접장치의 배관 및 부속기구에는 구리나 구리 함유량이 70% 이상인 합금을 사용해서는 안 된다.

76. 다음 중 분진폭발의 발생 위험성을 낮추는 방법으로 적절하지 않은 것은?

① 주변의 점화원을 제거한다.
② 분진이 날리지 않도록 한다.
③ 분진과 그 주변의 온도를 낮춘다.
④ 분진 입자의 표면적을 크게 한다.

해설 ④ 분진의 표면적이 입자체적에 비교하여 클수록 폭발위험이 크다.

77. 유해 · 위험물질 취급 시 보호구로서 구비 조건이 아닌 것은?

① 방호성능이 충분할 것
② 재료의 품질이 양호할 것
③ 작업에 방해가 되지 않을 것
④ 외관이 화려할 것

해설 ④ 외관은 양호할 것

78. 공기 중에 3ppm의 디메틸아민(deme-thylaminem, TLV−TWA : 10 ppm)과 20 ppm의 사이클로헥산올(cyclohexanol, TLV−TWA : 50 ppm)이 있고, 10 ppm의 산화프로필렌(propyleneoxide, TLV−TWA : 20 ppm)이 존재한다면 혼합 TLV−TWA는 몇 ppm인가?

① 12.5　　　　　② 22.5
③ 27.5　　　　　④ 32.5

해설 노출기준(TLV−TWA)

$$= \frac{농도_1 + 농도_2 + 농도_3}{f_1 + f_2 + f_3}$$

$$= \frac{3 + 20 + 10}{\dfrac{3}{10} + \dfrac{20}{50} + \dfrac{10}{20}} = 27.5 \, ppm$$

여기서, f_1(디메틸아민)$= 3/10$
　　　　f_2(사이클로헥산올)$= 20/50$
　　　　f_3(산화프로필렌)$= 10/20$

79. 건조설비의 사용에 있어 500~800℃ 범위의 온도에 가열된 스테인리스강에서 주로 일어나며, 탄화크롬이 형성되었을 때 결정 경계면의 크롬 함유량이 감소하여 발생되는 부식형태는?

① 전면부식　　　② 층상부식
③ 입계부식　　　④ 격간부식

정답 74. ①　75. ④　76. ④　77. ④　78. ③　79. ③

해설 입계부식 : 건조설비의 사용에 있어 500~800℃ 범위의 온도에 가열된 스테인리스강에서 주로 발생하며, 탄화크롬이 형성되어 결정 경계면의 크롬 함유량이 감소하여 발생되는 부식형태

80. 위험물안전관리법령상 칼륨에 의한 화재에 적응성이 있는 것은?

① 건조사(마른 모래)
② 포 소화기
③ 이산화탄소 소화기
④ 할로겐화합물 소화기

해설 칼륨은 금속화재를 발생시키며, 건조사, 팽창질석, 팽창진주암 등으로 소화한다.

5과목 　 **건설안전기술**

81. 흙막이 가시설의 버팀대(strut)의 변형을 측정하는 계측기에 해당하는 것은?

① water level meter 　 ② strain gauge
③ piezometer 　 ④ load cell

해설 계측장치의 설치 목적
- 지하수위계(water level meter) : 지반 내 지하수위의 변화 측정
- 변형률계(strain gauge) : 흙막이 버팀대의 변형 파악
- 간극수압계(piezo meter) : 지하의 간극수압 측정
- 하중계(load cell) : 축하중의 변화 상태 측정
- 건물경사계(tilt meter) : 인접 구조물의 기울기 측정
- 지표면 침하계(level and staff) : 지반에 대한 지표면의 침하량 측정

- 지중경사계(inclino meter) : 지중의 수평 변위량 측정, 기울어진 정도 파악
- 지중침하계(extension meter) : 지중의 수직변위 측정
- 토압계(earth pressure meter) : 토압의 변화 파악
- 지중 수평변위계(inclino meter) : 지반의 수평 변위량과 위치, 방향 및 크기를 실측

82. 사다리식 통로 등을 설치하는 경우 준수해야 할 기준으로 옳지 않은 것은?

① 접이식 사다리 기둥은 사용 시 접혀지거나 펼쳐지지 않도록 철물 등을 사용하여 견고하게 조치할 것
② 발판과 벽과의 사이는 25cm 이상의 간격을 유지할 것
③ 폭은 30cm 이상으로 할 것
④ 사다리식 통로의 길이가 10m 이상인 경우에는 5m 이내마다 계단참을 설치할 것

해설 ② 발판과 벽과의 사이는 15cm 이상의 간격을 유지할 것

83. 추락방지망의 달기로프를 지지점에 부착할 때 지지점의 간격이 1.5m인 경우 지지점의 강도는 최소 얼마 이상으로 하여야 하는가?

① 200kg 　 ② 300kg
③ 400kg 　 ④ 500kg

해설 지지점의 강도(F)
　$= 200 \times B = 200 \times 1.5 = 300\,kg$
여기서, F : 외력(kg), B : 지지점 간격(m)

84. 가설통로를 설치하는 경우 준수해야 할 기준으로 옳지 않은 것은?

① 경사는 45° 이하로 할 것

② 경사가 15°를 초과하는 경우에는 미끄러지지 아니하는 구조로 할 것

③ 추락할 위험이 있는 장소에는 안전난간을 설치할 것

④ 수직갱에 가설된 통로의 길이가 15m 이상인 경우에는 10m 이내마다 계단참을 설치할 것

해설 ① 경사각은 30° 이하로 할 것

85. 유해위험방지 계획서를 제출해야 하는 공사의 기준으로 옳지 않은 것은?

① 최대 지간길이 30m 이상인 교량 건설 등의 공사

② 깊이 10m 이상인 굴착공사

③ 터널 건설 등의 공사

④ 다목적 댐, 발전용 댐 및 저수용량 2천만 톤 이상의 용수 전용 댐, 지방상수도 전용 댐 건설 등의 공사

해설 ① 최대 지간길이가 50m 이상인 교량 건설 등의 공사

86. 굴착이 곤란한 경우 발파가 어려운 암석의 파쇄굴착 또는 암석제거에 적합한 장비는 무엇인가?

① 리퍼   ② 스크레이퍼

③ 롤러   ④ 드래그라인

해설 리퍼 : 아스팔트 포장도로 지반의 파쇄 또는 연한 암석지반에 가장 적당한 장비이다.

87. 중량물의 취급 작업 시 근로자의 위험을 방지하기 위하여 사전에 작성하여야 하는 작업계획서 내용에 해당되지 않는 것은?

① 추락위험을 예방할 수 있는 안전 대책

② 낙하위험을 예방할 수 있는 안전 대책

③ 전도위험을 예방할 수 있는 안전 대책

④ 침수위험을 예방할 수 있는 안전 대책

해설 중량물 취급 작업 시 작업계획서는 추락위험, 낙하위험, 전도위험, 협착위험, 붕괴 등에 대한 예방을 할 수 있는 안전 대책을 포함하여야 한다.

88. 콘크리트 타설용 거푸집에 작용하는 외력 중 연직 방향 하중이 아닌 것은?

① 고정하중   ② 충격하중

③ 작업하중   ④ 풍하중

해설 거푸집에 작용하는 연직 방향 하중 : 고정하중, 충격하중, 작업하중, 콘크리트 및 거푸집 자중 등

89. 화물을 적재하는 경우에 준수하여야 하는 사항으로 옳지 않은 것은?

① 침하 우려가 없는 튼튼한 기반 위에 적재할 것

② 건물의 칸막이나 벽 등이 화물의 압력에 견딜 만큼의 강도를 지니지 아니한 경우에는 칸막이나 벽에 기대어 적재하지 않도록 할 것

③ 불안정할 정도로 높이 쌓아 올리지 말 것

④ 편하중이 발생하도록 쌓아 적재 효율을 높일 것

해설 ④ 하중이 한쪽으로 치우치지 않도록 쌓을 것

90. 핸드 브레이커 취급 시 안전에 관한 유의사항으로 옳지 않은 것은?

① 기본적으로 현장 정리가 잘 되어 있어야 한다.

정답 85. ①   86. ①   87. ④   88. ④   89. ④   90. ②

② 작업 자세는 항상 하향 45° 방향으로 유지하여야 한다.

③ 작업 전 기계에 대한 점검을 철저히 한다.

④ 호스의 교차 및 꼬임 여부를 점검하여야 한다.

해설 ② 끝의 부러짐을 방지하기 위해 작업 자세는 하향 수직 방향으로 유지한다.

91. 유한사면에서 사면 기울기가 비교적 완만한 점성토에서 주로 발생되는 사면 파괴의 형태는?

① 저부 파괴

② 사면 선단 파괴

③ 사면내 파괴

④ 국부 전단 파괴

해설 사면 저부 파괴 : 경사가 완만하고 점착성인 경우, 사면의 하부에 견고한 지층이 있을 경우 발생

92. 산업안전보건관리비 중 안전시설비 등의 항목에서 사용 가능한 내역은?

① 외부인 출입금지, 공사장 경계표시를 위한 가설울타리

② 비계 · 통로 · 계단에 추가 설치하는 추락방지용 안전난간

③ 절토부 및 성토부 등의 토사 유실방지를 위한 설비

④ 공사 목적물의 품질 확보 또는 건설장비 자체의 운행 감시, 공사 진척상황 확인, 방범 등의 목적을 가진 CCTV 등 감시용 장비

해설 ②는 안전시설비의 항목에서 사용할 수 있는 항목,

①, ③, ④는 안전시설비의 항목에서 사용할 수 없는 항목

93. 추락방지용 방망을 구성하는 그물코의 모양과 크기로 옳은 것은?

① 원형 또는 사각으로서 그 크기는 10 cm 이하이어야 한다.

② 원형 또는 사각으로서 그 크기는 20 cm 이하이어야 한다.

③ 사각 또는 마름모로서 그 크기는 10 cm 이하이어야 한다.

④ 사각 또는 마름모로서 그 크기는 20 cm 이하이어야 한다.

해설 추락방지용 방망은 사각 또는 마름모이며, 크기는 10 cm 이하이어야 한다.

94. 지반 조사의 방법 중 지반을 강관으로 천공하고 토사를 채취 후 여러 가지 시험을 시행하여 지반의 토질 분포, 흙의 층상과 구성 등을 알 수 있는 것은?

① 보링   ② 표준관입시험

③ 베인테스트   ④ 평판재하시험

해설 보링은 지반을 강관으로 천공하고 토사를 채취 후 지반의 토질 분포, 흙의 층상과 구성 등을 조사하는 방법이다.

95. 말비계를 조립하여 사용하는 경우의 준수사항으로 옳지 않은 것은?

① 지주부재의 하단에는 미끄럼 방지장치를 할 것

② 지주부재와 수평면과의 기울기는 85° 이하로 할 것

③ 말비계의 높이가 2m를 초과할 경우에는 작업발판의 폭을 40cm 이상으로 할 것

④ 지주부재와 지주부재 사이를 고정시키는 보조부재를 설치할 것

해설 ② 지주부재와 수평면과의 기울기는 75° 이하로 할 것

정답 **91.** ① **92.** ② **93.** ③ **94.** ① **95.** ②

96. 철골작업을 중지하여야 하는 제한기준에 해당되지 않는 것은?

① 풍속이 초당 10m 이상인 경우
② 강우량이 시간당 1mm 이상인 경우
③ 강설량이 시간당 1cm 이상인 경우
④ 소음이 65dB 이상인 경우

해설 ①, ②, ③은 철골작업 시 기후 변화에 의한 작업 중지사항,
④는 철골작업 중지사항이 아니다.

97. 강관틀비계의 높이가 20m를 초과하는 경우 주틀 간의 간격을 최대 얼마 이하로 사용해야 하는가?

① 1.0m ② 1.5m ③ 1.8m ④ 2.0m

해설 강관틀비계의 높이가 20m를 초과하는 경우 주틀 간의 간격은 1.8m 이하로 하여야 한다.

98. 철골공사에서 용접작업을 실시함에 있어 전격예방을 위한 안전조치 중 옳지 않은 것은?

① 전격방지를 위해 자동전격방지기를 설치한다.
② 우천, 강설 시에는 야외작업을 중단한다.
③ 개로전압이 낮은 교류 용접기는 사용하지 않는다.
④ 절연 홀더(holder)를 사용한다.

해설 ③ 개로전압이 낮은 안전한 교류 용접기를 사용한다.

99. 타워크레인의 운전작업을 중지하여야 하는 순간풍속 기준으로 옳은 것은?

① 초당 10m 초과 ② 초당 12m 초과
③ 초당 15m 초과 ④ 초당 20m 초과

해설 타워크레인 풍속에 따른 안전기준
• 순간풍속이 초당 10m 초과 : 타워크레인의 수리·점검·해체작업 중지
• 순간풍속이 초당 15m 초과 : 타워크레인의 운전작업 중지
• 순간풍속이 초당 30m 초과 : 타워크레인의 이탈방지 조치
• 순간풍속이 초당 35m 초과 : 승강기가 붕괴되는 것을 방지 조치

100. 흙막이 지보공을 설치하였을 때 정기적으로 점검하고 이상을 발견하면 즉시 보수하여야 하는 사항으로 거리가 먼 것은?

① 부재의 손상, 변형, 부식, 변위 및 탈락의 유무와 상태
② 부재의 접속부, 부착부 및 교차부의 상태
③ 침하의 정도
④ 발판의 지지상태

해설 흙막이 지보공 정기점검사항
• 부재의 손상·변형·부식·변위 및 탈락의 유무와 상태
• 버팀대의 긴압의 정도
• 부재의 접속부·부착부 및 교차부의 상태
• 침하의 정도
• 흙막이 공사 계측관리

2019년도(2회차) 출제문제

산업안전산업기사

1과목 산업안전관리론

1. 다음 중 무재해 운동의 기본 이념 3원칙에 포함되지 않는 것은?

① 무의 원칙　　② 선취의 원칙

③ 참가의 원칙　　④ 라인화의 원칙

해설 무재해 운동의 기본 이념 3원칙

- 무의 원칙 : 모든 위험요인을 파악하여 해결함으로써 근원적인 산업재해를 없앤다는 0의 원칙
- 참가의 원칙 : 작업자 전원이 참여하여 각자의 위치에서 적극적으로 문제해결 등을 실천하는 원칙
- 선취해결의 원칙 : 직장의 위험요인을 사전에 발견, 파악, 해결하여 재해를 예방하는 무재해를 실현하기 위한 원칙

2. 산업안전보건법령상 상시근로자 수의 산출 내역에 따라, 연간 국내공사 실적액이 50억 원이고 건설업 평균 임금이 250만 원이며, 노무비율은 0.06인 사업장의 상시근로자 수는?

① 10인　② 30인　③ 33인　④ 75인

해설 상시근로자 수

$$= \frac{\text{연간 국내공사 실적액} \times \text{노무비율}}{\text{건설업 평균 임금} \times 12}$$

$$= \frac{5,000,000,000 \times 0.06}{2,500,000 \times 12} = 10\text{인}$$

3. 산업안전보건법령상 산업재해 조사표에 기록되어야 할 내용으로 옳지 않은 것은?

① 사업장 정보

② 재해 정보

③ 재해 발생개요 및 원인

④ 안전교육계획

해설 산업재해 발생 시 기록·보존하여야 할 내용

- 사업장의 개요 및 근로자의 인적사항
- 재해 발생의 일시 및 장소
- 재해 발생의 원인 및 과정
- 재해 재발방지계획

4. 하인리히의 재해 발생 원인 도미노 이론에서 사고의 직접 원인으로 옳은 것은?

① 통제의 부족

② 관리구조의 부적절

③ 불안전한 행동과 상태

④ 유전과 환경적 영향

해설 하인리히(H.W. Heinrich)의 도미노 이론 (사고 발생의 연쇄성)

- 1단계 : 사회적 환경 및 유전적 요소(선천적 결함)
- 2단계 : 개인의 결함(간접 원인)
- 3단계 : 불안전한 행동 및 불안전한 상태-인적, 물적 원인 제거 가능(직접 원인)
- 4단계 : 사고
- 5단계 : 재해(상해)

5. 매슬로우(Maslow)의 욕구 단계 이론 중 제2단계의 욕구에 해당하는 것은?

① 사회적 욕구

② 안전에 대한 욕구

③ 자아실현의 욕구
④ 존경과 긍지에 대한 욕구

해설 2단계(안전 욕구) : 안전을 구하려는 자기보존의 욕구

6. 산업안전보건법령상 안전모의 종류(기호) 중 사용 구분에서 "물체의 낙하 또는 비래 및 추락에 의한 위험을 방지 또는 경감하고, 머리 부위 감전에 의한 위험을 방지하기 위한 것"으로 옳은 것은?

① A   ② AB   ③ AE   ④ ABE

해설 ABE형 : 물체의 낙하, 비래, 추락에 의한 위험을 방지 또는 경감하고, 머리 부위의 감전에 의한 위험을 방지하기 위한 것으로 7000V 이하의 전압에 견디는 내전압성이다.

7. 다음 중 산업심리의 5대 요소에 해당하지 않는 것은?

① 적성   ② 감정   ③ 기질   ④ 동기

해설 산업안전심리의 5요소 : 동기, 기질, 감정, 습관, 습성

8. 주의의 수준에서 중간 수준에 포함되지 않는 것은?

① 다른 곳에 주의를 기울이고 있을 때
② 가시시야 내 부분
③ 수면 중
④ 일상과 같은 조건일 경우

해설 인간 의식 레벨의 단계에서 수면 중의 생리적 상태는 0단계 무의식이다.

9. 다음 중 안전 태도교육의 원칙으로 적절하지 않은 것은?

① 청취 위주의 대화를 한다.
② 이해하고 납득한다.

③ 항상 모범을 보인다.
④ 지적과 처벌 위주로 한다.

해설 안전 태도교육의 원칙
• 태도교육 : 생활지도, 작업동작지도, 적성배치 등을 통한 안전행동의 습관화
• 태도교육을 통한 안전 태도 형성 요령
  ㉠ 청취한다.
  ㉡ 권장한다.
  ㉢ 이해·납득시킨다.
  ㉣ 모범을 보인다.
  ㉤ 평가(상, 벌)한다.

10. 레빈(Lewin)은 인간행동과 인간의 조건 및 환경 조건의 관계를 다음과 같이 표시하였다. 이때 "f"의 의미는?

$$B=f(P \cdot E)$$

① 행동   ② 조명   ③ 지능   ④ 함수

해설 f : 함수관계(function)

11. 적응기제(adjustment mechanism)의 유형에서 "동일화(identification)"의 사례에 해당하는 것은?

① 운동시합에서 진 선수가 컨디션이 좋지 않았다고 한다.
② 결혼에 실패한 사람이 고아들에게 정열을 쏟고 있다.
③ 아버지의 성공을 자신의 성공인 것처럼 자랑하며 거만한 태도를 보인다.
④ 동생이 태어난 후 초등학교에 입학한 큰 아이가 손가락을 빨기 시작했다.

해설 동일화(동일시) : 힘과 능력 있는 사람을 통해 대리만족 함

12. 특성에 따른 안전교육의 3단계에 포함되지 않는 것은?

① 태도교육　　② 지식교육

③ 직무교육　　④ 기능교육

해설 안전교육의 3단계 : 제1단계(지식교육), 제2단계(기능교육), 제3단계(태도교육)

13. 산업안전보건법령상 다음 그림에 해당하는 안전·보건표지의 종류로 옳은 것은?

① 부식성물질 경고

② 산화성물질 경고

③ 인화성물질 경고

④ 폭발성물질 경고

해설 물질 경고표지의 종류

인화물질	산화성	폭발성	급성독성	부식성
🔥	🔥	💥	☠	⚗

14. 다음 중 작업표준의 구비조건으로 옳지 않은 것은?

① 작업의 실정에 적합할 것

② 생산성과 품질의 특성에 적합할 것

③ 표현은 추상적으로 나타낼 것

④ 다른 규정 등에 위배되지 않을 것

해설 ③ 표현은 실제적이고 구체적으로 나타낼 것

15. 다음 중 위험예지훈련 4라운드의 순서가 올바르게 나열된 것은?

① 현상파악 → 본질추구 → 대책수립 → 목표설정

② 현상파악 → 대책수립 → 본질추구 → 목표설정

③ 현상파악 → 본질추구 → 목표설정 → 대책수립

④ 현상파악 → 목표설정 → 본질추구 → 대책수립

해설 위험예지훈련 문제해결의 4라운드

1R	2R	3R	4R
현상파악	본질추구	대책수립	행동목표설정

16. 산업안전보건법령상 특별안전·보건교육 대상 작업별 교육내용 중 밀폐공간에서의 작업 시 교육내용에 포함되지 않는 것은? (단, 그 밖에 안전·보건관리에 필요한 사항은 제외한다.)

① 산소농도 측정 및 작업환경에 관한 사항

② 유해물질이 인체에 미치는 영향

③ 보호구 착용 및 사용방법에 관한 사항

④ 사고 시의 응급처치 및 비상시 구출에 관한 사항

해설 밀폐된 장소에서 작업의 특별안전·보건교육사항

- 작업 순서, 안전작업방법 및 수칙에 관한 사항
- 산소농도 측정 및 환기설비에 관한 사항
- 질식 시 응급처치에 관한 사항
- 작업환경 점검에 관한 사항
- 전격방지 및 보호구 착용에 관한 사항

17. 안전지식 교육 실시 4단계에서 지식을 실제의 상황에 맞추어 문제를 해결해 보고 그 수법을 이해시키는 단계로 옳은 것은?

① 도입　　② 제시

③ 적용　　④ 확인

해설 안전교육방법의 4단계

제1단계	제2단계	제3단계	제4단계
도입 (학습할 준비)	제시 (작업 설명)	적용 (작업 진행)	확인 (결과)

18. 다음 중 산업재해 통계에 관한 설명으로 적절하지 않은 것은?

① 산업재해 통계는 구체적으로 표시되어야 한다.

② 산업재해 통계는 안전 활동을 추진하기 위한 기초자료이다.

③ 산업재해 통계만을 기반으로 해당 사업장의 안전수준을 추측한다.

④ 산업재해 통계의 목적은 기업에서 발생한 산업재해에 대하여 효과적인 대책을 강구하기 위함이다.

해설 ③ 산업재해 통계만을 기반으로 해당 사업장의 안전 조건이나 상태의 수준을 추측하지 않는다.

19. French와 Raven이 제시한, 리더가 가지고 있는 세력의 유형이 아닌 것은?

① 전문세력(expert power)

② 보상세력(reward power)

③ 위임세력(entrust power)

④ 합법세력(legitimate power)

해설 프렌치(French)와 레이븐(Raven)의 리더세력의 유형 : 보상세력, 합법세력, 전문세력, 강제세력, 참조세력 등

20. 산업안전보건법령상 안전검사대상 유해·위험기계의 종류에 포함되지 않는 것은?

① 전단기   ② 리프트

③ 곤돌라   ④ 교류 아크 용접기

해설 안전검사대상 유해·위험기계의 종류

㉠ 프레스   ㉡ 산업용 로봇

㉢ 전단기   ㉣ 압력용기

㉤ 리프트   ㉥ 고소작업대

㉦ 곤돌라   ㉧ 컨베이어

㉨ 원심기(산업용만 해당)

㉩ 롤러기(밀폐형 구조 제외)

㉪ 크레인(2t 미만 제외)

㉫ 국소배기장치(이동식 제외)

㉬ 사출성형기(형체결력 294kN 미만 제외)

2과목   **인간공학 및 시스템 안전공학**

21. 체계 설계과정의 주요 단계 중 가장 먼저 실시되어야 하는 것은?

① 기본 설계

② 계면 설계

③ 체계의 정의

④ 목표 및 성능 명세 결정

해설 인간-기계 시스템 설계 순서

1단계	2단계	3단계	4단계	5단계	6단계
목표와 성능 명세 결정	시스템의 정의	기본 설계	인터 페이스 설계	보조물 설계	시험 및 평가

22. 고장형태 및 영향분석(FMEA : Failure Mode and Effect Analyis)에서 치명도 해석을 포함시킨 분석방법으로 옳은 것은?

① CA

② ETA

③ FMETA

④ FMECA

해설 • FMEA : 고장형태 및 영향분석 기법으로 고장확률과 치명도 개선을 포함하여 시스템에 영향을 미치는 모든 요소의 고장을 형태별로 분석하여 그 영향을 최소로 하고자 검토하는 전형적인 정성적, 귀납적 분석방법이다.

• FMECA : FMEA와 형식은 같지만, 사고 발생 가능한 모든 인간 오류를 파악하고, 이를 정량화하는 방법으로 HCR, THERP, SLIM, CIT, TCRAM 등이다.

23. 그림과 같은 시스템의 신뢰도로 옳은 것은? (단, 그림의 숫자는 각 부품의 신뢰도이다.)

① 0.6261　　　　② 0.7371
③ 0.8481　　　　④ 0.9591

해설 신뢰도 $= 0.9 \times \{1-(1-0.7) \times (1-0.7)\}$
$\times 0.9 = 0.7371$

24. 인간의 시각 특성을 설명한 것으로 옳은 것은?

① 적응은 수정체의 두께가 얇아져 근거리의 물체를 볼 수 있게 되는 것이다.
② 시야는 수정체의 두께 조절로 이루어진다.
③ 망막은 카메라의 렌즈에 해당된다.
④ 암조응에 걸리는 시간은 명조응보다 길다.

해설 암조응(암순응)
• 완전 암조응 소요시간 : 보통 30~40분 소요
• 완전 명조응 소요시간 : 보통 1~2분 소요

25. 다음 중 생리적 스트레스를 전기적으로 측정하는 방법으로 옳지 않은 것은?

① 뇌전도(EEG)
② 근전도(EMG)
③ 전기피부반응(GSR)
④ 안구 반응(EOG)

해설 생리적 스트레스의 전기적 측정방법 : 뇌전도(EEG), 심전도(ECG, EKG), 근전도(EMG), 피부전기반응(GSR)

26. 레버를 10° 움직이면 표시장치는 1cm 이동하는 조종장치가 있다. 레버의 길이가 20cm라고 하면 이 조종장치의 통제 표시비 (C/D비)는 약 얼마인가?

① 1.27　　　　② 2.38
③ 3.49　　　　④ 4.51

해설 $C/D비 = \dfrac{(\alpha/360) \times 2\pi L}{표시장치\ 이동거리}$
$= \dfrac{(10/360) \times 2\pi \times 20}{1} = 3.49$

27. 서서 하는 작업의 작업대 높이에 대한 설명으로 옳지 않은 것은?

① 정밀작업의 경우 팔꿈치 높이보다 약간 높게 한다.
② 경작업의 경우 팔꿈치 높이보다 약간 낮게 한다.
③ 중작업의 경우 경작업의 작업대 높이보다 약간 낮게 한다.
④ 작업대의 높이는 기준을 지켜야 하므로 높낮이가 조절되어서는 안 된다.

해설 입식 작업대 높이
• 정밀작업 : 팔꿈치 높이보다 5~10cm 높게 설계
• 일반작업(輕작업) : 팔꿈치 높이보다 5~10cm 낮게 설계
• 힘든작업(重작업) : 팔꿈치 높이보다 10~20cm 낮게 설계

28. 작업장 내부의 추천 반사율이 가장 낮아야 하는 곳은?

① 벽　　　　　　② 천장
③ 바닥　　　　　④ 가구

해설 옥내 최적 반사율

바닥	가구, 책상	벽	천장
20~40%	25~40%	40~60%	80~90%

29. 인간의 정보처리기능 중 그 용량이 7개 내외로 작아, 순간적 망각 등 인적 오류의 원인이 되는 것은?

① 지각　　　　　② 작업 기억
③ 주의력　　　　④ 감각 보관

해설 작업 기억 : 인간의 정보 보관은 시간이 흐름에 따라 쇠퇴할 수 있다. 인간의 정보처리 기능으로 제한된 정보를 기억하는 형태를 단기기억이라고 하며, 그 용량이 7개 내외로 작아, 순간적 망각 등 인적 오류의 원인이 된다.

30. 인간 오류의 분류 중 원인에 의한 분류의 하나로, 작업자 자신으로부터 발생하는 에러로 옳은 것은?

① command error
② secondary error
③ primary error
④ third error

해설 1차 실수(primary error) : 작업자 자신으로부터 발생한 에러

31. 일반적으로 인체에 가해지는 온·습도 및 기류 등의 외적 변수를 종합적으로 평가하는 데에는 "불쾌지수"라는 지표가 이용된다. 불쾌지수의 계산식이 다음과 같은 경우, 건구온도와 습구온도의 단위로 옳은 것은?

$$불쾌지수 = 0.72 \times (건구온도 + 습구온도) + 40.6$$

① 실효온도　　　　② 화씨온도
④ 절대온도　　　　④ 섭씨온도

해설 불쾌지수
- 불쾌지수(섭씨온도 단위) = $0.72 \times$ (건구온도 + 습구온도) + 40.6
- 불쾌지수(화씨온도 단위) = $0.4 \times$ (건구온도 + 습구온도) + 15

32. FT도에 사용되는 논리기호 중 AND 게이트에 해당하는 것은?

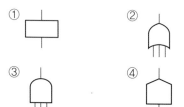

해설 AND 게이트(논리기호) : 모든 입력사상이 공존할 때만이 출력사상이 발생한다.

33. 위팔은 자연스럽게 수직으로 늘어뜨린 채, 아래팔만을 편하게 뻗어 작업할 수 있는 범위는?

① 정상작업역　　　② 최대작업역
③ 최소작업역　　　④ 작업포락면

해설 • 손을 작업대 위에서 자연스럽게 작업하는 상태를 정상작업역(34~45 cm)이라 한다.
• 손을 작업대 위에서 최대한 뻗어 작업하는 상태를 최대작업역(55~65 cm)이라 한다.

34. 다음 중 음의 강약을 나타내는 기본 단위는?

① dB　　② pont　　③ hertz　　④ diopter

2019

해설 • 데시벨(dB) : 음의 강약(소음)의 기본
단위
• 허츠(hertz) : 진동수의 단위
• 디옵터(diopter) : 렌즈나 렌즈계통의 배율
단위
• 루멘(lumen) : 광선속의 국제 단위

35. 신뢰성과 보전성을 효과적으로 개선하기 위해 작성하는 보전기록 자료로서 가장 거리가 먼 것은?

① 자재관리표
② MTBF 분석표
③ 설비이력카드
④ 고장 원인 대책표

해설 보전기록 자료 : MTBF 분석표, 설비이
력카드, 고장 원인 대책표 등

36. 예비위험분석(PHA)에 대한 설명으로 옳은 것은?

① 관련된 과거 안전점검 결과의 조사에 적절
하다.
② 안전 관련 법규 조항의 준수를 위한 조사방
법이다.
③ 시스템 고유의 위험성을 파악하고 예상되는
재해의 위험수준을 결정한다.
④ 초기 단계에서 시스템 내의 위험요소가 어
떠한 위험상태에 있는가를 정성적으로 평가
하는 것이다.

해설 예비위험분석(PHA) : 모든 시스템 안전
프로그램 중 최초 단계의 분석으로 시스템 내
의 위험요소가 얼마나 위험한 상태에 있는지
를 정성적으로 평가하는 분석 기법

37. 다음의 FT도에서 몇 개의 미니멀 패스셋(minimal path sets)이 존재하는가?

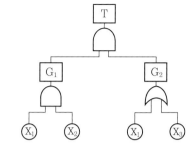

① 1개 ② 2개
③ 3개 ④ 4개

해설 $T = G_1 \cdot G_2 = (X_1 X_2) \begin{pmatrix} X_1 \\ X_3 \end{pmatrix}$

$= (X_1, X_2)$ 또는 (X_1, X_2, X_3)

∴ 최소 패스셋 : (X_1), (X_2)

38. 정보를 전송하기 위해 청각적 표시장치를 이용하는 것이 바람직한 경우로 적합한 것은?

① 전언이 복잡한 경우
② 전언이 이후에 재참조되는 경우
③ 전언이 공간적인 사건을 다루는 경우
④ 전언이 즉각적인 행동을 요구하는 경우

해설 ④는 청각적 표시장치의 특성,
①, ②, ③은 시각적 표시장치의 특성

39. FTA에서 모든 기본사상이 일어났을 때 톱(top)사상을 일으키는 기본사상의 집합을 무엇이라 하는가?

① 컷셋(cut set)
② 최소 컷셋(minimal cut set)
③ 패스셋(path set)
④ 최소 패스셋(minamal path set)

해설 컷셋 : 정상사상을 발생시키는 기본사
상의 집합으로 그 안에 포함되는 모든 기본사
상이 발생할 때 정상사상을 발생시킬 수 있는
기본사상의 집합

40. 조종장치를 통한 인간의 통제 아래 기계가 동력원을 제공하는 시스템의 형태로 옳은 것은?

① 기계화 시스템　　② 수동 시스템
③ 자동화 시스템　　④ 컴퓨터 시스템

해설 기계화 시스템은 반자동 시스템 체계로 운전자의 조정에 의해 기계의 제어 기능을 담당한다.

3과목 **기계 위험방지 기술**

41. 선반에서 냉각재 등에 의한 생물학적 위험을 방지하기 위한 방법으로 틀린 것은?

① 냉각재가 기계에 잔류되지 않고 중력에 의해 수집탱크로 배유되도록 해야 한다.
② 냉각재 저장탱크에는 외부 이물질의 유입을 방지하기 위해 덮개를 설치해야 한다.
③ 특별한 경우를 제외하고는 정상 운전 시 전체 냉각재가 계통 내에서 순환되고 냉각재 탱크에 체류하지 않아야 한다.
④ 배출용 배관의 지름은 대형 이물질이 들어가지 않도록 작아야 하고, 지면과 수평이 되도록 제작해야 한다.

해설 ④ 배출용 배관의 지름은 이물질(슬러지)의 체류를 최소화할 수 있는 정도의 크기여야 하며, 지면과 적절한 기울기를 주어 제작해야 한다.

42. 산업용 로봇의 작동범위에서 그 로봇에 관하여 교시 등의 작업을 하는 경우 작업시간 전 점검사항에 해당하지 않는 것은? (단, 로봇의 동력원을 차단하고 행하는 것을 제외한다.)

① 회전부의 덮개 또는 울 부착 여부
② 제동장치 및 비상정지장치의 기능
③ 외부 전선의 피복 또는 외장의 손상 유무
④ 매니퓰레이터(manipulator) 작동의 이상 유무

해설 ① 덮개 또는 울은 선반 등의 안전장치

43. 기계장치의 안전 설계를 위해 적용하는 안전율 계산식은?

① 안전하중 ÷ 설계하중
② 최대 사용하중 ÷ 극한강도
③ 극한강도 ÷ 최대 설계응력
④ 극한강도 ÷ 파단하중

해설 안전율 $= \dfrac{\text{기초강도}}{\text{허용응력}} = \dfrac{\text{파괴하중}}{\text{정격하중}}$

$= \dfrac{\text{파단하중}}{\text{안전하중}} = \dfrac{\text{극한강도}}{\text{최대 설계응력}}$

44. 양수조작식 방호장치에서 양쪽 누름버튼 간의 내측거리는 몇 mm 이상이어야 하는가?

① 100　　　　② 200
③ 300　　　　④ 400

해설 양수조작식 방호장치의 누름버튼 상호 간 내측거리는 300mm 이상이어야 한다.

45. "㉠"과 "㉡"에 들어갈 내용으로 옳은 것은?

> 순간풍속이 (㉠)를 초과하는 경우에는 타워크레인의 설치, 수리, 점검 또는 해체작업을 중지하여야 하며, 순간풍속이 (㉡)를 초과하는 경우에는 타워크레인의 운전작업을 중지하여야 한다.

① ㉠ : 10m/s, ㉡ : 15m/s
② ㉠ : 10m/s, ㉡ : 25m/s

③ ㉠ : 20m/s, ㉡ : 35m/s

④ ㉠ : 20m/s, ㉡ : 45m/s

해설 순간풍속이 초당 10m를 초과하는 경우 타워크레인의 설치·수리·점검 또는 해체작업을 중지하여야 하며, 순간풍속이 초당 15m를 초과하는 경우에는 타워크레인의 운전작업을 중지하여야 한다.

46. 드릴작업 시 올바른 작업안전수칙이 아닌 것은?

① 구멍을 뚫을 때 관통된 것을 확인하기 위해 손으로 만져서는 안 된다.

② 드릴을 끼운 후에 척 렌치(chuck wrench)를 부착한 상태에서 드릴작업을 한다.

③ 작업모를 착용하고 옷소매가 긴 작업복은 입지 않는다.

④ 보호안경을 쓰거나 안전덮개를 설치한다.

해설 ② 드릴을 끼운 후에 척 렌치(chuck wrench)를 제거하여야 한다.

47. 지게차 헤드가드의 안전기준에 관한 설명으로 틀린 것은?

① 상부틀의 각 개구의 폭 또는 길이가 20cm 이상일 것

② 강도는 지게차의 최대하중의 2배 값(4톤을 넘는 값에 대해서는 4톤으로 한다)의 등분포 정하중에 견딜 수 있을 것

③ 운전자가 서서 조작하는 방식의 지게차의 경우에는 운전석의 바닥면에서 헤드가드의 상부틀 하면까지의 높이가 2m 이상일 것

④ 운전자가 앉아서 조작하는 방식의 지게차의 경우에는 운전자의 좌석 윗면에서 헤드가드의 상부틀 아랫면까지의 높이가 1m 이상일 것

해설 ① 상부틀의 각 개구의 폭 또는 길이가 16cm 미만일 것

48. 프레스 가공품의 이송방법으로 2차 가공용 송급배출장치가 아닌 것은?

① 다이얼 피더(dial feeder)

② 롤 피더(roll feeder)

③ 푸셔 피더(pusher feeder)

④ 트랜스퍼 피더(transfer feeder)

해설 프레스 가공품 송급배출장치

• 1차 송급품 배출장치 : 롤 피더, 그리퍼 피더, 쇼벨 이젝터 등

• 2차 가공품 송급배출장치 : 다이얼 피더, 푸셔 피더, 트랜스퍼 피더, 슈트 등

49. 연삭기를 이용한 작업의 안전 대책으로 가장 옳은 것은?

① 연삭숫돌의 최고 원주속도 이상으로 사용하여야 한다.

② 운전 중 연삭숫돌의 균열 확인을 위해 수시로 충격을 가해 본다.

③ 정밀한 작업을 위해서는 연삭기의 덮개를 벗기고 숫돌의 정면에 서서 작업한다.

④ 작업시작 전에는 1분 이상 시운전을 하고 숫돌의 교체 시에는 3분 이상 시운전을 한다.

해설 ① 연삭숫돌의 회전은 최고사용 원주속도를 초과하여 사용하지 않는다.

② 연삭숫돌에 충격을 가하지 않는다.

③ 연삭기의 덮개를 벗기거나 숫돌의 정면에서 작업하지 않는다.

50. 압력용기에서 안전밸브를 2개 설치한 경우 그 설치방법으로 옳은 것은? (단, 해당하는 압력용기가 외부 화재에 대한 대비가 필요한 경우로 한정한다.)

① 1개는 최고사용압력 이하에서 작동하고 다른 1개는 최고사용압력의 1.05배 이하에서 작동하도록 한다.

② 1개는 최고사용압력 이하에서 작동하고 다른 1개는 최고사용압력의 1.2배 이하에서 작동하도록 한다.

③ 1개는 최고사용압력의 1.05배 이하에서 작동하고 다른 1개는 최고사용압력의 1.1배 이하에서 작동하도록 한다.

④ 1개는 최고사용압력의 1.05배 이하에서 작동하고 다른 1개는 최고사용압력의 1.2배 이하에서 작동하도록 한다.

해설 압력방출장치를 2개 설치하는 경우 1개는 최고사용압력 이하에서 작동되도록 하고, 또 다른 하나는 최고사용압력의 1.05배 이하에서 작동되도록 부착한다.

51. 범용 수동 선반의 방호조치에 대한 설명으로 틀린 것은?

① 대형 선반의 후면 칩 가드는 새들의 전체 길이를 방호할 수 있어야 한다.

② 척 가드의 폭은 공작물의 가공작업에 방해되지 않는 범위에서 척 전체 길이를 방호해야 한다.

③ 수동 조작을 위한 제어장치는 정확한 제어를 위해 조작 스위치를 돌출형으로 제작해야 한다.

④ 스핀들 부위를 통한 기어박스에 접촉될 위험이 있는 경우에는 해당 부위에 잠금장치가 구비된 가드를 설치하고 스핀들 회전과 연동 회로를 구성해야 한다.

해설 ③ 수동 조작을 위한 제어장치는 매립형으로 제작하여 불시접촉에 의한 가동을 방지하여야 한다.

52. 프레스에 금형 조정작업 시 슬라이드가 갑자기 작동함으로써 근로자에게 발생할 우려가 있는 위험을 방지하기 위하여 사용하는 것은?

① 안전블록
② 비상정지장치
③ 감응식 안전장치
④ 양수조작식 안전장치

해설 안전블록 : 프레스 등의 금형을 부착·해체 또는 조정하는 작업을 할 때에 작업자의 신체가 위험한계 내에 있는 경우 슬라이드가 갑자기 작동함으로써 작업자에게 발생할 우려가 있는 위험을 방지하기 위하여 사용한다.

53. 크레인 작업 시 300kg의 질량을 10m/s² 의 가속도로 감아올릴 때 로프에 걸리는 총 하중은 약 몇 N인가? (단, 중력가속도는 9.81m/s²로 한다.)

① 2943　　　　② 3000
③ 5943　　　　④ 8886

해설 총 하중(W)＝정하중＋동하중

＝(질량×중력가속도)＋$\left(\dfrac{정하중}{중력가속도}×가속도\right)$

＝$(300×9.81)+\left(\dfrac{2943}{9.81}×10\right)=5943\,\mathrm{N}$

54. 사고 체인의 5요소에 해당하지 않는 것은?

① 함정(trap)　　② 충격(impact)
③ 접촉(contact)　④ 결함(flaw)

해설 사고 체인의 5요소

1요소	2요소	3요소	4요소	5요소
함정	충격	접촉	말림, 얽힘	튀어 나옴

55. 프레스 작업 시 왕복운동을 하는 부분과 고정 부분 사이에서 형성되는 위험점은 무엇인가?

① 물림점　　　　② 협착점
③ 절단점　　　　④ 회전밀림점

해설 협착점 : 왕복운동을 하는 동작부와 고정 부분 사이에 형성되는 위험점

56. 기계설비의 안전화를 크게 외관의 안전화, 기능의 안전화, 구조적 안전화로 구분할 때, 기능의 안전화에 해당하는 것은?

① 안전율의 확보
② 위험부위 덮개 설치
③ 기계 외관에 안전색채 사용
④ 전압강하 시 기계의 자동정지

해설 기능의 안전화 : 전압 및 압력강하 시 작동 정지, 자동제어, 자동송급, 배출 등
Tip) ①은 구조적 안전화,
②, ③은 외관의 안전화

57. 근로자에게 위험을 미칠 우려가 있는 원동기, 축이음, 풀리 등에 설치하여야 하는 것은?

① 덮개　　　　　② 압력계
③ 통풍장치　　　④ 과압방지기

해설 기계의 원동기, 회전축, 기어, 풀리, 플라이휠, 벨트, 체인의 회전 부위 등 근로자가 위험에 처할 우려가 있는 부위에는 덮개, 울, 슬리브, 건널다리 등을 설치하여야 한다.

58. 컨베이어(conveyer)의 역전방지장치 형식이 아닌 것은?

① 램식
② 라쳇식
③ 롤러식
④ 전기 브레이크식

해설 컨베이어의 역전방지장치
• 기계식 : 롤러식, 라쳇식, 밴드식 등

• 전기식 : 전기 브레이크, 스러스트 브레이크 등

59. 롤러기의 급정지를 위한 방호장치를 설치하고자 한다. 앞면 롤러의 지름이 30cm이고, 회전수가 30rpm일 때 요구되는 급정지 거리의 기준은?

① 급정지거리가 앞면 롤러의 원주의 1/3 이상일 것
② 급정지거리가 앞면 롤러의 원주의 1/3 이내일 것
③ 급정지거리가 앞면 롤러의 원주의 1/2.5 이상일 것
④ 급정지거리가 앞면 롤러의 원주의 1/2.5 이내일 것

해설 앞면 롤러의 표면속도에 따른 급정지거리

㉠ 표면속도$(V) = \dfrac{\pi DN}{1000}$

$= \dfrac{\pi \times 300 \times 30}{1000} = 28.26\,\text{m/min}$

㉡ 표면속도$(V) = 30\,\text{m/min}$ 미만일 때

: 급정지거리 $= \pi \times D \times \dfrac{1}{3}$

60. 프레스의 작업시작 전 점검사항으로 거리가 먼 것은?

① 클러치 및 브레이크의 기능
② 금형 및 고정볼트 상태
③ 전단기(剪斷機)의 칼날 및 테이블의 상태
④ 언로드 밸브의 기능

해설 ④는 공기압축기의 작업시작 전 점검사항

4과목 전기 및 화학설비 위험방지 기술

61. 혼촉방지판이 부착된 변압기를 설치하고 혼촉방지판을 접지시켰다. 이러한 변압기를 사용하는 주요 이유는?

① 2차 측의 전류를 감소시킬 수 있기 때문에
② 누전전류를 감소시킬 수 있기 때문에
③ 2차 측에 비접지방식을 채택하면 감전 시 위험을 감소시킬 수 있기 때문에
④ 전력의 손실을 감소시킬 수 있기 때문에

해설 ③ 2차 측에 비접지방식을 채택하면 누전 시 폐회로가 형성되지 않아 감전 시 위험을 감소시킬 수 있다.

62. 인체가 현저히 젖어 있는 상태 또는 금속성의 전기기계장치나 구조물에 인체의 일부가 상시 접촉되어 있는 상태에서의 허용접촉전압으로 옳은 것은?

① 2.4V 이하
② 25V 이하
③ 50V 이하
④ 75V 이하

해설 제2종(25V 이하)
• 인체가 많이 젖어 있는 상태
• 금속제 전기기계장치나 금속 구조물에 인체의 일부가 상시 접촉되어 있는 상태

63. 아크 용접작업 시 감전재해 방지에 쓰이지 않는 것은?

① 보호면
② 절연장갑
③ 절연 용접봉 홀더
④ 자동전격 방지장치

해설 보호면(보안면) : 안면이나 눈에 유해광선, 열, 불꽃, 화학약품 등의 비말 또는 물체가 흩날릴 위험이 있는 작업에 쓰인다.

64. 산업안전보건법상 전기기계·기구의 누전에 의한 감전위험을 방지하기 위하여 접지를 하여야 하는 사항으로 틀린 것은?

① 전기기계·기구의 금속제 내부 충전부
② 전기기계·기구의 금속제 외함
③ 전기기계·기구의 금속제 외피
④ 전기기계·기구의 금속제 철대

해설 ① 전기기계·기구의 금속제 내부 충전부는 접지를 해서는 안 된다.

65. 변압기 전로의 1선 지락전류가 6A일 때 제2종 접지공사의 접지저항 값은? (단, 자동전로차단장치는 설치되지 않았다.)

① 10 Ω
② 15 Ω
③ 20 Ω
④ 25 Ω

해설 ㉠ 제2종 : 공칭단면적 16mm^2 이상의 연동선, $\dfrac{150}{\text{1선 지락전류}}$ [Ω] 이하

㉡ $\dfrac{150}{\text{1선 지락전류}} = \dfrac{150}{6} = 25\ \Omega$

※ 제2종 접지공사는 폐지된 규정이다.

66. 다음 중 전폐형 방폭구조가 아닌 것은?

① 압력 방폭구조
② 내압 방폭구조
③ 유입 방폭구조
④ 안전증 방폭구조

해설 • 점화원의 방폭적 격리(전폐형 방폭구조) : 압력 방폭구조, 유입 방폭구조, 내압 방폭구조
• 안전증 방폭구조(전기설비의 안전도 증강) : 고온에 의한 폭발의 위험을 방지할 수 있는 방폭구조

67. 다음 중 방폭구조의 명칭과 표기기호가 잘못 연결된 것은?

① 안전증 방폭구조 : e

② 유입(油入) 방폭구조 : o

③ 내압(耐壓) 방폭구조 : p

④ 본질안전 방폭구조 : ia 또는 ib

해설 ③ 내압 방폭구조 : d

68. 파이프 등에 유체가 흐를 때 발생하는 유동 대전에 가장 큰 영향을 미치는 요인은?

① 유체의 이동거리   ② 유체의 점도

③ 유체의 속도   ④ 유체의 양

해설 유동 대전 : 액체류가 파이프 등 내부에서 유동할 때 액체와 관 벽 사이에서 정전기가 발생되는 현상으로 유체의 속도가 가장 큰 영향을 미친다.

69. 충전전로의 선간전압이 121 kV 초과 145kV 이하의 활선작업 시 충전전로에 대한 접근한계거리(cm)는?

① 130   ② 150

③ 170   ④ 230

해설 선간전압 121 kV 초과 145 kV 이하의 접근한계거리는 150cm이다.

70. 정전기 발생의 원인에 해당되지 않는 것은?

① 마찰   ② 냉장

③ 박리   ④ 충돌

해설 정전기 발생 원인 : 유동, 마찰, 박리, 파괴, 충돌, 분출, 교반 등

71. 다음 중 분진폭발에 대한 설명으로 틀린 것은?

① 일반적으로 입자의 크기가 클수록 위험이 더 크다.

② 산소의 농도는 분진폭발 위험에 영향을 주는 요인이다.

③ 주위 공기의 난류확산은 위험을 증가시킨다.

④ 가스폭발에 비하여 불완전 연소를 일으키기 쉽다.

해설 ① 분진의 표면적이 입자체적에 비교하여 클수록 폭발위험이 크고, 분진 입자의 크기는 작을수록 폭발위험이 크다.

72. 다음 중 폭굉(detonation) 현상에 있어서 폭굉파의 진행 전면에 형성되는 것은 무엇인가?

① 증발열   ② 충격파

③ 역화   ④ 화염의 대류

해설 폭굉파 : 연소 진행속도가 1000~3500 m/s 정도일 경우 이를 폭굉 현상이라 하며, 충격파 파장이 아주 짧은 단일 압축파로 직진하는 성질을 가지고 있다. 충격파라고도 한다.

73. 위험물안전관리법령상 제4류 위험물(인화성 액체)이 갖는 일반성질로 가장 거리가 먼 것은?

① 증기는 대부분 공기보다 무겁다.

② 대부분 물보다 가볍고 물에 잘 녹는다.

③ 대부분 유기화합물이다.

④ 발생증기는 연소하기 쉽다.

해설 ② 대부분 물보다 가볍고 물과 섞이지 않는다.

74. 아세틸렌(C_2H_2)의 공기 중 완전 연소 조성 농도(C_{st})는 약 얼마인가?

① 6.7vol% ② 7.0vol%
③ 7.4vol% ④ 7.7vol%

해설 완전 연소 조성농도(C_{st})
아세틸렌(C_2H_2)에서 탄소(n)=2, 수소(m)=2, 할로겐(f)=0, 산소(λ)=0이므로

$$C_{st}=\frac{100}{1+4.773\left(n+\dfrac{m-f-2\lambda}{4}\right)}$$

$$=\frac{100}{1+4.773\left(2+\dfrac{2}{4}\right)}=7.7\text{vol}\%$$

75. 산업안전보건기준에 관한 규칙에 따라 폭발성 물질을 저장·취급하는 화학설비 및 그 부속설비를 설치할 때, 단위공정시설 및 설비로부터 다른 단위공정시설 및 설비 사이의 안전거리는 설비 바깥면으로부터 몇 m 이상 두어야 하는가? (단, 원칙적인 경우에 한한다.)

① 3 ② 5
③ 10 ④ 20

해설 단위공정설비 사이의 안전거리
• 단위공정시설 및 설비로부터 다른 단위공정시설 및 설비 사이의 바깥면으로부터 10m 이상
• 플레어스택으로부터 단위공정시설 및 설비, 위험물질 저장탱크 또는 위험물질 하역설비의 사이는 플레어스택으로부터 반경 20m 이상
• 위험물질 저장탱크로부터 단위공정시설 및 설비, 보일러 또는 가열로의 사이는 저장탱크의 바깥면으로부터 20m 이상
• 사무실, 연구실, 실험실, 정비실 또는 식당으로부터 단위공정시설 및 설비, 위험물질 저장탱크, 위험물질 하역설비, 보일러 또는 가열로의 사이는 사무실 등의 바깥면으로부터 20m 이상

76. 다음 중 가연성 가스가 아닌 것으로만 나열된 것은?

① 일산화탄소, 프로판
② 이산화탄소, 프로판
③ 일산화탄소, 산소
④ 산소, 이산화탄소

해설 가스의 구분
• 가연성 가스 : 아세틸렌, 프로판, 에틸렌, 메탄, 수소 등
• 불연성 가스 : 질소, 이산화탄소(탄산가스), 프레온12 등
• 조연성 가스 : 산소, 아산화질소, 압축공기, 염소 등
• 독성가스 : 일산화탄소, 염소, 아르곤, 산화에틸렌, 염화메틸, 암모니아, 시안화수소, 아황산가스, 포스겐 등

77. 나트륨은 물과 반응할 때 위험성이 매우 크다. 다음 중 그 이유로 적합한 것은?

① 물과 반응하여 지연성 가스 및 산소를 발생시키기 때문이다.
② 물과 반응하여 맹독성 가스를 발생시키기 때문이다.
③ 물과 발열반응을 일으키면서 가연성 가스를 발생시키기 때문이다.
④ 물과 반응하여 격렬한 흡열반응을 일으키기 때문이다.

해설 나트륨과 물의 반응
• 반응식 : $2Na+2H_2O \rightarrow 2NaOH+H_2$
• 나트륨은 물과 접촉하면 발열반응을 일으키면서 가연성 가스 H_2를 발생시킨다.

78. 다음은 산업안전보건기준에 관한 규칙에서 정한 부식방지와 관련한 내용이다. (　　)에 해당하지 않는 것은?

정답 75. ③ 76. ④ 77. ③ 78. ④

사업주는 화학설비 또는 그 배관(화학설비 또는 그 배관의 밸브나 콕은 제외한다) 중 위험물 또는 인화점이 섭씨 60도 이상인 물질이 접촉하는 부분에 대해서는 위험물질 등에 의하여 그 부분이 부식되어 폭발·화재 또는 누출되는 것을 방지하기 위하여 위험물질 등의 (   )·(   )·(   ) 등에 따라 부식이 잘 되지 않는 재료를 사용하거나 도장(塗裝) 등의 조치를 하여야 한다.

① 종류   ② 온도   ③ 농도   ④ 색상

해설 사업주는 화학설비 또는 그 배관 중 위험물 또는 인화점이 섭씨 60도 이상인 물질이 접촉하는 부분에 대해서는 위험물질 등에 의하여 그 부분이 부식되어 폭발·화재 또는 누출되는 것을 방지하기 위하여 위험물질 등의 종류·온도·농도 등에 따라 부식이 잘 되지 않는 재료를 사용하거나 도장(塗裝) 등의 조치를 하여야 한다.

79. 메탄올의 연소반응이 다음과 같을 때 최소 산소농도(MOC)는 약 몇 vol%인가? (단, 메탄올의 연소하한값(L)은 6.7vol%이다.)

$$CH_3OH + 1.5O_2 \rightarrow CO_2 + 2H_2O$$

① 1.5 vol%   ② 6.7 vol%
③ 10 vol%   ④ 15 vol%

해설 최소 산소농도(C_m)

$$= \frac{\text{산소 몰수}}{\text{메탄올 가스 몰수}} \times \text{메탄올의 연소하한값}$$

$$= \frac{1.5}{1} \times 6.7 = 10.05 \, \text{vol}\%$$

80. 산업안전보건기준에 관한 규칙에서 부식성 염기류에 해당하는 것은?

① 농도 30퍼센트인 과염소산
② 농도 30퍼센트인 아세틸렌
③ 농도 40퍼센트인 디아조 화합물
④ 농도 40퍼센트인 수산화나트륨

해설 • 부식성 산류
  ㉠ 농도가 20% 이상인 염산, 황산, 질산 그리고 이와 동등 이상의 부식성을 가지는 물질
  ㉡ 농도가 60% 이상인 인산, 아세트산, 불산 그리고 이와 동등 이상의 부식성을 가지는 물질
• 부식성 염기류 : 농도가 40% 이상인 수산화나트륨, 수산화칼륨, 그리고 이와 동등 이상의 부식성을 가지는 염기류

5과목 **건설안전기술**

81. 근로자가 추락하거나 넘어질 위험이 있는 장소에서 추락방호망의 설치기준으로 옳지 않은 것은?

① 망의 처짐은 짧은 변 길이의 10% 이상이 되도록 할 것
② 추락방호망은 수평으로 설치할 것
③ 건축물 등의 바깥쪽으로 설치하는 경우 추락방호망의 내민 길이는 벽면으로부터 3m 이상 되도록 할 것
④ 추락방호망의 설치위치는 가능하면 작업면으로부터 가까운 지점에 설치하여야 하며, 작업면으로부터 망의 설치지점까지의 수직거리는 10m를 초과하지 아니할 것

해설 ① 추락방호망은 수평으로 설치하고, 망의 처짐은 짧은 변 길이의 12% 이상이 되도록 할 것

82. 산업안전보건관리비에 관한 설명으로 옳지 않은 것은?

① 발주자는 수급인이 안전관리비를 다른 목적으로 사용한 금액에 대해서는 계약금액에서 감액 조정할 수 있다.

② 발주자는 수급인이 안전관리비를 사용하지 아니한 금액에 대하여는 반환을 요구할 수 있다.

③ 자기공사자는 원가 계산에 의한 예정가격 작성 시 안전관리비를 계상한다.

④ 발주자는 설계변경 등으로 대상액의 변동이 있는 경우 공사 완료 후 정산하여야 한다.

해설 ④ 발주자 또는 자기공사자는 설계변경 등으로 대상액의 변동이 있는 경우에 지체 없이 안전관리비를 조정 · 계상하여야 한다.

83. 굴착면 붕괴의 원인과 가장 거리가 먼 것은?

① 사면 경사의 증가
② 성토 높이의 감소
③ 공사에 의한 진동하중의 증가
④ 굴착 높이의 증가

해설 ② 절토 및 성토 높이의 증가가 굴착면 붕괴의 원인이 된다.

84. 다음 중 유해 · 위험방지 계획서 작성 및 제출대상에 해당되는 공사는?

① 지상 높이가 20m인 건축물의 해체 공사
② 깊이 9.5m인 굴착공사
③ 최대 지간거리가 50m인 교량 건설공사
④ 저수용량 1천만 톤인 용수 전용 댐

해설 ① 지상 높이가 31m 이상인 건축물의 해체 공사
② 깊이 10m 이상인 굴착공사
④ 저수용량 2천만 톤 이상의 용수 전용 댐

85. 철근콘크리트 슬래브에 발생하는 응력에 대한 설명으로 옳지 않은 것은?

① 전단력은 일반적으로 단부보다 중앙부에서 크게 작용한다.

② 중앙부 하부에는 인장응력이 발생한다.

③ 단부 하부에는 압축응력이 발생한다.

④ 휨응력은 일반적으로 슬래브의 중앙부에서 크게 작용한다.

해설 ① 전단력은 일반적으로 중앙부보다 단부에서 크게 작용한다.

86. 연약지반을 굴착할 때, 흙막이벽 뒤쪽 흙의 중량이 바닥의 지지력보다 커지면, 굴착 저면에서 흙이 부풀어 오르는 현상은 무엇인가?

① 슬라이딩(sliding)
② 보일링(boiling)
③ 파이핑(piping)
④ 히빙(heaving)

해설 히빙(heaving) 현상 : 연약 점토지반에서 굴착작업 시 흙막이벽체 내 · 외의 토사의 중량차에 의해 흙막이 밖에 있는 흙이 안으로 밀려 들어와 솟아오르는 현상

87. 철근콘크리트 공사 시 활용되는 거푸집의 필요조건이 아닌 것은?

① 콘크리트의 하중에 대해 뒤틀림이 없는 강도를 갖출 것

② 콘크리트 내 수분 등에 대한 물 빠짐이 원활한 구조를 갖출 것

③ 최소한의 재료로 여러 번 사용할 수 있는 전용성을 가질 것

④ 거푸집은 조립 · 해체 · 운반이 용이하도록 할 것

해설 ② 콘크리트 내 수분이나 모르타르 등에 대한 누출을 방지할 수 있는 수밀성을 갖추어야 한다.

정답 82. ④ 83. ② 84. ③ 85. ① 86. ④ 87. ②

88. 말비계를 조립하여 사용하는 경우에 준수해야 하는 사항으로 옳지 않은 것은?

① 지주부재의 하단에는 미끄럼 방지장치를 한다.

② 근로자는 양측 끝부분에 올라서서 작업하도록 한다.

③ 지주부재와 수평면의 기울기를 75° 이하로 한다.

④ 말비계의 높이가 2m를 초과하는 경우에는 작업발판의 폭을 40cm 이상으로 한다.

해설 ② 근로자는 양측 끝부분에 올라서서 작업하지 않도록 한다.

89. 슬레이트, 선라이트 등 강도가 약한 재료로 덮은 지붕 위에서 작업을 할 때 발이 빠지는 등 근로자의 위험을 방지하기 위하여 필요한 발판의 폭 기준은?

① 10cm 이상   ② 20cm 이상
③ 25cm 이상   ④ 30cm 이상

해설 슬레이트, 선라이트 등 강도가 약한 재료로 덮은 지붕 위에서의 작업 중 위험방지를 위하여 필요한 발판의 폭은 30cm 이상이다.

90. 추락방지용 방망 그물코의 모양 및 크기의 기준으로 옳은 것은?

① 원형 또는 사각으로서 그 크기는 5cm 이하이어야 한다.

② 원형 또는 사각으로서 그 크기는 10cm 이하이어야 한다.

③ 사각 또는 마름모로서 그 크기는 5cm 이하이어야 한다.

④ 사각 또는 마름모로서 그 크기는 10cm 이하이어야 한다.

해설 추락방지용 방망은 사각 또는 마름모이며, 크기는 10cm 이하이어야 한다.

91. 콘크리트를 타설할 때 안전상 유의하여야 할 사항으로 옳지 않은 것은?

① 콘크리트를 치는 도중에는 거푸집, 지보공 등의 이상 유무를 확인한다.

② 진동기 사용 시 지나친 진동은 거푸집 도괴의 원인이 될 수 있으므로 적절히 사용해야 한다.

③ 최상부의 슬래브는 되도록 이어붓기를 하고 여러 번에 나누어 콘크리트를 타설한다.

④ 타워에 연결되어 있는 슈트의 접속이 확실한지 확인한다.

해설 ③ 최상부의 슬래브는 이어붓기를 피하고 한 번에 전체를 타설하여야 한다.

92. 무한궤도식 장비와 타이어식(차륜식) 장비의 차이점에 관한 설명으로 옳은 것은?

① 무한궤도식은 기동성이 좋다.

② 타이어식은 승차감과 주행성이 좋다.

③ 무한궤도식은 경사지반에서의 작업에 부적당하다.

④ 타이어식은 땅을 다지는데 효과적이다.

해설 ① 타이어식은 기동성이 좋다.

③ 무한궤도식은 경사지반에서의 작업에 적당하다.

④ 무한궤도식은 땅을 다지는데 효과적이다.

93. 사다리식 통로 등을 설치하는 경우 발판과 벽과의 사이는 최소 얼마 이상의 간격을 유지하여야 하는가?

① 10cm 이상

② 15cm 이상

③ 20cm 이상

④ 25cm 이상

해설 발판과 벽과의 사이는 15cm 이상의 간격을 유지할 것

정답 88. ②   89. ④   90. ④   91. ③   92. ②   93. ②

94. 정기안전점검 결과 건설공사의 물리적 · 기능적 결함 등이 발견되어 보수 · 보강 등의 조치를 하기 위하여 필요한 경우에 실시하는 것은?

① 자체안전점검

② 정밀안전점검

③ 상시안전점검

④ 품질관리점검

해설 정밀안전진단 : 일상, 정기, 특별, 임시 점검에서 시설물의 물리적 · 기능적 결함을 발견하고 그에 대한 신속하고 적절한 조치를 하기 위하여 구조적 안전성과 결함의 원인 등을 조사 · 측정 · 평가하여 보수 · 보강 등의 방법을 제시하는 행위를 말한다.

95. 차량계 하역운반기계에 화물을 적재할 때의 준수사항과 거리가 먼 것은?

① 하중이 한쪽으로 치우지지 않도록 적재할 것

② 구내운반차 또는 화물자동차의 경우 화물의 붕괴 또는 낙하에 의한 위험을 방지하기 위하여 화물에 로프를 거는 등 필요한 조치를 할 것

③ 운전자의 시야를 가리지 않도록 화물을 적재할 것

④ 제동장치 및 조정장치 기능의 이상 유무를 점검할 것

해설 차량계 하역운반기계 화물 적재 시 준수 사항

• 하중이 한쪽으로 치우치지 않도록 적재할 것

• 구내운반차 또는 화물자동차의 경우 화물의 붕괴 또는 낙하에 의한 위험을 방지하기 위하여 화물에 로프를 거는 등 필요한 조치를 할 것

• 운전자의 시야를 가리지 않도록 화물을 적재할 것

96. 시스템 비계를 사용하여 비계를 구성하는 경우에 준수하여야 할 사항으로 옳지 않은 것은?

① 수직재와 수직재의 연결철물은 이탈되지 않도록 견고한 구조로 할 것

② 수직재 · 수평재 · 가새재를 견고하게 연결하는 구조가 되도록 할 것

③ 수직재와 받침철물의 연결부 겹침길이는 받침철물 전체 길이의 4분의 1 이상이 되도록 할 것

④ 수평재는 수직재와 직각으로 설치하여야 하며, 체결 후 흔들림이 없도록 견고하게 설치할 것

해설 ③ 수직재와 받침철물의 연결부 겹침길이는 받침철물 전체 길이의 3분의 1 이상이 되도록 할 것

97. 공사현장에서 낙하물방지망 또는 방호선반을 설치할 때 설치 높이 및 벽면으로부터 내민 길이 기준으로 옳은 것은?

① 설치 높이 : 10m 이내마다, 내민 길이 : 2m 이상

② 설치 높이 : 15m 이내마다, 내민 길이 : 3m 이상

③ 설치 높이 : 10m 이내마다, 내민 길이 : 3m 이상

④ 설치 높이 : 15m 이내마다, 내민 길이 : 2m 이상

해설 설치 높이 10m 이내마다 설치하고, 내민 길이는 벽면으로부터 2m 이상으로 할 것

98. 가설 구조물이 갖추어야 할 구비요건과 가장 거리가 먼 것은?

① 영구성　　　　② 경제성

③ 작업성　　　　④ 안전성

해설 가설 구조물이 갖추어야 할 구비요건 : 안전성, 경제성, 작업성

99. 가설통로를 설치하는 경우 준수하여야 할 기준으로 옳지 않은 것은?

① 견고한 구조로 할 것

② 경사는 30° 이하로 할 것

③ 경사가 30°를 초과하는 경우에는 미끄러지지 아니하는 구조로 할 것

④ 수직갱에 가설된 통로의 길이가 15m 이상인 경우에는 10m 이내마다 계단참을 설치할 것

해설 ③ 경사각이 15°를 초과하는 경우에는 미끄러지지 아니하는 구조로 할 것

100. 산업안전보건기준에 관한 규칙에 따른 토사굴착 시 굴착면의 기울기 기준으로 옳지 않은 것은?

① 보통흙인 습지 – 1 : 1~1 : 1.5

② 풍화암 – 1 : 0.8

③ 연암 – 1 : 0.5

④ 보통흙인 건지 – 1 : 1.2~1 : 5

해설 굴착면의 기울기 기준(2021.11.19 개정)

구분	지반 종류	기울기
보통흙	습지	1 : 1~1 : 1.5
	건지	1 : 0.5~1 : 1
암반	풍화암	1 : 1.0
	연암	1 : 1.0
	경암	1 : 0.5

Tip) 개정된 규정에 맞는 정답은 ②, ③, ④ 이다. 본서에서는 ④번을 정답으로 한다.

2019년도(3회차) 출제문제

산업안전산업기사

1과목 산업안전관리론

1. 산업안전보건법령상 안전 · 보건표지의 종류에 있어 "안전모 착용"은 어떤 표지에 해당하는가?

① 경고표지
② 지시표지
③ 안내표지
④ 관계자 외 출입금지

해설 안전모 착용은 보호구 착용에 관한 내용으로 지시표지이다.

2. 산업안전보건법상 특별안전 · 보건교육대상 작업이 아닌 것은?

① 건설용 리프트 · 곤돌라를 이용한 작업
② 전압이 50볼트(V)인 정전 및 활선작업
③ 화학설비 중 반응기, 교반기, 추출기의 사용 및 세척작업
④ 액화 석유가스, 수소가스 등 인화성 가스 또는 폭발성 물질 중 가스의 발생장치 취급 작업

해설 ② 전압이 75V 이상인 정전 및 활선작업

3. 다음 중 사고의 간접 원인이 아닌 것은?

① 물적 원인   ② 정신적 원인
③ 관리적 원인   ④ 신체적 원인

해설 • 직접 원인 : 인적 원인(불안전한 행동), 물적 원인(불안전한 상태)
• 간접 원인 : 기술적, 교육적, 관리적, 신체적, 정신적 원인 등

4. 다음 재해손실비용 중 직접 손실비에 해당하는 것은?

① 진료비
② 입원 중의 잡비
③ 당일 손실시간손비
④ 구원, 연락으로 인한 부동 임금

해설 직접비와 간접비

직접비(법적으로 지급되는 산재보상비)		간접비 (직접비를 제외한 비용)
구분	**적용**	
치료비	치료비 전액	인적 손실 물적 손실 생산 손실 임금 손실 시간 손실 기타 손실 등
휴업 급여	1일 평균임금의 70%에 상당하는 금액	
장해 급여	장해등급에 따라 장해보상연금 또는 장해보상금 지급	
간병 급여	요양급여 수급자가 치유 후 간병을 받는 자에게 지급	
유족 급여	근로자가 업무상 사유로 사망한 경우 유족에게 지급	
상병 보상 연금	• 요양 개시 후 2년 경과된 날 이후에 지급 • 부상 또는 질병이 치유되지 아니한 상태 • 부상 또는 질병에 의한 폐질의 등급기준에 따라 지급	
장의비	평균임금의 120일분에 상당하는 금액	
기타 비용	상해특별급여, 유족특별급여	

정답 1. ② 2. ② 3. ① 4. ①

5. 기업조직의 원리 중 지시 일원화의 원리에 대한 설명으로 가장 적절한 것은?

① 지시에 따라 최선을 다해서 주어진 임무나 기능을 수행하는 것

② 책임을 완수하는 데 필요한 수단을 상사로부터 위임받은 것

③ 언제나 직속상사에게서만 지시를 받고 특정 부하직원들에게만 지시하는 것

④ 가능한 조직의 각 구성원이 한 가지 특수 직무만을 담당하도록 하는 것

해설 지시 일원화 원리 : 1인의 직속상사에게 지시받고 특정한 부하에게만 지시하는 것

6. 안전모에 관한 내용으로 옳은 것은?

① 안전모의 종류는 안전모의 형태로 구분한다.

② 안전모의 종류는 안전모의 색상으로 구분한다.

③ A형 안전모 : 물체의 낙하, 비래에 의한 위험을 방지, 경감시키는 것으로 내전압성이다.

④ AE형 안전모 : 물체의 낙하, 비래에 의한 위험을 방지 또는 경감하고 머리 부위의 감전에 의한 위험을 방지하기 위한 것으로 내전압성이다.

해설 안전모의 종류 및 용도

• AB형 : 물체의 낙하, 비래, 추락에 의한 위험을 방지 또는 경감시키기 위한 것으로 비내전압성이다.

• AE형 : 물체의 낙하, 비래에 의한 위험을 방지 또는 경감하고, 머리 부위의 감전에 의한 위험을 방지하기 위한 것으로 7000 V 이하의 전압에 견디는 내전압성이다.

• ABE형 : 물체의 낙하, 비래, 추락에 의한 위험을 방지 또는 경감하고, 머리 부위의 감전에 의한 위험을 방지하기 위한 것으로 7000 V 이하의 전압에 견디는 내전압성이다.

7. 어느 공장의 연평균 근로자가 180명이고, 1년간 사상자가 6명이 발생했다면, 연천인율은 약 얼마인가? (단, 근로자는 하루 8시간씩 연간 300일을 근무한다.)

① 12.79 ② 13.89

③ 33.33 ④ 43.69

해설 연천인율 $= \dfrac{\text{재해자 수}}{\text{연평균 근로자 수}} \times 1000$

$= \dfrac{6}{180} \times 1000 = 33.333$

8. 교육의 기본 3요소에 해당하지 않는 것은?

① 교육의 형태 ② 교육의 주체

③ 교육의 객체 ④ 교육의 매개체

해설 안전교육의 3요소

교육 요소	교육의 주체	교육의 객체	교육의 매개체
형식적 요소	교수자 (강사)	교육생 (수강자)	교재 (교육자료)

9. 안전교육방법 중 TWI(Training Within Industry)의 교육과정이 아닌 것은?

① 작업지도훈련 ② 인간관계훈련

③ 정책수립훈련 ④ 작업방법훈련

해설 TWI 교육과정 4가지 : 작업방법훈련, 작업지도훈련, 인간관계훈련, 작업안전훈련

10. 안전심리의 5대 요소 중 능동적인 감각에 의한 자극에서 일어난 사고의 결과로서, 다음 중 사람의 마음을 움직이는 원동력이 되는 것은?

① 기질(temper) ② 동기(motive)

③ 감정(emotion) ④ 습관(custom)

정답 5. ③ 6. ④ 7. ③ 8. ① 9. ③ 10. ②

해설 안전심리의 5대 요소
- 동기 : 사람의 마음을 움직이는 원동력
- 기질 : 사람의 성격 등 개인적인 특성
- 감정 : 희로애락, 감성 등 사람의 의식을 말함
- 습성 : 사람의 행동에 영향을 미칠 수 있도록 하는 것
- 습관 : 자신도 모르게 나오는 행동, 현상 등

11. 지적 확인이란 사람의 눈이나 귀 등 오감의 감각기관을 총동원해서 작업의 정확성과 안전을 확인하는 것이다. 지적 확인과 정확도가 올바르게 짝지어진 것은?

① 지적 확인한 경우−0.3%

② 확인만 하는 경우−1.25%

③ 지적만 하는 경우−1.0%

④ 아무것도 하지 않은 경우−1.8%

해설 지적 확인의 정확도(잘못된 판단의 발생률)
- 지적 확인한 경우−0.8%
- 확인만 하는 경우−1.25%
- 지적만 하는 경우−1.5%
- 아무것도 하지 않은 경우−2.85%

12. 토의(회의) 방식 중 참가자가 다수인 경우에 전원을 토의에 참가시키기 위하여 소집단으로 구분하고, 각각 자유토의를 행하여 의견을 종합하는 방식은?

① 포럼(forum)

② 심포지엄(symposium)

③ 버즈세션(buzz session)

④ 패널 디스커션(panel discussion)

해설 버즈세션(6−6 회의) : 6명의 소집단별로 자유토의를 행하여 의견을 종합하는 방법이다.

13. 매슬로우(Maslow)의 욕구 위계 이론 5단계를 올바르게 나열한 것은?

① 생리적 욕구 → 안전의 욕구 → 사회적 욕구 → 존경의 욕구 → 자아실현의 욕구

② 생리적 욕구 → 안전의 욕구 → 사회적 욕구 → 자아실현의 욕구 → 존경의 욕구

③ 안전의 욕구 → 생리적 욕구 → 사회적 욕구 → 자아실현의 욕구 → 존경의 욕구

④ 안전의 욕구 → 생리적 욕구 → 사회적 욕구 → 존경의 욕구 → 자아실현의 욕구

해설 매슬로우가 제창한 인간의 욕구 5단계

1단계	생리적 욕구
2단계	안전의 욕구
3단계	사회적 욕구
4단계	존경의 욕구
5단계	자아실현의 욕구

14. 레빈(Lewin)의 법칙에서 환경 조건(E)에 포함되는 것은?

$$B=f(P \cdot E)$$

① 지능

② 소질

③ 적성

④ 인간관계

해설 인간의 행동은 $B=f(P \cdot E)$의 상호 함수 관계에 있다.
- f : 함수관계(function)
- P : 개체(person)−연령, 경험, 심신상태, 성격, 지능, 소질 등
- E : 심리적 환경(environment)−인간관계, 작업환경 등

15. 기기의 적정한 배치, 변형, 균열, 손상, 부식 등의 유무를 육안, 촉수 등으로 조사 후 그 설비별로 정해진 점검기준에 따라 양부를 확인하는 점검은?

① 외관점검

② 작동점검

③ 기능점검

④ 종합점검

해설 외관점검 : 기기의 적정한 배치, 변형, 균열, 손상, 부식 등의 유무를 육안, 촉수 등으로 조사 후 그 설비별로 정해진 점검기준에 따라 양부를 확인하는 점검

16. 재해 누발자의 유형 중 작업이 어렵고, 기계설비에 결함이 있기 때문에 재해를 일으키는 유형은?

① 상황성 누발자
② 습관성 누발자
③ 소질성 누발자
④ 미숙성 누발자

해설 재해 누발자

상황성 누발자	• 작업에 어려움이 많은 자 • 기계설비의 결함 • 심신에 근심이 있는 자 • 환경상 주의력의 집중이 혼란되기 때문에 발생되는 자
습관성 누발자	• 트라우마, 슬럼프
미숙성 누발자	• 기능 미숙련자 • 환경에 적응하지 못한 자
소질성 누발자	• 주의력 산만, 흥분성, 비협조성 • 도덕성 결여, 소심한 성격, 감각운동 부적합 등

17. 무재해 운동의 3원칙에 해당되지 않는 것은?

① 참가의 원칙   ② 무의 원칙
③ 예방의 원칙   ④ 선취의 원칙

해설 무재해 운동의 기본 이념 3원칙 : 무의 원칙, 참가의 원칙, 선취해결의 원칙

18. 적응기제(adjustment mechanism) 중 방어적 기제(defence mechanism)에 해당하는 것은?

① 고립(isolation)
② 퇴행(regression)
③ 억압(suppression)
④ 합리화(rationalization)

해설 ④는 방어적 기제, ①, ②, ③은 도피기제
Tip) 합리화 : 사회적으로 그럴 듯한 변명이나 이유를 대는 것으로 실패를 합리화하며, 자기미화한다.

19. 안전관리조직의 형태 중 참모식(staff) 조직에 대한 설명으로 틀린 것은?

① 이 조직은 분업의 원칙을 고도로 이용한 것이며, 책임 및 권한이 직능적으로 분담되어 있다.
② 생산 및 안전에 관한 명령이 각각 별개의 계통에서 나오는 결함이 있어, 응급처치 및 통제수속이 복잡하다.
③ 참모(staff)의 특성상 업무관장은 계획안의 작성, 조사, 점검 결과에 따른 조언, 보고에 머무는 것이다.
④ 참모(staff)는 각 생산라인의 안전업무를 직접 관장하고 통제한다.

해설 ④는 라인형 조직에 대한 설명이다.

20. 재해의 근원이 되는 기계, 장치나 기타의 물(物) 또는 환경을 뜻하는 것은?

① 상해
② 가해물
③ 기인물
④ 사고의 형태

해설 기인물과 가해물
• 기인물 : 재해 발생의 주원인으로 근원이 되는 기계, 장치, 기구, 환경, 전기 등
• 가해물 : 직접 인간에게 접촉하여 피해를 주는 기계, 장치, 기구, 환경, 지면 등

부록 2019

2과목 인간공학 및 시스템 안전공학

21. 정적자세 유지 시, 진전(tremor)을 감소시킬 수 있는 방법으로 틀린 것은?

① 시각적인 참조가 있도록 한다.
② 손이 심장 높이에 있도록 유지한다.
③ 작업 대상물에 기계적 마찰이 있도록 한다.
④ 손을 떨지 않으려고 힘을 주어 노력한다.

[해설] ④ 손을 떨지 않으려고 힘을 주는 경우 진전이 더 심해진다.

22. 인간의 과오를 정량적으로 평가하기 위한 기법으로, 인간 과오의 분류 시스템과 확률을 계산하는 안전성 평가 기법은?

① THERP
② FTA
③ ETA
④ HAZOP

[해설] THERP(인간 실수율 예측 기법) : 인간의 과오를 정량적으로 평가하기 위해 Swain 등에 의해 개발된 기법으로 인간의 과오율 추정법 등 5개의 스텝으로 되어 있다.

23. 어떤 기기의 고장률이 시간당 0.002로 일정하다고 한다. 이 기기를 100시간 사용했을 때 고장이 발생할 확률은 얼마인가?

① 0.1813
② 0.2214
③ 0.6253
④ 0.8187

[해설] ㉠ $R(t) = e^{-\lambda t} = e^{-0.002 \times 100}$
$= e^{-0.2} = 0.8187$
㉡ 고장률 $= 1 - R(t) = 1 - 0.8187 = 0.1813$

24. 시스템의 수명곡선에 고장의 발생 형태가 일정하게 나타나는 기간은?

① 초기고장 기간
② 우발고장 기간
③ 마모고장 기간
④ 피로고장 기간

[해설] • 기계설비의 고장 유형 : 초기고장(감소형 고장), 우발고장(일정형 고장), 마모고장(증가형 고장)
• 욕조곡선(bathtub curve) : 고장률이 높은 값에서 점차 감소하여 일정한 값을 유지한 후 다시 점차로 높아지는, 즉 제품의 수명을 나타내는 곡선

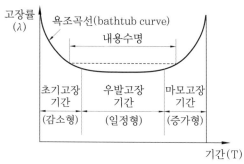

욕조곡선(bathtub curve)

25. 작업장에서 발생하는 소음에 대한 대책으로 가장 먼저 고려하여야 할 적극적인 방법은?

① 소음원의 통제
② 소음원의 격리
③ 귀마개 등 보호구의 착용
④ 덮개 등 방호장치의 설치

[해설] • 소음방지 대책
㉠ 소음원의 통제 : 기계설계 단계에서 소음에 대한 반영, 차량에 소음기 부착 등
㉡ 소음의 격리 : 방, 장벽, 창문, 소음차단벽 등을 사용
㉢ 차폐장치 및 흡음재 사용
㉣ 음향처리제 사용
㉤ 적절한 배치(layout)
㉥ 배경음악
㉦ 방음보호구 사용 : 귀마개, 귀덮개 등을 사용하는 것은 소극적인 대책

• 소음방지 대책 순서 : 소음원의 통제 > 소음원의 격리 > 소음원의 차단

26. 반복적 노출에 따라 민감성이 가장 쉽게 떨어지는 표시장치는?

① 시각 표시장치
② 청각 표시장치
③ 촉각 표시장치
④ 후각 표시장치

해설 후각적 표시장치

• 냄새를 이용하는 표시장치로서의 활용이 저조하며, 다른 표준장치에 보조수단으로 활용된다.
• 경보장치로서의 활용은 gas 회사의 gas 누출 탐지, 광산의 탈출 신호용 등이다.

27. Fussell의 알고리즘으로 최소 컷셋을 구하는 방법에 대한 설명으로 틀린 것은?

① OR 게이트는 항상 컷셋의 수를 증가시킨다.
② AND 게이트는 항상 컷셋의 크기를 증가시킨다.
③ 중복 및 반복되는 사건이 많은 경우에 적용하기 적합하고 매우 간편하다.
④ 톱(top)사상을 일으키기 위해 필요한 최소한의 컷셋이 최소 컷셋이다.

해설 Fussell 알고리즘의 특징

• OR 게이트는 항상 컷셋의 수를 증가시킨다.
• AND 게이트는 항상 컷셋의 크기를 증가시킨다.
• 톱(top)사상을 일으키기 위해 필요한 최소한의 컷셋이 최소 컷셋이다.

28. FMEA 기법의 장점에 해당하는 것은?

① 서식이 간단하다.
② 논리적으로 완벽하다.
③ 해석의 초점이 인간에 맞추어져 있다.

④ 동시에 복수의 요소가 고장 나는 경우의 해석이 용이하다.

해설 FMEA의 장·단점

• 장점 : 서식이 간단하고 비교적 적은 노력으로 분석을 할 수 있다.
• 단점 : 논리성이 부족하고 특히 각 요소 간의 영향을 분석하기 어렵기 때문에 동시에 두 가지 이상의 요소가 고장 날 경우 분석이 곤란하며, 요소가 물체로 한정되어 인적원인 분석도 곤란하다.

29. 60fL의 광도를 요하는 시각 표시장치의 반사율이 75%일 때, 소요조명은 몇 fc인가?

① 75
② 80
③ 85
④ 90

해설 소요조명$(\text{fc}) = \dfrac{\text{광속발산도(fL)}}{\text{반사율(\%)}} \times 100$

$= \dfrac{60}{75} \times 100 = 80\,\text{fc}$

30. FT에서 사용되는 사상기호에 대한 설명으로 맞는 것은?

① 위험 지속 기호 : 정해진 횟수 이상 입력이 될 때 출력이 발생한다.
② 억제 게이트 : 조건부 사건이 일어나는 상황하에서 입력이 발생할 때 출력이 발생한다.
③ 우선적 AND 게이트 : 사건이 발생할 때 정해진 순서대로 복수의 출력이 발생한다.
④ 배타적 OR 게이트 : 동시에 2개 이상의 입력이 존재하는 경우에 출력이 발생한다.

해설 FTA에 사용하는 논리기호 및 사상기호

기호	명칭	발생 현상
Ai, Aj, Ak 순으로 / Ai Aj Ak	우선적 AND 게이트	입력사상 중에 어떤 현상이 다른 현상보다 먼저 일어날 경우에만 출력이 발생한다.

2개의 출력 Ai Aj Ak	조합 AND 게이트	3개 이상의 입력 현상 중에 2개가 일어나면 출력이 발생한다.
동시발생이 없음	배타적 OR 게이트	OR 게이트지만, 2개 이상의 입력이 동시에 존재할 때에 출력사상이 발생하지 않는다.
위험지속시간	위험 지속 AND 게이트	입력 현상이 생겨서 어떤 일정한 기간이 지속될 때에 출력이 발생한다.
	억제 게이트	게이트의 출력사상은 한 개의 입력사상에 의해 발생하며, 조건을 만족하면 출력이 발생하고, 조건이 만족되지 않으면 출력이 발생하지 않는다.

31. 온도가 적정 온도에서 낮은 온도로 내려갈 때의 인체반응으로 옳지 않은 것은?

① 발한을 시작
② 직장온도가 상승
③ 피부온도가 하강
④ 혈액은 많은 양이 몸의 중심부를 순환

해설 발한(發汗) : 피부의 땀샘에서 땀이 분비되는 현상

32. 인간공학의 연구방법에서 인간-기계 시스템을 평가하는 척도의 요건으로 적합하지 않은 것은?

① 적절성, 타당성   ② 무오염성
③ 주관성   ④ 신뢰성

해설 인간-기계 시스템을 평가하는 척도의 요건 : 적절성, 타당성, 무오염성, 신뢰성, 표준화, 객관성 등

33. NIOSH의 연구에 기초하여, 목과 어깨 부위의 근골격계 질환 발생과 인과 관계가 가장 적은 위험요인은?

① 진동   ② 반복 작업
③ 과도한 힘   ④ 작업 자세

해설 • 진동은 주로 팔과 다리에 영향이 크며, 온몸 전체에 영향을 준다.
• ②, ③, ④는 근골격계 질환 작업 특성의 요인이다.

34. 인간-기계 시스템에서의 기본적인 기능에 해당하지 않는 것은?

① 행동 기능   ② 정보의 설계
③ 정보의 수용   ④ 정보의 저장

해설 인간-기계 기본 기능 : 행동 기능, 정보의 수용(감지), 정보의 저장(보관), 정보의 입력, 정보처리 및 의사결정

35. 시력과 대비 감도에 영향을 미치는 인자에 해당하지 않는 것은?

① 노출시간   ② 연령
③ 주파수   ④ 휘도 수준

해설 • 시력과 대비 감도에 영향을 미치는 인자 : 노출시간, 휘도, 광도, 조도, 광속발산도, 연령 등
• 주파수는 청력이나 감각 등에 영향이 더 크다.

36. 조종장치를 3cm 움직였을 때 표시장치의 지침이 5cm 움직였다면, C/R비는 얼마인가?

정답 31. ①   32. ③   33. ①   34. ②   35. ③   36. ②

① 0.25   ② 0.6

③ 1.6   ④ 1.7

해설 $C/R비 = \dfrac{조종장치\ 이동거리}{표시장치\ 이동거리} = \dfrac{3}{5} = 0.6$

37. 필요한 작업 또는 절차의 잘못된 수행으로 발생하는 과오는?

① 시간적 과오(time error)

② 생략적 과오(omission error)

③ 순서적 과오(sequential error)

④ 수행적 과오(commision error)

해설 작위적 오류, 실행 오류(commission error) : 필요한 작업 절차의 불확실한 수행으로 발생한 에러(선택, 순서, 시간, 정성적 착오)

38. 일반적인 FTA 기법의 순서로 맞는 것은 어느 것인가?

㉠ FT의 작성	㉡ 시스템의 정의
㉢ 정량적 평가	㉣ 정성적 평가

① ㉠ → ㉡ → ㉢ → ㉣

② ㉠ → ㉡ → ㉣ → ㉢

③ ㉡ → ㉠ → ㉢ → ㉣

④ ㉡ → ㉠ → ㉣ → ㉢

해설 일반적인 FTA 기법의 순서

1단계	2단계	3단계	4단계
시스템의 정의	FT의 작성	정성적 평가	정량적 평가

39. 인체측정치를 이용한 설계에 관한 설명으로 옳은 것은?

① 평균치를 기준으로 한 설계를 제일 먼저 고려한다.

② 의자의 깊이와 너비는 모두 작은 사람을 기준으로 설계한다.

③ 자세와 동작에 따라 고려해야 할 인체측정 치수가 달라진다.

④ 큰 사람을 기준으로 한 설계는 인체측정치의 5%tile을 사용한다.

해설 인체계측의 설계원칙

- 최대치수와 최소치수(극단치 설계)를 기준으로 한 설계 : 최대·최소치수를 기준으로 설계한다.
- 조절식 설계 : 크고 작은 많은 사람에 맞도록 설계하며, 조절범위는 통상 5~95%이다.
- 평균치를 기준으로 한 설계 : 최대·최소치수, 조절식으로 하기에 곤란한 경우 평균치로 설계한다.

40. 제어장치와 표시장치에 있어 물리적 형태나 배열을 유사하게 설계하는 것은 어떤 양립성(compatibility)의 원칙에 해당하는가?

① 시각적 양립성(visual compatibility)

② 양식 양립성(modality compatibility)

③ 공간적 양립성(spatial compatibility)

④ 개념적 양립성(conceptual compatibility)

해설 공간 양립성(spatial compatibility) : 제어장치를 각각의 표시장치 아래에 배치하면 좋아지는 공간적인 배치의 양립성

- 오른쪽 : 오른손 조절장치
- 왼쪽 : 왼손 조절장치

3과목   **기계 위험방지 기술**

41. 프레스기의 방호장치의 종류가 아닌 것은?

① 가드식   ② 초음파식

③ 광전자식   ④ 양수조작식

해설 프레스의 방호장치
- 크랭크 프레스(1행정 1정지식) : 양수조작식, 게이트 가드식
- 행정길이(stroke)가 40mm 이상의 프레스 : 손쳐내기식, 수인식
- 마찰 프레스(슬라이드 작동 중 정지 가능한 구조) : 광전자식(감응식)
- 방호장치가 설치된 것으로 간주 : 자동송급장치가 있는 프레스기와 전단기

42. 다음 중 프레스의 안전작업을 위하여 활용하는 수공구로 가장 거리가 먼 것은?

① 브러시
② 진공 컵
③ 마그넷 공구
④ 플라이어(집게)

해설 ①은 선반작업 시 절삭 칩 제거용으로 사용,
②, ③, ④는 프레스 작업 시 수공구의 종류

43. 연삭기에서 숫돌의 바깥지름이 180mm라면, 평형 플랜지의 바깥지름은 몇 mm 이상이어야 하는가?

① 30 ② 36
③ 45 ④ 60

해설 플랜지 바깥지름 $=\frac{1}{3}D=\frac{1}{3}\times180$
$=60\text{mm}$

44. 산업안전보건법령에 따라 컨베이어에 부착해야 할 방호장치로 적합하지 않은 것은?

① 비상정지장치
② 과부하방지장치
③ 역주행 방지장치
④ 덮개 또는 낙하방지용 울

해설 ②는 양중기 방호장치

45. 다음 중 보일러의 방호장치로 적절하지 않은 것은?

① 압력방출장치
② 과부하방지장치
③ 압력제한 스위치
④ 고저수위 조절장치

해설 ②는 양중기 방호장치

46. 다음은 프레스의 손쳐내기식 방호장치에서 방호판의 기준에 대한 설명이다. ( )에 들어갈 내용으로 맞는 것은?

> 방호판의 폭은 금형 폭의 (㉠) 이상이어야 하고, 행정길이가 (㉡)mm 이상인 프레스 기계에서는 방호판의 폭을 (㉢)mm로 해야 한다.

① ㉠ : 1/2, ㉡ : 300, ㉢ : 200
② ㉠ : 1/2, ㉡ : 300, ㉢ : 300
③ ㉠ : 1/3, ㉡ : 300, ㉢ : 200
④ ㉠ : 1/3, ㉡ : 300, ㉢ : 300

해설
- 방호판의 폭은 금형 폭의 1/2 이상이어야 한다.
- 행정길이가 300mm 이상인 프레스 기계에서는 방호판의 폭을 300mm 이상으로 해야 한다.

47. 선반작업에서 가공물의 길이가 외경에 비하여 과도하게 길 때, 절삭저항에 의한 떨림을 방지하기 위한 장치는?

① 센터 ② 심봉
③ 방진구 ④ 돌리개

해설 방진구는 공작물의 길이가 지름의 12~20배 이상일 때 사용한다.

48.

산업안전보건법령에 따라 목재가공용 기계에 설치하여야 하는 방호장치에 대한 내용으로 틀린 것은?

① 목재가공용 둥근톱기계에는 분할날 등 반발예방장치를 설치하여야 한다.

② 목재가공용 둥근톱기계에는 톱날 접촉예방장치를 설치하여야 한다.

③ 모떼기 기계에는 가공 중 목재의 회전을 방지하는 회전방지장치를 설치하여야 한다.

④ 작업 대상물이 수동으로 공급되는 동력식 수동대패기계에 날 접촉예방장치를 설치하여야 한다.

해설 ③ 모떼기 기계에는 가공 중 목재의 회전을 방지하는 날 접촉예방장치를 설치하여야 한다.

49.

다음 중 산소-아세틸렌 가스 용접 시 역화의 원인과 가장 거리가 먼 것은?

① 토치의 과열   ② 토치 팁의 이물질

③ 산소 공급의 부족   ④ 압력조정기의 고장

해설 아세틸렌 용접장치의 역화 원인

• 압력조정기가 고장으로 불량일 때

• 팁의 끝이 과열되었을 때

• 산소의 공급이 과다할 때

• 토치의 성능이 좋지 않을 때

• 팁에 이물질이 묻어 막혔을 때

50.

그림과 같은 지게차가 안정적으로 작업할 수 있는 상태의 조건으로 적합한 것은?

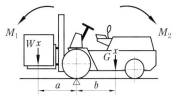

M_1 : 화물의 모멘트
M_2 : 차의 모멘트

① $M_1 < M_2$ ② $M_1 > M_2$

③ $M_1 \geq M_2$ ④ $M_1 > 2M_2$

해설 지게차의 안전성

화물의 모멘트 $M_1 = W \times a$,

지게차의 모멘트 $M_2 = G \times b$,

∴ $M_1 < M_2$

여기서, W : 화물 중심에서의 화물의 중량

G : 지게차의 중량

a : 앞바퀴에서 화물 중심까지의 최단거리

b : 앞바퀴에서 지게차 중심까지의 최단거리

51.

다음 그림과 같이 2줄의 와이어로프로 중량물을 달아 올릴 때, 로프에 가장 힘이 적게 걸리는 각도(θ)는?

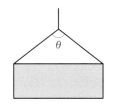

① 30°   ② 60°   ③ 90°   ④ 120°

해설 와이어로프로 중량물을 달아 올릴 때 로프에 가장 힘이 적게 걸리는 각도, $\theta = 30°$이다.

52.

기계설비의 안전 조건에서 구조적 안전화에 해당하지 않는 것은?

① 가공 결함

② 재료 결함

③ 설계상의 결함

④ 방호장치의 작동 결함

해설 구조의 안전화 : 재료, 부품, 설계, 가공 결함, 안전율 등

53.

2개의 회전체가 회전운동을 할 때에 물림점이 발생할 수 있는 조건은?

① 두 개의 회전체 모두 시계 방향으로 회전
② 두 개의 회전체 모두 시계 반대 방향으로 회전
③ 하나는 시계 방향으로 회전하고 다른 하나는 정지
④ 하나는 시계 방향으로 회전하고 다른 하나는 시계 반대 방향으로 회전

해설 물림점 : 두 회전체가 서로 반대 방향으로 물려 돌아가는 위험점 – 롤러와 롤러, 기어와 기어의 물림점

54. 양수조작식 방호장치에서 누름버튼 상호 간의 내측거리는 몇 mm 이상이어야 하는가?

① 250　　② 300　　③ 350　　④ 400

해설 양수조작식 방호장치의 누름버튼 상호 간 내측거리는 300mm 이상이어야 한다.

55. 기계의 왕복운동을 하는 동작 부분과 움직임이 없는 고정 부분 사이에 형성되는 위험점으로 프레스 등에서 주로 나타나는 것은?

① 물림점　　　　② 협착점
③ 절단점　　　　④ 회전말림점

해설 협착점 : 왕복운동을 하는 동작부와 고정 부분 사이에 형성되는 위험점

56. 다음 중 연삭기의 방호장치에 해당하는 것은?

① 주수장치　　　② 덮개장치
③ 제동장치　　　④ 소화장치

해설 연삭기의 방호장치는 덮개장치이다.

57. 산업안전보건법령에 따라 달기체인을 달비계에 사용해서는 안 되는 경우가 아닌 것은?

① 균열이 있거나 심하게 변형된 것
② 달기체인의 한 꼬임에서 끊어진 소선의 수가 10% 이상인 것
③ 달기체인의 길이가 달기체인이 제조된 때의 길이의 5%를 초과한 것
④ 링의 단면지름이 달기체인이 제조된 때의 해당 링의 지름의 10% 초과하여 감소한 것

해설 달기체인의 사용금지기준
• 균열이 있거나 심하게 변형된 것
• 달기체인의 길이가 달기체인이 제조된 때의 길이의 5%를 초과한 것
• 링의 단면지름이 달기체인이 제조된 때의 해당 링의 지름의 10%를 초과하여 감소한 것

58. 연삭기의 원주속도(m/s)를 구하는 식은? (단, D는 숫돌의 지름[mm], n은 회전수[rpm]이다.)

① $V=\dfrac{\pi Dn}{16}$　　② $V=\dfrac{\pi Dn}{32}$

③ $V=\dfrac{\pi Dn}{60}$　　④ $V=\dfrac{\pi Dn}{1000}$

해설 원주속도$(V)=\dfrac{\pi Dn}{1000}$[m/min]

$\rightarrow$ 원주속도$(V)=\dfrac{\pi Dn}{1000}\times\dfrac{1}{60}\times 1000$

$\qquad =\dfrac{\pi Dn}{60}$[m/s]

여기서, D : 숫돌의 지름(mm), n : 회전수(rpm)

59. 산업용 로봇의 동작형태별 분류에 해당하지 않는 것은?

① 관절 로봇
② 극좌표 로봇
③ 수치제어 로봇
④ 원통좌표 로봇

정답 54. ②　55. ②　56. ②　57. ②　58. ③　59. ③

해설 산업용 로봇의 동작형태별 분류 : 직각 좌표 로봇, 원통좌표 로봇, 극좌표 로봇, 다관절 로봇

60. 다음 중 기계설비 외형의 안전화 방법이 아닌 것은?

① 덮개
② 안전색채 조절
③ 가드(guard)의 설치
④ 페일 세이프(fail—safe)

해설 ④는 본질적 안전화,
①, ②, ③은 외형의 안전화

4과목 전기 및 화학설비 위험방지 기술

61. 액체가 관 내를 이동할 때에 정전기가 발생하는 현상은?

① 마찰 대전
② 박리 대전
③ 분출 대전
④ 유동 대전

해설 유동 대전 : 액체류가 파이프 등 내부에서 유동할 때 액체와 관 벽 사이에서 정전기가 발생되는 현상

62. 전기기계 · 기구의 누전에 의한 감전의 위험을 방지하기 위하여 코드 및 플러그를 접속하여 사용하는 전기기계 · 기구 중 노출된 비충전 금속체에 접지를 실시하여야 하는 것이 아닌 것은?

① 사용전압이 대지전압 110V인 기구
② 냉장고 · 세탁기 · 컴퓨터 및 주변기기 등과 같은 고정형 전기기계 · 기구
③ 고정형 · 이동형 또는 휴대형 전동기계 · 기구
④ 휴대형 손전등

해설 ① 사용전압이 대지전압 150V 이상인 기구

63. 도체의 정전용량 $C=20\mu F$, 대전전위(방전 시 전압) $V=3kV$일 때 정전에너지(J)는?

① 45
② 90
③ 180
④ 360

해설 정전기 에너지$(E)=\dfrac{CV^2}{2}$

$$=\frac{1}{2}\times(20\times10^{-6})\times3000^2=90J$$

64. 사람이 접촉될 우려가 있는 장소에서 제1종 접지공사의 접지선을 시설할 때 접지극의 최소 매설깊이는?

① 지하 30cm 이상
② 지하 50cm 이상
③ 지하 75cm 이상
④ 지하 90cm 이상

해설 접지공사의 접지선을 시설할 때 접지극의 최소 매설깊이는 지하 75cm 이상이다.

65. 산업안전보건기준에 관한 규칙에 따라 꽂음 접속기를 설치 또는 사용하는 경우 준수하여야 할 사항으로 틀린 것은?

① 서로 다른 전압의 꽂음 접속기는 서로 접속되지 아니한 구조의 것을 사용할 것
② 습윤한 장소에 사용되는 꽂음 접속기는 방수형 등 그 장소에 적합한 것을 사용할 것
③ 근로자가 해당 꽂음 접속기를 접속시킬 경우에는 땀 등으로 젖은 손으로 취급하지 않도록 할 것
④ 꽂음 접속기에 잠금장치가 있을 때에는 접속 후 개방하여 사용할 것

해설 ④ 꽂음 접속기에 잠금장치가 있을 때에는 접속 후 잠그고 사용할 것

정답 60. ④   61. ④   62. ①   63. ②   64. ③   65. ④

66. 인체가 현저히 젖어 있거나 인체의 일부가 금속성의 전기기구 또는 구조물에 상시 접촉되어 있는 상태의 허용접촉전압(V)은?

① 2.5V 이하　② 25V 이하

③ 50V 이하　④ 제한 없음

해설 제2종(25V 이하)

• 인체가 많이 젖어 있는 상태

• 전기기계장치나 금속 구조물에 인체의 일부가 상시 접촉되어 있는 상태

67. 방폭 전기설비에서 1종 위험장소에 해당하는 것은?

① 이상상태에서 위험분위기를 발생할 염려가 있는 장소

② 보통장소에서 위험분위기를 발생할 염려가 있는 장소

③ 위험분위기가 보통의 상태에서 계속해서 발생하는 장소

④ 위험분위기가 장기간 또는 거의 조성되지 않는 장소

해설 1종 장소 : 설비 및 기기들이 운전, 유지보수, 고장 등인 상태에서 폭발성 가스가 가끔 누출되어 위험분위기가 있는 장소

68. 과전류 차단기로 시설하는 퓨즈 중 고압 전로에 사용하는 포장 퓨즈는 정격전류의 몇 배를 견딜 수 있어야 하는가?

① 1.1배　② 1.3배　③ 1.6배　④ 2.0배

해설 포장 퓨즈는 정격전류의 1.3배에 견디고, 2배의 전류에 120분 안에 용단될 것

69. 접지공사의 종류별로 접지선의 굵기 기준이 바르게 연결된 것은?

① 제1종 접지공사 - 공칭단면적 1.6mm^2 이상의 연동선

② 제2종 접지공사 - 공칭단면적 2.6mm^2 이상의 연동선

③ 제3종 접지공사 - 공칭단면적 2mm^2 이상의 연동선

④ 특별 제3종 접지공사 - 공칭단면적 2.5mm^2 이상의 연동선

해설 ① 제1종 접지공사 - 공칭단면적 6mm^2 이상의 연동선

② 제2종 접지공사 - 공칭단면적 16mm^2 이상의 연동선

③ 제3종 접지공사 - 공칭단면적 2.5mm^2 이상의 연동선

(※ 접자공사는 폐지된 규정이다.)

70. 신선한 공기 또는 불연성 가스 등의 보호기체를 용기의 내부에 압입함으로써 내부의 압력을 유지하여 폭발성 가스가 침입하지 않도록 하는 방폭구조는?

① 내압 방폭구조　② 압력 방폭구조

③ 안전증 방폭구조　④ 특수방진 방폭구조

해설 • 압력 방폭구조 : 용기 내부에 불연성 보호체를 압입하여 내부압력을 유지함으로써 폭발성 가스의 침입을 방지하는 구조

• 압력 방폭구조 종류 : 통풍식, 봉입식, 밀봉식

71. 연소의 3요소에 해당되지 않는 것은?

① 가연물　② 점화원

③ 연쇄반응　④ 산소 공급원

해설 연소의 3요소 : 가연물, 산소 공급원, 점화원

예) ㉠ 메탄 - 가연물

㉡ 공기 - 산소 공급원

㉢ 정전기 방전 - 점화원

72. 산업안전보건법령에서 정한 위험물을 기준량 이상으로 제조하거나 취급하는 설비 중 특수화학설비에 해당하지 않는 것은?

① 발열반응이 일어나는 반응장치

② 증류 · 정류 · 증발 · 추출 등 분리를 하는 장치

③ 가열로 또는 가열기

④ 고로 등 점화기를 직접 사용하는 열교환기류

해설 ④는 화학설비,

①, ②, ③은 특수화학설비

73. 프로판(C_3H_8)의 완전 연소 조성농도는 약 몇 vol%인가?

① 4.02　　② 4.19　　③ 5.05　　④ 5.19

해설 완전 연소 조성농도(C_{st})

$$C_{st} = \frac{100}{1 + 4.773\left(n + \dfrac{x - f - 2y}{4}\right)}$$

$$= \frac{1}{4.773n + 1.19x - 2.38y + 1} \times 100$$

$$= \frac{1}{(4.773 \times 3) + (1.19 \times 8) - (2.38 \times 0) + 1}$$

$$\times 100 ≒ 4.02\%$$

여기서, n : 탄소의 원자 수

　　　x : 수소의 원자 수

　　　y : 산소의 원자 수

　　　f : 할로겐의 원자 수

74. 물과의 반응 또는 열에 의해 분해되어 산소를 발생하는 것은?

① 적린　　　　　② 과산화나트륨

③ 유황　　　　　④ 이황화탄소

해설 과산화나트륨은 물과 반응하여 산소를 발생시키는 물질이다.

$2Na_2O_2 + 2H_2O \rightarrow 4NaOH + O_2 +$ 발열

75. 위험물안전관리법령상 제3류 위험물이 아닌 것은?

① 황화린　　　　② 금속나트륨

③ 황린　　　　　④ 금속칼륨

해설 제3류(자연 발화성 및 금수성 물질) : 탄화칼슘, 탄화알루미늄, 알칼리 금속(리튬, 나트륨, 칼륨), 황린, 금속의 인화물 등

76. 환풍기가 고장 난 장소에서 인화성 액체를 취급할 때, 부주의로 마개를 막지 않았다. 여기서 작업자가 담배를 피우기 위해 불을 켜는 순간 인화성 액체에서 불꽃이 일어나는 사고가 발생하였다. 이와 같은 사고의 발생 가능성이 가장 높은 물질은? (단, 작업현장의 온도는 20℃이다.)

① 글리세린　　　② 중유

③ 디에틸에테르　④ 경유

해설 인화성 액체의 인화점(℃)

물질명	인화점	물질명	인화점
경유	40~85	아세톤	-18
등유	30~60	디에틸에테르	-40
중유	43~150	에틸에테르	-45
글리세린	160	가솔린	-43

77. 유해물질의 농도를 c, 노출시간을 t라 할 때 유해물지수(k)와의 관계인 Haber의 법칙을 바르게 나타낸 것은?

① $k = c + t$　　　② $k = c/t$

③ $k = c \times t$　　　④ $k = c - t$

해설 유해지수(k) = 유해물질의 농도(c) × 노출시간(t)

78. 20℃인 1기압의 공기를 압축비 3으로 단열 압축하였을 때, 온도는 약 몇 ℃가 되겠는가? (단, 공기의 비열비는 1.40이다.)

① 84   ② 128   ③ 182   ④ 1091

해설 단열 변화

$$\frac{T_2}{T_1}=\left(\frac{V_1}{V_2}\right)^{r-1}=\left(\frac{P_2}{P_1}\right)^{\frac{r-1}{r}}$$

$$\therefore\ T_2=(273+20)\times\left(\frac{3}{1}\right)^{\frac{1.4-1}{1.4}}=401K=128℃$$

79. 절연성 액체를 운반하는 관에서 정전기로 인해 일어나는 화재 및 폭발을 예방하기 위한 방법으로 가장 거리가 먼 것은?

① 유속을 줄인다.
② 관을 접지시킨다.
③ 도전성이 큰 재료의 관을 사용한다.
④ 관의 안지름을 작게 한다.

해설 ④ 관의 안지름을 크게 한다.

80. 분진폭발에 대한 안전 대책으로 적절하지 않은 것은?

① 분진의 퇴적을 방지한다.
② 점화원을 제거한다.
③ 입자의 크기를 최소화한다.
④ 불활성 분위기를 조성한다.

해설 ③ 분진 입자의 크기는 작을수록 폭발위험이 크다.

5과목 **건설안전기술**

81. 토석이 붕괴되는 원인을 외적 요인과 내적 요인으로 나눌 때 외적 요인으로 볼 수 없는 것은?

① 사면, 법면의 경사 및 기울기의 증가
② 지진 발생, 차량 또는 구조물의 중량

③ 공사에 의한 진동 및 반복하중의 증가
④ 절토사면의 토질, 암질

해설 ④는 내적 요인,
①, ②, ③은 외적 요인

82. 건설용 양중기에 관한 설명으로 옳은 것은?

① 삼각데릭의 인접시설에 장해가 없는 상태에서 360° 회전이 가능하다.
② 이동식 크레인(crane)에는 트럭 크레인, 크롤러 크레인 등이 있다.
③ 휠 크레인에는 무한궤도식과 타이어식이 있으며 장거리 이동에 적당하다.
④ 크롤러 크레인은 휠 크레인보다 기동성이 뛰어나다.

해설 ① 삼각데릭의 인접시설에 장해가 없는 상태에서 270° 회전이 가능하다.
③ 크롤러 크레인은 무한궤도식에 속하며, 장거리 이동에 불리하다.
④ 휠 크레인은 크롤러 크레인보다 기동성이 뛰어나다.

83. 다음은 공사 진척에 따른 안전관리비의 사용기준이다. (   )에 들어갈 내용으로 옳은 것은?

공정률	50% 이상 70% 미만	70% 이상 90% 미만	90% 이상
사용기준	( )	70% 이상	90% 이상

① 30% 이상
② 40% 이상
③ 50% 이상
④ 60% 이상

해설 공사 진척에 따른 안전관리비의 사용기준은 공정률이 50% 이상 70% 미만인 경우 안전관리비를 50% 이상 사용하여야 한다.

84. 거푸집 동바리 조립도에 명시해야 할 사항과 거리가 가장 먼 것은?

① 작업환경 조건　　② 부재의 재질
③ 단면 규격　　　　④ 설치 간격

[해설] 거푸집 동바리 조립도에 명시해야 할 사항 : 부재의 재질, 단면 규격, 설치 간격, 이음방법 등

85. 굴착공사 시 안전한 작업을 위한 사질지반(점토질을 포함하지 않은 것)의 굴착면 기울기와 높이 기준으로 옳은 것은?

① 1 : 1.5 이상, 5m 미만
② 1 : 0.5 이상, 5m 미만
③ 1 : 1.5 이상, 2m 미만
④ 1 : 0.5 이상, 2m 미만

[해설] • 굴착면의 기울기 기준(2021.11.19 개정)

구분	지반 종류	기울기	사면 형태
보통흙	습지	1 : 1~ 1 : 1.5	
	건지	1 : 0.5~ 1 : 1	
암반	풍화암	1 : 1.0	
	연암	1 : 1.0	
	경암	1 : 0.5	

• 사질지반의 굴착면 기울기는 1.5 이상, 높이 기준은 5m 미만으로 하여야 한다.

86. 철골공사 시 도괴의 위험이 있어 강풍에 대한 안전 여부를 확인해야 할 필요성이 가장 높은 경우는?

① 연면적당 철골량이 일반 건물보다 많은 경우
② 기둥에 H형강을 사용하는 경우
③ 이음부가 공장용접인 경우
④ 단면구조가 현저한 차이가 있으며 높이가 20m 이상인 건물

[해설] 철골공사의 자립도(강풍 등 외압에 대한 자립도 검토대상)

• 높이 20m 이상의 구조물
• 구조물의 폭과 높이의 비율이 1 : 4 이상인 구조물
• 단면구조에 현저한 차이가 있는 구조물
• 연면적당 철골량이 $50kg/m^2$ 이하인 구조물
• 기둥이 타이플레이트형인 구조물
• 이음부가 현장용접인 구조물

87. 강관을 사용하여 비계를 구성하는 경우 준수해야 할 기준으로 옳지 않은 것은?

① 비계기둥의 간격은 띠장 방향에서는 1.5m 이상 1.8m 이하, 장선(長線) 방향에서는 1.5m 이하로 할 것
② 띠장 간격은 1.5m 이하로 설치하되, 첫 번째 띠장은 지상으로부터 2.5m 이하의 위치에 설치할 것
③ 비계기둥의 제일 윗부분으로부터 31m 되는 지점 밑 부분의 비계기둥은 2개의 강관으로 묶어 세울 것
④ 비계기둥 간의 적재하중은 400kg을 초과하지 않도록 할 것

[해설] ② 강관비계의 띠장 간격은 2m 이하의 위치에 설치할 것
(※ 관련 규정 개정 전 문제로 본서에서는 기존 정답인 ②번이 정답이다. 자세한 내용은 해설참조)

88. 양중기의 와이어로프 등 달기구의 안전계수 기준으로 옳은 것은? (단, 화물의 하중을 직접 지지하는 달기 와이어로프 또는 달기체인의 경우)

① 3 이상　　　　② 4 이상
③ 5 이상　　　　④ 6 이상

[해설] 화물을 직접 지지하는 달기 와이어로프 또는 달기체인의 안전계수는 5 이상이다.

정답 84. ①　85. ①　86. ④　87. ②　88. ③

89. 옥내 작업장에는 비상시에 근로자에게 신속하게 알리기 위한 경보용 설비 또는 기구를 설치하여야 한다. 그 설치대상 기준으로 옳은 것은?

① 연면적이 400m² 이상이거나 상시 40명 이상의 근로자가 작업하는 옥내 작업장
② 연면적이 400m² 이상이거나 상시 50명 이상의 근로자가 작업하는 옥내 작업장
③ 연면적이 500m² 이상이거나 상시 40명 이상의 근로자가 작업하는 옥내 작업장
④ 연면적이 500m² 이상이거나 상시 50명 이상의 근로자가 작업하는 옥내 작업장

해설 사업주는 연면적이 400m² 이상이거나 상시 50인 이상의 근로자가 작업하는 옥내 작업장에는 비상시에 근로자에게 신속하게 알리기 위한 경보용 설비 또는 기구를 설치하여야 한다.

90. 비탈면 붕괴방지를 위한 붕괴방지 공법과 가장 거리가 먼 것은?

① 배토공법　　　② 압성토 공법
③ 공작물의 설치　④ 언더피닝 공법

해설 언더피닝(underpinning) 공법 : 기존 구조물에 근접된 장소에서 시공할 경우 기존 구조물 보다 깊은 구조물의 기초를 시공하고자 할 때 기준 구조물을 보호하기 위한 기초 보강공법이다.

91. 거푸집 동바리 등을 조립하거나 해체하는 작업을 하는 경우에 준수해야 할 사항으로 옳지 않은 것은?

① 해당 작업을 하는 구역에는 관계 근로자가 아닌 사람의 출입을 금지할 것
② 비, 눈, 그 밖의 기상상태의 불안정으로 날씨가 몹시 나쁜 경우에는 그 작업을 중지할 것
③ 재료, 기구 또는 공구 등을 올리거나 내리는 경우에는 근로자 간 서로 직접 전달하도록 하고, 달줄·달포대 등의 사용을 금할 것
④ 낙하·충격에 의한 돌발적 재해를 방지하기 위하여 버팀목을 설치하고 거푸집 동바리 등을 인양장비에 매단 후에 작업을 하도록 하는 등 필요한 조치를 할 것

해설 ③ 재료, 기구 또는 공구 등을 올리거나 내리는 경우에는 달줄·달포대를 사용할 것

92. 철근의 가스절단 작업 시 안전상 유의해야 할 사항으로 옳지 않은 것은?

① 작업장에는 소화기를 비치하도록 한다.
② 호스, 전선 등은 다른 작업장을 거치는 곡선상의 배선이어야 한다.
③ 전선의 경우 피복이 손상되어 있는지를 확인하여야 한다.
④ 호스는 작업 중에 겹치거나 밟히지 않도록 한다.

해설 ② 호스, 전선 등은 다른 작업장을 거치지 않는 직선상의 배선이어야 한다.

93. 터널 등의 건설작업을 하는 경우에 낙반 등에 의하여 근로자가 위험해질 우려가 있는 경우, 그 위험을 방지하기 위하여 취해야 할 조치와 거리가 먼 것은?

① 터널지보공 설치　② 록볼트 설치
③ 부석의 제거　　　④ 산소의 측정

해설 사업주는 터널 등의 건설작업을 하는 경우에 낙반 등에 의하여 근로자가 위험해질 우려가 있는 경우에 터널지보공 및 록볼트의 설치, 부석의 제거 등 위험을 방지하는 조치를 하여야 한다.

94. 철골공사 중 트랩을 이용해 승강할 때 안전과 관련된 항목이 아닌 것은?

① 수평구명줄   ② 수직구명줄
③ 죔줄   ④ 추락방지대

해설 ①은 근로자가 이동 시 잡고 이동할 수 있는 안전난간의 기능,
②, ③, ④는 트랩 승강로 방호장치

95. 거푸집 및 동바리 설계 시 적용하는 연직 방향 하중에 해당되지 않는 것은?

① 콘크리트의 측압   ② 철근콘크리트의 자중
③ 작업하중   ④ 충격하중

해설 ①은 횡 방향 하중

96. 철골작업 시의 위험방지와 관련하여 철골작업을 중지하여야 하는 강설량의 기준은?

① 시간당 1mm 이상인 경우
② 시간당 3mm 이상인 경우
③ 시간당 1cm 이상인 경우
④ 시간당 3cm 이상인 경우

해설 1시간당 강설량이 1cm 이상인 경우 철골작업을 중지하여야 한다.

97. 굴착공사의 경우 유해·위험방지 계획서 제출대상의 기준으로 옳은 것은?

① 깊이 5m 이상인 굴착공사
② 깊이 8m 이상인 굴착공사
③ 깊이 10m 이상인 굴착공사
④ 깊이 15m 이상인 굴착공사

해설 유해·위험방지 계획서 제출대상의 기준은 깊이 10m 이상인 굴착공사이다.

98. 비계의 높이가 2m 이상인 작업장소에 설치되는 작업발판의 구조에 관한 기준으로 옳지 않은 것은?

① 작업발판의 폭은 40cm 이상으로 할 것
② 발판재료 간의 틈은 5cm 이하로 할 것
③ 작업발판 재료는 뒤집히거나 떨어지지 않도록 둘 이상의 지지물에 연결하거나 고정시킬 것
④ 작업발판을 작업에 따라 이동시킬 경우에는 위험방지에 필요한 조치를 할 것

해설 ② 발판재료 간의 틈은 3cm 이하로 할 것

99. 고소작업대를 사용하는 경우 준수해야 할 사항으로 옳지 않은 것은?

① 안전한 작업을 위하여 적정수준의 조도를 유지할 것
② 전로(電路)에 근접하여 작업을 하는 경우에는 작업감시자를 배치하는 등 감전사고를 방지하기 위하여 필요한 조치를 할 것
③ 작업대의 붐대를 상승시킨 상태에서 탑승자는 작업대를 벗어나지 말 것
④ 전환 스위치는 다른 물체를 이용하여 고정할 것

해설 ④ 전환 스위치는 다른 물체를 이용하여 고정하지 말 것

100. 계단의 개방된 측면에 근로자의 추락위험을 방지하기 위하여 안전난간을 설치하고자 할 때 그 설치기준으로 옳지 않은 것은?

① 안전난간은 상부 난간대, 중간 난간대, 발끝막이판 및 난간기둥으로 구성할 것
② 발끝막이판은 바닥면 등으로부터 10cm 이상의 높이를 유지할 것
③ 난간기둥은 상부 난간대와 중간 난간대를 견고하게 떠받칠 수 있도록 적정한 간격을 유지할 것
④ 난간대는 지름 3.8cm 이상의 금속제 파이프나 그 이상의 강도가 있는 재료일 것

해설 ④ 난간대의 지름은 2.7cm 이상의 금속제 파이프나 그 이상의 강도를 가지는 재료일 것

2020년도(1, 2회차) 출제문제

1과목 산업안전관리론

1. 상시근로자 수가 75명인 사업장에서 1일 8시간씩 연간 320일을 작업하는 동안에 4건의 재해가 발생하였다면 이 사업장의 도수율은 약 얼마인가?

① 17.68 ② 19.67 ③ 20.83 ④ 22.83

해설 도수(빈도)율

$$= \frac{\text{연간 재해 발생 건수}}{\text{연간 총 근로시간 수}} \times 10^6$$

$$= \frac{4}{75 \times 8 \times 320} \times 10^6 = 20.833$$

2. 보호구 안전인증 고시에 따른 안전화의 정의 중 (   ) 안에 알맞은 것은?

> 경작업용 안전화란 (㉠)mm의 낙하 높이에서 시험했을 때 충격과 (㉡ ±0.1)kN의 압축하중에서 시험했을 때 압박에 대하여 보호해 줄 수 있는 선심을 부착하여, 착용자를 보호하기 위한 안전화를 말한다.

① ㉠ : 500, ㉡ : 10.0 ② ㉠ : 250, ㉡ : 10.0
③ ㉠ : 500, ㉡ : 4.4 ④ ㉠ : 250, ㉡ : 4.4

해설 안전화의 높이(mm)−하중(kN)

중작업용	보통작업용	경작업용
1000 − 15	500 − 10	250 − 4.4
±0.1	±0.1	±0.1

3. 산업안전보건법령상 안전보건표지의 종류와 형태 중 그림과 같은 경고표지는? (단, 바탕은 무색, 기본 모형은 빨간색, 그림은 검은색이다.)

① 부식성물질 경고
② 폭발성물질 경고
③ 산화성물질 경고
④ 인화성물질 경고

해설 물질 경고표지의 종류

인화물질	산화성	폭발성	급성독성	부식성

4. 일반적으로 사업장에서 안전관리조직을 구성할 때 고려할 사항과 가장 거리가 먼 것은?

① 조직 구성원의 책임과 권한을 명확하게 한다.
② 회사의 특성과 규모에 부합되게 조직되어야 한다.
③ 생산조직과는 동떨어진 독특한 조직이 되도록 하여 효율성을 높인다.
④ 조직의 기능이 충분히 발휘될 수 있는 제도적 체계가 갖추어져야 한다.

해설 안전관리조직의 구성

- 조직 구성원의 책임과 권한을 명확하게 한다.
- 회사의 특성과 규모에 부합되게 조직되어야 한다.
- 생산조직과는 밀착된 조직이 되도록 하여 효율성을 높인다.

정답 1. ③ 2. ④ 3. ④ 4. ③

- 조직의 기능이 충분히 발휘될 수 있는 제도적 체계가 갖추어져야 한다.

5. 주의의 특성으로 볼 수 없는 것은?

① 변동성　　　　② 선택성
③ 방향성　　　　④ 통합성

해설 주의의 특성
- 변동(단속)성 : 주의는 리듬이 있어 언제나 일정한 수순을 지키지는 못한다.
- 선택성 : 한 번에 여러 종류의 자극을 자각하거나 수용하지 못하며 소수 특정한 것을 선택하는 기능이다.
- 방향성 : 공간에 사선의 초점이 맞았을 때 인지가 쉬우나, 사선에서 벗어난 부분은 무시되기 쉽다.
- 주의력 중복집중 : 동시에 복수의 방향을 잡지 못한다.

6. 테크니컬 스킬즈(technical skills)에 관한 설명으로 옳은 것은?

① 모럴(morale)을 앙양시키는 능력
② 인간을 사물에게 적응시키는 능력
③ 사물을 인간에게 유리하게 처리하는 능력
④ 인간과 인간의 의사소통을 원활히 처리하는 능력

해설 테크니컬 스킬즈(technical skills) : 사물을 인간의 목적에 유리하게 처리하는 능력

7. 산업재해 예방의 4원칙 중 "재해 발생에는 반드시 원인이 있다."라는 원칙에 해당하는 것은?

① 대책선정의 원칙
② 원인계기의 원칙
③ 손실우연의 원칙
④ 예방가능의 원칙

해설 하인리히의 재해 예방의 4원칙
- 손실우연의 원칙 : 사고의 결과 손실 유무 또는 대소는 사고 당시 조건에 따라 우연적으로 발생한다.
- 원인계기의 원칙 : 재해 발생은 반드시 원인이 있다.
- 예방가능의 원칙 : 재해는 원칙적으로 원인만 제거하면 예방이 가능하다.
- 대책선정의 원칙 : 재해 예방을 위한 가능한 안전 대책은 반드시 존재한다.

8. 심리검사의 특징 중 "검사의 관리를 위한 조건과 절차의 일관성과 통일성"을 의미하는 것은?

① 규준　　　　② 표준화
③ 객관성　　　　④ 신뢰성

해설
- 표준화 : 검사 절차의 표준화, 관리를 위한 조건과 절차의 일관성과 통일성
- 객관성 : 심리검사의 주관성과 편견을 배제
- 규준성 : 검사 결과를 비교 해석하기 위해 비교 분석하는 틀
- 신뢰성 : 반복 검사하며 일관성 있는 검사 응답

9. 조직이 리더에게 부여하는 권한으로 볼 수 없는 것은?

① 보상적 권한　　　② 강압적 권한
③ 합법적 권한　　　④ 위임된 권한

해설
- 조직이 리더에게 부여하는 권한 : 보상적 권한, 강압적 권한, 합법적 권한
- 리더 본인이 본인에게 부여하는 권한 : 위임된 권한, 전문성의 권한
- 위임된 권한 : 지도자의 계획과 목표를 부하직원이 얼마나 잘 따르는지와 관련된 권한이다.

정답 5. ④　6. ③　7. ②　8. ②　9. ④

10. 기억의 과정 중 과거의 학습경험을 통해서 학습된 행동이 현재와 미래에 지속되는 것을 무엇이라 하는가?

① 기명(memorizing)
② 파지(retention)
③ 재생(recall)
④ 재인(recognition)

해설 기억의 과정
- 1단계(기명) : 사물의 인상을 마음에 간직하는 것
- 2단계(파지) : 과거의 학습경험이 저장되어 현재와 미래의 행동이나 내용이 지속되는 것
- 3단계(재생) : 보존된 인상이 다시 의식으로 떠오르는 것
- 4단계(재인) : 과거에 경험했던 것과 같은 비슷한 상태에 부딪혔을 때 떠오르는 것

11. 하인리히 재해 발생 5단계 중 3단계에 해당하는 것은?

① 불안전한 행동 또는 불안전한 상태
② 사회적 환경 및 유전적 요소
③ 관리의 부재
④ 사고

해설 하인리히의 산업재해 도미노 이론(사고 발생의 연쇄성)

1단계	2단계	3단계	4단계	5단계
사회적 환경 및 유전적 요소 (선천적 결함)	개인의 결함 (간접 원인)	불안전한 행동·상태 - 인적, 물적 원인 제거 가능 (직접 원인)	사고	재해 (상해)

12. 산업안전보건법령상 특별교육대상 작업별 교육 작업기준으로 틀린 것은?

① 전압기 75V 이상인 정전 및 활선작업
② 굴착면의 높이가 2m 이상이 되는 암석의 굴착작업
③ 동력에 의하여 작동되는 프레스 기계를 3대 이상 보유한 사업장에서 해당 기계로 하는 작업
④ 1톤 미만의 크레인 또는 호이스트를 5대 이상 보유한 사업장에서 해당 기계로 하는 작업

해설 ③ 동력에 의하여 작동되는 프레스 기계를 5대 이상 보유한 사업장에서 해당 기계로 하는 작업

13. 기계·기구 또는 설비의 신설, 변경 또는 고장 수리 등 부정기적인 점검을 말하며, 기술적 책임자가 시행하는 점검은?

① 정기점검   ② 수시점검
③ 특별점검   ④ 임시점검

해설 특별점검 : 태풍, 지진 등의 천재지변이 발생한 경우나 기계·기구의 신설 및 변경 시 고장·수리 등 특별히 실시하는 점검, 책임자가 실시

14. 재해의 원인 분석법 중 사고의 유형, 기인물 등 분류 항목을 큰 순서대로 도표화하여 문제나 목표의 이해가 편리한 것은?

① 관리도(control chart)
② 파레토도(pareto diagram)
③ 클로즈 분석(close analysis)
④ 특성요인도(cause–reason diagram)

해설 재해 분석 분류
- 관리도 : 재해 발생 건수 등을 시간에 따라 대략적인 파악에 사용한다.
- 파레토도 : 사고의 유형, 기인물 등 분류 항목을 큰 값에서 작은 값의 순서대로 도표화한다.

2020년도(1, 2회차) 출제문제 **509**

- 특성요인도 : 특성의 원인을 연계하여 상호 관계를 어골상으로 세분하여 분석한다.
- 클로즈(크로스) 분석도 : 두 가지 항목 이상의 요인이 상호 관계를 유지할 때 문제점을 분석한다.

15. 다음 중 매슬로우(Masolw)가 제창한 인간의 욕구 5단계 이론을 단계별로 옳게 나열한 것은?

① 생리적 욕구 → 안전 욕구 → 사회적 욕구 → 존경의 욕구 → 자아실현의 욕구
② 안전 욕구 → 생리적 욕구 → 사회적 욕구 → 존경의 욕구 → 자아실현의 욕구
③ 사회적 욕구 → 생리적 욕구 → 안전 욕구 → 존경의 욕구 → 자아실현의 욕구
④ 사회적 욕구 → 안전 욕구 → 생리적 욕구 → 존경의 욕구 → 자아실현의 욕구

해설 매슬로우가 제창한 인간의 욕구 5단계

1단계	2단계	3단계	4단계	5단계
생리적 욕구	안전 욕구	사회적 욕구	존경의 욕구	자아실현의 욕구

16. 교육의 3요소 중 교육의 주체에 해당하는 것은?

① 강사　② 교재　③ 수강자　④ 교육방법

해설 안전교육의 3요소

교육요소	교육의 주체	교육의 객체	교육의 매개체
형식적 요소	교수자 (강사)	교육생(수강자)	교재(교육자료)

17. O.J.T(On the Job Training) 교육의 장점과 가장 거리가 먼 것은?

① 훈련에만 전념할 수 있다.
② 직장의 실정에 맞게 실제적 훈련이 가능하다.

③ 개개인의 업무능력에 적합하고 자세한 교육이 가능하다.
④ 교육을 통하여 상사와 부하 간의 의사소통과 신뢰감이 깊게 된다.

해설 O.J.T 교육의 특징
- 개개인의 업무능력에 적합하고 자세한 교육이 가능하다.
- 작업장에 맞는 구체적인 훈련이 가능하다.
- 훈련에 필요한 업무의 연속성이 끊어지지 않아야 한다.
- 교육을 통하여 상사와 부하 간의 의사소통과 신뢰감이 깊게 된다.
- 훈련의 효과가 바로 업무에 나타나며 훈련의 효과에 따라 개선이 쉽다.

Tip) ①은 OFF.J.T 교육의 특징

18. 위험예지훈련 기초 4라운드(4R)에서 라운드별 내용이 바르게 연결된 것은?

① 1라운드 : 현상파악
② 2라운드 : 대책수립
③ 3라운드 : 목표설정
④ 4라운드 : 본질추구

해설 위험예지훈련 문제해결의 4라운드

1R	2R	3R	4R
현상파악	본질추구	대책수립	행동 목표설정

19. 산업안전보건법령상 근로자 안전·보건교육 중 채용 시의 교육 및 작업내용 변경 시의 교육사항으로 옳은 것은?

① 물질안전보건자료에 관한 사항
② 건강증진 및 질병예방에 관한 사항
③ 유해·위험 작업환경 관리에 관한 사항
④ 표준 안전작업방법 및 지도요령에 관한 사항

정답　15. ①　16. ①　17. ①　18. ①　19. ①

부록 2020

해설 채용 시의 교육 및 작업내용 변경 시의 교육내용
- 작업개시 전 점검에 관한 사항
- 기계·기구의 위험성과 작업의 순서 및 동선에 관한 사항
- 정리 정돈 및 청소에 관한 사항
- 사고 발생 시 긴급조치에 관한 사항
- 산업보건 및 직업병 예방에 관한 사항
- 직무 스트레스 예방 및 관리에 관한 사항
- 물질안전보건자료에 관한 사항

Tip) ②는 근로자의 정기안전보건교육 내용, ③, ④는 관리감독자 정기안전보건교육 내용

20. 산업재해의 발생 유형으로 볼 수 없는 것은?

① 지그재그형　　② 집중형
③ 연쇄형　　　　④ 복합형

해설 산업재해 발생의 형태(mechanism)
- 집중형 :

- 단순연쇄형 :

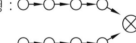

- 복합연쇄형 :
- 복합형 :

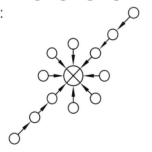

2과목 인간공학 및 시스템 안전공학

21. 모든 시스템 안전 프로그램 중 최초 단계의 분석으로 시스템 내의 위험요소가 어떤 상태에 있는지를 정성적으로 평가하는 방법은?

① CA　　② FHA　　③ PHA　　④ FMEA

해설 예비위험분석(PHA) : 모든 시스템 안전 프로그램 중 최초 단계의 분석으로 시스템 내의 위험요소가 얼마나 위험한 상태에 있는지를 정성적으로 평가하는 분석 기법

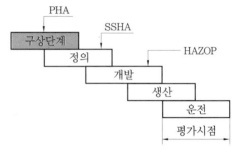

시스템 수명주기에서의 위험분석 기법

22. 시스템의 성능 저하가 인원의 부상이나 시스템 전체에 중대한 손해를 입히지 않고 제어가 가능한 상태의 위험강도는?

① 범주 Ⅰ : 파국적　　② 범주 Ⅱ : 위기적
③ 범주 Ⅲ : 한계적　　④ 범주 Ⅳ : 무시

해설 범주 Ⅲ. 한계적(marginal) : 시스템의 성능 저하가 경미한 상해, 시스템 성능 저하

23. 결함수 분석법에서 일정 조합 안에 포함되는 기본사상들이 동시에 발생할 때 반드시 목표사상을 발생시키는 조합을 무엇이라 하는가?

① cut set　　　　② decision tree
③ path set　　　　④ 불 대수

2020

해설 컷셋 : 정상사상을 발생시키는 기본사상의 집합으로 그 안에 포함되는 모든 기본사상이 발생할 때 정상사상을 발생시킬 수 있는 기본사상의 집합

24. 통제 표시비(C/D비)를 설계할 때의 고려할 사항으로 가장 거리가 먼 것은?

① 공차   ② 운동성
③ 조작시간   ④ 계기의 크기

해설 통제비 설계 시 고려해야 할 사항

- 계기의 크기 : 계기의 조절시간이 짧게 소요되는 계기의 사이즈를 선택한다. 사이즈가 작으면 상대적으로 오차가 많이 발생한다.
- 공차 : 계기에 인정할 수 있는 공차가 주행시간의 단축과 관계를 고려하여 짧은 주행시간 내에 공차범위 내에서 계기를 마련한다.
- 목측거리 : 작업자의 눈과 계기판의 거리는 주행과 조절에 관계되고 있다.
- 조작시간 : 조작시간의 지연은 통제 표시비가 크게 작용한다.
- 방향성 : 조작 방향과 표시 지표의 운동 방향이 일치하지 않으면 작업자의 동작에 혼란을 주어 작업시간이 길어지면서 오차가 커진다.

25. 건구온도 38℃, 습구온도 32℃일 때의 Oxford 지수는 몇 ℃인가?

① 30.2   ② 32.9   ③ 35.3   ④ 37.1

해설 옥스퍼드 지수

- 습건(WD)지수라고도 하며, 습구·건구온도의 가중 평균치이다.
- WD=0.85W(습구온도)+0.15D(건구온도)
  =(0.85×32)+(0.15×38)=32.9℃

26. 건강한 남성이 8시간 동안 특정 작업을 실시하고, 분당 산소 소비량이 1.1L/분으로 나

타났다면 8시간 총 작업시간에 포함될 휴식시간은 약 몇 분인가? (단, Murrell의 방법을 적용하며, 휴식 중 에너지 소비율은 1.5kcal/min이다.)

① 30분   ② 54분   ③ 60분   ④ 75분

해설 휴식시간 계산

㉠ 작업 시 평균 에너지 소비량(E)
  $=5\text{kcal/L}\times1.1\text{L/min}=5.5\text{kcal/min}$

여기서, 평균 남성의 표준 에너지 소비량 5kcal/L

㉡ 휴식시간$(R)=\dfrac{\text{작업시간}(E-5)}{E-1.5}$

  $=\dfrac{480\times(5.5-5)}{5.5-1.5}=60$분

여기서, E : 작업 시 평균 에너지 소비량(kcal/분)
    1.5 : 휴식시간에 대한 평균 에너지 소비량(kcal/분)
    5 : 기초대사를 포함한 보통 작업의 평균 에너지(kcal/분)
    480 : 총 작업시간(분)

27. 점광원(point source)에서 표면에 비추는 조도(lux)의 크기를 나타내는 식으로 옳은 것은? (단, D는 광원으로부터의 거리를 말한다.)

① $\dfrac{\text{광도[fc]}}{D^2\text{[m}^2\text{]}}$

② $\dfrac{\text{광도[lm]}}{D\text{[m]}}$

③ $\dfrac{\text{광도[cd]}}{D^2\text{[m}^2\text{]}}$

④ $\dfrac{\text{광도[fL]}}{D\text{[m]}}$

해설 조도$(\text{lux})=\dfrac{\text{광도[cd]}}{D^2\text{[m}^2\text{]}}$

28. 인간공학적 수공구의 설계에 관한 설명으로 옳은 것은?

① 수공구 사용 시 무게균형이 유지되도록 설계한다.
② 손잡이 크기를 수공구 크기에 맞추어 설계한다.

③ 힘을 요하는 수공구의 손잡이는 직경을 60mm 이상으로 한다.

④ 정밀작업용 수공구의 손잡이는 직경을 5mm 이하로 한다.

해설 수공구 설계원칙
- 손목을 곧게 유지하여야 한다.
- 조직의 압축응력을 피한다.
- 반복적인 모든 손가락 움직임을 피한다.
- 안전 작동을 고려하여 무게균형이 유지되도록 설계한다.
- 손잡이는 손바닥의 접촉면적이 크게 설계한다.

29. 인간-기계 시스템에서 다음 중 기계와 비교한 인간의 장점으로 볼 수 없는 것은 어느 것인가? (단, 인공지능과 관련된 사항은 제외한다.)

① 완전히 새로운 해결책을 찾아낸다.

② 여러 개의 프로그램 된 활동을 동시에 수행한다.

③ 다양한 경험을 토대로 하여 의사결정을 한다.

④ 상황에 따라 변화하는 복잡한 자극 형태를 식별한다.

해설 인간이 현존하는 기계를 능가하는 기능과 현존하는 기계가 인간을 능가하는 기능의 비교

구분	사람의 장점	기계의 장점
감지기능	• 다양한 자극의 형태를 식별 • 주위의 이상하거나 예기치 못한 사건 감지 • 시각, 청각, 촉각, 후각, 미각 등 매우 낮은 수준의 자극 감지	• 인간의 정상적인 감지범위 밖에 있는 자극을 감지 • 사람과 기계의 모니터가 가능 • 드물게 발생하는 사상 감지
정보처리저장	• 대량의 정보를 장시간 보관 • 관찰을 통해 일반적으로 귀납적으로 추리 • 다양한 경험을 토대로 상황에 따라 의사결정 • 원칙을 적용하고 관찰을 일반화	• 대량의 정보를 신속하게 보관 • 암호화된 정보를 신속하게 대량 보관 • 자극을 연역적으로 추리 • 명시된 절차에 따라 신속하고, 정량적인 정보처리
행동기능	• 과부하 상태에서 중요한 일에만 전념할 수 있음 • 주관적으로 추산하고 평가	• 과부하 시에도 효율적으로 작동 • 장시간 중량작업, 반복, 동시에 여러 작업 수행 가능

30. 인터페이스 설계 시 고려해야 하는 인간과 기계와의 조화성에 해당되지 않는 것은?

① 지적 조화성　　② 신체적 조화성

③ 감성적 조화성　　④ 심미적 조화성

해설 감성공학과 인간의 인터페이스 3단계

인터페이스	특성
신체적	인간의 신체적 또는 형태적 특성의 적합성
인지적	인간의 인지 능력, 정신적 부담의 정도
감성적	인간의 감정 및 정서의 적합성 여부

31. 반복되는 사건이 많이 있는 경우, FTA의 최소 컷셋과 관련이 없는 것은?

① Fussell Algorithm

② Boolean Algorithm

③ Monte Carlo Algorithm

④ Limnios & Ziani Algorithm

정답 29. ②　30. ④　31. ③

해설 • FTA의 최소 컷셋을 구하는 알고리즘의 종류는 Boolean Algorithm, Fussell Algorithm, Limnios & Ziani Algorithm 이다.
 • Monte Carlo Algorithm은 구하고자 하는 수치의 확률적 분포를 반복 실험으로 구하는 방법, 시뮬레이션에 의한 테크닉의 일종이다.

32. 다음 중 설비보전관리에서 설비이력카드, MTBF 분석표, 고장 원인 대책표와 관련이 깊은 관리는?

① 보전기록관리   ② 보전자재관리
③ 보전작업관리   ④ 예방보전관리

해설 보전기록관리 : MTBF 분석표, 설비이력카드, 고장 원인 대책표 등을 유지 · 보전하기 위해 기록 및 관리하는 서류

33. 다음 중 공간 배치의 원칙에 해당되지 않는 것은?

① 중요성의 원칙   ② 다양성의 원칙
③ 사용 빈도의 원칙   ④ 기능별 배치의 원칙

해설 부품(공간)배치의 원칙
• 중요성의 원칙(위치 결정) : 부품이 작동하는 성능이 체계의 목표 달성에 긴요한 정도에 따라 우선순위를 결정한다.
• 사용 빈도의 원칙(위치 결정) : 부품을 사용하는 빈도에 따라 우선순위를 결정한다.
• 사용 순서의 원칙(배치 결정) : 사용 순서에 따라 가까이 배치한다.
• 기능별 배치의 원칙(배치 결정) : 기능이 관련된 부품들을 모아서 배치한다.

34. 화학공장(석유화학 사업장 등)에서 가동 문제를 파악하는데 널리 사용되며, 위험요소를 예측하고, 새로운 공정에 대한 가동 문제를 예측하는데 사용되는 위험성 평가방법은?

① SHA   ② EVP
③ CCFA   ④ HAZOP

해설 위험 및 운전성 검토(HAZOP) : 각각의 장비에 대해 잠재된 위험이나 기능 저하 등 시설에 결과적으로 미칠 수 있는 영향을 평가하기 위하여 공정이나 설계도 등에 체계적인 검토를 행하는 것을 말한다.

35. 다음은 1/100(초) 동안 발생한 3개의 음파를 나타낸 것이다. 음의 세기가 가장 큰 것과 가장 높은 음은 무엇인가?

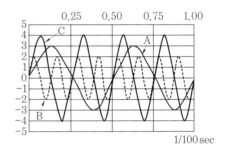

① 가장 큰 음의 세기 : A, 가장 높은 음 : B
② 가장 큰 음의 세기 : C, 가장 높은 음 : B
③ 가장 큰 음의 세기 : C, 가장 높은 음 : A
④ 가장 큰 음의 세기 : B, 가장 높은 음 : C

해설 음파(sound wave)
• 가장 큰 음의 세기 : 진폭이 가장 큰 것 → C
• 가장 높은 음 : 같은 시간 동안 진동수가 많은 것 → B

36. 글자의 설계 요소 중 검은 바탕에 쓰여진 흰 글자가 번져 보이는 현상과 가장 관련 있는 것은?

① 획폭비   ② 글자체
③ 종이 크기   ④ 글자 두께

정답 32. ①   33. ②   34. ④   35. ②   36. ①

[해설] 획폭비 · 종횡비 · 광삼 현상

- 획폭비 : 문자나 숫자의 높이에 대한 획 굵기의 비로서 나타내며, 최적 독해성을 주는 획폭비는 흰 숫자의 경우에 1 : 13.3이고, 검은 숫자의 경우는 1 : 8 정도이다.
- 종횡비 : 문자나 숫자의 폭과 높이의 비가 1 : 1이 적당하며, 3 : 5까지는 독해성에 영향이 없고, 숫자의 경우는 3 : 5를 표준으로 한다.
- 광삼 현상 : 흰 모양이 주위의 검은 배경으로 번져 보이는 현상으로 글자의 색에 따라 최적 획폭비가 다르기 때문이다.

37. FTA에 사용되는 기호 중 다음 기호에 해당하는 것은?

① 생략사상　　　　② 부정사상
③ 결함사상　　　　④ 기본사상

[해설] FTA의 기호

기호	명칭	입력, 출력 현황
▭	결함사상	개별적인 결함사상(비정상적인 사건)
◯	기본사상	더 이상 전개되지 않는 기본적인 사상
⬠	통상사상	통상적으로 발생이 예상되는 사상
◇	생략사상	해석기술의 부족으로 더 이상 전개할 수 없는 사상

38. 휴먼 에러(human error)의 분류 중 필요한 임무나 절차의 순서착오로 인하여 발생하는 오류는?

① ommission error　　② sequential error
③ commission error　　④ extraneous error

[해설] 순서 오류(sequential error) : 작업공정의 순서착오로 발생한 에러

39. 가청 주파수 내에서 사람의 귀가 가장 민감하게 반응하는 주파수 대역은?

① 20∼20000Hz　　② 50∼15000Hz
③ 100∼10000Hz　　④ 500∼3000Hz

[해설] 사람의 귀가 가장 민감하게 반응하는 주파수(중음역)는 500∼3000Hz이다.

40. 작업자가 100개의 부품을 육안검사하여 20개의 불량품을 발견하였다. 실제 불량품이 40개라면 인간 에러(human error) 확률은 약 얼마인가?

① 0.2　　　　　② 0.3
③ 0.4　　　　　④ 0.5

[해설] 인간 에러 확률(HEP)

$$= \frac{인간의\ 과오\ 수}{전체\ 과오\ 발생기회\ 수}$$

$$= \frac{40-20}{100} = 0.2$$

3과목　　**기계 위험방지 기술**

41. 작업장 내 운반을 주목적으로 하는 구내운반차가 준수해야 할 사항으로 옳지 않은 것은?

① 주행을 제동하거나 정지상태를 유지하기 위하여 유효한 제동장치를 갖출 것
② 경음기를 갖출 것

③ 핸들의 중심에서 차체 바깥 측까지의 거리가 65cm 이내일 것

④ 운전자석이 차 실내에 있는 것은 좌우에 한 개씩 방향지시기를 갖출 것

해설 구내운반차의 준수사항

- 주행을 제동하거나 정지상태를 유지하기 위하여 유효한 제동장치를 갖출 것
- 경음기를 갖출 것
- 핸들의 중심에서 차체 바깥 측까지의 거리가 65cm 이상일 것
- 운전석이 차 실내에 있는 경우 좌우에 한 개씩 방향지시기를 갖출 것

42. 연삭기를 이용한 작업을 할 경우 연삭숫돌을 교체한 후에는 얼마 동안 시험운전을 하여야 하는가?

① 1분 이상　　　　② 3분 이상
③ 10분 이상　　　　④ 15분 이상

해설 연삭기 안전기준

- 작업 전 1분 이상 시운전
- 연삭숫돌을 교체한 후 3분 이상 시운전
- 숫돌 파열이 가장 많이 발생할 때는 스위치를 넣는 순간

43. 프레스기가 작동 후 작업점까지의 도달시간이 0.2초 걸렸다면, 양수기동식 방호장치의 설치거리는 최소 얼마인가?

① 3.2cm　　　　② 32cm
③ 6.4cm　　　　④ 64cm

해설 양수기동식 안전거리$(D_m) = 1.6 T_m$
$= 1.6 \times 0.2 = 0.32\,\text{m} = 32\,\text{cm}$
여기서, D_m : 안전거리(m)
　　　　T_m : 프레스 작동 후 슬라이드가 하사점에 도달할 때까지의 소요시간(s)
　　　　1.6m/s : 손의 속도

44. 대패기계용 덮개의 시험방법에서 날 접촉 예방장치인 덮개와 송급 테이블면과의 간격 기준은 몇 mm 이하여야 하는가?

① 3　　② 5　　③ 8　　④ 12

해설 덮개와 송급 테이블면과의 간격은 8mm 이하이어야 한다.

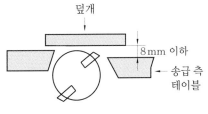

테이블과의 틈새

45. 프레스 등의 금형을 부착·해체 또는 조정 작업 중 슬라이드가 갑자기 작동하여 근로자에게 발생할 수 있는 위험을 방지하기 위하여 설치하는 것은?

① 방호울　　　　② 안전블록
③ 시건장치　　　　④ 게이트 가드

해설 안전블록 : 프레스 등의 금형을 부착·해체 또는 조정하는 작업을 할 때에 작업자의 신체가 위험한계 내에 있는 경우 슬라이드가 갑자기 작동함으로써 작업자에게 발생할 우려가 있는 위험을 방지하기 위하여 사용한다.

46. 산업안전보건법령상 프레스를 사용하여 작업을 할 때 작업시작 전 점검항목에 해당하지 않는 것은?

① 전선 및 접속부 상태
② 클러치 및 브레이크의 기능
③ 프레스의 금형 및 고정볼트 상태
④ 1행정 1정지기구·급정지장치 및 비상정지장치의 기능

해설 프레스 작업시작 전 점검사항

- 클러치 및 브레이크의 기능

- 크랭크축 · 플라이휠 · 슬라이드 · 연결봉 및 연결나사의 풀림 여부
- 1행정 1정지기구 · 급정지장치 및 비상정지장치의 기능
- 슬라이드 또는 칼날에 의한 위험방지기구의 기능
- 프레스의 금형 및 고정볼트 상태
- 프레스 방호장치의 기능
- 전단기의 칼날 및 테이블의 상태

47. 선반작업의 안전사항으로 틀린 것은?

① 베드 위에 공구를 올려놓지 않아야 한다.
② 바이트를 교환할 때는 기계를 정지시키고 한다.
③ 바이트는 끝을 길게 장치한다.
④ 반드시 보안경을 착용한다.

해설 ③ 바이트는 끝을 짧게 장치한다.

48. 연삭기 숫돌의 파괴 원인으로 볼 수 없는 것은?

① 숫돌의 회전속도가 너무 빠를 때
② 숫돌 자체에 균열이 있을 때
③ 숫돌의 정면을 사용할 때
④ 숫돌에 과대한 충격을 주게 되는 때

해설 연삭숫돌의 파괴 원인
- 숫돌의 회전속도가 너무 빠를 때
- 숫돌 자체에 균열이 있을 때
- 플랜지의 직경이 현저히 작을 때
- 숫돌의 측면을 사용할 때
- 숫돌에 과대한 충격을 줄 때
- 숫돌의 불균형, 베어링 마모에 의한 진동이 있을 때
- 반지름 방향의 온도 변화가 심할 때

49. 기계설비의 방호를 위험장소에 대한 방호

와 위험원에 대한 방호로 분류할 때, 다음 위험원에 대한 방호장치에 해당하는 것은?

① 격리형 방호장치
② 포집형 방호장치
③ 접근거부형 방호장치
④ 위치제한형 방호장치

해설 포집형 방호장치 : 위험장소에 설치하여 위험원이 비산하거나 튀는 것을 방지하는 등 작업자로부터 위험원을 차단하는 방호장치

50. 산업용 로봇 작업 시 안전조치 방법으로 틀린 것은?

① 작업 중의 매니퓰레이터의 속도의 지침에 따라 작업한다.
② 로봇의 조작방법 및 순서의 지침에 따라 작업한다.
③ 작업을 하고 있는 동안 해당 작업 근로자 이외에도 로봇의 가동 스위치를 조작할 수 있도록 한다.
④ 2명 이상의 근로자에게 작업을 시킬 때는 신호방법의 지침을 정하고 그 지침에 따라 작업한다.

해설 ③ 로봇의 가동 스위치 등에 '작업 중'이라는 표시를 하는 등 작업에 종사하고 있는 작업자가 아닌 사람이 그 스위치를 조작할 수 없도록 필요한 조치를 할 것

51. 크레인 작업 시 조치사항 중 틀린 것은?

① 인양할 하물은 바닥에서 끌어당기거나, 밀어내는 작업을 하지 아니할 것
② 유류드럼이나 가스통 등의 위험물 용기는 보관함에 담아 안전하게 매달아 운반할 것
③ 고정된 물체는 직접 분리, 제거하는 작업을 할 것
④ 근로자의 출입을 통제하여 하물이 작업자의 머리 위로 통과하지 않게 할 것

2020년도(1, 2회차) 출제문제 **517**

해설 ③ 고정된 물체를 직접 분리, 제거하는 작업을 아니 할 것

52. 산업안전보건법령상 양중기에 사용하지 않아야 하는 달기체인의 기준으로 틀린 것은?

① 심하게 변형된 것

② 균열이 있는 것

③ 달기체인의 길이가 달기체인이 제조된 때의 길이 3%를 초과한 것

④ 링의 단면지름이 달기체인이 제조된 때의 해당 링의 지름의 10%를 초과하여 감소한 것

해설 달기체인의 사용금지기준

• 균열이 있거나 심하게 변형된 것

• 달기체인의 길이가 달기체인이 제조된 때의 길이의 5%를 초과한 것

• 링의 단면지름이 달기체인이 제조된 때의 해당 링의 지름의 10%를 초과하여 감소한 것

53. 롤러기에 사용되는 급정지장치의 종류가 아닌 것은?

① 손 조작식   ② 발 조작식

③ 무릎 조작식   ④ 복부 조작식

해설 롤러기 급정지장치의 종류 : 손 조작식, 복부 조작식, 무릎 조작식

54. 다음 중 드릴작업의 안전조치사항으로 틀린 것은?

① 칩은 와이어 브러시로 제거한다.

② 드릴작업에서는 보안경을 쓰거나 안전덮개를 설치한다.

③ 칩에 의한 자상을 방지하기 위해 면장갑을 착용한다.

④ 바이스 등을 사용하여 작업 중 공작물의 유동을 방지한다.

해설 ③ 드릴작업 시에는 면장갑 착용을 금지한다.

55. 개구부에서 회전하는 롤러의 위험점까지 최단거리가 60 mm일 때 개구부 간격은 얼마인가?

① 10 mm   ② 12 mm

③ 13 mm   ④ 15 mm

해설 롤러 가드의 개구부 간격(Y)

: $X < 160$ mm일 경우,

개구부의 간격(Y) $= 6 + 0.15 \times X$

$= 6 + (0.15 \times 60) = 15$ mm

56. 연삭숫돌과 작업받침대, 교반기의 날개, 하우스 등 기계의 회전운동을 하는 부분과 고정 부분 사이에 위험이 형성되는 위험점은?

① 물림점   ② 끼임점

③ 절단점   ④ 접선물림점

해설 끼임점 : 회전운동을 하는 동작 부분과 고정 부분 사이에 형성되는 위험점

57. 보일러의 연도(굴뚝)에서 버려지는 여열을 이용하여 보일러에 공급되는 급수를 예열하는 부속장치는?

① 과열기

② 절탄기

③ 공기예열기

④ 연소장치

해설 절탄기 : 연도(굴뚝)에서 버려지는 여열을 이용하여 보일러에 공급되는 급수를 예열하는 부속장치

58. 다음 중 컨베이어의 안전장치가 아닌 것은?

정답 52. ③ 53. ② 54. ③ 55. ④ 56. ② 57. ② 58. ④

부록 2020

① 이탈 및 역주행 방지장치
② 비상정지장치
③ 덮개 또는 울
④ 비상난간

해설 컨베이어의 방호장치
- 이탈 및 역주행 방지장치 : 이탈 및 역주행을 방지하는 장치
- 비상정지장치 : 급정지 안전장치
- 덮개 또는 울 : 덮개 또는 울을 설치하여 낙하방지를 위한 조치

59. 밀링머신의 작업 시 안전수칙에 대한 설명으로 틀린 것은?

① 커터의 교환 시는 테이블 위에 목재를 받쳐 놓는다.
② 강력 절삭 시에는 일감을 바이스에 깊게 물린다.
③ 작업 중 면장갑은 착용하지 않는다.
④ 커터는 가능한 컬럼(column)으로부터 멀리 설치한다.

해설 ④ 커터를 컬럼으로부터 멀리 설치하면 떨림이 발생하므로 컬럼에 가깝게 설치한다.

60. 선반의 크기를 표시하는 것으로 틀린 것은?

① 양쪽 센터 사이의 최대 거리
② 왕복대 위의 스윙
③ 베드 위의 스윙
④ 주축에 물릴 수 있는 공작물의 최대 지름

해설 선반의 크기 표시방법
- 스윙 : 베드상의 스윙 및 왕복 대상의 스윙을 말하는 것으로, 물릴 수 있는 공작물의 최대 지름
- 양 센터 간 최대 거리 : 주축 쪽 센터와 심압대 쪽 센터 간의 거리

4과목 전기 및 화학설비 위험방지 기술

61. 최대 안전틈새(MESG)의 특성을 적용한 방폭구조는?

① 내압 방폭구조
② 유입 방폭구조
③ 안전증 방폭구조
④ 압력 방폭구조

해설 안전틈새(화염일주한계)
- 용기 내 가스를 점화시킬 때 틈새로 화염이 전파된다. 이 틈새를 조절하여 불꽃(화염)이 전달되지 않는 한계의 틈새를 말한다.
- 내압 방폭구조 A등급 틈새는 0.9mm 이상, B등급 틈새는 0.5mm 초과 0.9mm 미만, C등급 틈새는 0.5mm 이하이다.

62. 내전압용 절연장갑의 등급에 따른 최대 사용전압이 올바르게 연결된 것은?

① 00등급 : 직류 750V
② 00등급 : 교류 650V
③ 0등급 : 직류 1000V
④ 0등급 : 교류 800V

해설 절연장갑의 등급

등급	색상	최대 사용전압(V)		비고
		교류	직류	
00	갈색	500	750	직류는 교류의 1.5배
0	빨간색	1000	1500	
1	흰색	7500	11250	
2	노란색	17000	25500	
3	녹색	26500	39750	
4	등색	36000	54000	

63. 선간전압이 6.6kV인 충전전로 인근에서 유자격자가 작업하는 경우, 충전전로에 대한

최소 접근한계거리(cm)는? (단, 충전부에 절연 조치가 되어있지 않고, 작업자는 절연 장갑을 착용하지 않았다.)

① 20　　② 30　　③ 50　　④ 60

해설 선간전압 2.0kV 초과 15kV 이하의 접근한계거리는 60cm이다.

64. 어떤 도체에 20초 동안에 100C의 전하량이 이동하면 이때 흐르는 전류(A)는?

① 200　　② 50　　③ 10　　④ 5

해설 전류$(I) = \dfrac{Q}{T} = \dfrac{100\,C}{20\,s} = 5\,A$

65. 피뢰기가 반드시 가져야 할 성능 중 틀린 것은?

① 방전 개시전압이 높을 것
② 뇌전류 방전능력이 클 것
③ 속류 차단을 확실하게 할 수 있을 것
④ 반복 동작이 가능할 것

해설 피뢰기가 반드시 가져야 할 성능
• 방전 개시전압과 제한전압이 낮을 것
• 상용주파 방전 개시전압이 높을 것
• 특성이 변화하지 않고, 구조가 견고할 것
• 속류의 차단이 확실하며, 뇌전류의 방전능력이 클 것
• 반복 동작이 가능할 것
• 점검 및 유지보수가 쉬울 것

66. 가스 또는 분진폭발 위험장소에는 변전실·배전반실·제어실 등을 설치하여서는 아니 된다. 다만, 실내 기압이 항상 양압을 유지하도록 하고, 별도의 조치를 한 경우에는 그러하지 않는데 이때 요구되는 조치사항으로 틀린 것은?

① 양압을 유지하기 위한 환기설비의 고장 등으로 양압이 유지되지 아니한 때 경보를 할 수 있는 조치를 한 경우
② 환기설비가 정지된 후 재가동하는 경우 변전실 등에 가스 등이 있는지를 확인할 수 있는 가스검지기 등의 장비를 비치한 경우
③ 환기설비에 의하여 변전실 등에 공급되는 공기는 가스폭발 위험장소 또는 분진폭발 위험장소가 아닌 곳으로부터 공급되도록 하는 조치를 한 경우
④ 실내 기압이 항상 양압 10Pa 이상이 되도록 장치를 한 경우

해설 ④ 실내 기압이 항상 양압 25Pa 이상이 되도록 장치를 한 경우
Tip) 모든 개구부를 개방한 상태에서 공기 방출속도가 0.3m/s 이상인 경우

67. 절연체에 발생한 정전기는 일정 장소에 축적되었다가 점차 소멸되는데 처음 값의 몇 %로 감소되는 시간을 그 물체의 "시정수" 또는 "완화시간"이라고 하는가?

① 25.8　　　　　② 36.8
③ 45.8　　　　　④ 67.8

해설 시정수(완화시간 : time constant)
• 절연체에 발생한 정전기는 일정 장소에 축적되었다가 점차 감소되는데 처음 값의 36.8%로 감소되는 시간을 시정수 또는 완화시간이라 한다.
• 완화시간은 영전위(완전히 소멸될 때까지) 소요시간의 1/4~1/15 정도이다.

68. 누전차단기의 선정 및 설치에 대한 설명으로 틀린 것은?

① 차단기를 설치한 전로에 과부하 보호장치를 설치하는 경우는 서로 협조가 잘 이루어지도록 한다.

정답 64. ④　　65. ①　　66. ④　　67. ②　　68. ②

② 정격 부동작전류와 정격 감도전류와의 차는 가능한 큰 차단기로 선정한다.

③ 감전방지 목적으로 시설하는 누전차단기는 고감도 고속형을 선정한다.

④ 전로의 대지 정전용량이 크면 차단기가 오동작하는 경우가 있으므로 각 분기회로마다 차단기를 설치한다.

해설 ② 정격 부동작전류가 정격 감도전류의 50% 이상이어야 하고 이들의 차가 가능한 적어야 한다.

69. 정전기 발생량과 관련된 내용으로 옳지 않은 것은?

① 분리속도가 빠를수록 정전기 발생량이 많아진다.

② 두 물질 간의 대전서열이 가까울수록 정전기 발생량이 많아진다.

③ 접촉면적이 넓을수록, 접촉압력이 증가할수록 정전기 발생량이 많아진다.

④ 물질의 표면이 수분이나 기름 등에 오염되어 있으면 정전기 발생량이 많아진다.

해설 정전기 발생량

• 분리속도가 빠를수록 정전기 발생량이 많아진다.

• 두 물질 간의 대전서열이 가까울수록 정전기 발생량이 적고, 멀수록 정전기의 발생량이 많아진다.

• 접촉면적이 넓을수록, 접촉압력이 증가할수록 정전기 발생량이 많아진다.

• 수분이나 기름 등에 오염된 표면은 정전기 발생량이 많다.

70. 전기설비 등에는 누전에 의한 감전의 위험을 방지하기 위하여 전기기계·기구에 접지를 실시하도록 하고 있다. 전기기계·기구의 접지에 대한 설명 중 틀린 것은?

① 특별고압의 전기를 취급하는 변전소·개폐소 그 밖에 이와 유사한 장소에서는 지락(地絡)사고가 발생할 경우 접지극의 전위상승에 의한 감전위험을 감소시키기 위한 조치를 하여야 한다.

② 코드 및 플러그를 접속하여 사용하는 전압이 대지전압 110V를 넘는 전기기계·기구가 노출된 비충전 금속체에는 접지를 반드시 실시하여야 한다.

③ 접지설비에 대하여는 상시 적정상태 유지 여부를 점검하고 이상을 발견한 때에는 즉시 보수하거나 재설치하여야 한다.

④ 전기기계·기구의 금속제 외함·금속제 외피 및 철대에는 접지를 실시하여야 한다.

해설 ② 코드 및 플러그를 접속하여 사용하는 전압이 대지전압 150V를 넘는 전기기계·기구가 노출된 비충전 금속체에는 접지를 반드시 실시하여야 한다.

71. 다음 가스 중 공기 중에서 폭발범위가 넓은 순서로 옳은 것은?

① 아세틸렌 > 프로판 > 수소 > 일산화탄소

② 수소 > 아세틸렌 > 프로판 > 일산화탄소

③ 아세틸렌 > 수소 > 일산화탄소 > 프로판

④ 수소 > 프로판 > 일산화탄소 > 아세틸렌

해설 주요 가연성 가스의 연소범위(단위 : %)

가연성 가스	공기 중 연소범위		산소 중 연소범위	
	하한값	상한값	하한값	상한값
아세틸렌	2.5	81	2.5	−
수소	4	75	4.7	93.9
일산화탄소	12.5	74	15.5	94.0
프로판	2.1	9.5	2.3	55.0
암모니아	15	28.0	13.5	79.0

72. 산업안전보건법상 물질안전보건자료 작성 시 포함되어야 하는 항목이 아닌 것은? (단, 참고사항은 제외한다.)

① 화학제품과 회사에 관한 정보
② 제조일자 및 유효기간
③ 운송에 필요한 정보
④ 환경에 미치는 영향

해설 물질안전보건자료의 작성항목
• 위험 · 유해성   • 취급 및 저장방법
• 응급조치요령   • 물리 · 화학적 특성
• 안정성 및 반응성   • 독성에 관한 정보
• 폐기 시 주의사항   • 환경에 미치는 영향
• 법적규제 현황   • 운송에 필요한 정보
• 화학제품과 회사에 관한 정보
• 구성성분의 명칭 및 함유량
• 폭발 · 화재 시 대처방법
• 누출사고 시 대처방법
• 노출방지 및 개인보호구
• 그 밖의 참고사항

73. 다음 중 물반응성 물질에 해당하는 것은?

① 니트로 화합물   ② 칼륨
③ 염소산나트륨   ④ 부탄

해설 ① 니트로 화합물 : 폭발성 물질 및 유기과산화물
③ 염소산나트륨 : 산화성 액체 및 산화성 고체
④ 부탄 : 인화성 가스

74. 위험물을 건조하는 경우 내용적이 몇 m³ 이상인 건조설비일 때 위험물 건조설비 중 건조실을 설치하는 건축물의 구조를 독립된 단층으로 해야 하는가? (단, 건축물은 내화구조가 아니며, 건조실을 건축물의 최상층에 설치한 경우가 아니다.)

① 0.1   ② 1
③ 10   ④ 100

해설 위험물 건조설비 중 건조실을 설치하는 건축물의 구조를 독립된 단층으로 하는 기준은 다음과 같다.
• 위험물 또는 위험물이 발생하는 물질을 가열 · 건조하는 경우 내용적이 1m³ 이상일 때
• 위험물이 아닌 물질을 가열 · 건조하는 경우 다음에 해당하는 건조설비
 ㉠ 고체 또는 액체연료의 최대사용량이 시간당 10kg 이상일 때
 ㉡ 기체연료의 최대사용량이 시간당 1m³ 이상일 때
 ㉢ 전기사용 정격용량이 10kW 이상일 때

75. 반응기의 운전을 중지할 때 필요한 주의사항으로 가장 적절하지 않은 것은?

① 급격한 유량 변화를 피한다.
② 가연성 물질이 새거나 흘러나올 때의 대책을 사전에 세운다.
③ 급격한 압력 변화 또는 온도 변화를 피한다.
④ 80~90℃의 염산으로 세정을 하면서 수소가스로 잔류가스를 제거한 후 잔류물을 처리한다.

해설 반응기의 운전을 중지할 때 필요한 주의사항
• 급격한 유량 변화를 피한다.
• 가연성 물질이 새거나 흘러나올 때의 대책을 사전에 세운다.
• 급격한 압력 변화 또는 온도 변화를 피한다.
• 개방을 하는 경우, 우선 최고 윗부분, 최고 아랫부분의 뚜껑을 열고 자연 통풍 냉각을 한다.

76. 어떤 물질 내에서 반응 전파속도가 음속보다 빠르게 진행되고 이로 인해 발생된 충격파가 반응을 일으키고 유지하는 발열반응을 무엇이라 하는가?

① 점화(ignition)

② 폭연(deflagration)

③ 폭발(explosion)

④ 폭굉(detonation)

> **해설** · 점화 : 불을 붙이는 것
> · 폭연 : 폭발의 일종으로 반응 전파속도가 음속 이하
> · 폭굉 : 폭발 충격파가 미반응 매질 속으로 음속보다 큰 속도로 이동하는 폭발
> · 폭발 : 혼합가스에 점화할 때 고온과 빠른 연소속도로 인해 체적이 급격히 팽창하여 기계적 파괴력을 미치는 현상

77. A가스의 폭발하한계가 4.1vol%, 폭발상한계가 62vol%일 때 이 가스의 위험도는 약 얼마인가?

① 8.94 ② 12.75 ③ 14.12 ④ 16.12

> **해설** 위험도(H)
> $$=\frac{폭발상한계(U)-폭발하한계(L)}{폭발하한계(L)}$$
> $$=\frac{62-4.1}{4.1}=14.12$$

78. 사업장에서 유해·위험물질의 일반적인 보관방법으로 적합하지 않은 것은?

① 질소와 격리하여 저장

② 서늘한 장소에 저장

③ 부식성이 없는 용기에 저장

④ 차광막이 있는 곳에 저장

> **해설** 질소(N_2)는 공기의 약 80%를 차지하는 무색·무미·무취의 기체이므로 질소와 격리하여 저장할 필요는 없다.

79. 다음 중 분진폭발의 가능성이 가장 낮은 물질은?

① 소맥분 ② 마그네슘분

③ 질석가루 ④ 석탄가루

> **해설** 분진폭발 물질
>
> | 분류 | 특징 | 대상물질 |
> |------|------|----------|
> | 금속분진, 곡물가루, 탄닌 | 가연성 고체는 미분상태로 부유되어 있다가 점화에너지를 가하면 가스와 유사한 폭발형태가 된다. | · 금속 : Al, Mg, Fe, Mn, Si, Sn
 · 분말 : 티탄, 바나듐, 아연, Dow 합금
 · 농산물 : 밀가루, 녹말, 솜, 쌀, 콩, 코코아, 커리 |
>
> ③은 불연성 물질로 폭발이 일어나지 않는다.

80. 다음 중 산업안전보건기준에 관한 규칙에서 규정하는 급성 독성 물질의 기준으로 틀린 것은?

① 쥐에 대한 경구투입실험에 의하여 실험동물의 50%를 사망시킬 수 있는 물질의 양이 kg당 300mg-(체중) 이하인 화학물질

② 쥐에 대한 경피흡수실험에 의하여 실험동물의 50%를 사망시킬 수 있는 물질의 양이 kg당 1000mg-(체중) 이하인 화학물질

③ 토끼에 대한 경피흡수실험에 의하여 실험동물의 50%를 사망시킬 수 있는 물질의 양이 kg당 1000mg-(체중) 이하인 화학물질

④ 쥐에 대한 4시간 동안의 흡입실험에 의하여 실험동물의 50%를 사망시킬 수 있는 가스의 농도가 3000ppm 이상인 화학물질

> **해설** ④ 쥐에 대한 4시간 동안의 흡입실험에 의하여 실험동물의 50%를 사망시킬 수 있는 물질의 농도, 즉 가스 LC_{50}(쥐, 4시간 흡입)이 2500ppm 이하인 화학물질

5과목 **건설안전기술**

81. 건설현장에서 계단을 설치하는 경우 계단의 높이가 최소 몇 미터 이상일 때 계단의 개방된 측면에 안전난간을 설치하여야 하는가?

① 0.8m ② 1.0m

③ 1.2m ④ 1.5m

해설 계단을 설치하는 경우 계단의 높이가 1m 이상일 때 계단의 개방된 측면에 안전난간을 설치하여야 한다.

82. 산업안전보건관리비 중 안전시설비의 항목에서 사용할 수 있는 항목에 해당하는 것은?

① 외부인 출입금지, 공사장 경계표시를 위한 가설울타리

② 작업발판

③ 절토부 및 성토부 등의 토사 유실방지를 위한 설비

④ 사다리 전도방지장치

해설 ④는 안전시설비의 항목에서 사용할 수 있는 항목,

①, ②, ③은 안전시설비의 항목에서 사용할 수 없는 항목

83. 포화도 80%, 함수비 28%, 흙 입자의 비중 2.7일 때 공극비를 구하면?

① 0.940 ② 0.945

③ 0.950 ④ 0.955

해설 공(간)극비 = $\dfrac{간극의\ 용적}{흙\ 입자의\ 용적}$

$= \dfrac{함수비}{포화도} \times 흙\ 입자의\ 비중$

$= \dfrac{0.28 \times 2.7}{0.8} = 0.945$

Tip) • 포화도 = $\dfrac{물의\ 용적}{간극의\ 용적}$

• 함수비 = $\dfrac{물의\ 용적}{흙\ 입자의\ 용적}$

84. 다음 터널 공법 중 전단면 기계굴착에 의한 공법에 속하는 것은?

① ASSM(American Steel Supported Method)

② NATM(New Austrian Tunneling Method)

③ TBM(Tunnel Boring Machine)

④ 개착식 공법

해설 TBM(Tunnel Boring Machine) 공법은 터널 공법 중 전단면 기계굴착에 의한 공법이다.

85. 크레인의 운전실을 통하는 통로의 끝과 건설물 등의 벽체와의 간격은 최대 얼마 이하로 하여야 하는가?

① 0.3m ② 0.4m

③ 0.5m ④ 0.6m

해설 건설물 등의 벽체와 통로와의 간격은 0.3m 이하로 하여야 한다.

86. 부두 등의 하역 작업장에서 부두 또는 안벽의 선을 따라 설치하는 통로의 최소 폭 기준은?

① 30cm 이상 ② 50cm 이상

③ 70cm 이상 ④ 90cm 이상

해설 부두 또는 안벽의 선을 따라 설치하는 통로 최소 폭은 90cm 이상으로 할 것

87. 옹벽 축조를 위한 굴착작업에 관한 설명으로 옳지 않은 것은?

① 수평 방향으로 연속적으로 시공한다.

② 하나의 구간을 굴착하면 방치하지 말고 기초 및 본체 구조물 축조를 마무리한다.

정답 81. ② 82. ④ 83. ② 84. ③ 85. ① 86. ④ 87. ①

2020 부록

③ 절취 경사면에 전석, 낙석의 우려가 있고 혹은 장기간 방치할 경우에는 숏크리트, 록볼트, 캔버스 및 모르타르 등으로 방호한다.

④ 작업 위치 좌우에 만일의 경우에 대비한 대피통로를 확보하여 둔다.

해설 옹벽 축조시공 시 기준

• 수평 방향의 연속시공을 금하며, 블록으로 나누어 단위 시공 단면적을 최소화하여 분단시공을 한다.

• 하나의 구간을 굴착하면 방치하지 말고 기초 및 본체 구조물 축조를 마무리한다.

• 절취 경사면에 전석, 낙석의 우려가 있고 혹은 장기간 방치할 경우에 숏크리트, 록볼트, 캔버스 및 모르타르 등으로 방호한다.

• 작업 위치의 좌우에 만일의 경우에 대비한 대피통로를 확보하여 둔다.

88. 가설통로 설치 시 경사가 몇 도를 초과하면 미끄러지지 않는 구조로 설치하여야 하는가?

① 15°   ② 20°
③ 25°   ④ 30°

해설 가설통로의 설치에 관한 기준

• 견고한 구조로 할 것

• 경사각은 30° 이하로 할 것

• 경사로 폭은 90 cm 이상으로 할 것

• 경사각이 15°를 초과하는 경우에는 미끄러지지 아니하는 구조로 할 것

• 높이 8 m 이상인 다리에는 7 m 이내마다 계단참을 설치할 것

• 수직갱에 가설된 통로의 길이가 15 m 이상인 경우에는 10 m 이내마다 계단참을 설치할 것

89. 이동식 비계 작업 시 주의사항으로 옳지 않은 것은?

① 비계의 최상부에서 작업을 하는 경우에는 안전난간을 설치한다.

② 이동 시 작업지휘자가 이동식 비계에 탑승하여 이동하며 안전 여부를 확인하여야 한다.

③ 비계를 이동시키고자 할 때는 바닥의 구멍이나 머리 위의 장애물을 사전에 점검한다.

④ 작업발판은 항상 수평을 유지하고 작업발판 위에서 안전난간을 딛고 작업을 하거나 받침대 또는 사다리를 사용하여 작업하지 않도록 한다.

해설 이동식 비계 작업 시 주의사항

• 감독자의 지휘하에 작업한다.

• 비계 이동 시 사람이 탄 채로 이동하면 안 된다.

• 안전모를 착용하고 구명로프 등을 소지한다.

• 공구나 재료의 오르내리기에는 포대, 로프 등을 사용한다.

• 최상부에서 작업을 하는 경우에는 안전난간을 설치한다.

• 작업발판 위에서 안전난간을 딛고 작업을 하거나 받침대 또는 사다리를 사용하여 작업하지 않는다.

90. 가설 구조물의 특징이 아닌 것은?

① 연결재가 적은 구조로 되기 쉽다.

② 부재 결합이 불완전할 수 있다.

③ 영구적인 구조 설계의 개념이 확실하게 적용된다.

④ 단면에 결함이 있기 쉽다.

해설 가설 구조물의 특징

• 연결재가 적은 구조로 되기 쉽다.

• 부재 결합이 간략하고, 결합이 불완전할 수 있다.

• 영구적인 구조 설계의 개념이 확고하지 않아 조립의 정밀도가 낮다.

• 부재는 과소 단면이거나 재료에 결함이 있기 쉽다.

91. 물체가 떨어지거나 날아올 위험 또는 근로자가 추락할 위험이 있는 작업 시 착용하여야 할 보호구는?

① 보안경   ② 안전모

③ 방열복   ④ 방한복

해설 작업 조건에 맞는 보호구

• 안전모 : 물체가 낙하·비산 위험 또는 작업자가 추락할 위험이 있는 작업

• 보안경 : 용접 시 불꽃, 바이트 연삭과 같이 물체가 흩날릴 위험이 있는 작업

• 방열복 : 용해 등 고열에 의한 화상의 위험이 있는 작업

• 방한복 : 섭씨 영하 18도 이하인 냉동 창고 등에서 하는 작업

92. 건설현장에서 사용하는 공구 중 토공용이 아닌 것은?

① 착암기   ② 포장 파괴기

③ 연마기   ④ 점토 굴착기

해설 연마기는 숫돌을 사용하며, 연삭 또는 절단용 공구이다.

93. 운반작업 중 요통을 일으키는 인자와 가장 거리가 먼 것은?

① 물건의 중량

② 작업 자세

③ 작업시간

④ 물건의 표면마감 종류

해설 요통재해를 일으키는 인자는 물건의 중량, 작업 자세, 작업시간이다.

94. 콘크리트용 거푸집의 재료에 해당되지 않는 것은?

① 철재   ② 목재

③ 석면   ④ 경금속

해설 콘크리트용 거푸집 재료의 종류 : 철재, 목재 또는 합판, 경금속 등

95. 공사 종류 및 규모별 안전관리비 계상기준표에서 공사 종류의 명칭에 해당되지 않는 것은?

① 철도·궤도 신설공사

② 일반건설공사(병)

③ 중건설공사

④ 특수 및 기타 건설공사

해설 안전관리비 계상기준표에서의 공사 종류

• 일반건설공사(갑), (을)

• 중건설공사

• 철도·궤도신설공사

• 특수 및 기타 건설공사

96. 콘크리트 타설작업을 하는 경우에 준수해야 할 사항으로 옳지 않은 것은?

① 콘크리트를 타설하는 경우에는 편심을 유발하여 한쪽 부분부터 밀실하게 타설되도록 유도할 것

② 당일의 작업을 시작하기 전에 해당 작업에 관한 거푸집 동바리 등의 변형·변위 및 지반의 침하 유무 등을 점검하고 이상이 있으면 보수할 것

③ 작업 중에는 거푸집 동바리 등의 변형·변위 및 침하 유무 등을 감시할 수 있는 감시자를 배치하여 이상이 있으면 작업을 중지하고 근로자를 대피시킬 것

④ 설계도서상의 콘크리트 양생기간을 준수하여 거푸집 동바리 등을 해체할 것

해설 ① 콘크리트를 타설하는 경우에는 전체적으로 하중이 분포되도록 타설하여야 한다.

97. 다음은 풍화암에서 토사붕괴를 예방하기 위한 기울기를 나타낸 것이다. x의 값은?

① 0.8
② 1.0
③ 0.5
④ 0.3

[해설] 굴착면의 기울기 기준(2021.11.19 개정)

구분	지반 종류	기울기	사면 형태 (풍화암)
보통흙	습지	1 : 1 ~1 : 1.5	
	건지	1 : 0.5 ~1 : 1	
암반	풍화암	1 : 1.0	
	연암	1 : 1.0	
	경암	1 : 0.5	

(※ 실제 시험에서 정답은 ② 0.8로 발표되었으나, 본서에서는 개정된 규정에 맞게 ② 1.0으로 선지를 수정하여 정답 처리하였다.)

98. 지반의 사면 파괴 유형 중 유한사면의 종류가 아닌 것은?

① 사면내 파괴
② 사면 선단 파괴
③ 사면 저부 파괴
④ 직립 사면 파괴

[해설] 사면 파괴 유형
• 사면내 파괴 : 하부 지반이 단단한 경우 얕은 지표층의 붕괴
• 사면 선단 파괴 : 경사가 급하고 비점착성 토질에서 발생
• 사면 저부 파괴 : 경사가 완만하고 점착성인 경우, 사면의 하부에 견고한 지층이 있을 경우 발생

99. 철근콘크리트 공사에서 거푸집 동바리의 해체시기를 결정하는 요인으로 가장 거리가 먼 것은?

① 시방서상의 거푸집 존치기간의 경과
② 콘크리트 강도시험 결과
③ 동절기일 경우 적산온도
④ 후속공정의 착수시기

[해설] 거푸집 동바리 해체시기 결정
• 시방서상의 거푸집 존치기간이 경과해야 한다.
• 동절기일 경우 적산온도 등을 고려하여 양생기간이 경과하면 해체한다.
• 콘크리트 강도시험 결과 벽, 보, 기둥 등의 측면이 50kgf/cm^2 이상이어야 한다.

100. 건설현장에서의 PC(precast concrete) 조립 시 안전 대책으로 옳지 않은 것은?

① 달아 올린 부재의 아래에서 정확한 상황을 파악하고 전달하여 작업한다.
② 운전자는 부재를 달아 올린 채 운전대를 이탈해서는 안 된다.
③ 신호는 사전에 정해진 방법에 의해서만 실시한다.
④ 크레인 사용 시 PC판의 중량을 고려하여 아우트리거를 사용한다.

[해설] ① 달아 올린 부재의 아래에 있으면 물체 낙하 시 위험하다.

2020년도(3회차) 출제문제

산업안전산업기사

1과목　　**산업안전관리론**

1. 무재해 운동의 이념 가운데 직장의 위험요인을 행동하기 전에 예지하여 발견, 파악, 해결하는 것을 의미하는 것은?

① 무의 원칙
② 선취의 원칙
③ 참가의 원칙
④ 인간존중의 원칙

해설 선취해결의 원칙 : 직장의 위험요인을 사전에 발견, 파악, 해결하여 재해를 예방하는 무재해를 실현하기 위한 원칙

2. 산업안전보건법령상 안전보건표시의 종류 중 인화성물질에 관한 표지에 해당하는 것은?

① 금지표시
② 경고표시
③ 지시표시
④ 안내표시

해설 물질 경고표지의 종류

인화물질	산화성	폭발성	급성독성	부식성

3. 인간관계의 메커니즘 중 다른 사람의 행동 양식이나 태도를 투입시키거나, 다른 사람 가운데서 자기와 비슷한 점을 발견하는 것을 무엇이라고 하는가?

① 투사(projection)
② 모방(imitation)
③ 암시(suggestion)
④ 동일화(identification)

해설 동일화 : 다른 사람의 행동 양식이나 태도를 투입시키거나 다른 사람 가운데서 본인과 비슷한 점을 발견하는 것

4. 산업안전보건법령상 근로자 안전보건교육 대상과 교육시간으로 옳은 것은?

① 정기교육인 경우 : 사무직 종사근로자 - 매 분기 3시간 이상
② 정기교육인 경우 : 관리감독자 지위에 있는 사람 - 연간 10시간 이상
③ 채용 시 교육인 경우 : 일용근로자 - 4시간 이상
④ 작업내용 변경 시 교육인 경우 : 일용근로자를 제외한 근로자 - 1시간 이상

해설 ② 정기교육인 경우 : 관리감독자 지위에 있는 사람 - 연간 16시간 이상
③ 채용 시 교육인 경우 : 일용근로자 - 1시간 이상
④ 작업내용 변경 시 교육인 경우 : 일용근로자를 제외한 근로자 - 2시간 이상

5. 위험예지훈련 4라운드 기법의 진행방법에 있어 문제점 발견 및 중요 문제를 결정하는 단계는?

① 대책수립 단계
② 현상파악 단계
③ 본질추구 단계
④ 행동 목표설정 단계

해설 위험예지훈련 문제해결의 4라운드
• 현상파악(1R) : 어떤 위험이 잠재하고 있는가? → 토론을 통해 잠재한 위험요인을 발견한다.

- 본질추구(2R) : 이것이 위험 포인트이다.
→ 위험요인 중 중요한 위험 문제점을 파악하고 표시한다.
- 대책수립(3R) : 당신이라면 어떻게 할 것인가? → 위험요소를 어떻게 해결할지 구체적인 대책을 세운다.
- 행동 목표설정(4R) : 우리들은 이렇게 한다. → 중점적인 대책을 실천하기 위한 행동 목표를 설정한다.

6. 산업안전보건법령상 안전모의 시험성능기준 항목이 아닌 것은?

① 난연성 　　　　② 인장성
③ 내관통성 　　　④ 충격흡수성

해설 안전모의 시험성능기준은 내관통성, 충격흡수성, 내전압성, 내수성, 난연성, 턱끈풀림과 부과성능기준은 측면 변형 방호, 금속 응용물 분사 방호 등이 있다.

7. O.J.T(On the Job Traning)의 특징 중 틀린 것은?

① 훈련과 업무의 계속성이 끊어지지 않는다.
② 직장의 실정에 맞게 실제적 훈련이 가능하다.
③ 훈련의 효과가 곧 업무에 나타나며, 훈련의 개선이 용이하다.
④ 다수의 근로자들에게 조직적 훈련이 가능하다.

해설 ④는 OFF.J.T 교육의 특징

8. 인지과정 착오의 요인이 아닌 것은?

① 정서불안정
② 감각차단 현상
③ 작업자의 기능 미숙
④ 생리 · 심리적 능력의 한계

해설 인지과정 착오
- 정서불안정, 감각차단 현상
- 생리 · 심리적 능력의 한계
- 정보 수용능력의 한계
Tip) ③은 판단과정 착오의 능력 부족에 해당된다.

9. 학습 성취에 직접적인 영향을 미치는 요인과 가장 거리가 먼 것은?

① 적성 　　　　　② 준비도
③ 개인차 　　　　④ 동기유발

해설 ①은 학습 성취에 간접적으로 영향을 미치는 요인

10. 태풍, 지진 등의 천재지변이 발생한 경우나 이상상태 발생 시 기능상 이상 유 · 무에 대한 안전점검의 종류는?

① 일상점검 　　　② 정기점검
③ 수시점검 　　　④ 특별점검

해설 특별점검 : 태풍, 지진 등의 천재지변이 발생한 경우나 기계 · 기구의 신설 및 변경 시 고장 · 수리 등 특별히 실시하는 점검, 책임자가 실시

11. 연간 근로자 수가 300명인 A공장에서 지난 1년간 1명의 재해자(신체장해등급 1급)가 발생하였다면 이 공장의 강도율은? (단, 근로자 1인당 1일 8시간씩 연간 300일을 근무하였다.)

① 4.27　　② 6.42　　③ 10.05　　④ 10.42

해설 신체장애등급별 근로손실일수(1, 2, 3급)는 7500일이다.

$$\therefore \ 강도율 = \frac{근로손실일수}{총 \ 근로시간 \ 수} \times 1000$$

$$= \frac{7500}{300 \times 8 \times 300} \times 1000 = 10.416$$

12. 재해 예방의 4원칙에 해당하는 내용이 아닌 것은?

① 예방가능의 원칙　② 원인계기의 원칙
③ 손실우연의 원칙　④ 사고조사의 원칙

해설 재해 예방의 4원칙 : 예방가능의 원칙, 손실우연의 원칙, 원인계기의 원칙, 대책선정의 원칙

13. 알더퍼의 ERG(Existence Relation Growth) 이론에서 생리적 욕구, 물리적 측면의 안전 욕구 등 저차원적 욕구에 해당하는 것은?

① 관계 욕구　　　② 성장 욕구
③ 존재 욕구　　　④ 사회적 욕구

해설 알더퍼(Alderfer)의 ERG 이론
- 존재 욕구(existence) : 생리적 욕구, 물리적 측면의 안전 욕구, 저차원적 욕구
- 관계 욕구(relatedness) : 인간관계(대인관계) 측면의 안전 욕구
- 성장 욕구(growth) : 자아실현의 욕구

14. 상황성 누발자의 재해 유발 원인과 거리가 먼 것은?

① 작업의 어려움
② 기계설비의 결함
③ 심신의 근심
④ 주의력의 산만

해설 ④는 소질성 누발자

15. 리더십(leadership)의 특성에 대한 설명으로 옳은 것은?

① 지휘 형태는 민주적이다.
② 권한 부여는 위에서 위임된다.
③ 구성원과의 관계는 지배적 구조이다.
④ 권한 근거는 법적 또는 공식적으로 부여된다.

해설 리더십과 헤드십의 비교

분류	리더십 (leadership)	헤드십 (headship)
권한 행사	선출직	임명직
권한 부여	밑으로부터 동의	위에서 위임
권한 귀속	목표에 기여한 공로 인정	공식 규정에 의함
상·하의 관계	개인적인 영향	지배적인 영향
부하와의 사회적 관계	관계(간격) 좁음	관계(간격) 넓음
지휘 형태	민주주의적	권위주의적
책임 귀속	상사와 부하	상사
권한 근거	개인적, 비공식적	법적, 공식적

16. 재해 원인을 통상적으로 직접 원인과 간접 원인으로 나눌 때 직접 원인에 해당되는 것은?

① 기술적 원인　　② 물적 원인
③ 교육적 원인　　④ 관리적 원인

해설
- 직접 원인 : 인적 원인(불안전한 행동), 물적 원인(불안전한 상태)
- 간접 원인 : 기술적, 교육적, 관리적, 신체적, 정신적 원인 등

17. 안전교육계획 수립 시 고려하여야 할 사항과 관계가 가장 먼 것은?

① 필요한 정보를 수집한다.
② 현장의 의견을 충분히 반영한다.
③ 법 규정에 의한 교육에 한정한다.
④ 안전교육 시행 체계와의 관련을 고려한다.

해설 ③ 법 규정에 의한 필수 교육 외에도 필요한 교육계획을 수립한다.

부록 2020

18. 안전관리조직의 형태 중 라인 스탭형에 대한 설명으로 틀린 것은?

① 대규모 사업장(1000명 이상)에 효율적이다.
② 안전과 생산업무가 분리될 우려가 없기 때문에 균형을 유지할 수 있다.
③ 모든 안전관리 업무를 생산라인을 통하여 직선적으로 이루어지도록 편성된 조직이다.
④ 안전업무를 전문적으로 담당하는 스텝 및 생산라인의 각 계층에도 겸임 또는 전임의 안전담당자를 둔다.

해설 ③은 라인형 조직에 대한 설명이다.

19. 기능(기술)교육의 진행방법 중 하버드학파의 5단계 교수법의 순서로 옳은 것은?

① 준비 → 연합 → 교시 → 응용 → 총괄
② 준비 → 교시 → 연합 → 총괄 → 응용
③ 준비 → 총괄 → 연합 → 응용 → 교시
④ 준비 → 응용 → 총괄 → 교시 → 연합

해설 하버드학파의 5단계 교수법

제1단계	제2단계	제3단계	제4단계	제5단계
준비 시킨다.	교시 시킨다.	연합 한다.	총괄 한다.	응용 시킨다.

20. 재해의 원인과 결과를 연계하여 상호 관계를 파악하기 위해 도표화하는 분석방법은?

① 관리도
② 파레토도
③ 특성요인도
④ 크로스 분류도

해설 특성요인도 : 특성의 원인을 연계하여 상호 관계를 어골상으로 세분하여 분석한다.

2과목 인간공학 및 시스템 안전공학

21. 산업안전보건법령상 정밀작업 시 갖추어져야 할 작업면의 조도기준은? (단, 갱내 작업장과 감광재료를 취급하는 작업장은 제외한다.)

① 75럭스 이상 ② 150럭스 이상
③ 300럭스 이상 ④ 750럭스 이상

해설 작업장의 조명(조도)기준
• 초정밀 작업 : 750lux 이상
• 정밀작업 : 300lux 이상
• 보통작업 : 150lux 이상
• 그 밖의 일반작업 : 75lux 이상

22. 시스템 수명주기 단계 중 이전 단계들에서 발생되었던 사고 또는 사건으로부터 축적된 자료에 대해 실증을 통한 문제를 규명하고 이를 최소화하기 위한 조치를 마련하는 단계는?

① 구상 단계 ② 정의 단계
③ 생산 단계 ④ 운전 단계

해설 운전 단계 : 이전 단계들에서 발생되었던 사고 또는 사건으로부터 축적된 자료에 대해 실증을 통한 문제를 규명하고 이를 최소화하기 위한 조치를 마련하는 단계

23. FTA에 의한 재해사례 연구의 순서를 올바르게 나열한 것은?

㉠ 목표사상 선정
㉡ FT도 작성
㉢ 사상마다 재해 원인 규명
㉣ 개선계획 작성
---

① ㉠ → ㉡ → ㉢ → ㉣

② ㉠ → ㉢ → ㉡ → ㉣

③ ㉡ → ㉢ → ㉠ → ㉣

④ ㉡ → ㉠ → ㉢ → ㉣

해설 FTA에 의한 재해사례 연구의 순서

1단계	2단계	3단계	4단계
목표(톱) 사상의 선정	사상마다 재해 원인 규명	FT도 작성	개선계획 작성

24. 반복되는 사건이 많이 있는 경우, FTA의 최소 컷셋과 관련이 없는 것은?

① Fussell Algorithm

② Boolean Algorithm

③ Monte Carlo Algorithm

④ Limnios & Ziani Algorithm

해설 • FTA의 최소 컷셋을 구하는 알고리즘의 종류 : Boolean Algorithm, Fussell Algorithm, Limnios & Ziani Algorithm

• Monte Carlo Algorithm은 구하고자 하는 수치의 확률적 분포를 반복 실험으로 구하는 방법, 시뮬레이션에 의한 테크닉의 일종이다.

25. 신뢰도가 0.4인 부품 5개가 병렬결합 모델로 구성된 제품이 있을 때 이 제품의 신뢰도는?

① 0.90　② 0.91　③ 0.92　④ 0.93

해설 신뢰도$(R_s) = 1 - (1-0.4)^5 = 0.92224$

26. 조작자 한 사람의 신뢰도가 0.98일 때 요원을 중복하여 2인 1조가 되어 작업을 진행하는 공정이 있다. 작업기간 중 항상 요원 지원을 한다면 이 조의 인간 신뢰도는?

① 0.93　② 0.94　③ 0.96　④ 0.99

해설 인간 신뢰도 $= 1 - (1-0.98)^2 ≒ 0.99$

27. 주물공장 A 작업자의 작업 지속시간과 휴식시간을 열압박지수(HSI)를 활용하여 계산하니 각각 45분, 15분이었다. A 작업자의 1일 작업량(TW)은 얼마인가? (단, 휴식시간은 포함하지 않으며, 1일 근무시간은 8시간이다.)

① 4.5시간　② 5시간

③ 5.5시간　④ 6시간

해설 1일 작업량

$= \dfrac{\text{작업 지속시간}(W)}{\text{작업 지속시간}(W) + \text{휴식시간}(R)} \times 8$

$= \dfrac{45}{45+15} \times 8 = 6$시간

28. 다수의 표시장치(디스플레이)를 수평으로 배열할 경우 해당 제어장치를 각각의 표시장치 아래에 배치하면 좋아지는 양립성의 종류는?

① 공간 양립성　② 운동 양립성

③ 개념 양립성　④ 양식 양립성

해설 공간 양립성 : 제어장치를 각각의 표시장치 아래에 배치하면 좋아지는 공간적인 배치의 양립성

㉠ 오른쪽 : 오른손 조절장치

㉡ 왼쪽 : 왼손 조절장치

29. 환경 요소의 조합에 의해서 부과되는 스트레스나 노출로 인해서 개인에 유발되는 긴장(strain)을 나타내는 환경 요소 복합지수가 아닌 것은?

① 카타온도(kata temperature)

② Oxford 지수(wet-dry index)

③ 실효온도(effective temperature)

④ 열 스트레스 지수(heat stress index)

해설 • 카타 온도계 : 유리제 막대 모양의 알코올 온도계로, 체감의 정도를 기초로 더위와 추위를 측정한다.

• Oxford 지수 : 습건(WD)지수라고도 하며, 습구·건구온도의 가중 평균치이다.

• 실효온도 : 온도, 습도, 대류(공기의 흐름)가 인체에 미치는 열효과를 통합한 경험적 감각지수이다.

• 열 스트레스 지수 : 임의의 환경 조건에서 최대 증산량에 대한 신체를 열평형상태로 유지하기 위한 필요 증산량의 백분율이다.

30. 활동의 내용마다 "우·양·가·불가"로 평가하고 이 평가내용을 합하여 다시 종합적으로 정규화하여 평가하는 안전성 평가 기법은?

① 평점척도법   ② 쌍대비교법

③ 계층적 기법   ④ 일관성 검정법

해설 평점척도법의 종류

• 평점척도 : 우·양·가·불가, 1~5, 매우 만족~매우 불만족

• 표준평점척도 : 본인의 학교 성적은 어느 정도인가요?

상위 5%	상위 20%	중위 50%	하위 20%	하위 5%

• 숫자평점척도 : 본인의 의자에 앉는 자세는 바르다고 생각하십니까?

5	4	3	2	1

• 도식평점척도 : 본인의 식습관에 만족하십니까?

매우 만족	만족	보통	불만족	매우 불만족

31. MIL-STD-882E에서 분류한 심각도(severity) 카테고리 범주에 해당하지 않는 것은?

① 재앙수준(catastrophic)

② 임계수준(critical)

③ 경계수준(precautionary)

④ 무시가능수준(negligible)

해설 MIL-STD-882E 심각도 카테고리

• 재앙(파국적)수준 : 사망, 영구적 완전장애, 회복 불가한 중대한 환경 영향

• 임계(위기적)수준 : 영구적 부분 장애, 3명 이상의 입원을 유발할 수 있는 직업병이나 상해, 회복 가능한 중대한 환경 영향

• 한계적(미미한)수준 : 하루 이상 결근을 유발하는 직업병이나 상해, 회복 가능한 중간 정도의 환경 영향, 제어 가능

• 무시가능수준 : 결근을 유발하지 않는 직업병이나 상해, 최소한의 환경 영향

32. 다음 중 육체적 활동에 대한 생리학적 측정방법과 가장 거리가 먼 것은?

① EMG   ② EEG

③ 심박수   ④ 에너지 소비량

해설 • 동적 근력작업 : 에너지 소비량, 산소 섭취량, 탄소 배출량, 심박수, 근전도(EMG) 등을 측정한다.

• 뇌전도(EEG) : 뇌 활동에 따른 전위 변화이다.

33. 작업 기억(working memory)과 관련된 설명으로 옳지 않은 것은?

① 오랜 기간 정보를 기억하는 것이다.

② 작업 기억 내의 정보는 시간이 흐름에 따라 쇠퇴할 수 있다.

③ 작업 기억의 정보는 일반적으로 시각, 음성, 의미 코드의 3가지로 코드화된다.

정답 30. ①   31. ③   32. ②   33. ①

④ 리허설(rehearsal)은 정보를 작업 기억 내에 유지하는 유일한 방법이다.

해설 작업 기억(working memory)
- 작업 기억 내의 정보는 시간이 흐름에 따라 쇠퇴할 수도 있으며, 단기기억이라고도 한다.
- 작업 기억의 정보는 일반적으로 시각, 음성, 의미 코드의 3가지로 코드화된다.
- 리허설(rehearsal)은 정보를 작업 기억 내에 유지하는 유일한 방법이다.

34. 다음 형상 암호화 조종장치 중 이산 멈춤 위치용 조종장치는?

① 　②

③ 　④

해설 제어장치의 형태 코드법
- 복수 회전(다회전용) : 연속 조절에 사용하는 놉으로 1회전 이상 빙글 돌릴 수 있으며, 놉의 위치가 제어조작의 정보로 중요하지 않다. → ②와 ③
- 분별 회전(단회전용) : 연속 조절에 사용하는 놉으로 빙글 돌릴 필요가 없고, 1회전 미만이며 놉의 위치가 제어조작의 정보로 중요하다. → ④
- 멈춤쇠 위치 조정(이산 멈춤 위치용) : 놉의 위치 제어조작의 정보가 분산 설정 제어 장치로 사용된다. → ①

35. 표시 값의 변화 방향이나 변화 속도를 나타내어 전반적인 추이의 변화를 관측할 필요가 있는 경우에 가장 적합한 표시장치 유형은?

① 계수형(digital)

② 묘사형(descriptive)

③ 동목형(moving scale)

④ 동침형(moving pointer)

해설 정량적 표시장치
- 동침형 : 표시 값의 변화 방향이나 속도를 나타낼 때 눈금이 고정되고 지침이 움직이는 지침 이동형이다.
- 동목형 : 나타내고자 하는 값의 범위가 클 때, 지침이 고정되고 눈금이 움직이는 지침 고정형이다.
- 계수형 : 수치를 정확하게 충분히 읽어야 할 경우에 쓰이며, 원형 표시장치보다 판독 오차가 적고 판독시간도 짧다(전력계, 택시 요금계).

36. 사용자의 잘못된 조작 또는 실수로 인해 기계의 고장이 발생하지 않도록 설계하는 방법은?

① EMEA　　② HAZOP

③ fail safe　　④ fool proof

해설 풀 프루프(fool proof)
- 사용자가 실수를 하거나 오조작을 하여도 안전장치가 설치되어 재해로 연결되지 않고, 전체의 고장이 발생되지 아니하도록 하는 설계이다.
- 초보자가 작동을 시켜도 안전하다.

37. 인간-기계 시스템을 설계하기 위해 고려해야 할 사항과 거리가 먼 것은?

① 시스템 설계 시 동작경제의 원칙이 만족되도록 고려한다.
② 인간과 기계가 모두 복수인 경우, 종합적인 효과보다 기계를 우선적으로 고려한다.
③ 대상이 되는 시스템이 위치할 환경 조건이 인간에 대한 한계치를 만족하는가의 여부를 조사한다.

④ 인간이 수행해야 할 조작이 연속적인가 불연속적인가를 알아보기 위해 특성 조사를 실시한다.

해설 ② 인간과 기계가 모두 복수인 경우, 종합적인 효과보다 인간을 우선적으로 고려한다.

38. 한국산업표준상 결함나무 분석(FTA) 시 다음과 같이 사용되는 사상기호가 나타내는 사상은?

① 공사상
② 기본사상
③ 통상사상
④ 심층분석사상

해설 공사상 : 발생할 수 없는 사상

39. 작업자의 작업 공간과 관련된 내용으로 옳지 않은 것은?

① 서서 작업하는 작업 공간에서 발바닥을 높이면 뻗침 길이가 늘어난다.
② 서서 작업하는 작업 공간에서 신체의 균형에 제한을 받으면 뻗침 길이가 늘어난다.
③ 앉아서 작업하는 작업 공간은 동적 팔 뻗침에 의해 포락면(reach envelpoe)의 한계가 결정된다.
④ 앉아서 작업하는 작업 공간에서 기능적 팔 뻗침에 영향을 주는 제약이 적을수록 뻗침 길이가 늘어난다.

해설 ② 서서 작업하는 작업 공간에서 신체의 균형에 제한을 받으면 팔의 뻗침 길이가 줄어든다.

40. 조종장치의 촉각적 암호화를 위하여 고려하는 특성으로 볼 수 없는 것은?

① 형상
② 무게
③ 크기
④ 표면 촉감

해설 조종장치의 촉각적 암호화 특성 : 형상, 크기, 표면 촉감

3과목 **기계 위험방지 기술**

41. 크레인 작업 시 로프에 1톤의 중량을 걸어 $20\,m/s^2$의 가속도로 감아올릴 때, 로프에 걸리는 총 하중(kgf)은 약 얼마인가? (단, 중력가속도는 $10\,m/s^2$이다.)

① 1000
② 2000
③ 3000
④ 3500

해설 총 하중(W) = 정하중(W_1) + 동하중(W_2)

$$= W_1 + \frac{W_1}{g} \times a = 1000 + \frac{1000}{10} \times 20$$

$$= 3000\,kgf$$

42. 다음 중 선반작업 시 준수하여야 하는 안전사항으로 틀린 것은?

① 작업 중 면장갑 착용을 금한다.
② 작업 시 공구는 항상 정리해 둔다.
③ 운전 중에 백기어를 사용한다.
④ 주유 및 청소를 할 때에는 반드시 기계를 정지시키고 한다.

해설 ③ 운전을 정지한 후에 백기어를 사용한다.

43. 기계설비의 안전 조건 중 구조의 안전화에 대한 설명으로 가장 거리가 먼 것은?

① 기계재료의 선정 시 재료 자체에 결함이 없는지 철저히 확인한디.

② 사용 중 재료의 강도가 열화될 것을 감안하여 설계 시 안전율을 고려한다.

③ 기계 작동 시 기계의 오동작을 방지하기 위하여 오동작 방지 회로를 적용한다.

④ 가공경화와 같은 가공 결함이 생길 우려가 있는 경우는 열처리 등으로 결함을 방지한다.

해설 기계설비의 안전 조건

• 기능의 안전화 : 기계 작동 시 기계의 오동작을 방지하기 위하여 오동작 방지 회로를 적용한다.

• 구조의 안전화

  ㉠ 기계재료의 선정 시 재료 자체에 결함이 없는지 철저히 확인한다.

  ㉡ 사용 중 재료의 강도가 열화될 것을 감안하여 설계 시 안전율을 고려한다.

  ㉢ 가공경화와 같은 가공 결함이 생길 우려가 있는 경우는 열처리 등으로 결함을 방지한다.

• 작업점의 안전화 : 작업자가 접촉할 우려가 있는 기계의 회전부에 덮개를 씌운다.

44. 산업안전보건법령상 리프트의 종류로 틀린 것은?

① 건설작업용 리프트
② 자동차정비용 리프트
③ 이삿짐운반용 리프트
④ 간이 리프트

해설 리프트의 종류 3가지

• 건설작업용 리프트 : 가이드 레일을 따라 상하로 움직이는 운반구를 매달아 화물을 운반한다.

• 자동차정비용 리프트 : 자동차 등을 일정한 높이로 올리거나 내리는 리프트이다.

• 이삿짐운반용 리프트 : 사다리형 봄에 따라 움직이는 운반구를 매달아 화물을 운반한다.

45. 보일러수 속에 불순물 농도가 높아지면서 수면에 거품이 형성되어 수위가 불안정하게 되는 현상은?

① 포밍
② 서징
③ 수격 현상
④ 공동 현상

해설 보일러 이상 현상의 종류

• 프라이밍 : 보일러의 과부하로 보일러수가 끓어서 물방울이 비산하고 증기가 물방울로 충만하여 수위를 판단하지 못하는 현상이다.

• 포밍 : 보일러수 속에 불순물 농도가 높아지면서 수면에 거품층을 형성하여 수위가 불안정하게 되는 현상이다.

• 캐리오버 : 보일러에서 관 쪽으로 보내는 증기에 대량의 물방울이 함유되어 증기의 순도를 저하시킴으로써 관 내 응축수가 생겨 워터해머의 원인이 된다.

• 수격 현상 : 배관을 강하게 치는 현상, 수격 현상(워터해머)은 캐리오버에 기인한다.

• 공동 현상 : 유동하는 물속의 어느 부분의 정압이 물의 증기압보다 낮을 경우 부분적으로 증기를 발생시켜 배관을 부식시킨다.

• 맥동 현상(서징) : 펌프의 입·출구에 부착되어 있는 진공계와 압력계가 흔들리고 진동과 소음이 일어나며, 유출량이 변하는 현상이다.

46. 산업안전보건법령상 연삭숫돌의 상부를 사용하는 것을 목적으로 하는 탁상용 연삭기 덮개의 노출각도는?

① 60° 이내
② 65° 이내
③ 80° 이내
④ 125° 이내

해설 탁상용 연삭기 상부를 사용하는 경우 : 60° 이내

47. 산업안전보건법령상 위험기계·기구별 방호조치로 가장 적절하지 않은 것은?

① 산업용 로봇−안전매트
② 보일러−급정지장치
③ 목재가공용 둥근톱기계−반발예방장치
④ 산업용 로봇−광전자식 방호장치

해설 보일러 폭발위험의 방호조치 : 압력방출장치, 압력제한 스위치, 고저수위 조절장치, 화염검출기 등

48. 산업안전보건법령상 연삭숫돌의 시운전에 관한 설명으로 옳은 것은?

① 연삭숫돌의 교체 시에는 바로 사용할 수 있다.
② 연삭숫돌의 교체 시 1분 이상 시운전을 하여야 한다.
③ 연삭숫돌의 교체 시 2분 이상 시운전을 하여야 한다.
④ 연삭숫돌의 교체 시 3분 이상 시운전을 하여야 한다.

해설 연삭숫돌은 작업시작 전 1분 이상 시운전을 하고, 숫돌의 교체 후는 3분 이상 시운전을 하여야 한다.

49. 금형의 안전화에 대한 설명 중 틀린 것은?

① 금형의 틈새는 8mm 이상 충분하게 확보한다.
② 금형 사이에 신체 일부가 들어가지 않도록 한다.
③ 충격이 반복되어 부가되는 부분에는 완충장치를 설치한다.
④ 금형 설치용 홈은 설치된 프레스의 홈에 적합한 형상의 것으로 한다.

해설 ① 금형의 상·하 틈새는 손가락이 들어가지 않도록 8mm 이하로 한다.

50. 컨베이어의 종류가 아닌 것은?

① 체인 컨베이어
② 스크류 컨베이어
③ 슬라이딩 컨베이어
④ 유체 컨베이어

해설 컨베이어의 종류
• 유체 컨베이어
• 벨트 또는 체인 컨베이어
• 나사(screw) 컨베이어
• 버킷(bucket) 컨베이어
• 롤러(roller) 컨베이어
• 트롤리(trolley) 컨베이어
• 진동(shaking) 컨베이어

51. 산업안전보건법령상 지게차 방호장치에 해당하는 것은?

① 포크
② 헤드가드
③ 호이스트
④ 힌지드 버킷

해설 지게차 방호장치
• 헤드가드 : 지게차에 4톤 이상의 등분포정하중에 견딜 수 있는 헤드가드를 설치한다.
• 백레스트 : 지게차 포크 뒤쪽으로 화물이 떨어지는 것을 방지하기 위해 백레스트를 설치한다.
• 전조등, 후미등 : 5700 cd의 전조등, 2000 cd의 후미등을 설치한다.
• 안전벨트

52. 다음 중 프레스의 방호장치에 해당되지 않는 것은?

① 가드식 방호장치
② 수인식 방호장치
③ 롤 피드식 방호장치
④ 손쳐내기식 방호장치

정답 47. ② 48. ④ 49. ① 50. ③ 51. ② 52. ③

해설 프레스의 방호장치

- 크랭크 프레스(1행정 1정지식) : 양수조작식, 게이트 가드식
- 행정길이(stroke)가 40 mm 이상의 프레스 : 손쳐내기식, 수인식
- 마찰 프레스(슬라이드 작동 중 정지 가능한 구조) : 광전자식(감응식)
- 방호장치가 설치된 것으로 간주 : 자동송급장치가 있는 프레스기와 전단기

53. 산업안전보건법령상 양중기에서 절단하중이 100톤인 와이어로프를 사용하여 화물을 직접적으로 지지하는 경우, 화물의 최대 허용하중(톤)은?

① 20   ② 30   ③ 40   ④ 50

해설 화물을 직접적으로 지지하는 경우 와이어로프의 안전계수는 5 이상이다.

$$\therefore \text{최대 허용하중} = \frac{\text{절단하중}}{\text{안전계수}} = \frac{100}{5} = 20\text{톤}$$

54. 산업안전보건법령상 기계 · 기구의 방호조치에 대한 사업주 · 근로자 준수사항으로 가장 적절하지 않은 것은?

① 방호조치의 기능 상실에 대한 신고가 있을 시 사업주는 수리, 보수 및 작업 중지 등 적절한 조치를 할 것
② 방호조치 해체 사유가 소멸된 경우 근로자는 즉시 원상회복 시킬 것
③ 방호조치의 기능 상실을 발견 시 사업주에게 신고할 것
④ 방호조치 해체 시 해당 근로자가 판단하여 해체할 것

해설 방호조치에 대한 사업주 · 근로자 준수사항

- 방호조치를 해체하려는 경우 : 사업주의 허가를 받아 해체할 것

- 방호조치 해체 사유가 소멸될 경우 : 방호조치를 지체 없이 원상으로 회복시킬 것
- 방호조치의 기능이 상실된 것을 발견한 경우 : 지체 없이 사업주에게 신고할 것

55. 산업안전보건법령상 프레스를 사용하여 작업을 할 때 작업시작 전 점검항목에 해당하지 않는 것은?

① 전선 및 접속부 상태
② 클러치 및 브레이크의 기능
③ 프레스의 금형 및 고정볼트 상태
④ 1행정 1정지기구 · 급정지장치 및 비상정지장치의 기능

해설 프레스 작업시작 전 점검사항

- 클러치 및 브레이크의 기능
- 크랭크축 · 플라이휠 · 슬라이드 · 연결봉 및 연결나사의 풀림 여부
- 1행정 1정지기구 · 급정지장치 및 비상정지장치의 기능
- 슬라이드 또는 칼날에 의한 위험방지기구의 기능
- 프레스의 금형 및 고정볼트 상태
- 프레스 방호장치의 기능
- 전단기의 칼날 및 테이블의 상태

56. 프레스의 분류 중 동력 프레스에 해당하지 않는 것은?

① 크랭크 프레스
② 토글 프레스
③ 마찰 프레스
④ 아버 프레스

해설 프레스의 종류

- 인력 프레스 : 아버 프레스(arbor press)
- 동력 프레스 : 크랭크, 편심, 마찰, 너클, 토글, 스크류 프레스 등
- 액압 프레스 : 수압, 유압, 공압 프레스

정답 53. ①   54. ④   55. ①   56. ④

57. 밀링작업 시 안전수칙에 해당되지 않는 것은?

① 칩이나 부스러기는 반드시 브러시를 사용하여 제거한다.

② 가공 중에는 가공면을 손으로 점검하지 않는다.

③ 기계를 가동 중에는 변속시키지 않는다.

④ 바이트는 가급적 짧게 고정시킨다.

해설 정답이 없다.

(※ 문제 오류로 가답안 발표 시 ④번으로 발표되었지만, 확정 답안 발표 시 모두 정답으로 처리되었다. 본서에서는 가답안인 ④번을 정답으로 한다.)

58. 산소-아세틸렌 가스 용접에서 산소용기의 취급 시 주의사항으로 틀린 것은?

① 산소용기의 운반 시 밸브를 닫고 캡을 씌워서 이동할 것

② 기름이 묻은 손이나 장갑을 끼고 취급하지 말 것

③ 원활한 산소 공급을 위하여 산소용기는 눕혀서 사용할 것

④ 통풍이 잘 되고 직사광선이 없는 곳에 보관할 것

해설 ③ 산소용기와 아세틸렌 가스 등의 용기는 세워서 사용한다.

59. 가드(guard)의 종류가 아닌 것은?

① 고정식   ② 조정식
③ 자동식   ④ 반자동식

해설 가드의 종류에는 고정식, 조정식, 자동식, 연동식 가드가 있다.

60. 산업안전보건법령상 롤러기의 무릎 조작식 급정지장치의 설치위치 기준은? (단, 위치는 급정지장치 조작부의 중심점을 기준으로 한다.)

① 밑면에서 0.7~0.8m 이내

② 밑면에서 0.6m 이내

③ 밑면에서 0.8~1.2m 이내

④ 밑면에서 1.5m 이내

해설 무릎 조작식 : 밑면으로부터 0.4~$0.6\,\mathrm{m}$ 이내 위치

4과목 **전기 및 화학설비 위험방지 기술**

61. 대전된 물체가 방전을 일으킬 때에 에너지 E(J)를 구하는 식으로 옳은 것은? (단, 도체의 정전용량을 C(F), 대전전위를 V(V), 대전전하량을 Q(C)라 한다.)

① $E = 2\sqrt{CQ}$ ② $E = \dfrac{1}{2}CV$

③ $E = \dfrac{Q^2}{2C}$ ④ $E = \sqrt{\dfrac{2V}{C}}$

해설 방전에너지$(E) = \dfrac{CV^2}{2} = \dfrac{QV}{2} = \dfrac{Q^2}{2C}$[J]

여기서, C : 도체의 정전용량(F)

V : 대전전위(V)

Q : 대전전하량(C)

Tip) $Q = CV$

62. 인체의 대부분이 수중에 있는 상태에서의 허용접촉전압으로 옳은 것은?   [16.3/20.3]

① 2.5V 이하   ② 25V 이하
③ 50V 이하   ④ 100V 이하

해설 제1종(2.5V 이하) : 인체의 대부분이 수중에 있는 상태

63. 전기설비에서 제1종 접지공사는 접지저항을 몇 Ω 이하로 해야 하는가?

① 5　　　　　　② 10
③ 50　　　　　④ 100

해설 제1종 접지공사 : 공칭단면적 $6\,mm^2$ 이상의 연동선, 10Ω 이하, 피뢰기, 고압 또는 특고압용 기기의 철대 및 외함

Tip) 접자공사는 폐지된 규정이다.

64. 저압전선로 중 절연 부분의 전선과 대지 간 및 전선의 심선 상호 간의 절연저항은 사용전압에 대한 누설전류가 최대 공급전류의 얼마를 넘지 않도록 규정하고 있는가?

① $\dfrac{1}{1000}$　　　　② $\dfrac{1}{1500}$

③ $\dfrac{1}{2000}$　　　　④ $\dfrac{1}{2500}$

해설 전선의 심선 상호 간의 절연저항은 사용전압에 대한 누설전류가 최대 공급전류의 $\dfrac{1}{2000}$A를 넘지 않도록 유지한다.

65. 방폭구조 전기기계·기구의 선정기준에 있어 가스폭발 위험장소의 제1종 장소에 사용할 수 없는 방폭구조는?

① 내압 방폭구조
② 안전증 방폭구조
③ 본질안전 방폭구조
④ 비점화 방폭구조

해설 가스폭발 위험장소의 제1종 장소에 사용하는 방폭구조
- 내압 방폭구조　　• 압력 방폭구조
- 충전 방폭구조　　• 유입 방폭구조
- 안전증 방폭구조　• 본질안전 방폭구조
- 몰드 방폭구조

Tip) 비점화 방폭구조 – 제2종 장소

66. 폭발성 가스나 전기기기 내부로 침입하지 못하도록 전기기기의 내부에 불활성 가스를 압입하는 방식의 방폭구조는?

① 내압 방폭구조　　② 압력 방폭구조
③ 본질안전 방폭구조　④ 유입 방폭구조

해설 • 내압 방폭구조 : 전폐구조로 용기 내부에서 폭발 시 그 압력에 견디고 외부로부터 폭발성 가스에 인화될 우려가 없도록 한 구조

- 압력 방폭구조 : 용기 내부에 불연성 보호체를 압입하여 내부압력을 유지함으로써 폭발성 가스의 침입을 방지하는 구조

- 본질안전 방폭구조 : 정상 시 및 사고 시(단선, 단락, 지락 등)에 발생하는 전기불꽃, 아크 또는 고온에 의하여 폭발성 가스에 점화되지 않는 것이 시험에 의해 확인된 방폭구조

- 유입 방폭구조 : 전기기기의 불꽃, 아크 또는 고온이 발생하는 부분을 기름 속에 넣어 폭발성 가스에 인화될 우려가 없도록 한 구조

67. 옥내 배선에서 누전으로 인한 화재방지의 대책이 아닌 것은?

① 배선 불량 시 재시공할 것
② 배선에 단로기를 설치할 것
③ 정기적으로 절연저항을 측정할 것
④ 정기적으로 배선 시공상태를 확인할 것

해설 ② 단로기는 부하전류를 제거한 후 회로를 격리하도록 하기 위한 장치

68. 제전기의 설치장소로 가장 적절한 것은?

① 대전 물체의 뒷면에 접지 물체가 있는 경우
② 정전기의 발생원으로부터 5∼20 cm 정도 떨어진 장소

정답 63. ②　64. ③　65. ④　66. ②　67. ②　68. ②

③ 오물과 이물질이 자주 발생하고 묻기 쉬운 장소

④ 온도가 150℃, 상대습도가 80% 이상인 장소

해설 제전기의 설치장소

• 정전기의 발생원으로부터 5∼20 cm 정도 떨어진 장소이어야 한다.

• 대전 물체 배면의 접지 물체 또는 다른 제전기가 설치되어 있는 장소는 피한다.

• 제전기에 오물과 이물질이 자주 발생하고 묻기 쉬운 장소는 피한다.

• 온도가 150℃ 이상, 상대습도가 80% 이상이 되는 장소는 피한다.

69. 전기적 불꽃 또는 아크에 의한 화상의 우려가 높은 고압 이상의 충전전로 작업에 근로자를 종사시키는 경우에는 어떠한 성능을 가진 작업복을 착용시켜야 하는가?

① 방충처리 또는 방수성능을 갖춘 작업복

② 방염처리 또는 난연성능을 갖춘 작업복

③ 방청처리 또는 난연성능을 갖춘 작업복

④ 방수처리 또는 방청성능을 갖춘 작업복

해설 화상을 막기 위해 방염처리 된 작업복 또는 난연성능을 갖춘 작업복을 착용한다.

70. 감전을 방지하기 위해 관계 근로자에게 반드시 주지시켜야하는 정전작업 사항으로 가장 거리가 먼 것은?

① 전원설비 효율에 관한 사항

② 단락접지 실시에 관한 사항

③ 전원 재투입 순서에 관한 사항

④ 작업책임자의 임명, 정전범위 및 절연용 보호구 작업 등 필요한 사항

해설 감전작업 시 안전수칙

• 작업 전 전원을 차단하고 단로기 등을 개방할 것

• 이상 유무 확인 후 전원을 투입할 것

• 작업장소의 잔류전하를 완전히 방전시킬 것

• 단락접지기구를 이용하여 접지할 것

• 작업책임자의 임명, 정전범위 및 절연용 보호구 작업 등 필요한 사항

71. 위험물안전관리법령상 제3류 위험물의 금수성 물질이 아닌 것은?

① 과염소산염   ② 금속나트륨

③ 탄화칼슘   ④ 탄화알루미늄

해설 제3류(자연 발화성 및 금수성 물질) : 금속나트륨, 탄화칼슘, 탄화알루미늄, 알칼리금속(리튬, 나트륨, 칼륨), 황린, 금속의 인화물 등

Tip) 과염소산염−제1류(산화성 고체)

72. 이산화탄소 소화기에 관한 설명으로 옳지 않은 것은?

① 전기화재에 사용할 수 있다.

② 주된 소화작용은 질식작용이다.

③ 소화약제 자체 압력으로 방출이 가능하다.

④ 전기전도성이 높아 사용 시 감전에 유의해야 한다.

해설 ④ 전기절연성이 높아 전기화재에 사용한다.

73. 낮은 압력에서 물질의 끓는점이 내려가는 현상을 이용하여 시행하는 분리법으로 온도를 높여서 가열할 경우 원료가 분해될 우려가 있는 물질을 증류할 때 사용하는 방법을 무엇이라 하는가?

① 진공증류   ② 추출증류

③ 공비증류   ④ 수증기 증류

해설 증류방법

• 진공(감압)증류 : 끓는점까지 가열할 경우 분해할 우려가 있는 물질의 종류를 감압하

여 물질의 끓는점을 내려서 증류하는 방법이다.

- **추출증류** : 물질의 끓는점이 비슷한 혼합물에 사용하여 혼합물로부터 어떤 성분을 뽑아냄으로써 특정 성분을 분리한다.
- **공비증류** : 보통 증류로 순수한 성분을 분리시킬 수 없는 혼합물을 분리할 때 제3의 성분을 첨가하여 원용액의 끓는점보다 낮아지도록 하여 순수한 성분이 되게 하는 증류방법이다.
- **수증기 증류** : 물에 용해되지 않는 액체에 가열 수증기를 직접 불어넣어 가열하면 혼합물이 기화하므로 원래의 끓는점보다 낮은 온도에서 유출된다.

74. 다음 중 폭발하한농도(vol%)가 가장 높은 것은?

① 일산화탄소   ② 아세틸렌
③ 디에틸에테르   ④ 아세톤

해설 주요 인화성 가스의 폭발범위

인화성 가스	폭발하한농도 (vol%)	폭발상한농도 (vol%)
디에틸에테르	1.0	36.0
아세틸렌	2.5	81
아세톤	2.56	12.8
일산화탄소	12.5	74

75. 다음 중 불연성 가스에 해당하는 것은?

① 프로판   ② 탄산가스
③ 아세틸렌   ④ 암모니아

해설 불연성 가스는 스스로 연소하지 못하며, 종류에는 탄산가스, 질소, 아르곤, 프레온 등이 있다.
Tip) • 프로판, 아세틸렌-가연성 가스
     • 암모니아-독성가스

76. 다음 중 염소산칼륨에 관한 설명으로 옳은 것은?

① 탄소, 유기물과 접촉 시에도 분해 폭발위험은 거의 없다.
② 열에 강한 성질이 있어서 500℃의 고온에서도 안정적이다.
③ 찬물이나 에탄올에도 매우 잘 녹는다.
④ 산화성 고체 물질이다.

해설 염소산칼륨($KClO_3$)
- 유기물, 탄소, 황 등과 혼합하여 가열 또는 충격을 주면 폭발한다.
- 가열하면 분해되어 과염소산칼륨과 염화칼륨이 되고, 계속 가열하면 산소를 방출하고 전부 염화칼륨이 된다.
- 중성 및 알칼리성 용액에서는 산화작용이 없으나, 산성용액에서는 강한 산화제가 된다.
- 산화성 고체 물질이다.

77. 메탄 20 vol%, 에탄 25 vol%, 프로판 55 vol%의 조성을 가진 혼합가스의 폭발하한계값(vol%)은 약 얼마인가? (단, 메탄, 에탄 및 프로판 가스의 폭발하한값은 각각 5 vol%, 3 vol%, 2 vol%이다.)

① 2.51   ② 3.12
③ 4.26   ④ 5.22

해설 혼합가스의 폭발하한계
$$L=\frac{100}{\frac{V_1}{L_1}+\frac{V_2}{L_2}+\frac{V_3}{L_3}}=\frac{100}{\frac{20}{5}+\frac{25}{3}+\frac{55}{2}}=2.51\,vol\%$$
여기서, L : 혼합가스의 하한계
     L_1, L_2, L_3 : 단독가스의 하한계
     V_1, V_2, V_3 : 단독가스의 공기 중 부피

78. 다음 중 증류탑의 원리로 거리가 먼 것은?

① 끓는점(휘발성) 차이를 이용하여 목적 성분을 분리한다.

② 열 이동은 도모하지만 물질 이동은 관계하지 않는다.

③ 기-액 두 상의 접촉이 충분히 일어날 수 있는 접촉면적이 필요하다.

④ 여러 개의 단을 사용하는 다단탑이 사용될 수 있다.

해설 ② 증류탑의 원리는 혼합물의 끓는점 차이를 이용하여 각 성분별로 분리하고자 할 때 사용하는 화학설비로서 열 이동과 물질 이동이 함께 일어난다.

79. 물과 접촉할 경우 화재나 폭발의 위험성이 더욱 증가하는 것은?

① 칼륨

② 트리 니트로 톨루엔

③ 황린

④ 니트로 셀룰로오스

해설 칼륨은 공기 중의 수분이나 물과 접촉할 경우 화재나 폭발의 위험성이 더욱 증가한다.

80. 다음 중 화재의 종류가 옳게 연결된 것은?

① A급 화재-유류화재

② B급 화재-유류화재

③ C급 화재-일반화재

④ D급 화재-일반화재

해설 화재의 종류

종류	분류	표시색	소화방법
A급 화재	일반화재	백색	냉각소화
B급 화재	유류화재	황색	질식소화
C급 화재	전기화재	청색	질식소화
D급 화재	금속화재	무색	질식소화

5과목 **건설안전기술**

81. 항타기 및 항발기를 조립하는 경우 점검하여야 할 사항이 아닌 것은?

① 과부하장치 및 제동장치의 이상 유무

② 권상장치의 브레이크 및 쐐기장치 기능의 이상 유무

③ 본체 연결부의 풀림 또는 손상의 유무

④ 권상기의 설치상태의 이상 유무

해설 항타기 및 항발기를 조립하는 경우 점검 사항

• 본체 연결부의 풀림 또는 손상의 유무

• 권상용 와이어로프 · 드럼 및 도르래의 부착상태의 이상 유무

• 권상장치의 브레이크 및 쐐기장치 기능의 이상 유무

• 권상기의 설치상태의 이상 유무

• 버팀의 방법 및 고정상태의 이상 유무

82. 건설공사 유해 · 위험방지 계획서 제출 시 공통적으로 제출하여야 할 첨부서류가 아닌 것은?

① 공사개요서

② 전체 공정표

③ 산업안전보건관리비 사용계획서

④ 가설도로 계획서

해설 유해 · 위험방지 계획서 제출 시 첨부서류

• 공사개요서

• 전체 공정표

• 안전관리조직표

• 산업안전보건관리비 사용계획

• 재해 발생 위험 시 연락 및 대피방법

• 건설물, 사용기계설비 등의 배치를 나타내는 도면

• 공사현장의 주변 현황 및 주변과의 관계를 나타내는 도면(매설물 현황을 포함)

83. 신축공사 현장에서 강관으로 외부비계를 설치할 때 비계기둥의 최고 높이가 45m라면 관련 법령에 따라 비계기둥을 2개의 강관으로 보강하여야 하는 높이는 지상으로부터 얼마까지인가?

① 14m   ② 20m   ③ 25m   ④ 31m

해설 비계기둥의 가장 윗부분으로부터 31m 되는 지점 밑 부분의 비계기둥은 2개의 강관으로 묶어세운다.

∴ 45m−31m=14m

84. 철근콘크리트 현장 타설공법과 비교한 PC(precast concrete)공법의 장점으로 볼 수 없는 것은?

① 기후의 영향을 받지 않아 동절기 시공이 가능하고, 공기를 단축할 수 있다.
② 현장 작업이 감소되고, 생산성이 향상되어 인력 절감이 가능하다.
③ 공사비가 매우 저렴하다.
④ 공장 제작이므로 콘크리트 양생 시 최적 조건에 의한 양질의 제품생산이 가능하다.

해설 PC공법의 장점
• 인력 절감, 공기를 단축할 수 있다.
• 균등한 품질 확보가 가능하다.
• 규격화로 대량생산이 가능하다.
• 공사비 절감, 생산성이 향상된다.
• 날씨에 영향을 받지 않으므로 동절기 시공이 가능하다.

Tip) ③ PC공법은 공장에서 제작한 P.C 부재를 현장에서 조립하는 공사로 공사기간은 줄어드나, 공사비는 상대적으로 많이 든다.

85. 흙막이 지보공을 설치하였을 때 붕괴 등의 위험방지를 위하여 정기적으로 점검하고, 이상 발견 시 즉시 보수하여야 하는 사항이 아닌 것은?

① 침하의 정도
② 버팀대의 긴압의 정도
③ 지형 · 지질 및 지층상태
④ 부재의 손상 · 변형 · 변위 및 탈락의 유무와 상태

해설 흙막이 지보공 정기점검사항
• 부재의 손상 · 변형 · 부식 · 변위 및 탈락의 유무와 상태
• 버팀대의 긴압의 정도
• 부재의 접속부 · 부착부 및 교차부의 상태
• 침하의 정도
• 흙막이 공사 계측관리

86. 작업발판 및 통로의 끝이나 개구부로서 근로자가 추락할 위험이 있는 장소에서의 방호조치로 옳지 않은 것은?

① 안전난간 설치
② 와이어로프 설치
③ 울타리 설치
④ 수직형 추락방망 설치

해설 개구부에 대한 추락방지 대책으로 안전난간, 울타리, 수직형 추락방망, 덮개 등의 방호조치를 충분한 강도를 가진 구조로 설치한다.

87. 히빙(heaving) 현상이 가장 쉽게 발생하는 토질지반은?

① 연약한 점토지반
② 연약한 사질토지반
③ 견고한 점토지반
④ 견고한 사질토지반

해설 히빙(heaving) 현상 : 연약 점토지반에서 굴착작업 시 흙막이벽체 내 · 외의 토사의 중량차에 의해 흙막이 밖에 있는 흙이 안으로 밀려 들어와 솟아오르는 현상

88. 암질 변화구간 및 이상 암질 출현 시 판별 방법과 가장 거리가 먼 것은?

① R.Q.D
② R.M.R
③ 지표침하량
④ 탄성파 속도

해설 암질 판별방법 : R.Q.D(%), R.M.R(%), 탄성파 속도(m/sec), 진동치 속도(cm/sec= kine), 일축압축강도(kg/cm²)

89. 블레이드의 길이가 길고 낮으며 블레이드의 좌우를 전후 25~30° 각도로 회전시킬 수 있어 흙을 측면으로 보낼 수 있는 도저는 무엇인가?

① 레이크도저
② 스트레이트도저
③ 앵글도저
④ 틸트도저

해설 • 스트레이트도저 : 블레이드가 수평이며, 진행 방향에 직각으로 블레이드를 부착한 것으로 중굴착 작업에 사용한다.
• 틸트도저 : 블레이드면의 좌우를 상하 25~30°까지 기울일 수 있는 불도저, 단단한 흙의 고랑파기 작업에 사용한다.
• 앵글도저 : 블레이드면의 좌우를 전후 25~30° 각도로 회전시킬 수 있으며, 사면 굴착 · 정지 · 흙메우기 등 흙을 측면으로 보내는 작업에 사용한다.

90. 동바리로 사용하는 파이프 서포트에 관한 설치기준으로 옳지 않은 것은?

① 파이프 서포트를 3개 이상 이어서 사용하지 않도록 할 것
② 파이프 서포트를 이어서 사용하는 경우에는

4개 이상의 볼트 또는 전용 철물을 사용하여 이을 것
③ 높이가 3.5m를 초과하는 경우에는 높이 2m 이내마다 수평 연결재를 2개 방향으로 만들고 수평 연결재의 변위를 방지할 것
④ 파이프 서포트 사이에 교차가새를 설치하여 수평력에 대하여 보강조치를 할 것

해설 ④ 파이프 서포트 사이에 수평 연결재를 설치하여 수평력에 대하여 보강조치를 할 것

91. 건물 외부에 낙하물방지망을 설치할 경우 벽면으로부터 돌출되는 거리의 기준은 얼마인가?

① 1m 이상
② 1.5m 이상
③ 1.8m 이상
④ 2m 이상

해설 낙하물방지망 또는 방호선반 설치기준
• 설치 높이 10m 이내마다 설치하고, 내민 길이는 벽면으로부터 2m 이상으로 할 것
• 수평면과의 각도는 20° 이상 30° 이하를 유지할 것

92. 콘크리트를 타설할 때 거푸집에 작용하는 콘크리트 측압에 영향을 미치는 요인과 가장 거리가 먼 것은?

① 콘크리트 타설속도
② 콘크리트 타설높이
③ 콘크리트의 강도
④ 기온

해설 거푸집에 작용하는 콘크리트 측압에 영향을 미치는 요인
• 대기의 온도가 낮고, 습도가 높을수록 크다.
• 콘크리트 타설속도가 빠를수록 크다.
• 콘크리트의 비중이 클수록 측압은 커진다.
• 콘크리트 타설높이가 높을수록 크다.
• 철골이나 철근량이 적을수록 측압은 커진다.
• 슬럼프가 작을수록 작다.

93. 다음과 같은 조건에서 추락 시 로프의 지지점에서 최하단까지의 거리를 구하면 얼마인가?

- 로프 길이 150cm
- 로프 신율 30%
- 근로자 신장 170cm

① 2.8m   ② 3.0m

③ 3.2m   ④ 3.4m

해설 최하단 거리(h)=로프의 길이+로프의 신장 길이+작업자의 키 $\times \dfrac{1}{2}$

$= 150 + (150 \times 0.3) + \left(170 \times \dfrac{1}{2}\right)$

$= 280\,\text{cm} = 2.8\,\text{m}$

94. 산업안전보건법령에 따른 크레인을 사용하여 작업을 하는 때 작업시작 전 점검사항에 해당되지 않는 것은?

① 권과방지장치 · 브레이크 · 클러치 및 운전장치의 기능

② 주행로의 상측 및 트롤리(trolley)가 횡행하는 레일의 상태

③ 원동기 및 풀리(pulley)기능의 이상 유무

④ 와이어로프가 통하고 있는 곳의 상태

해설 ③은 컨베이어 작업시작 전 점검사항

95. 다음은 비계를 조립하여 사용하는 경우 작업발판 설치에 관한 기준이다. ( )에 들어갈 내용으로 옳은 것은?

사업주는 비계(달비계, 달대비계 및 말비계는 제외한다)의 높이가 ( ) 이상인 작업장소에 다음 각 호의 기준에 맞는 작업발판을 설치하여야 한다.

1. 발판재료는 작업할 때의 하중을 견딜 수 있도록 견고한 것으로 할 것
2. 작업발판의 폭은 40cm 이상으로 하고, 발판재료 간의 틈은 3cm 이하로 할 것

① 1m   ② 2m   ③ 3m   ④ 4m

해설 사업주는 비계의 높이가 2m 이상인 작업장소에 각 기준에 맞는 작업발판을 설치하여야 한다.

96. 다음은 산업안전보건법령에 따른 승강설비의 설치에 관한 내용이다. ( ) 안에 들어갈 내용으로 옳은 것은?

사업주는 높이 또는 깊이가 ( )를 초과하는 장소에서 작업하는 경우 해당 작업에 종사하는 근로자가 안전하게 승강하기 위한 건설작업용 리프트 등의 설비를 설치하여야 한다. 다만, 승강설비를 설치하는 것이 작업의 성질상 곤란한 경우에는 그러하지 아니하다.

① 2m   ② 3m   ③ 4m   ④ 5m

해설 사업주는 높이 또는 깊이가 2m를 초과하는 장소에서 작업하는 경우 건설작업용 리프트 등의 설비를 설치하여야 한다.

97. 리프트(lift)의 방호장치에 해당하지 않는 것은?

① 권과방지장치

② 비상정지장치

③ 과부하방지장치

④ 자동경보장치

해설 ④는 터널작업에서의 자동경보장치, ①, ②, ③은 리프트 등 양중기의 방호장치

정답   **93.** ①   **94.** ③   **95.** ②   **96.** ①   **97.** ④

98. 부두·안벽 등 하역작업을 하는 장소에서 부두 또는 안벽의 선을 따라 통로를 설치하는 경우 그 폭을 최소 얼마 이상으로 하여야 하는가?

① 60 cm   ② 90 cm
③ 120 cm   ④ 150 cm

해설 부두 또는 안벽의 선을 따라 설치하는 통로 최소 폭은 90 cm 이상으로 한다.

99. 안전관리비의 사용 항목에 해당하지 않는 것은?

① 안전시설비
② 개인보호구 구입비
③ 접대비
④ 사업장의 안전·보건진단비

해설 안전관리비의 사용 항목
- 안전시설비
- 본사 사용비
- 개인보호구 및 안전장구 구입비
- 사업장의 안전·보건진단비
- 안전보건교육비 및 행사비
- 근로자의 건강관리비
- 건설재해 예방 기술지도비
- 안전관리자 등의 인건비 및 각종 업무수당

100. 강관을 사용하여 비계를 구성하는 경우의 준수사항으로 옳지 않은 것은?

① 비계기둥의 간격은 띠장 방향에서는 1.85 m 이하로 할 것
② 비계기둥의 간격은 장선(長線) 방향에서는 1.0 m 이하로 할 것
③ 띠장 간격은 2.0 m 이하로 할 것
④ 비계기둥 간의 적재하중은 400 kg을 초과하지 않도록 할 것

해설 비계기둥 간격 : 띠장 방향에서 1.85 m 이하, 장선 방향에서 1.5 m 이하

2. CBT 모의고사와 해설

제1회 CBT 모의고사

산업안전산업기사

1과목 산업안전관리론

1. 다음 중 안전교육의 4단계를 올바르게 나열한 것은?

① 제시 → 확인 → 적용 → 도입

② 확인 → 도입 → 제시 → 적용

③ 도입 → 제시 → 적용 → 확인

④ 제시 → 도입 → 확인 → 적용

해설 안전교육방법의 4단계

제1단계	도입(학습할 준비)
제2단계	제시(작업설명)
제3단계	적용(작업진행)
제4단계	확인(결과)

2. 인간의 행동은 사람의 개성과 환경에 영향을 받는데 다음 중 환경적 요인이 아닌 것은?

① 책임 ② 작업 조건

③ 감독 ④ 직무의 안정

해설 • 환경 요인 : 감독, 직무의 안정, 급여, 직위, 작업 조건 등
• 개성 요인 : 책임, 자아실현, 승진 및 성장

3. Alderfer의 ERG 이론 중 생존(Existence) 욕구에 해당되는 Maslow의 욕구 단계는?

① 자아실현의 욕구 ② 존경의 욕구

③ 사회적 욕구 ④ 생리적 욕구

해설 Maslow가 제창한 인간의 욕구 5단계
• 1단계(생리적 욕구) : 기아, 갈등, 호흡, 배설, 성욕 등 인간의 기본적인 욕구
• 2단계(안전 욕구) : 안전을 구하려는 자기보존의 욕구
• 3단계(사회적 욕구) : 애정과 소속에 대한 욕구
• 4단계(존경의 욕구) : 인정받으려는 명예, 성취, 승인의 욕구
• 5단계(자아실현의 욕구) : 잠재적 능력을 실현하고자 하는 욕구(성취 욕구)

4. 안전관리조직 중 대규모 사업장에서 가장 이상적인 조직 형태는?

① 직계형 조직

② 직능 전문화 조직

③ 라인-스태프(line-staff)형 조직

④ 테스크 포스(task-force) 조직

해설 라인-스태프형(line-staff) 조직(혼합형 조직)
• 대규모 사업장(1000명 이상 사업장)에 적용한다.
• 장점
  ㉠ 안전전문가에 의해 입안된 것을 경영자가 명령하므로 명령이 신속·정확하다.
  ㉡ 안전정보 수집이 용이하고 빠르다.

정답 1. ③ 2. ① 3. ④ 4. ③

• 단점
ⓐ 명령계통과 조언·권고적 참여의 혼돈
이 우려된다.
ⓑ 스태프의 월권행위가 우려되고 지나치
게 스태프에게 의존할 수 있다.

5. 다음 중 산업안전보건법령상 안전인증대상
보호구의 안전인증제품에 안전인증 표시 외
에 표시하여야 할 사항과 가장 거리가 먼 것
은?

① 안전인증번호
② 형식 또는 모델명
③ 제조번호 및 제조연월
④ 물리적, 화학적 성능기준

해설 안전인증제품의 안전인증 표시 외 표시
사항 : 형식 또는 모델명, 규격 또는 등급, 제
조자명, 제조번호 및 제조연월, 안전인증번호

6. 다음 중 산업안전보건법령상 안전보건개선
계획서에 반드시 포함되어야 할 사항과 가장
거리가 먼 것은?

① 안전·보건교육
② 안전·보건관리체제
③ 근로자 채용 및 배치에 관한 사항
④ 산업재해 예방 및 작업환경의 개선을 위하
여 필요한 사항

해설 안전보건개선 계획서에 반드시 포함되어
야 할 사항
• 시설
• 안전·보건관리체제
• 안전·보건교육
• 산업재해 예방 및 작업환경의 개선을 위하
여 필요한 사항

7. 스트레스의 요인 중 직무 특성에 대한 설명
으로 가장 옳은 것은?

① 과업의 과소는 스트레스를 경감시킨다.
② 과업의 과중은 스트레스를 경감시킨다.
③ 시간의 압박은 스트레스와 관계없다.
④ 직무로 인한 스트레스는 동기부여의 저하,
정신적 긴장 그리고 자신감 상실과 같은 부
정적 반응을 초래한다.

해설 • 스트레스 요인 중 직무 특성 요인은 작
업속도, 근무시간, 업무의 반복성 등이다.
• 직무로 인한 스트레스는 동기부여의 저하,
정신적 긴장 그리고 자신감 상실과 같은 부
정적 반응 초래 등이다.

8. fail-safe의 정의를 가장 올바르게 나타낸
것은?

① 인적 불안전 행위의 통제방법을 말한다.
② 인력으로 예방할 수 없는 불가항력의 사고
이다.
③ 인간-기계 시스템의 최적정 설계방안이다.
④ 인간의 실수 또는 기계·설비의 결함으로
인하여 사고가 발생하지 않도록 설계 시부터
안전하게 하는 것이다.

해설 페일 세이프(fail-safe) : 기계의 고장이
있어도 안전사고가 발생되지 않도록 2중, 3
중 통제를 가하는 장치

9. 연간 총 근로시간 중에 발생하는 근로손실
일수를 1000시간 당 발생하는 근로손실일수
로 나타내는 식은?

① 강도율   ② 도수율
③ 연천인율   ④ 종합재해지수

해설 강도율 $= \dfrac{\text{근로손실일수}}{\text{총 근로시간 수}} \times 1000$

10. 안전관리에 관한 계획에서 실시에 이르기
까지 모든 권한이 포괄적이고 하향적으로 행

사되며, 전문안전담당 부서가 없는 안전관리 조직은?

① 직계식 조직
② 참모식 조직
③ 직계−참모식 조직
④ 안전보건조직

해설 라인형(line) 조직(직계형 조직)
- 소규모 사업장(100명 이하 사업장)에 적용한다.
- 라인형 장점은 명령 및 지시가 신속 · 정확하다.
- 라인형 단점은 안전정보가 불충분하며, 라인에 과도한 책임이 부여될 수 있다.
- 생산과 안전을 동시에 지시하는 형태이다.

11. 산업안전보건법상 사업 내 안전 · 보건교육의 교육과정에 해당하지 않는 것은?

① 검사원 정기점검교육
② 특별안전 · 보건교육
③ 근로자 정기안전 · 보건교육
④ 작업내용 변경 시의 교육

해설 사업 내 안전 · 보건교육의 교육과정 : 정기교육, 채용 시 교육, 작업내용 변경 시 교육, 특별교육, 건설 기초안전교육

12. 다음 중 안전관리의 중요성과 가장 거리가 먼 것은?

① 인간존중이라는 인도적인 신념의 실현
② 경영 경제상의 제품의 품질 향상과 생산성 향상
③ 재해로부터 인적 · 물적 손실 예방
④ 작업환경 개선을 통한 투자비용 증대

해설 안전관리의 목적 : 인명의 존중, 사회복지의 증진, 생산성의 향상, 경제성의 향상, 인적 · 물적 손실 예방

13. 주요 구조 부분을 변경하는 경우 안전인증을 받아야 하는 기계 · 기구가 아닌 것은?

① 원심기
② 사출성형기
③ 압력용기
④ 고소작업대

해설 ① 원심기(산업용만 해당)는 안전검사대상 유해 · 위험기계이다.

14. 산업재해손실액 산정 시 직접비가 2000만 원일 때 하인리히 방식을 적용하면 총 손실액은?

① 2000만 원
② 8000만 원
③ 1억 원
④ 1억 2000만 원

해설 총 손실액＝직접비＋간접비(1 : 4)
＝직접비＋(직접비×4)
＝2000만 원＋(2000만 원×4)＝1억 원

15. 억측판단의 배경이 아닌 것은?

① 생략행위
② 초조한 심정
③ 희망적 관측
④ 과거의 성공한 경험

해설 억측판단이 발생하는 배경
- 초조한 심정 : 일을 빨리 끝내고 싶은 초조한 심정
- 희망적인 관측 : '그때도 그랬으니까 괜찮겠지' 하는 관측
- 과거의 성공한 경험 : 과거에 그 행위로 성공하는 경험의 선입관
- 불확실한 정보나 지식 : 위험에 대한 정보의 불확실 및 지식의 부족

16. 재해의 기본 원인 4M에 해당하지 않는 것은?

① Man
② Machine
③ Media
④ Measurement

해설 4M : 인간(Man), 기계(Machine), 작업매체(Media), 관리(Management)

17. 기업 내 정형교육 중 TWI의 훈련내용이 아닌 것은?

① 작업방법훈련　② 작업지도훈련
③ 사례연구훈련　④ 인간관계훈련

해설 TWI 교육과정 4가지 : 작업방법훈련, 작업지도훈련, 인간관계훈련, 작업안전훈련

18. 맥그리거(Mcgregor)의 X 이론에 따른 관리 처방이 아닌 것은?

① 목표에 의한 관리
② 권위주의적 리더십 확립
③ 경제적 보상체제의 강화
④ 면밀한 감독과 엄격한 통제

해설 맥그리거(Mcgregor)의 X 이론과 Y 이론

X 이론의 특징 (독재적 리더십)	Y 이론의 특징 (민주적 리더십)
저개발국형	선진국형
인간 불신감	상호 신뢰감
성악설	성선설
물질 욕구, 저차원 욕구	정신 욕구, 고차원 욕구
명령 통제에 의한 관리	자기 통제에 의한 관리
경제적 보상체제의 강화	분권화와 권한의 위임
권위주의적 리더십의 확보	민주적 리더십의 확립
면밀한 감독과 엄격한 통제	목표에 의한 관리
상부책임의 강화	직무 확장
인간은 원래 게으르고 태만하여 남의 지배를 받기를 즐긴다.	인간은 부지런하고 근면 적극적이며 자주적이다.

19. 무재해 운동 추진기법 중 다음에서 설명하는 것은?

> 작업을 오조작 없이 안전하게 하기 위하여 작업공정의 요소에서 자신의 행동을 하고 대상을 가리킨 후 큰 소리로 확인하는 것

① 지적 · 확인
② T.B.M
③ 터치 앤드 콜
④ 삼각 위험예지훈련

해설 지적 · 확인에 대한 설명이다.

20. 안전교육방법 중 사례연구법의 장점이 아닌 것은?

① 흥미가 있고, 학습동기를 유발할 수 있다.
② 현실적인 문제의 학습이 가능하다.
③ 관찰력과 분석력을 높일 수 있다.
④ 원칙과 규정의 체계적 습득이 용이하다.

해설 ④ 원칙과 규칙의 체계적인 습득이 어렵다.

2과목 **인간공학 및 시스템 안전공학**

21. 반경 7cm의 조종구를 30° 움직일 때 계기판의 표시가 3cm 이동하였다면 이 조종장치의 C/R비는 약 얼마인가?

① 0.22　② 0.38
③ 1.22　④ 1.83

해설 $C/R비 = \dfrac{(\alpha/360) \times 2\pi L}{표시장치 이동거리}$
$= \dfrac{(30/360) \times 2\pi \times 7}{3} = 1.22$

22. 체계 분석 및 설계에 있어서 인간공학적 노력의 효능을 산정하는 척도의 기준에 포함되지 않는 것은?

① 성능의 향상

② 훈련비용의 절감

③ 인력 이용률의 저하

④ 생산 및 보전의 경제성 향상

해설 체계 분석 및 설계에 있어서의 인간공학의 기여도

- 성능의 향상
- 훈련비용의 절감
- 인력 이용률의 향상
- 생산 및 보전의 경제성 향상
- 재해 및 질병예방
- 사용자의 수용도 향상

23. 근골격계 질환을 예방하기 위한 관리적 대책으로 옳은 것은?

① 작업 공간 배치

② 작업재료 변경

③ 작업 순환 배치

④ 작업공구 설계

해설 근골격계 질환을 예방하기 위한 관리적 대책은 작업 순환 배치이다.

24. 톱사상 T를 일으키는 컷셋에 해당하는 것은?

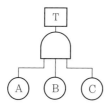

① {A}

② {A, B}

③ {A, B, C}

④ {B, C}

해설 톱사상 T를 일으키기 위해서는 AND 게이트를 통과해야 하므로 A, B, C 모두 발생되어야 한다.

25. 다음 중 작업장에서 구성 요소를 배치하는 인간공학적 원칙과 가장 거리가 먼 것은?

① 선입선출의 원칙

② 사용 빈도의 원칙

③ 중요도의 원칙

④ 기능성의 원칙

해설 부품(공간)배치 4원칙 : 중요성의 원칙, 사용 순서의 원칙, 사용 빈도의 원칙, 기능별 배치의 원칙

26. 종이의 반사율이 50%이고, 종이상의 글자 반사율이 10%일 때 종이에 의한 글자의 대비는 얼마인가?

① 10%

② 40%

③ 60%

④ 80%

해설 대비 $= \dfrac{L_b - L_t}{L_b} \times 100$

$$= \dfrac{50 - 10}{50} \times 100 = 80\%$$

27. 위험조정을 위해 필요한 기술은 조직 형태에 따라 다양하며, 4가지로 분류하였을 때 이에 속하지 않는 것은?

① 보류(retention)

② 계속(continuation)

③ 전가(transfer)

④ 감축(reduction)

해설 위험처리 기술 : 위험회피, 위험감축, 위험보류, 위험전가

28. 자동 생산라인의 오류 경보음을 3단계로 설계하였다. 1단계 경보음이 1000Hz, 60dB라 할 때 3단계 오류 경보음이 1단계 경보음보다 4배 더 크게 들리도록 하려면, 다음 중 경보음의 주파수와 음압수준으로 가장 적절한 것은?

① 1000Hz, 80dB

② 1000Hz, 120dB

③ 2000Hz, 60dB

④ 2000Hz, 80dB

정답 22. ③ 23. ③ 24. ③ 25. ① 26. ④ 27. ② 28. ①

해설 소리의 음압수준

• 음압수준이 10dB 증가 시 소음은 2배 증가
• 음압수준이 20dB 증가 시 소음은 4배 증가
따라서 음압수준이 $60\,dB + 20\,dB = 80\,dB$ 이다.

29. 청각적 표시장치 지침에 관한 설명으로 틀린 것은?

① 신호는 최소한 0.5~1초 동안 지속한다.
② 신호는 배경소음과 다른 주파수를 이용한다.
③ 소음은 양쪽 귀에, 신호는 한쪽 귀에 들리게 한다.
④ 300m 이상 멀리 보내는 신호는 2000 Hz 이상의 주파수를 사용한다.

해설 ④ 300 m 이상 멀리 보내는 신호는 1000 Hz 이하의 주파수를 사용한다.

30. 다음 중 시스템 안전성 평가의 순서를 가장 올바르게 나열한 것은?

① 자료의 정리 → 정량적 평가 → 정성적 평가 → 대책수립 → 재평가
② 자료의 정리 → 정성적 평가 → 정량적 평가 → 재평가 → 대책수립
③ 자료의 정리 → 정량적 평가 → 정성적 평가 → 재평가 → 대책수립
④ 자료의 정리 → 정성적 평가 → 정량적 평가 → 대책수립 → 재평가

해설 안전성 평가의 6단계

1단계	관계 자료의 정리
2단계	정성적 평가
3단계	정량적 평가
4단계	안전 대책수립
5단계	재해 정보에 의한 재평가
6단계	FTA에 의한 재평가

31. 사고의 발단이 되는 초기 사상이 발생할 경우 그 영향이 시스템에서 어떤 결과(정상 또는 고장)로 진전해 가는지를 나뭇가지가 갈라지는 형태로 분석하는 방법은?

① FTA ② PHA ③ FHA ④ ETA

해설 ETA(사건수 분석법) : 설계에서부터 사용까지의 사건들의 발생 경로를 파악하고 위험을 평가하기 위한 귀납적이고 정량적인 분석방법이다.

32. 조종장치의 저항 중 갑작스런 속도의 변화를 막고 부드러운 제어 동작을 유지하게 해주는 저항을 무엇이라 하는가?

① 점성저항 ② 관성저항
③ 마찰저항 ④ 탄성저항

해설 점성저항

• 출력과 반대 방향으로, 속도에 비례해서 작용하는 힘 때문에 생기는 저항력이다.
• 원활한 제어를 도우며, 규정된 변위 속도 유지 효과를 가진다(부드러운 제어 동작이다).
• 우발적인 조종장치의 동작을 감소시키는 효과가 있다.

33. 인간공학의 연구방법에서 인간-기계 시스템을 평가하는 척도로서 인간기준이 아닌 것은?

① 사고 빈도 ② 인간성능 척도
③ 객관적 반응 ④ 생리학적 지표

해설 인간기준 4가지의 평가 척도 : 인간성능 척도, 생리학적 지표, 주관적 반응, 사고 빈도

34. 설비에 부착된 안전장치를 제거하면 설비가 작동되지 않도록 하는 안전설계는?

① fail safe ② fool proof
③ lock out ④ temper proof

정답 29. ④ 30. ④ 31. ④ 32. ① 33. ③ 34. ④

해설 탬퍼 프루프(temper proof) : 안전장치를 제거하면 설비가 작동되지 않도록 하는 설계

35. 산업안전보건법령에서 정한 물리적 인자의 분류 기준에 있어서 소음은 소음성 난청을 유발할 수 있는 몇 dB(A) 이상의 시끄러운 소리로 규정하고 있는가?

① 70 ② 85 ③ 100 ④ 115

해설 • 하루 강렬한 소음작업 허용 노출시간

소음(dB)	80	85	90	95	100	105	110
노출시간	32	16	8	4	2	1	0.5

• 소음성 난청을 유발할 수 있는 시끄러운 소리는 85 dB 이상이다.

36. 위험처리 방법에 관한 설명으로 틀린 것은?

① 위험처리 대책 수립 시 비용문제는 제외된다.
② 재정적으로 처리하는 방법에는 보류와 전가 방법이 있다.
③ 위험의 제어방법에는 회피, 손실제어, 위험분리, 책임 전가 등이 있다.
④ 위험처리 방법에는 위험을 제어하는 방법과 재정적으로 처리하는 방법이 있다.

해설 위험처리 기술 : 위험회피, 위험감축, 위험보류, 위험전가

37. 어떤 전자기기의 수명은 지수분포를 따르며, 그 평균수명이 1000시간이라고 할 때, 500시간 동안 고장 없이 작동할 확률은 약 얼마인가?

① 0.1353 ② 0.3935
③ 0.6065 ④ 0.8647

해설 고장 없이 작동할 확률(R)
$$= e^{-\lambda t} = e^{-t/t_0} = e^{-500/1000}$$
$$= e^{-0.5} = 0.60653$$

38. 정보 전달용 표시장치에서 청각적 표현이 좋은 경우가 아닌 것은?

① 메시지가 복잡하다.
② 시각장치가 지나치게 많다.
③ 즉각적인 행동이 요구된다.
④ 메시지가 그때의 사건을 다룬다.

해설 ①은 시각적 표시장치의 특성

39. MIL-STD-882B에서 시스템 안전 필요사항을 충족시키고 확인된 위험을 해결하기 위한 우선권을 정하는 순서로 맞는 것은?

ⓒ 경보장치 설치
ⓒ 안전장치 설치
ⓒ 절차 및 교육훈련 개발
ⓒ 최소 리스크를 위한 설계

① ② → ⓒ → ⓒ → ⓒ
② ② → ⓒ → ⓒ → ⓒ
③ ⓒ → ② → ⓒ → ⓒ
④ ⓒ → ② → ⓒ → ⓒ

해설 시스템의 안전성 확보책(MIL-STD-882B)

제1단계	제2단계	제3단계	제4단계
위험설비의 최소화 설계	안전장치 설계	경보장치 설계	절차 및 교육훈련 개발

40. 좌식 평면 작업대에서의 최대 작업영역에 관한 설명으로 맞는 것은?

① 각 손의 정상 작업영역 경계선이 작업자의 정면에서 교차되는 공통 영역
② 위팔과 손목을 중립자세로 유지한 채 손으로 원을 그릴 때, 부채꼴 원호의 내부 영역
③ 어깨로부터 팔을 펴서 어깨를 축으로 하여 수평면상에 원을 그릴 때, 부채꼴 원호의 내부 지역

④ 자연스러운 자세로 위팔을 몸통에 붙인 채 손으로 수평면상에 원을 그릴 때, 부채꼴 원호의 내부 지역

해설 손을 작업대 위에서 최대한 뻗어 작업하는 상태를 최대작업역(55~65 cm)이라 한다.

3과목　기계 위험방지 기술

41. 다음과 같이 2개의 슬링 와이어로프로 무게 1000 N의 화물을 인양하고 있다. 로프 T_{AB}에 발생하는 장력의 크기는 얼마인가?

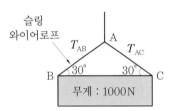

① 500 N　② 707 N　③ 1000 N　④ 1414 N

해설 장력 $T_{AB} = \dfrac{W}{2} \div \cos\dfrac{\theta}{2}$

$$= \frac{1000}{2} \div \cos\frac{120}{2} = 1000\,\text{N}$$

여기서, W : 물체의 무게, θ : 로프의 각도

42. 산업안전보건법령상 로봇의 작동범위에서 그 로봇에 관하여 교시 등의 작업을 할 때 작업시작 전 점검사항에 해당하지 않는 것은?

① 제동장치 및 비상정지장치의 기능
② 외부 전선의 피복 또는 외장의 손상 유무
③ 매니퓰레이터(manipulator) 작동의 이상 유무
④ 주행로의 상측 및 트롤리(trolley)가 횡행하는 레일의 상태

해설 로봇의 작업시작 전 점검사항
• 외부 전선의 피복 또는 외장의 손상 유무

• 매니퓰레이터 작동의 이상 유무
• 제동장치 및 비상정지장치의 기능

43. 프레스 양수조작식 안전거리(D) 계산식으로 적합한 것은? (단, T_L는 누름버튼에서 손을 떼는 순간부터 급정지기구가 작동 개시하기까지의 시간, T_S는 급정지기구 작동을 개시할 때부터 슬라이드가 정지할 때까지의 시간이다.)

① $D = 1.6(T_L - T_S)$　② $D = 1.6(T_L + T_S)$
③ $D = 1.6(T_L \div T_S)$　④ $D = 1.6(T_L \times T_S)$

해설 안전거리$(D_m) = 1.6 T_m = 1.6 \times (T_L + T_S)$
여기서, D_m : 안전거리(m)
　　　　T_L : 방호장치의 작동시간(s)
　　　　T_S : 프레스의 최대 정지시간(s)
　　　　1.6 m/s : 손의 속도

44. 기계설비의 수명곡선에서 고장의 유형에 관한 설명으로 틀린 것은?

① 초기고장은 불량 제조나 생산과정에서 품질관리의 미비로부터 생기는 고장을 말한다.
② 우발고장은 사용 중 예측할 수 없을 때에 발생하는 고장을 말한다.
③ 마모고장은 장치의 일부가 수명을 다해서 생기는 고장을 말한다.
④ 반복고장은 반복 또는 주기적으로 생기는 고장을 말한다.

해설 기계설비의 고장 유형 : 초기고장(감소형 고장), 우발고장(일정형 고장), 마모고장(증가형 고장)

45. 다음 중 연삭작업 중 숫돌의 파괴 원인과 가장 거리가 먼 것은?

① 숫돌의 회전속도가 너무 느릴 때
② 숫돌의 회전중심이 잡히지 않았을 때
③ 숫돌에 과대한 충격을 가할 때

④ 플랜지의 직경이 현저히 작을 때

해설 ① 숫돌의 회전속도가 너무 빠를 때

46. 프레스기가 작동 후 작업점까지의 도달시간이 0.2초 걸렸다면, 양수기동식 방호장치의 설치거리는 최소 얼마인가?

① 3.2cm ② 32cm ③ 6.4cm ④ 64cm

해설 양수기동식 안전거리$(D_m) = 1.6T_m$
$= 1.6 \times 0.2 = 0.32 \text{m} = 32 \text{cm}$
여기서, D_m : 안전거리(m)
T_m : 프레스 작동 후 슬라이드가 하사점에 도달할 때까지의 소요시간(s)
1.6m/s : 손의 속도

47. 산업안전보건기준에 관한 규칙에 따라 회전축, 기어, 풀리, 플라이휠 등에 사용되는 기계요소인 키, 핀 등의 형태로 적합한 것은?

① 돌출형 ② 개방형
③ 폐쇄형 ④ 묻힘형

해설 회전축, 기어, 풀리, 플라이휠 등에 사용되는 기계요소인 키, 핀 등의 형태는 묻힘형으로 하거나 해당 부위에 덮개를 설치하여야 한다.

48. 산업안전보건법령에 따라 양중기에서 절단하중이 100톤인 와이어로프를 사용하여 근로자가 탑승하는 운반구를 지지하는 경우, 달기 와이어로프에 걸 수 있는 최대 사용하중은 얼마인가?

① 10톤 ② 20톤 ③ 25톤 ④ 50톤

해설 근로자가 탑승하는 운반구를 지지하는 경우 안전계수는 10 이상이다.
$\therefore$ 최대 사용하중 $= \dfrac{\text{절단하중}}{\text{안전계수}} = \dfrac{100}{10} = 10$톤

49. 운전자가 서서 조작하는 방식의 지게차의 경우 운전석의 바닥면에서 헤드가드의 상부틀의 하면까지의 높이가 몇 m 이상이 되어야 하는가?

① 0.3 ② 0.5 ③ 1.0 ④ 2.0

해설 운전자가 서서 조작하는 방식의 지게차의 경우에는 운전석의 바닥면에서 헤드가드의 상부틀 하면까지의 높이가 1.88m(약 2m) 이상일 것

50. 프레스 방호장치의 공통 일반구조에 대한 설명으로 틀린 것은?

① 방호장치의 표면은 벗겨짐 현상이 없어야 하며, 날카로운 모서리 등이 없어야 한다.
② 위험기계·기구 등에 장착이 용이하고 견고하게 고정될 수 있어야 한다.
③ 외부 충격으로부터 방호장치의 성능이 유지될 수 있도록 보호덮개가 설치되어야 한다.
④ 각종 스위치, 표시램프는 돌출형으로 쉽게 근로자가 볼 수 있는 곳에 설치해야 한다.

해설 ④ 각종 스위치, 표시램프는 매립형으로 쉽게 근로자가 볼 수 있는 곳에 설치해야 한다.

51. 선반의 안전작업 방법 중 틀린 것은?

① 절삭칩의 제거는 반드시 브러시를 사용할 것
② 기계 운전 중에는 백기어(back gear)의 사용을 금할 것
③ 공작물의 길이가 직경의 6배 이상일 때는 반드시 방진구를 사용할 것
④ 시동 전에 척 핸들을 빼둘 것

해설 ③ 방진구는 공작물의 길이가 지름의 12~20배 이상일 때 사용한다.

52. 목재가구용 둥근톱의 목재 반발예방장치가 아닌 것은?

① 반발방지 발톱(finger)

② 분할날(spreader)

③ 덮개(cover)

④ 반발방지 롤(roll)

해설 ③은 목재가구용 기계의 방호장치,
①, ②, ④는 둥근톱기계 반발예방장치

53. 프레스 등의 금형을 부착 · 해체 또는 조정 작업 중 슬라이드가 갑자기 작동하여 근로자에게 발생할 수 있는 위험을 방지하기 위하여 설치하는 것은?

① 방호울

② 안전블록

③ 시건장치

④ 게이트 가드

해설 안전블록 : 프레스 등의 금형을 부착 · 해체 또는 조정하는 작업을 할 때에 작업자의 신체가 위험한계 내에 있는 경우 슬라이드가 갑자기 작동함으로써 작업자에게 발생할 우려가 있는 위험을 방지하기 위하여 사용한다.

54. 셰이퍼 작업 시의 안전 대책으로 틀린 것은?

① 바이트는 가급적 짧게 물리도록 한다.

② 가공 중 다듬질 면을 손으로 만지지 않는다.

③ 시동하기 전에 행정 조정용 핸들을 끼워 둔다.

④ 가공 중에는 바이트의 운동 방향에 서지 않도록 한다.

해설 ③ 시동하기 전에 행정 조정용 핸들을 빼 두어야 한다.

55. 선반 등으로부터 돌출하여 회전하고 있는 가공물이 근로자에게 위험을 미칠 우려가 있는 경우 설치할 방호장치로 가장 적합한 것은?

① 덮개 또는 울

② 슬리브

③ 건널다리

④ 체인블록

해설 선반 등으로부터 돌출하여 회전하고 있는 가공물이 근로자에게 위험을 미칠 우려가 있는 경우 덮개 또는 울 등을 설치하여야 한다.

56. 드릴링 머신의 드릴 지름이 10 mm이고, 드릴 회전수가 1000 rpm일 때 원주속도는 약 얼마인가?

① 3.14 m/min

② 6.28 m/min

③ 31.4 m/min

④ 62.8 m/min

해설 원주속도$(V) = \dfrac{\pi D n}{1000}$

$$= \dfrac{\pi \times 10 \times 1000}{1000} = 31.4 \, \text{m/min}$$

여기서, D : 숫돌의 지름(mm), n : 회전수(rpm)

57. 산업안전보건법령상 양중기에 사용하지 않아야 하는 달기체인의 기준으로 틀린 것은?

① 변형이 심한 것

② 균열이 있는 것

③ 길이의 증가가 제조 시보다 3%를 초과한 것

④ 링의 단면지름의 감소가 제조 시 링 지름의 10%를 초과한 것

해설 ③ 길이의 증가가 제조 시보다 5%를 초과한 것

58. 다음 중 컨베이어(conveyor)의 방호장치로 볼 수 없는 것은?

① 반발예방장치

② 이탈방지장치

③ 비상정지장치

④ 덮개 또는 울

해설 컨베이어의 방호장치 : 이탈 및 역주행 방지장치, 비상정지장치, 덮개 또는 울
Tip) 반발예방장치-둥근톱기계의 반발예방 장치

59. 지름이 60cm이고, 20rpm으로 회전하는 롤러기의 무부하 동작에서 급정지거리 기준으로 옳은 것은?

① 앞면 롤러 원주의 1/1.5 이내 거리에서 급정지
② 앞면 롤러 원주의 1/2 이내 거리에서 급정지
③ 앞면 롤러 원주의 1/2.5 이내 거리에서 급정지
④ 앞면 롤러 원주의 1/3 이내 거리에서 급정지

해설 앞면 롤러의 표면속도에 따른 급정지거리

㉠ 표면속도$(V) = \dfrac{\pi D N}{1000}$

$= \dfrac{\pi \times 600 \times 20}{1000} = 37.68\,\text{m/min}$

㉡ 표면속도$(V) = 30\,\text{m/min}$ 이상일 때

: 급정지거리$= \pi \times D \times \dfrac{1}{2.5}$

60. 롤러에 설치하는 급정지장치 조작부의 종류와 그 위치로 옳은 것은? (단, 위치는 조작부의 중심점을 기준으로 함)

① 발 조작식은 밑면으로부터 0.2m 이내
② 손 조작식은 밑면으로부터 1.8m 이내
③ 복부 조작식은 밑면으로부터 0.6m 이상 1m 이내
④ 무릎 조작식은 밑면으로부터 0.2m 이상 0.4m 이내

해설 롤러기 급정지장치의 종류
• 손 조작식 : 밑면으로부터 1.8m 이내 위치
• 복부 조작식 : 밑면으로부터 0.8~1.1m 이내 위치
• 무릎 조작식 : 밑면으로부터 0.4~0.6m 이내 위치

4과목 전기 및 화학설비 위험방지 기술

61. 전기설비의 화재에 사용되는 소화기의 소화제로 가장 적절한 것은?

① 물거품
② 탄산가스
③ 염화칼슘
④ 산 및 알칼리

해설 전기화재(C급 화재)에 사용하는 소화기 : 이산화탄소 소화기, 할로겐화합물 소화기, 분말 소화기, 무상강화액 소화기 등

62. 다음 각 물질의 저장방법에 관한 설명으로 옳은 것은?

① 황린은 저장용기 중에 물을 넣어 보관한다.
② 과산화수소는 장기 보존 시 유리용기에 저장된다.
③ 피크린산은 철 또는 구리로 된 용기에 저장한다.
④ 마그네슘은 다습하고 통풍이 잘 되는 장소에 보관한다.

해설 물질의 저장방법
• 황린 : 자연 발화하므로 물속에 저장하여야 한다.
• 과산화수소 : 통풍이 잘 되도록 구멍이 뚫린 마개를 사용하여 보관한다.
• 피크린산 : 마찰, 충격, 가열의 우려가 없는 곳에 소량으로 분산하여 보관한다.
• 마그네슘 : 물 또는 산과 접촉할 우려가 없는 곳에 보관한다.

63. 다음 중 고압 활선작업에 필요한 보호구에 해당하지 않는 것은?

① 절연대
② 절연장갑
③ 절연장화
④ AE형 안전모

해설 절연용 보호구 : 절연장갑, 전기용 안전모(AE), 절연용 고무소매, 절연화
Tip) 절연대는 방호구이다.

64. 다음 중 착화열에 대한 정의로 가장 적절한 것은?

① 연료가 착화해서 발생하는 전 열량
② 연료 1kg이 착화해서 연소하여 나오는 총 발열량
③ 외부로부터 열을 받지 않아도 스스로 연소하여 발생하는 열량
④ 연료를 최초의 온도로부터 착화온도까지 가열하는데 드는 열량

해설 착화열은 연료를 최초의 온도로부터 착화온도까지 가열하는데 드는 열량이다.

65. 전기기기의 절연의 종류와 최고 허용온도가 바르게 연결된 것은?

① A−90℃
② E−105℃
③ F−140℃
④ H−180℃

해설 전기기기의 절연의 종류와 허용온도

종류	Y	A	E	B	F	H	C
온도(℃)	90	105	120	130	155	180	180 이상

66. 연소의 3요소에 해당되지 않는 것은?

① 가연물
② 점화원
③ 연쇄반응
④ 산소 공급원

해설 연소의 3요소 : 가연물, 산소 공급원, 점화원
예) ㉠ 메탄−가연물
　　㉡ 공기−산소 공급원
　　㉢ 정전기 방전−점화원

67. 콘덴서 및 전력케이블 등을 고압 또는 특별고압 전기회로에 접촉하여 사용할 때 전원을 끊은 뒤에도 감전될 위험성이 있는 주된 이유로 볼 수 있는 것은?

① 잔류전하
② 접지선 불량
③ 접속기구 손상
④ 절연보호구 미사용

해설 콘덴서 및 전력케이블 등을 고압 또는 특별고압 전기회로에 접촉하여 사용할 때에는 전원을 끊은 뒤에도 감전될 위험성이 있으므로 정전작업 전에 잔류전하를 방전시켜야 한다.

68. 산업안전보건법령상 공정안전 보고서에 포함되어야 하는 사항 중 공정안전자료의 세부 내용에 해당하는 것은?

① 주민홍보계획
② 안전운전 지침서
③ 각종 건물·설비의 배치도
④ 위험과 운전 분석(HAZOP)

해설 공정안전자료 세부 내용
• 취급·저장하고 있거나 취급·저장하고자 하는 유해·위험물질의 종류 및 수량
• 유해·위험물질에 대한 물질안전보건자료
• 유해·위험설비의 목록 및 사양
• 유해·위험설비의 운전방법을 알 수 있는 공정도면
• 각종 건물·설비의 배치도
• 폭발위험장소 구분도 및 전기단선도
• 위험설비의 안전 설계·제작 및 설치 관련 지침서

69. 저압전로의 사용전압이 220V인 경우 절연 저항 값은 몇 MΩ 이상으로 하여야 하는가?

① 0.1
② 0.2
③ 0.3
④ 0.4

해설 대지전압이 150V 초과 300V 이하의 경우 : 0.2MΩ

70. 소화방법에 대한 주된 소화원리로 틀린 것은?

① 물을 살포한다. : 냉각소화
② 모래를 뿌린다. : 질식소화
③ 초를 불어서 끈다. : 억제소화
④ 담요를 덮는다. : 질식소화

해설 ③은 제거소화이다.

71. 22.9kV 특별고압 활선작업 시 충전전로에 대한 접근한계거리는 몇 cm인가?

① 30 ② 60 ③ 90 ④ 110

해설 15kV 초과 37kV 이하 → 90cm

72. 가열·마찰·충격 또는 다른 화학물질과의 접촉 등으로 인하여 산소나 산화제의 공급이 없더라도 폭발 등 격렬한 반응을 일으킬 수 있는 물질은?

① 알코올류
② 무기과산화물
③ 니트로 화합물
④ 과망간산칼륨

해설 니트로 화합물은 산소나 산화제의 공급이 없더라도 폭발 등 격렬한 반응을 일으킬 수 있는 물질이다.

73. 다음 중 방폭구조의 명칭과 표기기호가 잘못 연결된 것은?

① 안전증 방폭구조 : e
② 유입(油入) 방폭구조 : o
③ 내압(耐壓) 방폭구조 : p
④ 본질안전 방폭구조 : ia 또는 ib

해설 ③ 내압 방폭구조 : d

74. 25℃, 1기압에서 공기 중 벤젠(C_6H_6)의 허용농도가 10ppm일 때 이를 [mg/m^3]의 단위로 환산하면 약 얼마인가? (단, C, H의 원자량은 각각 12, 1이다.)

① 28.7 ② 31.9 ③ 34.8 ④ 45.9

해설 $$10\,ppm = \frac{벤젠 \ 10\,mol}{공기 \ 10^6\,mol}$$

$$= \frac{벤젠 \ 10\,mol \times \dfrac{78g}{1\,mol} \times \dfrac{1000\,mg}{1\,g}}{공기 \ 10^6\,mol \times \dfrac{22.4L}{1\,mol} \times \dfrac{(273+25)K}{273K} \times \dfrac{1\,m^3}{1000L}}$$

$$= 31.9\,mg/m^3$$

여기서, 벤젠(C_6H_6) 1mol의 분자량은 78g

75. 교류 아크 용접기의 재해방지를 위해 쓰이는 것은?

① 자동전격 방지장치
② 리미트 스위치
③ 정전압장치
④ 정전류장치

해설 자동전격 방지장치
• 자동전격 방지장치 무부하 전압은 1 ± 0.3초 이내에 2차 무부하 전압을 25V 이하로 내려준다.
• 용접 시에 용접기 2차 측의 출력전압을 무부하 전압으로 변경시킨다.
• SCR 등의 개폐용 반도체 소자를 이용한 무접점방식을 많이 사용한다.

76. 프로판(C_3H_8)의 완전 연소 조성농도는 약 몇 vol%인가?

① 4.02 ② 4.19 ③ 5.05 ④ 5.19

해설 완전 연소 조성농도(C_{st})

$$C_{st} = \frac{100}{1 + 4.773\left(n + \dfrac{x - f - 2y}{4}\right)}$$

$$= \frac{1}{4.773n + 1.19x - 2.38y + 1} \times 100$$

$$= \frac{1}{(4.773 \times 3) + (1.19 \times 8) - (2.38 \times 0) + 1}$$

$$\times 100 ≒ 4.02\%$$

여기서, n : 탄소의 원자 수, x : 수소의 원자 수
y : 산소의 원자 수, f : 할로겐의 원자 수

정답 70. ③ 71. ③ 72. ③ 73. ③ 74. ② 75. ① 76. ①

77. 방폭 전기설비의 설치 시 고려하여야 할 환경 조건으로 가장 거리가 먼 것은?

① 열　　　　　　　② 진동

③ 산소량　　　　　④ 수분 및 습기

해설 방폭 전기설비의 표준환경 조건

• 주변온도 : $-20 \sim 40℃$

• 표고 : $1000\,m$ 이하

• 상대습도 : $45 \sim 85\%$

• 전기설비에 특별한 고려를 필요로 하는 정도의 공해, 부식성 가스, 진동 등이 존재하지 않는 장소

78. 휘발유를 저장하던 이동 저장탱크에 등유나 경유를 이동 저장탱크의 밑 부분으로부터 주입할 때에 액 표면의 높이가 주입관의 선단의 높이를 넘을 때까지 주입속도는 몇 m/s 이하로 하여야 하는가?

① 0.5　② 1.0　③ 1.5　④ 2.0

해설 휘발유를 저장하던 이동 저장탱크에 등유나 경유를 이동 저장탱크의 밑 부분으로부터 주입할 때에 액 표면의 높이가 주입관의 선단의 높이를 넘을 때까지 주입속도는 $1\,m/s$ 이하로 하여야 한다.

79. 10Ω 저항에 10A의 전류를 1분간 흘렸을 때의 발열량은 몇 cal인가?

① 1800　　　　　② 3600

③ 7200　　　　　④ 14400

해설 발열량$(Q) = I^2RT = 10^2 \times 10 \times 60$

$= 60000J \times 0.24 = 14400\,cal$

여기서, Q : 전기발생열(에너지)[J], I : 전류(A),

R : 전기저항(Ω), T : 통전시간(s)

$1J = 0.2388\,cal ≒ 0.24\,cal$

80. 다음 중 독성이 강한 순서로 옳게 나열된 것은?

① 일산화탄소 > 염소 > 아세톤

② 일산화탄소 > 아세톤 > 염소

③ 염소 > 일산화탄소 > 아세톤

④ 염소 > 아세톤 > 일산화탄소

해설 독성가스의 허용 노출기준(TWA)

가스 명칭	염소 (Cl_2)	일산화탄소 (CO)	아세톤 (CH_3COCH_3)
허용농도 (ppm)	1	50	500

5과목　　**건설안전기술**

81. 차량계 건설기계를 사용하여 작업하고자 할 때 작업계획서에 포함되어야 할 사항으로 틀린 것은?

① 차량계 건설기계의 제동장치 이상 유무

② 차량계 건설기계의 운행경로

③ 차량계 건설기계의 종류 및 성능

④ 차량계 건설기계에 의한 작업방법

해설 ①은 차량계 건설기계의 작업시작 전 점검사항

82. 경화된 콘크리트의 각종 강도를 비교한 것 중 옳은 것은?

① 전단강도 > 인장강도 > 압축강도

② 압축강도 > 인장강도 > 전단강도

③ 인장강도 > 압축강도 > 전단강도

④ 압축강도 > 전단강도 > 인장강도

해설 콘크리트의 강도

전단강도	휨강도	인장강도
압축강도의 0.25배	압축강도의 0.2배	압축강도의 0.1배

정답 77. ③　78. ②　79. ④　80. ③　81. ①　82. ④

83. 낙하 · 비래재해 방지설비에 대한 설명으로 틀린 것은?

① 투하설비는 높이 10 m 이상 되는 장소에서만 사용한다.

② 투하설비의 이음부는 충분히 겹쳐 설치한다.

③ 투하 입구 부근에는 적정한 낙하방지설비를 설치한다.

④ 물체를 투하 시에는 감시인을 배치한다.

해설 ① 높이가 3 m 이상인 장소로부터 물체를 투하하는 경우 투하설비를 설치하거나 감시인을 배치하여야 한다.

84. 비계의 높이가 2 m 이상인 작업장소에 설치하는 작업발판의 최소 폭 기준은? (단, 달비계, 달대비계 및 말비계는 제외)

① 30 cm 이상

② 40 cm 이상

③ 50 cm 이상

④ 60 cm 이상

해설 비계의 높이가 2 m 이상인 작업장소에 설치하는 작업발판의 폭은 40 cm 이상으로 하고, 발판재료 간의 틈은 3 cm 이하로 할 것

85. 흙파기 공사용 기계에 관한 설명 중 틀린 것은?

① 불도저는 일반적으로 거리 60 m 이하의 배토작업에 사용된다.

② 클램셸은 좁은 곳의 수직파기를 할 때 사용한다.

③ 파워쇼벨은 기계가 위치한 면보다 낮은 곳을 파낼 때 유용하다.

④ 백호는 토질의 구멍파기나 도랑파기에 이용된다.

해설 ③ 파워쇼벨은 기계가 위치한 면보다 높은 곳의 땅파기에 적합하다.

86. 철골공사 시 도괴의 위험이 있어 강풍에 대한 안전 여부를 확인해야 할 필요성이 가장 높은 경우는?

① 연면적당 철골량이 일반 건물보다 많은 경우

② 기둥에 H형강을 사용하는 경우

③ 이음부가 공장용접인 경우

④ 호텔과 같이 단면구조가 현저한 차이가 있으며 높이가 20 m 이상인 건물

해설 철골공사의 자립도 검토대상

- 높이 20 m 이상의 구조물
- 구조물의 폭 : 높이가 1 : 4 이상인 구조물
- 단면구조에 현저한 차이가 있는 구조물(건물이 곧지 않고 휘어지는 등)
- 철골 사용량이 $50 kg/m^2$ 이하인 구조물
- 기둥이 타이플레이트(tie plate)형인 구조물
- 이음부가 현장용접인 경우

87. 토사붕괴 시의 조치사항으로 거리가 먼 것은?

① 대피통로 및 공간의 확보

② 동시작업의 금지

③ 2차 재해의 방지

④ 굴착공법의 선정

해설 토사붕괴 시 조치사항 : 대피통로 및 공간의 확보, 동시작업의 금지, 2차 재해의 방지 등

88. 고소작업대 구조에서 작업대를 상승 또는 하강시킬 때 사용하는 체인의 안전율은 최소 얼마 이상인가?

① 2 ② 5

③ 10 ④ 12

해설 고소작업대의 와이어로프 또는 체인의 안전율은 5 이상일 것

정답 83. ① 84. ② 85. ③ 86. ④ 87. ④ 88. ②

89. 다음 중 건설공사 관리의 주요 기능이라 볼 수 없는 것은?

① 안전관리　　　　② 공정관리
③ 품질관리　　　　④ 재고관리

해설 건설공사 관리의 주요 기능 : 안전관리, 원가관리, 품질관리, 공정관리

90. 추락재해를 방지하기 위하여 10cm 그물코인 방망을 설치할 때 방망과 바닥면 사이의 최소 높이로 옳은 것은? (단, 설치된 방망의 단변 방향 길이 $L=2m$, 장변 방향 방망의 지지간격 $A=3m$이다.)

① 2.0m　　　　② 2.4m
③ 3.0m　　　　④ 3.4m

해설 10cm 그물코의 경우
㉠ $L<A$, 바닥면 사이 높이(H)
$$=\frac{0.85}{4}\times(L+3A)$$
㉡ $L>A$, 바닥면 사이 높이(H)
$$=0.85\times L$$
∴ $H=\dfrac{0.85}{4}\times(L+3A)$
$$=\frac{0.85}{4}\times\{2+(3\times3)\}=2.4\,m$$

91. 산업안전보건기준에 관한 규칙에서 규정하는 현장에서 고소작업대 사용 시 준수사항이 아닌 것은?

① 작업자가 안전모·안전대 등의 보호구를 착용하도록 할 것
② 관계자가 아닌 사람이 작업구역 내에 들어오는 것을 방지하기 위하여 필요한 조치를 할 것
③ 작업을 지휘하는 자를 선임하여 그 자의 지휘하에 작업을 실시할 것

④ 안전한 작업을 위하여 적정수준의 조도를 유지할 것

해설 ③ 전로에 근접하여 작업을 하는 경우에는 작업감시자를 배치하는 등 감전사고를 방지하기 위하여 필요한 조치를 할 것

92. 철골작업에서 작업을 중지해야 하는 규정에 해당되지 않는 경우는?

① 풍속이 초당 10m 이상인 경우
② 강우량이 시간당 1mm 이상인 경우
③ 강설량이 시간당 1cm 이상인 경우
④ 겨울철 기온이 영상 4℃ 이상인 경우

해설 ①, ②, ③은 철골작업 시 기후 변화에 의한 작업 중지사항,
④는 철골작업 중지사항이 아니다.

93. 굴착면 붕괴의 원인과 가장 거리가 먼 것은?

① 사면 경사의 증가
② 성토 높이의 감소
③ 공사에 의한 진동하중의 증가
④ 굴착 높이의 증가

해설 ② 절토 및 성토 높이의 증가가 굴착면 붕괴의 원인이 된다.

94. 낙하물방지망 설치기준으로 옳지 않은 것은?

① 높이 10m 이내마다 설치한다.
② 내민 길이는 벽면으로부터 3m 이상으로 한다.
③ 수평면과의 각도는 20° 이상 30° 이하를 유지한다.
④ 방호선반의 설치기준과 동일하다.

해설 ② 내민 길이는 벽면으로부터 2m 이상으로 한다.

정답 89. ④　90. ②　91. ③　92. ④　93. ②　94. ②

95. 작업으로 인하여 물체가 떨어지거나 날아 올 위험이 있는 경우 설치하는 낙하물방지망 의 수평면과의 각도 기준으로 옳은 것은?

① 10° 이상 20° 이하를 유지
② 20° 이상 30° 이하를 유지
③ 30° 이상 40° 이하를 유지
④ 40° 이상 45° 이하를 유지

해설 낙하물방지망의 수평면과의 각도는 20° 이상 30° 이하를 유지하여야 한다.

96. 다음은 산업안전보건법령에 따른 지붕 위 에서의 위험방지에 관한 사항이다. (　　) 안에 알맞은 것은?

> 슬레이트, 선라이트 등 강도가 약한 재료 로 덮은 지붕 위에서 작업을 할 때에 발이 빠지는 등 근로자가 위험해질 우려가 있는 경우 폭 (　　)센티미터 이상의 발판을 설 치하거나 안전방망을 치는 등 근로자의 위 험을 방지하기 위하여 필요한 조치를 하여 야 한다.

① 20　　② 25　　③ 30　　④ 40

해설 슬레이트, 선라이트 등의 지붕에서 발이 빠지는 등 추락위험이 있을 경우 폭 30cm 이 상의 발판을 설치하여야 한다.

97. 산업안전보건관리비 중 안전시설비의 항 목에서 사용할 수 있는 항목에 해당하는 것 은?

① 외부인 출입금지, 공사장 경계표시를 위한 가설울타리
② 작업발판
③ 절토부 및 성토부 등의 토사 유실방지를 위 한 설비
④ 사다리 전도방지장치

해설 ④는 안전시설비의 항목에서 사용할 수 있는 항목,
①, ②, ③은 안전시설비의 항목에서 사용할 수 없는 항목

98. 강관비계의 구조에서 비계기둥 간의 최대 허용 적재하중으로 옳은 것은?

① 500kg　　② 400kg
③ 300kg　　④ 200kg

해설 비계기둥 간의 적재하중은 400kg을 초 과하지 않도록 할 것

99. 다음과 같은 조건에서 방망사의 신품에 대 한 최소 인장강도로 옳은 것은? (단, 그물코 의 크기는 10cm, 매듭 방망)

① 240kg　② 200kg　③ 150kg　④ 110kg

해설 그물코의 크기가 10cm인 매듭 방망사 신품의 인장강도는 200kg이다.

100. 거푸집 동바리 등을 조립하는 경우의 준 수사항으로 옳지 않은 것은?

① 강재와 강재의 접속부 및 교차부는 볼트 · 크램프 등 전용 철물을 사용하여 단단히 연 결할 것
② 동바리로 사용하는 강관(파이프 서포트는 제외)은 높이 2m 이내마다 수평 연결재를 2 개 방향으로 만들고 수평 연결재의 변위를 방지할 것
③ 동바리의 이음은 맞댄이음으로 하고 장부이 음의 적용은 절대 금할 것
④ 거푸집이 곡면인 경우에는 버팀대의 부착 등 그 거푸집의 부상을 방지하기 위한 조치 를 할 것

해설 ③ 동바리의 이음은 맞댄이음과 장부이 음을 한다.

제2회 CBT 모의고사

1과목 **산업안전관리론**

1. 다음 중 재해 예방의 4원칙에 해당되지 않는 것은?

① 대책선정의 원칙   ② 손실우연의 원칙
③ 통계방법의 원칙   ④ 예방가능의 원칙

해설 재해 예방의 4원칙 : 예방가능의 원칙, 손실우연의 원칙, 원인계기의 원칙, 대책선정의 원칙

2. 다음 중 안전점검의 목적과 가장 거리가 먼 것은?

① 기기 및 설비의 결함 제거로 사전안전성 확보
② 인적 측면에서의 안전한 행동 유지
③ 기기 및 설비의 본래 성능 유지
④ 생산제품의 품질관리

해설 ④ 생산제품의 합리적인 생산관리

3. 사업장의 안전준수 정도를 알아보기 위한 안전 평가는 사전 평가와 사후 평가로 구분되어 지는데 다음 중 사전 평가에 해당하는 것은?

① 재해율
② 안전샘플링
③ 연천인율
④ Safe-T-Score

해설 안전성 평가
• 사전 평가법 : 안전샘플링
• 사후 평가법 : 재해율, 연천인율, 도수율, 강도율, Safe-T-Score 등

4. 강의식 교육지도에서 가장 많은 시간이 할당되는 단계는?

① 도입   ② 제시
③ 적용   ④ 확인

해설 단계별 교육시간

제1단계	제2단계	제3단계	제4단계
도입 (학습할 준비)	제시 (작업설명)	적용 (작업진행)	확인 (결과)
강의식 5분	강의식 40분	강의식 10분	강의식 5분
토의식 5분	토의식 10분	토의식 40분	토의식 5분

5. 도수율이 13.0, 강도율 1.20인 사업장이 있다. 이 사업장의 환산도수율은 얼마인가? (단, 이 사업장 근로자의 평생근로시간은 10만 시간으로 가정한다.)

① 1.3   ② 10.8
③ 12.0   ④ 92.3

해설 환산도수율＝도수율÷10
＝13.0÷10＝1.3

6. 다음 중 인간의 행동 변화에 있어 가장 변화시키기 어려운 것은?

① 지식의 변화
② 집단의 행동 변화
③ 개인의 태도 변화
④ 개인의 행동 변화

정답 1. ③   2. ④   3. ②   4. ②   5. ①   6. ②

해설 집단교육의 4단계 순서(인간행동 변화 순서)

제1단계	제2단계	제3단계	제4단계
지식의 변화	개인의 태도 변화	개인의 행동 변화	집단의 행동 변화

7. 국제노동 통계회의에서 결의된 재해 통계의 국제적 통일안을 설명한 것으로 틀린 것은?

① 국제적 통일안의 결의로서 모든 국가가 이 방법을 적용하고 있다.
② 강도율은 근로손실일수(1000배)를 총 인원의 연 근로시간 수로 나누어 산정한다.
③ 도수율은 재해의 발생 건수(100만 배)를 총 인원의 연 근로시간 수로 나누어 산정한다.
④ 국가별, 시기별, 산업별 비교를 위해 산업재해 통계를 도수율이나 강도율의 비율로 나타낸다.

해설 ① 국제적 통일안은 ILO(국제노동기구) 회원국을 대상으로 이 방법을 적용하고 있다.

8. 산업안전보건법령상 사업 내 안전·보건교육에 있어 채용 시의 교육내용에 해당하는 것은? (단, 산업안전보건법 및 일반관리에 관한 사항은 제외한다.)

① 유해·위험 작업환경 관리에 관한 사항
② 표준 안전작업방법 및 지도요령에 관한 사항
③ 작업공정의 유해·위험과 재해 예방 대책에 관한 사항
④ 기계·기구의 위험성과 작업의 순서 및 동선에 관한 사항

해설 ①, ②, ③은 관리감독자 정기안전·보건교육 내용

9. 재해 원인을 직접 원인과 간접 원인으로 나눌 때, 직접 원인에 해당하는 것은?

① 기술적 원인
② 관리적 원인
③ 교육적 원인
④ 물적 원인

해설 • 직접 원인 : 인적 원인(불안전한 행동), 물적 원인(불안전한 상태)
• 간접 원인 : 기술적, 교육적, 관리적, 신체적, 정신적 원인 등

10. 매슬로우(A.H.Maslow)의 안전 욕구 5단계 이론에서 각 단계별 내용이 잘못 연결된 것은?

① 1단계 : 자아실현의 욕구
② 2단계 : 안전에 대한 욕구
③ 3단계 : 사회적 욕구
④ 4단계 : 존경에 대한 욕구

해설 ① 1단계 : 생리적 욕구
Tip) 5단계 : 자아실현의 욕구

11. 자신의 약점이나 무능력, 열등감을 위장하여 유리하게 보호함으로써 안정감을 찾으려는 방어적 적응기제에 해당하는 것은?

① 보상　　　② 고립
③ 퇴행　　　④ 억압

해설 방어기제의 보상 : 스트레스를 다른 곳에서 강점으로 발휘함(방어적 적응기제)

12. 인간의 실수 및 과오의 요인과 직접적인 관계가 가장 먼 것은?

① 관리의 부적당
② 능력의 부족
③ 주의의 부족
④ 환경 조건의 부적당

해설 ①은 간접적인 원인, ②, ③, ④는 인간의 실수 및 과오의 직접적인 요인

13. 관리감독자를 대상으로 작업지도방법, 작업개선방법, 대인관계능력 등을 가르치는 교육은?

① TWI(Training Within Industry)

② ATT(American Telephone & Telegram Co)

③ MTP(Management Training Program)

④ CCS(Civil Communication Section)

> **해설** TWI 교육과정 4가지 : 작업방법훈련, 작업지도훈련, 인간관계훈련, 작업안전훈련

14. 무재해 운동의 3대 원칙에 대한 설명이 아닌 것은?

① 사람이 죽거나 다쳐서 일을 못하게 되는 일 및 모든 잠재요소를 제거한다.

② 잠재위험요인을 발굴·제거로 안전확보 및 사고를 예방한다.

③ 작업환경을 개선하고 이상을 발견하면 정비 및 수리를 통해 사고를 예방한다.

④ 무재해를 지향하고 안전과 건강을 선취하기 위해 전원 참가한다.

> **해설** ③ 무재해 운동의 기본 이념은 사업장의 위험요인을 사전에 발견, 파악, 해결하여 재해를 예방하는 무재해를 실현하기 위한 것이다.

15. 개인 카운슬링(counseling) 방법으로 가장 거리가 먼 것은?

① 직접적 충고

② 설득적 방법

③ 설명적 방법

④ 반복적 충고

> **해설** 개인적인 카운슬링 방법 : 직접적 충고, 설득적 방법, 설명적 방법

16. 연평균 근로자 수가 1000명인 사업장에서 연간 6건의 재해가 발생한 경우, 이때의 도수율은? (단, 1일 근로시간 수는 4시간, 연평균 근로일수는 150일이다.)

① 1

② 10

③ 100

④ 1000

> **해설** 도수(빈도)율
> $$= \frac{\text{연간 재해 발생 건수}}{\text{연간 총 근로시간 수}} \times 10^6$$
> $$= \frac{6}{1000 \times 4 \times 150} \times 10^6 = 10$$

17. 강의계획에 있어 학습 목적의 3요소가 아닌 것은?

① 목표

② 주제

③ 학습 내용

④ 학습 정도

> **해설** 학습 목적의 3요소 : 목표, 주제, 학습 정도

18. 어느 공장의 재해율을 조사한 결과 도수율이 20이고, 강도율이 1.2로 나타났다. 이 공장에서 근무하는 근로자가 입사부터 정년퇴직할 때까지 예상되는 재해 건수(㉠)와 이로 인한 근로손실일수(㉡)는?

① ㉠=20, ㉡=1.2

② ㉠=2, ㉡=120

③ ㉠=20, ㉡=20

④ ㉠=120, ㉡=2

> **해설** 환산도수율과 환산강도율
> • 평생근로 시 예상 재해 건수(환산도수율 : ㉠)=도수율×0.1=20×0.1=2건
> • 평생근로 시 예상 근로손실일수(환산강도율 : ㉡)=강도율×100=1.2×100=120일

19. 산업안전보건법령상 안전검사대상 기계가 아닌 것은?

① 선반   ② 리프트

③ 압력용기   ④ 곤돌라

해설 ②, ③, ④는 안전검사대상 기계이다.

20. 안전·보건표지의 색채 및 색도기준 중 다음 (   ) 안에 알맞은 것은?

색채	색도기준	용도
( )	5Y 8.5/12	경고
( )	2.5PB 4/10	지시

① 빨간색, 흰색

② 검은색, 노란색

③ 흰색, 녹색

④ 노란색, 파란색

해설 안전·보건표지의 색채 및 색도기준

색채	색도기준	용도
빨간색	7.5R 4/14	금지, 경고
노란색	5Y 8.5/12	경고
파란색	2.5PB 4/10	지시
녹색	2.5G 4/10	안내
흰색	N9.5	-
검은색	N0.5	-

2과목 **인간공학 및 시스템 안전공학**

21. 다음 중 결함수 분석법에서 사용하는 기호의 명칭으로 옳은 것은?

① 결함사상

② 기본사상

③ 생략사상

④ 통상사상

해설 FTA의 기호

기호	명칭	입력, 출력 현황
▭	결함사상	개별적인 결함사상(비정상적인 사건)
○	기본사상	더 이상 전개되지 않는 기본적인 사상
⬠	통상사상	통상적으로 발생이 예상되는 사상
◇	생략사상	해석기술의 부족으로 더 이상 전개할 수 없는 사상

22. 다음 중 예비위험분석(PHA)에 대한 설명으로 가장 적합한 것은?

① 관련된 과거 안전점검 결과의 조사에 적절하다.

② 안전 관련 법규 조항의 준수를 위한 조사방법이다.

③ 시스템 고유의 위험성을 파악하고 예상되는 재해의 위험수준을 결정한다.

④ 초기의 단계에서 시스템 내의 위험요소가 어떠한 위험상태에 있는가를 정성적 평가하는 것이다.

해설 예비위험분석(PHA) : 모든 시스템 안전 프로그램 중 최초 단계의 분석으로 시스템 내의 위험요소가 얼마나 위험한 상태에 있는지를 정성적으로 평가하는 분석 기법

23. 청각신호의 위치를 식별할 때 사용하는 척도는?

① AI(Articulation Index)

② JND(Just Noticeable Difference)

③ MAMA(Minimum Audible Movement Angle)

④ PNC(Preferred Noise Criteria)

해설 •음성통신에 있어 소음환경지수

ㄱ AI(명료도 지수) : 잡음을 명료도 지수로 음성의 명료도를 측정하는 척도

ㄴ PNC(선호 소음판단 기준곡선) : 신호음을 측정하는 기준곡선, 앙케이트 조사, 실험 등을 통해 얻어진 값

ㄷ PSIL(음성간섭수준) : 우선 대화 방해레벨의 개념으로 소음에 대한 상호 간 대화의 방해 정도를 측정하는 기준

•MAMA(최소 가청 각도) : 청각신호 위치를 식별하는 척도지수

•Weber의 법칙 : 변화감지역(JND)이 작은음은 낮은 주파수와 큰 강도를 가진 음이다.

24. 시스템 수명주기에서 FMEA가 적용되는 단계는?

① 개발 단계 ② 구상 단계
③ 생산 단계 ④ 운전 단계

해설 시스템 수명주기에서 FMEA는 개발 단계에서 적용된다.

25. 크기가 다른 복수의 조종장치를 촉감으로 구별할 수 있도록 설계할 때 구별이 가능한 최소의 직경 차이와 최소의 두께 차이로 가장 적합한 것은?

① 직경 차이 : 0.95cm, 두께 차이 : 0.95cm
② 직경 차이 : 1.3cm, 두께 차이 : 0.95cm
③ 직경 차이 : 0.95cm, 두께 차이 : 1.3cm
④ 직경 차이 : 1.3cm, 두께 차이 : 1.3cm

해설 크기를 이용한 조종장치에서 촉감에 의하여 크기 차이를 정확히 구별할 수 있는 최소의 직경은 1.3cm, 최소의 두께는 0.95cm가 적합하다.

26. FT도에서 정상사상 A의 발생확률은? (단, 기본사상 1과 2의 발생확률은 각각 2×10^{-3}/

h, 3×10^{-2}/h이다.)

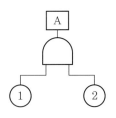

① 5×10^{-5}/h ② 6×10^{-5}/h
③ 5×10^{-6}/h ④ 6×10^{-6}/h

해설 발생확률(T)=①×②
$= (2 \times 10^{-3}$/h$) \times (3 \times 10^{-2}$/h$) = 6 \times 10^{-5}$/h

27. 화학설비에 대한 안전성 평가 시 "정량적 평가"의 5가지 항목에 해당하지 않는 것은?

① 전원 ② 취급물질
③ 온도 ④ 화학설비 용량

해설 정량적 평가 항목 : 온도, 압력, 조작, 화학설비의 용량, 화학설비의 취급물질 등

28. 다음 중 양립성(compatibility)의 종류가 아닌 것은?

① 개념 양립성 ② 감성 양립성
③ 운동 양립성 ④ 공간 양립성

해설 양립성의 종류
•운동 양립성   •공간 양립성
•개념 양립성   •양식 양립성

29. 음량수준이 50phon일 때 sone 값은?

① 2   ② 5   ③ 10   ④ 100

해설 sone치 $= 2^{(\text{phon치} - 40)/10}$
$= 2^{(50 - 40)/10} = 2$ sone

30. 결함수 분석법에 있어 정상사상(top event)이 발생하지 않게 하는 기본사상들의 집합을 무엇이라고 하는가?

① 컷셋(cut set)　② 페일셋(fail set)
③ 트루셋(truth set)　④ 패스셋(path set)

해설 패스셋 : 모든 기본사상이 일어나지 않을 때 처음으로 정상사상이 일어나지 않는 기본사상의 집합

31. 그림의 부품 A, B, C로 구성된 시스템의 신뢰도는? (단, 부품 A의 신뢰도는 0.85, 부품 B와 C의 신뢰도는 각각 0.90이다.)

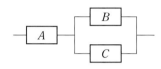

① 0.8415　　　② 0.8425
③ 0.8515　　　④ 0.8525

해설 신뢰도(R_s)=A×{1−(1−B)×(1−C)}
$=0.85 \times \{1-(1-0.9)\times(1-0.9)\}=0.8415$

32. 인간이 현존하는 기계를 능가하는 기능으로 거리가 먼 것은?

① 완전히 새로운 해결책을 도출할 수 있다.
② 원칙을 적용하여 다양한 문제를 해결할 수 있다.
③ 여러 개의 프로그램 된 활동을 동시에 수행할 수 있다.
④ 상황에 따라 변하는 복잡한 자극 형태를 식별할 수 있다.

해설 ③은 기계의 장점.
①, ②, ④는 인간의 장점

33. 인간 오류의 확률을 이용하여 시스템의 위험성을 평가하는 기법은?

① PHA　　　② THERP
③ OHA　　　④ HAZOP

해설 THERP(인간 실수율 예측 기법) : 인간의

과오를 정량적으로 평가하기 위해 Swain 등에 의해 개발된 기법으로 인간의 과오율 추정법 등 5개의 스텝으로 되어 있다.

34. 다음 중 VDT(visual display terminal) 작업을 위한 조명의 일반 원칙으로 적절하지 않은 것은?

① 화면반사를 줄이기 위해 산란식 간접조명을 사용한다.
② 화면과 화면에서 먼 주위의 휘도비는 1 : 10으로 한다.
③ 작업영역을 조명기구들 사이보다는 조명기구 바로 아래에 둔다.
④ 조명의 수준이 높으면 자주 주위를 둘러봄으로써 수정체의 근육을 이완시키는 것이 좋다.

해설 ③ 조명기구 바로 아래에서 작업을 하면 눈이 부셔 작업에 지장을 준다.

35. 반복되는 사건이 많이 있는 경우에 FTA의 최소 컷셋을 구하는 알고리즘이 아닌 것은?

① Fussell Algorithm
② Boolean Algorithm
③ Monte Carlo Algorithm
④ Limnios & Ziani Algorithm

해설 • FTA의 최소 컷셋을 구하는 알고리즘의 종류 : Boolean Algorithm, Fussell Algorithm, Limnios & Ziani Algorithm
• Monte Carlo Algorithm은 구하고자 하는 수치의 확률적 분포를 반복 실험으로 구하는 방법, 시뮬레이션에 의한 테크닉의 일종이다.

36. 인간의 가청 주파수 범위는?

① 2~10000Hz　　② 20~20000Hz
③ 200~30000Hz　④ 200~40000Hz

해설 인간의 가청 주파수 범위 : 20~20000Hz

37. 휘도(luminance)가 $10\,\text{cd/m}^2$이고, 조도(illuminance)가 $100\,\text{lux}$일 때 반사율(reflectance)(%)은?

① 0.1π ② 10π
③ 100π ④ 1000π

해설 반사율(%) $= \dfrac{광속발산도(fL)}{조명(fc)} \times 100$

$= \dfrac{(\text{cd/m}^2) \times \pi}{(\text{lux})} \times 100 = \dfrac{10\pi}{100} \times 100 = 10\pi$

38. FTA의 용도와 거리가 먼 것은?

① 고장의 원인을 연역적으로 찾을 수 있다.
② 시스템의 전체적인 구조를 그림으로 나타낼 수 있다.
③ 시스템에서 고장이 발생할 수 있는 부분을 쉽게 찾을 수 있다.
④ 구체적인 초기사건에 대하여 상향식 (bottom-up) 접근방식으로 재해경로를 분석하는 정량적 기법이다.

해설 FTA의 특징

- top down 형식(연역적)이다.
- 정량적 해석 기법이다(컴퓨터 처리 가능).
- human error의 검출이 어렵다.
- 논리기호를 사용한 특정 사상에 대한 해석을 할 수 있다.
- 서식이 간단해서 비전문가도 짧은 훈련으로 사용이 가능하다.

39. 계수형 표시장치를 사용하는 것이 부적합한 것은?

① 수치를 정확히 읽어야 하는 경우
② 짧은 판독시간을 필요로 할 경우
③ 판독오차가 적은 것을 필요로 할 경우
④ 표시장치에 나타나는 값들이 계속 변하는 경우

해설 계수형 : 수치를 정확하게 충분히 읽어야 할 경우에 쓰이며, 원형 표시장치보다 판독오차가 적고 판독시간도 짧다(전력계, 택시요금계).

40. 출력과 반대 방향으로 그 속도에 비례해서 작용하는 힘 때문에 생기는 항력으로 원활한 제어를 도우며, 특히 규정된 변위 속도를 유지하는 효과를 가진 조종장치의 저항력은?

① 관성
② 탄성저항
③ 점성저항
④ 정지 및 미끄럼 마찰

해설 점성저항

- 출력과 반대 방향으로, 속도에 비례해서 작용하는 힘 때문에 생기는 저항력이다.
- 원활한 제어를 도우며, 규정된 변위 속도 유지 효과를 가진다(부드러운 제어 동작이다).
- 우발적인 조종장치의 동작을 감소시키는 효과가 있다.

3과목   **기계 위험방지 기술**

41. 다음 중 선반작업의 안전수칙을 설명한 것으로 옳지 않은 것은?

① 운전 중에는 백기어(back gear)를 사용하지 않는다.
② 센터작업 시 심압 센터에 자주 절삭유를 준다.
③ 일감의 치수측정, 주유 및 청소 시에는 기계를 정지시켜야 한다.
④ 가공 중 발생하는 절삭칩에 의한 상해를 방지하기 위하여 면장갑을 착용한다.

해설 ④ 가공 중 발생하는 절삭칩에 의한 상해를 방지하기 위하여 면장갑 착용을 금한다.

---

42. 산업안전보건법령에 따라 보일러의 과열을 방지하기 위하여 최고사용압력과 상용압력 사이에서 보일러의 버너 연소를 차단할 수 있도록 부착하여 사용하여야 하는 장치는?

① 경보음 장치　　② 압력제한 스위치
③ 압력방출장치　　④ 고저수위 조절장치

해설 보일러의 과열을 방지하기 위하여 최고사용압력과 상용압력 사이에서 보일러의 버너 연소를 차단할 수 있도록 압력제한 스위치를 부착하여 사용하여야 한다.

43. 기계설비의 안전 조건 중 외관의 안전화에 해당하는 조치는?

① 고장 발생을 최소화하기 위해 정기점검을 실시하였다.
② 전압강하, 정전 시의 오동작을 방지하기 위하여 제어장치를 설치하였다.
③ 기계의 예리한 돌출부 등에 안전 덮개를 설치하였다.
④ 강도를 고려하여 안전율을 최대로 고려하여 설비를 설계하였다.

해설 ①은 작업의 안전화,
②는 기능적 안전화,
④는 구조적 안전화

44. 안전계수 6인 로프의 파단하중이 1116 kgf 이라면, 이 로프는 몇 kgf 이하의 물건을 매달아야 하는가?

① 186　　② 279　　③ 1116　　④ 6696

해설 최대 사용하중 = $\dfrac{\text{절단하중}}{\text{안전계수}}$

$= \dfrac{1116}{6} = 186\,\text{kgf}$

45. 산업안전보건법령에 따른 아세틸렌 용접장치에 관한 설명으로 옳은 것은?

① 아세틸렌 용접장치의 안전기는 취관마다 설치하여야 한다.
② 아세틸렌 용접장치의 아세틸렌 전용 발생기실은 건물의 지하에 위치하여야 한다.
③ 아세틸렌 전용의 발생기실은 화기를 사용하는 설비로부터 1.5 m를 초과하는 장소에 설치하여야 한다.
④ 아세틸렌 용접장치를 사용하여 금속의 용접·용단하는 경우에는 게이지 압력이 250 kPa을 초과하는 압력의 아세틸렌을 발생시켜 사용해서는 아니 된다.

해설 안전기 설치기준
• 사업주는 아세틸렌 용접장치의 취관마다 2개 이상의 안전기를 설치하여야 한다.
• 사업주는 가스용기가 발생기와 분리되어 있는 아세틸렌 용접장치에 대하여 발생기와 가스용기 사이에 안전기를 설치하여야 한다.

46. 프레스기에 사용되는 방호장치의 종류 중 방호판을 가지고 있는 것은?

① 수인식 방호장치
② 광전자식 방호장치
③ 손쳐내기식 방호장치
④ 양수조작식 방호장치

해설 • 손쳐내기식 방호장치는 방호판과 손쳐내기 봉을 가지고 있다.
• 손쳐내기식 방호장치의 방호판 폭은 금형 폭의 1/2 이상이어야 한다.
• 행정길이가 300 mm 이상인 프레스 기계에서는 방호판의 폭을 300 mm 이상으로 해야 한다.

47. 프레스에 사용하는 양수조작식 방호장치의 누름버튼 상호 간 최소 내측거리는 얼마인가?

① 300mm 이상　　② 350mm 이상

③ 400mm 이상　　④ 500mm 이상

해설 양수조작식 방호장치의 누름버튼 상호 간 내측거리는 300mm 이상이어야 한다.

48. 다음 중 기계운동 형태에 따른 위험점의 분류에 해당되지 않는 것은?

① 끼임점　　　　② 회전물림점

③ 협착점　　　　④ 절단점

해설 ② 회전말림점 : 회전하는 축, 커플링, 회전하는 공구의 말림점

49. 프레스에 적용되는 방호장치의 유형이 아닌 것은?

① 접근거부형　　② 접근반응형

③ 위치제한형　　④ 포집형

해설 포집형 방호장치 : 목재가공기계의 반발 예방장치와 같이 위험장소에 설치하여 위험원이 비산하거나 튀는 것을 방지하는 등 작업자로부터 위험원을 차단하는 방호장치

50. 소성가공의 종류가 아닌 것은?

① 단조　② 압연　③ 인발　④ 연삭

해설 ①, ②, ③은 소성가공(가공 시 칩(chip)이 나오지 않음),

④는 절삭가공(가공 시 칩(chip)이 발생)

51. 기계의 안전 조건 중 구조의 안전화가 아닌 것은?

① 기계재료의 선정 시 재료 자체에 결함이 없는지 철저히 확인한다.

② 사용 중 재료의 강도가 열화될 것을 감안하여 설계 시 안전율을 고려한다.

③ 기계 작동 시 기계의 오동작을 방지하기 위하여 오동작 방지회로를 적용한다.

④ 가공경화와 같은 가공 결함이 생길 우려가 있는 경우는 열처리 등으로 결함을 방지한다.

해설 ③은 기능의 안전화

52. 공작기계 중 플레이너 작업 시 안전 대책이 아닌 것은?

① 베드 위에는 다른 물건을 올려놓지 않는다.

② 절삭행정 중 일감에 손을 대지 말아야 한다.

③ 프레임 내의 피트(pit)에는 뚜껑을 설치하여야 한다.

④ 바이트는 되도록 길게 나오도록 설치한다.

해설 ④ 바이트는 끝을 짧게 장착한다.

53. 롤러의 맞물림점 전방에 개구간격 30mm의 가드를 설치하고자 한다. 개구면에서 위험점까지의 최단거리(mm)는 얼마인가? (단, I.L.O. 기준에 의해 계산한다.)

① 80　　　　　　② 100

③ 120　　　　　④ 160

해설 롤러 가드의 개구부 간격(Y)

: $X \geq 160mm$일 경우, $Y = 30mm$

∴ $X = 160mm$

54. 드릴작업 시 가공재를 고정하기 위한 방법으로 적합하지 않은 것은?

① 가공재가 길 때는 방진구를 이용한다.

② 가공재가 작을 때는 바이스로 고정한다.

③ 가공재가 크고 복잡할 때는 볼트와 고정구로 고정한다.

④ 대량생산과 정밀도가 요구될 때는 지그로 고정한다.

해설 ① 선반작업에서 가공재가 길 때는 방진구를 이용한다.

---

55. 금형 운반에 대한 안전수칙에 관한 설명으로 옳지 않은 것은?

① 상부금형과 하부금형이 닿을 위험이 있을 때는 고정 패드를 이용한 스트랩, 금속재질이나 우레탄 고무의 블록 등을 사용한다.

② 금형을 안전하게 취급하기 위해 아이볼트를 사용할 때는 숄더형으로 사용하는 것이 좋다.

③ 관통 아이볼트가 사용될 때는 조립이 쉽도록 구멍 틈새를 크게 한다.

④ 운반하기 위해 꼭 들어 올려야 할 때에는 필요한 높이 이상으로 들어 올려서는 안 된다.

해설 ③ 관통 아이볼트가 사용될 때는 구멍의 틈새가 최소화 되도록 한다.

56. 롤러기의 방호장치 중 복부 조작식 급정지장치의 설치위치 기준에 해당하는 것은? (단, 위치는 급정지장치의 조작부의 중심점을 기준으로 한다.)

① 밑면에서 1.8m 이상

② 밑면에서 0.8m 미만

③ 밑면에서 0.8m 이상 1.1m 이내

④ 밑면에서 0.4m 이상 0.8m 이내

해설 롤러기 급정지장치의 종류
- 손 조작식 : 밑면으로부터 1.8m 이내 위치
- 복부 조작식 : 밑면으로부터 0.8~1.1m 이내 위치
- 무릎 조작식 : 밑면으로부터 0.4~0.6m 이내 위치

57. 아세틸렌 용접장치의 안전기준과 관련하여 다음 (   )에 들어갈 용어로 옳은 것은?

> 사업주는 가스용기가 발생기와 분리되어 있는 아세틸렌 용접장치에 대하여는 발생기와 가스용기 사이에 (   )을(를) 설치하여야 한다.

① 격납실　　　　　　② 안전기
③ 안전밸브　　　　　④ 소화설비

해설 아세틸렌 용접장치에 대하여는 발생기와 가스용기 사이에 안전기를 설치하여야 한다.

58. 클러치 프레스에 부착된 양수기동식 방호장치에 있어서 확동 클러치의 봉합개소의 수가 4, 분당 행정수가 300SPM일 때 양수기동식 조작부의 최소 안전거리는? (단, 인간의 손의 기준 속도는 1.6m/s로 한다.)

① 240mm　　　　　② 260mm
③ 340mm　　　　　④ 360mm

해설 안전거리 $(D_m) = 1.6 \times T_m[s]$

$$= 1.6 \times \left(\frac{1}{\text{클러치 개소수}} + \frac{1}{2} \right)$$
$$\times \frac{60}{\text{매분 행정수(SPM)}}$$
$$= 1.6 \times \left(\frac{1}{4} + \frac{1}{2} \right) \times \frac{60}{300} = 240\text{mm}$$

59. 다음 중 원심기에 적용하는 방호장치는 무엇인가?

① 덮개　　　　　　　② 권과방지장치
③ 리미트 스위치　　　④ 과부하방지장치

해설 ①은 원심기 방호장치,
②, ④는 양중기 방호장치

60. 크레인에 사용하는 방호장치가 아닌 것은?

① 과부하방지장치　　② 가스집합장치
③ 권과방지장치　　　④ 제동장치

해설 크레인 방호장치 : 과부하방지장치, 권과방지장치, 비상정지장치, 제동장치

4과목 전기 및 화학설비 위험방지 기술

61. 누전경보기의 수신기는 옥내의 점검에 편리한 장소에 설치하여야 한다. 이 수신기의 설치장소로 옳지 않은 것은?

① 습도가 낮은 장소
② 온도의 변화가 거의 없는 장소
③ 화약류를 제조하거나 저장 또는 취급하는 장소
④ 부식성 증기와 가스는 발생되나 방식이 되어 있는 곳

해설 누전경보기의 수신기를 설치하지 않아야 하는 장소
• 습도가 높은 장소
• 온도의 변화가 급격한 장소
• 화약류를 제조하거나 저장 또는 취급하는 장소
• 가연성 증기, 가스, 먼지 등이나 부식성 증기, 가스 등이 다량으로 체류하는 장소 등

62. 다음 중 공정안전 보고서에 관한 설명으로 틀린 것은?

① 사업주가 공정안전 보고서를 작성한 후에는 별도의 심의과정이 없다.
② 공정안전 보고서를 제출한 사업주는 정하는 바에 따라 고용노동부장관의 확인을 받아야 한다.
③ 고용노동부장관은 공정안전 보고서의 이행 상태를 평가하고 그 결과에 따라 공정안전 보고서를 다시 제출하도록 명할 수 있다.
④ 고용노동부장관은 공정안전 보고서를 심사한 후 필요하다고 인정하는 경우에는 그 공정안전 보고서의 변경을 명할 수 있다.

해설 ① 사업주가 공정안전 보고서를 2부 작성하여 안전보건공단에 제출한 후 승인을 받아야 한다.

63. 전기화재에서 출화의 경과에 대한 화재예방 대책에 해당하지 않는 것은?

① 단락 및 혼촉을 방지한다.
② 누전사고의 요인을 제거한다.
③ 접촉 불량 방지와 안전점검을 철저히 한다.
④ 단일 인입구에 여러 개의 전기코드를 연결한다.

해설 ④ 단일 인입구에 한 개의 전기코드를 연결한다.

64. 다음 중 산업안전보건법에 따른 관리대상 유해물질의 운반 및 저장방법으로 적절하지 않은 것은?

① 저장장소에는 관계 근로자가 아닌 사람의 출입을 금지하는 표시를 한다.
② 관리대상 유해물질의 증기는 실외로 배출되지 않도록 적절한 조치를 한다.
③ 관리대상 유해물질을 저장할 때 일정한 장소를 지정하여 저장하여야 한다.
④ 물질이 새거나 발산될 우려가 없는 뚜껑 또는 마개가 있는 튼튼한 용기를 사용한다.

해설 ② 관리대상 유해물질의 증기를 실외로 배출시키는 설비를 설치하여야 한다.

65. 물체의 마찰로 인하여 정전기가 발생할 때 정전기를 제거할 수 있는 방법은?

① 가열을 한다.
② 가습을 한다.
③ 건조하게 한다.
④ 마찰을 세게 한다.

해설 정전기 제거는 가습하여 습도를 높인다.

정답 61. ③ 62. ① 63. ④ 64. ② 65. ②

66. 다음 중 개방형 스프링식 안전밸브의 장점이 아닌 것은?

① 구조가 비교적 간단하다.
② 증기용에 어큐뮬레이션을 3% 이내로 할 수 있다.
③ 스프링, 밸브 봉 등이 외기의 영향을 받지 않는다.
④ 밸브시트와 밸브스템 사이에서 누설을 확인하기 쉽다.

해설 ③ 개방형 스프링식 안전밸브의 분출구는 외기로 향해 있어 스프링, 밸브 봉 등이 외기의 영향을 받기 쉽다(단점).

67. 산업안전보건법령상 방폭 전기설비의 위험장소 분류에 있어 보통 상태에서 위험분위기를 발생할 염려가 있는 장소로서 폭발성 가스가 보통 상태에서 집적되어 위험농도로 될 염려가 있는 장소를 몇 종 장소라 하는가?

① 0종 장소
② 1종 장소
③ 2종 장소
④ 3종 장소

해설 가스폭발 위험장소의 구분
• 0종 장소 : 설비 및 기기들이 운전(가동) 중에 폭발성 가스가 항상 존재하는 장소
• 1종 장소 : 설비 및 기기들이 운전, 유지보수, 고장 등인 상태에서 폭발성 가스가 가끔 누출되어 위험분위기가 있는 장소
• 2종 장소 : 작업자의 운전조작 실수로 폭발성 가스가 누출되어 가스가 폭발을 일으킬 우려가 있는 장소

68. 다음 중 분진폭발의 가능성이 가장 낮은 물질은?

① 소맥분
② 마그네슘
③ 질석가루
④ 스텔라이트

해설 소맥분, 마그네슘, 스텔라이트는 분진폭발 물질이다.
Tip) 질석가루는 불연성 물질로 폭발이 일어나지 않는다.

69. 저항값이 0.1 Ω인 도체에 10A의 전류가 1분간 흘렀을 경우 발생하는 열량은 몇 cal인가?

① 124
② 144
③ 166
④ 250

해설 발열량$(Q) = 0.24I^2RT$
$= 0.24 \times 10^2 \times 0.1 \times 60 = 144\,\text{cal}$

70. 절연성 액체를 운반하는 관에서 정전기로 인해 일어나는 화재 및 폭발을 예방하기 위한 방법으로 가장 거리가 먼 것은?

① 유속을 줄인다.
② 관을 접지시킨다.
③ 도전성이 큰 재료의 관을 사용한다.
④ 관의 안지름을 작게 한다.

해설 ④ 관의 안지름을 크게 한다.

71. 다음 중 아세틸렌의 취급 · 관리 시 주의사항으로 옳지 않은 것은?

① 용기는 폭발할 수 있으므로 전도 · 낙하되지 않도록 한다.
② 폭발할 수 있으므로 필요 이상 고압으로 충전하지 않는다.
③ 용기는 밀폐된 장소에 보관하고, 누출 시에는 누출원에 직접 주수하도록 한다.
④ 폭발성 물질을 생성할 수 있으므로 구리나 일정 함량 이상의 구리합금과 접촉하지 않도록 한다.

해설 ③ 용기는 통풍이나 환기가 잘 되는 장소에 보관하여야 한다.

정답 66. ③   67. ②   68. ③   69. ②   70. ④   71. ③

72. 다음 중 물 분무 소화설비의 주된 소화 효과에 해당하는 것으로만 나열한 것은?

① 냉각 효과, 질식 효과
② 희석 효과, 제거 효과
③ 제거 효과, 억제 효과
④ 억제 효과, 희석 효과

해설 물 분무 소화 효과 : 냉각, 질식, 희석, 유화 효과이다.

73. 근로자가 충전전로를 취급하거나 그 인근에서 작업하는 경우 조치하여야 하는 사항으로 틀린 것은?

① 충전전로를 취급하는 근로자에게 그 작업에 적합한 절연용 보호구를 착용시킬 것
② 충전전로를 정전시키는 경우 차단장치나 단로기 등의 잠금장치 확인 없이 빠른 시간 내에 작업을 완료할 것
③ 충전전로에 근접한 장소에서 전기작업을 하는 경우에는 해당 전압에 적합한 절연용 방호구를 설치할 것
④ 고압 및 특별고압의 전로에서 전기작업을 하는 근로자에게 활선작업용 기구 및 장치를 사용하도록 할 것

해설 ② 충전전로를 정전시키는 경우 차단장치나 단로기 등에 잠금장치 및 꼬리표를 부착할 것

74. 다음 중 점화원에 해당하지 않는 것은?

① 기화열
② 충격·마찰
③ 복사열
④ 고온물질 표면

해설 • 점화원 : 물질에 불을 붙이기 위해 공급되는 에너지원을 뜻한다.
• 기화열 : 액체가 기체로 변하기 위해 필요한 열량이다.

75. 다음 중 방폭구조의 종류와 기호가 잘못 연결된 것은?

① 유입 방폭구조 : o
② 압력 방폭구조 : p
③ 내압 방폭구조 : d
④ 본질안전 방폭구조 : e

해설 ④ 본질안전 방폭구조 : ia 또는 ib

76. 산업안전보건법령에서 정한 위험물질의 종류에서 "물반응성 물질 및 인화성 고체"에 해당하는 것은?

① 니트로 화합물
② 과염소산
③ 아조 화합물
④ 칼륨

해설 ①, ③ : 폭발성 물질 및 유기과산화물
② : 산화성 액체

77. 전기 스파크의 최소 발화에너지를 구하는 공식은?

① $W = \dfrac{1}{2}CV^2$
② $W = \dfrac{1}{2}CV$
③ $W = 2CV^2$
④ $W = 2C^2V$

해설 정전기 에너지(W)

$$= \frac{CV^2}{2} = \frac{QV}{2} = \frac{Q^2}{2C}[J]$$

여기서, C : 도체의 정전용량(F), V : 대전전위(V)
Q : 대전전하량(C)
Tip) $Q = CV$

78. 다음 중 증류탑의 원리로 거리가 먼 것은?

① 끓는점(휘발성) 차이를 이용하여 목적 성분을 분리한다.
② 열 이동은 도모하지만 물질 이동은 관계하지 않는다.
③ 기-액 두 상의 접촉이 충분히 일어날 수 있는 접촉면적이 필요하다.

정답 72. ① 73. ② 74. ① 75. ④ 76. ④ 77. ① 78. ②

④ 여러 개의 단을 사용하는 다단탑이 사용될 수 있다.

해설 ② 증류탑의 원리는 혼합물의 끓는점 차이를 이용하여 각 성분별로 분리하고자 할 때 사용하는 화학설비로서 열 이동과 물질 이동이 함께 일어난다.

79. 다음 중 인입용 비닐 절연전선에 해당하는 약어로 옳은 것은?

① RB   ② IV   ③ DV   ④ OW

해설 전선의 종류
- RB : 고무 절연전선
- IV : 600V 비닐 절연전선
- DV : 인입용 비닐 절연전선
- OW : 옥외용 비닐 절연전선

80. 어떤 혼합가스의 구성성분이 공기는 50vol%, 수소는 20vol%, 아세틸렌은 30vol%인 경우 이 혼합가스의 폭발하한계는? (단, 폭발하한값이 수소는 4vol%, 아세틸렌은 2.5vol%이다.)

① 2.50%   ② 2.94%
③ 4.76%   ④ 5.88%

해설 혼합가스의 폭발하한계
르 샤틀리에 법칙

$$\frac{100}{L} = \frac{V_1}{L_1} + \frac{V_2}{L_2} + \cdots + \frac{V_n}{L_n}$$

$$\rightarrow L = \frac{100}{\dfrac{V_1}{L_1} + \dfrac{V_2}{L_2} + \cdots + \dfrac{V_n}{L_n}}$$

$$\therefore L = \frac{100}{\dfrac{V_1}{L_1} + \dfrac{V_2}{L_2}} = \frac{100}{\dfrac{20}{4} + \dfrac{30}{2.5}} = 5.88\,\text{vol}\%$$

여기서, L : 혼합가스의 하한계
$L_1, L_2, \cdots L_n$: 단독가스의 하한계
$V_1, V_2, \cdots V_n$: 단독가스의 공기 중 부피

5과목　　**건설안전기술**

81. 철근을 인력으로 운반할 때의 주의사항으로 틀린 것은?

① 긴 철근은 2인 1조가 되어 어깨메기로 운반한다.
② 긴 철근을 부득이 1인이 운반할 때는 철근의 한쪽을 어깨에 메고 다른 한쪽 끝을 땅에 끌면서 운반한다.
③ 1인이 1회에 운반할 수 있는 적당한 무게한도는 운반자의 몸무게 정도이다.
④ 운반 시에는 항상 양끝을 묶어 운반한다.

해설 ③ 1인이 1회에 운반할 수 있는 적당한 무게는 25kg 정도가 적절하다.

82. 추락 시 로프의 지지점에서 최하단까지의 거리(h)를 구하는 식으로 옳은 것은?

① h = 로프의 길이 + 신장
② h = 로프의 길이 + 신장/2
③ h = 로프의 길이 + 로프의 늘어난 길이 + 신장
④ h = 로프의 길이 + 로프의 늘어난 길이 + 신장/2

해설 최하단 거리(h) = 로프의 길이 + 로프의 신장 길이 + 작업자의 키 $\times \dfrac{1}{2}$

83. 안전난간 설치 시 발끝막이판은 바닥면으로부터 최소 얼마 이상의 높이를 유지해야 하는가?

① 5cm 이상
② 10cm 이상
③ 15cm 이상
④ 20cm 이상

해설 발끝막이판은 바닥면으로부터 10cm 이상의 높이를 유지할 것

정답 79. ③　80. ④　81. ③　82. ④　83. ②

84. 철골 구조물의 건립 순서를 계획할 때 일반적인 주의사항으로 틀린 것은?

① 현장건립 순서와 공장제작 순서를 일치시킨다.

② 건립기계의 작업반경과 진행 방향을 고려하여 조립 순서를 결정한다.

③ 건립 중 가볼트 체결기간을 가급적 길게 하여 안정을 기한다.

④ 연속기둥 설치 시 기둥을 2개 세우면 기둥 사이의 보도 동시에 설치하도록 한다.

해설 ③ 건립 중 가볼트 체결기간을 가급적 단축하도록 하여야 한다.

85. 토사붕괴의 내적 요인이 아닌 것은?

① 절토사면의 토질구성 이상

② 성토면의 토질구성 이상

③ 토석의 강도 저하

④ 사면, 법면의 경사 증가

해설 ④는 외적 요인, ①, ②, ③은 내적 요인

86. 철골작업 시 추락재해를 방지하기 위한 설비가 아닌 것은?

① 안전대 및 구명줄   ② 트렌치박스

③ 안전난간   ④ 추락방지용 방망

해설 추락재해 방지설비 : 안전대 및 구명줄, 안전난간, 추락방지용 방호망, 작업발판 등

87. 콘크리트 거푸집을 설계할 때 고려해야 하는 연직하중으로 거리가 먼 것은?

① 작업하중   ② 콘크리트 자중

③ 충격하중   ④ 풍하중

해설 거푸집에 작용하는 연직 방향 하중 : 고정하중, 충격하중, 작업하중, 콘크리트 및 거푸집 자중 등

Tip) 풍하중 – 횡 방향 하중

88. 건설공사 중 작업으로 인하여 물체가 떨어지거나 날아올 위험이 있을 때 조치할 사항으로 옳지 않은 것은?

① 안전난간 설치

② 보호구의 착용

③ 출입금지구역의 설정

④ 낙하물방지망의 설치

해설 ①은 추락(떨어짐)방호 안전시설

②, ③, ④는 낙하, 비래위험방지 대책

89. 사다리를 설치하여 사용함에 있어 사다리 지주 끝에 사용하는 미끄럼 방지재료로 적당하지 않은 것은?

① 고무   ② 코르크   ③ 가죽   ④ 비닐

해설 사다리 지주의 끝에 사용하는 미끄럼 방지재료는 고무, 코르크, 가죽, 강스파이크 등이다.

90. 옥외에 설치되어 있는 주행크레인에 대하여 이탈방지장치를 작동시키는 등 이탈방지를 위한 조치를 하여야 하는 순간풍속 기준은?

① 초당 10m 초과   ② 초당 20m 초과

③ 초당 30m 초과   ④ 초당 40m 초과

해설 순간풍속이 초당 30m 초과 : 타워크레인의 이탈방지 조치

91. 다음 중 굴착기의 전부장치와 거리가 먼 것은?

① 붐(boom)   ② 암(arm)

③ 버킷(bucket)   ④ 블레이드(blade)

해설 ④는 불도저의 부속장치(삽날)

92. 철골기둥 건립작업 시 붕괴·도괴방지를 위하여 베이스 플레이트의 하단은 기준 높이 및 인접기둥의 높이에서 얼마 이상 벗어나지 않아야 하는가?

정답 84. ③   85. ④   86. ②   87. ④   88. ①   89. ④   90. ③   91. ④   92. ②

① 2mm　② 3mm　③ 4mm　④ 5mm

해설 베이스 플레이트의 하단은 기준 높이 및 인접기둥의 높이에서 3mm 이상 벗어나지 않아야 한다.

93. 물체를 투하할 때 투하설비를 설치하거나 감시인을 배치하는 등의 위험방지를 위한 조치를 하여야 하는 기준 높이는?

① 3m 이상　　　② 5m 이상
③ 7m 이상　　　④ 10m 이상

해설 높이가 3m 이상인 장소로부터 물체를 투하하는 경우 적당한 투하설비를 설치하거나 감시인을 배치하여야 한다.

94. 추락방지망의 달기로프를 지지점에 부착할 때 지지점의 간격이 1.5m인 경우 지지점의 강도는 최소 얼마 이상으로 하여야 하는가?

① 200kg　　　② 300kg
③ 400kg　　　④ 500kg

해설 지지점의 강도(F)
$$= 200 \times B = 200 \times 1.5 = 300\,kg$$
여기서, F : 외력(kg), B : 지지점 간격(m)

95. 굴착공사 중 암질 변화구간 및 이상 암질 출현 시에는 암질판별시험을 수행하는데 이 시험의 기준과 거리가 먼 것은?

① 함수비　　　② R.Q.D
③ 탄성파 속도　　　④ 일축압축강도

해설 • 함수비가 높은 토사는 강도 저하로 인해 붕괴할 우려가 있다.
　→ 함수비＝물의 용적/흙 입자의 용적
• 암질 판별방법 : R.Q.D(%), R.M.R(%), 탄성파 속도(m/sec), 진동치 속도(cm/sec＝kine), 일축압축강도(kg/cm^2)

96. 버팀대(strut)의 축하중 변화 상태를 측정하는 계측기는?

① 경사계(inclino meter)
② 수위계(water level meter)
③ 침하계(extension)
④ 하중계(load cell)

해설 하중계(load cell) : 축하중의 변화 상태 측정

97. 달비계에 사용하는 와이어로프는 지름의 감소가 공칭지름의 몇 %를 초과하는 경우에 사용할 수 없도록 규정되어 있는가?

① 5%　② 7%　③ 9%　④ 10%

해설 지름의 감소가 공칭지름의 7%를 초과하는 것은 사용할 수 없다.

98. 다음 중 차량계 건설기계에 속하지 않는 것은?

① 배처플랜트　　　② 모터그레이더
③ 크롤러 드릴　　　④ 탠덤 롤러

해설 ①은 콘크리트 제조설비

99. 굴착공사 표준 안전작업지침에 따른 인력 굴착작업 시 굴착면이 높아 계단식 굴착을 할 때 소단의 폭은 수평거리로부터 얼마 정도 하여야 하는가?

① 1m　② 1.5m　③ 2m　④ 2.5m

해설 인력 굴착작업 시 굴착면이 높아 계단식 굴착을 할 때 소단의 폭은 수평거리로부터 2m이다.

100. 리프트의 안전장치에 해당하지 않는 것은?

① 권과방지장치　　　② 비상정지장치
③ 과부하방지장치　　　④ 조속기

해설 ④는 승강기의 안전장치

정답 93. ①　94. ②　95. ①　96. ④　97. ②　98. ①　99. ③　100. ④

제3회 CBT 모의고사

산업안전산업기사

1과목 산업안전관리론

1. 다음 중 인간의 행동에 대한 레빈(K.Lewin)의 식 "B=f(P・E)"에서 인간관계 요인을 나타내는 변수에 해당하는 것은?

① B(Behavior)
② f(Function)
③ P(Person)
④ E(Environment)

해설 E : 심리적 환경(Environment)—인간관계, 작업환경 등

2. 다음 중 강의계획 수립 시 학습 목적 3요소가 아닌 것은?

① 목표
② 주제
③ 학습 정도
④ 교재 내용

해설 학습 목적의 3요소 : 목표, 주제, 학습 정도

3. O.J.T(On the Job Training) 교육의 장점과 가장 거리가 먼 것은?

① 훈련에만 전념할 수 있다.
② 개개인의 업무능력에 적합한 자세한 교육이 가능하다.
③ 직장의 실정에 맞게 실제적 훈련이 가능하다.
④ 교육을 통해서 상사와 부하 간의 의사소통과 신뢰감이 깊게 된다.

해설 O.J.T 교육의 특징
• 개개인의 업무능력에 적합하고 자세한 교육이 가능하다.
• 작업장에 맞는 구체적인 훈련이 가능하다.
• 훈련에 필요한 업무의 연속성이 끊어지지 않아야 한다.
• 교육을 통하여 상사와 부하 간의 의사소통과 신뢰감이 깊게 된다.
• 훈련의 효과가 바로 업무에 나타나며 훈련의 효과에 따라 개선이 쉽다.

4. 산업안전보건법령상 안전검사대상 유해・위험기계에 해당하지 않는 것은?

① 곤돌라
② 전기용접기
③ 리프트
④ 산업용 원심기

해설 안전검사대상 유해・위험기계의 종류
㉠ 프레스
㉡ 산업용 로봇
㉢ 전단기
㉣ 압력용기
㉤ 리프트
㉥ 고소작업대
㉦ 곤돌라
㉧ 컨베이어
㉨ 원심기(산업용만 해당)
㉩ 롤러기(밀폐형 구조 제외)
㉪ 크레인(2t 미만 제외)
㉫ 국소배기장치(이동식 제외)
㉬ 사출성형기(형체결력 294kN 미만 제외)

5. 다음 중 사고 예방 대책 제5단계의 "시정책의 적용"에서 3E와 관계가 없는 것은?

① 교육(Education)
② 재정(Economics)
③ 기술(Engineering)
④ 관리(Enforcement)

해설 3E : 관리적 측면(Enforcement), 기술적 측면(Engineering), 교육적 측면(Education)

6. 다음 중 타박, 충돌, 추락 등으로 피부 표면보다는 피하조직 등 근육부를 다친 상해를 무엇이라 하는가?

① 골절   ② 자상   ③ 부종   ④ 좌상

정답 1. ④   2. ④   3. ①   4. ②   5. ②   6. ④

해설 좌상 : 타박, 충돌, 추락 등으로 피부 표면보다는 피하조직 또는 근육부를 다친 상해

7. 적응기제(adjustment mechanism) 중 방어적 기제(defence mechanism)에 해당하는 것은?

① 고립(isolation) ② 퇴행(regression)
③ 억압(suppression) ④ 보상(compensation)

해설 방어기제의 보상 : 스트레스를 다른 곳에서 강점으로 발휘함
Tip) 고립, 퇴행, 억압은 도피기제

8. 주의(attention)의 특징 중 여러 종류의 자극을 자각할 때, 소수의 특정한 것에 한하여 주의가 집중되는 것을 무엇이라 하는가?

① 선택성 ② 방향성
③ 변동성 ④ 검출성

해설 선택성 : 한 번에 여러 종류의 자극을 자각하거나 수용하지 못하며 소수 특정한 것을 선택하는 기능

9. TBM(Tool Box Meeting)의 의미를 가장 잘 설명한 것은?

① 지시나 명령의 전달회의
② 공구함을 준비한 후 작업하라는 뜻
③ 작업원 전원의 상호 대화로 스스로 생각하고 납득하는 작업장 안전회의
④ 상사의 지시된 작업내용에 따른 공구를 하나하나 준비해야 한다는 뜻

해설 TBM 위험예지훈련
• 현장에서 그때 그 장소의 상황에서 즉응하여 실시하는 위험예지활동으로 즉시즉응법이라고도 한다.
• 10명 이하의 소수가 적합하며, 시간은 10분 이내로 한다.

• 현장 상황에 맞게 즉응하여 실시하는 행동으로 단시간 적응훈련이라 한다.
• 결론은 가급적 서두르지 않는다.

10. 피로의 예방과 회복 대책에 대한 설명이 아닌 것은?

① 작업부하를 크게 할 것
② 정적 동작을 피할 것
③ 작업속도를 적절하게 할 것
④ 근로시간과 휴식을 적정하게 할 것

해설 ① 작업부하를 줄여 작업속도를 적절하게 할 것

11. 위험예지훈련 기초 4라운드(4R)에서 라운드별 내용이 바르게 연결된 것은?

① 1라운드 : 현상파악 ② 2라운드 : 대책수립
③ 3라운드 : 목표설정 ④ 4라운드 : 본질추구

해설 위험예지훈련 문제해결의 4라운드

1R	2R	3R	4R
현상파악	본질추구	대책수립	행동 목표 설정

12. 재해 예방의 4원칙에 해당되지 않는 것은?

① 손실발생의 원칙 ② 원인계기의 원칙
③ 예방가능의 원칙 ④ 대책선정의 원칙

해설 재해 예방의 4원칙 : 예방가능의 원칙, 손실우연의 원칙, 원인계기의 원칙, 대책선정의 원칙

13. 국제노동기구(ILO)에서 구분한 "일시 전 노동 불능"에 관한 설명으로 옳은 것은?

① 부상의 결과로 근로기능을 완전히 잃은 부상
② 부상의 결과로 신체의 일부가 근로기능을 완전히 상실한 부상

③ 의사의 소견에 따라 일정 기간 동안 노동에 종사할 수 없는 상해

④ 의사의 소견에 따라 일시적으로 근로시간 중 치료를 받는 정도의 상해

해설 일시 전 노동 불능 : 의사의 소견에 따라 일정 기간 동안 노동에 종사할 수 없는 상해

14. 다음 중 부주의에 대한 설명으로 틀린 것은?

① 부주의는 거의 모든 사고의 직접 원인이 된다.

② 부주의라는 말은 불안전한 행위뿐만 아니라 불안전한 상태에도 통용된다.

③ 부주의라는 말은 결과를 표현한다.

④ 부주의는 무의식적 행위나 의식의 주변에서 행해지는 행위에 나타난다.

해설 ① 부주의는 거의 모든 사고의 간접 원인이 된다.

15. 산업안전보건법령상 사업주가 근로자에 대하여 실시하여야 하는 교육 중 특별안전·보건교육의 대상이 되는 작업이 아닌 것은?

① 화학설비의 탱크 내 작업

② 전압이 30V인 정전 및 활선작업

③ 건설용 리프트·곤돌라를 이용한 작업

④ 동력에 의하여 작동되는 프레스 기계를 5대 이상 보유한 사업장에서 해당 기계로 하는 작업

해설 ② 전압이 75V 이상인 정전 및 활선작업

16. 재해의 원인과 결과를 연계하여 상호 관계를 파악하기 위해 도표화하는 분석방법은?

① 특성요인도 　　　② 파레토도

③ 크로스 분류도 　　④ 관리도

해설 특성요인도 : 특성의 원인을 연계하여 상호 관계를 어골상으로 세분하여 분석한다.

17. 비통제의 집단행동 중 폭동과 같은 것을 말하며, 군중보다 합의성이 없고, 감정에 의해서만 행동하는 특성은?

① 패닉(panic)

② 모브(mob)

③ 모방(imitation)

④ 심리적 전염(mental epidemic)

해설 • 통제가 없는 집단행동(성원의 감정) : 군중(crowd), 모브(mob), 패닉(panic), 심리적 전염 등

• 모브 : 비통제의 집단행동 중 폭동과 같은 것을 말하며, 군중보다 합의성이 없고, 감정에 의해서만 행동

18. 재해손실비의 평가방식 중 시몬즈(R.H.Simonds) 방식에 의한 계산방법으로 옳은 것은?

① 직접비＋간접비

② 공동비용＋개별비용

③ 보험코스트＋비보험코스트

④ (휴업상해 건수×관련 비용 평균치)＋(통원상해 건수×관련 비용 평균치)

해설 시몬즈(R.H.Simonds) 방식의 재해코스트 산정법

• 총 재해코스트＝보험코스트＋비보험코스트

• 비보험비용＝(휴업상해 건수×A)＋(통원상해 건수×B)＋(응급조치 건수×C)＋(무상해 사고 건수×D)

• 상해의 종류 : 휴업상해(A), 통원상해(B), 응급조치(C), 무상해 사고(D)는 장해 정도별에 의한 비보험비용의 평균치

19. 50인의 상시근로자를 가지고 있는 어느 사업장에 1년간 3건의 부상자를 내고 그 휴업일수가 219일이라면 강도율은? (단, 1일 8시간으로 연 300일 근무 조건으로 한다.)

① 1.37 　② 1.50 　③ 1.86 　④ 2.21

해설 강도율 $=\dfrac{\text{근로손실일수}}{\text{총 근로시간 수}}\times1000$

$=\dfrac{219\times\dfrac{300}{365}}{50\times8\times300}\times1000=1.5$

20. 산업안전보건법령상 사업장 내 안전·보건교육 중 근로자의 정기안전·보건교육 내용에 해당하지 않는 것은?

① 산업재해 보상보험제도에 관한 사항
② 산업안전 및 사고 예방에 관한 사항
③ 산업보건 및 직업병 예방에 관한 사항
④ 기계·기구의 위험성과 작업의 순서 및 동선에 관한 사항

해설 ④는 채용 시의 교육 및 작업내용 변경 시의 교육내용

  2과목 **인간공학 및 시스템 안전공학**

21. 다음 중 결함수 분석법에 관한 설명으로 틀린 것은?

① 잠재위험을 효율적으로 분석한다.
② 연역적 방법으로 원인을 규명한다.
③ 복잡하고 대형화된 시스템의 분석에 사용한다.
④ 정성적 평가보다 정량적 평가를 먼저 실시한다.

해설 일반적인 FTA 기법의 순서

1단계	2단계	3단계	4단계
시스템의 정의	FT의 작성	정성적 평가	정량적 평가

22. 다음 설명하는 단어를 순서적으로 올바르게 나타낸 것은?

> ㉠ : 필요한 직무 또는 절차를 수행하지 않은데 기인한 과오
> ㉡ : 필요한 직무 또는 절차를 수행하였으나 잘못 수행한 과오

① ㉠ : sequential error, ㉡ : extraneous error
② ㉠ : extraneous error, ㉡ : omission error
③ ㉠ : omission error, ㉡ : commission error
④ ㉠ : commission error, ㉡ : omission error

해설 • 생략, 누설, 부작위 오류(omission error) : 작업공정 절차를 수행하지 않은 것에 기인한 에러
• 작위적 오류, 실행 오류(commission error) : 필요한 작업 절차의 불확실한 수행으로 발생한 에러

23. 인체측정치 응용원칙 중 가장 우선적으로 고려해야 하는 원칙은?

① 조절식 설계 　② 최대치 설계
③ 최소치 설계 　④ 평균치 설계

해설 인체측정자료의 응용원리 설계 적용 순서 : 조절식 설계 → 최대치수와 최소치수(극단치) 설계 → 평균치 설계

24. 다음 중 동작경제의 원칙에 해당하지 않는 것은?

① 가능하다면 낙하식 운반방법을 사용한다.
② 양손을 동시에 반대 방향으로 움직인다.
③ 자연스러운 리듬이 생기지 않도록 동작을 배치한다.
④ 양손으로 동시에 작업을 시작하고 동시에 끝낸다.

해설 ③ 가능하다면 쉽고 자연스러운 리듬이 작업동작에 생기도록 작업공정을 배치한다.

25. 다음 중 시각적 표시장치에 있어 성격이 다른 것은?

① 디지털 온도계
② 자동차 속도계기판
③ 교통신호등의 좌회전 신호
④ 은행의 대기인원 표시등

해설 ③은 정성적 표시장치,
①, ②, ④는 정량적 표시장치

26. 다음 중 인간-기계 인터페이스(human-machine interface)의 조화성과 가장 거리가 먼 것은?

① 인지적 조화성　　② 신체적 조화성
③ 통계적 조화성　　④ 감성적 조화성

해설 감성공학과 인간의 인터페이스 3단계

인터페이스	특성
신체적	인간의 신체적 또는 형태적 특성의 적합성
인지적	인간의 인지 능력, 정신적 부담의 정도
감성적	인간의 감정 및 정서의 적합성 여부

27. 다음 FT도에서 각 사상이 발생할 확률이 B_1은 0.1, B_2는 0.2, B_3은 0.3일 때 사상 A가 발생할 확률은 약 얼마인가?

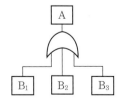

① 0.006　　　　　② 0.496
③ 0.604　　　　　④ 0.804

해설 발생확률(A)
$$= 1 - \{(1 - B_1) \times (1 - B_2) \times (1 - B_3)\}$$
$$= 1 - \{(1 - 0.1) \times (1 - 0.2) \times (1 - 0.3)\}$$
$$= 0.496$$

28. 다음 중 시스템에 영향을 미칠 우려가 있는 모든 요소의 고장을 형태별로 해석하여 그 영향을 검토하는 분석방법은?

① FTA　　　　　② ETA
③ MORT　　　　④ FMEA

해설 FMEA : 시스템에 영향을 미치는 모든 요소의 고장을 형태별로 분석하여 그 영향을 최소로 하고자 검토하는 전형적인 정성적, 귀납적 분석방법이다.

29. 인체측정치를 이용한 설계에 관한 설명으로 옳은 것은?

① 평균치를 기준으로 한 설계를 제일 먼저 고려한다.
② 자세와 동작에 따라 고려해야 할 인체측정치수가 달라진다.
③ 의자의 깊이와 너비는 작은 사람을 기준으로 설계한다.
④ 큰 사람을 기준으로 한 설계는 인체측정치의 5%tile을 사용한다.

해설 인체계측자료의 응용원칙
• 최대치수와 최소치수(극단치 설계)를 기준으로 한 설계 : 최대·최소치수를 기준으로 설계한다.
• 조절식 설계 : 크고 작은 많은 사람에 맞도록 설계하며, 조절범위는 통상 5~95%이다.
• 평균치를 기준으로 한 설계 : 최대·최소치수, 조절식으로 하기에 곤란한 경우 평균치로 설계한다.

30. FT도에 사용되는 논리기호 중 AND 게이트에 해당하는 것은?

①   ②

③   ④

해설 FTA에 사용하는 논리기호 및 사상기호

AND 게이트	OR 게이트	결함사상	통상사상

31. 음의 세기인 데시벨(dB)을 측정할 때 기준 음압의 주파수는?

① 10 Hz ② 100 Hz
③ 1000 Hz ④ 10000 Hz

해설 기준 음압 주파수 측정기준은 $1000\,Hz$ 이다.

32. 녹색과 적색의 두 신호가 있는 신호등에서 1시간 동안 적색과 녹색이 각각 30분씩 켜진다면 이 신호등의 정보량은?

① 0.5bit ② 1bit ③ 2bit ④ 4bit

해설 ㉠ 녹색등 $=\dfrac{\log\left(\dfrac{1}{0.5}\right)}{\log 2}=1\,bit$

㉡ 적색등 $=\dfrac{\log\left(\dfrac{1}{0.5}\right)}{\log 2}=1\,bit$

㉢ 신호등의 정보량(H) $=(0.5\times 1)+(0.5\times 1)$
$=1\,bit$

33. "음의 높이, 무게 등 물리적 자극을 상대적으로 판단하는데 있어 특정 감각기관의 변

화감지역은 표준자극에 비례한다."라는 법칙을 발견한 사람은?

① 핏츠(Fitts) ② 드루리(Drury)
③ 웨버(Weber) ④ 호프만(Hofmann)

해설 웨버(Weber)의 법칙

• 인간이 감지할 수 있는 외부의 물리적 자극 변화의 최소 범위의 기준이 되는 표준자극에 비례한다.
• 웨버(Weber)의 법칙 : 특정 감각의 변화감지역(ΔI)은 사용되는 표준자극(I)에 비례한다.
• 웨버(Weber)의 비 $=\dfrac{\text{변화감지역}(\Delta I)}{\text{표준자극}(I)}$

34. 인간의 반응체계에서 이미 시작된 반응을 수정하지 못하는 저항시간(refractory period)은?

① 0.1초 ② 0.5초
③ 1초 ④ 2초

해설 인간의 반응체계에서 이미 시작된 반응을 수정하지 못하는 저항시간(refractory period)은 0.5초이다.

35. 다음 그림은 C/R비와 시간과의 관계를 나타낸 그림이다. ㉠~㉢에 들어갈 내용이 맞는 것은?

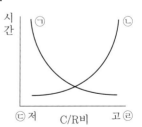

① ㉠ : 이동시간, ㉡ : 조종시간, ㉢ : 민감, ㉣ : 둔감
② ㉠ : 이동시간, ㉡ : 조종시간, ㉢ : 둔감, ㉣ : 민감

③ ㉠ : 조종시간, ㉡ : 이동시간, ㉢ : 민감, ㉣ : 둔감

④ ㉠ : 조종시간, ㉡ : 이동시간, ㉢ : 둔감, ㉣ : 민감

해설 선형 표시장치와 C/R비

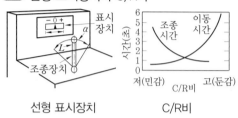

선형 표시장치   C/R비

36. FTA에 의한 재해사례 연구의 순서를 올바르게 나열한 것은?

> ㉠ 목표사상 선정
> ㉡ FT도 작성
> ㉢ 사상마다 재해 원인 규명
> ㉣ 개선계획 작성

① ㉠ → ㉡ → ㉢ → ㉣
② ㉠ → ㉢ → ㉡ → ㉣
③ ㉡ → ㉢ → ㉠ → ㉣
④ ㉡ → ㉠ → ㉢ → ㉣

해설 FTA에 의한 재해사례 연구의 순서

1단계	2단계	3단계	4단계
목표(톱) 사상의 선정	사상마다 재해 원인 규명	FT도 작성	개선계획 작성

37. 한 사무실에서 타자기의 소리 때문에 말소리가 묻히는 현상을 무엇이라 하는가?

① dBA
② CAS
③ phone
④ masking

해설 차폐(masking) 현상 : 높은 음과 낮은 음이 공존할 때 낮은 음이 강한 음에 가로막혀 감도가 감소되는 현상

38. 안전가치 분석의 특징으로 틀린 것은?

① 기능 위주로 분석한다.
② 왜 비용이 드는가를 분석한다.
③ 특정 위험의 분석을 위주로 한다.
④ 그룹 활동은 전원의 중지를 모은다.

해설 안전가치 분석의 특징

- 기능 위주로 분석한다.
- 왜 비용이 드는가를 분석한다.
- 그룹 활동은 전원의 중지를 모은다.

39. 반복되는 사건이 많이 있는 경우, FTA의 최소 컷셋과 관련이 없는 것은?

① Fussell Algorithm
② Boolean Algorithm
③ Monte Carlo Algorithm
④ Limnios & Ziani Algorithm

해설 • FTA의 최소 컷셋을 구하는 알고리즘의 종류는 Boolean Algorithm, Fussell Algorithm, Limnios & Ziani Algorithm 이다.
- Monte Carlo Algorithm은 구하고자 하는 수치의 확률적 분포를 반복 실험으로 구하는 방법, 시뮬레이션에 의한 테크닉의 일종이다.

40. 현장에서 인간공학의 적용 분야로 가장 거리가 먼 것은?

① 설비관리
② 제품설계
③ 재해 · 질병예방
④ 장비 · 공구 · 설비의 설계

해설 사업장에서의 인간공학 적용 분야

- 작업환경 개선
- 장비 · 공구 · 설비의 설계
- 인간 – 기계 인터페이스 디자인

정답   36. ②   37. ④   38. ③   39. ③   40. ①

- 작업 공간의 설계 · 제품설계
- 재해 및 질병예방

3과목 **기계 위험방지 기술**

41. 다음 작업 중 위험한 작업점에 대한 격리형 방호장치와 가장 거리가 먼 것은?

① 안전 방책
② 덮개형 방호장치
③ 포집형 방호장치
④ 완전차단형 방호장치

해설 포집형 방호장치 : 위험장소에 설치하여 위험원이 비산하거나 튀는 것을 방지하는 등 작업자로부터 위험원을 차단하는 방호장치

42. 산업안전보건법령에 따라 안전난간의 구조를 올바르게 설명한 것은?

① 상부 난간대, 중간 난간대, 발끝막이판 및 난간기둥으로 구성하여야 한다.
② 발끝막이판은 바닥면 등으로부터 5cm 이하의 높이를 유지하여야 한다.
③ 난간대는 지름 1.5cm 이상의 금속제 파이프를 사용하여야 한다.
④ 상부 난간대, 난간기둥은 이와 비슷한 구조의 것으로 대체할 수 있다.

해설 안전난간의 구성
- 상부 난간대, 중간 난간대, 발끝막이판 및 난간기둥으로 구성하여야 한다.
- 발끝막이판은 바닥면 등으로부터 10cm 이상의 높이를 유지하여야 한다.
- 난간대의 지름은 2.7cm 이상의 금속제 파이프나 그 이상의 강도를 가지는 재료이어야 한다.

- 임의의 방향으로 움직이는 100kg 이상의 하중에 견딜 수 있어야 한다.

43. 프레스의 위험방지 조치로서 안전블록을 사용하는 경우가 아닌 것은?

① 금형 부착 시
② 금형 파기 시
③ 금형 해체 시
④ 금형 조정 시

해설 프레스에 금형 부착 시, 금형 해체 시, 금형 조정작업을 할 때에는 위험방지 조치로서 안전블록을 사용하는 등 필요한 조치를 하여야 한다.

44. 보일러의 압력방출장치가 2개 이상 설치된 경우, 최고사용압력 이하에서 1개가 작동되고, 남은 1개의 작동압력은?

① 최고사용압력의 1.05배 이하
② 최고사용압력의 1.1배 이하
③ 최고사용압력의 1.25배 이하
④ 최고사용압력의 1.5배 이하

해설 압력방출장치를 2개 설치하는 경우 1개는 최고사용압력 이하에서 작동되도록 하고, 또 다른 하나는 최고사용압력의 1.05배 이하에서 작동되도록 부착한다.

45. 다음 중 목재가공용 둥근톱기계의 방호장치인 반발예방장치가 아닌 것은?

① 반발방지 발톱(finger)
② 분할날(spreader)
③ 반발방지 롤(roll)
④ 가동식 접촉예방장치

해설 둥근톱기계의 반발예방장치 : 반발방지 발톱, 분할날, 반발방지 롤(roll)

46. 기계 고장률의 기본 모형 중 우발고장에 관한 사항으로 옳은 것은?

① 고장률이 시간에 따라 일정한 형태를 이룬다.

② 고장률이 시간이 갈수록 감소하는 형태이다.

③ 시스템의 일부가 수명을 다하여 발생하는 고장이다.

④ 마모나 노화에 의하여 어느 시점에 집중적으로 고장이 발생한다.

해설 ①은 우발고장(일정형 고장)의 특성,
②는 초기고장(감소형 고장)의 특성,
③, ④는 마모고장(증가형 고장)의 특성

47. 선반작업 시 사용되는 방호장치는?

① 풀 아웃(full out)

② 게이트 가드(gate guard)

③ 스위프 가드(sweep guard)

④ 실드(shield)

해설 실드 : 선반에서 칩 및 절삭유의 비산방지를 위하여 설치하는 플라스틱 덮개

48. 산업안전보건법령상 프레스기의 방호장치에 표시해야 될 사항이 아닌 것은?

① 제조자명

② 규격 또는 등급

③ 프레스기의 사용범위

④ 제조번호 및 제조연월

해설 프레스의 방호장치 표시사항

• 제조자명

• 규격 또는 등급

• 형식 또는 모델명

• 안전인증번호

• 제조번호 및 제조연월 등

49. 롤러기 방호장치의 무부하 동작시험 시 앞면 롤러의 지름이 150 mm이고, 회전수가

30 rpm인 롤러기의 급정지거리는 몇 mm 이내이어야 하는가?

① 157   ② 188   ③ 207   ④ 237

해설 앞면 롤러의 표면속도에 따른 급정지거리

㉠ 표면속도 $(V) = \dfrac{\pi D N}{1000}$

$= \dfrac{\pi \times 150 \times 30}{1000} = 14.13 \, \text{m/min}$

㉡ 표면속도 $(V) = 30 \, \text{m/min}$ 미만일 때

∴ 급정지거리 $= \pi \times D \times \dfrac{1}{3}$

$= \pi \times 150 \times \dfrac{1}{3} = 157 \, \text{mm}$

50. 풀 프루프(fool proof)에 해당되지 않는 것은?

① 각종 기구의 인터록 기구

② 크레인의 권과방지장치

③ 카메라의 이중 촬영 방지기구

④ 항공기의 엔진

해설 ④는 fail–safe 설계이다.

51. 가드(guard)의 종류가 아닌 것은?

① 고정식   ② 조정식

③ 자동식   ④ 반자동식

해설 가드의 종류에는 고정식, 조정식, 자동식, 연동식 가드가 있다.

52. 프레스의 양수조작식 방호장치에서 양쪽 버튼의 작동시간 차이는 최대 몇 초 이내일 때 프레스가 동작되도록 해야 하는가?

① 0.1   ② 0.5   ③ 1.0   ④ 1.5

해설 양쪽 버튼의 작동시간 차이는 최대 0.5초 이내일 때 프레스가 동작되도록 해야 한다.

정답 47. ④   48. ③   49. ①   50. ④   51. ④   52. ②

53. 밀링작업에 관한 설명으로 틀린 것은?

① 하향 절삭은 날의 마모가 적고, 가공면이 깨끗하다.

② 상향 절삭은 절삭열에 의한 치수 정밀도의 변화가 적다.

③ 커터의 회전 방향과 반대 방향으로 가공재를 이송하는 것을 상향 절삭이라고 한다.

④ 하향 절삭은 커터의 회전 방향과 같은 방향으로 일감을 이송하므로 백래시 제거장치가 필요 없다.

해설 ④ 하향 절삭은 커터의 회전 방향과 같은 방향으로 일감을 이송하므로 백래시 제거장치가 없으면 작업을 할 수 없다.

54. 산업용 로봇의 작동범위에서 그 로봇에 관하여 교시 등의 작업을 하는 때의 작업시작 전 점검사항에 해당하지 않는 것은? (단, 로봇의 동력원을 차단하고 행하는 것을 제외한다.)

① 회전부의 덮개 또는 울 부착 여부

② 제동장치 및 비상정지장치의 기능

③ 외부 전선의 피복 또는 외장의 손상 유무

④ 매니퓰레이터(manipulator) 작동의 이상 유무

해설 ① 덮개 또는 울은 선반 등의 안전장치, ②, ③, ④는 산업용 로봇의 작업시작 전 점검사항

55. 지게차의 안정도 기준으로 틀린 것은?

① 기준 무부하상태에서 주행 시의 전후 안정도는 8% 이내이다.

② 하역작업 시의 좌우 안정도는 최대하중상태에서 포크를 가장 높이 올리고 마스트를 가장 뒤로 기울인 상태에서 6% 이내이다.

③ 하역작업 시의 전후 안정도는 최대하중상태에서 포크를 가장 높이 올린 경우 4% 이내이며, 5톤 이상은 3.5% 이내이다.

④ 기준 무부하상태에서 주행 시의 좌우 안정도는 $(15+1.1V)$% 이내이고, V는 구내최고속도(km/h)를 의미한다.

해설 ① 기준 무부하상태에서 주행 시의 전후 안정도는 18% 이내이다.

Tip) • 주행 시의 좌우 안정도는 $(15+1.1V)$% 이내이다. (V : 구내최고속도[km/h])

• 하역작업 시의 전후 안정도는 4% 이내(5t 이상의 것은 3.5%)이다.

• 하역작업 시의 좌우 안정도는 6% 이내이다.

56. 산업안전보건법령상 크레인의 직동식 권과방지장치는 훅·버킷 등 달기구의 윗면이 드럼, 상부 도르래 등 권상장치의 아랫면과 접촉할 우려가 있을 때 그 간격이 얼마 이상이어야 하는가?

① 0.01m 이상

② 0.02m 이상

③ 0.03m 이상

④ 0.05m 이상

해설 권과방지장치는 훅·버킷 등 달기구의 윗면이 드럼, 상부 도르래, 트롤리 프레임 등 권상장치의 아랫면과 접촉할 우려가 있을 때 그 간격이 0.25m 이상이 되도록 조정하여야 한다. 단, 직동식의 권과방지장치는 0.05m 이상으로 한다.

57. 기계설비의 안전 조건 중 외관의 안전화에 해당되지 않는 것은?

① 오동작 방지 회로 적용

② 안전색채 조절

③ 덮개의 설치

④ 구획된 장소에 격리

해설 ①은 기능의 안전화

정답 53. ④ 54. ① 55. ① 56. ④ 57. ①

58. 프레스의 본질적 안전화(no-hand in die 방식) 추진 대책이 아닌 것은?

① 안전 금형을 설치
② 전용 프레스의 사용
③ 방호울이 부착된 프레스 사용
④ 감응식 방호장치 설치

해설 프레스의 작업점에 대한 방호방법

금형 내에 손이 들어가지 않는 구조 (no-hand in die type)	금형 안에 손이 들어가는 구조 (hand in die type)
• 안전울(방호울)이 부착된 프레스 • 안전 금형을 부착한 프레스 • 전용 프레스의 도입 • 자동 프레스의 도입	• 작업방법에 상응하는 방호장치 ㉠ 가드식 ㉡ 수인식 ㉢ 손쳐내기식 • 정지성능에 상응하는 방호장치 ㉠ 양수조작식 ㉡ 감응식(광전자식)

59. 지게차의 작업과정에서 작업 대상물의 팔레트 폭이 b라고 할 때 적절한 포크 간격은? (단, 포크의 중심과 팔레트의 중심은 일치한다고 가정한다.)

① $\dfrac{1}{4}b \sim \dfrac{1}{2}b$ ② $\dfrac{1}{4}b \sim \dfrac{3}{4}b$

③ $\dfrac{1}{2}b \sim \dfrac{3}{4}b$ ④ $\dfrac{3}{4}b \sim \dfrac{7}{8}b$

해설 지게차 포크 간격은 적재상태 팔레트 폭의 $\dfrac{1}{2}b \sim \dfrac{3}{4}b$ 이하를 유지하여야 한다.

60. 통로의 설치기준 중 (   ) 안에 공통적으로 들어갈 숫자로 옳은 것은?

사업주는 통로면으로부터 높이 (   )미터 이내에는 장애물이 없도록 해야 한다. 다만, 부득이하게 통로면으로부터 높이 (   )미터 이내에 장애물을 설치할 수밖에 없거나 통로면으로부터 높이 (   )미터 이내의 장애물을 제거하는 것이 곤란하다고 고용노동부장관이 인정하는 경우에는 근로자에게 발생할 수 있는 부상 등의 위험을 방지하기 위한 안전조치를 하여야 한다.

① 1 ② 2 ③ 1.5 ④ 2.5

해설 통로의 설치기준은 통로면으로부터 높이 2m 이내이다.

4과목 **전기 및 화학설비 위험방지 기술**

61. 다음 중 교류 아크 용접작업 시 작업자에게 발생할 수 있는 재해의 종류와 가장 거리가 먼 것은?

① 낙하·충돌 재해
② 피부 노출 시 화상 재해
③ 폭발, 화재에 의한 재해
④ 안구(눈)의 조직손상 재해

해설 ①은 떨어짐(낙하), 충돌 재해

62. 산화성 액체의 성질에 관한 설명으로 옳지 않은 것은?

① 피부 및 의복을 부식하는 성질이 있다.
② 가연성 물질이 많으므로 화기에 극도로 주의한다.
③ 위험물 유출 시 건조사를 뿌리거나 중화제로 중화한다.

④ 물과 반응하면 발열반응을 일으키므로 물과의 접촉을 피한다.

해설 제6류 위험물(산화성 액체)의 성질
• 피부 및 의복을 부식하는 성질이 있다.
• 가연물과의 접근을 금지한다.
• 위험물 유출 시 건조사를 뿌리거나 중화제로 중화한다.
• 물과 반응하면 발열반응을 일으키므로 물과의 접촉을 피한다.
• 과산화칼륨, 황산, 질산 등은 산화성 물질로 물과 접촉하면 반응을 일으켜 열이 발생한다.
• 부식성 및 유독성이 강한 강산화제로서 산소를 많이 함유하고 있어 조연성 물질이다.

63. 다음 중 감전사고의 사망경로에 해당되지 않는 것은?

① 전류가 뇌의 호흡중추부로 흘러 발생한 호흡기능 마비
② 전류가 흉부에 흘러 발생한 흉부 근육수축으로 인한 질식
③ 전류가 심장부로 흘러 심실세동에 의한 혈액순환기능 장애
④ 전류가 인체에 흐를 때 인체의 저항으로 발생한 주울 열에 의한 화상

해설 ①, ②, ③은 전격 현상의 메커니즘(사망경로),
④ 주울 열에 의한 화상은 사망지는 않는다.

64. 소화기의 몸통에 "A급 화재 10 단위"라고 기재되어 있는 소화기에 관한 설명으로 적절한 것은?

① 이 소화기의 소화능력시험 시 소화기 조작자는 반드시 방화복을 착용하고 실시하여야 한다.

② 이 소화기의 A급 화재 소화능력 단위가 10 단위이면, B급 화재에 대해서도 같은 10 단위가 적용된다.
③ 어떤 A급 화재 소방 대상물의 능력 단위가 21일 경우 이 소방 대상물에 위의 소화기를 비치할 경우 2대면 충분하다.
④ 이 소화기의 소화능력 단위는 소화능력시험에 배치되어 완전 소화한 모형의 수에 해당하는 능력 단위의 합계가 10 단위라는 뜻이다.

해설 A급 화재 10 단위
소화기의 소화능력 단위는 소화능력시험에 배치되어 완전 소화한 모형의 수에 해당하는 능력 단위의 합계가 10 단위라는 뜻이다.

65. 누전차단기의 설치에 관한 설명으로 적절하지 않은 것은?

① 진동 또는 충격을 받지 않도록 한다.
② 전원전압의 변동에 유의하여야 한다.
③ 비나 이슬에 젖지 않은 장소에 설치한다.
④ 누전차단기의 설치는 고도와 관계가 없다.

해설 ④ 누전차단기의 설치는 고도(표고) 1000 m 이하의 장소에 설치해야 한다.

66. 반응기의 이상 압력 상승으로부터 반응기를 보호하기 위해 동일한 용량의 파열판과 안전밸브를 설치하고자 한다. 다음 중 반응 폭주 현상이 일어났을 때 반응기 내부의 과압을 가장 잘 분출할 수 있는 방법은?

① 파열판과 안전밸브를 병렬로 반응기 상부에 설치한다.
② 안전밸브, 파열판의 순서로 반응기 상부에 직렬로 설치한다.
③ 파열판, 안전밸브의 순서로 반응기 상부에 직렬로 설치한다.
④ 반응기 내부의 압력이 낮을 때는 직렬연결이 좋고, 압력이 높을 때는 병렬연결이 좋다.

해설 반응기 내부의 과압을 효과적으로 분출할 수 있는 파열판과 안전밸브를 반응기 상부에 병렬로 설치한다.

67. 건물의 전기설비로부터 누설전류를 탐지하여 경보를 발하는 누전경보기의 구성으로 옳은 것은?

① 축전기, 변류기, 경보장치
② 변류기, 수신기, 경보장치
③ 수신기, 발신기, 경보장치
④ 비상전원, 수신기, 경보장치

해설 전기누전 화재경보기의 구성요소 : 누설전류를 검출하는 변류기, 누설전류를 증폭하는 수신기, 경보음을 발생하는 음향장치

68. 다음 중 폭발의 위험성이 가장 높은 것은?

① 폭발상한농도
② 완전연소 조성농도
③ 폭발 상한선과 하한선의 중간점 농도
④ 폭굉 상한선과 하한선의 중간점 농도

해설 물질이 완전연소 조성농도가 되어 폭발할 경우 가장 위험성이 크다고 할 수 있다.

69. 전류밀도, 통전전류, 접촉면적과 피부저항과의 관계를 바르게 설명한 것은?

① 전류밀도와 통전전류는 반비례 관계이다.
② 통전전류와 접촉면적에 관계없이 피부저항은 항상 일정하다.
③ 같은 크기의 통전전류가 흘러도 접촉면적이 커지면 전류밀도는 커진다.
④ 같은 크기의 통전전류가 흘러도 접촉면적이 커지면 피부저항은 작게 된다.

해설 • 전류밀도와 통전전류는 비례 관계이다.
• 같은 크기의 통전전류가 흘러도 접촉면적이 커지면 피부저항은 작게 된다.

70. 액체계의 과도한 상승압력의 방출에 이용되고, 설정압력이 되었을 때 압력상승에 비례하여 서서히 개방되는 밸브는?

① 릴리프 밸브
② 체크밸브
③ 안전밸브
④ 통기밸브

해설 • 릴리프 밸브 : 배관 내에서 유체의 압력상승에 비례하여 개방되는 밸브이다.
• 체크밸브 : 유체의 역류를 방지하는 밸브이다.
• 안전밸브 : 기기나 배관의 압력이 일정 압력을 초과한 경우에 신속한 제어가 용이하다.
• 통기밸브 : 인화성 액체를 저장·취급하는 탱크 내부의 압력을 제한된 범위 내에서 유지하도록 설계된 밸브이다.

71. 전기기기의 불꽃 또는 열로 인해 폭발성 위험분위기에 점화되지 않도록 컴파운드를 충전해서 보호한 방폭구조는?

① 몰드 방폭구조
② 비점화 방폭구조
③ 안전증 방폭구조
④ 본질안전 방폭구조

해설 몰드 방폭구조 : 전기기기의 불꽃 또는 열로 인해 폭발성 가스 또는 증기에 점화되지 않도록 컴파운드를 충전해서 보호한 방폭구조

72. 대전된 물체가 방전을 일으킬 때에 에너지 E(J)를 구하는 식으로 옳은 것은? (단, 도체의 정전용량을 C(F), 대전전위를 V(V), 대전전하량을 Q(C)라 한다.)

① $E = 2\sqrt{CQ}$

② $E = \dfrac{1}{2}CV$

③ $E = \dfrac{Q^2}{2C}$

④ $E = \sqrt{\dfrac{2V}{C}}$

해설 방전에너지 $(E) = \dfrac{CV^2}{2} = \dfrac{QV}{2} = \dfrac{Q^2}{2C}$ [J]

정답 67. ② 68. ② 69. ④ 70. ① 71. ① 72. ③

여기서, C : 도체의 정전용량(F), V : 대전전위(V)

Q : 대전전하량(C)

Tip) $Q=CV$

73. 정전작업 시 주의할 사항으로 틀린 것은 어느 것인가?

① 감독자를 배치시켜 스위치의 조작을 통제한다.

② 퓨즈가 있는 개폐기의 경우는 퓨즈를 제거한다.

③ 정전작업 전에 작업내용을 충분히 작업원에게 주지시킨다.

④ 단시간에 끝나는 작업일 경우 작업원의 판단에 의해 작업한다.

해설 ④ 정전작업 시 단시간에 끝나는 작업일 경우라도 작업원이 스스로 판단해서는 안 된다.

74. 리튬(Li)에 관한 설명으로 틀린 것은?

① 연소 시 산소와는 반응하지 않는 특성이 있다.

② 염산과 반응하여 수소를 발생한다.

③ 물과 반응하여 수소를 발생한다.

④ 화재발생 시 소화방법으로는 건조된 마른 모래 등을 이용한다.

해설 ① 리튬(Li)은 금수성 물질로 산소와 반응하여 산화리튬을 생성한다.

75. 전기화재의 직접적인 발생 요인과 가장 거리가 먼 것은?

① 피뢰기의 손상

② 누전, 열의 축적

③ 과전류 및 절연의 손상

④ 지락 및 접속 불량으로 인한 과열

해설 ②, ③, ④는 전기화재의 직접적인 발생 요인, ①은 전기화재의 직접 원인은 아니다.

76. 화재발생 시 알코올포(내알코올포) 소화약제의 소화 효과가 큰 대상물은?

① 특수 인화물

② 물과 친화력이 있는 수용성 용매

③ 인화점이 영하 이하의 인화성 물질

④ 발생하는 증기가 공기보다 무거운 인화성 액체

해설 알코올포 소화약제의 소화 효과는 물과 친화력이 있는 수용성 액체의 화재를 소화할 때 효과적이다.

77. 다음 중 허용접촉전압이 종별 기준과 서로 다른 것은?

① 제1종 – 2.5V 이하

② 제2종 – 25V 이하

③ 제3종 – 75V 이하

④ 제4종 – 제한 없음

해설 종별 허용접촉전압

• 제1종(2.5V 이하) : 인체의 대부분이 수중에 있는 상태

• 제2종(25V 이하) : 인체가 많이 젖어 있는 상태, 금속제 전기기계장치나 구조물에 인체의 일부가 상시 접촉되어 있는 상태

• 제3종(50V 이하) : 제1종, 제2종 이외의 경우로서 통상적인 인체상태에 있어서 접촉전압이 가해지면 위험성이 높은 상태

• 제4종(제한 없음) : 제1종, 제2종 이외의 경우로서 통상적인 인체상태에 있어서 접촉전압이 가해져도 위험성이 낮은 상태

78. 화염의 전파속도가 음속보다 빨라 파면 선단에 충격파가 형성되며 보통 그 속도가 1000~3500m/s에 이르는 현상을 무엇이라 하는가?

① 폭발 현상 ② 폭굉 현상

③ 파괴 현상 ④ 발화 현상

해설 폭굉파 : 연소 진행속도가 1000~ 3500 m/s 정도일 경우 이를 폭굉 현상이라 한다.

79. 작업장 내 시설하는 저압전선에는 감전 등의 위험으로 나전선을 사용하지 않고 있지만, 특별한 이유에 의하여 사용할 수 있도록 규정된 곳이 있는데 이에 해당되지 않는 것은?

① 버스 덕트 작업에 의한 시설작업
② 애자사용 작업에 의한 전기로용 전선
③ 유희용 전차 시설의 규정에 준하는 접촉전선을 시설하는 경우
④ 애자사용 작업에 의한 전선의 피폭 절연물이 부식되지 않는 장소에 시설하는 전선

해설 ④ 애자사용 작업에 의한 전선의 피폭 절연물이 부식하는 장소에 시설하는 전선
Tip) ①, ②, ③ 외에 취급자 이외의 자가 출입할 수 없도록 설비한 장소에 시설하는 전선

80. 산업안전보건법령에서 규정한 위험물질을 기준량 이상으로 제조 또는 취급하는 특수화학설비에 설치하여야 할 계측장치가 아닌 것은?

① 온도계 ② 유량계 ③ 압력계 ④ 경보계

해설 특수화학설비에는 온도계, 유량계, 압력계 등의 계측장치를 설치하여야 한다.

5과목 **건설안전기술**

81. 철골공사 시 안전을 위한 사전 검토계획 수립을 할 때 가장 거리가 먼 내용은?

① 추락방지망의 설치

② 사용기계의 용량 및 사용대수
③ 기상 조건의 검토
④ 지하매설물 조사

해설 ④는 건설 굴착공사 시 검토사항

82. 콘크리트의 유동성과 묽기를 시험하는 방법은?

① 다짐시험 ② 슬럼프 시험
③ 압축강도 시험 ④ 평판시험

해설 슬럼프 시험 : 아직 굳지 않은 콘크리트의 반죽질기를 시험하는 방법으로 원뿔대 모양의 틀에 콘크리트를 채우고 다진 뒤에 틀을 떼어 냈을 때 내려앉는 정도를 재는 시험

83. PC(precast concrete) 조립 시 안전 대책으로 틀린 것은?

① 신호수를 지정한다.
② 인양 PC 부재 아래에 근로자 출입을 금지한다.
③ 크레인에 PC 부재를 달아 올린 채 주행한다.
④ 운전자는 PC 부재를 달아 올린 채 운전대에서 이탈을 금지한다.

해설 ③ 크레인에 PC 부재를 달아 올린 채 주행하면 위험하다.

84. 흙의 동상방지 대책으로 틀린 것은?

① 동결되지 않는 흙으로 치환하는 방법
② 흙 속에 단열재료를 매입하는 방법
③ 지표의 흙을 화학약품으로 처리하는 방법
④ 세립토층을 설치하여 모관수의 상승을 촉진시키는 방법

해설 ④ 모관수의 상승을 차단하기 위하여 조립토층을 설치한다.

85. 지반의 침하에 따른 구조물의 안전성에 중대한 영향을 미치는 흙의 간극비의 정의로 옳은 것은?

① 공기의 부피/흙 입자의 부피
② 공기와 물의 부피/흙 입자의 부피
③ 공기와 물의 부피/흙 입자에 포함된 물의 부피
④ 공기의 부피/흙 입자에 포함된 물의 부피

해설 공극비 : 공극비가 클수록 투수계수는 크다.
→ 간(공)극비=(공기＋물의 체적)/흙의 용적

86. 공사현장에서 낙하물방지망 또는 방호선반을 설치할 때 설치 높이 및 벽면으로부터 내민 길이 기준으로 옳은 것은?

① 설치 높이 : 10m 이내마다, 내민 길이 : 2m 이상
② 설치 높이 : 15m 이내마다, 내민 길이 : 2m 이상
③ 설치 높이 : 10m 이내마다, 내민 길이 : 3m 이상
④ 설치 높이 : 15m 이내마다, 내민 길이 : 3m 이상

해설 설치 높이 10m 이내마다 설치하고, 내민 길이는 벽면으로부터 2m 이상으로 할 것

87. 작업발판 및 통로의 끝이나 개구부로서 근로자가 추락할 위험이 있는 장소에 대한 방호조치와 거리가 먼 것은?

① 안전난간 설치
② 울타리 설치
③ 투하설비 설치
④ 수직형 추락방망 설치

해설 ③은 낙하, 비래재해 예방 설비,
①, ②, ④는 개구부 추락방지 대책

88. 건설용 양중기에 대한 설명으로 옳은 것은?

① 삼각데릭은 인접시설에 장해가 없는 상태에서 360° 회전이 가능하다.
② 이동식 크레인(crane)에는 트럭 크레인, 크롤러 크레인 등이 있다.
③ 휠 크레인에는 무한궤도식과 타이어식이 있으며 장거리 이동에 적당하다.
④ 크롤러 크레인은 휠 크레인보다 기동성이 뛰어나다.

해설 ① 삼각데릭의 인접시설에 장해가 없는 상태에서 270° 회전이 가능하다.
③ 크롤러 크레인은 무한궤도식에 속하며, 장거리 이동에 불리하다.
④ 휠 크레인은 크롤러 크레인보다 기동성이 뛰어나다.

89. 공사 종류 및 규모별 안전관리비 계상기준표에서 공사 종류의 명칭에 해당되지 않는 것은?

① 철도 · 궤도 신설공사
② 일반건설공사(병)
③ 중건설공사
④ 특수 및 기타 건설공사

해설 건설공사 종류 및 규모별 안전관리비 계상기준표

건설공사 구분	대상액 5억 원 미만 [%]	대상액 5억 원 이상 50억 원 미만		대상액 50억 원 이상 [%]	보건관리자 선임대상 건설공사 기준[%]
		비율 (X) [%]	기초액 (C) [원]		
일반건설공사(갑)	2.93	1.86	5,349,000	1.97	2.15
일반건설공사(을)	3.09	1.99	5,499,000	2.10	2.29

중건설공사	3.43	2.35	5,400,000	2.44	2.66
철도 · 궤도 신설공사	2.45	1.57	4,411,000	1.66	1.81
특수 및 그 밖에 공사	1.85	1.20	3,250,000	1.27	1.38

90. 강재 거푸집과 비교한 합판 거푸집의 특성이 아닌 것은?

① 외기 온도의 영향이 적다.
② 녹이 슬지 않음으로 보관하기가 쉽다.
③ 중량이 무겁다.
④ 보수가 간단하다.

해설 ③ 강재 거푸집과 비교한 합판 거푸집은 중량이 가볍다.

91. 터널 등의 건설작업을 하는 경우에 낙반 등에 의하여 근로자가 위험해질 우려가 있는 경우, 그 위험을 방지하기 위하여 취해야 할 조치와 거리가 먼 것은?

① 터널지보공 설치　② 록볼트 설치
③ 부석의 제거　　　④ 산소의 측정

해설 사업주는 터널 등의 건설작업을 하는 경우에 낙반 등에 의하여 근로자가 위험해질 우려가 있는 경우에 터널지보공 및 록볼트의 설치, 부석의 제거 등 위험을 방지하는 조치를 하여야 한다.

92. 거푸집에 작용하는 연직 방향 하중에 해당하지 않는 것은?

① 고정하중　　　② 작업하중
③ 충격하중　　　④ 콘크리트 측압

해설 ④는 횡 방향 하중

93. 공사금액이 500억 원인 건설업 공사에서 선임해야 할 최소 안전관리자 수는?

① 1명　　　② 2명
③ 3명　　　④ 4명

해설 건설업 안전관리자 수 기준

120~800억 원	800~1500억 원	1500~2200억 원	2200~3천 억원
1명	2명	3명	4명

94. 히빙 현상에 대한 안전 대책과 가장 거리가 먼 것은?

① 어스앵커 설치
② 흙막이벽의 근입심도 확보
③ 양질의 재료로 지반개량 실시
④ 굴착 주변에 상재하중을 증대

해설 히빙 현상 방지 대책
- 소단굴착을 실시하여 소단부 흙의 중량이 바닥을 누르게 한다.
- 시트파일(sheet pile) 등의 근입심도를 검토한다.
- 지반개량으로 흙의 전단강도를 높인다.
- 흙막이 벽체의 근입깊이를 깊게 한다.
- 굴착배면의 상재하중을 제거하여 토압을 최대한 낮춘다.
- 굴착 주변을 웰 포인트(well point) 공법과 병행한다.

95. 거푸집 동바리 등을 조립하거나 해체하는 작업을 하는 경우에 준수해야 할 사항으로 옳지 않은 것은?

① 해당 작업을 하는 구역에는 관계 근로자가 아닌 사람의 출입을 금지할 것
② 비, 눈, 그 밖의 기상상태의 불안정으로 날씨가 몹시 나쁜 경우에는 그 작업을 중지할 것
③ 재료, 기구 또는 공구 등을 올리거나 내리는 경우에는 근로자 간 서로 직접 전달하도록 하고, 달줄 · 달포대 등의 사용을 금할 것

④ 낙하·충격에 의한 돌발적 재해를 방지하기 위하여 버팀목을 설치하고 거푸집 동바리 등을 인양장비에 매단 후에 작업을 하도록 하는 등 필요한 조치를 할 것

해설 ③ 재료, 기구 또는 공구 등을 올리거나 내리는 경우에는 달줄·달포대를 사용할 것

---

96. 추락방지망의 방망 지지점은 최소 얼마 이상의 외력에 견딜 수 있는 강도를 보유하여야 하는가?

① 500kg   ② 600kg
③ 700kg   ④ 800kg

해설 추락방지망의 방망 지지점은 600kg 이상의 외력에 견딜 수 있는 강도를 보유하여야 한다.

---

97. 건설작업용 리프트에 대하여 바람에 의한 붕괴를 방지하는 조치를 한다고 할 때 그 기준이 되는 풍속은?

① 순간풍속 30m/sec 초과
② 순간풍속 35m/sec 초과
③ 순간풍속 40m/sec 초과
④ 순간풍속 45m/sec 초과

해설 순간풍속이 초당 35m 초과 : 승강기가 붕괴되는 것을 방지 조치

---

98. 차량계 하역운반기계 등을 이송하기 위하여 자주(自走) 또는 견인에 의하여 화물자동차에 싣거나 내리는 작업을 할 때 발판·성토 등을 사용하는 경우 기계의 전도 또는 전락에 의한 위험을 방지하기 위하여 준수하여야 할 사항으로 옳지 않은 것은?

① 싣거나 내리는 작업은 견고한 경사지에서 실시할 것

② 가설대 등을 사용하는 경우에는 충분한 폭 및 강도와 적당한 경사를 확보할 것
③ 발판을 사용하는 경우에는 충분한 길이·폭 및 강도를 가진 것을 사용할 것
④ 지정 운전자의 성명·연락처 등을 보기 쉬운 곳에 표시하고 지정 운전자 외에는 운전하지 않도록 할 것

해설 ① 싣거나 내리는 작업을 할 때는 평탄하고 견고한 지대에서 할 것

---

99. 다음 ( ) 안에 알맞은 숫자를 옳게 나타낸 것은?

> 강관비계의 경우 띠장 간격은 ( )m 이하로 설치한다.

① 1   ② 1.5
③ 2   ④ 2.5

해설 강관비계의 띠장 간격은 2m 이하의 위치에 설치할 것

---

100. 방망의 정기시험은 사용 개시 후 몇 년 이내에 실시하는가?

① 1년 이내   ② 2년 이내
③ 3년 이내   ④ 4년 이내

해설 방망의 정기시험은 사용 개시 후 1년 이내로 하고, 그 후 6개월마다 정기적으로 실시한다.

제4회 CBT 모의고사

1과목 **산업안전관리론**

1. 리더십의 3가지 유형 중 지도자가 모든 정책을 단독으로 결정하기 때문에 부하직원들은 오로지 따르기만 하면 된다는 유형을 무엇이라 하는가?

① 민주형   ② 자유방임형
③ 권위형   ④ 강제형

해설 전제(권위)형 : 리더가 모든 정책을 단독적으로 결정하고 부하직원들을 지시 명령하는 리더십으로 군림하는 독재형 리더십이다.

2. 다음 중 안전 · 보건교육계획 수립에 반드시 포함하여야 할 사항이 아닌 것은?

① 교육지도안
② 교육의 목표 및 목적
③ 교육장소 및 방법
④ 교육의 종류 및 대상

해설 안전 · 보건교육계획에 포함해야 할 사항
• 교육 목표 설정
• 교육장소 및 교육방법
• 교육의 종류 및 대상
• 교육의 과목 및 교육내용
• 강사, 조교 편성
• 소요 예산 산정
Tip) 교육지도안은 교육의 준비사항이다.

3. 질병에 의한 피로의 방지 대책으로 가장 적합한 것은?

① 기계의 사용을 배제한다.
② 작업의 가치를 부여한다.
③ 보건상 유해한 작업환경을 개선한다.
④ 작업장에서의 부적절한 관계를 배제한다.

해설 질병에 의한 피로의 근본적인 방지 대책으로 보건상 유해한 작업환경을 개선한다.

4. 적성검사의 유형 중 체력검사에 포함되지 않는 것은?

① 감각기능검사
② 근력검사
③ 신경기능검사
④ 크루즈 지수(Kruse's Index)

해설 ④는 체격 판정 지수,
①, ②, ③은 적성검사 주요 요소

5. 파블로프(Pavlov)의 조건반사설에 의한 학습 이론의 원리에 해당되지 않는 것은?

① 일관성의 원리   ② 시간의 원리
③ 강도의 원리   ④ 준비성의 원리

해설 파블로프 조건반사설의 원리는 시간의 원리, 강도의 원리, 일관성의 원리, 계속성의 원리이다.

6. 산업안전보건법령상 안전 · 보건표지에 사용하는 색채 가운데 비상구 및 피난소, 사람 또는 차량의 통행표지 등에 사용하는 색채는?

① 흰색   ② 녹색
③ 노란색   ④ 파란색

해설 녹색(2.5G 4/10) : 안내표지로 비상구 및 피난소, 사람 또는 차량의 통행표지에 사용한다.

7. 보호구 관련 규정에 따른 안전모의 착장체 구성요소에 해당되지 않는 것은?

① 머리턱끈　　　　② 머리받침끈
③ 머리고정대　　　④ 머리받침고리

해설 구성요소는 모체, 착장체(머리받침끈, 머리고정대, 머리받침고리), 턱끈으로 구성된다.

8. 창조성·문제해결 능력의 개발을 위한 교육기법으로 가장 적절하지 않은 것은?

① 역할 연기법　　　② In-Basket법
③ 사례연구법　　　④ 브레인스토밍법

해설 롤 플레잉(역할 연기) : 참가자에게 역할을 주어 실제 연기를 시킴으로써 본인의 역할을 인식하게 하는 방법이다.

9. 교육 대상자 수가 많고, 교육 대상자의 학습능력의 차이가 큰 경우 집단 안전교육방법으로서 가장 효과적인 방법은?

① 문답식 교육　　　② 토의식 교육
③ 시청각 교육　　　④ 상담식 교육

해설 시청각 교육은 많은 교육 대상자의 집단 안전교육에 적합하다.

10. 다음 착시 현상에 해당하는 것은?

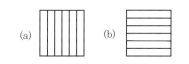

(a)는 세로로 길어 보이고, (b)는 가로로 길어 보인다.

① 뮬러-라이어(Muller-Lyer)의 착시
② 헬름홀츠(Helmholtz)의 착시
③ 헤링(Hering)의 착시
④ 포겐도르프(Poggendorf)의 착시

해설 Helmholtz의 착시 : (a)는 세로로 길어 보이고, (b)는 가로로 길어 보인다.

11. ERG(Existence Relation Growth) 이론을 주장한 사람은?

① 매슬로우(Maslow)
② 맥그리거(Mcgregor)
③ 테일러(Taylor)
④ 알더퍼(Alderfer)

해설 알더퍼(Alderfer)의 ERG 이론 : 존재 욕구(E), 관계 욕구(R), 성장 욕구(G)

12. O.J.T(On the Job Tranining)에 관한 설명으로 옳은 것은?

① 집합교육 형태의 훈련이다.
② 다수의 근로자에게 조직적 훈련이 가능하다.
③ 직장의 실정에 맞게 실제적 훈련이 가능하다.
④ 전문가를 강사로 활용할 수 있다.

해설 ①, ②, ④는 OFF.J.T(Off the Job Training)의 특징

13. 교육훈련 평가의 4단계를 올바르게 나열한 것은?

① 학습 → 반응 → 행동 → 결과
② 학습 → 행동 → 반응 → 결과
③ 행동 → 반응 → 학습 → 결과
④ 반응 → 학습 → 행동 → 결과

해설 교육훈련 평가의 4단계

제1단계	제2단계	제3단계	제4단계
반응	학습	행동	결과

14. 벨트식, 안전그네식 안전대의 사용 구분에 따른 분류에 해당되지 않는 것은?

① U자 걸이용　　　② D링 걸이용
③ 안전블록　　　　④ 추락방지대

정답 7. ①　8. ①　9. ③　10. ②　11. ④　12. ③　13. ④　14. ②

해설 안전대의 종류

- 벨트식 : 1개 걸이 전용, U자 걸이 전용
- 안전그네식 : 추락방지대, 안전블록

15. 조직이 리더에게 부여하는 권한으로 볼 수 없는 것은?

① 보상적 권한　　　② 강압적 권한
③ 합법적 권한　　　④ 위임된 권한

해설
- 조직이 리더에게 부여하는 권한 : 보상적 권한, 강압적 권한, 합법적 권한
- 리더 본인이 본인에게 부여하는 권한 : 위임된 권한, 전문성의 권한
- 위임된 권한 : 지도자의 계획과 목표를 부하직원이 얼마나 잘 따르는지와 관련된 권한이다.

16. 적응기제(adjustment mechanism)의 도피적 행동인 고립에 해당하는 것은?

① 운동시합에서 진 선수가 컨디션이 좋지 않았다고 말한다.
② 키가 작은 사람이 키 큰 친구들과 같이 사진을 찍으려 하지 않는다.
③ 자녀가 없는 여교사가 아동 교육에 전념하게 되었다.
④ 동생이 태어나자 형이 된 아이가 말을 더듬는다.

해설 도피기제의 고립 : 외부와의 접촉을 단절(거부)

17. 부주의의 발생 원인과 그 대책이 옳게 연결된 것은?

① 의식의 우회-상담
② 소질적 조건-교육
③ 작업환경 조건 불량-작업 순서 정비
④ 작업 순서의 부적당-작업자 재배치

해설 부주의 원인과 대책

- 내적 원인-대책 : 소질적 문제-적성배치, 의식의 우회-상담(카운슬링), 경험과 미경험자-안전교육 · 훈련
- 외적 원인-대책 : 작업환경 조건 불량-환경 개선, 작업 순서의 부적정-작업 순서 정비(인간공학적 접근)

18. 무재해 운동 추진기법 중 지적 확인에 대한 설명으로 옳은 것은?

① 비평을 금지하고, 자유로운 토론을 통하여 독창적인 아이디어를 끌어낼 수 있다.
② 참여자 전원의 스킨십을 통하여 연대감, 일체감을 조성할 수 있고 느낌을 교류한다.
③ 작업 전 5분간의 미팅을 통하여 시나리오상의 역할을 연기하여 체험하는 것을 목적으로 한다.
④ 오관의 감각기관을 총동원하여 작업의 정확성과 안전을 확인한다.

해설 무재해 운동 추진기법 중 지적 확인

- 작업의 안전 정확성을 확인하기 위해 눈, 팔, 손, 입, 귀 등 오관의 감각기관을 이용하여 작업시작 전에 뇌를 자극시켜 안전을 확보하기 위한 기법이다.
- 작업공정의 요소에서 자신의 행동을 "홍길동 좋아!"하고 대상을 지적하여 큰 소리로 확인하는 것을 말한다.

19. 조건반사설에 의한 학습 이론의 원리에 해당하지 않는 것은?

① 강도의 원리　　　② 시간의 원리
③ 효과의 원리　　　④ 계속성의 원리

해설 손다이크(Thorndike)의 시행착오설
- 연습(반복)의 법칙 : 목표가 있는 작업을 반복하는 과정 및 효과를 포함한 전 과정이다.

- 효과의 법칙 : 목표에 도달했을 때 보상을 주면 반응과 결합이 강해져 조건화가 이루어진다.
- 준비성의 법칙 : 학습을 하기 전의 상태에 따라 그 학습이 만족·불만족스러운가에 관한 것이다.

20. 재해손실비의 평가방식 중 하인리히 계산 방식으로 옳은 것은?

① 총 재해비용＝보험비용＋비보험비용
② 총 재해비용＝직접손실비용＋간접손실비용
③ 총 재해비용＝공동비용＋개별비용
④ 총 재해비용＝노동손실비용＋설비손실비용

해설 직접비와 간접비

직접비(법적으로 지급되는 산재보상비)		간접비 (직접비를 제외한 비용)
구분	**적용**	
치료비	치료비 전액	
휴업 급여	1일 평균임금의 70%에 상당하는 금액	
장해 급여	장해등급에 따라 장해보상연금 또는 장해보상금 지급	
간병 급여	요양급여 수급자가 치유 후 간병을 받는 자에게 지급	인적 손실 물적 손실 생산 손실 임금 손실 시간 손실 기타 손실 등
유족 급여	근로자가 업무상 사유로 사망한 경우 유족에게 지급	
상병 보상 연금	• 요양 개시 후 2년 경과된 날 이후에 지급 • 부상 또는 질병이 치유되지 아니한 상태 • 부상 또는 질병에 의한 폐질의 등급기준에 따라 지급	
장의비	평균임금의 120일분에 상당하는 금액	
기타 비용	상해특별급여, 유족특별급여	

21. 다음 중 눈의 구조 가운데 기능 결함이 발생할 경우 색맹 또는 색약이 되는 세포는?

① 간상세포
② 원추세포
③ 수평세포
④ 양극세포

해설 원추세포는 밝은 빛에 민감하며, 적색, 청색, 녹색에 매우 민감하다.
Tip) 원추세포가 부실하면 색이 다른 색과 섞여 있을 때 그 색을 구분하지 못하는 색맹 또는 색약이 된다.

22. 다음 중 초음파의 기준이 되는 주파수로 옳은 것은?

① 4000 Hz 이상
② 6000 Hz 이상
③ 10000 Hz 이상
④ 20000 Hz 이상

해설 초음파는 20000 Hz 이상의 주파수로 사람이 들을 수 없는 주파수이다.

23. 일반적으로 연구 조사에 사용되는 기준 중 기준 척도의 신뢰성이 의미하는 것은 무엇인가?

① 보편성
② 적절성
③ 반복성
④ 객관성

해설 신뢰성(반복성) : 반복시험 시 재연성이 있어야 한다. 척도의 신뢰성은 반복성을 의미한다.

24. 다음 표와 관련된 시스템 위험분석 기법으로 가장 적합한 것은?

프로그램 :				시스템 :				
#1 구성 요소 명칭	#2 구성 요소 위험 방식	#3 시스템 작동 방식	#4 서브 시스 템 에서 위험 영향	#5 서브 시스템, 대표적 시스템 위험 영향	#6 환경 적 요 인	#7 위험 영향을 받을 수 있 는 2차 요인	#8 위험 수준	#9 위험 관리

① 예비위험분석(PHA)

② 결함위험분석(FHA)

③ 운용위험분석(OHA)

④ 사상수분석(ETA)

해설 결함위험분석(FHA) : 분업에 의하여 분담 설계한 서브 시스템 간의 인터페이스를 조정하여 전 시스템의 안전에 악영향이 없게 하는 분석 기법이다.

25. 서서 하는 작업의 작업대 높이에 대한 설명으로 틀린 것은?

① 경작업의 경우 팔꿈치 높이보다 5~10cm 낮게 한다.

② 중작업의 경우 팔꿈치 높이보다 10~20cm 낮게 한다.

③ 정밀작업의 경우 팔꿈치 높이보다 약간 높게 한다.

④ 부피가 큰 작업물을 취급하는 경우 최대치 설계를 기본으로 한다.

해설 입식 작업대 높이

• 정밀작업 : 팔꿈치 높이보다 5~10cm 높게 설계

• 일반작업(輕작업) : 팔꿈치 높이보다 5~10cm 낮게 설계

• 힘든작업(重작업) : 팔꿈치 높이보다 10~20cm 낮게 설계

26. 눈의 피로를 줄이기 위해 VDT 화면과 종이 문서 간의 밝기의 비는 최대 얼마를 넘지 않도록 하는가?

① 1 : 20　　　　② 1 : 50

③ 1 : 10　　　　④ 1 : 30

해설 • 화면과 종이 문서 간의 밝기의 비
　＝1 : 10

• 화면과 시야 중앙 표면의 밝기의 비＝1 : 3

• 시야 중앙과 그 변두리 사이의 밝기의 비
　＝1 : 10

27. 휴먼 에러에 있어 작업자가 수행해야 할 작업을 잘못 수행하였을 경우의 오류를 무엇이라 하는가?

① omission error　② sequence error

③ timing error　④ commission error

해설 작위적 오류, 실행 오류(commission error) : 필요한 작업 절차의 불확실한 수행으로 발생한 에러(선택, 순서, 시간, 정성적 착오)

28. 조도가 250럭스인 책상 위에 짙은 색 종이 A와 B가 있다. 종이 A의 반사율은 20%이고, 종이 B의 반사율은 15%이다. 종이 A에는 반사율 80%의 색으로, 종이 B에는 반사율 60%의 색으로 같은 글자를 각각 썼을 때의 설명으로 맞는 것은? (단, 두 글자의 크기, 색, 재질 등은 동일하다.)

① 두 종이에 쓴 글자는 동일한 수준으로 보인다.

② 어느 종이에 쓰인 글자가 더 잘 보이는지 알 수 없다.

③ A종이에 쓰인 글자가 B종이에 쓰인 글자보다 눈에 더 잘 보인다.

④ B종이에 쓰인 글자가 A종이에 쓰인 글자보다 눈에 더 잘 보인다.

해설 대비(luminance contrast)

㉠ A종이의 대비 $= \dfrac{L_b - L_t}{L_b} \times 100$

$= \dfrac{20 - 80}{20} \times 100 = -300\%$

㉡ B종이의 대비 $= \dfrac{L_b - L_t}{L_b} \times 100$

$= \dfrac{15 - 60}{15} \times 100 = -300\%$

여기서, L_b : 배경의 광속발산도

L_t : 표적의 광속발산도

→ A와 B종이의 대비 값이 같으므로 두 종이에 쓴 글자는 동일한 수준으로 보인다.

29. 인간-기계 시스템 설계과정의 주요 6단계를 올바른 순서로 나열한 것은?

> ㉠ 기본 설계
> ㉡ 시스템 정의
> ㉢ 목표 및 성능 명세 결정
> ㉣ 인간-기계 인터페이스(human-machine interface) 설계
> ㉤ 매뉴얼 및 성능보조자료 작성
> ㉥ 시험 및 평가

① ㉢ → ㉡ → ㉠ → ㉣ → ㉤ → ㉥
② ㉠ → ㉡ → ㉢ → ㉣ → ㉤ → ㉥
③ ㉡ → ㉢ → ㉠ → ㉤ → ㉣ → ㉥
④ ㉢ → ㉠ → ㉡ → ㉤ → ㉣ → ㉥

해설 인간-기계 시스템 설계 순서

1단계	2단계	3단계	4단계	5단계	6단계
목표와 성능 명세 결정	시스템의 정의	기본 설계	인터 페이스 설계	보조물 설계	시험 및 평가

30. 페일 세이프(fail-safe)의 원리에 해당되지 않는 것은?

① 교대구조
② 다경로 하중구조
③ 배타설계 구조
④ 하중경감구조

해설 구조적 fail-safe의 종류 : 다경로 하중구조, 분할구조, 교대구조, 하중경감구조

31. 건강한 남성이 8시간 동안 특정 작업을 실시하고, 산소 소비량이 1.2L/분으로 나타났다면 8시간 총 작업시간에 포함되어야 할 최소 휴식시간은? (단, 남성의 권장 평균 에너지 소비량은 5kcal/분, 안정 시 에너지 소비량은 1.5kcal/분으로 가정한다.)

① 107분 ② 117분 ③ 127분 ④ 137분

해설 휴식시간 계산

㉠ 작업 시 평균 에너지 소비량(E)

$= 5\text{kcal/L} \times 1.2\text{L/분} = 6\text{kcal/분}$

여기서, 평균 남성의 표준 에너지 소비량 5kcal/L

㉡ 휴식시간(R) $= \dfrac{\text{작업시간}(E-5)}{E-1.5}$

$= \dfrac{480 \times (6-5)}{6-1.5} = 106.666$분

여기서, E : 작업 시 평균 에너지 소비량(kcal/분)

1.5 : 휴식시간에 대한 평균 에너지 소비량(kcal/분)

5 : 기초대사를 포함한 보통 작업의 평균 에너지(kcal/분)

480 : 총 작업시간 = 8시간 × 60분/시간 = 480분

32. 인간공학적 수공구의 설계에 관한 설명으로 맞는 것은?

① 손잡이 크기를 수공구 크기에 맞추어 설계한다.

② 수공구 사용 시 무게균형이 유지되도록 설계한다.

③ 정밀작업용 수공구의 손잡이는 직경을 5mm 이하로 한다.

④ 힘을 요하는 수공구의 손잡이는 직경을 6mm 이상으로 한다.

해설 수공구 설계원칙

• 손목을 곧게 유지하여야 한다.

• 조직의 압축응력을 피한다.

• 반복적인 모든 손가락 움직임을 피한다.

• 안전 작동을 고려하여 무게균형이 유지되도록 설계한다.

• 손잡이는 손바닥의 접촉면적이 크게 설계하여야 한다.

33. FT에서 두 입력사상 A와 B가 AND 게이트로 결합되어 있을 때 출력사상의 고장발생 확률은? (단, A의 고장률은 0.6, B의 고장률은 0.2이다.)

① 0.12 ② 0.40 ③ 0.68 ④ 0.80

해설 고장률 $= A \times B = 0.6 \times 0.2 = 0.12$

34. 60폰(phon)의 소리에 해당하는 손(sone)의 값은?

① 1 ② 2 ③ 4 ④ 8

해설 sone치$= 2^{(\text{phon}치 - 40)/10} = 2^{(60 - 40)/10}$
$$= 2^2 = 4\,\text{sone}$$

35. 다음 중 인간공학에 관련된 설명으로 틀린 것은?

① 편리성, 쾌적성, 효율성을 높일 수 있다.

② 사고를 방지하고 안전성과 능률성을 높일 수 있다.

③ 인간의 특성과 한계점을 고려하여 제품을 설계한다.

④ 생산성을 높이기 위해 인간을 작업 특성에 맞추는 것이다.

해설 인간공학의 목표

• 에러 감소 : 안전성 향상과 사고방지

• 생산성 증대 : 기계 조작의 능률성과 생산성의 향상

• 안전성 향상 : 작업환경의 쾌적성

36. 모든 시스템 안전 프로그램 중 최초 단계의 분석으로 시스템 내의 위험요소가 어떤 상태에 있는지를 정성적으로 평가하는 방법은?

① CA ② FHA
③ PHA ④ FMEA

해설 예비위험분석(PHA) : 모든 시스템 안전 프로그램 중 최초 단계의 분석으로 시스템 내의 위험요소가 얼마나 위험한 상태에 있는지를 정성적으로 평가하는 분석 기법

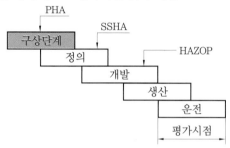

시스템 수명주기에서의 위험분석 기법

37. 1에서 15까지 수의 집합에서 무작위로 선택할 때, 어떤 숫자가 나올지 알려주는 경우의 정보량은 몇 bit인가?

① 2.91 bit ② 3.91 bit
③ 4.51 bit ④ 4.91 bit

해설 정보량$(H) = \log_2 n = \log_2 15 = \dfrac{\log 15}{\log 2}$
$$= 3.906\,\text{bit}$$

38. 일반적인 인간－기계 시스템의 형태 중 인간이 사용자나 동력원으로 기능하는 것은?

① 수동체계 　　　② 기계화 체계
③ 자동체계 　　　④ 반자동 체계

해설 수동 시스템 : 사용자가 스스로 기계 시스템의 동력원으로 작용하여 작업 수행

39. 안전성 향상을 위한 시설배치의 예로 적절하지 않은 것은?

① 기계배치는 작업의 흐름을 따른다.
② 작업자가 통로 쪽으로 등을 향하여 일하도록 한다.
③ 기계설비 주위에 운전 공간, 보수 점검 공간을 확보한다.
④ 통로는 선을 그어 명확히 구별하도록 한다.

해설 ② 작업자가 통로 쪽으로 등을 향하여 일하면 통로에 통행하는 사람을 볼 수 없어 위험하다.

40. 신호검출이론의 응용 분야가 아닌 것은?

① 품질 검사 　　　② 의료진단
③ 교통 통제 　　　④ 시뮬레이션

해설 신호검출(SDT)이론의 응용 분야 : 품질 검사, 음파탐지, 의료진단, 증인 증언, 항공 교통 통제 등

3과목 **기계 위험방지 기술**

41. 다음 중 연삭작업에 관한 설명으로 옳은 것은?

① 일반적으로 연삭숫돌은 정면, 측면 모두를 사용할 수 있다.

② 평형 플랜지의 직경은 설치하는 숫돌 직경의 20% 이상의 것으로 숫돌바퀴에 균일하게 밀착시킨다.
③ 연삭숫돌을 사용하는 작업의 경우 작업시작 전과 연삭숫돌을 교체 후에는 1분 이상 시험운전을 실시한다.
④ 탁상용 연삭기의 덮개에는 워크레스트 및 조정편을 구비하여야 하며, 워크레스트는 연삭숫돌과의 간격을 3mm 이하로 조정할 수 있는 구조이어야 한다.

해설 ① 연삭숫돌은 원주면을 사용하여야 한다.
② 플랜지의 직경은 설치하는 숫돌 직경의 1/3 이상인 것을 사용하며, 숫돌바퀴에 균일하게 밀착시킨다.
③ 연삭숫돌을 사용하는 작업의 경우 작업시작 전 1분 이상, 연삭숫돌을 교체한 후에는 3분 이상 시험운전을 실시한다.

42. 다음 중 플레이너(planer)에 관한 설명으로 틀린 것은?

① 이송운동은 절삭운동의 1왕복에 대하여 2회의 연속운동으로 이루어진다.
② 평면가공을 기준으로 하여 경사면, 홈파기 등의 가공을 할 수 있다.
③ 절삭행정과 귀환행정이 있으며, 가공 효율을 높이기 위하여 귀환행정을 빠르게 할 수 있다.
④ 플레이너의 크기는 테이블의 최대 행정과 절삭할 수 있는 최대 폭 및 최대 높이로 표시한다.

해설 ① 플레이너의 이송운동은 절삭운동 중 귀환행정을 한다.

43. 2개의 회전체가 회전운동을 할 때에 물림점이 발생될 수 있는 조건은?

① 두 개의 회전체 모두 시계 방향으로 회전
② 두 개의 회전체 모두 시계 반대 방향으로 회전
③ 하나는 시계 방향으로 회전하고 다른 하나는 시계 반대 방향으로 회전
④ 하나는 시계 방향으로 회전하고 다른 하나는 정지

해설 물림점 : 두 회전체가 서로 반대 방향으로 물려 돌아가는 위험점-롤러와 롤러, 기어와 기어의 물림점

44. 다음 중 선반의 크기를 표시하는 것으로 틀린 것은?

① 주축에 물릴 수 있는 공작물의 최대 지름
② 주축과 심압축의 센터 사이의 최대 거리
③ 왕복대 위의 스윙
④ 베드 위의 스윙

해설 선반의 크기 표시방법
• 스윙 : 베드상의 스윙 및 왕복 대상의 스윙을 말하는 것으로, 물릴 수 있는 공작물의 최대 지름
• 양 센터 간 최대 거리 : 주축 쪽 센터와 심압대 쪽 센터 간의 거리

45. 다음 중 컨베이어의 안전장치가 아닌 것은?

① 이탈 및 역주행 방지장치
② 비상정지장치
③ 덮개 또는 울
④ 비상난간

해설 컨베이어의 방호장치
• 이탈 및 역주행 방지장치 : 이탈 및 역주행을 방지하는 장치
• 비상정지장치 : 급정지 안전장치
• 덮개 또는 울 : 덮개 또는 울을 설치하여 낙하방지를 위한 조치

46. 롤러의 맞물림점 전방에 개구간격 30mm의 가드를 설치하고자 한다. 개구면에서 위험점까지의 최단거리(mm)는 얼마인가? (단, I.L.O. 기준에 의해 계산한다.)

① 80   ② 100
③ 120   ④ 160

해설 롤러 가드의 개구부 간격(Y)
: $X \geq 160\,mm$일 경우, $Y = 30\,mm$
∴ $X = 160\,mm$

47. 다음 중 외형의 안전화를 위한 대상기계 · 기구 · 장치별 색채의 연결이 잘못된 것은?

① 시동용 단추 스위치-녹색
② 고열을 내는 기계-노란색
③ 대형기계-밝은 연녹색
④ 급정지용 단추 스위치-빨간색

해설 ② 고열을 내는 기계 – 청록색

48. 산업안전보건법령상 양중기의 달기체인에 대한 사용금지사항으로 틀린 것은?

① 달기체인의 한 꼬임에서 끊어진 소선의 수가 10 % 이상인 것
② 링의 단면지름이 달기체인이 제조된 때의 해당 링의 지름의 10 %를 초과하여 감소한 것
③ 달기체인의 길이가 달기체인이 제조된 때의 길이의 5 %를 초과한 것
④ 균열이 있거나 심하게 변형된 것

해설 달기체인의 사용금지기준
• 균열이 있거나 심하게 변형된 것
• 달기체인의 길이가 달기체인이 제조된 때의 길이의 5 %를 초과한 것
• 링의 단면지름이 달기체인이 제조된 때의 해당 링의 지름의 10 %를 초과하여 감소한 것

49. 기계나 그 부품에 고장이나 기능 불량이 생겨도 항상 안전하게 작동하는 안전화 대책은?

① 진단
② 예방정비
③ 페일 세이프(fail−safe)
④ 풀 프루프(fool proof)

해설 페일 세이프(fail−safe) : 설비 및 기계장치 일부가 고장이 난 경우 그것이 바로 사고나 재해로 연결되지 않도록 2중, 3중으로 통제를 가하는 것을 말한다.

50. 산업안전보건법상 양중기가 아닌 것은?

① 곤돌라
② 이동식 크레인
③ 최대하중이 0.2톤인 승강기
④ 적재하중이 0.1톤인 이삿짐운반용 리프트

해설 승강기(적재용량이 $300\,kg$ 미만인 것은 제외한다.)

51. 지게차가 무부하상태로 구내최고속도 25km/h로 주행 시 좌우 안정도는 몇 % 이내인가?

① 16.5%   ② 25.0%
③ 37.5%   ④ 42.5%

해설 기준 무부하상태에서 주행 시의 좌우 안정도는 $(15 + 1.1V)$%이다.
∴ $15 + 1.1V = 15 + (1.1 \times 25) = 42.5\%$
여기서, V : 구내최고속도(km/h)

52. 보일러의 안전한 기동을 위해 압력방출장치가 2개 이상 설치된 경우 최고사용압력 이하에서 1개가 작동되었다면, 다른 압력방출장치의 작동압력의 범위는?

① 최고사용압력 1.05배 이하
② 최고사용압력 1.1배 이하
③ 최고사용압력 1.15배 이하
④ 최고사용압력 1.2배 이하

해설 압력방출장치를 2개 설치하는 경우 1개는 최고사용압력 이하에서 작동되도록 하고, 또 다른 하나는 최고사용압력의 1.05배 이하에서 작동되도록 부착한다.

53. 컨베이어 작업 시 준수해야 할 사항이 아닌 것은?

① 운전 중인 컨베이어 등의 위로 근로자를 넘어가도록 하는 경우에는 위험을 방지하기 위하여 건널다리를 설치하는 등 필요한 조치를 하여야 한다.
② 근로자를 운반할 수 있는 구조가 아닌 운전 중인 컨베이어에 근로자를 탑승시켜서는 안 된다.
③ 작업 중 급정지를 방지하기 위하여 비상정지장치는 해체해야 한다.
④ 트롤리 컨베이어에 트롤리와 체인·행거가 쉽게 벗겨지지 않도록 확실하게 연결시켜야 한다.

해설 ③ 작업 중 급정지를 방지하기 위하여 비상정지장치를 해체해서는 안 된다.

54. 보일러에서 과열이 발생하는 직접적인 원인과 가장 거리가 먼 것은?

① 수관의 청소 불량
② 관수 부족 시 보일러의 가동
③ 안전밸브의 기능이 부정확할 때
④ 수면계의 고장으로 드럼 내의 물의 감소

해설 ③ 안전밸브는 보일러 과열상태의 압력을 방출하는 방호장치

55. 기계설비 구조의 안전을 위해 설계 시 고려하여야 할 안전계수(safety factor)의 산출 공식으로 틀린 것은?

① 파괴강도÷허용응력

② 안전하중÷파단하중

③ 파괴하중÷허용하중

④ 극한강도÷최대 설계응력

해설 안전율 $= \dfrac{\text{파괴강도}}{\text{허용응력}} = \dfrac{\text{파괴하중}}{\text{허용하중}}$

$\quad\quad\quad\quad = \dfrac{\text{파단하중}}{\text{안전하중}} = \dfrac{\text{극한강도}}{\text{최대 설계응력}}$

56. 원심기의 안전 대책에 관한 사항에 해당되지 않는 것은?

① 최고사용 회전수를 초과하여 사용해서는 아니 된다.

② 내용물이 튀어나오는 것을 방지하도록 덮개를 설치하여야 한다.

③ 폭발을 방지하도록 압력방출장치를 2개 이상 설치하여야 한다.

④ 청소, 검사, 수리 등의 작업 시에는 기계의 운전을 정지하여야 한다.

해설 ③은 보일러의 방호장치에 대한 내용이다.

57. 산업용 로봇 작업 시 안전조치 방법이 아닌 것은?

① 높이 1.8m 이상의 방책을 설치한다.

② 로봇의 조작방법 및 순서의 지침에 따라 작업한다.

③ 로봇 작업 중 이상 상황의 대처를 위해 근로자 이외에도 로봇의 기동 스위치를 조작할 수 있도록 한다.

④ 2인 이상의 근로자에게 작업을 시킬 때는 신호방법의 지침을 정하고 그 지침에 따라 작업한다.

해설 ③ 로봇 작업 중 이상 발견 시 즉시 운전을 정지시켜야 하며, 해당 작업에 종사하고 있는 근로자 외의 사람이 스위치를 조작할 수 없도록 하여야 한다.

58. 산업안전보건법령상 크레인의 방호장치에 해당하지 않는 것은?

① 권과방지장치

② 낙하방지장치

③ 비상정지장치

④ 과부하방지장치

해설 크레인 방호장치 : 과부하방지장치, 권과방지장치, 비상정지장치, 제동장치

59. 드릴작업 시 유의사항 중 틀린 것은?

① 균열이 심한 드릴은 사용해서는 안 된다.

② 드릴을 장치에서 제거할 경우에는 회전을 완전히 멈추고 한다.

③ 드릴이 밑면에 나왔는지 확인을 위해 가공물 밑면을 손으로 만지면서 확인한다.

④ 가공 중에는 소리에 주의하여 드릴의 날에 이상한 소리가 나면 즉시 드릴을 연마하거나 다른 드릴과 교환한다.

해설 ③ 드릴이 밑면에 나왔는지 확인을 위해 가공물 밑면을 손으로 만지면 위험하다.

60. 화물 적재 시 지게차의 안정 조건을 옳게 나타낸 것은? (단, W는 화물의 중량, L_w는 앞바퀴에서 화물 중심까지의 최단거리, G는 지게차의 중량, L_g는 앞바퀴에서 지게차 중심까지의 최단거리이다.)

① $G \times L_g \geq W \times L_w$

② $W \times L_w \geq G \times L_g$

정답 **55.** ② **56.** ③ **57.** ③ **58.** ② **59.** ③ **60.** ①

③ $G \times L_w \geq W \times L_g$

④ $W \times L_g \geq G \times L_w$

해설 지게차의 안전성

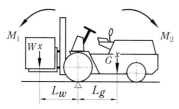

화물의 모멘트$(M_1) = W \times L_w$,

지게차의 모멘트$(M_2) = G \times L_g$,

∴ $M_1 < M_2$

여기서, W : 화물 중심에서의 화물의 중량

G : 지게차의 중량

L_w : 앞바퀴에서 화물 중심까지의 최단거리

L_g : 앞바퀴에서 지게차 중심까지의 최단 거리

4과목 | **전기 및 화학설비 위험방지 기술**

61. 정상운전 중의 전기설비가 점화원으로 작용하지 않는 것은?

① 변압기 권선

② 보호계전기 접점

③ 직류전동기의 정류자

④ 권선형 전동기의 슬립링

해설 ①은 잠재적 점화원,

②, ③, ④는 현재적 점화원

62. 취급물질에 따라 여러 가지 증류방법이 있는데, 다음 중 특수 증류방법이 아닌 것은?

① 감압증류   ② 추출증류

③ 공비증류   ④ 기 · 액 증류

해설 증류법의 종류 : 감압증류, 상압증류, 고압증류, 추출증류, 공비증류, 수증기 증류 등

63. 저압전선로 중 절연 부분의 전선과 대지 간 및 전선의 심선 상호 간의 절연저항은 사용전압에 대한 누설전류가 최대 공급전류의 얼마를 넘지 않도록 규정하고 있는가?

① $\dfrac{1}{1000}$ ② $\dfrac{1}{1500}$

③ $\dfrac{1}{2000}$ ④ $\dfrac{1}{2500}$

해설 전선의 심선 상호 간의 절연저항은 사용전압에 대한 누설전류가 최대 공급전류의 $\dfrac{1}{2000}$ A를 넘지 않도록 유지한다.

64. 건조설비 구조에 관한 설명으로 옳지 않은 것은?

① 건조설비의 외면은 불연성 재료로 한다.

② 위험물 건조설비의 측벽이나 바닥은 견고한 구조로 한다.

③ 건조설비의 내부는 청소할 수 있는 구조로 되어서는 안 된다.

④ 건조설비의 내부 온도는 국부적으로 상승되는 구조로 되어서는 안 된다.

해설 ③ 건조설비의 내부는 청소하기 쉬운 구조이어야 한다.

65. 다음 중 감전에 영향을 미치는 요인으로 통전경로별 위험도가 가장 높은 것은?

① 왼손−등

② 오른손−등

③ 오른손−왼발

④ 왼손−가슴

해설 통전경로별 위험도

통전경로(위험도)	통전경로(위험도)
오른손 – 등(0.3)	왼손 – 오른손(0.4)
왼손 – 등(0.7)	한 손 또는 양손 – 앉아 있는 자리(0.7)
양손 – 양발(1.0)	오른손 – 한 발 또는 양발(0.8)
오른손 – 가슴(1.3)	왼손 – 한 발 또는 양발(1.0)
왼손 – 가슴(1.5)	

66. 산업안전보건기준에 관한 규칙에서 규정하고 있는 위험물질의 종류 중 "물반응성 물질 및 인화성 고체"에 해당되지 않는 것은 어느 것인가?

① 리튬
② 칼슘탄화물
③ 아세틸렌
④ 셀룰로이드류

해설 물반응성 물질 및 인화성 고체

- 리튬
- 칼륨 · 나트륨
- 황
- 황린
- 황화인 · 적린
- 셀룰로이드류
- 마그네슘분말
- 금속의 인화물
- 금속의 수소화물
- 알킬알루미늄 · 알킬리튬
- 알칼리금속(리튬 · 칼륨 및 나트륨은 제외)
- 칼슘탄화물 · 알루미늄 탄화물
- 금속분말(마그네슘분말은 제외)
- 유기 금속화합물(알킬알루미늄 및 알킬리튬은 제외)

67. 다음과 같은 특성이 있으며 제한전압이 낮기 때문에 접지저항을 낮게 하기 어려운 배전선로에 적합한 피뢰기는?

피뢰기의 특성요소가 파이버관으로 되어 있고 방전은 직렬 갭을 통하여 파이버관 내부의 상부와 하부 전극 간에서 행하여지며, 속류 차단은 파이버관 내부 벽면에서 아크열에 의한 파이버질의 분해로 발생하는 고압가스의 소호작용에 의한다.

① 변형 피뢰기
② 방출형 피뢰기
③ 갭레스형 피뢰기
④ 변저항형 피뢰기

해설 방출형 피뢰기에 관한 내용이다.

68. 산업안전보건기준에 관한 규칙에서 정한 위험물질 종류 중 부식성 물질에서 부식성 염기류에 해당하는 것은?

① 농도 40% 이상인 염산
② 농도 40% 이상인 불산
③ 농도 40% 이상인 아세트산
④ 농도 40% 이상인 수산화칼륨

해설 부식성 염기류 : 농도가 40% 이상인 수산화나트륨, 수산화칼륨, 그리고 이와 동등 이상의 부식성을 가지는 염기류

69. 전기화재의 발생 원인이 아닌 것은?

① 합선
② 절연저항
③ 과전류
④ 누전 또는 지락

해설 전기화재의 발생 원인 : 단락(합선), 누전, 과전류, 스파크, 접촉부 과열, 지락, 낙뢰, 정전기 스파크, 절연열화에 의한 발열 등

70. 건조설비의 사용에 있어 500~800℃ 범위의 온도에 가열된 스테인리스강에서 주로 일어나며, 탄화크롬이 형성되었을 때 결정 경계면의 크롬 함유량이 감소하여 발생되는 부식형태는?

① 전면부식   ② 층상부식

③ 입계부식   ④ 격간부식

해설 입계부식 : 건조설비의 사용에 있어 $500{\sim}800{\,}^{\circ}\!\mathrm{C}$ 범위의 온도에 가열된 스테인리스강에서 주로 발생하며, 탄화크롬이 형성되어 결정 경계면의 크롬 함유량이 감소하여 발생되는 부식형태

71. 전로에 시설하는 기계 · 기구의 철대 및 금속제 외함에는 규정에 따른 접지공사를 실시하여야 하나 시설하지 않아도 되는 경우가 있다. 예외 규정으로 틀린 것은?

① 사용전압이 교류 대지전압 150V 이하인 기계 · 기구를 습한 곳에 시설하는 경우

② 철대 또는 외함 주위에 적당한 절연대를 설치하는 경우

③ 저압용 기계 · 기구를 건조한 마루나 절연성 물질 위에서 취급하도록 시설하는 경우

④ 2중 절연구조로 되어 있는 기계 · 기구를 시설하는 경우

해설 ① 사용전압이 직류 300V 또는 교류 대지전압 150V 이하인 기계 · 기구를 건조한 곳에 시설하는 경우

72. 폭발범위에 있는 가연성 가스 혼합물에 전압을 변화시키며 전기불꽃을 주었더니 1000V가 되는 순간 폭발이 일어났다. 이때 사용한 전기불꽃의 콘덴서 용량은 0.1μF을 사용하였다면 이 가스에 대한 최소 발화에너지는 몇 mJ인가?

① 5   ② 10

③ 50   ④ 100

해설 최소 발화에너지$(E) = \dfrac{CV^2}{2}$

$= \dfrac{1}{2} \times (0.1 \times 10^{-6}) \times 1000^2 = 50\,\mathrm{mJ}$

73. 접지에 관한 설명으로 틀린 것은?

① 접지저항이 크면 클수록 좋다.

② 접지공사의 접지선은 과전류 차단기를 시설하여서는 안 된다.

③ 접지극의 시설은 동판, 동봉 등이 부식될 우려가 없는 장소를 선정하여 지중에 매설 또는 타입한다.

④ 고압전로와 저압전로를 결합하는 변압기의 저압전로 사용전압이 300V 이하로 중성점 접지가 어려운 경우 저압 측 임의의 한 단자에 제2종 접지공사를 실시한다.

해설 ① 접지저항은 크면 클수록 누설전류가 대지로 흐르는 용량이 적어 누전 감전사고 위험이 커진다.

74. 다음 중 화재의 종류가 옳게 연결된 것은?

① A급 화재−유류화재

② B급 화재−유류화재

③ C급 화재−일반화재

④ D급 화재−일반화재

해설 화재의 종류

종류	분류	표시색	소화방법
A급 화재	일반화재	백색	냉각소화
B급 화재	유류화재	황색	질식소화
C급 화재	전기화재	청색	질식소화
D급 화재	금속화재	무색	질식소화

75. 콘덴서의 단자전압이 1kV, 정전용량이 740 pF일 경우 방전에너지는 약 몇 mJ인가?

① 370   ② 37   ③ 3.7   ④ 0.37

해설 방전에너지$(E) = \dfrac{CV^2}{2}$

$= \dfrac{1}{2} \times (740 \times 10^{-12}) \times 1000^2 = 0.37\,\mathrm{mJ}$

76. 다음 중 화학물질 및 물리적 인자의 노출기준에 따른 TWA 노출기준이 가장 낮은 물질은?

① 불소

② 아세톤

③ 니트로벤젠

④ 사염화탄소

[해설] 독성가스의 허용 노출기준(TWA)

가스 명칭	불소 (F_2)	아세톤 (CH_3COCH_3)	니트로 벤젠 $(C_6H_6NO_2)$	사염화 탄소 (CCl_4)
허용농도 (ppm)	0.1	500	1	5

77. 감전을 방지하기 위하여 정전작업 요령을 관계 근로자에 주지시킬 필요가 없는 것은?

① 전원설비 효율에 관한 사항

② 단락접지 실시에 관한 사항

③ 전원 재투입 순서에 관한 사항

④ 작업책임자의 임명, 정전범위 및 절연용 보호구 작업 등 필요한 사항

[해설] 감전작업 시 안전수칙

- 작업 전 전원을 차단하고 단로기 등을 개방할 것
- 이상 유무 확인 후 전원을 투입할 것
- 작업장소의 잔류전하를 완전히 방전시킬 것
- 단락접지기구를 이용하여 접지할 것
- 작업책임자의 임명, 정전범위 및 절연용 보호구 작업 등 필요한 사항

78. SO_2 20 ppm은 약 몇 [g/m³]인가? (단, SO_2의 분자량은 64이고, 온도는 21℃, 압력은 1기압으로 한다.)

① 0.571

② 0.531

③ 0.0571

④ 0.0531

[해설] $20 \, ppm = \dfrac{SO_2 \, 20 \, mol}{공기 \, 10^6 \, mol}$

$$= \dfrac{SO_2 \, 20 \, mol \times \dfrac{64 \, g}{1 \, mol}}{공기 \, 10^6 \, mol \times \dfrac{22.4 \, L}{1 \, mol} \times \dfrac{(273+21)K}{273K} \times \dfrac{1 \, m^3}{1000 \, L}}$$

$$= 0.0531 \, g/m^3$$

79. 다음 설명에 해당하는 위험장소의 종류로 옳은 것은?

> 공기 중에서 가연성 분진운의 형태가 연속적, 또는 장기적 또는 단기적 자주 폭발성 분위기가 존재하는 장소

① 0종 장소

② 1종 장소

③ 20종 장소

④ 21종 장소

[해설] 분진폭발 위험장소의 구분

- 20종 장소 : 공기 중에 가연성 폭발성 분진운의 형태가 연속적으로 항상 존재하는 장소, 즉 폭발성 분진분위기가 항상 존재하는 장소
- 21종 장소 : 공기 중에 가연성 폭발성 분진운의 형태가 운전(가동) 중에 가끔 존재하는 장소, 즉 폭발성 분진분위기가 가끔 존재하는 장소
- 22종 장소 : 공기 중에 가연성 폭발성 분진운의 형태가 운전(가동) 중에 거의 없고, 있다 하더라도 단기간만 존재하는 장소

80. 부탄의 연소하한값이 1.6 vol%일 경우, 연소에 필요한 최소 산소농도는 약 몇 vol%인가?

① 9.4

② 10.4

③ 11.4

④ 12.4

[해설] ㉠ 부탄(C_4H_{10})의 연소반응식

: $2C_4H_{10} + 13O_2 \rightarrow 8CO_2 + 10H_2O$

ⓛ 최소 산소농도(C_m)

$$= \frac{\text{산소 몰수}}{\text{부탄가스 몰수}} \times \text{부탄의 연소하한값}$$

$$= \frac{13}{2} \times 1.6 = 10.4\,\text{vol\%}$$

5과목　　**건설안전기술**

81. 근로자의 추락 등의 위험을 방지하기 위하여 안전난간을 설치하는 경우 안전난간은 구조적으로 가장 취약한 지점에서 가장 취약한 방향으로 작용하는 얼마 이상의 하중에 견딜 수 있는 튼튼한 구조이어야 하는가?

① 50kg　② 100kg　③ 150kg　④ 200kg

해설 안전난간 하중은 임의의 방향으로 움직이는 100kg 이상의 하중에 견딜 수 있을 것

82. 건축물의 층고가 높아지면서, 현장에서 고소작업대의 사용이 증가하고 있다. 고소작업대의 사용 및 설치기준으로 옳은 것은?

① 작업대를 와이어로프 또는 체인으로 올리거나 내릴 경우에는 와이어로프 또는 체인의 안전율은 10 이상일 것

② 작업대를 올린 상태에서 항상 작업자를 태우고 이동할 것

③ 바닥과 고소작업대는 가능하면 수직을 유지하도록 할 것

④ 갑작스러운 이동을 방지하기 위하여 아웃트리거(outrigger) 또는 브레이크 등을 확실히 사용할 것

해설 ① 작업대를 와이어로프 또는 체인으로 올리거나 내릴 경우에는 와이어로프 또는 체인의 안전율은 5 이상일 것

② 작업대를 올린 상태에서 작업자를 태우고 이동하지 말 것

③ 바닥과 고소작업대는 가능하면 수평을 유지하도록 할 것

83. 시스템 비계를 사용하여 비계를 구성하는 경우에 준수하여야 할 기준으로 틀린 것은?

① 수직재·수평재·가새재를 견고하게 연결하는 구조가 되도록 할 것

② 비계 말단의 수직재와 받침철물은 밀착되도록 설치하고, 수직재와 받침철물의 연결부의 겹침길이는 받침철물 전체 길이의 4분의 1 이상이 되도록 할 것

③ 수평재는 수직재와 직각으로 설치하여야 하며, 체결 후 흔들림이 없도록 견고하게 설치할 것

④ 수직재와 수직재의 연결철물은 이탈되지 않도록 견고한 구조로 할 것

해설 ② 수직재와 받침철물의 연결부 겹침길이는 받침철물 전체 길이의 3분의 1 이상이 되도록 할 것

84. 옹벽이 외력에 대하여 안정하기 위한 검토 조건이 아닌 것은?

① 전도　　　　　② 활동
③ 좌굴　　　　　④ 지반 지지력

해설 옹벽의 안정 검토 조건 : 활동, 전도, 지반 지지력 등

85. 다음 중 추락재해 방지설비의 종류가 아닌 것은?

① 추락방호망　　② 안전난간
③ 개구부 덮개　　④ 수직보호망

해설 ④는 낙하재해 방지설비

86. 작업발판에 최대 적재하중을 적재함에 있어 달비계의 하부 및 상부지점이 강재인 경우 안전계수는 최소 얼마 이상인가?

① 2.5　　　　② 5
③ 10　　　　④ 15

해설 달비계의 하부 및 상부지점이 강재인 경우 안전계수는 최소 2.5 이상이어야 한다.

87. 다음은 가설통로를 설치하는 경우의 준수사항이다. 빈칸에 들어갈 수치를 순서대로 옳게 나타낸 것은?

수직갱에 가설된 통로의 길이가 (　　)m 이상인 경우에는 (　　)m 이내마다 계단참을 설치하여야 한다.

① 8, 7　　　　② 7, 8
③ 10, 15　　　④ 15, 10

해설 수직갱에 가설된 통로의 길이가 15 m 이상인 경우에는 10 m 이내마다 계단참을 설치하여야 한다.

88. 유해 · 위험방지 계획서 제출대상 공사의 규모기준으로 옳지 않은 것은?

① 최대 지간길이가 50 m 이상인 교량 건설 등 공사
② 다목적 댐, 발전용 댐 및 저수용량 2천만 톤 이상의 용수 전용 댐, 지방상수도 전용 댐 건설 등의 공사
③ 깊이 12 m 이상인 굴착공사
④ 터널 건설 등의 공사

해설 ③ 깊이 10 m 이상인 굴착공사

89. 안전난간의 구조 및 설치기준으로 옳지 않은 것은?

① 안전난간은 상부 난간대, 중간 난간대, 발끝막이판, 난간기둥으로 구성할 것
② 상부 난간대와 중간 난간대는 난간 길이 전체에 걸쳐 바닥면 등과 평행을 유지할 것
③ 발끝막이판은 바닥면 등으로부터 10 cm 이상의 높이를 유지할 것
④ 안전난간은 구조적으로 가장 취약한 지점에서 가장 취약한 방향으로 작용하는 80 kg 이상의 하중에 견딜 수 있는 튼튼한 구조일 것

해설 ④ 안전난간은 구조적으로 가장 취약한 지점에서 가장 취약한 방향으로 작용하는 100 kg 이상의 하중에 견딜 수 있는 튼튼한 구조일 것

90. 이동식 사다리를 설치하여 사용하는 경우의 준수기준으로 옳지 않은 것은?

① 길이가 6 m를 초과해서는 안 된다.
② 다리의 벌림은 벽 높이의 1/4 정도가 적당하다.
③ 미끄럼방지 발판은 인조고무 등으로 마감한 실내용을 사용하여야 한다.
④ 벽면 상부로부터 최소한 90 cm 이상의 연장길이가 있어야 한다.

해설 ④ 벽면 상부로부터 최소한 60 cm 이상의 연장길이가 있어야 한다.

91. 차량계 건설기계의 운전자가 운전위치를 이탈하는 경우 준수해야 할 사항으로 옳지 않은 것은?

① 버킷은 지상에서 1 m 정도의 위치에 둔다.
② 브레이크를 걸어 둔다.
③ 디퍼는 지면에 내려 둔다.
④ 원동기를 정지시킨다.

해설 ① 버킷은 지면 또는 가장 낮은 위치에 두어야 한다.

92. 수중굴착 및 구조물의 기초바닥 등과 같은 협소하고 상당히 깊은 범위의 굴착과 호퍼작업에 가장 적당한 굴착기계는?

① 파워쇼벨
② 항타기
③ 클램셸
④ 리버스 서큘레이션 드릴

해설 클램셸 : 수중굴착 및 구조물의 기초바닥 등과 같은 협소하고 상당히 깊은 범위의 굴착이 가능하며, 호퍼작업에 적합하다.

93. 채석작업을 하는 때 채석작업 계획에 포함되어야 하는 사항에 해당되지 않는 것은?

① 굴착면의 높이와 기울기
② 기둥침하의 유무 및 상태 확인
③ 암석의 분할방법
④ 표토 또는 용수의 처리방법

해설 채석작업 시 작업계획서 내용
• 발파방법
• 암석의 분할방법
• 암석의 가공장소
• 노천굴착과 갱내굴착의 구별 및 채석방법
• 굴착면의 높이와 기울기
• 굴착면 소단(小段)의 위치와 넓이
• 갱내에서의 낙반 및 붕괴방지방법
• 사용하는 굴착기계 · 분할기계 · 적재기계 또는 운반기계의 종류 및 성능
• 토석 또는 암석의 적재 및 운반방법과 운반경로
• 표토 또는 용수(勇水)의 처리방법

94. 철골작업 시 폭우와 같은 악천후에 작업을 중지하여야 하는 강우량 기준은?

① 1시간당 1mm 이상일 때
② 2시간당 1mm 이상일 때
③ 3시간당 2mm 이상일 때
④ 4시간당 2mm 이상일 때

해설 철골작업 시 기후 변화에 의한 작업중지 사항
• 초당 풍속이 10m 이상인 경우
• 1시간당 강우량이 1mm 이상인 경우
• 1시간당 강설량이 1cm 이상인 경우

95. 고소작업대가 갖추어야 할 설치 조건으로 옳지 않은 것은?

① 작업대를 와이어로프 또는 체인으로 올리거나 내릴 경우에는 와이어로프 또는 체인이 끊어져 작업대가 떨어지지 아니하는 구조이어야 하며, 와이어로프 또는 체인의 안전율은 3 이상일 것
② 작업대를 유압에 의해 올리거나 내릴 경우에는 작업대를 일정한 위치에 유지할 수 있는 장치를 갖추고 압력의 이상저하를 방지할 수 있는 구조일 것
③ 작업대에 정격하중(안전율 5 이상)을 표시할 것
④ 작업대에 끼임 · 충돌 등 재해를 예방하기 위한 가드 또는 과상승방지장치를 설치할 것

해설 ① 작업대를 와이어로프 또는 체인으로 올리거나 내릴 경우에는 와이어로프 또는 체인이 끊어져 작업대가 떨어지지 아니하는 구조이어야 하며, 와이어로프 또는 체인의 안전율은 5 이상일 것

96. 다음에서 설명하고 있는 건설장비의 종류는?

앞뒤 두 개의 차륜이 있으며(2축 2륜), 각각의 차축이 평행으로 배치된 것으로 찰흙, 점성토 등의 두꺼운 흙을 다짐하는데 적당하나 단단한 각재를 다지는데는 부적당하며 머캐덤 롤러 다짐 후의 아스팔트 포장에 사용된다.

정답 **92.** ③　**93.** ②　**94.** ①　**95.** ①　**96.** ②

① 클램셸　　　　② 탠덤 롤러
③ 트랙터셔블　　　④ 드래그라인

해설 탠덤 롤러 : 앞뒤 2개의 차륜으로 구성되어 있으며, 아스팔트 포장의 마무리, 점성토 다짐에 사용한다.

97. 추락에 의한 위험방지와 관련된 다음 내용 중 (　)에 알맞은 것은?

> 사업주는 높이 또는 깊이가 (　)미터를 초과하는 장소에서 작업을 하는 때에는 당해 작업에 종사하는 근로자가 안전하게 승강하기 위한 건설용 리프트 등의 설비를 설치하여야 한다.

① 0.1　　② 1.5　　③ 2.0　　④ 2.5

해설 높이 또는 깊이 2m 이상의 추락할 위험이 있는 장소에서 하는 작업은 추락재해 방지 설비가 필요하다.

98. 거푸집 해체 시 작업자가 이행해야 할 안전수칙으로 옳지 않은 것은?

① 거푸집 해체는 순서에 입각하여 실시한다.
② 상하에서 동시작업을 할 때는 상하의 작업자가 긴밀하게 연락을 취해야 한다.
③ 거푸집 해체가 용이하지 않을 때에는 큰 힘을 줄 수 있는 지렛대를 사용해야 한다.
④ 해체된 거푸집, 각목 등을 올리거나 내릴 때는 달줄, 달포대 등을 사용한다.

해설 ③ 거푸집 해체가 용이하지 않더라도 큰 힘을 줄 수 있는 지렛대는 사용하면 안 된다.

99. 다음 건설기계 중 360° 회전작업이 불가능한 것은?

① 타워크레인　　　② 크롤러크레인
③ 가이데릭　　　　④ 삼각데릭

해설 삼각데릭
• 가이데릭과 비슷하나 주 기둥을 지탱하는 지선 대신에 2본의 다리에 의해 고정한다.
• 작업 회전반경은 약 270° 정도로 비교적 높이가 낮은 면적의 건물에 유효하다.

100. 건설현장에서 근로자가 안전하게 통행할 수 있도록 통로에 설치하는 조명의 조도기준은?

① 65lux 이상　　② 75lux 이상
③ 85lux 이상　　④ 95lux 이상

해설 근로자가 안전하게 통행할 수 있도록 통로에 설치하는 조명의 조도는 75lux 이상으로 할 것

제5회 CBT 모의고사

산업안전산업기사

1과목 **산업안전관리론**

1. 보호구의 의무안전인증기준에 있어 다음 설명에 해당하는 부품의 명칭으로 옳은 것은?

> 머리받침끈, 머리고정대 및 머리받침고리로 구성되어 추락 및 감전위험방지용 안전모로 머리 부위에 고정시켜 주며, 안전모에 충격이 가해졌을 때 착용자의 머리 부위에 전해지는 충격을 완화시켜 주는 기능을 갖는 부품

① 챙
② 착장체
③ 모체
④ 충격흡수재

해설 추락 및 감전위험방지용 안전모의 구성요소는 모체, 착장체(머리받침끈, 머리고정대, 머리받침고리), 턱끈으로 구성된다.

2. 다음 중 도미노 이론에서 사고의 직접 원인이 되는 것은?

① 통제의 부족
② 유전과 환경적 영향
③ 불안전한 행동과 상태
④ 관리구조의 부적절

해설 하인리히(H.W.Heinrich)의 도미노 이론(사고 발생의 연쇄성)
• 1단계 : 사회적 환경 및 유전적 요소(선천적 결함)
• 2단계 : 개인의 결함(간접 원인)
• 3단계 : 불안전한 행동 및 불안전한 상태-인적, 물적 원인 제거 가능(직접 원인)
• 4단계 : 사고(재해 국소화 대책)
• 5단계 : 재해(상해)

3. 산업안전보건법령상 의무안전인증대상 보호구에 해당하지 않는 것은?

① 보호복
② 안전장갑
③ 방독마스크
④ 보안면

해설 안전인증대상 보호구의 종류 : 안전화, 안전장갑, 방진마스크, 방독마스크, 송기마스크, 보호복, 안전대, 차광보안경, 용접용 보안면, 방음용 귀마개 또는 귀덮개

4. 기업조직의 원리 중 지시 일원화의 원리에 대한 설명으로 가장 적절한 것은?

① 지시에 따라 최선을 다해서 주어진 임무나 기능을 수행하는 것
② 책임을 완수하는 데 필요한 수단을 상사로부터 위임받은 것
③ 언제나 직속상사에게서만 지시를 받고 특정 부하직원들에게만 지시하는 것
④ 가능한 조직의 각 구성원이 한 가지 특수 직무만을 담당하도록 하는 것

해설 지시 일원화 원리 : 1인의 직속상사에게 지시받고 특정한 부하에게만 지시하는 것

5. 어떤 상황의 판단능력과 사실의 분석 및 문제의 해결능력을 키우기 위하여 먼저 사례를 조사하고, 문제적 사실들과 그의 상호 관계에 대하여 검토하고, 대책을 토의하도록 하는 교육기법은 무엇인가?

① 심포지엄(symposium)

② 롤 플레잉(role playing)

③ 케이스 메소드(case method)

④ 패널 디스커션(panel discussion)

해설 케이스 메소드(사례연구법) : 먼저 사례를 제시하고 문제의 사실들과 그 상호 관계에 대하여 검토하고 대책을 토의한다.

6. 앞에 실시한 학습의 효과는 뒤에 실시하는 새로운 학습에 직접 또는 간접으로 영향을 주는데 이러한 현상을 전이(轉移, transfer)라 한다. 다음 중 전이의 조건이 아닌 것은?

① 학습 자료의 유사성 요인

② 학습 평가자의 지식 요인

③ 선행학습 정도의 요인

④ 학습자의 태도 요인

해설 학습 전이의 조건 : 학습 정도, 유사성, 시간적 간격, 학습자의 태도, 학습자의 지능

7. 산업안전보건법령에 따른 산업안전보건위원회의 회의 결과를 주지시키는 방법으로 가장 적절하지 않은 것은?

① 사보에 게재한다.

② 회의에 참석하여 파악하도록 한다.

③ 사업장 내의 게시판에 부착한다.

④ 정례 조회 시 집합교육을 통하여 전달한다.

해설 회의 결과 주지 방법

• 사내 방송, 사보에 게재한다.

• 사업장 내의 게시판에 부착한다.

• 정례 조회 시 집합교육을 통하여 전달한다.

8. 허즈버그(Herzberg)의 2요인 이론에 있어서 다음 중 동기요인에 해당하는 것은?

① 임금   ② 지위

③ 도전   ④ 작업 조건

해설 동기요인 : 성취감, 책임감, 안정감, 도전감, 발전과 성장, 직무의 내용

9. 일선 관리감독자를 대상으로, 작업지도기법, 작업개선기법, 인간관계 관리기법 등을 교육하는 방법은?

① ATT(American Telephone & Telegram Co)

② MTP(Management Training Program)

③ CCS(Civil Communication Section)

④ TWI(Training Within Industry)

해설 TWI 교육과정 4가지 : 작업방법훈련, 작업지도훈련, 인간관계훈련, 작업안전훈련

10. 산업안전보건법상 중대 재해에 해당하지 않는 것은?

① 추락으로 인하여 1명이 사망한 재해

② 건물의 붕괴로 인하여 15명의 부상자가 동시에 발생한 재해

③ 화재로 인하여 4개월의 요양이 필요한 부상자가 동시에 3명 발생한 재해

④ 근로환경으로 인하여 직업성 질병자가 동시에 5명 발생한 재해

해설 중대 재해

• 사망자가 1명 이상 발생한 재해

• 3개월 이상의 요양이 필요한 부상자가 동시에 2명 이상 발생한 재해

• 부상자 또는 직업성 질병자가 동시에 10명 이상 발생한 재해

11. 하인리히(Heinrich)의 이론에 의한 재해 발생의 주요 원인에 있어 다음 중 불안전한 행동에 의한 요인이 아닌 것은?

① 권한 없이 행한 조작

② 전문 지식의 결여 및 기술, 숙련도 부족

③ 보호구 미착용 및 위험한 장비에서 작업

④ 결함 있는 장비 및 공구의 사용

정답   6. ②   7. ②   8. ③   9. ④   10. ④   11. ②

제5회 CBT 모의고사 **619**

해설 ②는 간접 원인,
①, ③, ④는 직접 원인(3단계 : 불안전한 행동)

12. 피로를 측정하는 방법 중 동작 분석, 연속 반응시간 등을 통하여 피로를 측정하는 방법은?

① 생리학적 측정 ② 생화학적 측정
③ 심리학적 측정 ④ 생역학적 측정

해설 피로를 측정하는 방법
- 심리적인 방법 : 연속반응시간, 변별 역치, 정신작업, 피부저항, 동작 분석 등
- 생리학적인 방법 : 근력, 근 활동, 호흡순환기능, 대뇌피질 활동, 인지 역치 등
- 생화학적인 방법 : 혈색소 농도, 뇨단백, 혈액의 수분 등

13. 매슬로우(Maslow)의 욕구 5단계 이론에 해당되지 않는 것은?

① 생리적 욕구 ② 안전의 욕구
③ 사회적 욕구 ④ 심리적 욕구

해설 매슬로우(Maslow)가 제창한 인간의 욕구 5단계

1단계	2단계	3단계	4단계	5단계
생리적 욕구	안전 욕구	사회적 욕구	존경의 욕구	자아실현의 욕구

14. 재해 예방 4원칙 중 대책선정의 원칙의 충족 조건이 아닌 것은?

① 문제해결 능력 고취
② 적합한 기준 설정
③ 경영자 및 관리자의 솔선수범
④ 부단한 동기부여와 사기 향상

해설 재해 예방 4원칙은 재해가 발생하기 전의 예방 대책이다.
Tip) ①은 안전사고 발생 후 필요한 능력

15. 인간의 행동 특성에 관한 레빈(Lewin)의 법칙에서 각 인자에 대한 내용으로 틀린 것은?

$$B=f(P \cdot E)$$

① B : 행동 ② f : 함수관계
③ P : 개체 ④ E : 기술

해설 E : 심리적 환경(environment) – 인간관계, 작업환경 등

16. 교육의 효과를 높이기 위하여 시청각 교재를 최대한으로 활용하는 시청각적 방법의 필요성이 아닌 것은?

① 교재의 구조화를 기할 수 있다.
② 대량 수업체제가 확립될 수 있다.
③ 교수의 평준화를 기할 수 있다.
④ 개인차를 최대한으로 고려할 수 있다.

해설 ④ 강사의 개인차에서 오는 교수법의 평준화를 기할 수 있다.

17. 산업안전보건법령상 안전검사대상 유해·위험기계 등이 아닌 것은?

① 곤돌라
② 이동식 국소배기장치
③ 산업용 원심기
④ 건조설비 및 그 부속설비

해설 안전검사대상 기계에서 국소배기장치 중 이동식은 제외한다.

18. 다음 중 재해 예방의 4원칙에 해당하지 않는 것은?

① 예방가능의 원칙 ② 대책선정의 원칙
③ 손실우연의 원칙 ④ 원인추정의 원칙

해설 재해 예방의 4원칙 : 예방가능의 원칙, 손실우연의 원칙, 원인계기의 원칙, 대책선정의 원칙

정답 12. ③ 13. ④ 14. ① 15. ④ 16. ④ 17. ② 18. ④

19. 의사결정 과정에 따른 리더십의 행동 유형 중 전제형에 속하는 것은?

① 집단 구성원에게 자유를 준다.
② 지도자가 모든 정책을 결정한다.
③ 집단토론이나 집단결정을 통해서 정책을 결정한다.
④ 명목적인 리더의 자리를 지키고 부하직원들의 의견에 따른다.

해설 전제(권위)형 : 리더가 모든 정책을 단독적으로 결정하고 부하직원들을 지시 명령하는 리더십으로 군림하는 독재형 리더십이다.

20. 허즈버그의 동기·위생 이론 중 위생요인에 해당하지 않는 것은?

① 보수　　　　　② 책임감
③ 작업 조건　　　④ 감독

해설 위생요인 : 정책 및 관리, 대인관계, 임금 및 지위, 작업 조건, 안전, 직무의 환경

2과목 **인간공학 및 시스템 안전공학**

21. 기능식 생산에서 유연 생산 시스템 설비의 가장 적합한 배치는?

① 합류(Y)형 배치
② 유자(U)형 배치
③ 일자(一)형 배치
④ 복수라인(二)형 배치

해설 유연 생산 시스템(FMS)
• 정의 : 생산성을 감소시키지 않으면서 여러 종류의 제품을 가공 처리할 수 있는 유연성이 큰 자동화 생산라인을 말한다.
• 유연 생산 시스템 U자형 배치의 장점

　㉠ 작업자의 이동이나 운반거리가 짧아 운반을 최소화한다.
　㉡ U자형 라인은 작업장이 밀집되어 있어 공간이 적게 소요된다.
　㉢ 모여서 작업하므로 작업자들의 의사소통을 증가시킨다.

22. 다음 중 인간공학(ergonomics)의 기원에 대한 설명으로 가장 적합한 것은?

① 차패니스(Chapanis, A)에 의해서 처음 사용되었다.
② 민간 기업에서 시작하여 군이나 군수회사로 전파되었다.
③ "ergon(작업)＋nomos(법칙)＋ics(학문)"의 조합된 단어이다.
④ 관련 학회는 미국에서 처음 설립되었다.

해설 인간공학(ergonomics)의 기원은 19세기 중반 폴란드 교육자이자 과학자였던 Wojciech Jatrzebowski에 의해 최초로 사용되었으며, "ergon(작업)＋nomos(법칙)＋ics(학문)"의 조합된 단어이다.

23. 자동차나 항공기의 앞 유리 혹은 차양판 등에 정보를 중첩·투사하는 표시장치는 무엇인가?

① CRT　　　　　② LCD
③ HUD　　　　　④ LED

해설 HUD : 자동차나 항공기의 전방을 주시한 상태에서 원하는 계기 정보를 볼 수 있도록 전방 시선 높이 방향의 유리 또는 차양판에 정보를 중첩·투사하는 표시장치로서 정성적, 묘사적 표시장치이다.

24. 시스템에 영향을 미치는 모든 요소의 고장을 형태별로 분석하여 그 영향을 검토하는 시스템 안전 분석 기법은?

① FMEA ② PHA
③ HAZOP ④ FTA

해설 FMEA : 고장형태 및 영향분석으로 시스템에 영향을 미치는 모든 요소의 고장을 형태별로 분석하여 그 영향을 최소로 하고자 검토하는 전형적인 정성적, 귀납적 분석방법이다.

25. 인간공학의 주된 연구 목적과 가장 거리가 먼 것은?

① 제품품질 향상
② 작업의 안정성 향상
③ 작업환경의 쾌적성 향상
④ 기계 조작의 능률성 향상

해설 인간공학의 연구 목적 : 쾌적성 향상, 안정성 향상, 생산 능률의 향상

26. 시스템의 성능 저하가 인원의 부상이나 시스템 전체에 중대한 손해를 입히지 않고 제어가 가능한 상태의 위험강도는?

① 범주 Ⅰ : 파국적 ② 범주 Ⅱ : 위기적
③ 범주 Ⅲ : 한계적 ④ 범주 Ⅳ : 무시

해설 범주 Ⅲ. 한계적(marginal) : 시스템의 성능 저하가 경미한 상해, 시스템 성능 저하

27. 5000개 베어링을 품질검사하여 400개의 불량품을 처리하였으나 실제로는 1000개의 불량 베어링이 있었다면 이러한 상황의 HEP(Human Error Probability)는 얼마인가?

① 0.04 ② 0.08 ③ 0.12 ④ 0.16

해설 인간의 과오 확률(HEP)

$$= \frac{\text{인간의 과오 수}}{\text{전체 과오 발생기회 수}}$$

$$= \frac{1000 - 400}{5000} = 0.12$$

28. 다음 [그림]과 같은 FT도의 컷셋(cut sets)에 속하는 것은?

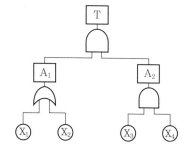

① {X₁, X₂, X₃} ② {X₁, X₂, X₄}
③ {X₁, X₃, X₄} ④ {X₁, X₂}, {X₃, X₄}

해설 $T = A_1 \cdot A_2 = \binom{X_1}{X_2}(X_3 X_4)$

$= \{X_1, X_3, X_4\}$ 또는 $\{X_2, X_3, X_4\}$

29. 동전 던지기에 앞면이 나올 확률이 0.7이고, 뒷면이 나올 확률이 0.3일 때, 앞면이 나올 사건의 정보량(A)과 뒷면이 나올 사건의 정보량(B)은 각각 얼마인가?

① A : 0.88 bit, B : 1.74 bit
② A : 0.51 bit, B : 1.74 bit
③ A : 0.88 bit, B : 2.25 bit
④ A : 0.51 bit, B : 2.25 bit

해설 ㉠ 정보량 – 앞면$(P) = \log_2 \dfrac{1}{p} = \log_2 \dfrac{1}{0.7}$

$= 0.51 \, \text{bit}$

㉡ 정보량 – 뒷면$(P) = \log_2 \dfrac{1}{p} = \log_2 \dfrac{1}{0.3}$

$= 1.74 \, \text{bit}$

30. 조종–반응비율(C/R비)에 관한 설명으로 틀린 것은?

① 조종장치와 표시장치의 물리적 크기와 성질에 따라 달라진다.

② 표시장치의 이동거리를 조종장치의 이동거리로 나눈 값이다.

③ 조종–반응비율이 낮다는 것은 민감도가 높다는 의미이다.

④ 최적의 조종–반응비율은 조종장치의 조종시간과 표시장치의 이동시간이 교차하는 값이다.

해설 $C/R비 = \dfrac{조종장치\ 이동거리}{표시장치\ 이동거리}$

31. 시스템 수명주기에서 예비위험분석을 적용하는 단계는?

① 구상 단계
② 개발 단계
③ 생산 단계
④ 운전 단계

해설 예비위험분석(PHA) : 모든 시스템 안전 프로그램 중 최초 단계의 분석으로 시스템 내의 위험요소가 얼마나 위험한 상태에 있는지를 정성적으로 평가하는 분석 기법으로 구상 단계에서 적용한다.

32. 과전압이 걸리면 전기를 차단하는 차단기, 퓨즈 등을 설치하여 오류가 재해로 이어지지 않도록 사고를 예방하는 설계원칙은?

① 에러 복구 설계
② 풀–프루프(fool–proof) 설계
③ 페일–세이프(fail–safe) 설계
④ 템퍼–프루프(tamper proof) 설계

해설 페일–세이프(fail safe) 설계 : 기계설비의 일부가 고장 났을 때, 기능의 저하가 되더라도 전체로서는 운전이 가능한 구조

33. 신뢰도가 동일한 부품 4개로 구성된 시스템 전체의 신뢰도가 가장 높은 것은?

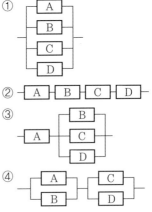

해설 병렬연결 구조는 결함이 생긴 부품의 기능을 대체시킬 수 있도록 부품을 중복 부착시키는 시스템으로 신뢰도가 가장 높다.

34. 의자 좌판의 높이 결정 시 사용할 수 있는 인체측정치는?

① 앉은 키
② 앉은 무릎 높이
③ 앉은 팔꿈치 높이
④ 앉은 오금 높이

해설 의자 좌판의 높이 설계기준은 좌판 앞부분이 오금 높이보다 높지 않아야 하므로 좌면 높이 기준은 5% 오금 높이로 한다.

35. 어떤 작업자의 배기량을 측정하였더니, 10분간 200L이었고, 배기량을 분석한 결과 O_2 : 16%, CO_2 : 4%였다. 분당 산소 소비량은 약 얼마인가?

① 1.05L/분
② 2.05L/분
③ 3.05L/분
④ 4.05L/분

해설 산소 소비량 작업에너지

㉠ 분당 배기량$(V_{배기}) = \dfrac{배기량}{시간} = \dfrac{200}{10}$

$\qquad\qquad = 20L/분$

ⓛ 분당 흡기량($V_{흡기}$)

$$= \frac{V_{배기} \times (100 - O_2 - CO_2)}{79}$$

$$= \frac{20 \times (100 - 16 - 4)}{79} = 20.253 \text{L/분}$$

ⓒ 분당 산소 소비량

$$= (0.21 \times V_{흡기}) - (O_2 \times V_{배기})$$
$$= (0.21 \times 20.253) - (0.16 \times 20)$$
$$= 1.053 \text{L/분}$$

36. 청각적 표시장치에서 300m 이상의 장거리용 경보기에 사용하는 진동수로 가장 적절한 것은?

① 800Hz 전후
② 2200Hz 전후
③ 3500Hz 전후
④ 4000Hz 전후

> **해설** 고음은 멀리 가지 못하므로 300m 이상 멀리 보내는 신호는 1000Hz 이하의 진동수를 사용한다.

37. 사람의 감각기관 중 반응속도가 가장 느린 것은?

① 청각　　　　② 시각
③ 미각　　　　④ 촉각

> **해설** 감각기관의 반응시간 : 청각(0.17초)>촉각(0.18초)>시각(0.20초)>미각(0.29초)>통각(0.7초)

38. 산업안전보건법에 따라 상시작업에 종사하는 장소에서 보통작업을 하고자 할 때 작업면의 최소 조도(lux)로 맞는 것은?

① 75　　　　② 150
③ 300　　　④ 750

> **해설** 작업장의 조명(조도)기준
> • 초정밀 작업 : 750lux 이상
> • 정밀작업 : 300lux 이상
> • 보통작업 : 150lux 이상
> • 그 밖의 일반작업 : 75lux 이상

39. 기계의 고장률이 일정한 지수분포를 가지며, 고장률이 0.04/시간일 때, 이 기계가 10시간 동안 고장이 나지 않고 작동할 확률은 약 얼마인가?

① 0.40　　　② 0.67
③ 0.84　　　④ 0.96

> **해설** $R(t) = e^{-\lambda t} = e^{-0.04 \times 10} = 0.67032$

40. FT도에서 사용되는 다음 기호의 의미로 맞는 것은?

① 결함사상　　　② 통상사상
③ 기본사상　　　④ 생략사상

> **해설** FTA의 기호

기호	명칭	입력, 출력 현황
▭	결함사상	개별적인 결함사상(비정상적인 사건)
○	기본사상	더 이상 전개되지 않는 기본적인 사상
⌂	통상사상	통상적으로 발생이 예상되는 사상
◇	생략사상	해석기술의 부족으로 더 이상 전개할 수 없는 사상

3과목 기계 위험방지 기술

41. 기계의 운동 형태에 따른 위험점의 분류에서 고정 부분과 회전하는 동작 부분이 함께 위험점으로 교반기의 날개와 하우스 등에서 발생하는 위험점을 무엇이라 하는가?

① 끼임점 ② 절단점
③ 물림점 ④ 회전말림점

해설 끼임점 : 회전운동을 하는 동작 부분과 고정 부분 사이에 형성되는 위험점

42. 다음 중 셰이퍼에 의한 연강 평면 절삭작업 시 안전 대책으로 적절하지 않은 것은?

① 공작물은 견고하게 고정하여야 한다.
② 바이트는 가급적 짧게 물리도록 한다.
③ 가공 중 가공면의 상태는 손으로 점검한다.
④ 작업 중에는 바이트의 운동 방향에 서지 않도록 한다.

해설 ③ 가공 중에는 가공면을 손으로 점검하지 않는다.

43. 밀링작업 시 안전수칙 중 잘못된 것은?

① 작업 시 보안경을 착용한다.
② 칩의 처리는 칩 브레이커로 한다.
③ 가공물의 치수는 기계 정지 후 확인한다.
④ 절삭속도는 재료에 따라 달리 적용한다.

해설 ② 칩 브레이커는 선반작업에서 유동형 칩을 짧게 끊어주는 안전장치이다.

44. 크레인의 작업 시 그 작업에 종사하는 관계 근로자로 하여금 조치하여야 할 사항으로 적절하지 않은 것은?

① 고정된 물체를 직접 분리 · 제거하는 작업을 하지 아니할 것

② 신호하는 사람이 없는 경우 인양할 하물(何物)이 보이지 아니하는 때에는 어떠한 동작도 하지 아니할 것

③ 미리 근로자의 출입을 통제하여 인양 중인 하물이 작업자의 머리 위로 통과하지 않도록 할 것

④ 인양할 하물은 바닥에 끌어당기거나 밀어내는 작업으로 유도할 것

해설 ④ 인양할 하물은 바닥에서 끌어당기거나 밀어내는 작업을 하지 않도록 할 것

45. 다음 중 보일러의 폭발사고 예방을 위한 장치에 해당하지 않는 것은?

① 압력발생기 ② 압력제한 스위치
③ 압력방출장치 ④ 고저수위 조절장치

해설 보일러 폭발위험방지 장치 : 압력방출장치, 압력제한 스위치, 고저수위 조절장치, 화염검출기 등

46. 다음 중 기계설비 사용 시 일반적인 안전수칙으로 잘못된 것은?

① 기계 · 기구 또는 설비에 설치한 방호장치는 해체하거나 사용을 정지해서는 안 된다.
② 절삭편이 날아오는 작업에서는 보호구보다 덮개 설치가 우선적으로 이루어져야 한다.
③ 기계의 운전을 정지한 후 정비할 때에는 해당 기계의 기동장치에 잠금장치를 하고 그 열쇠는 공개된 장소에 보관하여야 한다.
④ 기계 또는 방호장치의 결함이 발견된 경우 반드시 정비한 후에 근로자가 사용하도록 하여야 한다.

해설 ③ 기계의 운전을 정지한 후 정비할 때에는 해당 기계의 기동장치에 잠금장치를 하고 그 열쇠를 별도로 관리하거나 표지판을 설치하는 등 필요한 방호조치를 하여야 한다.

47. 산업안전보건법령상 프레스를 사용하여 작업을 할 때 작업시작 전 점검항목에 해당하지 않는 것은?

① 전선 및 접속부 상태
② 클러치 및 브레이크의 기능
③ 프레스의 금형 및 고정볼트 상태
④ 1행정 1정지기구 · 급정지장치 및 비상정지장치의 기능

해설 프레스 작업시작 전 점검사항
- 클러치 및 브레이크의 기능
- 크랭크축 · 플라이휠 · 슬라이드 · 연결봉 및 연결나사의 풀림 여부
- 1행정 1정지기구 · 급정지장치 및 비상정지장치의 기능
- 슬라이드 또는 칼날에 의한 위험방지기구의 기능
- 프레스의 금형 및 고정볼트 상태
- 프레스 방호장치의 기능
- 전단기의 칼날 및 테이블의 상태

48. 프레스기에 설치하는 방호장치의 특징에 관한 설명으로 틀린 것은?

① 양수조작식의 경우 기계적 고장에 의한 2차 낙하에는 효과가 없다.
② 광전자식의 경우 핀클러치 방식에는 사용할 수 없다.
③ 손쳐내기식은 측면 방호가 불가능하다.
④ 가드식은 금형 교환 빈도수가 많을 때 사용하기에 적합하다.

해설 ④ 가드식은 금형 교환 빈도수가 적을 때 사용하기에 적합하다.

49. 아세틸렌 용접장치의 발생기실을 옥외에 설치하는 경우에 그 개구부는 다른 건축물로부터 몇 m 이상 떨어져야 하는가?

① 1   ② 1.5   ③ 2.5   ④ 3

해설 아세틸렌 용접장치의 발생기실을 옥외에 설치하는 경우에는 그 개구부를 다른 건축물로부터 1.5m 이상 떨어지도록 하여야 한다.

50. 컨베이어의 종류가 아닌 것은?

① 체인 컨베이어
② 스크류 컨베이어
③ 슬라이딩 컨베이어
④ 유체 컨베이어

해설 컨베이어의 종류
- 유체 컨베이어
- 벨트 또는 체인 컨베이어
- 나사(screw) 컨베이어
- 버킷(bucket) 컨베이어
- 롤러(roller) 컨베이어
- 트롤리(trolley) 컨베이어
- 진동(shaking) 컨베이어

51. 근로자가 탑승하는 운반구를 지지하는 달기체인의 안전계수는 몇 이상이어야 하는가?

① 3   ② 4   ③ 5   ④ 10

해설 안전계수
- 달기체인의 안전계수 : 5 이상
- 달기강대와 달비계의 하부 및 상부지점의 안전계수(목재의 경우) : 5 이상
- 달기 와이어로프의 안전계수 : 10 이상

Tip) 근로자가 탑승하는 운반구를 지지하는 경우 안전계수는 10 이상이다.

52. 다음 중 연삭숫돌의 파괴 원인이 아닌 것은?

① 숫돌 작업 시 측면 사용이 원인이 된다.
② 숫돌 작업 시 드레싱을 실시했을 때 원인이 된다.
③ 숫돌의 회전속도가 너무 빠를 때 원인이 된다.

④ 숫돌의 회전중심이 잡히지 않았거나 베어링의 마모에 의한 진동이 원인이 된다.

해설 드레싱 : 글레이징이나 로딩 현상이 연삭숫돌의 파괴 원인은 아니다.

53. 기계 운동 형태에 따른 위험점 분류 중 다음에서 설명하는 것은?

> 고정 부분과 회전하는 동작 부분이 함께 만드는 위험점으로 연삭숫돌과 작업받침대, 교반기의 날개와 하우스, 반복 왕복운동을 하는 기계 부분 등이다.

① 끼임점
② 접선물림점
③ 협착점
④ 절단점

해설 끼임점에 대한 설명이다.

54. 기계설비의 안전 조건 중 외관의 안전화에 해당되는 조치는?

① 고장 발생을 최소화하기 위해 정기점검을 실시하였다.
② 강도의 열화를 생각하여 안전율을 최대로 고려하여 설계하였다.
③ 전압강하, 정전 시의 오동작을 방지하기 위하여 자동제어 장치를 설치하였다.
④ 작업자가 접촉할 우려가 있는 기계의 회전부를 덮개로 씌우고 안전색채를 사용하였다.

해설 ①은 작업의 안전화,
②는 구조의 안전화,
③은 기능의 안전화

55. 산업안전보건법령상 로봇의 작동범위에서 그 로봇에 관하여 교시 등의 작업을 할 때 작업시작 전 점검사항에 해당하지 않는 것은?

① 제동장치 및 비상정지장치의 기능
② 외부 전선의 피복 또는 외장의 손상 유무

③ 매니퓰레이터(manipulator) 작동의 이상 유무
④ 주행로의 상측 및 트롤리(trolley)가 횡행하는 레일의 상태

해설 로봇의 작업시작 전 점검사항
• 외부 전선의 피복 또는 외장의 손상 유무
• 매니퓰레이터 작동의 이상 유무
• 제동장치 및 비상정지장치의 기능

56. 산업안전보건법령상 고속회전체의 회전시험을 하는 경우 미리 회전축의 재질 및 형상 등에 상응하는 종류의 비파괴 검사를 해서 결함 유무를 확인해야 한다. 이때 검사대상이 되는 고속회전체의 기준은?

① 회전축의 중량이 0.5톤을 초과하고, 원주속도가 100 m/s 이내인 것
② 회전축의 중량이 0.5톤을 초과하고, 원주속도가 120 m/s 이상인 것
③ 회전축의 중량이 1톤을 초과하고, 원주속도가 100 m/s 이내인 것
④ 회전축의 중량이 1톤을 초과하고, 원주속도가 120 m/s 이상인 것

해설 회전축의 중량이 1톤을 초과하고, 원주속도가 초당 120 m 이상인 것의 회전시험을 하는 경우에는 회전축의 재질, 형상 등에 상응하는 종류의 비파괴 검사를 하여 결함 유무를 확인하여야 한다.

57. 다음 중 연삭기의 종류가 아닌 것은?

① 다두 연삭기
② 원통 연삭기
③ 센터리스 연삭기
④ 만능 연삭기

해설 연삭기 종류 : 평면 연삭기, 원통 연삭기, 만능 연삭기, 센터리스 연삭기, 휴대용 연삭기, 공구 연삭기 등

58. 양수조작식 방호장치에서 누름버튼 상호 간의 내측거리는 얼마 이상이어야 하는가?

① 250 mm 이상　　② 300 mm 이상
③ 350 mm 이상　　④ 400 mm 이상

해설 양수조작식 방호장치의 누름버튼 상호 간 내측거리는 300 mm 이상이어야 한다.

59. 숫돌의 지름이 D(mm), 회전수 N(rpm)이라 할 경우 숫돌의 원주속도 V(m/min)를 구하는 식으로 옳은 것은?

① DN　　　　　② πDN
③ $\dfrac{DN}{1000}$　　　　④ $\dfrac{\pi DN}{1000}$

해설 원주속도$(V) = \dfrac{\pi DN}{1000}$[m/min]

여기서, D : 숫돌의 지름(mm), N : 회전수(rpm)

60. 선반 등으로부터 돌출하여 회전하고 있는 가공물에 설치할 방호장치는?

① 클러치　② 울　　③ 슬리브　④ 베드

해설 선반 등으로부터 돌출하여 회전하고 있는 가공물에는 덮개 또는 울 등을 설치하여야 한다.

4과목 **전기 및 화학설비 위험방지 기술**

61. 정전기 발생량과 관련된 내용으로 옳지 않는 것은?

① 분리속도가 빠를수록 정전기량이 많아진다.
② 두 물질 간의 대전서열이 가까울수록 정전기 발생량이 많다.
③ 접촉면적이 넓을수록, 접촉압력이 증가할수록 정전기 발생량이 많아진다.
④ 물질의 표면이 수분이나 기름 등에 오염되어 있으면 정전기 발생량이 많아진다.

해설 ② 두 물질 간의 대전서열이 가까울수록 정전기 발생량이 적다.

62. 다음 중 소화방법의 분류에 해당하지 않는 것은?

① 포소화　　　　　② 질식소화
③ 희석소화　　　　④ 냉각소화

해설 소화방법의 분류 : 질식소화, 억제소화, 냉각소화, 제거소화 등

63. 절연용 기구의 작업시작 전 점검사항으로 옳지 않은 것은?

① 고무소매의 육안점검
② 활선 접근 경보기의 동작시험
③ 고무장화에 대한 절연내력시험
④ 고무장갑에 대한 공기점검 실시

해설 ③은 활선작업 시작 전 점검사항

64. 최소 착화에너지가 0.25 mJ, 극간 정전용량이 10 pF인 부탄가스 버너를 점화시키기 위해서 최소 얼마 이상의 전압을 인가하여야 하는가?

① 0.52×10^2 V　　② 0.74×10^3 V
③ 7.07×10^3 V　　④ 5.03×10^5 V

해설 $E = \dfrac{CV^2}{2} = \dfrac{QV}{2} = \dfrac{Q^2}{2C}$[J]

$= 0.25 \times 10^{-3} = \dfrac{1}{2} \times (10 \times 10^{-12}) \times V^2$

$\therefore V = \sqrt{\dfrac{0.25 \times 10^{-3}}{\dfrac{1}{2} \times (10 \times 10^{-12})}} = 7.07 \times 10^3$ V

여기서, C : 도체의 정전용량(F)
　　　　V : 대전전위(V)
　　　　Q : 대전전하량(C)

65. 점화원이 될 우려가 있는 부분을 용기 내에 넣고 신선한 공기 또는 불연성 가스 등의 보호기체를 용기의 내부에 압입함으로써 내부의 압력을 유지하여 폭발성 가스가 침입하지 못하도록 한 구조의 방폭구조는 무엇인가?

① 압력 방폭구조(p)

② 내압 방폭구조(d)

③ 유입 방폭구조(O)

④ 안전증 방폭구조(e)

해설 • 압력 방폭구조 : 용기 내부에 불연성 보호체를 압입하여 내부압력을 유지함으로써 폭발성 가스의 침입을 방지하는 구조
 • 압력 방폭구조 종류 : 통풍식, 봉입식, 밀봉식

66. 다음 중 B급 화재에 해당되는 것은?

① 유류에 의한 화재

② 전기장치에 의한 화재

③ 일반 가연물에 의한 화재

④ 마그네슘 등에 의한 금속화재

해설 B급(유류) 화재 : 포말, 분말, CO_2 소화기를 사용한다.

67. 다음 중 방폭 전기설비가 설치되는 표준환경 조건에 해당되지 않는 것은?

① 표고는 1000 m 이하

② 상대습도는 30~95% 범위

③ 주변온도는 −20℃~+40℃ 범위

④ 전기설비에 특별한 고려를 필요로 하는 정도의 공해, 부식성 가스, 진동 등이 존재하지 않는 장소

해설 ② 상대습도 : 45~85%

68. 공기 중에 3 ppm의 디메틸아민(demethylaminem TLV−TWA : 10 ppm)과

20 ppm의 사이클로헥산올(cyclohexanol, TLV−TWA : 50 ppm)이 있고, 10 ppm의 산화프로필렌(propyleneoxide, TLV−TWA : 20 ppm)이 존재한다면 혼합 TLV−TWA는 몇 ppm인가?

① 12.5

② 22.5

③ 27.5

④ 32.5

해설 노출기준(TLV−TWA)

$$= \frac{\text{농도}_1 + \text{농도}_2 + \text{농도}_3}{f_1 + f_2 + f_3}$$

$$= \frac{3 + 20 + 10}{\dfrac{3}{10} + \dfrac{20}{50} + \dfrac{10}{20}} = 27.5 \, \text{ppm}$$

여기서, f_1(디메틸아민)$= 3/10$

f_2(사이클로헥산올)$= 20/50$

f_3(산화프로필렌)$= 10/20$

69. 전기불꽃이나 과열에 대해서 회로 특성상 폭발의 위험을 방지할 수 있는 방폭구조는?

① 내압 방폭구조

② 유입 방폭구조

③ 안전증 방폭구조

④ 압력 방폭구조

해설 안전증 방폭구조 : 폭발성 가스나 증기에 점화원이 될 전기불꽃, 아크 또는 고온에 의한 폭발의 위험을 방지할 수 있는 방폭구조

70. 다음 물질 중 가연성 가스가 아닌 것은?

① 수소

② 메탄

③ 프로판

④ 염소

해설 ④는 독성가스이다.

71. 누전차단기의 선정 및 설치에 관한 설명으로 틀린 것은?

① 차단기를 설치한 전로에 과부하 보호장치를 설치하는 경우는 서로 협조가 잘 이루어지도록 한다.

② 정격 부동작전류와 정격 감도전류와의 차는 가능한 큰 차단기로 선정한다.

③ 휴대용, 이동용 전자기기에 설치하는 차단기는 정격 감도전류가 낮고, 동작시간이 짧은 것을 선정한다.

④ 전로의 대지 정전용량이 크면 차단기가 오작동하는 경우가 있으므로 각 분기회로마다 차단기를 설치한다.

해설 ② 정격 부동작전류가 정격 감도전류의 50% 이상이어야 하고 이들의 차가 가능한 적어야 한다.

72. 반응기가 이상 과열인 경우 반응폭주를 방지하기 위하여 작동하는 장치로 가장 거리가 먼 것은?

① 고온경보장치

② 블로 다운 시스템

③ 긴급차단장치

④ 자동 shut down 장치

해설 반응기의 반응폭주 방지장치 : 고온경보장치, 긴급차단장치, 자동 shut down 장치

73. 전기설비의 점화원 중 잠재적 점화원에 속하지 않는 것은?

① 전동기 권선　　② 마그넷 코일

③ 케이블　　　　④ 릴레이 전기접점

해설 ④는 현재적 점화원

74. 위험물안전관리법상 자기반응성 물질은 제 몇 류 위험물로 분류하는가?

① 제1류 위험물　　② 제3류 위험물

③ 제4류 위험물　　④ 제5류 위험물

해설 제5류(자기반응성 물질) : 유기산화물류, 질산에스테르류(니트로 글리세린, 니트로셀룰로오스, 질산에틸), 셀룰로이드류 등

75. 이온 생성방법에 따른 정전기 제전기의 종류가 아닌 것은?

① 고전압 인가식　　② 접지제어식

③ 자기방전식　　　④ 방사선식

해설 제전기의 종류

- 전압인가식 : 7000 V 정도의 고압으로 코로나 방전을 일으켜 발생하는 이온으로 전하를 중화시키는 방법이다.
- 이온식 : 코로나 방전을 일으켜 발생하는 이온을 blower로 대전체 전하를 내뿜는 방법이다.
- 자기방전식 : 스테인리, 카본, 도전성 섬유 등에 코로나 방전을 일으켜서 제전한다.
- 방사선식 : 방사선 원소의 격리작용을 일으켜서 제전한다.

76. 다음 중 폭발한계의 범위가 가장 넓은 가스는?

① 수소　　　　　② 메탄

③ 프로판　　　　④ 아세틸렌

해설 주요 인화성 가스의 폭발범위

인화성 가스	폭발하한농도 (vol%)	폭발상한농도 (vol%)
프로판	2.1	9.5
아세틸렌	2.5	81
수소	4	75
메탄	5	15

77. 누전에 의한 감전위험을 방지하기 위하여 감전방지용 누전차단기의 접속에 관한 일반사항으로 틀린 것은?

① 분기회로마다 누전차단기를 설치한다.

② 동작시간은 0.03초 이내이어야 한다.

③ 전기기계 · 기구에 설치되어 있는 누전차단기는 정격감도전류가 30 mA 이하이어야 한다.

산업안전기사

④ 누전차단기는 배전반 또는 분전반 내에 접속하지 않고 별도로 설치한다.

해설 ④ 누전차단기는 배전반 또는 분전반에 설치하는 것을 원칙으로 한다.

78. 다음 중 유해 · 위험물질이 유출되는 사고가 발생했을 때의 대처요령으로 가장 적절하지 않은 것은?

① 중화 또는 희석을 시킨다.
② 유해 · 위험물질을 즉시 모두 소각시킨다.
③ 유출 부분을 억제 또는 폐쇄시킨다.
④ 유출된 지역의 인원을 대피시킨다.

해설 ② 유해 · 위험물질은 화재, 폭발 등의 위험이 있으므로 소각하지 않는다.

79. 다음 중 전선이 연소될 때의 단계별 순서로 가장 적절한 것은?

① 착화 단계, 순시 용단 단계, 발화 단계, 인화 단계
② 인화 단계, 착화 단계, 발화 단계, 순시 용단 단계
③ 순시 용단 단계, 착화 단계, 인화 단계, 발화 단계
④ 발화 단계, 순시 용단 단계, 착화 단계, 인화 단계

해설 전선의 연소 단계

1단계	2단계	3단계	4단계
인화 단계	착화 단계	발화 단계	순간 용단 단계

80. 다음 중 LPG에 대한 설명으로 옳지 않은 것은?

① 강한 독성가스로 분류된다.
② 질식의 우려가 있다.
③ 누설 시 인화, 폭발성이 있다.
④ 가스의 비중은 공기보다 크다.

해설 ① LPG 가스는 가연성 가스로 분류된다.

5과목 **건설안전기술**

81. 옹벽 안정 조건의 검토사항이 아닌 것은?

① 활동(sliding)에 대한 안전 검토
② 전도(overturing)에 대한 안전 검토
③ 보일링(boiling)에 대한 안전 검토
④ 지반 지지력(settlement)에 대한 안전 검토

해설 옹벽의 안정 검토 조건 : 활동, 전도, 지반 지지력 등

82. 토공사용 건설장비 중 굴착기계가 아닌 것은?

① 파워쇼벨 　　② 드래그쇼벨
③ 로더 　　　　④ 드래그라인

해설 ③은 굴삭된 토사 · 골재 등을 적재 및 운반하는 기계

83. 굴착작업에 있어서 지반의 붕괴 또는 토석의 낙하에 의하여 근로자에게 위험을 미칠 우려가 있는 경우에 사전에 필요한 조치로 거리가 먼 것은?

① 인화성 가스의 농도 측정
② 방호망의 설치
③ 흙막이 지보공의 설치
④ 근로자의 출입금지 조치

해설 지반의 붕괴 또는 토석의 낙하에 대한 방지 대책 : 방호망 설치, 흙막이 지보공 설치, 근로자의 출입금지 조치 등

84. 철골공사 작업 중 작업을 중지해야 하는 기후 조건의 기준으로 옳은 것은?

① 풍속 : 10m/s 이상, 강우량 : 1mm/h 이상

② 풍속 : 5m/s 이상, 강우량 : 1mm/h 이상

③ 풍속 : 10m/s 이상, 강우량 : 2mm/h 이상

④ 풍속 : 5m/s 이상, 강우량 : 2mm/h 이상

해설 철골작업 시 기후 변화에 의한 작업 중지 사항

• 초당 풍속이 10m 이상인 경우

• 1시간당 강우량이 1mm 이상인 경우

• 1시간당 강설량이 1cm 이상인 경우

85. 강관비계의 구조에서 비계기둥 간의 적재 하중 기준으로 옳은 것은?

① 200kg 이하　　② 300kg 이하

③ 400kg 이하　　④ 500kg 이하

해설 비계기둥 간의 적재하중은 400kg을 초과하지 않도록 할 것

86. 달비계 설치 시 달기체인의 사용금지기준과 거리가 먼 것은?

① 달기체인의 길이가 달기체인이 제조된 때의 길이의 5%를 초과한 것

② 균열의 있거나 심하게 변형된 것

③ 이음매가 있는 것

④ 링의 단면지름이 달기체인이 제조된 때의 해당 링의 지름의 10%를 초과하여 감소한 것

해설 달기체인의 사용금지기준

• 균열이 있거나 심하게 변형된 것

• 달기체인의 길이가 달기체인이 제조된 때의 길이의 5%를 초과한 것

• 링의 단면지름이 달기체인이 제조된 때의 해당 링의 지름의 10%를 초과하여 감소한 것

87. 굴착공사에서 굴착 깊이가 5m, 굴착저면의 폭이 5m인 경우 양 단면 굴착을 할 때 굴착부 상단면의 폭은? (단, 굴착면의 기울기는 1 : 1로 한다.)

① 10m　　② 15m　　③ 20m　　④ 25m

해설 상단면의 폭 $=5m+5m+5m=15m$

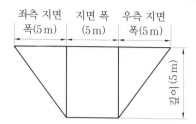

88. 수중굴착 공사에 가장 적합한 건설장비는?

① 백호　　　　　　② 어스드릴

③ 항타기　　　　　④ 클램셀

해설 클램셀 : 수중굴착 및 구조물의 기초바닥 등과 같은 협소하고 상당히 깊은 범위의 굴착이 가능하며, 호퍼작업에 적합하다.

89. 화물용 승강기를 설계하면서 와이어로프의 안전하중은 10ton이라면 로프의 가닥수를 얼마로 하여야 하는가? (단, 와이어로프 한 가닥의 파단강도는 4ton이며, 화물용 승강기의 와이어로프의 안전율은 6으로 한다.)

① 10가닥　　　　　② 15가닥

③ 20가닥　　　　　④ 30가닥

해설 안전율 $=\dfrac{\text{파단하중}}{\text{안전하중}}=\dfrac{4x}{10}=6$

$\therefore x=\dfrac{6\times10}{4}=15$가닥

90. 다음은 작업으로 인하여 물체가 떨어지거나 날아올 위험이 있는 경우에 조치하여야 하는 사항이다. 빈칸에 알맞은 내용으로 옳은 것은?

낙하물방지망 또는 방호선반을 설치하는 경우 높이 10m 이내마다 설치하고, 내민 길이는 벽면으로부터 (   ) 이상으로 할 것

① 2m   ② 2.5m   ③ 3m   ④ 3.5m

해설 낙하물방지망 또는 방호선반을 설치하는 경우 높이 10m 이내마다 설치하고, 내민 길이는 벽면으로부터 2m 이상으로 할 것

91. 말비계에 설치되는 작업발판의 폭에 대한 기준으로 옳은 것은?

① 20cm 이상   ② 40cm 이상
③ 60cm 이상   ④ 80cm 이상

해설 말비계의 높이가 2m를 초과하는 경우에는 작업발판의 폭을 40cm 이상으로 한다.

92. 가설공사와 관련된 안전율에 대한 정의로 옳은 것은?

① 재료의 파괴응력도와 허용응력도의 비율이다.
② 재료가 받을 수 있는 허용응력도이다.
③ 재료의 변형이 일어나는 한계응력도이다.
④ 재료가 받을 수 있는 허용하중을 나타내는 것이다.

해설 안전율 $= \dfrac{\text{파괴응력}}{\text{허용응력}} = \dfrac{\text{극한강도}}{\text{최대 설계응력}}$

$= \dfrac{\text{파괴하중}}{\text{정격하중}} = \dfrac{\text{파괴하중}}{\text{안전하중}} = \dfrac{\text{파괴하중}}{\text{허용하중}}$

93. 굴착작업을 하는 경우 지반의 붕괴 또는 토석의 낙하에 의한 근로자의 위험을 방지하기 위하여 관리감독자로 하여금 작업시작 전에 점검하도록 해야 하는 사항과 가장 거리가 먼 것은?

① 부석 · 균열의 유무

② 함수 · 용수
③ 동결상태의 변화
④ 시계의 상태

해설 굴착작업을 하는 경우 지반의 붕괴 또는 토석의 낙하에 의한 근로자의 위험을 방지하기 위하여 관리감독자로 하여금 작업시작 전에 작업장소 및 그 주변의 부석 · 균열의 유무, 함수 · 용수, 동결상태의 변화 등을 점검하도록 하여야 한다.

94. 건설업 산업안전보건관리비의 안전시설비로 사용 가능하지 않은 항목은?

① 비계 · 통로 · 계단에 추가 설치하는 추락방지용 안전난간
② 공사 수행에 필요한 안전통로
③ 틀비계에 별도로 설치하는 안전난간 · 사다리
④ 통로의 낙하물 방호선반

해설 ②는 안전시설비의 항목에서 사용할 수 없는 항목,
①, ③, ④는 안전시설비의 항목에서 사용할 수 있는 항목

95. 슬레이트, 선라이트 등 강도가 약한 재료로 덮은 지붕 위에서 작업을 할 때 발이 빠지는 등 근로자의 위험을 방지하기 위하여 필요한 발판의 폭 기준은?

① 10cm 이상   ② 20cm 이상
③ 25cm 이상   ④ 30cm 이상

해설 슬레이트, 선라이트 등 강도가 약한 재료로 덮은 지붕 위에서의 작업 중 위험방지를 위하여 필요한 발판의 폭은 30cm 이상이다.

96. 철골공사에서 부재의 건립용 기계로 거리가 먼 것은?

① 타워크레인   ② 가이데릭
③ 삼각데릭   ④ 항타기

정답 91. ② 92. ① 93. ④ 94. ② 95. ④ 96. ④

해설 항타기는 토목공사용 차량계 건설기계로서 지반에 낙하 해머에 의해 강관말뚝·콘크리트말뚝·널말뚝 등을 박는 항타작업에 사용된다.

97. 지반의 조사방법 중 지질의 상태를 가장 정확히 파악할 수 있는 보링방법은?

① 충격식 보링(percussion boring)
② 수세식 보링(wash boring)
③ 회전식 보링(rotary boring)
④ 오거 보링(auger boring)

해설 회전식 보링(rotary boring) : 지질의 상태를 가장 정확하게 파악할 수 있는 보링방법

98. 다음 쇼벨계 굴착장비 중 좁고 깊은 굴착에 가장 적합한 장비는?

① 드래그라인(dragline)
② 파워쇼벨(power shovel)
③ 백호(back hoe)
④ 클램셸(clam shell)

해설 클램셸 : 수중굴착 및 구조물의 기초바닥 등과 같은 협소하고 상당히 깊은 범위의 굴착이 가능하며, 호퍼작업에 적합하다.

99. 지내력 시험을 통하여 다음과 같은 하중 – 침하량 곡선을 얻었을 때 장기하중에 대한 허용 지내력도로 옳은 것은? (단, 장기하중에 대한 허용 지내력도 = 단기하중에 대한 허용 지내력도 × 1/2)

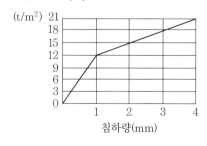

① 6   ② 7   ③ 12   ④ 14

해설 허용지지력 $= \dfrac{\text{항복강도}}{2} = \dfrac{12}{2} = 6\,t/m^2$

100. 다음 공사 규모를 가진 사업장 중 유해위험방지 계획서를 제출해야 할 대상 사업장은?

① 최대 지간길이가 40m인 교량 건설공사
② 연면적 4000m^2인 종합병원 공사
③ 연면적 3000m^2인 종교시설 공사
④ 연면적 6000m^2인 지하도상가 공사

해설 유해·위험방지 계획서 제출대상 건설공사 기준
• 시설 등의 건설·개조 또는 해체 공사
 ㉠ 지상 높이가 31m 이상인 건축물 또는 인공 구조물
 ㉡ 연면적 30000m^2 이상인 건축물
 ㉢ 연면적 5000m^2 이상인 시설
  ㉮ 문화 및 집회시설(전시장, 동물원, 식물원은 제외)
  ㉯ 운수시설(고속철도 역사, 집배송 시설은 제외)
  ㉰ 종교시설, 의료시설 중 종합병원
  ㉱ 숙박시설 중 관광숙박시설
  ㉲ 판매시설, 지하도상가, 냉동·냉장창고시설
• 연면적 5000m^2 이상인 냉동·냉장창고시설의 설비공사 및 단열공사
• 최대 지간길이가 50m 이상인 교량 건설 등의 공사
• 다목적 댐, 발전용 댐 및 저수용량 2천만 톤 이상의 용수 전용 댐, 지방상수도 전용 댐 건설 등의 공사
• 깊이 10m 이상인 굴착공사
• 터널 건설 등의 공사

산업안전 산업기사
필기 과년도 출제문제

2023년 1월 10일 1판 1쇄
2025년 1월 10일 1판 2쇄

저자 : 이광수
펴낸이 : 이정일

펴낸곳 : 도서출판 **일진사**
www.iljinsa.com

04317 서울시 용산구 효창원로 64길 6
대표전화 : 704-1616, 팩스 : 715-3536
등록번호 : 제1979-000009호(1979.4.2)

값 30,000원

ISBN : 978-89-429-1749-5

* 이 책에 실린 글이나 사진은 문서에 의한 출판사의
  동의 없이 무단 전재·복제를 금합니다.